2024

최신출제경향에 맞춘
최고의 수험서

ENGINEER
CONSTRUCTION SAFETY

건설안전 기사
실기 필답형+작업형

예문사

차 례

Engineer Construction Safety

Subject 01 건설시공

Subject 02 건설안전

Subject 03 산업안전보건법(규칙)

Subject 04 건설기계

작업형
Engineer construction Safety

Subject 05 부록

Contents

Subject 01

실기 3차 직영업

건설시공

Engineer Construction Safety

Contents

■ 예상문제풀이

예상문제풀이

출제분야	건설시공
작업명	거푸집작업

동영상 설명 아파트 건설현장에서 거푸집 조립작업 중이다.

문제 이 거푸집의 명칭과 장점을 3가지 쓰시오.

해답 (1) 명칭
갱폼(Gang Form)

(2) 장점
① 공사기간 단축
② 벽체 거푸집과 작업발판의 일체형으로, 비계 불필요
③ 설치·해체가 용이함
④ 전용성 증대

① 벽체

② 큰 보

③ 기둥

④ 작은 보

⑤ 슬래브

동영상 설명 거푸집 조립 작업 단계별 모습을 보여주고 있다.

문제 거푸집 조립순서에 맞게 나열하시오.

➡해답 ③ 기둥 → ① 벽체 → ② 큰 보 → ④ 작은 보 → ⑤ 슬래브

동영상 설명 교량의 교각 거푸집을 보여주고 있다.

문제 교각, 사일로, 굴뚝 등과 같이 수직적으로 연속된 구조물에 사용되는 거푸집 공법의 명칭을 쓰시오.

해답 (1) 명칭

슬라이딩 폼(Sliding Form)

(2) 특징

① 요크(Yoke)로 거푸집을 수직으로 연속 이동시키면서 콘크리트 타설

② 돌출물 등 단면 형상의 변화가 없는 곳에 적용

③ 공기단축 및 거푸집 제거 등 소요인력 절약

④ 일체성 확보

<table>
<tr><td>출제분야</td><td>건설시공</td></tr>
<tr><td>작업명</td><td>철근작업</td></tr>
</table>

 교량 교각의 철근이 배근된 모습을 보여주고 있다.

 장래에 이음 등을 고려한 노출된 철근의 보호방법을 3가지 쓰시오.

➡해답 ① 비닐을 덮어 습기를 방지한다.
② 철근에 방청도료를 도포해서 부식을 방지한다.
③ 철근의 변위, 변형을 방지하기 위해 철망이나 철사로 단단히 묶어 고정한다.

동영상
설명 교량 기초와 교각 하부의 철근 배근작업을 진행 중이다.

문제 기초에서 주철근에 가로로 들어가는 철근의 역할과 기둥에서 전단력에 저항하는 철근의
이름을 쓰시오.

해답 ① 가로로 들어가는 철근의 역할 : 주철근 구속으로 좌굴 방지, 주철근의 간격 유지
② 전단력에 저항하는 철근 이름 : 띠철근

동영상
설명 │ 철근 가공작업이 진행 중이다.

문제 │ 철근 가공 시 반드시 갈고리(Hook)를 만들어야 하는 부위를 2가지만 쓰시오.

해답 ① 원형 철근의 말단부
② 캔틸레버근
③ 단순보의 지지단
④ 굴뚝 철근
⑤ 보, 기둥 철근

동영상 설명 철근이 이음된 모습을 보여주고 있다.

문제 철근의 이음방법을 3가지 쓰시오.

➡해답 ① 겹침 이음
② 용접 이음
③ 가스 압접

<table>
<tr><td>출제분야</td><td>건설시공</td></tr>
<tr><td>작업명</td><td>콘크리트 타설작업</td></tr>
</table>

동영상 설명 콘크리트 타설작업이 진행 중이다.

문제 다음 기계의 명칭을 쓰고 빈칸을 채우시오.

콘크리트는 신속하게 운반하여 즉시 치고, 충분히 다져야 한다. 비비기로부터 치기가 끝날 때까지의 시간은 원칙적으로 외기온도가 (①)도씨를 넘었을 때는 (②)시간을, (③)도씨 이하일 때는 (④)시간을 넘어서는 안 된다.

➡해답 (1) 명칭 : 콘크리트 믹서 트럭
(2) 빈칸 : ① 25, ② 1.5, ③ 25, ④ 2

문제 다음 건설기계의 명칭과 회전하는 이유를 쓰시오.

➡해답 (1) 명칭 : 콘크리트 믹서 트럭
(2) 회전하는 이유 : 콘크리트 경화방지, 재료분리 방지

동영상 설명 │ Precast Concrete 제품의 제작과정을 보여주고 있다.

문제 │ 동영상을 보고, [보기]를 참고하여 올바른 (1) 제작순서를 나열하고, Precast Concrete의 (2) 장점을 3가지만 쓰시오.

[보기]		
① 거푸집 제작	② 양생	③ 철근 배근 및 조립
④ 콘크리트 타설	⑤ 선 부착품(인서트, 전기부품 등) 설치	⑥ 청소
⑦ 마감	⑧ 탈형	

해답 (1) 제작순서

①→⑤→③→④→②→⑦→⑧→⑥

① 거푸집 제작 ② 선 부착품(인서트, 전기부품 등) 설치
③ 철근 배근 및 조립 ④ 콘크리트 타설
⑤ 양생 ⑥ 마감
⑦ 탈형 ⑧ 청소

(2) 장점
① 좋은 품질의 콘크리트 부재를 생산 가능
② 기계화 작업으로 공기 단축
③ 기상과 관계없이 작업 가능

출제분야	건설시공
작업명	교량공사

① 주두부 시공

② Form Traveller 설치

③ 마무리 및 완료

④ 측경간 시공

⑤ Key Segment 시공

⑥ Segment 시공

동영상 설명 교량 상부에서 공사가 진행 중이다.

문제 교량공사인 외팔보 공법(F.C.M)의 시공순서대로 번호를 쓰시오.

해답 ① → ② → ⑥ → ⑤ → ④ → ③

문제 교량공사의 공법명을 쓰고, 특징을 설명하시오.

해답 (1) 공법명
F.C.M 공법(Free Cantilever Method)

(2) 특징
F.C.M 공법은 교각 위에서 교각 양쪽의 교축방향으로 특수한 가설장비(Form Traveller)를 이용하여 한 개의 세그먼트(Segment, 3~4m)씩 콘크리트를 타설하고 Prestress를 도입하여 연결해 나가는 교량 상부 가설공법이다.

문제 교량공사(F.C.M)의 시공순서를 쓰시오.

해답 ① 하부공사 - ② 주두부 시공 - ③ Form Traveller 설치 - ④ Segment 시공 - ⑤ Key Segment 시공 - ⑥ 측경간 시공 - ⑦ 마무리 및 완료

 교량의 모습을 보여주고 있다.

문제 각 교량형식의 명칭을 쓰시오.

해답 ① 현수교
② 사장교

동영상
설명 │ 교량의 모습을 보여주고 있다.

문제 │ 사진에 보이는 교량의 형식과 작업순서를 쓰시오.

➡해답 (1) 교량의 형식
　　　　사장교

　　　(2) 작업순서
　　　　　① 우물통 기초공사
　　　　　② 주탑 시공
　　　　　③ 슬래브 시공
　　　　　④ 케이블 설치
　　　　　⑤ 교면 아스콘 포장

동영상 설명 교량 가설공법을 보여주고 있다.

문제 이와 같은 교량 가설공법의 명칭을 쓰시오.

➡해답 (1) 공법명
　　　　 ILM(Incremental Launching Method) 공법, 압출공법

　　　 (2) 특징
　　　　 ILM 공법은 교량의 상부 구조물을 교대 후방의 제작장에서 일정 길이의 세그먼트(Segment)
　　　　 로 제작하여 잭(Jack)과 추진코에 의해 압출해 가면서 교각 위에 거치하는 교량 상부 가설공법
　　　　 이다.

문제 다음에서 보여주고 있는 특수교량 가설공법의 명칭과 그 장점을 2가지만 쓰시오.

➡해답 (1) 공법명
　　　　 ILM(Incremental Launching Method) 공법, 압출공법

　　　 (2) 장점
　　　　 ① 별도의 외부비계 및 작업발판이 필요하지 않다.
　　　　 ② 교량 건설 중에 하부 교통의 영향을 주지 않는다.
　　　　 ③ 공기 단축이 가능하다.
　　　　 ④ 지간이 긴 장대교량의 시공이 용이하다.

 교량이 가설되고 있다.

영상에서 보여지고 있는 세그먼트 가설방식은 무엇인가?

➡해답 PSM 공법(Precast Segmental Method)

출제분야	건설시공
작업명	굴착공사

 동영상 설명 절토 사면에서 토사붕괴를 보여주고 있다.

문제 토공현장에서 토사붕괴의 외적 요인을 3가지 기술하시오.

➡ **해답** ① 사면, 법면의 경사 및 기울기의 증가
② 절토 및 성토 높이의 증가
③ 공사에 의한 진동 및 반복하중의 증가
④ 지표수 및 지하수의 침투에 의한 토사 중량의 증가
⑤ 지진, 차량, 구조물의 하중작용
⑥ 토사 및 암석의 혼합층 두께 증가

동영상
설명 │ 석축을 쌓고 있는 동영상이다.

문제 │ 석축 쌓기 완료 후 붕괴되었다면 그 원인은 무엇인지 2가지 쓰시오.

해답 ① 기초지반의 침하 및 활동 발생으로 지지력 약화
② 배수불량으로 인한 수압작용
③ 과도한 토압의 발생
④ 옹벽 뒤채움 재료의 불량 및 다짐 불량

출제분야	건설시공
작업명	사면보호 공법

 절토사면의 붕괴 방지를 위해 사면보호 공법이 적용되었다.

 사면보호를 위한 방법을 4가지(구조물 보호방법 3가지 포함) 쓰시오.

→해답 ① 콘크리트, 모르타르 뿜어붙이기공
② 콘크리트 블록공
③ 돌쌓기공
④ 돌망태 공법
⑤ 지표수 배제공, 지하수 배제공
⑥ 떼붙임공, 식생 Mat공, 식수공

사면보호공법 중 구조물에 의한 보호방법을 3가지 쓰시오.

→해답 ① 콘크리트, 모르타르 뿜어붙이기공
② 콘크리트 블록공
③ 돌쌓기공
④ 돌망태 공법

출제분야	건설시공
작업명	흙막이 가시설 설치공사

동영상 설명 건물 지하층의 구조물 공사를 위한 흙막이 가시설이 설치되어 있다.

문제 흙막이 구조물 공사 시 필요한 계측기기의 종류 3가지를 쓰시오.

해답 ① 지표침하계 : 흙막이벽 배면에 동결심도보다 깊게 설치하여 지표면 침하량 측정
② 지중경사계 : 흙막이벽 배면에 설치하여 토류벽의 기울어짐 측정
③ 하중계 : Strut, Earth Anchor에 설치하여 축하중 측정으로 부재의 안정성 여부 판단
④ 간극수압계 : 굴착, 성토에 의한 간극수압의 변화 측정
⑤ 균열측정기 : 인접구조물, 지반 등의 균열부위에 설치하여 균열크기와 변화 측정
⑥ 변형률계 : Strut, 띠장 등에 부착하여 굴착작업시 구조물의 변형을 측정
⑦ 지하수위계 : 굴착에 따른 지하수위 변동 측정

 흙막이 가시설 설치작업이 진행 중이다.

문제 공법의 명칭과 공법의 구성요소를 쓰시오.

해답 ① 공법의 명칭 : 버팀대 공법
② 구성요소 : H빔, 토류판(목개), 복공판(철재)

출제분야	건설시공
작업명	기초공사

 콘크리트 말뚝을 지면에 설치하는 동영상이다.

 이와 같은 말뚝의 항타공법 종류를 3가지 쓰시오.

➡해답 ① 타격공법 : 드롭해머, 스팀해머, 디젤해머, 유압해머
② 진동공법 : Vibro Hammer로 상하진동을 주어 타입, 강널말뚝에 적용
③ 선행굴착 공법(Pre-boring) : Earth Auger로 천공 후 기성말뚝 삽입, 소음·진동 최소
④ 워터제트 공법 : 고압으로 물을 분사시켜 마찰력을 감소시키며 말뚝 매입

동영상설명 말뚝이 지면에 설치되어 있다.

문제 동영상을 보고 해당되는 말뚝의 종류를 쓰시오.

➡해답 PHC 말뚝(Pretensioned Spun High Strength Concrete Pile)

문제 원심력 철근콘크리트 말뚝의 장점을 2가지 쓰시오.

➡해답 ① 내구성이 크고 입수하기가 비교적 쉽다.
② 재질이 균일하여 신뢰성이 있다.
③ 길이 15미터 이하인 경우에 경제적이다.
④ 강도가 커서 지지말뚝으로 적합하다.

동영상 설명 │ 콘크리트 말뚝을 설치하는 동영상이다.

문제 │ 이와 같은 공법의 명칭과 장점을 2가지 쓰시오.

해답 (1) 명칭
　　　　SIP(Soil Cement Injected Precast Pile) 공법

　　　(2) 장점
　　　　① 소음, 진동이 적다.
　　　　② 다양한 지층에 활용 가능하다.
　　　　③ 공사기간을 단축할 수 있다.

출제분야	건설시공
작업명	터널공사

동영상 설명 터널 내부 지보공 작업을 하고 있다.

문제 터널 내부 지보공 작업을 하고 있다. 락볼트(Rock Bolt)의 역할 3가지를 쓰시오.

해답 ① 봉합 작용
② 내압 작용
③ 보형성 작용
④ 아치 형성 작용

동영상 설명 터널 내부 라이닝의 모습을 보여주고 있다.

문제 터널 공사 시 콘크리트 라이닝의 시공목적 2가지를 쓰시오.

➡해답 ① 지질의 불균일성, 지보재의 품질저하 등으로 인한 터널의 강도저하 보강
② 터널구조물의 내구성 증진으로 인한 붕괴 방지
③ 지하수 등으로부터의 수밀성 확보
④ 사용 중 점검, 보수 등의 작업성 증대
⑤ 터널 내부 시설물 설치 용이

동영상 설명 터널 내 콘크리트를 뿌리는 장면을 보여주고 있다.

문제 이 공법의 명칭과 공법의 종류 2가지를 쓰시오.

해답 (1) 명칭
　　　　숏크리트(Shotcrete)

　　　(2) 공법의 종류
　　　　　① 습식 공법
　　　　　② 건식 공법

동영상 설명 터널을 굴착하는 장비를 보여주고 있다.

문제 사진에 나타난 터널 굴착공법의 명칭과 발파에 의한 굴착공법과 비교한 이 굴착공법의 장점을 3가지만 쓰시오.

➡해답 (1) 공법의 명칭

T.B.M 공법(Tunnel Boring Machine Method)

(2) 장점

① 연속적인 굴착으로 고속 시공이 가능하다.

② 암반의 이완이 적기 때문에 붕락의 위험이 적다.

③ 굴착면이 양호하고 여굴이 거의 없다.

④ 굴착 단면이 원형을 유지하여 역학적으로 안정적이다.

⑤ 소음, 진동이 적어 주변 구조물에 영향이 적다.

⑥ 비발파 굴착으로 내부작업 환기에 유리하다.

기출문제풀이

■ Engineer Construction Safety

※ 아래 그림들은 실제 출제되는 동영상문제와 다를 수 있습니다.

출제연도　　2008년 4회(A형)

O2.
아파트 건설공사 현장의 거푸집을 보여주고 있다.
이 거푸집의 명칭과 장점을 3가지 쓰시오.

→해답 (1) 명칭
　　　갱폼(Gang Form)

　　(2) 장점
　　　① 공사기간 단축
　　　② 벽체 거푸집과 작업발판의 일체형으로 비계 불필요
　　　③ 설치, 해체가 용이함
　　　④ 전용성 증대

O5.
교량 상부공사가 진행 중이다. 교량
공사인 외팔보 공법(F.C.M)의 시공
순서대로 번호를 쓰시오.

① 주두부 시공　② Form Traveller 설치　③ 마무리 및 완료　④ 측경간 시공　⑤ Key Segment 시공　⑥ Segment 시공

➡해답 ① → ② → ⑥ → ⑤ → ④ → ③

O6.
교량의 교각철근이 배근된 모습을 보여주고 있다.
장래에 이음 등을 고려한 노출된 철근의 보호방법
을 3가지 쓰시오.

➡해답 ① 비닐을 덮어 습기를 방지한다.
② 철근에 방청도료를 도포해서 부식을 방지한다.
③ 철근의 변위, 변형을 방지하기 위해 철망이나 철사로 단단히 묶어 고정한다.

출제연도　2009년 1회(A형)

08.
콘크리트 타설 작업이 진행 중이다. 다음 기계명칭과 빈칸을 채우시오.

콘크리트는 신속하게 운반하여 즉시 치고, 충분히 다져야 한다. 비비기로부터 치기가 끝날 때까지의 시간은 원칙적으로 외기온도가 (①)도씨를 넘었을 때는 (②)시간을, (③)도씨 이하일 때는 (④)시간을 넘어서는 안 된다.

⇒해답 (1) 명칭 : 콘크리트 믹서 트럭
(2) 빈칸 : ① 25　② 1.5　③ 25　④ 2

01.

사면의 붕괴방지를 위해 사면보호 공법이 적용되었다. 사면보호를 위한 방법을 4가지(구조물 보호방법 3가지 포함) 쓰시오.

➡해답 ① 콘크리트, 모르타르 뿜어붙이기공　② 콘크리트 블록공
　　　③ 돌쌓기공　　　　　　　　　　　④ 돌망태 공법
　　　⑤ 지표수 배제공, 지하수 배제공　⑥ 떼붙임공, 식생 Mat공, 식수공

07.

건물 지하층의 구조물 공사를 위하여 흙막이 구조물이 설치되어 있다. 흙막이 구조물 공사 시 필요한 계측기기의 종류 3가지를 쓰시오.

➡해답 ① 지표침하계 : 흙막이벽 배면에 동결심도보다 깊게 설치하여 지표면 침하량 측정
　　　② 지중경사계 : 흙막이벽 배면에 설치하여 토류벽의 기울어짐 측정
　　　③ 하중계 : Strut, Earth Anchor에 설치하여 축하중 측정으로 부재의 안정성 여부 판단
　　　④ 간극수압계 : 굴착, 성토에 의한 간극수압의 변화 측정
　　　⑤ 균열측정기 : 인접구조물, 지반 등의 균열부위에 설치하여 균열크기와 변화측정
　　　⑥ 변형계 : Strut, 띠장 등에 부착하여 굴착작업시 구조물의 변형을 측정
　　　⑦ 지하수위계 : 굴착에 따른 지하수위 변동을 측정

○4.
다음 동영상에서 보여주는 교량의 공법명을 쓰고 설명하시오.

◆해답 (1) 공법명

F.C.M 공법(Free Cantilever Method)

(2) 특징

F.C.M 공법은 교각 위에서 교각 양쪽의 교축방향으로 특수한 가설장비(Form Traveller)를 이용하여 한 개의 세그먼트(Segment, 3~4m)씩 콘크리트를 타설하고 Prestress를 도입하여 연결해 나가는 교량상부 가설공법이다.

○7.
사면 보호공법 중 구조물에 의한 보호방법을 3가지 쓰시오.

◆해답 ① 콘크리트, 모르타르 뿜어붙이기공

② 콘크리트 블록공

③ 돌쌓기공

④ 돌망태 공법

O8.
다음에서 보여주는 건설기계의 명칭과 회전하는 이유를 쓰시오.

➡️해답 (1) 명칭 : 콘크리트 믹서 트럭
　　　 (2) 회전하는 이유 : 콘크리트 경화방지, 재료분리 방지

출제연도 　2010년 1회(A형)

O1.
아파트 현장을 보여주고 있다. 거푸집의 명칭과 장점을 3가지 쓰시오.

➡️해답 (1) 명칭
　　　　　갱폼(Gang Form)

　　　 (2) 장점
　　　　　① 공사기간 단축
　　　　　② 벽체 거푸집과 작업발판의 일체형으로 비계 불필요
　　　　　③ 설치, 해체가 용이함
　　　　　④ 전용성 증대

02.
다음 동영상을 보고 건설기계의 명칭을 쓰고 빈칸을 채워 넣으시오.

콘크리트는 신속하게 운반하여 즉시 치고, 충분히 다져야 한다. 비비기로부터 치기가 끝날 때까지의 시간은 원칙적으로 외기온도가 (①)도씨를 넘었을 때는 (②)시간을, (③)도씨 이하일 때는 (④)시간을 넘어서는 안 된다.

➡해답 (1) 명칭 : 콘크리트 믹서 트럭
　　　(2) 빈칸 : ① 25　② 1.5　③ 25　④ 2

04.
흙막이 구조물에서 사용되는 계측기기의 종류를 2가지 쓰시오.

➡해답 ① 지표침하계 : 흙막이벽 배면에 동결심도보다 깊게 설치하여 지표면 침하량 측정
② 지중경사계 : 흙막이벽 배면에 설치하여 토류벽의 기울어짐 측정
③ 하중계 : Strut, Earth Anchor에 설치하여 축하중 측정으로 부재의 안정성 여부 판단
④ 간극수압계 : 굴착, 성토에 의한 간극수압의 변화 측정
⑤ 균열측정기 : 인접구조물, 지반 등의 균열부위에 설치하여 균열크기와 변화측정
⑥ 변형계 : Strut, 띠장 등에 부착하여 굴착작업시 구조물의 변형을 측정
⑦ 지하수위계 : 굴착에 따른 지하수위 변동을 측정

06.
콘크리트 말뚝을 설치하는 동영상이다. 이와 같은 말뚝의 항타공법 종류를 3가지 쓰시오.

해답 ① 타격공법 : 드롭해머, 스팀해머, 디젤해머, 유압해머
② 진동공법 : Vibro Hammer로 상하진동을 주어 타입, 강널말뚝에 적용
③ 선행굴착 공법(Pre-Boring) : Earth Auger로 천공 후 기성말뚝 삽입, 소음·진동 최소
④ 워터제트 공법 : 고압으로 물을 분사시켜 마찰력을 감소시키며 말뚝 매입
⑤ 압입공법 : 유압 압입장치의 반력을 이용하여 말뚝 매입
⑥ 중공굴착 공법 : 말뚝의 내부를 스파이럴 오거로 굴착하면서 말뚝 매입

08.
토사붕괴를 보여주고 있는 동영상이다. 토공현장에서 토사붕괴의 외적 요인을 3가지 기술하시오.

해답 ① 사면, 법면의 경사 및 기울기의 증가
② 절토 및 성토 높이의 증가
③ 공사에 의한 진동 및 반복하중의 증가
④ 지표수 및 지하수의 침투에 의한 토사 중량의 증가
⑤ 지진 차량 구조물의 하중작용
⑥ 토사 및 암석의 혼합층 두께의 증가

01.

외팔보 교량(F.C.M 공법)의 시공 모습을 보여주고 있다. 다음 보기를 보고 순서대로 나열하시오.

① 주두부 시공
② Form Traveller 설치
③ 마무리 및 완료
④ 측경간 시공
⑤ Key Segment 시공
⑥ Segment 시공

➡해답 ① → ② → ⑥ → ⑤ → ④ → ③

02.
교각공사의 주철근 모습을 보여주고 있다. 이와 같은 작업시 노출된 철근의 보호방법을 3가지 쓰시오.

▶해답 ① 비닐을 덮어 습기를 방지한다.
② 철근에 방청도료를 도포해서 부식을 방지한다.
③ 철근의 변위, 변형을 방지하기 위해 철망이나 철사로 단단히 묶어 고정한다.

03.
다음의 교량을 보고 각 교량 형식의 명칭을 쓰시오.

▶해답 ① 현수교
② 사장교

출제연도   2011년 1회(A형)

02.

동영상은 철근의 조립간격을 보여주고 있다. 기초에서 주철근에 가로로 들어가는 철근의 역할과 기둥에서 전단력에 저항하는 철근의 이름을 쓰시오.

➡해답 (1) 가로로 들어가는 철근의 역할 : 주철근 구속으로 좌굴방지, 주철근의 간격유지
(2) 전단력에 저항하는 철근 이름 : 띠철근

출제연도   2011년 1회(B형)

사진1.   사진2.

04.

사진1은 원형교각 철근을 배근해 놓은 상태이며 하부 기초부는 타설되어 있다. 사진2는 클로즈업된 철근이 배근된 원형교각 사진이며 가로로 철근이 둘러져 있다.

(1) 기초부의 주철근에 가로로 설치되는 철근의 역할을 쓰시오.
(2) 기둥철근에 횡방향으로 설치되는 철근의 이름을 쓰시오.

➡해답 ① 가로로 들어가는 철근의 역할 : 주철근 구속으로 좌굴방지, 주철근의 간격유지
② 기둥철근에 횡방향으로 설치되는 철근 : 띠철근

출제연도 2011년 2회(A형)

04.
흙막이 공법 동영상이다. 공법의 명칭과 공법의 구성요소를 쓰시오.

해답 (1) 공법의 명칭 : 버팀대 공법
(2) 구성요소 : H빔, 토류판(목개), 복공판(철재)

07.
다음 교량의 시공 영상을 보고 시공순서를 쓰시오.

해답 F.C.M 공법(Free Cantilever Method)
① 하부공사 - ② 주두부 시공 - ③ Form Traveller 설치 - ④ Segment 시공 - ⑤ Key Segment 시공 - ⑥ 측경간 시공 - ⑦ 마무리 및 완료

O1.
터널 내부 지보공 작업을 하고 있다. 락볼트(Rock Bolt)의 역할 3가지를 쓰시오.

➡해답 ① 봉합 작용
② 내압 작용
③ 보형성 작용
④ 아치 형성 작용

O2.
터널 내부 라이닝의 모습을 보여주고 있다. 터널 공사 시 콘크리트 라이닝의 시공목적 2가지를 쓰시오.

➡해답 ① 지질의 불균일성, 지보재의 품질저하 등으로 인한 터널의 강도저하를 보강
② 터널구조물의 내구성 증진으로 인한 붕괴 방지
③ 지하수 등으로부터의 수밀성 확보
④ 사용 중 점검, 보수 등의 작업성 증대
⑤ 터널 내부 시설물 설치 용이

03.
교량의 교각 거푸집을 보여주고 있다. 다음 교각 거푸집의 명칭과 장점을 2가지 쓰시오.

해답 (1) 명칭
　　　슬라이딩 폼(Sliding Form)

　(2) 장점
　　　① 요크(Yoke)로 거푸집을 수직으로 연속 이동시키면서 콘크리트 타설
　　　② 돌출물 등 단면 형상의 변화가 없는 곳에 적용
　　　③ 공기단축 및 거푸집 제거 등 소요인력 절약
　　　④ 일체성 확보

08.
석축을 쌓고 있는 영상이다. 석축 쌓기 완료 후 붕괴되었다면 그 원인은 무엇인지 2가지 쓰시오.

해답 ① 기초지반의 침하 및 활동 발생으로 지지력 약화
　　　② 배수불량으로 인한 수압작용
　　　③ 과도한 토압의 발생
　　　④ 옹벽 뒤채움 재료의 불량 및 다짐 불량

출제연도 2011년 4회(B형)

03.
터널 내 콘크리트를 뿌리는 장면을 보여주고 있다.
이 공법의 명칭과 공법의 종류 2가지를 쓰시오.

해답 (1) 명칭 : 숏크리트(Shotcrete)
　　(2) 공법의 종류
　　　　① 습식공법
　　　　② 건식공법

05.
철근이 배근된 모습을 보여주고 있다. 철근의 보호
방법 3가지를 쓰시오.

해답 ① 비닐을 덮어 습기를 방지한다.
　　② 철근에 방청도료를 도포해서 부식을 방지한다.
　　③ 철근의 변위, 변형을 방지하기 위해 철망이나 철사로 단단히 묶어 고정한다.

02.
흙막이가 설치되어 있는 장면을 보여주고 있다. 계측기기의 종류를 2가지 쓰시오.

해답 ① 지표침하계 : 흙막이벽 배면에 동결심도보다 깊게 설치하여 지표면 침하량 측정
② 지중경사계 : 흙막이벽 배면에 설치하여 토류벽의 기울어짐 측정
③ 하중계 : Strut, Earth Anchor에 설치하여 축하중 측정으로 부재의 안정성 여부 판단
④ 간극수압계 : 굴착, 성토에 의한 간극수압의 변화 측정
⑤ 균열측정기 : 인접구조물, 지반 등의 균열부위에 설치하여 균열크기와 변화측정
⑥ 변형계 : Strut, 띠장 등에 부착하여 굴착작업시 구조물의 변형을 측정
⑦ 지하수위계 : 굴착에 따른 지하수위 변동을 측정

05.
교량 상부에서 공사가 진행 중이다. 교량공사의 공법명을 쓰고, 특징을 설명하시오.

[해답] (1) 공법명 : F.C.M 공법(Free Cantilever Method)
(2) 특징
　　 F.C.M 공법은 교각위에서 교각 양쪽의 교축방향으로 특수한 가설장비(Form Traveller)를
　　 이용하여 한 개의 세그먼트(Segment, 3~4m)씩 콘크리트를 타설 하고 Prestress를 도입하여
　　 연결해 나가는 교량상부 가설공법이다.

07.
콘크리트 말뚝을 지면에 설치하는 동영상이다. 이
와 같은 말뚝의 항타공법 종류를 3가지 쓰시오.

[해답] ① 타격공법 : 드롭해머, 스팀해머, 디젤해머, 유압해머
② 진동공법 : Vibro Hammer로 상하진동을 주어 타입, 강널말뚝에 적용
③ 선행굴착 공법(Pre-boring) : Earth Auger로 천공 후 기성말뚝 삽입, 소음·진동 최소
④ 워트제트 공법 : 고압으로 물을 분사시켜 마찰력을 감소시키며 말뚝 매입

출제연도 ﹇ 2012년 2회(11시) ﹈

01.
교량 기초와 교각 하부의 철근 배근작업을 진행 중
이다. 기초에서 주철근에 가로로 들어가는 철근의
역할과 기둥에서 전단력에 저항하는 철근의 이름을
쓰시오.

[해답] (1) 가로로 들어가는 철근의 역할 : 주철근 구속으로 좌굴방지, 주철근의 간격 유지
(2) 전단력에 저항하는 철근 이름 : 띠철근

출제연도　2012년 4회(9시)

① 　②

07.
교량의 모습을 보여주고 있다. 각 교량 형식의 명칭을 쓰시오.

➡**해답** ① 현수교 ② 사장교

출제연도　2013년 1회(9시)

01.
콘크리트 타설작업이 진행 중이다. 다음 기계의 명칭을 쓰고 빈칸을 채우시오.

콘크리트는 신속하게 운반하여 즉시 치고, 충분히 다져야 한다. 비비기로부터 치기가 끝날 때까지의 시간은 원칙적으로 외기온도가 (①)도씨를 넘었을 때는 (②)시간을 (①)도씨 이하일 때는 (③)시간을 넘어서는 안된다.

➡해답 (1) 기계의 명칭 : 콘크리트 믹서트럭
(2) ① 25 ② 1.5 ③ 2

07.
터널 내부 지보공 작업을 하고 있다. 락볼트(Rock Bolt)의 역할 3가지를 쓰시오.

➡해답 ① 봉합 작용   ② 내압 작용
③ 보형성 작용   ④ 아치 형성 작용

출제연도   2013년 1회(11시)

01.
터널 공사 시 콘크리트 라이닝의 시공목적 2가지를 쓰시오.

➡해답 ① 지질의 불균일성, 지보재의 품질저하 등으로 인한 터널의 강도저하를 보강
② 터널구조물의 내구성 증진으로 인한 붕괴 방지
③ 지하수 등으로부터의 수밀성 확보
④ 사용 중 점검, 보수 등의 작업성 증대
⑤ 터널 내부 시설물 설치 용이

03.

교각 거푸집 공사를 보여주고 있다. 이와 같이 수직적으로 연속된 구조물에 사용되는 거푸집 공법의 명칭을 쓰시오.

→해답 (1) 명칭 : 슬라이딩 폼(Sliding Form)

(2) 특징

① 요크(Yoke)로 거푸집을 수직으로 연속 이동시키면서 콘크리트 타설

② 돌출물 등 단면 형상의 변화가 없는 곳에 적용

③ 공기단축 및 거푸집 제거 등 소요인력 절약

④ 일체성 확보

출제연도 ⎪ 2013년 1회(14시)

02.

교량건설 이음에 노출된 철근의 보호방법 3가지를 쓰시오.

→해답 ① 비닐을 덮어 습기를 방지한다.

② 철근에 방청도료를 도포해서 부식을 방지한다.

③ 철근의 변위, 변형을 방지하기 위해 철망이나 철사로 단단히 묶어 고정한다.

Subject **O2**

건설안전

Contents

■ **예상문제풀이**

예상문제풀이

■ Engineer Construction Safety

출제분야	건설안전
작업명	비계 조립·해체작업

 건물 외벽의 석재 마감공사를 위해 외부비계 위에서 작업 중이다.

 현장에서 추락재해를 유발하는 불안전한 요인을 3가지 쓰시오.

해답 ① 작업발판 단부에 안전난간 미설치
② 근로자가 외부비계 위 작업장으로 이동할 수 있는 승강설비, 가설계단 미설치
③ 외부비계 위 통로에 대리석 자재가 적치되어 안전통로 미확보

문제 이와 같은 작업 시 근로자나 시설 등의 안전조치사항을 2가지 쓰시오.

→해답 ① 발판재료는 작업할 때의 하중을 견딜 수 있도록 견고한 것으로 할 것
② 작업발판의 폭은 40cm 이상으로 하고, 발판재료 간의 틈은 3cm 이하로 할 것
③ 추락의 위험성이 있는 장소에는 안전난간을 설치할 것

 가설통로와 외부비계가 설치되어 있다.

 문제 강관비계와 작업발판의 미비점을 3가지 쓰시오.

→해답 ① 작업발판 단부에 안전난간 미설치
② 가설통로에 손잡이 미설치
③ 수직방망 미설치
④ 적정 간격의 벽이음 미설치

동영상 설명 건물외벽 쌍줄비계에서 작업을 하고 있는 동영상을 보여주고 있다.

문제 아파트 건설현장 외부 비계에서 작업자가 자재를 위층으로 올리던 중 위층 작업자가 자재를 놓쳐 자재가 떨어지는 사고가 발생하였다. 이때 위험요인 3가지를 쓰시오.

➡해답 ① 낙하 자재가 비계 위 근로자를 가격함으로 인한 근로자 추락위험
② 작업구간 하부의 근로자 출입통제 미실시로 인한 낙하위험
③ 재료·기구 또는 공구 등을 올리거나 내리는 경우 달줄 또는 달포대 미사용으로 인한 낙하위험

 외부비계를 설치하고 있는 모습을 보여주고 있다.

🏢 문제 보호구를 착용하지 않은 작업자가 아래쪽에서 위쪽으로 단관비계 부재를 세로로 들어 올려주고 있다. 동영상을 참고하여 발생 가능한 사고를 2가지 쓰시오.

⇨해답 ① 작업자의 안전대, 안전모 미착용으로 인한 추락위험
② 작업발판 미설치로 인한 추락위험
③ 재료 · 기구 또는 공구 등을 올리거나 내리는 경우 달줄 또는 달포대 미사용으로 인한 낙하위험

출제분야	건설안전
작업명	이동식 비계작업

동영상 설명 이동식 비계 위로 작업자가 올라가고 있는 장면을 보여주고 있다.

 문제 이와 같은 작업 시 추락재해가 발생하였을 때 재해예방대책 3가지를 쓰시오.

➡해답 ① 승강용 사다리를 견고하게 설치한다.
② 갑작스러운 이동 또는 전도를 방지하기 위해 비계를 견고한 시설물에 고정하거나 아웃트리거를 설치한다.
③ 비계의 최상부 작업발판 단부에는 안전난간을 설치한다.

문제 작업자가 이동식 비계 최상부에 올라가서 작업을 하고 있다. 이때 재해예방을 위한 안전조치사항 3가지를 쓰시오.

➡해답 ① 작업발판은 항상 수평을 유지한다.
② 최상부 작업발판 단부에는 안전난간을 설치한다.
③ 근로자는 안전대를 걸고 작업한다.
④ 이동식 비계가 전도되지 않도록 시설물에 고정하거나 아웃트리거를 설치한다.

출제분야	건설안전
작업명	거푸집작업

 목재 가공용 둥근톱을 보여주고 있다.

문제 목재 가공용 둥근톱으로 합판을 절단하다 사고가 발생하였다. 아래 질문에 답하시오.

(1) 동영상에서의 재해발생 원인을 2가지 쓰시오.
(2) 누전차단기를 반드시 설치해야 하는 작업장소를 쓰시오.

해답 (1) 재해발생 원인
  ① 분할날 반발예방장치 미설치
  ② 톱날접촉 예방장치 미설치
  ③ 작업 시 장갑 착용

(2) 누전차단기 설치장소
  ① 물 등 도전성이 높은 액체에 의한 습윤 장소
  ② 철판·철골 위 등 도전성이 높은 장소
  ③ 임시배선의 전로가 설치되는 장소

출제분야	건설안전
작업명	거푸집 동바리작업

동영상 설명 거푸집 동바리인 파이프 서포트가 설치되어 있다.

문제 파이프 서포트를 보고 잘못된 것을 2가지 찾아 쓰시오.

해답 ① 파이프 서포트 연결핀을 철근으로 사용하는 등 강재 간 접속부 전용철물의 미사용
② 보 하부 지지용 파이프 서포트의 수직도 미확보로 하중의 지지상태 미유지
③ 동바리의 상·하 고정 및 미끄럼 방지조치 미실시

동영상 설명 거푸집 동바리가 설치된 사진을 보여주고 있다.

문제 사진을 보고 문제점을 찾아 2가지를 쓰시오.

⇒해답 ① 동바리의 이음을 맞댄이음 또는 장부이음으로 하고 같은 품질의 재료를 사용해야 하나 동바리
　　　　와 이질재료를 혼합하여 사용함
　　　② 파이프서포트를 이어서 사용할 때에는 4개 이상의 볼트 또는 전용철물을 사용하여야 하나 이
　　　　질재료에 못으로 고정하여 이음
　　　③ 강재와 강재와의 접속부 및 교차부는 볼트·클램프 등 전용철물을 사용하여 단단히 연결해야
　　　　하나 전용철물 미사용

출제분야	건설안전
작업명	콘크리트 타설작업

 콘크리트타설장비로 콘크리트를 타설하는 장면을 보여주고 있다.

[문제] 콘크리트 타설작업을 하기 위하여 콘크리트타설장비 이용 작업 시 준수사항 3가지를 쓰시오.

[해답] 1. 작업을 시작하기 전에 콘크리트타설장비를 점검하고 이상을 발견하였으면 즉시 보수할 것
2. 건축물의 난간 등에서 작업하는 근로자가 호스의 요동·선회로 인하여 추락하는 위험을 방지하기 위하여 안전난간 설치 등 필요한 조치를 할 것
3. 콘크리트타설장비의 붐을 조정하는 경우에는 주변의 전선 등에 의한 위험을 예방하기 위한 적절한 조치를 할 것
4. 작업 중에 지반의 침하나 아웃트리거 등 콘크리트타설장비 지지구조물의 손상 등에 의하여 콘크리트타설장비가 넘어질 우려가 있는 경우에는 이를 방지하기 위한 적절한 조치를 할 것

동영상 설명 콘크리트타설장비가 붐을 뻗어 콘크리트를 타설하고 있다.

문제 콘크리트타설장비에 대한 위험요인과 근로자의 위험요인을 쓰시오.

해답 ① 콘크리트타설장비에 대한 위험요인 : 붐 조정 시 인접 전선에 의한 감전위험
② 근로자 위험요인 : 호스의 요동, 선회 시 근로자 접촉으로 인한 추락위험

[동영상 설명] 콘크리트타설장비와 인접하여 충전전로가 있다.

[문제] 콘크리트타설장비가 인접전로에 접촉 우려 시 근로자의 위험을 예방하기 위한 조치를 쓰시오.

[해답] ① 콘크리트타설장비의 붐을 충전전로에서 이격시킬 것
② 충전전로에 절연용 방호구를 설치할 것
③ 차량의 절연되지 않은 부분이 접근 한계거리 이내로 접근하지 않도록 할 것
④ 감시인을 배치할 것

 차량계 건설기계의 한 종류인 콘크리트타설장비 작업을 보여주고 있다.

문제 동영상에서 보여주고 있는 건설기계의 (1) 용도와 해당 건설기계의 작업 시 (2) 준수사항
을 쓰시오.

해답 (1) 용도 : 콘크리트 타설작업
(2) 준수사항
1. 작업을 시작하기 전에 콘크리트타설장비를 점검하고 이상을 발견하였으면 즉시 보수할 것
2. 건축물의 난간 등에서 작업하는 근로자가 호스의 요동·선회로 인하여 추락하는 위험을
방지하기 위하여 안전난간 설치 등 필요한 조치를 할 것
3. 콘크리트타설장비의 붐을 조정하는 경우에는 주변의 전선 등에 의한 위험을 예방하기 위
한 적절한 조치를 할 것
4. 작업 중에 지반의 침하나 아웃트리거 등 콘크리트타설장비 지지구조물의 손상 등에 의하
여 콘크리트타설장비가 넘어질 우려가 있는 경우에는 이를 방지하기 위한 적절한 조치를
할 것

출제분야	건설안전
작업명	굴착공사

 옹벽공사를 위한 터파기작업 중 사면이 붕괴되었다.

 토석의 붕괴 및 낙하를 예방하기 위해 미리 조치해야 하는 사항을 쓰시오.

해답 ① 흙막이 지보공의 설치
② 방호망의 설치
③ 비가 올 경우를 대비하여 측구를 설치하거나 굴착사면에 비닐보강

문제 터파기 사면 보호대책의 미비점을 3가지 쓰시오.

해답 ① 사면의 기울기 기준 미준수
② 굴착사면에 비가 올 경우를 대비한 비닐보강 미실시
③ 토사등의 붕괴 또는 낙하 원인이 되는 빗물이나 지하수 등을 배제할 수 있는 측구 미설치
④ 낙하의 위험이 있는 토석을 제거하거나 옹벽, 흙막이 지보공 등 미설치

동영상 설명 굴착기를 이용하여 굴착한 토사를 덤프트럭으로 상차하는 작업을 보여주고 있다.

문제 이와 같은 건설기계 작업 시 주의사항을 3가지 쓰시오.

해답 ① 작업유도자 배치 및 작업반경 내 근로자 접근금지
② 덤프트럭 바퀴에 고임목(쐐기)을 설치하여 급작스런 유동 방지
③ 적재적량 상차 및 덮개를 덮고 운반
④ 지반을 고르게 하고 수평 유지
⑤ 살수 실시 및 운행속도 제한

출제분야	건설안전
작업명	흙막이 가시설 설치공사

동영상 설명 건물 지하층의 구조물 공사를 위한 흙막이 가시설이 설치되어 있다.

문제 흙막이 공사 시 재해예방을 위한 조치사항 2가지를 쓰시오.

해답 ① 흙막이 지보공의 재료로 변형·부식되거나 심하게 손상된 것을 사용해서는 안 된다.
② 흙막이 지보공을 조립하는 경우 미리 조립도를 작성하여 그 조립도에 따라 조립하도록 해야 한다.
③ 흙막이 지보공을 설치하였을 때에는 정기적으로 부재의 손상·변형·부식·변위 및 탈락의 유무와 상태 등을 점검하고 이상을 발견하면 즉시 보수하여야 한다.
④ 설계도서에 따른 계측을 하고 계측 분석 결과 토압의 증가 등 이상한 점을 발견한 경우에는 즉시 보강조치를 하여야 한다.

동영상 설명 터널공사 현장에서 천공기를 사용하여 구멍을 뚫고 있는 장면을 보여주고 있다.

문제 이와 같은 장약작업 시 주의사항 3가지를 쓰시오.

해답 ① 화약이나 폭약을 장전하는 경우에는 그 부근에서 화기를 사용하거나 흡연을 하지 않도록 할 것
② 장전구(裝塡具)는 마찰·충격·정전기 등에 의한 폭발의 위험이 없는 안전한 것을 사용할 것
③ 발파공의 충진재료는 점토·모래 등 발화성 또는 인화성의 위험이 없는 재료를 사용할 것

출제분야	건설안전
작업명	추락재해

 엘리베이터 Pit 내부에서 거푸집 작업을 하는 동영상을 보여주고 있다.

 작업자가 엘리베이터 Pit 내부에서 거푸집작업을 하던 중 작업발판이 탈락되면서 추락하는 재해가 발생하였다. 이때 재해발생 위험요인 3가지를 쓰시오.

→해답 ① 작업발판의 미고정으로 인한 발판 탈락 및 추락위험
② 안전대 부착설비 미설치 및 작업자 안전대 미착용으로 인한 추락위험
③ 엘리베이터 피트 내부의 추락방호망 미설치로 인한 추락위험

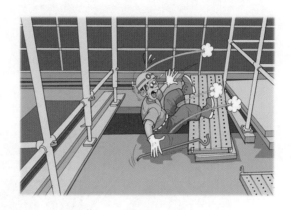

동영상설명 작업자가 개구부에서 작업을 하던 중 추락하는 장면을 보여주고 있다.

문제 이와 같은 재해 발생 시 추락 방지를 위한 안전대책 3가지를 쓰시오.

해답 ① 안전난간, 울타리, 수직형 추락방망 설치
② 충분한 강도를 가진 구조로 덮개를 튼튼하게 설치
③ 어두운 장소에서도 알아볼 수 있도록 개구부임을 표시
④ 추락방호망 설치
⑤ 근로자의 안전대 착용 지시

동영상 설명 교량 건설공사 중 스틸박스 거더를 설치하고 있는 동영상을 보여주고 있다.

문제 교량 상부공 작업 시 작업자가 하부로 추락하는 재해가 발생하였다. 이때 재해예방대책을
4가지 쓰시오.

해답 ① 작업(통로)발판 설치
② 안전대 부착설비 설치 및 안전대 착용
③ 추락방지용 추락방호망 설치
④ 작업발판 단부, 스틸박스 단부에 안전난간 설치

출제분야	건설안전
작업명	낙하·비래재해

동영상 설명 아파트 건설현장을 보여주고 있다.

문제 위와 같은 건설현장에서 화물의 낙하·비래 위험이 있는 경우 조치해야 할 사항 2가지를 쓰시오.

해답 ① 낙하물 방지망 설치
② 출입금지구역의 설정
③ 방호선반 설치
④ 작업자의 안전모 착용 지시

문제 아파트 건설현장의 수직보호망을 보여주고 있다. 이때 낙하·비래 재해예방을 위해 필요한 안전시설 3가지를 쓰시오.

해답 ① 낙하물 방지망
② 수직보호망
③ 방호선반

출제분야	건설안전
작업명	충돌·협착재해

동영상 설명 백호를 이용하여 관로매설 작업을 하고 있다.

문제 백호로 외줄걸이를 한 채 인양물을 옮기다 인양물이 떨어져 작업자가 다치는 재해가 발생하였다. 사고유형과 사고 방지대책을 쓰시오.

해답 1) 사고유형 : 끼임(협착)
  2) 사고 방지대책
    ① 화물의 인양작업 시에는 이동식 크레인 등 양중기를 사용할 것
    ② 인양물을 인양로프에 체결 시 2줄 걸이로 할 것
    ③ 인양물 하부에 근로자의 접근을 통제할 것
    ④ 작업 전 인양로프의 이상여부를 확인할 것

 철근의 운반 및 조립 작업을 하는 동영상이다.

🏢문제 철근 운반 시 주의사항을 3가지 쓰시오.

➡해답 ① 2개 이상 철근을 운반할 때 양 끝을 묶어 운반한다.
② 내려놓을 때에는 튕기지 않도록 던지지 말고 천천히 내려놓는다.
③ 길이가 긴 철근의 경우 2인 1조로 어깨 메기로 운반한다.

출제분야	건설안전
작업명	화재 · 폭발재해

동영상 설명 고압가스용기를 보여주고 있다.

 이와 같은 가스용기 취급 시 주의사항 4가지를 쓰시오.

➡해답 ① 용기의 온도를 섭씨 40도 이하로 유지할 것
② 전도의 위험이 없도록 할 것
③ 충격을 가하지 않도록 할 것
④ 운반하는 경우에는 캡을 씌울 것
⑤ 사용하는 경우에는 용기의 마개에 부착되어 있는 유류 및 먼지를 제거할 것
⑥ 밸브의 개폐는 서서히 할 것
⑦ 사용 전 또는 사용 중인 용기와 그 밖의 용기를 명확히 구별하여 보관할 것
⑧ 용해아세틸렌의 용기는 세워 둘 것
⑨ 용기의 부식 · 마모 또는 변형상태를 점검한 후 사용할 것

출제분야	건설안전
작업명	질식재해

동영상 설명 작업자가 밀폐공간에서 작업을 하고 있는 동영상을 보여주고 있다.

문제 작업자가 밀폐공간으로 들어가 벽면에 시너를 칠하고 있다. 작업자가 시계를 보니 시간이 1~2시간 경과하였고 갑자기 어지러워하며 쓰러졌다. 이러한 밀폐공간에서 방수 등 작업 시 안전대책을 3가지 쓰시오.

해답 ① 작업 전 산소농도 및 유해가스 농도 측정
② 작업 중 산소농도 측정 및 산소농도가 18% 미만일 때는 환기 실시
③ 근로자는 송기마스크, 공기호흡기 등 호흡용 보호구 착용

기출문제풀이

■ Engineer Construction Safety

※ 아래 그림들은 실제 출제되는 동영상문제와 다를 수 있습니다.

출제연도 2008년 4회(A형)

07.

작업자가 엘리베이터 Pit 내부에서 거푸집작업을 하던 중 작업발판이 탈락되면서 추락하는 재해가 발생하였다. 이때 재해발생 위험요인 3가지를 쓰시오.

해답 ① 작업발판이 고정되지 않아 발판 탈락 및 추락위험
② 안전대 부착설비 미설치 및 작업자 안전대 미착용으로 추락위험
③ 엘리베이터 피트 내부에 추락방호망을 설치하지 않아 추락위험

출제연도 2009년 1회(A형)

○5.
거푸집 동바리인 파이프 서포트가 설치된 모습이다. 잘못된 것을 2가지 찾아 쓰시오.

해답 ① 파이프 서포트 연결핀을 철근으로 사용하는 등 강재 간 접속부 전용철물 미사용
② 보 하부 지지용 파이프 서포트 수직도 미확보로 하중의 지지상태 미유지
③ 동바리의 상·하고정 및 미끄럼 방지조치 미실시

○7.
옹벽 구조물 설치를 위한 터파기 작업 중 사면이 붕괴된 모습이다. 토석의 붕괴 및 낙하를 예방하기 위해 미리 조치해야 하는 사항을 쓰시오.

해답 ① 흙막이 지보공의 설치
② 방호망의 설치
③ 비가 올 경우를 대비하여 측구를 설치하거나 굴착사면에 비닐보강

출제연도 | 2009년 1회(B형)

02.
아파트 건설현장을 보여주고 있다. 위와 같은 건설현장에서 화물의 낙하·비래 위험이 있는 경우 조치해야 할 사항 2가지를 쓰시오.

→해답 ① 낙하물 방지망 설치
② 출입금지구역의 설정
③ 방호선반 설치
④ 작업자 안전모 착용

04.
건물 외벽 돌 마감공사를 위해 외부비계 위에서 작업 중이다. 동영상을 참고하여 현장에서 추락재해를 유발하는 불안전한 요인을 3가지 쓰시오.

→해답 ① 작업발판 단부에 안전난간 미설치
② 근로자가 외부비계 위 작업장으로 이동할 수 있는 승강설비, 가설계단 미설치
③ 외부비계 위 통로에 대리석 자재가 적치되어 안전통로 미확보

06.
콘크리트 타설작업을 하기 위하여 콘크리트타설장비 이용 작업 시 준수사항 3가지를 쓰시오.

→해답 1. 작업을 시작하기 전에 콘크리트타설장비를 점검하고 이상을 발견하였으면 즉시 보수할 것
2. 건축물의 난간 등에서 작업하는 근로자가 호스의 요동·선회로 인하여 추락하는 위험을 방지하기 위하여 안전난간 설치 등 필요한 조치를 할 것
3. 콘크리트타설장비의 붐을 조정하는 경우에는 주변의 전선 등에 의한 위험을 예방하기 위한 적절한 조치를 할 것
4. 작업 중에 지반의 침하나 아웃트리거 등 콘크리트타설장비 지지구조물의 손상 등에 의하여 콘크리트타설장비가 넘어질 우려가 있는 경우에는 이를 방지하기 위한 적절한 조치를 할 것

08.
배수구조물 설치를 위한 터파기 작업이 진행 중이다. 터파기 사면보호대책의 미비점을 3가지 쓰시오.

→해답 ① 사면의 기울기 기준 미준수
② 굴착사면에 비가 올 경우를 대비한 비닐보강 미실시
③ 토사등의 붕괴 또는 낙하 원인이 되는 빗물이나 지하수 등을 배제할 수 있는 측구 미설치
④ 낙하의 위험이 있는 토석을 제거하거나 옹벽, 흙막이 지보공 등 미설치

출제연도 | 2009년 2회(A형)

03.
동영상은 건물외벽의 돌 마감공사를 보여주고 있다. 이와 같은 작업시 근로자나 시설 등의 안전조치 사항을 2가지 쓰시오.

➡해답 ① 발판재료는 작업할 때의 하중을 견딜 수 있도록 견고한 것으로 할 것
② 작업발판의 폭은 40cm 이상으로 하고, 발판재료 간의 틈은 3cm 이하로 할 것
③ 추락의 위험성이 있는 장소에는 안전난간을 설치할 것
④ 작업발판의 지지물은 하중에 의하여 파괴될 우려가 없는 것을 사용할 것
⑤ 작업발판재료는 뒤집히거나 떨어지지 않도록 둘 이상의 지지물에 연결하거나 고정시킬 것
⑥ 비계 기둥 간 적재하중은 400kg을 초과하지 않도록 할 것

출제연도   2010년 2회(A형)

04.

교량 건설공사 중 스틸박스 거더를 설치하고 있는 동영상을 보여주고 있다. 교량 상부공 작업 시 작업자가 하부로 추락하는 재해가 발생하였다. 이때 재해예방대책을 4가지 쓰시오.

해답 ① 작업(통로)발판 설치
② 안전대 부착설비 설치 및 안전대 착용
③ 추락방지용 추락방호망 설치
④ 작업발판 단부, 스틸박스 단부에 안전난간 설치

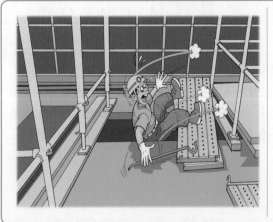

05.

작업자가 개구부에서 작업을 하던 중 추락하는 장면을 보여주고 있다. 이와 같은 재해발생 시 추락방지를 위한 안전대책 3가지를 쓰시오.

해답 ① 안전난간, 울타리, 수직형 추락방망 설치
② 충분한 강도를 가진 구조로 덮개를 튼튼하게 설치
③ 어두운 장소에서도 알아볼 수 있도록 개구부임을 표시
④ 추락방호망을 설치
⑤ 근로자 안전대 착용

08.

아파트 건설현장 동영상을 보고 작업자의 위험한 행동을 찾아 2가지를 쓰시오.

해답 ① 음료 캔을 마시고 밑으로 던져 하부작업자가 날아온 물체(비래)에 의해 재해를 입을 수 있다.
② 안전한 승강용 사다리를 사용하지 않고 외부비계를 밟고 위로 올라가다 추락할 위험이 있다.

출제연도 | 2010년 4회(A형)

01.
동영상은 사면을 백호로 굴착하는 장면을 보여주고 있다. 토석의 낙하위험 및 암석붕괴를 방지하기 위해 설치해야 하는 설비나 조치사항을 3가지 쓰시오.

➡해답 ① 흙막이 지보공의 설치
② 방호망의 설치
③ 근로자의 출입금지
④ 비가 올 경우를 대비하여 측구를 설치하거나 굴착사면에 비닐보강

02.
작업자가 이동식 비계 최상부에 올라가서 작업을 하고 있다. 이때 재해예방을 위한 안전조치사항 3가지를 쓰시오.

➡해답 ① 작업발판은 항상 수평을 유지한다.
② 최상부 작업발판 단부에는 안전난간을 설치한다.
③ 근로자는 안전대를 걸고 작업한다.
④ 이동식 비계가 전도되지 않도록 시설물에 고정하거나 아웃트리거를 설치한다.

03.

콘크리트타설장비로 콘크리트를 타설 중인 모습을 보여주고 있다. 거푸집 위에서 근로자는 작업하고 있고, 작업발판과 안전난간이 설치되지 않았다. 붐 대 위 전선이 있다. 콘크리트타설장비에 대한 위험요인과 근로자의 위험요인을 쓰시오.

해답 (1) 콘크리트타설장비에 대한 위험요인 : 붐 조정 시 인접 전선에 감전 위험
(2) 근로자 위험요인 : 호스의 요동, 선회로 인하여 추락 위험

출제연도　2011년 1회(A형)

04.

아파트 건설현장을 보여주고 있다. 이와 같은 아파트 건설현장에서 화물의 낙하 · 비래 위험이 있는 경우 조치해야 할 사항 2가지를 쓰시오.

해답 ① 낙하물 방지망 설치
② 출입금지구역의 설정
③ 방호선반 설치
④ 작업자 안전모 착용

08.
공사현장의 개구부를 보여주고 있다. 이처럼 추락의 위험이 존재하는 곳의 작업 시 안전조치방법을 3가지 쓰시오.

⟶해답 ① 안전난간, 울타리, 수직형 추락방망 설치
② 충분한 강도를 가진 구조로 덮개를 튼튼하게 설치
③ 어두운 장소에서도 알아볼 수 있도록 개구부임을 표시
④ 추락방호망을 설치
⑤ 근로자 안전대 착용

02.
동영상은 흙막이 구조물을 보여주고 있다. 어스앵커 공법으로 시공한 PC강선을 보여주는데, 전기배선이 PC강선과 연결되어 있다. 동영상과 같은 흙막이공사 시 재해예방을 위한 조치사항 2가지를 쓰시오.

해답 ① 흙막이 지보공의 재료로 변형·부식되거나 심하게 손상된 것을 사용해서는 안 된다.
② 흙막이 지보공을 조립하는 경우 미리 조립도를 작성하여 그 조립도에 따라 조립하도록 해야 한다.
③ 흙막이 지보공을 설치하였을 때에는 정기적으로 부재의 손상·변형·부식·변위 및 탈락의 유무와 상태 등을 점검하고 이상을 발견하면 즉시 보수하여야 한다.
④ 설계도서에 따른 계측을 하고 계측 분석 결과 토압의 증가 등 이상한 점을 발견한 경우에는 즉시 보강조치를 하여야 한다.

06.
아파트 건설현장의 수직보호망을 보여주고 있다. 이때, 낙하·비래 재해예방을 위해 필요한 안전시설 3가지를 쓰시오.

해답 ① 낙하물 방지망 ② 수직보호망 ③ 방호선반

01.
굴착작업을 하는 동영상이다. 백호가 흙을 파고 있으며 화물을 1곳 지지하고 있다. 동영상을 참고하여 안전대책 3가지를 쓰시오.

해답 ① 사면의 기울기 기준 준수
② 굴착사면에 비가 올 경우를 대비한 비닐보강 실시
③ 토사등의 붕괴 또는 낙하 원인이 되는 빗물이나 지하수 등을 배제할 수 있는 측구 설치
④ 낙하의 위험이 있는 토석을 제거하거나 옹벽, 흙막이 지보공 등 설치
⑤ 화물(상수도관 및 자재) 인양작업시 지지점을 최소 2개소 이상 묶고 이동할 것

06.
작업발판과 강관비계의 모습을 보여주고 있다. 미비점을 3가지 쓰시오.

해답 ① 작업발판 단부에 안전난간 미설치
② 가설통로에 손잡이 미설치
③ 수직방망 미설치
④ 적정 간격의 벽이음 미설치

08.

작업자가 밀폐공간으로 들어가 벽면에 시너를 칠하고 있다. 작업자가 시계를 보니 시간이 1~2
시간 경과하였고 갑자기 어지러워하며 쓰러졌다. 이러한 밀폐공간에서 방수 등 작업 시 안전대
책을 3가지 쓰시오.

➡해답 ① 작업 전 산소농도 및 유해가스 농도 측정
② 작업 중 산소농도 측정 및 산소농도가 18% 미만일 때는 환기 실시
③ 근로자는 송기마스크, 공기호흡기 등 호흡용 보호구 착용

07.
작업자가 엘리베이터 Pit 내부에서 거푸집 작업을 하던 중 작업발판이 탈락되면서 추락하는 재해가 발생하였다. 이때 재해발생 위험요인 3가지를 쓰시오.

➡해답 ① 작업발판이 고정되지 않아 발판 탈락 및 추락위험
② 안전대 부착설비 미설치 및 작업자 안전대 미착용으로 추락위험
③ 엘리베이터 피트 내부에 추락방호망을 설치하지 않아 추락위험

출제연도　　2011년 4회(B형)

01.
거푸집 동바리가 설치된 사진을 보여주고 있다. 사진을 보고 문제점을 찾아 2가지 쓰시오.

➡해답 ① 동바리의 이음을 맞댄이음 또는 장부이음으로 하고 같은 품질의 재료를 사용해야 하나 동바리와 이질재료를 혼합하여 사용함
② 파이프서포트를 이어서 사용할 때에는 4개 이상의 볼트 또는 전용철물을 사용하여야 하나 이질재료에 못으로 고정하여 이음
③ 강재와 강재와의 접속부 및 교차부는 볼트·클램프 등 전용철물을 사용하여 단단히 연결해야 하나 전용철물 미사용

04.
터널공사 현장에서 천공기를 사용하여 구멍을 뚫고 있는 장면을 보여주고 있다. 화약류 취급시 유의해야 할 사항 3가지를 쓰시오.

➡해답 ① 화약이나 폭약을 장전하는 경우에는 그 부근에서 화기를 사용하거나 흡연을 하지 않도록 할 것
② 장전구(裝塡具)는 마찰·충격·정전기 등에 의한 폭발의 위험이 없는 안전한 것을 사용할 것
③ 발파공의 충진재료는 점토·모래 등 발화성 또는 인화성의 위험이 없는 재료를 사용할 것

07.
공사장 내 사면이 굴착된 사진을 보여주고 있다. 사면붕괴 예방방법을 3가지 쓰시오.

해답 ① 사면의 기울기 기준 준수
② 굴착사면에 비가 올 경우를 대비한 비닐보강 실시
③ 토사등의 붕괴 또는 낙하 원인이 되는 빗물이나 지하수 등을 배제할 수 있는 측구 설치
④ 낙하의 위험이 있는 토석을 제거하거나 옹벽, 흙막이 지보공 등 설치

08.
아파트 건설현장 외부 비계에서 작업자가 자재를 위층으로 올리던 중 위층 작업자가 자재를 놓쳐 자재가 떨어지는 사고가 발생하였다. 이때 위험요인 3가지를 쓰시오.

해답 ① 작업자 안전대 미착용으로 추락위험
② 작업발판 미설치로 추락위험
③ 재료·기구 또는 공구 등을 올리거나 내리는 경우 달줄 또는 달포대 미사용으로 낙하위험

출제연도 2011년 4회(C형)

○3.
콘크리트 타설작업을 하기 위하여 콘크리트타설장비 이용 작업 시 준수사항 3가지를 쓰시오.

해답 1. 작업을 시작하기 전에 콘크리트타설장비를 점검하고 이상을 발견하였으면 즉시 보수할 것
2. 건축물의 난간 등에서 작업하는 근로자가 호스의 요동·선회로 인하여 추락하는 위험을 방지하기 위하여 안전난간 설치 등 필요한 조치를 할 것
3. 콘크리트타설장비의 붐을 조정하는 경우에는 주변의 전선 등에 의한 위험을 예방하기 위한 적절한 조치를 할 것
4. 작업 중에 지반의 침하나 아웃트리거 등 콘크리트타설장비 지지구조물의 손상 등에 의하여 콘크리트타설장비가 넘어질 우려가 있는 경우에는 이를 방지하기 위한 적절한 조치를 할 것

○4.
사면 굴착작업을 보여주고 있다. 사면 보강 중 경사진 사면에 H빔이 있고, 도로로 차가 다니고 있다. 굴착작업에 있어 토사등 또는 구축물의 붕괴 또는 낙하에 의해 근로자에게 위험을 미칠 우려가 있을 때 취해야 할 조치사항을 2가지 쓰시오.

해답 ① 사면의 기울기 기준 준수
② 굴착사면에 비가 올 경우를 대비한 비닐보강 실시
③ 토사등의 붕괴 또는 낙하 원인이 되는 빗물이나 지하수 등을 배제할 수 있는 측구 설치
④ 낙하의 위험이 있는 토석을 제거하거나 옹벽, 흙막이 지보공 등 설치

05.

거푸집 동바리의 잘못된 설치로 거푸집의 붕괴사고가 발생한 장면이다. 동바리의 설치상태가 잘못된 사항을 3가지 쓰시오.

➡해답 ① 동바리의 이음을 맞댄이음 또는 장부이음으로 하고 같은 품질의 재료를 사용해야 하나 동바리와 이질재료를 혼합하여 사용함
② 파이프서포트를 이어서 사용할 때에는 4개 이상의 볼트 또는 전용철물을 사용하여 이어야 하나 이질재료에 못으로 고정하여 이음
③ 강재와 강재와의 접속부 및 교차부는 볼트·클램프 등 전용철물을 사용하여 단단히 연결해야 하나 전용철물 미사용

06.

콘크리트타설장비가 배선전로에 접촉 우려 시 근로자의 위험을 예방하기 위한 조치를 쓰시오.

➡해답 ① 콘크리트타설장비의 붐을 충전전로에서 이격시킬 것
② 충전전로에 절연용 방호구를 설치할 것
③ 차량의 절연되지 않은 부분이 접근 한계거리 이내로 접근하지 않도록 할 것
④ 감시인 배치

07.

압쇄기를 이용한 건물 해체작업이 실시되고 있다. 위와 같은 건물 해체작업 시 공법의 종류와 해체작업 계획에 포함되어야 하는 사항 3가지를 쓰시오.

➡해답 (1) 공법의 종류 : 압쇄공법
(2) 해체작업계획 포함사항
　① 해체의 방법 및 해체순서 도면
　② 가설설비, 방호설비, 환기설비 및 살수·방화설비 등의 방법
　③ 사업장 내 연락방법
　④ 해체물의 처분계획
　⑤ 해체작업용 기계·기구 등의 작업계획서
　⑥ 해체작업용 화약류 등의 사용계획서

출제연도 | 2012년 1회(11시)

01.
굴착기를 이용하여 굴착한 토사를 덤프트럭으로 상차하는 작업을 보여주고 있다. 이와 같은 건설기계 작업 시 주의사항을 3가지 쓰시오.

해답 ① 작업 유도자 배치 및 작업반경 내 근로자 접근금지
② 덤프트럭 바퀴에 고임목(쐐기)을 설치하여 급작스런 유동을 방지
③ 적재적량 상차 및 덮개를 덮고 운반
④ 지반을 고르게 하고 수평유지
⑤ 살수 실시 및 운행 속도 제한

04.
백호로 관로 터파기 작업을 하고 있다. 현장의 위험요소 2가지를 찾아 쓰시오.

해답 ① 사면의 기울기 기준 미준수
② 굴착사면에 비가 올 경우를 대비한 비닐보강 미실시
③ 토사등의 붕괴 또는 낙하 원인이 되는 빗물이나 지하수 등을 배제할 수 있는 측구 미설치
④ 낙하의 위험이 있는 토석을 제거하거나 옹벽, 흙막이 지보공 등 미설치

06.
작업자가 이동식 비계 최상부에 올라가서 작업을 하고 있다. 이때 재해예방을 위한 안전조치사항 3가지를 쓰시오.

해답 ① 이동식 비계의 바퀴에는 뜻밖의 갑작스러운 이동 또는 전도를 방지하기 위해 브레이크·쐐기 등으로 바퀴를 고정시킨 다음 비계의 일부를 견고한 시설물에 고정하거나 아웃트리거(Outrigger)를 설치하는 등 필요한 조치를 할 것
② 승강용 사다리는 견고하게 설치할 것
③ 비계의 최상부에서 작업을 할 경우에는 안전난간을 설치할 것
④ 작업발판은 항상 수평을 유지하고 작업발판 위에서 안전난간을 딛고 작업을 하거나 받침대 또는 사다리를 사용하여 작업하지 않도록 할 것
⑤ 작업발판의 최대 적재하중은 250kg을 초과하지 않도록 할 것

출제연도 | 2012년 2회(11시)

02.

개구부에 방망이 설치되어 있다. 이러한 안전시설이 설치되어야 할 장소 3가지를 쓰시오.

➡해답 ① 추락에 의한 사고위험이 있는 곳
② 낙하·비래로 인한 위험이 있는 곳
③ 개구부

03.

음료수를 먹은 후 빈 캔을 아래로 던지고, 비계를 잡고 위로 올라가는 모습이다. 이 때 예상되는 재해 2가지를 쓰시오.

➡해답 ① 작업장 하부의 작업자 또는 통행인이 던진 캔에 맞아 다칠 수 있음
② 안전대 등 추락방지용 보호구 착용 없이 강관 비계을 밟고 올라가다 추락할 위험이 있음

05.
근로자가 안전모를 쓰지 않고 있으며, 외부비계 위 작업발판 없는 상태에서 강관을 아래로 던지는 모습이다. 이때 위험요인 3가지를 쓰시오.

⇒해답 ① 작업자 안전모 미착용으로 추락 또는 물체의 낙하 시 재해 위험
② 비계 위 작업발판 미설치로 이동 또는 작업 중 추락위험
③ 아래로 던진 강관에 하부 작업자가 맞을 위험

06.
콘크리트타설장비가 붐을 뻗어 콘크리트를 타설하고 있는 데 붐이 전선과 인접해 있고 근로자들이 호스 근처에서 작업 중이다. 근로자에게 예상되는 사고 위험을 2가지 쓰시오.

⇒해답 ① 붐대가 충전선로와 접촉하여 감전재해 위험
② 콘크리트 타설 중 붐 또는 호스의 유동에 따른 작업자 충돌위험
③ 콘크리트 타설 중 슬래브 단부에서 추락 위험

02.
백호 버켓을 이용한 콘크리트 타설시 위험요인 3가지를 쓰시오.

→해답 ① 작업반경 내 근로자 접근으로 충돌, 협착위험
② 콘크리트 타설시 백호 버켓 연결부 탈락으로 인한 버켓 낙하위험
③ 붐을 조정할 때 주변 전선 등에 의한 감전위험

03.
비계 위에서 돌 붙이기 작업을 할 경우 개선해야 할 불안전한 요소를 쓰시오.

→해답 ① 작업발판 단부에 안전난간 미설치로 인한 추락위험
② 비계 위 자재 과다 적재로 인한 비계무너짐 위험
③ 수직방망이 미설치 된 상태에서 비계 위 자재의 낙하위험

04.
이동식 비계를 사용한 작업 시 재해예방을 위한 준수사항을 쓰시오.

해답 ① 이동식비계의 바퀴에는 뜻밖의 갑작스러운 이동 또는 전도를 방지하기 위하여 브레이크·쐐기 등으로 바퀴를 고정시킨 다음 비계의 일부를 견고한 시설물에 고정하거나 아웃트리거(Outrigger)를 설치하는 등 필요한 조치를 할 것
② 승강용 사다리는 견고하게 설치할 것
③ 비계의 최상부에서 작업을 하는 경우에는 안전난간을 설치할 것
④ 작업발판은 항상 수평을 유지하고 작업발판 위에서 안전난간을 딛고 작업을 하거나 받침대 또는 사다리를 사용하여 작업하지 않도록 할 것
⑤ 작업발판의 최대적재하중은 250kg을 초과하지 않도록 할 것

06.
관로설치 작업장에서 백호가 화물을 1곳을 지지하고 있다. 동영상을 참고하여 안전대책 3가지를 쓰시오.

해답 ① 건설기계 유도자 배치
② 작업반경 내 출입금지구역 설정 및 근로자 출입통제
③ 화물의 인양시 2줄걸이 인양

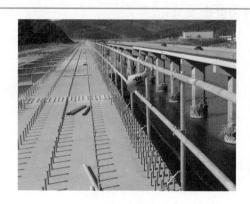 

03.

교량작업 사진을 보여주고 있다. 이러한 교량작업 시 추락을 방지하기 위한 시설 3가지를 쓰시오.

➡해답 ① 추락방지용 안전난간
② 작업발판
③ 추락방지용 추락방호망

06.

흙막이 공사 시 재해예방을 위한 조치사항 2가지를 쓰시오.

해답 ① 흙막이 지보공의 재료로 변형·부식되거나 심하게 손상된 것을 사용해서는 안 된다.
② 흙막이 지보공을 조립하는 경우 미리 조립도를 작성하여 그 조립도에 따라 조립하도록 해야 한다.
③ 흙막이 지보공을 설치하였을 때에는 정기적으로 부재의 손상·변형·부식·변위 및 탈락의 유무와 상태 등을 점검하고 이상을 발견하면 즉시 보수하여야 한다.
④ 설계도서에 따른 계측을 하고 계측 분석 결과 토압의 증가 등 이상한 점을 발견한 경우에는 즉시 보강조치를 하여야 한다.

O8.
공사장 내 사면이 굴착된 사진을 보여주고 있다. 이때, 사면붕괴 예방방법을 3가지 쓰시오.

해답 ① 굴착사면의 기울기 기준 준수
② 굴착사면에 비가 올 경우를 대비한 비닐보강 실시
③ 토사등의 붕괴 또는 낙하 원인이 되는 빗물이나 지하수 등을 배제할 수 있는 측구 설치
④ 낙하의 위험이 있는 토석을 제거하거나 옹벽, 흙막이 지보공 등 설치

02.

거푸집 동바리의 잘못된 설치로 거푸집의 붕괴사고가 발생한 장면이다. 동바리의 설치상태가 잘못된 사항을 3가지 쓰시오.

해답 ① 동바리의 이음을 맞댄이음 또는 장부이음으로 하고 같은 품질의 재료를 사용해야 하나 동바리와 이질재료를 혼합하여 사용함
② 파이프서포트를 이어서 사용할 때에는 4개 이상의 볼트 또는 전용철물을 사용하여 이어야 하나 이질재료에 못으로 고정하여 이음
③ 강재와 강재와의 접속부 및 교차부는 볼트·클램프 등 전용철물을 사용하여 단단히 연결해야 하나 전용철물 미사용

05.

아파트 건설현장에서 자재운반 영상을 보여주고 있다. 위와 같이 건설현장에서 화물의 낙하·비래 위험이 있는 경우 조치해야 할 사항 2가지를 쓰시오.

해답 ① 낙하물 방지망 설치   ② 출입금지구역의 설정
③ 방호선반 설치   ④ 작업자 안전모 착용

03.

사진은 공사현장에 설치된 임시 전력시설이다. 전기기계, 기구의 감전 위험이 있는 충전전로 부분에 대하여 감전을 예방하기 위한 조치사항을 2가지 쓰시오.

➡️해답 ① 충전부가 노출되지 않도록 폐쇄형 외함이 있는 구조로 할 것
② 충전부에 충분한 절연효과가 있는 방호망 또는 절연덮개를 설치할 것
③ 충전부는 내구성이 있는 절연물로 완전히 덮어 감쌀 것
④ 발전소·변전소 및 개폐소 등 구획되어 있는 장소로서 관계 근로자가 아닌 사람의 출입이 금지되는 장소에 충전부를 설치하고, 위험표시 등의 방법으로 방호를 강화할 것
⑤ 전주 위 및 철탑 위 등 격리되어 있는 장소로서 관계 근로자가 아닌 사람이 접근할 우려가 없는 장소에 충전부를 설치할 것
⑥ 노출 충전부가 있는 맨홀 또는 지하실 등의 밀폐공간에서 작업하는 경우에는 노출 충전부와의 접촉으로 인한 전기위험을 방지하기 위하여 덮개, 울타리 또는 절연 칸막이 등을 설치할 것
⑦ 감전위험을 방지하기 위하여 개폐되는 문, 경첩이 있는 패널 등(분전반 또는 제어반 문)을 견고하게 고정

05.
거푸집 붕괴 동영상이다. 거푸집 동바리 붕괴 원인을 쓰시오.

➡해답 ① 받침목이나 깔판의 사용, 콘크리트 타설, 말뚝박기 등 동바리의 침하를 방지하기 위한 조치 미실시
② 동바리의 상하고정 및 미끄러짐 방지조치 미실시
③ 동바리의 이음은 맞댄이음 또는 장부이음으로 하고 같은 품질의 재료를 사용하여야 하나 미실시
④ 강재와 강재와의 접속부 및 교차부는 볼트·클램프 등 전용철물을 사용하여 단단히 연결하여야 하나 철선을 사용하여 연결
⑤ 높이가 3.5m를 초과하는 경우에는 높이 2m 이내마다 수평연결재를 2개 방향으로 만들고 수평연결재의 변위를 방지하여야 하나 수평연결재 미설치

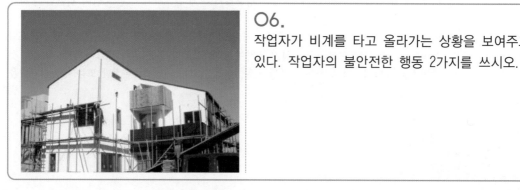

06.
작업자가 비계를 타고 올라가는 상황을 보여주고 있다. 작업자의 불안전한 행동 2가지를 쓰시오.

➡해답 ① 통로 또는 승강로를 이용하지 않고 비계를 타고 올라가던 중 추락 위험이 있다.
② 안전모 턱끈 미체결 및 안전대 미착용

07.
덤프, 백호로 토사를 굴착하여 운반하는 작업이다.
동영상을 참고하여 위험요인과 안전대책을 쓰시오.

해답 (1) 위험요인
　① 작업 유도자 미배치로 덤프와 백호가 작업 중 충돌위험
　② 신호수 미배치로 타 작업자가 위험구간에 출입하여 충돌·협착위험
　③ 덤프트럭 바퀴에 고임목(쐐기) 미설치로 급작스런 유동위험
　④ 안전모 등 보호구 미착용에 따른 재해발생위험

(2) 안전대책
　① 작업 유도자 배치하여 작업을 유도
　② 신호수를 배치하여 위험구간내 타작업 근로자 접근 금지
　③ 덤프트럭 바퀴에 고임목(쐐기) 설치로 급작스런 유동을 방지
　④ 안전모 등 보호구 착용 철저

Subject 03

산업안전보건법(규칙)

Contents

■ 예상문제풀이

■ 기출문제풀이

예상문제풀이

■ Engineer Construction Safety

출제분야	산업안전보건법(규칙)
작업명	비계 조립·해체작업

동영상 설명　건물 외벽을 따라 강관비계가 설치되어 있다.

 문제　다음은 강관비계 구조에 관한 내용이다. 빈칸을 채워 넣으시오.

> (1) 비계 기둥의 간격은 띠장 방향에서 (①)m 이하
> (2) 장선방향에서는 (②)m 이하
> (3) 띠장은 (③)m 이하로 설치
> (4) 비계 기둥 제일 윗부분으로부터 (④)m 되는 지점 밑부분은 비계 기둥을 2개의 강관
> 　　으로 묶어 세움
> (5) 비계 기둥 간의 적재하중은 (⑤)kg 이하

➡해답　① 1.85　② 1.5　③ 2　④ 31　⑤ 400

[문제] 강관비계의 작업에서 준수할 사항으로 다음 (   ) 안에 적합한 말을 채우시오.

(1) 비계 기둥에는 미끄러지거나 (①)하는 것을 방지하기 위하여 밑받침 철물을 사용
(2) 강관의 접속부 또는 교차부는 적합한 (②)을 사용하여 접속하거나 단단히 묶을 것
(3) 강관비계는 5×5m 이내마다 벽이음 또는 (③)을 설치할 것

[해답] ① 침하
　　　② 부속철물
　　　③ 버팀

[문제] 5m 이상의 비계의 조립·해체·변경작업 시 준수사항을 3가지 쓰시오.

[해답] ① 관리감독자의 지휘에 따라 작업하도록 할 것
　　　② 조립·해체 또는 변경의 시기·범위 및 절차를 그 작업에 종사하는 근로자에게 주지시킬 것
　　　③ 조립·해체 또는 변경 작업구역에는 해당 작업에 종사하는 근로자가 아닌 사람의 출입을 금지하고 그 내용을 보기 쉬운 장소에 게시할 것
　　　④ 비, 눈, 그 밖의 기상상태의 불안정으로 날씨가 몹시 나쁜 경우에는 그 작업을 중지시킬 것
　　　⑤ 비계재료의 연결·해체작업을 하는 경우에는 폭 20cm 이상의 발판을 설치하고 근로자로 하여금 안전대를 사용하도록 하는 등 추락을 방지하기 위한 조치를 할 것
　　　⑥ 재료·기구 또는 공구 등을 올리거나 내리는 경우에는 근로자가 달줄 또는 달포대 등을 사용하게 할 것

 건물 외벽 쌍줄비계에서 작업을 하고 있는 사진이다.

 비계를 조립·해체하거나 변경하는 작업을 하는 경우 준수사항 3가지를 쓰시오.

해답 ① 근로자가 관리감독자의 지휘에 따라 작업하도록 할 것
② 조립·해체 또는 변경의 시기·범위 및 절차를 그 작업에 종사하는 근로자에게 주지시킬 것
③ 조립·해체 또는 변경 작업구역에는 해당 작업에 종사하는 근로자가 아닌 사람의 출입을 금지하고 그 내용을 보기 쉬운 장소에 게시할 것
④ 비, 눈, 그 밖의 기상상태의 불안정으로 날씨가 몹시 나쁜 경우에는 그 작업을 중지시킬 것
⑤ 비계재료의 연결·해체작업을 하는 경우에는 폭 20센티미터 이상의 발판을 설치하고 근로자로 하여금 안전대를 사용하도록 하는 등 추락을 방지하기 위한 조치를 할 것
⑥ 재료·기구 또는 공구 등을 올리거나 내리는 경우에는 근로자가 달줄 또는 달포대 등을 사용하게 할 것

동영상 설명 외부비계에 경사로가 설치되어 있는 사진이다.

문제 경사로 사진을 보고 빈칸에 알맞은 숫자를 쓰시오.

(1) 비탈면의 경사각은 (①) 이내로 하고 미끄럼막이를 설치한다.
(2) 경사로 지지기둥은 (②) 이내마다 설치하여야 한다.
(3) 높이 (③) 이내마다 계단참을 설치하여야 한다.

해답 ① 30°
② 3m
③ 7m

출제분야	산업안전보건법(규칙)
작업명	이동식 비계작업

 이동식 비계 위로 작업자가 올라가고 있는 장면을 보여주고 있다.

문제 승강용 사다리는 보이지 않고, 이동식 비계의 바퀴가 흔들거리는 장면을 보여주면서 작업자가 추락한다. 이와 같은 이동식 비계를 조립하는 경우 준수사항 3가지를 쓰시오.

해답 ① 이동식 비계의 바퀴에는 뜻밖의 갑작스러운 이동 또는 전도를 방지하기 위해 브레이크·쐐기 등으로 바퀴를 고정시킨 다음 비계의 일부를 견고한 시설물에 고정하거나 아웃트리거(Outrigger)를 설치하는 등 필요한 조치를 할 것
② 승강용 사다리는 견고하게 설치할 것
③ 비계의 최상부에서 작업을 할 경우에는 안전난간을 설치할 것
④ 작업발판은 항상 수평을 유지하고 작업발판 위에서 안전난간을 딛고 작업하거나 받침대 또는 사다리를 사용하여 작업하지 않도록 할 것
⑤ 작업발판의 최대 적재하중은 250kg을 초과하지 않도록 할 것

출제분야	산업안전보건법(규칙)
작업명	이동식 사다리작업

 천장 부분의 작업을 위해서 이동식 사다리가 설치되어 있다.

 이동식 사다리의 설치기준을 3가지 쓰시오.

➡해답 ① 견고한 구조로 할 것
② 재료는 심한 손상·부식 등이 없을 것
③ 발판의 간격은 동일하게 할 것
④ 발판과 벽의 사이는 15cm 이상의 간격을 유지할 것
⑤ 폭은 30cm 이상으로 할 것
⑥ 사다리가 넘어지거나 미끄러지는 것을 방지하기 위한 조치를 할 것
⑦ 사다리의 상단은 걸쳐 놓은 지점으로부터 60cm 이상 올라가도록 할 것

출제분야 산업안전보건법(규칙)

작업명 거푸집 동바리작업

 거푸집 동바리인 파이프 서포트가 설치되어 있다.

문제 거푸집 동바리 조립 시 준수해야 하는 사항을 3가지 쓰시오.

해답 1. 받침목이나 깔판의 사용, 콘크리트 타설, 말뚝박기 등 동바리의 침하를 방지하기 위한 조치를 할 것
2. 동바리의 상하 고정 및 미끄러짐 방지 조치를 할 것
3. 상부·하부의 동바리가 동일 수직선상에 위치하도록 하여 깔판·받침목에 고정시킬 것
4. 개구부 상부에 동바리를 설치하는 경우에는 상부하중을 견딜 수 있는 견고한 받침대를 설치할 것
5. U헤드 등의 단판이 없는 동바리의 상단에 멍에 등을 올릴 경우에는 해당 상단에 U헤드 등의 단판을 설치하고, 멍에 등이 전도되거나 이탈되지 않도록 고정시킬 것
6. 동바리의 이음은 같은 품질의 재료를 사용할 것
7. 강재의 접속부 및 교차부는 볼트·클램프 등 전용철물을 사용하여 단단히 연결할 것
8. 거푸집의 형상에 따른 부득이한 경우를 제외하고는 깔판이나 받침목은 2단 이상 끼우지 않도록 할 것
9. 깔판이나 받침목을 이어서 사용하는 경우에는 그 깔판·받침목을 단단히 연결할 것

출제분야	산업안전보건법(규칙)
작업명	인양작업

동영상 설명 와이어로프의 체결상태를 보여주고 있다.

문제 와이어로프의 체결상태가 올바른 것을 고르고 그 이유를 설명하시오.

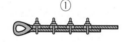 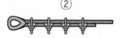

해답 (1) 올바른 것 : ①
(2) 이유 : 클립의 새들(Saddle)은 와이어로프의 힘이 걸리는 쪽에 위치해야 한다.

문제 와이어로프의 클립체결 시 클립 수를 쓰시오.

와이어로프 지름(mm)	클립 개수
16 이하	(①)개 이상
16 초과 28 이하	(②)개 이상
28 초과	(③)개 이상

해답 ① 4개 ② 5개 ③ 6개

 이동식 크레인의 와이어로프를 사용하여 자재를 인양하고 있다.

문제 와이어로프의 사용금지 기준을 3가지 쓰시오.

해답 ① 이음매가 있는 것
② 와이어로프의 한 꼬임(스트랜드)에서 끊어진 소선[素線, 필러(Pillar)선은 제외]의 수가 10%
이상(비자전로프의 경우에는 끊어진 소선의 수가 와이어로프 호칭지름의 6배 길이 이내에서
4개 이상이거나 호칭지름 30배 길이 이내에서 8개 이상)인 것
③ 지름의 감소가 공칭지름의 7%를 초과하는 것
④ 꼬인 것
⑤ 심하게 변형 또는 부식된 것
⑥ 열과 전기충격에 의해 손상된 것

출제분야	산업안전보건법(규칙)
작업명	굴착공사

동영상 설명 백호로 경사면을 굴착하고 있는 모습이다.

문제 굴착작업 시 토사등의 붕괴 또는 낙하를 방지하기 위해 작업 시작 전 점검해야 할 사항을 2가지 쓰시오.

해답 ① 형상·지질 및 지층의 상태
② 균열·함수·용수 및 동결의 유무 또는 상태
③ 매설물 등의 유무 또는 상태
④ 지반의 지하수위 상태

동영상
설명 │ 배수구조물 설치를 위한 터파기 작업이 진행 중이다.

문제 │ 지반의 기울기 기준을 모래, 연암 및 풍화암, 경암, 그 밖의 흙에 대하여 쓰시오.

해답

지반의 종류	굴착면의 기울기
모래	1 : 1.8
연암 및 풍화암	1 : 1.0
경암	1 : 0.5
그 밖의 흙	1 : 1.2

출제분야	산업안전보건법(규칙)
작업명	흙막이 가시설 설치공사

동영상 설명 굴착 작업장의 흙막이 구조물을 보여주고 있다.

문제 이와 같은 흙막이 지보공을 설치한 때에 정기적으로 점검하여 이상 발견 시 즉시 보수하여야 하는 사항을 3가지 쓰시오.

해답 ① 부재의 손상·변형·부식·변위 및 탈락의 유무와 상태
② 버팀대의 긴압의 정도
③ 부재의 접속부·부착부 및 교차부의 상태
④ 침하의 정도

출제분야	산업안전보건법(규칙)
작업명	터널공사

동영상 설명 터널 굴착(발파)작업이 진행되고 있다.

문제 터널 굴착작업 시 시공계획에 포함되어야 할 사항 3가지를 쓰시오.

해답 ① 굴착의 방법
② 터널지보공 및 복공의 시공방법과 용수의 처리방법
③ 환기 또는 조명시설을 하는 때에는 그 방법

동영상 설명 │ 터널공사 현장에서 천공기를 사용하여 구멍을 뚫고 있는 장면이다.

문제 │ 터널공사 작업 시 자동경보장치에 대하여 당일 작업시작 전에 이상을 발견하면 즉시 보수해야 할 사항 3가지를 쓰시오.

해답 ① 계기의 이상 유무
② 검지부의 이상 유무
③ 경보장치의 작동상태

 터널 내부에서 강아치 지보공을 설치하는 작업 중이다.

 터널공사의 강아치 지보공 조립 시 준수해야 할 사항을 3가지 쓰시오.

해답 ① 조립간격은 조립도에 따를 것
② 주재가 아치 작용을 충분히 할 수 있도록 쐐기를 박는 등 필요한 조치를 할 것
③ 연결볼트 및 띠장 등을 사용하여 주재 상호 간을 튼튼하게 연결할 것
④ 터널 등의 출입구 부분에는 받침대를 설치할 것
⑤ 낙하물에 의하여 근로자에게 위험을 미칠 우려가 있는 때에는 널판 등을 설치할 것

출제분야	산업안전보건법(규칙)
작업명	해체공사

 동영상 설명 압쇄기를 이용한 건물 해체작업이 실시되고 있다.

문제 위와 같은 건물 해체작업 시 공법의 종류와 해체작업 계획에 포함되어야 하는 사항 3가지를 쓰시오.

해답 (1) 공법의 종류 : 압쇄공법
　　　(2) 해체작업계획 포함사항
　　　　　① 해체의 방법 및 해체순서 도면
　　　　　② 가설설비, 방호설비, 환기설비 및 살수·방화설비 등의 방법
　　　　　③ 사업장 내 연락방법
　　　　　④ 해체물의 처분계획
　　　　　⑤ 해체작업용 기계·기구 등의 작업계획서
　　　　　⑥ 해체작업용 화약류 등의 사용계획서

출제분야	산업안전보건법(규칙)
작업명	추락재해

동영상 설명 건설현장의 개구부를 보여주고 있다.

문제 동영상에서 보여주고 있는 바닥 개구부나 가설 구조물의 단부에서 추락위험을 방지하기 위해 설치해야 하는 안전난간의 구조 및 설치요건을 (　) 안에 써 넣으시오.

1. 안전난간은 (①), (②), (③) 및 (④)으로 구성한다.
2. (①)은 바닥면 발판 또는 경사로의 표면으로부터 (⑤) 이상 지점에 설치하고, 상부 난간대를 (⑥) 이하에 설치하는 경우에는 (②)는 (①)와 바닥면 등의 중간에 설치 하여야 하며, (⑥) 이상 지점에 설치하는 경우에는 (②)를 2단 이상으로 균등하게 설치하고 난간의 상하 간격은 60cm 이하가 되도록 한다. 다만, 계단의 개방된 측면에 설치된 난간기둥 간의 간격이 25cm 이하인 경우에는 중간 난간대를 설치하지 아니할 수 있다.
3. (③)은 바닥면 등으로부터 (⑦) 이상의 높이를 유지한다.

해답 ① 상부 난간대 　　　　　　② 중간 난간대
　　　③ 발끝막이판 　　　　　　④ 난간기둥
　　　⑤ 90cm 　　　　　　　　　⑥ 120cm
　　　⑦ 10cm

 철골공사현장에 설치한 추락방호망을 보여주고 있다.

추락방지용 추락방호망에 표시해야 하는 사항 3가지를 쓰시오.

⟶해답 ① 제조자명
② 제조연월
③ 그물코의 크기
④ 인장강도

출제분야	산업안전보건법(규칙)
작업명	낙하·비래재해

동영상 설명 작업자가 건물 외측에 설치한 낙하물방지망을 보수하고 있다.

문제 이와 같이 낙하물방지망을 설치할 때 작업자가 착용해야 하는 보호구(①) 및 설치기준에 대하여 ( ) 안에 알맞은 단어를 써 넣으시오.

1) 높이 (②)m 이내마다 설치하고, 내민 길이는 벽면으로부터 (③)m 이상으로 할 것
2) 수평면과의 각도는 (④) 이하를 유지할 것

해답 ① 안전대　　② 10
　　　 ③ 2　　　 ④ 20~30°

 동영상 설명 사진은 낙하물 방지망을 보여주고 있다.

문제 낙하물 방지망의 최초 사용개시 후 시험기간과 정기시험기간을 쓰시오.

해답 ① 최초 사용개시 후 시험기간 : 1년
② 정기시험기간 : 6개월마다

출제분야	산업안전보건법(규칙)
작업명	감전재해

동영상 설명 충전부가 노출되어 있는 가설 분전반의 사진을 보여주고 있다.

문제 이와 같이 직접접촉에 의한 감전위험이 있을 경우 방호대책을 3가지 쓰시오.

해답 ① 충전부가 노출되지 않도록 폐쇄형 외함이 있는 구조로 할 것
② 충전부에 충분한 절연효과가 있는 방호망 또는 절연덮개를 설치할 것
③ 충전부는 내구성이 있는 절연물로 완전히 덮어 감쌀 것
④ 발전소·변전소 및 개폐소 등 구획되어 있는 장소로서 관계 근로자가 아닌 사람의 출입이 금지되는 장소에 충전부를 설치하고, 위험표시 등의 방법으로 방호를 강화할 것
⑤ 전주 위 및 철탑 위 등 격리되어 있는 장소로서 관계 근로자가 아닌 사람이 접근할 우려가 없는 장소에 충전부를 설치할 것
⑥ 노출 충전부가 있는 맨홀 또는 지하실 등의 밀폐공간에서 작업하는 경우에는 노출 충전부와의 접촉으로 인한 전기위험을 방지하기 위하여 덮개, 울타리 또는 절연 칸막이 등을 설치할 것
⑦ 감전위험을 방지하기 위하여 개폐되는 문, 경첩이 있는 패널 등(분전반 또는 제어반 문)을 견고하게 고정할 것

 교류아크 용접기로 상수도관 연결부위를 용접하는 동영상을 보여주고 있다.

문제 이와 같은 용접작업을 할 때 근로자가 착용한 보호구의 종류 3가지와 용접기의 방호장치를 쓰시오.

해답 (1) 착용 보호구
　　　① 용접용 보안면
　　　② 용접용 안전장갑
　　　③ 용접용 앞치마

　(2) 방호장치 : 자동전격방지기

출제분야	산업안전보건법(규칙)
작업명	질식재해

동영상 설명 작업자가 밀폐장소에서 작업하던 중 쓰러지는 동영상을 보여주고 있다.

문제 밀폐된 공간, 즉 잠함, 우물통, 수직갱 등에서 작업 시 산소결핍기준 및 결핍 시 조치사항 3가지를 쓰시오.

해답 (1) 결핍기준 : 공기 중의 산소농도가 18% 미만인 상태
(2) 조치사항
　　① 산소 결핍 우려가 있는 경우에는 산소의 농도를 측정하는 사람을 지명하여 측정하도록 할 것
　　② 근로자가 안전하게 오르내리기 위한 설비를 설치할 것
　　③ 굴착 깊이가 20m를 초과하는 경우에는 해당 작업장소와 외부와의 연락을 위한 통신설비 등을 설치할 것

기출문제풀이

■ Engineer Construction Safety

※ 아래 그림들은 실제 출제되는 동영상문제와 다를 수 있습니다.

출제연도　　2008년 4회(A형)

01.
건물 외벽 쌍줄비계에서 작업을 하고 있는 동영상을 보여주고 있다. 위와 같이 비계를 조립·해체하거나 변경하는 작업을 하는 경우 준수사항 3가지를 쓰시오.

→해답 ① 근로자가 관리감독자의 지휘에 따라 작업하도록 할 것
② 조립·해체 또는 변경의 시기·범위 및 절차를 그 작업에 종사하는 근로자에게 주지시킬 것
③ 조립·해체 또는 변경 작업구역에는 해당 작업에 종사하는 근로자가 아닌 사람의 출입을 금지하고 그 내용을 보기 쉬운 장소에 게시할 것
④ 비, 눈, 그 밖의 기상상태의 불안정으로 날씨가 몹시 나쁜 경우에는 그 작업을 중지시킬 것
⑤ 비계재료의 연결·해체작업을 하는 경우에는 폭 20센티미터 이상의 발판을 설치하고 근로자로 하여금 안전대를 사용하도록 하는 등 추락을 방지하기 위한 조치를 할 것
⑥ 재료·기구 또는 공구 등을 올리거나 내리는 경우에는 근로자가 달줄 또는 달포대 등을 사용하게 할 것

04.

작업자가 밀폐장소에서 작업하던 중 쓰러지는 동영상을 보여주고 있다. 이와 같은 밀폐된 공간 즉, 잠함, 우물통, 수직갱 등에서 작업 시 산소결핍기준 및 결핍 시 조치사항 3가지를 쓰시오.

➡️해답 (1) 결핍기준 : 공기 중의 산소농도가 18% 미만인 상태
(2) 조치사항
① 산소 결핍 우려가 있는 경우에는 산소의 농도를 측정하는 사람을 지명하여 측정하도록 할 것
② 근로자가 안전하게 오르내리기 위한 설비를 설치할 것
③ 굴착 깊이가 20m를 초과하는 경우에는 해당 작업장소와 외부와의 연락을 위한 통신설비 등을 설치할 것

O1.

압쇄기를 이용한 건물 해체작업이 실시되고 있다. 위와 같은 건물 해체작업 시 공법의 종류와 해체작업 계획에 포함되어야 하는 사항 3가지를 쓰시오.

◆해답 (1) 공법의 종류 : 압쇄공법

(2) 해체작업계획 포함사항

① 해체의 방법 및 해체순서 도면

② 가설설비, 방호설비, 환기설비 및 살수·방화설비 등의 방법

③ 사업장 내 연락방법

④ 해체물의 처분계획

⑤ 해체작업용 기계·기구 등의 작업계획서

⑥ 해체작업용 화약류 등의 사용계획서

O2.
교류아크 용접기로 상수도관 연결부위를 용접하는 동영상을 보여주고 있다. 이와 같은 용접작업을 할 때 근로자가 착용한 보호구의 종류 3가지와 용접기의 방호장치를 쓰시오.

➡해답 (1) 착용 보호구
         ① 용접용 보안면   ② 용접용 안전장갑   ③ 용접용 앞치마
   (2) 방호장치 : 자동전격방지기

O6.
건물 외벽을 따라 강관비계가 설치된 모습이다. 강관비계 구조에 관해 다음 빈칸을 채워 넣으시오.

(1) 비계 기둥의 간격은 띠장 방향에서 (①)m 이하
(2) 장선방향에서는 (②)m 이하
(3) 띠장은 (③)m 이하로 설치
(4) 비계 기둥 제일 윗부분으로부터 (④)m 되는 지점 밑부분은 비계 기둥을 2개의 강관으로 묶어 세움
(5) 비계 기둥 간의 적재하중은 (⑤)kg 이하

➡해답 ① 1.85   ② 1.5   ③ 2   ④ 31   ⑤ 400

출제연도 2009년 1회(B형)

03.
동영상에서 보여주고 있는 바닥 개구부나 가설 구조물의 단부에서 추락위험을 방지하기 위해 설치해야 하는 안전난간의 구조 및 설치요건을 ( )에 써 넣으시오.

1. 안전난간은 (①), (②), (③) 및 (④)으로 구성한다.
2. (①)은 바닥면 발판 또는 경사로의 표면으로부터 (⑤) 이상 지점에 설치하고, 상부난간대를 (⑥) 이하에 설치하는 경우에는 (②)는 (①)와 바닥면 등의 중간에 설치하여야 하며, (⑥) 이상 지점에 설치하는 경우에는 (②)를 2단 이상으로 균등하게 설치하고 난간의 상하 간격은 60cm 이하가 되도록 한다. 다만, 계단의 개방된 측면에 설치된 난간기둥 간의 간격이 25cm 이하인 경우에는 중간 난간대를 설치하지 아니할 수 있다.
3. (③)은 바닥면 등으로부터 (⑦) 이상의 높이를 유지한다.

➡해답 ① 상부 난간대
② 중간 난간대
③ 발끝막이판
④ 난간기둥
⑤ 90cm
⑥ 120cm
⑦ 10cm

05.
와이어로프의 체결상태를 보여주고 있다. 와이어로프의 체결상태가 올바른 것을 고르고 클립체결 시 클립수를 쓰시오.

와이어로프 지름(mm)	클립개수
16 이하	(③)개 이상
16 초과 28 이하	(④)개 이상
28 초과	(⑤)개 이상

해답 올바른 것 : ①
    ③ 4개
    ④ 5개
    ⑤ 6개

O2.
경사면에서 백호로 굴착작업을 하는 동영상을 보여주고 있다. 굴착작업 시 토사등의 붕괴 또는 낙하를 방지하기 위해 작업 시작 전 점검해야 할 사항을 2가지 쓰시오.

➡해답 ① 형상·지질 및 지층의 상태
② 균열·함수·용수 및 동결의 유무 또는 상태
③ 매설물 등의 유무 또는 상태
④ 지반의 지하수위 상태

O6.
강관비계 작업 동영상을 보여주고 있다. ( )안에 적합한 말을 채우시오.

(1) 비계 기둥에는 미끄러지거나 (①)하는 것을 방지하기 위하여 밑받침 철물을 사용
(2) 강관의 접속부 또는 교차부는 적합한 (②)을 사용하여 접속하거나 단단히 묶을 것
(3) 강관비계는 5m×5m 이내마다 벽이음 또는 (③)을 설치할 것

➡해답 ① 침하 ② 부속철물 ③ 버팀

03.
백호가 굴착작업을 하는 모습이다. 다음 작업 시작 전 안전관리자의 점검사항을 2가지 쓰시오.

→해답 ① 형상·지질 및 지층의 상태
② 균열·함수·용수 및 동결의 유무 또는 상태
③ 매설물 등의 유무 또는 상태
④ 지반의 지하수위 상태

04.
작업자가 건물 외측에 설치한 낙하물방지망을 보수하고 있다. 이와 같이 낙하물방지망을 설치할 때 작업자가 착용해야 하는 보호구(①) 및 설치기준에 대하여 (   )에 알맞은 단어를 써 넣으시오.

1) 높이 (②)m 이내마다 설치하고, 내민 길이는 벽면으로부터 (③)m 이상으로 할 것
2) 수평면과의 각도는 (④) 이하를 유지할 것

→해답 ① 안전대   ② 10   ③ 2   ④ 20~30°

05.
터널 굴착작업 시 시공계획에 포함되어야 할 사항 3가지를 쓰시오.

▶해답 ① 굴착의 방법
② 터널지보공 및 복공의 시공방법과 용수의 처리방법
③ 환기 또는 조명시설을 하는 때에는 그 방법

06.
천장 부분의 작업을 위해 이동식 사다리가 설치되어 있다. 이동식 사다리의 설치기준을 3가지 쓰시오.

▶해답 ① 견고한 구조로 할 것
② 재료는 심한 손상·부식 등이 없을 것
③ 발판의 간격은 동일하게 할 것
④ 발판과 벽과의 사이는 15cm 이상의 간격을 유지할 것
⑤ 폭은 30cm 이상으로 할 것
⑥ 사다리가 넘어지거나 미끄러지는 것을 방지하기 위한 조치를 할 것
⑦ 사다리의 상단은 걸쳐놓은 지점으로부터 60cm 이상 올라가도록 할 것

O7.
거푸집 동바리 조립 시 준수해야 하는 사항을 3가지 쓰시오.

해답 1. 받침목이나 깔판의 사용, 콘크리트 타설, 말뚝박기 등 동바리의 침하를 방지하기 위한 조치를 할 것
2. 동바리의 상하 고정 및 미끄러짐 방지 조치를 할 것
3. 상부・하부의 동바리가 동일 수직선상에 위치하도록 하여 깔판・받침목에 고정시킬 것
4. 개구부 상부에 동바리를 설치하는 경우에는 상부하중을 견딜 수 있는 견고한 받침대를 설치할 것
5. U헤드 등의 단판이 없는 동바리의 상단에 멍에 등을 올릴 경우에는 해당 상단에 U헤드 등의 단판을 설치하고, 멍에 등이 전도되거나 이탈되지 않도록 고정시킬 것
6. 동바리의 이음은 같은 품질의 재료를 사용할 것
7. 강재의 접속부 및 교차부는 볼트・클램프 등 전용철물을 사용하여 단단히 연결할 것
8. 거푸집의 형상에 따른 부득이한 경우를 제외하고는 깔판이나 받침목은 2단 이상 끼우지 않도록 할 것
9. 깔판이나 받침목을 이어서 사용하는 경우에는 그 깔판・받침목을 단단히 연결할 것

O3.

동영상은 터널굴착 장비를 조립하고 이를 이용하여 굴착 및 토사 운반작업을 하는 과정을 보여주고 있다. 이와 같은 작업을 할 때에는 시공계획을 수립하여야 하는데, 이 시공계획에 반드시 포함하여야 하는 사항을 3가지 쓰시오.

➡해답 ① 굴착의 방법
② 터널지보공 및 복공의 시공방법과 용수의 처리방법
③ 환기 또는 조명시설을 하는 때에는 그 방법

출제연도　 2010년 2회(A형)

O7.
5m 이상 비계의 조립, 해체, 변경작업 시 준수사항을 3가지 쓰시오.

해답 ① 관리감독자의 지휘에 따라 작업하도록 할 것
② 조립·해체 또는 변경의 시기·범위 및 절차를 그 작업에 종사하는 근로자에게 주지시킬 것
③ 조립·해체 또는 변경 작업구역에는 해당 작업에 종사하는 근로자가 아닌 사람의 출입을 금지하고 그 내용을 보기 쉬운 장소에 게시할 것
④ 비, 눈, 그 밖의 기상상태의 불안정으로 날씨가 몹시 나쁜 경우에는 그 작업을 중지시킬 것
⑤ 비계재료의 연결·해체작업을 하는 경우에는 폭 20cm 이상의 발판을 설치하고 근로자로 하여금 안전대를 사용하도록 하는 등 추락을 방지하기 위한 조치를 할 것
⑥ 재료·기구 또는 공구 등을 올리거나 내리는 경우에는 근로자가 달줄 또는 달포대 등을 사용하게 할 것

05.
파이프 받침대 영상을 보여주고 있다. 동영상을 참고하여 작업시 주의사항을 3가지 쓰시오.

해답 1. 받침목이나 깔판의 사용, 콘크리트 타설, 말뚝박기 등 동바리의 침하를 방지하기 위한 조치를 할 것
2. 동바리의 상하 고정 및 미끄러짐 방지 조치를 할 것
3. 상부·하부의 동바리가 동일 수직선상에 위치하도록 하여 깔판·받침목에 고정시킬 것
4. 개구부 상부에 동바리를 설치하는 경우에는 상부하중을 견딜 수 있는 견고한 받침대를 설치할 것
5. U헤드 등의 단판이 없는 동바리의 상단에 멍에 등을 올릴 경우에는 해당 상단에 U헤드 등의 단판을 설치하고, 멍에 등이 전도되거나 이탈되지 않도록 고정시킬 것
6. 동바리의 이음은 같은 품질의 재료를 사용할 것
7. 강재의 접속부 및 교차부는 볼트·클램프 등 전용철물을 사용하여 단단히 연결할 것
8. 거푸집의 형상에 따른 부득이한 경우를 제외하고는 깔판이나 받침목은 2단 이상 끼우지 않도록 할 것
9. 깔판이나 받침목을 이어서 사용하는 경우에는 그 깔판·받침목을 단단히 연결할 것

07.
고압 가스용기를 보여주고 있다. 이와 같은 가스용기 취급 시 주의사항 4가지를 쓰시오.

➡해답 ① 용기의 온도를 섭씨 40도 이하로 유지할 것
② 전도의 위험이 없도록 할 것
③ 충격을 가하지 않도록 할 것
④ 운반하는 경우에는 캡을 씌울 것
⑤ 사용하는 경우에는 용기의 마개에 부착되어 있는 유류 및 먼지를 제거할 것
⑥ 밸브의 개폐는 서서히 할 것
⑦ 사용 전 또는 사용 중인 용기와 그 밖의 용기를 명확히 구별하여 보관할 것
⑧ 용해아세틸렌의 용기는 세워 둘 것
⑨ 용기의 부식·마모 또는 변형상태를 점검한 후 사용할 것

출제연도　2011년 1회(A형)

O1.
이동식 비계에서 승강용 사다리는 보이지 않고, 이동식 비계의 바퀴가 흔들거리는 장면을 보여주면서 작업자가 추락한다. 이와 같은 이동식 비계를 조립하는 경우 준수사항 3가지를 쓰시오.

➡해답 ① 이동식 비계의 바퀴에는 뜻밖의 갑작스러운 이동 또는 전도를 방지하기 위해 브레이크·쐐기 등으로 바퀴를 고정시킨 다음 비계의 일부를 견고한 시설물에 고정하거나 아웃트리거(Outrigger)를 설치하는 등 필요한 조치를 할 것
② 승강용 사다리는 견고하게 설치할 것
③ 비계의 최상부에서 작업을 할 경우에는 안전난간을 설치할 것
④ 작업발판은 항상 수평을 유지하고 작업발판 위에서 안전난간을 딛고 작업을 하거나 받침대 또는 사다리를 사용하여 작업하지 않도록 할 것
⑤ 작업발판의 최대 적재하중은 250kg을 초과하지 않도록 할 것

01.

이동식 비계에서 승강용 사다리는 보이지 않고, 이동식 비계의 바퀴가 흔들거리는 장면을 보여주면서 작업자가 추락한다. 이와 같은 이동식 비계를 조립하는 경우 준수사항 3가지를 쓰시오.

해답 ① 이동식 비계에는 뜻밖의 갑작스러운 이동 또는 전도를 방지하기 위해 브레이크·쐐기 등으로 바퀴를 고정시킨 다음 비계의 일부를 견고한 시설물에 고정하거나 아웃트리거(Outrigger)를 설치하는 등 필요한 조치를 할 것
② 승강용 사다리는 견고하게 설치할 것
③ 비계의 최상부에서 작업을 할 경우에는 안전난간을 설치할 것
④ 작업발판은 항상 수평을 유지하고 작업발판 위에서 안전난간을 딛고 작업을 하거나 받침대 또는 사다리를 사용하여 작업하지 않도록 할 것
⑤ 작업발판의 최대 적재하중은 250kg을 초과하지 않도록 할 것

08.

철골공사현장에 설치한 추락방호망을 보여주고 있다. 추락방지용 추락방호망에 표시해야 하는 사항 3가지를 쓰시오.

해답 ① 제조자명 ② 제조연월 ③ 그물코의 크기 ④ 인장강도

O2.
동영상은 터널굴착 장비를 조립하고 이를 이용하여 굴착 및 토사 운반작업을 하는 과정을 보여주고 있다. 이와 같은 작업을 할 때에는 시공계획을 수립하여야 하는데, 이 시공계획에 반드시 포함하여야 하는 사항을 3가지 쓰시오.

해답 ① 굴착의 방법
② 터널지보공 및 복공의 시공방법과 용수의 처리방법
③ 환기 또는 조명시설을 하는 때에는 그 방법

출제연도 2011년 4회(A형)

05.
철골공사현장에 설치한 추락방호망을 보여주고 있다. 추락방지용 추락방호망에 표시해야 하는 사항 3가지를 쓰시오.

→해답 ① 제조자명 ② 제조연월 ③ 그물코의 크기 ④ 인장강도

06.
동영상은 터널굴착 장비를 조립하고 이를 이용하여 굴착 및 토사운반작업을 하는 과정을 보여주고 있다. 이와 같은 작업을 할 때에는 시공계획을 수립하여야 하는데, 이 시공계획에 반드시 포함하여야 하는 사항을 3가지 쓰시오.

→해답 ① 굴착의 방법
② 터널지보공 및 복공의 시공방법과 용수의 처리방법
③ 환기 또는 조명시설을 하는 때에는 그 방법

O6.

충전부가 노출되어 있는 전기기계·기구의 사진을 보여주고 있다. 이와 같이 직접접촉에 의한 감전위험이 있을 경우 방호대책을 3가지 쓰시오.

→해답 ① 충전부가 노출되지 않도록 폐쇄형 외함이 있는 구조로 할 것
② 충전부에 충분한 절연효과가 있는 방호망 또는 절연덮개를 설치할 것
③ 충전부는 내구성이 있는 절연물로 완전히 덮어 감쌀 것
④ 발전소·변전소 및 개폐소 등 구획되어 있는 장소로서 관계 근로자가 아닌 사람의 출입이 금지되는 장소에 충전부를 설치하고, 위험표시 등의 방법으로 방호를 강화할 것
⑤ 전주 위 및 철탑 위 등 격리되어 있는 장소로서 관계 근로자가 아닌 사람이 접근할 우려가 없는 장소에 충전부를 설치할 것
⑥ 노출 충전부가 있는 맨홀 또는 지하실 등의 밀폐공간에서 작업하는 경우에는 노출 충전부와의 접촉으로 인한 전기위험을 방지하기 위하여 덮개, 울타리 또는 절연 칸막이 등을 설치할 것
⑦ 감전위험을 방지하기 위하여 개폐되는 문, 경첩이 있는 패널 등(분전반 또는 제어반 문)을 견고하게 고정

02.
작업발판의 끝에 설치된 안전난간을 보여주고 있다. 이러한 안전난간의 설치기준 3가지를 쓰시오.

해답 ① 안전난간은 상부 난간대, 중간 난간대, 발끝막이판 및 난간기둥으로 구성할 것
② 상부 난간대는 바닥면·발판 또는 경사로의 표면(이하 "바닥면 등"이라 한다)으로부터 90cm 이상 지점에 설치하고, 상부 난간대를 120cm 이하에 설치하는 경우에는 중간 난간대는 상부 난간대와 바닥면 등의 중간에 설치하여야 하며, 120cm 이상 지점에 설치하는 경우에는 중간 난간대를 2단 이상으로 균등하게 설치하고 난간의 상하 간격은 60cm 이하가 되도록 할 것. 다만, 계단의 개방된 측면에 설치된 난간기둥 간의 간격이 25cm 이하인 경우에는 중간 난간대를 설치하지 아니할 수 있다.
③ 발끝막이판은 바닥면 등으로부터 10cm 이상의 높이를 유지할 것
④ 난간기둥은 상부 난간대와 중간 난간대를 견고하게 떠받칠 수 있도록 적정간격을 유지할 것
⑤ 상부 난간대와 중간 난간대는 난간길이 전체에 걸쳐 바닥면 등과 평행을 유지할 것
⑥ 난간대는 지름 2.7cm 이상의 금속제 파이프나 그 이상의 강도를 가진 재료일 것
⑦ 안전난간은 구조적으로 가장 취약한 지점에서 가장 취약한 방향으로 작용하는 100kg 이상의 하중에 견딜 수 있는 튼튼한 구조일 것

03.
거푸집 동바리 붕괴사고 예방을 위해 거푸집 동바리 조립 시 준수해야 하는 사항을 3가지 쓰시오.

[해답] 1. 받침목이나 깔판의 사용, 콘크리트 타설, 말뚝박기 등 동바리의 침하를 방지하기 위한 조치를 할 것
2. 동바리의 상하 고정 및 미끄러짐 방지 조치를 할 것
3. 상부·하부의 동바리가 동일 수직선상에 위치하도록 하여 깔판·받침목에 고정시킬 것
4. 개구부 상부에 동바리를 설치하는 경우에는 상부하중을 견딜 수 있는 견고한 받침대를 설치할 것
5. U헤드 등의 단판이 없는 동바리의 상단에 멍에 등을 올릴 경우에는 해당 상단에 U헤드 등의 단판을 설치하고, 멍에 등이 전도되거나 이탈되지 않도록 고정시킬 것
6. 동바리의 이음은 같은 품질의 재료를 사용할 것
7. 강재의 접속부 및 교차부는 볼트·클램프 등 전용철물을 사용하여 단단히 연결할 것
8. 거푸집의 형상에 따른 부득이한 경우를 제외하고는 깔판이나 받침목은 2단 이상 끼우지 않도록 할 것
9. 깔판이나 받침목을 이어서 사용하는 경우에는 그 깔판·받침목을 단단히 연결할 것

08.
낙하물 방지망이 설치되어 있는 모습이다. 이러한 낙하물 방지망의 설치기준 2가지를 쓰시오.

[해답] ① 첫 단은 가능한 한 낮게 설치하고, 설치간격은 매 10m 이내
② 비계 외측으로 2m 이상 내밀어 설치하고 각도는 20~30°
③ 내민 길이는 비계 외측으로부터 수평거리 2.0m 이상
④ 방지망의 가장자리는 테두리 로프를 그물코마다 엮어 긴결하며, 긴결재의 강도는 100kgf 이상
⑤ 방지망과 방지망 사이의 틈이 없도록 방지망의 겹침폭은 30cm 이상
⑥ 최하단의 방지망은 크기가 작은 못·볼트·콘크리트 덩어리 등의 낙하물이 떨어지지 못하도록 방지망 위에 그물코 크기가 0.3cm 이하인 망을 추가로 설치

출제연도 2012년 2회(11시)

07.
고정식 철제 사다리 그림이다. 다음 빈칸을 채우시오.

[보기]

(1) 견고한 구조로 할 것
(2) 발판의 간격은 동일하게 할 것
(3) 발판과 벽과의 사이는 적당한 간격을 유지할 것
(4) 사다리가 넘어지거나 미끄러지는 것을 방지하기 위한 조치를 할 것
(5) 사다리의 상단은 걸쳐놓은 지점으로부터 (①)cm 이상 올라가도록 할 것
(6) 사다리식 통로의 길이가 (②)m 이상인 때에는 (③)m 이내마다 계단참을 설치할 것
(7) 사다리식 통로의 기울기는 (④)도 이내로 할 것

➡해답 ① 60, ② 10, ③ 5, ④ 75

05.
강관비계의 작업에서 (　)안의 적합한 말을 채우시오.

(1) 비계 기둥에는 미끄러지거나 (①)하는 것을 방지하기 위하여 밑받침 철물을 사용
(2) 강관의 접속부 또는 교차부는 적합한 (②)을 사용하여 접속하거나 단단히 묶을 것
(3) 강관비계는 5m×5m 이내마다 (③) 또는 (④)을 설치할 것

해답 ① 침하, ② 부속철물, ③ 벽이음, ④ 버팀

05.
낙하물방지망 사진이다. 다음 빈칸을 채워 넣으시오.

1) 내민 길이는 벽면으로부터 (①)m 이상으로 할 것
2) 수평면과의 각도는 (②) 이하를 유지할 것
3) 높이 (③)m 이내마다 설치하여야 한다.

▶해답 ① 2, ② 20~30°, ③ 10

04.
사다리식 통로 설치 시 준수사항을 3가지 쓰시오.

해답 ① 견고한 구조로 할 것
② 재료는 심한 손상·부식 등이 없을 것
③ 발판의 간격은 동일하게 할 것
④ 발판과 벽과의 사이는 15cm 이상의 간격을 유지할 것
⑤ 폭은 30cm 이상으로 할 것
⑥ 사다리가 넘어지거나 미끄러지는 것을 방지하기 위한 조치를 할 것
⑦ 사다리의 상단은 걸쳐놓은 지점으로부터 60cm 이상 올라가도록 할 것
⑧ 사다리식 통로의 길이가 10m 이상인 경우에는 5m 이내마다 계단참을 설치할 것
⑨ 사다리식 통로의 기울기는 75° 이하로 할 것. 다만, 고정식 사다리식 통로의 기울기는 90° 이하로 하고 높이가 7m 이상인 경우 바닥으로부터 높이가 2.5m 되는 지점부터 등받이울을 설치할 것
⑩ 접이식 사다리 기둥은 사용 시 접혀지거나 펼쳐지지 않도록 철물 등을 사용하여 견고하게 조치할 것

08.
덤프트럭에 토사를 상차하는 동영상이다. 백호 및 덤프트럭 등 작업 시 전도를 방지하기 위한 방법을 쓰시오.

해답 ① 유도하는 사람을 배치
② 지반의 부동침하 방지
③ 갓길의 붕괴 방지
④ 도로 폭의 유지

건설기계

Contents

■ 예상문제풀이

예상문제풀이

출제분야	건설기계
작업명	차량계 건설기계

동영상 설명 차량계 건설기계의 작업모습을 보여주고 있다.

문제 차량계 건설기계 작업계획 시 포함사항 3가지를 적으시오.

해답 ① 사용하는 차량계 건설기계의 종류 및 성능
② 차량계 건설기계의 운행경로
③ 차량계 건설기계에 의한 작업방법

[문제] 이러한 차량계 건설기계 작업 시 그 기계가 넘어지거나 굴러떨어짐으로써 근로자가 위험해질 우려가 있는 경우 조치사항에 대하여 3가지를 쓰시오.

[해답] ① 유도하는 사람 배치
② 지반의 부동침하 방지
③ 갓길의 붕괴 방지
④ 도로 폭의 유지

[문제] 이러한 건설기계를 자주 또는 견인에 의하여 화물자동차 등에 싣거나 내리는 작업을 할 때에 발판·성토 등을 사용하는 경우 건설기계의 전도 또는 굴러 떨어짐에 의한 위험을 방지하기 위해 준수해야 할 사항 2가지를 쓰시오.

[해답] ① 싣거나 내리는 작업은 평탄하고 견고한 장소에서 할 것
② 발판을 사용하는 경우에는 충분한 길이·폭 및 강도를 가진 것을 사용하고 적당한 경사를 유지하기 위하여 견고하게 설치할 것
③ 자루·가설대 등을 사용하는 경우에는 충분한 폭 및 강도와 적당한 경사를 확보할 것

출제분야	건설기계
작업명	지게차

동영상 설명 지게차로 화물을 운반하는 사진이다.

문제 화물 적재 시 준수하여야 할 사항 3가지를 쓰시오.

해답 ① 하중이 한쪽으로 치우치지 않도록 적재할 것
② 운전자의 시야를 가리지 않도록 화물을 적재할 것
③ 화물을 적재할 경우에는 최대적재량 초과 금지

출제분야	건설기계
작업명	타워크레인

 타워크레인을 해체하는 동영상을 보여주고 있다.

 이와 같은 작업을 하고 있을 때 유해위험요인 2가지를 쓰시오.

➡해답 ① 낙하위험구간에 출입금지 미조치로 낙하재해 발생위험
② 작업장 정리정돈 불량

 타워크레인으로 화물을 1줄로 걸어 인양하던 중 화물이 낙하하였고, 때마침 안전모를 불량하게 착용한 작업자가 지나가다가 낙하하는 화물에 맞는 재해가 발생하였다. 이때, 재해발생 원인 2가지를 쓰시오.

➡해답 ① 낙하위험구간에 출입금지 미조치
② 화물을 1줄 걸이로 인양하여 낙하위험
③ 작업자 안전모의 턱끈 미체결
④ 신호수 미배치

동영상 설명 아파트 건설공사 현장에 타워크레인이 설치되어 있다.

문제 타워크레인의 방호장치를 2가지 쓰시오.

해답 ① 권과방지장치
② 과부하방지장치
③ 비상정지장치
④ 브레이크 장치
⑤ 훅해지장치

출제분야	건설기계
작업명	이동식 크레인

 이동식 크레인을 이용하여 화물을 인양하는 동영상을 보여주고 있다.

문제 크레인을 이용하여 화물을 내리는 작업을 할 때, 크레인 운전자가 준수해야 할 사항 2가지를 쓰시오.

해답 ① 신호수의 지시에 따라 작업 실시
② 내리는 화물이 흔들리지 않도록 천천히 작업할 것

동영상
설명 이동식 크레인으로 H형강, 강관비계 등을 인양하고 있다.

 문제 크레인을 이용하여 비계재료인 강관을 인양하고 있다. 작업자들은 보호구를 착용하지 않았고 신호수가 없이 작업하고 있다. 이때, 위험요인과 안전대책을 각각 3가지씩 쓰시오.

해답 (1) 위험요인
① 작업자 안전모, 안전장갑 등 개인보호구 미착용
② 신호수 미배치 및 위험구간 출입금지 미조치
③ 위험표지판, 안전표지판 미설치
④ 강관을 한 줄로 인양하여 낙하 위험

(2) 안전대책
① 작업자는 안전모, 안전장갑 등 개인보호구 착용
② 신호수를 배치하여 위험구간 출입금지 조치
③ 위험표지판, 안전표지판 설치
④ 강관을 두 줄로 균형을 맞추어 인양

문제 크레인을 이용하여 화물을 인양하던 중 화물이 한쪽으로 기울어지면서 떨어졌고, 그 밑에서 작업하던 근로자가 이 화물에 맞는 장면을 보여주고 있다. 이때, 위험요인 및 안전대책을 각각 2가지씩 쓰시오.

해답 (1) 위험요인
① 화물을 1가닥으로 인양하여 화물이 균형을 잃고 낙하할 위험
② 낙하위험구간에 작업자 출입
③ 신호수 미배치

(2) 안전대책
① 화물을 두 줄로 걸어 균형을 잡고 운반
② 낙하위험구간에 작업자 출입금지 조치
③ 신호수 배치

 이동식 크레인을 이용하여 중량물을 양중하는 장면을 보여주고 있다.

문제 이때 건설장비의 명칭(①)과 이와 같은 장비를 사용하여 화물을 양중하는 경우 와이어 로프의 안전율은 (②) 이상이어야 하는지 쓰시오.

➡해답 ① 명칭 : 이동식 크레인
② 안전율 : 5

동영상 설명 트럭크레인을 이용하여 화물을 운반하는 동영상을 보여주고 있다.

문제 이때, 크레인의 로프와 Hook이 흔들거리면서 이동하고 있고, 운전자는 안전모를 착용하지 않고 크레인을 조정하고 있으며, 다른 작업자 2명은 보호구를 착용하지 않은 상태에서 크레인에 강관 다발을 2줄로 묶고 인양하고 있다. 이때 위험요인 및 안전대책을 3가지씩 쓰시오.

➡해답 (1) 위험요인

　　① 신호수 미배치로 작업자 충돌위험

　　② 아웃트리거 설치불량으로 전도위험

　　③ 작업자 안전모 등 개인보호구 미착용

　(2) 안전대책

　　① 신호수를 배치하여 작업 유도 및 위험구간 작업자 접근금지 조치

　　② 크레인의 아웃트리거를 깔판 위에 설치하는 등 침하방지 조치 철저

　　③ 작업자 안전모, 안전화 등 개인보호구 착용

 작업자가 리프트를 타고 손수레로 흙을 운반하고 있다. 리프트에서 내려 흙을 붓고 뒤로 가다가 리프트 개구부로 추락하였다.

 이와 같은 재해를 방지하기 위한 조치사항 2가지를 쓰시오.

➡해답 ① 리프트 개구부에 추락방지용 안전난간 설치
② 리프트 개구부에 수직형 추락방망 설치

작업자가 손수레에 모래를 가득 싣고 리프트를 이용하여 운반하기 위해 손수레를 운전하던 중 리프트 개구부에서 추락하는 사고가 발생하였다. 이때 건설용 리프트의 방호장치의 종류(①), 재해형태(②), 재해원인(③) 2가지를 쓰시오.

➡해답 ① 권과방지장치, 과부하방지장치, 비상정지장치, 낙하방지장치
② 추락
③ 손수레 운전한계를 초과한 모래적재, 1인이 운반

 아파트 건설공사 현장에서 건설용 리프트가 설치되어 운행 중이다.

 건설용 리프트 운행 시 불안전한 상태가 많이 발생된다. 영상에 나타난 불안전한 행동 및 상태를 4가지만 기술하시오.

해답 ① 탑승대기 중 안전난간 및 문 밖으로 머리를 내밀어 리프트 위치를 확인하는 등 협착위험
② 자재의 운반방법 불량에 의한 화물의 낙하위험
③ 리프트의 출입문이 열린 상태에서 추락위험
④ 탑승자가 마스트 중심쪽으로 탑승하여 추락위험

출제분야	건설기계
작업명	항타기·항발기

동영상 설명 항타기·항발기가 작업 중인 동영상을 보여주고 있다.

문제 이러한 항타기·항발기 작업 시 무너짐 방지를 위한 준수사항 3가지를 쓰시오.

해답 ① 연약한 지반에 설치하는 경우에는 아웃트리거·받침 등 지지구조물의 침하를 방지하기 위하여 받침목이나 깔판 등을 사용할 것
② 시설 또는 가설물 등에 설치하는 경우에는 그 내력을 확인하고 내력이 부족하면 그 내력을 보강할 것
③ 아웃트리거·받침 등 지지구조물이 미끄러질 우려가 있는 경우에는 말뚝 또는 쐐기 등을 사용하여 해당 지지구조물을 고정시킬 것
④ 궤도 또는 차로 이동하는 항타기 또는 항발기에 대해서는 불시에 이동하는 것을 방지하기 위하여 레일 클램프(rail clamp) 및 쐐기 등으로 고정시킬 것
⑤ 상단 부분은 버팀대·버팀줄로 고정하여 안정시키고, 그 하단 부분은 견고한 버팀·말뚝 또는 철골 등으로 고정시킬 것

출제분야	건설기계
작업명	클램셸

동영상설명 굴착기계를 이용하여 구조물의 지하층 터파기 작업 중이다.

문제 다음 굴착기계의 명칭과 용도를 쓰시오.

해답 (1) 명칭 : 클램셸(Clamshell)
(2) 용도
　　① 좁은 곳의 수직굴착
　　② 수중굴착
　　③ 우물통 기초 케이슨 내 굴착

<table>
<tr><td>출제분야</td><td>건설기계</td></tr>
<tr><td>작업명</td><td>어스드릴</td></tr>
</table>

 건설기계로 지반을 천공하는 작업 중이다.

문제 다음 건설기계의 이름 및 나선형으로 된 장치명을 쓰시오.

해답 (1) 기계 명칭 : 어스드릴(Earth Drill)
(2) 장치명 : 스크루(회전식 버킷)

출제분야	건설기계
작업명	스크레이퍼

동영상 설명 토공기계를 이용하여 작업 중인 모습을 보여주고 있다.

문제 다음 토공기계의 명칭과 용도를 쓰시오.

해답 (1) 명칭 : 스크레이퍼(Scraper)
(2) 용도 : 흙을 절삭·운반하거나 펴 고르는 등의 작업을 하는 토공기계

문제 다음과 같은 기계로 수행할 수 있는 작업의 종류를 4가지만 쓰시오.

해답 ① 굴삭 ② 실기
③ 운반 ④ 부설

출제분야 　건설기계

작업명 　모터그레이더

동영상 설명 │ 차량계 건설기계를 이용하여 작업 중이다.

문제 사진에 보이는 건설기계의 명칭을 쓰고, 이와 같은 차량계 건설기계를 사용하여 작업을 하는 때에 작성하여야 하는 작업계획 포함 내용을 2가지만 쓰시오.

해답 (1) 명칭 : 모터그레이더(Motor Grader)
(2) 작업계획 포함내용
① 사용하는 차량계 건설기계의 종류 및 능력
② 차량계 건설기계의 운행경로
③ 차량계 건설기계에 의한 작업방법

문제 사진에 보이는 건설기계의 명칭과 역할을 쓰시오.

해답 (1) 명칭 : 모터그레이더(Motor Grader)
(2) 역할 : 땅 고르기, 정지작업, 도로정리

출제분야	건설기계
작업명	불도저

동영상 설명 토공기계를 이용하여 작업 중이다.

문제 사진 속에 나타난 건설기계로 할 수 있는 작업을 4가지 쓰시오.

해답 ① 운반작업
② 적재작업
③ 지반정지
④ 굴착작업

출제분야	건설기계
작업명	로더

 토공기계를 이용하여 작업 중이다.

 화면에 보이는 차량계 건설기계의 작업을 2가지 쓰시오.

⮕해답 ① 싣기작업
② 운반작업

출제분야	건설기계
작업명	롤러

동영상 설명 도로의 아스콘 포장 후 다짐작업을 하고 있다.

문제 다음 건설기계의 장비명과 주요작업을 쓰시오.

해답 (1) 명칭 : 타이어 롤러(Tire Roller)
(2) 주요작업 : 다짐작업, 아스콘 전압, 성토부 전압

출제분야	건설기계
작업명	아스팔트 피니셔

 아스콘 포장작업을 보여주고 있다.

 다음 기계의 명칭과 용도를 쓰시오.

➡해답 (1) 명칭 : 아스팔트 피니셔
(2) 용도 : 아스팔트 플랜트에서 덤프트럭으로 운반된 아스콘 혼합재를 노면 위에 일정한 규격과
간격으로 깔아주는 장비

기출문제풀이

■ Engineer Construction Safety

※ 아래 그림들은 실제 출제되는 동영상문제와 다를 수 있습니다.

출제연도 　2008년 4회(A형)

03.
타워크레인을 해체하는 동영상을 보여주고 있다. 이와 같은 작업을 하고 있을 때 유해위험요인 2가지를 쓰시오.

해답 ① 낙하위험구간에 출입금지 미조치로 낙하재해 발생위험
② 작업장 정리정돈 불량

08.
구조물 지하층 터파기 작업 동영상이다. 다음 굴착기계의 명칭과 용도를 쓰시오.

➡해답 (1) 명칭 : 클램셀(Clamshell)
(2) 용도 : ① 좁은 곳의 수직굴착 ② 수중굴착 ③ 우물통 기초 케이슨 내 굴착

출제연도 2009년 1회(A형)

03.
굴착기를 이용하여 굴착한 토사를 덤프트럭으로 상차하는 작업을 보여주고 있다. 이와 같은 건설기계 작업 시 주의사항을 3가지 쓰시오.

➡해답 ① 작업 유도자 배치 및 작업반경 내 근로자 접근금지
② 덤프트럭 바퀴에 고임목(쐐기)을 설치하여 급작스런 유동을 방지
③ 적재적량 상차 및 덮개를 덮고 운반
④ 지반을 고르게 하고 수평유지
⑤ 살수 실시 및 운행속도 제한

04.
차량계 건설기계의 한 종류인 콘크리트타
설장비 작업을 보여주고 있다. 보여주고 있
는 건설기계의 (1) 용도와 해당 건설기계
의 작업 시 (2) 준수사항 2가지를 쓰시오.

해답 (1) 용도 : 콘크리트 타설작업
(2) 준수사항
    1. 작업을 시작하기 전에 콘크리트타설장비를 점검하고 이상을 발견하였으면 즉시 보수할 것
    2. 건축물의 난간 등에서 작업하는 근로자가 호스의 요동·선회로 인하여 추락하는 위험을
       방지하기 위하여 안전난간 설치 등 필요한 조치를 할 것
    3. 콘크리트타설장비의 붐을 조정하는 경우에는 주변의 전선 등에 의한 위험을 예방하기
       위한 적절한 조치를 할 것
    4. 작업 중에 지반의 침하나 아웃트리거 등 콘크리트타설장비 지지구조물의 손상 등에 의하
       여 콘크리트타설장비가 넘어질 우려가 있는 경우에는 이를 방지하기 위한 적절한 조치를
       할 것

출제연도 2009년 2회(A형)

01.

크레인을 이용하여 비계재료인 강관을 인양하고 있다. 작업자들은 보호구를 착용하지 않았고 신호수가 없이 작업하고 있다. 이때, 위험요인과 안전대책을 각각 3가지씩 쓰시오.

해답 (1) 위험요인
① 작업자 안전모, 안전장갑 등 개인보호구 미착용
② 신호수 미배치 및 위험구간 출입금지 미조치
③ 위험표지판, 안전표지판 미설치
④ 강관을 한 줄로 인양하여 낙하 위험

(2) 안전대책
① 작업자는 안전모, 안전장갑 등 개인보호구 착용
② 신호수를 배치하여 위험구간 출입금지 조치
③ 위험표지판, 안전표지판 설치
④ 강관을 두 줄로 균형을 맞추어 인양

05.
크레인을 이용하여 화물을 내리는 작업을 할 때, 크레인 운전자가 준수해야 할 사항 2가지를 쓰시오.

해답 ① 신호수의 지시에 따라 작업 실시
② 내리는 화물이 흔들리지 않도록 천천히 작업할 것

출제연도 │ 2009년 4회(A형)

01.
차량계 건설기계 작업 시 그 기계가 넘어지거나 굴러떨어짐으로써 근로자가 위험해질 우려가 있는 경우 조치사항에 대하여 3가지를 쓰시오.

해답 ① 유도하는 사람을 배치 ② 지반의 부동침하 방지
③ 갓길의 붕괴 방지 ④ 도로 폭의 유지

02.

타워크레인으로 화물을 1줄로 걸어 인양하던·중 화물이 낙하하였고, 때마침 안전모를 불량하게 착용한 작업자가 지나가다가 낙하하는 화물에 맞는 재해가 발생하였다. 이때, 재해발생 원인 2 가지를 쓰시오.

➡️해답 ① 낙하위험구간에 출입금지 미조치
② 화물을 1줄 걸이로 인양하여 낙하위험
③ 작업자 안전모의 턱끈 미체결
④ 신호수 미배치

08.

다음 건설기계의 이름 및 나선형으로 된 장치명을 쓰시오.

➡️해답 (1) 기계 명칭 : 어스드릴(Earth Drill)
(2) 장치명 : 스크루(회전식 버킷)

출제연도　2010년 1회(A형)

05.
작업자가 손수레에 모래를 가득 싣고 리프트를 이용하여 운반하기 위해 손수레를 운전하던 중 리프트 개구부에서 추락하는 사고가 발생하였다. 이때 건설용 리프트의 ① 방호장치의 종류, ② 재해형태, ③ 재해원인 2가지를 쓰시오.

➡해답 ① 권과방지장치, 과부하방지장치, 비상정지장치, 낙하방지장치
② 추락
③ 손수레 운전한계를 초과한 모래적재, 1인이 운반

07.
차량계 건설기계 작업 시 그 기계가 넘어지거나 굴러떨어짐으로써 근로자가 위험해질 우려가 있는 경우 조치사항에 대하여 3가지를 쓰시오.

➡해답 ① 유도하는 사람을 배치　② 지반의 부동침하 방지
③ 갓길의 붕괴 방지　④ 도로 폭의 유지

06.
차량계 건설기계 작업계획 시 포함사항 3가지를 적으시오.

해답 ① 사용하는 차량계 건설기계의 종류 및 성능
② 차량계 건설기계의 운행경로
③ 차량계 건설기계에 의한 작업방법

04.
크레인을 이용하여 화물을 인양하던 중 화물이 한쪽으로 기울어지면서 떨어졌고, 그 밑에서 작업하던 근로자가 이 화물에 맞는 장면을 보여주고 있다. 이때, 위험요인 및 대책을 2가지씩 쓰시오.

해답 (1) 위험요인
　　① 화물을 1가닥으로 인양하여 화물이 균형을 잃고 낙하할 위험
　　② 낙하위험구간에 작업자 출입
　　③ 신호수 미배치

(2) 안전대책
　　① 화물을 두 줄로 걸어 균형을 잡고 운반
　　② 낙하위험구간에 작업자 출입금지 조치
　　③ 신호수 배치

06.
차량계 건설기계를 자주 또는 견인에 의하여 화물자동차 등에 싣거나 내리는 작업을 할 때에
발판·성토 등을 사용하는 경우 건설기계의 전도 또는 굴러 떨어짐에 의한 위험을 방지하기
위해 준수해야 할 사항 2가지를 쓰시오.

➡해답 ① 싣거나 내리는 작업은 평탄하고 견고한 장소에서 할 것
② 발판을 사용하는 경우에는 충분한 길이, 폭 및 강도를 가진 것을 사용하고 적당한 경사를 유지
하기 위하여 견고하게 설치할 것
③ 자루·가설대 등을 사용하는 경우에는 충분한 폭 및 강도와 적당한 경사를 확보할 것

08.
다음에서 보여주고 있는 건설기계의 종류와 용도를
쓰시오.

➡해답 (1) 명칭 : 클램셸(Clamshell)
(2) 용도 : ① 좁은 곳의 수직굴착 ② 수중굴착 ③ 우물통 기초 케이슨 내 굴착

03.
항타기·항발기가 작업 중인 동영상을 보여주고
있다. 이러한 항타기·항발기 작업 시 무너짐방
지를 위한 준수사항 3가지를 쓰시오.

해답 ① 연약한 지반에 설치하는 경우에는 아웃트리거·받침 등 지지구조물의 침하를 방지하기 위하여
받침목이나 깔판 등을 사용할 것
② 시설 또는 가설물 등에 설치하는 경우에는 그 내력을 확인하고 내력이 부족하면 그 내력을
보강할 것
③ 아웃트리거·받침 등 지지구조물이 미끄러질 우려가 있는 경우에는 말뚝 또는 쐐기 등을 사용
하여 해당 지지구조물을 고정시킬 것
④ 궤도 또는 차로 이동하는 항타기 또는 항발기에 대해서는 불시에 이동하는 것을 방지하기 위하
여 레일 클램프(rail clamp) 및 쐐기 등으로 고정시킬 것
⑤ 상단 부분은 버팀대·버팀줄로 고정하여 안정시키고, 그 하단 부분은 견고한 버팀·말뚝 또는
철골 등으로 고정시킬 것

O5.
다짐작업을 하고 있는 동영상이다. 동영상에서의 장비명과 주요작업을 쓰시오.

⇒해답 (1) 명칭 : 타이어 롤러(Tire Roller)
(2) 주요작업 : 다짐작업, 아스콘 전압, 성토부 전압

O6.
굴착기를 이용하여 굴착한 토사를 덤프트럭으로 상차하는 작업을 보여주고 있다. 이와 같은 건설기계 작업 시 주의사항을 3가지 쓰시오.

⇒해답 ① 작업 유도자 배치 및 작업반경 내 근로자 접근금지
② 덤프트럭 바퀴에 고임목(쐐기)을 설치하여 급작스런 유동을 방지
③ 적재적량 상차 및 덮개를 덮고 운반
④ 지반을 고르게 하고 수평유지
⑤ 살수 실시 및 운행 속도 제한

07.
다음 기계의 명칭과 용도를 쓰시오.

➡해답 (1) 명칭 : 아스팔트 피니셔
(2) 용도 : 아스팔트 플랜트로부터 덤프트럭으로 운반된 아스콘 혼합재를 노면 위에 일정한 규격과 간격으로 깔아주는 장비

| 출제연도 | 2011년 1회(B형) |

03.
타워크레인으로 화물을 1줄로 걸어 인양하던 중 화물이 낙하하였고, 때마침 안전모를 불량하게 착용한 작업자가 지나가다가 낙하하는 화물에 맞는 재해가 발생하였다. 이때, 재해발생 원인 2가지를 쓰시오.

➡해답 ① 낙하위험구간에 출입금지 미조치
② 화물을 1줄 걸이로 인양하여 낙하위험
③ 작업자 안전모의 턱끈 미체결
④ 신호수 미배치

05.
트럭크레인을 이용하여 화물을 운반하는 동영상을 보여주고 있다. 이때, 크레인의 로프와 Hook이 흔들거리면서 이동하고 있고, 운전자는 안전모를 착용하지 않고 크레인을 조정하고 있으며, 다른 작업자 2명은 보호구를 착용하지 않은 상태에서 크레인에 강관 다발을 2줄로 묶고 인양하고 있다. 이때 위험요인 및 안전대책을 3가지씩 쓰시오.

→해답 (1) 위험요인
  ① 신호수 미배치로 작업자 충돌위험
  ② 아웃트리거 설치불량으로 전도위험
  ③ 작업자 안전모 등 개인보호구 미착용

(2) 안전대책
  ① 신호수를 배치하여 작업 유도 및 위험구간 작업자 접근금지 조치
  ② 크레인의 아웃트리거를 깔판 위에 설치하는 등 침하방지 조치 철저
  ③ 작업자 안전모, 안전화 등 개인보호구 착용

07.
아스콘 포장작업을 하는 모습을 보여주고 있다. 기계의 이름과 용도를 쓰시오.

→해답 (1) 명칭 : 아스팔트 피니셔
  (2) 용도 : 아스팔트 플랜트로부터 덤프트럭으로 운반된 아스콘 혼합재를 노면 위에 일정한 규격과 간격으로 깔아주는 장비

출제연도   2011년 2회(A형)

03.
타워크레인을 해체하는 동영상을 보여주고 있다. 크레인이 짐을 한줄 걸이로 들고 있고 트럭 위에 짐 싣는 도중 작업자가 올라가려다 놀라며 내려오고 있으며, 다른 작업자는 돌 같은 것을 잡고 내리고 있고 안전모를 착용하지 않았다. 해체작업 시 안전상 미비점 2가지를 쓰시오.

➡해답 ① 낙하위험구간에 출입금지 미조치
② 화물을 1줄 걸이로 인양하여 낙하위험
③ 작업자 안전모의 턱끈 미체결
④ 신호수 미배치

05.
차량계 건설기계 작업계획 시 포함사항 3가지를 적으시오.

해답 ① 사용하는 차량계 건설기계의 종류 및 성능
② 차량계 건설기계의 운행경로
③ 차량계 건설기계에 의한 작업방법

출제연도　　2011년 4회(A형)

04.
차량계 건설기계 작업 시 그 기계가 넘어지거나 굴러떨어짐으로써 근로자가 위험해질 우려가 있는 경우 조치사항에 대하여 3가지를 쓰시오.

해답 ① 유도하는 사람을 배치
② 지반의 부동침하 방지
③ 갓길의 붕괴 방지
④ 도로 폭의 유지

출제연도 2011년 4회(B형)

02.
항타기 · 항발기가 작업 중인 동영상을 보여주고 있다. 이러한 항타기 · 항발기 작업 시 무너짐방지를 위한 준수사항 3가지를 쓰시오.

해답 ① 연약한 지반에 설치하는 경우에는 아웃트리거 · 받침 등 지지구조물의 침하를 방지하기 위하여 받침목이나 깔판 등을 사용할 것
② 시설 또는 가설물 등에 설치하는 경우에는 그 내력을 확인하고 내력이 부족하면 그 내력을 보강할 것
③ 아웃트리거 · 받침 등 지지구조물이 미끄러질 우려가 있는 경우에는 말뚝 또는 쐐기 등을 사용하여 해당 지지구조물을 고정시킬 것
④ 궤도 또는 차로 이동하는 항타기 또는 항발기에 대해서는 불시에 이동하는 것을 방지하기 위하여 레일 클램프(rail clamp) 및 쐐기 등으로 고정시킬 것
⑤ 상단 부분은 버팀대 · 버팀줄로 고정하여 안정시키고, 그 하단 부분은 견고한 버팀 · 말뚝 또는 철골 등으로 고정시킬 것

출제연도 2011년 4회(C형)

01.

이동식크레인을 이용하여 중량물을 양중하는 장면을 보여주고 있다. 이때 건설장비의 명칭(①)과 이와 같은 장비를 사용하여 화물을 양중하는 경우 와이어로프의 안전율은 얼마 이상(②)이어야 하는지 쓰시오.

➡**해답** ① 명칭 : 이동식 크레인
② 안전율 : 5 이상

08.

작업자가 리프트를 타고 손수레로 흙을 운반하고 있다. 리프트에서 내려 흙을 붓고 뒤로 가다가 리프트 개구부로 추락하였다. 이와 같은 재해가 발생하지 않게 하기 위한 조치사항 2가지를 쓰시오.

➡**해답** ① 리프트 개구부에 추락방지용 안전난간 설치
② 리프트 개구부에 수직형 추락방망 설치

04.

이동식크레인의 붐에 달린 훅을 덜렁거리며 작업현장으로 들어와서는 지반이 무른 곳에 아웃트리거를 설치하고 레버장치를 조작하는 모습이다. 이때 위험 요인 3가지를 쓰시오.

해답 ① 크레인 이동 중 훅 및 인양장치 등이 흔들려 인근의 작업자가 충돌할 위험
② 양중작업 시 지반침하로 인한 이동식 크레인의 전도위험
③ 위험 작업반경 내 작업자 접근하여 충돌 위험

08.

교량 구조물 작업을 위해 크레인을 사용하여 PC빔을 양중하고 있으며, 연결위치의 하부는 사람과 차량이 통행하고 있는 상태에서 인양물 위에 작업자가 올라서 있는 그림이다. 이러한 작업 시 준수사항을 3가지 쓰시오.

➡해답 ① 크레인의 작업반경 내에서는 작업자 및 차량의 출입을 금지하고 위험표지 설치
② 양중작업 중 낙하위험 구간에는 작업자 및 차량의 통행을 금지
③ 인양화물 위에 작업자의 탑승을 금지
④ 작업방법과 신호수를 사전에 결정하고 숙지하여 신호에 따라 작업토록 작업을 지휘

출제연도 2012년 4회(9시)

01.
다음 건설기계의 이름 및 나선형으로 된 장치명을 쓰시오.

➡해답 (1) 기계 명칭 : 어스드릴(Earth Drill)
(2) 장치명 : 스크류(회전식 버킷)

출제연도 | 2013년 1회(9시)

02.
1줄 걸이를 사용하여 화물을 인양하는 타워크레인 작업 동영상이다. 동영상을 참고하여 재해발생원인을 2가지 쓰시오.

해답 ① 인양화물을 1줄 걸이를 사용하여 인양함에 따라 인양 중 낙하위험
② 작업반경 내 근로자 출입으로 낙하재해 발생위험
③ 신호수 미배치에 따라 작업 중 낙하 및 충돌위험

04.
사진에서 보여주고 있는 터널 굴착기계의 명칭을 쓰고, 굴착작업 시 작업계획에 포함되어야 하는 사항을 3가지 쓰시오.

해답 (1) 굴착기계의 명칭 : 쉴드머신
(2) 작업계획 포함사항
① 굴착의 방법
② 터널지보공 및 복공의 시공방법과 용수의 처리방법
③ 환기 또는 조명시설을 하는 때에는 그 방법

출제연도 2013년 1회(11시)

06.
작업자가 리프트를 타고 손수레로 흙을 운반하고 있다. 리프트에서 내려 흙을 붓고 뒤로 가다가 리프트 개구부로 추락하였다. 이와 같은 재해가 발생하지 않게 하기위한 조치사항 2가지를 쓰시오.

해답 ① 리프트 개구부에 추락방지용 안전난간 설치
② 리프트 개구부에 수직형 추락방망 설치

07.
이동식크레인이 아웃트리거를 세우고 파이프를 2줄걸이 하여 인양하는 동영상이다. 동영상을 참고하여 이동식크레인 작업 시 위험요인을 3가지 쓰시오.

해답 ① 양중능력을 초과하는 과다하중 적재로 인한 이동식 크레인 전도위험
② 신호수 미배치 및 위험구간 출입금지 미조치로 인한 낙하위험
③ 지반의 침하로 인한 이동식 크레인 전도위험
④ 작업 전 인양로프 점검 미실시로 인한 낙하위험

01.
항타기 · 항발기 작업 시 무너짐방지를 위한 준수사항 3가지를 쓰시오.

해답 ① 연약한 지반에 설치하는 경우에는 아웃트리거 · 받침 등 지지구조물의 침하를 방지하기 위하여 받침목이나 깔판 등을 사용할 것

② 시설 또는 가설물 등에 설치하는 경우에는 그 내력을 확인하고 내력이 부족하면 그 내력을 보강할 것

③ 아웃트리거 · 받침 등 지지구조물이 미끄러질 우려가 있는 경우에는 말뚝 또는 쐐기 등을 사용하여 해당 지지구조물을 고정시킬 것

④ 궤도 또는 차로 이동하는 항타기 또는 항발기에 대해서는 불시에 이동하는 것을 방지하기 위하여 레일 클램프(rail clamp) 및 쐐기 등으로 고정시킬 것

⑤ 상단 부분은 버팀대 · 버팀줄로 고정하여 안정시키고, 그 하단 부분은 견고한 버팀 · 말뚝 또는 철골 등으로 고정시킬 것

O4.
차량계 건설기계가 사면 위에서 작업 시 그 기계가 넘어지거나 굴러떨어짐으로써 근로자가 위험해질 우려가 있는 경우 조치사항에 대하여 3가지 쓰시오.

해답 ① 유도하는 사람을 배치
② 지반의 부동침하 방지
③ 갓길의 붕괴 방지
④ 도로 폭의 유지

O8.
다음 사진을 보고 기계의 명칭과 용도를 쓰시오.

해답 (1) 명칭 : 아스팔트 피니셔
(2) 용도 : 아스팔트 플랜트로부터 덤프트럭으로 운반된 아스콘 혼합재를 노면 위에 일정한 규격과 간격으로 깔아주는 장비

부록

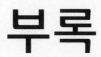

Contents

건설안전기사 4회(A형)

O1.
건물 외벽 쌍줄비계에서 작업을 하고 있는 동영상을 보여주고 있다. 위와 같이 비계를 조립·해체하거나 변경하는 작업을 하는 경우 준수사항 3가지를 쓰시오.

➡해답 ① 근로자가 관리감독자의 지휘에 따라 작업하도록 할 것
② 조립·해체 또는 변경의 시기·범위 및 절차를 그 작업에 종사하는 근로자에게 주지시킬 것
③ 조립·해체 또는 변경 작업구역에는 해당 작업에 종사하는 근로자가 아닌 사람의 출입을 금지하고 그 내용을 보기 쉬운 장소에 게시할 것
④ 비, 눈, 그 밖의 기상상태의 불안정으로 날씨가 몹시 나쁜 경우에는 그 작업을 중지시킬 것
⑤ 비계재료의 연결·해체작업을 하는 경우에는 폭 20센티미터 이상의 발판을 설치하고 근로자로 하여금 안전대를 사용하도록 하는 등 추락을 방지하기 위한 조치를 할 것
⑥ 재료·기구 또는 공구 등을 올리거나 내리는 경우에는 근로자가 달줄 또는 달포대 등을 사용하게 할 것

O2.
아파트 건설공사 현장의 거푸집을 보여주고 있다. 이 거푸집의 명칭과 장점을 3가지 쓰시오.

➡해답 (1) 명칭 : 갱폼(Gang Form)
　　　(2) 장점
　　　　　① 공사기간 단축
　　　　　② 벽체 거푸집과 작업발판의 일체형으로 비계 불필요
　　　　　③ 설치, 해체가 용이함
　　　　　④ 전용성 증대

03.

타워크레인을 해체하는 동영상을 보여주고 있다. 이와 같은 작업을 하고 있을 때 유해위험요인 2가지를 쓰시오.

해답 ① 낙하위험구간에 출입금지 미조치로 낙하재해 발생위험
② 작업장 정리정돈 불량

04.

작업자가 밀폐장소에서 작업하던 중 쓰러지는 동영상을 보여주고 있다. 이와 같은 밀폐된 공간 즉, 잠함, 우물통, 수직갱 등에서 작업 시 산소결핍기준 및 결핍 시 조치사항 3가지를 쓰시오.

해답 (1) 결핍기준 : 공기 중의 산소농도가 18% 미만인 상태
(2) 조치사항
① 산소 결핍 우려가 있는 경우에는 산소의 농도를 측정하는 사람을 지명하여 측정하도록 할 것
② 근로자가 안전하게 오르내리기 위한 설비를 설치할 것
③ 굴착 깊이가 20m를 초과하는 경우에는 해당 작업장소와 외부와의 연락을 위한 통신설비 등을 설치할 것

05.

교량 상부공사가 진행 중이다. 교량공사인 외팔보 공법(F.C.M)의 시공순서대로 번호를 쓰시오.

[보기]		
① 주두부 시공	② Form Traveller 설치	③ 마무리 및 완료
④ 측경간 시공	⑤ Key Segment 시공	⑥ Segment 시공

해답 ① → ② → ⑥ → ⑤ → ④ → ③

06.

교량의 교각철근이 배근된 모습을 보여주고 있다. 장래에 이음 등을 고려한 노출된 철근의 보호방법을 3가지 쓰시오.

해답 ① 비닐을 덮어 습기를 방지한다.
② 철근에 방청도료를 도포해서 부식을 방지한다.
③ 철근의 변위, 변형을 방지하기 위해 철망이나 철사로 단단히 묶어 고정한다.

07.

작업자가 엘리베이터 Pit 내부에서 거푸집작업을 하던 중 작업발판이 탈락되면서 추락하는 재해가 발생하였다. 이때 재해발생 위험요인 3가지를 쓰시오.

해답 ① 작업발판이 고정되지 않아 발판 탈락 및 추락위험

② 안전대 부착설비 미설치 및 작업자 안전대 미착용으로 추락위험

③ 엘리베이터 피트 내부에 추락방호망을 설치하지 않아 추락위험

08.

구조물 지하층 터파기 작업 동영상이다. 다음 굴착기계의 명칭과 용도를 쓰시오.

해답 (1) 명칭 : 클램셸(Clamshell)

　　(2) 용도

　　　　① 좁은 곳의 수직굴착　　② 수중굴착　　③ 우물통 기초 케이슨 내 굴착

건설안전기사 2009년 1회(A형)

01.
압쇄기를 이용한 건물 해체작업이 실시되고 있다. 위와 같은 건물 해체작업 시 공법의 종류와 해체작업 계획에 포함되어야 하는 사항 3가지를 쓰시오.

➡해답 (1) 공법의 종류 : 압쇄공법
　　(2) 해체작업계획 포함사항
　　　　① 해체의 방법 및 해체순서 도면
　　　　② 가설설비, 방호설비, 환기설비 및 살수·방화설비 등의 방법
　　　　③ 사업장 내 연락방법
　　　　④ 해체물의 처분계획
　　　　⑤ 해체작업용 기계·기구 등의 작업계획서
　　　　⑥ 해체작업용 화약류 등의 사용계획서

02.
교류아크 용접기로 상수도관 연결부위를 용접하는 동영상을 보여주고 있다. 이와 같은 용접작업을 할 때 근로자가 착용한 보호구의 종류 3가지와 용접기의 방호장치를 쓰시오.

➡해답 (1) 착용 보호구
　　　　① 용접용 보안면
　　　　② 용접용 안전장갑
　　　　③ 용접용 앞치마
　　(2) 방호장치 : 자동전격방지기

03.
굴착기를 이용하여 굴착한 토사를 덤프트럭으로 상차하는 작업을 보여주고 있다. 이와 같은 건설기계 작업 시 주의사항을 3가지 쓰시오.

➡해답 ① 작업 유도자 배치 및 작업반경 내 근로자 접근금지
　　　② 덤프트럭 바퀴에 고임목(쐐기)을 설치하여 급작스런 유동을 방지
　　　③ 적재적량 상차 및 덮개를 덮고 운반
　　　④ 지반을 고르게 하고 수평유지
　　　⑤ 살수 실시 및 운행속도 제한

04.

차량계 건설기계의 한 종류인 콘크리트타설장비 작업을 보여주고 있다. 보여주고 있는 건설기계의 용도(1)와 해당 건설기계의 작업 시 준수사항(2) 2가지를 쓰시오.

해답 (1) 명칭 : 콘크리트 타설작업
  (2) 준수사항
    1. 작업을 시작하기 전에 콘크리트타설장비를 점검하고 이상을 발견하였으면 즉시 보수할 것
    2. 건축물의 난간 등에서 작업하는 근로자가 호스의 요동·선회로 인하여 추락하는 위험을 방지하기 위하여 안전난간 설치 등 필요한 조치를 할 것
    3. 콘크리트타설장비의 붐을 조정하는 경우에는 주변의 전선 등에 의한 위험을 예방하기 위한 적절한 조치를 할 것
    4. 작업 중에 지반의 침하나 아웃트리거 등 콘크리트타설장비 지지구조물의 손상 등에 의하여 콘크리트타설장비가 넘어질 우려가 있는 경우에는 이를 방지하기 위한 적절한 조치를 할 것

05.

거푸집 동바리인 파이프 서포트가 설치된 모습이다. 잘못된 것을 2가지 찾아 쓰시오.

해답 ① 파이프 서포트 연결핀을 철근으로 사용하는 등 강재 간 접속부 전용철물 미사용
  ② 보 하부 지지용 파이프 서포트 수직도 미확보로 하중의 지지상태 미유지
  ③ 동바리의 상·하고정 및 미끄럼 방지조치 미실시

06.

건물 외벽을 따라 강관비계가 설치된 모습이다. 강관비계 구조에 관해 다음 빈칸을 채워 넣으시오.

(1) 비계 기둥의 간격은 띠장 방향에서 (①)m 이하
(2) 장선방향에서는 (②)m 이하
(3) 띠장은 (③)m 이하로 설치
(4) 비계 기둥 제일 윗부분으로부터 (④)m 되는 지점 밑부분은 비계 기둥을 2개의 강관으로 묶어 세움
(5) 비계 기둥 간의 적재하중은 (⑤)kg 이하

해답 ① 1.85 ② 1.5 ③ 2 ④ 31 ⑤ 400

07.

옹벽 구조물 설치를 위한 터파기 작업 중 사면이 붕괴된 모습이다. 토석의 붕괴 및 낙하를 예방하기 위해 미리 조치해야 하는 사항을 쓰시오.

해답 ① 흙막이 지보공의 설치
  ② 방호망의 설치
  ③ 비가 올 경우를 대비하여 측구를 설치하거나 굴착사면에 비닐보강

08.
콘크리트 타설 작업이 진행 중이다. 다음 기계명칭과 빈칸을 채우시오.

콘크리트는 신속하게 운반하여 즉시 치고, 충분히 다져야 한다. 비비기로부터 치기가 끝날 때까지의 시간은 원칙적으로 외기온도가 (①)도씨를 넘었을 때는 (②)시간을, (③)도씨 이하일 때는 (④)시간을 넘어서는 안 된다.

➡해답 (1) 명칭 : 콘크리트 믹서 트럭
　　　 (2) 빈칸 : ① 25　② 1.5　③ 25　④ 2

건설안전기사 2009년 1회(B형)

01.
사면의 붕괴방지를 위해 사면보호 공법이 적용되었다. 사면보호를 위한 방법을 4가지(구조물 보호방법 3가지 포함) 쓰시오.

➡해답 ① 콘크리트, 모르타르 뿜어붙이기공　　② 콘크리트 블록공
　　　 ③ 돌쌓기공　　　　　　　　　　　　④ 돌망태 공법
　　　 ⑤ 지표수 배제공, 지하수 배제공　　　⑥ 떼붙임공, 식생 Mat공, 식수공

02.
아파트 건설현장을 보여주고 있다. 위와 같은 건설현장에서 화물의 낙하·비래 위험이 있는 경우 조치해야 할 사항 2가지를 쓰시오.

➡해답 ① 낙하물 방지망 설치　　　　② 출입금지구역의 설정
　　　 ③ 방호선반 설치　　　　　　④ 작업자 안전모 착용

03.
동영상에서 보여주고 있는 바닥 개구부나 가설 구조물의 단부에서 추락위험을 방지하기 위해 설치해야 하는 안전난간의 구조 및 설치요건을 ( )에 써 넣으시오.

1. 안전난간은 (①), (②), (③) 및 (④)으로 구성한다.
2. (①)은 바닥면 발판 또는 경사로의 표면으로부터 (⑤) 이상 지점에 설치하고, 상부난간대를 (⑥) 이하에 설치하는 경우에는 (②)는 (①)와 바닥면 등의 중간에 설치하여야 하며, (⑥) 이상 지점에 설치하는 경우에는 (②)를 2단 이상으로 균등하게 설치하고 난간의 상하 간격은 60cm 이하가 되도록 한다. 다만, 계단의 개방된 측면에 설치된 난간기둥 간의 간격이 25cm 이하인 경우에는 중간 난간대를 설치하지 아니할 수 있다.
3. (③)은 바닥면 등으로부터 (⑦) 이상의 높이를 유지한다.

해답 ① 상부 난간대 ② 중간 난간대
③ 발끝막이판 ④ 난간기둥
⑤ 90cm ⑥ 120cm
⑦ 10cm

04.
건물 외벽 돌 마감공사를 위해 외부비계 위에서 작업 중이다. 동영상을 참고하여 현장에서 추락재해를 유발하는 불안전한 요인을 3가지 쓰시오.

해답 ① 작업발판 단부에 안전난간 미설치
② 근로자가 외부비계 위 작업장으로 이동할 수 있는 승강설비, 가설계단 미설치
③ 외부비계 위 통로에 대리석 자재가 적치되어 안전통로 미확보

05.
와이어로프의 체결상태를 보여주고 있다. 와이어로프의 체결상태가 올바른 것을 고르고 클립체결 시 클립수를 쓰시오.

①
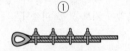

②
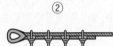

와이어로프 지름(mm)	클립개수
16 이하	(③)개 이상
16 초과 28 이하	(④)개 이상
28 초과	(⑤)개 이상

해답 올바른 것 : ①
③ 4개 ④ 5개 ⑤ 6개

06.
콘크리트 타설작업을 하기 위하여 콘크리트타설장비 이용 작업 시 준수사항 3가지를 쓰시오.

해답 1. 작업을 시작하기 전에 콘크리트타설장비를 점검하고 이상을 발견하였으면 즉시 보수할 것
2. 건축물의 난간 등에서 작업하는 근로자가 호스의 요동·선회로 인하여 추락하는 위험을 방지하기 위하여 안전난간 설치 등 필요한 조치를 할 것
3. 콘크리트타설장비의 붐을 조정하는 경우에는 주변의 전선 등에 의한 위험을 예방하기 위한 적절한 조치를 할 것
4. 작업 중에 지반의 침하나 아웃트리거 등 콘크리트타설장비 지지구조물의 손상 등에 의하여 콘크리트타설장비가 넘어질 우려가 있는 경우에는 이를 방지하기 위한 적절한 조치를 할 것

O7.
건물 지하층의 구조물 공사를 위하여 흙막이 구조물이 설치되어 있다. 흙막이 구조물 공사 시 필요한 계측기기의 종류 3가지를 쓰시오.

➡해답 ① 지표침하계 : 흙막이벽 배면에 동결심도보다 깊게 설치하여 지표면 침하량 측정
② 지중경사계 : 흙막이벽 배면에 설치하여 토류벽의 기울어짐 측정
③ 하중계 : Strut, Earth Anchor에 설치하여 축하중 측정으로 부재의 안정성 여부 판단
④ 간극수압계 : 굴착, 성토에 의한 간극수압의 변화 측정
⑤ 균열측정기 : 인접구조물, 지반 등의 균열부위에 설치하여 균열크기와 변화측정
⑥ 변형계 : Strut, 띠장 등에 부착하여 굴착작업시 구조물의 변형을 측정
⑦ 지하수위계 : 굴착에 따른 지하수위 변동을 측정

O8.
배수구조물 설치를 위한 터파기 작업이 진행 중이다. 터파기 사면보호대책의 미비점을 3가지 쓰시오.

➡해답 ① 사면의 기울기 기준 미준수
② 굴착사면에 비가 올 경우를 대비한 비닐보강 미실시
③ 토사등의 붕괴 또는 낙하 원인이 되는 빗물이나 지하수 등을 배제할 수 있는 측구 미설치
④ 낙하의 위험이 있는 토석을 제거하거나 옹벽, 흙막이 지보공 등 미설치

건설안전기사 2009년 2회(A형)

O1.
크레인을 이용하여 비계재료인 강관을 인양하고 있다. 작업자들은 보호구를 착용하지 않았고 신호수가 없이 작업하고 있다. 이때, 위험요인과 안전대책을 각각 3가지씩 쓰시오.

➡해답 (1) 위험요인
① 작업자 안전모, 안전장갑 등 개인보호구 미착용
② 신호수 미배치 및 위험구간 출입금지 미조치
③ 위험표지판, 안전표지판 미설치
④ 강관을 한 줄로 인양하여 낙하 위험
(2) 안전대책
① 작업자는 안전모, 안전장갑 등 개인보호구 착용
② 신호수를 배치하여 위험구간 출입금지 조치
③ 위험표지판, 안전표지판 설치
④ 강관을 두 줄로 균형을 맞추어 인양

02.
경사면에서 백호로 굴착작업을 하는 동영상을 보여주고 있다. 굴착작업 시 토사등의 붕괴 또는 낙하를 방지하기 위해 작업 시작 전 점검해야 할 사항을 2가지 쓰시오.

➡해답 ① 형상·지질 및 지층의 상태
② 균열·함수·용수 및 동결의 유무 또는 상태
③ 매설물 등의 유무 또는 상태
④ 지반의 지하수위 상태

03.
동영상은 건물외벽의 돌 마감공사를 보여주고 있다. 이와 같은 작업시 근로자나 시설 등의 안전조치 사항을 2가지 쓰시오.

➡해답 ① 발판재료는 작업할 때의 하중을 견딜 수 있도록 견고한 것으로 할 것
② 작업발판의 폭은 40cm 이상으로 하고, 발판재료 간의 틈은 3cm 이하로 할 것
③ 추락의 위험성이 있는 장소에는 안전난간을 설치할 것
④ 작업발판의 지지물은 하중에 의하여 파괴될 우려가 없는 것을 사용할 것
⑤ 작업발판재료는 뒤집히거나 떨어지지 않도록 둘 이상의 지지물에 연결하거나 고정시킬 것
⑥ 비계 기둥 간 적재하중은 400kg을 초과하지 않도록 할 것

04.
다음 동영상에서 보여주는 교량의 공법명을 쓰고 설명하시오.

➡해답 (1) 공법명
F.C.M 공법(Free Cantilever Method)
(2) 특징
F.C.M 공법은 교각 위에서 교각 양쪽의 교축방향으로 특수한 가설장비(Form Traveller)를 이용하여 한 개의 세그먼트(Segment, 3~4m)씩 콘크리트를 타설하고 Prestress를 도입하여 연결해 나가는 교량상부 가설공법이다.

05.
크레인을 이용하여 화물을 내리는 작업을 할 때, 크레인 운전자가 준수해야 할 사항 2가지를 쓰시오.

▶해답 ① 신호수의 지시에 따라 작업 실시
② 내리는 화물이 흔들리지 않도록 천천히 작업할 것

06.
강관비계 작업 동영상을 보여주고 있다. ( ) 안에 적합한 말을 채우시오.

(1) 비계 기둥에는 미끄러지거나 (①)하는 것을 방지하기 위하여 밑받침 철물을 사용
(2) 강관의 접속부 또는 교차부는 적합한 (②)을 사용하여 접속하거나 단단히 묶을 것
(3) 강관비계는 5m×5m 이내마다 벽이음 또는 (③)을 설치할 것

▶해답 ① 침하 ② 부속철물 ③ 버팀

07.
사면 보호공법 중 구조물에 의한 보호방법을 3가지 쓰시오.

▶해답 ① 콘크리트, 모르타르 뿜어붙이기공 　② 콘크리트 블록공
③ 돌쌓기공 　④ 돌망태 공법

08.
다음에서 보여주는 건설기계의 명칭과 회전하는 이유를 쓰시오.

▶해답 (1) 명칭 : 콘크리트 믹서 트럭
(2) 회전하는 이유 : 콘크리트 경화방지, 재료분리 방지

건설안전기사 2009년 4회(A형)

01.

차량계 건설기계 작업 시 그 기계가 넘어지거나 굴러떨어짐으로써 근로자가 위험해질 우려가 있는 경우 조치사항에 대하여 3가지를 쓰시오.

해답 ① 유도하는 사람을 배치　　② 지반의 부동침하 방지
③ 갓길의 붕괴 방지　　　　④ 도로 폭의 유지

02.

타워크레인으로 화물을 1줄로 걸어 인양하던 중 화물이 낙하하였고, 때마침 안전모를 불량하게 착용한 작업자가 지나가다가 낙하하는 화물에 맞는 재해가 발생하였다. 이때, 재해발생 원인 2가지를 쓰시오.

해답 ① 낙하위험구간에 출입금지 미조치
② 화물을 1줄 걸이로 인양하여 낙하위험
③ 작업자 안전모의 턱끈 미체결
④ 신호수 미배치

03.

백호가 굴착작업을 하는 모습이다. 다음 작업 시작전 안전관리자의 점검사항을 2가지 쓰시오.

해답 ① 형상·지질 및 지층의 상태
② 균열·함수·용수 및 동결의 유무 또는 상태
③ 매설물 등의 유무 또는 상태
④ 지반의 지하수위 상태

04.

작업자가 건물 외측에 설치한 낙하물방지망을 보수하고 있다. 이와 같이 낙하물방지망을 설치할 때 작업자가 착용해야 하는 보호구(①) 및 설치기준에 대하여 ( )에 알맞은 단어를 써 넣으시오.

1) 높이 (②)m 이내마다 설치하고, 내민 길이는 벽면으로부터 (③)m 이상으로 할 것
2) 수평면과의 각도는 (④) 이하를 유지할 것

해답 ① 안전대　② 10　③ 2　④ 20~30°

O5.
터널 굴착작업 시 시공계획에 포함되어야 할 사항 3가지를 쓰시오.

➡해답 ① 굴착의 방법
② 터널지보공 및 복공의 시공방법과 용수의 처리방법
③ 환기 또는 조명시설을 하는 때에는 그 방법

O6.
천장 부분의 작업을 위해 이동식 사다리가 설치되어 있다. 이동식 사다리의 설치기준을 3가지 쓰시오.

➡해답 ① 견고한 구조로 할 것
② 재료는 심한 손상·부식 등이 없을 것
③ 발판의 간격은 동일하게 할 것
④ 발판과 벽과의 사이는 15cm 이상의 간격을 유지할 것
⑤ 폭은 30cm 이상으로 할 것
⑥ 사다리가 넘어지거나 미끄러지는 것을 방지하기 위한 조치를 할 것
⑦ 사다리의 상단은 걸쳐놓은 지점으로부터 60cm 이상 올라가도록 할 것

O7.
거푸집 동바리 조립 시 준수해야 하는 사항을 3가지 쓰시오.

➡해답 1. 받침목이나 깔판의 사용, 콘크리트 타설, 말뚝박기 등 동바리의 침하를 방지하기 위한 조치를 할 것
2. 동바리의 상하 고정 및 미끄러짐 방지 조치를 할 것
3. 상부·하부의 동바리가 동일 수직선상에 위치하도록 하여 깔판·받침목에 고정시킬 것
4. 개구부 상부에 동바리를 설치하는 경우에는 상부하중을 견딜 수 있는 견고한 받침대를 설치할 것
5. U헤드 등의 단판이 없는 동바리의 상단에 멍에 등을 올릴 경우에는 해당 상단에 U헤드 등의 단판을 설치하고, 멍에 등이 전도되거나 이탈되지 않도록 고정시킬 것
6. 동바리의 이음은 같은 품질의 재료를 사용할 것
7. 강재의 접속부 및 교차부는 볼트·클램프 등 전용철물을 사용하여 단단히 연결할 것
8. 거푸집의 형상에 따른 부득이한 경우를 제외하고는 깔판이나 받침목은 2단 이상 끼우지 않도록 할 것
9. 깔판이나 받침목을 이어서 사용하는 경우에는 그 깔판·받침목을 단단히 연결할 것

08.
다음 건설기계의 이름 및 나선형으로 된 장치명을 쓰시오.

➡**해답** (1) 기계 명칭 : 어스드릴(Earth Drill)
   (2) 장치명 : 스크루(회전식 버킷)

건설안전기사 2010년 1회(A형)

01.

아파트 현장을 보여주고 있다. 거푸집의 명칭과 장점을 3가지 쓰시오.

➡해답 (1) 명칭

갱폼(Gang Form)

(2) 장점

① 공사기간 단축

② 벽체 거푸집과 작업발판의 일체형으로 비계 불필요

③ 설치, 해체가 용이함

④ 전용성 증대

02.

다음 동영상을 보고 건설기계의 명칭을 쓰고 빈칸을 채워 넣으시오.

콘크리트는 신속하게 운반하여 즉시 치고, 충분히 다져야 한다. 비비기로부터 치기가 끝날 때까지의 시간은 원칙적으로 외기온도가 (①)도씨를 넘었을 때는 (②)시간을, (③)도씨 이하일 때는 (④)시간을 넘어서는 안 된다.

➡해답 (1) 명칭 : 콘크리트 믹서 트럭

(2) 빈칸 : ① 25   ② 1.5   ③ 25   ④ 2

03.

동영상은 터널굴착 장비를 조립하고 이를 이용하여 굴착 및 토사 운반작업을 하는 과정을 보여주고 있다. 이와 같은 작업을 할 때에는 시공계획을 수립하여야 하는데, 이 시공계획에 반드시 포함하여야 하는 사항을 3가지 쓰시오.

➡ 해답 ① 굴착의 방법
② 터널지보공 및 복공의 시공방법과 용수의 처리방법
③ 환기 또는 조명시설을 하는 때에는 그 방법

04.

흙막이 구조물에서 사용되는 계측기기의 종류를 2가지 쓰시오.

➡ 해답 ① 지표침하계 : 흙막이벽 배면에 동결심도보다 깊게 설치하여 지표면 침하량 측정
② 지중경사계 : 흙막이벽 배면에 설치하여 토류벽의 기울어짐 측정
③ 하중계 : Strut, Earth Anchor에 설치하여 축하중 측정으로 부재의 안정성 여부 판단
④ 간극수압계 : 굴착, 성토에 의한 간극수압의 변화 측정
⑤ 균열측정기 : 인접구조물, 지반 등의 균열부위에 설치하여 균열크기와 변화측정
⑥ 변형계 : Strut, 띠장 등에 부착하여 굴착작업시 구조물의 변형을 측정
⑦ 지하수위계 : 굴착에 따른 지하수위 변동을 측정

05.

작업자가 손수레에 모래를 가득 싣고 리프트를 이용하여 운반하기 위해 손수레를 운전하던 중 리프트 개구부에서 추락하는 사고가 발생하였다. 이때 건설용 리프트의 ① 방호장치의 종류, ② 재해형태, ③ 재해원인 2가지를 쓰시오.

➡ 해답 ① 권과방지장치, 과부하방지장치, 비상정지장치, 낙하방지장치
② 추락
③ 손수레 운전한계를 초과한 모래적재, 1인이 운반

06.

콘크리트 말뚝을 설치하는 동영상이다. 이와 같은 말뚝의 항타공법 종류를 3가지 쓰시오.

➡ 해답 ① 타격공법 : 드롭해머, 스팀해머, 디젤해머, 유압해머
② 진동공법 : Vibro Hammer로 상하진동을 주어 타입, 강널말뚝에 적용
③ 선행굴착 공법(Pre-Boring) : Earth Auger로 천공 후 기성말뚝 삽입, 소음·진동 최소
④ 워트제트 공법 : 고압으로 물을 분사시켜 마찰력을 감소시키며 말뚝 매입
⑤ 압입공법 : 유압 압입장치의 반력을 이용하여 말뚝 매입
⑥ 중공굴착 공법 : 말뚝의 내부를 스파이럴 오거로 굴착하면서 말뚝 매입

07.
차량계 건설기계 작업 시 그 기계가 넘어지거나 굴러떨어짐으로써 근로자가 위험해질 우려가 있는 경우 조치사항에 대하여 3가지를 쓰시오.

해답 ① 유도하는 사람을 배치
② 지반의 부동침하 방지
③ 갓길의 붕괴 방지
④ 도로 폭의 유지

08.
토사붕괴를 보여주고 있는 동영상이다. 토공현장에서 토사붕괴의 외적 요인을 3가지 기술하시오.

해답 ① 사면, 법면의 경사 및 기울기의 증가
② 절토 및 성토 높이의 증가
③ 공사에 의한 진동 및 반복하중의 증가
④ 지표수 및 지하수의 침투에 의한 토사 중량의 증가
⑤ 지진 차량 구조물의 하중작용
⑥ 토사 및 암석의 혼합층 두께

건설안전기사 2010년 2회(A형)

01.
외팔보 교량(F.C.M 공법)의 시공 모습을 보여주고 있다. 다음 보기를 보고 순서대로 나열하시오.

[보기]		
① 주두부 시공	② Form Traveller 설치	③ 마무리 및 완료
④ 측경간 시공	⑤ Key Segment 시공	⑥ Segment 시공

해답 ① → ② → ⑥ → ⑤ → ④ → ③

02.
교각공사의 주철근 모습을 보여주고 있다. 이와 같은 작업시 노출된 철근의 보호방법을 3가지 쓰시오.

해답 ① 비닐을 덮어 습기를 방지한다.
② 철근에 방청도료를 도포해서 부식을 방지한다.
③ 철근의 변위, 변형을 방지하기 위해 철망이나 철사로 단단히 묶어 고정한다.

03.

다음의 교량을 보고 각 교량 형식의 명칭을 쓰시오.

①  ②

해답 ① 현수교 ② 사장교

04.

교량 건설공사 중 스틸박스 거더를 설치하고 있는 동영상을 보여주고 있다. 교량 상부공 작업 시 작업자가 하부로 추락하는 재해가 발생하였다. 이때 재해예방대책을 4가지 쓰시오.

해답 ① 작업(통로)발판 설치
② 안전대 부착설비 설치 및 안전대 착용
③ 추락방지용 추락방호망 설치
④ 작업발판 단부, 스틸박스 단부에 안전난간 설치

05.

작업자가 개구부에서 작업을 하던 중 추락하는 장면을 보여주고 있다. 이와 같은 재해발생 시 추락방지를 위한 안전대책 3가지를 쓰시오.

해답 ① 안전난간, 울타리, 수직형 추락방망 설치
② 충분한 강도를 가진 구조로 덮개를 튼튼하게 설치
③ 어두운 장소에서도 알아볼 수 있도록 개구부임을 표시
④ 추락방호망을 설치
⑤ 근로자 안전대 착용

06.

차량계 건설기계 작업계획 시 포함사항 3가지를 적으시오.

해답 ① 사용하는 차량계 건설기계의 종류 및 성능
② 차량계 건설기계의 운행경로
③ 차량계 건설기계에 의한 작업방법

07.
5m 이상 비계의 조립, 해체, 변경작업 시 준수사항을 3가지 쓰시오.

해답 ① 관리감독자의 지휘에 따라 작업하도록 할 것
② 조립·해체 또는 변경의 시기·범위 및 절차를 그 작업에 종사하는 근로자에게 주지시킬 것
③ 조립·해체 또는 변경 작업구역에는 해당 작업에 종사하는 근로자가 아닌 사람의 출입을 금지하고 그 내용을 보기 쉬운 장소에 게시할 것
④ 비, 눈, 그 밖의 기상상태의 불안정으로 날씨가 몹시 나쁜 경우에는 그 작업을 중지시킬 것
⑤ 비계재료의 연결·해체작업을 하는 경우에는 폭 20cm 이상의 발판을 설치하고 근로자로 하여금 안전대를 사용하도록 하는 등 추락을 방지하기 위한 조치를 할 것
⑥ 재료·기구 또는 공구 등을 올리거나 내리는 경우에는 근로자가 달줄 또는 달포대 등을 사용하게 할 것

08.
동영상은 아파트 건설현장을 보여주고 있다. 해당 상황 속 위험한 행동을 찾아 2가지 쓰시오.

[동영상 설명]
작업자는 아파트에서 작업 도중 음료수를 마신다. 다 마신 빈 캔을 아래로 던진 뒤 비계를 잡고 위로 올라가고 있다.

해답 ① 음료 캔을 마시고 밑으로 던져 하부작업자가 날아온 물체(비래)에 의해 재해를 입을 수 있다.
② 안전한 승강용 사다리를 사용하지 않고 외부비계를 밟고 위로 올라가다 추락할 위험이 있다.

건설안전기사 2010년 4회(A형)

01.
동영상은 사면을 백호로 굴착하는 장면을 보여주고 있다. 토석의 낙하위험 및 암석붕괴를 방지하기 위해 설치해야 하는 설비나 조치사항을 3가지 쓰시오.

해답 ① 흙막이 지보공의 설치
② 방호망의 설치
③ 근로자의 출입금지
④ 비가 올 경우를 대비하여 측구를 설치하거나 굴착사면에 비닐보강

02.
작업자가 이동식 비계 최상부에 올라가서 작업을 하고 있다. 이때 재해예방을 위한 안전조치사항 3가지를 쓰시오.

[해답] ① 작업발판은 항상 수평을 유지한다.
② 최상부 작업발판 단부에는 안전난간을 설치한다.
③ 근로자는 안전대를 걸고 작업한다.
④ 이동식 비계가 전도되지 않도록 시설물에 고정하거나 아웃트리거를 설치한다.

03.
콘크리트타설장비로 콘크리트를 타설 중인 모습을 보여주고 있다. 거푸집 위에서 근로자는 작업하고 있고, 작업발판과 안전난간이 설치되지 않았다. 붐대 위 전선이 있다. 콘크리트타설장비에 대한 위험요인과 근로자의 위험요인을 쓰시오.

[해답] (1) 콘크리트타설장비에 대한 위험요인 : 붐 조정 시 인접 전선에 감전 위험
(2) 근로자 위험요인 : 붐의 선회, 요동 시 접촉으로 인한 추락위험

04.
크레인을 이용하여 화물을 인양하던 중 화물이 한쪽으로 기울어지면서 떨어졌고, 그 밑에서 작업하던 근로자가 이 화물에 맞는 장면을 보여주고 있다. 이때, 위험요인 및 대책을 2가지씩 쓰시오.

[해답] (1) 위험요인
① 화물을 1가닥으로 인양하여 화물이 균형을 잃고 낙하할 위험
② 낙하위험구간에 작업자 출입
③ 신호수 미배치
(2) 안전대책
① 화물을 두 줄로 걸어 균형을 잡고 운반
② 낙하위험구간에 작업자 출입금지 조치
③ 신호수 배치

05.
파이프 받침대 영상을 보여주고 있다. 동영상을 참고하여 작업 시 주의사항을 3가지 쓰시오.

[해답] 1. 받침목이나 깔판의 사용, 콘크리트 타설, 말뚝박기 등 동바리의 침하를 방지하기 위한 조치를 할 것
2. 동바리의 상하 고정 및 미끄러짐 방지 조치를 할 것
3. 상부·하부의 동바리가 동일 수직선상에 위치하도록 하여 깔판·받침목에 고정시킬 것
4. 개구부 상부에 동바리를 설치하는 경우에는 상부하중을 견딜 수 있는 견고한 받침대를 설치할 것
5. U헤드 등의 단판이 없는 동바리의 상단에 멍에 등을 올릴 경우에는 해당 상단에 U헤드 등의 단판을 설치하고, 멍에 등이 전도되거나 이탈되지 않도록 고정시킬 것
6. 동바리의 이음은 같은 품질의 재료를 사용할 것
7. 강재의 접속부 및 교차부는 볼트·클램프 등 전용철물을 사용하여 단단히 연결할 것
8. 거푸집의 형상에 따른 부득이한 경우를 제외하고는 깔판이나 받침목은 2단 이상 끼우지 않도록 할 것
9. 깔판이나 받침목을 이어서 사용하는 경우에는 그 깔판·받침목을 단단히 연결할 것

06.
차량계 건설기계를 자주 또는 견인에 의하여 화물자동차 등에 싣거나 내리는 작업을 할 때에 발판·성토 등을 사용하는 경우 건설기계의 전도 또는 굴러 떨어짐에 의한 위험을 방지하기 위해 준수해야 할 사항 2가지를 쓰시오.

해답 ① 싣거나 내리는 작업은 평탄하고 견고한 장소에서 할 것
② 발판을 사용하는 경우에는 충분한 길이, 폭 및 강도를 가진 것을 사용하고 적당한 경사를 유지하기 위하여 견고하게 설치할 것
③ 자루·가설대 등을 사용하는 경우에는 충분한 폭 및 강도와 적당한 경사를 확보할 것

07.
고압 가스용기를 보여주고 있다. 이와 같은 가스용기 취급 시 주의사항 4가지를 쓰시오.

해답 ① 용기의 온도를 섭씨 40도 이하로 유지할 것
② 전도의 위험이 없도록 할 것
③ 충격을 가하지 않도록 할 것
④ 운반하는 경우에는 캡을 씌울 것
⑤ 사용하는 경우에는 용기의 마개에 부착되어 있는 유류 및 먼지를 제거할 것
⑥ 밸브의 개폐는 서서히 할 것
⑦ 사용 전 또는 사용 중인 용기와 그 밖의 용기를 명확히 구별하여 보관할 것
⑧ 용해아세틸렌의 용기는 세워 둘 것
⑨ 용기의 부식·마모 또는 변형상태를 점검한 후 사용할 것

08.
다음에서 보여주고 있는 건설기계의 명칭과 용도를 쓰시오.

해답 (1) 명칭 : 클램셸
(2) 용도 : ① 좁은 곳의 수직굴착   ② 수중굴착   ③ 우물통 기초 케이슨 내 굴착

건설안전기사 2011년 1회(A형)

O1.
이동식 비계에서 승강용 사다리는 보이지 않고, 이동식 비계의 바퀴가 흔들거리는 장면을 보여주면서 작업자가 추락한다. 이와 같은 이동식 비계를 조립하는 경우 준수사항 3가지를 쓰시오.

➡해답 ① 이동식 비계의 바퀴에는 뜻밖의 갑작스러운 이동 또는 전도를 방지하기 위해 브레이크·쐐기 등으로 바퀴를 고정시킨 다음 비계의 일부를 견고한 시설물에 고정하거나 아웃트리거(Outrigger)를 설치하는 등 필요한 조치를 할 것
② 승강용 사다리는 견고하게 설치할 것
③ 비계의 최상부에서 작업을 할 경우에는 안전난간을 설치할 것
④ 작업발판은 항상 수평을 유지하고 작업발판 위에서 안전난간을 딛고 작업을 하거나 받침대 또는 사다리를 사용하여 작업하지 않도록 할 것
⑤ 작업발판의 최대 적재하중은 250kg을 초과하지 않도록 할 것

O2.
동영상은 철근의 조립간격을 보여주고 있다. 기초에서 주철근에 가로로 들어가는 철근의 역할과 기둥에서 전단력에 저항하는 철근의 이름을 쓰시오.

➡해답 (1) 가로로 들어가는 철근의 역할 : 주철근 구속으로 좌굴방지, 주철근의 간격유지
(2) 전단력에 저항하는 철근 이름 : 띠철근

O3.
항타기·항발기가 작업 중인 동영상을 보여주고 있다. 이러한 항타기·항발기 작업 시 무너짐방지를 위한 준수사항 3가지를 쓰시오.

➡해답 ① 연약한 지반에 설치하는 경우에는 아웃트리거·받침 등 지지구조물의 침하를 방지하기 위하여 받침목이나 깔판 등을 사용할 것
② 시설 또는 가설물 등에 설치하는 경우에는 그 내력을 확인하고 내력이 부족하면 그 내력을 보강할 것
③ 아웃트리거·받침 등 지지구조물이 미끄러질 우려가 있는 경우에는 말뚝 또는 쐐기 등을 사용하여 해당 지지구조물을 고정시킬 것
④ 궤도 또는 차로 이동하는 항타기 또는 항발기에 대해서는 불시에 이동하는 것을 방지하기 위하여 레일 클램프(rail clamp) 및 쐐기 등으로 고정시킬 것
⑤ 상단 부분은 버팀대·버팀줄로 고정하여 안정시키고, 그 하단 부분은 견고한 버팀·말뚝 또는 철골 등으로 고정시킬 것

04.

아파트 건설현장을 보여주고 있다. 이와 같은 아파트 건설현장에서 화물의 낙하·비래 위험이 있는 경우 조치해야 할 사항 2가지를 쓰시오.

➡해답 ① 낙하물 방지망 설치　　② 출입금지구역의 설정
　　　③ 방호선반 설치　　　　④ 작업자 안전모 착용

05.

다짐작업을 하고 있는 동영상이다. 동영상에서의 장비명과 주요작업을 쓰시오.

➡해답 (1) 명칭 : 타이어 롤러(Tire Roller)
　　　(2) 주요작업 : 다짐작업, 아스콘 전압, 성토부 전압

06.

굴착기를 이용하여 굴착한 토사를 덤프트럭으로 상차하는 작업을 보여주고 있다. 이와 같은 건설기계 작업 시 주의사항을 3가지 쓰시오.

➡해답 ① 작업 유도자 배치 및 작업반경 내 근로자 접근금지
　　　② 덤프트럭 바퀴에 고임목(쐐기)을 설치하여 급작스런 유동을 방지
　　　③ 적재적량 상차 및 덮개를 덮고 운반
　　　④ 지반을 고르게 하고 수평유지
　　　⑤ 살수 실시 및 운행 속도 제한

07.

아스팔트 피니셔의 용도를 쓰시오.

➡해답 아스팔트 플랜트로부터 덤프트럭으로 운반된 아스콘 혼합재를 노면 위에 일정한 규격과 간격으로 깔아주는 장비

08.
공사현장의 개구부를 보여주고 있다. 이처럼 추락의 위험이 존재하는 곳의 작업 시 안전조치방법을 3가지 쓰시오.

→해답 ① 안전난간, 울타리, 수직형 추락방망 설치
② 충분한 강도를 가진 구조로 덮개를 튼튼하게 설치
③ 어두운 장소에서도 알아볼 수 있도록 개구부임을 표시
④ 추락방호망을 설치
⑤ 근로자 안전대 착용

건설안전기사 2011년 1회(B형)

01.
이동식 비계에서 승강용 사다리는 보이지 않고, 이동식 비계의 바퀴가 흔들거리는 장면을 보여주면서 작업자가 추락한다. 이와 같은 이동식 비계를 조립하는 경우 준수사항 3가지를 쓰시오.

→해답 ① 이동식 비계에는 뜻밖의 갑작스러운 이동 또는 전도를 방지하기 위해 브레이크·쐐기 등으로 바퀴를 고정시킨 다음 비계의 일부를 견고한 시설물에 고정하거나 아웃트리거(Outrigger)를 설치하는 등 필요한 조치를 할 것
② 승강용 사다리는 견고하게 설치할 것
③ 비계의 최상부에서 작업을 할 경우에는 안전난간을 설치할 것
④ 작업발판은 항상 수평을 유지하고 작업발판 위에서 안전난간을 딛고 작업을 하거나 받침대 또는 사다리를 사용하여 작업하지 않도록 할 것
⑤ 작업발판의 최대 적재하중은 250kg을 초과하지 않도록 할 것

02.
동영상은 흙막이 구조물을 보여주고 있다. 어스앵커공법으로 시공한 PC강선을 보여주는데, 전기배선이 PC강선과 연결되어 있다. 동영상과 같은 흙막이공사 시 재해예방을 위한 조치사항 2가지를 쓰시오.

→해답 ① 흙막이 지보공의 재료로 변형·부식되거나 심하게 손상된 것을 사용해서는 안 된다.
② 흙막이 지보공을 조립하는 경우 미리 조립도를 작성하여 그 조립도에 따라 조립하도록 해야 한다.
③ 흙막이 지보공을 설치하였을 때에는 정기적으로 부재의 손상·변형·부식·변위 및 탈락의 유무와 상태 등을 점검하고 이상을 발견하면 즉시 보수하여야 한다.
④ 설계도서에 따른 계측을 하고 계측 분석 결과 토압의 증가 등 이상한 점을 발견한 경우에는 즉시 보강조치를 하여야 한다.

03.

타워크레인으로 화물을 1줄로 걸어 인양하던 중 화물이 낙하하였고, 때마침 안전모를 불량하게 착용한 작업자가 지나가다가 낙하하는 화물에 맞는 재해가 발생하였다. 이때, 재해발생 원인 2가지를 쓰시오.

➡해답 ① 낙하위험구간에 출입금지 미조치
② 화물을 1줄 걸이로 인양하여 낙하위험
③ 작업자 안전모의 턱끈 미체결
④ 신호수 미배치

04.

사진1은 원형교각 철근을 배근해 놓은 상태이며 하부 기초부는 타설되어 있다. 사진2는 클로즈업된 철근이 배근된 원형교각 사진이며 가로로 철근이 둘러져 있다.

① 기초부의 주철근에 가로로 설치되는 철근의 역할을 쓰시오.
② 기둥철근에 횡방향으로 설치되는 철근의 이름을 쓰시오.

➡해답 ① 가로로 들어가는 철근의 역할 : 주철근 구속으로 좌굴방지, 주철근의 간격유지
② 기둥철근에 횡방향으로 설치되는 철근 : 띠철근

05.

트럭크레인을 이용하여 화물을 운반하는 동영상을 보여주고 있다. 이때, 크레인의 로프와 Hook이 흔들거리면서 이동하고 있고, 운전자는 안전모를 착용하지 않고 크레인을 조정하고 있으며, 다른 작업자 2명은 보호구를 착용하지 않은 상태에서 크레인에 강관 다발을 2줄로 묶고 인양하고 있다. 이때 위험요인 및 안전대책을 3가지씩 쓰시오.

➡해답 (1) 위험요인
① 신호수 미배치로 작업자 충돌위험
② 아웃트리거 설치불량으로 전도위험
③ 작업자 안전모 등 개인보호구 미착용
(2) 안전대책
① 신호수를 배치하여 작업 유도 및 위험구간 작업자 접근금지 조치
② 크레인의 아웃트리거를 깔판 위에 설치하는 등 침하방지 조치 철저
③ 작업자 안전모, 안전화 등 개인보호구 착용

06.

아파트 건설현장의 수직보호망을 보여주고 있다. 이때, 낙하·비래 재해예방을 위해 필요한 안전시설 3가지를 쓰시오.

➡해답 ① 낙하물 방지망   ② 수직보호망   ③ 방호선반

07.
아스콘 포장작업을 하는 모습을 보여주고 있다. 기계의 이름과 용도를 쓰시오.

해답 (1) 명칭 : 아스팔트 피니셔
(2) 용도 : 아스팔트 플랜트로부터 덤프트럭으로 운반된 아스콘 혼합재를 노면 위에 일정한 규격과 간격으로 깔아주는 장비

08.
철골공사현장에 설치한 추락방호망을 보여주고 있다. 추락방지용 추락방호망에 표시해야 하는 사항 3가지를 쓰시오.

해답 ① 제조자명   ② 제조연월   ③ 그물코의 크기   ④ 인장강도

건설안전기사 2011년 2회(A형)

01.
굴착작업을 하는 동영상이다. 백호가 흙을 파고 있으며 화물을 1곳 지지하고 있다. 동영상을 참고하여 안전대책 3가지를 쓰시오.

해답 ① 사면의 기울기 기준 준수
② 굴착사면에 비가 올 경우를 대비한 비닐보강 실시
③ 토사등의 붕괴 또는 낙하 원인이 되는 빗물이나 지하수 등을 배제할 수 있는 측구 설치
④ 낙하의 위험이 있는 토석을 제거하거나 옹벽, 흙막이 지보공 등 설치
⑤ 화물(상수도관 및 자재) 인양작업시 지지점을 최소 2개소 이상 묶고 이동할 것

02.

동영상은 터널굴착 장비를 조립하고 이를 이용하여 굴착 및 토사 운반작업을 하는 과정을 보여주고 있다. 이와 같은 작업을 할 때에는 시공계획을 수립하여야 하는데, 이 시공계획에 반드시 포함하여야 하는 사항을 3가지 쓰시오.

➡️해답 ① 굴착의 방법
② 터널지보공 및 복공의 시공방법과 용수의 처리방법
③ 환기 또는 조명시설을 하는 때에는 그 방법

03.

타워크레인을 해체하는 동영상을 보여주고 있다. 크레인이 짐을 한줄 걸이로 들고 있고 트럭 위에 짐 싣는 도중 작업자가 올라가려다 놀라며 내려오고 있으며, 다른 작업자는 돌 같은 것을 잡고 내리고 있고 안전모를 착용하지 않았다. 해체작업 시 안전상 미비점 2가지를 쓰시오.

➡️해답 ① 낙하위험구간에 출입금지 미조치
② 화물을 1줄 걸이로 인양하여 낙하위험
③ 작업자 안전모의 턱끈 미체결
④ 신호수 미배치

04.

흙막이 공법 동영상이다. 공법의 명칭과 공법의 구성요소를 쓰시오.

➡️해답 (1) 공법의 명칭 : 버팀대 공법
(2) 구성요소 : H빔, 토류판(목개), 복공판(철재)

05.

차량계 건설기계 작업계획 시 포함사항 3가지를 적으시오.

➡️해답 ① 사용하는 차량계 건설기계의 종류 및 성능
② 차량계 건설기계의 운행경로
③ 차량계 건설기계에 의한 작업방법

06.
작업발판과 강관비계의 모습을 보여주고 있다. 미비점을 3가지 쓰시오.

해답 ① 작업발판 단부에 안전난간 미설치
② 가설통로에 손잡이 미설치
③ 수직방망 미설치
④ 적정 간격의 벽이음 미설치

07.
외팔보 교량(F.C.M 공법)의 시공순서를 쓰시오.

해답 ① 하부공사 - ② 주두부 시공 - ③ Form Traveller 설치 - ④ Segment 시공 - ⑤ Key Segment 시공 - ⑥ 측경간 시공 - ⑦ 마무리 및 완료

08.
작업자가 밀폐공간으로 들어가 벽면에 시너를 칠하고 있다. 작업자가 시계를 보니 시간이 1~2시간 경과하였고 갑자기 어지러워하며 쓰러졌다. 이러한 밀폐공간에서 방수 등 작업 시 안전대책을 3가지 쓰시오.

해답 ① 작업 전 산소농도 및 유해가스 농도 측정
② 작업 중 산소농도 측정 및 산소농도가 18% 미만일 때는 환기 실시
③ 근로자는 송기마스크, 공기호흡기 등 호흡용 보호구 착용

건설안전기사 2011년 4회(A형)

01.
터널 내부 지보공 작업을 하고 있다. 락볼트(Rock Bolt)의 역할 3가지를 쓰시오.

해답 ① 봉합 작용　　② 내압 작용
③ 보형성 작용　　④ 아치 형성 작용

02.

터널 내부 라이닝의 모습을 보여주고 있다. 터널 공사 시 콘크리트 라이닝의 시공목적 2가지를 쓰시오.

해답 ① 지질의 불균일성, 지보재의 품질저하 등으로 인한 터널의 강도저하를 보강
② 터널구조물의 내구성 증진으로 인한 붕괴 방지
③ 지하수 등으로부터의 수밀성 확보
④ 사용 중 점검, 보수 등의 작업성 증대
⑤ 터널 내부 시설물 설치 용이

03.

교량의 교각 거푸집을 보여주고 있다. 다음 교각 거푸집의 명칭과 장점을 2가지 쓰시오.

해답 (1) 명칭
슬라이딩 폼(Sliding Form)
(2) 특징
① 요크(Yoke)로 거푸집을 수직으로 연속 이동시키면서 콘크리트 타설
② 돌출물 등 단면 형상의 변화가 없는 곳에 적용
③ 공기단축 및 거푸집 제거 등 소요인력 절약
④ 일체성 확보

04.

차량계 건설기계 작업 시 그 기계가 넘어지거나 굴러떨어짐으로써 근로자가 위험해질 우려가 있는 경우 조치사항에 대하여 3가지를 쓰시오.

해답 ① 유도하는 사람을 배치 ② 지반의 부동침하 방지
③ 갓길의 붕괴 방지 ④ 도로 폭의 유지

05.
철골공사현장에 설치한 추락방호망을 보여주고 있다. 추락방지용 추락방호망에 표시해야 하는 사항 3가지를 쓰시오.

해답 ① 제조자명　　　　　② 제조연월
　　　③ 그물코의 크기　　　④ 인장강도

06.
동영상은 터널굴착 장비를 조립하고 이를 이용하여 굴착 및 토사운반작업을 하는 과정을 보여주고 있다. 이와 같은 작업을 할 때에는 시공계획을 수립하여야 하는데, 이 시공계획에 반드시 포함하여야 하는 사항을 3가지 쓰시오.

해답 ① 굴착의 방법
　　　② 터널지보공 및 복공의 시공방법과 용수의 처리방법
　　　③ 환기 또는 조명시설을 하는 때에는 그 방법

07.
작업자가 엘리베이터 Pit 내부에서 거푸집 작업을 하던 중 작업발판이 탈락되면서 추락하는 재해가 발생하였다. 이때 재해발생 위험요인 3가지를 쓰시오.

해답 ① 작업발판이 고정되지 않아 발판 탈락 및 추락위험
　　　② 안전대 부착설비 미설치 및 작업자 안전대 미착용으로 추락위험
　　　③ 엘리베이터 피트 내부에 추락방호망을 설치하지 않아 추락위험

08.
석축을 쌓고 있는 영상이다. 석축 쌓기 완료 후 붕괴되었다면 그 원인은 무엇인지 2가지 쓰시오.

해답 ① 기초지반의 침하 및 활동 발생으로 지지력 약화
　　　② 배수불량으로 인한 수압작용
　　　③ 과도한 토압의 발생
　　　④ 옹벽 뒤채움 재료의 불량 및 다짐 불량

건설안전기사 2011년 4회(B형)

01.
거푸집 동바리가 설치된 사진을 보여주고 있다. 사진을 보고 문제점을 찾아 2가지 쓰시오.

해답 ① 동바리의 이음을 맞댄이음 또는 장부이음으로 하고 같은 품질의 재료를 사용해야 하나 동바리와 이질재료를 혼합하여 사용함
② 파이프서포트를 이어서 사용할 때에는 4개 이상의 볼트 또는 전용철물을 사용하여야 하나 이질재료에 못으로 고정하여 이음
③ 강재와 강재와의 접속부 및 교차부는 볼트·클램프 등 전용철물을 사용하여 단단히 연결해야 하나 전용철물 미사용

02.
항타기·항발기가 작업 중인 동영상을 보여주고 있다. 이러한 항타기·항발기 작업 시 무너짐방지를 위한 준수사항 3가지를 쓰시오.

해답 ① 연약한 지반에 설치하는 경우에는 아웃트리거·받침 등 지지구조물의 침하를 방지하기 위하여 받침목이나 깔판 등을 사용할 것
② 시설 또는 가설물 등에 설치하는 경우에는 그 내력을 확인하고 내력이 부족하면 그 내력을 보강할 것
③ 아웃트리거·받침 등 지지구조물이 미끄러질 우려가 있는 경우에는 말뚝 또는 쐐기 등을 사용하여 해당 지지구조물을 고정시킬 것
④ 궤도 또는 차로 이동하는 항타기 또는 항발기에 대해서는 불시에 이동하는 것을 방지하기 위하여 레일 클램프(rail clamp) 및 쐐기 등으로 고정시킬 것
⑤ 상단 부분은 버팀대·버팀줄로 고정하여 안정시키고, 그 하단 부분은 견고한 버팀·말뚝 또는 철골 등으로 고정시킬 것

03.
터널 내 콘크리트를 뿌리는 장면을 보여주고 있다. 이 공법의 명칭과 공법의 종류 2가지를 쓰시오.

➡️**해답** (1) 명칭 : 숏크리트(Shotcrete)
　　(2) 공법의 종류
　　　　① 습식공법
　　　　② 건식공법

04.

터널공사 현장에서 천공기를 사용하여 구멍을 뚫고 있는 장면을 보여주고 있다. 화약류 취급 시 유의해야 할 사항 3가지를 쓰시오.

➡️**해답** ① 화약이나 폭약을 장전하는 경우에는 그 부근에서 화기를 사용하거나 흡연을 하지 않도록 할 것
　　② 장전구(裝塡具)는 마찰·충격·정전기 등에 의한 폭발의 위험이 없는 안전한 것을 사용할 것
　　③ 발파공의 충진재료는 점토·모래 등 발화성 또는 인화성의 위험이 없는 재료를 사용할 것

05.

철근이 배근된 모습을 보여주고 있다. 철근의 보호방법 3가지를 쓰시오.

➡️**해답** ① 비닐을 덮어 습기를 방지한다.
　　② 철근에 방청도료를 도포해서 부식을 방지한다.
　　③ 철근의 변위, 변형을 방지하기 위해 철망이나 철사로 단단히 묶어 고정한다.

06.

충전부가 노출되어 있는 전기기계·기구의 사진을 보여주고 있다. 이와 같이 직접접촉에 의한 감전위험이 있을 경우 방호대책을 3가지 쓰시오.

➡️**해답** ① 충전부가 노출되지 않도록 폐쇄형 외함이 있는 구조로 할 것
　　② 충전부에 충분한 절연효과가 있는 방호망 또는 절연덮개를 설치할 것
　　③ 충전부는 내구성이 있는 절연물로 완전히 덮어 감쌀 것
　　④ 발전소·변전소 및 개폐소 등 구획되어 있는 장소로서 관계 근로자가 아닌 사람의 출입이 금지되는 장소에 충전부를 설치하고, 위험표시 등의 방법으로 방호를 강화할 것
　　⑤ 전주 위 및 철탑 위 등 격리되어 있는 장소로서 관계 근로자가 아닌 사람이 접근할 우려가 없는 장소에 충전부를 설치할 것
　　⑥ 노출 충전부가 있는 맨홀 또는 지하실 등의 밀폐공간에서 작업하는 경우에는 노출 충전부와의 접촉으로 인한 전기위험을 방지하기 위하여 덮개, 울타리 또는 절연 칸막이 등을 설치할 것
　　⑦ 감전위험을 방지하기 위하여 개폐되는 문, 경첩이 있는 패널 등(분전반 또는 제어반 문)을 견고하게 고정

O7.
공사장 내 사면이 굴착된 사진을 보여주고 있다. 사면붕괴 예방방법을 3가지 쓰시오.

➡해답 ① 사면의 기울기 기준 준수
② 굴착사면에 비가 올 경우를 대비한 비닐보강 실시
③ 토사등의 붕괴 또는 낙하 원인이 되는 빗물이나 지하수 등을 배제할 수 있는 측구 설치
④ 낙하의 위험이 있는 토석을 제거하거나 옹벽, 흙막이 지보공 등 설치

O8.
아파트 건설현장 외부 비계에서 작업자가 자재를 위층으로 올리던 중 위층 작업자가 자재를 놓쳐 자재가 떨어지는 사고가 발생하였다. 이때 위험요인 3가지를 쓰시오.

➡해답 ① 작업자 안전대 미착용으로 추락위험
② 작업발판 미설치로 추락위험
③ 재료·기구 또는 공구 등을 올리거나 내리는 경우 달줄 또는 달포대 미사용으로 낙하위험

건설안전기사 2011년 4회(C형)

O1.
이동식크레인을 이용하여 중량물을 양중하는 장면을 보여주고 있다. 이때 건설장비의 명칭(①)과 이와 같은 장비를 사용하여 화물을 양중하는 경우 와이어로프의 안전율은 얼마 이상(②)이어야 하는지 쓰시오.

➡해답 ① 명칭 : 이동식 크레인
② 안전율 : 5 이상

O2.
흙막이가 설치되어 있는 장면을 보여주고 있다. 계측기기의 종류를 2가지 쓰시오.

➡해답 ① 지표침하계 : 흙막이벽 배면에 동결심도보다 깊게 설치하여 지표면 침하량 측정
② 지중경사계 : 흙막이벽 배면에 설치하여 토류벽의 기울어짐 측정
③ 하중계 : Strut, Earth Anchor에 설치하여 축하중 측정으로 부재의 안정성 여부 판단
④ 간극수압계 : 굴착, 성토에 의한 간극수압의 변화 측정
⑤ 균열측정기 : 인접구조물, 지반 등의 균열부위에 설치하여 균열크기와 변화측정
⑥ 변형계 : Strut, 띠장 등에 부착하여 굴착작업시 구조물의 변형을 측정
⑦ 지하수위계 : 굴착에 따른 지하수위 변동을 측정

03.
콘크리트 타설작업을 하기 위하여 콘크리트타설장비 이용 작업 시 준수사항 3가지를 쓰시오.

➡해답 1. 작업을 시작하기 전에 콘크리트타설장비를 점검하고 이상을 발견하였으면 즉시 보수할 것
2. 건축물의 난간 등에서 작업하는 근로자가 호스의 요동·선회로 인하여 추락하는 위험을 방지하기 위하여 안전난간 설치 등 필요한 조치를 할 것
3. 콘크리트타설장비의 붐을 조정하는 경우에는 주변의 전선 등에 의한 위험을 예방하기 위한 적절한 조치를 할 것
4. 작업 중에 지반의 침하나 아웃트리거 등 콘크리트타설장비 지지구조물의 손상 등에 의하여 콘크리트타설장비가 넘어질 우려가 있는 경우에는 이를 방지하기 위한 적절한 조치를 할 것

04.
사면 굴착작업을 보여주고 있다. 사면 보강 중 경사진 사면에 H빔이 있고, 도로로 차가 다니고 있다. 굴착작업에 있어 토사등 또는 구축물의 붕괴 또는 낙하에 의해 근로자에게 위험을 미칠 우려가 있을 때 취해야 할 조치사항을 2가지 쓰시오.

➡해답 ① 사면의 기울기 기준 준수
② 굴착사면에 비가 올 경우를 대비한 비닐보강 실시
③ 토사등의 붕괴 또는 낙하 원인이 되는 빗물이나 지하수 등을 배제할 수 있는 측구 설치
④ 낙하의 위험이 있는 토석을 제거하거나 옹벽, 흙막이 지보공 등 설치

05.
거푸집 동바리의 잘못된 설치로 거푸집의 붕괴사고가 발생한 장면이다. 동바리의 설치상태가 잘못된 사항을 3가지 쓰시오.

➡해답 ① 동바리의 이음을 맞댄이음 또는 장부이음으로 하고 같은 품질의 재료를 사용해야 하나 동바리와 이질재료를 혼합하여 사용함
② 파이프서포트를 이어서 사용할 때에는 4개 이상의 볼트 또는 전용철물을 사용하여 이어야 하나 이질재료에 못으로 고정하여 이음
③ 강재와 강재와의 접속부 및 교차부는 볼트·클램프 등 전용철물을 사용하여 단단히 연결해야 하나 전용철물 미사용

06.
콘크리트타설장비가 배선전로에 접촉 우려 시 근로자의 위험을 예방하기 위한 조치를 쓰시오.

➡해답 ① 콘크리트타설장비의 붐을 충전전로에서 이격시킬 것
② 충전전로에 절연용 방호구를 설치할 것
③ 차량의 절연되지 않은 부분이 접근 한계거리 이내로 접근하지 않도록 할 것
④ 감시인 배치

07.

압쇄기를 이용한 건물 해체작업이 실시되고 있다. 위와 같은 건물 해체작업 시 공법의 종류와 해체작업 계획에 포함되어야 하는 사항 3가지를 쓰시오.

➡해답 (1) 공법의 종류 : 압쇄공법
　　　(2) 해체작업계획 포함사항
　　　　　① 해체의 방법 및 해체순서 도면
　　　　　② 가설설비, 방호설비, 환기설비 및 살수·방화설비 등의 방법
　　　　　③ 사업장 내 연락방법
　　　　　④ 해체물의 처분계획
　　　　　⑤ 해체작업용 기계·기구 등의 작업계획서
　　　　　⑥ 해체작업용 화약류 등의 사용계획서

08.

작업자가 리프트를 타고 손수레로 흙을 운반하고 있다. 리프트에서 내려 흙을 붓고 뒤로 가다가 리프트 개구부로 추락하였다. 이와 같은 재해가 발생하지 않게 하기 위한 조치사항 2가지를 쓰시오.

➡해답 ① 리프트 개구부에 추락방지용 안전난간 설치
　　　② 리프트 개구부에 수직형 추락방망 설치

건설안전기사 2012년 1회(A형)

O1.
굴착기를 이용하여 굴착한 토사를 덤프트럭으로 상차하는 작업을 보여주고 있다. 이와 같은 건설기계 작업 시 주의사항을 3가지 쓰시오.

➡해답 ① 작업 유도자 배치 및 작업반경 내 근로자 접근금지
② 덤프트럭 바퀴에 고임목(쐐기)을 설치하여 급작스런 유동을 방지
③ 적재적량 상차 및 덮개를 덮고 운반
④ 지반을 고르게 하고 수평유지
⑤ 살수 실시 및 운행 속도 제한

O2.
작업발판의 끝에 설치된 안전난간을 보여주고 있다. 이러한 안전난간의 설치기준 3가지를 쓰시오.

➡해답 ① 안전난간은 상부 난간대, 중간 난간대, 발끝막이판 및 난간기둥으로 구성할 것
② 상부 난간대는 바닥면·발판 또는 경사로의 표면(이하 "바닥면 등"이라 한다)으로부터 90cm 이상 지점에 설치하고, 상부 난간대를 120cm 이하에 설치하는 경우에는 중간 난간대는 상부 난간대와 바닥면 등의 중간에 설치하여야 하며, 120cm 이상 지점에 설치하는 경우에는 중간 난간대를 2단 이상으로 균등하게 설치하고 난간의 상하 간격은 60cm 이하가 되도록 할 것. 다만, 계단의 개방된 측면에 설치된 난간기둥 간의 간격이 25cm 이하인 경우에는 중간 난간대를 설치하지 아니할 수 있다.
③ 발끝막이판은 바닥면 등으로부터 10cm 이상의 높이를 유지할 것
④ 난간기둥은 상부 난간대와 중간 난간대를 견고하게 떠받칠 수 있도록 적정간격을 유지할 것
⑤ 상부 난간대와 중간 난간대는 난간길이 전체에 걸쳐 바닥면 등과 평행을 유지할 것
⑥ 난간대는 지름 2.7cm 이상의 금속제 파이프나 그 이상의 강도를 가진 재료일 것
⑦ 안전난간은 구조적으로 가장 취약한 지점에서 가장 취약한 방향으로 작용하는 100kg 이상의 하중에 견딜 수 있는 튼튼한 구조일 것

O3.
거푸집 동바리 붕괴사고 예방을 위해 거푸집 동바리 조립 시 준수해야 하는 사항을 3가지 쓰시오.

➡해답 1. 받침목이나 깔판의 사용, 콘크리트 타설, 말뚝박기 등 동바리의 침하를 방지하기 위한 조치를 할 것
2. 동바리의 상하 고정 및 미끄러짐 방지 조치를 할 것
3. 상부·하부의 동바리가 동일 수직선상에 위치하도록 하여 깔판·받침목에 고정시킬 것
4. 개구부 상부에 동바리를 설치하는 경우에는 상부하중을 견딜 수 있는 견고한 받침대를 설치할 것
5. U헤드 등의 단판이 없는 동바리의 상단에 멍에 등을 올릴 경우에는 해당 상단에 U헤드 등의 단판을 설치하고, 멍에 등이 전도되거나 이탈되지 않도록 고정시킬 것
6. 동바리의 이음은 같은 품질의 재료를 사용할 것
7. 강재의 접속부 및 교차부는 볼트·클램프 등 전용철물을 사용하여 단단히 연결할 것
8. 거푸집의 형상에 따른 부득이한 경우를 제외하고는 깔판이나 받침목은 2단 이상 끼우지 않도록 할 것
9. 깔판이나 받침목을 이어서 사용하는 경우에는 그 깔판·받침목을 단단히 연결할 것

O4.
백호로 관로 터파기 작업을 하고 있다. 현장의 위험요소 2가지를 찾아 쓰시오.

➡해답 ① 사면의 기울기 기준 미준수
② 굴착사면에 비가 올 경우를 대비한 비닐보강 미실시
③ 토사등의 붕괴 또는 낙하 원인이 되는 빗물이나 지하수 등을 배제할 수 있는 측구 미설치
④ 낙하의 위험이 있는 토석을 제거하거나 옹벽, 흙막이 지보공 등 미설치

O5.
교량 상부에서 공사가 진행 중이다. 교량공사의 공법명을 쓰고, 특징을 설명하시오.

➡해답 (1) 공법명 : F.C.M 공법(Free Cantilever Method)
(2) 특징
F.C.M 공법은 교각위에서 교각 양쪽의 교축방향으로 특수한 가설장비(Form Traveller)를 이용하여 한 개의 세그먼트(Segment, 3~4m)씩 콘크리트를 타설 하고 Prestress를 도입하여 연결해 나가는 교량상부 가설공법이다.

06.
작업자가 이동식 비계 최상부에 올라가서 작업을 하고 있다. 이때 재해예방을 위한 안전조치사항 3가지를 쓰시오.

해답 ① 이동식 비계의 바퀴에는 뜻밖의 갑작스러운 이동 또는 전도를 방지하기 위해 브레이크·쐐기 등으로 바퀴를 고정시킨 다음 비계의 일부를 견고한 시설물에 고정하거나 아웃트리거(Outrigger)를 설치하는 등 필요한 조치를 할 것
② 승강용 사다리는 견고하게 설치할 것
③ 비계의 최상부에서 작업을 할 경우에는 안전난간을 설치할 것
④ 작업발판은 항상 수평을 유지하고 작업발판 위에서 안전난간을 딛고 작업을 하거나 받침대 또는 사다리를 사용하여 작업하지 않도록 할 것
⑤ 작업발판의 최대 적재하중은 250kg을 초과하지 않도록 할 것

07.
콘크리트 말뚝을 지면에 설치하는 동영상이다. 이와 같은 말뚝의 항타공법 종류를 3가지 쓰시오.

해답 ① 타격공법 : 드롭해머, 스팀해머, 디젤해머, 유압해머
② 진동공법 : Vibro Hammer로 상하진동을 주어 타입, 강널말뚝에 적용
③ 선행굴착 공법(Pre-boring) : Earth Auger로 천공 후 기성말뚝 삽입, 소음·진동 최소
④ 워트제트 공법 : 고압으로 물을 분사시켜 마찰력을 감소시키며 말뚝 매입

08.
낙하물 방지망이 설치되어 있는 모습이다. 이러한 낙하물 방지망의 설치기준 2가지를 쓰시오.

해답 ① 첫 단은 가능한 한 낮게 설치하고, 설치간격은 매 10m 이내
② 비계 외측으로 2m 이상 내밀어 설치하고 각도는 20~30°
③ 내민 길이는 비계 외측으로부터 수평거리 2.0m 이상
④ 방지망의 가장자리는 테두리 로프를 그물코마다 엮어 긴결하며, 긴결재의 강도는 100kgf 이상
⑤ 방지망과 방지망 사이의 틈이 없도록 방지망의 겹침폭은 30cm 이상
⑥ 최하단의 방지망은 크기가 작은 못·볼트·콘크리트 덩어리 등의 낙하물이 떨어지지 못하도록 방지망 위에 그물코 크기가 0.3cm 이하인 망을 추가로 설치

건설안전기사 2012년 2회(B형)

01.
교량 기초와 교각 하부의 철근 배근작업을 진행 중이다. 기초에서 주철근에 가로로 들어가는 철근의 역할과 기둥에서 전단력에 저항하는 철근의 이름을 쓰시오.

➡해답 (1) 가로로 들어가는 철근의 역할 : 주철근 구속으로 좌굴방지, 주철근의 간격 유지
(2) 전단력에 저항하는 철근 이름 : 띠철근

02.
개구부에 방망이 설치되어 있다. 이러한 안전시설이 설치되어야 할 장소 3가지를 쓰시오.

➡해답 ① 추락에 의한 사고위험이 있는 곳
② 낙하·비래로 인한 위험이 있는 곳
③ 개구부

03.
음료수를 먹은 후 빈 캔을 아래로 던지고, 비계를 잡고 위로 올라가는 모습이다. 이 때 예상되는 재해 2가지를 쓰시오.

➡해답 ① 작업장 하부의 작업자 또는 통행인이 던진 캔에 맞아 다칠 수 있음
② 안전대 등 추락방지용 보호구 착용 없이 강관 비계를 밟고 올라가다 추락할 위험이 있음

04.
이동식크레인의 붐에 달린 훅을 덜렁거리며 작업현장으로 들어와서는 지반이 무른 곳에 아웃트리거를 설치하고 레버장치를 조작하는 모습이다. 이때 위험 요인 3가지를 쓰시오.

➡해답 ① 크레인 이동 중 훅 및 인양장치 등이 흔들려 인근의 작업자가 충돌할 위험
② 양중작업 시 지반침하로 인한 이동식 크레인의 전도위험
③ 위험 작업반경 내 작업자 접근하여 충돌 위험

05.
근로자가 안전모를 쓰지 않고 있으며, 외부비계 위 작업발판 없는 상태에서 강관을 아래로 던지는 모습이다. 이때 위험요인 3가지를 쓰시오.

➡해답 ① 작업자 안전모 미착용으로 추락 또는 물체의 낙하 시 재해 위험
② 비계 위 작업발판 미설치로 이동 또는 작업 중 추락위험
③ 아래로 던진 강관에 하부 작업자가 맞을 위험

06.
콘크리트타설장비가 붐을 뻗어 콘크리트를 타설하고 있는 데 붐이 전선과 인접해 있고 근로자들이 호스 근처에서 작업 중이다. 근로자에게 예상되는 사고 위험을 2가지 쓰시오.

➡해답 ① 붐대가 충전선로와 접촉하여 감전재해 위험
② 콘크리트 타설 중 붐 또는 호스의 유동에 따른 작업자 충돌위험
③ 콘크리트 타설 중 슬래브 단부에서 추락 위험

07.
고정식 철제 사다리 그림이다. 다음 빈칸을 채우시오.

[보기]
(1) 견고한 구조로 할 것
(2) 발판의 간격은 동일하게 할 것
(3) 발판과 벽과의 사이는 적당한 간격을 유지할 것
(4) 사다리가 넘어지거나 미끄러지는 것을 방지하기 위한 조치를 할 것
(5) 사다리의 상단은 걸쳐놓은 지점으로부터 (①)cm 이상 올라가도록 할 것
(6) 사다리식 통로의 길이가 (②)m 이상인 때에는 (③)m 이내마다 계단참을 설치할 것
(7) 사다리식 통로의 기울기는 (④)도 이내로 할 것

➡해답 ① 60 ② 10 ③ 5 ④ 75

08.
교량 구조물 작업을 위해 크레인을 사용하여 PC빔을 양중하고 있으며, 연결위치의 하부는 사람과 차량이 통행하고 있는 상태에서 인양물 위에 작업자가 올라서 있는 그림이다. 이러한 작업 시 준수사항을 3가지 쓰시오.

➡해답 ① 크레인의 작업반경 내에는 작업자 및 차량의 출입을 금지하고 위험표지 설치
② 양중작업 중 낙하위험 구간에는 작업자 및 차량의 통행을 금지
③ 인양화물 위에 작업자의 탑승을 금지
④ 작업방법과 신호수를 사전에 결정하고 숙지하여 신호에 따라 작업토록 작업을 지휘

건설안전기사 2012년 4회(A형)

01.
다음 건설기계의 이름 및 나선형으로 된 장치명을 쓰시오.

➡️해답 (1) 기계 명칭 : 어스드릴(Earth Drill)
(2) 장치명 : 스크류(회전식 버킷)

02.
백호 버켓을 이용한 콘크리트 타설시 위험요인 3가지를 쓰시오.

➡️해답 ① 작업반경 내 근로자 접근으로 충돌, 협착위험
② 콘크리트 타설시 백호 버켓 연결부 탈락으로 인한 버켓 낙하위험
③ 붐을 조정할 때 주변 전선 등에 의한 감전위험

03.
비계 위에서 돌 붙이기 작업을 할 경우 개선해야 할 불안전한 요소를 쓰시오.

➡️해답 ① 작업발판 단부에 안전난간 미설치로 인한 추락위험
② 비계 위 자재 과다 적재로 인한 비계무너짐 위험
③ 수직방망이 미설치된 상태에서 비계 위 자재의 낙하위험

04.
이동식 비계를 사용한 작업 시 재해예방을 위한 준수사항을 쓰시오.

➡️해답 ① 이동식비계의 바퀴에는 뜻밖의 갑작스러운 이동 또는 전도를 방지하기 위하여 브레이크·쐐기 등으로 바퀴를 고정시킨 다음 비계의 일부를 견고한 시설물에 고정하거나 아웃트리거(Outrigger)를 설치하는 등 필요한 조치를 할 것
② 승강용 사다리는 견고하게 설치할 것

③ 비계의 최상부에서 작업을 하는 경우에는 안전난간을 설치할 것
④ 작업발판은 항상 수평을 유지하고 작업발판 위에서 안전난간을 딛고 작업을 하거나 받침대 또는 사다리를 사용하여 작업하지 않도록 할 것
⑤ 작업발판의 최대적재하중은 250kg을 초과하지 않도록 할 것

05.

강관비계의 작업에서 (   )안의 적합한 말을 채우시오.

(1) 비계 기둥에는 미끄러지거나 (①)하는 것을 방지하기 위하여 밑받침 철물을 사용
(2) 강관의 접속부 또는 교차부는 적합한 (②)을 사용하여 접속하거나 단단히 묶을 것
(3) 강관비계는 5m×5m 이내마다 (③) 또는 (④)을 설치할 것

➡해답 ① 침하 ② 부속철물 ③ 벽이음 ④ 버팀

06.

관로설치 작업장에서 백호가 화물을 1곳을 지지하고 있다. 동영상을 참고하여 안전대책 3가지를 쓰시오.

➡해답 ① 건설기계 유도자 배치
② 작업반경 내 출입금지구역 설정 및 근로자 출입통제
③ 화물의 인양시 2줄걸이 인양

07.

교량의 모습을 보여주고 있다. 각 교량 형식의 명칭을 쓰시오.

①

②

➡해답 ① 현수교 ② 사장교

건설안전기사 2013년 1회(A형)

01.

콘크리트 타설작업이 진행 중이다. 다음 기계의 명칭을 쓰고 빈칸을 채우시오.

> 콘크리트는 신속하게 운반하여 즉시 치고, 충분히 다져야 한다. 비비기로부터 차기가 끝날 때까지의 시간은 원칙적으로 외기온도가(①)도씨를 넘었을 때는 (②)시간을 (①)도씨 이하일 때는 (③)시간을 넘어서는 안된다.

➡️**해답** (1) 기계의 명칭 : 콘크리트 믹서트럭
(2) ① 25, ② 1.5, ③ 2

02.

1줄 걸이를 사용하여 화물을 인양하는 타워크레인 작업 동영상이다. 동영상을 참고하여 재해발생원인을 2가지 쓰시오.

➡️**해답** ① 인양화물을 1줄 걸이를 사용하여 인양함에 따라 인양 중 낙하위험
② 작업반경 내 근로자 출입으로 낙하재해 발생위험
③ 신호수 미배치에 따라 작업 중 낙하 및 충돌위험

03.

교량작업 사진을 보여주고 있다. 이러한 교량작업 시 추락을 방지하기 위한 시설 3가지를 쓰시오.

➡️**해답** ① 추락방지용 안전난간
② 작업발판
③ 추락방지용 추락방호망

04.

사진에서 보여주고 있는 터널 굴착기계의 명칭을 쓰고, 굴착작업 시 작업계획에 포함되어야 하는 사항을 3가지 쓰시오.

해답 (1) 굴착기계의 명칭 : 쉴드머신
  (2) 작업계획 포함사항
    ① 굴착의 방법
    ② 터널지보공 및 복공의 시공방법과 용수의 처리방법
    ③ 환기 또는 조명시설을 하는 때에는 그 방법

05.

낙하물방지망 사진이다. 다음 빈칸을 채워 넣으시오.

1) 내민 길이는 벽면으로부터 (①)m 이상으로 할 것
2) 수평면과의 각도는 (②) 이하를 유지할 것
3) 높이 (③)m 이내마다 설치하여야 한다.

해답 ① 2 ② 20~30° ③ 10

06.

흙막이 공사 시 재해예방을 위한 조치사항 2가지를 쓰시오.

해답 ① 흙막이 지보공의 재료로 변형·부식되거나 심하게 손상된 것을 사용해서는 안 된다.
  ② 흙막이 지보공을 조립하는 경우 미리 조립도를 작성하여 그 조립도에 따라 조립하도록 해야 한다.
  ③ 흙막이 지보공을 설치하였을 때에는 정기적으로 부재의 손상·변형·부식·변위 및 탈락의 유무와 상태 등을 점검하고 이상을 발견하면 즉시 보수하여야 한다.
  ④ 설계도서에 따른 계측을 하고 계측 분석 결과 토압의 증가 등 이상한 점을 발견한 경우에는 즉시 보강조치를 하여야 한다.

O7.
터널 내부 지보공 작업을 하고 있다. 락볼트(Rock Bolt)의 역할 3가지를 쓰시오.

➡해답 ① 봉합 작용　　　　　② 내압 작용
　　　　③ 보형성 작용　　　　④ 아치 형성 작용

O8.
공사장 내 사면이 굴착된 사진을 보여주고 있다. 이때, 사면붕괴 예방방법을 3가지 쓰시오.

➡해답 ① 굴착사면의 기울기 기준 준수
　　　　② 굴착사면에 비가 올 경우를 대비한 비닐보강 실시
　　　　③ 토사등의 붕괴 또는 낙하 원인이 되는 빗물이나 지하수 등을 배제할 수 있는 측구 설치
　　　　④ 낙하의 위험이 있는 토석을 제거하거나 옹벽, 흙막이 지보공 등 설치

건설안전기사 2013년 1회(B형)

O1.
터널 공사 시 콘크리트 라이닝의 시공목적 2가지를 쓰시오.

➡해답 ① 지질의 불균일성, 지보재의 품질저하 등으로 인한 터널의 강도저하를 보강
　　　　② 터널구조물의 내구성 증진으로 인한 붕괴 방지
　　　　③ 지하수 등으로부터의 수밀성 확보
　　　　④ 사용 중 점검, 보수 등의 작업성 증대
　　　　⑤ 터널 내부 시설물 설치 용이

O2.
거푸집 동바리의 잘못된 설치로 거푸집의 붕괴사고가 발생한 장면이다. 동바리의 설치상태가 잘못된 사항을 3가지 쓰시오.

➡해답 ① 동바리의 이음을 맞댄이음 또는 장부이음으로 하고 같은 품질의 재료를 사용해야 하나 동바리와 이질재료를 혼합하여 사용함
　　　　② 파이프서포트를 이어서 사용할 때에는 4개 이상의 볼트 또는 전용철물을 사용하여 이어야 하나 이질재료에 못으로 고정하여 이음
　　　　③ 강재와 강재와의 접속부 및 교차부는 볼트·클램프 등 전용철물을 사용하여 단단히 연결해야 하나 전용철물 미사용

03.
교각 거푸집 공사를 보여주고 있다. 이와 같이 수직적으로 연속된 구조물에 사용되는 거푸집 공법의 명칭을 쓰시오.

➡️**해답** (1) 명칭 : 슬라이딩 폼(Sliding Form)
　　　(2) 특징 : ① 요크(Yoke)로 거푸집을 수직으로 연속 이동시키면서 콘크리트 타설
　　　　　　　　② 돌출물 등 단면 형상의 변화가 없는 곳에 적용
　　　　　　　　③ 공기단축 및 거푸집 제거 등 소요인력 절약
　　　　　　　　④ 일체성 확보

04.
사다리식 통로 설치 시 준수사항을 3가지 쓰시오.

➡️**해답** ① 견고한 구조로 할 것
　　　② 재료는 심한 손상·부식 등이 없을 것
　　　③ 발판의 간격은 동일하게 할 것
　　　④ 발판과 벽과의 사이는 15cm 이상의 간격을 유지할 것
　　　⑤ 폭은 30cm 이상으로 할 것
　　　⑥ 사다리가 넘어지거나 미끄러지는 것을 방지하기 위한 조치를 할 것
　　　⑦ 사다리의 상단은 걸쳐놓은 지점으로부터 60cm 이상 올라가도록 할 것
　　　⑧ 사다리식 통로의 길이가 10m 이상인 경우에는 5m 이내마다 계단참을 설치할 것
　　　⑨ 사다리식 통로의 기울기는 75° 이하로 할 것. 다만, 고정식 사다리식 통로의 기울기는 90° 이하로 하고 높이 7m 이상인 경우 바닥으로부터 높이가 2.5m 되는 지점부터 등받이울을 설치할 것
　　　⑩ 접이식 사다리 기둥은 사용 시 접혀지거나 펼쳐지지 않도록 철물 등을 사용하여 견고하게 조치할 것

05.
아파트 건설현장에서 자재운반 영상을 보여주고 있다. 위와 같이 건설현장에서 화물의 낙하·비래 위험이 있는 경우 조치해야 할 사항 2가지를 쓰시오.

➡️**해답** ① 낙하물 방지망 설치
　　　② 출입금지구역의 설정
　　　③ 방호선반 설치
　　　④ 작업자 안전모 착용

06.
작업자가 리프트를 타고 손수레로 흙을 운반하고 있다. 리프트에서 내려 흙을 붓고 뒤로 가다가 리프트 개구부로 추락하였다. 이와 같은 재해가 발생하지 않게 하기위한 조치사항 2가지를 쓰시오.

➡해답 ① 리프트 개구부에 추락방지용 안전난간 설치
② 리프트 개구부에 수직형 추락방망 설치

07.
이동식크레인이 아웃트리거를 세우고 파이프를 2줄걸이 하여 인양하는 동영상이다. 동영상을 참고하여 이동식크레인 작업 시 위험요인을 3가지 쓰시오.

➡해답 ① 양중능력을 초과하는 과다하중 적재로 인한 이동식 크레인 전도위험
② 신호수 미배치 및 위험구간 출입금지 미조치로 인한 낙하위험
③ 지반의 침하로 인한 이동식 크레인 전도위험
④ 작업 전 인양로프 점검 미실시로 인한 낙하위험

08.
덤프트럭에 토사를 상차하는 동영상이다. 백호 및 덤프트럭 등 작업 시 전도를 방지하기 위한 방법을 쓰시오.

➡해답 ① 유도하는 사람을 배치
② 지반의 부동침하 방지
③ 갓길의 붕괴 방지
④ 도로 폭의 유지

건설안전기사 2013년 1회(C형)

01.
항타기·항발기 작업 시 무너짐방지를 위한 준수사항 3가지를 쓰시오.

➡해답 ① 연약한 지반에 설치하는 경우에는 아웃트리거·받침 등 지지구조물의 침하를 방지하기 위하여 받침목이나 깔판 등을 사용할 것
② 시설 또는 가설물 등에 설치하는 경우에는 그 내력을 확인하고 내력이 부족하면 그 내력을 보강할 것
③ 아웃트리거·받침 등 지지구조물이 미끄러질 우려가 있는 경우에는 말뚝 또는 쐐기 등을 사용하여 해당 지지구조물을 고정시킬 것

④ 궤도 또는 차로 이동하는 항타기 또는 항발기에 대해서는 불시에 이동하는 것을 방지하기 위하여 레일 클램프 (rail clamp) 및 쐐기 등으로 고정시킬 것

⑤ 상단 부분은 버팀대·버팀줄로 고정하여 안정시키고, 그 하단 부분은 견고한 버팀·말뚝 또는 철골 등으로 고정시킬 것

O2.
교량건설 이음에 노출된 철근의 보호방법 3가지를 쓰시오.

➡해답 ① 비닐을 덮어 습기를 방지한다.
② 철근에 방청도료를 도포해서 부식을 방지한다.
③ 철근의 변위, 변형을 방지하기 위해 철망이나 철사로 단단히 묶어 고정한다.

O3.
사진은 공사현장에 설치된 임시 전력시설이다. 전기기계·기구의 감전 위험이 있는 충전전로 부분에 대하여 감전을 예방하기 위한 조치사항을 2가지 쓰시오.

➡해답 ① 충전부가 노출되지 않도록 폐쇄형 외함이 있는 구조로 할 것
② 충전부에 충분한 절연효과가 있는 방호망 또는 절연덮개를 설치할 것
③ 충전부는 내구성이 있는 절연물로 완전히 덮어 감쌀 것
④ 발전소·변전소 및 개폐소 등 구획되어 있는 장소로서 관계 근로자가 아닌 사람의 출입이 금지되는 장소에 충전부를 설치하고, 위험표시 등의 방법으로 방호를 강화할 것
⑤ 전주 위 및 철탑 위 등 격리되어 있는 장소로서 관계 근로자가 아닌 사람이 접근할 우려가 없는 장소에 충전부를 설치할 것
⑥ 노출 충전부가 있는 맨홀 또는 지하실 등의 밀폐공간에서 작업하는 경우에는 노출 충전부와의 접촉으로 인한 전기위험을 방지하기 위하여 덮개, 울타리 또는 절연 칸막이 등을 설치할 것
⑦ 감전위험을 방지하기 위하여 개폐되는 문, 경첩이 있는 패널 등(분전반 또는 제어반 문)을 견고하게 고정

O4.
차량계 건설기계가 사면위에서 작업 시 그 기계가 넘어지거나 굴러 떨어짐으로써 근로자가 위험해질 우려가 있는 경우 조치사항에 대하여 3가지 쓰시오.

➡해답 ① 유도하는 사람을 배치   ② 지반의 부동침하 방지
③ 갓길의 붕괴 방지   ④ 도로 폭의 유지

05.
거푸집 붕괴 동영상이다. 거푸집 동바리 붕괴 원인을 쓰시오.

해답 ① 받침목이나 깔판의 사용, 콘크리트 타설, 말뚝박기 등 동바리의 침하를 방지하기 위한 조치 미실시
② 동바리의 상하고정 및 미끄러짐 방지조치 미실시
③ 동바리의 이음은 맞댄이음 또는 장부이음으로 하고 같은 품질의 재료를 사용하여야 하나 미실시
④ 강재와 강재와의 접속부 및 교차부는 볼트·클램프 등 전용철물을 사용하여 단단히 연결하여야 하나 철선을 사용하여 연결
⑤ 높이가 3.5m를 초과하는 경우에는 높이 2m 이내마다 수평연결재를 2개 방향으로 만들고 수평연결재의 변위를 방지하여야 하나 수평연결재 미설치

06.
작업자가 비계를 타고 올라가는 상황을 보여주고 있다. 작업자의 불안전한 행동 2가지를 쓰시오.

해답 ① 통로 또는 승강로를 이용하지 않고 비계를 타고 올라가던 중 추락 위험이 있다.
② 안전모 턱끈 미체결 및 안전대 미착용

07.
덤프, 백호로 토사를 굴착하여 운반하는 작업이다. 동영상을 참고하여 위험요인과 안전대책을 쓰시오.

해답 (1) 위험요인
① 작업 유도자 미배치로 덤프와 백호가 작업 중 충돌위험
② 신호수 미배치로 타 작업자가 위험구간에 출입하여 충돌·협착위험
③ 덤프트럭 바퀴에 고임목(쐐기) 미설치로 급작스런 유동위험
④ 안전모 등 보호구 미착용에 따른 재해발생위험
(2) 안전대책
① 작업 유도자 배치하여 작업을 유도
② 신호수를 배치하여 위험구간내 타작업 근로자 접근 금지
③ 덤프트럭 바퀴에 고임목(쐐기) 설치로 급작스런 유동을 방지
④ 안전모 등 보호구 착용 철저

08.
다음 사진을 보고 이 건설기계(아스팔트 피니셔)의 용도를 쓰시오.

해답 아스팔트 플랜트로부터 덤프트럭으로 운반된 아스콘 혼합재를 노면 위에 일정한 규격과 간격으로 깔아주는 장비

건설안전기사 2013년 2회(A형)

O1.
터널 굴착작업 시 작업계획서에 포함되어야 할 사항 3가지를 쓰시오.

해답 ① 굴착의 방법
② 터널지보공 및 복공의 시공방법과 용수의 처리방법
③ 환기 또는 조명시설을 하는 때에는 그 방법

O2.
차량계 건설기계 작업 시 그 기계가 넘어지거나 굴러떨어짐으로써 근로자가 위험해질 우려가 있는 경우 조치사항에 대하여 3가지를 쓰시오.

해답 ① 유도하는 사람을 배치
② 지반의 부동침하 방지
③ 갓길의 붕괴 방지
④ 도로 폭의 유지

O3.
사진은 콘크리트타설장비를 보여주고 있다. 다음에 해당하는 정답을 쓰시오.

(1) 용도	(2) 작업 시 준수사항

해답 (1) 용도 : 콘크리트 타설작업
(2) 작업 시 준수사항
　　1. 작업을 시작하기 전에 콘크리트타설장비를 점검하고 이상을 발견하였으면 즉시 보수할 것
　　2. 건축물의 난간 등에서 작업하는 근로자가 호스의 요동·선회로 인하여 추락하는 위험을 방지하기 위하여 안전난간 설치 등 필요한 조치를 할 것
　　3. 콘크리트타설장비의 붐을 조정하는 경우에는 주변의 전선 등에 의한 위험을 예방하기 위한 적절한 조치를 할 것
　　4. 작업 중에 지반의 침하나 아웃트리거 등 콘크리트타설장비 지지구조물의 손상 등에 의하여 콘크리트타설장비가 넘어질 우려가 있는 경우에는 이를 방지하기 위한 적절한 조치를 할 것

O4.
동영상은 작업자가 이동식 비계에서 작업 중 추락하는 장면을 보여주고 있다. 불안전한 위험요소를 3가지 쓰시오.

➡해답 ① 최상부 작업발판 단부에 안전난간 미설치
② 근로자의 안전대 미착용
③ 이동식 비계 하부에 전도방지를 위한 아웃트리거 미설치

O5.
동영상은 크레인을 이용하여 작업하는 모습을 보여주고 있다. 크레인을 이용하여 화물을 내리는 작업을 할 때, 크레인 운전자가 준수해야 할 사항 2가지를 쓰시오.

➡해답 ① 신호수의 지시에 따라 작업 실시
② 내리는 화물이 흔들리지 않도록 천천히 작업할 것

O6.
거푸집 동바리 조립 시 준수해야 하는 사항을 3가지 쓰시오.

➡해답 1. 받침목이나 깔판의 사용, 콘크리트 타설, 말뚝박기 등 동바리의 침하를 방지하기 위한 조치를 할 것
2. 동바리의 상하 고정 및 미끄러짐 방지 조치를 할 것
3. 상부·하부의 동바리가 동일 수직선상에 위치하도록 하여 깔판·받침목에 고정시킬 것
4. 개구부 상부에 동바리를 설치하는 경우에는 상부하중을 견딜 수 있는 견고한 받침대를 설치할 것
5. U헤드 등의 단판이 없는 동바리의 상단에 멍에 등을 올릴 경우에는 해당 상단에 U헤드 등의 단판을 설치하고, 멍에 등이 전도되거나 이탈되지 않도록 고정시킬 것
6. 동바리의 이음은 같은 품질의 재료를 사용할 것
7. 강재의 접속부 및 교차부는 볼트·클램프 등 전용철물을 사용하여 단단히 연결할 것
8. 거푸집의 형상에 따른 부득이한 경우를 제외하고는 깔판이나 받침목은 2단 이상 끼우지 않도록 할 것
9. 깔판이나 받침목을 이어서 사용하는 경우에는 그 깔판·받침목을 단단히 연결할 것

O7.
동영상은 덤프트럭 점검 중 사고가 발생하는 장면을 보여주고 있다. 이와 같은 작업 시 유의해야 할 사항을 3가지 쓰시오.

➡해답 ① 시동을 끄고 브레이크를 확실히 거는 등 갑작스러운 주행이나 이탈을 방지하기 위한 조치를 할 것
② 운전석을 이탈하는 경우에는 시동키를 운전대에서 분리시키거나 운전석에 잠금장치를 할 것
③ 작업순서를 결정하고 작업을 지휘할 것
④ 관계 근로자가 아닌 사람의 출입은 금지할 것
⑤ 수리 또는 점검을 위하여 안전지지대 또는 안전블록을 사용할 것

08.
낙하물 방지망을 보여주고 있다. 낙하물 방지망의 설치 조건을 2가지 쓰시오.

해답 ① 높이 10미터 이내마다 설치하고, 내민 길이는 벽면으로부터 2미터 이상으로 할 것
② 수평면과의 각도는 20도 이상 30도 이하를 유지할 것

건설안전기사 2013년 2회(B형)

01.
작업자가 엘리베이터 Pit 내부에서 거푸집작업을 하던 중 작업발판이 탈락되면서 추락하는 재해가 발생하였다. 이때 재해발생 위험요인 3가지를 쓰시오.

해답 ① 작업발판이 고정되지 않아 발판 탈락 및 추락위험
② 안전대 부착설비 미설치 및 작업자 안전대 미착용으로 추락위험
③ 엘리베이터 피트 내부에 추락방호망을 설치하지 않아 추락위험

02.
동영상은 밀폐공간에서 근로자가 작업하고 있는 장면을 보여주고 있다. (1) 밀폐공간 작업 시 최소한계 산소 농도와 (2) 작업 시 재해를 예방하기 위한 조치사항을 쓰시오.

해답 (1) 최소한계 산소농도 : 18%
(2) 재해예방 조치사항
① 작업 전 산소농도 및 유해가스 농도 측정
② 작업 중 산소농도 측정 및 산소농도가 18% 미만일 때는 환기 실시
③ 근로자는 송기마스크, 공기호흡기 등 호흡용 보호구 착용

03.
사장교를 건설하는 사진을 보여주고 있다. 사진을 보고 시공 순서대로 나열하시오.

[보기]			
① 상판 아스팔트 타설	② 주탑 시공	③ 케이블 설치	④ 우물통 기초공사

해답 ④ → ② → ③ → ①

O4.

다음에서 보여주는 건설장비의 ① 명칭과 이와 같은 장비를 사용하여 화물을 양중하는 경우 와이어로프의 ② 안전율은 얼마 이상이어야 하는지 쓰시오.

➡**해답** ① 명칭 : 이동식 크레인
② 안전율 : 5

O5.

동영상은 아파트 건설현장에서 작업하던 근로자가 추락하는 장면을 보여주고 있다. 이동식 비계에서의 재해를 방지하기 위해 설치해야 하는 사항을 3가지 쓰시오.

➡**해답** ① 비계의 최상부에서 작업을 하는 경우에는 안전난간을 설치할 것
② 승강용 사다리는 견고하게 설치할 것
③ 이동식비계의 바퀴에는 뜻밖의 갑작스러운 이동 또는 전도를 방지하기 위하여 브레이크·쐐기 등으로 바퀴를 고정시킨 다음 비계의 일부를 견고한 시설물에 고정하거나 아웃트리거(Outrigger)를 설치하는 등 필요한 조치를 할 것

O6.

동영상은 달비계를 이용한 페인트 도장작업 중 근로자가 추락하는 장면이다. 동영상을 참고하여 불안전한 요소를 쓰시오.

➡**해답** ① 수직구명줄 미설치
② 근로자의 추락방지대 미착용
③ 악천후 시 작업

O7.

동영상은 터널 내 콘크리트를 뿌리는 장면을 보여주고 있다. (1) 이 공법의 명칭과 (2) 공법의 종류 2가지를 쓰시오.

해답 (1) 명칭 : 숏크리트(Shotcrete)
　　(2) 공법의 종류
　　　　① 습식공법　　　　② 건식공법

08.
사진은 추락방지용 추락방호망을 보여주고 있다. 추락방호망에 표시해야 할 사항을 쓰시오.

해답 ① 제조자명　　② 제조연월　　③ 그물코의 크기　　④ 인장강도

건설안전기사 2013년 2회(C형)

01.
다음에서 보여주는 건설기계의 작업 시 위험요인을 3가지 쓰시오.

[동영상 설명]
트럭 크레인이 붐을 뽑은 상태로 이동하고 있으며, 이때 붐에 붙어 있는 후크(걸고리)가 흔들거린다. 주변에는 전선이 보인다. 두 명의 작업자가 강관비계를 2줄 걸이로 묶는다. 그 이후 작업자가 크레인 붐 밑으로 다닌다.

해답 ① 작업자 안전모, 안전장갑 등 개인보호구 미착용
　　② 신호수 미배치 및 위험구간 출입금지 미조치
　　③ 위험표지판, 안전표지판 미설치
　　④ 강관을 한 줄로 인양하여 낙하 위험

02.
흙막이 구조물에서 사용되는 계측기기의 종류를 2가지 쓰시오.

해답 ① 지표침하계 : 흙막이벽 배면에 동결심도보다 깊게 설치하여 지표면 침하량 측정
　　② 지중경사계 : 흙막이벽 배면에 설치하여 토류벽의 기울어짐 측정
　　③ 하중계 : Strut, Earth Anchor에 설치하여 축하중 측정으로 부재의 안정성 여부 판단
　　④ 간극수압계 : 굴착, 성토에 의한 간극수압의 변화 측정
　　⑤ 균열측정기 : 인접구조물, 지반 등의 균열부위에 설치하여 균열크기와 변화측정
　　⑥ 변형계 : Strut, 띠장 등에 부착하여 굴착작업시 구조물의 변형을 측정
　　⑦ 지하수위계 : 굴착에 따른 지하수위 변동을 측정

03.

다음 동영상을 보고 동영상에 해당하는 해체공법의 종류와 해체작업 계획에 포함되어야 하는 사항 3가지를 쓰시오.

해답 (1) 공법의 종류 : 압쇄공법
(2) 해체작업계획 포함사항
① 해체의 방법 및 해체순서 도면
② 가설설비, 방호설비, 환기설비 및 살수·방화설비 등의 방법
③ 사업장 내 연락방법
④ 해체물의 처분계획
⑤ 해체작업용 기계·기구 등의 작업계획서
⑥ 해체작업용 화약류 등의 사용계획서

04.

콘크리트 타설작업을 하기 위하여 콘크리트타설장비 이용 작업 시 준수사항 3가지를 쓰시오.

해답 1. 작업을 시작하기 전에 콘크리트타설장비를 점검하고 이상을 발견하였으면 즉시 보수할 것
2. 건축물의 난간 등에서 작업하는 근로자가 호스의 요동·선회로 인하여 추락하는 위험을 방지하기 위하여 안전난간 설치 등 필요한 조치를 할 것
3. 콘크리트타설장비의 붐을 조정하는 경우에는 주변의 전선 등에 의한 위험을 예방하기 위한 적절한 조치를 할 것
4. 작업 중에 지반의 침하나 아웃트리거 등 콘크리트타설장비 지지구조물의 손상 등에 의하여 콘크리트타설장비가 넘어질 우려가 있는 경우에는 이를 방지하기 위한 적절한 조치를 할 것

05.

동영상은 작업자가 리프트를 사용하지 않고 비계를 이용하여 위로 이동하고 있다. 이 상황에서의 위험요인을 찾아 3가지 쓰시오.

해답 ① 근로자가 외부비계 위 작업장으로 이동할 수 있는 승강설비, 가설계단 미설치
② 비계 통로발판 단부에 안전난간 미설치
③ 외부비계 위 통로에 대리석 자재가 적치되어 안전통로 미확보

06.

콘크리트 말뚝을 설치하는 동영상이다. 이와 같은 말뚝의 항타공법 종류를 3가지 쓰시오.

해답 ① 타격공법 : 드롭해머, 스팀해머, 디젤해머, 유압해머
② 진동공법 : Vibro Hammer로 상하진동을 주어 타입, 강널말뚝에 적용
③ 선행굴착 공법(Pre-Boring) : Earth Auger로 천공 후 기성말뚝 삽입, 소음·진동 최소
④ 워트제트 공법 : 고압으로 물을 분사시켜 마찰력을 감소시키며 말뚝 매입

⑤ 압입공법 : 유압 압입장치의 반력을 이용하여 말뚝 매입
⑥ 중공굴착 공법 : 말뚝의 내부를 스파이럴 오거로 굴착하면서 말뚝 매입

O7.
굴착기를 이용하여 굴착한 토사를 덤프트럭으로 상차하는 작업을 보여주고 있다. 이와 같은 건설기계 작업 시 주의사항을 3가지 쓰시오.

해답 ① 작업 유도자 배치 및 작업반경 내 근로자 접근금지
② 덤프트럭 바퀴에 고임목(쐐기)을 설치하여 급작스러운 유동을 방지
③ 적재적량 상차 및 덮개를 덮고 운반
④ 지반을 고르게 하고 수평유지
⑤ 살수 실시 및 운행 속도 제한

O8.
(1) 다음 중 와이어로프의 체결상태가 올바른 것을 고르고, (2) 와이어로프의 클립체결 시 클립수를 쓰시오.

①   ②

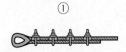 

와이어로프 지름(mm)	클립개수
16 이하	(③)개 이상
16 초과 28 이하	(④)개 이상
28 초과	(⑤)개 이상

해답 (1) 올바른 것 : ①
(2) 클립수
③ 4개　④ 5개　⑤ 6개

건설안전기사 2013년 4회(A형)

01.
사면 보호공법 중 구조물에 의한 보호방법을 3가지 쓰시오.

해답 ① 콘크리트, 모르타르 뿜어붙이기공　　② 콘크리트 블록공
③ 돌쌓기공　　④ 돌망태 공법

02.
아파트 공사현장을 보여주고 있다. 고소작업 시 추락재해를 예방하기 위한 안전조치사항을 4가지 쓰시오.(단, 안전난간, 추락방호망, 방호선반은 제외한다.)

해답 ① 작업발판 설치
② 안전대 부착설비 설치
③ 승강설비 설치
④ 개구부 덮개 설치
⑤ 통로 조명확보

03.
동영상에서 보여지는 1) 건설기계의 종류를 쓰고 2) 위험요인을 1가지 쓰시오.

해답 1) 건설기계 : 굴착기(백호)
2) 위험상황 : 작업반경 내 근로자 접근통제 미실시

04.

거푸집 동바리로 사용하는 파이프서포트를 이어서 사용할 경우 주의사항을 3가지 쓰시오.

➡️해답 ① 파이프서포트를 3본 이상 이어서 사용하지 아니하도록 할 것
② 파이프서포트를 이어서 사용할 때에는 4개 이상의 볼트 또는 전용철물을 사용하여 이을 것
③ 높이가 3.5m를 초과하는 경우에는 높이 2m 이내마다 수평연결재를 2개 방향으로 만들고 수평연결재의 변위를 방지할 것

05.

동영상은 건물외벽 돌 마감 공사 현장을 보여주고 있다. 현장에서 추락재해를 유발하는 불안전한 요인을 3가지 쓰시오.

➡️해답 ① 작업발판 단부에 안전난간 미설치
② 근로자가 외부비계 위 작업장으로 이동할 수 있는 승강설비, 가설계단 미설치
③ 외부비계 위 통로에 대리석 자재가 적치되어 안전통로 미확보

06.

굴착작업 시 토사등의 붕괴 또는 낙하를 방지하기 위해 작업 시작 전 점검해야 할 사항을 2가지 쓰시오.

➡️해답 ① 형상·지질 및 지층의 상태
② 균열·함수·용수 및 동결의 유무 또는 상태
③ 매설물 등의 유무 또는 상태
④ 지반의 지하수위 상태

07.

5m 이상의 비계의 조립, 해체, 변경작업 시 준수사항을 3가지 쓰시오.

➡️해답 ① 관리감독자의 지휘에 따라 작업하도록 할 것
② 조립·해체 또는 변경의 시기·범위 및 절차를 그 작업에 종사하는 근로자에게 주지시킬 것
③ 조립·해체 또는 변경 작업구역에는 해당 작업에 종사하는 근로자가 아닌 사람의 출입을 금지하고 그 내용을 보기 쉬운 장소에 게시할 것
④ 비, 눈, 그 밖의 기상상태의 불안정으로 날씨가 몹시 나쁜 경우에는 그 작업을 중지시킬 것
⑤ 비계재료의 연결·해체작업을 하는 경우에는 폭 20cm 이상의 발판을 설치하고 근로자로 하여금 안전대를 사용하도록 하는 등 추락을 방지하기 위한 조치를 할 것
⑥ 재료·기구 또는 공구 등을 올리거나 내리는 경우에는 근로자가 달줄 또는 달포대 등을 사용하게 할 것

08.

동영상은 흙막이 지보공의 어스앵커 연결부위를 보여주고 있다. 동영상을 참고하여 재해예방을 위한 조치사항을 2가지 쓰시오.

➡해답 ① 흙막이 지보공의 재료로 변형·부식되거나 심하게 손상된 것을 사용해서는 안 된다.

② 흙막이 지보공을 조립하는 경우 미리 조립도를 작성하여 그 조립도에 따라 조립하도록 해야 한다.

③ 흙막이 지보공을 설치하였을 때에는 정기적으로 부재의 손상·변형·부식·변위 및 탈락의 유무와 상태 등을 점검하고 이상을 발견하면 즉시 보수하여야 한다.

④ 설계도서에 따른 계측을 하고 계측 분석 결과 토압의 증가 등 이상한 점을 발견한 경우에는 즉시 보강조치를 하여야 한다.

건설안전기사 2013년 4회(B형)

01.

동영상은 철근 운반작업 장면을 보여주고 있다. 철근 운반 시 주의사항을 3가지 쓰시오.

➡해답 ① 2개 이상 철근을 운반할 때 양 끝을 묶어 운반한다.

② 내려놓을 때에는 튕기지 않도록 던지지 말고 천천히 내려놓는다.

③ 길이가 긴 철근의 경우 2인 1조로 어깨 메기로 운반한다.

02.

동영상에 보여지는 교량공사의 공법명을 쓰고, 특징을 설명하시오.

➡해답 (1) 공법명 : F.C.M 공법(Free Cantilever Method)

(2) 특징 : F.C.M 공법은 교각 위에서 교각 양쪽의 교축방향으로 특수한 가설장비(Form Traveller)를 이용하여 한 개의 세그먼트(Segment, 3~4m)씩 콘크리트를 타설하고 Prestress를 도입하여 연결해 나가는 교량상부 가설공법이다.

03.
발파를 위해 장약작업을 하는 모습을 보여주고 있다. 이와 같은 장약작업 시 주의사항 3가지를 쓰시오.

해답 ① 화약이나 폭약을 장전하는 경우에는 그 부근에서 화기를 사용하거나 흡연을 하지 않도록 할 것
② 장전구(裝塡具)는 마찰 · 충격 · 정전기 등에 의한 폭발의 위험이 없는 안전한 것을 사용할 것
③ 발파공의 충진재료는 점토 · 모래 등 발화성 또는 인화성의 위험이 없는 재료를 사용할 것

04.
동영상은 숏크리트 타설작업을 보여주고 있다. 공법의 종류 2가지를 쓰시오.

해답 ① 습식공법   ② 건식공법

05.
터널 굴착작업 시 시공계획에 포함되어야 할 사항 3가지를 쓰시오.

해답 ① 굴착의 방법
② 터널지보공 및 복공의 시공방법과 용수의 처리방법
③ 환기 또는 조명시설을 하는 때에는 그 방법

06.
동영상을 참고하여 콘크리트타설장비에 대한 위험요인과 근로자의 위험요인을 쓰시오.

해답 (1) 콘크리트타설장비에 대한 위험요인 : 붐 조정 시 인접 전선에 감전 위험
(2) 근로자 위험요인 : 호스의 요동, 선회 시 근로자 접촉으로 인한 추락위험

07.

기초에서 주철근에 가로로 들어가는 철근의 역할과 기둥에서 전단력에 저항하는 철근의 이름을 쓰시오.

해답 (1) 가로로 들어가는 철근의 역할 : 주철근 구속으로 좌굴방지, 주철근의 간격 유지
(2) 전단력에 저항하는 철근 이름 : 띠철근

08.

동영상은 타워크레인을 이용하여 자재를 인양하는 장면을 보여주고 있다. 흔들리는 자재 밑으로 근로자가 지나가고 있다. 동영상을 참고하여 발생할 수 있는 재해의 원인과 방지대책을 1가지씩 쓰시오.

해답 (1) 재해원인 : 낙하 위험구간에 출입금지 미조치로 낙하재해 발생위험
(2) 방지대책 : 출입금지구역 설정으로 근로자 접근통제, 신호수 배치

건설안전기사 2013년 4회(C형)

01.

동영상은 작업자가 건물 외측에 설치한 낙하물방지망을 보수하고 있다. 추락방지를 위해 필요한 조치사항을 2가지 쓰시오.

해답 ① 안전대 부착설비 설치 및 안전대 착용
② 작업발판 설치

02.

이동식 비계의 조립·설치 시 안전조치 사항을 쓰시오.

해답 ① 이동식 비계의 바퀴에는 뜻밖의 갑작스러운 이동 또는 전도를 방지하기 위해 브레이크·쐐기 등으로 바퀴를 고정시킨 다음 비계의 일부를 견고한 시설물에 고정하거나 아웃트리거(Outrigger)를 설치하는 등 필요한 조치를 할 것
② 승강용 사다리는 견고하게 설치할 것
③ 비계의 최상부에서 작업을 할 경우에는 안전난간을 설치할 것
④ 작업발판은 항상 수평을 유지하고 작업발판 위에서 안전난간을 딛고 작업하거나 받침대 또는 사다리를 사용하여 작업하지 않도록 할 것
⑤ 작업발판의 최대 적재하중은 250kg을 초과하지 않도록 할 것

03.
트렌치 컷 굴착작업 시작 전 안전관리자의 점검사항을 2가지 쓰시오.

해답 ① 형상·지질 및 지층의 상태
② 균열·함수·용수 및 동결의 유무 또는 상태
③ 매설물 등의 유무 또는 상태
④ 지반의 지하수위 상태

04.
고압 가스용기를 보여주고 있다. 이와 같은 가스용기 취급 시 주의사항 4가지를 쓰시오.

해답 ① 용기의 온도를 섭씨 40도 이하로 유지할 것
② 전도의 위험이 없도록 할 것
③ 충격을 가하지 않도록 할 것
④ 운반하는 경우에는 캡을 씌울 것
⑤ 사용하는 경우에는 용기의 마개에 부착되어 있는 유류 및 먼지를 제거할 것
⑥ 밸브의 개폐는 서서히 할 것
⑦ 사용 전 또는 사용 중인 용기와 그 밖의 용기를 명확히 구별하여 보관할 것
⑧ 용해아세틸렌의 용기는 세워 둘 것
⑨ 용기의 부식·마모 또는 변형상태를 점검한 후 사용할 것

05.
토공현장에서 토사붕괴의 외적 요인을 3가지 기술하시오.

해답 ① 사면, 법면의 경사 및 기울기의 증가
② 절토 및 성토 높이의 증가
③ 공사에 의한 진동 및 반복하중의 증가
④ 지표수 및 지하수의 침투에 의한 토사 중량의 증가
⑤ 지진, 차량, 구조물의 하중작용
⑥ 토사 및 암석의 혼합층 두께 증가

06.
사진에서 보여지는 토공기계(스크레이퍼)의 용도를 쓰시오.

해답 용도 : 굴삭, 싣기, 운반, 부설 등 4가지 작업을 연속할 수 있는 대량 토공작업 기계로 잔토반출이 중거리인 경우 사용

07.

타워크레인을 해체하는 동영상을 보여주고 있다. 이와 같은 작업을 하고 있을 때 유해위험요인 2가지를 쓰시오.

해답 ① 낙하위험구간에 출입금지 미조치로 낙하재해 발생위험
② 작업장 정리정돈 불량

08.

감전 시 인체에 미치는 주된 영향인자 3가지를 쓰시오.

해답 ① 통전전류의 크기(가장 근본적인 원인이며 감전피해의 위험도에 가장 큰 영향을 미침)
② 통전시간
③ 통전경로
④ 전원의 종류(교류 또는 직류)
⑤ 주파수 및 파형
⑥ 전격인가위상(심장 맥동주기의 어느 위상(T파에서 가장 위험)에서의 통전 여부)
⑦ 기타 간접적으로는 인체저항과 전압의 크기 등이 관계함

건설안전기사 2014년 1회(A형)

O1.
사진에서와 같은 강관비계의 설치기준에 대하여 다음 (   ) 안에 알맞은 내용을 써 넣으시오.

(1) 비계 기둥의 간격은 띠장 방향에서 (①)m 이하
(2) 장선방향에서는 (②)m 이하
(3) 띠장은 (③)m 이하로 설치
(4) 비계 기둥 제일 윗부분으로부터 (④)m 되는 지점 밑부분은 비계 기둥을 2개의 강관으로 묶어 세움
(5) 비계 기둥 간의 적재하중은 (⑤)kg 이하

➡해답 ① 1.85 ② 1.5 ③ 2 ④ 31 ⑤ 400

O2.
낙하 및 비래에 의한 재해를 방지하기 위한 조치사항 3가지를 쓰시오.

➡해답 ① 낙하물 방지망 설치
② 수직보호망 설치
③ 방호선반 설치
④ 출입금지구역 설정
⑤ 보호구 착용

O3.
동영상에서 지하실 방수작업 도중 작업자가 쓰러지고 시계를 자주 보여준다. 동종 재해 방지를 위한 안전대책 2가지를 쓰시오.

➡해답 ① 작업 전 산소농도 및 유해가스 농도 측정
② 작업 중 산소농도 측정 및 산소농도가 18% 미만일 때는 환기 실시
③ 근로자는 송기마스크, 공기호흡기 등 호흡용 보호구 착용

04.
동영상에서 비계의 조립, 해체, 변경 작업 중 강관비계가 떨어져 밑에 있던 근로자가 맞는 장면이다.
재해예방을 위한 안전대책 3가지를 쓰시오.

➡해답 ① 근로자가 관리감독자의 지휘에 따라 작업하도록 할 것
② 조립·해체 또는 변경의 시기·범위 및 절차를 그 작업에 종사하는 근로자에게 주지시킬 것
③ 조립·해체 또는 변경 작업구역에는 해당 작업에 종사하는 근로자가 아닌 사람의 출입을 금지하고 그 내용을
보기 쉬운 장소에 게시할 것
④ 재료·기구 또는 공구 등을 올리거나 내리는 경우에는 근로자가 달줄 또는 달포대 등을 사용하게 할 것

05.
동영상의 교량형식 2가지를 쓰시오.

①

②

➡해답 ① 현수교   ② 사장교

06.
화면 속 영상은 콘크리트 믹서 트럭의 작업을 보여주고 있다. 해당 차량기기의 운용방법의 (   )을
채우시오.

> 비비기로부터 치기가 끝날 때까지의 시간은 원칙적으로 (①)도를 넘었을 때는 (②)시간을, (③)도 이하
> 일 때에는 (④)시간을 넘어서는 안 된다.

➡해답 ① 25   ② 1.5   ③ 25   ④ 2

07.
동영상에서 트럭 한 대가 보이고 뒤에 파이프가 접혀 있는 것이 보인다. (1) 차량의 명칭 (2) 작업
시 주의사항 3가지를 쓰시오.

➡해답 (1) 차량의 명칭 : 콘크리트타설장비
(2) 작업 시 주의사항
1. 작업을 시작하기 전에 콘크리트타설장비를 점검하고 이상을 발견하였으면 즉시 보수할 것

2. 건축물의 난간 등에서 작업하는 근로자가 호스의 요동·선회로 인하여 추락하는 위험을 방지하기 위하여 안전난간 설치 등 필요한 조치를 할 것
3. 콘크리트타설장비의 붐을 조정하는 경우에는 주변의 전선 등에 의한 위험을 예방하기 위한 적절한 조치를 할 것
4. 작업 중에 지반의 침하나 아웃트리거 등 콘크리트타설장비 지지구조물의 손상 등에 의하여 콘크리트타설장비가 넘어질 우려가 있는 경우에는 이를 방지하기 위한 적절한 조치를 할 것

08.
동영상을 보고 재해발생원인과 안전대책을 1가지씩 쓰시오.

[동영상 설명]
타워크레인이 화물을 1줄 걸이로 인양해서 올리고 있고, 하부의 근로자가 턱끈을 매지 않은 채 양중작업을 보지 못하고 지나가고 있는 중에, 화물이 탈락하면서 낙하하며 근로자와 충돌한다.

➡해답 (1) 원인
　　① 낙하위험구간에 출입금지 미조치
　　② 화물을 1줄 걸이로 인양하여 낙하위험
　　③ 작업자 안전모의 턱끈 미체결
　　④ 신호수 미배치
　　(2) 대책
　　① 화물을 두 줄로 걸어 균형을 잡고 운반
　　② 낙하위험구간에 작업자 출입금지 조치
　　③ 신호수 배치

건설안전기사 2014년 1회(B형)

01.
동영상은 충전전로 사진을 보여준다. 작업자의 접촉으로 발생할 수 있는 재해를 예방하는 방법 2가지를 쓰시오.

➡해답 ① 해당 충전전로를 이설할 것
　　② 감전의 위험을 방지하기 위한 울타리 설치할 것
　　③ 해당 충전전로에 절연용 방호구를 설치할 것

02.
동영상은 흙막이 공법 중 타이로드 공법을 보여준다. 공사 시 재해예방을 위한 안전대책 2가지를 쓰시오.

➡해답 ① 흙막이 지보공의 재료로 변형·부식되거나 심하게 손상된 것을 사용해서는 아니 된다.
② 흙막이 지보공을 조립하는 경우 미리 조립도를 작성하여 그 조립도에 따라 조립하도록 하여야 한다.
③ 설계도서에 따른 계측을 하고 계측 분석 결과 토압의 증가 등 이상한 점을 발견한 경우에는 즉시 보강조치를 하여야 한다.

03.
밀폐된 공간 즉 잠함, 우물통, 수직갱 기타 작업에서 산소결핍 우려시 조치사항과 인정시 조치사항을 1가지씩 쓰시오.

➡해답 (1) 산소결핍 우려시
① 산소결핍 우려가 있는 경우에는 산소의 농도를 측정하는 사람을 지명하여 측정하도록 할 것
② 근로자가 안전하게 오르내리기 위한 설비를 설치할 것
③ 굴착 깊이가 20m를 초과하는 경우에는 해당 작업장소와 외부와의 연락을 위한 통신설비 등을 설치할 것
(2) 산소결핍 인정시
① 작업 전 산소농도 및 유해가스농도 측정
② 작업 중 산소농도 측정 및 산소농도가 18% 미만일 때는 환기 실시
③ 근로자는 송기마스크, 공기호흡기 등 호흡용 보호구 착용

04.
동영상에 보여진 화물 이송 중 차량의 전도·굴러 떨어짐 방지대책 2가지를 쓰시오.

➡해답 ① 유도하는 사람을 배치　② 지반의 부동침하 방지
③ 갓길의 붕괴 방지　④ 도로 폭의 유지

05.
동영상에서 불도저를 보여준다. 이와 같은 차량계 건설기계를 사용하여 작업하는 때에 작성하여야 하는 작업계획에 포함되어야 할 사항 3가지를 쓰시오.

➡해답 ① 사용하는 차량계 건설기계의 종류 및 성능
② 차량계 건설기계의 운행경로
③ 차량계 건설기계에 의한 작업방법

06.
동영상은 충전부에 접촉하여 감전 사고가 발생한 것을 보여준다. 감전 방지대책 3가지를 쓰시오.

해답 ① 충전부가 노출되지 않도록 폐쇄형 외함이 있는 구조로 할 것
② 충전부에 충분한 절연효과가 있는 방호망 또는 절연덮개를 설치할 것
③ 충전부는 내구성이 있는 절연물로 완전히 덮어 감쌀 것
④ 발전소·변전소 및 개폐소 등 구획되어 있는 장소로서 관계 근로자가 아닌 사람의 출입이 금지되는 장소에 충전부를 설치하고, 위험표시 등의 방법으로 방호를 강화할 것
⑤ 전주 위 및 철탑 위 등 격리되어 있는 장소로서 관계 근로자가 아닌 사람이 접근할 우려가 없는 장소에 충전부를 설치할 것
⑥ 노출 충전부가 있는 맨홀 또는 지하실 등의 밀폐공간에서 작업하는 경우에는 노출 충전부와의 접촉으로 인한 전기위험을 방지하기 위하여 덮개, 울타리 또는 절연 칸막이 등을 설치할 것
⑦ 감전위험을 방지하기 위하여 개폐되는 문, 경첩이 있는 패널 등(분전반 또는 제어반 문)을 견고하게 고정

07.
화면은 이동식 크레인을 이용하여 철제 배관을 운반하는 도중 신호수 간에 신호방법이 맞지 않아 물체가 흔들리며 철골에 부딪혀 작업자 위로 자재가 낙하하는 재해사례를 나타내고 있다. 재해발생 원인 중 이동식 크레인 운전자가 준수해야 할 사항 2가지를 쓰시오.

해답 ① 일정한 신호방법을 정하고 신호수의 신호에 따라 작업한다.
② 화물을 매단 채 운전석을 이탈하지 않는다.
③ 작업 종료 후 크레인에 동력을 차단시키고 정지조치를 확실히 한다.

08.
흙막이 지보공의 세부 설계기준에서 측벽 말뚝에 대한 검토사항을 3가지 쓰시오

해답 ① 지반의 지지력
② 말뚝의 근입깊이
③ 측벽말뚝의 구조
④ 굴착저면의 안전성(히빙, 파이핑 등)

건설안전기사 2014년 1회(C형)

O1.
화면을 참고하여 다음 물음에 답하시오.

① 동영상에서 보여주고 있는 건설장비의 명칭을 쓰시오.
② 화물의 하중을 직접 지지하는 경우에 사용되는 와이어로프의 안전율은 얼마 이상인가?

해답 ① 이동식 크레인　② 5

O2.
아파트 시공현장 외부벽체 거푸집의 (1) 명칭과 (2) 장점 3가지를 쓰시오.

해답 (1) 명칭
갱폼(Gang Form)
(2) 장점
① 공사기간 단축
② 벽체 거푸집과 작업발판의 일체형으로 비계 불필요
③ 설치, 해체가 용이함
④ 전용성 증대

O3.

화면 속 영상은 교량의 교각 거푸집을 보여주고 있다. 교각 사일로, 굴뚝 등과 같이 수직적으로 연속된 구조물에 사용되는 거푸집 공법의 (1) 명칭과 (2) 특징 2가지를 쓰시오.

[해답] (1) 명칭

슬라이딩 폼(Sliding Form)

(2) 특징

① 요크(Yoke)로 거푸집을 수직으로 연속 이동시키면서 콘크리트 타설

② 돌출물 등 단면 형상의 변화가 없는 곳에 적용

③ 공기단축 및 거푸집 제거 등 소요인력 절약

④ 일체성 확보

O4.

동영상을 보고 재해발생원인 2가지를 쓰시오.

[동영상 설명]

타워크레인이 화물을 1줄 걸이로 인양해서 올리고 있고, 하부의 근로자가 턱끈을 매지 않은 채 양중 작업을 보지 못하고 지나가고 있는 중에, 화물이 탈락하면서 낙하하며 근로자와 충돌한다.

[해답] ① 낙하위험구간에 출입금지 미조치

② 화물을 1줄 걸이로 인양하여 낙하위험

③ 작업자 안전모의 턱끈 미체결

④ 신호수 미배치

O5.

터널 내부 지보공 작업을 하고 있다. 락볼트(Rock Bolt)의 역할 3가지를 쓰시오.

[해답] ① 봉합 작용

② 내압 작용

③ 보형성 작용

④ 아치 형성 작용

O6.

동영상은 건설기계를 이용한 사면굴착공사를 보여주고 있다. 동영상과 같은 사면에서의 건설기계의 전도·굴러 떨어짐을 방지하기 위해 필요한 조치사항 2가지를 쓰시오.

[해답] ① 유도하는 사람을 배치   ② 지반의 부동침하 방지

③ 갓길의 붕괴 방지   ④ 도로 폭의 유지

O7.
동영상과 같은 터널공사를 할 경우 (1) 터널공정 명칭과 (2) 터널공사 작업계획서의 포함사항 3가지를 쓰시오.

[동영상 설명]
어두운 터널 안으로 차량이 들어가고 터널 천장의 울퉁불퉁한 모습이 보인다. 근로자가 차량의 기능을 점검한 후 터널 외벽에 타설을 한다.

➡해답 (1) 명칭 : 숏크리트(Shotcrete) 타설
    (2) 작업계획서 포함사항
        ① 굴착의 방법
        ② 터널지보공 및 복공의 시공방법과 용수의 처리방법
        ③ 환기 또는 조명시설을 하는 때에는 그 방법

O8.
동영상을 참고하여 미비점 2가지를 쓰시오

[동영상 설명]
건물외벽에 설치된 비계와 함께 해당 건물과 근처 전경을 전체적으로 보여준다.

➡해답 ① 외부비계에 작업발판 미설치
    ② 외부비계 발판 단부에 안전난간 미설치
    ③ 낙하물 방지망 미설치

건설안전기사 2014년 2회(A형)

O1.
동영상은 토공기계의 굴착장면을 보여주고 있다. 토공기계인 클램셀의 용도를 3가지 쓰시오.

➡해답 ① 좁은 곳의 수직굴착
    ② 수중굴착
    ③ 우물통 기초 케이슨 내 굴착

02.
거푸집동바리 붕괴위험 시 안전대책 3가지를 쓰시오.

해답 1. 받침목이나 깔판의 사용, 콘크리트 타설, 말뚝박기 등 동바리의 침하를 방지하기 위한 조치를 할 것
　　2. 동바리의 상하 고정 및 미끄러짐 방지 조치를 할 것
　　3. 상부·하부의 동바리가 동일 수직선상에 위치하도록 하여 깔판·받침목에 고정시킬 것
　　4. 개구부 상부에 동바리를 설치하는 경우에는 상부하중을 견딜 수 있는 견고한 받침대를 설치할 것
　　5. U헤드 등의 단판이 없는 동바리의 상단에 멍에 등을 올릴 경우에는 해당 상단에 U헤드 등의 단판을 설치하고, 멍에 등이 전도되거나 이탈되지 않도록 고정시킬 것
　　6. 동바리의 이음은 같은 품질의 재료를 사용할 것
　　7. 강재의 접속부 및 교차부는 볼트·클램프 등 전용철물을 사용하여 단단히 연결할 것
　　8. 거푸집의 형상에 따른 부득이한 경우를 제외하고는 깔판이나 받침목은 2단 이상 끼우지 않도록 할 것
　　9. 깔판이나 받침목을 이어서 사용하는 경우에는 그 깔판·받침목을 단단히 연결할 것

03.
다음 동영상을 보고 관련 건설기계의 명칭을 쓰고 빈칸을 채워 넣으시오.

> 콘크리트는 신속하게 운반하여 즉시 치고, 충분히 다져야 한다. 비비기로부터 치기가 끝날 때까지의 시간은 원칙적으로 외기온도가 (①)도씨를 넘었을 때는 (②)시간을, (③)도씨 이하일 때는 (④)시간을 넘어서는 안 된다.

해답 (1) 명칭 : 콘크리트 믹서 트럭　　　(2) 빈칸 : ① 25　② 1.5　③ 25　④ 2

04.
동영상은 작업자가 안전모의 턱끈을 매지 않은 상태에서 어두운 통로를 걷다 개구부로 추락하는 장면이다. 동종의 사고에 대한 예방대책 3가지를 쓰시오.

해답 ① 개구부 주변에 조명시설을 설치하여 적정한 조도 확보
　　② 충분한 강도를 가진 구조로 덮개를 튼튼하게 설치
　　③ 어두운 장소에서도 알아볼 수 있도록 개구부임을 표시
　　④ 안전모를 착용하고 턱끈을 체결하도록 관리감독 철저

05.
동영상은 건물외벽 돌 마감공사 현장을 보여주고 있다. 현장에서 추락재해를 유발하는 불안전한 요인을 3가지 쓰시오.

해답 ① 화약이나 폭약을 장전하는 경우에는 그 부근에서 화기를 사용하거나 흡연을 하지 않도록 할 것
　　② 장전구(裝塡具)는 마찰·충격·정전기 등에 의한 폭발의 위험이 없는 안전한 것을 사용할 것
　　③ 발파공의 충진재료는 점토·모래 등 발화성 또는 인화성의 위험이 없는 재료를 사용할 것

06.

콘크리트타설장비를 이용하여 콘크리트를 타설할 때 타설 호스에 의하여 빈번하게 발생할 수 있는 사고 유형 2가지를 쓰시오.

➡️해답 (1) 콘크리트타설장비에 대한 위험요인 : 붐 조정 시 인접 전선에 감전 위험
　　　(2) 근로자 위험요인 : 호스의 요동, 선회 시 근로자 접촉으로 인한 추락위험

07.

동영상은 경사진 사면에서 석재를 굴착하여 상차하는 중 토석이 굴러와 작업자가 다친다. 토석의 낙하를 방지하기 위한 조치사항을 3가지 쓰시오.

➡️해답 ① 흙막이 지보공의 설치
　　　② 방호망의 설치
　　　③ 근로자의 출입금지
　　　④ 비가 올 경우를 대비하여 측구를 설치하거나 굴착사면에 비닐보강

08.

동영상은 오토클라이밍폼 작업을 하는 과정을 보여준다. 다음 [보기] 내용을 보고 순서에 맞게 번호를 쓰시오.

[보기]		
① 교각	② 상부 시공 시작	③ 측경간 시공
④ 상부 시공 진행	⑤ 중앙부 박스(연결직전)	⑥ 키 세그먼트

➡️해답 ① → ② → ④ → ③ → ⑤ → ⑥

건설안전기사 2014년 2회(B형)

01.

동영상에서 트렌치 컷 굴착방식으로 작업을 하고 있다. 토사 붕괴 및 낙석 등에 의한 위험을 방지하기 위해 관리감독자가 작업시작 전 확인해야 할 사항 2가지를 쓰시오.

➡️해답 ① 형상·지질 및 지층의 상태
　　　② 균열·함수·용수 및 동결의 유무 또는 상태
　　　③ 매설물 등의 유무 또는 상태
　　　④ 지반의 지하수위 상태

02.
기계의 명칭과 용도에 대하여 쓰시오.

▶해답 (1) 명칭 : 아스팔트 피니셔
(2) 용도 : 아스팔트 플랜트에서 덤프트럭으로 운반된 아스콘 혼합재를 노면 위에 일정한 규격과 간격으로 깔아
주는 장비

03.
사진은 타워크레인의 모습이다. 이와 같은 타워크레인의 해체작업 시 준수하지 않은 사항을 2가지
쓰시오.

▶해답 ① 낙하위험구간에 출입금지 미조치로 낙하재해 발생위험
② 작업장 정리정돈 불량

04.
동영상은 서해대교의 공사현장을 보여주고 있다. 다음 물음에 답하시오.

(1) 이 교량의 형식을 쓰시오.
(2) 교량 공정이 다음과 같을 때 시공순서를 번호로 나열하시오.
　① 케이블 설치　　　　　　② 주탑 구조물 시공
　③ 상판 콘크리트 타설　　　④ 우물통 기초

▶해답 (1) 사장교
(2) ④ → ② → ① → ③

05.
터널 굴착작업 시 시공계획에 포함되어야 할 사항 3가지를 쓰시오.

▶해답 ① 굴착의 방법
② 터널지보공 및 복공의 시공방법과 용수의 처리방법
③ 환기 또는 조명시설을 하는 때에는 그 방법

06.
고압가스용기를 보여주고 있다. 이와 같은 가스용기 취급 시 주의사항 4가지를 쓰시오.

해답 ① 용기의 온도를 섭씨 40도 이하로 유지할 것
② 전도의 위험이 없도록 할 것
③ 충격을 가하지 않도록 할 것
④ 운반하는 경우에는 캡을 씌울 것
⑤ 사용하는 경우에는 용기의 마개에 부착되어 있는 유류 및 먼지를 제거할 것
⑥ 밸브의 개폐는 서서히 할 것
⑦ 사용 전 또는 사용 중인 용기와 그 밖의 용기를 명확히 구별하여 보관할 것
⑧ 용해아세틸렌의 용기는 세워 둘 것
⑨ 용기의 부식·마모 또는 변형상태를 점검한 후 사용할 것

07.
동영상은 거푸집동바리 붕괴사진을 보여준다. 설치상 문제점 3가지를 쓰시오.

해답 ① 동바리의 이음을 맞댄이음 또는 장부이음으로 하고 같은 품질의 재료를 사용해야 하나 동바리와 이질재료를 혼합하여 사용함
② 높이가 3.5m를 초과하는 경우에는 높이 2m 이내마다 수평연결재를 2개 방향으로 만들고 수평연결재의 변위를 방지해야 하나 수평연결재 미설치
③ 강재와 강재와의 접속부 및 교차부는 볼트·클램프 등 전용철물을 사용하여 단단히 연결해야 하나 전용철물 미사용

08.
트럭크레인 작업 시 불안전요소에 대한 안전대책을 3가지 쓰시오.

해답 ① 신호수를 배치하여 작업 유도 및 위험구간 작업자 접근금지 조치
② 크레인의 아웃트리거를 깔판 위에 설치하는 등 침하방지조치 철저
③ 작업자 안전모, 안전화 등 개인보호구 착용

건설안전기사 2014년 2회(C형)

01.

건설작업에 종사하는 어떤 근로자가 전로에 신체 등이 접촉하거나 접근함으로써 감전의 위험이 발생할 우려가 있다. 감전재해의 영향요소 2가지를 쓰시오.

➡해답 ① 통전전류의 크기(가장 근본적인 원인이며 감전피해의 위험도에 가장 큰 영향을 미침)
② 통전시간
③ 통전경로
④ 전원의 종류(교류 또는 직류)
⑤ 주파수 및 파형

02.

사진은 흙막이 시설이 설치되어 있는 현장을 보여주고 있다. 이와 같은 흙막이 공법과 이 공법의 구성재료의 명칭을 2가지 쓰시오.

➡해답 (1) 공법의 명칭 : 버팀대 공법
(2) 구성요소 : H빔, 토류판(목재), 복공판(철재)

03.

차량계 건설기계가 사면 위에서 작업 시 그 기계가 넘어지거나 굴러떨어짐으로써 근로자가 위험해질 우려가 있는 경우 조치사항에 대하여 3가지 쓰시오.

➡해답 ① 유도하는 사람을 배치
② 지반의 부동침하 방지
③ 갓길의 붕괴 방지
④ 도로 폭의 유지

04.

작업자가 밀폐장소에서 작업하던 중 쓰러지는 동영상을 보여주고 있다. 이처럼 밀폐된 공간, 즉 잠함, 우물통, 수직갱 등에서 작업할 때 산소결핍기준 및 결핍 시 조치사항 3가지를 쓰시오.

➡해답 (1) 결핍기준 : 공기 중의 산소농도가 18% 미만인 상태
(2) 조치사항
① 산소 결핍 우려가 있는 경우에는 산소의 농도를 측정하는 사람을 지명하여 측정하도록 할 것
② 근로자가 안전하게 오르내리기 위한 설비를 설치할 것
③ 굴착 깊이가 20m를 초과하는 경우에는 해당 작업장소와 외부와의 연락을 위한 통신설비 등을 설치할 것

05.
건설기계로 싣고 내리는 작업 시 전도 또는 굴러 떨어짐에 의한 위험을 방지하기 위해 조치해야 할 사항을 2가지 쓰시오.

➡해답 ① 싣거나 내리는 작업은 평탄하고 견고한 장소에서 할 것
② 발판을 사용하는 경우에는 충분한 길이, 폭 및 강도를 가진 것을 사용하고 적당한 경사를 유지하기 위하여 견고하게 설치할 것
③ 자루·가설대 등을 사용하는 경우에는 충분한 폭 및 강도와 적당한 경사를 확보할 것

06.
동영상은 T.B.M 굴착기계로 터널굴착을 하고 작업한 흙을 버리는 장면을 보여준다. 터널굴착작업 시 작업계획서 포함사항을 3가지 쓰시오.

➡해답 ① 굴착의 방법
② 터널지보공 및 복공의 시공방법과 용수의 처리방법
③ 환기 또는 조명시설을 하는 때에는 그 방법

07.
파이프서포트를 사용한 거푸집동바리이다. 사진에서와 같이 파이프서포트를 지주로 사용할 경우 준수하여야 하는 사항 중 다음 (   ) 안에 알맞은 내용을 쓰시오.

> 가) 동바리의 이음은 (①) 또는 (②)으로 하고 같은 품질의 재료를 사용할 것
> 나) 강재와 강재와의 접속부 및 교차부는 (③)등 전용 철물을 사용하여 단단히 연결할 것
> 다) 지주로 사용하는 강관과 (④)m를 초과하는 파이프받침을 사용할 경우에 대해서는 높이가 (⑤)m를 초과할 때에는 수평연결재를 연결할 것

➡해답 ① 맞댄이음   ② 장부이음   ③ 볼트·클램프
④ 3.5   ⑤ 2

08.
동영상은 하수관을 한줄걸이로 인양작업을 하던 중 재해가 발생한 사례를 보여주고 있다. 이때 ① 재해유형, ② 재해발생원인, ③ 재해발생대책을 쓰시오.

➡해답 ① 재해유형 : 낙하
② 원인 : 화물 인양 시 1줄걸이로 하여 화물이 무게 중심을 잃고 낙하할 위험이 있다.
③ 대책 : 화물 인양 시 2줄걸이로 단단히 결속하여 인양한다.

건설안전기사 2014년 4회(A형)

O1.
사진에 나타난 터널 굴착공법의 명칭을 쓰시오.

➡️**해답** T.B.M(Tunnel Boring Machine Method) 공법

O2.
항타기·항발기 작업 시 무너짐방지를 위한 준수사항 3가지를 쓰시오.

➡️**해답** ① 연약한 지반에 설치하는 경우에는 아웃트리거·받침 등 지지구조물의 침하를 방지하기 위하여 받침목이나 깔판 등을 사용할 것
② 시설 또는 가설물 등에 설치하는 경우에는 그 내력을 확인하고 내력이 부족하면 그 내력을 보강할 것
③ 아웃트리거·받침 등 지지구조물이 미끄러질 우려가 있는 경우에는 말뚝 또는 쐐기 등을 사용하여 해당 지지구조물을 고정시킬 것
④ 궤도 또는 차로 이동하는 항타기 또는 항발기에 대해서는 불시에 이동하는 것을 방지하기 위하여 레일 클램프(rail clamp) 및 쐐기 등으로 고정시킬 것
⑤ 상단 부분은 버팀대·버팀줄로 고정하여 안정시키고, 그 하단 부분은 견고한 버팀·말뚝 또는 철골 등으로 고정시킬 것

O3.
굴착작업을 하는 경우 토사등의 붕괴 또는 낙하에 의한 근로자의 위험을 방지하기 위하여 관리감독자의 역할을 3가지 쓰시오.

➡️**해답** ① 형상·지질 및 지층의 상태
② 균열·함수·용수 및 동결의 유무 또는 상태
③ 매설물 등의 유무 또는 상태
④ 지반의 지하수위 상태

04.
F.C.M(Free Cantilever Method) 공법의 특징을 쓰시오.

▶해답 F.C.M 공법은 교각 위에서 교각 양쪽의 교축방향으로 특수한 가설장비(Form Traveller)를 이용하여 한 개의 세그먼트(Segment, 3~4m)씩 콘크리트를 타설하고 Prestress를 도입하여 연결해 나가는 교량 상부 가설공법이다.

05.
터널 굴착작업 시 시공계획에 포함되어야 할 사항 3가지를 쓰시오.

▶해답 ① 굴착의 방법
② 터널지보공 및 복공의 시공방법과 용수의 처리방법
③ 환기 또는 조명시설을 하는 때에는 그 방법

06.
동영상은 백호 2대가 서 있고 주변에 전기줄이 있으며 작업자 2명이 버킷 밑에서 작업을 하는 내용이다. 위험요소 2가지를 쓰시오.

▶해답 ① 작업반경 내 근로자 접근으로 충돌, 협착 위험
② 콘크리트 타설 시 백호 버킷 연결부 탈락으로 인한 버킷 낙하위험
③ 붐을 조정할 때 주변 전선 등에 의한 감전위험

07.
동영상은 크레인으로 인양화물을 한줄걸이로 인양하고 주변에 작업자가 안전모를 미착용하고 있으며, 신호수가 미배치되어 있다. 불안전한 요소를 3가지 쓰시오.

▶해답 ① 작업반경 내 근로자 접근으로 충돌, 협착위험
② 한줄걸이로 인양된 화물이 흔들리며 충돌위험
③ 안전모를 미착용한 근로자에 화물의 낙하위험

08.
콘크리트 타설작업을 하기 위하여 콘크리트타설장비 이용 작업 시 준수사항 3가지를 쓰시오.

▶해답 1. 작업을 시작하기 전에 콘크리트타설장비를 점검하고 이상을 발견하였으면 즉시 보수할 것
2. 건축물의 난간 등에서 작업하는 근로자가 호스의 요동·선회로 인하여 추락하는 위험을 방지하기 위하여 안전난간 설치 등 필요한 조치를 할 것
3. 콘크리트타설장비의 붐을 조정하는 경우에는 주변의 전선 등에 의한 위험을 예방하기 위한 적절한 조치를 할 것

4. 작업 중에 지반의 침하나 아웃트리거 등 콘크리트타설장비 지지구조물의 손상 등에 의하여 콘크리트타설장비가 넘어질 우려가 있는 경우에는 이를 방지하기 위한 적절한 조치를 할 것

건설안전기사 2014년 4회(B형)

O1.

동영상은 변압기 설치장소 화면을 보여주고 있다. 충전전로 감전방지대책을 3가지 쓰시오.

➡️**해답** ① 충전부가 노출되지 않도록 폐쇄형 외함이 있는 구조로 할 것
② 충전부에 충분한 절연효과가 있는 방호망 또는 절연덮개를 설치할 것
③ 충전부는 내구성이 있는 절연물로 완전히 덮어 감쌀 것
④ 발전소・변전소 및 개폐소 등 구획되어 있는 장소로서 관계 근로자가 아닌 사람의 출입이 금지되는 장소에 충전부를 설치하고, 위험표시 등의 방법으로 방호를 강화할 것
⑤ 전주 위 및 철탑 위 등 격리되어 있는 장소로서 관계 근로자가 아닌 사람이 접근할 우려가 없는 장소에 충전부를 설치할 것
⑥ 노출 충전부가 있는 맨홀 또는 지하실 등의 밀폐공간에서 작업하는 경우에는 노출 충전부와의 접촉으로 인한 전기위험을 방지하기 위하여 덮개, 울타리 또는 절연 칸막이 등을 설치할 것
⑦ 감전위험을 방지하기 위하여 개폐되는 문, 경첩이 있는 패널 등(분전반 또는 제어반 문)을 견고하게 고정

O2.

동영상은 음료수를 먹은 후 빈 캔을 아래로 던지고, 비계를 잡고 위로 올라가는 모습이다. 이때 예상되는 재해 3가지를 쓰시오.

➡️**해답** ① 통행인이 던진 캔이 낙하하여 작업장 하부의 작업자가 맞음
② 승강통로가 없이 강관 비계를 밟고 올라가다 추락할 위험
③ 안전대 등 추락방지용 보호구 미착용으로 인한 추락위험

O3.

동영상은 이동식 크레인을 이용해 붐을 펴고 운행하는 것과 바닥이 습윤상태인 곳에 받침대를 설치해서 2줄걸이(훅 해지장치 없음)로 인양작업을 하는 내용이다. 위험요인과 준수사항 3가지를 기술하시오.

➡️**해답** (1) 위험요인
① 이동식 크레인이 붐을 펼친상태로 운행하여 중심을 잃고 전도될 위험

　　　② 연약한 지반에 받침대를 설치하여 지반침하로 인한 전도위험
　　　③ 훅에 해지장치가 없어 인양화물이 낙하할 위험
　　(2) 준수사항
　　　① 붐을 완전히 접고 운행
　　　② 단단히 굳은 지반에 받침대 설치
　　　③ 훅에 해지장치 설치

04.

동영상은 도로 옆 사면을 보여준다. 사면굴착 이후 사면보호를 위한 방법 중 구조물에 의한 보호방법
4가지를 쓰시오.

➡해답 ① 블록공　　　　　② 뿜어붙이기공
　　　③ 돌쌓기공　　　　④ 돌망태공

05.

동영상은 트렌지 굴착 중인 화면을 보여준다. 굴착작업 전에 지반 검토사항 등 작업시작 전 조사사항
을 쓰시오.

➡해답 ① 형상·지질 및 지층의 상태
　　　② 균열·함수·용수 및 동결의 유무 또는 상태
　　　③ 매설물 등의 유무 또는 상태
　　　④ 지반의 지하수위 상태

06.

동영상은 흙막이(어스앵커) 시공화면을 보여준다. 흙막이 구조물에서 사용되는 계측기기의 종류를
2가지 쓰시오.

➡해답 ① 지표침하계 : 흙막이벽 배면에 동결심도보다 깊게 설치하여 지표면 침하량 측정
　　　② 지중경사계 : 흙막이벽 배면에 설치하여 토류벽의 기울어짐 측정
　　　③ 하중계 : Strut, Earth Anchor에 설치하여 축하중 측정으로 부재의 안정성 여부 판단
　　　④ 간극수압계 : 굴착, 성토에 의한 간극수압의 변화 측정
　　　⑤ 균열측정기 : 인접구조물, 지반 등의 균열부위에 설치하여 균열크기와 변화를 측정
　　　⑥ 변형률계 : Strut, 띠장 등에 부착하여 굴착작업 시 구조물의 변형을 측정
　　　⑦ 지하수위계 : 굴착에 따른 지하수위 변동을 측정

07.
동영상에 제시된 와이어로프의 클립 체결방법 중 가장 올바른 것과 주어진 와이어로프 직경에 따른 클립 수를 쓰시오.

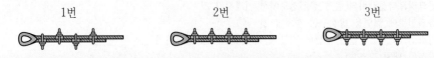

1번		2번		3번	
16mm		18mm		22mm	28mm
①		5개		②	6개

◆해답 올바른 체결방법 : 2번
적정 클립 수 : ① 4   ② 5

08.
동영상은 이동식 비계에 근로자가 승강 중인 화면을 보여준다. 이동식 비계를 조립하여 작업할 때 준수하여야 할 사항을 3가지 쓰시오.

◆해답 ① 이동식 비계의 바퀴에는 뜻밖의 갑작스러운 이동 또는 전도를 방지하기 위해 브레이크·쐐기 등으로 바퀴를 고정시킨 다음 비계의 일부를 견고한 시설물에 고정하거나 아웃트리거(Outrigger)를 설치하는 등 필요한 조치를 할 것
② 승강용 사다리는 견고하게 설치할 것
③ 비계의 최상부에서 작업을 할 경우에는 안전난간을 설치할 것
④ 작업발판은 항상 수평을 유지하고 작업발판 위에서 안전난간을 딛고 작업을 하거나 받침대 또는 사다리를 사용하여 작업하지 않도록 할 것
⑤ 작업발판의 최대 적재하중은 250kg을 초과하지 않도록 할 것

건설안전기사 2014년 4회(C형)

01.
교각공사의 주철근 모습을 보여주고 있다. 이와 같은 작업 시 노출된 철근의 보호방법을 3가지 쓰시오.

◆해답 ① 비닐을 덮어 습기를 방지한다.
② 철근에 방청도료를 도포해서 부식을 방지한다.
③ 철근의 변위, 변형을 방지하기 위해 철망이나 철사로 단단히 묶어 고정한다.

O2.
동영상은 콘크리트타설장비로 전주 활선 근접작업을 하고 있다. 감전방지대책을 3가지 쓰시오.

→해답 ① 콘크리트타설장비의 붐을 충전전로에서 이격시킬 것
② 충전전로에 절연용 방호구를 설치할 것
③ 차량의 절연되지 않은 부분이 접근 한계거리 이내로 접근하지 않도록 할 것
④ 감시인 배치

O3.
동영상은 낙하물 방지망을 보수하는 장면이다. 다음 각 물음에 답하시오.

(1) 동영상에서 추락방지를 위해 필요한 조치사항을 한 가지 쓰시오.
(2) 낙하물 방지망의 설치는 (①)m 이내마다 설치하고, 내민 길이는 벽면으로부터 (②)m 이상으로 하고, 수평면과의 각도는 (③)를 유지할 것

→해답 (1) 안전대를 착용하고 안전대 부착설비에 체결한다.
(2) ① 10, ② 2, ③ 20~30°

O4.
사진은 작업장에 설치된 계단을 보여주고 있다. 사진에서와 같이 작업장에 계단 및 계단참을 설치할 경우 준수하여야 하는 사항에 대하여 다음 ( ) 안에 알맞은 내용을 쓰시오.

(1) 계단 및 계단참을 설치할 때에는 매 m² 당 (①)kg 이상의 하중을 견딜 수 있는 강도를 가진 구조로 설치하여야 한다.
(2) 계단을 설치할 때에는 그 폭을 (②)m 이상으로 하여야 한다.
(3) 높이가 3m를 초과하는 계단에는 높이 (③)m 이내마다 너비 (④)m 이상의 계단참을 설치하여야 한다.

→해답 ① 500   ② 1
③ 3   ④ 1.2

05.

화면을 참고하여 해당 건설기계의 (1) 명칭과 (2) 이용 공법의 종류 2가지를 쓰시오.

> **해답** (1) 명칭
> 숏크리트(Shotcrete)
> (2) 공법의 종류
> ① 습식 공법
> ② 건식 공법

06.

다음 토공기계의 명칭과 용도를 쓰시오.

> **해답** (1) 명칭 : 스크레이퍼(Scraper)
> (2) 용도 : 흙을 절삭 · 운반하거나 펴 고르는 등의 작업을 하는 토공기계

07.

동영상은 작업자가 유로폼을 건네주다 아래로 떨어뜨리는 영상이다. 미흡한 안전조치사항을 2가지 쓰시오.

> **해답** ① 작업발판이 설치되어 있지 않아 추락위험이 있다.
> ② 낙하물 방지망 설치상태가 미흡하여 자재 낙하로 인한 위험이 있다.

08.

압쇄기를 이용한 건물 해체작업이 실시되고 있다. 위와 같은 건물 해체작업 시 공법의 종류와 해체작업 계획에 포함되어야 하는 사항 3가지를 쓰시오.

해답 (1) 공법의 종류 : 압쇄공법

    (2) 해체작업계획 포함사항

        ① 해체의 방법 및 해체순서 도면

        ② 가설설비, 방호설비, 환기설비 및 살수·방화설비 등의 방법

        ③ 사업장 내 연락방법

        ④ 해체물의 처분계획

        ⑤ 해체작업용 기계·기구 등의 작업계획서

        ⑥ 해체작업용 화약류 등의 사용계획서

건설안전기사 2015년 1회(A형)

01.
동영상은 교량건설공법을 보여 주고 있다. 공법의 ① 명칭, ② 특장을 쓰시오.

⟹해답 (1) 공법명

F.C.M 공법(Free Cantilever Method)

(2) 특징

F.C.M 공법은 교각 위에서 교각 양쪽의 교축방향으로 특수한 가설장비(Form Traveller)를 이용하여 한 개의 세그먼트(Segment, 3~4m)씩 콘크리트를 타설하고 Prestress를 도입하여 연결해 나가는 교량 상부 가설공법이다.

02.
아파트 공사현장을 보여 주고 있다. 고소작업 시 추락재해를 예방하기 위한 안전조치사항을 4가지 쓰시오.(단, 안전난간, 추락방호망, 방호선반은 제외한다.)

⟹해답 ① 작업발판 설치

② 안전대 부착설비 설치

③ 승강설비 설치

④ 개구부 덮개 설치

⑤ 통로 조명 확보

O3.
동영상에서와 같은 위험요인에 대한 대책 2가지를 쓰시오.

> [동영상 설명]
> 비계에서 작업을 하고 있던 근로자가 파이프를 놓쳐 밑에서 작업하고 있던 근로자에게 떨어지는 영상으로 밑의 작업자는 주머니에 손을 넣고 돌아다닌다.

해답 ① 근로자가 관리감독자의 지휘에 따라 작업하도록 할 것
② 작업반경 내 출입금지구역을 설정하여 근로자의 출입을 금지한다.
③ 작업근로자에게 안전모 등 개인보호구를 착용시킨다.
④ 작업자 안전대 미착용으로 추락위험

O4.
사진은 작업장에 설치된 계단을 보여 주고 있다. 사진에서와 같이 작업장에 계단 및 계단창을 설치할 경우 준수하여야 하는 사항에 대하여 다음 (   ) 안에 알맞은 내용을 쓰시오.

> 가) 계단 및 계단참을 설치할 때에는 매 m^2당 (①)kg 이상의 하중을 견딜 수 있는 강도를 가진 구조로 설치하여야 하며, 안전율은 (②) 이상으로 하여야 한다.
> 나) 계단을 설치할 때에는 그 폭을 (③)m 이상으로 하여야 한다. 다만, 급유용·보수용·비상용 계단 및 나선형 계단에 대하여는 그러하지 아니하다.
> 다) 높이가 3m를 초과하는 계단에는 높이 (④)m 이내마다 너비 (⑤)m 이상의 계단참을 설치하여야 한다.
> 라) 계단을 설치할 때는 그 바닥면으로부터 높이 (⑥)m 이내의 장애물이 없는 공간에 설치하여야 한다.

해답 ① 500 ② 4 ③ 1 ④ 3 ⑤ 1.2 ⑥ 2

O5.
사진은 토사붕괴에 관한 것이다. 토공현장에서 토사붕괴의 외적 원인을 3가지 기술하시오.

해답 ① 사면, 법면의 경사 및 기울기의 증가
② 절토 및 성토 높이의 증가
③ 공사에 의한 진동 및 반복하중의 증가
④ 지표수 및 지하수의 침투에 의한 토사 중량의 증가
⑤ 지진, 차량, 구조물의 하중작용

06.

동영상을 보고 재해발생원인을 2가지 쓰시오.

> [동영상 설명]
> 타워크레인이 화물을 1줄걸이로 인양해서 올리고 있고, 하부에 근로자가 턱끈을 매지 않은 채 양중작업을 보지 못하고 지나가고 있는 중에, 화물이 탈락하면서 낙하하며 근로자와 충돌한다.

➡해답 ① 낙하위험구간에 출입금지 미조치
② 화물을 1줄 걸이로 인양
③ 작업자 안전모의 턱끈 미체결
④ 신호수 미배치

07.

동영상은 굴착기를 이용하여 굴착한 흙을 덤프트럭으로 운반하는 작업을 보여 주고 있다. 동영상을 참고하여 작업 시 문제점을 2가지 쓰시오.

➡해답 ① 작업 유도자를 배치하지 않았고 작업반경 내 근로자 접근을 금지하지 않았음
② 덤프트럭 바퀴에 고임목(쐐기)을 설치하지 않았음
③ 적재적량 상차를 하지 않았고 덮개를 덮고 운반하지 않았음
④ 지반을 고르게 수평유지하지 않았음
⑤ 살수를 실시하지 않았고 운행속도를 제한하지 않았음

08.

동영상은 트럭크레인을 이용하여 인양하는 모습을 보여 주고 있다. 인양 시 문제점을 3가지 쓰시오.

➡해답 ① 작업반경 내 근로자의 출입을 금지하지 않았다.
② 인양작업 전 와이어로프의 결함 유무를 확인하지 않았다.
③ 신호수의 지시에 따라 인양하지 않았다.

건설안전기사 2015년 1회(B형)

O1.
동영상은 해체작업을 보여 주고 있다. 다음 각 물음에 답하시오.

가) 동영상에서 보여 주고 있는 해체 공법을 쓰시오.
나) 동영상에서와 같은 작업 시 해체계획에 포함되어야 할 사항 2가지를 쓰시오.

해답 (1) 공법의 종류 : 압쇄공법
　　　 (2) 해체작업계획 포함사항
　　　　　 ① 해체 방법 및 해체순서 도면
　　　　　 ② 가설설비, 방호설비, 환기설비 및 살수·방화설비 등의 방법
　　　　　 ③ 사업장 내 연락방법
　　　　　 ④ 해체물의 처분계획
　　　　　 ⑤ 해체작업용 기계·기구 등의 작업계획서
　　　　　 ⑥ 해체작업용 화약류 등의 사용계획서

O2.
화면에서 보여 주고 있는 안전대의 ① 명칭, ② 용도를 쓰시오.

⟹해답 ① 명칭 : 추락방지대
② 용도 : 수직이동 및 수직으로 이동하는 작업 시에 개인용 추락 방지장치

03.
동영상은 굴착작업 현장을 보여 주고 있다. 굴착작업 시 토사등의 붕괴 또는 낙하에 의한 위험을 방지하기 위한 근로자의 조치사항을 2가지 쓰시오.

⟹해답 ① 흙막이 지보공의 설치
② 방호망의 설치
③ 비가 올 경우를 대비하여 측구를 설치하거나 굴착사면에 비닐 보강

04.
음료수(콜라)를 먹으며 비계를 타고 올라가는 동영상을 보고 위험대책 3가지를 쓰시오.(단, 작업모의 턱끈이 풀려 있다.)

⟹해답 ① 작업발판 설치
② 안전난간 설치
③ 안전대 착용

05.
동영상은 흙막이(어스앵커) 시공 장면을 보여 주고 있다. 흙막이 구조물에서 사용되는 계측기의 종류를 2가지만 쓰시오.

⟹해답 ① 수위계   ② 경사계
③ 하중 및 침하계   ④ 응력계

06.
파이프 받침의 조립 시 준수사항 3가지를 쓰시오.

⟹해답 ① 파이프서포트를 3본 이상 이어서 사용하지 아니하도록 할 것
② 파이프서포트를 이어서 사용할 때에는 4개 이상의 볼트 또는 전용철물을 사용하여 이을 것
③ 높이가 3.5m를 초과하는 경우에는 높이 2m 이내마다 수평연결재를 2개 방향으로 만들고 수평연결재의 변위를 방지할 것

07.

동영상은 흙막이를 보여 주고 있다. H형으로 된 줄이 이어져 있으며, 다음 화면은 흙막이에 연결되어 있던 선로에 노란색으로 되어 있는 사각형의 기계를 보여 준다. 이 공법의 명칭과 동영상에서 보여준 계측기의 종류 및 용도 3가지를 쓰시오.

➡해답 ① 명칭 : 어스앵커 공법
② 계측기의 종류와 용도
　　㉠ 지표침하계 – 지표면 침하량 측정
　　㉡ 수위계 – 지반 내 지하수위의 변화 측정
　　㉢ 지층경사계 – 지중의 수평 변위량 측정

08.

동영상은 노면을 깎는 작업을 보여 주고 있다. 사용된 건설기계의 명칭과 용도 3가지를 쓰시오.

➡해답 ① 명칭 : 불도저
② 용도 : ㉠ 지반정리　㉡ 굴착작업　㉢ 적재작업　㉣ 운반작업

건설안전기사 2015년 1회(C형)

O1.
동영상은 굴착기계로 터널 굴착을 하고 작업한 흙을 버리는 장면을 보여 주고 있다. 굴착기계의 명칭과 터널 굴착작업 시 작업계획 포함사항을 3가지 쓰시오.

→해답 (1) 굴착기계의 명칭
　　　　T.B.M(Tunnel Boring Machine)
　　(2) 작업계획 포함사항
　　　　① 굴착방법
　　　　② 터널지보공 및 복공의 시공방법과 용수의 처리방법
　　　　③ 환기 또는 조명시설을 설치할 때에는 그 방법

O2.
동영상에서 보여 주고 있는 트럭의 명칭과 적재물 회전 이유를 2가지 쓰시오.

→해답 (1) 명칭 : 콘크리트 믹서 트럭
　　(2) 회전 이유 : 콘크리트 경화 방지, 재료분리 방지

03.
백호로의 콘크리트 타설 영상을 보여 주고 있다. 위험요인 3가지를 쓰시오.

해답 ① 작업반경 내 근로자 접근으로 충돌, 협착위험
② 콘크리트 타설 시 백호 버켓 연결부의 탈락으로 인한 버켓 낙하위험
③ 붐을 조정할 때 주변 전선 등에 의한 감전위험

04.
말뚝의 항타공법 종류 4가지를 쓰시오.

해답 ① 타격관입 공법
② 진동 공법
③ 압입 공법
④ 프리보링 공법

05.
동영상은 빌딩의 엘리베이터 피트 거푸집 공사 장면을 보여 주고 있다. 발생할 수 있는 사고의 종류와 원인 1가지를 쓰시오.

해답 ① 사고 종류 : 추락
② 원인 : 추락 방지망이 설치되어 있지 않아 사고가 발생할 수 있다.

06.
동영상은 잔골재를 밀고 있는 작업을 보여 주고 있다. 건설기계의 명칭을 쓰시오.

➡**해답** 명칭 : 모터그레이더(Motor Grader)

07.
동영상에서 보여 주는 것과 같이 가설구조물이나 개구부 등에서 추락 위험을 방지하기 위해 설치하여야 하는 안전난간의 구조 및 설치요건에 맞도록 알맞은 용어나 숫자를 해당 번호에 쓰시오.

1. 안전난간은 (①), (②), (③) 및 (④)으로 구성한다.
2. (①)는 바닥면 발판 또는 경사로의 표면으로부터 (⑤) 이상 지점에 설치하고, 상부난간대를 (⑥) 이하에 설치하는 경우에는 (②)는 (①)와 바닥면 등의 중간에 설치하여야 하며, (⑥) 이상 지점에 설치하는 경우에는 (②)를 2단 이상으로 균등하게 설치하고 난간의 상하 간격은 60cm 이하가 되도록 한다. 다만, 계단의 개방된 측면에 설치된 난간기둥 간의 간격이 25cm 이하인 경우에는 중간 난간대를 설치하지 아니할 수 있다.
3. (③)은 바닥면 등으로부터 (⑦) 이상의 높이를 유지한다.

➡**해답** ① 상부 난간대   ② 중간 난간대
    ③ 발끝막이판   ④ 난간기둥
    ⑤ 90cm   ⑥ 120cm
    ⑦ 10cm

08.
작업자가 손수레에 모래를 가득 싣고 리프트를 이용하여 운반하기 위해 손수레를 운전하던 중 리프트 개구부에서 추락하는 사고가 발생하였다. 이때 건설용 리프트의 ① 방호장치 종류, ② 재해형태, ③ 재해원인 2가지를 쓰시오.

➡**해답** ① 권과방지장치, 과부하방지장치, 비상정지장치, 낙하방지장치
    ② 추락
    ③ 손수레 운전한계를 초과한 모래 적재, 1인이 운반

건설안전기사 2015년 4회(A형)

O1.
동영상은 교각에서의 오토클라이밍 폼의 작업과정을 보여 주고 있다. 보기의 작업순서를 이용하여 번호를 쓰시오.

[보기]	
① 오토클라이밍 폼으로 교각 시공	② 측경간 시공
③ 중앙 키 세그먼트(key Segment) 시공	④ 중앙 박스 타설(키세그 연결 전)
⑤ 상부 타설 시작	⑥ 상부 타설 진행

➡해답 ① → ⑤ → ⑥ → ② → ④ → ③

O2.
4~5층 정도의 시공현장에서 외부벽체 거푸집 공사의 ① 명칭과 ② 장점 3가지를 쓰시오.

➡해답 ① 명칭
　　　갱폼(Gang Form)
　　② 장점
　　　㉠ 공사기간 단축
　　　㉡ 벽체 거푸집과 작업발판의 일체형으로 비계 불필요
　　　㉢ 설치·해체의 용이
　　　㉣ 전용성 증대

O3.
콘크리트 라이닝의 목적 2가지를 쓰시오.

➡해답 ① 지질의 불균일성, 지보재의 품질저하 등으로 인한 터널의 강도저하 보강
　　② 터널구조물의 내구성 증진으로 인한 붕괴 방지
　　③ 지하수 등으로부터의 수밀성 확보
　　④ 사용 중 점검, 보수 등의 작업성 증대
　　⑤ 터널 내부에 시설물 설치 용이

04.

밀폐된 공간, 즉 잠함, 우물통, 수직갱, 기타 작업에서 산소결핍 기준 및 결핍 시 조치사항 3가지를 쓰시오.

⟹해답 (1) 결핍기준 : 공기 중의 산소농도가 18% 미만인 상태
  (2) 조치사항
    ① 산소결핍 우려가 있는 경우에는 산소의 농도를 측정하는 사람을 지명하여 측정하도록 할 것
    ② 근로자가 안전하게 오르내리기 위한 설비를 설치할 것
    ③ 굴착 깊이가 20m를 초과하는 경우에는 해당 작업장소와 외부와의 연락을 위한 통신설비 등을 설치할 것

05.

동영상은 도로 옆 사면을 보여 주고 있다. 사면굴착 이후 사면보호를 위한 방법 중 구조물에 의한 보호방법 3가지를 쓰시오.

⟹해답 ① 비탈면 녹화
  ② 낙석 방지 울타리 설치
  ③ 격자블록 붙이기
  ④ 숏크리트 타설
  ⑤ 낙석방지망 설치

06.

동영상과 같은 터널공사를 할 경우 터널 공정명과 작업계획서의 포함사항 3가지를 쓰시오.

> [동영상 설명]
> 어두운 터널 안으로 차량이 들어가고 터널 천장의 울퉁불퉁한 모습이 보인다. 근로자가 차량의 기능을 점검한 후 터널 외벽에 타설을 한다.

⟹해답 (1) 명칭
    숏크리트 타설 공정
  (2) 포함사항
    ① 굴착의 방법
    ② 터널지보공 및 복공의 시공방법과 유수의 처리방법
    ③ 환기 또는 조명시설을 실치할 때에는 그 방법

07.

사진과 같은 장소에서 건설작업에 종사하는 근로자는 전로에 신체 등이 접촉하거나 접근함으로써 감전의 위험이 있다. 감전의 위험요소 2가지를 쓰시오.

➡해답 ① 통전전류의 크기(가장 근본적인 원인이며 감전피해의 위험도에 가장 큰 영향을 미침)
② 통전시간
③ 통전경로
④ 전원의 종류(교류 또는 직류)
⑤ 주파수 및 파형
⑥ 전격인가위상(심장 맥동주기의 어느 위상(T파에서 가장 위험)에서의 통전 여부)
⑦ 기타 간접적으로는 인체저항과 전압의 크기 등이 관계함

08.

동영상은 작업발판 위에서 구두를 신고 도장작업을 하며 옆으로 이동하다 추락하는 재해를 보여 주고 있다. 작업 시 유의사항 3가지를 쓰시오.

➡해답 ① 작업발판의 설치 불량
② 관리감독 소홀
③ 작업방법 및 자세 불량

건설안전기사 2015년 4회(B형)

01.

동영상은 현재 개통 중인 서해대교의 공사 현장이다. 다음 각 물음에 답하시오.

가) 이 교량의 형식을 쓰시오.
나) 교량 공정이 다음과 같을 때 시공 순서를 번호로 나열하시오.
① 케이블 설치 ② 주탑 시공 ③ 상판 아스팔트 타설 ④ 우물통 기초공사

➡해답 가) 사장교
나) ④ → ② → ① → ③

02.
동영상은 철근을 인력으로 운반하는 모습이다. 이와 같은 운반작업을 할 때 주의하여야 할 사항을 3가지 쓰시오.

해답 ① 1인당 무게는 25kg 정도가 적절하며, 무리한 운반을 삼가야 한다.
② 2인 이상이 1조가 되어 어깨메기로 하여 운반하는 등 안전을 도모하여야 한다.
③ 운반할 때에는 양 끝을 묶어 운반하여야 한다.
④ 내려놓을 때에는 천천히 내려놓고 던지지 않아야 한다.
⑤ 공동 작업을 할 때에는 신호에 따라 작업을 하여야 한다.

03.
거푸집 동바리 조립작업 시 준수사항 3가지를 쓰시오.

해답 1. 받침목이나 깔판의 사용, 콘크리트 타설, 말뚝박기 등 동바리의 침하를 방지하기 위한 조치를 할 것
2. 동바리의 상하 고정 및 미끄러짐 방지 조치를 할 것
3. 상부·하부의 동바리가 동일 수직선상에 위치하도록 하여 깔판·받침목에 고정시킬 것
4. 개구부 상부에 동바리를 설치하는 경우에는 상부하중을 견딜 수 있는 견고한 받침대를 설치할 것
5. U헤드 등의 단판이 없는 동바리의 상단에 멍에 등을 올릴 경우에는 해당 상단에 U헤드 등의 단판을 설치하고, 멍에 등이 전도되거나 이탈되지 않도록 고정시킬 것
6. 동바리의 이음은 같은 품질의 재료를 사용할 것
7. 강재의 접속부 및 교차부는 볼트·클램프 등 전용철물을 사용하여 단단히 연결할 것
8. 거푸집의 형상에 따른 부득이한 경우를 제외하고는 깔판이나 받침목은 2단 이상 끼우지 않도록 할 것
9. 깔판이나 받침목을 이어서 사용하는 경우에는 그 깔판·받침목을 단단히 연결할 것

04.
사진은 타워크레인의 모습이다. 이와 같은 타워크레인의 해체작업 시 준수사항을 2가지 쓰시오.

해답 ① 작업순서를 정하고 그 순서에 따라 작업을 할 것
② 작업을 할 구역에 관계근로자가 아닌 사람의 출입을 금지하고 그 취지를 보기 쉬운 곳에 표시할 것
③ 비, 눈 그 밖에 기상상태의 불안정으로 날씨가 몹시 나쁠 경우에는 작업을 중지시킬 것

O5.
건설기계로 싣고 내리는 작업 시 전도 또는 굴러 떨어짐에 의한 위험을 방지하기 위한 조치사항 2가지를 쓰시오.

➡해답 ① 싣거나 내리는 작업은 평탄하고 견고한 장소에서 할 것
② 발판을 사용하는 경우에는 충분한 길이·폭 및 강도를 가진 것을 사용하고 적당한 경사를 유지하기 위하여 견고하게 설치할 것
③ 자루·가설대 등을 사용하는 경우에는 충분한 폭 및 강도와 적당한 경사를 확보할 것

O6.
사진 속 기계의 명칭과 용도에 대하여 쓰시오.

➡해답 (1) 명칭 : 아스팔트 피니셔
(2) 용도 : 아스팔트 플랜트에서 덤프트럭으로 운반된 아스콘 혼합재를 노면 위에 일정한 규격과 간격으로 깔아 주는 장비

O7.
동영상은 아파트 공사현장에서 추락방지용 추락방호망을 보여 주고 있다. 방호장치의 잘 보이는 곳에 표시되어야 하는 사항을 2가지 쓰시오.

➡해답 ① 제조자명 ② 제조연월 ③ 그물코의 크기 ④ 인장강도

08.

사진은 흙막이 시설이 설치되어 있는 현장을 보여 주고 있다. 이와 같은 흙막이 공법과 이 공법의 구성 재료의 명칭을 2가지만 쓰시오.

➡해답 (1) 공법의 명칭 : 버팀대 공법
　　　 (2) 구성요소 : H빔, 토류판(목재), 복공판(철재)

건설안전기사 2015년 4회(C형)

01.

사진은 고정식 수직사다리를 보여 주고 있다. 고정식 수직사다리의 설치 시 준수사항에 대한 다음 설명의 빈칸을 채우시오.

가) 고정식 사다리식 통로의 기울기는 수평면에 대하여 (①)도 이하로 하고, 높이 (②)m 이상인 경우에는 바닥으로부터 높이가 2.5m 되는 지점부터 등받이울을 설치하여야 한다.
나) 사다리식 통로의 길이가 10m 이상일 때에는 (③)m 이내마다 계단참을 설치해야 한다.

➡해답 ① 90 ② 7 ③ 5

O2.
동영상은 토공기계의 굴착장면을 보여 주고 있다. 기계의 명칭과 용도를 2가지 쓰시오.

➡해답 (1) 명칭 : 클램셸(Clamshell)
     (2) 용도
        ① 좁은 곳의 수직굴착
        ② 수중굴착
        ③ 우물통 기초 케이슨 내 굴착

O3.
동영상은 거푸집 동바리 붕괴 사진을 보여 주고 있다. 설치상 문제점 3가지를 쓰시오

➡해답 ① 수평연결재 미설치
     ② 동바리 위치 불량
     ③ 변형, 파손된 각재의 사용

O4.
음료수(콜라)를 먹으며 비계를 타고 올라가는 동영상을 보고 위험 대책 3가지를 쓰시오.(단, 작업모의 턱끈이 풀려 있다.)

➡해답 ① 작업발판 설치 ② 안전난간 설치 ③ 안전대 착용

05.
사진은 철근의 조립간격을 보여 주고 있다. 다음 물음에 답하시오.

① 기초에서 주철근에 가로로 들어가는 철근의 역할
② 기둥에서 전단력에 저항하는 철근의 이름

→해답 ① 가로로 들어가는 철근의 역할 : 주철근 구속으로 좌굴 방지, 주철근의 간격 유지
② 전단력에 저항하는 철근 이름 : 띠철

06.
동영상은 작업자가 안전모 턱끈을 매지 않은 상태에서 어두운 통로를 걷다 개구부로 추락하는 상황이다. 동종의 사고에 대한 조치사항 3가지를 쓰시오.

→해답 ① 낙하물방지망, 수직보호망 또는 방호선반을 설치한다.
② 출입금지구역을 설정하고 통로를 밝게 한다.
③ 보호구를 올바르게 착용한다.

07.
동영상은 터널작업의 강아치 지보공을 보여 주고 있다. 터널 굴착작업 시 작업계획 포함사항을 3가지 쓰시오.

→해답 ① 굴착의 방법
② 터널지보공 및 복공의 시공방법과 용수의 처리방법
③ 환기 또는 조명시설을 하는 때에는 그 방법

08.
사진에서와 같은 강관비계의 설치기준에 대하여 다음 ( ) 안에 알맞은 내용을 써 넣으시오.

(1) 비계 기둥의 간격은 띠장 방향에서 (①)m 이하
(2) 장선방향에서는 (②)m 이하
(3) 띠장은 (③)m 이하로 설치
(4) 비계 기둥 제일 윗부분으로부터 (④)m 되는 지점 밑부분은 비계 기둥을 2개의 강관으로 묶어 세움
(5) 비계 기둥 간의 적재하중은 (⑤)kg 이하

→해답 ① 1.85 ② 1.5 ③ 2 ④ 31 ⑤ 400

건설안전기사 2016년 1회(A형)

01.
동영상에서 건설기계를 이용한 사면굴착공사를 보여주고 있다. 동영상과 같은 사면에서 건설기계의 전도·굴러 떨어짐을 방지하기 위하여 필요한 조치사항 3가지를 쓰시오.

➡해답 ① 유도하는 사람 배치　　② 지반의 부동침하 방지
　　　③ 갓길의 붕괴방지　　　　④ 도로폭의 유지

02.
동영상에서 트렌치 컷 굴착방식으로 작업을 하고 있다. 토사 붕괴 및 낙석 등에 의한 위험을 방지하기 위해 관리감독자가 작업시작 전 확인해야 할 사항 2가지를 쓰시오.

➡해답 ① 작업장소 및 그 주변의 부석·균열의 유무
　　　② 함수·용수 및 동결상태의 변화 점검

03.
동영상은 충전부에 접촉하여 감전사고가 발생하였다. 간접 접촉 예방대책 3가지를 쓰시오.

➡해답 ① 충전부가 노출되지 않도록 폐쇄형 외함이 있는 구조로 할 것
　　　② 충전부에 충분한 절연효과가 있는 방호방이나 절연덮개를 설치할 것
　　　③ 충전부는 내구성이 있는 절연물로 완전히 덮어 감쌀 것

04.
동영상에서 교각공사의 주철근을 보여주고 있다. 장래 이음 등을 고려한 노출된 철근의 보호방법을 3가지 쓰시오.

➡해답 ① 철근에 비닐 등을 덮어 빗물이나 습기를 차단한다.
　　　② 방청도료를 도포하여 철근 부식을 방지한다.
　　　③ 철근의 변위, 변형을 방지하기 위해 철사 등으로 묶어 놓는다.

05.

동영상은 해체작업을 보여주고 있다. 다음 각 물음에 답하시오.

(가) 동영상에서 보여주고 있는 해체공법을 쓰시오.
(나) 해체작업계획 포함사항

➡해답 (가) 공법의 종류 : 압쇄공법
(나) 해체작업계획 포함사항
① 해체의 방법 및 해체순서 도면
② 가설설비, 방호설비, 환기설비 및 살수·방화설비 등의 방법
③ 사업장 내 연락방법
④ 해체물의 처분계획
⑤ 해체작업용 기계·기구 등의 작업계획서
⑥ 해체작업용 화약류 등의 사용계획서

06.

동영상에서 굴착작업 현장을 보여주고 있다. 굴착작업 시 토사등의 붕괴 또는 낙하에 의하여 근로자가 위험발생 시 위험을 방지하기 위한 조치사항을 2가지 쓰시오.

➡해답 ① 흙막이 지보공의 설치
② 방호망의 설치

O7.
사진에 나타난 터널굴착공법의 명칭을 쓰시오.

[해답] T.B.M(Tunnel Boring Machine) 공법

O8.
건물에 석재를 붙이는 작업이다. 2m 넘는 곳에 근로자 두 명 중 한 명이 아래서 작업 중이고 안전난간 이 없다. 아래 작업자가 돌을 위로 올리는 순간 허리를 다치는 장면이다. 불안전한 요소 2가지를 쓰시오.

[해답] ① 작업발판 끝부분에 안전난간 미설치로 작업자의 추락위험이 있다.
② 2m 이상 고소작업 시에는 작업발판 미설치로 인한 추락위험이 있다.

건설안전기사 2016년 1회(B형)

O1.
콘크리트 타설작업을 하기 위하여 콘크리트타설장비 이용 작업 시 준수사항 3가지를 쓰시오.

[해답] 1. 작업을 시작하기 전에 콘크리트타설장비를 점검하고 이상을 발견하였으면 즉시 보수할 것
2. 건축물의 난간 등에서 작업하는 근로자가 호스의 요동·선회로 인하여 추락하는 위험을 방지하기 위하여 안전 난간 설치 등 필요한 조치를 할 것
3. 콘크리트타설장비의 붐을 조정하는 경우에는 주변의 전선 등에 의한 위험을 예방하기 위한 적절한 조치를 할 것
4. 작업 중에 지반의 침하나 아웃트리거 등 콘크리트타설장비 지지구조물의 손상 등에 의하여 콘크리트타설장비 가 넘어질 우려가 있는 경우에는 이를 방지하기 위한 적절한 조치를 할 것

02.

사진은 터널현장에서의 공정 중 한 가지다. 동영상을 참고하여 다음 각 물음에 답하시오.

① 공정의 명칭
② 공법의 종류

➡해답 ① 숏크리트 타설 공정
② 습식공법, 건식공법

03.

동영상은 터널작업 강아치 지보공을 보여준다. 터널굴착작업 시 작업계획에 포함사항을 3가지 쓰시오.

➡해답 ① 굴착의 방법
② 터널지보공 및 복공의 시공방법과 용수의 처리방법
③ 환기 또는 조명시설을 설치할 때에는 그 방법

04.

동영상은 콘크리트타설장비로 전주 활선에 근접해서 작업하고 있다. 감전방지대책을 3가지 쓰시오.

➡해답 ① 해당 충전전로를 이설할 것
② 감전의 위험을 방지하기 위한 울타리 설치할 것
③ 해당 충전전로에 절연용 방호구를 설치할 것
④ 크레인에 대해서 접지공사 실시

05.
사진과 같은 건설기계의 명칭 및 용도를 2가지 쓰시오.

➡해답 ① 명칭 : 스크레이퍼
② 용도 : 흙을 절삭 · 운반하거나 펴 고르는 등의 작업을 하는 토공기계

06.
동영상에서 불도저를 보여준다. 이와 같은 차량계 건설기계를 사용하여 작업하는 때에 안전조치사항 2가지를 쓰시오.

➡해답 ① 경사면을 오르고 내릴 때는 배토판을 가능한 낮게 한다.
② 신호수를 배치한다.
③ 작업에 관계근로자가 아닌 사람의 출입을 금지시킨다.
④ 장비의 전도 · 굴러 떨어짐 등에 의한 위험방지조치를 한다.

07.
동영상에서 작업자가 가스 용접하는 장면을 보여준다. 가스용기를 취급하는 경우 준수사항을 4가지 쓰시오.

➡해답 ① 용기의 온도를 섭씨 40도 이하로 유지할 것
② 전도의 위험이 없도록 할 것
③ 충격을 가하지 않도록 할 것
④ 운반하는 경우에는 캡을 씌울 것

08.
동영상에서 작업자가 캔 음료를 먹고 있고, 리프트를 타고 다른 작업자가 올라가자 바닥에 캔 음료를 버리며 외부비계를 타고 올라가다 사고가 발생하였다. 시설 측면에서의 위험요인을 2가지 쓰시오.

➡해답 ① 비계상에 사다리 및 비계다리 등 승강시설이 설치되지 않고 무리하게 올라가던 중 추락위험이 있다.
② 추락방호망이 설치되어 있지 않아 추락의 위험이 있다.
③ 안전난간이 설치되어 있지 않아 추락위험이 있다.

건설안전기사 2016년 1회(C형)

01.
동영상에서 백호(Backhoe) 2대로 철강을 들어 올리는 작업을 하고 바로 옆에 작업자가 있으며 주변에 충전전로도 보인다. 위험요소 2가지를 쓰시오.

➡️**해답** ① 신호수 미배치로 굴착기에 근로자 접촉, 충돌이 발생할 위험이 있다.
② 크레인이 아닌 굴착기로 철강을 들어 올리는 작업을 하여 작업자에게 낙하할 위험이 있다.

02.
동영상은 도로 옆 사면을 보여준다. 사면굴착 이후 사면보호를 위한 방법 중 구조물에 의한 보호방법 5가지를 쓰시오.

➡️**해답** ① 콘크리트, 모르타르 뿜어붙이기공
② 콘크리트 블록공
③ 돌쌓기공
④ 돌망태 공법

03.
동영상을 보고 ① 재해종류, ② 재해발생원인, ③ 해결방법을 각각 1가지씩 쓰시오.

[동영상 설명]
타워크레인이 화물을 1줄걸이로 인양해서 올리고 있고, 하부에 근로자가 턱끈을 매지 않은 채 양중 작업을 보지 못하고 지나가는 중에 화물이 탈락하며 근로자에게 떨어짐

➡️**해답** ① 재해종류 : 낙하
② 원인
  • 화물 인양 시 1줄거리로 하여 화물이 무게 중심을 잃고 낙하
  • 작업 반경 내 출입금지 구역을 설정하지 않아 근로자 접근
③ 대책
  • 화물 인양 시 2줄걸이로 하여 화물을 인양한다.
  • 작업 반경 내 출입금지구역을 설정한다.

O4.
동영상은 지하실 밀폐공간에서 방수작업 도중 작업자가 쓰러지는 장면이다. 동종 재해방지를 위한 안전대책 2가지를 쓰시오.

해답 ① 작업 시작 전 산소농도 및 유해가스 농도 등을 측정하고, 작업 중에도 계속 환기시킨다.
② 환기를 실시할 수 없거나 산소결핍 위험장소에 들어갈 때는 호흡용 보호구를 반드시 착용한다.

O5.
동영상에서 임시배전반 충전부에 접촉하여 감전사고가 발생하였다. 감전방지대책 3가지를 쓰시오.

해답 ① 충전부가 노출되지 않도록 폐쇄형 외함이 있는 구조로 할 것
② 충전부에 충분한 절연효과가 있는 방호망이나 절연덮개를 설치할 것
③ 충전부는 내구성이 있는 절연물로 완전히 덮어 감쌀 것

O6.
동영상은 작업자 3명이 흡연 후 개구부를 열고 들어가 밀폐공간에서 질식사고가 발생한다. 산소 결핍이 우려되는 밀폐공간에서 작업 시 문제점 3가지를 쓰시오.

해답 ① 작업시작 전 밀폐공간에 공기 상태를 측정하지 않았다.
② 공기호흡기, 송기마스크를 착용하지 않았다.
③ 감시인을 배치하지 않았다.

O7.
동영상은 어스앵커 시공화면을 보여준다. 흙막이 구조물에서 사용되는 계측기의 종류를 2가지만 쓰시오.

해답 지하수위계, 지중경사계, 하중계, 침하계, 응력계

O8.
동영상은 터널 내부에서 장약을 넣고 있는 작업자들과 전체 작업장, 그리고 터널 외부를 보여주고 폭파하는 장면이다. 장약 사용 시 준수사항 3가지를 쓰시오.

해답 ① 화약이나 폭약을 장전하는 경우에는 그 부근에서 화기를 사용하거나 흡연을 하지 않도록 할 것
② 장전구(裝塡具)는 마찰·충격·정전기 등에 의한 폭발의 위험이 없는 안전한 것을 사용할 것
③ 발파공의 충진재료는 점토·모래 등 발화성 또는 인화성의 위험이 없는 재료를 사용할 것

건설안전기사 2016년 2회(A형)

01.
동영상은 이동식 비계에 작업자가 승강 중인 화면을 보여준다. 이동식 비계를 조립하여 작업을 할 때 문제점을 3가지 쓰시오.

해답 ① 이동식 비계의 바퀴에는 뜻밖의 갑작스러운 이동 또는 전도를 방지하기 위하여 브레이크 · 쐐기 등으로 바퀴를 고정시킨 다음 비계의 일부를 견고한 시설물에 고정하거나 아웃트리거를 설치하는 등의 조치를 하지 않았다.
② 승강용 사다리를 설치하지 않았다.
③ 비계의 최상부에서 작업을 할 때에는 안전난간을 설치해야 하나 설치하지 않았다.

02.
동영상은 교량건설공법을 보여주고 있다. 공법의 명칭을 쓰시오.

해답 F.C.M(Free Cantilever Method) 공법

03.
동영상은 굴착작업 현장을 보여주고 있다. 굴착작업 시 토사등의 붕괴 또는 매설물 기타 지하공작물의 손괴 등에 의하여 근로자에게 위험을 미칠 우려가 있는 때에 미리 작업장소 및 그 주변의 지반에 대하여 조사하여야 할 사항과 관리감독자의 점검사항을 2가지 쓰시오.

해답 ① 조사사항
- 형상 · 지질 및 지층의 상태
- 균열 · 함수 · 용수 및 동결의 유무 또는 상태
- 매설물 등의 유무 또는 상태
- 지반의 지하수위 상태
② 점검사항
- 작업장소 및 그 주변의 부석 · 균열의 유무
- 함수 · 용수 및 동결상태의 변화를 점검
- 동결상태의 변화 점검

04.
동영상은 콘크리트 믹서 트럭의 운행을 보여주고 있다. 적재물 회전 이유를 2가지 쓰시오.

해답 ① 콘크리트 경화 방지   ② 재료분리 방지

05.
거푸집 동바리 조립작업 시 준수사항을 3가지 쓰시오.

해답 1. 받침목이나 깔판의 사용, 콘크리트 타설, 말뚝박기 등 동바리의 침하를 방지하기 위한 조치를 할 것
2. 동바리의 상하 고정 및 미끄러짐 방지 조치를 할 것
3. 상부·하부의 동바리가 동일 수직선상에 위치하도록 하여 깔판·받침목에 고정시킬 것
4. 개구부 상부에 동바리를 설치하는 경우에는 상부하중을 견딜 수 있는 견고한 받침대를 설치할 것
5. U헤드 등의 단판이 없는 동바리의 상단에 멍에 등을 올릴 경우에는 해당 상단에 U헤드 등의 단판을 설치하고, 멍에 등이 전도되거나 이탈되지 않도록 고정시킬 것
6. 동바리의 이음은 같은 품질의 재료를 사용할 것
7. 강재의 접속부 및 교차부는 볼트·클램프 등 전용철물을 사용하여 단단히 연결할 것
8. 거푸집의 형상에 따른 부득이한 경우를 제외하고는 깔판이나 받침목은 2단 이상 끼우지 않도록 할 것
9. 깔판이나 받침목을 이어서 사용하는 경우에는 그 깔판·받침목을 단단히 연결할 것

06.
동영상은 원심력 철근콘크리트 말뚝을 시공하는 현장을 보여준다. 말뚝의 항타공법 종류 3가지를 쓰시오.

해답 ① 타격공법 : 드롭해머, 스팀해머, 디젤해머, 유압해머
② 진동공법 : Vibro Hammer로 상하진동을 주어 타입, 강널말뚝에 적용
③ 선행굴착 공법(Pre-Boring) : Earth Auger로 천공후 기성말뚝 삽입, 소음·진동 최소
④ 워트제트 공법 : 고압으로 물을 분사키 마찰력을 감소시키며 말뚝 매입

07.
동영상은 굴착기를 이용하여 굴착한 흙을 덤프트럭으로 운반하는 작업을 하고 있다. 동영상을 참고하여 작업 시 문제점을 2가지 쓰시오.

해답 ① 유도하는 사람 배치 및 장애물을 제거하지 않고 작업
② 적재정량 상차 및 덮개를 덮고 운반하지 않음
③ 살수 실시 시 운행속도 제한 미준수

08.

동영상에서 보여주는 것과 같이 가설구조물이나 개구부 등에서 추락 위험 등을 방지하기 위해 설치하여야 하는 안전난간의 구조 및 설치요건에 맞도록 알맞은 용어나 숫자를 해당 번호에 쓰시오.

> (가) 안전난간은 (①), (②), (③) 및 (④)으로 구성할 것
> (나) (④)는 바닥면 등에서부터 (⑤)cm 이상의 높이를 유지할 것

해답 ① 상부 난간대
② 중간 난간대
③ 난간기둥
④ 발끝막이판
⑤ 10

건설안전기사 2016년 2회(B형)

01.

동영상은 근로자가 손수레에 모래를 싣고 운반하던 중 사고가 발생하였다. 리프트 안전장치 2가지와 재해발생 원인을 2가지 쓰시오.

해답 (1) 리프트 안전장치
① 과부하방지장치
② 권과방지장치
③ 비상정지장치
(2) 발생원인
① 한계를 초과할 때까지 적재하였다.
② 1인이 운반하여 주변 상황을 파악하지 못하였다.

02.

동영상은 작업자가 안전모 턱끈을 하지 않은 상태에서 어두운 통로를 걷다 개구부로 추락하는 상황이다. 동종 사고 예방을 위한 조치사항을 3가지 쓰시오.

해답 ① 낙하물방지망·수직보호망 또는 방호선반을 설치한다.
② 출입금지구역을 설정하고 통로를 밝게 한다.
③ 보호구를 올바르게 착용한다.

03.
추락방지용으로 매듭 있는 방망을 신품으로 설치하는 경우, 그물코 종류에 따른 방망사의 인장강도를 쓰시오.

▶해답 ① 5cm : 110kg
② 10cm : 200kg

04.
동영상은 잔골재를 밀고 있는 작업을 보여주고 있다. 건설기계의 명칭을 쓰시오.

▶해답 모터그레이더

05.
사진은 토사붕괴에 관한 것이다. 토공현장에서 토사붕괴의 외적 원인 3가지를 쓰시오.

▶해답 ① 사면·법면의 경사 및 기울기의 증가
② 절토 및 성토 높이의 증가
③ 공사에 의한 진동 및 반복 하중의 증가

06.
건설기계로 싣고 내리는 작업 시 전도 또는 굴러 떨어짐에 의한 위험을 방지하기 위한 조치사항 2가지를 쓰시오.

▶해답 ① 싣거나 내리는 작업은 평탄하고 견고한 장소에서 할 것
② 발판을 사용하는 경우에는 충분한 길이·폭 및 강도를 가진 것을 사용하고 적당한 경사를 유지하기 위하여 견고하게 설치할 것
③ 자루·가설대 등을 사용하는 경우에는 충분한 폭 및 강도와 적정한 경사를 확보할 것

07.

동영상은 비계 조립, 해체, 변경 작업 중 강관비계가 떨어져 밑에 있는 근로자가 맞는 장면이다. 재해예방을 위한 안전대책을 3가지 쓰시오.

⇒해답 ① 근로자가 관리감독자의 지휘에 따라 작업하도록 할 것
② 작업반경 내 출입금지구역을 설정하여 근로자의 출입을 금지한다.
③ 작업근로자에게 안전모 등 개인보호구를 착용시킨다.

08.

동영상은 낙하물 방지망을 보수하는 장면이다. 다음 각 물음에 답하시오.

> (가) 재해발생형태
> (나) 추락방지를 위해 필요한 조치사항 1가지
> (다) 낙하물 방지망의 설치는 (①)m 이내마다 설치하고, 내민 길이는 벽면으로부터 (②)m 이상으로 하고, 수평면과의 각도는 (③)도를 유지

⇒해답 (가) 추락
(나) 작업발판 설치, 추락방호망 설치 및 안전대 착용
(다) ① 10   ② 2   ③ 20~30

건설안전기사 2016년 2회(C형)

01.

동영상은 이동식 비계에 작업자가 승강 중인 화면을 보여준다. 이동식 비계를 조립하여 작업을 할 때 준수해야 할 사항을 3가지 쓰시오.

⇒해답 ① 이동식 비계의 바퀴에는 갑작스러운 이동 또는 전도를 방지하기 위하여 브레이크·쐐기 등으로 바퀴를 고정시킨 다음 비계의 일부를 견고한 시설물에 고정하거나 아웃트리거를 설치하는 등 필요한 조치를 할 것
② 승강용 사다리는 견고하게 설치할 것
③ 비계의 최상부에서 작업을 하는 경우에는 안전난간을 설치할 것

O2.
동영상에서 보여주는 어스앵커공법의 계측기 종류와 용도를 3가지 쓰시오.

해답
- 지표침하계 : 지표면 침하량 측정
- 수위계 : 지반 내 지하수위의 변화 측정
- 지중경사계 : 지중의 수평 변위량 측정

O3.
트럭크레인 작업 시 불안전요소에 대한 안전대책을 3가지 쓰시오.

해답
① 연약한 지반에 설치하는 경우 아웃트리거·받침 등 지지구조물의 침하를 방지하기 위하여 받침목이나 깔판 등을 사용한다.
② 붐대를 접지 않은 상태로 이동하게 되면 작업자과 충돌위험이 있으므로 작업지휘자를 배치한다.
③ 출입금지 구역을 설정하여 크레인에 전도사고 발생 시 작업자의 안전을 확보한다.

O4.
동영상은 작업자가 유로폼을 건네주다가 아래로 떨어지는 장면이다. 안전조치사항을 2가지 쓰시오.

해답
① 작업발판이 설치되어 있지 않아 추락위험이 있다.
② 낙하물 방지망 설치상태가 미흡하여 자재 낙하로 인한 위험이 있다.

O5.
동영상에 제시된 와이어로프의 클립 체결방법 중 가장 올바른 것과 주어진 와이어로프 직경에 따른 클립 수를 쓰시오.

1번		2번		3번	
16mm	18mm	22mm	28mm		
①	5개	②	6개		

해답 올바른 체결방법 : 2번
적정 클립 수 : ① 4   ② 5

06.

동영상은 빌딩의 엘리베이터 피트 거푸집 공사 장면을 보여주고 있다. 발생할 수 있는 위험상황을 쓰시오.

해답 작업발판 및 추락방호망이 설치되어 있지 않아 추락사고가 발생할 수 있다.

07.

작업자가 착용하고 있는 안전대의 명칭 및 용도를 쓰시오.

해답 ① 명칭 : 벨트식
　　 ② 용도 : U자 걸이 전용

08.

동영상은 노면을 깎는 작업을 보여주고 있다. 건설기계의 명칭과 기능을 쓰시오.

해답 ① 명칭 : 불도저
　　 ② 용도 : 지반정지, 굴착작업, 적재작업, 운반작업

건설안전기사 2016년 4회(A형)

01.

동영상은 흙막이를 보여주면서 H형으로 된 줄이 이어져 있는 것을 보여주고, 다음 화면은 흙막이에 연결되어 있던 선로에 노란색으로 되어 있는 사각형의 기계를 보여준다. 동영상에서 보여준 계측기의 종류 3가지를 쓰시오.

해답 지표침하계, 수위계, 지중경사계

02.

화면은 이동식 크레인을 이용하여 철제 배관을 운반하던 도중 신호수와 신호방법이 맞지 않아 물체가 흔들리며 철골에 부딪쳐 작업자 위로 자재가 낙하하는 장면이다. 재해발생 원인 중 이동식 크레인 운전자가 준수해야 할 사항 2가지를 쓰시오.

▶해답 ① 일정한 신호방법을 정하고 신호수의 신호에 따라 작업한다.
② 화물을 매단 상태에서 운전석을 이탈하지 않는다.
③ 작업 종료 후 크레인에 동력을 차단시키고 정지조치를 확실히 한다.

03.

동영상에 나타나는 교각거푸집 공사의 명칭과 장점을 쓰시오.

▶해답 ① 명칭 : 슬라이딩 폼
② 장점 : 시공속도가 빠르다, 시공이음 없이 균일한 형상으로 시공이 가능하다, 연속시공으로 양생기간이 필요하지 않다.

04.

동영상은 굴착기를 이용하여 굴착한 흙을 덤프트럭으로 운반하는 작업을 하고 있다. 동영상을 참고하여 작업 시 문제점과 대책을 각각 2가지 쓰시오.

▶해답 (1) 문제점
• 유도하는 사람 배치 및 장애물 제거 중 작업하지 않았다.
• 적재적량 상차 및 덮개를 덮고 운반하지 않았다.
• 살수 실시 및 운행속도 제한을 준수하지 않았다.
(2) 대책
• 유도하는 사람 배치 및 장애물 제거 후 작업한다.
• 적재적량 상차 및 덮개를 덮고 운반한다.
• 살수 실시 및 운행속도 제한을 한다.

05.
파이프 받침의 조립 시 준수사항을 3가지 쓰시오.

[해답] ① 파이프서포트를 3개 이상 이어서 사용하지 않도록 할 것
② 파이프서포트를 이어서 사용하는 경우에는 4개 이상의 볼트 또는 전용철물을 사용하여 이을 것
③ 높이가 3.5m를 초과하는 경우에는 높이 2m 이내마다 수평연결재 2개 방향으로 만들고 수평연결재의 변위를 방지할 것

06.
사진은 석축붕괴에 관한 내용이다. 붕괴 원인을 3가지 쓰시오.

[해답] ① 기초지반의 침하 및 활동 발생으로 지지력 약화
② 배수불량으로 인한 수압작용
③ 과도한 토압의 발생
④ 옹벽 뒷채움 재료의 불량 및 다짐 불량

07.
동영상은 고속도로 위 교량 가설현장이다. 이와 같은 교량에서 고소작업 시 안전시설 2가지를 쓰시오.

[해답] ① 작업발판 설치
② 추락방호망 설치 및 안전대 착용

08.
동영상은 하수관 공사현장에 흄관 1개걸이로 인양작업하는 장면을 보여준다. 작업현장 안전대책을 3가지 쓰시오.

[해답] ① 화물 인양 시 양끝 등 2군데 이상 묶어서 인양한다.
② 신호수를 배치하여 작업한다.
③ 주변 근로자 출입을 금지시킨다.

건설안전기사 2016년 4회(B형)

O1.

아파트 공사현장에서 추락방지용 추락방호망을 보여준다. 추락방호망에 표시되어야 하는 사항을 3가지 쓰시오.

➡해답 ① 제조자명
② 제조년월
③ 그물코의 크기
④ 인장강도

O2.

화면을 참고하여 다음 물음에 답하시오.

① 동영상에서 보여주고 있는 건설장비의 명칭
② 화물의 하중을 직접 지지하는 경우에 사용하는 와이어로프의 안전율

➡해답 ① 이동식 크레인
② 5 이상

O3.

사진은 터널현장을 보여준다. 각 물음에 답하시오.

① 공정의 명칭
② 작업계획서 포함사항 3가지

해답 ① 숏크리트 타설 공정
② 굴착의 방법, 터널지보공 및 복공의 시공방법과 유수의 처리방법, 환기 또는 조명시설을 실치할 때에는 그 방법

O4.

사진에서 보여주고 있는 건설기계의 명칭과 주요작업을 각각 쓰시오.

①

②

해답 ① 천공기 : 천공
② 굴착기 : 굴삭

05.
동영상은 트럭크레인을 이용하여 인양하는 모습을 보여준다. 인양 시 문제점을 3가지 쓰시오.

➡해답 ① 작업반경 내 근로자의 출입을 금지하지 않았다.
② 인양작업 전 와이어로프의 결함 유무를 확인하지 않았다.
③ 신호수의 지시에 따라 인양하지 않았다.

06.
밀폐된 공간 즉 잠함, 우물통, 수직갱 기타 작업에서 산소결핍 우려 시 조치사항과 인정 시 조치사항을 1가지씩 쓰시오.

➡해답 • 산소 결핍 우려 시 : 산소 농도를 측정하는 사람을 지명하여 측정하도록 할 것
• 산소 결핍 인정 시 : 송기를 위한 설비를 설치하여 필요한 양의 공기를 공급

07.
동영상은 이동식 비계에 작업자가 승강 중인 화면을 보여준다. 이동식 비계를 조립하여 작업을 할 때 주의사항 3가지를 쓰시오.

➡해답 ① 이동식 비계의 바퀴에는 갑작스러운 이동 및 전도를 방지하기 위하여 브레이크·쐐기 등으로 바퀴를 고정시킨 다음 비계의 일부를 견고한 시설물에 고정하거나 아웃트리거를 설치하는 등 필요한 조치를 할 것
② 승강용 사다리는 견고하게 설치할 것
③ 비계의 최상부에서 작업을 하는 경우 안전난간을 설치할 것

08.
동영상은 거푸집동바리 붕괴사진을 보여준다. 설치상 문제점을 3가지 쓰시오.

➡해답 ① 수평연결재 미설치
② 동바리의 상하고정 및 미끄러짐 방지조치 미실시
③ 동바리 침하방지조치 미실시

건설안전기사 2016년 4회(C형)

01.
터널 내부 지보공 작업을 하고 있다. 락볼트(Rock Bolt)의 역할 3가지를 쓰시오.

➡해답 ① 봉합 작용　　② 내압 작용
　　　 ③ 보형성 작용　④ 아치 형성 작용

02.
흙막이공법 중 타이로드 공법을 보여주고 있다. 공사 시 재해예방을 위한 안전대책을 2가지 쓰시오.

➡해답 ① 흙막이 지보공의 재료로 변형 부식되거나 심하게 손상된 것을 사용해서는 아니 된다.
　　　 ② 흙막이 지보공을 조립하는 경우 미리 조립도를 작성하여 그 조립도에 따라 조립하도록 하여야 한다.
　　　 ③ 설계도서에 따른 계측을 하고 계측 분석 결과 토압의 증가 등 이상한 점을 발견한 경우에는 즉시 보강조치를
　　　　 하여야 한다.

03.
사진은 파이프서포트를 사용한 거푸집동바리다. 사진과 같이 파이프서포트를 지주로 사용할 경우 준수하여야 하는 사항 중 다음 (　　) 안에 알맞은 내용을 쓰시오.

> (가) 동바리의 이음은 (①) 또는 (②)으로 하고 같은 품질의 재료를 사용할 것
> (나) 강재와 강재와의 접속부 및 교차부는 (③) 등 전용 철물을 사용하여 단단히 연결할 것
> (다) 파이프서포트를 (④) 이상 이어서 사용하지 않도록 할 것

➡해답 ① 맞댄이음　　② 장부이음
　　　 ③ 볼트·클램프　④ 3개

04.
동영상에서 트렌치 컷 굴착방식으로 작업을 하고 있다. 토사 붕괴 및 낙석 등에 의한 위험을 방지하기 위해 관리감독자가 작업시작 전 점검해야 할 사항을 2가지 쓰시오.

➡해답 ① 작업장소 및 그 주변의 부석·균열의 유무
　　　 ② 함수·용수 및 동결상태의 변화를 점검
　　　 ③ 동결상태의 변화 점검

O5.
동영상은 교량건설공법을 보여주고 있다. 공법의 명칭과 정의를 쓰시오.

해답 (1) 명칭 : F.C.M(Free Cantilever Method) 공법
(2) 정의 : 기 시공된 교각을 중심으로 좌우 평형을 유지하며 순차적으로 이동식 작업차를 이용하여 세그먼트를 제작하면서 상부구조를 시공해 나가는 공법, 교량 하부의 이동이 불가하거나 동바리 사용이 어려울 경우 적용되며 특히, 하천, 항만교량에 이용된다.

O6.
동영상은 상수도관 매설작업이다. 용접작업 중인 근로자들이 착용하고 있는 보호구의 종류를 4가지 쓰시오.

해답 ① 용접용 보안면
② 용접용 장갑
③ 용접용 앞치마
④ 용접용 안전화

O7.
건설기계를 이용한 사면굴착공사를 보여주고 있다. 동영상과 같은 사면에서의 건설기계의 전도·굴러 떨어짐 등을 방지하기 위해 필요한 조치사항을 2가지 쓰시오.

해답 ① 유도하는 사람 배치
② 지반의 부동침하 방지
③ 갓길의 붕괴방지
④ 도로 폭의 유지

08.

동영상에서 불도저를 보여준다. 이와 같은 차량계 건설기계를 사용하여 작업하는 때에 안전조치사항 3가지를 쓰시오.

해답 ① 경사면을 오르고 내릴 때는 배토판을 가능한 낮게 한다.
② 신호수를 배치한다.
③ 작업에 관계근로자가 아닌 사람의 출입을 금지시킨다.
④ 장비의 전도·굴러 떨어짐 등에 의한 위험방지조치를 한다.

건설안전기사 2017년 1회(A형)

01.
사진은 파이프서포트를 사용한 거푸집동바리다. 사진과 같이 파이프서포트를 지주로 사용할 경우 준수하여야 하는 사항 중 다음 (   ) 안에 알맞은 내용을 쓰시오.

> (가) 동바리의 이음은 (①) 또는 (②)으로 하고 같은 품질의 재료를 사용할 것
> (나) 강재와 강재와의 접속부 및 교차부는 (③) 등 전용 철물을 사용하여 단단히 연결할 것
> (다) 파이프서포트를 (④) 이상 이어서 사용하지 않도록 할 것

➡해답 ① 맞댄이음   ② 장부이음
        ③ 볼트·클램프   ④ 3개

02.
백호로의 콘크리트 타설 영상을 보여 주고 있다. 위험요인 3가지를 쓰시오.

➡해답 ① 작업반경 내 근로자 접근으로 충돌, 협착위험
        ② 콘크리트 타설 시 백호 버켓 연결부의 탈락으로 인한 버켓 낙하위험
        ③ 붐을 조정할 때 주변 전선 등에 의한 감전위험

03.
동영상에서 작업자가 가스 용접하는 장면을 보여준다. 가스용기를 취급하는 경우 준수사항을 4가지 쓰시오.

➡해답 ① 용기의 온도를 섭씨 40도 이하로 유지할 것
        ② 전도의 위험이 없도록 할 것
        ③ 충격을 가하지 않도록 할 것
        ④ 운반하는 경우에는 캡을 씌울 것

04.
동영상은 사면을 백호로 굴착하는 장면을 보여주고 있다. 토석의 낙하위험 및 암석붕괴를 방지하기 위해 설치해야 하는 설비나 조치사항을 3가지 쓰시오.

➡️**해답** ① 흙막이 지보공의 설치
② 방호망의 설치
③ 근로자의 출입금지
④ 비가 올 경우를 대비하여 측구를 설치하거나 굴착사면에 비닐보강

05.
차량계 건설기계 작업계획 시 포함사항 3가지를 적으시오.

➡️**해답** ① 사용하는 차량계 건설기계의 종류 및 성능
② 차량계 건설기계의 운행경로
③ 차량계 건설기계에 의한 작업방법

06.
작업자가 밀폐장소에서 작업하던 중 쓰러지는 동영상을 보여주고 있다. 이와 같은 밀폐된 공간, 즉 잠함, 우물통, 수직갱 등에서 작업 시 산소결핍기준 및 결핍 시 조치사항 3가지를 쓰시오.

➡️**해답** (1) 결핍기준 : 공기 중의 산소농도가 18% 미만인 상태
(2) 조치사항
① 산소 결핍 우려가 있는 경우에는 산소의 농도를 측정하는 사람을 지명하여 측정하도록 할 것
② 근로자가 안전하게 오르내리기 위한 설비를 설치할 것
③ 굴착 깊이가 20m를 초과하는 경우에는 해당 작업장소와 외부와의 연락을 위한 통신설비 등을 설치할 것

07.
사장교를 건설하는 사진을 보여주고 있다. 보기를 보고 시공 순서대로 나열하시오.

[보기]			
① 상판 아스팔트 타설	② 주탑 시공	③ 케이블 설치	④ 우물통 기초공사

➡️**해답** ④ → ② → ③ → ①

O8.
사진은 고정식 수직사다리를 보여 주고 있다. 고정식 수직사다리의 설치 시 준수사항에 대한 다음 설명의 빈칸을 채우시오.

> 가) 고정식 사다리식 통로의 기울기는 수평면에 대하여 (①)도 이하로 하고, 높이 (②)m 이상인 경우에는 바닥으로부터 높이가 2.5m 되는 지점부터 등받이울을 설치하여야 한다.
> 나) 사다리식 통로의 길이가 10m 이상일 때에는 (③)m 이내마다 계단참을 설치해야 한다.

➡해답 ① 90   ② 7   ③ 5

건설안전기사 2017년 1회(B형)

O1.
사진은 작업장에 설치된 계단을 보여주고 있다. 사진에서와 같이 작업장에 계단 및 계단참을 설치할 경우 준수하여야 하는 사항에 대하여 다음 (   ) 안에 알맞은 내용을 쓰시오.

> (1) 계단 및 계단참을 설치할 때에는 매 m² 당 (①)kg 이상의 하중을 견딜 수 있는 강도를 가진 구조로 설치하여야 한다.
> (2) 계단을 설치할 때에는 그 폭을 (②)m 이상으로 하여야 한다.
> (3) 높이가 3m를 초과하는 계단에는 높이 (③)m 이내마다 너비 (④) 이상의 계단참을 설치하여야 한다.

➡해답 ① 500   ② 1
　　　③ 3   ④ 1.2

O2.
거푸집 동바리 조립작업 시 준수사항 3가지를 쓰시오.

➡해답 1. 받침목이나 깔판의 사용, 콘크리트 타설, 말뚝박기 등 동바리의 침하를 방지하기 위한 조치를 할 것
　　　2. 동바리의 상하 고정 및 미끄러짐 방지 조치를 할 것
　　　3. 상부·하부의 동바리가 동일 수직선상에 위치하도록 하여 깔판·받침목에 고정시킬 것
　　　4. 개구부 상부에 동바리를 설치하는 경우에는 상부하중을 견딜 수 있는 견고한 받침대를 설치할 것
　　　5. U헤드 등의 단판이 없는 동바리의 상단에 멍에 등을 올릴 경우에는 해당 상단에 U헤드 등의 단판을 설치하고, 멍에 등이 전도되거나 이탈되지 않도록 고정시킬 것
　　　6. 동바리의 이음은 같은 품질의 재료를 사용할 것
　　　7. 강재의 접속부 및 교차부는 볼트·클램프 등 전용철물을 사용하여 단단히 연결할 것
　　　8. 거푸집의 형상에 따른 부득이한 경우를 제외하고는 깔판이나 받침목은 2단 이상 끼우지 않도록 할 것
　　　9. 깔판이나 받침목을 이어서 사용하는 경우에는 그 깔판·받침목을 단단히 연결할 것

03.
동영상은 충전부에 접촉하여 감전사고가 발생한 장면을 보여주고 있다. 간접 접촉 예방대책 3가지를 쓰시오.

➡**해답** ① 충전부가 노출되지 않도록 폐쇄형 외함이 있는 구조로 할 것
② 충전부에 충분한 절연효과가 있는 방호방이나 절연덮개를 설치할 것
③ 충전부는 내구성이 있는 절연물로 완전히 덮어 감쌀 것

04.
다음은 강관비계 구조에 관한 내용이다. 빈칸을 채워 넣으시오.

(1) 비계 기둥의 간격은 띠장 방향에서 (①)m 이하
(2) 장선방향에서는 (②)m 이하
(3) 띠장은 (③)m 이하로 설치
(4) 비계 기둥 제일 윗부분으로부터 (④)m 되는 지점 밑부분은 비계 기둥을 2개의 강관으로 묶어 세움
(5) 비계 기둥 간의 적재하중은 (⑤)kg 이하

➡**해답** ① 1.85   ② 1.5   ③ 2   ④ 31   ⑤ 400

05.
덤프트럭에 토사를 상차하는 동영상이다. 백호 및 덤프트럭 등 작업 시 전도를 방지하기 위한 방법을 쓰시오.

➡**해답** ① 유도하는 사람을 배치
② 지반의 부동침하 방지
③ 갓길의 붕괴 방지
④ 도로 폭의 유지

06.
터널 내 콘크리트를 뿌리는 장면을 보여주고 있다. 이 공법의 명칭과 공법의 종류 2가지를 쓰시오.

➡해답 (1) 명칭 : 숏크리트(Shotcrete)
(2) 공법의 종류
① 습식공법
② 건식공법

07.
아스팔트 피니셔의 용도에 대하여 쓰시오.

➡해답 아스팔트 플랜트에서 덤프트럭으로 운반된 아스콘 혼합재를 노면 위에 일정한 규격과 간격으로 깔아주는 장비

08.
동영상은 근로자가 손수레에 모래를 싣고 운반하던 중 사고가 발생하는 모습을 보여주고 있다. 재해발생 원인을 2가지 쓰시오.

➡해답 • 운전한계를 초과할 때까지 적재하였다.
• 1인이 운반하여 주변 상황을 파악하지 못하였다.

건설안전기사 2017년 1회(C형)

01.
아파트 건설공사 현장의 거푸집을 보여주고 있다. 이 거푸집의 명칭과 장점을 3가지 쓰시오.

➡️**해답** (1) 명칭 : 갱폼(Gang Form)
  (2) 장점
    ① 공사기간 단축
    ② 벽체 거푸집과 작업발판의 일체형으로 비계 불필요
    ③ 설치, 해체가 용이함
    ④ 전용성 증대

02.
사면의 붕괴방지를 위해 사면보호 공법이 적용되었다. 사면보호를 위한 방법을 4가지(구조물 보호방법 3가지 포함) 쓰시오.

➡️**해답** ① 콘크리트, 모르타르 뿜어붙이기공　　② 콘크리트 블록공
  ③ 돌쌓기공　　　　　　　　　　　　　　④ 돌망태 공법
  ⑤ 지표수 배제공, 지하수 배제공　　　　⑥ 떼붙임공, 식생 Mat공, 식수공

03.
동영상은 철근의 조립간격을 보여주고 있다. 기초에서 주철근에 가로로 들어가는 철근의 역할과 기둥에서 전단력에 저항하는 철근의 이름을 쓰시오.

➡️**해답** (1) 가로로 들어가는 철근의 역할 : 주철근 구속으로 좌굴방지, 주철근의 간격유지
  (2) 전단력에 저항하는 철근 이름 : 띠철근

04.
터널 내부 라이닝의 모습을 보여주고 있다. 터널 공사 시 콘크리트 라이닝의 시공목적 2가지를 쓰시오.

해답 ① 지질의 불균일성, 지보재의 품질저하 등으로 인한 터널의 강도저하를 보강
② 터널구조물의 내구성 증진으로 인한 붕괴 방지
③ 지하수 등으로부터의 수밀성 확보
④ 사용 중 점검, 보수 등의 작업성 증대
⑤ 터널 내부 시설물 설치 용이

05.
백호로 외줄걸이를 한 채 인양물을 옮기다 인양물이 떨어져 작업자가 다치는 재해가 발생하였다. 사고방지대책을 쓰시오.

해답 ① 화물의 인양작업 시에는 이동식 크레인 등 양중기를 사용할 것
② 인양물을 인양로프에 체결 시 2줄 걸이로 할 것
③ 인양물 하부에 근로자의 접근을 통제할 것
④ 작업 전 인양로프의 이상 여부를 확인할 것

06.
동영상은 터널굴착현장에서의 터널 내 콘크리트를 뿌리는 장면을 보여주고 있다. 동영상을 참고하여 다음 각 물음에 답하시오.

(1) 동영상에서 작업하고 있는 공정의 명칭을 쓰시오.
(2) 작업 시 작업계획서 내용 2가지를 쓰시오.

해답 (1) 작업공정 명칭 : 숏크리트(shotcrete) 타설
(2) 작업계획서 내용
① 굴착의 방법
② 터널지보공 및 복공의 시공 방법과 용수의 처리방법
③ 환기 또는 조명시설을 설치할 때에는 그 방법

07.
동영상은 건물 외벽의 돌 마감공사를 보여주고 있다. 이와 같은 작업 시 근로자나 시설 등의 안전조치 사항을 2가지 쓰시오.

해답 ① 발판재료는 작업할 때의 하중을 견딜 수 있도록 견고한 것으로 할 것
② 작업발판의 폭은 40cm 이상으로 하고, 발판재료 간의 틈은 3cm 이하로 할 것
③ 추락의 위험성이 있는 장소에는 안전난간을 설치할 것
④ 작업발판의 지지물은 하중에 의하여 파괴될 우려가 없는 것을 사용할 것
⑤ 작업발판재료는 뒤집히거나 떨어지지 않도록 둘 이상의 지지물에 연결하거나 고정시킬 것
⑥ 비계 기둥 간 적재하중은 400kg을 초과하지 않도록 할 것

08.
항타기·항발기 작업 시 무너짐 방지를 위한 준수사항 3가지를 쓰시오.

해답 ① 연약한 지반에 설치하는 경우에는 아웃트리거·받침 등 지지구조물의 침하를 방지하기 위하여 받침목이나 깔판 등을 사용할 것
② 시설 또는 가설물 등에 설치하는 경우에는 그 내력을 확인하고 내력이 부족하면 그 내력을 보강할 것
③ 아웃트리거·받침 등 지지구조물이 미끄러질 우려가 있는 경우에는 말뚝 또는 쐐기 등을 사용하여 해당 지지구조물을 고정시킬 것
④ 궤도 또는 차로 이동하는 항타기 또는 항발기에 대해서는 불시에 이동하는 것을 방지하기 위하여 레일 클램프 (rail clamp) 및 쐐기 등으로 고정시킬 것
⑤ 상단 부분은 버팀대·버팀줄로 고정하여 안정시키고, 그 하단 부분은 견고한 버팀·말뚝 또는 철골 등으로 고정시킬 것

건설안전기사 2017년 2회(A형)

01.
흙막이 공법 동영상이다. 공법의 명칭과 공법의 구성요소를 쓰시오.

해답 (1) 공법의 명칭 : 버팀대 공법
(2) 구성요소 : H빔, 토류판(목재), 복공판(철재)

02.

작업자가 밀폐공간으로 들어가 벽면에 시너를 칠하고 있다. 작업자가 시계를 보니 시간이 1~2시간 경과하였고 갑자기 어지러워하며 쓰러졌다. 이러한 밀폐공간에서 방수 등 작업 시 안전대책을 3가지 쓰시오.

해답 ① 작업 전 산소농도 및 유해가스 농도 측정
② 작업 중 산소농도 측정 및 산소농도가 18% 미만일 때는 환기 실시
③ 근로자는 송기마스크, 공기호흡기 등 호흡용 보호구 착용

03.

동영상은 굴착작업 현장을 보여 주고 있다. 굴착작업 시 지반의 붕괴 또는 토석에 의한 위험을 방지하기 위한 근로자의 조치사항을 2가지 쓰시오.

해답 ① 흙막이 지보공의 설치
② 방호망의 설치
③ 비가 올 경우를 대비하여 측구를 설치하거나 굴착사면에 비닐 보강

04.

콘크리트 타설작업을 하기 위하여 콘크리트타설장비 이용 작업 시 준수사항 3가지를 쓰시오.

해답 1. 작업을 시작하기 전에 콘크리트타설장비를 점검하고 이상을 발견하였으면 즉시 보수할 것
2. 건축물의 난간 등에서 작업하는 근로자가 호스의 요동·선회로 인하여 추락하는 위험을 방지하기 위하여 안전난간 설치 등 필요한 조치를 할 것
3. 콘크리트타설장비의 붐을 조정하는 경우에는 주변의 전선 등에 의한 위험을 예방하기 위한 적절한 조치를 할 것
4. 작업 중에 지반의 침하나 아웃트리거 등 콘크리트타설장비 지지구조물의 손상 등에 의하여 콘크리트타설장비가 넘어질 우려가 있는 경우에는 이를 방지하기 위한 적절한 조치를 할 것

05.

아세틸렌 가스용기 취급 시 주의사항 4가지를 쓰시오.

해답 ① 용기의 온도를 섭씨 40도 이하로 유지할 것
② 전도의 위험이 없도록 할 것
③ 충격을 가하지 않도록 할 것
④ 운반하는 경우에는 캡을 씌울 것
⑤ 사용하는 경우에는 용기의 마개에 부착되어 있는 유류 및 먼지를 제거할 것
⑥ 밸브의 개폐는 서서히 할 것
⑦ 사용 전 또는 사용 중인 용기와 그 밖의 용기를 명확히 구별하여 보관할 것
⑧ 용해아세틸렌의 용기는 세워 둘 것
⑨ 용기의 부식·마모 또는 변형상태를 점검한 후 사용할 것

06.

사진은 공사현장에 설치된 임시 전력시설이다. 전기기계, 기구의 감전 위험이 있는 충전전로 부분에 대하여 감전을 예방하기 위한 조치사항을 2가지 쓰시오.

해답 ① 충전부가 노출되지 않도록 폐쇄형 외함이 있는 구조로 할 것
② 충전부에 충분한 절연효과가 있는 방호망 또는 절연덮개를 설치할 것
③ 충전부는 내구성이 있는 절연물로 완전히 덮어 감쌀 것
④ 발전소·변전소 및 개폐소 등 구획되어 있는 장소로서 관계 근로자가 아닌 사람의 출입이 금지되는 장소에 충전부를 설치하고, 위험표시 등의 방법으로 방호를 강화할 것
⑤ 전주 위 및 철탑 위 등 격리되어 있는 장소로서 관계 근로자가 아닌 사람이 접근할 우려가 없는 장소에 충전부를 설치할 것
⑥ 노출 충전부가 있는 맨홀 또는 지하실 등의 밀폐공간에서 작업하는 경우에는 노출 충전부와의 접촉으로 인한 전기위험을 방지하기 위하여 덮개, 울타리 또는 절연 칸막이 등을 설치할 것
⑦ 감전위험을 방지하기 위하여 개폐되는 문, 경첩이 있는 패널 등(분전반 또는 제어반 문)을 견고하게 고정할 것

07.

사진은 작업장에 설치된 계단을 보여주고 있다. 사진에서와 같이 작업장에 계단 및 계단참을 설치할 경우 준수하여야 하는 사항에 대하여 다음 (   ) 안에 알맞은 내용을 쓰시오.

(1) 계단 및 계단참을 설치할 때에는 매 m^2당 (①)kg 이상의 하중을 견딜 수 있는 강도를 가진 구조로 설치하여야 한다.
(2) 계단을 설치할 때에는 그 폭을 (②)m 이상으로 하여야 한다.
(3) 높이가 3m를 초과하는 계단에는 높이 (③)m 이내마다 너비 (④) 이상의 계단참을 설치하여야 한다.

해답 ① 500   ② 1
③ 3   ④ 1.2

08.

밀폐된 공간, 즉 잠함, 우물통, 수직갱, 기타 작업에서 산소결핍 기준 및 결핍 시 조치사항 3가지를 쓰시오.

해답 (1) 결핍기준 : 공기 중의 산소농도가 18% 미만인 상태
(2) 조치사항
① 산소 결핍 우려가 있는 경우에는 산소의 농도를 측정하는 사람을 지명하여 측정하도록 할 것
② 근로자가 안전하게 오르내리기 위한 설비를 설치할 것
③ 굴착 깊이가 20m를 초과하는 경우에는 해당 작업장소와 외부와의 연락을 위한 통신설비 등을 설치할 것

건설안전기사 2017년 2회(B형)

01.
차량계 건설기계 작업계획 시 포함사항 3가지를 적으시오.

해답 ① 사용하는 차량계 건설기계의 종류 및 성능
② 차량계 건설기계의 운행경로
③ 차량계 건설기계에 의한 작업방법

02.
동영상은 서해대교의 공사현장을 보여주고 있다. 다음 물음에 답하시오.

> (1) 이 교량의 형식을 쓰시오.
> (2) 교량 공정이 다음과 같을 때 시공순서를 번호로 나열하시오.
> ① 케이블 설치
> ② 주탑 구조물 시공
> ③ 상판 콘크리트 타설
> ④ 우물통 기초

해답 (1) 사장교
(2) ④ → ② → ① → ③

03.
동영상은 굴착작업 현장을 보여 주고 있다. 굴착작업 시 토사등의 붕괴 또는 낙하에 의한 위험을 방지하기 위한 근로자의 조치사항을 2가지 쓰시오.

해답 ① 흙막이 지보공의 설치
② 방호망의 설치
③ 비가 올 경우를 대비하여 측구를 설치하거나 굴착사면에 비닐 보강

04.
파이프 받침의 조립 시 준수사항 3가지를 쓰시오.

해답 ① 파이프서포트를 3본 이상 이어서 사용하지 아니하도록 할 것
② 파이프서포트를 이어서 사용할 때에는 4개 이상의 볼트 또는 전용철물을 사용하여 이을 것
③ 높이가 3.5m를 초과하는 경우에는 높이 2m 이내마다 수평연결재를 2개 방향으로 만들고 수평연결재의 변위를 방지할 것

05.
동영상은 토공기계의 굴착장면을 보여 주고 있다. 기계의 명칭과 용도를 2가지 쓰시오.

➡해답 (1) 명칭 : 클램셀(Clamshell)
　　(2) 용도
　　　　① 좁은 곳의 수직굴착
　　　　② 수중굴착
　　　　③ 우물통 기초 케이슨 내 굴착

06.
동영상에서 교각공사의 주철근을 보여주고 있다. 장래 이음 등을 고려한 노출된 철근의 보호방법을 3가지 쓰시오.

➡해답 ① 철근에 비닐 등을 덮어 빗물이나 습기를 차단한다.
　　② 방청도료를 도포하여 철근 부식을 방지한다.
　　③ 철근의 변위, 변형을 방지하기 위해 철사 등으로 묶어 놓는다.

07.
동영상은 철근을 인력으로 운반하는 모습이다. 이와 같은 운반작업을 할 때 주의하여야 할 사항을 3가지 쓰시오.

➡해답 ① 1인당 무게는 25kg 정도가 적절하며, 무리한 운반을 삼가야 한다.
　　② 2인 이상이 1조가 되어 어깨메기로 하여 운반하는 등 안전을 도모하여야 한다.
　　③ 운반할 때에는 양 끝을 묶어 운반하여야 한다.
　　④ 내려놓을 때에는 천천히 내려놓고 던지지 않아야 한다.
　　⑤ 공동 작업을 할 때에는 신호에 따라 작업하여야 한다.

08.

동영상을 보면 작업자 3명이 흡연 후 개구부를 열고 들어가 밀폐공간에서 질식사고가 발생한다. 산소 결핍이 우려되는 밀폐공간에서 작업 시 문제점 3가지를 쓰시오.

해답 ① 작업 시작 전 밀폐공간에 공기 상태를 측정하지 않았다.
② 공기호흡기, 송기마스크를 착용하지 않았다.
③ 감시인을 배치하지 않았다.

건설안전기사 2017년 2회(C형)

01.

동영상은 건설현장의 타워크레인을 사용한 양중작업 시 낙하재해를 보여주고 있다. 재해원인 2가지를 쓰시오.

해답 ① 낙하위험구간에 출입금지 미조치
② 화물을 1줄 걸이로 인양하여 낙하위험
③ 작업자 안전모의 턱끈 미체결
④ 신호수 미배치

02.

동영상은 오토클라이밍폼 작업을 하는 과정을 보여준다. 다음 [보기] 내용을 보고 순서에 맞게 번호를 쓰시오.

[보기]		
① 교각	② 상부 시공 시작	③ 측경간 시공
④ 상부 시공 진행	⑤ 중앙부 박스(연결직전)	⑥ 키 세그먼트

해답 ① → ② → ④ → ③ → ⑤ → ⑥

03.

건설현장에 설치된 비계를 보여주고 있다. 이 현장에서 추락재해를 유발하는 불안전한 상태를 3가지를 쓰시오.

➡해답 ① 작업발판 미설치
② 울, 손잡이 또는 충분한 강도를 가진 난간 등의 미설치
③ 추락방호망 미설치

04.

토석의 붕괴 및 낙하를 예방하기 위해 미리 조치해야 하는 사항을 쓰시오.

➡해답 ① 흙막이 지보공의 설치
② 방호망의 설치
③ 비가 올 경우를 대비하여 측구를 설치하거나 굴착사면에 비닐보강

05.

압쇄기를 이용한 건물 해체작업이 실시되고 있다. 위와 같은 건물 해체작업 시 공법의 종류와 해체작업계획에 포함되어야 하는 사항 3가지를 쓰시오.

➡해답 (1) 공법의 종류 : 압쇄공법
(2) 해체작업계획 포함사항
① 해체의 방법 및 해체순서 도면
② 가설설비, 방호설비, 환기설비 및 살수·방화설비 등의 방법
③ 사업장 내 연락방법
④ 해체물의 처분계획
⑤ 해체작업용 기계·기구 등의 작업계획서
⑥ 해체작업용 화약류 등의 사용계획서

06.

비계 위에서 돌 붙이기 작업을 할 경우 개선해야 할 불안전한 요소를 쓰시오.

➡해답 ① 작업발판 단부에 안전난간 미설치로 인한 추락위험
② 비계 위 자재 과다 적재로 인한 비계무너짐 위험
③ 수직방망이 미설치된 상태에서 비계 위 자재의 낙하위험

07.

사면 보호공법 중 구조물에 의한 보호방법을 3가지 쓰시오.

➡해답 ① 콘크리트, 모르타르 뿜어붙이기공
② 콘크리트 블록공
③ 돌쌓기공
④ 돌망태 공법

08.

충전부가 노출되어 있는 전기기계·기구의 사진을 보여주고 있다. 이와 같이 직접접촉에 의한 감전위험이 있을 경우 방호대책을 3가지 쓰시오.

➡해답 ① 충전부가 노출되지 않도록 폐쇄형 외함이 있는 구조로 할 것
② 충전부에 충분한 절연효과가 있는 방호망 또는 절연덮개를 설치할 것
③ 충전부는 내구성이 있는 절연물로 완전히 덮어 감쌀 것

건설안전기사 2017년 4회(A형)

01.

동영상은 가설통로를 보여주고 있다. 미끄러지지 아니하는 구조로 설치할 때 경사각 기준을 쓰시오.

➡해답 15도 초과

02.

동영상은 근로자가 작업 중 비계에서 떨어지는 장면을 보여주고 있다. 비계의 종류를 쓰시오.

➡해답 말비계

03.

사진은 아스팔트 피니셔의 작업을 보여주고 있다. 해당 장비의 용도를 쓰시오.

➡해답 용도 : 아스팔트 플랜트로부터 덤프트럭으로 운반된 아스콘 혼합재를 노면 위에 일정한 규격과 간격으로 깔아주는 장비

04.

사진과 같은 장소에서 건설작업에 종사하는 근로자는 전로에 신체 등이 접촉하거나 접근함으로써 감전의 위험이 있다. 감전의 위험요소 2가지를 쓰시오.

해답 ① 통전전류의 크기(가장 근본적인 원인이며 감전피해의 위험도에 가장 큰 영향을 미침)
② 통전시간
③ 통전경로
④ 전원의 종류(교류 또는 직류)
⑤ 주파수 및 파형
⑥ 전격인가위상(심장 맥동주기의 어느 위상(T파에서 가장 위험)에서의 통전 여부)
⑦ 기타 간접적으로는 인체저항과 전압의 크기 등이 관계함

05.

동영상에서 작업자가 가스 용접하는 장면을 보여준다. 가스용기를 취급하는 경우 준수사항을 4가지 쓰시오.

해답 ① 용기의 온도를 섭씨 40도 이하로 유지할 것
② 전도의 위험이 없도록 할 것
③ 충격을 가하지 않도록 할 것
④ 운반하는 경우에는 캡을 씌울 것

06.

터널 공사 시 콘크리트 라이닝의 시공목적 2가지를 쓰시오.

해답 ① 지질의 불균일성, 지보재의 품질저하 등으로 인한 터널의 강도저하 보강
② 터널구조물의 내구성 증진으로 인한 붕괴 방지
③ 지하수 등으로부터의 수밀성 확보
④ 사용 중 점검, 보수 등의 작업성 증대
⑤ 터널 내부 시설물 설치 용이

07.

아파트 건설공사 현장의 거푸집을 보여주고 있다. 이 거푸집의 명칭과 장점을 3가지 쓰시오.

해답 (1) 명칭 : 갱폼(Gang Form)

　　(2) 장점

　　　　① 공사기간 단축

　　　　② 벽체 거푸집과 작업발판의 일체형으로 비계 불필요

　　　　③ 설치, 해체가 용이함

　　　　④ 전용성 증대

08.

항타기·항발기가 작업 중인 동영상을 보여주고 있다. 이러한 항타기·항발기 작업 시 무너짐방지를 위한 준수사항 3가지를 쓰시오.

해답 ① 연약한 지반에 설치하는 경우에는 아웃트리거·받침 등 지지구조물의 침하를 방지하기 위하여 받침목이나 깔판 등을 사용할 것

　　② 시설 또는 가설물 등에 설치하는 경우에는 그 내력을 확인하고 내력이 부족하면 그 내력을 보강할 것

　　③ 아웃트리거·받침 등 지지구조물이 미끄러질 우려가 있는 경우에는 말뚝 또는 쐐기 등을 사용하여 해당 지지구조물을 고정시킬 것

　　④ 궤도 또는 차로 이동하는 항타기 또는 항발기에 대해서는 불시에 이동하는 것을 방지하기 위하여 레일 클램프(rail clamp) 및 쐐기 등으로 고정시킬 것

　　⑤ 상단 부분은 버팀대·버팀줄로 고정하여 안정시키고, 그 하단 부분은 견고한 버팀·말뚝 또는 철골 등으로 고정시킬 것

건설안전기사 2017년 4회(B형)

01.

사진은 작업장에 설치된 계단을 보여 주고 있다. 사진에서와 같이 작업장에 계단 및 계단창을 설치할 경우 준수하여야 하는 사항에 대하여 다음 (   ) 안에 알맞은 내용을 쓰시오.

> 가) 계단 및 계단참을 설치할 때에는 매 m² 당 (①)kg 이상의 하중을 견딜 수 있는 강도를 가진 구조로 설치하여야 하며, 안전율은 (②) 이상으로 하여야 한다.
> 나) 계단을 설치할 때에는 그 폭을 (③)m 이상으로 하여야 한다. 다만, 급유용·보수용·비상용 계단 및 나선형 계단에 대하여는 그러하지 아니하다.
> 다) 높이가 3m를 초과하는 계단에는 높이 (④)m 이내마다 너비 (⑤)m 이상의 계단참을 설치하여야 한다.
> 라) 계단을 설치할 때는 그 바닥면으로부터 높이 (⑥)m 이내의 장애물이 없는 공간에 설치하여야 한다.

➡️**해답** ① 500　　② 4　　③ 1　　④ 3　　⑤ 1.2　　⑥ 2

02.

동영상에서 보여 주는 것과 같이 가설구조물이나 개구부 등에서 추락 위험을 방지하기 위해 설치하여야 하는 안전난간의 구조 및 설치요건에 맞도록 알맞은 용어나 숫자를 해당 번호에 쓰시오.

> 1. 안전난간은 (①), (②), (③) 및 (④)으로 구성한다.
> 2. (①)는 바닥면 발판 또는 경사로의 표면으로부터 (⑤) 이상 지점에 설치하고, 상부난간대를 (⑥) 이하에 설치하는 경우에는 (②)는 (①)와 바닥면 등의 중간에 설치하여야 하며, (⑥) 이상 지점에 설치하는 경우에는 (②)를 2단 이상으로 균등하게 설치하고 난간의 상하 간격은 60cm 이하가 되도록 한다. 다만, 계단의 개방된 측면에 설치된 난간기둥 간의 간격이 25cm 이하인 경우에는 중간 난간대를 설치하지 아니할 수 있다.
> 3. (③)은 바닥면 등으로부터 (⑦) 이상의 높이를 유지한다.

➡️**해답**　① 상부 난간대　　　　② 중간 난간대
　　　　③ 발끝막이판　　　　④ 난간기둥
　　　　⑤ 90cm　　　　　　⑥ 120cm
　　　　⑦ 10cm

03.
동영상은 굴착기를 이용하여 굴착한 흙을 덤프트럭으로 운반하는 작업을 하고 있다. 동영상을 참고하여 작업 시 문제점을 2가지 쓰시오.

➡해답 ① 유도하는 사람 배치 및 장애물을 제거하지 않고 작업
② 적재정량 상차 및 덮개를 덮고 운반하지 않음
③ 살수 실시 시 운행속도 제한 미준수

04.
철골공사 시 작업을 중지해야 하는 기상조건을 쓰시오.(단, 단위를 명확히 쓰시오)

➡해답

구분	내용
강풍	풍속 10m/sec 이상
강우	1시간당 강우량이 1mm 이상
강설	1시간당 강설량이 1cm 이상

05.
콘크리트 타설 작업이 진행 중이다. 다음 기계 명칭과 빈칸을 채우시오.

콘크리트는 신속하게 운반하여 즉시 치고, 충분히 다져야 한다. 비비기로부터 치기가 끝날 때까지의 시간은 원칙적으로 외기온도가 (①)℃를 넘었을 때는 (②)시간을, (③)℃ 이하일 때는 (④)시간을 넘어서는 안 된다.

➡해답 (1) 명칭 : 콘크리트 믹서 트럭
(2) ① 25 ② 1.5 ③ 25 ④ 2

06.
충전부가 노출되어 있는 전기기계·기구의 사진을 보여주고 있다. 이와 같이 직접접촉에 의한 감전위험이 있을 경우 방호대책을 3가지 쓰시오.

➡해답 ① 충전부가 노출되지 않도록 폐쇄형 외함이 있는 구조로 할 것
② 충전부에 충분한 절연효과가 있는 방호망 또는 절연덮개를 설치할 것
③ 충전부는 내구성이 있는 절연물로 완전히 덮어 감쌀 것

O7.

아파트 공사현장에서 추락방지용 추락방호망을 보여준다. 추락방호망에 표시되어야 하는 사항을 3가지 쓰시오.

➡해답 ① 제조자명
② 제조년월
③ 그물코 크기
④ 인장강도

O8.

굴착작업 시 토사등의 붕괴 또는 낙하를 방지하기 위해 작업 시작 전 점검해야 할 사항을 2가지 쓰시오.

➡해답 ① 형상·지질 및 지층의 상태
② 균열·함수·용수 및 동결의 유무 또는 상태
③ 매설물 등의 유무 또는 상태
④ 지반의 지하수위 상태

건설안전기사 2017년 4회(C형)

O1.

동영상은 덤프트럭 점검 중 사고가 발생하는 장면을 보여주고 있다. 이와 같은 작업 시 유의해야 할 사항을 3가지 쓰시오.

➡해답 ① 시동을 끄고 브레이크를 확실히 거는 등 갑작스러운 주행이나 이탈을 방지하기 위한 조치를 할 것
② 운전석을 이탈하는 경우에는 시동키를 운전대에서 분리시키거나 운전석에 잠금장치를 할 것
③ 작업순서를 결정하고 작업을 지휘할 것
④ 관계 근로자가 아닌 사람의 출입은 금지할 것
⑤ 수리 또는 점검을 위하여 안전지지대 또는 안전블록을 사용할 것

02.

강관비계 작업 동영상을 보여주고 있다. ( ) 안에 적합한 말을 채우시오.

(1) 비계 기둥에는 미끄러지거나 (①)하는 것을 방지하기 위하여 밑받침 철물을 사용
(2) 강관의 접속부 또는 교차부는 적합한 (②)을 사용하여 접속하거나 단단히 묶을 것
(3) 강관비계는 5m×5m 이내마다 벽이음 또는 (③)을 설치할 것

➡해답 ① 침하
　　　② 부속철물
　　　③ 버팀

03.

압쇄기를 이용한 건물 해체작업이 실시되고 있다. 위와 같은 건물 해체작업 시 공법의 종류와 해체작업계획에 포함되어야 하는 사항 3가지를 쓰시오.

➡해답 (1) 공법의 종류 : 압쇄공법
　　　(2) 해체작업계획 포함사항
　　　　　① 해체의 방법 및 해체순서 도면
　　　　　② 가설설비, 방호설비, 환기설비 및 살수·방화설비 등의 방법
　　　　　③ 사업장 내 연락방법
　　　　　④ 해체물의 처분계획
　　　　　⑤ 해체작업용 기계·기구 등의 작업계획서
　　　　　⑥ 해체작업용 화약류 등의 사용계획서

04.

동영상은 터널 내부에서 장약을 넣고 있는 작업자들과 전체 작업장, 그리고 터널 외부를 보여주고 폭파하는 장면이다. 장약 사용 시 준수사항 3가지를 쓰시오.

➡해답 ① 화약이나 폭약을 장전하는 경우에는 그 부근에서 화기를 사용하거나 흡연을 하지 않도록 할 것
　　　② 장전구(裝塡具)는 마찰·충격·정전기 등에 의한 폭발의 위험이 없는 안전한 것을 사용할 것
　　　③ 발파공의 충진재료는 점토·모래 등 발화성 또는 인화성의 위험이 없는 재료를 사용할 것

05.
터널공사 작업 시 자동경보장치에 대하여 당일 작업시작 전에 이상을 발견하면 즉시 보수해야 할 사항 3가지를 쓰시오.

해답 ① 계기의 이상 유무
② 검지부의 이상 유무
③ 경보장치의 작동상태

06.
목재 가공용 둥근톱으로 합판을 절단하는 작업 시 방호장치를 쓰시오.

해답 • 반발 예방장치
• 날 접촉 예방장치

07.
사진은 작업장에 설치된 계단을 보여주고 있다. 사진에서와 같이 작업장에 계단 및 계단참을 설치할 경우 준수하여야 하는 사항에 대하여 다음 (   ) 안에 알맞은 내용을 쓰시오.

(1) 계단 및 계단참을 설치할 때에는 매 m² 당 (①)kg 이상의 하중을 견딜 수 있는 강도를 가진 구조로 설치하여야 한다.
(2) 계단을 설치할 때에는 그 폭을 (②)m 이상으로 하여야 한다.
(3) 높이가 3m를 초과하는 계단에는 높이 (③)m 이내마다 너비 (④) 이상의 계단참을 설치하여야 한다.

해답 ① 500   ② 1
③ 3   ④ 1.2

08.
백호로의 콘크리트 타설 영상을 보여 주고 있다. 위험요인 3가지를 쓰시오.

해답 ① 작업반경 내 근로자 접근으로 충돌, 협착위험
② 콘크리트 타설 시 백호 버켓 연결부의 탈락으로 인한 버켓 낙하위험
③ 붐을 조정할 때 주변 전선 등에 의한 감전위험

건설안전기사 1회(A형)

O1.
철골공사현장에 설치한 추락방호망을 보여주고 있다. 추락방호망 설치기준 3가지를 쓰시오.

➡️**해답** ① 추락방호망의 설치위치는 가능하면 작업면으로부터 가까운 지점에 설치하여야 하며, 작업면으로부터 망의
　　　　　설치지점까지의 수직거리는 10미터를 초과하지 아니할 것
　　　　② 추락방호망은 수평으로 설치하고, 망의 처짐은 짧은 변 길이의 12퍼센트 이상이 되도록 할 것
　　　　③ 건축물 등의 바깥쪽으로 설치하는 경우 망의 내민 길이는 벽면으로부터 3미터 이상 되도록 할 것

O2.
교류아크 용접기로 상수도관 연결부위를 용접하는 동영상을 보여주고 있다. 이와 같은 용접작업을
할 때 근로자가 착용한 보호구의 종류 3가지와 용접기의 방호장치를 쓰시오.

➡️**해답** (1) 착용 보호구
　　　　　① 용접용 보안면
　　　　　② 용접용 안전장갑
　　　　　③ 용접용 앞치마
　　　　(2) 방호장치 : 자동전격방지기

O3.
터널 내부 지보공 작업을 하고 있다. 록볼트(Rock Bolt)의 역할 3가지를 쓰시오.

➡️**해답** ① 봉합작용　　　　② 내압작용
　　　　③ 보 형성작용　　④ 아치 형성작용

O4.

사진은 작업장에 설치된 계단을 보여주고 있다. 사진에서와 같이 작업장에 계단 및 계단참을 설치할 경우 준수하여야 하는 사항에 대하여 다음 (   ) 안에 알맞은 내용을 쓰시오.

> (1) 계단 및 계단참을 설치할 때에는 매 m^2 당 (①)kg 이상의 하중을 견딜 수 있는 강도를 가진 구조로 설치하여야 한다.
> (2) 계단을 설치할 때에는 그 폭을 (②)m 이상으로 하여야 한다.
> (3) 높이가 3m를 초과하는 계단에는 높이 (③)m 이내마다 너비 (④) 이상의 계단참을 설치하여야 한다.

➡️**해답** ① 500   ② 1
        ③ 3   ④ 1.2

O5.

흙막이 공법 동영상이다. 공법의 명칭과 공법의 구성요소를 쓰시오.

➡️**해답** (1) 공법의 명칭 : 버팀대 공법
       (2) 구성요소 : H빔, 토류판(목개), 복공판(철재)

O6.

근로자가 개구부에서 작업하던 중 추락하는 재해가 발생하였다. 이때, 추락 방지를 위한 안전대책 3가지를 쓰시오.

➡️**해답** ① 안전난간, 울타리, 수직형 추락방망 설치
       ② 충분한 강도를 가진 구조로 덮개를 튼튼하게 설치
       ③ 어두운 장소에서도 알아볼 수 있도록 개구부임을 표시
       ④ 추락방호망 설치
       ⑤ 근로자에게 안전대 착용 지시

07.
다음 토공기계의 명칭과 용도를 쓰시오.

⇨해답 (1) 명칭 : 스크레이퍼(Scraper)
(2) 용도 : 흙을 절삭·운반하거나 펴 고르는 등의 작업을 하는 토공기계

08.
사진에 나타난 터널굴착공법의 명칭과 작업계획서에 포함할 사항을 쓰시오.

⇨해답 (1) 명칭 : T.B.M(Tunnel Boring Machine) 공법
(2) 작업계획서 포함사항
① 굴착의 방법
② 터널지보공 및 복공의 시공방법과 용수의 처리방법
③ 환기 또는 조명시설을 설치할 때에는 그 방법

건설안전기사 1회(B형)

01.
화면 속 영상은 어스앵커공법을 이용한 작업을 보여주고 있다. 해당 공법의 계측기 종류 및 그 용도를 3가지 쓰시오.

⇨해답 ① 하중계 : 축하중 측정으로 부재의 안정성 여부 판단
② 지하수위계 : 지반 내 지하수위의 변화 측정
③ 지중경사계 : 지중의 수평 변위량 측정

O2.
철골작업 시 내력을 검토해야 하는 대상 3가지를 쓰시오.

해답 ① 높이 20m 이상의 구조물
② 구조물의 폭과 높이의 비가 1 : 4 이상인 구조물
③ 단면구조에 현저한 차이가 있는 구조물
④ 연면적당 철골량이 50kg/m² 이하인 구조물
⑤ 기둥이 타이플레이트(Tie Plate)형인 구조물
⑥ 이음부가 현장용접인 구조물

O3.
차량계 건설기계의 작업 모습을 보여주고 있다. 이러한 건설기계를 자주 또는 견인에 의하여 화물자동차 등에 싣거나 내리는 작업을 할 때에 발판·성토 등을 사용하는 경우 건설기계의 전도 또는 굴러떨어짐에 의한 위험을 방지하기 위해 준수해야 할 사항 2가지를 쓰시오.

해답 ① 싣거나 내리는 작업은 평탄하고 견고한 장소에서 할 것
② 발판을 사용하는 경우에는 충분한 길이·폭 및 강도를 가진 것을 사용하고 적당한 경사를 유지하기 위하여 견고하게 설치할 것
③ 자루·가설대 등을 사용하는 경우에는 충분한 폭과 강도, 적당한 경사를 확보할 것

O4.
다음은 강관비계 구조에 관한 내용이다. 빈칸을 채워 넣으시오.

(1) 비계 기둥의 간격은 띠장 방향에서 (①)m 이하
(2) 장선방향에서는 (②)m 이하
(3) 띠장은 (③)m 이하로 설치
(4) 비계 기둥 제일 윗부분으로부터 (④)m 되는 지점 밑부분은 비계 기둥을 2개의 강관으로 묶어 세움
(5) 비계 기둥 간의 적재하중은 (⑤)kg 이하

해답 ① 1.85 ② 1.5 ③ 2 ④ 31 ⑤ 400

05.

Precast Concrete 제품의 제작과정을 보여주고 있다. 보기를 참고하여 올바른 (1) 제작순서를 나열하고, Precast Concrete의 (2) 장점을 3가지만 쓰시오.

[보기]		
① 거푸집 제작	② 양생	③ 철근 배근 및 조립
④ 콘크리트 타설	⑤ 선 부착품(인서트, 전기부품 등) 설치	⑥ 청소
⑦ 마감	⑧ 탈형	

➡해답 (1) 제작순서
　　　　① → ⑤ → ③ → ④ → ② → ⑦ → ⑧ → ⑥
　　　　① 거푸집 제작
　　　　② 선 부착품(인서트, 전기부품 등) 설치
　　　　③ 철근 배근 및 조립
　　　　④ 콘크리트 타설
　　　　⑤ 양생
　　　　⑥ 마감
　　　　⑦ 탈형
　　　　⑧ 청소
　　　(2) 장점
　　　　① 좋은 품질의 콘크리트 부재를 생산 가능
　　　　② 기계화 작업으로 공기 단축
　　　　③ 기상과 관계없이 작업 가능

06.

이동식 비계 위로 작업자가 올라가고 있는 장면을 보여주고 있다. 이와 같은 작업에서 추락재해가 발생하였을 때 재해예방대책 3가지를 쓰시오.

➡해답 ① 승강용 사다리를 견고하게 설치한다.
　　　② 갑작스러운 이동 또는 전도를 방지하기 위해 비계를 견고한 시설물에 고정하거나 아웃트리거를 설치한다.
　　　③ 비계의 최상부 작업발판 단부에는 안전난간을 설치한다.

07.

외부비계에 가설통로가 설치되어 있다. 이러한 가설통로의 설치기준 3가지를 쓰시오.

➡해답 ① 견고한 구조로 할 것
　　　② 경사는 30° 이하로 할 것. 다만, 계단을 설치하거나 높이 2미터 미만의 가설통로로서 튼튼한 손잡이를 설치한 경우에는 그러하지 아니하다.
　　　③ 경사가 15°를 초과하는 경우에는 미끄러지지 아니하는 구조로 할 것

④ 추락할 위험이 있는 장소에는 안전난간을 설치할 것. 다만, 작업상 부득이한 경우에는 필요한 부분만 임시로 해체할 수 있다.

⑤ 수직갱에 가설된 통로의 길이가 15m 이상인 경우에는 10m 이내마다 계단참을 설치할 것

⑥ 건설공사에 사용하는 높이 8m 이상인 비계다리에는 7m 이내마다 계단참을 설치할 것

08.
사진에 나타난 건설기계의 명칭과 역할을 쓰시오.

➡해답 (1) 명칭 : 모터 그레이더(Motor Grader)
　　　(2) 역할 : 땅을 고르는 기계

건설안전기사 1회(C형)

01.
콘크리트타설장비가 붐을 뻗어 콘크리트를 타설하고 있는 데 붐이 전선과 인접해 있고 근로자들이 호스 근처에서 작업 중이다. 근로자에게 예상되는 사고 위험을 2가지 쓰시오.

➡해답 ① 붐대가 충전선로와 접촉하여 감전재해위험
　　　② 콘크리트 타설 중 붐 또는 호스의 유동에 따른 작업자 충돌위험
　　　③ 콘크리트 타설 중 슬래브 단부에서 추락 위험

02.
연마기를 이용하여 벽면 연마작업이 진행 중이다. 착용해야 할 보호구를 쓰시오.

➡해답 방진마스크, 보안경

03.
주어진 낙하물방지망 사진을 보고 다음 빈칸을 채워 넣으시오.

> 1) 내민 길이는 벽면으로부터 (①)m 이상으로 할 것
> 2) 수평면과의 각도는 (②) 이하를 유지할 것
> 3) 높이 (③)m 이내마다 설치하여야 한다.

해답 ① 2 ② 20~30° ③ 10

04.
동영상에서 말비계를 보여주고 있다. 말비계 사용 시 작업발판의 설치기준을 3가지 쓰시오.

해답 ① 지주부재의 하단에는 미끄럼 방지장치를 하고, 양측 끝부분에 올라서서 작업하지 아니하도록 할 것
② 지주부재와 수평면의 기울기를 75° 이하로 하고, 지주부재와 지주부재 사이를 고정시키는 보조부재를 설치할 것
③ 말비계의 높이가 2m를 초과할 경우에는 작업발판의 폭을 40cm 이상으로 할 것

05.
항타기·항발기 작업을 보여주고 있다. 무너짐 방지 조치사항을 3가지 쓰시오.

해답 ① 연약한 지반에 설치하는 경우에는 아웃트리거·받침 등 지지구조물의 침하를 방지하기 위하여 받침목이나 깔판 등을 사용할 것
② 시설 또는 가설물 등에 설치하는 경우에는 그 내력을 확인하고 내력이 부족하면 그 내력을 보강할 것
③ 아웃트리거·받침 등 지지구조물이 미끄러질 우려가 있는 경우에는 말뚝 또는 쐐기 등을 사용하여 해당 지지구조물을 고정시킬 것
④ 궤도 또는 차로 이동하는 항타기 또는 항발기에 대해서는 불시에 이동하는 것을 방지하기 위하여 레일 클램프(rail clamp) 및 쐐기 등으로 고정시킬 것
⑤ 상단 부분은 버팀대·버팀줄로 고정하여 안정시키고, 그 하단 부분은 견고한 버팀·말뚝 또는 철골 등으로 고정시킬 것

06.
목재 가공용 둥근톱으로 합판을 절단하다 사고가 발생하였다. 다음 질문에 답하시오.

> (1) 동영상에서의 재해발생 원인을 2가지 쓰시오.
> (2) 누전차단기를 반드시 설치해야 하는 작업장소를 쓰시오.

해답 (1) 재해발생 원인
① 분할날 반발예방장치 미설치
② 톱날접촉 예방장치 미설치
③ 작업 시 장갑 착용

(2) 누전차단기 설치장소
  ① 물 등 도전성이 높은 액체에 의한 습윤 장소
  ② 철판·철골 위 등 도전성이 높은 장소
  ③ 임시배선의 전로가 설치되는 장소

07.
거푸집 동바리 조립 시 준수해야 하는 사항을 3가지 쓰시오.

해답 1. 받침목이나 깔판의 사용, 콘크리트 타설, 말뚝박기 등 동바리의 침하를 방지하기 위한 조치를 할 것
2. 동바리의 상하 고정 및 미끄러짐 방지 조치를 할 것
3. 상부·하부의 동바리가 동일 수직선상에 위치하도록 하여 깔판·받침목에 고정시킬 것
4. 개구부 상부에 동바리를 설치하는 경우에는 상부하중을 견딜 수 있는 견고한 받침대를 설치할 것
5. U헤드 등의 단판이 없는 동바리의 상단에 멍에 등을 올릴 경우에는 해당 상단에 U헤드 등의 단판을 설치하고, 멍에 등이 전도되거나 이탈되지 않도록 고정시킬 것
6. 동바리의 이음은 같은 품질의 재료를 사용할 것
7. 강재의 접속부 및 교차부는 볼트·클램프 등 전용철물을 사용하여 단단히 연결할 것
8. 거푸집의 형상에 따른 부득이한 경우를 제외하고는 깔판이나 받침목은 2단 이상 끼우지 않도록 할 것
9. 깔판이나 받침목을 이어서 사용하는 경우에는 그 깔판·받침목을 단단히 연결할 것

08.
터널 굴착작업 시 시공계획에 포함되어야 할 사항 3가지를 쓰시오.

해답 ① 굴착의 방법
② 터널지보공 및 복공의 시공방법과 용수의 처리방법
③ 환기 또는 조명시설을 하는 때에는 그 방법

건설안전기사 2회(A형)

01.
엄지말뚝, 토류판 및 어스앵커 구조로 된 흙막이 지보공을 보여주는 동영상이다. 이와 같은 흙막이 지보공작업 시 정기적으로 점검해야 할 사항 3가지를 쓰시오.

해답 ① 부재의 손상·변형·부식·변위 및 탈락의 유무와 상태
② 버팀대의 긴압의 정도
③ 부재의 접속부·부착부 및 교차부의 상태
④ 침하의 정도

O2.

작업자가 건물 외측에 설치한 낙하물방지망을 보수하고 있다. 이와 같이 낙하물방지망을 설치할 때 작업자가 착용해야 하는 보호구 (①) 및 설치기준에 대하여 (   ) 안에 알맞은 단어를 써 넣으시오.

1) 높이 (②)m 이내마다 설치하고, 내민 길이는 벽면으로부터 (③)m 이상으로 할 것
2) 수평면과의 각도는 (④) 이하를 유지할 것

➡해답 ① 안전대   ② 10   ③ 2   ④ 20~30°

O3.

타워크레인의 방호장치를 2가지 쓰시오.

➡해답 ① 권과방지장치
　　② 과부하방지장치
　　③ 비상정지장치
　　④ 브레이크 장치
　　⑤ 훅 해지장치

O4.

목재 가공용 둥근톱으로 합판을 절단하다 사고가 발생하였다. 아래 질문에 답하시오.

(1) 동영상에서의 재해발생 원인을 2가지 쓰시오.
(2) 누전차단기를 반드시 설치해야 하는 작업장소를 쓰시오.

➡해답 (1) 재해발생 원인
　　　① 분할날 반발예방장치 미설치
　　　② 톱날접촉 예방장치 미설치
　　　③ 작업 시 장갑 착용

　　(2) 누전차단기 설치장소
　　　① 물 등 도전성이 높은 액체에 의한 습윤 장소
　　　② 철판·철골 위 등 도전성이 높은 장소
　　　③ 임시배선의 전로가 설치되는 장소

O5.
사진에 나타난 건설기계의 명칭과 할 수 있는 작업을 4가지 쓰시오.

➡해답 (1) 명칭 : 불도저
　　 (2) 할 수 있는 작업
　　　　① 운반작업
　　　　② 적재작업
　　　　③ 지반정지
　　　　④ 굴착작업

O6.
동영상은 아파트 단지 내에서 하수관로 매설작업을 수행하고 있는 전경을 보여주고 있다. 하수관의 인양작업 시 준수해야 할 사항을 2가지 쓰시오.

➡해답 ① 신호수의 지시에 따라 작업 실시
　　 ② 내리는 화물이 흔들리지 않도록 천천히 작업할 것
　　 ③ 화물 인양 시 양끝 등 2군데 이상 묶어서 인양할 것

O7.
작업자가 이동식 비계를 사용하여 작업을 하고 있다. 이동식 비계의 조립기준 3가지를 쓰시오.

➡해답 ① 이동식 비계의 바퀴에는 뜻밖의 갑작스러운 이동 또는 전도를 방지하기 위하여 브레이크·쐐기 등으로 바퀴를 고정시킨 다음 비계의 일부를 견고한 시설물에 고정하거나 아웃트리거(outrigger)를 설치하는 등 필요한 조치를 할 것
　　 ② 승강용 사다리는 견고하게 설치할 것
　　 ③ 비계의 최상부에서 작업을 할 경우에는 안전난간을 설치할 것
　　 ④ 작업발판은 항상 수평을 유지하고 작업발판 위에서 안전난간을 딛고 작업을 하거나 받침대 또는 사다리를 사용하여 작업하지 않도록 할 것
　　 ⑤ 작업발판의 최대 적재하중은 250kg을 초과하지 않도록 할 것

08.

철골승강용 트랩의 설치기준 중 트랩의 답단 간격과 폭 기준을 쓰시오.

➡해답 • 답단 간격 : 30cm 이내
• 폭 : 30cm 이상

건설안전기사 2회(B형)

01.

항타기 · 항발기 작업의 동영상을 보여주고 있다. 항타기 · 항발기의 무너짐 방지방법을 3가지 쓰시오.

➡해답 ① 연약한 지반에 설치하는 경우에는 아웃트리거 · 받침 등 지지구조물의 침하를 방지하기 위하여 받침목이나 깔판 등을 사용할 것
② 시설 또는 가설물 등에 설치하는 경우에는 그 내력을 확인하고 내력이 부족하면 그 내력을 보강할 것
③ 아웃트리거 · 받침 등 지지구조물이 미끄러질 우려가 있는 경우에는 말뚝 또는 쐐기 등을 사용하여 해당 지지구조물을 고정시킬 것
④ 궤도 또는 차로 이동하는 항타기 또는 항발기에 대해서는 불시에 이동하는 것을 방지하기 위하여 레일 클램프 (rail clamp) 및 쐐기 등으로 고정시킬 것
⑤ 상단 부분은 버팀대 · 버팀줄로 고정하여 안정시키고, 그 하단 부분은 견고한 버팀 · 말뚝 또는 철골 등으로 고정시킬 것

02.

비계 설치 시 벽이음의 역할 3가지를 쓰시오.

➡해답 ① 비계 전체의 좌굴방지
② 풍하중에 의한 무너짐방지
③ 편심하중을 지탱하여 무너짐방지

03.

터널 굴착작업 시 시공계획에 포함되어야 할 사항 3가지를 쓰시오.

➡해답 ① 굴착의 방법
② 터널지보공 및 복공의 시공방법과 용수의 처리방법
③ 환기 또는 조명시설을 하는 때에는 그 방법

O4.
공사용 가설도로 설치 시 준수사항 4가지를 쓰시오.

해답 ① 도로는 장비와 차량이 안전하게 운행할 수 있도록 견고하게 설치할 것
② 도로와 작업장이 접하여 있을 경우에는 울타리 등을 설치할 것
③ 도로는 배수를 위하여 경사지게 설치하거나 배수시설을 설치할 것
④ 차량의 속도제한 표지를 부착할 것

O5.
동력을 사용하는 항타기 또는 항발기의 무너짐를 방지하기 위한 준수사항이다. ( ) 안에 알맞은 말을 써 넣으시오.

- 연약한 지반에 설치하는 경우에는 아웃트리거·받침 등 지지구조물의 침하를 방지하기 위하여 (①) 등을 사용할 것
- 아웃트리거·받침 등 지지구조물이 미끄러질 우려가 있는 경우에는 (②) 또는 쐐기 등을 사용하여 해당 지지구조물을 고정시킬 것
- 궤도 또는 차로 이동하는 항타기 또는 항발기에 대해서는 불시에 이동하는 것을 방지하기 위하여 (③) 및 쐐기 등으로 고정시킬 것

해답 ① 받침목이나 깔판
② 말뚝
③ 레일클램프(rail clamp)

O6.
근로자가 승강용 사다리가 설치되지 않은 이동식 비계를 오르다 추락하는 장면이다. 사고의 발생원인을 보고 안전대책을 2가지 쓰시오.

해답 ① 이동식 비계의 바퀴에는 뜻밖의 갑작스러운 이동 또는 전도를 방지하기 위해 브레이크·쐐기 등으로 바퀴를 고정시킨 다음 비계의 일부를 견고한 시설물에 고정하거나 아웃트리거(Outrigger)를 설치하는 등 필요한 조치를 할 것
② 승강용 사다리는 견고하게 설치할 것
③ 비계의 최상부에서 작업을 할 경우에는 안전난간을 설치할 것

07.

동영상은 아파트 단지 내에서 하수관로 매설작업을 수행하고 있는 전경을 보여주고 있다. 동영상을 참고하여 ① 재해형태, ② 기인물, ③ 방지조치 사항을 쓰시오.

➡해답 ① 협착

② 흄관

③ 신호수를 배치하고 긴 자재 인양 시 2줄 걸이를 하여 작업한다.

08.

지반의 기울기 기준을 모래, 연암 및 풍화암, 경암, 그 밖의 흙에 대하여 쓰시오.

지반의 종류	굴착면의 기울기
모래	(①)
연암 및 풍화암	(②)
경암	(③)
그 밖의 흙	(④)

➡해답 ① 1 : 1.8, ② 1 : 1.0, ③ 1 : 0.5, ④ 1 : 1.2

건설안전기사 2회(C형)

01.

산업안전보건법상 조도기준 4가지를 쓰시오.

➡해답 ① 초정밀작업 : 750럭스 이상

② 정밀작업 : 300럭스 이상

③ 보통작업 : 150럭스 이상

④ 기타작업 : 75럭스 이상

02.
외부비계에 가설통로가 설치되어 있다. 이러한 가설통로의 설치기준 3가지를 쓰시오.

해답 ① 견고한 구조로 할 것
② 경사는 30° 이하로 할 것. 다만, 계단을 설치하거나 높이 2m 미만의 가설통로로서 튼튼한 손잡이를 설치한 경우에는 그리하지 아니하다.
③ 경사가 15°를 초과하는 경우에는 미끄러지지 아니하는 구조로 할 것
④ 추락할 위험이 있는 장소에는 안전난간을 설치할 것. 다만, 작업상 부득이한 경우에는 필요한 부분만 임시로 해체할 수 있다.
⑤ 수직갱에 가설된 통로의 길이가 15m 이상인 경우에는 10m 이내마다 계단참을 설치할 것
⑥ 건설공사에 사용하는 높이 8m 이상인 비계다리에는 7m 이내마다 계단참을 설치할 것

03.
굴착공사에서 토사 붕괴재해 예방을 위한 안전점검사항 4가지를 쓰시오.

해답 ① 전 지표면의 답사
② 경사면의 상황 변화의 확인
③ 부석의 상황변화의 확인
④ 용수의 발생 유무 또는 용수량의 변화 확인
⑤ 결빙과 해빙에 대한 상황의 확인
⑥ 각종 경사면 보호공의 변위, 탈락 유무 확인

04.
말비계의 조립·사용 시 준수사항을 3가지 쓰시오.

해답 ① 지주부재의 하단에는 미끄럼 방지장치를 하고, 양측 끝부분에 올라서서 작업하지 아니하도록 할 것
② 지주부재와 수평면의 기울기를 75° 이하로 하고, 지주부재와 지주부재 사이를 고정시키는 보조부재를 설치할 것
③ 말비계의 높이가 2m를 초과할 경우에는 작업발판의 폭을 40cm 이상으로 할 것

05.
산업안전보건법에 따라 시스템 비계를 사용하여 비계를 설치하는 경우 준수해야 할 사항 3가지를 쓰시오.

해답 ① 수직재·수평재·가새재를 견고하게 연결하는 구조가 되도록 할 것
② 비계 밑단의 수직재와 받침철물은 밀착되도록 설치하고, 수직재와 받침철물의 연결부의 겹침길이는 받침철물 전체길이의 3분의 1 이상이 되도록 할 것
③ 수평재는 수직재와 직각으로 설치하여야 하며, 체결 후 흔들림이 없도록 견고하게 설치할 것
④ 수직재와 수직재의 연결철물은 이탈되지 않도록 견고한 구조로 할 것
⑤ 벽 연결재의 설치간격은 제조사가 정한 기준에 따라 설치할 것

06.

굴착작업 시 토석이 붕괴되는 원인을 외적 원인과 내적 원인으로 구분할 때 외적 원인에 해당하는 사항을 4가지만 쓰시오.

→해답 ① 사면, 법면의 경사 및 기울기의 증가
② 절토 및 성토 높이의 증가
③ 공사에 의한 진동 및 반복하중의 증가
④ 지표수 및 지하수의 침투에 의한 토사 중량의 증가
⑤ 지진, 차량 구조물의 하중작용
⑥ 토사 및 암석의 혼합층 두께

07.

터널공사(NATM 공법) 중 안전성 확보를 위한 계측항목을 4가지 쓰시오.

→해답 ① 터널 내 육안조사
② 내공변위 측정
③ 천단침하 측정
④ 숏크리트 응력측정
⑤ 록 볼트 축력측정
⑥ 지중변위 측정
⑦ 지중침하 측정
⑧ 지중수평변위 측정
⑨ 지하수위 측정
⑩ 지표면 침하측정

08.

달비계 또는 높이 5m 이상의 비계를 조립·해체하거나 변경하는 작업에서 관리감독자의 직무수행내용을 4가지 쓰시오.

→해답 ① 재료의 결함 유무를 점검하고 불량품을 제거하는 일
② 기구·공구·안전대 및 안전모 등의 기능을 점검하고 불량품을 제거하는 일
③ 작업방법 및 근로자 배치를 결정하고 작업 진행 상태를 감시하는 일
④ 안전대와 안전모 등의 착용 상황을 감시하는 일

09.
크레인을 이용하여 비계재료인 강관을 인양하고 있다. 작업자들은 보호구를 착용하지 않았고 신호수 없이 작업하고 있다. 위험요인과 안전대책을 각각 3가지씩 쓰시오.

➡️**해답** (1) 위험요인
　　　　① 화물을 1가닥으로 인양하여 화물이 균형을 잃고 낙하할 위험
　　　　② 낙하위험구간에 작업자 출입
　　　　③ 신호수 미배치

　　　(2) 안전대책
　　　　① 화물을 두 줄로 걸어 균형을 잡고 운반
　　　　② 낙하위험구간에 작업자 출입금지 조치
　　　　③ 신호수 배치

건설안전기사 4회(A형)

01.
다음 사진을 보고 흙막이 공법의 종류를 쓰고, 사진에서 보여지는 계측기의 종류와 역할을 쓰시오.

➡️**해답** (1) 흙막이 공법의 종류 : 어스앵커(Earth Anchor)
　　　(2) 계측기의 종류 : 하중계(Load Cell)
　　　(3) 계측기의 역할 : 하중계 : 축하중 측정으로 부재의 안정성 여부 판단

O2.
비계의 높이가 2m 이상인 작업 장소에서 설치하는 작업발판의 기준을 4가지만 쓰시오.

➡해답 ① 발판재료는 작업할 때의 하중에 견딜 수 있도록 견고한 것으로 할 것
② 작업발판의 폭은 40cm 이상으로 하고, 발판재료 간의 틈은 3cm 이하로 할 것
③ 추락의 위험성이 있는 장소에는 안전난간을 설치할 것(작업의 성질상 안전난간을 설치하는 것이 곤란한 때 및 작업의 필요상 임시로 안전난간을 해체함에 있어서 추락방호망을 치거나 근로자로 하여금 안전대를 사용하도록 하는 등 추락에 의한 위험방지조치를 한 때에는 제외)
④ 작업발판의 지지물은 하중에 의하여 파괴될 우려가 없는 것을 사용할 것
⑤ 작업발판재료는 뒤집히거나 떨어지지 않도록 2 이상의 지지물에 연결하거나 고정시킬 것
⑥ 작업발판을 작업에 따라 이동시킬 경우에는 위험방지에 필요한 조치를 할 것

O3.
건설현장에서 사용하는 건설용 리프트의 방호장치 3가지를 쓰시오.

➡해답 ① 권과방지장치 : 운반구의 이탈 등의 위험방지
② 과부하방지장치 : 적재하중 초과 사용금지
③ 비상정지장치, 조작스위치 등 탑승 조작장치
④ 출입문 연동장치 : 운반구의 입구 및 출구문이 열려진 상태에서는 리미트 스위치가 작동되어 리프트가 동작하지 않도록 하는 장치

O4.
높이 또는 깊이 2m 이상의 추락위험이 있는 장소에서 하는 작업조건에 적합한 보호구를 1가지만 쓰시오.

➡해답 안전대

O5.
터널 굴착작업 시 작업계획에 포함되는 내용을 쓰시오.

➡해답 ① 굴착의 방법
② 터널지보공 및 복공의 시공방법과 용수의 처리방법
③ 환기 또는 조명시설을 하는 때에는 그 방법

06.
다음은 토사등이 붕괴 또는 낙하하여 근로자에게 위험을 미칠 우려가 있을 때 조치하여야 할 사항이다. ( )에 알맞은 용어를 쓰시오.

지반은 안전한 경사로 하고 낙하의 위험이 있는 토석을 제거하거나 옹벽, (①) 등을 설치한다. 토사등의 붕괴 또는 낙하 원인이 되는 빗물이나 (②) 등을 배제시킨다.

➡해답 ① 흙막이 지보공
② 지하수

07.
전기기계 · 기구 또는 전로 등의 충전부분에 접촉 시 감전방지대책 3가지를 쓰시오.

➡해답 ① 충전부가 노출되지 않도록 폐쇄형 외함이 있는 구조로 할 것
② 충전부에 충분한 절연효과가 있는 방호망 또는 절연덮개를 설치할 것
③ 충전부는 내구성이 있는 절연물로 완전히 덮어 감쌀 것
④ 발 · 변전소 및 개폐소 등 구획되어 있는 장소로서 관계근로자가 아닌 사람의 출입이 금지되는 장소에 충전부를 설치하고 위험표시 등의 방법으로 방호를 강화할 것
⑤ 전주 위 및 철탑 위 등 격리되어 있는 장소로서 관계근로자가 아닌 사람이 접근할 우려가 없는 장소에 충전부를 설치할 것

08.
콘크리트 타설작업을 하기 위하여 콘크리트타설장비 이용 작업 시 준수사항 3가지를 쓰시오.

➡해답 1. 작업을 시작하기 전에 콘크리트타설장비를 점검하고 이상을 발견하였으면 즉시 보수할 것
2. 건축물의 난간 등에서 작업하는 근로자가 호스의 요동 · 선회로 인하여 추락하는 위험을 방지하기 위하여 안전난간 설치 등 필요한 조치를 할 것
3. 콘크리트타설장비의 붐을 조정하는 경우에는 주변의 전선 등에 의한 위험을 예방하기 위한 적절한 조치를 할 것
4. 작업 중에 지반의 침하나 아웃트리거 등 콘크리트타설장비 지지구조물의 손상 등에 의하여 콘크리트타설장비가 넘어질 우려가 있는 경우에는 이를 방지하기 위한 적절한 조치를 할 것

건설안전기사 4회(B형)

01.
산업안전보건법상 조도기준 4가지를 쓰시오.

→해답 ① 초정밀작업 : 750럭스 이상
② 정밀작업 : 300럭스 이상
③ 보통작업 : 150럭스 이상
④ 기타작업 : 75럭스 이상

02.
동영상에서 불도저 사진을 보여 준다. 용도 4가지를 쓰시오.

→해답 ① 운반작업
② 적재작업
③ 지반정지
④ 굴착작업

03.
동영상에서 숏크리트 타설공정을 보여준다. 해당 작업 시 작업계획서에 포함시켜야 할 사항 3가지를 쓰시오.

→해답 ① 굴착의 방법
② 터널지보공 및 복공의 시공 방법과 용수의 처리방법
③ 환기 또는 조명시설을 설치할 때에는 그 방법

04.
콘크리트 타설작업을 하기 위하여 콘크리트타설장비 이용 작업 시 준수사항 3가지를 쓰시오.

→해답 1. 작업을 시작하기 전에 콘크리트타설장비를 점검하고 이상을 발견하였으면 즉시 보수할 것
2. 건축물의 난간 등에서 작업하는 근로자가 호스의 요동·선회로 인하여 추락하는 위험을 방지하기 위하여 안전난간 설치 등 필요한 조치를 할 것
3. 콘크리트타설장비의 붐을 조정하는 경우에는 주변의 전선 등에 의한 위험을 예방하기 위한 적절한 조치를 할 것
4. 작업 중에 지반의 침하나 아웃트리거 등 콘크리트타설장비 지지구조물의 손상 등에 의하여 콘크리트타설장비가 넘어질 우려가 있는 경우에는 이를 방지하기 위한 적절한 조치를 할 것

O5.
거푸집 동바리 등의 조립 또는 해체작업 시 준수사항 3가지를 쓰시오.

➡해답 ① 해당 작업을 하는 구역에는 관계 근로자가 아닌 사람의 출입을 금지할 것
② 비, 눈, 그 밖의 기상상태의 불안정으로 날씨가 몹시 나쁜 경우에는 그 작업을 중지할 것
③ 재료, 기구 또는 공구 등을 올리거나 내리는 경우에는 근로자로 하여금 달줄·달포대 등을 사용하도록 할 것
④ 낙하·충격에 의한 돌발적 재해를 방지하기 위하여 버팀목을 설치하고 거푸집 동바리 등을 인양장비에 매단 후에 작업을 하도록 하는 등 필요한 조치를 할 것

O6.
가설통로의 설치 시 준수사항 4가지를 쓰시오.

➡해답 ① 견고한 구조로 할 것
② 경사는 30° 이하로 할 것. 다만, 계단을 설치하거나 높이 2m 미만의 가설통로로서 튼튼한 손잡이를 설치한 경우에는 그러하지 아니하다.
③ 경사가 15°를 초과하는 경우에는 미끄러지지 아니하는 구조로 할 것
④ 추락할 위험이 있는 장소에는 안전난간을 설치할 것. 다만, 작업상 부득이한 경우에는 필요한 부분만 임시로 해체할 수 있다.
⑤ 수직갱에 가설된 통로의 길이가 15m 이상인 경우에는 10m 이내마다 계단참을 설치할 것
⑥ 건설공사에 사용하는 높이 8m 이상인 비계다리에는 7m 이내마다 계단참을 설치할 것

O7.
타워크레인을 자립고 이상의 높이로 설치할 때 벽체에 지지하는 작업 시 준수사항을 3가지 쓰시오.

➡해답 ① 서면심사에 관한 서류 또는 제조사의 설치작업설명서 등에 따라 설치할 것
② 서면심사 서류 등이 없거나 명확하지 아니한 경우에는 「국가기술자격법」에 따른 건축구조·건설기계·기계안전·건설안전기술사 또는 건설안전분야 산업안전지도사의 확인을 받아 설치하거나 기종별·모델별 공인된 표준방법으로 설치할 것
③ 콘크리트구조물에 고정시키는 경우에는 매립이나 관통 또는 이와 같은 수준 이상의 방법으로 충분히 지지되도록 할 것
④ 건축 중인 시설물에 지지하는 경우에는 그 시설물의 구조적 안정성에 영향이 없도록 할 것

O8.
높이 2m 이상인 작업발판의 끝이나 개구부에서 작업 시 추락재해 방지대책 5가지를 쓰시오.

➡해답 ① 안전난간 설치
② 울 및 손잡이 설치
③ 덮개를 설치하는 경우 뒤집히거나 떨어지지 않도록 할 것
④ 추락방호망 설치

⑤ 안전대 착용
⑥ 어두운 장소에서도 알아볼 수 있도록 개구부임을 표시

건설안전기사 4회(C형)

01.
콘크리트 타설 시 작업자가 준수하여야 하는 사항 3가지를 쓰시오.

➡해답 1. 당일의 작업을 시작하기 전에 해당 작업에 관한 거푸집 및 동바리의 변형·변위 및 지반의 침하 유무 등을 점검하고 이상이 있으면 보수할 것
2. 작업 중에는 감시자를 배치하는 등의 방법으로 거푸집 및 동바리의 변형·변위 및 침하 유무 등을 확인해야 하며, 이상이 있으면 작업을 중지하고 근로자를 대피시킬 것
3. 콘크리트 타설작업 시 거푸집 붕괴의 위험이 발생할 우려가 있으면 충분한 보강조치를 할 것
4. 설계도서상의 콘크리트 양생기간을 준수하여 거푸집 및 동바리를 해체할 것
5. 콘크리트를 타설하는 경우에는 편심이 발생하지 않도록 골고루 분산하여 타설할 것

02.
다음 (　) 안에 알맞은 내용을 쓰시오.

> (가) 낙하물 방지망 설치높이는 (①)m 이내마다 설치하고, 내민 길이는 벽면으로부터 (②)m 이상으로 할 것
> (나) 수평면과의 각도는 (③)도 이상 (④)도 이하를 유지할 것

➡해답 ① 10　　② 2　　③ 20　　④ 30

03.
백호로 외줄걸이를 한 채 인양물을 옮기다 인양물이 떨어져 작업자가 다치는 재해가 발생하였다. 사고유형과 방지대책을 쓰시오.

➡해답 1) 사고유형 : 끼임(협착)
2) 사고 방지대책
① 화물의 인양작업 시에는 이동식 크레인 등 양중기를 사용할 것
② 인양물을 인양로프에 체결 시 2줄 걸이로 할 것
③ 인양물 하부에 근로자의 접근을 통제할 것
④ 작업 전 인양로프의 이상 여부를 확인할 것

04.
사진에 보이는 차량계 건설기계(로더)의 작업을 2가지 쓰시오.

➡해답 ① 싣기작업, ② 운반작업

05.
작업발판 및 통로의 끝이나 개구부 주변에서 작업 시 추락방지조치 3가지를 쓰시오.

➡해답 ① 안전난간 설치
② 울타리 설치
③ 추락방호망의 설치
④ 근로자에게 안전대를 착용하도록 함

06.
건설현장에서 사용하는 지게차를 이용한 작업 시 작업시작 전 점검사항 3가지를 쓰시오.

➡해답 ① 제동장치 및 조종장치 기능의 이상 유무
② 하역장치 및 유압장치 기능의 이상 유무
③ 바퀴의 이상 유무
④ 전조등·후미등·방향지시기 및 경보장치 기능의 이상 유무

07.
양중기에 사용하는 부적격한 와이어로프의 사용금지 사항으로 ( )에 알맞은 말을 넣으시오.

- 와이어로프의 한 가닥에서 소선의 수가 (①)% 이상 절단된 것
- 지름의 감소가 공칭지름의 (②)%를 초과하는 것

➡해답 ① 10   ② 7

08.

다음 보기는 사다리식 통로의 설치 시 준수사항이다. (   )에 알맞은 숫자를 쓰시오.

[보기]
(1) 견고한 구조로 할 것
(2) 발판의 간격은 동일하게 할 것
(3) 발판과 벽 사이는 적당한 간격을 유지할 것
(4) 사다리가 넘어지거나 미끄러지는 것을 방지하기 위한 조치를 할 것
(5) 사다리의 상단은 걸쳐놓은 지점으로부터 (①)cm 이상 올라가도록 할 것
(6) 사다리식 통로의 길이가 (②)m 이상인 때에는 (③)m 이내마다 계단참을 설치할 것
(7) 사다리식 통로의 기울기는 (④)도 이내로 할 것

➡해답 ① 60 　　　　　② 10

③ 5 　　　　　④ 75

건설안전기사 1회(A형)

O1.
건설현장에서 철골작업 시 작업을 중지하여야 하는 기후조건 3가지를 쓰시오.

➡해답 ① 풍속이 초당 10m 이상인 경우
② 강우량이 시간당 1mm 이상인 경우
③ 강설량이 시간당 1cm 이상인 경우

O2.
동영상은 근로자가 손수레에 모래를 싣고 작업 중 사고가 발생한 모습을 보여준다. 다음 물음에 답을
쓰시오.

[동영상 설명]
근로자가 건설용 리프트를 타고 손수레에 모래를 가득 싣고 작업층에 모래를 뒤로 가면서 뿌리고 있다. 안전
난간이 해체된 상태에서 근로자가 뒤로 이동하다가 건물 밖으로 추락하는 모습이며 안전모의 턱끈은 풀린
상태이다.

(1) 리프트 안전장치를 2가지 쓰시오.
(2) 사고의 종류를 쓰시오.
(3) 재해 발생원인을 2가지 쓰시오.

➡해답 (1) ① 과부하방지장치
② 권과방지장치
③ 비상정지장치
④ 제동장치
(2) 추락
(3) ① 안전난간 미설치
② 건설용 리프트가 내리는 각층의 문을 열어놓은 상태에서 작업(문을 닫고 작업을 하여야 함)

O3.
불도저 같은 차량계 건설기계를 사용하여 작업하는 때에 안전조치 사항 3가지를 쓰시오.

해답 ① 경사면을 오르고 내릴 때는 배토판을 가능한 한 낮게 한다.
② 신호수를 배치한다.
③ 작업에 관계근로자가 아닌 사람의 출입을 금지시킨다.
④ 장비의 전도·굴러 떨어짐 등에 의한 위험방지조치를 한다.

O4.
작업자가 둥근톱을 사용하며 나무를 자르고 있다. 둥근톱 방호장치 2가지를 쓰시오.

해답 ① 반발 예방장치
② 톱날접촉 예방장치

O5.
집게모양의 기계로 아파트 구조물을 해체하는 작업을 보여주고 있다. 다음 각 물음에 답하시오.

(1) 동영상에서 보여주고 있는 해체 공법을 쓰시오.
(2) 동영상에서와 같은 작업시 해체계획에 포함되어야 할 사항 2가지 쓰시오.

해답 (1) 압쇄공법
(2) ① 해체의 방법 및 해체순서도면
② 사업장 내 연락방법
③ 해체물의 처분계획
④ 해체작업용 기계·기구 등의 작업계획서
⑤ 해체작업용 화약류 등의 사용계획서

O6.
추락방호망 설치 시 준수사항에 대해 올바르게 채우시오.

추락방호망은 수평으로 설치하고, 망의 처짐은 짧은 변 길이의 (   ) 이상이 되도록 할 것

해답 12%

07.
백호 작업 중 운전자가 내려 이탈한다. 차량계 하역운반기계의 운전자가 운전위치를 이탈하고자 할 때 운전자가 준수하여야 할 사항 3가지를 쓰시오.

➡해답 ① 포크, 버킷, 디퍼 등의 장치를 가장 낮은 위치 또는 지면에 내려둘 것
② 원동기를 정지시키고 브레이크를 확실히 거는 등 갑작스러운 주행이나 이탈을 방지하기 위한 조치를 할 것
③ 운전석을 이탈하는 경우에는 시동키를 운전대에서 분리시킬 것

08.
화면은 이동식 크레인을 이용하여 철제 배관을 운반 도중 신호수 간에 신호방법이 맞지 않아 물체가 흔들리며 철골에 부딪쳐 작업자 위로 자재가 낙하하는 재해사례를 나타내고 있다. 재해발생 원인 중 이동식 크레인 운전자가 준수해야 할 사항 2가지를 쓰시오.

➡해답 ① 일정한 신호방법을 정하고 신호수의 신호에 따라 작업한다.
② 화물을 매단 체 운전석을 이탈하지 않는다.
③ 작업 종료 후 크레인에 동력을 차단시키고 정지조치를 확실히 한다.

건설안전기사 1회(B형)

01.
동영상은 굴착기를 이용하여 굴착한 흙을 덤프트럭으로 운반하는 작업을 하고 있다. 가까이에서 안전모를 쓰지 않은 측량기사가 측량 작업 중에 있다. 동영상을 참고하여 작업 시 위험요인 2가지를 쓰시오.

➡해답 ① 유도하는 사람 배치 및 장애물(=측량기사) 제거 후 작업하지 않았다.
② 적재적량 상차 및 덮개를 덮고 운반하지 않았다.
③ 살수 실시 및 운행 속도 제한을 하지 않았다.

02.
동영상은 터널 작업 강아치 지보공을 보여준다. 터널 굴착작업 시 작업계획 포함사항을 3가지 쓰시오.

➡해답 ① 굴착의 방법
② 터널지보공 및 복공의 시공방법과 용수의 처리방법
③ 환기 또는 조명시설을 하는 때에는 그 방법

03.
동영상은 건물외벽 돌마감 공사현장이다. 불안전한 요소 2가지를 쓰시오.

[동영상 설명]
건물에 석재를 붙이는 동영상이 나오는데 2m 넘는 곳에 근로자 2명 중 아래서 1명이 작업 중이고 안전난간은 없다. 작업발판은 허술하며, 작업장은 전반적으로 정돈이 되어 있지 않다. 위쪽의 작업자는 구두를 신고 있다. 아래쪽의 안전모를 쓰지 않은 작업자가 돌을 올리는 순간 허리를 삐끗한다.

➡해답 ① 작업발판 끝부분에 안전난간 미설치로 작업자의 추락위험이 있다.
② 2m 이상 고소작업 시에는 작업발판 미설치로 인한 추락위험이 있다.

04.
산업안전보건법상 강관틀비계 설치기준에 대하여 3가지를 쓰시오.

➡해답 ① 비계기둥의 밑동에는 밑받침철물을 사용하여야 하며 밑받침에 고저차가 있는 경우에는 조절형 밑받침철물을 사용하여 각각의 강관틀비계가 항상 수평 및 수직을 유지하도록 할 것
② 높이가 20m를 초과하거나 중량물의 적재를 수반하는 작업을 할 경우에는 주틀 간의 간격이 1.8m 이하로 할 것
③ 주틀 간에 교차 가새를 설치하고 최상층 및 5층 이내마다 수평재를 설치할 것
④ 수직방향으로 6m, 수평방향으로 8m 이내마다 벽이음을 할 것
⑤ 길이가 띠장방향으로 4m 이하이고 높이가 10m를 초과하는 경우에는 10m 이내마다 띠장방향으로 버팀기둥을 설치할 것

05.
동영상에서 나타나는 위험요인 2가지를 쓰시오.

[동영상 설명]
비계에서 작업을 하고 있던 근로자가 파이프를 순간 놓쳐 밑에서 작업하고 있던 근로자에게 떨어지는 영상으로 밑에서 작업자는 주머니에 손을 넣고 돌아다닌다.

➡해답 ① 근로자가 관리감독자의 지휘에 따라 작업하도록 할 것
② 작업반경 내 출입금지구역을 설정하여 근로자의 출입을 금지할 것
③ 작업근로자에게 안전모 등 개인보호구를 착용시킬 것
④ 작업자 안전대 미착용으로 추락위험

06.
흙막이 지보공 설치 작업을 보여주고 있다. 흙막이 지보공 정기 점검사항 2가지를 쓰시오.

➡**해답** ① 부재의 손상·변형·부식·변위 및 탈락의 유무와 상태
　　　② 버팀대의 긴압의 정도
　　　③ 부재의 접속부, 부착부 및 교차부의 상태
　　　④ 침하의 정도

07.
밀폐된 공간, 즉 잠함, 우물통, 수직갱 등의 작업에서 작업 시 유의사항 3가지를 쓰시오.

➡**해답** ① 산소 결핍 우려가 있는 경우에는 산소의 농도를 측정하는 사람을 지명하여 측정하도록 할 것
　　　② 근로자가 안전하게 오르내리기 위한 설비를 설치할 것
　　　③ 굴착 깊이가 20m를 초과하는 경우에는 해당 작업장소와 외부와의 연락을 위한 통신 설비 등을 설치할 것

08.
터널공사(NATM 공법) 중 안정성 확보를 위한 계측방법의 종류 3가지를 쓰시오.

➡**해답** ① 지중변위 측정
　　　② 지중침하 측정
　　　③ 록볼트 인발시험
　　　④ 록볼트 축력 측정
　　　⑤ 내공변위 측정

건설안전기사 1회(C형)

O1.

사진은 작업장에 설치된 계단을 보여주고 있다. 사진에서와 같이 작업장에 계단 및 계단참을 설치할 경우 준수하여야 하는 사항에 대하여 다음 (   ) 안에 알맞은 내용을 쓰시오.

- 계단 및 계단참을 설치할 때에는 매 m²당 (①)kg 이상의 하중을 견딜 수 있는 강도를 가진 구조로 설치하여야 하며, 안전율은 (②) 이상으로 하여야 한다.
- 계단을 설치할 때에는 그 폭을 (③)m 이상으로 하여야 한다. 다만, 급유용·보수용·비상용 계단 및 나선형 계단에 대하여는 그러하지 아니하다.
- 높이가 3m를 초과하는 계단에는 높이 (④)m 이내마다 너비 (⑤)m 이상의 계단참을 설치하여야 한다.
- 계단을 설치할 때는 그 바닥면으로부터 높이 (⑥)m 이내의 장애물이 없는 공간에 설치하여야 한다.

➡해답 ① 500 ② 4 ③ 1 ④ 3 ⑤ 1.2 ⑥ 2

O2.

동영상은 굴착작업 현장을 보여주고 있다. 굴착작업 시 토사등의 붕괴 또는 낙하에 의하여 근로자에게 위험 발생 시 위험을 방지하기 위한 조치사항을 3가지 쓰시오.

➡해답 ① 흙막이 지보공의 설치
② 방호망의 설치
③ 근로자의 출입금지

O3.

동영상에서 작업자가 캔 음료를 먹고 있고, 리프트를 타고 다른 작업자가 올라가자, 바닥에 캔 음료를 버리며 외부비계를 타고 올라가다 사고가 발생하였다. (안전모의 턱끈이 풀려 있다.) 시설 측면에서 위험요인 2가지를 쓰시오.

➡해답 ① 캔 음료를 마시고 캔을 밑으로 던져 하부 작업자가 날아온 물체(비래)에 의해 재해를 입을 수 있다.
② 안전한 승강용 사다리를 사용하지 않고 외부비계를 밟고 위로 올라가다 추락할 위험이 있다.

O4.

터널 공사 작업 시 자동경보장치에 대해 당일 작업시작 전에 점검하고 이상 발견 시 즉시 보수해야 할 사항 3가지를 쓰시오.

해답 ① 계기의 이상유무
② 검지부의 이상유무
③ 경보장치의 작동상태

05.
지반굴착 작업에 있어 굴착시기와 작업순서를 정하기 위한 작업장소 등의 조사사항 3가지를 쓰시오.

해답 ① 형상 · 지질 및 지층의 상태
② 균열 · 함수 · 용수 및 동결의 유무 또는 상태
③ 매설물 등의 유무 또는 상태
④ 지반의 지하수위 상태

06.
노면 정리 작업을 보여준다. 건설기계(로더)의 용도 2가지를 쓰시오.

해답 ① 싣기작업   ② 운반작업

07.
동영상에서 콘크리트타설장비를 이용한 콘크리트 타설 과정이 보여지면서, 계단에 시멘트가 흐트러져 있다. 옆의 계단으로 추락재해를 암시하는 장면이 마지막에 보인다. 콘크리트 타설 작업 시 준수사항 3가지를 쓰시오.

해답 1. 당일의 작업을 시작하기 전에 해당 작업에 관한 거푸집 및 동바리의 변형 · 변위 및 지반의 침하 유무 등을 점검하고 이상이 있으면 보수할 것
2. 작업 중에는 감시자를 배치하는 등의 방법으로 거푸집 및 동바리의 변형 · 변위 및 침하 유무 등을 확인해야 하며, 이상이 있으면 작업을 중지하고 근로자를 대피시킬 것
3. 콘크리트 타설작업 시 거푸집 붕괴의 위험이 발생할 우려가 있으면 충분한 보강조치를 할 것
4. 설계도서상의 콘크리트 양생기간을 준수하여 거푸집 및 동바리를 해체할 것
5. 콘크리트를 타설하는 경우에는 편심이 발생하지 않도록 골고루 분산하여 타설할 것

08.
이동식 비계 작업 시 바퀴가 흔들린다. 이동식 비계의 바퀴에는 뜻밖의 갑작스러운 이동 또는 전도를 방지하기 위하여 브레이크 · 쐐기 등으로 바퀴를 고정시키는 장치가 있는데, 이 장치의 이름을 쓰시오.

해답 아웃트리거(Outrigger)

건설안전기사 2회(A형)

01.
추락방호망 설치 시 준수사항에 대해 (   ) 안을 올바르게 채우시오.

> 추락방호망은 수평으로 설치하고, 망의 처짐은 짧은 변 길이의 (   ) 이상이 되도록 할 것

➡**해답** 12%

02.
동영상에서 말비계를 보여주고 있다. 말비계 사용 시 작업발판의 설치기준을 3가지 쓰시오.

➡**해답** ① 지주부재의 하단에는 미끄럼 방지장치를 하고, 양측 끝부분에 올라서서 작업하지 아니하도록 할 것
② 지주부재와 수평면의 기울기를 75° 이하로 하고, 지주부재와 지주부재 사이를 고정시키는 보조부재를 설치할 것
③ 말비계의 높이가 2m를 초과할 경우에는 작업발판의 폭을 40cm 이상으로 할 것

03.
동영상은 건설기계를 이용한 사면굴착공사를 보여주고 있다. 차량계 건설기계 작업 시 넘어지거나, 굴러 떨어짐에 의해 근로자에게 위험을 미칠 우려가 있을 때 조치사항 2가지를 쓰시오.

➡**해답** ① 유도자 배치
② 지반의 부동침하 방지
③ 갓길의 붕괴 방지 및 도로의 폭 유지

04.
강관틀비계 벽이음 간격에 대해서 쓰시오.

➡**해답** 수평 8m×수직 6m 이내 간격

05.
동영상은 흙막이(어스앵커) 시공 장면을 보여주고 있다. 공법의 명칭과 해당 공법의 역학적 원리를 쓰시오.

➡해답 ① 공법 명칭 : 어스앵커 공법
② 역학적 원리 : 흙막이벽 등의 배면에 구멍을 뚫고, 그 속에 인장재(PC강선)을 삽입 후, 모르타르로 굳혀서 주변 땅를 지지하여 인발 저항을 크게 한 것

06.
동영상은 낙하물 방지망을 보수하는 장면이다. 다음 빈칸을 채우시오.

낙하물 방지망의 수평면과의 각도는 (①) 이상 (②) 이하를 유지할 것

➡해답 ① 20°   ② 30°

07.
사진은 석축붕괴에 관한 내용이다. 붕괴 원인을 3가지 쓰시오.

➡해답 ① 기초지반의 침하 및 활동 발생으로 지지력 약화
② 배수불량으로 인한 수압작용
③ 과도한 토압의 발생
④ 옹벽 뒷채움 재료의 불량 및 다짐 불량

08.
꽂음접속기 사용 시 준수사항을 3가지 쓰시오.

➡해답 ① 서로 다른 전압의 꽂음접속기는 서로 접속되지 아니한 구조로 할 것
② 습윤한 장소에서 사용되는 꽂음접속기는 방수형 등 그 장소에 적합한 것으로 사용할 것
③ 근로자가 해당 꽂음 접속기를 접속시킬 경우에는 땀 등으로 젖은 손으로 취급하지 않도록 할 것
④ 해당 꽂음접속기에 잠금장치가 있는 경우에는 접속 후 잠그고 사용할 것

건설안전기사 2회(B형)

01.

동영상은 철근을 인력으로 운반하는 모습이다. 이와 같은 운반작업을 할 때 주의하여야 할 사항을 3가지 쓰시오.

➡해답 ① 1인당 무게는 25kg 정도가 적절하며, 무리한 운반을 삼가야 한다.
② 2인 이상이 1조가 되어 어깨메기로 하여 운반하는 등 안전을 도모하여야 한다.
③ 운반할 때에는 양 끝을 묶어 운반하여야 한다.
④ 내려놓을 때에는 천천히 내려놓고 던지지 않아야 한다.
⑤ 공동 작업을 할 때에는 신호에 따라 작업하여야 한다.

02.

사진은 작업장에 설치된 계단을 보여주고 있다. 사진에서와 같이 작업장에 계단 및 계단참을 설치할 경우 준수하여야 하는 사항에 대하여 다음 (　　) 안에 알맞은 내용을 쓰시오.

- 계단 및 계단참을 설치할 때에는 매 m^2당 (①)kg 이상의 하중을 견딜 수 있는 강도를 가진 구조로 설치하여야 한다.
- 계단을 설치할 때에는 그 폭을 (②)m 이상으로 하여야 한다.
- 높이가 3m를 초과하는 계단에는 높이 (③)m 이내마다 너비 (④) 이상의 계단참을 설치하여야 한다.

➡해답 ① 500　　② 1　　③ 3　　④ 1.2

03.

건설현장에서 사용하는 건설용 리프트의 방호장치 3가지를 쓰시오.

➡해답 ① 권과방지장치 : 운반구의 이탈 등의 위험 방지
② 과부하방지장치 : 적재하중 초과 사용금지
③ 비상정지장치, 조작스위치 등 탑승조작장치
④ 출입문 연동장치 : 운반구의 입구 및 출구 문이 열려진 상태에서는 리미트 스위치가 작동되어 리프트가 동작하지 않도록 하는 장치

04.
동영상에서 보여주고 있는 바닥 개구부나 가설 구조물의 단부에서 추락위험을 방지하기 위해 설치해야 하는 안전난간의 구조 및 설치요건을 (   ) 안에 써 넣으시오.

- 안전난간은 (①), (②), (③) 및 (④)으로 구성한다.
- (①)는 바닥면 발판 또는 경사로의 표면으로부터 (⑤) 이상 지점에 설치하고, 상부난간대를 (⑥) 이하에 설치하는 경우에는 (②)는 (①)와 바닥면 등의 중간에 설치하여야 하며, (⑥) 이상 지점에 설치하는 경우에는 (②)를 2단 이상으로 균등하게 설치하고 난간의 상하 간격은 60cm 이하가 되도록 한다. 다만, 계단의 개방된 측면에 설치된 난간기둥 간의 간격이 25cm 이하인 경우에는 중간 난간대를 설치하지 아니할 수 있다.
- (③)은 바닥면 등으로부터 (⑦) 이상의 높이를 유지한다.

➡️해답 ① 상부 난간대　　　　　　　　② 중간 난간대
　　③ 발끝막이판　　　　　　　　　④ 난간기둥
　　⑤ 90cm　　　　　　　　　　　　⑥ 120cm
　　⑦ 10cm

05.
사진과 같은 장소에서 건설작업에 종사하는 근로자가 전로에 근로자의 신체 등이 접촉하거나 접근함으로 인하여 감전의 위험이 발생할 우려가 있다. 감전의 위험요소 2가지를 쓰시오.

➡️해답 ① 통전 전류의 크기　　　　　　② 통전 경로(심장을 지나가면 위험)
　　③ 통전 시간　　　　　　　　　　④ 통전 전원의 종류(직류, 교류)
　　⑤ 주파수 및 파형

06.
사진에 나타난 터널 굴착공법의 명칭 및 터널 작업계획서 포함사항에 대해서 쓰시오.

➡️해답 1. 공법의 명칭 : T.B.M(Tunnel Boring Machine Method) 공법
　　2. 터널 작업계획 포함사항
　　　① 굴착의 방법
　　　② 터널지보공 및 복공의 시공방법과 용수의 처리 방법
　　　③ 환기 또는 조명시설을 설치할 때에는 그 방법

07.
사진과 같은 건설기계의 명칭 및 용도 2가지를 쓰시오.

해답 ① 명칭 : 스크레이퍼(Scraper)
② 용도 : 흙을 절삭·운반하거나 펴 고르는 등의 작업을 하는 토공기계

08.
교량건설 작업 시 사업주 조치사항에 대해서 3가지를 쓰시오.

해답 ① 작업하는 구역에는 관계 근로자가 아닌 사람의 출입을 금지할 것
② 재료, 기구 또는 공구 등을 올리거나 내릴 경우에는 근로자로 하여금 달줄, 달포대 등을 사용하도록 할 것
③ 중량물 부재를 크레인 등으로 인양하는 경우 부재에 인양용 고리를 견고하게 설치하고, 인양용 로프는 부재에 두 군데 이상 결속하여 인양하여야 하며, 중량물이 안전하게 거치되기 전까지는 걸이로프를 해제시키지 아니할 것
④ 자재나 부재의 낙하·전도 또는 붕괴 등에 의하여 근로자에게 위험을 미칠 우려가 있을 경우에는 출입금지구역의 설정, 자재 또는 가설시설의 좌굴(挫屈) 또는 변형 방지를 위한 보강재 부착 등의 조치를 할 것

건설안전기사 2회(C형)

01.
작업자가 밀폐공간으로 들어가 벽면에 시너를 칠하고 있다. 작업자가 시계를 보니 시간이 1~2시간 경과하였고 갑자기 어지러워하며 쓰러졌다. 이러한 밀폐공간에서 방수 등 작업 시 안전대책을 3가지 쓰시오.

해답 ① 작업 전 산소농도 및 유해가스 농도 측정
② 작업 중 산소농도 측정 및 산소농도가 18% 미만일 때는 환기 실시
③ 근로자는 송기마스크, 공기호흡기 등 호흡용 보호구 착용

02.

동영상에서 안전모를 착용한 작업자 1명이 이동식 비계(승강용 사다리를 이용하지 않고) 옆으로 기어 올라간다. 이동식 비계 바퀴가 고정되지 않아서 흔들린다. 이동식 비계 제일 위에서 각목으로 천정을 미는 작업을 하면서 이동식 비계가 흔들리고 결국엔 추락한다. 이동식 비계 제일 위에 난간은 없으며, 안전대 착용은 하지 않았다. 재해발생 원인 3가지를 쓰시오.

➡해답 ① 근로자 안전대 미착용
② 비계의 최상부에서 작업 시 안전난간 미설치
③ 브레이크·쐐기 등으로 바퀴 미고정으로 인해 갑작스러운 이동 또는 전도 발생

03.

동영상은 록볼트 설치 작업을 하고 있는 터널공사현장이다. 록볼트의 역할 3가지를 쓰시오.

➡해답 ① 봉합작용
② 내압작용
③ 보 형성작용
④ 아치 형성작용

04.

동영상은 개착시공 현장 사면을 파란색 천막으로 덮어둔 모습이다. 작업장 사면에 설치된 천막의 역할 2가지를 쓰시오.

➡해답 ① 사면 붕괴 방지
② 사면에 빗물 등의 유입수 침투 방지

05.

집게모양의 기계로 아파트 구조물 해체작업을 보여주고 있다. 다음 각 물음에 답하시오.

(1) 동영상에서 보여주고 있는 해체 공법을 쓰시오.
(2) 동영상에서와 같은 작업 시 해체계획에 포함되어야 할 사항 2가지를 쓰시오.

➡해답 (1) 압쇄공법
(2) ① 해체의 방법 및 해체순서 도면
② 사업장 내 연락방법
③ 해체물의 처분계획
④ 해체작업용 기계·기구 등의 작업계획서
⑤ 해체작업용 화약류 등의 사용계획서

06.

화면은 이동식 크레인을 이용하여 철제 배관을 운반하던 도중 신호수와 신호방법이 맞지 않아 물체가 흔들리며 철골에 부딪쳐 작업자 위로 자재가 낙하하는 장면이다. 재해발생 원인 중 이동식 크레인 운전자가 준수해야 할 사항 2가지를 쓰시오.

해답 ① 일정한 신호방법을 정하고 신호수의 신호에 따라 작업한다.
② 화물을 매단 상태에서 운전석을 이탈하지 않는다.
③ 작업 종료 후 크레인의 동력을 차단시키고 정지조치를 확실히 한다.

07.

동영상에서 보여주는 것과 같이 가설구조물이나 개구부 등에서 추락 위험을 방지하기 위해 설치하여야 하는 안전난간의 구조 및 설치요건에 맞도록 알맞은 숫자를 쓰시오.

- 상부 난간대는 바닥면, 발판 또는 경사로의 표면으로부터 (①)cm 이상 (②)cm 이하에 설치
- 발끝막이판은 바닥면 등에서부터 (③)cm 이상의 높이를 유지할 것
- 지름 (④)cm 이상의 금속제 파이프나 그 이상의 강도가 있는 재료일 것

해답 ① 90   ② 120   ③ 10   ④ 2.7

08.

동영상은 개착식 굴착 현장에서 대형 강관 내부에서 전기용접 작업이 진행 중인 모습이다. 동영상에서 작업자가 착용한 보호구 3가지를 쓰시오.

해답 ① 용접용 보안면
② 용접용 앞치마
③ 용접용 보호장갑

건설안전기사 4회(A형)

01.

말비계 위에서 아파트 계단 콘크리트벽면을 핸드그라인더로 정리하는 작업을 보여준다. 분진이 안개처럼 퍼지고 있다. 개인이 착용해야 하는 보호구 2가지를 쓰시오.

해답 ① 방진마스크
② 보안경

O2.
사진에 나타난 터널 굴착공법의 명칭 및 터널 작업계획서 포함사항에 대해서 쓰시오.

➡️**해답** (1) 공법의 명칭 : T.B.M(Tunnel Boring Machine Method) 공법
   (2) 터널 작업계획 포함사항
   　　① 굴착의 방법
   　　② 터널지보공 및 복공의 시공방법과 용수의 처리 방법
   　　③ 환기 또는 조명시설을 설치할 때에는 그 방법

O3.
동영상에서 작업자 3명이 흡연후 개구부를 열고 들어가 밀폐공간에서 질식사고가 발생한다. 산소 결핍이 우려되는 밀폐 공간에서 작업 시 문제점 3가지를 쓰시오.

➡️**해답** ① 작업시작 전 밀폐공간의 공기 상태 미측정
   　② 공기호흡기, 송기마스크를 미착용
   　③ 감시인 미배치

O4.
흙막이 시설이 설치되어 있는 현장을 보여주고 있다. 이와 같은 흙막이 공법의 명칭을 쓰시오.

➡️**해답** 어스앵커(Earth Anchor) 공법

05.

크레인 방호장치 3가지를 쓰시오.

➡해답 ① 과부하방지장치
② 권과방지장치
③ 비상정지장치
④ 제동장치

06.

비계 기둥 하부에 미끄럼 방지조치가 되어 있지 않고 맨땅 흙바닥에 깔판이 누락된 곳이 있다. 깔판 전체가 아닌 모서리 부분이 받치고 있다. 위험사항 및 해결책을 쓰시오.

➡해답 ① 위험사항 : 비계기둥 기초 미보강
② 해결책 : 충분히 다짐하고, 받침목이나 깔판 등을 평탄하게 설치

07.

추락방호망 설치 기준 3가지를 쓰시오.

➡해답 ① 추락방호망은 가능하면 작업면으로부터 가까운 지점에 설치하여야 하며, 작업면으로부터 망의 설치지점까지의 수직거리는 10m를 초과하지 아니할 것
② 추락방호망은 수평으로 설치하고, 망의 처짐은 짧은 변 길이의 12% 이상이 되도록 할 것
③ 건축물 등의 바깥쪽으로 설치하는 경우 추락방호망의 내민 길이는 벽면으로부터 3 m이상 되도록 할 것

08.

채석작업 당일 작업 시 점검사항 2가지를 쓰시오.

➡해답 ① 부석과 균열의 유무와 상태 점검
② 함수·용수 및 동결상태의 변화 점검

건설안전기사 4회(B형)

01.

동영상은 작업장에 설치된 계단을 보여주고 있다. 작업자가 걷다가 돌출된 파이프에 부딪친다. 작업장에 계단 및 계단참을 설치할 경우 사업주가 준수하여야 하는 사항에 대하여 다음 (   ) 안에 알맞은 내용을 쓰시오.

> 계단을 설치할 때는 그 바닥면으로부터 높이 (   ) 이내에 장애물이 없는 공간에 설치하여야 한다.

➡**해답** 2m

02.

트럭 크레인이 붐을 뽑은 상태로 이동하고 있으며, 이때 붐에 붙어 있는 후크(걸고리)가 덜렁덜렁 흔들거린다. 주변에는 전선이 보인다. 두 명의 작업자가 강관비계를 2줄 걸이로 묶는다. 그 이후 작업자가 크레인 붐 밑으로 다닌다. 위험요소 및 안전대책을 각각 3가지 쓰시오.

➡**해답** 1. 위험요인
    ① 작업자가 안전모, 안전장갑 등 개인보호구 미착용
    ② 신호수 미배치 및 위험구간 출입금지 미조치
    ③ 위험표지판, 안전표지판 미설치
    ④ 강관을 한 줄로 인양하여 낙하 위험
2. 안전대책
    ① 작업자는 안전모, 안전장갑 등 개인보호구 착용
    ② 신호수를 배치하여 위험구간 출입금지 조치
    ③ 위험표지판, 안전표지판 설치
    ④ 강관을 두 줄로 균형을 맞추어 인양

03.

흙막이 시설이 설치되어 있는 현장을 보여주고 있다. H 파일과 토류판으로 이루어진 가시설 흙막이벽
이라서 버팀대가 보이지 않는다. 토류판, 띠장, 엄지말뚝 앞열과 뒷열을 연결해주는 부재를 보여준다.
이와 같은 흙막이 공법의 명칭을 쓰시오.

➡️**해답** 2열 자립식 흙막이 공법

04.

동영상은 건물외벽 돌마감 공사현장이다. 이 동영상의 현장에서 추락재해를 유발하는 불안전한 요인을
3가지 쓰시오.

> [동영상 설명]
> 건물에 석재 붙이는 동영상이 나오는데 2m 넘는 곳에 근로자 2명 중 한 명은 위에서 그라인더로 석재를 자르
> 고 있고, 아래쪽 1명은 안전모를 쓰지 않은 채 아래에서 작업 중이다. 안전난간은 없고, 작업발판은 허술하며,
> 작업장은 전반적으로 정돈이 되어 있지 않다. 위쪽의 작업자는 구두를 신고 있다. 아래쪽 작업자가 돌을 올리
> 는 순간 허리 삐끗한다. 위에 있던 작업자가 비계를 잡고 내려오고 있다.

➡️**해답** ① 작업발판 단부에 안전난간 미설치
② 근로자가 외부비계 위 작업장으로 이동할 수 있는 승강설비, 가설계단 미설치
③ 외부비계 위 통로에 대리석 자재가 적치되어 안전통로 미확보

05.

철골승강용 트랩의 설치기준 중 트랩의 답단 간격과 폭 기준을 쓰시오.

➡️**해답** ① 답단 간격 : 30cm 이내
② 폭 : 30cm 이상

06.

대규모 가시설 현장을 보여준다. 흙막이의 깊이가 대단히 깊고 H Pile과 어스앵커, 그리고 주열식 말뚝으로 이루어져 있다. 흙막이 구조물 공사 시 필요한 계측기기의 종류 3가지를 쓰시오.

해답 ① 지표침하계 : 흙막이벽 배면에 동결심도보다 깊게 설치하여 지표면 침하량 측정
② 지중경사계 : 흙막이벽 배면에 설치하여 토류벽의 기울어짐 측정
③ 하중계 : Strut, Earth Anchor에 설치하여 축하중 측정으로 부재의 안정성 여부 판단
④ 간극수압계 : 굴착, 성토에 의한 간극수압의 변화 측정
⑤ 균열측정기 : 인접구조물, 지반 등의 균열부위에 설치하여 균열크기와 변화 측정
⑥ 변형률계 : Strut, 띠장 등에 부착하여 굴착작업 시 구조물의 변형을 측정
⑦ 지하수위계 : 굴착에 따른 지하수위 변동 측정

07.

동영상에서 안전모를 착용한 작업자 1명이 이동식 비계(승강용 사다리를 이용하지 않고) 옆으로 기어 올라간다. 이동식 비계 바퀴가 고정되지 않아서 흔들린다. 이동식 비계 제일 위에서 각목으로 천정을 미는 작업을 하면서 이동식 비계가 흔들리고 결국엔 추락한다. 이동식 비계 제일 위에 난간은 없으며, 안전대 착용은 하지 않았다. 이동식 비계 설치 시 준수사항 3가지를 쓰시오.

해답 ① 승강용 사다리는 견고하게 설치할 것
② 비계의 최상부에서 작업을 하는 경우에는 안전난간을 설치할 것
③ 작업발판의 최대적재하중은 250kg을 초과하지 않도록 할 것
④ 작업발판은 항상 수평을 유지하고 작업발판 위에서 안전난간을 딛고 작업을 하거나 받침대 또는 사다리를 사용하여 작업하지 않도록 할 것

08.

거푸집 동바리의 침하를 방지하기 위한 조치 3가지를 쓰시오.

해답 ① 받침목이나 깔판의 사용
② 콘크리트 타설
③ 말뚝박기

건설안전기사 4회(C형)

01.
동영상은 원심력 철근콘크리트 말뚝을 시공하는 현장을 보여준다. 말뚝의 항타공법 종류 2가지를 쓰시오.

해답 ① 타격공법 : 드롭해머, 스팀해머, 디젤해머, 유압해머
② 진동공법 : Vibro Hammer로 상하진동을 주어 타입, 강널말뚝에 적용
③ 선행굴착 공법(Pre-boring) : Earth Auger로 천공 후 기성말뚝 삽입, 소음·진동 최소
④ 워터제트 공법 : 고압으로 물을 분사시켜 마찰력을 감소시키며 말뚝 매입
⑤ 압입공법 : 유압 압입장치의 반력을 이용하여 말뚝 매입
⑥ 중공굴착 공법 : 말뚝의 내부를 스파이럴 오거로 굴착하면서 말뚝 매입

02.
이동식 비계 작업 시 바퀴가 흔들린다. 이동식 비계의 바퀴에는 뜻밖의 갑작스러운 이동 또는 전도를 방지하기 위하여 브레이크·쐐기 등으로 바퀴를 고정시키는 장치가 있는데, 장치의 이름을 쓰시오.

해답 아웃트리거(Outrigger)

03.
둥근톱을 사용하고 작업 중인데, 장갑을 끼고 있으며, 보안경 및 방진마스크는 착용하지 않고 있다. 작업자가 다른 곳을 보다가 사고가 발생한다. 재해요인 2가지와 누전차단기를 반드시 설치해야 하는 장소 1개소를 쓰시오.

해답 1. 재해발생원인
① 분할날 등 반발 예방장치가 설치되지 않아 손가락 절단위험이 있다.
② 회전기계에 장갑을 착용하고 작업하므로 말릴 위험이 있다.
③ 분진작업 시 보안경 및 방진마스크를 착용하지 않아 건강에 위험이 있다.
2. 누전차단기 설치 작업장소
① 대지전압이 150볼트를 초과하는 이동형 또는 휴대형 전기기계·기구
② 물 등 도전성이 높은 액체가 있는 습윤장소에서 사용하는 저압용 전기기계·기구
③ 철판·철골 위 등 도전성이 높은 장소에서 사용하는 이동형 또는 휴대형 전기기계·기구
④ 임시배선의 전로가 설치되는 장소에서 사용하는 이동형 또는 휴대형 전기기계·기구

04.
"보통" 작업을 하는 지하실 작업조도 기준을 쓰시오.

해답 150럭스 이상

05.
항타기·항발기가 작업 중인 동영상을 보여주고 있다. 이러한 항타기·항발기 작업 시 무너짐방지를 위한 준수사항 3가지를 쓰시오.

해답
① 연약한 지반에 설치하는 경우에는 아웃트리거·받침 등 지지구조물의 침하를 방지하기 위하여 받침목이나 깔판 등을 사용할 것
② 시설 또는 가설물 등에 설치하는 경우에는 그 내력을 확인하고 내력이 부족하면 그 내력을 보강할 것
③ 아웃트리거·받침 등 지지구조물이 미끄러질 우려가 있는 경우에는 말뚝 또는 쐐기 등을 사용하여 해당 지지구조물을 고정시킬 것
④ 궤도 또는 차로 이동하는 항타기 또는 항발기에 대해서는 불시에 이동하는 것을 방지하기 위하여 레일 클램프(rail clamp) 및 쐐기 등으로 고정시킬 것
⑤ 상단 부분은 버팀대·버팀줄로 고정하여 안정시키고, 그 하단 부분은 견고한 버팀·말뚝 또는 철골 등으로 고정시킬 것

06.
동영상은 아파트 단지 내에서 하수관로 매설작업을 수행하고 있는 전경을 보여주고 있다. 동영상을 참고하여 재해 발생원인 및 방지조치 사항을 쓰시오.

[동영상 설명]
백호가 흄관을 1줄 걸이로 인양하여 매설하고 있으며, 인양된 흄관 바로 밑에 작업 근로자 2명이 있다. 신호수는 배치가 되어있었으나, 신호수가 흄관을 손으로 당기다가 흄관이 작업자에게 떨어져 흄관과 흄관 사이에 다리가 끼인다.

해답
① 신호수를 배치한다.
② 주변 근로자의 출입을 금지시킨다.
③ 화물 인양 시 양 끝 등 2곳 이상을 묶어서 인양(운반)한다.

07.
가스용기 운반 시 문제점 및 용접작업 시 문제점을 각각 2가지씩 쓰시오.

• 가스용기 : 가스용기 운반을 하고 있는데, 캡을 씌우지 않는 것이 강조된다. 전도 방지 조치는 없고, 작업자가 가스용기를 강하게 내려서 지면과 맞닿아 충격으로 폭발한다.
• 용접 : 일반 가스용기를 운반하는 차량 주변부 바닥에서 용접을 하고 있다. 용접용 보안면은 착용하고 있는데, 용접장갑은 보이지 않는다. 용접용 앞치마를 착용했는지는 확인되지 않는다.

➡해답 1. 가스용기의 운반 시 문제점
① 이동 시 캡을 씌우고 이동하여야 하나 캡을 씌우지 않고 이동
② 이동 시 진동, 충격을 주지 않고 이동하여야 하는데 이동 시 진동, 충격이 가해짐
2. 용접작업 시 문제점
① 가연성 가스 근처에서 용접
② 보호구(용접장갑 등)의 미착용

08.
강교량을 크레인으로 2줄 걸이로 인양 중에 있다. 또한 신호수(관리감독관 같은 사람이 다른 곳에서 지켜보고 있음)가 배치되어 있으며, 인양물 아랫부분으로 근로자들이 돌아다닌다. 인양물(강교량)에 사람이 타고 있다. 크레인으로 작업 시 준수 사항을 쓰시오.

➡해답 ① 인양할 하물(荷物)을 바닥에서 끌어당기거나 밀어내는 작업을 하지 아니할 것
② 미리 근로자의 출입을 통제하여 인양 중인 하물이 작업자의 머리 위로 통과하지 않도록 할 것
③ 인양할 하물이 보이지 아니하는 경우에는 어떠한 동작도 하지 아니할 것
④ 신호하는 사람에 의하여 작업을 할 것

건설안전기사 1회(A형)

01.
콘크리트 믹서 트럭의 회전하는 이유를 쓰시오.

➡️**해답** 콘크리트 경화방지, 재료분리 방지

02.
추락방호망 설치 기준에 알맞게 (   )를 채우시오

1. 추락방호망의 설치위치는 가능하면 작업면으로부터 가까운 지점에 설치하여야 하며, 작업면으로부터 망의 설치지점까지의 수직거리는 (①)m를 초과하지 아니할 것
2. 추락방호망은 수평으로 설치하고, 망의 처짐은 짧은 변 길이의 (②)% 이상이 되도록 할 것
3. 건축물 등의 바깥쪽으로 설치하는 경우 추락방호망의 내민 길이는 벽면으로부터 (③)m 이상 되도록 할 것

➡️**해답** ① 10   ② 12   ③ 3

03.
작업자가 이동식 비계 최상부에 올라가서 작업을 하고 있다. 이때 재해예방을 위한 안전조치사항 3가지를 쓰시오.

➡️**해답** ① 작업발판은 항상 수평을 유지한다.
② 최상부 작업발판 단부에는 안전난간을 설치한다.
③ 근로자는 안전대를 걸고 작업한다.
④ 이동식 비계가 전도되지 않도록 시설물에 고정하거나 아웃트리거를 설치한다.

04.

동영상은 달비계를 이용한 페인트 도장작업 중 근로자가 추락하는 장면이다. 동영상을 참고하여 불안전한 요소를 쓰시오.

해답 ① 수직구명줄 미설치
② 근로자의 추락방지대 미착용
③ 악천후 시 작업

05.

발파를 위해 장약작업을 하는 모습을 보여주고 있다. 이와 같은 장약작업 시 주의사항 3가지를 쓰시오.

해답 ① 화약이나 폭약을 장전하는 경우에는 그 부근에서 화기를 사용하거나 흡연을 하지 않도록 할 것
② 장전구(裝塡具)는 마찰·충격·정전기 등에 의한 폭발의 위험이 없는 안전한 것을 사용할 것
③ 발파공의 충진재료는 점토·모래 등 발화성 또는 인화성의 위험이 없는 재료를 사용할 것

06.

동영상과 같은 터널공사를 할 경우 (1) 터널공정 명칭과 (2) 터널공사 작업계획서의 포함사항 3가지를 쓰시오.

[동영상 설명]
어두운 터널 안으로 차량이 들어가고 터널 천장의 울퉁불퉁한 모습이 보인다. 근로자가 차량의 기능을 점검한 후 터널 외벽에 타설을 한다.

해답 (1) 명칭 : 숏크리트(Shotcrete) 타설
(2) ① 굴착의 방법
② 터널지보공 및 복공의 시공방법과 용수의 처리방법
③ 환기 또는 조명시설을 하는 때에는 그 방법

07.

연마기를 이용하여 벽면 연마작업이 진행 중이다. 착용해야 할 보호구를 쓰시오.

해답 방진마스크, 보안경

08.
지반의 기울기 기준을 모래, 연암 및 풍화암, 경암, 그 밖의 흙에 대하여 쓰시오.

지반의 종류	굴착면의 기울기
모래	(①)
연암 및 풍화암	(②)
경암	(③)
그 밖의 흙	(④)

➡**해답** ① 1 : 1.8, ② 1 : 1.0, ③ 1 : 0.5, ④ 1 : 1.2

건설안전기사 1회(B형)

01.
동영상과 같은 터널공사를 할 경우 (1) 터널공정 명칭과 (2) 터널공사 작업계획서의 포함사항 3가지를 쓰시오.

[동영상 설명]
어두운 터널 안으로 차량이 들어가고 터널 천장의 울퉁불퉁한 모습이 보인다. 근로자가 차량의 기능을 점검한 후 터널 외벽에 타설을 한다.

➡**해답** (1) 명칭 : 숏크리트(Shotcrete) 타설
(2) ① 굴착의 방법
② 터널지보공 및 복공의 시공방법과 용수의 처리방법
③ 환기 또는 조명시설을 하는 때에는 그 방법

02.
작업자가 이동식 비계를 사용하여 작업을 하고 있다. 이동식 비계의 조립기준 3가지를 쓰시오.

➡**해답** ① 이동식 비계의 바퀴에는 뜻밖의 갑작스러운 이동 또는 전도를 방지하기 위하여 브레이크·쐐기 등으로 바퀴를 고정시킨 다음 비계의 일부를 견고한 시설물에 고정하거나 아웃트리거(outrigger)를 설치하는 등 필요한 조치를 할 것
② 승강용 사다리는 견고하게 설치할 것
③ 비계의 최상부에서 작업을 할 경우에는 안전난간을 설치할 것
④ 작업발판은 항상 수평을 유지하고 작업발판 위에서 안전난간을 딛고 작업을 하거나 받침대 또는 사다리를 사용하여 작업하지 않도록 할 것
⑤ 작업발판의 최대 적재하중은 250kg을 초과하지 않도록 할 것

03.
전기기계·기구 또는 전로 등의 충전부분에 접촉 시 감전방지대책 3가지를 쓰시오.

해답 ① 충전부가 노출되지 않도록 폐쇄형 외함이 있는 구조로 할 것
② 충전부에 충분한 절연효과가 있는 방호망 또는 절연덮개를 설치할 것
③ 충전부는 내구성이 있는 절연물로 완전히 덮어 감쌀 것
④ 발·변전소 및 개폐소 등 구획되어 있는 장소로서 관계근로자가 아닌 사람의 출입이 금지되는 장소에 충전부를 설치하고 위험표시 등의 방법으로 방호를 강화할 것
⑤ 전주 위 및 철탑 위 등 격리되어 있는 장소로서 관계근로자가 아닌 사람이 접근할 우려가 없는 장소에 충전부를 설치할 것

04.
콘크리트 타설작업을 하기 위하여 콘크리트타설장비 이용 작업 시 준수사항 3가지를 쓰시오.

해답 1. 작업을 시작하기 전에 콘크리트타설장비를 점검하고 이상을 발견하였으면 즉시 보수할 것
2. 건축물의 난간 등에서 작업하는 근로자가 호스의 요동·선회로 인하여 추락하는 위험을 방지하기 위하여 안전난간 설치 등 필요한 조치를 할 것
3. 콘크리트타설장비의 붐을 조정하는 경우에는 주변의 전선 등에 의한 위험을 예방하기 위한 적절한 조치를 할 것
4. 작업 중에 지반의 침하나 아웃트리거 등 콘크리트타설장비 지지구조물의 손상 등에 의하여 콘크리트타설장비가 넘어질 우려가 있는 경우에는 이를 방지하기 위한 적절한 조치를 할 것

05.
가설통로의 설치 시 준수사항 4가지를 쓰시오.

해답 ① 견고한 구조로 할 것
② 경사는 30° 이하로 할 것. 다만, 계단을 설치하거나 높이 2m 미만의 가설통로로서 튼튼한 손잡이를 설치한 경우에는 그러하지 아니하다.
③ 경사가 15°를 초과하는 경우에는 미끄러지지 아니하는 구조로 할 것
④ 추락할 위험이 있는 장소에는 안전난간을 설치할 것. 다만, 작업상 부득이한 경우에는 필요한 부분만 임시로 해체할 수 있다.
⑤ 수직갱에 가설된 통로의 길이가 15m 이상인 경우에는 10m 이내마다 계단참을 설치할 것
⑥ 건설공사에 사용하는 높이 8m 이상인 비계다리에는 7m 이내마다 계단참을 설치할 것

06.
양중기에 사용하는 부적격한 와이어로프의 사용금지 사항으로 (   )에 알맞은 말을 넣으시오.

① 와이어로프의 한 가닥에서 소선의 수가 (①)% 이상 절단된 것
② 지름의 감소가 공칭지름의 (②)%를 초과하는 것

→해답 ① 10   ② 7

07.
동영상은 덤프트럭 점검 중 사고가 발생하는 장면을 보여주고 있다. 이와 같은 작업 시 유의해야 할 사항을 3가지 쓰시오.

→해답 ① 시동을 끄고 브레이크를 확실히 거는 등 갑작스러운 주행이나 이탈을 방지하기 위한 조치를 할 것
② 운전석을 이탈하는 경우에는 시동키를 운전대에서 분리시키거나 운전석에 잠금장치를 할 것
③ 작업순서를 결정하고 작업을 지휘할 것
④ 관계 근로자가 아닌 사람의 출입은 금지할 것
⑤ 수리 또는 점검을 위하여 안전지지대 또는 안전블록을 사용할 것

08.
안전난간 중간 난간대에 대한 설명이다. 빈칸을 채우시오.

상부 난간대는 바닥면 · 발판 또는 경사로의 표면(이하 "바닥면등"이라 한다)으로부터 90cm 이상 지점에 설치하고, 상부 난간대를 120cm 이하에 설치하는 경우에는 중간 난간대는 상부 난간대와 바닥면등의 중간에 설치하여야 하며, 120cm 이상 지점에 설치하는 경우에는 중간 난간대를 2단 이상으로 균등하게 설치하고 난간의 상하 간격은 (   )cm 이하가 되도록 할 것. 다만, 계단의 개방된 측면에 설치된 난간기둥 간의 간격이 25cm 이하인 경우에는 중간 난간대를 설치하지 아니할 수 있다.

→해답 60

건설안전기사 1회(C형)

01.
시트파일 흙막이 공사의 재해예방을 위한 유의사항을 3가지 쓰시오.

➡해답 ① 지하수위의 변화를 수시로 측정하여 지하수위의 변동에 대처
② 히빙 및 보일링 현상에 대처
③ 흙막이 배면에 유입수 침투 방지
④ 시트파일 지보공의 이상 여부 점검 및 보수

02.
비계 설치 시 벽이음의 역할 3가지를 쓰시오.

➡해답 ① 비계 전체의 좌굴 방지
② 풍하중에 의한 무너짐 방지
③ 편심하중을 지탱하여 무너짐 방지

03.
동영상은 흙막이(어스앵커) 시공화면을 보여준다. 흙막이 구조물에서 사용되는 계측기기의 종류를 2가지 쓰시오.

➡해답 ① 지표침하계 : 흙막이벽 배면에 동결심도보다 깊게 설치하여 지표면 침하량 측정
② 지중경사계 : 흙막이벽 배면에 설치하여 토류벽의 기울어짐 측정
③ 하중계 : Strut, Earth Anchor에 설치하여 축하중 측정으로 부재의 안정성 여부 판단
④ 간극수압계 : 굴착, 성토에 의한 간극수압의 변화 측정
⑤ 균열측정기 : 인접구조물, 지반 등의 균열부위에 설치하여 균열크기와 변화를 측정
⑥ 변형률계 : Strut, 띠장 등에 부착하여 굴착작업 시 구조물의 변형을 측정
⑦ 지하수위계 : 굴착에 따른 지하수위 변동을 측정

04.
양중기에 사용하는 부적격한 와이어로프의 사용금지 사항으로 (   )에 알맞은 말을 넣으시오.

① 와이어로프의 한 가닥에서 소선의 수가 (①)% 이상 절단된 것
② 지름의 감소가 공칭지름의 (②)%를 초과하는 것

➡해답 ① 10 ② 7

05.
산업안전보건법에 따라 시스템 비계를 사용하여 비계를 설치하는 경우 준수해야 할 사항 3가지를 쓰시오.

해답 ① 수직재·수평재·가새재를 견고하게 연결하는 구조가 되도록 할 것
② 비계 밑단의 수직재와 받침철물은 밀착되도록 설치하고, 수직재와 받침철물의 연결부의 겹침길이는 받침철물 전체길이의 3분의 1 이상이 되도록 할 것
③ 수평재는 수직재와 직각으로 설치하여야 하며, 체결 후 흔들림이 없도록 견고하게 설치할 것
④ 수직재와 수직재의 연결철물은 이탈되지 않도록 견고한 구조로 할 것
⑤ 벽 연결재의 설치 간격은 제조사가 정한 기준에 따라 설치할 것

06.
동영상은 철근을 인력으로 운반하는 모습이다. 이와 같은 운반작업을 할 때 주의하여야 할 사항을 3가지 쓰시오.

해답 ① 1인당 무게는 25kg 정도가 적절하며, 무리한 운반을 삼가야 한다.
② 2인 이상이 1조가 되어 어깨메기로 하여 운반하는 등 안전을 도모하여야 한다.
③ 운반할 때에는 양 끝을 묶어 운반하여야 한다.
④ 내려놓을 때에는 천천히 내려놓고 던지지 않아야 한다.
⑤ 공동 작업을 할 때에는 신호에 따라 작업을 하여야 한다.

07.
동영상에서 트렌치 컷 굴착방식으로 작업을 하고 있다. 토사 붕괴 및 낙석 등에 의한 위험을 방지하기 위해 관리감독자가 작업시작 전 점검해야 할 사항을 2가지 쓰시오.

해답 ① 작업장소 및 그 주변의 부석·균열의 유무
② 함수·용수 및 동결상태의 변화를 점검
③ 동결상태의 변화 점검

08.
다음 괄호를 채우시오.

물체 인양 시 와이어로프의 각도
훅에 매다는 로프의 각도는 (   )° 이하로 한다.

해답 60

건설안전기사 2회(A형)

O1.
사진에 나타난 터널굴착공법의 명칭과 작업계획서에 포함할 사항을 쓰시오.

➡️해답 (1) 명칭 : T.B.M(Tunnel Boring Machine) 공법
(2) 작업계획서 포함사항
① 굴착의 방법
② 터널지보공 및 복공의 시공방법과 용수의 처리방법
③ 환기 또는 조명시설을 설치할 때에는 그 방법

O2.
지반의 기울기 기준을 모래, 연암 및 풍화암, 경암, 그 밖의 흙에 대하여 쓰시오.

지반의 종류	굴착면의 기울기
모래	(①)
연암 및 풍화암	(②)
경암	(③)
그 밖의 흙	(④)

➡️해답 ① 1 : 1.8, ② 1 : 1.0, ③ 1 : 0.5, ④ 1 : 1.2

O3.
강관틀비계 조립 시 준수 사항 3가지를 쓰시오.

➡️해답 ① 비계 기둥의 밑둥에는 밑받침철물을 사용하여야 하며 밑받침에 고저차(高低差)가 있는 경우에는 조절형 밑받침철물을 사용하여 각각의 강관틀 비계가 항상 수평 및 수직을 유지하도록 할 것
② 높이가 20m를 초과하거나 중량물의 적재를 수반하는 작업을 할 경우에는 주틀 간의 간격을 1.8m 이하로 할 것
③ 주틀 간에 교차 가새를 설치하고 최상층 및 5층 이내마다 수평재를 설치할 것
④ 수직방향으로 6m, 수평방향으로 8m 이내마다 벽이음을 할 것
⑤ 길이가 띠장 방향으로 4m 이하이고 높이가 10m를 초과하는 경우 10m 이내마다 띠장 방향으로 버팀기둥을 설치할 것

04.

타워크레인으로 화물을 1줄로 걸어 인양하던 중 화물이 낙하하였고, 때마침 안전모를 불량하게 착용한 작업자가 지나가다가 낙하하는 화물에 맞는 재해가 발생하였다. 이때, 재해발생 원인 2가지를 쓰시오.

➡해답 ① 낙하위험구간에 출입금지 미조치
② 화물을 1줄 걸이로 인양하여 낙하위험
③ 작업자 안전모의 턱끈 미체결
④ 신호수 미배치

05.

아파트 건설현장을 보여주고 있다. 위와 같은 건설현장에서 화물의 낙하·비래 위험이 있는 경우 조치해야 할 사항 2가지를 쓰시오.

➡해답 ① 낙하물 방지망 설치　② 출입금지구역의 설정
③ 방호선반 설치　④ 작업자 안전모 착용

06.

말비계 조립 설치 준수 사항이다. 빈칸을 채우시오.

① 지주부재의 하단에는 (①)를 하고, 근로자가 양측 끝부분에 올라서서 작업하지 않도록 할 것
② 지주부재와 수평면의 기울기를 (②)도 이하로 하고, 지주부재와 지주부재 사이를 고정시키는 보조부재를 설치할 것
③ 말비계의 높이가 (③)m를 초과하는 경우에는 작업발판의 폭을 (④)cm 이상으로 할 것

➡해답 ① 미끄럼방지장치 ② 75 ③ 2 ④ 40

07.

안전난간에 대한 설명이다. 빈칸을 채우시오.

가) 상부 난간대는 바닥면·발판 또는 경사로의 표면으로부터 (①)cm 이상 지점에 설치하고, 상부 난간대를 (②)cm 이하에 설치하는 경우에는 중간 난간대는 상부 난간대와 바닥면등의 중간에 설치한다.
나) 발끝막이판은 바닥면 등으로부터 (③)cm 이상의 높이를 유지할 것
다) 난간대는 지름 (④)cm 이상의 금속제 파이프나 그 이상의 강도가 있는 재료일 것
라) 안전난간은 구조적으로 가장 취약한 지점에서 가장 취약한 방향으로 작용하는 100kg 이상의 하중에 견딜 수 있는 튼튼한 구조일 것

➡해답 ① 90　② 120　③ 10　④ 2.7

08.
발파를 위해 장약작업을 하는 모습을 보여주고 있다. 이와 같은 장약작업 시 주의사항 3가지를 쓰시오.

➡해답 ① 화약이나 폭약을 장전하는 경우에는 그 부근에서 화기를 사용하거나 흡연을 하지 않도록 할 것
② 장전구(裝塡具)는 마찰·충격·정전기 등에 의한 폭발의 위험이 없는 안전한 것을 사용할 것
③ 발파공의 충진재료는 점토·모래 등 발화성 또는 인화성의 위험이 없는 재료를 사용할 것

건설안전기사 2회(B형)

01.
목재 가공용 둥근톱으로 합판을 절단하는 작업 시 방호장치를 쓰시오.

➡해답 ① 반발 예방장치
② 날 접촉 예방장치

02.
크레인을 이용하여 화물을 내리는 작업을 할 때, 크레인 운전자가 준수해야 할 사항 2가지를 쓰시오.

➡해답 ① 신호수의 지시에 따라 작업 실시
② 내리는 화물이 흔들리지 않도록 천천히 작업할 것

03.
계단 및 계단참의 설치기준이다. 빈칸을 채우시오.

(1) 계단 및 계단참을 설치하는 때에는 (①) 이상의 하중에 견딜 수 있는 강도를 가진 구조
(2) 높이가 3m를 초과하는 계단에는 높이 (②) 이내마다 너비 (③) 이상의 계단참을 설치
(3) 바다 면으로부터 높이 (④) 이내의 공간에 장애물이 없도록 할 것

➡해답 ① 500kg/m² ② 3m ③ 1.2m ④ 2m

04.

교류아크 용접기로 상수도관 연결부위를 용접하는 동영상을 보여주고 있다. 이와 같은 용접작업을 할 때 근로자가 착용한 보호구의 종류 3가지와 용접기의 방호장치를 쓰시오.

➡해답 (1) 착용 보호구
      ① 용접용 보안면
      ② 용접용 안전장갑
      ③ 용접용 앞치마
  (2) 방호장치 : 자동전격방지기

05.

다음 건설기계의 장비명과 주요작업을 쓰시오.

➡해답 ① 명칭 : 탠덤 롤러
  ② 주요작업 : 다짐작업, 성토부 전압

06.

작업자가 이동식 비계 최상부에 올라가서 작업을 하고 있다. 이때 재해예방을 위한 안전조치사항 3가지를 쓰시오.

➡해답 ① 작업발판은 항상 수평을 유지한다.
  ② 최상부 작업발판 단부에는 안전난간을 설치한다.
  ③ 근로자는 안전대를 걸고 작업한다.
  ④ 이동식 비계가 전도되지 않도록 시설물에 고정하거나 아웃트리거를 설치한다.

O7.

사진은 공사현장에 설치된 임시 전력시설이다. 전기기계·기구의 감전 위험이 있는 충전전로 부분에 대하여 감전을 예방하기 위한 조치사항을 2가지 쓰시오.

해답 ① 충전부가 노출되지 않도록 폐쇄형 외함이 있는 구조로 할 것
② 충전부에 충분한 절연효과가 있는 방호망 또는 절연덮개를 설치할 것
③ 충전부는 내구성이 있는 절연물로 완전히 덮어 감쌀 것
④ 발전소·변전소 및 개폐소 등 구획되어 있는 장소로서 관계 근로자가 아닌 사람의 출입이 금지되는 장소에 충전부를 설치하고, 위험표시 등의 방법으로 방호를 강화할 것
⑤ 전주 위 및 철탑 위 등 격리되어 있는 장소로서 관계 근로자가 아닌 사람이 접근할 우려가 없는 장소에 충전부를 설치할 것
⑥ 노출 충전부가 있는 맨홀 또는 지하실 등의 밀폐공간에서 작업하는 경우에는 노출 충전부와의 접촉으로 인한 전기위험을 방지하기 위하여 덮개, 울타리 또는 절연 칸막이 등을 설치할 것
⑦ 감전위험을 방지하기 위하여 개폐되는 문, 경첩이 있는 패널 등(분전반 또는 제어반 문)을 견고하게 고정

O8.

밀폐된 공간 즉 잠함, 우물통, 수직갱 기타 작업에서 산소결핍 우려 시 조치사항과 인정 시 조치사항을 1가지씩 쓰시오.

해답 (1) 산소결핍 우려 시
① 산소결핍 우려가 있는 경우에는 산소의 농도를 측정하는 사람을 지명하여 측정하도록 할 것
② 근로자가 안전하게 오르내리기 위한 설비를 설치할 것
③ 굴착 깊이가 20m를 초과하는 경우에는 해당 작업장소와 외부와의 연락을 위한 통신설비 등을 설치할 것
(2) 산소결핍 인정 시
① 작업 전 산소농도 및 유해가스농도 측정
② 작업 중 산소농도 측정 및 산소농도가 18% 미만일 때는 환기 실시
③ 근로자는 송기마스크, 공기호흡기 등 호흡용 보호구 착용

건설안전기사 2회(C형)

O1.

동영상에서 말비계를 보여주고 있다. 말비계 사용 시 작업발판의 설치기준을 3가지 쓰시오.

해답 ① 지주부재의 하단에는 미끄럼 방지장치를 하고, 양측 끝부분에 올라서서 작업하지 아니하도록 할 것
② 지주부재와 수평면의 기울기를 75° 이하로 하고, 지주부재와 지주부재 사이를 고정시키는 보조부재를 설치할 것
③ 말비계의 높이가 2m를 초과할 경우에는 작업발판의 폭을 40cm 이상으로 할 것

02.

콘크리트 타설작업을 하기 위하여 콘크리트타설장비 이용 작업 시 준수사항 3가지를 쓰시오.

➡해답 1. 작업을 시작하기 전에 콘크리트타설장비를 점검하고 이상을 발견하였으면 즉시 보수할 것
2. 건축물의 난간 등에서 작업하는 근로자가 호스의 요동·선회로 인하여 추락하는 위험을 방지하기 위하여 안전난간 설치 등 필요한 조치를 할 것
3. 콘크리트타설장비의 붐을 조정하는 경우에는 주변의 전선 등에 의한 위험을 예방하기 위한 적절한 조치를 할 것
4. 작업 중에 지반의 침하나 아웃트리거 등 콘크리트타설장비 지지구조물의 손상 등에 의하여 콘크리트타설장비가 넘어질 우려가 있는 경우에는 이를 방지하기 위한 적절한 조치를 할 것

03.

동영상에서 보여주고 있는 바닥 개구부나 가설 구조물의 단부에서 추락위험을 방지하기 위해 설치해야 하는 안전난간의 구조 및 설치요건을 ( ) 안에 써 넣으시오.

1. 안전난간은 (①), (②), (③) 및 (④)으로 구성한다.
2. (①)은 바닥면 발판 또는 경사로의 표면으로부터 (⑤) 이상 지점에 설치하고, 상부난간대를 (⑥) 이하에 설치하는 경우에는 (②)는 (①)와 바닥면 등의 중간에 설치하여야 하며, (⑥) 이상 지점에 설치하는 경우에는 (②)를 2단 이상으로 균등하게 설치하고 난간의 상하 간격은 60cm 이하가 되도록 한다. 다만, 계단의 개방된 측면에 설치된 난간기둥 간의 간격이 25cm 이하인 경우에는 중간 난간대를 설치하지 아니할 수 있다.
3. (③)은 바닥면 등으로부터 (⑦) 이상의 높이를 유지한다.

➡해답 ① 상부 난간대　　② 중간 난간대
③ 발끝막이판　　④ 난간기둥
⑤ 90cm　　　　⑥ 120cm
⑦ 10cm

04.

산업안전보건법상 강관틀비계 설치기준에 대하여 빈칸을 채우시오.

① 비계기둥의 밑둥에는 밑받침철물을 사용하여야 하며 밑받침에 고저차가 있는 경우에는 조절형 밑받침철물을 사용하여 각각의 강관틀비계가 항상 수평 및 수직을 유지하도록 할 것
② 높이가 20 m를 초과하거나 중량물의 적재를 수반하는 작업을 할 경우에는 주틀간의 간격이 (①)m 이하로 할 것
③ 주틀간에 (②)를 설치하고 최상층 및 5층 이내마다 수평재를 설치할 것
④ 수직방향으로 (③)m, 수평방향으로 (④)m 이내마다 벽이음을 할 것
⑤ 길이가 띠장방향으로 (⑤)m 이하이고 높이가 (⑥)m를 초과하는 경우에는(⑦)m 이내마다 띠장방향으로 버팀기둥을 설치할 것

➡해답 ① 1.8　② 교차가새　③ 6　④ 8　⑤ 4　⑥ 10　⑦ 10

05.
이동식비계 바퀴에 뜻밖의 갑작스러운 이동을 방지하기 위하여 설치하는 것은?

해답 브레이크, 쐐기

06.
압쇄기를 이용한 건물 해체작업이 실시되고 있다. 위와 같은 건물 해체작업 시 공법의 종류와 해체작업 계획에 포함되어야 하는 사항 3가지를 쓰시오.

해답 (1) 공법의 종류 : 압쇄공법
  (2) 해체작업계획 포함사항
    ① 해체의 방법 및 해체순서 도면
    ② 가설설비, 방호설비, 환기설비 및 살수·방화설비 등의 방법
    ③ 사업장 내 연락방법
    ④ 해체물의 처분계획
    ⑤ 해체작업용 기계·기구 등의 작업계획서
    ⑥ 해체작업용 화약류 등의 사용계획서

07.
터널 내 콘크리트를 뿌리는 장면을 보여주고 있다. 이 공법의 명칭과 공법의 종류 2가지를 쓰시오.

해답 (1) 명칭 : 숏크리트(Shotcrete)
  (2) 공법의 종류
    ① 습식공법
    ② 건식공법

08.

밀폐된 공간 즉 잠함, 우물통, 수직갱 기타 작업에서 산소결핍 우려 시 조치사항과 인정 시 조치사항을 1가지씩 쓰시오.

➡️**해답** (1) 산소결핍 우려 시
① 산소결핍 우려가 있는 경우에는 산소의 농도를 측정하는 사람을 지명하여 측정하도록 할 것
② 근로자가 안전하게 오르내리기 위한 설비를 설치할 것
③ 굴착 깊이가 20m를 초과하는 경우에는 해당 작업장소와 외부와의 연락을 위한 통신설비 등을 설치할 것
(2) 산소결핍 인정 시
① 작업 전 산소농도 및 유해가스농도 측정
② 작업 중 산소농도 측정 및 산소농도가 18% 미만일 때는 환기 실시
③ 근로자는 송기마스크, 공기호흡기 등 호흡용 보호구 착용

건설안전기사 2회(D형)

01.

동영상을 보고 재해발생원인 2가지를 쓰시오.

[동영상 설명]
타워크레인이 화물을 1줄 걸이로 인양해서 올리고 있고, 하부의 근로자가 턱끈을 매지 않은 채 양중 작업을 보지 못하고 지나가고 있는 중에. 화물이 탈락하면서 낙하하며 근로자와 충돌한다.

➡️**해답** ① 낙하위험구간에 출입금지 미조치
② 화물을 1줄 걸이로 인양하여 낙하위험
③ 작업자 안전모의 턱끈 미체결
④ 신호수 미배치

02.

건물에 석재를 붙이는 작업이다. 2m 넘는 곳에 근로자 두 명 중 한 명이 아래서 작업 중이고 안전난간이 없다. 아래 작업자가 돌을 위로 올리는 순간 허리를 다치는 장면이다. 불안전한 요소 2가지를 쓰시오.

➡️**해답** ① 작업발판 끝부분에 안전난간 미설치로 작업자의 추락위험이 있다.
② 2m 이상 고소작업 시에는 작업발판 미설치로 인한 추락위험이 있다.

03.
동영상은 노면을 깎는 작업을 보여주고 있다. 건설기계의 명칭과 기능을 쓰시오.

➡해답 ① 명칭 : 불도저
② 용도 : 지반정지, 굴착작업, 적재작업, 운반작업

04.
건설현장에 설치된 비계를 보여주고 있다. 이 현장에서 추락재해를 유발하는 불안전한 상태를 3가지 쓰시오.

➡해답 ① 작업발판 미설치
② 울, 손잡이 또는 충분한 강도를 가진 난간 등의 미설치
③ 추락방호망 미설치

05.
전기기계·기구 또는 전로 등의 충전부분에 접촉 시 감전방지대책 3가지를 쓰시오.

➡해답 ① 충전부가 노출되지 않도록 폐쇄형 외함이 있는 구조로 할 것
② 충전부에 충분한 절연효과가 있는 방호망 또는 절연덮개를 설치할 것
③ 충전부는 내구성이 있는 절연물로 완전히 덮어 감쌀 것
④ 발·변전소 및 개폐소 등 구획되어 있는 장소로서 관계근로자가 아닌 사람의 출입이 금지되는 장소에 충전부를 설치하고 위험표시 등의 방법으로 방호를 강화할 것
⑤ 전주 위 및 철탑 위 등 격리되어 있는 장소로서 관계근로자가 아닌 사람이 접근할 우려가 없는 장소에 충전부를 설치할 것

06.
거푸집 동바리 등의 조립 또는 해체작업 시 준수사항 3가지를 쓰시오.

→해답 ① 해당 작업을 하는 구역에는 관계 근로자가 아닌 사람의 출입을 금지할 것
② 비, 눈, 그 밖의 기상상태의 불안정으로 날씨가 몹시 나쁜 경우에는 그 작업을 중지할 것
③ 재료, 기구 또는 공구 등을 올리거나 내리는 경우에는 근로자로 하여금 달줄·달포대 등을 사용하도록 할 것
④ 낙하·충격에 의한 돌발적 재해를 방지하기 위하여 버팀목을 설치하고 거푸집 동바리 등을 인양장비에 매단 후에 작업을 하도록 하는 등 필요한 조치를 할 것

07.
터널공사 작업 시 자동경보장치에 대하여 당일 작업시작 전에 이상을 발견하면 즉시 보수해야 할 사항 3가지를 쓰시오.

→해답 ① 계기의 이상 유무
② 검지부의 이상 유무
③ 경보장치의 작동상태

08.
경사면에서 백호로 굴착작업을 하는 동영상을 보여주고 있다. 굴착작업 시 토사등의 붕괴 또는 낙하를 방지하기 위해 작업 시작 전 점검해야 할 사항을 2가지 쓰시오.

→해답 ① 형상·지질 및 지층의 상태
② 균열·함수·용수 및 동결의 유무 또는 상태
③ 매설물 등의 유무 또는 상태
④ 지반의 지하수위 상태

건설안전기사 2회(E형)

01.
이러한 항타기·항발기 작업 시 무너짐 방지를 위한 준수사항 3가지를 쓰시오.

→해답 ① 연약한 지반에 설치하는 경우에는 아웃트리거·받침 등 지지구조물의 침하를 방지하기 위하여 받침목이나 깔판 등을 사용할 것
② 시설 또는 가설물 등에 설치하는 경우에는 그 내력을 확인하고 내력이 부족하면 그 내력을 보강할 것

③ 아웃트리거·받침 등 지지구조물이 미끄러질 우려가 있는 경우에는 말뚝 또는 쐐기 등을 사용하여 해당 지지구조물을 고정시킬 것

④ 궤도 또는 차로 이동하는 항타기 또는 항발기에 대해서는 불시에 이동하는 것을 방지하기 위하여 레일 클램프(rail clamp) 및 쐐기 등으로 고정시킬 것

⑤ 상단 부분은 버팀대·버팀줄로 고정하여 안정시키고, 그 하단 부분은 견고한 버팀·말뚝 또는 철골 등으로 고정시킬 것

O2.
철골공사 시 작업을 중지해야 하는 기상조건을 쓰시오.(단, 단위를 명확히 쓰시오)

➡해답

구분	내용
강풍	풍속 10m/sec 이상
강우	1시간당 강우량이 1mm 이상
강설	1시간당 강설량이 1cm 이상

O3.
작업자가 손수레에 모래를 가득 싣고 리프트를 이용하여 운반하기 위해 손수레를 운전하던 중 리프트 개구부에서 추락하는 사고가 발생하였다. 이때 건설용 리프트의 ① 방호장치의 종류, ② 재해형태, ③ 재해원인 2가지를 쓰시오.

➡해답 ① 권과방지장치, 과부하방지장치, 비상정지장치, 낙하방지장치
② 추락
③ 손수레 운전한계를 초과한 모래적재, 1인이 운반

O4.
크레인을 이용하여 화물을 인양하던 중 화물이 한쪽으로 기울어지면서 떨어졌고, 그 밑에서 작업하던 근로자가 이 화물에 맞는 장면을 보여주고 있다. 이때, 위험요인 및 대책을 2가지씩 쓰시오.

➡해답 (1) 위험요인
① 화물을 1가닥으로 인양하여 화물이 균형을 잃고 낙하할 위험
② 낙하위험구간에 작업자 출입
③ 신호수 미배치
(2) 안전대책
① 화물을 두 줄로 걸어 균형을 잡고 운반
② 낙하위험구간에 작업자 출입금지 조치
③ 신호수 배치

05.
이동식크레인을 이용하여 중량물을 양중하는 장면을 보여주고 있다. 이때 건설장비의 ① 명칭과 이와 같은 장비를 사용하여 화물을 양중하는 경우 와이어로프의 ② 안전율은 얼마 이상이어야 하는지 쓰시오.

➡️**해답** ① 명칭 : 이동식 크레인
　　　　② 안전율 : 5

06.
아스콘 포장작업을 하는 모습을 보여주고 있다. 해당 기계의 이름과 용도를 쓰시오.

➡️**해답** ① 명칭 : 아스팔트 피니셔
　　　　② 용도 : 아스팔트 플랜트로부터 덤프트럭으로 운반된 아스콘 혼합재를 노면 위에 일정한 규격과 간격으로 깔아
　　　　　　　주는 장비

07.
구조안전의 위험이 큰 철골구조물과 같이 건립 중 강풍에 의한 풍압 등 외압에 대한 내력이 설계에 고려되어 있는지 확인하여야 하는 대상 5가지를 쓰시오.

➡️**해답** ① 높이 20m 이상의 구조물
　　　　② 구조물의 폭과 높이의 비가 1 : 4 이상인 구조물
　　　　③ 단면구조에 현저한 차이가 있는 구조물
　　　　④ 연면적당 철골량이 50kg/m² 이하인 구조물
　　　　⑤ 기둥이 타이플레이트(Tie Plate)형인 구조물
　　　　⑥ 이음부가 현장용접인 구조물

08.
다음 사진 속 건설기계 장비 이름은?

→해답 콘크리트타설장비

건설안전기사 3회(A형)

01.
터널 내부 지보공 작업을 하고 있다. 락볼트(Rock Bolt)의 역할 3가지를 쓰시오.

→해답 ① 봉합 작용   ② 내압 작용
        ③ 보형성 작용   ④ 아치 형성 작용

02.
동영상은 상수도관 매설작업이다. 용접작업 중인 근로자들이 착용하고 있는 보호구의 종류를 4가지 쓰시오.

→해답 ① 용접용 보안면
        ② 용접용 장갑
        ③ 용접용 앞치마
        ④ 용접용 안전화

03.
동영상은 사면을 백호로 굴착하는 장면을 보여주고 있다. 토석의 낙하위험 및 암석붕괴를 방지하기 위해 설치해야 하는 설비나 조치사항을 3가지 쓰시오

해답 ① 흙막이 지보공의 설치
② 방호망의 설치
③ 근로자의 출입금지
④ 비가 올 경우를 대비하여 측구를 설치하거나 굴착사면에 비닐 보강

04.
위와 같은 건설현장에서 화물의 낙하·비래 위험이 있는 경우 조치해야 할 사항 2가지를 쓰시오.

해답 ① 낙하물 방지망 설치
② 출입금지구역의 설정
③ 방호선반 설치
④ 작업자의 안전모 착용 지시

05.
추락방호망은 수평으로 설치하고, 망의 처짐은 짧은 변 길이의 몇 % 이상이 되도록 해야 하는가?

해답 12%

06.
거푸집 작업 시 연결철물의 명칭과 기능은?

해답 ① 명칭 : 폼타이(Form - Tie)
② 기능 : 콘크리트를 부어 넣을 때 거푸집이 벌어지거나 우그러들지 않게 연결 고정

07.
굴착작업 시 토석이 붕괴되는 원인을 외적 원인과 내적 원인으로 구분할 때 외적 원인에 해당하는 사항을 4가지만 쓰시오.

➡️해답 ① 사면, 법면의 경사 및 기울기의 증가
② 절토 및 성토 높이의 증가
③ 공사에 의한 진동 및 반복하중의 증가
④ 지표수 및 지하수의 침투에 의한 토사 중량의 증가
⑤ 지진, 차량 구조물의 하중작용
⑥ 토사 및 암석의 혼합층 두께

08.
이와 같은 흙막이 지보공을 설치한 때에 정기적으로 점검하여 이상 발견 시 즉시 보수하여야 하는 사항을 3가지 쓰시오.

➡️해답 ① 부재의 손상·변형·부식·변위 및 탈락의 유무와 상태
② 버팀대의 긴압의 정도
③ 부재의 접속부·부착부 및 교차부의 상태
④ 침하의 정도

건설안전기사 3회(B형)

01.
강관 틀비계의 부재 명칭을 적으시오

➡️해답 ① 작업발판
② 교차가새

02.
꽂음접속기를 설치하거나 사용하는 경우 준수사항을 3가지 쓰시오.

➡️해답 ① 서로 다른 전압의 꽂음접속기는 서로 접속되지 아니한 구조의 것을 사용할 것
② 습윤한 장소에 사용되는 꽂음접속기는 방수형 등 그 장소에 적합한 것을 사용할 것
③ 근로자가 해당 꽂음접속기를 접속시킬 경우에는 땀 등으로 젖은 손으로 취급하지 않도록 할 것
④ 해당 꽂음접속기에 잠금장치가 있는 경우에는 접속 후 잠그고 사용할 것

03.

낙하물방지망 설치기준이다. 다음 (   ) 안에 알맞은 내용을 쓰시오.

(가) 낙하물 방지망 설치높이는 (①)m 이내마다 설치하고, 내민 길이는 벽면으로부터 (②)m 이상으로 할 것
(나) 수평면과의 각도는 (③)도 이상 (④)도 이하를 유지할 것

➡해답 ① 10   ② 2   ③ 20   ④ 30

04.

위와 같은 건물 해체작업 시 공법의 종류와 해체작업 계획에 포함되어야 하는 사항 3가지를 쓰시오.

➡해답 (1) 공법의 종류 : 압쇄공법
    (2) 해체작업계획 포함사항
        ① 해체의 방법 및 해체순서 도면
        ② 가설설비, 방호설비, 환기설비 및 살수·방화설비 등의 방법
        ③ 사업장 내 연락방법
        ④ 해체물의 처분계획
        ⑤ 해체작업용 기계·기구 등의 작업계획서
        ⑥ 해체작업용 화약류 등의 사용계획서

05.

Precast Concrete 제품의 제작과정을 보여주고 있다. 보기를 참고하여 올바른 (1) 제작순서를 나열하고, Precast Concrete의 (2) 장점을 3가지만 쓰시오.

[보기]		
① 거푸집 제작	② 양생	③ 철근 배근 및 조립
④ 콘크리트 타설	⑤ 선 부착품(인서트, 전기부품 등) 설치	⑥ 청소
⑦ 마감	⑧ 탈형	

➡해답 (1) 제작순서
　　　①→⑤→③→④→②→⑦→⑧→⑥
　　　① 거푸집 제작
　　　② 선 부착품(인서트, 전기부품 등) 설치
　　　③ 철근 배근 및 조립
　　　④ 콘크리트 타설
　　　⑤ 양생
　　　⑥ 마감
　　　⑦ 탈형
　　　⑧ 청소
　　(2) 장점
　　　① 좋은 품질의 콘크리트 부재를 생산 가능
　　　② 기계화 작업으로 공기 단축
　　　③ 기상과 관계없이 작업 가능

06.
비계 설치 시 벽이음의 역할 3가지를 쓰시오.

➡해답 ① 비계 전체의 좌굴 방지
　　　② 풍하중에 의한 무너짐 방지
　　　③ 편심하중을 지탱하여 무너짐 방지

07.
용접작업 도중에 무리하게 먼 거리에서 용접작업을 하려고 호스를 당기다가 호스가 가스통에서 분리되어서 용접스파크와 접촉하면서 폭발이 발생하였다(작업자는 보안경도, 안전장치도 착용하지 않음). 위험요인 2가지를 적으시오.

➡해답 ① 무리하게 호스를 당겨서 분리된 호스로 인해 누설된 가스와 스파크와의 접촉으로 인한 폭발
　　　② 보안경 미착용으로 인한 재해위험

08.
NATM 공법에 의한 터널시공 장면을 보여주고 있다. 이러한 터널 굴착작업 시 공사의 안전성 및 설계의 타당성 판단 등을 확인하기 위해 실시하는 계측의 종류를 3가지만 쓰시오.

➡해답 ① 내공변위 측정
　　　② 천단침하 측정

③ 지표면침하 측정
④ 지중변위 측정
⑤ Rock Bolt 축력 측정
⑥ 숏크리트 응력 측정

건설안전기사 3회(C형)

O1.
항타기·항발기 작업 시 무너짐 방지를 위한 준수사항 3가지를 쓰시오.

➡해답 ① 연약한 지반에 설치하는 경우에는 아웃트리거·받침 등 지지구조물의 침하를 방지하기 위하여 받침목이나 깔판 등을 사용할 것
② 시설 또는 가설물 등에 설치하는 경우에는 그 내력을 확인하고 내력이 부족하면 그 내력을 보강할 것
③ 아웃트리거·받침 등 지지구조물이 미끄러질 우려가 있는 경우에는 말뚝 또는 쐐기 등을 사용하여 해당 지지구조물을 고정시킬 것
④ 궤도 또는 차로 이동하는 항타기 또는 항발기에 대해서는 불시에 이동하는 것을 방지하기 위하여 레일 클램프(rail clamp) 및 쐐기 등으로 고정시킬 것
⑤ 상단 부분은 버팀대·버팀줄로 고정하여 안정시키고, 그 하단 부분은 견고한 버팀·말뚝 또는 철골 등으로 고정시킬 것

O2.
감전 시 인체에 미치는 주된 영향인자 3가지를 쓰시오.

➡해답 ① 통전전류의 크기(가장 근본적인 원인이며 감전피해의 위험도에 가장 큰 영향을 미침)
② 통전시간
③ 통전경로
④ 전원의 종류(교류 또는 직류)
⑤ 주파수 및 파형
⑥ 전격인가위상(심장 맥동주기의 어느 위상(T파에서 가장 위험)에서의 통전 여부)
⑦ 기타 간접적으로는 인체저항과 전압의 크기 등이 관계함

03.
화물 적재 시 준수하여야 할 사항 3가지를 쓰시오.

➡해답 ① 하중이 한쪽으로 치우치지 않도록 적재할 것
② 운전자의 시야를 가리지 않도록 화물을 적재할 것
③ 화물을 적재할 경우에는 최대적재량 초과 금지

04.
동영상은 흙막이를 보여 주고 있다. H형으로 된 줄이 이어져 있으며, 다음 화면은 흙막이에 연결되어 있던 선로에 노란색으로 되어 있는 사각형의 기계를 보여 준다. 이 공법의 명칭과 동영상에서 보여준 계측기의 종류 및 용도 3가지를 쓰시오.

➡해답 (1) 명칭 : 어스앵커 공법
(2) 계측기의 종류와 용도
① 지표침하계 – 지표면 침하량 측정
② 수위계 – 지반 내 지하수위의 변화 측정
③ 지중경사계 – 지중의 수평 변위량 측정

05.
터널 굴착작업 시 시공계획에 포함되어야 할 사항 3가지를 쓰시오.

➡해답 ① 굴착의 방법
② 터널지보공 및 복공의 시공방법과 용수의 처리방법
③ 환기 또는 조명시설을 하는 때에는 그 방법

06.

계단 및 계단참의 설치기준이다. 빈칸을 채우시오.

> (1) 계단 및 계단참을 설치하는 때에는 (①) 이상의 하중에 견딜 수 있는 강도를 가진 구조
> (2) 높이가 3m를 초과하는 계단에는 높이 (②) 이내마다 너비 (③) 이상의 계단참을 설치
> (3) 바닥 면으로부터 높이 (④) 이내의 공간에 장애물이 없도록 할 것

➡해답 ① 500kg/m² ② 3m ③ 1.2m ④ 2m

07.

이동식 비계 위로 작업자가 올라가고 있는 장면을 보여주고 있다. 이와 같은 작업 시 추락재해가 발생하였을 때 재해예방대책 3가지를 쓰시오.

➡해답 ① 승강용 사다리를 견고하게 설치한다.
② 갑작스러운 이동 또는 전도를 방지하기 위해 비계를 견고한 시설물에 고정하거나 아웃트리거를 설치한다.
③ 비계의 최상부 작업발판 단부에는 안전난간을 설치한다.

08.

아파트 건설공사 현장에 타워크레인이 설치되어 있다. 타워크레인의 방호장치를 2가지 쓰시오.

➡해답 ① 권과방지장치
② 과부하방지장치
③ 비상정지장치
④ 브레이크 장치
⑤ 훅해지장치

건설안전기사 3회(D형)

01.
터널 내 콘크리트를 뿌리는 장면을 보여주고 있다. 이 공법의 명칭과 공법의 종류 2가지를 쓰시오.

➡해답 (1) 명칭 : 숏크리트(Shotcrete)
　　 (2) 공법의 종류
　　　　 ① 습식공법
　　　　 ② 건식공법

02.
산업안전보건법상 조도기준 4가지를 쓰시오.

➡해답 ① 초정밀작업 : 750럭스 이상
　　 ② 정밀작업 : 300럭스 이상
　　 ③ 보통작업 : 150럭스 이상
　　 ④ 기타작업 : 75럭스 이상

03.
콘크리트 타설작업을 하기 위하여 콘크리트타설장비 이용 작업 시 준수사항 3가지를 쓰시오.

➡해답 1. 작업을 시작하기 전에 콘크리트타설장비를 점검하고 이상을 발견하였으면 즉시 보수할 것
　　 2. 건축물의 난간 등에서 작업하는 근로자가 호스의 요동·선회로 인하여 추락하는 위험을 방지하기 위하여 안전난간 설치 등 필요한 조치를 할 것
　　 3. 콘크리트타설장비의 붐을 조정하는 경우에는 주변의 전선 등에 의한 위험을 예방하기 위한 적절한 조치를 할 것
　　 4. 작업 중에 지반의 침하나 아웃트리거 등 콘크리트타설장비 지지구조물의 손상 등에 의하여 콘크리트타설장비가 넘어질 우려가 있는 경우에는 이를 방지하기 위한 적절한 조치를 할 것

04.
동영상에서 말비계를 보여주고 있다. 말비계 사용 시 작업발판의 설치기준을 3가지 쓰시오.

해답 ① 지주부재의 하단에는 미끄럼 방지장치를 하고, 양측 끝부분에 올라서서 작업하지 아니하도록 할 것
② 지주부재와 수평면의 기울기를 75° 이하로 하고, 지주부재와 지주부재 사이를 고정시키는 보조부재를 설치할 것
③ 말비계의 높이가 2m를 초과할 경우에는 작업발판의 폭을 40cm 이상으로 할 것

05.
밀폐된 공간, 즉 잠함, 우물통, 수직갱 등에서 작업 시 산소결핍기준 및 결핍 시 조치사항 3가지를 쓰시오.

해답 (1) 결핍기준 : 공기 중의 산소농도가 18% 미만인 상태
(2) 조치사항
① 산소결핍 우려가 있는 경우에는 산소의 농도를 측정하는 사람을 지명하여 측정하도록 할 것
② 근로자가 안전하게 오르내리기 위한 설비를 설치할 것
③ 굴착 깊이가 20m를 초과하는 경우에는 해당 작업장소와 외부와의 연락을 위한 통신설비 등을 설치할 것

06.
다음 보기의 ( )에 알맞은 말이나 숫자를 쓰시오.

(1) 비계기둥에는 미끄러지거나 침하하는 것을 방지하기 위하여 밑받침철물을 사용하거나 (①) 등을 사용하여 밑둥잡이를 설치하는 등의 조치를 할 것
(2) 비계기둥의 간격은 띠장 방향에서는 (②)m 이하, 장선방향에서는 1.5m 이하로 할 것
(3) 띠장간격은 (③)m 이하로 설치할 것
(4) 비계기둥의 최고부로부터 (④)m 되는 지점 밑 부분의 비계기둥은 (⑤)본의 강관으로 묶어세울 것
(5) 비계기둥 간의 적재하중은 (⑥)kg을 초과하지 아니하도록 할 것

해답 ① 받침목이나 깔판 ② 1.85 ③ 2 ④ 31 ⑤ 2 ⑥ 400

07.
화면은 이동식 크레인을 이용하여 철제 배관을 운반하는 도중 신호수 간에 신호방법이 맞지 않아 물체가 흔들리며 철골에 부딪혀 작업자 위로 자재가 낙하하는 재해사례를 나타내고 있다. 재해발생 원인 중 이동식 크레인 운전자가 준수해야 할 사항 2가지를 쓰시오.

해답 ① 일정한 신호방법을 정하고 신호수의 신호에 따라 작업한다.
② 화물을 매단 채 운전석을 이탈하지 않는다.
③ 작업 종료 후 크레인에 동력을 차단시키고 정지조치를 확실히 한다.

O8.

달비계 또는 높이 5m 이상의 비계를 조립·해체하거나 변경하는 작업에서 관리감독자의 직무수행내용을 4가지 쓰시오.

해답 ① 재료의 결함 유무를 점검하고 불량품을 제거하는 일
② 기구·공구·안전대 및 안전모 등의 기능을 점검하고 불량품을 제거하는 일
③ 작업방법 및 근로자 배치를 결정하고 작업 진행 상태를 감시하는 일
④ 안전대와 안전모 등의 착용 상황을 감시하는 일

건설안전기사 3회(E형)

O1.

트럭크레인을 이용하여 화물을 운반하는 동영상을 보여주고 있다. 이때, 크레인의 로프와 Hook이 흔들거리면서 이동하고 있고, 운전자는 안전모를 착용하지 않고 크레인을 조정하고 있으며, 다른 작업자 2명은 보호구를 착용하지 않은 상태에서 크레인에 강관 다발을 2줄로 묶고 인양하고 있다. 이때 위험요인 및 안전대책을 3가지씩 쓰시오.

해답 (1) 위험요인
① 신호수 미배치로 작업자 충돌위험
② 아웃트리거 설치불량으로 전도위험
③ 작업자 안전모 등 개인보호구 미착용
(2) 안전대책
① 신호수를 배치하여 작업 유도 및 위험구간 작업자 접근금지 조치
② 크레인의 아웃트리거를 깔판 위에 설치하는 등 침하방지 조치 철저
③ 작업자 안전모, 안전화 등 개인보호구 착용

O2.

타워크레인의 작업 중지에 관한 내용이다. 빈칸을 채우시오.

• 운전작업을 중지하여야 하는 순간풍속 : (①)m/s
• 설치·수리·점검 또는 해체 작업 중지 하여야 하는 순간풍속 : (②)m/s

해답 ① 15   ② 10

03.

동영상에서 보여주고 있는 바닥 개구부나 가설 구조물의 단부에서 추락위험을 방지하기 위해 설치해야 하는 안전난간의 구조 및 설치요건을 (   ) 안에 써 넣으시오.

1. 안전난간은 (①), (②), (③) 및 (④)으로 구성한다.
2. (①)은 바닥면 발판 또는 경사로의 표면으로부터 (⑤) 이상 지점에 설치하고, 상부난간대를 (⑥) 이하에 설치하는 경우에는 (②)는 (①)와 바닥면 등의 중간에 설치하여야 하며, (⑥) 이상 지점에 설치하는 경우에는 (②)를 2단 이상으로 균등하게 설치하고 난간의 상하 간격은 60cm 이하가 되도록 한다. 다만, 계단의 개방된 측면에 설치된 난간기둥 간의 간격이 25cm 이하인 경우에는 중간 난간대를 설치하지 아니할 수 있다.
3. (③)은 바닥면 등으로부터 (⑦) 이상의 높이를 유지한다.

➡️해답 ① 상부 난간대   ② 중간 난간대
     ③ 발끝막이판   ④ 난간기둥
     ⑤ 90cm   ⑥ 120cm
     ⑦ 10cm

04.

다음은 철골공사 시 설치하는 작업발판을 만드는 비계이다. 비계의 명칭을 쓰시오.

➡️해답 달대비계

05.

배수구조물 설치를 위한 터파기 작업이 진행 중이다. 터파기 사면보호대책의 미비점을 3가지 쓰시오.

➡️해답 ① 사면의 기울기 기준 미준수
     ② 굴착사면에 비가 올 경우를 대비한 비닐보강 미실시
     ③ 토사등의 붕괴 또는 낙하 원인이 되는 빗물이나 지하수 등을 배제할 수 있는 측구 미설치
     ④ 낙하의 위험이 있는 토석을 제거하거나 옹벽, 흙막이 지보공 등 미설치

06.
다음 토공기계의 명칭과 용도를 쓰시오.

➡해답 (1) 명칭 : 스크레이퍼(Scraper)
　　　 (2) 용도 : 흙을 절삭·운반하거나 펴 고르는 등의 작업을 하는 토공기계

07.
건물 외벽의 석재 마감공사를 위해 외부비계 위에서 작업 중이다. 현장에서 추락재해를 유발하는 불안전한 요인을 3가지 쓰시오.

➡해답 ① 작업발판 단부에 안전난간 미설치
　　　 ② 근로자가 외부비계 위 작업장으로 이동할 수 있는 승강설비, 가설계단 미설치
　　　 ③ 외부비계 위 통로에 대리석 자재가 적치되어 안전통로 미확보

08.
사진은 작업장에 설치된 계단을 보여주고 있다. 사진에서와 같이 작업장에 계단 및 계단참을 설치할 경우 준수하여야 하는 사항에 대하여 다음 (　　) 안에 알맞은 내용을 쓰시오.

(1) 계단 및 계단참을 설치할 때에는 매 m^2 당 (①)kg 이상의 하중을 견딜 수 있는 강도를 가진 구조로 설치하여야 한다.
(2) 계단을 설치할 때에는 그 폭을 (②)m 이상으로 하여야 한다.
(3) 높이가 3m를 초과하는 계단에는 높이 (③)m 이내마다 너비 (④) 이상의 계단참을 설치하여야 한다.

➡해답 ① 500　　　　　　② 1
　　　 ③ 3　　　　　　　④ 1.2

건설안전기사 4회(A형)

01.
밀폐된 공간, 즉 잠함, 우물통, 수직갱, 기타 작업에서 산소결핍 기준 및 결핍 시 조치사항 3가지를 쓰시오.

➡해답 (1) 결핍기준 : 공기 중의 산소농도가 18% 미만인 상태
(2) 조치사항
① 산소결핍 우려가 있는 경우에는 산소의 농도를 측정하는 사람을 지명하여 측정하도록 할 것
② 근로자가 안전하게 오르내리기 위한 설비를 설치할 것
③ 굴착 깊이가 20m를 초과하는 경우에는 해당 작업장소와 외부와의 연락을 위한 통신설비 등을 설치할 것

02.
동영상을 보고 ① 재해종류, ② 재해발생원인, ③ 해결방법을 각각 1가지씩 쓰시오.

[동영상 설명]
타워크레인이 화물을 1줄 걸이로 인양해서 올리고 있고, 하부에 근로자가 턱끈을 매지 않은 채 양중 작업을 보지 못하고 지나가는 중에 화물이 탈락하며 근로자에게 떨어짐

➡해답 ① 재해종류 : 낙하
② 원인
• 화물 인양 시 1줄 걸이로 하여 화물이 무게 중심을 잃고 낙하
• 작업 반경 내 출입금지구역을 설정하지 않아 근로자 접근
③ 해결방법
• 화물 인양 시 2줄 걸이로 하여 화물을 인양한다.
• 작업 반경 내 출입금지구역을 설정한다.

03.
건설현장에 설치된 비계를 보여주고 있다. 이 현장에서 추락재해를 유발하는 불안전한 상태를 3가지를 쓰시오.

➡해답 ① 작업발판 미설치
② 울, 손잡이 또는 충분한 강도를 가진 난간 등의 미설치
③ 추락방호망 미설치

04.

이동식 비계에서 승강용 사다리는 보이지 않고, 이동식 비계의 바퀴가 흔들거리는 장면을 보여주면서 작업자가 추락한다. 이와 같은 이동식 비계를 조립하는 경우 준수사항 3가지를 쓰시오.

➡️해답 ① 이동식 비계에는 뜻밖의 갑작스러운 이동 또는 전도를 방지하기 위해 브레이크·쐐기 등으로 바퀴를 고정시킨 다음 비계의 일부를 견고한 시설물에 고정하거나 아웃트리거(Outrigger)를 설치하는 등 필요한 조치를 할 것
② 승강용 사다리는 견고하게 설치할 것
③ 비계의 최상부에서 작업을 할 경우에는 안전난간을 설치할 것
④ 작업발판은 항상 수평을 유지하고 작업발판 위에서 안전난간을 딛고 작업을 하거나 받침대 또는 사다리를 사용하여 작업하지 않도록 할 것
⑤ 작업발판의 최대 적재하중은 250kg을 초과하지 않도록 할 것

05.

이동식비계 관련 설명이다. 빈칸을 채우시오.

1) 이동식비계의 바퀴에는 뜻밖의 갑작스러운 이동 또는 전도를 방지하기 위하여 (①) 등으로 바퀴를 고정시킨 다음 비계의 일부를 견고한 시설물에 고정하거나 (②)를 설치하는 등 필요한 조치를 할 것
2) 비계의 최상부에서 작업을 하는 경우에는 (③)을 설치할 것

➡️해답 ① 브레이크·쐐기 ② 아웃트리거 ③ 안전난간

06.

계단참 관련 설명이다. 빈칸을 채우시오.

사업주는 높이가 3m를 초과하는 계단에 높이 3m 이내마다 너비 ( )m 이상의 계단참을 설치하여야 한다.

➡️해답 1.2

07.

타워크레인을 해체하는 동영상을 보여주고 있다. 크레인이 짐을 한줄 걸이로 들고 있고 트럭 위에 짐을 싣는 도중 작업자가 올라가려다 놀라며 내려오고 있으며, 다른 작업자는 돌 같은 것을 잡고 내리고 있고 안전모를 착용하지 않았다. 해체작업 시 안전상 미비점 2가지를 쓰시오.

➡️해답 ① 낙하위험구간에 출입금지 미조치
② 화물을 1줄 걸이로 인양하여 낙하위험
③ 작업자 안전모의 턱끈 미체결
④ 신호수 미배치

O8.
1줄 걸이를 사용하여 화물을 인양하는 타워크레인 작업 동영상이다. 동영상을 참고하여 재해발생원인을 2가지 쓰시오.

해답 ① 인양화물을 1줄 걸이를 사용하여 인양함에 따라 인양 중 낙하위험
② 작업반경 내 근로자 출입으로 낙하재해 발생위험
③ 신호수 미배치에 따라 작업 중 낙하 및 충돌위험

건설안전기사 4회(B형)

O1.
달비계 또는 높이 5m 이상의 비계를 조립·해체하거나 변경하는 작업에서 관리감독자의 직무수행내용을 4가지 쓰시오.

해답 ① 재료의 결함 유무를 점검하고 불량품을 제거하는 일
② 기구·공구·안전대 및 안전모 등의 기능을 점검하고 불량품을 제거하는 일
③ 작업방법 및 근로자 배치를 결정하고 작업 진행 상태를 감시하는 일
④ 안전대와 안전모 등의 착용 상황을 감시하는 일

O2.
굴착기를 이용하여 굴착한 토사를 덤프트럭으로 상차하는 작업을 보여주고 있다. 이와 같은 건설기계 작업 시 주의사항을 3가지 쓰시오.

해답 ① 작업유도자 배치 및 작업반경 내 근로자 접근금지
② 덤프트럭 바퀴에 고임목(쐐기)을 설치하여 급작스런 유동 방지
③ 적재적량 상차 및 덮개를 덮고 운반
④ 지반을 고르게 하고 수평 유지
⑤ 살수 실시 및 운행속도 제한

03.
승강용 사다리는 보이지 않고, 이동식 비계의 바퀴가 흔들거리는 장면을 보여주면서 작업자가 추락한다. 이와 같은 이동식 비계를 조립하는 경우 준수사항 3가지를 쓰시오.

해답 ① 이동식 비계의 바퀴에는 뜻밖의 갑작스러운 이동 또는 전도를 방지하기 위해 브레이크 · 쐐기 등으로 바퀴를 고정시킨 다음 비계의 일부를 견고한 시설물에 고정하거나 아웃트리거(Outrigger)를 설치하는 등 필요한 조치를 할 것
② 승강용 사다리는 견고하게 설치할 것
③ 비계의 최상부에서 작업을 할 경우에는 안전난간을 설치할 것
④ 작업발판은 항상 수평을 유지하고 작업발판 위에서 안전난간을 딛고 작업하거나 받침대 또는 사다리를 사용하여 작업하지 않도록 할 것
⑤ 작업발판의 최대 적재하중은 250kg을 초과하지 않도록 할 것

04.
옹벽 구조물 설치를 위한 터파기 작업 중 사면이 붕괴된 모습이다. 토석의 붕괴 및 낙하를 예방하기 위해 미리 조치해야 하는 사항을 쓰시오.

해답 ① 흙막이 지보공의 설치
② 방호망의 설치
③ 비가 올 경우를 대비하여 측구를 설치하거나 굴착사면에 비닐보강

05.
아파트 건설현장을 보여주고 있다. 위와 같은 건설현장에서 화물의 낙하 · 비래 위험이 있는 경우 조치해야 할 사항 2가지를 쓰시오.

해답 ① 낙하물 방지망 설치 ② 출입금지구역의 설정
③ 방호선반 설치 ④ 작업자 안전모 착용

06.
터널공사 현장에서 천공기를 사용하여 구멍을 뚫고 있는 장면을 보여주고 있다. 화약류 취급 시 유의해야 할 사항 3가지를 쓰시오.

해답 ① 화약이나 폭약을 장전하는 경우에는 그 부근에서 화기를 사용하거나 흡연을 하지 않도록 할 것
② 장전구(裝塡具)는 마찰 · 충격 · 정전기 등에 의한 폭발의 위험이 없는 안전한 것을 사용할 것
③ 발파공의 충진재료는 점토 · 모래 등 발화성 또는 인화성의 위험이 없는 재료를 사용할 것

07.

공사용 가설도로 설치 시 준수사항 4가지를 쓰시오.

해답 ① 도로는 장비와 차량이 안전하게 운행할 수 있도록 견고하게 설치할 것
② 도로와 작업장이 접하여 있을 경우에는 울타리 등을 설치할 것
③ 도로는 배수를 위하여 경사지게 설치하거나 배수시설을 설치할 것
④ 차량의 속도제한 표지를 부착할 것

08.

콘크리트 타설작업을 하기 위하여 콘크리트타설장비 이용 작업 시 준수사항 3가지를 쓰시오.

해답 1. 작업을 시작하기 전에 콘크리트타설장비를 점검하고 이상을 발견하였으면 즉시 보수할 것
2. 건축물의 난간 등에서 작업하는 근로자가 호스의 요동·선회로 인하여 추락하는 위험을 방지하기 위하여 안전 난간 설치 등 필요한 조치를 할 것
3. 콘크리트타설장비의 붐을 조정하는 경우에는 주변의 전선 등에 의한 위험을 예방하기 위한 적절한 조치를 할 것
4. 작업 중에 지반의 침하나 아웃트리거 등 콘크리트타설장비 지지구조물의 손상 등에 의하여 콘크리트타설장비 가 넘어질 우려가 있는 경우에는 이를 방지하기 위한 적절한 조치를 할 것

건설안전기사 4회(C형)

01.

아파트 건설현장 동영상을 보고 작업자의 위험한 행동을 찾아 2가지를 쓰시오.

[동영상 설명]
작업자는 아파트에서 작업 도중 음료수를 마신다. 다 마신 빈 캔을 아래로 던진 뒤 비계를 잡고 위로 올라가고 있다.

해답 ① 음료 캔을 마시고 밑으로 던져 하부작업자가 날아온 물체(비래)에 의해 재해를 입을 수 있다.
② 안전한 승강용 사다리를 사용하지 않고 외부비계를 밟고 위로 올라가다 추락할 위험이 있다.

02.

터널공사 현장에서 천공기를 사용하여 구멍을 뚫고 있는 장면이다. 터널공사 작업 시 자동경보장치에 대하여 당일 작업시작 전에 이상을 발견하면 즉시 보수해야 할 사항 3가지를 쓰시오.

해답 ① 계기의 이상 유무
② 검지부의 이상 유무
③ 경보장치의 작동상태

03.

Precast Concrete 제품의 제작과정을 보여주고 있다. 보기를 참고하여 올바른 (1) 제작순서를 나열하고, Precast Concrete의 (2) 장점을 3가지만 쓰시오.

[보기]		
① 거푸집 제작	② 양생	③ 철근 배근 및 조립
④ 콘크리트 타설	⑤ 선 부착품(인서트, 전기부품 등) 설치	⑥ 청소
⑦ 마감	⑧ 탈형	

해답 (1) 제작순서
①→⑤→③→④→②→⑦→⑧→⑥
① 거푸집 제작
② 선 부착품(인서트, 전기부품 등) 설치
③ 철근 배근 및 조립
④ 콘크리트 타설
⑤ 양생
⑥ 마감
⑦ 탈형
⑧ 청소
(2) 장점
① 좋은 품질의 콘크리트 부재를 생산 가능
② 기계화 작업으로 공기 단축
③ 기상과 관계없이 작업 가능

04.

목재 가공용 둥근톱으로 합판을 절단하다 사고가 발생하였다. 다음 질문에 답하시오.

(1) 동영상에서의 재해발생 원인을 2가지 쓰시오.
(2) 누전차단기를 반드시 설치해야 하는 작업장소를 쓰시오.

➡️**해답** (1) 재해발생 원인
    ① 분할날 반발예방장치 미설치
    ② 톱날접촉 예방장치 미설치
    ③ 작업 시 장갑 착용
  (2) 누전차단기 설치장소
    ① 물 등 도전성이 높은 액체에 의한 습윤 장소
    ② 철판·철골 위 등 도전성이 높은 장소
    ③ 임시배선의 전로가 설치되는 장소

05.

동영상에서 보여주고 있는 바닥 개구부나 가설 구조물의 단부에서 추락위험을 방지하기 위해 설치해야 하는 안전난간의 구조 및 설치요건을 (   ) 안에 써 넣으시오.

1. 안전난간은 (①), (②), (③) 및 (④)으로 구성한다.
2. (①)은 바닥면 발판 또는 경사로의 표면으로부터 (⑤) 이상 지점에 설치하고, 상부난간대를 (⑥) 이하에 설치하는 경우에는 (②)는 (①)와 바닥면 등의 중간에 설치하여야 하며, (⑥) 이상 지점에 설치하는 경우에는 (②)를 2단 이상으로 균등하게 설치하고 난간의 상하 간격은 60cm 이하가 되도록 한다. 다만, 계단의 개방된 측면에 설치된 난간기둥 간의 간격이 25cm 이하인 경우에는 중간 난간대를 설치하지 아니할 수 있다.
3. (③)은 바닥면 등으로부터 (⑦) 이상의 높이를 유지한다.

➡️**해답** ① 상부 난간대   ② 중간 난간대
    ③ 발끝막이판   ④ 난간기둥
    ⑤ 90cm   ⑥ 120cm
    ⑦ 10cm

06.

사다리식 통로 설치 시 준수사항을 3가지 쓰시오.

➡️**해답** ① 견고한 구조로 할 것
    ② 재료는 심한 손상·부식 등이 없을 것
    ③ 발판의 간격은 동일하게 할 것
    ④ 발판과 벽과의 사이는 15cm 이상의 간격을 유지할 것
    ⑤ 폭은 30cm 이상으로 할 것

⑥ 사다리가 넘어지거나 미끄러지는 것을 방지하기 위한 조치를 할 것
⑦ 사다리의 상단은 걸쳐놓은 지점으로부터 60cm 이상 올라가도록 할 것
⑧ 사다리식 통로의 길이가 10m 이상인 경우에는 5m 이내마다 계단참을 설치할 것
⑨ 사다리식 통로의 기울기는 75° 이하로 할 것. 다만, 고정식 사다리식 통로의 기울기는 90° 이하로 하고 높이 7m 이상인 경우 바닥으로부터 높이가 2.5m 되는 지점부터 등받이울을 설치할 것
⑩ 접이식 사다리 기둥은 사용 시 접혀지거나 펼쳐지지 않도록 철물 등을 사용하여 견고하게 조치할 것

07.
작업자가 손수레에 모래를 가득 싣고 리프트를 이용하여 운반하기 위해 손수레를 운전하던 중 리프트 개구부에서 추락하는 사고가 발생하였다. 이때 건설용 리프트 방호장치의 종류 2가지를 쓰시오.

➡해답 ① 권과방지장치　　② 과부하방지장치
③ 비상정지장치　　④ 낙하방지장치

08.
항타기 · 항발기 작업 시 무너짐 방지를 위한 준수사항 3가지를 쓰시오.

➡해답 ① 연약한 지반에 설치하는 경우에는 아웃트리거 · 받침 등 지지구조물의 침하를 방지하기 위하여 받침목이나 깔판 등을 사용할 것
② 시설 또는 가설물 등에 설치하는 경우에는 그 내력을 확인하고 내력이 부족하면 그 내력을 보강할 것
③ 아웃트리거 · 받침 등 지지구조물이 미끄러질 우려가 있는 경우에는 말뚝 또는 쐐기 등을 사용하여 해당 지지구조물을 고정시킬 것
④ 궤도 또는 차로 이동하는 항타기 또는 항발기에 대해서는 불시에 이동하는 것을 방지하기 위하여 레일 클램프 (rail clamp) 및 쐐기 등으로 고정시킬 것
⑤ 상단 부분은 버팀대 · 버팀줄로 고정하여 안정시키고, 그 하단 부분은 견고한 버팀 · 말뚝 또는 철골 등으로 고정시킬 것

건설안전기사 1회(A형)

01.
화면 속 영상을 참고하여 이와 관련된 재해발생 위험요인 3가지를 쓰시오.

[동영상 설명]
작업자는 엘리베이터 Pit 내부에서 거푸집 작업을 하고 있다. 이때 작업발판이 탈락되고 이와 동시에 작업자는 추락한다.

➡해답 ① 작업발판의 미고정으로 인한 발판 탈락 및 추락위험
② 안전대 부착설비 미설치 및 작업자 안전대 미착용으로 인한 추락위험
③ 엘리베이터 피트 내부의 추락방호망 미설치로 인한 추락위험

02.
건설현장에 폭설이나 한파가 왔을 때 조치사항 3가지를 쓰시오.

➡해답 ① 가시설 및 가설구조물 위의 쌓인 눈 제거
② 통로 청소 등으로 미끄럼 방지조치 실시
③ 근로자 건강장해 예방

03.
화면은 작업자가 이동식 비계를 올라가서 작업하고 내려오다 흔들려서 떨어지는 것을 보여주고 있다. 이동식 비계를 조립하여 작업할 때 준수사항 관련하여 (   ) 안에 알맞은 말을 쓰시오.

1. 이동식 비계의 바퀴에는 뜻밖의 갑작스러운 이동 또는 전도를 방지하기 위하여 (①) 등으로 바퀴를 고정시킨 다음 비계의 일부를 견고한 시설물에 고정하거나 (②)를 설치하는 등 필요한 조치를 할 것
2. 승강용 사다리는 견고하게 설치할 것
3. 비계의 최상부에서 작업하는 경우에는 안전난간을 설치할 것
4. 작업발판은 항상 수평을 유지하고 작업발판 위에서 안전난간을 딛고 작업을 하거나 받침대 또는 사다리를 사용하여 작업하지 않도록 할 것
5. 작업 발판의 최대적재하중은 (③)kg을 초과하지 않도록 할 것

➡해답 ① 브레이크, 쐐기   ② 아웃트리거(outrigger), 전도방지용 지지대   ③ 250

O4.
화면 속 영상에서 작업자가 리프트를 타고 손수레로 흙을 운반하고 있다. 리프트에서 내려 흙을 붓고 뒤로 가다가 리프트 개구부로 추락하였다. 이와 같은 재해를 방지하기 위한 조치사항 2가지를 쓰시오.

해답 ① 리프트 개구부에 추락방지용 안전난간 설치
② 리프트 개구부에 수직형 추락방망 설치

O5.
거푸집을 조립하는 경우에는 거푸집이 콘크리트 하중이나 그 밖의 외력에 의해 벌어짐을 막기 위한 장치를 2가지 쓰시오.

해답 ① 긴결재
② 버팀재
③ 지지대

O6.
화면 속 영상은 굴착작업 현장을 보여주고 있다. 굴삭 작업을 진행할 때 풍화암 기울기(구배) 기준?

해답 1 : 1.0

O7.
화면 속 영상에는 백호로 외줄걸이를 한 채 인양물을 옮기다 인양물이 떨어져 작업자가 다치는 재해를 보여주고 있다. 이와 관련된 사고 방지대책을 쓰시오.

해답 ① 화물의 인양작업 시에는 이동식 크레인 등 양중기를 사용할 것
② 인양물을 인양로프에 체결 시 2줄 걸이로 할 것
③ 인양물 하부에 근로자의 접근을 통제할 것
④ 작업 전 인양로프의 이상 여부를 확인할 것

08.
화면 속 영상을 참고하여 ① 가스용기 운반 시 문제점과 ② 용접작업 시 문제점을 각각 2가지씩 쓰시오

> [동영상 설명]
> 작업자는 가스용기를 운반하는 차량주변부 바닥에서 용접작업을 하고 있다. 용접용 보안면은 착용하고 있는
> 데, 용접장갑은 보이지 않는다. 용접용 앞치마의 착용했는지는 확인되지 않는다.

➡해답 ① 가스용기의 운반 시 문제점
- 이동 시 캡을 씌우고 이동하여야 하나 캡을 씌우지 않고 이동
- 이동 시 진동, 충격을 주지 않고 이동하여야 하는데 이동 시 진동, 충격이 가해짐

② 용접작업 시 문제점
- 가연성 가스 근처에서 용접
- 보호구 (용접장갑 등)의 미착용

건설안전기사 1회(B형)

01.
건설현장에서 사용하는 건설용 리프트의 방호장치 3가지를 쓰시오.

➡해답 ① 권과방지장치 : 운반구의 이탈 등의 위험방지
② 과부하방지장치 : 적재하중 초과 사용금지
③ 비상정지장치, 조작 스위치 등 탑승 조작장치
④ 출입문 연동장치 : 운반구의 입구와 출구가 열린 상태에서는 리미트 스위치가 작동되어 리프트가 동작하지 않도록 하는 장치

02.
초정밀작업, 정밀작업, 보통작업이 아닌 경우의 조도는 얼마로 해야 하는가?

➡해답 75 럭스(lux) 이상

03.
화면 속 영상에는 항타기 작업과 항발기 작업을 진행하고 있는 작업자를 보여주고 있다. 항타기, 항발기 작업의 무너짐 방지방법 3가지를 쓰시오.

→해답 ① 연약한 지반에 설치하는 경우에는 아웃트리거·받침 등 지지구조물의 침하를 방지하기 위하여 받침목이나 깔판 등을 사용할 것
② 시설 또는 가설물 등에 설치하는 경우에는 그 내력을 확인하고 내력이 부족하면 그 내력을 보강할 것
③ 아웃트리거·받침 등 지지구조물이 미끄러질 우려가 있는 경우에는 말뚝 또는 쐐기 등을 사용하여 해당 지지구조물을 고정시킬 것
④ 궤도 또는 차로 이동하는 항타기 또는 항발기에 대해서는 불시에 이동하는 것을 방지하기 위하여 레일 클램프 (rail clamp) 및 쐐기 등으로 고정시킬 것
⑤ 상단 부분은 버팀대·버팀줄로 고정하여 안정시키고, 그 하단 부분은 견고한 버팀·말뚝 또는 철골 등으로 고정시킬 것

04.
화면 속 영상에서 보여주고 있는 바닥 개구부나 가설구조물의 단부에서 추락위험을 방지하기 위해 설치해야 하는 안전난간의 구조 및 설치요건을 ( )에 써넣으시오.

1. 안전난간은 (①), (②), (③) 및 (④)으로 구성한다.
2. (①)은 바닥면 발판 또는 경사로의 표면으로부터 (⑤) 이상 지점에 설치하고, 상부 난간대를 (⑥) 이하에 설치하는 경우에는 (②)는 (①)와 바닥면 등의 중간에 설치하여야 하며, (⑥) 이상 지점에 설치하는 경우에는 (②)를 2단 이상으로 균등하게 설치하고 난간의 상하 간격은 60cm 이하가 되도록 한다. 다만, 계단의 개방된 측면에 설치된 난간기둥 간의 간격이 25cm 이하인 경우에는 중간 난간대를 설치하지 아니할 수 있다.
3. (③)은 바닥면 등으로부터 (⑦) 이상의 높이를 유지한다.

→해답 ① 상부 난간대   ② 중간 난간대   ③ 발끝막이판   ④ 난간기둥
⑤ 90cm   ⑥ 120cm   ⑦ 10cm

05.
밀폐된 공간, 즉 잠함, 우물통, 수직갱 등에서 작업 시 ① 산소결핍기준 및 결핍 시 ② 조치사항 3가지를 쓰시오.

→해답 ① 산소결핍기준 : 공기 중의 산소농도가 18% 미만인 상태
② 조치사항
• 산소 결핍 우려가 있는 경우에는 산소의 농도를 측정하는 사람을 지명하여 측정하도록 할 것
• 근로자가 안전하게 오르내리기 위한 설비를 설치할 것
• 굴착 깊이가 20m를 초과하는 경우에는 해당 작업장소와 외부와의 연락을 위한 통신설비 등을 설치할 것

O6.

화물자동차의 짐걸이로 사용해서는 안 되는 섬유로프 2가지를 쓰시오.

➡**해답** ① 꼬임이 끊어진 것
② 심하게 손상되거나 부식된 것

O7.

흙막이 시설이 설치되어 있는 현장을 보여주고 있다. H 파일과 토류판으로 이루어진 가시설 흙막이벽이고 버팀대가 보이지 않는다. 이와 같은 흙막이 공법의 명칭은?

➡**해답** 자립식 흙막이 공법

O8.

시스템 비계 관련 (　　　)를 채우시오.

• 수직 및 수평하중에 의한 동바리 본체의 변위가 발생하지 않도록 각각의 단위 수직재 및 수평재에는 (①)를
견고하게 설치하도록 할 것
• 동바리 최상단과 최하단의 수직재와 (②)의 연결부의 겹침길이는 (②) 전체 길이의 (③) 이상이 되도
록 할 것

➡**해답** ① 가새재
② 받침철물
③ 1/3=3분의 1

건설안전기사 1회(C형)

O1.

화면 속 영상에는 목재 가공용 둥근톱으로 합판을 절단하다 일어난 사고를 보여주고 있다. 다음 질문에 대한 답을 쓰시오.

① 영상 속 작업과 관련된 재해발생원인 2가지를 쓰시오.
② 누전차단기를 반드시 설치해야 하는 작업장소를 쓰시오.

➡해답 ① 재해발생원인
　　 • 분할날 반발예방장치 미설치
　　 • 톱날접촉 예방장치 미설치
　　 • 작업 시 장갑 미착용
　 ② 누전차단기 설치장소
　　 • 물 등 도전성이 높은 액체에 의한 습윤 장소
　　 • 철판·철골 위 등 도전성이 높은 장소
　　 • 임시배선의 전로가 설치되는 장소

02.

화면 속 영상을 참고하여 관련 재해발생원인 2가지를 쓰이오.

[동영상 설명]
타워크레인으로 화물을 1줄로 걸어 인양하던 중 화물이 낙하하였다. 때마침 안전모를 불량하게 착용한 작업자가 지나가다가 낙하하는 화물에 맞는 재해가 발생한다.

➡해답 ① 낙하위험구간에 출입금지 미조치
　 ② 화물을 1줄 걸이로 인양하여 낙하위험
　 ③ 작업자 안전모의 턱끈 미체결
　 ④ 신호수 미배치

03.

화면의 영상은 콘크리트타설장비를 이용한 작업을 보여주고 있다. 영상 속 (1) 건설기계의 용도와 해당 건설기계의 작업 시 (2) 준수사항 2가지를 쓰시오.

➡해답 (1) 용도 : 콘크리트 타설작업
　 (2) 준수사항
　　 1. 작업을 시작하기 전에 콘크리트타설장비를 점검하고 이상을 발견하였으면 즉시 보수할 것
　　 2. 건축물의 난간 등에서 작업하는 근로자가 호스의 요동·선회로 인하여 추락하는 위험을 방지하기 위하여 안전난간 설치 등 필요한 조치를 할 것
　　 3. 콘크리트타설장비의 붐을 조정하는 경우에는 주변의 전선 등에 의한 위험을 예방하기 위한 적절한 조치를 할 것
　　 4. 작업 중에 지반의 침하나 아웃트리거 등 콘크리트타설장비 지지구조물의 손상 등에 의하여 콘크리트타설장비가 넘어질 우려가 있는 경우에는 이를 방지하기 위한 적절한 조치를 할 것

04.

파이프 서포트를 설치한 지반 침하를 방지하기 위한 조치 3가지를 쓰시오.

해답 1. 밑받침 철물 사용
2. 받침목 사용
3. 깔판 사용

05.

화면 속 영상은 주택 건설현장에서 슬래브 거푸집을 설치하는 작업이다. 이때 이용되는 부재의 명칭을 쓰시오.

해답 ① 장선
② 멍에
③ 거푸집 동바리

06.

화면 속 영상은 굴착작업 현장을 보여주고 있다. 경암이 경우 적절한 기울기 기준은?

해답 1 : 0.5

07.

철골 승강용 트랩의 설치기준 중 트랩의 ① 답단 간격과 ② 폭 기준을 쓰시오.

해답 ① 답단 간격 : 30cm 이내
② 폭 : 30cm 이상

08.

지하실 내부 작업 등, 보통작업인 경우의 조도는 얼마로 해야 하는가?

해답 150 럭스(lux) 이상

건설안전기사 2회(A형)

O1.
낙하물방지망 설치기준과 관련하여 다음 (   )를 채우시오.

- 설치 간격 : 높이 (①)m 이내마다 설치
- 내민 길이 : 벽면으로부터 (②) m 이상
- 설치각도 : 수평면과의 각도는 20도 이상 (③)도 이하

해답 ① 10   ② 2   ③ 30

O2.
A형 사다리 모양 철재 3개에 작업자 2명이 발판 위에 올라가서 작업하는 비계의 명칭은?

해답 말비계

O3.
건설현장에서 사용하는 건설용 리프트의 방호장치 3가지를 쓰시오.

해답 ① 권과방지장치 : 운반구의 이탈 등의 위험방지
② 과부하방지장치 : 적재하중 초과 사용금지
② 출입문 연동장치 : 운반구의 입구와 출구가 열린 상태에서는 리미트 스위치가 작동되어 리프트가 동작하지 않도록 하는 장치
④ 비상정지장치, 조작스위치 등 탑승 조작장치

O4.
산기둥·보·벽체·슬래브 등의 거푸집 동바리 등을 조립하거나 해체하는 작업을 하는 경우, 준수사항 3가지를 쓰시오.

해답 ① 해당 작업을 하는 구역에는 관계 근로자가 아닌 사람의 출입을 금지할 것
② 비, 눈, 그 밖의 기상상태의 불안정으로 날씨가 몹시 나쁜 경우에는 그 작업을 중지할 것
③ 재료, 기구 또는 공구 등을 올리거나 내리는 경우에는 근로자로 하여금 달줄·달포대 등을 사용하도록 할 것
④ 낙하·충격에 의한 돌발적 재해를 방지하기 위하여 버팀목을 설치하고 거푸집 동바리 등을 인양장비에 매단 후에 작업 하도록 하는 등 필요한 조치를 할 것

05.
화면 속 영상에서는 작업자가 불도저를 통해 작업하고 있다. 이 건설기계의 용도 4가지를 쓰시오.

해답 ① 운반작업
② 적재작업
③ 지반정지
④ 굴착작업

06.
높이 2m 이상인 작업 발판의 끝이나 개구부에서 작업 시 추락재해 방지대책 5가지를 쓰시오.

해답 ① 안전난간 설치
② 울 및 손잡이 설치
③ 덮개를 설치하는 경우 뒤집히거나 떨어지지 않도록 할 것
④ 추락방호망 설치
⑤ 안전대 착용
⑥ 어두운 장소에서도 알아볼 수 있도록 개구부임을 표시

07.
사업주는 시스템 비계를 조립 작업하는 경우 다음 각 호의 준수사항에 맞도록 (   )를 채우시오.

1. 비계 기둥의 밑둥에는 밑받침 철물을 사용하여야 하며, 밑받침에 고저차가 있는 경우에는 조절형 밑받침 철물을 사용하여 시스템 비계가 항상 수평 및 수직을 유지하도록 할 것
2. 경사진 바닥에 설치하는 경우에는 (①) 또는 (②) 등을 사용하여 밑받침 철물의 바닥면이 수평을 유지하도록 할 것
3. 가공전로에 근접하여 비계를 설치하는 경우에는 가공전로를 이설하거나 가공전로에 (③)를 설치하는 등 가공전로와의 접촉을 방지하기 위하여 필요한 조치를 할 것

해답 ① 피벗형 받침 철물   ② 쐐기   ③ 절연용 방호구

08.
화면 속 영상은 터널 내부 라이닝의 모습을 보여주고 있다. 터널 공사 시 콘크리트 라이닝의 시공목적 2가지를 쓰시오.

해답 ① 지질의 불균일성, 지보재의 품질저하 등으로 인한 터널의 강도저하를 보강
② 터널구조물의 내구성 증진으로 인한 붕괴 방지
③ 지하수 등으로부터의 수밀성 확보
④ 사용 중 점검, 보수 등의 작업성 증대
⑤ 터널 내부 시설물 설치 용이

건설안전기사 2회(B형)

O1.
거푸집 동바리 구성 재료의 명칭을 쓰시오.

➡해답 ① 멍에
② 장선
③ 바닥재

O2.
콘크리트 타설작업을 하기 위하여 콘크리트타설장비 이용 작업 시 준수사항 3가지를 쓰시오.

➡해답 1. 작업을 시작하기 전에 콘크리트타설장비를 점검하고 이상을 발견하였으면 즉시 보수할 것
2. 건축물의 난간 등에서 작업하는 근로자가 호스의 요동·선회로 인하여 추락하는 위험을 방지하기 위하여 안전난간 설치 등 필요한 조치를 할 것
3. 콘크리트타설장비의 붐을 조정하는 경우에는 주변의 전선 등에 의한 위험을 예방하기 위한 적절한 조치를 할 것
4. 작업 중에 지반의 침하나 아웃트리거 등 콘크리트타설장비 지지구조물의 손상 등에 의하여 콘크리트타설장비가 넘어질 우려가 있는 경우에는 이를 방지하기 위한 적절한 조치를 할 것

O3.
절토 작업 시 상·하부 동시 작업은 금지하여야 하나 부득이한 경우 작업해야 할 때 준수사항 3가지를 쓰시오.

➡해답 ① 견고한 낙하물 방호시설 설치
② 부석제거
③ 작업장소에 불필요한 기계 등의 방치 금지
④ 신호수 및 담당자 배치

O4.
높이가 7m 이상인 사다리식 통로 설치하는 경우 등받이울의 높이는 얼마인가?

➡해답 2.5m

05.

지하실 내부 작업 등, 보통작업인 경우의 조도는 얼마로 해야 하는가?

➡해답 150 럭스(lux) 이상

06.

철골승강용 트랩의 설치기준 중 트랩의 ① 답단 간격과 ② 폭 기준을 쓰시오.

➡해답 ① 답단 간격 : 30cm 이내
② 폭 : 30cm 이상

07.

크레인을 이용하여 비계 재료인 강관을 인양하고 있다. 작업자들은 보호구를 착용하지 않았고 신호수 없이 작업하고 있다. ① 위험요인과 ② 안전대책을 각각 3가지씩 쓰시오.

➡해답 ① 위험요인
 • 화물을 1가닥으로 인양하여 화물이 균형을 잃고 낙하할 위험
 • 낙하위험구간에 작업자 출입
 • 신호수 미배치
② 안전대책
 • 화물을 두 줄로 걸어 균형을 잡고 운반
 • 낙하위험구간에 작업자 출입금지 조치
 • 신호수 배치

08.

화면 속 영상은 굴착기계로 터널을 굴착하고 작업한 흙을 버리는 모습을 보여주고 있다. 이 터널 굴착 공법의 명칭을 쓰시오.

➡해답 T.B.M(Tunnel Boring Machine) 공법

건설안전기사 2회(C형)

01.
사업주가 추락할 위험이 있는 높이 2m 이상의 장소에서 근로자에게 착용시켜야 하는 보호구는 무엇인가?

➡️**해답** 안전대

02.
거푸집 동바리 등을 조립하는 경우, 동바리의 침하를 방지하기 위한 조치사항 3가지를 쓰시오.

➡️**해답** ① 받침목 사용
② 콘크리트 타설
③ 말뚝박기

03.
다음 (　　　) 안에 알맞은 답을 쓰시오.

계단을 설치할 때는 그 바닥면으로부터 높이 (　　　)m 이내에 장애물이 없는 공간에 설치하여야 한다.

➡️**해답** 2

04.
사업주가 시스템 비계를 사용하여 비계를 구성하는 경우 준수사항 관련하여 (　　　) 를 채우시오.

1. 수직재·수평재·(①)를 견고하게 연결하는 구조가 되도록 할 것
2. 비계 밑단의 수직재와 (②)은 밀착되도록 설치하고, 수직재와 받침철물의 연결부의 겹침길이는 받침철물
   전체 길이의 (③) 이상이 되도록 할 것

➡️**해답** ① 가새재　　　　② 받침철물　　　　③ 1/3

05.

굴착작업에 있어서 토사등의 붕괴 또는 낙하에 의하여 근로자에게 위험을 미칠 우려가 있는 경우, 그 위험을 방지하기 위한 조치사항 3가지를 쓰시오.

해답 ① 흙막이 지보공의 설치
② 방호망의 설치
③ 근로자의 출입금지 등

06.

상부구조가 금속 또는 콘크리트로 구성되는 그 높이가 5m 이상 교량의 설치 해체 또는 변경 작업 시 작업계획서의 내용 3가지를 쓰시오.

해답 ① 작업 방법 및 순서
② 부재(部材)의 낙하·전도 또는 붕괴를 방지하기 위한 방법
③ 작업에 종사하는 근로자의 추락위험을 방지하기 위한 안전조치 방법
④ 공사에 사용되는 가설 철 구조물 등의 설치·사용·해체 시 안전성 검토 방법
⑤ 사용하는 기계 등의 종류 및 성능, 작업방법
⑥ 작업지휘자 배치계획
⑦ 그 밖에 안전·보건에 관련된 사항

07.

근로자가 탑승하는 운반구를 지지하는 달기와이어로프의 안전계수는 얼마 이상으로 해야 하는가?

해답 10 이상

08.

다음은 토사등이 붕괴 또는 낙하하여 근로자에게 위험을 미칠 우려가 있을 때 조치하여야 할 사항이다. ( )에 알맞은 용어를 쓰시오.

지반은 안전한 경사로 하고 낙하의 위험이 있는 토석을 제거하거나 옹벽, (①) 등을 설치한다. 토사등의 붕괴 또는 낙하 원인이 되는 빗물이나 (②) 등을 배제시킨다.

해답 ① 흙막이 지보공, ② 지하수

건설안전기사 4회(A형)

O1.
거푸집 동바리 조립작업 시 준수사항을 3가지 쓰시오.

해답 1. 받침목이나 깔판의 사용, 콘크리트 타설, 말뚝박기 등 동바리의 침하를 방지하기 위한 조치를 할 것
2. 동바리의 상하 고정 및 미끄러짐 방지 조치를 할 것
3. 상부·하부의 동바리가 동일 수직선상에 위치하도록 하여 깔판·받침목에 고정시킬 것
4. 개구부 상부에 동바리를 설치하는 경우에는 상부하중을 견딜 수 있는 견고한 받침대를 설치할 것
5. U헤드 등의 단판이 없는 동바리의 상단에 멍에 등을 올릴 경우에는 해당 상단에 U헤드 등의 단판을 설치하고, 멍에 등이 전도되거나 이탈되지 않도록 고정시킬 것
6. 동바리의 이음은 같은 품질의 재료를 사용할 것
7. 강재의 접속부 및 교차부는 볼트·클램프 등 전용철물을 사용하여 단단히 연결할 것
8. 거푸집의 형상에 따른 부득이한 경우를 제외하고는 깔판이나 받침목은 2단 이상 끼우지 않도록 할 것
9. 깔판이나 받침목을 이어서 사용하는 경우에는 그 깔판·받침목을 단단히 연결할 것

O2.
가설구조물이나 개구부 등에서 추락위험을 방지하기 위해 설치하여야 하는 안전난간의 구조 및 설치 요건에 맞도록 알맞은 용어나 숫자를 해당 번호에 쓰시오.

1. 안전난간은 (①), (②), (③) 및 (④)으로 구성한다.
2. (①)는 바닥면 발판 또는 경사로의 표면으로부터 (⑤) 이상 지점에 설치하고, 상부 난간대를 (⑥) 이하에 설치하는 경우에는 (②)는 (①)와 바닥면 등의 중간에 설치하여야 하며, (⑥) 이상 지점에 설치하는 경우에는 (②)를 2단 이상으로 균등하게 설치하고 난간의 상하 간격은 60cm 이하가 되도록 한다. 다만, 계단의 개방된 측면에 설치된 난간기둥 간의 간격이 25cm 이하인 경우에는 중간 난간대를 설치하지 아니할 수 있다.
3. (③)은 바닥면 등으로부터 (⑦) 이상의 높이를 유지한다.

해답 ① 상부 난간대   ② 중간 난간대
③ 발끝막이판   ④ 난간기둥
⑤ 90cm   ⑥ 120cm
⑦ 10cm

03.
운반 하역 표준안전 작업지침에 의거, 크레인 양중작업 시 걸이작업의 준수사항을 3가지만 쓰시오.

해답 ① 와이어로프 등은 크레인의 훅 중심에 걸어야 한다.
② 인양 물체의 안정을 위하여 2줄 걸이 이상을 사용하여야 한다.
③ 밑에 있는 물체를 걸고자 할 때 위의 물체를 제거한 후에 행하여야 한다.
④ 양중작업 시 걸이 각도는 60도 이내로 하여야 한다.
⑤ 근로자를 매달린 물체 위에 탑승시키지 않아야 한다.

04.
산업안전보건기준에 관한 규칙에 따라서, 지하실 내부 작업 등, 보통작업인 경우의 조도(럭스, lux)는 얼마로 해야 하는가?

해답 150 럭스(lux) 이상

05.
화면 속 영상을 참고하여 관련 ① 공법의 명칭과 영상에서 보여준 ② 계측기의 종류 및 용도 3가지를 쓰시오.

[동영상 설명]
흙막이를 보여주고 있다. H형으로 된 줄이 이어져 있으며, 다음 화면은 흙막이에 연결 되어있던 선로에 노란 색으로 되어있는 사각형의 기계를 보여준다.

해답 ① 공업 명칭 : 어스앵커 공법
② 계측기의 종류와 용도
 • 지표 침하계 – 지표면 침하량 측정
 • 수위계 – 지반 내 지하수위의 변화 측정
 • 지층 경사계 – 지중의 수평 변위량 측정

06.

화면 속 영상은 충전전로와 작업 중인 작업자를 보여주고 있다. 작업자의 접촉으로 발생할 수 있는 재해를 예방하는 방법 2가지를 쓰시오.

➡해답 ① 해당 충전전로를 이설할 것
② 감전의 위험을 방지하기 위한 울타리를 설치할 것
③ 해당 충전전로에 절연용 방호구를 설치할 것

07.

목재 가공용 둥근톱으로 합판을 절단하다 사고가 발생하였다. 다음 질문에 답하시오.

① 동영상에서의 재해발생원인 2가지를 쓰시오.
② 누전차단기를 반드시 설치해야 하는 작업장소를 쓰시오.

➡해답 ① 재해발생 원인
• 분할날 반발예방장치 미설치
• 톱날접촉 예방장치 미설치
• 작업 시 장갑 착용
② 누전차단기 설치장소
• 물 등 도전성이 높은 액체에 의한 습윤 장소
• 철판·철골 위 등 도전성이 높은 장소
• 임시배선의 전로가 설치되는 장소

08.

산업안전보건기준에 관한 규칙에 의거, 근로자의 위험을 방지하기 위하여 사업주가 해야 하는 사항 관련하여 (   )에 알맞은 것을 쓰시오.

해당 작업. 작업장의 지형·지반 및 지층 상태 등에 대한 (①)를 하고 그 결과를 기록·보존하여야 하며, 조사결과를 고려하여 (②)를 작성하고 그 계획에 따라 작업을 하도록 하여야 한다.

➡해답 ① 사전조사
② 작업계획서

건설안전기사 4회(B형)

O1.
산업안전보건법령상 상부구조가 금속 또는 콘크리트로 구성되는 교량으로서 그 높이가 5m 이상이거나 교량의 최대 지간 길이가 30m 이상인 교량의 설치 작업 시 작업계획서의 내용을 3가지만 쓰시오. (단, 그 밖에 안전·보건에 관련된 사항은 제외)

➡해답 ① 작업 방법 및 순서
② 부재(部材)의 낙하·전도 또는 붕괴를 방지하기 위한 방법
③ 작업에 종사하는 근로자의 추락위험을 방지하기 위한 안전조치 방법
④ 공사에 사용되는 가설 철 구조물 등의 설치·사용·해체 시 안전성 검토 방법
⑤ 사용하는 기계 등의 종류 및 성능, 작업 방법
⑥ 작업지휘자 배치계획

O2.
산업안전보건기준에 관한 규칙에 의거, 지반 등을 굴착하는 경우에는 사업주가 준수해야 하는 연암의 굴착면의 기울기 기준을 쓰시오.

➡해답 1 : 1.0

O3.
산업안전보건법에 따라 시스템 비계를 사용하여 비계를 설치하는 경우 준수해야 할 사항 3가지를 쓰시오.

➡해답 ① 수직재·수평재·가새재를 견고하게 연결하는 구조가 되도록 할 것
② 비계 밑단의 수직재와 받침철물은 밀착되도록 설치하고, 수직재와 받침철물의 연결부의 겹침길이는 받침철물 전체 길이의 3분의 1 이상이 되도록 할 것
③ 수평재는 수직재와 직각으로 설치하여야 하며, 체결 후 흔들림이 없도록 견고하게 설치할 것
④ 수직재와 수직재의 연결철물은 이탈되지 않도록 견고한 구조로 할 것
⑤ 벽 연결재의 설치 간격은 제조사가 정한 기준에 따라 설치할 것

04.
화면 속 영상은 작업자 3명이 흡연 후 개구부를 열고 들어가 밀폐공간에서 질식사고가 발생하는 것을 보여주고 있다. 산소결핍이 우려되는 밀폐공간에서 작업 시 문제점 3가지를 쓰시오.

해답 ① 작업 시작 전 밀폐공간에 공기 상태를 측정하지 않았다.
② 공기호흡기, 송기마스크를 착용하지 않았다.
③ 감시인을 배치하지 않았다.

05.
화면 속 영상의 작업자는 연마기를 이용하여 벽면 연마작업이 진행 중이다. 착용해야 할 보호구를 쓰시오.

해답 방진마스크, 보안경

06.
터널 공사 표준안전작업지침-NATM 공법에 의거, 장약 작업 시, 사업주의 준수사항 3가지만 쓰시오.

해답 ① 폭약을 장진할 때는 발파구멍을 잘 청소하며 이때 공저까지 완전히 청소하여 작은 돌 등을 남기지 않아야 한다.
② 천공작업이 완료된 후 장약작업을 실시하여야 하며 천공-장약의 동시 작업을 하지 않아야 한다.
③ 장약봉은 똑바르고 옹이가 없는 목재 등 부도체로 하고 장진구는 마찰, 정전기 등에 의한 폭발의 위험성이 없는 절연성의 것을 사용하여야 한다.
④ 약포는 1개씩 신중히 장약봉으로 집어넣고 사전에 측정한 폭약의 길이와 천공 깊이의 차를 점검하면서 약포간의 빈틈이 없도록 하여야 한다.
⑤ 포장이 없는 화약이나 폭약을 장진할 때에는 화기의 사용을 금하고 근접한 곳에서 흡연하는 일이 없도록 하여야 한다.
⑥ 약포를 발파공 내에서 강하게 압착하지 않아야 한다.
⑦ 장진물에는 종이, 솜 등을 사용하지 않아야 한다.
⑧ 충진제 점토, 모래 등을 비벼 사용하고 작은 돌을 사용치 않아야 하며 처음에는 느슨하게 하고 점차 단단하게 하여 구멍 입구 부위까지 채워야 한다.
⑨ 전기뇌관을 사용할 때에는 전선, 모터 등에 접근하지 않도록 하여야 한다.

07.

화면 속 사진은 작업장에 설치된 계단을 보여주고 있다. 사진과 같이 작업장에 계단 및 계단창을 설치할 경우 준수하여야 하는 사항에 대하여 다음 (   ) 안에 알맞은 내용을 쓰시오.

1. 계단 및 계단참을 설치할 때에는 매 m²당 (①)kg 이상의 하중을 견딜 수 있는 강도를 가진 구조로 설치하여야 하며, 안전율은 (②) 이상으로 하여야 한다.
2. 계단을 설치할 때에는 그 폭을 (③)m 이상으로 하여야 한다. 다만, 급유용·보수용·비상용 계단 및 나선형 계단에 대하여는 그러하지 아니하다.
3. 높이가 3m를 초과하는 계단에는 높이 (④)m 이내마다 너비 (⑤)m 이상의 계단참을 설치하여야 한다.
4. 계단을 설치할 때는 그 바닥면으로부터 높이 (⑥)m 이내의 장애물이 없는 공간에 설치하여야 한다.

➡해답 ① 500   ② 4   ③ 1   ④ 3   ⑤ 1.2   ⑥ 2

08.

산업안전보건법령상 차량계 하역운반기계의 운전자가 운전 위치를 이탈하고자 할 때 운전자가 준수하여야 할 사항 3가지를 쓰시오.

➡해답 ① 포크, 버킷, 디퍼 등의 장치를 가장 낮은 위치 또는 지면에 내려둘 것
② 원동기를 정지시키고 브레이크를 확실히 거는 등 갑작스러운 주행이나 이탈을 방지하기 위한 조치를 할 것
③ 운전석을 이탈하는 경우에는 시동키를 운전대에서 분리시킬 것

건설안전기사 4회(C형)

01.

현장에서 추락재해를 유발하는 불안전한 요인을 3가지 쓰시오.

➡해답 ① 작업발판 단부에 안전난간 미설치
② 근로자가 외부비계 위 작업장으로 이동할 수 있는 승강설비, 가설계단 미설치
③ 외부비계 위 통로에 대리석 자재가 적치되어 안전통로 미확보

02.

산업안전보건기준에 관한 규칙에 의거, 전기기계·기구에 설치된 누전차단기의 설치기준 관련해서 ( )에 알맞은 내용을 쓰시오.

> 전기기계·기구에 설치된 누전차단기는 정격감도전류가 (①) 이하이고 작동시간은 (②) 이내일 것. 다만, 정격전부하전류가 50A 이상인 전기기계·기구에 접속되는 누전차단기는 오작동을 방지하기 위하여 정격감 도전류는 200mA 이하로, 작동시간은 0.1초 이내로 할 수 있다.

해답 ① 30mA   ② 0.03초

03.

근로자가 개구부에서 작업하던 중 추락하는 재해가 발생하였다. 이때, 추락방지를 위한 안전대책 3가 지를 쓰시오.

해답 ① 안전난간, 울타리, 수직형 추락방망 설치
② 충분한 강도를 가진 구조로 덮개를 튼튼하게 설치
③ 어두운 장소에서도 알아볼 수 있도록 개구부임을 표시
④ 추락방호망 설치
⑤ 근로자에게 안전대 착용 지시

04.

화면은 철골 공사현장에 설치한 추락방호망을 보여주고 있다. 추락방호망 설치기준 3가지를 쓰시오.

해답 ① 추락방호망의 설치 위치는 가능하면 작업면으로부터 가까운 지점에 설치하여야 하며, 작업면으로부터 망의 설치지점까지의 수직거리는 10m를 초과하지 아니할 것
② 추락방호망은 수평으로 설치하고, 망의 처짐은 짧은 변 길이의 12% 이상이 되도록 할 것
③ 건축물 등의 바깥쪽으로 설치하는 경우 망의 내민 길이는 벽면으로부터 3m 이상 되도록 할 것

05.

산업안전보건기준에 관한 규칙에 의거, 자재창고의 작업면 조도(照度)를 쓰시오.

해답 75 럭스(lux) 이상

06.

경사진 계단에서 사용하는 동바리용 파이프서포트에 대한 안전조치사항을 2가지만 쓰시오.

➡해답 ① 파이프서포트를 3개 이상 이어서 사용하지 않도록 할 것
② 파이프서포트를 이어서 사용하는 경우에는 4개 이상의 볼트 또는 전용철물을 사용하여 이을 것
③ 높이가 3.5m를 초과하는 경우에는 높이 2m 이내마다 수평연결재를 2개 방향으로 만들고 수평연결재의 변위를 방지할 것

07.

철골공사 표준안전작업지침에 의거, 와이어로프로 철골을 인양하여 앵커볼트로 고정 후 인양 와이어 로프를 제거할 때 준수사항을 2가지 쓰시오.

➡해답 ① (인양 와이어로프를 제거하기 위하여) 기둥 위로 올라갈 때 또는 기둥에서 내려올 때는 기둥의 트랩을 이용
② (인양 와이어로프를 풀어 제거할 때에는) 안전대를 사용해야 하며 샤클핀이 빠져 떨어지는 일등이 발생하지 않도록 주의

08.

화면 속 영상은 하수관 공사현장에 흄관 1개걸이로 인양작업하는 장면을 보여주고 있다. 작업현장 안전대책을 3가지 쓰시오.

➡해답 ① 화물 인양 시 양끝 등 2곳 이상 묶어서 인양한다.
② 신호수를 배치하여 작업한다.
③ 주변 근로자 출입을 금지시킨다.

건설안전기사 1회(A형)

01.
동영상에서의 작업 위험 요인 3가지를 쓰시오.

[동영상 설명]
로더(Loader)가 긴 자재 PHC 파일 2개를 싣고 위로 올린 상태로, 로더 운전자가 자리에서 이탈했다가, 돌아
와서 PHC 파일을 고정장치 없이 흔들리게 운반한다.

해답 ① 포크, 버킷, 디퍼 등의 장치를 가장 낮은 위치 또는 지면에 내리지 않았다.
② 원동기를 정지시키고 브레이크를 확실히 거는 등 갑작스러운 주행이나 이탈을 방지하기 위한 조치를 하지
않았다.
③ 운전석을 이탈하는 경우 시동키를 운전대에서 분리시키지 않았다

02.
용접작업 중 개인보호구 3가지를 쓰시오.

해답 ① 용접용 보안면
② 용접용 (가죽) 장갑
③ 용접용 (가죽) 앞치마

03.
산업안전보건법령상 시스템 비계를 조립 작업하는 경우 사업주의 준수사항 관련하여 빈칸을 채우시오.

1. 비계 기둥의 밑둥에는 밑받침 철물을 사용하여야 하며, 밑받침에 고저차가 있는 경우에는 조절형 밑받침
철물을 사용하여 시스템 비계가 항상 수평 및 수직을 유지하도록 할 것
2. 경사진 바닥에 설치하는 경우에는 (①) 또는 (②) 등을 사용하여 밑받침 철물의 바닥면이 수평을 유지
하도록 할 것
3. 가공전로에 근접하여 비계를 설치하는 경우에는 가공전로를 이설하거나 가공전로에 (③)을/를 설치하는
등 가공전로와의 접촉을 방지하기 위하여 필요한 조치를 할 것

해답 ① 피벗형 받침 철물
② 쐐기
③ 절연용 방호구

04.

화면 속 영상과 같이 산소결핍이 우려되는 밀폐공간에서 작업 시 문제점 3가지를 쓰시오.

[동영상 설명]
작업자 3명이 흡연 후 개구부를 열고 들어가 밀폐공간에서 질식사고가 발생하는 것을 보여주고 있다.

해답 ① 작업 시작 전 밀폐공간에 공기 상태를 측정하지 않았다.
② 공기호흡기, 송기마스크를 착용하지 않았다.
③ 감시인을 배치하지 않았다.

05.

석축 쌓기 완료 후 붕괴되었다면 그 원인은 무엇인지 2가지 쓰시오.

해답 ① 기초지반의 침하 및 활동 발생으로 지지력 약화
② 배수불량으로 인한 수압작용
③ 과도한 토압의 발생
④ 옹벽 뒤채움 재료의 불량 및 다짐 불량

06.

사진 속에 나타난 건설기계(불도저)로 할 수 있는 작업을 4가지 쓰시오.

해답 ① 운반작업
② 적재작업
③ 지반정지
④ 굴착작업

07.

동영상은 흙막이를 보여주고 있다. H형으로 된 줄이 이어져 있으며, 다음 화면은 흙막이에 연결되어 있던 선로에 노란색으로 되어있는 사각형의 기계를 보여준다. 이 공법의 명칭을 쓰시오.

➡해답 어스앵커 공법

08.

동영상에서 보여주는 것과 같이 가설구조물이나 개구부 등에서 추락 위험 등을 방지하기 위해 설치하여야 하는 안전난간의 구조 및 설치요건에 맞도록 알맞은 용어나 숫자를 해당 번호에 쓰시오.

(가) 안전난간은 (①), (②), (③) 및 (④)으로 구성할 것
(나) (④)는 바닥면 등에서부터 (⑤)cm 이상의 높이를 유지할 것

➡해답 ① 상부 난간대
② 중간 난간대
③ 난간기둥
④ 발끝막이판
⑤ 10

건설안전기사 1회(B형)

01.

콘크리트 타설작업을 하기 위하여 콘크리트타설장비 이용 작업 시 준수사항 3가지를 쓰시오.

➡해답 1. 작업을 시작하기 전에 콘크리트타설장비를 점검하고 이상을 발견하였으면 즉시 보수할 것
2. 건축물의 난간 등에서 작업하는 근로자가 호스의 요동·선회로 인하여 추락하는 위험을 방지하기 위하여 안전난간 설치 등 필요한 조치를 할 것
3. 콘크리트타설장비의 붐을 조정하는 경우에는 주변의 전선 등에 의한 위험을 예방하기 위한 적절한 조치를 할 것
4. 작업 중에 지반의 침하나 아웃트리거 등 콘크리트타설장비 지지구조물의 손상 등에 의하여 콘크리트타설장비가 넘어질 우려가 있는 경우에는 이를 방지하기 위한 적절한 조치를 할 것

O2.
화면 속 영상은 주택 건설현장에서 슬래브 거푸집을 설치하는 작업이다. 이때 이용되는 부재의 명칭을 쓰시오.

➡해답 ① 장선
② 멍에
③ 거푸집 동바리

O3.
크레인을 이용하여 비계 재료인 강관을 인양하고 있다. 작업자들은 보호구를 착용하지 않았고 신호수 없이 작업하고 있다. ① 위험요인과 ② 안전대책을 각각 3가지씩 쓰시오.

➡해답 ① 위험요인
 • 화물을 1가닥으로 인양하여 화물이 균형을 잃고 낙하할 위험
 • 낙하위험구간에 작업자 출입
 • 신호수 미배치
② 안전대책
 • 화물을 두 줄로 걸어 균형을 잡고 운반
 • 낙하위험구간에 작업자 출입금지 조치
 • 신호수 배치

O4.
화물자동차의 짐걸이로 사용해서는 안 되는 섬유로프 2가지를 쓰시오.

➡해답 ① 꼬임이 끊어진 것
② 심하게 손상되거나 부식된 것

O5.
낙하물방지망 설치기준과 관련하여 다음 빈칸을 채우시오.

• 설치 간격 : 높이 (①)m 이내마다 설치
• 내민 길이 : 벽면으로부터 (②) m 이상
• 설치각도 : 수평면과의 각도는 20도 이상 (③)도 이하

➡해답 ① 10　　　　　　　② 2　　　　　　　③ 30

06.
철골승강용 트랩의 설치기준 중 트랩의 ① 답단 간격과 ② 폭 기준을 쓰시오.

해답 ① 답단 간격 : 30cm 이내
② 폭 기준 : 30cm 이상

07.
굴착작업 시 토사등의 붕괴 또는 낙하를 방지하기 위해 작업 시작 전 점검해야 할 사항을 2가지 쓰시오.

해답 ① 형상·지질 및 지층의 상태
② 균열·함수·용수 및 동결의 유무 또는 상태
③ 매설물 등의 유무 또는 상태
④ 지반의 지하수위 상태

08.
흙막이 시설이 설치되어 있는 현장을 보여주고 있다. H 파일과 토류판으로 이루어진 가시설 흙막이벽이라서 버팀대가 보이지 않는다. 토류판, 띠장, 엄지말뚝 앞열과 뒷열을 연결해주는 부재를 보여준다. 이와 같은 흙막이 공법의 명칭을 쓰시오.

해답 2열 자립식 흙막이 공법

건설안전기사 1회(C형)

01.
화면 속 영상에서는 작업자가 건물 외측에 설치한 낙하물방지망을 보수하고 있다. 빈칸에 알맞은 단어를 써넣으시오.

- 낙하물방지망을 설치할 때 작업자는 (①)을/를 반드시 착용할 것
- 높이 (②)m 이내마다 설치하고, 내민 길이는 벽면으로부터 (③)m 이상으로 할 것
- 수평면과의 각도는 (④) 이하를 유지할 것

해답 ① 안전대
② 10
③ 2
④ 20~30°

02.
동영상에서 트럭 한 대가 보이고 뒤에 파이프가 접혀 있는 것이 보인다. ① 차량의 명칭 ② 작업 시 주의사항 3가지를 쓰시오.

해답 ① 차량의 명칭 : 콘크리트타설장비
② 작업 시 주의사항
1. 작업을 시작하기 전에 콘크리트타설장비를 점검하고 이상을 발견하였으면 즉시 보수할 것
2. 건축물의 난간 등에서 작업하는 근로자가 호스의 요동·선회로 인하여 추락하는 위험을 방지하기 위하여 안전난간 설치 등 필요한 조치를 할 것
3. 콘크리트타설장비의 붐을 조정하는 경우에는 주변의 전선 등에 의한 위험을 예방하기 위한 적절한 조치를 할 것
4. 작업 중에 지반의 침하나 아웃트리거 등 콘크리트타설장비 지지구조물의 손상 등에 의하여 콘크리트타설장비가 넘어질 우려가 있는 경우에는 이를 방지하기 위한 적절한 조치를 할 것

03.
화면상의 동영상을 참고하여 작업장 및 작업자의 안전준수 사항을 지키지 않은 것 3가지를 쓰시오.

[동영상 설명]
주변에 안전발판 없이 철근을 밟고 이동하는 작업자와 이음철근이 자세히 보인다. 철근공이 안전모를 착용하긴 했지만, 턱끈이 덜렁거리며, 안전대 착용을 안 했고, 운동화를 신었고, 각반도 없다. 철근 상부근에 메쉬 같은 가설통로도 없다.

➡해답 ① 작업발판 미설치
② 가설통로 미설치
③ 철근 보호캡 미설치
④ 안전화 미착용

O4.
화면상의 동영상을 참고하여 시설 측면에서의 위험요인을 2가지 쓰시오.

[동영상 설명]
작업자가 캔 음료를 먹고 있다. 리프트를 타고 다른 작업자가 올라가자 바닥에 캔 음료를 버리며 외부비계를 타고 올라가다 사고가 발생하였다.

➡해답 ① 비계상에 사다리 및 비계다리 등 승강시설이 설치되지 않고 무리하게 올라가던 중 추락위험이 있다.
② 추락방호망이 설치되어 있지 않아 추락의 위험이 있다.
③ 안전난간이 설치되어 있지 않아 추락위험이 있다.

O5.
교량건설 작업 시 사업주 조치사항에 대해서 3가지를 쓰시오.

➡해답 ① 작업하는 구역에는 관계 근로자가 아닌 사람의 출입을 금지할 것
② 재료, 기구 또는 공구 등을 올리거나 내릴 경우에는 근로자로 하여금 달줄, 달포대 등을 사용하도록 할 것
③ 중량물 부재를 크레인 등으로 인양하는 경우 부재에 인양용 고리를 견고하게 설치하고, 인양용 로프는 부재에 두 군데 이상 결속하여 인양하여야 하며, 중량물이 안전하게 거치되기 전까지는 걸이로프를 해제시키지 아니할 것
④ 자재나 부재의 낙하·전도 또는 붕괴 등에 의하여 근로자에게 위험을 미칠 우려가 있을 경우에는 출입금지구역의 설정, 자재 또는 가설시설의 좌굴(挫屈) 또는 변형 방지를 위한 보강재 부착 등의 조치를 할 것

06.

산업안전보건법령상 지반 등을 굴착하는 경우에는 사업주가 준수해야 하는 풍화암의 굴착면의 기울기 기준을 쓰시오.

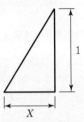

해답 풍화암 1 : 1.0

07.

동영상에 나와 있는 재해를 막기 위한 안전 시설물 2가지를 쓰시오.

[동영상 설명]
구명줄이 걸린 주황색 철골 위를 작업자가 안전모만 쓰고 걸어 다니다 철골 위에 여러 개씩 뭉쳐있는 볼트에 발이 걸려서 추락한다.

해답 ① 가설통로
② 안전대의 부착설비
③ 추락방호망

08.

경사진 계단에서 사용하는 동바리용 파이프서포트에 대한 안전조치사항을 2가지만 쓰시오.

해답 ① 파이프서포트를 3개 이상 이어서 사용하지 않도록 할 것
② 파이프서포트를 이어서 사용하는 경우에는 4개 이상의 볼트 또는 전용철물을 사용하여 이을 것
③ 높이가 3.5m를 초과하는 경우에는 높이 2m 이내마다 수평연결재를 2개 방향으로 만들고 수평연결재의 변위를 방지할 것

건설안전기사 2회(A형)

01.
산업안전보건법령상 시스템 비계를 조립 작업하는 경우 사업주의 준수사항 관련하여 빈칸을 채우시오.

1. 비계 기둥의 밑둥에는 밑받침 철물을 사용하여야 하며, 밑받침에 고저차가 있는 경우에는 조절형 밑받침 철물을 사용하여 시스템 비계가 항상 수평 및 수직을 유지하도록 할 것
2. 경사진 바닥에 설치하는 경우에는 (①) 또는 (②) 등을 사용하여 밑받침 철물의 바닥면이 수평을 유지하도록 할 것
3. 가공전로에 근접하여 비계를 설치하는 경우에는 가공전로를 이설하거나 가공전로에 (③)을/를 설치하는 등 가공전로와의 접촉을 방지하기 위하여 필요한 조치를 할 것

➡해답 ① 피벗형 받침 철물
② 쐐기
③ 절연용 방호구

02.
기둥·보·벽체·슬래브 등의 거푸집 동바리 등을 조립하거나 해체하는 작업을 하는 경우, 준수사항 3가지를 쓰시오.

➡해답 ① 해당 작업을 하는 구역에는 관계 근로자가 아닌 사람의 출입을 금지할 것
② 비, 눈, 그 밖의 기상상태의 불안정으로 날씨가 몹시 나쁜 경우에는 그 작업을 중지할 것
③ 재료, 기구 또는 공구 등을 올리거나 내리는 경우에는 근로자로 하여금 달줄·달포대 등을 사용하도록 할 것
④ 낙하·충격에 의한 돌발적 재해를 방지하기 위하여 버팀목을 설치하고 거푸집 동바리 등을 인양장비에 매단 후에 작업 하도록 하는 등 필요한 조치를 할 것

03.
목재 가공용 둥근톱으로 합판을 절단하다 사고가 발생하였다. 다음 질문에 답하시오.

(1) 동영상에서의 재해발생원인 2가지를 쓰시오.
(2) 누전차단기를 반드시 설치해야 하는 작업장소를 쓰시오.

➡해답 (1) 재해발생 원인
① 분할날 반발예방장치 미설치
② 톱날접촉 예방장치 미설치
③ 작업 시 장갑 착용

(2) 누전차단기 설치장소
　① 물 등 도전성이 높은 액체에 의한 습윤 장소
　② 철판·철골 위 등 도전성이 높은 장소
　③ 임시배선의 전로가 설치되는 장소

04.

낙하물 방지망 설치에 대한 보호구 및 설치기준에 대하여 빈칸 안에 알맞은 내용을 써넣으시오.

- 낙하물방지망을 설치할 때 작업자는 (①)을/를 착용할 것
- 높이 (②)m 이내마다 설치하고, 내민 길이는 벽면으로부터 (③)m 이상으로 할 것
- 수평면과의 각도는 (④) 이하를 유지할 것

해답 ① 안전대
　② 10
　③ 2
　④ 20~30°

05.

화면상의 동영상을 참고하여 관련 위험요인 2가지를 쓰시오.

[동영상 설명]
작업자가 거푸집 동바리 설치 중 비계강관 밟고 작업하고 있으며 안전모, 안전대를 착용하지 않았다.

해답 ① 작업발판 없음
　② 안전대 미착용
　③ 안전모 미착용

06.

와이어로프의 사용금지 기준을 3가지 쓰시오.

해답 ① 이음매가 있는 것
　② 와이어로프의 한 꼬임(스트랜드)에서 끊어진 소선[素線, 필러(Pillar)선은 제외]의 수가 10% 이상(비자전로프의 경우에는 끊어진 소선의 수가 와이어로프 호칭지름의 6배 길이 이내에서 4개 이상이거나 호칭지름 30배 길이 이내에서 8개 이상)인 것
　③ 지름의 감소가 공칭지름의 7%를 초과하는 것
　④ 꼬인 것
　⑤ 심하게 변형 또는 부식된 것
　⑥ 열과 전기충격에 의해 손상된 것

07.

용접작업 중 작업자가 착용한 개인보호구 3가지와 교류아크용접 작업 중에 사용해야 하는 방호장치 1가지를 쓰시오.

해답 (1) 개인보호구 : ① 용접용 보안면, ② 용접용 (가죽) 장갑, ③ 용접용 (가죽) 앞치마
　　　 (2) 방호장치 : 자동전격방지기

08.

동영상은 근로자가 작업 중 비계에서 떨어지는 장면을 보여주고 있다. 비계의 종류를 쓰시오.

해답 말비계

건설안전기사 2회(B형)

01.

외부비계에 가설통로가 설치되어 있다. 이러한 가설통로의 설치기준 3가지를 쓰시오.

해답 ① 견고한 구조로 할 것
　　 ② 경사는 30° 이하로 할 것. 다만, 계단을 설치하거나 높이 2m 미만의 가설통로로서 튼튼한 손잡이를 설치한 경우에는 그러하지 아니하다.
　　 ③ 경사가 15°를 초과하는 경우에는 미끄러지지 아니하는 구조로 할 것
　　 ④ 추락할 위험이 있는 장소에는 안전난간을 설치할 것. 다만, 작업상 부득이한 경우에는 필요한 부분만 임시로 해체할 수 있다.
　　 ⑤ 수직갱에 가설된 통로의 길이가 15m 이상인 경우에는 10m 이내마다 계단참을 설치할 것
　　 ⑥ 건설공사에 사용하는 높이 8m 이상인 비계다리에는 7m 이내마다 계단참을 설치할 것

02.

발파작업 표준안전작업지침상, 화공작업소의 주위에 근로자가 볼 수 있게 표시하여야 하는 것 1가지와 화약류저장소 내에 비치되어야 할 것 1가지를 쓰시오.

해답 (1) 표시하여야 할 것
　　　　 ① 화약
　　　　 ② 출입금지
　　　　 ③ 화기엄금
　　　 (2) 비치되어야 할 것 : 최고 최저 온도계

03.
산업안전보건법령상 계단 작업면 조도(照度)를 쓰시오.

[해답] 150 럭스 이상

04.
산업안전보건법령상 차량계 하역운반기계의 운전자가 운전위치를 이탈하고자 할 때 운전자가 준수하여야 할 사항 3가지를 쓰시오.

[해답] ① 포크, 버킷, 디퍼 등의 장치를 가장 낮은 위치 또는 지면에 내려둘 것
② 원동기를 정지시키고 브레이크를 확실히 거는 등 갑작스러운 주행이나 이탈을 방지하기 위한 조치를 할 것
③ 운전석을 이탈하는 경우에는 시동키를 운전대에서 분리시킬 것

05.
동영상에서 말비계를 보여주고 있다. 말비계 사용 시 작업발판의 설치기준을 3가지 쓰시오.

[해답] ① 지주부재의 하단에는 미끄럼 방지장치를 하고, 양측 끝부분에 올라서서 작업하지 아니하도록 할 것
② 지주부재와 수평면의 기울기를 75° 이하로 하고, 지주부재와 지주부재 사이를 고정시키는 보조부재를 설치할 것
③ 말비계의 높이가 2m를 초과할 경우에는 작업발판의 폭을 40cm 이상으로 할 것

06.
화면상의 동영상을 참고하여 관련 작업장 및 작업자의 위험요인 3가지를 쓰시오.

[동영상 설명]
주변에 작업발판 없이 철근을 밟고 이동하는 작업자와 이음철근이 자세히 보인다. 철근공이 안전모를 착용하긴 했지만, 턱끈이 덜렁거리며, 안전대 착용을 안 했고, 운동화를 신었고, 각반도 없다. 철근 상부근에 메쉬같은 가설통로도 없다.

[해답] ① 안전발판 미설치
② 가설통로 미설치
③ 철근 엔드캡 미설치
④ 안전화 미착용

07.
말비계의 조립·사용 시 준수사항을 3가지 쓰시오.

➡해답 ① 지주부재의 하단에는 미끄럼 방지장치를 하고, 양측 끝부분에 올라서서 작업하지 아니하도록 할 것
② 지주부재와 수평면의 기울기를 75° 이하로 하고, 지주부재와 지주부재 사이를 고정시키는 보조부재를 설치할 것
③ 말비계의 높이가 2m를 초과할 경우에는 작업발판의 폭을 40cm 이상으로 할 것

08.
산업안전보건기준에 관한 규칙에 의거, 전기기계·기구에 설치된 누전차단기의 설치기준 관련해서 빈칸에 알맞은 내용을 쓰시오.

> 전기기계·기구에 설치된 누전차단기는 정격감도전류가 (①) 이하이고 작동시간은 (②) 이내일 것. 다만, 정격전부하전류가 50A 이상인 전기기계·기구에 접속되는 누전차단기는 오작동을 방지하기 위하여 정격감도전류는 200mA 이하로, 작동시간은 0.1초 이내로 할 수 있다.

➡해답 ① 30mA
② 0.03초

건설안전기사 2회(C형)

01.
(1) 동영상의 근로자 추락을 방지할 수 있는 대책 1가지와 (2) 산업안전보건법령상 낙하물 방지망 설치기준 관련 빈칸 안에 알맞은 것을 쓰시오.

> [동영상 설명]
> 건물 외벽 낙하물 방지망 위에서 수리를 위해 안전대를 착용하지 않고 불안하게 낙하물방지망 파이프를 밟고 이동하다 추락한다.

> 낙하물방지망 설치기준
> • 설치 간격 : 높이 (①)m 이내
> • 내민 길이 : 벽면으로부터 (②)m 이상
> • 설치각도 : 수평면과의 각도는 (③)도 이상 (④)도 이하

➡해답 (1) 대책
　　① 추락방호망 설치
　　② 안전대 착용 및 체결
　(2) 낙하물방지망 설치기준
　　① 10
　　② 2
　　③ 20
　　④ 30

O2.

산업안전보건기준에 관한 규칙에 의거, 작업발판 및 통로의 끝이나 개구부에 사업주가 설치해야 하는
시설물을 3가지만 쓰시오.

➡해답 ① 안전난간,
　　② 울타리
　　③ 수직형 추락방망
　　④ 덮개

O3.

동영상의 재해를 막기위해 필요한 보호구 1가지를 쓰시오.

[동영상 설명]
호이스트 정기점검 중 작업자가 갑자기 감전된다.

➡해답 내전압용 절연장갑

O4.

작업자가 얼굴에 착용해야 하는 보호구를 2가지 쓰시오.

[동영상 설명]
말비계 위에서 아파트 계단 콘크리트 벽면을 핸드그라인더로 정리하는 작업 중 분진이 안개처럼 퍼지고 있다.

➡해답 ① 방진마스크
　　② 보안경

05.

외부비계에 가설통로가 설치되어 있다. 이러한 가설통로의 설치기준 3가지를 쓰시오.

→해답 ① 견고한 구조로 할 것
② 경사는 30° 이하로 할 것. 다만, 계단을 설치하거나 높이 2m 미만의 가설통로로서 튼튼한 손잡이를 설치한 경우에는 그러하지 아니하다.
③ 경사가 15°를 초과하는 경우에는 미끄러지지 아니하는 구조로 할 것
④ 추락할 위험이 있는 장소에는 안전난간을 설치할 것. 다만, 작업상 부득이한 경우에는 필요한 부분만 임시로 해체할 수 있다.
⑤ 수직갱에 가설된 통로의 길이가 15m 이상인 경우에는 10m 이내마다 계단참을 설치할 것
⑥ 건설공사에 사용하는 높이 8m 이상인 비계다리에는 7m 이내마다 계단참을 설치할 것

06.

굴착공사에서 토사 붕괴재해 예방을 위한 안전점검사항 4가지를 쓰시오.

→해답 ① 전 지표면의 답사
② 경사면의 상황 변화의 확인
③ 부석의 상황변화의 확인
④ 용수의 발생 유무 또는 용수량의 변화 확인
⑤ 결빙과 해빙에 대한 상황의 확인
⑥ 각종 경사면 보호공의 변위, 탈락 유무 확인

07.

화면상의 동영상은 아파트 단지 내에서 하수관로 매설작업을 수행하고 있는 전경을 보여주고 있다. 동영상을 참고하여 재해 발생원인 및 방지조치 사항을 쓰시오.

> [동영상 설명]
> 백호가 흄관을 1줄 걸이로 인양하여 매설하고 있으며, 인양된 흄관 바로 밑에 작업 근로자 2명이 있다. 신호수는 배치가 되어있었으나, 신호수가 흄관을 손으로 당기다가 흄관이 작업자에게 떨어져 흄관과 흄관 사이에 다리가 끼인다.

→해답 ① 신호수를 배치한다.
② 주변 근로자의 출입을 금지시킨다.
③ 화물 인양 시 양 끝 등 2곳 이상을 묶어서 인양(운반)한다.

08.
사진에 보이는 차량계 건설기계(로더)의 작업을 2가지 쓰시오.

해답 ① 싣기작업
② 운반작업

건설안전기사 4회(A형)

01.
산업안전보건법령상 자재창고의 작업면 조도(照度) 기준은 얼마인지 쓰시오. (단, 초정밀 작업, 정밀 작업, 보통 작업에 사용되는 장소가 아님)

해답 75럭스 이상

02.
산업안전보건법령상 차량계 하역운반기계의 운전자가 운전위치를 이탈하고자 할 때 운전자가 준수하여야 할 사항 3가지를 쓰시오.

해답 ① 포크, 버킷, 디퍼 등의 장치를 가장 낮은 위치 또는 지면에 내려둘 것
② 원동기를 정지시키고 브레이크를 확실히 거는 등 갑작스러운 주행이나 이탈을 방지하기 위한 조치를 할 것
③ 운전석을 이탈하는 경우에는 시동키를 운전대에서 분리시킬 것

O3.
산업안전보건법령상 콘트리크 타설 후 개구부에 추락 방지를 위해서 사업주의 조치사항을 2가지만 쓰시오.

➡해답 ① 안전난간 설치
② 울타리 설치
③ 수직형 추락 방망 설치
④ 덮개 설치
⑤ 추락방호망 설치

O4.
동영상은 추락 위험이 있는 곳에서 작업하는 작업자를 보여주고 있다. 이러한 작업을 진행할 때 착용해야 하는 개인보호구를 2가지만 쓰시오.

➡해답 ① 안전모
② 안전대

O5.
산업안전보건법령상 항타기 또는 항발기의 양중기에 사용하는 권상용 와이어로프의 사용금지사항 3가지를 쓰시오.

➡해답 ① 이음매가 있는 것
② 꼬인 것
③ 심하게 변형 부식된 것
④ 와이어로프의 한 꼬임에서 끊어진 소선의 수가 10% 이상인 것
⑤ 지름의 감소가 공칭지름의 7%를 초과하는 것
⑥ 열과 전기충격에 의해 손상된 것

O6.
경사진 계단에서 사용하는 동바리용 파이프서포트에 대한 안전조치사항을 2가지만 쓰시오.

➡해답 ① 파이프서포트를 3개 이상 이어서 사용하지 않도록 할 것
② 파이프서포트를 이어서 사용하는 경우에는 4개 이상의 볼트 또는 전용철물을 사용하여 이을 것
③ 높이가 3.5m를 초과하는 경우에는 높이 2m 이내마다 수평연결재를 2개 방향으로 만들고 수평연결재의 변위를 방지할 것

07.
토공기계의 작업시작 전 기계의 정비 상태를 정비기록표 등에 의해 확인·점검할 사항을 3가지만 쓰시오.

➡해답 ① 낙석, 낙하물 등의 위험이 예상되는 작업 시 견고한 헤드가드 설치상태
② 브레이크 및 클러치의 작동상태
③ 타이어 및 궤도차륜 상태
④ 경보장치 작동상태
⑤ 부속장치의 상태

08.
산업안전보건법령상 타워크레인을 해체하는 작업계획서에 포함되어야 하는 사항 4가지를 쓰시오.

➡해답 ① 타워크레인의 종류 및 형식
② 해체순서
③ 작업도구·장비·가설설비 및 방호설비
④ 작업인원의 구성 및 작업근로자의 역할 범위
⑤ 지지 방법

건설안전기사 4회(B형)

01.
산업안전보건법령상 흙막이 지보공 정기 점검사항 2가지를 쓰시오.

➡해답 ① 부재의 손상·변형·부식·변위 및 탈락의 유무와 상태
② 버팀대의 긴압의 정도
③ 부재의 접속부 부착부 및 교차부의 상태
④ 침하의 정도

02.

동영상의 인양 중인 하물의 상태 (가), (나) 중에 잘못 체결된 것을 적고, 이유를 쓰시오.

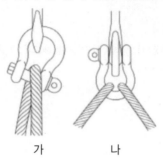

가　　　　나

➡️**해답** (가), 이유 : 2줄걸이에는 슬링을 핀쪽에 걸면 안 되고, 샤클 바디에 걸어야 함

03.

산업안전보건법령상 상부구조가 금속 또는 콘크리트로 구성되는 교량으로서 그 높이가 5m 이상이거나 교량의 최대 지간 길이가 30m 이상인 교량의 설치·해체 또는 변경 작업시 작업계획서의 내용을 3가지만 쓰시오. (단, 그 밖에 안전·보건에 관련된 사항은 제외)

➡️**해답** ① 작업방법 및 순서
② 부재(部材)의 낙하·전도 또는 붕괴를 방지하기 위한 방법
③ 작업에 종사하는 근로자의 추락 위험을 방지하기 위한 안전조치 방법
④ 공사에 사용되는 가설 철구조물 등의 설치·사용·해체 시 안전성 검토 방법
⑤ 사용하는 기계 등의 종류 및 성능,작업방법
⑥ 작업지휘자 배치계획

04.

석축을 쌓고 있는 영상이다. 석축 쌓기 완료 후 붕괴되었다면 그 원인은 무엇인지 2가지 쓰시오.

➡️**해답** ① 기초지반의 침하 및 활동 발생으로 지지력 약화
② 배수불량으로 인한 수압작용
③ 과도한 토압의 발생
④ 옹벽 뒤채움 재료의 불량 및 다짐 불량

05.
산업안전보건법령상 보통 작업에 사용되는 작업장에 필요한 조도(照度) 기준은 얼마인지 쓰시오.

➡️**해답** 150럭스 이상

06.
동영상의 건설용 리프트로 이동 중 근로자의 불안전한 행동 1가지와 작업장의 불안전한 상태 2가지를 쓰시오.

➡️**해답** 1. 작업자의 불안전한 행동
　　① 리프트 문을 닫지 않고 운행
　　② 자재 인양 작업 중 안전모 미착용
　　③ 고소작업 중에 안전난간이 설치되지 않는 곳에서 안전대 미착용 및 미체결
　　2. 작업장의 불안전한 상태
　　① 리프트에 출입문 인터록(interlock)이 작동하지 않음.
　　② 추락방호망 미설치
　　③ 안전난간 미설치

07.
산업안전보건법령상 콘크리트 타설작업을 하는 경우, 사업주의 준수사항을 3가지만 적으시오.

➡️**해답** 1. 당일의 작업을 시작하기 전에 해당 작업에 관한 거푸집 및 동바리의 변형·변위 및 지반의 침하 유무 등을 점검하고 이상이 있으면 보수할 것
　　2. 작업 중에는 감시자를 배치하는 등의 방법으로 거푸집 및 동바리의 변형·변위 및 침하 유무 등을 확인해야 하며, 이상이 있으면 작업을 중지하고 근로자를 대피시킬 것
　　3. 콘크리트 타설작업 시 거푸집 붕괴의 위험이 발생할 우려가 있으면 충분한 보강조치를 할 것
　　4. 설계도서상의 콘크리트 양생기간을 준수하여 거푸집 및 동바리를 해체할 것
　　5. 콘크리트를 타설하는 경우에는 편심이 발생하지 않도록 골고루 분산하여 타설할 것

08.
산업안전보건법령상 차량계 하역운반기계 등을 사용하여 작업을 하는 경우에 하역 또는 운반 중인 화물이나 그 차량계 하역운반기계 등에 접촉되어 근로자가 위험해질 우려가 있는 장소에는 위험을 방지하기 위한 조치사항을 2가지 쓰시오.

➡️**해답** ① 근로자가 위험해질 우려가 있는 장소에 근로자를 출입 금지
　　② 작업지휘자 또는 유도자를 배치하고 그 차량계 하역운반기계 등을 유도

건설안전기사 4회(C형)

01.
작업자가 이동식 비계 최상부에 올라가서 작업을 하고 있다. 이때 재해예방을 위한 안전조치사항 3가지를 쓰시오.

➡해답 ① 이동식 비계의 바퀴에는 뜻밖의 갑작스러운 이동 또는 전도를 방지하기 위해 브레이크·쐐기 등으로 바퀴를 고정시킨 다음 비계의 일부를 견고한 시설물에 고정하거나 아웃트리거(Outrigger)를 설치하는 등 필요한 조치를 할 것
② 승강용 사다리는 견고하게 설치할 것
③ 비계의 최상부에서 작업을 할 경우에는 안전난간을 설치할 것
④ 작업발판은 항상 수평을 유지하고 작업발판 위에서 안전난간을 딛고 작업을 하거나 받침대 또는 사다리를 사용하여 작업하지 않도록 할 것
⑤ 작업발판의 최대 적재하중은 250kg을 초과하지 않도록 할 것

02.
철골공사현장에 설치한 추락방호망을 보여주고 있다. 추락방호망 설치기준 3가지를 쓰시오.

➡해답 ① 추락방호망의 설치위치는 가능하면 작업면으로부터 가까운 지점에 설치하여야 하며, 작업면으로부터 망의 설치지점까지의 수직거리는 10m를 초과하지 아니할 것
② 추락방호망은 수평으로 설치하고, 망의 처짐은 짧은 변 길이의 12% 이상이 되도록 할 것
③ 건축물 등의 바깥쪽으로 설치하는 경우 망의 내민 길이는 벽면으로부터 3m 이상 되도록 할 것

03.
산업안전보건법령상 금속의 용접·용단 또는 가열작업을 하는 경우에는 가스등의 누출 또는 방출로 인한 폭발·화재 또는 화상을 예방하기 위하여 사업주의 준수사항 3가지를 쓰시오.

➡해답 ① 가스 등의 호스와 취관(吹管)은 손상·마모 등에 의하여 가스등이 누출할 우려가 없는 것을 사용할 것
② 가스 등의 취관 및 호스의 상호 접촉부분은 호스밴드, 호스클립 등 조임기구를 사용하여 가스등이 누출되지 않도록 할 것
③ 가스 등의 호스에 가스등을 공급하는 경우에는 미리 그 호스에서 가스 등이 방출되지 않도록 필요한 조치를 할 것
④ 사용 중인 가스 등을 공급하는 공급구의 밸브나 콕에는 그 밸브나 콕에 접속된 가스 등의 호스를 사용하는 사람의 명찰을 붙이는 등 가스등의 공급에 대한 오조작을 방지하기 위한 표시를 할 것
⑤ 용단작업을 하는 경우에는 취관으로부터 산소의 과잉방출로 인한 화상을 예방하기 위하여 근로자가 조절밸브를 서서히 조작하도록 주지시킬 것
⑥ 작업을 중단하거나 마치고 작업장소를 떠나는 경우 가스 등의 공급구의 밸브나 콕을 잠글 것

⑦ 가스 등의 분기관은 전용 접속기구를 사용하여 불량체결을 방지하여야 하며, 서로 이어지지 않는 구조의 접속기구 사용, 서로 다른 색상의 배관·호스의 사용 및 꼬리표 부착 등을 통하여 서로 다른 가스배관과의 불량체결을 방지할 것

04.

작업자가 둥근톱을 사용하며 나무를 자르고 있다. 둥근톱 방호장치 2가지를 쓰시오.

➡해답 ① 반발 예방장치
② 톱날접촉 예방장치

05.

굴착기계 사용 시 안전 점검사항 3가지를 쓰시오.

➡해답 ① 낙석, 낙하물 등의 위험이 예상되는 작업 시 견고한 헤드가드 설치 상태
② 브레이크 및 클러치의 작동상태
③ 타이어 및 궤도차륜 상태
④ 경보장치 작동상태
⑤ 부속장치의 상태

06.

화면상의 동영상을 참고하여, 제거해야 할 위험 요인을 3가지 쓰시오.

[동영상 설명]
바닥에서 2m 넘는 곳에서 구두를 신고 목장갑을 착용한 작업자 1명이 그라인더로 석재를 자르고 있다. 분진이 발생하는데, 방진마스크는 착용하지 않았다. 안전난간은 없고, 작업발판은 부실하며, 작업장은 전반적으로 정돈되어 있지 않다. 안전대를 착용하지 않은 위쪽 작업자가 비계를 잡고 내려오던 중 추락한다.

➡해답 ① 안전난간 미설치
② 작업발판 부실
③ 승강설비 미설치

07.

철골승강용 트랩의 설치기준 중 트랩의 답단 간격과 폭 기준을 쓰시오.

➡해답 ① 답단 간격 : 30cm 이내
② 폭 기준 : 30cm 이상

08.

콘크리트 타설작업을 하기 위하여 콘크리트타설장비 이용 작업 시 준수사항 3가지를 쓰시오.

해답 1. 작업을 시작하기 전에 콘크리트타설장비를 점검하고 이상을 발견하였으면 즉시 보수할 것
2. 건축물의 난간 등에서 작업하는 근로자가 호스의 요동·선회로 인하여 추락하는 위험을 방지하기 위하여 안전 난간 설치 등 필요한 조치를 할 것
3. 콘크리트타설장비의 붐을 조정하는 경우에는 주변의 전선 등에 의한 위험을 예방하기 위한 적절한 조치를 할 것
4. 작업 중에 지반의 침하나 아웃트리거 등 콘크리트타설장비 지지구조물의 손상 등에 의하여 콘크리트타설장비 가 넘어질 우려가 있는 경우에는 이를 방지하기 위한 적절한 조치를 할 것

건설안전기사 1회(A형)

01.
프리캐스트(Precast Concrete) 콘크리트 공법의 장점 3가지를 쓰시오.

➡️**해답** 1. 기상영향 적음
2. 공기단축 가능
3. 경제적임

02.
철골기둥을 앵커볼트에 고정시킬 때 준수사항을 2가지 쓰시오.

➡️**해답** 1. 기둥의 인양은 고정시킬 바로 위에서 일단 멈춘 다음 손이 닿을 위치까지 내린다.
2. 기둥베이스 구멍을 통해 앵커 볼트를 보면서 정확히 유도

03.
다음은 강관비계 구조에 관한 내용이다. 빈칸을 채워 넣으시오.

(1) 비계 기둥의 간격은 띠장 방향에서 (①)m 이하
(2) 장선방향에서는 (②)m 이하
(3) 띠장은 (③)m 이하로 설치
(4) 비계 기둥 제일 윗부분으로부터 (④)m 되는 지점 밑부분은 비계 기둥을 2개의 강관으로 묶어 세움
(5) 비계 기둥 간의 적재하중은 (⑤)kg 이하

➡️**해답** ① 1.85, ② 1.5, ③ 2, ④ 31, ⑤ 400

04.

낙하물방지망을 설치할 때 작업자가 착용해야 하는 보호구(①) 및 설치기준에 대하여 (   ) 안에
알맞은 단어를 써넣으시오.

> 1) 높이 (②)m 이내마다 설치하고, 내민 길이는 벽면으로부터 (③)m 이상으로 할 것
> 2) 수평면과의 각도는 (④) 이하를 유지할 것

해답 ① 안전대, ② 10, ③ 2, ④ 20~30°

05.

금속의 용접·용단 또는 가열에 사용되는 가스등의 용기를 취급하는 경우에 위험을 방지하기 위해서
조치할 사항을 3가지만 쓰시오.

해답 1. 화기를 사용하는 장소 및 그 부근에서 사용하거나 설치·저장 또는 방치하지 않도록 할 것
2. 전도의 위험이 없도록 할 것
3. 충격을 가하지 않도록 할 것
4. 운반하는 경우에는 캡을 씌울 것

06.

작업자가 개구부에서 작업을 하던 중 추락하는 장면을 보여주고 있다. 이와 같은 재해발생 시 추락방
지를 위한 안전대책 3가지를 쓰시오.

해답 1. 안전난간, 울타리, 수직형 추락방망 설치
2. 충분한 강도를 가진 구조로 덮개를 튼튼하게 설치
3. 어두운 장소에서도 알아볼 수 있도록 개구부임을 표시
4. 추락방호망을 설치
5. 근로자 안전대 착용

07.

터널 내 콘크리트를 뿌리는 장면을 보여주고 있다. 이 공법의 명칭과 공법의 종류 2가지를 쓰시오.

➡해답 (1) 명칭 : 숏크리트(Shotcrete)
　　　 (2) 공법의 종류 : 1. 습식공법, 2. 건식공법

08.

타워크레인의 방호장치를 2가지 쓰시오.

➡해답 1. 권과방지장치
　　　 2. 과부하방지장치
　　　 3. 비상정지장치
　　　 4. 브레이크장치
　　　 5. 훅 해지장치

건설안전기사 1회(B형)

01.

영상에서 시공 중인 옹벽의 명칭을 쓰고, 옹벽 시공 중 설치해야 하는 안전시설물의 명칭을 쓰시오.

➡해답 1. 보강토 옹벽
　　　 2. 안전대 부착설비

O2.
추락방호망 설치 기준 3가지를 쓰시오.

해답 1. 추락방호망은 가능하면 작업면으로부터 가까운 지점에 설치하여야 하며, 작업면으로부터 망의 설치지점까지의 수직거리는 10m를 초과하지 아니할 것
2. 추락방호망은 수평으로 설치하고, 망의 처짐은 짧은 변 길이의 12% 이상이 되도록 할 것
3. 건축물 등의 바깥쪽으로 설치하는 경우 추락방호망의 내민 길이는 벽면으로부터 3m 이상 되도록 할 것

O3.
콘크리트 타설작업을 하기 위하여 콘크리트타설장비 이용 작업 시 준수사항 3가지를 쓰시오.

해답 1. 작업을 시작하기 전에 콘크리트타설장비를 점검하고 이상을 발견하였으면 즉시 보수할 것
2. 건축물의 난간 등에서 작업하는 근로자가 호스의 요동·선회로 인하여 추락하는 위험을 방지하기 위하여 안전난간 설치 등 필요한 조치를 할 것
3. 콘크리트타설장비의 붐을 조정하는 경우에는 주변의 전선 등에 의한 위험을 예방하기 위한 적절한 조치를 할 것
4. 작업 중에 지반의 침하나 아웃트리거 등 콘크리트타설장비 지지구조물의 손상 등에 의하여 콘크리트타설장비가 넘어질 우려가 있는 경우에는 이를 방지하기 위한 적절한 조치를 할 것

O4.
산업안전보건법령 상 중량물의 적재 시 유동과 붕괴방지를 위해서 준수해야 할 사항 2가지를 쓰시오.

해답 1. 구름멈춤대, 쐐기 등을 이용하여 중량물의 동요나 이동을 조절할 것
2. 중량물이 구르는 방향인 경사면 아래로는 근로자의 출입을 제한할 것

O5.
다음 건설기계의 장비명과 주요작업을 쓰시오.

➡**해답** (1) 장비명 : 탠덤 롤러
(2) 주요작업 : 다짐작업, 성토부 전압

06.
터널공사표준안전작업지침상 숏크리트의 최소두께 관련 ( )안에 알맞은 것을 쓰시오.

1) 약간 취약한 암반 : 2cm
2) 약간 파괴되기 쉬운 암반 : 3cm
3) 파괴되기 쉬운 암반 : (①)cm
4) 매우 파괴되기 쉬운 암반 : 7cm(철망병용)
5) 팽창성의 암반 : (②)cm(강재 지보공과 철망병용)

➡**해답** ① 5, ② 15

07.
지게차가 화물을 들어 올릴 때 준수사항 관련 ( )안에 알맞은 것을 쓰시오.

(1) 지상에서 5cm 이상 (①)cm 지점까지 들어올린 후 일단 정지
(2) 화물의 안전상태, 포크에 대한 편심하중 및 기타 이상이 없는 지를 확인
(3) 마스크는 후방으로 경사를 줌
(4) 지상에서 (②)cm 이상 (③)cm 이하의 높이까지 들어올린 후 이동
(5) 들어올린 상태로 출발, 주행해야 함

➡**해답** ① 10, ② 10, ③ 30

08.
토공기계의 작업시작 전 기계의 정비 상태를 정비기록표 등에 의해 확인·점검할 사항을 3가지만 쓰시오.

➡**해답** 1. 낙석, 낙하물 등의 위험이 예상되는 작업 시 견고한 헤드가드 설치 상태
2. 브레이크 및 클러치의 작동 상태
3. 타이어 및 궤도차륜 상태
4. 경보장치 작동 상태
5. 부속장치의 상태

건설안전기사 1회(C형)

01.
산업안전보건법상 강관틀비계 설치기준 3가지를 쓰시오.

해답 1. 비계기둥의 밑둥에는 밑받침철물을 사용하여야 하며 밑받침에 고저차가 있는 경우에는 조절형 밑받침철물을 사용하여 각각의 강관틀비계가 항상 수평 및 수직을 유지하도록 할 것
2. 높이가 20m를 초과하거나 중량물의 적재를 수반하는 작업을 할 경우에는 주틀 간의 간격이 1.8m 이하로 할 것
3. 주틀 간에 교차 가새를 설치하고 최상층 및 5층 이내마다 수평재를 설치할 것
4. 수직방향으로 6m, 수평방향으로 8m 이내마다 벽이음을 할 것
5. 길이가 띠장방향으로 4m 이하이고 높이가 10m를 초과하는 경우에는 10m 이내마다 띠장방향으로 버팀기둥을 설치할 것

02.
산업안전보건법에 따라 시스템 비계를 사용하여 비계를 구성하는 경우 준수해야 하는 3가지를 쓰시오.

해답 1. 수직재·수평재·가새재를 견고하게 연결하는 구조가 되도록 할 것
2. 비계 밑단의 수직재와 받침철물은 밀착되도록 설치하고, 수직재와 받침철물의 연결부의 겹침길이는 받침철물 전체 길이의 3분의 1 이상이 되도록 할 것
3. 수평재는 수직재와 직각으로 설치하여야 하며, 체결 후 흔들림이 없도록 견고하게 설치할 것
4. 수직재와 수직재의 연결철물은 이탈되지 않도록 견고한 구조로 할 것
5. 벽 연결재의 설치간격은 제조사가 정한 기준에 따라 설치할 것

03.
목재 가공용 둥근톱으로 합판을 절단하다 사고가 발생하였다. 다음 질문에 답하시오.

(1) 동영상에서의 재해발생원인 2가지를 쓰시오.
(2) 누전차단기를 반드시 설치해야 하는 작업장소를 쓰시오.

해답 (1) 재해발생 원인
1. 분할날 반발예방장치 미설치
2. 톱날접촉 예방장치 미설치
3. 작업 시 장갑 착용

(2) 누전차단기 설치장소
1. 물 등 도전성이 높은 액체에 의한 습윤 장소
2. 철판·철골 위 등 도전성이 높은 장소
3. 임시배선의 전로가 설치되는 장소

04.

1줄 걸이를 사용하여 화물을 인양하는 타워크레인 작업 동영상이다. 동영상을 참고하여 재해발생원인을 2가지 쓰시오.

해답 1. 인양화물을 1줄 걸이를 사용하여 인양함에 따라 인양 중 낙하위험
2. 작업반경 내 근로자 출입으로 낙하재해 발생위험
3. 신호수 미배치에 따라 작업 중 낙하 및 충돌위험

05.

강교량을 크레인으로 2줄 걸이로 인양 중에 있다. 또한 신호수(관리감독관 같은 사람이 다른 곳에서 지켜보고 있음)가 배치되어 있으며, 인양물 아랫부분으로 근로자들이 돌아다닌다. 인양물(강교량)에 사람이 타고 있다. 크레인으로 작업 시 준수사항을 쓰시오.

해답 1. 인양할 하물(荷物)을 바닥에서 끌어당기거나 밀어내는 작업을 하지 아니할 것
2. 미리 근로자의 출입을 통제하여 인양 중인 하물이 작업자의 머리 위로 통과하지 않도록 할 것
3. 인양할 하물이 보이지 아니하는 경우에는 어떠한 동작도 하지 아니할 것
4. 신호하는 사람에 의하여 작업을 할 것

06.

이동식 사다리와 관련하여 다음 (   )안에 알맞은 사항을 쓰시오.

1) 디딤대 수직간격
   (①)cm~(②)cm
2) 전체길이
   (③)m 이하

해답 ① 25, ② 35, ③6

07.

동영상의 재해를 막기위해 필요한 보호구 1가지를 쓰시오.

[동영상 설명]
호이스트 정기점검 중 작업자가 갑자기 감전된다.

해답 내전압용 절연장갑

08.

항타기·항발기 작업 시 무너짐 방지를 위한 준수사항 3가지를 쓰시오.

해답 1. 연약한 지반에 설치하는 경우에는 아웃트리거·받침 등 지지구조물의 침하를 방지하기 위하여 받침목이나 깔판 등을 사용할 것
2. 시설 또는 가설물 등에 설치하는 경우에는 그 내력을 확인하고 내력이 부족하면 그 내력을 보강할 것
3. 아웃트리거·받침 등 지지구조물이 미끄러질 우려가 있는 경우에는 말뚝 또는 쐐기 등을 사용하여 해당 지지구조물을 고정시킬 것
4. 궤도 또는 차로 이동하는 항타기 또는 항발기에 대해서는 불시에 이동하는 것을 방지하기 위하여 레일 클램프 (rail clamp) 및 쐐기 등으로 고정시킬 것
5. 상단 부분은 버팀대·버팀줄로 고정하여 안정시키고, 그 하단 부분은 견고한 버팀·말뚝 또는 철골 등으로 고정시킬 것

건설안전기사 2회(A형)

01.

터널 내부 라이닝의 모습을 보여주고 있다. 터널 공사 시 콘크리트 라이닝의 시공목적 2가지를 쓰시오.

해답 1. 지질의 불균일성, 지보재의 품질저하 등으로 인한 터널의 강도저하를 보강
2. 터널구조물의 내구성 증진으로 인한 붕괴 방지
3. 지하수 등으로부터의 수밀성 확보
4. 사용 중 점검, 보수 등의 작업성 증대
5. 터널 내부 시설물 설치 용이

02.

물체를 투하하는 때에는 적당한 투하설비를 갖춰야 하는 최소 높이는?

해답 3m

03.

기둥·보·벽체·슬래브 등의 거푸집 동바리 등을 조립하거나 해체하는 작업을 하는 경우, 준수사항 3가지를 쓰시오.

➡️해답 1. 해당 작업을 하는 구역에는 관계 근로자가 아닌 사람의 출입을 금지할 것
2. 비, 눈, 그 밖의 기상상태의 불안정으로 날씨가 몹시 나쁜 경우에는 그 작업을 중지할 것
3. 재료, 기구 또는 공구 등을 올리거나 내리는 경우에는 근로자로 하여금 달줄·달포대 등을 사용하도록 할 것
4. 낙하·충격에 의한 돌발적 재해를 방지하기 위하여 버팀목을 설치하고 거푸집 동바리 등을 인양장비에 매단 후에 작업 하도록 하는 등 필요한 조치를 할 것

04.

철골기둥을 앵커볼트에 고정시킬 때 준수사항을 2가지 쓰시오.

➡️해답 1. 기둥의 인양은 고정시킬 바로 위에서 일단 멈춘 다음 손이 닿을 위치까지 내릴 것
2. 기둥베이스 구멍을 통해 앵커 볼트를 보면서 정확히 유도할 것

05.

굴착 시 사전조사내용을 2가지 적으시오.

➡️해답 1. 매설물 등의 유무 또는 상태
2. 지반의 지하수위 상태

06.

산업안전보건법령상 시스템 비계를 조립 작업하는 경우 사업주의 준수사항 관련하여 빈칸을 채우시오.

1. 비계 기둥의 밑둥에는 밑받침 철물을 사용하여야 하며, 밑받침에 고저차가 있는 경우에는 조절형 밑받침 철물을 사용하여 시스템 비계가 항상 수평 및 수직을 유지하도록 할 것
2. 경사진 바닥에 설치하는 경우에는 (①) 또는 (②) 등을 사용하여 밑받침 철물의 바닥면이 수평을 유지하도록 할 것
3. 가공전로에 근접하여 비계를 설치하는 경우에는 가공전로를 이설하거나 가공전로에 (③)을/를 설치하는 등 가공전로와의 접촉을 방지하기 위하여 필요한 조치를 할 것

➡️해답 ① 피벗형 받침 철물, ② 쐐기, ③ 절연용 방호구

07.
동영상을 참고하여 (1) 재해형태, (2) 기인물, (3) 방지조치 사항을 쓰시오.

> **해답** (1) 재해형태 : 협착
> (2) 기인물 : 흄관
> (3) 방지조치 사항 : 신호수를 배치하고 긴 자재 인양 시 2줄 걸이를 하여 작업한다.

08.
다음 건설기계의 (1) 장비명과 (2) 주요작업을 쓰시오.

> **해답** (1) 명칭 : 탠덤 롤러
> (2) 주요작업 : 다짐작업, 성토부 전압

건설안전기사 2회(B형)

01.
산업안전보건법 상 타워크레인을 설치하거나 해체하려는 자가 갖추어야 하는 (1) 등록인원수는 몇명 이상인지 쓰고, (2) 자격조건 2가지를 쓰시오.

> **해답** (1) 4명
> (2) 자격조건
>   1. 판금제관기능사 또는 비계기능사의 자격을 가진 사람
>   2. 지정된 타워크레인 설치·해체작업 교육기관에서 지정된 교육을 이수하고 수료시험에 합격한 사람으로서 합격 후 5년이 지나지 않은 사람

02.
사진에 나타난 터널굴착공법의 명칭과 작업계획서에 포함할 사항을 쓰시오.

➡️해답 (1) 명칭 : T.B.M(Tunnel Boring Machine) 공법
(2) 작업계획서 포함사항
　　1. 굴착의 방법
　　2. 터널지보공 및 복공의 시공방법과 용수의 처리 방법
　　3. 환기 또는 조명시설을 설치할 때에는 그 방법

03.
동영상은 철근을 인력으로 운반하는 모습이다. 이와 같은 운반작업을 할 때 주의하여야 할 사항을 3가지 쓰시오.

➡️해답 1. 1인당 무게는 25kg 정도가 적절하며, 무리한 운반을 삼가야 한다.
2. 2인 이상이 1조가 되어 어깨메기로 하여 운반하는 등 안전을 도모하여야 한다.
3. 운반할 때에는 양 끝을 묶어 운반하여야 한다.
4. 내려놓을 때에는 천천히 내려놓고 던지지 않아야 한다.
5. 공동 작업을 할 때에는 신호에 따라 작업을 하여야 한다.

04.
가설공사 표준안전작업지침상 통로발판을 설치하여 사용할 경우 사업주의 준수사항을 3가지 쓰시오.

➡️해답 1. 근로자가 작업 및 이동하기에 충분한 넓이가 확보되어야 한다.
2. 추락의 위험이 있는 곳에는 안전난간을 설치해야 한다.
3. 발판을 겹쳐 이음하는 경우 장선 위에서 이음을 하고 겹침길이는 20cm 이상으로 하여야 한다.

05.
거푸집동바리등을 조립하는 경우 동바리의 침하는 방지하기 위한 조치사항 3가지를 쓰시오.

➡해답 1. 받침목이나 깔판의 사용
2. 콘크리트 타설
3. 말뚝박기

06.
말비계의 조립·사용 시 준수사항을 3가지 쓰시오.

➡해답 1. 지주부재의 하단에는 미끄럼 방지장치를 하고, 양측 끝부분에 올라서서 작업하지 아니하도록 할 것
2. 지주부재와 수평면의 기울기를 75° 이하로 하고, 지주부재와 지주부재 사이를 고정시키는 보조부재를 설치할 것
3. 말비계의 높이가 2m를 초과할 경우에는 작업발판의 폭을 40cm 이상으로 할 것

07.
산업안전보건법상 강관틀비계 설치기준에 대하여 빈칸을 채우시오.

(1) 비계기둥의 밑둥에는 밑받침철물을 사용하여야 하며 밑받침에 고저차가 있는 경우에는 조절형 밑받침철
물을 사용하여 각각의 강관틀비계가 항상 수평 및 수직을 유지하도록 할 것
(2) 높이가 20m를 초과하거나 중량물의 적재를 수반하는 작업을 할 경우에는 주틀간의 간격이 (①)m 이하
로 할 것
(3) 주틀간에 (②)을/를 설치하고 최상층 및 5층 이내마다 수평재를 설치할 것
(4) 수직방향으로 (③)m, 수평방향으로 (④)m 이내마다 벽이음을 할 것
(5) 길이가 띠장방향으로 (⑤)m 이하이고 높이가 (⑥)m를 초과하는 경우에는 (⑦)m 이내마다 띠장방
향으로 버팀기둥을 설치할 것

➡해답 ① 1.8, ② 교차가새, ③ 6, ④ 8, ⑤ 4, ⑥ 10, ⑦ 10

08.
추락방호망 설치 기준에 알맞게 ( )를 채우시오.

1. 추락방호망의 설치위치는 가능하면 작업면으로부터 가까운 지점에 설치하여야 하며, 작업면으로부터 망의
설치지점까지의 수직거리는 (①)m를 초과하지 아니할 것
2. 추락방호망은 수평으로 설치하고, 망의 처짐은 짧은 변 길이의 (②)% 이상이 되도록 할 것
3. 건축물 등의 바깥쪽으로 설치하는 경우 추락방호망의 내민 길이는 벽면으로부터 (③)m 이상 되도록 할 것

➡해답 ① 10, ② 12, ③ 3

건설안전기사 2회(C형)

01.

이동식비계 관련 설명이다. 빈칸을 채우시오.

(1) 이동식비계의 바퀴에는 뜻밖의 갑작스러운 이동 또는 전도를 방지하기 위하여 (①) 등으로 바퀴를 고정시킨 다음 비계의 일부를 견고한 시설물에 고정하거나 (②)을/를 설치하는 등 필요한 조치를 할 것
(2) 비계의 최상부에서 작업을 하는 경우에는 (③)을/를 설치할 것

➡해답 ① 브레이크·쐐기, ② 아웃트리거, ③ 안전난간

02.

화면 속 영상의 작업자는 연마기를 이용하여 벽면 연마작업이 진행 중이다. 착용해야 할 보호구를 쓰시오.

➡해답 방진마스크, 보안경

03.

화면 속 영상을 참고하여 (1) 가스용기 운반 시 문제점과 (2) 용접작업 시 문제점을 각각 2가지씩 쓰시오.

[동영상 설명]
작업자는 가스용기를 운반하는 차량주변부 바닥에서 용접작업을 하고 있다. 용접용 보안면은 착용하고 있는데, 용접장갑은 보이지 않는다. 용접용 앞치마의 착용했는지는 확인되지 않는다.

➡해답 (1) 가스용기의 운반 시 문제점
　　　　1. 이동 시 캡을 씌우고 이동하여야 하나 캡을 씌우지 않고 이동
　　　　2. 이동 시 진동, 충격을 주지 않고 이동하여야 하는데 이동 시 진동, 충격이 가해짐
　　　(2) 용접작업 시 문제점
　　　　1. 가연성 가스 근처에서 용접
　　　　2. 보호구(용접장갑 등)의 미착용

04.
추락방호망 설치 기준 3가지를 쓰시오.

➡해답 1. 추락방호망은 가능하면 작업면으로부터 가까운 지점에 설치하여야 하며, 작업면으로부터 망의 설치지점까지의 수직거리는 10m를 초과하지 아니할 것
2. 추락방호망은 수평으로 설치하고, 망의 처짐은 짧은 변 길이의 12% 이상이 되도록 할 것
3. 건축물 등의 바깥쪽으로 설치하는 경우 추락방호망의 내민 길이는 벽면으로부터 3m 이상 되도록 할 것

05.
작업자가 건물 외측에 설치한 낙하물방지망을 보수하고 있다. 이와 같이 낙하물방지망을 설치할 때 작업자가 착용해야 하는 보호구(①) 및 설치기준에 대하여 ( )안에 알맞은 단어를 써 넣으시오.

(1) 높이 (②)m 이내마다 설치하고, 내민 길이는 벽면으로부터 (③)m 이상으로 할 것
(2) 수평면과의 각도는 (④) 이하를 유지할 것

➡해답 ① 안전대, ② 10, ③ 2, ④ 20~30°

06.
사진에 나타난 터널굴착공법의 명칭과 작업계획서에 포함할 사항을 쓰시오.

➡해답 (1) 명칭 : T.B.M(Tunnel Boring Machine) 공법
(2) 작업계획서 포함사항
    1. 굴착의 방법
    2. 터널지보공 및 복공의 시공방법과 용수의 처리 방법
    3. 환기 또는 조명시설을 설치할 때에는 그 방법

07.

산업안전보건법령상 시스템 비계를 조립 작업하는 경우 사업주의 준수사항 관련하여 빈칸을 채우시오.

1. 비계 기둥의 밑둥에는 밑받침 철물을 사용하여야 하며, 밑받침에 고저차가 있는 경우에는 조절형 밑받침 철물을 사용하여 시스템 비계가 항상 수평 및 수직을 유지하도록 할 것
2. 경사진 바닥에 설치하는 경우에는 (①) 또는 (②) 등을 사용하여 밑받침 철물의 바닥면이 수평을 유지하도록 할 것
3. 가공전로에 근접하여 비계를 설치하는 경우에는 가공전로를 이설하거나 가공전로에 (③)을/를 설치하는 등 가공전로와의 접촉을 방지하기 위하여 필요한 조치를 할 것

➡️**해답** ① 피벗형 받침 철물
② 쐐기
③ 절연용 방호구

08.

근로자가 탑승하는 운반구를 지지하는 달기와이어로프의 안전계수는 얼마 이상으로 해야 하는가?

➡️**해답** 10 이상

건설안전기사 4회(A형)

01.

다음은 강관비계 구조에 관한 내용이다. 빈칸을 채워 넣으시오.

(1) 비계 기둥의 간격은 띠장 방향에서 (①)m 이하
(2) 장선방향에서는 (②)m 이하
(3) 띠장은 (③)m 이하로 설치
(4) 비계 기둥 제일 윗부분으로부터 (④)m 되는 지점 밑부분은 비계 기둥을 2개의 강관으로 묶어 세움
(5) 비계 기둥 간의 적재하중은 (⑤)kg 이하

➡️**해답** ① 1.85, ② 1.5, ③ 2, ④ 31, ⑤ 400

02.
동영상은 아파트 건설현장에서 작업하던 근로자가 추락하는 장면을 보여주고 있다. 이동식 비계에서의 재해를 방지하기 위해 설치해야 하는 사항을 3가지 쓰시오.

해답 1. 비계의 최상부에서 작업을 하는 경우에는 안전난간을 설치할 것
2. 승강용 사다리는 견고하게 설치할 것
3. 이동식비계의 바퀴에는 뜻밖의 갑작스러운 이동 또는 전도를 방지하기 위하여 브레이크·쐐기 등으로 바퀴를 고정시킨 다음 비계의 일부를 견고한 시설물에 고정하거나 아웃트리거(Outrigger)를 설치하는 등 필요한 조치를 할 것

03.
동영상에서 보여주고 있는 바닥 개구부나 가설 구조물의 단부에서 추락위험을 방지하기 위해 설치해야 하는 안전난간의 구조 및 설치요건을 (   )에 써넣으시오.

1. 안전난간은 (①), (②), (③) 및 (④)으로 구성한다.
2. (①)은 바닥면 발판 또는 경사로의 표면으로부터 (⑤) 이상 지점에 설치하고, 상부난간대를 (⑥) 이하에 설치하는 경우에는 (②)는 (①)와 바닥면 등의 중간에 설치하여야 하며, (⑥) 이상 지점에 설치하는 경우에는 (②)를 2단 이상으로 균등하게 설치하고 난간의 상하 간격은 60cm 이하가 되도록 한다. 다만, 계단의 개방된 측면에 설치된 난간기둥 간의 간격이 25cm 이하인 경우에는 중간 난간대를 설치하지 아니할 수 있다.
3. (③)은 바닥면 등으로부터 (⑦) 이상의 높이를 유지한다.

해답 ① 상부 난간대, ② 중간 난간대, ③ 발끝막이판, ④ 난간기둥, ⑤ 90cm, ⑥ 120cm, ⑦ 10cm

04.
철골공사현장에 설치한 추락방호망을 보여주고 있다. 추락방호망 설치기준 3가지를 쓰시오.

해답 1. 추락방호망의 설치위치는 가능하면 작업면으로부터 가까운 지점에 설치하여야 하며, 작업면으로부터 망의 설치지점까지의 수직거리는 10m를 초과하지 아니할 것
2. 추락방호망은 수평으로 설치하고, 망의 처짐은 짧은 변 길이의 12% 이상이 되도록 할 것
3. 건축물 등의 바깥쪽으로 설치하는 경우 망의 내민 길이는 벽면으로부터 3m 이상 되도록 할 것

05.
산업안전보건법상 조도기준 4가지를 쓰시오.

해답 1. 초정밀작업 : 750럭스 이상
2. 정밀작업 : 300럭스 이상
3. 보통작업 : 150럭스 이상
4. 기타작업 : 75럭스 이상

06.
동영상을 보고 (1) 재해종류, (2) 재해발생원인, (3) 해결방법을 각각 1가지씩 쓰시오.

[동영상 설명]
타워크레인이 화물을 1줄걸이로 인양해서 올리고 있고, 하부에 근로자가 턱끈을 매지 않은 채 양중 작업을 보지 못하고 지나가는 중에 화물이 탈락하며 근로자에게 떨어짐

해답 (1) 재해종류 : 낙하
(2) 재해발생원인
　　1. 화물 인양 시 1줄거리로 하여 화물이 무게 중심을 잃고 낙하
　　2. 작업 반경 내 출입금지 구역을 설정하지 않아 근로자 접근
(3) 해결대책
　　1. 화물 인양 시 2줄걸이로 하여 화물을 인양한다.
　　2. 작업 반경 내 출입금지구역을 설정한다.

07.
철골작업을 중지해야 하는 상황 3가지를 쓰시오.

해답

구분	내용
강풍	풍속 10m/sec 이상
강우	1시간당 강우량이 1mm 이상
강설	1시간당 강설량이 1cm 이상

08.
물체를 투하하는 때 적당한 투하설비를 갖춰야 하는 최소 높이는?

해답 3m

건설안전기사 4회(B형)

O1.
산업안전보건기준에 관한 규칙에 의거, 작업발판 및 통로의 끝이나 개구부에 사업주가 설치해야 하는 시설물을 3가지만 쓰시오.

➡️**해답** 1. 안전난간
2. 울타리
3. 수직형 추락방망
4. 덮개

O2.
터널공사의 강아치 지보공 조립 시 준수해야 할 사항을 3가지 쓰시오.

➡️**해답** 1. 조립간격은 조립도에 따를 것
2. 주재가 아치 작용을 충분히 할 수 있도록 쐐기를 박는 등 필요한 조치를 할 것
4. 연결볼트 및 띠장 등을 사용하여 주재 상호 간을 튼튼하게 연결할 것
5. 터널 등의 출입구 부분에는 받침대를 설치할 것
6. 낙하물에 의하여 근로자에게 위험을 미칠 우려가 있는 때에는 널판 등을 설치할 것

O3.
다음 괄호를 채우시오.

물체 인양 시 와이어로프의 각도 : 훅에 매다는 로프의 각도는 (   ) 이하로 한다.

➡️**해답** 60°

O4.
콘크리트 양생기간을 유지하기 위한 거푸집 존치기간과 관련하여 (   )에 알맞은 것을 쓰시오.

외기온도	조강포틀랜드시멘트	보통포틀랜드시멘트
20℃	(①)일	4일
10℃~20℃	3일	(②)일

➡️**해답** ① 2, ② 6

05.
와이어로프의 사용제한 조건 5가지를 쓰시오.

➡해답 1. 이음매가 있는 것
2. 와이어로프의 한 꼬임에서 끊어진 소선의 수가 10% 이상(비자전로프의 경우에는 끊어진 소선의 수가 와이어로프 호칭지름의 6배 길이 이내에서 4개 이상이거나 호칭지름 30배 길이 이내에서 8개 이상인 것)인 것
3. 지름의 감소가 공칭지름의 7%를 초과하는 것
4. 꼬인 것
5. 심하게 변형 또는 부식된 것
6. 열과 전기충격에 의해 손상된 것

06.
이동식비계 관련 설명이다. 빈칸을 채우시오.

(1) 이동식비계의 바퀴에는 뜻밖의 갑작스러운 이동 또는 전도를 방지하기 위하여 (①) 등으로 바퀴를 고정시킨 다음 비계의 일부를 견고한 시설물에 고정하거나 (②)을/를 설치하는 등 필요한 조치를 할 것
(2) 비계의 최상부에서 작업을 하는 경우에는 (③)을/를 설치할 것

➡해답 ① 브레이크·쐐기, ② 아웃트리거, ③ 안전난간

07.
다음 보기는 사다리식 통로의 설치 시 준수사항이다. ( )에 알맞은 숫자를 쓰시오.

[보기]

(1) 견고한 구조로 할 것
(2) 발판의 간격은 동일하게 할 것
(3) 발판과 벽 사이는 적당한 간격을 유지할 것
(4) 사다리가 넘어지거나 미끄러지는 것을 방지하기 위한 조치를 할 것
(5) 사다리의 상단은 걸쳐놓은 지점으로부터 (①)cm 이상 올라가도록 할 것
(6) 사다리식 통로의 길이가 (②)m 이상인 때에는 (③)m 이내마다 계단참을 설치할 것
(7) 사다리식 통로의 기울기는 (④)도 이내로 할 것

➡해답 ① 60, ② 10, ③ 5, ④ 75

08.

경사로 사진을 보고 빈칸에 알맞은 숫자를 쓰시오.

(1) 비탈면의 경사각은 (①) 이내로 하고 미끄럼막이를 설치한다.
(2) 경사로 지지기둥은 (②) 이내마다 설치하여야 한다.
(3) 높이 (③) 이내마다 계단참을 설치하여야 한다.

➡해답 ① 30°, ② 3m, ③ 7m

건설안전기사 4회(C형)

01.

외부비계에 가설통로가 설치되어 있다. 이러한 가설통로의 설치기준 3가지를 쓰시오.

➡해답 1. 견고한 구조로 할 것
2. 경사는 30° 이하로 할 것. 다만, 계단을 설치하거나 높이 2m 미만의 가설통로로서 튼튼한 손잡이를 설치한 경우에는 그러하지 아니하다.
3. 경사가 15°를 초과하는 경우에는 미끄러지지 아니하는 구조로 할 것
4. 추락할 위험이 있는 장소에는 안전난간을 설치할 것. 다만, 작업상 부득이한 경우에는 필요한 부분만 임시로 해체할 수 있다.
5. 수직갱에 가설된 통로의 길이가 15m 이상인 경우에는 10m 이내마다 계단참을 설치할 것
6. 건설공사에 사용하는 높이 8m 이상인 비계다리에는 7m 이내마다 계단참을 설치할 것

02.

용접작업 중 작업자가 착용한 (1) 개인보호구 3가지와 교류아크용접 작업 중에 사용해야 하는 (2) 방호장치 1가지를 쓰시오.

➡해답 (1) 개인보호구
1. 용접용 보안면,
2. 용접용 (가죽) 장갑,
3. 용접용 (가죽) 앞치마
(2) 방호장치 : 자동전격방지기

03.
양중기에 사용하는 부적격한 와이어로프의 사용금지 사항으로 (   )안에 알맞은 말을 넣으시오.

> (1) 와이어로프의 한 가닥에서 소선의 수가 (①)% 이상 절단된 것
> (2) 지름의 감소가 공칭지름의 (②)%를 초과하는 것

➡해답 ① 10, ② 7

04.
동영상은 토공기계의 굴착장면을 보여 주고 있다. 기계의 명칭과 용도를 2가지 쓰시오.

➡해답 (1) 명칭 : 클램셸(Clamshell)
    (2) 용도
        1. 좁은 곳의 수직굴착
        2. 수중굴착
        3. 우물통 기초 케이슨 내 굴착

05.
고소작업대 이용 시 준수사항 2가지를 쓰시오.

➡해답 1. 작업자가 안전모·안전대 등의 보호구를 착용하도록 할 것
    2. 관계자가 아닌 사람이 작업구역에 들어오는 것을 방지하기 위하여 필요한 조치를 할 것
    3. 안전한 작업을 위하여 적정수준의 조도를 유지할 것
    4. 전로에 근접하여 작업을 하는 경우에는 작업감시자를 배치하는 등 감전사고를 방지하기 위하여 필요한 조치를 할 것
    5. 작업대를 정기적으로 점검하고 붐·작업대 등 각 부위의 이상 유무를 확인할 것
    6. 전환스위치는 다른 물체를 이용하여 고정하지 말 것
    7. 작업대는 정격하중을 초과하여 물건을 싣거나 탑승하지 말 것
    8. 작업대의 붐대를 상승시킨 상태에서 탑승자는 작업대를 벗어나지 말 것. 다만, 작업대에 안전대 부착설비를 설치하고 안전대를 연결하였을 때에는 그러하지 아니하다.

O6.
말비계의 조립·사용 시 준수사항을 3가지 쓰시오.

➡해답 1. 지주부재의 하단에는 미끄럼 방지장치를 하고, 양측 끝부분에 올라서서 작업하지 아니하도록 할 것
2. 지주부재와 수평면의 기울기를 75° 이하로 하고, 지주부재와 지주부재 사이를 고정시키는 보조부재를 설치할 것
3. 말비계의 높이가 2m를 초과할 경우에는 작업발판의 폭을 40cm 이상으로 할 것

O7.
거푸집 동바리 등을 조립하는 경우, 동바리의 침하를 방지하기 위한 조치사항 3가지를 쓰시오.

➡해답 1. 받침목이나 깔판 사용
2. 콘크리트 타설
3. 말뚝박기

O8.
동영상의 (1) 장비의 이름과 (2) 용도를 쓰시오.

➡해답 (1) 장비명 : 세륜기
(2) 용도 : 바퀴의 분진, 토사 제거

1. 강성두 외 「산업안전기사」 (예문사, 2010)
2. 강성두 외 「산업안전산업기사」 (예문사, 2011)
3. 강성두 「산업기계설비기술사」 (예문사, 2008)
4. 한경보 「최신 건설안전기술사」 (예문사, 2007)
5. 이호행 「건설안전공학 특론」 (서초수도건축토목학원, 2005)
6. 한국산업안전보건공단 「거푸집동바리 안전작업 매뉴얼」 (대한인쇄사, 2009)
7. 한국산업안전보건공단 「만화로 보는 산업안전·보건기준에 관한 규칙」 (안전신문사, 2005)
8. 김병석 「산업안전관리」 (형설출판사, 2005)
9. 이진식 「산업안전관리공학론」 (형설출판사, 1996)
10. 김병석·성호경·남재수 「산업안전보건 현장실무」 (형설출판사, 2000)
11. 정국삼 「산업안전공학개론」 (동화기술, 1985)
12. 김병석 「산업안전교육론」 (형설출판사, 1999)
13. 기도형 「(산업안전보건관리자를 위한)인간공학」 (한경사, 2006)
14. 박경수 「인간공학, 작업경제학」 (영지문화사, 2006)
15. 양성환 「인간공학」 (형설출판사, 2006)
16. 정병용·이동경 「(현대)인간공학」 (민영사, 2005)
17. 김병석·나승훈 「시스템안전공학」 (형설출판사, 2006)
18. 갈원모 외 「시스템안전공학」 (태성, 2000)
19. 한국콘크리트학회 「콘크리트 표준시방서」 (한국콘크리트학회, 2009)
20. 대한건축학회 「건축공사 표준시방서」 (기문당, 2006)
21. 대한주택공사 「공사감독 핸드북」 (건설도서, 2005)
22. 남상욱 「토목시공학」 (청운문화사, 2007)
23. 대한건축학회 「건축시공학」 (기문당, 2010)
24. 김홍철 「건설재료학」 (청문각, 2005)
25. 박승범 「최신 건설재료학」 (문운당, 2010)
26. 유재명 「토질 및 기초기술사 해설」 (예문사, 2007)
27. 이춘석 「토질 및 기초공학」 (예문사, 2011)
28. 박필수 저 「산업안전관리론」 (중앙경제사, 2005)
29. Muchinsky 지음, 유태용 옮김 「산업 및 조직심리학」 (시그마프레스, 2009)

저자 소개

Engineer Construction Safety

▶ 저자

신우균(申宇均)

e-mail : wooguni0905@naver.com

| 약력 |
- 공학박사(안전공학)
- 산업안전지도사, 산업보건지도사
- 산업위생관리기술사
- 대기환경기사, 토목기사, 폐기물처리기사, 산업위생관리기사, 수질환경기사

| 저서 |
- 산업안전지도사(예문사), 산업보건지도사(예문사)
- 화공안전기술사(예문사), 산업위생관리기술사(예문사)
- 산업안전기사(예문사), 산업안전산업기사(예문사), 건설안전기사(예문사), 건설안전산업기사(예문사)
- 산업안전개론(예문사), 산업안전보건법령(예문사)

건설안전기사 실기 필답형+작업형

발 행 일	2012년 5월 15일 초판발행
	2014년 3월 5일 1판1쇄
	2014년 6월 10일 2판1쇄
	2015년 3월 10일 3판1쇄
	2016년 3월 10일 4판1쇄
	2017년 4월 10일 5판1쇄
	2018년 3월 10일 6판1쇄
	2018년 6월 20일 6판2쇄
	2019년 3월 10일 7판1쇄
	2020년 3월 30일 8판1쇄
	2020년 9월 10일 8판2쇄
	2021년 4월 15일 9판1쇄
	2022년 2월 25일 10판1쇄
	2023년 4월 20일 11판1쇄
	2024년 5월 20일 12판1쇄

저 자	신우균 · 김재권 · 김용원 · 서기수 지음
발 행 인	정용수
발 행 처	예문사
주 소	경기도 파주시 직지길 460(출판도시) 도서출판 예문사
T E L	031) 955 – 0550
F A X	031) 955 – 0660
등 록 번 호	11 – 76호
정 가	40,000원

홈페이지 http://www.yeamoonsa.com

ISBN 978-89-274-1917-4 14530(전 2권)

2024

최신출제경향에 맞춘
최고의 수험서

ENGINEER
CONSTRUCTION SAFETY

건설안전
기사 실기 필답형+작업형

신우균 · 김재권 · 김용원 · 서기수 지음

예문사

머리말

Engineer Construction Safety

지금 우리사회는 모든 분야에서 선진사회로 도약을 하고 있습니다. 그러나 산업현장에서는 아직도 끼임(협착)·떨어짐(추락)·넘어짐(전도) 등 반복형 재해와 화재·폭발 등 중대산업 사고, 유해화학물질로 인한 직업병 문제 등으로 하루에 약 6명, 일 년에 2,200여 명의 근로자 가 귀중한 목숨을 잃고 있으며 연간 약 9만여 명의 산업재해자와 연간 17조원의 경제적 손실 이 발생하고 있습니다.

그 중에서 건설공사로 인한 재해자는 전체 산업재해자의 약 25%를 차지하고, 특히 건설공사 로 인한 산재사망자는 사고성 사망자의 40%에 달하는 등 매년 지속적으로 높은 산업재해 발 생률을 보이고 있습니다.

건설업 재해는 근로자 본인과 가족에게 상처를 가져다 줄 뿐 아니라 기업 이미지에도 부정적 인 영향을 미쳐 경영상의 큰 손실을 초래하고 있습니다. 그러므로 각 건설업체에서 안전관리 자의 역할은 커질 수밖에 없는 상황이고 안전의 중요성은 더욱 강조되고 있습니다.

현재, 저자들은 안전 관련 업무를 담당하는 전문가로서, 이 책으로 인해 재해 감소와 앞으로 안전 관련 업무에 조금이나마 보탬이 되기를 희망하는 마음으로 집필하였습니다.

건설안전기사 실기시험은 안전관리, 건설공사 안전, 안전기준 3파트로 구성되어 있습니다.

건설안전기사 실기시험 평균합격률은 약 50% 정도로 낮습니다. 실기시험도 필기시험과 같이 기출문제에서 80% 이상 출제되고 있습니다. 실기시험은 필기시험에서 공부한 것을 서술형으 로 적는 것이기 때문에 정확한 이해와 암기가 필요합니다.

건설안전기사 자격시험을 준비하기 위한 **수험서로서 본서의 특징**은 다음과 같습니다.

1. 2002년도부터 출제된 **필답형 문제**와 최근에 실시된 작업형 문제를 현재 개정된 법에 **따라 정리**하였습니다.
2. 전면개정된 **산업안전보건기준에 관한 규칙**을 이론과 문제풀이에 모두 **반영**하였습니다.
3. **출제기준에 따라 실기시험 이론을 정리**하여 시험준비하는 수험생들이 보다 쉽게 실기시 험을 준비하도록 하였습니다.
4. **기출문제 풀이에 설명을 상세히** 하여 수험생들이 이해하기 쉽게 하였습니다.
5. 반복해서 출제되는 문제라도 풀이를 또 한번 봄으로써 익숙해지도록 하였습니다.
6. 수험생들의 이해도를 높이기 위하여 최대한 많은 **그림과 삽화**를 넣었습니다.
7. 안전분야의 오랜 현장경험을 가지고 있는 **최고의 전문가가 집필**하여 책의 완성도를 높였 습니다.
8. **필답형과 작업형을 한권의 책**으로 묶어 수험생들의 편의를 도모하였습니다.

오랫동안 정리한 자료를 다듬어 출간하였지만, 그럼에도 미흡한 부분이 많을 것입니다. 이에 대해서는 독자 여러분의 애정 어린 충고를 겸허히 수용해 계속 보완해 나갈 것을 약속드립니다.

끝으로 본서가 완성되는 데 많은 도움을 준 우리나라 최고의 실력을 가진 예문사 편집부, 컬 러로 인쇄되어 많은 비용이 소요되는데도 아낌없는 투자를 해 주신 예문사 장충상전무님, 이 책의 완성도를 높이기 위해 마지막까지 검토해주신 많은 분께 감사의 뜻을 전합니다.

저 자 일동

건설안전기사 실기시험에서 각 과목별 특징

● 안전관리

산업안전 분야에 입문하는 수험생이 기초적으로 알아야 할 부분이지만 가장 어렵고 점수를 획득하기 힘든 분야이므로 쉽게 접근하고 이해하도록 기출된 문제의 이론을 바탕으로 정리하였으며, 내용이 어려운 경우에는 그림을 넣어서 이해하기 쉽게 설명하였습니다.

제1장 안전관리조직, 제2장 안전관리계획 수립 및 운영, 제3장 산업재해발생 및 재해조사 분석, 제4장 보호구 및 안전보건표지, 제5장 안전보건교육 총 5장으로 구성하였습니다.

이론에서 시험에 나온 부분은 빨간색으로 표시를 하였고 기출문제풀이는 최근 개정된 산업안전보건법과 산업안전보건기준에 관한 규칙을 적용하여 문제풀이를 하였습니다.

● 건설공사 안전

최근 빈번하게 출제되고 있는 기출문제를 기본 바탕으로 이론을 구성하여 수험생이 실제 시험에서도 문제를 쉽게 이해하고 익숙해질 수 있도록 하였습니다. 또한 건설공사 중 발생할 수 있는 재해 위험요인과 안전대책을 공사 종류별, 재해 유형별로 정리하여 실무에서도 널리 활용할 수 있도록 하였습니다.

시험에 자주 출제된 내용은 필답형 해당 이론의 내용 바로 뒤에 Key Point 문제를 삽입하여 답안을 정리하였으며, 작업형 예상문제와 기출문제도 필답형 이론과 연계하여 참고할 수 있도록 하였습니다.

● 안전기준

전면 개정된 산업안전보건기준에 관한 규칙을 바탕으로 이론을 구성하여 개정된 내용으로 새롭게 출제되는 신경향의 시험문제에 쉽게 적응할 수 있도록 하였습니다. 특히 타워크레인 작업, 외부비계 조립, 거푸집 동바리 설치 등 시험에 자주 출제되는 문제를 위주로 안전기준을 명확하게 정리하여 수험자가 집중해서 공부할 수 있도록 책을 구성하였으므로 이론과 기출문제를 중심으로 학습한다면 충분히 고득점을 얻을 수 있으리라 확신합니다.

효과적으로 건설안전기사 실기를 공부하는 방법

○ 먼저 머리말과 효과적으로 공부하는 방법을 잘 읽어 봅니다. 보통 수험생들이 잘 읽어보지 않는데, 이 부분은 책이 어떤 내용으로 구성되어 있는지, 어떤 부분을 집중해서 보아야 되는지 요약적으로 설명해 놓았기 때문에 반드시 읽어보아야 합니다.

○ 출제기준을 전체적으로 한번 살펴봅니다. 자격증 시험은 출제기준을 벗어나지 못합니다. 출제기준을 보면 어떻게 공부를 해야 되는지 전체적인 윤곽을 잡을 수 있습니다.

○ 제1과목 안전관리부터 제3과목 안전기준까지 차례대로 책을 보시면 됩니다. 이때 처음 책을 보실 때는 **최대한 빨리 한번 다 보는 것이 중요합니다.** 이해가 잘 되지 않는 부분이 있어도 그냥 넘어가면 됩니다.

○ 이론 내용을 볼 때 Key Point 문제를 집중해서 봅니다. 시험에 출제된 문제는 Key Point 문제로 표시를 해 두었습니다. 이론을 보고 Key Point 문제를 보면 효과적으로 이해가 될 것입니다.

○ 각 과목 뒤쪽에 기출문제를 배치해 놓았습니다. **가장 중요한 부분입니다.** 과거에 출제된 문제는 현재의 법 또는 기준으로 풀이를 해놓았습니다.

○ 빠르게 한번 보고 그 **다음 보실 때는 정독**하여 보면 됩니다.

○ 어느 정도 책을 보았거나 시험일자가 임박해 오면 마지막으로 뒤쪽에 있는 **기출문제를** 실제 시험을 치르듯 풀어보면 됩니다.

건설안전기사 실기시험은 필답형(60점), 작업형(40점) 합쳐서 **60점 이상이면 합격입니다.** 그래서 자격증 시험을 준비할 때 70점 정도로 목표로 해서 공부하시면 무난히 합격하리라 생각됩니다.

이 책으로 공부하시는 모든 분이 합격하기를 기원합니다.

저 자 일동

출제기준(실기)

직무 분야	안전 관리	중직무 분야	안전 관리	자격 종목	건설안전기사	적용 기간	2021.1.1. ~ 2025.12.31.
직무 내용	건설현장의 생산성 향상과 인적·물적 손실을 최소화하기 위한 안전계획을 수립하고, 그에 따른 작업환경의 점검 및 개선, 현장 근로자의 교육계획 수립 및 실시, 작업환경 순회감독 등 안전관리 업무를 통해 인명과 재산을 보호하고, 사고 발생 시 효과적이며 신속한 처리 및 재발 방지를 위한 대책안을 수립, 이행하는 등 안전에 관한 기술적인 관리 업무를 수행하는 직무이다.						
수행 준거	1. 안전관리에 관한 이론적 지식을 바탕으로 안전관리 계획을 수립하고, 재해조사 분석을 하며 안전교육을 실시할 수 있다. 2. 각종 건설공사 현장에서 발생할 수 있는 유해·위험요소를 인지하고 이를 예방 조치를 할 수 있다. 3. 안전에 관련한 규정사항을 인지하고, 이를 현장에 적용할 수 있다.						
실기 검정방법	복합형			시험 시간	2시간 20분 정도 (필답형 : 1시간 30분, 작업형 : 50분 정도)		

실기 과목명	주요항목	세부항목	세세항목
건설안전 실무	1. 안전관리	1. 안전관리 조직 이해하기	1. 안전보건관리조직의 유형을 이해할 수 있어야 한다. 2. 안전책임과 직무 및 안전보건관리 규정을 알고 적용할 수 있어야 한다.
		2. 안전관리계획 수립하기	1. 공사에 필요한 안전관리 계획을 수립하기 위하여 건설안전 관련법령에서 정하는 사항을 확인할 수 있다. 2. 공종별 안전 시공계획, 안전 시공절차, 주의사항에 대하여 구체적으로 제시할 수 있다. 3. 안전점검계획은 재해예방지도기관, 안전진단기관과 계약을 체결하여 공사기간 중 안전점검이 이루어지도록 계획할 수 있다. 4. 각종 관련서식, 안전점검표를 건설안전 관련법령을 참조하여 작성하고, 현장의 특수성을 검토하여 계획 확인 단계까지 보완할 수 있다. 5. 건설안전 관련법령 외의 안전관리사항을 안전관리계획서에 반영할 수 있다. 6. 안전관리계획 수립에 있어서 중대사고 예방에 관한 사항을 우선으로 고려하여 계획에 반영할 수 있다.

실기 과목명	주요항목	세부항목	세세항목
		3. 산업재해발생 및 재해 조사 분석하기	1. 재해발생모델을 알고 이해할 수 있어야 한다. 2. 사고예방원리를 이해할 수 있어야 한다. 3. 재해조사를 실시할 수 있어야 한다. 4. 재해발생의 구조를 이해할 수 있어야 한다. 5. 재해분석을 실시할 수 있어야 한다. 6. 재해율을 분석할 수 있어야 한다.
		4. 재해 예방대책 수립하기	1. 사고장소에 대한 증거물과 관련자와의 면담 등을 통하여 사고와 관련된 기인물과 가해물을 규명할 수 있다. 2. 사고조사를 통해 근본적인 사고원인을 규명하여 개선대책을 제시할 수 있다.
		5. 개인보호구 선정하기	1. 산업안전보건법령에 의해 안전인증 받은 보호구를 선정하고, 성능 시험의 적합 여부를 확인할 수 있다. 2. 개인보호구를 근로자가 적정하게 착용하고 있는지를 확인할 수 있다.
		6. 안전 시설물 설치하기	1. 건설공사의 기획, 설계, 구매, 시공, 유지관리 등 모든 단계에서 건설안전 관련자료를 수집하고, 세부공정에 맞게 위험요인에 따른 안전 시설물 설치계획을 수립할 수 있다. 2. 산업안전보건법령에 기준하여 안전인증을 취득한 자재를 사용할 수 있다.
		7. 안전보건교육 계획하기	1. 안전교육에 관련한 법령을 검토할 수 있다. 2. 교육종류에 따른 교육 대상자를 선정할 수 있다.
		8. 안전보건교육 실시하기	1. 안전보건교육의 연간 일정계획에 따라 교육을 실시할 수 있다. 2. 작업 상황사진, 동영상을 참고하여 불안전한 행동, 상태를 예방하기 위한 안전기술과 시공을 교육프로그램에 반영할 수 있다. 3. 건설안전 관련법령에 따라 교육일지를 작성하고 피교육자의 서명과 사진을 부착하여 교육 실시 여부를 기록할 수 있다. 4. 법적자료를 고려하여 교육대상자, 적정 시간과 횟수를 제대로 준수하고 있는지를 확인할 수 있다. 5. 작업공종을 기준으로 해당 안전담당자를 지정하고, 교육대상자가 의식과 행동의 변화를 가져올 때까지 교육을 실시할 수 있다.

실기 과목명	주요항목	세부항목	세세항목
2. 건설공사 안전	1. 건설공사 특수성 분석하기	1. 설계도서에서 요구하는 특수성을 확인하여 안전관리 계획 시 반영할 수 있다. 2. 공정관리계획 수립 시 해당 공사의 특수성에 따라 세 부적인 안전지침을 검토할 수 있다. 3. 공사장 주변 작업환경이나 공법에 따라 안전관리에 적 용해야 하는 특수성을 도출할 수 있다. 4. 공사의 계약조건, 발주처 요청 등에 따라 안전관리상 의 특수성을 도출할 수 있다.
	2. 가설공사 안전을 이해하기	1. 가설공사 안전에 관한 일반을 이해할 수 있어야 한다. 2. 통로의 안전에 관한 사항을 이해할 수 있어야 한다. 3. 비계공사의 안전에 관한 사항을 이해할 수 있어야 한다.
	3. 토공사 안전을 이해하기	1. 사전점검 사항을 알고 적용할 수 있어야 한다. 2. 굴착작업의 안전조치 사항을 적용할 수 있어야 한다. 3. 붕괴재해 예방대책을 수립할 수 있어야 한다.
	4. 구조물공사 안전을 이해하기	1. 철근공사의 안전에 관한 사항을 이해할 수 있어야 한다. 2. 거푸집공사의 안전에 관한 사항을 이해할 수 있어야 한다. 3. 콘크리트공사의 안전에 관한 사항을 이해할 수 있어 야 한다. 4. 철골공사의 안전에 관한 사항을 이해할 수 있어야 한다.
	5. 마감공사 안전을 이해하기	1. 마감공사의 안전에 관한 사항을 이해할 수 있어야 한다.
	6. 건설기계, 기구 안전을 이해하기	1. 차량계 건설기계에 관한 안전을 이해할 수 있어야 한다. 2. 토공기계에 관한 안전을 이해할 수 있어야 한다. 3. 차량계 하역운반기계에 관한 안전을 이해할 수 있어 야 한다. 4. 양중기에 관한 안전을 이해할 수 있어야 한다.
	7. 사고형태별 안전을 이해하기	1. 떨어짐(추락)재해에 관한 안전을 이해할 수 있어야 한다. 2. 낙하물 재해에 관한 안전을 이해할 수 있다. 3. 토사 및 토석 붕괴 재해에 관한 안전을 이해할 수 있다. 4. 감전재해에 관한 안전을 이해할 수 있다. 5. 건설 기타 재해에 관한 안전을 이해할 수 있다. 6. 사고조사 후 도출된 각각의 사고원인들에 대하여 사 고 가능성 및 예상 피해를 감소시키기 위해 필요한 사항들을 검토할 수 있다. 7. 사고조사를 통해 근본적인 사고원인을 규명하여 개선 대책을 제시할 수 있다.

실기 과목명	주요항목	세부항목	세세항목
	3. 안전기준	1. 건설안전 관련법규 적용하기	1. 산업안전보건법을 적용할 수 있어야 한다. 2. 산업안전보건법 시행령을 적용할 수 있어야 한다. 3. 산업안전보건법 시행규칙을 적용할 수 있어야 한다.
		2. 안전기준에 관한 규칙 및 기술지침 적용하기	1. 작업장의 안전기준을 적용할 수 있어야 한다. 2. 기계기구 설비에 의한 위험예방에 관한 안전기준 및 기술 지침을 적용할 수 있어야 한다. 3. 양중기에 관한 안전기준 및 기술 지침을 적용할 수 있어야 한다. 4. 차량계 하역운반 기계에 관한 안전기준 및 기술 지침 을 적용할 수 있어야 한다. 5. 콘베이어에 관한 안전기준 및 기술 지침을 적용할 수 있어야 한다. 6. 차량계 건설기계 등에 관한 안전기준 및 기술 지침을 적용할 수 있어야 한다. 7. 전기로 인한 위험 방지에 관한 안전기준 및 기술 지침 을 적용할 수 있어야 한다. 8. 건설작업에 의한 위험예방에 관한 안전기준 및 기술 지침을 적용할 수 있어야 한다. 9. 중량물 취급 시 위험방지에 관한 안전기준 및 기술 지침을 적용할 수 있어야 한다. 10. 하역작업 등에 의한 위험방지에 관한 안전기준 및 기술 지침을 적용할 수 있어야 한다. 11. 기타 기술 지침을 적용할 수 있어야 한다.

Information

자격검정절차 안내

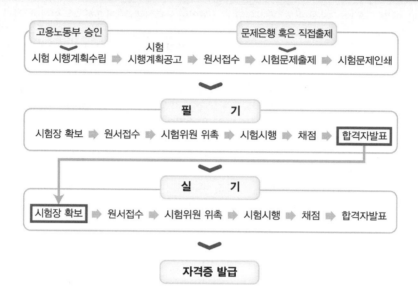

고용노동부 승인

문제은행 혹은 직접출제

시험 시행계획수립 ➡ 시험 시행계획공고 ➡ 원서접수 ➡ 시험문제출제 ➡ 시험문제인쇄

필 기

시험장 확보 ➡ 원서접수 ➡ 시험위원 위촉 ➡ 시험시행 ➡ 채점 ➡ 합격자발표

실 기

시험장 확보 ➡ 원서접수 ➡ 시험위원 위촉 ➡ 시험시행 ➡ 채점 ➡ 합격자발표

자격증 발급

1	필기원서접수	Q−net을 통한 인터넷 원서접수
		필기접수 기간 내 수험원서 인터넷 제출
		사진(6개월 이내에 촬영한 3.5cm*4.5cm, 120*160픽셀 사진파일 JPG), 수수료 전자결제
		시험장소 본인 선택(선착순)
2	필기시험	수험표, 신분증, 필기구(흑색 싸인펜 등) 지참
3	합격자 발표	Q−net을 통한 합격확인(마이페이지 등)
		응시자격 제한종목(기술사, 기능장, 기사, 산업기사, 서비스 분야 일부종목)은 사전에 공지한 시행계획 내 응시자격 서류제출 기간 이내에 반드시 응시자격 서류를 제출하여야 함
4	실기원서접수	실기접수 기간 내 수험원서 인터넷(www.Q−net.or.kr) 제출
		사진(6개월 이내에 촬영한 3.5cm*4.5cm픽셀 사진파일 JPG), 수수료(정액)
		시험일시, 장소 본인 선택(선착순)
5	실기시험	수험표, 신분증, 필기구 지참
6	최종합격자발표	Q−net을 통한 합격확인(마이페이지 등)
7	자격증 발급	(인터넷)공인인증 등을 통한 발급, 택배가능 (방문수령)사진(6개월 이내에 촬영한 3.5cm*4.5cm 사진) 및 신분확인서류

응시자격 조건체계

기술사

- 기사 취득 후 + 실무능력 4년
- 산업기사 취득 후 + 실무능력 5년
- 4년제 대졸(관력학과)후 + 실무경력 6년
- 동일 및 유사직무분야의 다른 종목 기술사 등급 취득자

기능장

- 산업기사(기능사)취득 후 + 기능대
- 기능장 과정 이수
- 산업기사등급이상 취득 후 + 실무능력 5년
- 기능사 취득 후 + 실무능력 7년
- 실무능력 9년 등
- 동일 및 유사직무분야의 다른 종목 기능장 등급 취득자

기사

- 산업기사 취득 후 + 실무능력 1년
- 기능사 취득 후 + 실무경력 3년
- 대졸(관련학과)
- 2년제 전문대졸(관련학과)후 + 실무경력 2년
- 3년제 전문대졸(관련학과) + 실무경력 1년
- 실무경력 4년 등
- 동일 및 유사직무분야의 다른 종목 기사 등급 이상 취득자

산업기사

- 기능사 취득 후 + 실무능력 1년
- 대졸(관련학과)
- 전문대졸(관련학과)
- 실무능력 2년 등
- 동일 및 유사직무분야의 다른 종목 산업기사 등급 이상 취득자

기능사

- 자격제한 없음

검정기준 및 방법

(1) 검정기준

자격등급	검정기준
기술사	응시하고자 하는 종목에 관한 고도의 전문지식과 실무경험에 입각한 계획, 연구, 설계, 분석, 조사, 시험, 시공, 감리, 평가, 진단, 사업관리, 기술관리 등의 기술업무를 수행할 수 있는 능력의 유무
기능장	응시하고자 하는 종목에 관한 최상급 숙련기능을 가지고 산업현장에서 작업 관리, 소속기능인력의 지도 및 감독, 현장훈련, 경영계층과 생산계층을 유기적으로 연계시켜 주는 현장관리 등의 업무를 수행할 수 있는 능력의 유무
기 사	응시하고자 하는 종목에 관한 공학적 기술이론 지식을 가지고 설계, 시공, 분석 등의 기술업무를 수행할 수 있는 능력의 유무
산업기사	응시하고자 하는 종목에 관한 기술기초이론지식 또는 숙련기능을 바탕으로 복합적인 기능업무를 수행할 수 있는 능력의 유무
기능사	응시하고자 하는 종목에 관한 숙련기능을 가지고 제작, 제조, 조작, 운전, 보수, 정비, 채취, 검사 또는 직업관리 및 이에 관련되는 업무를 수행할 수 있는 능력의 유무

(2) 검정방법

자격등급	검정방법	
	필기시험	면접시험 또는 실기시험
기술사	단답형 또는 주관식 논문형 (100점 만점에 60점 이상)	구술형 면접시험 (100점 만점에 60점 이상)
기능장	객관식 4지 택일형(60문항) (100점 만점에 60점 이상)	주관식 필기시험 또는 작업형 (100점 만점에 60점 이상)
기 사	객관식 4지 택일형 • 과목당 20문항(100점 만점에 60점 이상) • 과목당 40점 이상(전과목 평균 60점 이상)	주관식 필기시험 또는 작업형 (100점 만점에 60점 이상)
산업기사	객관식 4지 택일형 • 과목당 20문항(100점 만점에 60점 이상) • 과목당 40점 이상(전과목 평균 60점 이상)	주관식 필기시험 또는 작업형 (100점 만점에 60점 이상)
기능사	객관식 4지 택일형(60문항) (100점 만점에 60점 이상)	주관식 필기시험 또는 작업형 (100점 만점에 60점 이상)

국가자격 종목별 상세정보

(1) 진로 및 전망

- 기계, 금속, 전기, 화학, 목재 등 모든 제조업체, 안전관리 대행업체, 산업안전관리 정부기관, 한국산업안전공단 등이 진출할 수 있다.
- 선진국의 척도는 안전수준으로 말할 수 있다. 한국은 현재 재해율이 후진국 수준에 머물러 있어 이에 대한 계속적 투자의 사회적 인식이 높아져 가고, 안전인증 대상을 확대하고 있다. 이에 따라 각종 기계·기구 및 기계·기구 방호장치까지 안전인증을 취득하도록 산업안전보건법 시행규칙이 개정되었고 이에 따라 고용창출 효과를 기대하고 있다. 최근 경제회복국면과 안전보건조직 축소가 맞물림에 따라 산업 재해의 증가가 우려되고 있어 정부는 적극적인 재해 예방 정책 등으로 산업안전 자격증 취득자에 대한 수요가 증가할 것으로 예측된다.

(2) 종목별 검정현황

종목명	연도	필기			실기		
		응시	합격	합격률(%)	응시	합격	합격률(%)
	2022	26,556	12,837	48.3%	14,674	10,321	70.3%
	2021	17,526	8,044	45.9%	10,653	5,539	52%
	2020	12,389	6,607	53.3%	8,995	4,694	52.2%
	2019	13,212	6,388	48.3%	7,584	4,607	60.7%
	2018	10,421	3,806	36.5%	5,384	3,244	60.3%
	2017	9,335	4,026	43.1%	5,869	3,077	52.4%
	2016	8,931	3,956	44.3%	4,941	2,692	54.5%
	2015	9,315	3,723	40%	4,809	2,380	49.5%
	2014	8,023	3,000	37.4%	4,939	2,498	50.6%
	2013	7,513	2,982	39.7%	4,823	1,630	33.8%
	2012	8,075	2,206	27.3%	3,967	1,081	27.2%
건설 안전 기사	2011	9,243	2,677	29%	5,380	1,328	24.7%
	2010	11,266	4,561	40.5%	7,477	2,984	39.9%
	2009	12,772	4,106	32.1%	7,079	1,718	24.3%
	2008	13,435	5,299	39.4%	8,604	2,654	30.8%
	2007	12,888	5,545	43%	7,980	4,261	53.4%
	2006	13,148	7,507	57.1%	8,362	4,365	52.2%
	2005	8,661	3,795	43.8%	4,312	2,382	55.2%
	2004	6,503	2,318	35.6%	3,621	1,689	46.6%
	2003	5,053	2,220	43.9%	2,628	744	28.3%
	2002	4,412	1,673	37.9%	2,120	734	34.6%
	2001	4,571	1,277	27.9%	2,245	1,017	45.3%
	1977~2000	70,806	24,657	34.8%	31,481	11,200	35.6%
소계		304,054	123,210	40.5%	167,927	76,839	45.8%

수험자 유의사항

1. 시험문제지를 받는 즉시 응시하고자 하는 **종목의 문제지가 맞는지 여부를 확인**하여야 합니다.

2. 시험문제지 **총면수/문제번호 순서/인쇄상태** 등을 확인하고, 수험번호 및 성명은 답안지 매장마다 기재하여야 합니다.

3. 부정행위 방지를 위하여 답안작성(계산식 포함)은 **흑색 또는 청색 필기구만 사용**하되, 동일한 한가지 색의 **필기구만 사용**하여야 하며 흑색, 청색을 제외한 **유색 필기구 또는 연필류를 사용**하거나 2가지 이상의 **색을 혼합 사용**하였을 경우 그 문항은 0점 처리됩니다.

4. 답란에는 문제와 관련 없는 불필요한 낙서나 특이한 기록사항 등을 기재하여서는 안 되며 부정의 목적으로 특이한 표식을 하였다고 판단될 경우에는 모든 득점이 0점 처리됩니다.

5. **답안을 정정할 때에는 반드시 정정부분을 두 줄로 그어 표시**하여야 하며, 두 줄로 긋지 않은 답안은 정정하지 않은 것으로 간주합니다.

6. 계산문제는 반드시 「계산과정」과 「답」란에 계산과정과 답을 정확히 기재하여야 하며 계산과정이 틀리거나 **없는 경우 0점 처리됩니다.**(단, 계산연습이 필요한 경우는 연습란을 이용하여야 하며, 연습란은 채점대상이 아닙니다.

7. 계산문제는 최종결과 값(답)에서 소수 셋째 자리에서 반올림하여 둘째 자리까지 구하여야 하나 개별문제에서 소수처리에 대한 요구사항이 있을 경우 그 요구사항에 따라야 합니다.(단, 문제의 특수한 성격에 따라 정수로 표기하는 문제도 있으며, 반올림한 값이 0이 되는 경우는 첫 유효숫자까지 기재하되 반올림하여 기재하여야 합니다.

8. 답에 단위가 없으면 오답으로 처리됩니다.(단, 문제의 요구사항에 단위가 주어졌을 경우는 생략되어도 무방합니다.)

9. 문제에서 요구한 가짓수(항수) 이상을 답란에 표기한 경우에는 답란기재 순으로 요구한 가짓수(항수)만 채점하여 한 항에 여러 가지를 기재하더라도 한 가지로 보며 그 중 정답과 오답이 함께 기재되어 있을 경우 오답으로 처리됩니다.

10. 한 문제에서 소문제로 파생되는 문제나, 가짓수를 요구하는 문제는 대부분의 경우 부분배점을 적용합니다.

11. 부정 또는 불공정한 방법으로 시험을 치른 자는 부정행위자로 처리되어 당해 검정을 중지 또는 무효로 하고, 3년간 국가기술 자격검정의 응시자격이 정지됩니다.

12. 복합형 시험의 경우 시험의 전 과정(필답형, 작업형)을 응시하지 않은 경우 채점대상에서 제외합니다.

13. 저장용량이 큰 전자계산기 및 유사 전자제품 사용 시에는 저장된 메모리를 초기화한 후 사용하여야 하며, 시험위원이 초기화 여부를 확인할 시 협조하여야 합니다. 초기화되지 않은 전자계산기 및 유사 전자제품을 사용하여 적발 시에는 부정행위로 간주합니다.

14. 시험위원이 시험 중 신분확인을 위하여 신분증과 수험표를 요구할 경우 반드시 제시하여야 합니다.

15. **문제 및 답안(지), 채점기준은 일체 공개하지 않습니다.**

차 례

Engineer Construction Safety

1권 건설안전기사 실기[필답형]

2권 건설안전기사 실기[작업형]

Contents

15

Subject 01 안전관리

Contents

제4장 보호구 및 안전보건표지

제5장 안전보건교육

Subject O2 건설공사 안전

제1장 가설공사 안전

Contents

Subject 03 안전기준

Subject 04 부록

Subject 01

안전관리

실기 2차 필답형

Engineer Construction Safety

Contents

제1장 안전관리조직

1️⃣ 안전조직의 목적

1. 목적

기업 내에서 안전관리조직을 구성하는 목적은 근로자의 안전과 설비의 안전을 확보하여 생산 합리화를 기하는 데 있다.

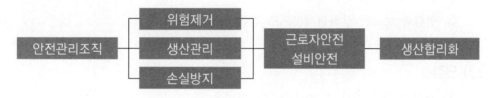

2. 안전관리조직의 역할

1) 산업재해예방

① 모든 위험요소의 제거
② 위험 제거 기술의 수준 향상
③ 재해 예방률의 향상
④ 단위 예방비용 절감

2) 설비재해예방

① 설비, 기계, 공구 등의 보수관리제도의 확립
② 설비, 기계 등의 유지관리기준 작성
③ 설비, 기계 등의 상시 점검, 정비

② 안전조직의 종류 및 장단점

1. 라인(LINE)형 조직(직계식 조직)

소규모기업에 적합한 조직으로서 안전관리에 관한 계획에서부터 실시에 이르기까지 모든 안전업무를 생산라인을 통하여 직선적으로 이루어지도록 편성된 조직

1) 규모

소규모(100명 이하)

2) 장점

① 안전에 관한 지시 및 명령계통이 철저
② 안전대책의 실시가 신속
③ 명령과 보고가 상하관계뿐으로 간단 명료

3) 단점

① 안전에 대한 지식 및 기술축적이 어려움
② 안전에 대한 정보수집 및 신기술 개발이 미흡
③ 라인에 과중한 책임을 지우기 쉬움

4) 구성도

2. 스태프(STAFF)형 조직(참모식 조직)

중소규모사업장에 적합한 조직으로서 안전업무를 관장하는 참모(Staff)를 두고 안전관리에 관한 계획 조정·조사·검토·보고 등의 업무와 현장에 대한 기술지원을 담당하도록 편성된 조직

1) 규모

중규모(100~1,000명 미만)

2) 장점

① 사업장 특성에 맞는 전문적인 기술연구가 가능
② 경영자에게 조언과 자문역할을 할 수 있음
③ 안전정보 수집이 빠름

3) 단점

① 안전지시나 명령이 작업자에게까지 신속 정확하게 전달되지 못함
② 생산부분은 안전에 대한 책임과 권한이 없음
③ 권한다툼이나 조정 때문에 시간과 노력이 소모됨

4) 구성도

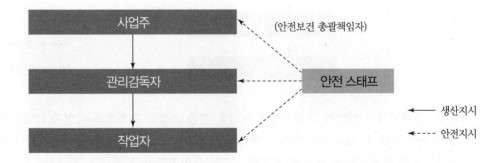

3. 라인 · 스태프(LINE - STAFF)형 조직(직계참모조직)

대규모사업장에 적합한 조직으로서 라인형과 스태프형의 장점만을 채택한 형태이며 안전업무를 전담하는 스태프를 두고 생산라인의 각 계층에서도 각 부서장으로 하여금 안전업무를 수행하도록 하여 스태프에서 안전에 관한 사항이 결정되면 라인을 통하여 실천하도록 편성된 조직

1) 규모

대규모(1,000명 이상)

2) 장점

① 안전에 대한 기술 및 경험축적이 용이
② 사업장에 맞는 독자적인 안전개선책 강구
③ 안전지시나 안전대책이 신속정확하게 하달

3) 단점

① 명령계통과 조언 권고적 참여가 혼동되기 쉬움
② 스태프의 월권 행위가 있을 수 있음

4) 구성도

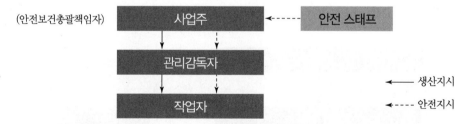

라인-스태프형은 라인과 스태프형의 이점을 절충 조정한 유형으로 라인과 스태프가 협조를 이루어 나갈 수 있고 라인에게는 생산과 안전보건에 관한 책임을 동시에 지우므로 안전보건업무와 생산업무가 균형을 유지할 수 있는 이상적인 조직

> **Key Point**
>
> 안전관리조직 3가지 쓰시오.
>
> ① 라인형 ② 스태프형 ③ 라인·스태프형

③ 안전보건관리책임자의 업무

사업주는 사업장에 안전보건관리책임자를 두어 다음과 같은 업무를 총괄관리 하도록 하여야한다.
1. 산업재해예방계획의 수립에 관한 사항
2. 안전보건관리규정의 작성 및 그 변경에 관한 사항
3. 안전보건교육에 관한 사항
4. 작업환경의 측정 등 작업환경의 점검 및 개선에 관한 사항
5. 근로자의 건강진단 등 건강관리에 관한 사항
6. 산업재해의 원인조사 및 재발 방지대책의 수립에 관한 사항
7. 산업재해에 관한 통계의 기록 및 유지에 관한 사항
8. 안전장치 및 보호구 구입 시 적격품 여부 확인에 관한 사항
9. 근로자의 유해·위험예방조치에 관한 사항으로서 고용노동부령으로 정하는 사항
안전보건관리책임자를 두어야 할 사업의 종류 및 규모는 상시 근로자 100명 이상을 사용하는 사업과 상시 근로자 100명 미만을 사용하는 사업 중 고용노동부령이 정하는 사업(총 공사금액이 20억 원 이상인 공사를 시행하는 건설업, 영 별표3 제1호부터 20호까지의 규정된 사업으로서 상시근로자 50명 이상 100명 미만을 사용하는 사업)으로 한다.

④ 안전관리자의 업무

사업주는 사업장에 안전관리자를 두어 안전에 관한 기술적인 사항에 관하여 사업주 또는 관리책임자를 보좌하고 관리감독자에게 조언·지도하는 업무를 수행하게 하여야 한다. 안전관리자를 두어야 할 사업의 종류·규모, 안전관리자의 수·자격·업무·권한·선임방법, 그 밖에 필요한 사항은 대통령령으로 정한다.

> **안전관리자 등의 증원·교체임명 명령(「산업안전보건법 시행규칙」 제12조)**
> 지방고용노동관서의 장은 다음 각 호의 어느 하나에 해당하는 사유가 발생한 경우에는 법 제17조제4항·제18조제4항 또는 제19조제3항에 따라 사업주에게 안전관리자·보건관리자 또는 안전보건관리담당자를 정수 이상으로 증원하게 하거나 교체하여 임명할 것을 명할 수 있다. 다만, 제4호에 해당하는 경우로서 직업성 질병자 발생 당시 사업장에서 해당 화학적 인자(因子)를 사용하지 않은 경우에는 그렇지 않다.
> 1. 해당 사업장의 연간재해율이 같은 업종의 평균재해율의 2배 이상인 경우
> 2. 중대재해가 연간 2건 이상 발생한 경우. 다만, 해당 사업장의 전년도 사망만인율이 같은 업종의 평균 사망만인율 이하인 경우는 제외한다.

3. 관리자가 질병이나 그 밖의 사유로 3개월 이상 직무를 수행할 수 없게 된 경우
4. 시행규칙 별표 22 제1호에 따른 화학적 인자로 인한 직업성 질병자가 연간 3명 이상 발생한 경우. 이 경우 직업성 질병자의 발생일은 「산업재해보상보험법 시행규칙」 제21조제1항에 따른 요양급여의 결정일로 한다.

◆ Key Point

안전관리자를 정수 이상으로 하거나 교체할 수 있는 사유를 3가지 쓰시오.

사업주는 고용노동부장관이 지정하는 안전관리 업무를 전문적으로 수행하는 기관(안전관리전문기관)에 안전관리자의 업무를 위탁할 수 있다. 안전관리자의 업무를 안전관리전문기관에 위탁할 수 있는 사업의 종류 및 규모는 건설업을 제외한 사업으로서 상시 근로자 300명 미만을 사용하는 사업으로 한다.

기업활동 규제완화에 관한 특별조치법(이하 '규제완화 특조법'이라 한다)의 안전관리자의 겸직 허용(제29조)에 따라 고압가스안전관리법 등의 유사한 안전관련법에 의해 안전관리자를 2인 이상 채용해야 하는 자가 그 중 1인을 채용한 경우에는 나머지 자와 산업안전보건법에 의한 안전관리자 1인도 채용한 것으로 본다. 또한 유사한 안전관련법에 의해 그 주된 영업분야 등에서 안전관리자 1인을 채용한 경우에도 산업안전보건법에 의한 안전관리자 1인을 채용한 것으로 본다.

■ 안전관리자의 업무(산업안전보건법 시행령 제18조)

1. 산업안전보건위원회 또는 안전·보건에 관한 노사협의체에서 심의·의결한 업무와 해당 사업장의 안전보건관리규정 및 취업규칙에서 정한 업무
2. 위험성평가에 관한 보좌 및 지도·조언
3. 안전인증대상 기계 등과 자율안전확인대상 기계 등 구입 시 적격품의 선정에 관한 보좌 및 지도·조언
4. 해당 사업장 안전교육계획의 수립 및 안전교육 실시에 관한 보좌 및 조언·지도
5. 사업장 순회점검, 지도 및 조치 건의
6. 산업재해 발생의 원인 조사·분석 및 재발 방지를 위한 기술적 보좌 및 지도·조언
7. 산업재해에 관한 통계의 유지·관리·분석을 위한 보좌 및 지도·조언
8. 법 또는 법에 따른 명령으로 정한 안전에 관한 사항의 이행에 관한 보좌 및 지도·조언
9. 업무수행 내용의 기록·유지
10. 그 밖에 안전에 관한 사항으로서 고용노동부장관이 정하는 사항

안전관리자를 두어야 할 수급인인 사업주는 영 제12조제5항에 따라 도급인인 사업주가 다음 각 호의 요건을 갖춘 경우에는 안전관리자를 선임하지 아니할 수 있다.(산업안전보건법 시행규칙 제15조의2)

1. 도급인인 사업주 자신이 선임하여야 할 안전관리자를 둔 경우
2. 안전관리자를 두어야 할 수급인인 사업주의 업종별로 상시 근로자 수(건설업의 경우 상시 근로자 수 또는 공사금액)를 합계하여 그 근로자 수 또는 공사금액에 해당하는 안전관리자를 추가로 선임한 경우

● Key Point

안전관리자 직무 4가지를 쓰시오

■ **안전관리자를 두어야 하는 사업의 종류, 사업장의 상시근로자 수, 안전관리자의 수 및 선임방법(제16조제1항 관련)**

사업의 종류	사업장의 상시근로자 수	안전관리자의 수	안전관리자의 선임방법
1. 토사석 광업 2. 식료품 제조업, 음료 제조업 3. 섬유제품 제조업 ; 의복 제외 4. 목재 및 나무제품 제조업 ; 가구 제외 5. 펄프, 종이 및 종이제품 제조업 6. 코크스, 연탄 및 석유정제품 제조업	상시근로자 50명 이상 500명 미만	1명 이상	별표 4 각 호의 어느 하나에 해당하는 사람(같은 표 제3호·제7호 및 제9호부터 제12호까지에 해당하는 사람은 제외한다)을 선임해야 한다.
7. 화학물질 및 화학제품 제조업 ; 의약품 제외 8. 의료용 물질 및 의약품 제조업 9. 고무 및 플라스틱제품 제조업 10. 비금속 광물제품 제조업 11. 1차 금속 제조업	상시근로자 500명 이상	2명 이상	별표 4 각 호의 어느 하나에 해당하는 사람(같은 표 제7호 및 제9호부터 제12호까지에 해당하는 사람은 제외한다)을 선임하되, 같은 표 제1호·제2호

12. 금속가공제품 제조업 ; 기계 및 가구 제외 13. 전자부품, 컴퓨터, 영상, 음향 및 통신장비 제조업 14. 의료, 정밀, 광학기기 및 시계 제조업 15. 전기장비 제조업 16. 기타 기계 및 장비 제조업 17. 자동차 및 트레일러 제조업 18. 기타 운송장비 제조업 19. 가구 제조업 20. 기타 제품 제조업 21. 산업용 기계 및 장비 수리업 22. 서적, 잡지 및 기타 인쇄물 출판업 23. 폐기물 수집, 운반, 처리 및 원료 재생업 24. 환경 정화 및 복원업 25. 자동차 종합 수리업, 자동차 전문 수리업 26. 발전업 27. 운수 및 창고업			(「국가기술자격법」에 따른 산업안전산업기사의 자격을 취득한 사람은 제외한다) 또는 제4호에 해당하는 사람이 1명 이상 포함되어야 한다.
28. 농업, 임업 및 어업 29. 제2호부터 제21호까지의 사업을 제외한 제조업 30. 전기, 가스, 증기 및 공기조절 공급업(발전업은 제외한다) 31. 수도, 하수 및 폐기물 처리, 원료 재생업(제23호 및 제24호에 해당하는 사업은 제외한다) 32. 도매 및 소매업 33. 숙박 및 음식점업 34. 영상·오디오 기록물 제작 및 배급업 35. 방송업 36. 우편 및 통신업 37. 부동산업 38. 임대업 ; 부동산 제외 39. 연구개발업	상시근로자 50명 이상 1천명 미만. 다만, 제37호의 사업(부동산 관리업은 제외한다)과 제40호의 사업의 경우에는 상시근로자 100명 이상 1천 명 미만으로 한다.	1명 이상	별표 4 각 호의 어느 하나에 해당하는 사람(같은 표 제3호 및 제9호부터 제12호까지에 해당하는 사람은 제외한다. 다만, 제28호 및 제30호부터 제46호까지의 사업의 경우 별표 4 제3호에 해당하는 사람에 대해서는 그렇지 않다)을 선임해야 한다.

40. 사진처리업 41. 사업시설 관리 및 조경 서비스업 42. 청소년 수련시설 운영업 43. 보건업 44. 예술, 스포츠 및 여가 관련 서비스업 45. 개인 및 소비용품수리업(제25호에 해당하는 사업은 제외한다) 46. 기타 개인 서비스업 47. 공공행정(청소, 시설관리, 조리 등 현업업무에 종사하는 사람으로서 고용노동부장관이 정하여 고시하는 사람으로 한정한다) 48. 교육서비스업 중 초등·중등·고등 교육기관, 특수학교·외국인학교 및 대안학교(청소, 시설관리, 조리 등 현업업무에 종사하는 사람으로서 고용노동부장관이 정하여 고시하는 사람으로 한정한다)	상시근로자 1천 명 이상	2명 이상	별표 4 각 호의 어느 하나에 해당하는 사람(같은 표 제7호·제11호 및 제12호에 해당하는 사람은 제외한다)을 선임하되, 같은 표 제1호·제2호·제4호 또는 제5호에 해당하는 사람이 1명 이상 포함되어야 한다.
49. 건설업	공사금액 50억 원 이상(관계수급인은 100억 원 이상) 120억 원 미만(「건설산업기본법 시행령」별표 1 제1호가목의 토목공사업의 경우에는 150억 원 미만)	1명 이상	별표 4 제1호부터 제7호까지 및 제10호부터 제12호까지의 어느 하나에 해당하는 사람을 선임해야 한다.
	공사금액 120억 원 이상(「건설산업기본법 시행령」별표 1 제1호가목의 토목공사업의 경우에는 150억 원 이상) 800억 원 미만	1명 이상	별표 4 제1호부터 제7호까지 및 제10호의 어느 하나에 해당하는 사람을 선임해야 한다.

	공사금액 800억 원 이상 1,500억 원 미만	2명 이상. 다만, 전체 공사기간을 100으로 할 때 공사 시작에서 15에 해당하는 기간과 공사 종료 전의 15에 해당하는 기간 (이하 "전체 공사기간 중 전·후 15에 해당하는 기간"이라 한다) 동안은 1명 이상으로 한다.	별표 4 제1호부터 제7호까지 및 제10호의 어느 하나에 해당하는 사람을 선임하되, 같은 표 제1호부터 제3호까지의 어느 하나에 해당하는 사람이 1명 이상 포함되어야 한다.
	공사금액 1,500억 원 이상 2,200억 원 미만	3명 이상. 다만, 전체 공사기간 중 전·후 15에 해당하는 기간은 2명 이상으로 한다.	별표 4 제1호부터 제7호까지 및 제12호의 어느 하나에 해당하는 사람을 선임하되, 같은 표 제12호에 해당하는 사람은 1명만 포함될 수 있고, 같은 표 제1호 또는 「국가기술자격법」에 따른 건설안전기술사(건설안전기사 또는 산업안전기사의 자격을 취득한 후 7년 이상 건설안전 업무를 수행한 사람이거나 건설안전산업기사 또는 산업안전산업기사의 자격을 취득한 후 10년 이상 건설안전 업무를 수행한 사람을 포함한다) 자격을 취득한 사람(이하 "산업안전지도사등"이라 한다)이 1명 이상 포함되어야 한다.
	공사금액 2,200억 원 이상 3천억 원 미만	4명 이상. 다만, 전체 공사기간 중 전·후 15에 해당하는 기간은 2명 이상으로 한다.	

공사금액 3천억 원 이상 3,900억 원 미만	5명 이상. 다만, 전체 공사기간 중 전·후 15에 해당하는 기간은 3명 이상으로 한다.	별표 4 제1호부터 제7호까지 및 제12호의 어느 하나에 해당하는 사람을 선임하되, 같은 표 제12호에 해당하는 사람이 1명만 포함될 수 있고, 산업안전지도사등이 2명 이상 포함되어야 한다. 다만, 전체 공사기간 중 전·후 15에 해당하는 기간에는 산업안전지도사등이 1명 이상 포함되어야 한다.
공사금액 3,900억 원 이상 4,900억 원 미만	6명 이상. 다만, 전체 공사기간 중 전·후 15에 해당하는 기간은 3명 이상으로 한다.	
공사금액 4,900억 원 이상 6천억 원 미만	7명 이상. 다만, 전체 공사기간 중 전·후 15에 해당하는 기간은 4명 이상으로 한다.	별표 4 제1호부터 제7호까지 및 제12호의 어느 하나에 해당하는 사람을 선임하되, 같은 표 제12호에 해당하는 사람은 2명까지만 포함될 수 있고, 산업안전지도사등이 2명 이상 포함되어야 한다. 다만, 전체 공사기간 중 전·후 15에 해당하는 기간에는 산업안전지도사등이 2명 이상 포함되어야 한다.
공사금액 6천억 원 이상 7,200억 원 미만	8명 이상. 다만, 전체 공사기간 중 전·후 15에 해당하는 기간은 4명 이상으로 한다.	
공사금액 7,200억 원 이상 8,500억 원 미만	9명 이상. 다만, 전체 공사기간 중 전·후 15에 해당하는 기간은 5명 이상으로 한다.	별표 4 제1호부터 제7호까지 및 제12호의 어느 하나에 해당하는 사람을 선임하되, 같은 표 제12호에 해당하는 사람은 2명까지만 포함될 수 있고, 산업안전지도사등이 3명 이상 포함되어야 한다. 다만, 전체 공사기간 중 전·후 15에 해당하는 기간에는 산업안전지도사등이 3명 이상 포함되어야 한다.
공사금액 8,500억 원 이상 1조 원 미만	10명 이상. 다만, 전체 공사기간 중 전·후 15에 해당하는 기간은 5명 이상으로 한다.	

| | 1조 원 이상 | 11명 이상[매 2천억원(2조 원 이상부터는 매 3천억원)마다 1명씩 추가한다]. 다만, 전체 공사기간 중 전·후 15에 해당하는 기간은 선임 대상 안전관리자 수의 2분의 1(소수점 이하는 올림한다) 이상으로 한다. | |

[비고]
1. 철거공사가 포함된 건설공사의 경우 철거공사만 이루어지는 기간은 전체 공사기간에는 산입되나 전체 공사기간 중 전·후 15에 해당하는 기간에는 산입되지 않는다. 이 경우 전체 공사기간 중 전·후 15에 해당하는 기간은 철거공사만 이루어지는 기간을 제외한 공사기간을 기준으로 산정한다.
2. 철거공사만 이루어지는 기간에는 공사금액별로 선임해야 하는 최소 안전관리자 수 이상으로 안전관리자를 선임해야 한다.

⑤ 관리감독자의 업무(산업안전보건법 시행령 제15조)

사업주는 사업장의 관리감독자(경영조직에서 생산과 관련되는 업무와 소속 직원을 직접 지휘·감독하는 부서의 장이나 그 직위를 담당하는 자)로 하여금 직무와 관련된 안전·보건에 관한 업무로서 안전·보건점검 등의 업무를 수행하도록 하여야 한다. 다만, 위험방지가 특히 필요한 작업은 특별교육 등 안전·보건에 관한 업무를 추가로 수행하도록 해야 한다.

관리감독자가 수행하여야 할 업무내용은 다음과 같다.
1. 사업장 내 관리감독자가 지휘·감독하는 작업과 관련된 기계·기구 또는 설비의 안전·보건 점검 및 이상 유무의 확인
2. 관리감독자에게 소속된 근로자의 작업복·보호구 및 방호장치의 점검과 그 착용·사용에 관한 교육·지도
3. 해당 작업에서 발생한 산업재해에 관한 보고 및 이에 대한 응급조치
4. 해당 작업의 작업장 정리·정돈 및 통로확보에 대한 확인·감독
5. 안전관리자, 보건관리자, 안전보건담당자 및 산업보건의의 지도·조언에 대한 협조

6. 위험성평가에 관한 유해·위험요인의 파악에 대한 참여 및 개선조치의 시행에 대한 참여

7. 그 밖에 해당 작업의 안전·보건에 관한 사항으로서 고용노동부령으로 정하는 사항

■ 관리감독자의 유해·위험 방지 직무수행 내용(산업안전보건기준에 관한 규칙 35조 관련)

작업의 종류	직무수행 내용
거푸집 동바리의 고정·조립 또는 해체 작업/지반의 굴착 작업/흙막이 지보공의 고정·조립 또는 해체 작업/터널의 굴착작업/건물 등의 해체작업	• 안전한 작업방법을 결정하고 작업을 지휘하는 일 • 재료·기구의 결함 유무를 점검하고 불량품을 제거하는 일 • 작업 중 안전대 및 안전모 등 보호구 착용 상황을 감시하는 일
발파작업	• 점화 전에 점화작업에 종사하는 근로자가 아닌 사람에게 대피를 지시하는 일 • 점화작업에 종사하는 근로자에게 대피장소 및 경로를 지시하는 일 • 점화 전에 위험구역 내에서 근로자가 대피한 것을 확인하는 일 • 점화순서 및 방법에 대하여 지시하는 일 • 점화신호를 하는 일 • 점화작업에 종사하는 근로자에게 대피신호를 하는 일 • 발파 후 터지지 않은 장약이나 남은 장약의 유무, 용수(湧水)의 유무 및 암석·토사의 낙하 여부 등을 점검하는 일 • 점화하는 사람을 정하는 일 • 공기압축기의 안전밸브 작동 유무를 점검하는 일 • 안전모 등 보호구 착용 상황을 감시하는 일

⊕ Key Point

거푸집 동바리 고정·해체 작업시 관리감독자 직무사항 3가지를 쓰시오.

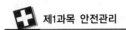

---

[6] **명예산업안전감독관**

고용노동부장관은 산업재해 예방활동에 대한 참여와 지원을 촉진하기 위하여 근로자, 근로자 단체, 사업주단체 및 산업재해 예방 관련 전문단체에 소속된 자 중에서 명예산업안전감독관을 위촉할 수 있다. 사업주는 명예산업안전감독관으로서 정당한 활동을 한 것을 이유로 그 명예 산업안전감독관에 대하여 불리한 처우를 하여서는 아니된다.

1. 명예산업안전감독관 위촉(산업안전보건법 시행령 제32조)

고용노동부장관은 법 제61조의2제1항에 따라 다음의 어느 하나에 해당하는 사람 중에서 명예 감독관을 위촉할 수 있다.
① 산업안전보건위원회 또는 노사협의체 설치 대상 사업의 근로자 중에서 근로자대표가 사업 주의 의견을 들어 추천하는 사람
② 「노동조합 및 노동관계조정법」 제10조에 따른 연합단체인 노동조합 또는 그 지역 대표기 구에 소속된 임직원 중에서 해당 연합단체인 노동조합 또는 그 지역대표기구가 추천하는 사람
③ 전국 규모의 사업주단체 또는 그 산하조직에 소속된 임직원 중에서 해당 단체 또는 그 산하 조직이 추천하는 사람
④ 산업재해 예방 관련 업무를 하는 단체 또는 그 산하조직에 소속된 임직원 중에서 해당 단체 또는 그 산하조직이 추천하는 사람

2. 명예산업안전감독관 해촉(산업안전보건법 시행령 제33조)

고용노동부장관은 다음 각 호의 어느 하나에 해당하는 경우에는 명예산업안전감독관을 해촉할 수 있다.
① 근로자대표가 사업주의 의견을 들어 위촉된 명예산업안전감독관의 해촉을 요청한 경우
② 위촉된 명예산업안전감독관이 해당 단체 또는 그 산하조직으로부터 퇴직하거나 해임된 경우
③ 명예산업안전감독관의 업무와 관련하여 부정한 행위를 한 경우
④ 질병이나 부상 등의 사유로 명예산업안전감독관의 업무 수행이 곤란하게 된 경우

> **Key Point**
> 산업안전보건법에 따라 명예산업안전감독관의 해촉사유 4가지를 쓰시오.

7 산업안전보건위원회(산업안전보건법 시행령 제34조 산업안전보건위원회 구성 대상)

1. 설치대상

1) 상시 근로자 100명 이상을 사용하는 사업장. 다만, 건설업의 경우에는 공사금액이 120억 원(「건설산업기본법 시행령」 별표 1에 따른 토목공사업에 해당하는 공사의 경우에는 150억 원) 이상인 사업장

2) 상시 근로자 50명 이상 100명 미만을 사용하는 사업 중 다른 업종과 비교할 경우 근로자수 대비 산업재해 발생빈도가 현저히 높은 유해·위험 업종으로서 고용노동부령으로 정하는 사업장
   ① 토사석 광업
   ② 목재 및 나무제품 제조업(가구는 제외한다)
   ③ 화학물질 및 화학제품 제조업(의약품, 세제·화장품 및 광택제 제조업, 화학섬유 제조업은 제외한다)
   ④ 비금속 광물제품 제조업
   ⑤ 1차 금속 제조업
   ⑥ 금속가공제품 제조업(기계 및 가구는 제외한다)
   ⑦ 자동차 및 트레일러 제조업
   ⑧ 기타 기계 및 장비 제조업(사무용기기 및 장비 제조업은 제외한다), 가정용기기 제조업, 그 외 기타 전기장비 제조업
   ⑨ 기타 운송장비 제조업(전투용 차량 제조업은 제외한다)

2. 구성

1) 근로자 위원

   ① 근로자대표
   ② 명예산업안전감독관(이하 "명예감독관"이라 한다)이 위촉되어 있는 사업장의 경우 근로자대표가 지명하는 1명 이상의 명예감독관
   ③ 근로자대표가 지명하는 9명 이내의 해당 사업장의 근로자

2) 사용자 위원

   ① 해당 사업의 대표자
   ② 안전관리자 1명
   ③ 보건관리자 1명

④ 산업보건의(해당 사업장에 선임되어 있는 경우로 한정한다)
⑤ 사업의 대표자가 지명하는 9명 이내의 해당 사업장 부서의 장

3. 회의결과를 근로자에게 알리는 방법

① 사내방송
② 사내보
③ 게시 또는 자체 정례조회
④ 그 밖의 적절한 방법으로 근로자에게 신속히 알릴 수 있는 방법

4. 안전·보건에 관한 협의체의 구성·운영에 관한 특례

산업안전보건법 제29조제1항에 따른 사업으로서 대통령령으로 정하는 종류 및 규모에 해당하는 사업의 사업주는 근로자와 사용자가 같은 수로 구성되는 안전·보건에 관한 노사협의체(이하 "노사협의체"라 한다)를 대통령령으로 정하는 바에 따라 구성·운영할 수 있다.

1) 안전·보건에 관한 노사협의체의 근로자위원 구성

① 도급 또는 하도급 사업을 포함한 전체 사업의 근로자대표
② 근로자대표가 지명하는 명예감독관 1명. 다만, 명예감독관이 위촉되어 있지 아니한 경우에는 근로자대표가 지명하는 해당 사업장 근로자 1명
③ 공사금액이 20억 원 이상인 도급 또는 하도급 사업의 근로자대표

2) 안전·보건에 관한 노사협의체의 사용자위원 구성

① 해당 사업의 대표자
② 안전관리자 1명
③ 공사금액이 20억 원 이상인 도급 또는 하도급 사업의 사업주
  ※ 노사협의체의 근로자위원과 사용자위원은 합의를 통해 노사협의체에 공사금액이 20억 원 미만인 도급 또는 하도급 사업의 사업주 및 근로자대표를 위원으로 위촉할 수 있다.

3) 노사협의체의 설치 대상

법 제75조제1항에서 "대통령령으로 정하는 규모의 건설공사"란 공사금액이 120억 원(「건설산업기본법 시행령」 별표 1의 종합공사를 시공하는 업종의 건설업종란 제1호에 따른 토목공사업은 150억 원) 이상인 건설공사를 말한다.

8 안전보건총괄책임자

1. 안전보건총괄책임자 지정 대상사업(산업안전보건법 시행령 제52조)

법 제62조제1항에 따른 안전보건총괄책임자(이하 "안전보건총괄책임자"라 한다)를 지정해야 하는 사업의 종류 및 사업장의 상시근로자 수는 관계수급인에게 고용된 근로자를 포함한 상시근로자가 100명(선박 및 보트 건조업, 1차 금속 제조업 및 토사석 광업의 경우에는 50명) 이상인 사업이나 관계수급인의 공사금액을 포함한 해당 공사의 총공사금액이 20억 원 이상인 건설업으로 한다.

2. 안전보건총괄책임자의 직무(산업안전보건법 시행령 제53조)

① 위험성평가의 실시에 관한 사항
② 작업의 중지
③ 도급 시 산업재해 예방조치
④ 산업안전보건관리비의 관계수급인 간의 사용에 관한 협의·조정 및 그 집행의 감독
⑤ 안전인증대상 기계 등과 자율안전확인대상 기계 등의 사용 여부 확인

> **Key Point**
> 안전보건총괄책임자의 직무사항 3가지를 쓰시오.

3. 도급에 따른 산업재해 예방조치

도급인은 관계수급인 근로자가 도급인의 사업장에서 작업을 하는 경우 다음 각 호의 사항을 이행하여야 한다.
① 도급인과 수급인을 구성원으로 하는 안전 및 보건에 관한 협의체의 구성 및 운영
② 작업장 순회점검
③ 관계수급인이 근로자에게 하는 안전보건교육을 위한 장소 및 자료의 제공 등 지원
④ 관계수급인이 근로자에게 하는 안전보건교육의 실시 확인
⑤ 다음 각 목의 어느 하나의 경우에 대비한 경보체계 운영과 대피방법 등 훈련
　　가. 작업 장소에서 발파작업을 하는 경우
　　나. 작업 장소에서 화재·폭발, 토사·구축물 등의 붕괴 또는 지진 등이 발생한 경우
⑥ 위생시설 등 고용노동부령으로 정하는 시설의 설치 등을 위하여 필요한 장소의 제공 또는 도급인이 설치한 위생시설 이용의 협조

⑦ 같은 장소에서 이루어지는 도급인과 관계수급인 등의 작업에 있어서 관계수급인 등의 작업시기 · 내용, 안전조치 및 보건조치 등의 확인

⑧ 제7호에 따른 확인 결과 관계수급인 등의 작업 혼재로 인하여 화재 · 폭발 등 대통령령으로 정하는 위험이 발생할 우려가 있는 경우 관계수급인 등의 작업시기 · 내용 등의 조정

　　가. 화재 · 폭발이 발생할 우려가 있는 경우

　　나. 동력으로 작동하는 기계 · 설비 등에 끼일 우려가 있는 경우

　　다. 차량계 하역운반기계, 건설기계, 양중기(揚重機) 등 동력으로 작동하는 기계와 충돌할 우려가 있는 경우

　　라. 근로자가 추락할 우려가 있는 경우

　　마. 물체가 떨어지거나 날아올 우려가 있는 경우

　　바. 기계 · 기구 등이 넘어지거나 무너질 우려가 있는 경우

　　사. 토사 · 구축물 · 인공구조물 등이 붕괴될 우려가 있는 경우

　　아. 산소 결핍이나 유해가스로 질식이나 중독의 우려가 있는 경우

4. 도급사업 시의 안전 · 보건조치 등(산업안전보건법 시행규칙 제80조)

도급인은 법 제64조제1항제2호에 따른 작업장 순회점검을 다음 각 호의 구분에 따라 실시해야 한다.

① 다음 각 목의 사업 : 2일에 1회 이상

　　가. 건설업

　　나. 제조업

　　다. 토사석 광업

　　라. 서적, 잡지 및 기타 인쇄물 출판업

　　마. 음악 및 기타 오디오물 출판업

　　바. 금속 및 비금속 원료 재생업

② 제1호 각 목의 사업을 제외한 사업 : 1주일에 1회 이상

⊕ Key Point

같은 장소에서 행하여지는 사업의 일부를 도급을 주어 하는 사업으로서 대통령령으로 정하는 사업의 사업주는 그가 사용하는 근로자와 그의 수급인이 사용하는 근로자가 같은 장소에서 작업을 할 때에 생기는 산업재해를 예방하기 위하여 취해야 하는 조치사항 3가지를 쓰시오.

⑨ 보건관리자의 업무(산업안전보건법 시행령 제22조)

보건관리자의 업무는 다음 각 호와 같다.

1. 산업안전보건위원회 또는 노사협의회에서 심의·의결한 업무와 안전보건관리규정 및 취업 규칙에서 정한 업무
2. 안전인증대상 기계 등과 자율안전확인대상 기계 등 중 보건과 관련된 보호구(保護具) 구입 시 적격품 선정에 관한 보좌 및 지도·조언
3. 위험성평가에 관한 보좌 및 지도·조언
4. 물질안전보건자료의 게시 또는 비치에 관한 보좌 및 지도·조언
5. 산업보건의의 직무(보건관리자가 시행령 별표 6 제2호에 해당하는 사람인 경우로 한정)
6. 해당 사업장 보건교육계획의 수립 및 보건교육 실시에 관한 보좌 및 지도·조언
7. 해당 사업장의 근로자를 보호하기 위한 다음 각 목의 조치에 해당하는 의료행위(보건관리 자가 시행령 별표 6 제2호 또는 제3호에 해당하는 경우로 한정)
    가. 자주 발생하는 가벼운 부상에 대한 치료
    나. 응급처치가 필요한 사람에 대한 처치
    다. 부상·질병의 악화를 방지하기 위한 처치
    라. 건강진단 결과 발견된 질병자의 요양 지도 및 관리
    마. 가목부터 라목까지의 의료행위에 따르는 의약품의 투여
8. 작업장 내에서 사용되는 전체 환기장치 및 국소 배기장치 등에 관한 설비의 점검과 작업방 법의 공학적 개선에 관한 보좌 및 지도·조언
9. 사업장 순회점검, 지도 및 조치 건의
10. 산업재해 발생의 원인 조사·분석 및 재발 방지를 위한 기술적 보좌 및 지도·조언
11. 산업재해에 관한 통계의 유지·관리·분석을 위한 보좌 및 지도·조언
12. 법 또는 법에 따른 명령으로 정한 보건에 관한 사항의 이행에 관한 보좌 및 지도·조언
13. 업무 수행 내용의 기록·유지
14. 그 밖에 보건과 관련된 작업관리 및 작업환경관리에 관한 사항으로서 고용노동부장관이 정하는 사항

제2장 안전관리계획 수립 및 운용

① 안전보건관리 규정

1. 작성내용

① 안전 및 보건에 관한 관리조직과 그 직무에 관한 사항
② 안전보건교육에 관한 사항
③ 작업장의 안전 및 보건 관리에 관한 사항
④ 사고 조사 및 대책 수립에 관한 사항
⑤ 그 밖에 안전 및 보건에 관한 사항

> ✪ Key Point
>
> 안전보건관리 규정에 포함되어야 세부사항을 3가지 쓰시오.

2. 작성 시의 유의사항

① 규정된 기준은 법정기준을 상회하도록 할 것
② 관리자층의 직무와 권한, 근로자에게 강제 또는 요청한 부분을 명확히 할 것
③ 관계법령의 제·개정에 따라 즉시 개정되도록 라인 활용이 쉬운 규정이 되도록 할 것
④ 작성 또는 개정 시에는 현장의 의견을 충분히 반영할 것
⑤ 규정의 내용은 정상시는 물론 이상시, 사고시, 재해발생시의 조치와 기준에 관해서도 규정할 것

3. 안전보건관리규정의 작성·변경 절차

사업주는 안전보건관리규정을 작성 또는 변경할 때에는 산업안전보건위원회의 심의·의결을 거쳐야 한다. 다만, 산업안전보건위원회가 설치되어 있지 아니한 사업장에 있어서는 근로자대표의 동의를 얻어야 한다.

4. 안전보건관리규정의 작성

① 안전보건관리규정을 작성하여야 할 사업은 상시 근로자 100명 이상을 사용하는 사업으로 한다.

② 사업주는 **안전보건관리규정을 작성하여야 할 사유가 발생한 날부터 30일 이내에 안전보건관리규정을 작성**하여야 한다. 이를 변경할 사유가 발생한 경우에도 또한 같다.

③ 사업주가 안전보건관리규정을 작성하는 경우에는 소방·가스·전기·교통 분야 등의 다른 법령에서 정하는 안전관리에 관한 규정과 통합하여 작성할 수 있다.

> **⚙ Key Point**
>
> 안전보건관리규정의 작성 및 변경사항이다. 다음 물음에 답하시오.
>
> ① 작성대상사업장은 상시 근로자 몇 명 이상의 사업장인가? 100명 이상
> ② 변경사항이 발생한 경우 며칠 이내에 관련 내용을 작성 및 변경하여야 하는가? 30일
> ③ 해당 안전보건관리규정의 심의, 의결을 행하는 기구는? 산업안전보건위원회
> ④ ③이 없을 시 해당 규정의 동의는 누구에게 얻어야 하는가? 근로자대표

---

② 안전관리계획

1. 계획수립 시 기본방향

① 사업장 실정에 맞도록 작성하되 실현가능성이 있을 것
② 직장 단위로 구체적으로 작성할 것
③ 계획의 목표는 점진적으로 점차 수준을 높여갈 것

2. 실시상의 유의사항

① 연간, 월간, 주간계획 등 주기적으로 계획을 나누어 실시한다.
② 실시결과는 안전보건위원회에서 검토한 후 실시한다.
③ 실시상황 확인을 위해 스텝과 라인관리자는 순찰활동을 한다.

3. 평가

① 재해율, 재해건수 등의 목표값과 안전활동을 자체 평가한다.
② 평가결과에 대한 개선방법을 도출한다.

4. PDCA 4단계(Plan – Do – Check – Action)

① 계획을 세운다.(Plan : P)
    ㉠ 목표를 정한다.
    ㉡ 목표를 달성하는 방법을 정한다.
② 계획대로 실시한다.(Do : D)
    ㉠ 환경과 설비를 개선한다.
    ㉡ 점검한다.
    ㉢ 교육 훈련한다.
    ㉣ 기타의 계획을 실행에 옮긴다.
③ 결과를 검토한다.(Check : C)
④ 검토결과에 의해 조치를 취한다.(Action : A)
    ㉠ 정해진 대로 행해지지 않았으면 수정한다.
    ㉡ 문제점이 발견되었을 때 개선한다.
    ㉢ 더욱 좋은 개선책을 고안하여 다음 계획에 들어간다.

[PDCA 사이클]

🔧 Key Point

PDCA를 간단히 설명하시오.

③ 주요 평가척도

1. 평가의 종류

1) 평가방식에 의한 분류

① 체크리스트에 의한 방법
② 카운슬링에 의한 방법

2) 평가내용에 의한 분류

① 정성적 평가
② 정량적 평가

2. 주요 평가척도

① 절대척도(재해건수 등의 수치)
② 상대척도(도수율, 강도율 등)
③ 평정척도(양적으로 나타내는 것, 도식, 숫자 등)
④ 도수척도(중앙값, % 등)

④ 안전보건 개선계획서

1. 안전보건 개선계획서 수립 대상 사업장

① 산업재해율이 같은 업종의 규모별 평균 산업재해율보다 높은 사업장
② 사업주가 필요한 안전조치 또는 보건조치를 이행하지 아니하여 중대재해가 발생한 사업장
③ 직업성 질병자가 연간 2명 이상 발생한 사업장
④ 법 제106조에 따른 유해인자의 노출기준을 초과한 사업장

2. 작성 시 유의사항

① 사업장의 안전수준을 자체적으로 진단하고 그 수준에 적합한 계획 수립
② 재해율의 감소수준을 명확하게 설정
③ 수준 및 계획을 근로자에게 주지
④ 계획의 실시기간을 명시

3. 안전보건 개선계획서에 포함되어야 할 내용

① 시설
② 안전·보건관리 체제
③ 안전·보건교육
④ 산업재해예방을 위하여 필요한 사항
⑤ 작업환경의 개선을 위하여 필요한 사항

4. 안전·보건진단을 받아 안전보건개선계획을 수립·제출하도록 명할 수 있는 사업장(산업안전보건법 시행규칙 제131조)

① 산업재해율이 같은 업종 평균 산업재해율의 2배 이상인 사업장
② 사업주가 필요한 안전조치 또는 보건조치를 이행하지 아니하여 중대재해가 발생한 사업장
③ 직업성 질병자가 연간 2명 이상(상시근로자 1천 명 이상 사업장의 경우 3명 이상) 발생한 사업장
④ 그 밖에 작업환경 불량, 화재·폭발 또는 누출 사고 등으로 사업장 주변까지 피해가 확산된 사업장으로서 고용노동부령으로 정하는 사업장

---

⑤ 건설재해예방 전문지도기관의 지도기준(산업안전보건법 시행령 별표 18)

1. 기술지도계약

1) 건설재해예방전문지도기관은 건설공사발주자로부터 기술지도계약서 사본을 받은 날부터 14일 이내에 이를 건설현장에 갖춰 두도록 건설공사도급인(건설공사발주자로부터 해당 건설공사를 최초로 도급받은 수급인만 해당한다)을 지도하고, 건설공사의 시공을 주도하여 총괄·관리하는 자에 대해서는 기술지도계약을 체결한 날부터 14일 이내에 기술지도계약서 사본을 건설현장에 갖춰 두도록 지도해야 한다.

2) 건설재해예방전문지도기관이 기술지도계약을 체결할 때에는 고용노동부장관이 정하는 전산시스템(이하 "전산시스템"이라 한다)을 통해 발급한 계약서를 사용해야 하며, 기술지도계약을 체결한 날부터 7일 이내에 전산시스템에 건설업체명, 공사명 등 기술지도계약의 내용을 입력해야 한다.

기술지도계약 체결 대상 건설공사 및 체결 시기(「산업안전보건법 시행령」 제59조)
건설재해예방 전문지도기관의 기술지도 제외대상 1. 공사기간이 1개월 미만인 공사 2. 육지와 연결되지 않은 섬 지역(제주특별자치도는 제외한다)에서 이루어지는 공사 3. 사업주가 시행령 별표 4에 따른 안전관리자의 자격을 가진 사람을 선임(같은 광역지방자치단체의 구역 내에서 같은 사업주가 시공하는 셋 이하의 공사에 대하여 공동으로 안전관리자의 자격을 가진 사람 1명을 선임한 경우를 포함한다)하여 제18조제1항 각 호에 따른 안전관리자의 업무만을 전담하도록 하는 공사 4. 유해위험방지계획서를 제출해야 하는 공사
건설재해예방 지도계약 체결 시기 건설공사의 건설공사발주자 또는 건설공사도급인(건설공사도급인은 건설공사발주자로부터 건설공사를 최초로 도급받은 수급인은 제외한다)은 건설 산업재해 예방을 위한 지도계약(이하 "기술지도계약"이라 한다)을 해당 건설공사 착공일의 전날까지 체결해야 한다.

2. 기술지도의 수행방법

1) 기술지도 횟수

① 기술지도는 특별한 사유가 없으면 다음의 계산식에 따른 횟수로 하고, 공사시작 후 15일 이내마다 1회 실시하되, 공사금액이 40억원 이상인 공사에 대해서는 별표 19 제1호 및 제2호의 구분에 따른 분야 중 그 공사에 해당하는 지도 분야의 같은 표 제1호나목 지도인력기준란 ① 및 같은 표 제2호나목 지도인력기준란 ①에 해당하는 사람이 8회마다 한 번 이상 방문하여 기술지도를 해야 한다.

$$기술지도 횟수(회) = \frac{공사기간(일)}{15일}$$

※ 단, 소수점은 버린다.

② 공사가 조기에 준공된 경우, 기술지도계약이 지연되어 체결된 경우 및 공사기간이 현저히 짧은 경우 등의 사유로 기술지도 횟수기준을 지키기 어려운 경우에는 그 공사의 공사감독자(공사감독자가 없는 경우에는 감리자를 말한다)의 승인을 받아 기술지도 횟수를 조정할 수 있다.

2) 기술지도 한계 및 기술지도 지역

① 건설재해예방전문지도기관의 사업장 지도 담당 요원 1명당 기술지도 횟수는 1일당 최대 4회로 하고, 월 최대 80회로 한다.

② 건설재해예방전문지도기관의 기술지도 지역은 건설재해예방전문지도기관으로 지정을 받은 지방고용노동관서 관할지역으로 한다.

3. 기술지도 업무의 내용

1) 기술지도 범위 및 준수의무

① 건설재해예방전문지도기관은 기술지도를 할 때에는 공사의 종류, 공사 규모, 담당 사업장 수 등을 고려하여 건설재해예방전문지도기관의 직원 중에서 기술지도 담당자를 지정해야 한다.

② 건설재해예방전문지도기관은 기술지도 담당자에게 건설업에서 발생하는 최근 사망사고 사례, 사망사고의 유형과 그 유형별 예방 대책 등에 대하여 연 1회 이상 교육을 실시해야 한다.

③ 건설재해예방전문지도기관은 「산업안전보건법」 등 관계 법령에 따라 건설공사도급인이 산업재해 예방을 위해 준수해야 하는 사항을 기술지도해야 하며, 기술지도를 받은 건설공사도급인은 그에 따른 적절한 조치를 해야 한다.

④ 건설재해예방전문지도기관은 건설공사도급인이 기술지도에 따라 적절한 조치를 했는지 확인해야 하며, 건설공사도급인 중 건설공사발주자로부터 해당 건설공사를 최초로 도급받은 수급인이 해당 조치를 하지 않은 경우에는 건설공사발주자에게 그 사실을 알려야 한다.

2) 기술지도 결과의 관리

① 건설재해예방전문지도기관은 기술지도를 할 때마다 기술지도 결과보고서를 작성하여 지체 없이 다음의 구분에 따른 사람에게 알려야 한다.
   ㉠ 관계수급인의 공사금액을 포함한 해당 공사의 총공사금액이 20억 원 이상인 경우
     : 해당 사업장의 안전보건총괄책임자
   ㉡ 관계수급인의 공사금액을 포함한 해당 공사의 총공사금액이 20억 원 미만인 경우
     : 해당 사업장을 실질적으로 총괄하여 관리하는 사람

② 건설재해예방전문지도기관은 기술지도를 한 날부터 7일 이내에 기술지도 결과를 전산시스템에 입력해야 한다.

③ 건설재해예방전문지도기관은 관계수급인의 공사금액을 포함한 해당 공사의 총공사금액이 50억 원 이상인 경우에는 건설공사도급인이 속하는 회사의 사업주와 「중대재해처벌 등에 관한 법률」에 따른 경영책임자 등에게 매 분기 1회 이상 기술지도 결과보고서를 송부해야 한다.

④ 건설재해예방전문지도기관은 공사 종료 시 건설공사의 건설공사발주자 또는 건설공사도급인(건설공사도급인은 건설공사발주자로부터 건설공사를 최초로 도급받은 수급인은 제외한다)에게 고용노동부령으로 정하는 서식에 따른 기술지도 완료증명서를 발급해 주어야 한다.

4. 기술지도 관련 서류의 보존

건설재해예방전문지도기관은 기술지도계약서, 기술지도 결과보고서, 그 밖에 기술지도업무 수행에 관한 서류를 기술지도계약이 종료된 날부터 3년 동안 보존해야 한다.

---

6 유해 · 위험방지 사항에 관한 계획서

1. 대상 기계기구 및 설비(산업안전보건법 시행령 제42조)

① 금속이나 그 밖의 광물의 용해로

② 화학설비

③ 건조설비

④ 가스집합 용접장치

⑤ 근로자의 건강에 상당한 장해를 일으킬 우려가 있는 물질로서 고용노동부령으로 정하는 물질의 밀폐 · 환기 · 배기를 위한 설비

※ 제출서류

- 건축물 각 층의 평면도
- 기계 · 설비의 개요를 나타내는 서류
- 기계 · 설비의 배치도면
- 원재료 및 제품의 취급, 제조 등의 작업방법의 개요
- 그 밖에 고용노동부장관이 정하는 도면 및 서류

2. 대상 공사(산업안전보건법 시행령 제42조)

① 지상높이가 31미터 이상인 건축물 또는 인공구조물, 연면적 3만제곱미터 이상인 건축물 또는 연면적 5천제곱미터 이상의 문화 및 집회시설(전시장 및 동물원·식물원은 제외한다), 판매시설, 운수시설(고속철도의 역사 및 집배송시설은 제외한다), 종교시설, 의료시설 중 종합병원, 숙박시설 중 관광숙박시설, 지하도상가 또는 냉동·냉장창고시설의 건설·개조 또는 해체(이하 "건설 등"이라 한다)

② 연면적 5천제곱미터 이상의 냉동·냉장창고시설의 설비공사 및 단열공사

③ 최대 지간길이가 50미터 이상인 교량 건설 등 공사

④ 터널 건설 등의 공사

⑤ 다목적댐, 발전용댐 및 저수용량 2천만톤 이상의 용수 전용 댐, 지방상수도 전용 댐 건설 등의 공사

⑥ 깊이 10미터 이상인 굴착공사

※ 제출서류

- 설치장소의 개요를 나타내는 서류
- 설비의 도면
- 그 밖에 고용노동부장관이 정하는 도면 및 서류

---

7 공정안전보고서

대통령령으로 정하는 유해·위험설비를 보유한 사업장의 사업주는 그 설비로부터의 위험물질 누출, 화재, 폭발 등으로 인하여 사업장 내의 근로자에게 즉시 피해를 주거나 사업장 인근지역에 피해를 줄 수 있는 사고로서 대통령령으로 정하는 사고(중대산업사고)를 예방하기 위하여 공정안전보고서를 작성하여 고용노동부장관에게 제출하여 심사를 받아야 한다. 이 경우 공정안전보고서의 내용이 중대산업사고를 예방하기 위하여 적합하다고 통보받기 전에는 관련 설비를 가동하여서는 아니 된다.

1. 공정안전보고서 제출대상(산업안전보건법 시행령 제43조 공정안전보고서의 제출 대상)

① 원유 정제처리업

② 기타 석유정제물 재처리업

③ 석유화학계 기초화학물 제조업 또는 합성수지 및 기타 플라스틱물질 제조업. 다만, 합성수지 및 기타 플라스틱물질 제조업은 별표 10의 제1호 또는 제2호에 해당하는 경우로 한정한다.

④ 질소 화합물, 질소·인산 및 칼리질 화학비료 제조업 중 질소질 화학비료 제조업

⑤ 복합비료 및 기타 화학비료 제조업 중 복합비료 제조업(단순혼합 또는 배합에 의한 경우는 제외한다)

⑥ 화학 살균·살충제 및 농업용 약제 제조업(농약 원제 제조만 해당한다)

⑦ 화약 및 불꽃제품 제조업

2. 이행상태 평가의 실시 시기

① 신규평가 : 보고서의 심사완료 후 1년 이내 실시

② 정기평가 : 신규평가 후 4년마다 실시

③ 재평가 : 평가일로부터 1년이 경과 후 사업장에서 요청할 경우 6개월 이내 실시

3. 이행상태 평가의 방법

① 사업주 등 관계자 면담

② 보고서 및 이행관련 문서확인

③ 현장확인

4. 공정안전보고서 구성

① 공정안전자료 ② 공정위험성 평가서

③ 안전운전계획 ④ 비상조치계획

---

8 건설업 산업안전보건관리비 계상 및 사용기준

제1장 총칙

제1조(목적) 이 고시는 「산업안전보건법」 제72조, 같은 법 시행령 제59조 및 제60조와 같은 법 시행규칙 제89조에 따라 건설업의 산업안전보건관리비 계상 및 사용기준을 정함을 목적으로 한다.

제2조(정의) ① 이 고시에서 사용하는 용어의 뜻은 다음과 같다.

1. "건설업 산업안전보건관리비"(이하 "안전보건관리비"라 한다)란 산업재해 예방을 위하여 건설공사 현장에서 직접 사용되거나 해당 건설업체의 본점 또는 주사무소(이하 "본사"라 한다)에 설치된 안전전담부서에서 법령에 규정된 사항을 이행하는 데 소요되는 비용을 말한다.

2. "안전보건관리비 대상액"(이하 "대상액"이라 한다)이란 「예정가격 작성기준」(기획재정부 계약예규) 및 「지방자치단체 입찰 및 계약집행기준」(행정안전부 예규) 등 관련 규정에서 정하는 공사원가계산서 구성항목 중 직접재료비, 간접재료비와 직접노무비를 합한 금액(발주자가 재료를 제공할 경우에는 해당 재료비를 포함한다)을 말한다.

3. "자기공사자"란 건설공사의 시공을 주도하여 총괄·관리하는 자(건설공사발주자로부터 건설공사를 최초로 도급받은 수급인은 제외한다)를 말한다.

4. "감리자"란 다음 각 목의 어느 하나에 해당하는 자를 말한다.

   가. 「건설기술진흥법」 제2조제5호에 따른 감리 업무를 수행하는 자

   나. 「건축법」 제2조제1항제15호의 공사감리자

   다. 「문화재수리 등에 관한 법률」 제2조제12호의 문화재감리원

   라. 「소방시설공사업법」 제2조제3호의 감리원

   마. 「전력기술관리법」 제2조제5호의 감리원

   바. 「정보통신공사업법」 제2조제10호의 감리원

   사. 그 밖에 관계 법률에 따라 감리 또는 공사감리 업무와 유사한 업무를 수행하는 자

② 그 밖에 이 고시에서 사용하는 용어의 정의는 이 고시에 특별한 규정이 없으면 「산업안전보건법」(이하 "법"이라 한다), 같은 법 시행령(이하 "영"이라 한다), 같은 법 시행규칙(이하 "규칙"이라 한다), 예산회계 및 건설관계법령에서 정하는 바에 따른다.

제3조(적용범위) 이 고시는 법 제2조제11호의 건설공사 중 총공사금액 2천만 원 이상인 공사에 적용한다. 다만, 다음 각 호의 어느 하나에 해당되는 공사 중 단가계약에 의하여 행하는 공사에 대하여는 총계약금액을 기준으로 적용한다.

1. 「전기공사업법」 제2조에 따른 전기공사로서 저압·고압 또는 특별고압 작업으로 이루어지는 공사

2. 「정보통신공사업법」 제2조에 따른 정보통신공사

제2장 안전보건관리비의 계상 및 사용

제4조(계상의무 및 기준) ① 건설공사발주자(이하 "발주자"라 한다)가 도급계약 체결을 위한 원가계산에 의한 예정가격을 작성하거나, 자기공사자가 건설공사 사업 계획을 수립할 때에는

다음 각 호와 같이 안전보건관리비를 계상하여야 한다. 다만, 발주자가 재료를 제공하거나 일부 물품이 완제품의 형태로 제작·납품되는 경우에는 해당 재료비 또는 완제품 가액을 대상액에 포함하여 산출한 안전보건관리비와 해당 재료비 또는 완제품 가액을 대상액에서 제외하고 산출한 안전보건관리비의 1.2배에 해당하는 값을 비교하여 그 중 작은 값 이상의 금액으로 계상한다.

1. 대상액이 5억 원 미만 또는 50억 원 이상인 경우 : 대상액에 별표 1에서 정한 비율을 곱한 금액
2. 대상액이 5억 원 이상 50억 원 미만인 경우 : 대상액에 별표 1에서 정한 비율을 곱한 금액에 기초액을 합한 금액
3. 대상액이 명확하지 않은 경우 : 제4조제1항의 도급계약 또는 자체사업계획상 책정된 총공사금액의 10분의 7에 해당하는 금액을 대상액으로 하고 제1호 및 제2호에서 정한 기준에 따라 계상

② 발주자는 제1항에 따라 계상한 안전보건관리비를 입찰공고 등을 통해 입찰에 참가하려는 자에게 알려야 한다.

③ 발주자와 법 제69조에 따른 건설공사도급인 중 자기공사자를 제외하고 발주자로부터 해당 건설공사를 최초로 도급받은 수급인(이하 "도급인"이라 한다)은 공사계약을 체결할 경우 제1항에 따라 계상된 안전보건관리비를 공사도급계약서에 별도로 표시하여야 한다.

④ 별표 1의 공사의 종류는 별표 5의 건설공사의 종류 예시표에 따른다. 다만, 하나의 사업장 내에 건설공사 종류가 둘 이상인 경우(분리발주한 경우를 제외한다)에는 공사금액이 가장 큰 공사종류를 적용한다.

⑤ 발주자 또는 자기공사자는 설계변경 등으로 대상액의 변동이 있는 경우 별표 1의3에 따라 지체 없이 안전보건관리비를 조정 계상하여야 한다. 다만, 설계변경으로 공사금액이 800억 원 이상으로 증액된 경우에는 증액된 대상액을 기준으로 제1항에 따라 재계상한다.

제5조(계상방법 및 계상시기 등) 〈삭제〉

제6조(수급인등의 의무) 〈삭제〉

제7조(사용기준) ① 도급인과 자기공사자는 안전보건관리비를 산업재해예방 목적으로 다음 각 호의 기준에 따라 사용하여야 한다.

1. 안전관리자·보건관리자의 임금 등
   가. 법 제17조제3항 및 법 제18조제3항에 따라 안전관리 또는 보건관리 업무만을 전담하는 안전관리자 또는 보건관리자의 임금과 출장비 전액
   나. 안전관리 또는 보건관리 업무를 전담하지 않는 안전관리자 또는 보건관리자의 임금과 출장비의 각각 2분의 1에 해당하는 비용

다. 안전관리자를 선임한 건설공사 현장에서 산업재해 예방 업무만을 수행하는 작업지휘자, 유도자, 신호자 등의 임금 전액

라. 별표 1의2에 해당하는 작업을 직접 지휘·감독하는 직·조·반장 등 관리감독자의 직위에 있는 자가 영 제15조제1항에서 정하는 업무를 수행하는 경우에 지급하는 업무수당(임금의 10분의 1 이내)

2. 안전시설비 등

가. 산업재해 예방을 위한 안전난간, 추락방호망, 안전대 부착설비, 방호장치(기계·기구와 방호장치가 일체로 제작된 경우, 방호장치 부분의 가액에 한함) 등 안전시설의 구입·임대 및 설치를 위해 소요되는 비용

나. 「건설기술진흥법」 제62조의3에 따른 스마트 안전장비 구입·임대 비용의 5분의 1에 해당하는 비용. 다만, 제4조에 따라 계상된 안전보건관리비 총액의 10분의 1을 초과할 수 없다.

다. 용접 작업 등 화재 위험작업 시 사용하는 소화기의 구입·임대비용

3. 보호구 등

가. 영 제74조제1항제3호에 따른 보호구의 구입·수리·관리 등에 소요되는 비용

나. 근로자가 가목에 따른 보호구를 직접 구매·사용하여 합리적인 범위 내에서 보전하는 비용

다. 제1호가목부터 다목까지의 규정에 따른 안전관리자 등의 업무용 피복, 기기 등을 구입하기 위한 비용

라. 제1호가목에 따른 안전관리자 및 보건관리자가 안전보건 점검 등을 목적으로 건설공사 현장에서 사용하는 차량의 유류비·수리비·보험료

4. 안전보건진단비 등

가. 법 제42조에 따른 유해위험방지계획서의 작성 등에 소요되는 비용

나. 법 제47조에 따른 안전보건진단에 소요되는 비용

다. 법 제125조에 따른 작업환경 측정에 소요되는 비용

라. 그 밖에 산업재해예방을 위해 법에서 지정한 전문기관 등에서 실시하는 진단, 검사, 지도 등에 소요되는 비용

5. 안전보건교육비 등

가. 법 제29조부터 제31조까지의 규정에 따라 실시하는 의무교육이나 이에 준하여 실시하는 교육을 위해 건설공사 현장의 교육 장소 설치·운영 등에 소요되는 비용

나. 가목 이외 산업재해 예방 목적을 가진 다른 법령상 의무교육을 실시하기 위해 소요되는 비용

다. 안전보건관리책임자, 안전관리자, 보건관리자가 업무수행을 위해 필요한 정보를 취득하기 위한 목적으로 도서, 정기간행물을 구입하는 데 소요되는 비용

라. 건설공사 현장에서 안전기원제 등 산업재해 예방을 기원하는 행사를 개최하기 위해 소요되는 비용. 다만, 행사의 방법, 소요된 비용 등을 고려하여 사회통념에 적합한 행사에 한한다.

마. 건설공사 현장의 유해·위험요인을 제보하거나 개선방안을 제안한 근로자를 격려하기 위해 지급하는 비용

6. 근로자 건강장해예방비 등

가. 법·영·규칙에서 규정하거나 그에 준하여 필요로 하는 각종 근로자의 건강장해 예방에 필요한 비용

나. 중대재해 목격으로 발생한 정신질환을 치료하기 위해 소요되는 비용

다. 「감염병의 예방 및 관리에 관한 법률」 제2조제1호에 따른 감염병의 확산 방지를 위한 마스크, 손소독제, 체온계 구입비용 및 감염병병원체 검사를 위해 소요되는 비용

라. 법 제128조의2 등에 따른 휴게시설을 갖춘 경우 온도, 조명 설치·관리기준을 준수하기 위해 소요되는 비용

7. 법 제73조 및 제74조에 따른 건설재해예방전문지도기관의 지도에 대한 대가로 지급하는 비용

8. 「중대재해 처벌 등에 관한 법률」 시행령 제4조제2호나목에 해당하는 건설사업자가 아닌 자가 운영하는 사업에서 안전보건 업무를 총괄·관리하는 3명 이상으로 구성된 본사 전담조직에 소속된 근로자의 임금 및 업무수행 출장비 전액. 다만, 제4조에 따라 계상된 안전보건관리비 총액의 20분의 1을 초과할 수 없다.

9. 법 제36조에 따른 위험성평가 또는 「중대재해 처벌 등에 관한 법률 시행령」 제4조제3호에 따라 유해·위험요인 개선을 위해 필요하다고 판단하여 법 제24조의 산업안전보건위원회 또는 법 제75조의 노사협의체에서 사용하기로 결정한 사항을 이행하기 위한 비용. 다만, 제4조에 따라 계상된 안전보건관리비 총액의 10분의 1을 초과할 수 없다.

② 제1항에도 불구하고 도급인 및 자기공사자는 다음 각 호의 어느 하나에 해당하는 경우에는 안전보건관리비를 사용할 수 없다. 다만, 제1항제2호나목 및 다목, 제1항제6호나목부터 라목, 제1항제9호의 경우에는 그러하지 아니하다.

1. 「(계약예규)예정가격작성기준」 제19조제3항 중 각 호(단, 제14호는 제외한다)에 해당되는 비용

2. 다른 법령에서 의무사항으로 규정한 사항을 이행하는 데 필요한 비용

3. 근로자 재해예방 외의 목적이 있는 시설·장비나 물건 등을 사용하기 위해 소요되는 비용

4. 환경관리, 민원 또는 수방대비 등 다른 목적이 포함된 경우

③ 도급인 및 자기공사자는 별표 3에서 정한 공사진척에 따른 안전보건관리비 사용기준을 준수하여야 한다. 다만, 건설공사발주자는 건설공사의 특성 등을 고려하여 사용기준을 달리 정할 수 있다.

④ 〈삭제〉

⑤ 도급인 및 자기공사자는 도급금액 또는 사업비에 계상된 안전보건관리비의 범위에서 그의 관계수급인에게 해당 사업의 위험도를 고려하여 적정하게 안전보건관리비를 지급하여 사용하게 할 수 있다.

제8조(사용금액의 감액·반환 등) 발주자는 도급인이 법 제72조제2항에 위반하여 다른 목적으로 사용하거나 사용하지 않은 안전보건관리비에 대하여 이를 계약금액에서 감액조정하거나 반환을 요구할 수 있다.

제9조(사용내역의 확인) ① 도급인은 안전보건관리비 사용내역에 대하여 공사 시작 후 6개월마다 1회 이상 발주자 또는 감리자의 확인을 받아야 한다. 다만, 6개월 이내에 공사가 종료되는 경우에는 종료 시 확인을 받아야 한다.

② 제1항에도 불구하고 발주자, 감리자 및 「근로기준법」 제101조에 따른 관계 근로감독관은 안전보건관리비 사용내역을 수시 확인할 수 있으며, 도급인 또는 자기공사자는 이에 따라야 한다.

③ 발주자 또는 감리자는 제1항 및 제2항에 따른 안전보건관리비 사용내역 확인 시 기술지도 계약 체결, 기술지도 실시 및 개선 여부 등을 확인하여야 한다.

제10조(실행예산의 작성 및 집행 등) ① 공사금액 4천만 원 이상의 도급인 및 자기공사자는 공사실행예산을 작성하는 경우에 해당 공사에 사용하여야 할 안전보건관리비의 실행예산을 계상된 안전보건관리비 총액 이상으로 별도 편성해야 하며, 이에 따라 안전보건관리비를 사용하고 별지 제1호서식의 안전보건관리비 사용내역서를 작성하여 해당 공사현장에 갖추어 두어야 한다.

② 도급인 및 자기공사자는 제1항에 따른 안전보건관리비 실행예산을 작성하고 집행하는 경우에 법 제17조와 영 제16조에 따라 선임된 해당 사업장의 안전관리자가 참여하도록 하여야 한다.

■ 건설업 산업안전보건관리비 계상 및 사용기준(고용노동부고시)

[별표 1] 공사종류 및 규모별 안전관리비 계상기준표

구분\공사종류	대상액 5억 원 미만인 경우 적용 비율(%)	대상액 5억 원 이상 50억 원 미만인 경우		대상액 50억 원 이상인 경우 적용 비율(%)	영 별표5에 따른 보건관리자 선임대상 건설공사의 적용비율(%)
		적용비율(%)	기초액		
건축공사	2.93%	1.86%	5,349,000원	1.97%	2.15%
토목공사	3.09%	1.99%	5,499,000원	2.10%	2.29%
중건설공사	3.43%	2.35%	5,400,000원	2.44%	2.66%
특수건설공사	1.85%	1.20%	3,250,000원	1.27%	1.38%

[별표 1의2] 관리감독자 안전보건업무 수행 시 수당지급 작업

1. 건설용 리프트·곤돌라를 이용한 작업
2. 콘크리트 파쇄기를 사용하여 행하는 파쇄작업(2미터 이상인 구축물 파쇄에 한정한다)
3. 굴착 깊이가 2미터 이상인 지반의 굴착작업
4. 흙막이지보공의 보강, 동바리 설치 또는 해체작업
5. 터널 안에서의 굴착작업, 터널거푸집의 조립 또는 콘크리트 작업
6. 굴착면의 깊이가 2미터 이상인 암석 굴착 작업
7. 거푸집지보공의 조립 또는 해체작업
8. 비계의 조립, 해체 또는 변경작업
9. 건축물의 골조, 교량의 상부구조 또는 탑의 금속제의 부재에 의하여 구성되는 것(5미터 이상에 한정한다)의 조립, 해체 또는 변경작업
10. 콘크리트 공작물(높이 2미터 이상에 한정한다)의 해체 또는 파괴 작업
11. 전압이 75볼트 이상인 정전 및 활선작업
12. 맨홀작업, 산소결핍장소에서의 작업
13. 도로에 인접하여 관로, 케이블 등을 매설하거나 철거하는 작업
14. 전주 또는 통신주에서의 케이블 공중가설작업
15. 영 별표 2의 위험방지가 특히 필요한 작업

[별표 1의3] 설계변경 시 안전관리비 조정·계상 방법

1. 설계변경에 따른 안전관리비는 다음 계산식에 따라 산정한다.

> 설계변경에 따른 안전관리비＝설계변경 전의 안전관리비＋설계변경으로 인한 안전관리비 증감액

2. 제1호의 계산식에서 설계변경으로 인한 안전관리비 증감액은 다음 계산식에 따라 산정한다.

> 설계변경으로 인한 안전관리비 증감액＝설계변경 전의 안전관리비×대상액의 증감비율

3. 제2호의 계산식에서 대상액의 증감 비율은 다음 계산식에 따라 산정한다. 이 경우, 대상액은 예정가격 작성 시의 대상액이 아닌 설계변경 전·후의 도급계약서상의 대상액을 말한다.

> 대상액의 증감 비율＝[(설계변경 후 대상액－설계변경 전 대상액)/설계변경 전 대상액]×100%

[별표 3] 공사진척에 따른 안전관리비 사용기준

공정률	50퍼센트 이상 70퍼센트 미만	70퍼센트 이상 90퍼센트 미만	90퍼센트 이상
사용기준	50퍼센트 이상	70퍼센트 이상	90퍼센트 이상

※ 공정률은 기성공정률을 기준으로 한다.

제3장 산업재해발생 및 재해조사 분석

---

① 재해조사

1. 재해조사의 목적

1) 목적

① 동종재해의 재발방지
② 유사재해의 재발방지
③ 재해원인의 규명 및 예방자료 수집

2) 재해조사에서 방지대책까지의 순서(재해사례연구)

① 전제조건 : 재해상황의 파악(재해발생 일시 및 장소, 상해의 정도, 사고의 형태, 기인물, 가해물, 물적 피해상황 등)
② 1단계 : 사실의 확인(㉠ 사람 ㉡ 물건 ㉢ 관리 ㉣ 재해발생까지의 경과)
③ 2단계 : 직접원인과 문제점의 확인
④ 3단계 : 근본 문제점의 결정
⑤ 4단계 : 대책의 수립
　㉠ 동종재해의 재발방지
　㉡ 유사재해의 재발방지
　㉢ 재해원인의 규명 및 예방자료 수집

3) 사례연구 시 파악하여야 할 상해의 종류

① 상해의 부위
② 상해의 종류
③ 상해의 성질

2. 재해조사 시 유의사항

1) 사실을 수집한다.
2) 객관적인 입장에서 공정하게 조사하며 조사는 2인 이상이 한다.
3) 책임추궁보다는 재발방지를 우선으로 한다.
4) 조사는 신속하게 행하고 긴급 조치하여 2차 재해의 방지를 도모한다.
5) 피해자에 대한 구급조치를 우선한다.
6) 사람, 기계 설비 등의 재해요인을 모두 도출한다.

3. 재해발생시의 조치사항

1) 긴급처리

① 1단계 : 피재 기계의 정지 및 피해확산 방지조치
② 2단계 : 피재자의 구조 및 응급조치
③ 3단계 : 관계자에게 통보
④ 4단계 : 2차 재해방지
⑤ 5단계 : 현장보존

> **◆ Key Point**
>
> 산업재해 발생 시 긴급처리 내용 5가지를 단계별로 쓰시오.

2) 재해조사

누가, 언제, 어디서, 어떤 작업을 하고 있을 때, 어떤 환경에서, 불안전 행동이나 상태는 없었는지 등에 대한 조사 실시

3) 원인강구

인간(Man), 기계(Machine), 작업매체(Media), 관리(Management) 측면에서의 원인분석

4) 대책수립

유사한 재해를 예방하기 위한 3E 대책수립
- 3E : 기술적(Engineering) 대책, 교육적(Education) 대책, 관리적(Enforcement) 대책

5) 대책실시계획

6) 실시

7) 평가

4. 재해발생의 메커니즘

1) 사고발생의 연쇄성(하인리히의 도미노 이론)

① 사회적 환경 및 유전적 요소 : 기초원인

② 개인의 결함 : 간접원인

③ 불안전한 행동 및 불안전한 상태 : 직접원인 ⇒ 제거(효과적임)

④ 사고

⑤ 재해

Key Point

하인리히 사고예방 기본원리 5단계를 단계별로 쓰시오.

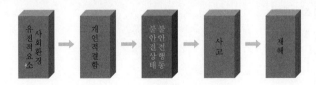

2) 최신 도미노 이론(버드의 관리모델)

① 통제의 부족(관리) : 관리의 소홀, 전문기능 결함

② 기본원인(기원) : 개인적 또는 과업과 관련된 요인

③ 직접원인(징후) : 불안전한 행동 및 불안전한 상태

④ 사고(접촉)

⑤ 상해(손해, 손실)

> **◈ Key Point**
>
> 버드의 최신의 도미노(연쇄성)이론을 순서대로 쓰시오.

4. 재해구성비율

1) 하인리히의 법칙

1 : 29 : 300

「330회의 사고 가운데 중상 또는 사망 1회, 경상29회, 무상해사고 300회의 비율로 사고가 발생」

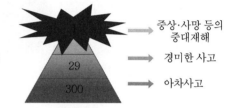

중상·사망 등의 중대재해

경미한 사고

아차사고

2) 버드의 법칙

1 : 10 : 30 : 600

① 1 : 중상 또는 폐질

② 10 : 경상(인적, 물적상해)

③ 30 : 무상해사고(물적손실 발생)

④ 600 : 무상해, 무사고 고장(위험순간)

3) 아담스의 이론

① 관리구조

② 작전적 에러

③ 전술적 에러

④ 사고

⑤ 상해

4) 웨버의 이론

① 유전과 환경

② 인간의 결함

③ 불안전한 행동+불안전한 상태

④ 사고

⑤ 상해

5) 자베타키스 이론

① 개인과 환경

② 불안전한 행동+불안전한 상태

③ 물질에너지의 기준 이탈

④ 사고

⑤ 구호

5. 산업재해 발생과정

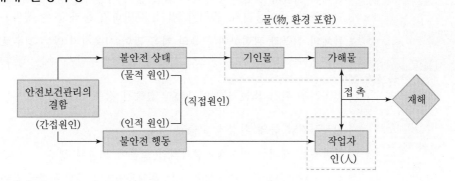

6. 산업재해 용어(KOSHA GUIDE)

추락(떨어짐)	사람이 인력(중력)에 의하여 건축물, 구조물, 가설물, 수목, 사다리 등의 높은 장소에서 떨어지는 것
전도(넘어짐)·전복	**사람이 거의 평면 또는 경사면, 층계 등에서 구르거나 넘어짐 또는 미끄러진 경우**와 물체가 전도·전복된 경우
붕괴·무너짐	토사, 적재물, 구조물, 건축물, 가설물 등이 전체적으로 허물어져 내리거나 또는 주요 부분이 꺾어져 무너지는 경우
충돌(부딪힘)·접촉	재해자 자신의 움직임·동작으로 인하여 기인물에 접촉 또는 부딪히거나, 물체가 고정부에서 이탈하지 않은 상태로 움직임(규칙, 불규칙) 등에 의하여 접촉·충돌한 경우

낙하(떨어짐)·비래	구조물, 기계 등에 고정되어 있던 **물체가** 중력, 원심력, 관성력 등에 의하여 **고정부에서 이탈하거나 또는 설비 등으로부터 물질이 분출되어 사람을 가해하는 경우**
협착(끼임)·감김	두 물체 사이의 움직임에 의하여 일어난 것으로 직선 운동하는 물체 사이의 협착, 회전부와 고정체 사이의 끼임, 롤러 등 회전체 사이에 물리거나 또는 회전체·돌기부 등에 감긴 경우
압박·진동	재해자가 물체의 취급과정에서 신체 특정부위에 과도한 힘이 편중·집중·눌려진 경우나 마찰접촉 또는 진동 등으로 신체에 부담을 주는 경우
신체 반작용	물체의 취급과 관련 없이 일시적이고 급격한 행위·동작, 균형 상실에 따른 반사적 행위 또는 놀람, 정신적 충격, 스트레스 등
부자연스런 자세	물체의 취급과 관련 없이 작업환경 또는 설비의 부적절한 설계 또는 배치로 작업자가 특정한 자세·동작을 장시간 취하여 신체의 일부에 부담을 주는 경우
과도한 힘·동작	물체의 취급과 관련하여 근육의 힘을 많이 사용하는 경우로서 밀기, 당기기, 지탱하기, 들어올리기, 돌리기, 잡기, 운반하기 등과 같은 행위·동작
반복적 동작	물체의 취급과 관련하여 근육의 힘을 많이 사용하지 않는 경우로서 지속적 또는 반복적인 업무 수행으로 신체의 일부에 부담을 주는 행위·동작
이상온도 노출·접촉	고·저온 환경 또는 물체에 노출·접촉된 경우
이상기압 노출	고·저기압 등의 환경에 노출된 경우
소음 노출	폭발음을 제외한 일시적·장기적인 소음에 노출된 경우
유해·위험물질 노출·접촉	유해·위험물질에 노출·접촉 또는 흡입하였거나 독성 동물에 쏘이거나 물린 경우
유해광선 노출	전리 또는 비전리 방사선에 노출된 경우
산소결핍·질식	유해물질과 관련 없이 산소가 부족한 상태·환경에 노출되었거나 이물질 등에 의하여 기도가 막혀 호흡기능이 불충분한 경우
화재	가연물에 점화원이 가해져 의도적으로 불이 일어난 경우(방화 포함)
폭발	건축물, 용기 내 또는 대기 중에서 물질의 화학적, 물리적 변화가 급격히 진행되어 열, 폭음, 폭발압이 동반하여 발생하는 경우
전류 접촉	전기 설비의 충전부 등에 신체의 일부가 직접 접촉하거나 유도 전류의 통전으로 근육의 수축, 호흡곤란, 심실세동 등이 발생한 경우 또는 특별고압 등에 접근함에 따라 발생한 섬락 접촉, 합선·혼촉 등으로 인하여 발생한 아크에 접촉된 경우
폭력 행위	의도적인 또는 의도가 불분명한 위험행위(마약, 정신질환 등)로 자신 또는 타인에게 상해를 입힌 폭력·폭행을 말하며, 협박·언어·성폭력 및 동물에 의한 상해 등도 포함

② 산재분류 및 통계분석

1. 노동불능재해

1) 상해정도별 구분

① 사망
② 영구 전노동 불능 상해(신체장애 등급 1~3등급)
③ 영구 일부노동 불능 상해(신체장애 등급 4~14등급)
④ 일시 전노동 불능 상해 : 장해가 남지 않는 휴업상해
⑤ 일시 일부노동 불능 상해 : 일시 근무 중에 업무를 떠나 치료를 받는 정도의 상해
⑥ 구급처치상해 : 응급처치 후 정상작업을 할 수 있는 정도의 상해

2) 통계적 분류

ILO 지침(Code of Practice ; ILO, 1996, Paragraph 1.3)에 의한 정의
① 업무상 재해(Occupational Injury) : 업무상 사고로 인한 사망, 부상 또는 질병
② 업무상 질병(Occupational Disease) : 작업활동으로 인한 위험요인에 노출되어 발생하는 질병
③ 치명적인 업무상 재해(Fatal Occupational Injury) : 사망에 이르는 업무상 재해(Occupational injury leading to death)

2. 중대재해

1) 규모

① 사망자가 1인 이상 발생한 재해
② 3개월 이상의 요양이 필요한 부상자가 동시에 2명 이상 발생한 재해
③ 부상자 또는 직업성 질병자가 동시에 10인 이상 발생한 재해

> ✦ Key Point
>
> 사업장에서 재해발생시 관할 지방고용노동관서장에게 보고해야 할 중대 재해 3가지를 쓰시오.

2) 발생시 보고사항(보고기간 : 발생 즉시 보고)

① 발생개요 및 피해상황
② 조치 및 전망
③ 그 밖의 중요한 사항

> **⚙ Key Point**
>
> 중대재해 발생 시 관할 지방 고용노동 관서장에게 전화 모사전송 등으로 (1) 보고기간과
> (2) 보고사항 3가지를 쓰시오.

3) 보고처 및 방법

지방고용노동관서의 장에게 전화 · 팩스, 또는 그 밖에 적절한 방법으로 보고

4) 조사보고서 제출

1월 이내에 산업재해조사표(서식)를 작성하여 지방고용노동관서의 장에게 제출

3. 산업재해

1) 정의

노무를 제공하는 자가 업무에 관계되는 건설물 · 설비 · 원재료 · 가스 · 증기 · 분진 등에 의하거나 작업 또는 그 밖의 업무로 인하여 사망 또는 부상하거나 질병에 걸리는 것을 말한다.

2) 조사보고서 제출

사업주는 산업재해로 사망자가 발생하거나 3일 이상의 휴업이 필요한 부상을 입거나 질병에 걸린 사람이 발생한 경우에는 해당 산업재해가 발생한 날부터 1개월 이내에 산업재해 조사표를 작성하여 관할 지방고용노동청장 또는 지청장에게 제출해야 함

3) 조사보고서 기록 · 보존

사업주는 산업재해가 발생한 때에는 고용노동부령이 정하는 바에 따라 재해발생원인 등을 기록하여야 하며, 이를 **3년간 보존**하여야 함

4) 산업재해 발생시 기록·보존해야 할 사항(산업안전보건법 시행규칙 제72조)

① 사업장의 개요 및 근로자의 인적사항

② 재해발생의 일시 및 장소

③ 재해발생의 원인 및 과정

④ 재해 재발방지 계획

Key Point

산업재해 발생 시 산업재해 기록 등 3년간 기록 보존해야 하는 항목 3가지를 쓰시오.

4. 직접원인

1) 불안전한 행동(인적 원인)

사고를 가져오게 한 작업자 자신의 행동에 대한 불안전한 요소

(1) 불안전한 행동의 예

① 위험장소 접근

② 안전장치의 기능 제거

③ 복장·보호구의 잘못된 사용

④ 기계기구의 잘못된 사용

⑤ 운전 중인 기계장치의 손질

⑥ 불안전한 속도 조작

⑦ 위험물 취급 부주의

⑧ 불안전한 상태 방치

⑨ 불안전한 자세 동작

⑩ 감독 및 연락 불충분

(2) 불안전한 행동을 일으키는 내적 요인과 외적 요인의 발생형태 및 대책

① 내적 요인

㉠ 소질적 조건 : 적성배치

㉡ 의식의 우회 : 상담

㉢ 경험 및 미경험 : 교육

② 외적 요인

㉠ 작업 및 환경조건 불량 : 환경정비

㉡ 작업순서의 부적당 : 작업순서 정비

③ 적성 배치에 있어서 고려되어야 할 기본사항

 ㉠ 적성 검사를 실시하여 개인의 능력을 파악한다.

 ㉡ 직무 평가를 통하여 자격수준을 정한다.

 ㉢ 인사관리의 기준 원칙을 고수한다.

2) 불안전한 상태(물적 원인)

직접 상해를 가져오게 한 사고에 직접관계가 있는 위험한 물리적 조건 또는 환경

(1) 불안전한 상태의 예

① 물 자체 결함

② 안전방호장치의 결함

③ 복장·보호구의 결함

④ 물의 배치 및 작업장소 결함

⑤ 작업환경의 결함

5. 관리적 원인

1) 기술적 원인

① 건물, 기계장치의 설계불량

② 구조, 재료의 부적합

③ 생산방법의 부적합

④ 점검, 정비, 보존불량

2) 교육적 원인

① 안전지식의 부족

② 안전수칙의 오해

③ 경험, 훈련의 미숙

④ 작업방법의 교육 불충분

⑤ 유해·위험작업의 교육 불충분

3) 관리적 원인

① 안전관리조직의 결함

② 안전수칙 미제정

③ 작업준비 불충분

④ 인원배치 부적당

⑤ 작업지시 부적당

4) 정신적 원인

① 안전의식의 부족

② 주의력의 부족

③ 방심 및 공상

④ 개성적 결함 요소 : 도전적인 마음, 과도한 집착력, 다혈질 및 인내심 부족

⑤ 판단력 부족 또는 그릇된 판단

5) 신체적 원인

① 피로

② 시력 및 청각기능의 이상

③ 근육운동의 부적합

④ 육체적 능력 초과

6. 상해의 종류

1) 골절 : 뼈에 금이 가거나 부러진 상해

2) 동상 : 저온물 접촉으로 생긴 동상상해

3) 부종 : 국부의 혈액순환 이상으로 몸이 퉁퉁 부어오르는 상해

4) 중독, 질식 : 음식 약물, 가스 등에 의해 중독이나 질식된 상태

5) 찰과상 : 스치거나 문질러서 벗겨진 상태

6) 창상 : 창, 칼 등에 베인 상처

7) 청력장해 : 청력이 감퇴 또는 난청이 된 상태

8) 시력장해 : 시력이 감퇴 또는 실명이 된 상태

9) 화상 : 화재 또는 고온물 접촉으로 인한 상해

7. 재해예방의 4원칙

1) 손실우연의 원칙

재해손실은 사고발생시 사고대상의 조건에 따라 달라지므로 한 사고의 결과로서 생긴 재해손실은 우연성에 의해서 결정된다.

2) 원인계기의 원칙

재해발생은 반드시 원인이 있음

3) 예방가능의 원칙

재해는 원칙적으로 원인만 제거하면 예방이 가능하다.

4) 대책선정의 원칙

재해예방을 위한 가능한 안전대책은 반드시 존재한다.

> **Key Point**
>
> 재해예방 기본원칙 4가지를 쓰시오.

8. 사고예방대책의 기본원리 5단계(사고예방원리 : 하인리히)

1) 1단계 : 조직(안전관리조직)

① 경영층의 안전목표 설정
② 안전관리 조직(안전관리자 선임 등)
③ 안전활동 및 계획수립

2) 2단계 : 사실의 발견

① 사고 및 안전활동의 기록 검토
② 작업분석
③ 안전점검, 안전진단
④ 사고조사
⑤ 안전평가
⑥ 각종 안전회의 및 토의
⑦ 근로자의 건의 및 애로 조사

3) 3단계 : 분석 · 평가(원인 규명)

① 사고조사 결과의 분석
② 불안전상태, 불안전행동 분석
③ 작업공정, 작업형태 분석

④ 교육 및 훈련의 분석

⑤ 안전수칙 및 안전기준 분석

4) 4단계 : 시정책의 선정

① 기술의 개선

② 인사조정

③ 교육 및 훈련 개선

④ 안전규정 및 수칙의 개선

⑤ 이행의 감독과 제재강화

5) 5단계 : 시정책의 적용

① 목표 설정

② 3E(기술, 교육, 관리)의 적용

> **⊕ Key Point**
>
> 하인리히 재해예방 5단계를 쓰시오.

9. 재해율

1) 연천인율(年千人率)

근로자 1,000인당 1년간 발생하는 재해 발생자 수를 말함

① 연천인율 $= \dfrac{\text{재해자 수}}{\text{연평균 근로자 수}} \times 1,000$

② 연천인율 = 도수율(빈도율) × 2.4

> **⊕ Key Point**
>
> H사업장의 평균 근로자수가 500명, 작업 시 연간재해자가 6명 발생했다. 연천인율 및 도수율을 계산하시오.
>
> 연천인율 $= \dfrac{\text{재해자 수}}{\text{상시 근로자 수}} \times 1,000 = \dfrac{6}{500} \times 1,000 = 12$
>
> 도수율 $= \dfrac{\text{연천인율}}{2.4} = \dfrac{12}{2.4} = 5$

2) 도수율(빈도율, FR ; Frequency Rate of Injury)

연근로시간수＝실근로자수×근로자 1인당 연간 근로시간수를 말함

$$도수율 = \frac{재해발생건수}{연근로시간수} \times 1,000,000$$

(1년 : 300일, 2,400시간, 1월 : 25일, 200시간, 1일 : 8시간)

3) 강도율(SR ; Severity Rate of Injury)

연근로시간 1,000시간당 재해로 인해서 잃어버린 근로손실 일수를 말함

$$강도율 = \frac{근로손실일수}{연근로시간수} \times 1,000$$

Key Point

연 근로자가 400명인 사업장에서 재해손실일수가 1,030일이고 의사의 진단으로 250일의 근로손실이 발생하였다. 강도율을 구하시오.

$$강도율 = \frac{근로손실일수}{연근로시간수} \times 1,000 = \frac{1,235.48}{400 \times 8 \times 300} \times 1,000 = 1.29$$

① 근로손실일수 = 의사진단일수 × $\frac{300}{365}$ = 250 × $\frac{300}{365}$ = 205.48(일)

② 재해손실일수 = 1,030

총 근로손실일수 = ① + ② = 205.48 + 1,030 = 1,235.48(일)

◉ 근로손실일수
① 사망 및 영구전노동불능(장애등급 1~3급) : 7,500일
② 영구일부노동불능(4~14등급)

등급	4	5	6	7	8	9	10	11	12	13	14
일수	5,500	4,000	3,000	2,200	1,500	1,000	600	400	200	100	50

③ 일시전노동불능(의사의 진단에 따라 일정기간 노동에 종사할 수 없는 상해)

$$휴직일수 \times \frac{300}{365}$$

④ 영구전노동불능 상해 : 부상결과 근로자로서의 근로기능을 완전히 잃은 경우(신체장애등급 제1급~제3급)

⑤ 영구일부노동불능 상해 : 부상결과 신체의 일부 즉, 근로기능의 일부를 상실한 경우(신체장애등급 제4급~제14급)

⑥ 일시전노동불능 상해 : 의사의 진단에 따라 일정기간 근로를 할 수 없는 경우(신체 장애가 남지 않는 일반적 휴업재해)

⑦ 일시일부노동불능 상해 : 의사의 진단에 따라 부상 다음날 혹은 그 이후에 정규근로에 종사할 수 없는 휴업재해 이외의 경우(일시적으로 작업시간 중에 업무를 떠나 치료를 받는 정도의 상해)

4) 평균강도율

재해 1건당 평균 근로손실일수를 말함

$$평균강도율 = \frac{강도율}{도수율} \times 1,000 (재해1건당 평균 근로손실일수)$$

5) 환산강도율

근로자가 입사하여 퇴직할 때까지 잃을 수 있는 근로손실일수를 말함

$$환산강도율 = 강도율 \times 100$$

6) 환산도수율

근로자가 입사하여 퇴직할 때까지(40년＝10만 시간) 당할 수 있는 재해건수를 말함

$$환산도수율 = \frac{도수율}{10}$$

7) 종합재해지수(F.S.I)

재해의 빈도의 다수와 상해의 정도의 강약을 종합을 말함

$$종합재해지수(FSI) = \sqrt{도수율(F.R) \times 강도율(S.R)}$$

> 🔷 Key Point
>
> 근로자 500명, 하루평균작업시간 8시간, 연간근무일수 280일, 재해건수 10건, 휴업일수 159일 때 종합재해지수를 구하시오.
>
> $$도수율 = \frac{재해발생건수}{연근로시간수} \times 1,000,000 = \frac{10}{500 \times 8 \times 280} \times 1,000,000 = 8.93$$
>
> $$강도율 = \frac{근로손실일수}{연근로시간수} \times 1,000 = \frac{159 \times \frac{280}{365}}{500 \times 8 \times 280} \times 1,000 = 0.11$$
>
> $$종합재해지수(FSI) = \sqrt{도수율(F.R) \times 강도율(S.R)} = \sqrt{8.93 \times 0.12} = 0.99$$

8) 세이프티스코어(Safe T. Score)

(1) 의미

과거와 현재의 안전성적을 비교, 평가하는 방법으로 단위가 없으며 계산결과 (+)이면 나쁜 기록으로, (-)이면 과거에 비해 좋은 기록으로 본다.

(2) 공식

$$\text{Safe T. Score} = \frac{\text{빈도율(현재)} - \text{빈도율(과거)}}{\sqrt{\dfrac{\text{빈도율(과거)}}{\text{총 근로시간수}} \times 1,000,000}}$$

(3) 평가방법

① +2.00 이상인 경우 : 과거보다 심각하게 나쁘다.
② +2~-2인 경우 : 심각한 차이가 없다.
③ -2 이하 : 과거보다 좋다.

Key Point

세이프티스코어를 계산하고 평가하시오.
- 전연도 도수율 : 125
- 올해연도 도수율 : 100
- 근로자수 : 400명
- 올해연도 근로 시간수 : 2,390시간

(1) 계산

$$\text{Safe T. Score} = \frac{\text{빈도율(현재)} - \text{빈도율(과거)}}{\sqrt{\dfrac{\text{빈도율(과거)}}{\text{총 근로시간수}} \times 1,000,000}} = \frac{100 - 125}{\sqrt{\dfrac{125}{400 \times 2,390} \times 1,000,000}} = -2.186$$

(2) 평가 : -2.186이므로 안전관리 수행도 평가가 과거보다 좋다.
　① +2.00 이상인 경우 : 과거보다 심각하게 나쁘다.
　② +2~-2인 경우 : 심각한 차이가 없다.
　③ -2 이하 : 과거보다 좋다.

---

9) 안전활동률

미국의 블래이크(R. P. Blake)가 제안한 것으로 기업의 안전관리활동의 결과를 정량적으로 판단하기 위해 안전지적건수, 각종 조치건수 등의 안전활동 실적을 기준으로 정량화한 것이다.

$$\text{안전활동률} = \frac{\text{안전활동건수}}{\text{평균근로자 수} \times \text{근로시간수}} \times 1,000,000$$

안전활동 건수는 일정기간 내에 행한 안전개선 권고 수 또는 안전조치한 작업건수, 불안전행동 적발건수, 안전회의 건수, 안전홍보건수 등을 포함하여 합한 건수이다.

Key Point

연평균 근로자수 600명, 6개월간 안전전담활동시 안전활동률을 계산하시오.(단, 1일 9시간, 월 22일 근무, 6개월간 사고건수 2건, 불안전한 행동 20건 발견 및 조치, 불안전한 상태 34건 발견 및 조치, 권고 12건, 안전홍보 3건, 안전회의 6회)

$$안전활동률 = \frac{안전활동건수}{평균근로자\ 수 \times 근로시간수} \times 1,000,000$$

$$= \frac{20+34+12+3+6}{600 \times 9 \times 22 \times 6} \times 1,000,000 = 105.22$$

10. 사망사고만인율

1) 사망사고만인율(「산업안전보건법 시행규칙」 별표 1)

$$사고사망만인율(‰) = \frac{사고사망자\ 수}{상시근로자\ 수} \times 10,000$$

① 건설업체의 산업재해발생률은 다음의 계산식에 따른 업무상 사고사망만인율(이하 "사고사망만인율"이라 한다)로 산출하되, 소수점 셋째 자리에서 반올림한다.

② 사고사망자 수는 사고사망만인율 산정 대상 연도의 1월 1일부터 12월 31일까지의 기간 동안 해당 업체가 시공하는 국내의 건설 현장(자체사업의 건설현장은 포함한다. 이하 같다)에서 사고사망재해를 입은 근로자 수를 합산하여 산출한다. 다만, 이상기온에 기인한 질병사망자는 포함한다.

  ㉠ 「건설산업기본법」 제8조에 따른 종합공사를 시공하는 업체의 경우에는 해당 업체의 소속 사고사망자 수에 그 업체가 시공하는 건설현장에서 그 업체로부터 도급을 받은 업체(그 도급을 받은 업체의 하수급인을 포함한다. 이하 같다)의 사고사망자 수를 합산하여 산출한다.

  ㉡ 「건설산업기본법」 제29조제3항에 따라 종합공사를 시공하는 업체(A)가 발주자의 승인을 받아 종합공사를 시공하는 업체(B)에 도급을 준 경우에는 해당 도급을 받은 종합공사를 시공하는 업체(B)의 사고사망자 수와 그 업체로부터 도급을 받은 업체(C)의 사고사망자 수를 도급을 한 종합공사를 시공하는 업체(A)와 도급을 받은 종합공사를 시공하는 업체(B)에 반으로 나누어 각각 합산한다. 다만, 그 산업재해와 관련하여 법원의 판결이 있는 경우에는 산업재해에 책임이 있는 종합공사를 시공하는 업체의 사고사망자 수에 합산한다.

　　　ⓒ 제73조제1항에 따른 산업재해조사표를 제출하지 않아 고용노동부장관이 산업재해
　　　　발생연도 이후에 산업재해가 발생한 사실을 알게 된 경우에는 그 알게 된 연도의
　　　　사고사망자 수로 산정한다.
　② 둘 이상의 업체가 「국가를 당사자로 하는 계약에 관한 법률」 제25조에 따라 공동계약을
　　체결하여 공사를 공동이행 방식으로 시행하는 경우 해당 현장에서 발생하는 사고사망
　　자 수는 공동수급업체의 출자 비율에 따라 분배한다.
　③ 건설공사를 하는 자(도급인, 자체사업을 하는 자 및 그의 수급인을 포함한다)와 설치,
　　해체, 장비 임대 및 물품 납품 등에 관한 계약을 체결한 사업주의 소속 근로자가 그 건
　　설공사와 관련된 업무를 수행하는 중 사고사망재해를 입은 경우에는 건설공사를 하는
　　자의 사고사망자 수로 산정한다.
　④ 사고사망자 중 다음의 어느 하나에 해당하는 경우로서 **사업주의 법 위반으로 인한 것이
　　아니라고 인정되는 재해에 의한 사고사망자는 사고사망자 수 산정에서 제외한다.**
　　　㉠ 방화, 근로자간 또는 타인간의 폭행에 의한 경우
　　　㉡ 「도로교통법」에 따라 도로에서 발생한 교통사고에 의한 경우(해당 공사의 공사용
　　　　차량·장비에 의한 사고는 제외한다)
　　　㉢ 태풍·홍수·지진·눈사태 등 천재지변에 의한 불가항력적인 재해의 경우
　　　㉣ 작업과 관련이 없는 제3자의 과실에 의한 경우(해당 목적물 완성을 위한 작업자간
　　　　의 과실은 제외한다)
　　　㉤ 그 밖에 야유회, 체육행사, 취침·휴식 중의 사고 등 건설작업과 직접 관련이 없는
　　　　경우
　⑤ 재해 발생 시기와 사망 시기의 연도가 다른 경우에는 재해 발생 연도의 다음연도 3월
　　31일 이전에 사망한 경우에만 산정 대상 연도의 사고사망자수로 산정한다.

2) 상시 근로자 수

$$상시\ 근로자\ 수 = \frac{연간\ 국내공사\ 실적액 \times 노무비율}{건설업\ 월평균임금 \times 12}$$

　① '연간 국내공사 실적액'은 「건설산업기본법」에 따라 설립된 건설업자의 단체, 「전기공
　　사업법」에 따라 설립된 공사업자단체, 「정보통신공사업법」에 따라 설립된 정보통신공
　　사협회에서 산정한 업체별 실적액을 합산하여 산정한다.
　② '노무비율'은 「고용보험 및 산업재해보상보험의 보험료징수 등에 관한 법률 시행령」 제
　　11조제1항에 따라 고용노동부장관이 고시하는 일반 건설공사의 노무비율(하도급 노무
　　비율은 제외한다)을 적용한다.

③ '건설업 월평균임금'은 「고용보험 및 산업재해보상보험의 보험료징수 등에 관한 법률 시행령」 제2조제1항제3호가목에 따라 고용노동부장관이 고시하는 건설업 월평균임금을 적용한다.

⊕ Key Point

사망사고만인율에서 상시근로자 산출식을 쓰시오.

11. 재해코스트 계산

1) 하인리히 방식

「총재해코스트＝직접비＋간접비」

① 직접비 : 법령으로 정한 피해자에게 지급되는 산재보험비
  ㉠ 휴업보상비
  ㉡ 장해보상비
  ㉢ 요양보상비
  ㉣ 유족보상비
  ㉤ 장의비

② 간접비 : 재산손실, 생산중단 등으로 기업이 입은 손실
  ㉠ 인적손실 : 본인 및 제3자에 관한 것을 포함한 시간손실
  ㉡ 물적손실 : 기계, 공구, 재료, 시설의 복구에 소비된 시간손실 및 재산손실
  ㉢ 생산손실 : 생산감소, 생산중단, 판매감소 등에 의한 손실
  ㉣ 특수손실
  ㉤ 기타 손실

③ 직접비 : 간접비＝1 : 4

2) 시몬즈 방식

「총재해코스트＝산재보험코스트＋비보험코스트」

여기서, 비보험코스트＝휴업상해건수×A＋통원상해건수×B＋응급조치건수×C＋무상해상고건수×D
A, B, C, D는 장해정도별 비보험코스트의 평균치

3) 버드의 방식

「총재해코스트＝직접비(1)＋간접비(5)」

① 직접비(1) : 상해사고와 관련된 보상비 또는 의료비
② 간접비(5) : 비보험 재산 손실비용＋비보험 기타 손실비용

4) 콤패스 방식

「전체재해손실＝공동비용(불변)＋개별비용(변수)」

① 공동비용 : 보험료, 기타
② 개별비용 : 작업손실비용, 수리비, 치료비 등

12. 재해통계

1) 재해통계 목적 및 역할

① 재해원인을 분석하고 위험한 작업 및 여건을 도출
② 합리적이고 경제적인 재해예방정책 방향 설정
③ 재해실태를 파악하여 예방활동에 필요한 기초자료 및 지표 제공
④ 재해예방사업 추진실적을 평가하는 측정수단

2) 재해의 통계적 원인분석 방법

① 파레토도 : 분류 항목을 큰 순서대로 도표화한 분석법
② 특성요인도 : 특성과 요인관계를 도표로 하여 어골상으로 세분화한 분석법
③ 클로즈(Close)분석도 : 데이터(Data)를 집계하고 표로 표시하여 요인별 결과 내역을 교차한 클로즈 그림을 작성하여 분석하는 방법
④ 관리도 : 재해발생 건수 등의 추이를 파악하여 목표관리를 행하는 데 필요한 월별 재해발생수를 그래프화하여 관리선을 설정 관리하는 방법

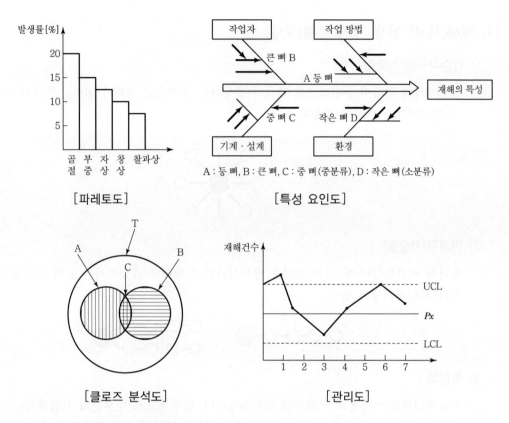

[파레토도]

[특성 요인도]

A : 등 뼈, B : 큰 뼈, C : 중 뼈(중분류), D : 작은 뼈(소분류)

[클로즈 분석도]

[관리도]

3) 재해통계 작성 시 유의할 점

① 활용목적을 수행할 수 있도록 충분한 내용이 포함되어야 한다.

② 재해통계는 구체적으로 표시되고 그 내용은 용이하게 이해되며 이용할 수 있을 것

③ 재해통계는 항목내용 등 재해요소가 정확히 파악될 수 있도록 방지대책이 수립될 것

④ 재해통계는 정량적으로 정확하게 수치적으로 표시되어야 한다.

13. 사고의 본질적 특성

① 사고의 시간성   ② 우연성 중의 법칙성

③ 필연성 중의 우연성   ④ 사고의 재현 불가능성

14. 재해(사고) 발생 시의 유형(모델)

1) 단순자극형(집중형)

상호자극에 의하여 순간적으로 재해가 발생하는 유형으로 재해가 일어난 장소나 그 시점에 일시적으로 요인이 집중된다.

2) 연쇄형(사슬형)

하나의 사고요인이 또 다른 요인을 발생시키면서 재해를 발생시키는 유형이다. 단순연쇄형과 복합연쇄형이 있다.

3) 복합형

단순자극형과 연쇄형의 복합적인 발생유형이다. 일반적으로 대부분의 산업재해는 재해원인들이 복잡하게 결합되어 있는 복합형이다. 연쇄형의 경우에는 원인들 중에 하나를 제거하면 재해가 일어나지 않는다. 그러나 단순 자극형이나 복합형은 하나를 제거하더라도 재해가 일어나지 않는다는 보장이 없으므로, 도미노 이론은 적용되지 않는다. 이런 요인들은 부속적인 요인들에 불과하다. 따라서 재해조사에 있어서는 가능한 한 모든 요인들을 파악하도록 해야 한다.

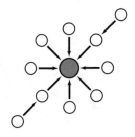

15. 무재해운동 추진

1) 무재해 목표 설정기준

① "무재해 1배수 목표"란 업종·규모별로 사업장을 그룹화하고 그룹내 사업장들이 평균적으로 **재해자 1명이 발생**하는 기간 동안 당해 사업장에서 재해가 발생하지 않는 것을 말한다.

② 무재해운동 추진 사업장은 무재해운동 개시 당시의 업종과 규모에 따라 무재해 목표를 설정한다. 다만, 무재해운동 추진 도중 사업장의 통합·분리·확장·축소 등 각종 사유로 업종 또는 규모가 변동되거나 "무재해 1배수 목표시간"의 변경으로 인하여 무재해 목표가 변동된다 하더라도 그 목표배수를 달성할 때까지는 당초 해당배수 개시시점에 적용한 무재해 목표시간에 따른다.

③ 특정 목표배수를 달성하여 그 다음 배수 달성을 위한 새로운 목표를 재설정하는 경우의 무재해 목표 설정기준은 다음과 같다.

㉠ 무재해 목표를 달성한 시점 이후부터 즉시 다음 배수를 기산하며 업종과 규모에 따라 새로운 무재해 목표시간을 재설정한다.

㉡ 업종은 무재해 목표를 달성한 시점에서의 업종을 적용한다.

㉢ 규모는 재개시 시점에 해당하는 달로부터 최근 일년간의 평균 상시 근로자수를 적용한다. 다만, 사업장의 요청이 있거나 산정이 곤란한 경우는 직전 사업연도 연평균 상시 근로자수를 적용할 수 있다.

㉣ 창업하거나 통합·분리한지 12개월 미만인 사업장은 창업일이나 통합·분리일부터 산정일까지의 매월 말일의 상시 근로자수를 합하여 해당 월수로 나눈 값을 적용한다.

㉤ **건설업의 규모는 재개시 시점에 해당하는 총공사금액을 적용**한다. 다만, 건설현장 관급공사(장기계속공사 및 계속비 공사를 포함한다)의 경우는 연차별 공사계약금액 누계금액 또는 연차별 공사기성금액의 누계금액에 따라 무재해 목표시간을 선정한다.

④ 종전 무재해 기록을 승계한 사업장은 업종·규모의 변동 여부와 관계없이 승계 당시의 목표배수를 달성할 때까지는 승계한 잔여 목표시간을 적용한다.

2) 무재해시간과 무재해일수의 산정기준

① **무재해시간은** 실근무자와 실근로시간을 곱하여 산정(다만, 실근로시간의 관리가 어려운 경우에 건설업 이외의 업종은 1일 8시간, **건설업은 1일 10시간**을 근로한 것으로 본다)

② 건설업 이외의 300인 미만 사업장은 제1호에 따른 무재해시간 또는 무재해일수를 택일하여 목표로 사용(다만, 무재해일수로 산정하는 경우는 해당 사업장 전체 근로자 중 절반 이상의 근로자가 근로한 경우에 한하여 무재해일수에 포함한다)

3) 무재해운동 개시·재개시

① 무재해운동의 개시를 선포하고 조회 또는 교육 시 등 적당한 방법으로 관련내용을 근로자들에게 공표 할 것

② **무재해운동을 개시한 날로부터 14일 이내**에 무재해운동 **개시신청서**와 상시근로자 수 산정표를 한국산업안전보건공단 지역본부장(지사장) 등에게 **제출한다.**

🔧 Key Point

무재해 1배수 목표에 대한 설명이다. 다음 괄호를 채우시오.

① "무재해 1배수 목표"란 업종·규모별로 사업장을 그룹화하고 그룹내 사업장들이 평균적으로 재해자 (1)명이 발생하는 기간 동안 당해 사업장에서 재해가 발생하지 않는 것을 말한다.

② 무재해 시간 산정이 곤란한 경우 건설업은 1일 (10)시간을 근로한 것으로 본다.

③ 무재해 운동 재개시 시점은 건설업의 경우 재개시 시점에 해당하는 (**총공사금액**)을 적용한다.

④ 무재해 운동을 개시한 날로부터 (14)일 이내에 무재해운동 개시신청서를 제출해야 한다.

제4장 보호구 및 안전보건표지

① **보호구의 종류**

1. 안전인증대상 보호구(산업안전보건법 시행령 제74조)

1) 추락 및 감전 위험방지용 안전모
2) 안전화
3) 안전장갑
4) 방진마스크
5) 방독마스크
6) 송기마스크
7) 전동식 호흡보호구
8) 보호복
9) 안전대
10) 차광 및 비산물 위험방지용 보안경
11) 용접용 보안면
12) 방음용 귀마개 또는 귀덮개

2. 자율안전확인대상 보호구(산업안전보건법 시행령 제77조)

1) 안전모(추락 및 감전 위험방지용 안전모 제외)
2) 보안경(차광 및 비산물 위험방지용 보안경 제외)
3) 보안면(용접용 보안면 제외)

2	안전모

1. 안전모의 구조

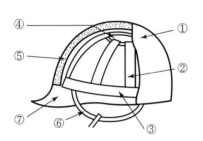

번호	명칭	
①	모체	
②	착장체	머리받침끈
③		머리고정대
④		머리받침고리
⑤	충격흡수재	
⑥	턱끈	
⑦	챙(차양)	

2. 안전인증대상 안전모의 종류 및 사용구분

종류 (기호)	사용구분	모체의 재질	비고
AB	물체의 낙하 또는 비래 및 추락에 의한 위험을 방지 또는 경감시키기 위한 것	합성수지	
AE	물체의 낙하 또는 비래에 의한 위험을 방지 또는 경감하고, 머리부위 감전에 의한 위험을 방지하기 위한 것	합성수지	내전압성 (주1)
ABE	물체의 낙하 또는 비래 및 추락에 의한 위험을 방지 또는 경감하고, 머리부위 감전에 의한 위험을 방지하기 위한 것	합성수지	내전압성

(주1) 내전압성이란 7,000V 이하의 전압에 견디는 것을 말한다.

✿ Key Point

안전모의 재료를 3가지 쓰시오.

① 합성수지(모체)
② 발포스티로폼(충격흡수재)
③ 합성섬유, 가죽(착장체 및 턱끈)

✿ Key Point

ABE 안전모의 용도 3가지를 쓰시오.

① 낙하 또는 비래위험 방지   ② 추락위험 방지   ③ 감전위험 방지

③ 안전대

1. 안전대의 종류

〈안전인증 대상 안전대의 종류〉

종류	사용구분
벨트식 안전그네식	1개 걸이용
	U자 걸이용
	추락방지대
	안전블록

비고 : 추락방지대 및 안전블록은 안전그네식에만 적용함

2. 1개걸이 및 U자걸이의 정의

1) 1개걸이

죔줄의 한쪽 끝을 D링에 고정시키고 훅 또는 카라비너를 구조물 또는 구명줄에 고정시키는 걸이 방법

2) U자걸이

안전대의 죔줄을 구조물 등에 U자 모양으로 돌린 뒤 혹 또는 카라비너를 D링에, 신축조절기를 각링 등에 연결하는 걸이 방법

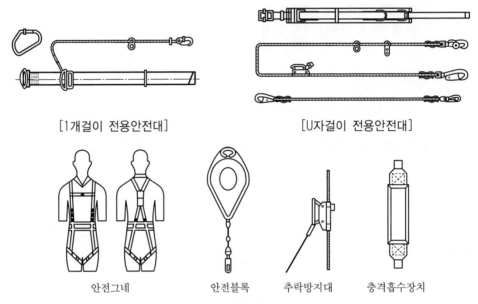

[1개걸이 전용안전대]   [U자걸이 전용안전대]

안전그네   안전블록   추락방지대   충격흡수장치

[안전대의 종류 및 부품]

3. 안전대의 폐기기준(추락재해방지 표준안전작업지침 제21조)

1) 로프

① 소선에 손상이 있는 것
② 페인트, 기름, 약품, 오물 등에 변화된 것
③ 비틀림이 있는 것
④ 횡마로 된 부분이 헐거워진 것

2) 벨트

① 끝 또는 폭에 1mm 이상의 손상 또는 변형이 있는 것
② 양 끝의 해짐이 심한 것

3) 재봉부

① 재봉부분의 이완이 있는 것
② 재봉실이 1개소 이상 절단된 것
③ 재봉실의 마모가 심한 것

4) D링

① 깊이 1mm 이상 손실이 있는 것
② 눈에 보일 정도로 변형이 심한 것
③ 전체적으로 녹이 슨 것

5) 훅, 버클

① 훅과 갈고리 부분의 안쪽에 손상이 있는 것
② 훅 외측에 깊이 1mm 이상의 손상이 있는 것
③ 이탈방지장치의 작동이 나쁜 것
④ 전체적으로 녹이 슬어 있는 것
⑤ 변형되어 있거나 버클의 체결상태가 나쁜 것

◆ Key Point

안전대의 훅·버클 부분의 폐기기준 3가지를 쓰시오.

① 훅과 갈고리 부분의 안쪽에 손상이 있는 것
② 훅 외측에 깊이 1mm 이상의 손상이 있는 것
③ 이탈방지장치의 작동이 나쁜 것
④ 전체적으로 녹이 슬어 있는 것
⑤ 변형되어 있거나 버클의 체결상태가 나쁜 것

---

4 호흡용 보호구

1. 방진마스크

1) 종류

종류	분리식		안면부 여과식
	격리식	직결식	
형태	전면형	전면형	반면형
	반면형	반면형	
사용조건	산소농도 18% 이상인 장소에서 사용하여야 한다.		

2) 분진포집효율(P)

$$P(\%) = \frac{C_1 - C_2}{C_1} \times 100$$

여기서, P : 분진 등 포집효율(%)
C_1 : 여과재 통과 전의 염화나트륨 농도(mg/m³)
C_2 : 여과재 통과 후의 염화나트륨 농도(mg/m³)

3) 여과재 분진 등 포집효율에 따른 등급

형태 및 등급		염화나트륨(NaCl) 및 파라핀 오일(Paraffin oil) 시험(%)
분리식	특급	99.95 이상
	1급	94.0 이상
	2급	80.0 이상
안면부 여과식	특급	99.0 이상
	1급	94.0 이상
	2급	80.0 이상

Key Point

안면부여과식 방진마스크의 분진 포집효율에 따른 등급기준을 쓰시오.

① 특급 : 99.0% 이상
② 1급 : 94.0% 이상
③ 2급 : 80.0% 이상

⑤ 안전표지

1. 안전보건표지의 종류와 형태

1) 종류

① 금지표지 : 위험한 행동을 금지하는 데 사용되며 8개 종류가 있다.

② 경고표지 : 직접 위험한 것 및 장소 또는 상태에 대한 경고로서 사용되며 15개 종류가 있다.

③ 지시표지 : 작업에 관한 지시 즉, 안전·보건 보호구의 착용에 사용되며 9개 종류가 있다.

④ 안내표지 : 구명, 구호, 피난의 방향 등을 분명히 하는 데 사용되며 7개 종류가 있다.

⑤ 관계자외 출입금지 : 허가대상, 금지대상 물질 취급, 석면취급/해체 작업장의 출입금지에 사용되며 3개 종류가 있다.

2) 형태

| 3 지시표지 | 보안경 착용 | 방독마스크 착용 | 방진마스크 착용 | 보안면 착용 | 안전모 착용 |
| | 귀마개 착용 | 안전화 착용 | 안전장갑 착용 | 안전복 착용 | |

| 4 안내표지 | 401 녹십자표지 | 402 응급구호표지 | 403 들것 | 404 세안장치 | 405 비상용기구 |
| | 406 비상구 | 407 좌측비상구 | 408 우측비상구 | | |

5 관계자외 출입금지	허가대상물질 작업장	석면취급/해체 작업장	금지대상물질의 취급실험실 등
	관계자외 출입금지 (허가물질 명칭) 제조/사용/보관 중 보호구/보호복 착용 흡연 및 음식물 섭취 금지	관계자외 출입금지 석면 취급/해체 중 보호구/보호복 착용 흡연 및 음식물 섭취 금지	관계자외 출입금지 발암물질 취급 중 보호구/보호복 착용 흡연 및 음식물 섭취 금지

⚙ Key Point

안전보건표지의 종류 5가지를 쓰시오.

① 금지표지
② 경고표지
③ 지시표지
④ 안내표지
⑤ 관계자외 출입금지

✦ Key Point

다음 보기 내용의 산업안전표지 종류 중 맞는 것을 (　)에 쓰시오.

[보기]
① 금연　　　　　② 보행금지　　　　③ 폭발물 경고　　　④ 위험 장소경고
⑤ 안전화 착용　　⑥ 방독마스크 착용　⑦ 녹십자 표시　　　⑧ 세안장치

(1) 금지표지(①, ②)　　　　　　　　(2) 경고표지(③, ④)
(3) 지시표지(⑤, ⑥)　　　　　　　　(4) 안내표지(⑦, ⑧)

✦ Key Point

출입금지 표지판을 도해하고 색채를 넣으시오.

바탕은 흰색, 기본모형은 빨간색, 관련부호 및 그림은 검은색

출입금지

3) 색채·색도기준 및 용도

색채	색도기준	용도	사용 예
빨간색	7.5R 4/14	금지	정지신호, 소화설비 및 그 장소, 유해행위의 금지
		경고	화학물질 취급장소에서의 유해·위험 경고
노란색	5Y 8.5/12	경고	화학물질 취급장소에서의 유해·위험경고 이외의 위험경고, 주의표지 또는 기계 방호물
파란색	2.5PB 4/10	지시	특정 행위의 지시 및 사실의 고지
녹색	2.5G 4/10	안내	비상구 및 피난소, 사람 또는 차량의 통행표지
흰색	N9.5		파란색 또는 녹색에 대한 보조색
검은색	N0.5		문자 및 빨간색 또는 노란색에 대한 보조색

제5장 안전보건교육

① 　교육의 지도

1. 교육지도의 원칙

1) 상대방의 입장 고려(상대중심교육 : 자발창조의 원칙, 흥미의 원칙, 개성화의 원칙)
2) 동기부여를 한다.
3) 쉬운 것에서 어려운 것으로 실시한다.
4) 반복한다.
5) 한번에 하나씩 교육을 실시한다.
6) 인상의 강화를 한다.
7) 오감을 활용한다.
8) 기능적인 이해

2. 교육지도의 단계

1) 안전보건교육의 3단계

   (1) **지식교육(1단계)** : 지식의 전달과 이해
   (2) **기능교육(2단계) : 실습**, 시범을 통한 이해
      ① 준비 철저
      ② 위험작업의 규제
      ③ 안전작업의 표준화
   (3) **태도교육(3단계)** : 안전의 습관화(가치관 형성)
      ① 청취(들어본다) → ② 이해, 납득(이해시킨다) → ③ 모범(시범을 보인다) →
      ④ 권장(평가한다)

2) 교육법의 4단계

(1) 도입(1단계) : 학습할 준비를 시킨다.(배우고자 하는 마음가짐을 일으키는 단계)

(2) 제시(2단계) : 작업을 설명한다.(내용을 확실하게 이해시키고 납득시키는 단계)

(3) 적용(3단계) : 작업을 지휘한다.(이해시킨 내용을 활용시키거나 응용시키는 단계)

(4) 확인(4단계) : 가르친 뒤 살펴본다.(교육 내용을 정확하게 이해하였는가를 테스트하는 단계)

3. 교육훈련의 평가방법

1) 학습평가의 기본적인 기준

(1) 타당성

(2) 신뢰성

(3) 객관성

(4) 실용성

2) 교육훈련평가의 4단계

(1) 반응 → (2) 학습 → (3) 행동 → (4) 결과

3) 교육훈련의 평가방법

(1) 관찰	(2) 면접
(3) 자료분석법	(4) 과제
(5) 설문	(6) 감상문
(7) 실험평가	(8) 시험

---

② 동기부여

동기부여란 동기를 불러일으키게 하고 일어난 행동을 유지시켜 일정한 목표로 이끌어가는 과정을 말한다.

1. 매슬로(Maslow)의 욕구단계이론

1) **생리적 욕구**(제1단계) : 기아, 갈증, 호흡, 배설, 성욕 등
2) **안전의 욕구**(제2단계) : 안전을 기하려는 욕구
3) **사회적 욕구**(제3단계) : 소속 및 애정에 대한 욕구(친화욕구)
4) **존경의 욕구**(제4단계) : 자기존경의 욕구로 자존심, 명예, 성취, 지위에 대한 욕구(승인의 욕구)
5) **자아실현의 욕구**(제5단계) : 잠재적인 능력을 실현하고자 하는 욕구(성취욕구)

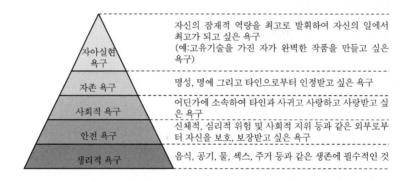

2. 알더퍼(Alderfer)의 ERG 이론

1) E(Existence) : 존재욕구

생리적 욕구나 안전욕구와 같이 인간이 자신의 존재를 확보하는 데 필요한 욕구이다. 또한 여기에는 급여, 성과급, 육체적 작업에 대한 욕구 그리고 물질적 욕구가 포함된다.

2) **R(Relation) : 관계욕구**

개인이 주변사람들(가족, 감독자, 동료작업자, 하위자, 친구 등)과 상호작용을 통하여 만족을 추구하고 싶어 하는 욕구로서 매슬로 욕구단계 중 애정의 욕구에 속한다.

3) G(Growth) : 성장욕구

매슬로의 자존의 욕구와 자아실현의 욕구를 포함하는 것으로서, 개인의 잠재력 개발과 관련되는 욕구이다.
ERG이론에 따르면 경영자가 종업원의 고차원 욕구를 충족시켜야 하는 것은 동기부여를 위해서만이 아니라 발생할 수 있는 직·간접비용을 절감한다는 차원에서도 중요하다는 것을 밝히고 있다.

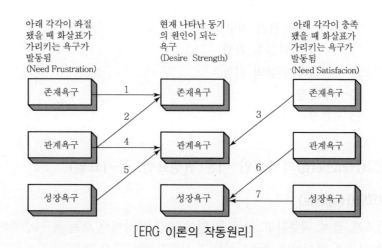

아래 각각이 좌절
됐을 때 화살표가
가리키는 욕구가
발동됨
(Need Frustration)

현재 나타난 동기
의 원인이 되는
욕구
(Desire Strength)

아래 각각이 충족
됐을 때 화살표가
가리키는 욕구가
발동됨
(Need Satisfacion)

[ERG 이론의 작동원리]

3. 맥그리거(Mcgregor)의 X이론과 Y이론

1) X이론에 대한 가정

① 원래 종업원들은 일하기 싫어하며 가능하면 일하는 것을 피하려고 한다.

② 종업원들은 일하는 것을 싫어하므로 바람직한 목표를 달성하기 위해서는 그들을 통제하고 위협하여야 한다.

③ 종업원들은 책임을 회피하고 가능하면 공식적인 지시를 바란다.

④ 인간은 명령받는 것을 좋아하며 무엇보다 안전을 바라고 있다는 인간관

⇒ X이론에 대한 관리 처방

㉠ 경제적 보상체계의 강화

㉡ 권위주의적 리더십의 확립

㉢ 면밀한 감독과 엄격한 통제

㉣ 상부책임제도의 강화

㉤ 통제에 의한 관리

2) Y이론에 대한 가정

① 종업원들은 일하는 것을 놀이나 휴식과 동일한 것으로 볼 수 있다.

② 종업원들은 조직의 목표에 관여하는 경우에 자기지향과 자기통제를 행한다.

③ 보통 인간들은 책임을 수용하고 심지어는 구하는 것을 배울 수 있다.

④ 작업에서 몸과 마음을 구사하는 것은 인간의 본성이라는 인간관

⑤ 인간은 조건에 따라 자발적으로 책임을 지려고 한다는 인간관

⑥ 매슬로의 욕구체계 중 자기실현의 욕구에 해당한다.

⇒ Y이론에 대한 관리 처방

㉠ 민주적 리더십의 확립

㉡ 분권화와 권한의 위임

㉢ 직무확장

㉣ 자율적인 통제

4. 허즈버그(Herzberg)의 2요인 이론(위생요인, 동기요인)

1) 위생요인(Hygiene)

작업조건, 급여, 직무환경, 감독 등 일의 조건, 보상에서 오는 욕구(충족되지 않을 경우 조직의 성과가 떨어지나 충족되었다고 성과가 향상되지 않음)

2) 동기요인(Motivation)

책임감, 성취 인정, 개인발전 등 일 자체에서 오는 심리적 욕구(충족될 경우 조직의 성과가 향상되며 충족되지 않아도 성과가 떨어지지 않음)

3) 허즈버그(Herzberg)의 일을 통한 동기 부여 원칙

① 직무에 따라 자유와 권한 부여

② 개인적 책임이나 책무를 증가시킴

③ 더욱 새롭고 어려운 업무수행을 하도록 과업 부여

④ 완전하고 자연스러운 작업단위를 제공

⑤ 특정의 직무에 전문가가 될 수 있도록 전문화된 임무를 배당

4) 허즈버그(Herzberg)가 제시한 직무충실(Job enrichment)의 원리

① 자신의 일에 대해서 책임을 더 지도록 한다.

② 직무에서 자유를 제공하기 위하여 부가적 권위를 부여한다.

③ 전문가가 될 수 있도록 전문화된 과제들을 부과한다.

④ 완전하고 자연스러운 작업 단위을 제공한다.

⑤ 여러 가지 규제를 제거하여 개인적 책임감을 증대시킨다.

〈동기부여에 관한 이론들의 비교〉

매슬로(Maslow)의 욕구단계이론	알더퍼(Alderfer)의 ERG 이론	허즈버그(Herzberg) 의 2요인 이론	맥그리거(Mcgreger) 의 X, Y이론
생리적 욕구(제1단계)	E(Existence) : 존재의 욕구	위생요인 (Hygiene)	X이론
안전의 욕구(제2단계)			
사회적 욕구(제3단계)	R(Relation) : **관계 욕구**		
자기존경의 욕구(제4단계)		동기요인 (Motivation)	Y이론
자아실현의 욕구(제5단계)	G(Growth) : 성장욕구		

3 교육의 분류

1. 교육훈련기법에 따른 분류

1) 강의법(Lecture method)

안전지식을 강의식으로 전달하는 방법(초보적인 단계에서 효과적)
① 강사의 입장에서 시간의 조정이 가능하다.
② 전체적인 교육내용을 제시하는 데 유리하다.
③ 비교적 많은 인원을 대상으로 단시간에 지식을 부여할 수 있다.

2) 토의법(Discussion method)

① 10~20인 정도가 모여서 토의하는 방법(안전지식을 가진 사람에게 효과적)으로 태도교
육의 효과를 높이기 위한 교육방법. 집단을 대상으로 한 안전보건교육 중 가장 효율적
인 교육방법
② 알고 있는 지식을 심화시키거나 어떠한 자료에 대해 보다 명료한 생각을 갖도록 하기
위하여 실시하는 교육방법

3) 시범

필요한 내용을 직접 제시하는 방법

4) 모의법

실제 상황을 만들어 두고 학습하는 방법

(1) 제약조건

① 단위 교육비가 비싸고 시간의 소비가 많다.
② 시설의 유지비가 높다.
③ 다른 방법에 비하여 학생 대 교사의 비가 높다.

(2) 모의법 적용의 경우

① 수업의 모든 단계
② 학교수업 및 직업훈련 등
③ 실제사태는 위험성이 따른 경우
④ 직접 조작을 중요시하는 경우

5) 시청각교육

시청각 교육자료를 가지고 학습하는 방법

6) 실연법

① 학습자가 이미 설명을 듣거나 시범을 보고 알게 된 지식이나 기능을 강사의 감독 아래 직접적으로 연습해 적용해 보게 하는 교육방법. 다른 방법보다 교사 대 학습자수의 비율이 높다.
② 수업의 중간이나 마지막 단계에 행하는 것으로서 언어학습이나 문제해결 학습에 효과적인 학습법이다.

7) 프로그램 학습법(Programmed Self-instruction Method)

학습자가 프로그램을 통해 단독으로 학습하는 방법으로 개발된 프로그램은 변경이 어렵다.
① Skinner의 조작적 조건형성 원리에 의해 개발된 것으로 자율적 학습이 특징이다.
② 학습내용 습득 여부를 즉각적으로 피드백 받을 수 있다.
③ 교재개발에 많은 시간과 노력이 드는 것이 단점이다.

8) 집중학습

학습할 자료를 한꺼번에 묶어서 일괄적으로 연습하는 방법

9) 배분학습

학습할 자료를 나누어서 연습하는 방법

• 새로운 기술을 학습하는 경우에는 배분학습이 집중학습보다 효과적이다.

10) 초과학습

충분한 연습으로 완전학습 후에도 일정량 연습을 계속하는 것

2. 교육방법에 따른 분류

1) O.J.T(On the Job Training) 및 OFF J.T(Off the Job Training)

(1) O.J.T(직장 내 교육훈련)

직속상사가 직장 내에서 작업표준을 가지고 업무상의 개별교육이나 지도훈련을 하는 것(개별교육에 적합)

① 개개인에게 적절한 지도훈련이 가능

② 직장의 실정에 맞게 실제적 훈련이 가능

③ 효과가 곧 업무에 나타나며 훈련의 좋고 나쁨에 따라 개선이 쉬움

> **◆ Key Point**
>
> O.J.T.를 간략히 기술하시오

(2) OFF J.T(직장 외 교육훈련)

계층별 직능별로 공통된 교육대상자를 현장 이외의 한 장소에 모아 집합교육을 실시하는 교육형태(집단교육에 적합)

① 다수의 근로자에게 조직적 훈련을 행하는 것이 가능

② 훈련에만 전념

③ 각각 전문가를 강사로 초청하는 것이 가능

④ OFF J.T. 안전교육 4단계

• 1단계 : 학습할 준비를 시킨다.

• 2단계 : 작업을 설명한다.

• 3단계 : 작업을 시켜본다.

• 4단계 : 가르친 뒤를 살펴본다.

3. 위험예지훈련 및 진행방법

1) 위험예지훈련의 종류

① 감수성 훈련 : 위험요인을 발견하는 훈련
② 단시간 미팅훈련 : 단시간 미팅을 통해 대책을 수립하는 훈련
③ 문제해결 훈련 : 작업시작 전 문제를 제거하는 훈련

2) 위험예지훈련의 추진을 위한 문제해결 4단계(4 라운드)

① 1 라운드 : **현상파악(사실의 파악)** : 어떤 위험이 잠재하고 있는가?
② 2 라운드 : **본질추구(원인조사)** : 이것이 위험의 포인트다.
③ 3 라운드 : **대책수립(대책을 세운다)** : 당신이라면 어떻게 하겠는가?
④ 4 라운드 : **목표설정(행동계획 작성)** : 우리들은 이렇게 하자!

1R 현상파악	• 사실의 파악 : 어떤 위험이 잠재하고 있는가?
2R 본질추구	• 원인조사 : 이것이 위험의 포인트다.
3R 대책수립	• 대책수립 : 당신이라면 어떻게 하겠는가?
4R 목표설정	• 행동계획 작성 : 우리는 이렇게 하자!

[문제해결 4라운드]

Key Point

위험예지훈련의 기초 4단계를 순서대로 기술하시오.

① 제1단계 : 현상파악　　② 제2단계 : 본질추구
③ 제3단계 : 대책수립　　④ 제4단계 : 목표설정

3) T.B.M(Tool Box Meeting) 위험예지훈련

작업 개시 전 5~15분, 작업 종료 후 3~5분에 걸쳐 같은 작업원 5~6명이 리더를 중심으로 둘러앉아(또는 서서) 위험을 예측하고 대책을 수립하는 등 단시간 내에 의논하는 문제 해결 기법

(1) T.B.M 실시요령

① 작업시작 전, 중식 후, 작업종료 후 짧은 시간을 활용하여 실시한다.
② 때와 장소에 구애받지 않고 같은 작업자 5~7인 정도가 모여서 공구나 기계 앞에서 행한다.
③ 일방적인 명령이나 지시가 아니라 잠재위험에 대해 같이 생각하고 해결
④ T.B.M의 특징은 모두가 "이렇게 하자" "이렇게 한다"라고 합의하고 실행

(2) T.B.M의 내용

① 작업 시작 전(실시순서 5단계)

도입	직장체조, 무재해기 게양, 목표제안
점검 및 정비	건강상태, 복장 및 보호구 점검, 자재 및 공구확인
작업지시	작업내용 및 안전사항 전달
위험예측	당일 작업에 대한 위험예측, 위험예지훈련
확인	위험에 대한 대책과 팀목표 확인

② 작업 종료시
　㉠ 실시사항의 적절성 확인 : 작업 시작 전 T.B.M에서 결정된 사항의 적절성 확인
　㉡ 검토 및 보고 : 그날 작업의 위험요인 도출, 대책 등 검토 및 보고
　㉢ 문제 제기 : 그날의 작업에 대한 문제 제기

Key Point

(1) 위험예지훈련은 작업 시간 전 (①)분, 끝난 후 (②)분, 팀웍의 인원은 (③)인 정도가 실시한다.

(2) T.B.M의 5단계는 제1단계 : 도입 − 제2단계 : (④) − 제3단계 : 작업지시 − 제4단계 : (⑤) − 제5단계 : 팀 목표확인 단계이다.

① 5~15 ② 3~5 ③ 5~6 ④ 점검 및 정비 ⑤ 위험예측

---

4 교육대상

1. 교육대상별 교육방법

1) 사업 내 안전 · 보건교육(산업안전보건법 시행규칙 제26조 제1항 등 관련)

(1) 근로자 안전보건교육(제26조 제1항 관련)

① 정기교육

교육내용
• 산업안전 및 사고 예방에 관한 사항
• 산업보건 및 직업병 예방에 관한 사항
• 위험성 평가에 관한 사항
• 건강증진 및 질병 예방에 관한 사항
• 유해 · 위험 작업환경 관리에 관한 사항
• 산업안전보건법령 및 산업재해보상보험 제도에 관한 사항
• 직무스트레스 예방 및 관리에 관한 사항
• 직장 내 괴롭힘, 고객의 폭언 등으로 인한 건강장해 예방 및 관리에 관한 사항

② 채용 시 교육 및 작업내용 변경 시 교육

교육내용
•산업안전 및 사고 예방에 관한 사항 •산업보건 및 직업병 예방에 관한 사항 •위험성 평가에 관한 사항 •산업안전보건법령 및 산업재해보상보험 제도에 관한 사항 •직무스트레스 예방 및 관리에 관한 사항 •직장 내 괴롭힘, 고객의 폭언 등으로 인한 건강장해 예방 및 관리에 관한 사항 •기계·기구의 위험성과 작업의 순서 및 동선에 관한 사항 •작업 개시 전 점검에 관한 사항 •정리정돈 및 청소에 관한 사항 •사고 발생 시 긴급조치에 관한 사항 •물질안전보건자료에 관한 사항

③ 특별교육

교육내용
•39가지 그대로 반영

(2) 관리감독자 안전보건교육(제26조 제1항 관련)

① 정기교육

교육내용
•산업안전 및 사고 예방에 관한 사항 •산업보건 및 직업병 예방에 관한 사항 •위험성평가에 관한 사항 •유해·위험 작업환경 관리에 관한 사항 •산업안전보건법령 및 산업재해보상보험 제도에 관한 사항 •직무스트레스 예방 및 관리에 관한 사항 •직장 내 괴롭힘, 고객의 폭언 등으로 인한 건강장해 예방 및 관리에 관한 사항 •작업공정의 유해·위험과 재해 예방대책에 관한 사항 •사업장 내 안전보건관리체제 및 안전·보건조치 현황에 관한 사항 •표준안전 작업방법 결정 및 지도·감독 요령에 관한 사항 •현장근로자와의 의사소통능력 및 강의능력 등 안전보건교육 능력 배양에 관한 사항 •비상시 또는 재해 발생 시 긴급조치에 관한 사항

② 채용 시 교육 및 작업내용 변경 시 교육

교육내용
• 산업안전 및 사고 예방에 관한 사항
• 산업보건 및 직업병 예방에 관한 사항
• 위험성평가에 관한 사항
• 산업안전보건법령 및 산업재해보상보험 제도에 관한 사항
• 직무스트레스 예방 및 관리에 관한 사항
• 직장 내 괴롭힘, 고객의 폭언 등으로 인한 건강장해 예방 및 관리에 관한 사항
• 기계 · 기구의 위험성과 작업의 순서 및 동선에 관한 사항
• 작업 개시 전 점검에 관한 사항
• 물질안전보건자료에 관한 사항
• 사업장 내 안전보건관리체제 및 안전 · 보건조치 현황에 관한 사항
• 표준안전 작업방법 결정 및 지도 · 감독 요령에 관한 사항
• 비상시 또는 재해 발생 시 긴급조치에 관한 사항

③ 특별교육 대상 작업별 교육

교육내용
• 근로자 특별교육 내용과 동일(채용 시 교육내용 제외)

(3) 특별교육 대상 작업

작업명
1. 고압실 내 작업(잠함공법이나 그 밖의 압기공법으로 대기압을 넘는 기압인 작업실 또는 수갱 내부에서 하는 작업만 해당한다)
2. 아세틸렌 용접장치 또는 가스집합 용접장치를 사용하는 금속의 용접 · 용단 또는 가열 작업(발생기 · 도관 등에 의하여 구성되는 용접장치만 해당한다)
3. 밀폐된 장소(탱크 내 또는 환기가 극히 불량한 좁은 장소를 말한다)에서 하는 용접작업 또는 습한 장소에서 하는 전기용접장치
4. 폭발성 · 물반응성 · 자기반응성 · 자기발열성 물질, 자연발화성 액체 · 고체 및 인화성 액체의 제조 또는 취급작업(시험연구를 위한 취급작업은 제외한다)
5. 액화석유가스 · 수소가스 등 인화성 가스 또는 폭발성 물질 중 가스의 발생장치 취급 작업
6. 화학설비 중 반응기, 교반기 · 추출기의 사용 및 세척작업
7. 화학설비의 탱크 내 작업
8. 분말 · 원재료 등을 담은 호퍼 · 저장창고 등 저장탱크의 내부작업
11. 동력에 의하여 작동되는 프레스기계를 5대 이상 보유한 사업장에서 해당 기계로 하는 작업

12. 목재가공용 기계(둥근톱기계, 띠톱기계, 대패기계, 모떼기기계 및 라우터만 해당하며, 휴대용은 제외한다)를 5대 이상 보유한 사업장에서 해당 기계로 하는 작업

13. 운반용 등 하역기계를 5대 이상 보유한 사업장에서의 해당 기계로 하는 작업

14. 1톤 이상의 크레인을 사용하는 작업 또는 1톤 미만의 크레인 또는 호이스트를 5대 이상 보유한 사업장에서 해당 기계로 하는 작업(제40호의 작업은 제외한다)
   • 방호장치의 종류, 기능 및 취급에 관한 사항
   • 걸고리·와이어로프 및 비상정지장치 등의 기계·기구 점검에 관한 사항
   • 화물의 취급 및 작업방법에 관한 사항
   • 신호방법 및 공동작업에 관한 사항
   • 그 밖에 안전·보건관리에 필요한 사항

15. 건설용 리프트·곤돌라를 이용한 작업

16. 주물 및 단조작업

17. 전압이 75볼트 이상인 정전 및 활선작업

18. 콘크리트 파쇄기를 사용하여 하는 파쇄작업(2미터 이상인 구축물의 파쇄작업만 해당한다)

19. 굴착면의 높이가 2미터 이상이 되는 지반 굴착(터널 및 수직갱 외의 갱 굴착은 제외한다)작업
   • 지반의 형태·구조 및 굴착 요령에 관한 사항
   • 지반의 붕괴재해 예방에 관한 사항
   • 붕괴 방지용 구조물 설치 및 작업방법에 관한 사항
   • 보호구의 종류 및 사용에 관한 사항
   • 그 밖에 안전·보건관리에 필요한 사항

20. 흙막이 지보공의 보강 또는 동바리를 설치하거나 해체하는 작업

21. 터널 안에서의 굴착작업(굴착용 기계를 사용하여 하는 굴착작업 중 근로자가 칼날 밑에 접근하지 않고 하는 작업은 제외한다) 또는 같은 작업에서의 터널 거푸집 지보공의 조립 또는 콘크리트 작업

22. 굴착면의 높이가 2미터 이상이 되는 암석의 굴착작업
   • 폭발물 취급 요령과 대피 요령에 관한 사항
   • 안전거리 및 안전기준에 관한 사항
   • 방호물의 설치 및 기준에 관한 사항
   • 보호구 및 신호방법 등에 관한 사항
   • 그 밖에 안전·보건관리에 필요한 사항

23. 높이가 2미터 이상인 물건을 쌓거나 무너뜨리는 작업(하역기계로만 하는 작업은 제외한다)

24. 선박에 짐을 쌓거나 부리거나 이동시키는 작업

25. 거푸집 동바리의 조립 또는 해체작업

26. 비계의 조립·해체 또는 변경작업

27. 건축물의 골조, 다리의 상부구조 또는 탑의 금속제의 부재로 구성되는 것(5미터 이상인 것만 해당한다)의 조립·해체 또는 변경작업

28. 처마 높이가 5미터 이상인 목조건축물의 구조 부재의 조립이나 건축물의 지붕 또는 외벽 밑에서의 설치작업

29. 콘크리트 인공구조물(그 높이가 2미터 이상인 것만 해당한다)의 해체 또는 파괴작업

30. 타워크레인을 설치(상승작업을 포함한다)·해체하는 작업

31. 보일러(소형 보일러 및 다음 각 목에서 정하는 보일러는 제외한다)의 설치 및 취급작업
    가. 몸통 반지름이 750밀리미터 이하이고 그 길이가 1,300밀리미터 이하인 증기보일러
    나. 전열면적이 3제곱미터 이하인 증기보일러
    다. 전열면적이 14제곱미터 이하인 온수보일러
    라. 전열면적이 30제곱미터 이하인 관류보일러

32. 게이지 압력을 제곱센티미터당 1킬로그램 이상으로 사용하는 압력용기의 설치 및 취급작업

33. 방사선 업무에 관계되는 작업(의료 및 실험용은 제외한다)

34. 밀폐공간에서의 작업

35. 허가 및 관리 대상 유해물질의 제조 또는 취급작업

36. 로봇작업

37. 석면해체·제거작업

38. 가연물이 있는 장소에서 하는 화재위험작업
    • 작업준비 및 작업절차에 관한 사항
    • 작업장 내 위험물, 가연물의 사용·보관·설치 현황에 관한 사항
    • 화재위험작업에 따른 인근 인화성 액체에 대한 방호조치에 관한 사항
    • 화재위험작업으로 인한 불꽃, 불티 등의 비산(飛散)방지조치에 관한 사항
    • 인화성 액체의 증기가 남아 있지 않도록 환기 등의 조치에 관한 사항
    • 화재감시자의 직무 및 피난교육 등 비상조치에 관한 사항
    • 그 밖에 안전·보건관리에 필요한 사항

39. 타워크레인을 사용하는 작업시 신호업무를 하는 작업
    • 타워크레인의 기계적 특성 및 방호장치 등에 관한 사항
    • 화물의 취급 및 안전작업방법에 관한 사항
    • 신호방법 및 요령에 관한 사항
    • 인양 물건의 위험성 및 낙하·비래·충돌재해 예방에 관한 사항
    • 인양물이 적재될 지반의 조건, 인양하중, 풍압 등이 인양물과 타워크레인에 미치는 영향
    • 그 밖에 안전·보건관리에 필요한 사항

2) 건설업 기초안전보건교육에 대한 내용 및 시간(제28조 제1항 관련)

교육 내용	시간
가. 건설공사의 종류(건축·토목 등) 및 시공 절차	1시간
나. 산업재해 유형별 위험요인 및 안전보건조치	2시간
다. 안전보건관리체제 현황 및 산업안전보건 관련 근로자 권리·의무	1시간

Key Point

1. 굴착면의 높이가 2m 이상이 되는 암석의 굴착 작업 시 특별교육내용 3가지를 쓰시오.
2. 굴착면의 높이가 2m 이상 되는 지반굴착 작업 시 특별교육 3가지를 쓰시오.

2. 안전보건교육의 단계별 교육과정

1) 사업 내 안전·보건교육(「산업안전보건법 시행규칙」 [별표 4])

교육과정	교육대상		교육시간
가. 정기교육	1) 사무직 종사 근로자		매반기 6시간 이상
	2) 그 밖의 근로자	가) 판매 업무에 직접 종사하는 근로자	매반기 6시간 이상
		나) 판매업무에 직접 종사하는 근로자 외의 근로자	매반기 12시간 이상
나. 채용 시 교육	1) 일용근로자 및 근로계약기간이 1주일 이하인 기간제근로자		1시간 이상
	2) 근로계약기간이 1주일 초과 1개월 이하인 기간제 근로자		4시간 이상
	3) 그 밖의 근로자		8시간 이상
다. 작업내용 변경 시 교육	1) 일용근로자 및 근로계약기간이 1주일 이하인 기간제근로자		1시간 이상
	2) 그 밖의 근로자		2시간 이상

교육과정	교육대상	교육시간
라. 특별교육	1) 일용근로자 및 근로계약기간이 1주일 이하인 기간제근로자 : 별표 5 제1호 라목(제39호는 제외한다)에 해당하는 작업에 종사하는 근로자에 한정한다.	2시간 이상
	2) 일용근로자 및 근로계약기간이 1주일 이하인 기간제근로자 : 별표 5 제1호 라목제39호에 해당하는 작업에 종사하는 근로자에 한정한다.	8시간 이상
	3) 일용근로자 및 근로계약기간이 1주일 이하인 기간제근로자를 제외한 근로자 : 별표 5 제1호라목에 해당하는 작업에 종사하는 근로자에 한정한다.	가) 16시간 이상(최초 작업에 종사하기 전 4시간 이상 실시하고 12시간은 3개월 이내에서 분할하여 실시 가능) 나) 단기간 작업 또는 간헐적 작업인 경우에는 2시간 이상
마. 건설업 기초 안전·보건 교육	건설 일용근로자	4시간 이상

2) 관리감독자의 안전보건교육

교육과정	교육시간
가. 정기교육	연간 16시간 이상
나. 채용 시 교육	8시간 이상
다. 작업내용 변경 시 교육	2시간 이상
라. 특별교육	16시간 이상(최초 작업에 종사하기 전 4시간 이상 실시하고, 12시간은 3개월 이내에서 분할하여 실시 가능)
	단기간 작업 또는 간헐적 작업인 경우에는 2시간 이상

3) 안전보건관리책임자 등에 대한 교육

교육대상	교육시간	
	신규교육	보수교육
가. 안전보건관리책임자	6시간 이상	6시간 이상
나. 안전관리자, 안전관리전문기관의 종사자	34시간 이상	24시간 이상
다. 보건관리자, 보건관리전문기관의 종사자	34시간 이상	24시간 이상
라. 재해예방 전문지도기관의 종사자	34시간 이상	24시간 이상
마. 석면조사기관의 종사자	34시간 이상	24시간 이상
바. 안전보건관리담당자	-	8시간 이상
사. 안전검사기관, 자율안전검사기관의 종사자	34시간 이상	24시간 이상

4) 검사원 성능검사 교육

교육과정	교육대상	교육시간
양성 교육	-	28시간 이상

기출문제풀이

2001년 1회

1. 재해방지의 기본원칙 4가지를 쓰시오.

➡**해답** ① 손실우연의 원칙　　　　　② 원인계기의 원칙
　　　③ 예방가능의 원칙　　　　　④ 대책선정의 원칙

5. 연 근로자가 400명인 사업장에서 재해손실일수가 1,030일이고 의사의 진단으로 250일의 휴업일수가 발생하였다. 강도율을 구하시오.

➡**해답** 강도율 $= \dfrac{\text{근로손실일수}}{\text{연근로시간수}} \times 1{,}000 = \dfrac{1{,}235.48}{400 \times 8 \times 300} \times 1{,}000 = 1.29$

① 근로손실일수 $=$ 휴업일수 $\times \dfrac{300}{365} = 250 \times \dfrac{300}{365} = 205.48$(일)

② 재해손실일수 $= 1{,}030$
　　총 근로손실일수 $=$ ①$+$② $= 205.48 + 1{,}030 = 1{,}235.48$(일)

6. 아래 내용을 읽고 ( )에 맞는 내용을 쓰시오.

(1) 위험예지훈련은 작업 시간 전 (①)분, 끝난 후 (②)분, 팀웍의 인원은 (③)인 정도가 실시한다.
(2) T.B.M의 5단계는 제1단계 : 도입 - 제2단계 : (④) - 제3단계 : 작업지시 - 제4단계 : (⑤) - 제5단계 : 팀 목표확인 단계이다.

➡**해답** ① 5~15　　　　　　　　② 3~5
　　　③ 5~6　　　　　　　　④ 점검정비
　　　⑤ 위험예지

13. 산업재해 발생 시 긴급처리 내용 5가지를 단계별로 쓰시오.

해답 ① 제1단계 : 피재 기계의 정지 및 피해확산 방지조치
② 제2단계 : 피재자의 응급조치
③ 제3단계 : 관계자에게 통보
④ 제4단계 : 2차 재해방지
⑤ 제5단계 : 현장 보존

2001년 2회

14. 산업 안전표지의 종류 5가지를 쓰시오.

해답 ① 금지 표시
② 경고 표시
③ 지시 표시
④ 안내 표시
⑤ 관계자외 출입금지

2001년 4회

2. 위험예지훈련의 기초단계의 4단계를 순서대로 기술하시오.

해답 ① 제1단계 : 현상파악
② 제2단계 : 본질추구
③ 제3단계 : 대책수립
④ 제4단계 : 목표설정

3. 산업안전보건표지의 종류를 쓰시오.

해답 ① 금지 표시 ② 경고 표시 ③ 지시 표시 ④ 안내 표시 ⑤ 관계자외 출입금지

9. 안전관리조직 3가지 쓰시오.

➡해답 ① 라인형 ② 스태프형 ③ 라인·스태프형

11. 사업장에서 재해발생시 고용노동부 지방사무소장에게 보고해야 할 중대재해 3가지를 쓰시오.

➡해답 ① 사망자가 1인 이상 발생한 재해
② 3개월 이상의 요양이 필요한 부상자가 동시에 2명 이상 발생한 재해
③ 부상자 또는 직업성 질병자가 동시에 10인 이상 발생한 재해

2002년 1회

5. 스태프(staff)형 안전조직의 장·단점을 간략하게 기술하시오.

➡해답 1. 장점
① 사업장 특성에 맞는 전문적인 기술연구가 가능하다.
② 경영자에게 조언과 자문역할을 할 수 있다.
③ 안전정보 수집이 빠르다.
2. 단점
① 안전지시나 명령이 작업자에게까지 신속 정확하게 전달되지 못한다.
② 생산부분은 안전에 대한 책임과 권한이 없다.
③ 권한다툼이나 조정 때문에 시간과 노력이 소모된다.

12. 안전관리자 직무 4가지를 쓰시오.

➡해답 ① 산업안전보건위원회 또는 법 제75조제1항에 따른 안전 및 보건에 관한 노사협의체에서 심의·의결한 업무와 해당 사업장의 안전보건관리규정 및 취업규칙에서 정한 업무
② 위험성평가에 관한 보좌 및 지도·조언
③ 안전인증대상 기계 등과 자율안전확인대상 기계 등 구입 시 적격품의 선정에 관한 보좌 및 지도·조언
④ 해당 사업장 안전교육계획의 수립 및 안전교육 실시에 관한 보좌 및 지도·조언
⑤ 사업장 순회점검, 지도 및 조치 건의
⑥ 산업재해 발생의 원인 조사·분석 및 재발 방지를 위한 기술적 보좌 및 지도·조언
⑦ 산업재해에 관한 통계의 유지·관리·분석을 위한 보좌 및 지도·조언

⑧ 법 또는 법에 따른 명령으로 정한 안전에 관한 사항의 이행에 관한 보좌 및 지도·조언
⑨ 업무 수행 내용의 기록·유지
⑩ 그 밖에 안전에 관한 사항으로서 고용노동부장관이 정하는 사항

2002년 2회

2. 다음은 U자 걸이 전용 안전대이다. U자 걸이 안전대를 설명하시오.

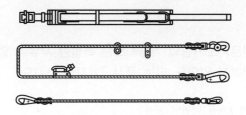

➡**해답** 안전대의 죔줄을 구조물 등에 U자 모양으로 돌린 뒤 훅 또는 카라비너를 D링에, 신축조절기를 각링 등에 연결하는 걸이 방법

9. O.J.T.를 간략히 기술하시오.

➡**해답** O.J.T.(On the Job Training)
직속상사가 직장 내에서 작업표준을 가지고 업무상의 개별교육이나 지도훈련을 하는 것(개별교육에 적합)

13. 아래 내용을 읽고 ( )에 맞는 내용을 쓰시오.

> (1) 위험 예지 훈련은 작업 시간 전 (①)분, 끝난 후 (②)분, 팀웍의 인원은 (③)인 정도가 실시한다.
> (2) T.B.M의 5단계는 제1단계 : 도입 – 제2단계 : (④) – 제3단계 : 작업지시 – 제4단계 : (⑤) – 제5단계 : 팀 목표확인 단계이다.

➡**해답** ① 5~15   ② 3~5
③ 5~6   ④ 점검정비
⑤ 위험예지

2002년 3회

4. 다음의 특징을 갖는 안전관리조직은 무엇인가?

> • 안전지식과 기술축적이 용이하다.
> • 권한 다툼이나 조정 때문에 통제 수속이 복잡해지며, 시간과 노력이 소모된다.
> • 생산 부문은 안전에 대한 책임과 권한이 없다.

➡해답 스태프(staff)형 안전관리조직

10. 건설재해예방 전문지도기관의 기술지도는 특별한 사유가 없으면 월 1회 실시한다. 다만, 기술지도를 실시하지 않아도 되는 공사 3가지를 쓰시오.

➡해답 1. 공사기간이 1개월 미만인 공사
2. 육지와 연결되지 아니한 섬지역(제주특별자치도는 제외한다)에서 이루어지는 공사
3. 안전관리자의 자격을 가진 사람을 선임하여 안전관리자의 직무만을 전담하도록 하는 공사. 이 경우 사업주는 안전관리자 선임 등 보고서(건설업)를 관할 지방고용노동관서의 장에게 제출하여야 한다.
4. 유해・위험방지계획서를 제출하여야 하는 공사

11. ABE 안전모의 용도 3가지만 쓰시오.

➡해답 ① 낙하 또는 비래위험 방지
② 추락위험 방지
③ 감전위험 방지

2003년 1회

1. 평균 근로자 수가 400명인 어느 사업장에서 신체장해로 인한 근로손실일수가 12,300일, 의사진단에 의한 휴업일수가 500일이었다. 강도율을 계산하시오.(단, 1인당 연간 근로시간은 2,400시간임)

➡해답 강도율 $= \dfrac{근로손실일수}{연근로시간수} \times 1,000 = \dfrac{12,300 + \left(\dfrac{500 \times 300}{365}\right)}{400 \times 2,400} \times 1,000 = 13.24$

2003년 2회

4. 사업장에서 실시하는 안전보건교육의 종류와 시간을 쓰시오.

해답 (1) 근로자

교육과정	교육대상		교육시간
가. 정기교육	1) 사무직 종사 근로자		매반기 6시간 이상
	2) 그 밖의 근로자	가) 판매 업무에 직접 종사하는 근로자	매반기 6시간 이상
		나) 판매업무에 직접 종사하는 근로자 외의 근로자	매반기 12시간 이상
나. 채용 시 교육	1) 일용근로자 및 근로계약기간이 1주일 이하인 기간제근로자		1시간 이상
	2) 근로계약기간이 1주일 초과 1개월 이하인 기간제 근로자		4시간 이상
	3) 그 밖의 근로자		8시간 이상
다. 작업내용 변경 시 교육	1) 일용근로자 및 근로계약기간이 1주일 이하인 기간제근로자		1시간 이상
	2) 그 밖의 근로자		2시간 이상
라. 특별교육	1) 일용근로자 및 근로계약기간이 1주일 이하인 기간제근로자: 별표 5 제1호라목(제39호는 제외한다)에 해당하는 작업에 종사하는 근로자에 한정한다.		2시간 이상
	2) 일용근로자 및 근로계약기간이 1주일 이하인 기간제근로자 : 별표 5 제1호라목제39호에 해당하는 작업에 종사하는 근로자에 한정한다.		8시간 이상
	3) 일용근로자 및 근로계약기간이 1주일 이하인 기간제근로자를 제외한 근로자 : 별표 5 제1호라목에 해당하는 작업에 종사하는 근로자에 한정한다.		가) 16시간 이상(최초 작업에 종사하기 전 4시간 이상 실시하고 12시간은 3개월 이내에서 분할하여 실시 가능) 나) 단기간 작업 또는 간헐적 작업인 경우에는 2시간 이상
마. 건설업 기초 안전·보건교육	건설 일용근로자		4시간 이상

(2) 관리감독자

교육과정	교육시간
가. 정기교육	연간 16시간 이상
나. 채용 시 교육	8시간 이상
다. 작업내용 변경 시 교육	2시간 이상
라. 특별교육	16시간 이상(최초 작업에 종사하기 전 4시간 이상 실시하고, 12시간은 3개월 이내에서 분할하여 실시 가능)
	단기간 작업 또는 간헐적 작업인 경우에는 2시간 이상

10. 산업안전보건표지의 종류 5가지를 쓰시오.

➡해답 ① 금지 표시　　② 경고 표지　　③ 지시 표시
　　　　④ 안내 표지　　⑤ 관계자외 출입금지

2003년 4회

10. 산업안전보건법 시행규칙에 의하면 안전관리자에 선임된 후 3개월 이내에 직무를 수행하는데 필요한 신규교육과 신규교육 이수 후 2년이 되는 날을 기준으로 전후 3개월 사이에 보수교육을 받아야 한다. 이때 받아야 하는 교육시간을 각각 쓰시오.

➡해답 • 안전관리자 신규교육 : 34시간
　　　　• 안전관리자 보수교육 : 24시간

12. 다음에서 주어지는 보기의 작업조건에 따른 적합한 보호구를 쓰시오.

[보기]
① 물체가 떨어지거나 날아올 위험 또는 근로자가 추락할 위험이 있는 작업
② 높이 또는 깊이 2m 이상의 추락할 위험이 있는 장소에서 하는 작업
③ 물체의 낙하·충격, 물체에의 끼임, 감전 또는 정전기의 대전에 의한 위험이 있는 작업
④ 물체가 흩날릴 위험이 있는 작업
⑤ 용접 시 불꽃이나 물체가 흩날릴 위험이 있는 작업
⑥ 감전의 위험이 있는 작업
⑦ 고열에 의한 화상 등의 위험이 있는 작업

➡해답 ① 안전모   ② 안전대   ③ 안전화
　　　 ④ 보안경   ⑤ 보안면   ⑥ 절연용보호구   ⑦ 방열복

2004년 1회

7. 중대재해 발생 시 관할 지방 노동관서장에게 전화, 팩스 등으로 (1) 보고기간과 (2) 보고사항 3가지를 쓰시오.

➡해답 (1) 보고기간 : 발생 즉시 보고
　　　 (2) 보고사항
　　　　　 ① 발생개요 및 피해상황
　　　　　 ② 조치 및 전망
　　　　　 ③ 그 밖의 중요한 사항

2004년 2회

1. 고용노동부장관에게 보고해야 하는 중대재해 3가지를 쓰시오.

➡해답 ① 사망자가 1인 이상 발생한 재해
　　　 ② 3개월 이상의 요양이 필요한 부상자가 동시에 2명 이상 발생한 재해
　　　 ③ 부상자 또는 직업성 질병자가 동시에 10인 이상 발생한 재해

5. 다음 보기 내용의 산업안전표지 종류 중 맞는 것을 (   )에 쓰시오.

[보기]			
① 금연	② 보행금지	③ 폭발물 경고	④ 위험장소 경고
⑤ 안전화 착용	⑥ 방독마스크 착용	⑦ 녹십자 표시	⑧ 세안장치
(1) 금지표지( )		(2) 경고표지( )	
(3) 지시표지( )		(4) 안내표지( )	

➡해답 (1) 금지표지(①, ②)   (2) 경고표지(③, ④)
　　　 (3) 지시표지(⑤, ⑥)   (4) 안내표지(⑦, ⑧)

2004년 4회

4. 다음 보기는 건설업 안전관리자 수 및 선임방법이다. (   )에 알맞은 숫자를 쓰시오.

[보기]
(1) 건설업에서 공사금액 120억 원 이상 800억 원 미만 또는 상시 근로자 300인 이상 600인 미만 시 안전 관리자 수
(2) 건설업에서 공사금액 800억 원 이상 또는 상시 근로자 600인 이상시 안전관리자수
(3) 건설업에서 공사금액 800억 원을 기준으로 매 700억 원 또는 상시 근로자 600인을 기준으로 매 (   )인이 추가될 때 안전관리자 (   )인씩 추가하는가?

➡해답 (1) 1명, (2) 2명, (3) 300, 1

8. 다음 안전표지의 종류 및 색채를 표기하시오.

① 　② 　③ 　④

➡해답 ① 사용금지 : 빨간색
　　　 ② 고압 전기 경고 : 노란색
　　　 ③ 보안경 착용 : 파란색
　　　 ④ 비상구 : 녹색

11. 환산재해율 산정 시 사업자 무과실(무재해) 간주사항 3가지를 쓰시오.

➡해답 ① 방화, 근로자 간 또는 타인 간의 폭행에 의한 경우
② 「도로교통법」에 따라 도로에서 발생한 교통사고에 의한 경우(해당 공사의 공사용 차량·장비에 의한 사고는 제외한다)
③ 태풍·홍수·지진·눈사태 등 천재지변에 의한 불가항력적인 재해의 경우
④ 작업과 관련이 없는 제3자의 과실에 의한 경우(해당 목적물 완성을 위한 작업자 간의 과실은 제외한다)
⑤ 그 밖에 야유회, 체육행사, 취침·휴식 중의 사고 등 건설작업과 직접 관련이 없는 경우
※ 현재법에서는 사망사고만인율로 변경됨

2005년 1회

1. 안전대의 훅·버클의 폐기기준 3가지를 쓰시오.

➡해답 ① 훅 외측에 1mm 이상의 손상이 있는 것
② 이탈방지장치의 작동이 나쁜 것
③ 전체적으로 녹이 슨 것

2. 안전표지의 종류 5가지를 쓰시오.

➡해답 ① 금지표시 ② 경고표지 ③ 지시표시 ④ 안내표지 ⑤ 관계자외 출입금지

6. H사업장의 평균 근로자수가 500명, 작업 시 연간재해자가 6명 발생했다. 연천인율 및 도수율을 계산하시오.

➡해답 연천인율 $= \dfrac{재해자수}{연평균근로자수} \times 1,000 = \dfrac{6}{500} \times 1,000 = 12$

도수율 $= \dfrac{연천인율}{2.4} = \dfrac{12}{2.4} = 5$

11. 산업재해 발생 시 산업재해 기록 등 3년간 기록 보존해야 하는 항목 3가지를 쓰시오.

> **→해답** ① 사업장의 개요 및 근로자의 인적사항
> ② 재해발생 일시 및 장소
> ③ 재해 발생원인 및 과정
> ④ 재해 재발 방지계획

12. 굴착면의 높이가 2m 이상이 되는 암석의 굴착작업 시 특별교육내용 3가지를 쓰시오.

> **→해답** ① 폭발물 취급요령과 대피요령에 관한 사항
> ② 안전거리 및 안전기준에 관한 사항
> ③ 방호물의 설치 및 기준에 관한 사항
> ④ 보호구 및 신호방법 등에 관한 사항

2005년 2회

5. 다음 보기의 (   )에 알맞은 글이나 숫자를 쓰시오.

교육과정	교육대상		교육시간
가. 정기교육	1) 사무직 종사 근로자		매반기 6시간 이상
	2) 그 밖의 근로자	가) 판매 업무에 직접 종사하는 근로자	매반기 6시간 이상
		나) 판매업무에 직접 종사하는 근로자 외의 근로자	매반기 12시간 이상
나. 채용 시 교육	1) 일용근로자 및 근로계약기간이 1주일 이하인 기간제근로자		1시간 이상
	2) 근로계약기간이 1주일 초과 1개월 이하인 기간제 근로자		4시간 이상
	3) 그 밖의 근로자		8시간 이상
다. 작업내용 변경 시 교육	1) 일용근로자 및 근로계약기간이 1주일 이하인 기간제근로자		(①)
	2) 그 밖의 근로자		(②)

해답 ① : 1시간 이상
② : 2시간 이상

6. 다음 보기의 ( )에 알맞은 말이나 숫자를 쓰시오.

색채	색도기준	용도	사용례
빨간색	7.5R 4/14	(①)	정지신호, 소화설비 및 그 장소, 유해행위의 금지
(②)	5Y 8.5/12	경고	위험경고 · 주의표지 또는 기계 방호물
파란색	2.5PB 4/10	(③)	특정행위의 지시 및 사실의 고지
(④)	2.5G 4/10	안내	비상구 및 피난소, 사람 또는 차량의 통행 표지
흰색	(⑤)		파란색 또는 녹색에 대한 보조색
검정색	N0.5		문자 및 빨간색 또는 노란색에 대한 보조색

해답 ① 금지 ② 노란색 ③ 지시 ④ 녹색 ⑤ N9.5

2005년 4회

9. 중대재해 분류기준(종류) 3가지를 쓰시오.

해답 ① 사망자가 1명 이상 발생한 재해
② 3개월 이상의 요양을 요하는 부상자가 동시에 2명 이상 발생한 재해
③ 부상자가 또는 직업성 질병자가 동시에 10명 이상 발생한 재해

2006년 1회

10. 건설재해예방 전문지도기관의 기술지도를 실시하지 않아도 되는 공사 3가지를 쓰시오.

➡해답 1. 공사기간이 1개월 미만인 공사
2. 육지와 연결되지 아니한 섬지역(제주특별자치도는 제외한다)에서 이루어지는 공사
3. 안전관리자의 자격을 가진 사람을 선임하여 안전관리자의 직무만을 전담하도록 하는 공사. 이 경우 사업주는 안전관리자 선임 등 보고서(건설업)를 관할 지방고용노동관서의 장에게 제출하여야 한다.
4. 유해·위험방지계획서를 제출하여야 하는 공사

2006년 2회

2. 안전대의 훅·버클 부분의 폐기기준 3가지를 쓰시오.

➡해답 ① 훅 외측에 1mm 이상의 손상이 있는 것
② 이탈방지장치의 작동이 나쁜 것
③ 전체적으로 녹이 슨 것

4. 중대재해가 발생한 때에는 산업안전보건법 규정에 의해 지정된 기한 내에 관할지방 노동관서의 장에게 전화, 모사전송 기타 적절한 방법에 의해 보고해야 한다. 보고기간과 보고사항 2가지를 쓰시오.

➡해답 1. 보고기간 : 발생즉시 보고
2. 보고사항
① 발생개요 및 피해 상황
② 조치 및 전망
③ 그 밖의 중요한 사항

7. 건설업의 수급인 또는 자체사업을 행하는 자가 산업안전보건관리비를 사용하고자 하는 경우에는 사용방법 재해예방조치 등에 대하여 전문지도 기관의 지도를 받아야 한다. 이때 이 대상에서 제외하는 공사 3가지를 쓰시오.

➡해답 1. 공사기간이 1개월 미만인 공사
2. 육지와 연결되지 아니한 섬지역(제주특별자치도는 제외한다)에서 이루어지는 공사
3. 안전관리자의 자격을 가진 사람을 선임하여 안전관리자의 직무만을 전담하도록 하는 공사. 이 경우 사업주는 안전관리자 선임 등 보고서(건설업)를 관할 지방고용노동관서의 장에게 제출하여야 한다.
4. 유해·위험방지계획서를 제출하여야 하는 공사

8. H사업장의 평균 근로자수가 500명, 작업 시 연간재해자가 6명 발생했다. 연천인율 및 도수율을 계산하시오.

➡해답 연천인율 $=\dfrac{재해자수}{연평균근로자수}\times1,000=\dfrac{6}{500}\times1,000=12$

도수율 $=\dfrac{연천인율}{2.4}=\dfrac{12}{2.4}=5$

2006년 4회

9. 안전모의 종류 3가지와 용도를 쓰시오.

➡해답 ① AB형 : 물체의 낙하 또는 비래 및 추락에 의한 위험을 방지 또는 경감시키기 위한 것
② AE형 : 물체의 낙하 또는 비래에 의한 위험을 방지 또는 경감하고, 머리부위 감전에 의한 위험을 방지하기 위한 것
③ ABE형 : 물체의 낙하 또는 비래 및 추락에 의한 위험을 방지 또는 경감하고, 머리부위 감전에 의한 위험을 방지하기 위한 것

11. 산업안전표지 색깔을 (   )에 쓰시오.

내용	바탕색	기본모형	관련부호색
금지	흰색	(①)	검은색
경고	(②)	검은색	(③)
지시	파랑	-	(④)

➡해답 ① 빨간색
② 노란색
③ 검은색
④ 흰색

2007년 1회

1. 거푸집 동바리 고정·해체 작업시 관리감독자 직무사항 3가지를 쓰시오.

➡해답 ① 안전한 작업방법을 결정하고 당해 작업을 지휘하는 일
② 재료·기구의 결함 유무를 점검하고 불량품을 제거하는 일
③ 작업 중 안전대 및 안전모 등 보호구 착용상황을 감시하는 일

7. 산업재해 발생시 기록 보존해야 하는 항목 4가지를 쓰시오.

➡해답 ① 사업장의 개요 및 근로자의 인적사항
② 재해발생 일시 및 장소
③ 재해 발생원인 및 과정
④ 재해 재발 방지 계획

8. 중대재해 발생시 ① 보고기간과 ② 보고사항 3가지를 쓰시오.

➡해답 1. 보고기간 : 발생즉시 보고
2. 보고사항
① 발생개요 및 피해 상황
② 조치 및 전망
③ 그 밖의 중요한 사항

9. 연평균 200명이 근무하는 H사업장에서 사망재해가 1건 발생하여 1명 사망, 50일의 휴업일 수가 2명 발생되고 20일의 휴업일수가 1명이 발생되었다. 강도율을 구하시오.(단, 종업원의 근무일수는 300일이다.)

해답 강도율 $= \dfrac{\text{근로손실일수}}{\text{연근로시간수}} \times 1,000 = \dfrac{\text{근로손실일수}}{200 \times 8 \times 300} \times 1,000$

$\qquad = \dfrac{7,500 + 98.63}{200 \times 8 \times 300} \times 1,000 = 15.83$

① 사망재해(1건) 근로손실일수 : 7,500일

② 휴업일수 : 50×2+20=120일

$\qquad$ 근로손실일수 $= 120 \times \dfrac{300}{365} = 98.63$

2007년 2회

6. 다음 보기의 (　)에 알맞은 말이나 숫자를 쓰시오.

색채	색도기준	용도	사용례
빨간색	7.5R 4/14	(①)	정지신호, 소화설비 및 그 장소, 유해행위의 금지
		경고	화학물질 취급장소에서의 유해·위험 경고
(②)	5Y 8.5/12	경고	화학물질 취급장소에서의 유해·위험경고 이외의 위험경고, 주의표지 또는 기계방호물
파란색	2.5PB 4/10	(③)	특정행위의 지시 및 사실의 고지
(④)	2.5G 4/10	안내	비상구 및 피난소, 사람 또는 차량의 통행 표지
흰색	(⑤)		파란색 또는 녹색에 대한 보조색
검정색	N0.5		문자 및 빨간색 또는 노란색에 대한 보조색

해답 ① 금지 ② 노란색 ③ 지시 ④ 녹색 ⑤ N9.5

12. 안전활동률의 계산공식을 쓰시오.

해답 안전활동률 $= \dfrac{\text{안전활동건수}}{\text{평균근로자수} \times \text{근로시간수}} \times 1,000,000$

13. 산업안전보건법 시행규칙에 의하면 안전관리자에 선임된 후 3개월 이내에 직무를 수행하는데 필요한 신규교육과 신규교육 이수 후 2년이 되는 날을 기준으로 전후 3개월 사이에 보수교육을 받아야 한다. 이때 받아야 하는 교육시간을 각각 쓰시오.

교육대상	교육시간	
	신규교육	보수교육
가. 안전보건관리책임자	6시간 이상	(①)
나. 안전관리자	(②)	24시간 이상
다. 보건관리자	34시간 이상	(③)
라. 건설재해예방 전문지도기관 종사자	34시간 이상	(④)

➡해답 ① 6시간 이상, ② 34시간 이상, ③ 24시간 이상, ④ 24시간 이상

2007년 4회

8. 굴착면의 높이가 2m 이상 되는 지반굴착 작업 시 특별교육 3가지를 쓰시오.

➡해답 ① 지반의 형태구조 및 굴착 요령에 관한 사항
② 지반의 붕괴재해 예방에 관한 사항
③ 붕괴방지용 구조물 설치 및 작업방법에 관한 사항
④ 보호구 종류 및 사용에 관한 사항

10. PDCA 4단계를 설명하시오.

➡해답 1단계 : 계획을 세운다(plan : P)
① 목표를 정한다.
② 목표를 달성하는 방법을 정한다.
2단계 : 계획대로 실시한다(do : D)
① 환경과 설비를 개선한다.
② 점검한다.
③ 교육 훈련한다.
④ 기타의 계획을 실행에 옮긴다.
3단계 : 결과를 검토한다(check : C)

4단계 : 검토결과에 의해 조치를 취한다.(action : A)
① 정해진 대로 행해지지 않았으면 수정한다.
② 문제점이 발견되었을 때 개선한다.
③ 더욱 좋은 개선책을 고안하여 다음 계획에 들어간다.

12. 산업안전표지 중 "위험경고장소" 표지를 ① 그림으로 표시하고 ② 바탕색 ③ 기본 모형색 ④ 관련부호 색 등을 표시하시오.

➡해답 ① 그림 : ② 노란색 ③ 검은색 ④ 검은색

2008년 1회

4. 안전관리비 중 지정교육기관에서 자격, 면허취득 또는 기능습득을 위한 교육비를 받을 수 있는 업무나 작업을 5가지 쓰시오.

➡해답 1. 철골구조물 및 배관 등을 설치하거나 해체하는 업무
2. 타워크레인 조종업무(조종석이 설치되지 아니한 정격하중 5톤 이상의 무인타워크레인을 포함한다)
3. 흙막이 지보공의 조립 또는 해체작업
4. 거푸집의 조립 또는 해체작업
5. 비계의 조립 또는 해체작업
6. 고압선 정전 및 활선작업

6. 환산재해율에서 상시 근로자 산출식을 쓰시오.

➡해답 상시 근로자수 $= \dfrac{\text{연간 국내공사 실적액} \times \text{노무비율}}{\text{건설업 월평균임금} \times 12}$

※ 현재법에서는 사망사고만인율로 변경됨

7. 아래 보기는 안전인증대상 보호구의 종류이다. 아래 보기 외 보호구 종류 6가지를 쓰시오.

> 안전모,　안전화,　안전대,　안전장갑,　송기마스크

➡해답 ① 방진마스크　② 방독마스크　③ 보호복　④ 용접용 보안면
　　　⑤ 차광 및 비산물 위험방지용 보안경　⑥ 방음용 귀마개 또는 귀덮개

8. 안전보건관리책임자 등에 대한 교육대상과 교육시간을 쓰시오.

➡해답

교육대상	교육시간	
	신규교육	보수교육
가. 안전보건관리책임자	6시간 이상	6시간 이상
나. 안전관리자	34시간 이상	24시간 이상
다. 보건관리자	34시간 이상	24시간 이상
라. 건설재해예방 전문지도기관 종사자	34시간 이상	24시간 이상

2008년 2회

10. 건설현장의 지난 한 해 동안 근무상황이 보기와 같은 경우 도수율, 강도율, 종합재해지수(FSI)를 구하시오.

- 연평균근로자수 : 200명
- 연간작업일수 : 300일
- 연간재해발생건수 : 9건
- 시간외 작업시간 합계 : 20,000시간
- 지각 및 조퇴시간 합계 : 2,000시간
- 1일 작업시간 : 8시간
- 평균출근율 : 90%
- 휴업일수 : 125일

➡해답 (1) 도수율 $= \dfrac{\text{재해발생건수}}{\text{연근로시간수}} \times 1{,}000{,}000$

$$= \frac{9}{(200 \times 8 \times 300 \times 0.9 - 2{,}000) + 20{,}000} \times 1{,}000{,}000 = 20$$

(2) 강도율 $= \dfrac{\text{근로손실일수}}{\text{연근로시간수}} \times 1{,}000$

$$= \frac{125 \times \dfrac{300}{365}}{(200 \times 8 \times 300 \times 0.9 - 2{,}000) + 20{,}000} \times 1{,}000 = 0.228$$

(3) 종합재해지수(FSI) $= \sqrt{\text{도수율}(F.R) \times \text{강도율}(S.R)}$

$$= \sqrt{(20 \times 0.228)} = 2.14$$

11. 산업안전보건법상 안전보건표지별 종류를 각각 3가지씩 쓰시오.

➡해답 ① 금지 표시 : 출입금지, 보행금지, 차량통행금지
② 경고 표지 : 고압전기경고, 낙하물 경고, 매달린 물체경고
③ 지시 표지 : 보안경착용, 방진마스크착용, 보안면착용
④ 안내 표지 : 세안장치, 녹십자표지, 들것
⑤ 관계자외 출입금지 : 허가대상물질 작업장, 석면 취급/해체 작업장, 금지대상 물질의 취급 실험실 등

2008년 4회

1. 다음 괄호 안에 알맞은 답안을 쓰시오.

교육과정	교육대상		교육시간
가. 정기교육	1) 사무직 종사 근로자		매반기 6시간 이상
	2) 그 밖의 근로자	가) 판매 업무에 직접 종사 하는 근로자	(①)
		나) 판매업무에 직접 종사 하는 근로자 외의 근로자	매반기 12시간 이상
나. 채용 시 교육	1) 일용근로자 및 근로계약기간이 1주일 이하인 기간제근로자		(②)
	2) 근로계약기간이 1주일 초과 1개월 이 하인 기간제 근로자		4시간 이상
	3) 그 밖의 근로자		(③)
다. 작업내용 변경 시 교육	1) 일용근로자 및 근로계약기간이 1주일 이하인 기간제근로자		1시간 이상
	2) 그 밖의 근로자		(④)

➡해답 ① 매반기 6시간 이상
② 1시간 이상
③ 8시간 이상
④ 2시간 이상

2. 안전관리자가 수행하여야 할 직무사항 4가지를 쓰시오.

해답 ① 산업안전보건위원회 또는 법 제75조제1항에 따른 안전 및 보건에 관한 노사협의체에서 심의·의결한 업무와 해당 사업장의 안전보건관리규정 및 취업규칙에서 정한 업무

② 위험성평가에 관한 보좌 및 지도·조언

③ 안전인증대상 기계 등과 자율안전확인대상 기계 등 구입 시 적격품의 선정에 관한 보좌 및 지도·조언

④ 해당 사업장 안전교육계획의 수립 및 안전교육 실시에 관한 보좌 및 지도·조언

⑤ 사업장 순회점검, 지도 및 조치 건의

⑥ 산업재해 발생의 원인 조사·분석 및 재발 방지를 위한 기술적 보좌 및 지도·조언

⑦ 산업재해에 관한 통계의 유지·관리·분석을 위한 보좌 및 지도·조언

⑧ 법 또는 법에 따른 명령으로 정한 안전에 관한 사항의 이행에 관한 보좌 및 지도·조언

⑨ 업무 수행 내용의 기록·유지

⑩ 그 밖에 안전에 관한 사항으로서 고용노동부장관이 정하는 사항

3. 하인리히 재해예방 5단계를 쓰시오.

해답 (1) 1단계 : 안전조직   (2) 2단계 : 사실의 발견

(3) 3단계 : 분석·평가   (4) 4단계 : 시정책의 선정

(5) 5단계 : 시정책의 적용

5. 세이프티스코어를 계산하고 평가하시오.

- 전년도 도수율 : 125
- 올해연도 도수율 : 100
- 근로자수 : 400명
- 올해연도 근로 시간수 : 2,390시간

해답 (1) 계산

$$\text{Safe T. Score} = \frac{\text{빈도율(현재)} - \text{빈도율(과거)}}{\sqrt{\dfrac{\text{빈도율(과거)}}{\text{총 근로시간수}} \times 1,000,000}}$$

$$= \frac{100 - 125}{\sqrt{\dfrac{125}{400 \times 2,390} \times 1,000,000}} = -2.186$$

(2) 평가 : -2.186이므로 안전관리 수행도 평가가 과거보다 좋다.

① +2.00 이상인 경우 : 과거보다 심각하게 나쁘다.

② +2~-2인 경우 : 심각한 차이가 없음

③ -2 이하 : 과거보다 좋다.

9. 출입금지 표지판을 도해하고 색채를 넣으시오.

⟹해답

바탕은 흰색, 기본모형은 빨간색, 관련부호 및 그림은 검은색

2009년 1회

2. 근로자 500명, 8시간 작업, 연 280일, 결근율 5%, 20건 재해, 1명 사망, 장애3급 1명, 250일의 근로손실이 발생한 사업장의 강도율을 구하시오.

⟹해답 강도율 $= \dfrac{\text{근로손실일수}}{\text{연근로시간수}} \times 1{,}000 = \dfrac{7{,}500 + 7{,}500 + 250}{500 \times 8 \times 280 \times 0.95} \times 1{,}000 = 14.33$

3. 환산재해율 산정 시 무과실로 간주하는 사항을 3가지 쓰시오.

⟹해답 ① 방화, 근로자 간 또는 타인 간의 폭행에 의한 경우
② 「도로교통법」에 따라 도로에서 발생한 교통사고에 의한 경우(해당 공사의 공사용 차량·장비에 의한 사고는 제외한다)
③ 태풍·홍수·지진·눈사태 등 천재지변에 의한 불가항력적인 재해의 경우
④ 작업과 관련이 없는 제3자의 과실에 의한 경우(해당 목적물 완성을 위한 작업자 간의 과실은 제외한다)
⑤ 그 밖에 야유회, 체육행사, 취침·휴식 중의 사고 등 건설작업과 직접 관련이 없는 경우
※ 현재법에서는 사망사고만인율로 변경됨

4. 안전관리자 선임기준이다. 빈칸을 채우시오.

• 공사금액 800억 원 이상 600명 이상 또는 상시 근로자 600명 이상인 경우의 공사에서는 (①)명을 선임한다.
• 공사금액 800억 원을 기준으로 (②)억 원이 증가할 때마다 또는 상시 근로자 600명을 기준으로 (③)명 추가될 때마다 (④)명씩 추가됨

⟹해답 ① 2   ② 700   ③ 300   ④ 1

7. 다음의 빈칸을 채우시오.

매슬로우	허츠버그	알더퍼ERG
생리적 욕구	( )	존재(Existence needs)
안전의 욕구		
( )		( )
존경 욕구	( )	
자아실현의 욕구		성장(Growth needs)

➡해답

매슬로우	허츠버그	알더퍼ERG
생리적 욕구	(위생 이론)	존재(Existence needs)
안전의 욕구		
(사회적 욕구)		(관계(Relatedness needs))
존경 욕구	(동기 이론)	
자아실현의 욕구		성장(Growth needs)

2009년 2회

1. 금지표시와 경고표지의 종류를 각각 2가지씩 쓰시오.

➡해답 ① 금지 표시 : 출입금지, 보행금지, 차량통행금지
② 경고 표지 : 고압전기경고, 낙하물 경고, 매달린 물체 경고

8. 다음의 안전관리자 선임 수를 쓰시오.

• 상시근로자 500인 운수업 : (①)
• 상시근로자 1,000명인 건설업 : (②)
• 총공사금액 1,500억 원 이상인 건설업 : (③)

➡해답 ① 1명   ② 3명   ③ 3명

11. 근로손실일수 사망 1명(7,500일), 14급(50일) 4명으로 총근로손실일수가 7,700일일 때 도수율과 강도율을 구하시오.(근로자수 100인, 1일 8시간, 연 300일 근무 기준)

➡해답 도수율 = $\dfrac{재해발생건수}{연근로시간수} \times 1,000,000 = \dfrac{5}{100 \times 8 \times 300} \times 1,000,000 = 20.83$

강도율 = $\dfrac{근로손실일수}{연근로시간수} \times 1,000 = \dfrac{7,700}{100 \times 8 \times 300} \times 1,000 = 32.08$

13. 3E가 무엇인지 쓰시오.

➡해답 3E : 기술적(Engineering) 대책, 교육적(Education) 대책, 관리적(Enforcement) 대책

14. 안전보건관리 규정에 포함되어야 할 세부사항을 3가지 쓰시오.

➡해답 ① 안전 및 보건에 관한 관리조직과 그 직무에 관한 사항
② 안전보건교육에 관한 사항
③ 작업장의 안전 및 보건 관리에 관한 사항
④ 사고 조사 및 대책 수립에 관한 사항
⑤ 그 밖에 안전 및 보건에 관한 사항

2009년 4회

4. 안전대의 벨트부분의 폐기기준 2가지를 쓰시오.

➡해답 ① 끝 또는 폭에 1mm 이상의 손상 또는 변형이 있는 것
② 양 끝의 해짐이 심한 것

10. 환산재해율 산정 시 무재해로 인정받을 수 있는 경우 3가지를 쓰시오.

➡해답 ① 방화, 근로자 간 또는 타인 간의 폭행에 의한 경우
② 「도로교통법」에 따라 도로에서 발생한 교통사고에 의한 경우(해당 공사의 공사용 차량·장비에 의한 사고는 제외한다)
③ 태풍·홍수·지진·눈사태 등 천재지변에 의한 불가항력적인 재해의 경우
④ 작업과 관련이 없는 제3자의 과실에 의한 경우(해당 목적물 완성을 위한 작업자 간의 과실은 제외한다)
⑤ 그 밖에 야유회, 체육행사, 취침·휴식 중의 사고 등 건설작업과 직접 관련이 없는 경우
※ 현재법에서는 사망사고만인율로 변경됨

12. 다음 괄호 안에 알맞은 답안을 쓰시오.

교육과정	교육대상		교육시간
가. 정기교육	1) 사무직 종사 근로자		매반기 6시간 이상
	2) 그 밖의 근로자	가) 판매 업무에 직접 종사하는 근로자	(①)
		나) 판매업무에 직접 종사하는 근로자 외의 근로자	매반기 12시간 이상
나. 채용 시 교육	1) 일용근로자 및 근로계약기간이 1주일 이하인 기간제근로자		(②)
	2) 근로계약기간이 1주일 초과 1개월 이하인 기간제 근로자		4시간 이상
	3) 그 밖의 근로자		(③)
다. 작업내용 변경 시 교육	1) 일용근로자 및 근로계약기간이 1주일 이하인 기간제근로자		1시간 이상
	2) 그 밖의 근로자		(④)

➡해답 ① 매반기 6시간 이상
② 1시간 이상
③ 8시간 이상
④ 2시간 이상

4. 굴착면 높이 2m 이상이 되는 암석의 굴착작업에 대한 특별교육사항을 4가지 쓰시오.

➡️**해답** ① 안전거리 및 안전기준에 관한 사항
② 방호물의 설치 및 기준에 관한사항
③ 보호구 및 신호방법 등에 관한 사항
④ 폭발물 취급요령과 대피요령에 관한 사항

6. 다음 표지판의 내용을 쓰시오.

① ② ③ ④

➡️**해답** ① 보행금지　　② 인화성 물질 경고
③ 낙하물 경고　　④ 녹십자 표지

8. 안전관리자의 업무내용을 3가지 쓰시오.

➡️**해답** ① 산업안전보건위원회 또는 법 제75조제1항에 따른 안전 및 보건에 관한 노사협의체에서 심의·의결한 업무와 해당 사업장의 안전보건관리규정 및 취업규칙에서 정한 업무
② 위험성평가에 관한 보좌 및 지도·조언
③ 안전인증대상 기계 등과 자율안전확인대상 기계 등 구입 시 적격품의 선정에 관한 보좌 및 지도·조언
④ 해당 사업장 안전교육계획의 수립 및 안전교육 실시에 관한 보좌 및 지도·조언
⑤ 사업장 순회점검, 지도 및 조치 건의
⑥ 산업재해 발생의 원인 조사·분석 및 재발 방지를 위한 기술적 보좌 및 지도·조언
⑦ 산업재해에 관한 통계의 유지·관리·분석을 위한 보좌 및 지도·조언
⑧ 법 또는 법에 따른 명령으로 정한 안전에 관한 사항의 이행에 관한 보좌 및 지도·조언
⑨ 업무 수행 내용의 기록·유지
⑩ 그 밖에 안전에 관한 사항으로서 고용노동부장관이 정하는 사항

10. 건설재해예방 전문지도기관의 기술지도 제외대상을 3가지 쓰시오.

➡해답 1. 공사기간이 1개월 미만인 공사
2. 육지와 연결되지 아니한 섬지역(제주특별자치도는 제외한다)에서 이루어지는 공사
3. 안전관리자의 자격을 가진 사람을 선임하여 안전관리자의 직무만을 전담하도록 하는 공사. 이 경우 사업주는 안전관리자 선임 등 보고서(건설업)를 관할 지방고용노동관서의 장에게 제출하여야 한다.
4. 유해·위험방지계획서를 제출하여야 하는 공사

11. 근로자 수 400명, 1일 8시간 300일 근무, 과거빈도율 120, 현재빈도율 100일 때 Safe T. Score를 계산하시오.

➡해답 (1) 계산

$$\text{Safe T. Score} = \frac{\text{빈도율(현재)} - \text{빈도율(과거)}}{\sqrt{\dfrac{\text{빈도율(과거)}}{\text{총 근로시간수}} \times 1,000,000}} = \frac{100 - 120}{\sqrt{\dfrac{120}{400 \times 8 \times 300} \times 1,000,000}} = -1.785$$

(2) 평가 : −1.785이므로 과거보다 심각한 차이가 없다.
① +2.00 이상인 경우 : 과거보다 심각하게 나쁘다.
② +2 ~ −2인 경우 : 심각한 차이가 없다.
③ −2 이하 : 과거보다 좋다.

12. 안면부여과식 방진마스크의 분진 포집효율에 따른 등급기준을 쓰시오.

➡해답 ① 특급 : 99.0% 이상
② 1급 : 94.0% 이상
③ 2급 : 80.0% 이상

13. 안전관리자를 정수 이상으로 하거나 교체할 수 있는 사유를 3가지 쓰시오.

➡해답 1. 해당 사업장의 연간재해율이 같은 업종의 평균재해율의 2배 이상인 경우
2. 중대재해가 연간 3건 이상 발생한 경우
3. 관리자가 질병 기타의 사유로 3월 이상 직무를 수행할 수 없게 된 경우

2010년 2회

6. 매슬로우 욕구이론을 쓰시오.

➡**해답** 1. 생리적 욕구(제1단계)　　2. 안전의 욕구(제2단계)
　　　 3. 사회적 욕구(제3단계)　　4. 존경의 욕구(제4단계)
　　　 5. 자아실현의 욕구(제5단계)

7. 안전모의 재료를 3가지 쓰시오.

➡**해답** ① 합성수지(모체)
　　　 ② 발포스티로폼(충격흡수재)
　　　 ③ 합성섬유, 가죽(착장체 및 턱끈)

8. 중대재해의 종류를 3가지 쓰시오.

➡**해답** ① 사망자가 1인 이상 발생한 재해
　　　 ② 3개월 이상의 요양이 필요한 부상자가 동시에 2명 이상 발생한 재해
　　　 ③ 부상자가 또는 직업성 질병자가 동시에 10인 이상 발생한 재해

10. 50명이 일하는 사업장에 5건의 재해, 1명 사망, 40일 근로손실, 1일 9시간, 연간 250일 근무일 때 강도율을 구하시오.

➡**해답** 강도율 $= \dfrac{\text{근로손실일수}}{\text{연근로시간수}} \times 1,000 = \dfrac{7,500+40}{50 \times 9 \times 250} \times 1,000 = 67.02$

11. PDCA를 간단히 설명하시오.

➡해답 ① 계획을 세운다.(plan : P)
　　　⊙ 목표를 정한다.
　　　ⓛ 목표를 달성하는 방법을 정한다.
　② 계획대로 실시한다.(do : D)
　　　⊙ 환경과 설비를 개선한다.
　　　ⓛ 점검한다.
　　　ⓒ 교육 훈련한다.
　　　ⓔ 기타의 계획을 실행에 옮긴다.
　③ 결과를 검토한다.(check : C)
　④ 검토결과에 의해 조치를 취한다.(action : A)
　　　⊙ 정해진 대로 행해지지 않았으면 수정한다.
　　　ⓛ 문제점이 발견되었을 때 개선한다.
　　　ⓒ 더욱 좋은 개선책을 고안하여 다음 계획에 들어간다.

2010년 4회

3. 산업안전보건법에 따라 명예산업안전감독관의 해촉사유 4가지를 쓰시오.

➡해답 1. 근로자대표가 사업주의 의견을 들어 위촉된 명예감독관의 해촉을 요청한 경우
　2. 위촉된 명예감독관이 해당 단체 또는 그 산하조직으로부터 퇴직하거나 해임된 경우
　3. 명예감독관의 업무와 관련하여 부정한 행위를 한 경우
　4. 질병이나 부상 등의 사유로 명예감독관의 업무 수행이 곤란하게 된 경우

7. 근로자 500명, 하루평균작업시간 8시간, 연간근무일수 280일, 재해건수 10건, 휴업일수 159일 때 종합재해지수를 구하시오.

➡해답 도수율 $= \dfrac{재해발생건수}{연근로시간수} \times 1,000,000 = \dfrac{10}{500 \times 8 \times 280} \times 1,000,000 = 8.93$

강도율 $= \dfrac{근로손실일수}{연근로시간수} \times 1,000 = \dfrac{159 \times \frac{280}{365}}{500 \times 8 \times 280} \times 1,000 = 0.11$

종합재해지수(FSI) $= \sqrt{도수율(F.R) \times 강도율(S.R)} = \sqrt{8.93 \times 0.11} = 0.99$

9. 안전인증대상 보호구에 인증표시 외에 표시사항 4가지를 쓰시오.

> **해답** ① 형식 및 모델명
> ② 규격 또는 등급 등
> ③ 제조자명
> ④ 제조번호 및 제조연월
> ⑤ 안전인증 번호

2011년 1회

5. 하인리히 및 버드의 재해구성비율을 쓰고 설명하시오.

> **해답** ① 하인리히
> 　　1(사망 또는 중상) : 29(경미한 사고) : 300(무상해 사고)
> ② 버드
> 　　1(중상 또는 폐질) : 10(경상, 물적 또는 인적상해) : 30(무상해사고, 물적손실) : 600(무상해, 무
> 　　사고 고장)

7. 환산재해율 산출공식을 쓰시오.

> **해답** 환산재해율 $= \dfrac{\text{환산재해자수}}{\text{상시근로자수}} \times 100$
>
> ※ 현재법에는 사망사고만인율로 변경됨

8. 연평균 근로자수 600명, 6개월간 안전전담활동시 안전활동률을 계산하시오.(단, 1일 9시간, 월 22일 근무, 6개월간 사고건수 2건, 불안전한 행동 20건 발견 및 조치, 불안전한 상태 34건 발견 및 조치, 권고 12건, 안전홍보 3건, 안전회의 6회)

> **해답** 안전활동률 $= \dfrac{\text{안전활동건수}}{\text{평균근로자수} \times \text{근로시간수}} \times 1,000,000$
>
> $= \dfrac{20+34+12+3+6}{600 \times 9 \times 22 \times 6} \times 1,000,000 = 105.22$

12. 안전보건관리규정의 작성 및 변경사항이다. 다음 물음에 답하시오.

① 작성대상사업장은 상시 근로자 몇 명 이상의 사업장인가?
② 변경사항이 발생한 경우 며칠 이내에 관련 내용을 작성 및 변경하여야 하는가?
③ 해당 안전보건관리규정의 심의, 의결을 행하는 기구는?
④ ③이 없을 시 해당 규정의 동의는 누구에게 얻어야 하는가?

➡해답 ① 100명 이상　　　　② 30일
　　　 ③ 산업안전보건위원회　④ 근로자대표

14. 환산재해율 산정 시 무재해로 인정받을 수 있는 경우 3가지를 쓰시오.

➡해답 ① 방화, 근로자 간 또는 타인 간의 폭행에 의한 경우
② 「도로교통법」에 따라 도로에서 발생한 교통사고에 의한 경우(해당 공사의 공사용 차량·장비에 의한 사고는 제외한다)
③ 태풍·홍수·지진·눈사태 등 천재지변에 의한 불가항력적인 재해의 경우
④ 작업과 관련이 없는 제3자의 과실에 의한 경우(해당 목적물 완성을 위한 작업자 간의 과실은 제외한다)
⑤ 그 밖에 야유회, 체육행사, 취침·휴식 중의 사고 등 건설작업과 직접 관련이 없는 경우
※ 현재법에는 사망사고만인율로 변경됨

2011년 2회

9. 안전보건 총괄책임자의 직무사항 3가지를 쓰시오.

➡해답 ① 위험성평가의 실시에 관한 사항
② 산업재해 및 중대재해 발생에 따른 작업의 중지
③ 도급 시 산업재해 예방조치
④ 산업안전보건관리비의 관계수급인 간의 사용에 관한 협의·조정 및 그 집행의 감독
⑤ 안전인증대상 기계 등과 자율안전확인대상 기계 등의 사용 여부 확인

10. 출입금지판을 그리고 색채를 표시하시오.

➡**해답** 바탕은 흰색, 기본모형(화살표)는 빨간색, 관련 부호 및 그림은 검정색

12. 명예산업안전감독관의 위촉가능한 대상자 3가지를 쓰시오.

➡**해답** 1. 산업안전보건위원회 또는 노사협의체 설치 대상 사업의 근로자 중에서 근로자대표가 사업주의 의견을 들어 추천하는 사람
2. 「노동조합 및 노동관계조정법」 제10조에 따른 연합단체인 노동조합 또는 그 지역 대표기구에 소속 된 임직원 중에서 해당 연합단체인 노동조합 또는 그 지역대표기구가 추천하는 사람
3. 전국 규모의 사업주단체 또는 그 산하조직에 소속된 임직원 중에서 해당 단체 또는 그 산하조직이 추천하는 사람
4. 산업재해 예방 관련 업무를 하는 단체 또는 그 산하조직에 소속된 임직원 중에서 해당 단체 또는 그 산하조직이 추천하는 사람

2011년 4회

2. 무재해 1배수 목표에 대한 설명이다. 다음 괄호를 채우시오.

- "무재해 1배수 목표"란 업종·규모별로 사업장을 그룹화하고 그룹내 사업장들이 평균적으로 재해자 (①)명이 발생하는 기간 동안 당해 사업장에서 재해가 발생하지 않는 것을 말한다.
- 무재해 시간 산정이 곤란한 경우 건설업은 1일 (②)시간을 근로한 것으로 본다.
- 무재해 운동 재개시 시점은 건설업의 경우 재개시 시점에 해당하는(③)를 적용한다.
- 무재해 운동을 개시한 날로부터 (④)일 이내에 무재해운동 개시신청서를 제출해야 한다.

➡**해답** ① 1 ② 10 ③ 총공사금액 ④ 14

6. 안전보건 직무교육대상 4가지를 쓰시오.

> **해답** 1. 안전보건관리책임자
>   2. 안전관리자
>   3. 보건관리자
>   4. 건설재해예방 전문지도기관 종사자

7. 표지의 바탕은 흰색, 기본모형은 빨간색, 관련부호 및 그림은 검은색인 표지의 종류를 4가지 쓰시오.

> **해답** ① 출입금지   ② 보행금지
>   ③ 사용금지   ④ 화기금지

12. 환산재해율 계산식에서 사업주 법 위반이 아닌 재해자의 재해로 산정되는 경우 2가지를 쓰시오.

> **해답** ① 방화, 근로자 간 또는 타인 간의 폭행에 의한 경우
>   ② 「도로교통법」에 따라 도로에서 발생한 교통사고에 의한 경우(해당 공사의 공사용 차량·장비에 의한 사고는 제외한다)
>   ③ 태풍·홍수·지진·눈사태 등 천재지변에 의한 불가항력적인 재해의 경우
>   ④ 작업과 관련이 없는 제3자의 과실에 의한 경우(해당 목적물 완성을 위한 작업자 간의 과실은 제외한다)
>   ⑤ 그 밖에 야유회, 체육행사, 취침·휴식 중의 사고 등 건설작업과 직접 관련이 없는 경우
>   ※ 현재법에는 사망사고만인율로 변경됨

13. 공정안전보고서와 관련된 내용이다. 다음 빈칸을 채우시오.

> 1. 공정안전보고서의 심사완료 후 (①)년 이내 공정안전보고서 이행상태를 평가해야 한다.
> 2. 이행상태 평가 후 (②)년마다 이행상태평가를 해야 한다.

> **해답** ① 1
>   ② 4

14. 같은 장소에서 행하여지는 사업의 일부를 도급을 주어 하는 사업으로서 대통령령으로 정하는 사업의 사업주는 그가 사용하는 근로자와 그의 수급인이 사용하는 근로자가 같은 장소에서 작업을 할 때에 생기는 산업재해를 예방하기 위하여 취해야 하는 조치사항 3가지를 쓰시오.

→해답 ① 안전보건에 관한 사업주 간 협의체의 구성 및 운영
② 작업장의 순회점검 등 안전보건관리
③ 수급인이 근로자에게 하는 안전보건교육에 대한 지도와 지원
④ 그 밖에 산업재해예방을 위하여 고용노동부령이 정하는 사항

2012년 1회

1. 산업안전표지 중에서 금지표지의 종류 4가지를 쓰시오.

→해답 출입금지, 보행금지, 사용금지, 화기금지

2. 근로자 500명, 하루평균작업시간 8시간, 연간근무일수 280일, 재해건수 6건, 휴업일수 103일 때 종합재해지수를 구하시오.

→해답 도수율 $= \dfrac{\text{재해발생건수}}{\text{연근로시간수}} \times 1,000,000 = \dfrac{6}{500 \times 8 \times 280} \times 1,000,000 = 5.36$

강도율 $= \dfrac{\text{근로손실일수}}{\text{연근로시간수}} \times 1,000 = \dfrac{103 \times \dfrac{280}{365}}{500 \times 8 \times 280} \times 1,000 = 0.07$

종합재해지수$(FSI) = \sqrt{\text{도수율}(F.R) \times \text{강도율}(S.R)} = \sqrt{5.36 \times 0.07} = 0.61$

6. 명예산업안전감독관의 위촉가능한 대상자 3가지를 쓰시오.

→해답 1. 산업안전보건위원회 또는 노사협의체 설치 대상 사업의 근로자 중에서 근로자대표가 사업주의 의견을 들어 추천하는 사람
2. 「노동조합 및 노동관계조정법」 제10조에 따른 연합단체인 노동조합 또는 그 지역 대표기구에 소속된 임직원 중에서 해당 연합단체인 노동조합 또는 그 지역대표기구가 추천하는 사람
3. 전국 규모의 사업주단체 또는 그 산하조직에 소속된 임직원 중에서 해당 단체 또는 그 산하조직이 추천하는 사람
4. 산업재해 예방 관련 업무를 하는 단체 또는 그 산하조직에 소속된 임직원 중에서 해당 단체 또는 그 산하조직이 추천하는 사람

10. 사업장에서 실시하는 안전보건교육의 종류와 시간을 쓰시오.

교육과정	교육대상		교육시간
가. 정기교육	1) 사무직 종사 근로자		매반기 6시간 이상
	2) 그 밖의 근로자	가) 판매 업무에 직접 종사하는 근로자	매반기 6시간 이상
		나) 판매업무에 직접 종사하는 근로자 외의 근로자	매반기 12시간 이상
나. 채용 시 교육	1) 일용근로자 및 근로계약기간이 1주일 이하인 기간제근로자		(②)
	2) 근로계약기간이 1주일 초과 1개월 이하인 기간제 근로자		4시간 이상
	3) 그 밖의 근로자		(③)
다. 작업내용 변경 시 교육	1) 일용근로자 및 근로계약기간이 1주일 이하인 기간제근로자		(④)
	2) 그 밖의 근로자		2시간 이상

➡해답 ① 매반기 6시간 이상
   ② 1시간 이상
   ③ 8시간 이상
   ④ 1시간 이상

14. 안전보건진단을 받아 안전보건개선계획 제출을 명할 수 있는 사업장 2가지를 쓰시오.

➡해답 ① 산업재해율이 같은 업종 평균 산업재해율의 2배 이상인 사업장
   ② 사업주가 필요한 안전조치 또는 보건조치를 이행하지 아니하여 중대재해가 발생한 사업장
   ③ 직업성 질병자가 연간 2명 이상(상시근로자 1천 명 이상 사업장의 경우 3명 이상) 발생한 사업장
   ④ 그 밖에 작업환경 불량, 화재·폭발 또는 누출 사고 등으로 사업장 주변까지 피해가 확산된 사업장으로서 고용노동부령으로 정하는 사업장

2012년 2회

1. 다음의 4가지 보기 지문 중 틀린 내용 2가지를 고르시오.

(1) 안전보건개선계획의 수립·시행명령을 받은 사업주는 고용노동부장관이 정하는 바에 따라 안전보건개선계획서를 작성하여 그 명령을 받은 날부터 90일 이내에 관할 지방고용노동관서의 장에게 제출하여야 한다.
(2) 산업재해가 발생한 때에 사업주가 기록 보존하여야 하는 사항에는 재해 재발방지 계획도 포함된다.
(3) 연간 산업재해율이 규모별 같은 업종의 평균재해율 이상인 사업장 중 상위 15퍼센트 이내에 해당되는 사업장은 고용노동부 장관이 산업재해 발생건수, 재해율 또는 그 순위 등을 공표할 수 있는 사업장에 해당된다.
(4) 연면적 5천제곱미터 이상의 냉동·냉장창고시설의 설비공사 및 단열공사는 유해위험방지계획서 제출 대상공사이다.

➡해답 (1), (3)

(1) 안전보건개선계획의 수립·시행명령을 받은 사업주는 고용노동부장관이 정하는 바에 따라 안전보건개선계획서를 작성하여 그 명령을 받은 날부터 60일 이내에 관할 지방고용노동관서의 장에게 제출하여야 한다.
(3) 연간 산업재해율이 규모별 같은 업종의 평균재해율 이상인 사업장 중 상위 10퍼센트 이내에 해당되는 사업장은 고용노동부 장관이 산업재해 발생건수, 재해율 또는 그 순위 등을 공표할 수 있는 사업장에 해당된다.

3. 근로자 수 400명, 1일 8시간 300일 근무, 과거빈도율 120, 현재빈도율 100일 때 Safe T. Score를 계산하시오.

➡해답 (1) 계산

$$\text{Safe T. Score} = \frac{\text{빈도율(현재)} - \text{빈도율(과거)}}{\sqrt{\dfrac{\text{빈도율(과거)}}{\text{총 근로시간수}} \times 1,000,000}}$$

$$= \frac{100 - 120}{\sqrt{\dfrac{120}{400 \times 2,400} \times 1,000,000}} = -1.788$$

(2) 평가 : -1.788이므로 과거보다 심각한 차이가 없다.
① +2.00 이상인 경우 : 과거보다 심각하게 나쁘다.
② +2~-2인 경우 : 심각한 차이가 없다.
③ -2 이하 : 과거보다 좋다.

7. 산업안전보건법상 다음 각 사업에 대한 안전관리자의 최소 인원수를 쓰시오.

> ① 상시 근로자 500인의 운수업
> ② 상시 근로자 1,000인 건설업
> ③ 공사금액 1,500억 원의 건설업

⟹해답 ① 1명 ② 3명 ③ 3명

8. 안전보건 직무교육대상 4가지를 쓰시오.

⟹해답 1. 안전보건관리책임자
　　　2. 안전관리자
　　　3. 보건관리자
　　　4. 건설재해예방 전문지도기관 종사자

9. 녹십자 표시를 그리고 설명하시오.

⟹해답 동그라미 가운데 십자가(+)를 그려 넣고 바탕은 흰색, 기본모형 및 관련 부호는 녹색

11. 작업공정관리 중 네트워크 기법의 종류 2가지를 쓰시오.

⟹해답 PERT, CPM

2012년 4회

1. 무재해 1배수 목표시간 산정절차를 쓰고 무재해시간 산정시 실 근로시간의 산정이 곤란한 경우 건설현장 근로자 시간인정기준을 쓰시오.

➡해답 ① 무재해 1배수 목표시간 산정절차

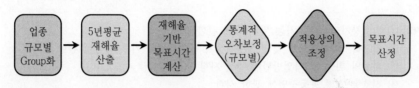

② 건설 근로자 1일 근무시간 : 10시간

2. 위생시설의 종류를 쓰시오.

➡해답 식당, 화장실, 세면장, 탈의실, 샤워실, 작업복 갱의실

3. 명예산업안전감독관의 해촉 요건을 쓰시오.

➡해답 ① 근로자대표가 사업주의 의견을 들어 위촉된 명예감독관의 해촉을 요청한 경우
② 위촉된 명예감독관이 해당 단체 또는 그 산하조직으로부터 퇴직하거나 해임된 경우
③ 명예감독관의 업무와 관련하여 부정한 행위를 한 경우
④ 질병이나 부상 등의 사유로 명예감독관의 업무 수행이 곤란하게 된 경우

6. 시멘트 및 비산재 등 분진 발생 공간에서 근로자에게 알려야 하는 사항을 쓰시오.

➡해답 ① 분진의 유해성과 노출경로
② 분진의 발산 방지와 작업장의 환기 방법
③ 작업장 및 개인위생 관리
④ 호흡용 보호구의 사용 방법
⑤ 분진에 관련된 질병 예방 방법

9. 적응기제 중 방어기제 및 도피기제에 대하여 설명하시오.

> **[해답]** ① 방어기제 : 보상, 합리화, 투사, 승화, 치환, 동일시, 부정 등등
> ② 도피기제 : 백일몽, 억압, 퇴행, 고립, 고착, 거부 등등

11. 1톤 이상의 크레인을 사용하는 작업 시의 특별교육 항목을 쓰시오.

> **[해답]** ① 방호장치의 종류, 기능 및 취급에 관한 사항
> ② 걸고리·와이어로프 및 비상정지장치 등의 기계·기구 점검에 관한 사항
> ③ 화물의 취급 및 작업방법에 관한 사항
> ④ 신호방법 및 공동작업에 관한 사항
> ⑤ 그 밖에 안전·보건관리에 필요한 사항

12. 수급인인 사업주는 도급인인 사업주가 어떤 요건을 갖춘 경우에 안전관리자를 선임하지 아니할 수 있는지 쓰시오.

> **[해답]** ① 도급인인 사업주 자신이 선임하여야 할 안전관리자를 둔 경우
> ② 안전관리자를 두어야 할 수급인인 사업주의 업종별로 상시 근로자 수(건설업의 경우 상시 근로자 수 또는 공사금액)를 합계하여 그 근로자 수 또는 공사금액에 해당하는 안전관리자를 추가로 선임한 경우

2013년 1회

1. 안전보건교육에 있어 건설업 기초안전 보건교육에 대한 각 물음을 답하시오.
   (1) 교육대상의 교육시간을 쓰시오.
   (2) 교육내용을 2가지 쓰시오.
   (3) 교육대상별 교육시간 중 시청각 또는 체험, 가상실습을 포함하여야 하는 시간을 쓰시오.

> **[해답]** (1) 4시간
> (2) ① 건설공사의 종류(건축·토목 등) 및 시공 절차
> ② 산업재해 유형별 위험요인 및 안전보건조치
> ③ 안전보건관리체제 현황 및 산업안전보건 관련 근로자 권리·의무
> (3) 1시간 이상

2. 안전보건표지의 종류에 대한 색체기준을 [표]의 (　)안에 써 넣으시오.

내용	바탕색	기본모형
금연	흰색	(①)
폭발성 물질 경고	무색	(②)
안전복 착용	(③)	–
비상용 기구	(④)	녹색

→해답 ① 빨간색　　② 빨간색　　③ 파란색　　④ 흰색

 금연　　 폭발성 물질경고　　 안전복 착용　　 405 비상용기구

3. 도급사업의 합동 안전·보건점검을 할 때 점검반으로 구성하여야 하는 사람을 3가지 쓰시오.

→해답 도급인의 사업주
수급인의 사업주
도급인 및 수급인의 근로자 각 1명

12. 다음을 참고하여 종합재해지수(FSI)를 구하시오.

- 근로자수 : 500
- 연간 8시간씩 280일 근무
- 연간재해발생건수 : 10건
- 휴업일수 : 159일

→해답 도수율 $= \dfrac{재해건수}{연근로시간수} \times 1,000,000 = \dfrac{10}{500 \times 8 \times 280} \times 1,000,000 = 8.928 = 8.93$

강도율 $= \dfrac{근로손실일수}{연근로시간수} \times 1,000 = \dfrac{159 \times \dfrac{280}{365}}{500 \times 8 \times 280} \times 1,000 = 0.108 = 0.11$

종합재해지수 $= \sqrt{도수율 \times 강도율} = \sqrt{8.93 \times 0.11} = 0.991 = 0.99$

14. 노사협의체 설치, 구성 및 운영에 관한 내용이다. 다음 물음에 답하시오.

(1) 노사협의체 설치대상으로서 건설업의 경우 공사금액에 얼마인지 쓰시오.
(2) 근로자위원, 사용자위원은 합의를 통해 노사협의체에 공사금액이 얼마미만인 도급, 하도급 사업의 사업주, 근로자대표를 위원으로 위촉할 수 있는지 쓰시오.
(3) 노사협의체 정기회의 개최주기를 쓰시오.

해답 (1) 120억 원 이상
(2) 20억 원 미만
(3) 2개월 마다

건설공사 안전

실기 2차 필답형

Engineer Construction Safety

Contents

제1장 가설공사 안전

① 가설공사

1. 가설공사의 정의

① 가설공사란 본공사를 위해 일시적으로 행하여지는 시설 및 설비를 설치하는 공사로 본공사가 완료되면 해체·철거되는 임시적인 공사이다.

② 비계란 고소구간에 부재를 설치하거나 해체·도장·미장 등의 작업을 위한 작업발판을 설치하기 위해 외벽을 따라 설치하는 가설구조물이다.

2. 가설재의 3요소(비계의 구비요건)

1) 안전성

파괴, 무너짐 및 동요에 대한 충분한 강도를 가질 것

2) 작업성

통행과 작업에 방해가 없는 넓은 작업발판과 넓은 작업공간을 확보할 것

3) 경제성

가설 및 철거가 신속하고 용이할 것

3. 가설구조물의 특성

① 연결재가 적은 구조로 되기 쉽다.

② 부재의 결합이 간단하나 불완전 결합이 많다.

③ 구조물이라는 통상의 개념이 확고하지 않아 조립의 정밀도가 낮다.

④ 부재는 과소단면이거나 결함이 있는 재료를 사용하기 쉽다.

⑤ 전체구조에 대한 구조계산 기준이 부족하다.

② 통로

1. 작업통로의 종류 및 설치기준

1) 통로의 설치(안전보건규칙 제22조)

① 작업장으로 통하는 장소 또는 작업장 내에 근로자가 사용할 안전한 통로를 설치하고 항상 사용할 수 있는 상태로 유지할 것

② 통로의 주요 부분에는 통로표시를 하고, 근로자가 안전하게 통행할 수 있도록 할 것

③ 통로면으로부터 높이 2m 이내에는 장애물이 없도록 할 것

2) 가설통로(안전보건규칙 제23조)

① 견고한 구조로 할 것

② 경사는 30° 이하로 할 것. 다만, 계단을 설치하거나 높이 2미터 미만의 가설통로로서 튼튼한 손잡이를 설치한 경우에는 그러하지 아니하다.

③ 경사가 15°를 초과하는 경우에는 미끄러지지 아니하는 구조로 할 것

④ 추락할 위험이 있는 장소에는 안전난간을 설치할 것. 다만, 작업상 부득이한 경우에는 필요한 부분만 임시로 해체할 수 있다.

⑤ 수직갱에 가설된 통로의 길이가 15m 이상인 경우에는 10m 이내마다 계단참을 설치할 것

⑥ 건설공사에 사용하는 높이 8m 이상인 비계다리에는 7m 이내마다 계단참을 설치할 것

> **⊕ Key Point**
>
> 가설통로 설치 시 준수사항 4가지를 쓰시오.
>
> 가설통로 설치기준 ①~⑥ 항목 중 4가지 선택

3) 사다리식 통로(안전보건규칙 제24조)

① 견고한 구조로 할 것

② 재료는 심한 손상·부식 등이 없을 것

③ 발판의 간격은 동일하게 할 것

④ 발판과 벽과의 사이는 15cm 이상의 간격을 유지할 것

⑤ 폭은 30cm 이상으로 할 것

⑥ 사다리가 넘어지거나 미끄러지는 것을 방지하기 위한 조치를 할 것

⑦ 사다리의 상단은 걸쳐놓은 지점으로부터 60cm 이상 올라가도록 할 것

⑧ 사다리식 통로의 길이가 10m 이상인 경우에는 5m 이내마다 계단참을 설치할 것

⑨ 사다리식 통로의 기울기는 75° 이하로 할 것. 다만, 고정식 사다리식 통로의 기울기는 90° 이하로 하고 높이 7m 이상인 경우 바닥으로부터 높이가 2.5m 되는 지점부터 등받이울을 설치할 것

⑩ 접이식 사다리 기둥은 사용 시 접혀지거나 펼쳐지지 않도록 철물 등을 사용하여 견고하게 조치할 것

> ● Key Point
>
> 산업안전보건기준상의 사다리식 통로의 안전기준 5가지를 쓰시오.
>
> 사다리식 통로 설치기준 ①~⑩ 항목 중 5가지 선택

2. 경사로

1) 정의

경사로란 건설현장에서 상부 또는 하부로 재료운반이나 작업원이 이동할 수 있도록 설치된 통로로 경사가 30° 이내일 때 사용한다.

2) 사용 시 준수사항(가설공사 표준작업안전지침)

① 시공하중 또는 폭풍, 진동 등 외력에 대하여 안전하도록 설계하여야 한다.

② 경사로는 항상 정비하고 안전통로를 확보하여야 한다.

③ 비탈면의 경사각은 30° 이내로 하고 미끄럼막이를 설치한다.

④ 경사로의 폭은 최소 90cm 이상이어야 한다.

⑤ 높이 7m 이내마다 계단참을 설치하여야 한다.

⑥ 추락방지용 안전난간을 설치하여야 한다.

⑦ 목재는 미송, 육송 또는 그 이상의 재질을 가진 것이어야 한다.

⑧ 경사로 지지기둥은 3m 이내마다 설치하여야 한다.

⑨ 발판은 폭 40cm 이상으로 하고, 틈은 3cm 이내로 설치하여야 한다.

⑩ 발판이 이탈하거나 한쪽 끝을 밟으면 다른 쪽이 들리지 않게 장선에 결속하여야 한다.

⑪ 결속용 못이나 철선이 발에 걸리지 않아야 한다.

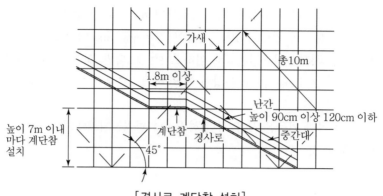

[경사로 계단참 설치]

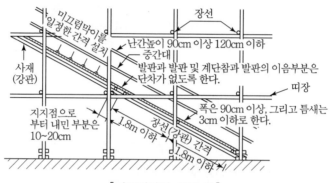

[미끄럼막이 설치 등]

🔷 Key Point

가설공사시 사업주가 경사로를 설치, 사용함에 있어서 준수하여야 할 기준 4가지를 쓰시오.

경사로 사용 시 준수사항 ①~⑪ 항목 중 4가지 선택

3. 가설계단

1) 정의

작업장에서 근로자가 사용하기 위한 계단식 통로로, 경사는 35°가 적정하다.

2) 설치기준(안전보건규칙 제26조~제30조)

(1) 강도

① 계단 및 계단참을 설치하는 때에는 500kg/m² 이상의 하중에 견딜 수 있는 강도를 가진 구조일 것

② 안전율은 4 이상(안전율 = $\dfrac{\text{재료의 파괴응력도}}{\text{재료의 허용응력도}} > 4$)일 것

③ 계단 및 승강구 바닥을 구멍이 있는 재료로 만들 때에는 렌치, 기타 공구 등이 낙하할 위험이 없는 구조일 것

(2) 폭

폭은 1m 이상, 계단에는 손잡이 외의 다른 물건 등을 설치 또는 적재금지

(3) 계단참의 높이

높이가 3m를 초과하는 계단에는 높이 3m 이내마다 너비 1.2m 이상의 계단참을 설치할 것

(4) 천장의 높이

바닥 면으로부터 높이 2m 이내의 공간에 장애물이 없도록 할 것

(5) 계단의 난간

1m 이상인 계단의 개방된 측면에는 안전난간을 설치할 것

4. 사다리

1) 종류 및 설치기준(가설공사 표준작업안전지침)

(1) 고정사다리

① 90° 수직이 가장 적합

② 경사를 둘 필요가 있는 경우 수직면으로부터 15°를 초과하지 말 것

(2) 옥외용 사다리

① 철재를 원칙으로 할 것
② 길이가 10m 이상인 때에는 5m 이내의 간격으로 계단참 설치
③ 사다리 전면의 사방 75cm 이내에는 장애물이 없을 것

(3) 목재 사다리

① 재질은 건조된 것으로 옹이, 갈라짐, 흠 등의 결함이 없고 곧은 것
② 수직재와 발 받침대는 장부촉 맞춤으로 하고 사개를 파서 제작
③ 발 받침대의 간격은 25~35cm
④ 이음 또는 맞춤부분은 보강
⑤ 벽면과의 이격거리는 20cm 이상

(4) 이동식 사다리

① 길이 6m 초과금지
② 다리의 벌림은 벽 높이의 1/4 정도가 적당
③ 벽면 상부로부터 최소한 60cm 이상의 연장길이 확보

🔧 Key Point

이동식 사다리 구조 기준이다. (   ) 안을 채우시오.
가) 길이가 (①)m를 초과해서는 안 된다.
나) 다리의 벌림은 벽 높이의 (②) 정도 또는 경사각 (③)도 정도가 적당하다.
다) 벽면 상부로부터 최소한 (④)cm 이상의 여장길이가 있다.

① 6   ② 1/4   ③ 75   ④ 60

---

5. 작업발판

1) 작업발판의 최대적재하중(안전보건규칙 제55조)

① 비계의 구조 및 재료에 따라 작업발판의 최대적재하중을 정하고 이를 초과하여 싣지 않을 것
② 달비계의 최대 적재하중을 정함에 있어 안전계수

구분		안전계수
달기와이어로프 및 달기강선		10 이상
달기체인 및 달기훅		5 이상
달기강대와 달비계의 하부 및 상부지점	강재	2.5 이상
	목재	5 이상

⚙ Key Point

달비계의 최대적재하중을 정하고자 한다. 다음에 해당하는 안전계수를 쓰시오.
(1) 달기와이어로프 및 달기강선의 안전계수 : (①) 이상
(2) 달기체인 및 달기훅의 안전계수 : (②) 이상
(3) 달기강대와 달비계의 하부 및 상부지점의 안전계수는 강재의 경우 (③) 이상, 목재의 경우 (④) 이상

① 10 ② 5 ③ 2.5 ④ 5

2) 작업발판의 구조(안전보건규칙 제56조)

① 발판재료는 작업할 때의 하중을 견딜 수 있도록 견고한 것으로 할 것
② 작업발판의 폭은 40cm 이상으로 하고, 발판재료 간의 틈은 3cm 이하로 할 것
③ 추락의 위험성이 있는 장소에는 안전난간을 설치할 것(작업의 성질상 안전난간을 설치하는 것이 곤란한 때 및 작업의 필요상 임시로 안전난간을 해체함에 있어서 추락방호망을 치거나 근로자로 하여금 안전대를 사용하도록 하는 등 추락에 의한 위험방지조치를 한 때에는 제외)
④ 작업발판의 지지물은 하중에 의하여 파괴될 우려가 없는 것을 사용할 것
⑤ 작업발판재료는 뒤집히거나 떨어지지 않도록 둘 이상의 지지물에 연결하거나 고정시킬 것
⑥ 작업발판을 작업에 따라 이동시킬 경우에는 위험방지에 필요한 조치를 할 것

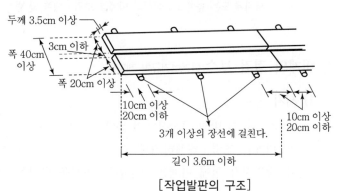

[작업발판의 구조]

⊕ Key Point

비계의 높이가 2m 이상인 작업 장소에 설치하는 작업발판의 기준을 4가지만 쓰시오

작업발판의 구조 ①~⑥ 항목 중 4가지 선택

---

③ 비계공사

1. 달비계 또는 높이 5m 이상의 비계를 조립·해체 및 변경 시 조치사항(안전보건규칙 제57조)

① 관리감독자의 지휘에 따라 작업하도록 할 것

② 조립·해체 또는 변경의 시기·범위 및 절차를 그 작업에 종사하는 근로자에게 주지시킬 것

③ 조립·해체 또는 변경 작업구역에는 해당 작업에 종사하는 근로자가 아닌 사람의 출입을 금지하고 그 내용을 보기 쉬운 장소에 게시할 것

④ 비, 눈, 그 밖의 기상상태의 불안정으로 날씨가 몹시 나쁜 경우에는 그 작업을 중지시킬 것

⑤ 비계재료의 연결·해체작업을 하는 경우에는 폭 20cm 이상의 발판을 설치하고 근로자로 하여금 안전대를 사용하도록 하는 등 추락을 방지하기 위한 조치를 할 것

⑥ 재료·기구 또는 공구 등을 올리거나 내리는 경우에는 근로자가 달줄 또는 달포대 등을 사용하게 할 것

⊕ Key Point

달비계 또는 높이 5m 이상의 비계를 조립·해체하는 작업에서 사업주가 준수해야 할 사항 3가지를 쓰시오.

달비계 또는 높이 5m 이상의 비계를 조립·해체 및 변경 시 조치사항 ①~⑥ 항목 중 3가지 선택

2. 비계의 점검 보수(안전보건규칙 제58조)

1) 시기

① 비·눈 그 밖의 기상상태의 불안정으로 인하여 날씨가 몹시 나빠서 작업을 중지시킨 후

② 비계를 조립·해체하거나 또는 변경한 후 그 비계에서 작업을 하는 때

③ 작업시작 전에 비계를 점검하고 이상을 발견한 때에는 즉시 보수하여야 한다.

2) 점검사항

① 발판재료의 손상 여부 및 부착 또는 걸림 상태
② 해당 비계의 연결부 또는 접속부의 풀림 상태
③ 연결재료 및 연결철물의 손상 또는 부식 상태
④ 손잡이의 탈락 여부
⑤ 기둥의 침하·변형·변위 또는 흔들림 상태
⑥ 로프의 부착상태 및 매단 장치의 흔들림 상태

Key Point

폭풍, 폭우 및 폭설 등의 악천후로 인하여 작업을 중지시킨 후 또는 비계를 조립·해체하거나 또는 변경한 후 작업재개 시 작업시작 전 점검항목을 구체적으로 4가지 쓰시오.

점검사항 ①~⑥ 항목 중 4가지 선택

3. 비계에 의한 재해발생 원인

1) 비계의 무너짐 및 파괴

① 비계, 발판 또는 지지대의 파괴
② 비계, 발판의 탈락 또는 그 지지대의 변위, 변형
③ 풍압
④ 지주의 좌굴(Buckling)

2) 비계에서의 추락 및 낙하물

① 부재의 파손, 탈락 또는 변위
② 작업 중 넘어짐, 미끄러짐, 헛디딤 등

4. 비계의 종류 및 설치기준

1) 강관비계

(1) 정의

고소작업을 위해 구조물의 외벽을 따라 설치한 가설물로 강관(ϕ48.6mm)을 현장에서 연결철물이나 이음철물을 이용하여 조립한 비계이다.

(2) 조립 시 준수사항(안전보건규칙 제59조)

① 비계 기둥에는 미끄러지거나 침하하는 것을 방지하기 위하여 밑받침 철물을 사용하거나 받침목이나 깔판 등을 사용하여 밑둥잡이를 설치하는 등의 조치를 할 것

② 강관의 접속부 또는 교차부는 적합한 부속철물을 사용하여 접속하거나 단단히 묶을 것

③ 교차가새로 보강할 것

④ 외줄비계·쌍줄비계 또는 돌출비계에 대해서는 다음 각 목의 정하는 바에 따라 벽이음 및 버팀을 설치할 것

ㄱ 강관비계의 조립간격은 아래의 기준에 적합하도록 할 것

강관비계의 종류	조립간격(단위 : m)	
	수직방향	수평방향
단관비계	5	5
틀비계(높이가 5m 미만의 것을 제외한다.)	6	8

ㄴ 강관·통나무 등의 재료를 사용하여 견고한 것으로 할 것

ㄷ 인장재와 압축재로 구성되어 있는 때에는 인장재와 압축재의 간격을 1m 이내로 할 것

⑤ 가공전로에 근접하여 비계를 설치하는 경우에는 가공전로를 이설하거나 가공전로에 절연용 방호구를 장착하는 등 가공전로와의 접촉을 방지하기 위한 조치를 할 것

(3) 강관비계의 구조(안전보건규칙 제60조)(가설공사 표준작업안전지침)

구분	준수사항
비계 기둥의 간격	① 띠장방향에서 1.85m ② 장선방향에서는 1.5m 이하
띠장 간격	2m 이하로 설치
강관보강	비계 기둥의 최고부로부터 31m 되는 지점 밑부분의 비계 기둥은 2본의 강관으로 묶어 세울 것
적재하중	비계 기둥 간 적재하중 : 400kg을 초과하지 않도록 할 것
벽연결	① 수직방향에서 5m 이하 ② 수평방향에서 5m 이하

비계 기둥 이음	① 겹침이음을 하는 경우 1m 이상 겹쳐대고 2개소 이상 결속 ② 맞댄이음을 하는 경우 쌍기둥틀로 하거나 1.8m 이상의 덧댐목을 대고 4개소 이상 결속
장선간격	1.5m 이하
가새	① 기둥간격 10m 이내마다 45° 각도의 처마방향으로 기둥 및 띠장에 결속 ② 모든 비계 기둥은 가새에 결속
작업대	작업대에는 안전난간을 설치
작업대 위의 공구, 재료 등	낙하물 방지조치

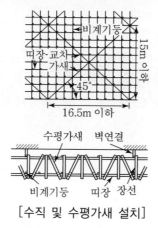

[수직 및 수평가새 설치]

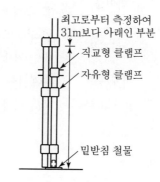

[비계 기둥이 31m 이상일 때 강관보강]

Key Point

강관비계 조립 시 준수해야 할 사항을 4가지 쓰시오.

조립 시 준수사항 ①~⑤ 항목 중 4가지 선택

2) 강관틀비계

(1) 강관틀비계의 구조(안전보건규칙 제62조)(가설공사 표준작업안전지침)

구분	준수사항
비계 기둥의 밑둥	① 밑받침 철물을 사용 ② 고저차가 있는 경우에는 조절형 밑받침 철물을 사용하여 수평 및 수직 유지
주틀 간 간격	높이가 20미터를 초과하거나 중량물의 적재를 수반하는 작업을 할 경우에는 주틀 간의 간격 1.8m 이하
가새 및 수평재	주틀 간에 교차가새를 설치하고 최상층 및 5층 이내마다 수평재를 설치할 것
벽이음	① 수직방향에서 6m 이내 ② 수평방향에서 8m 이내
버팀기둥	길이가 띠장방향에서 4m 이하이고 높이가 10m를 초과하는 경우에는 10m 이내마다 띠장방향으로 버팀기둥을 설치할 것
적재하중	비계기둥 간 적재하중 : 400kg을 초과하지 않도록 할 것
높이 제한	40m 이하

3) 달비계

(1) 정의

달비계란 와이어로프, 체인, 강재, 철선 등의 재료로 상부지점에서 작업용 널판을 매다는 형식의 비계이다.

(2) 조립 시 준수사항(안전보건규칙 제63조)

① 달기 와이어로프, 달기 체인, 달기 강선, 달기 강대 또는 달기 섬유로프는 한쪽 끝을 비계의 보 등에, 다른 쪽 끝을 내민 보, 앵커볼트 또는 건축물의 보 등에 각각 풀리지 않도록 설치할 것
② 작업발판은 폭을 40센티미터 이상으로 하고 틈새가 없도록 할 것
③ 작업발판의 재료는 뒤집히거나 떨어지지 않도록 비계의 보 등에 연결하거나 고정시킬 것
④ 비계가 흔들리거나 뒤집히는 것을 방지하기 위하여 비계의 보·작업발판 등에 버팀을 설치하는 등 필요한 조치를 할 것

⑤ 선반 비계에서는 보의 접속부 및 교차부를 철선·이음철물 등을 사용하여 확실하게 접속시키거나 단단하게 연결시킬 것

⑥ 근로자의 추락 위험을 방지하기 위하여 달비계에 안전대 및 구명줄을 설치하고, 안전난간을 설치할 수 있는 구조인 경우에는 안전난간을 설치할 것

4) 말비계

(1) 정의

비교적 천장높이가 낮은 실내에서 보통 마무리 작업에 사용되는 것으로 종류에는 각립비계와 안장비계가 있다.

(2) 조립 시 준수사항(안전보건규칙 제67조)

① 지주부재의 하단에는 미끄럼 방지장치를 하고, 양측 끝부분에 올라서서 작업하지 아니하도록 할 것

② 지주부재와 수평면과의 기울기를 75° 이하로 하고, 지주부재와 지주부재 사이를 고정시키는 보조부재를 설치할 것

③ 말비계의 높이가 2m를 초과할 경우에는 작업발판의 폭을 40cm 이상으로 할 것

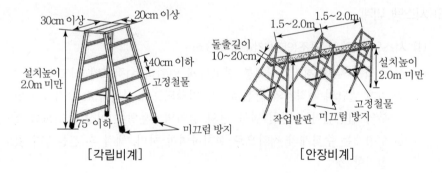

[각립비계]　　　　　　[안장비계]

5) 이동식 비계

(1) 정의

옥외의 낮은 장소 또는 실내의 부분적인 장소에서 작업할 때 이용하며, 탑 형식의 비계를 조립하여 기둥 밑에 바퀴를 부착하여 이동하면서 작업할 수 있는 비계이다.

(2) 조립 시 준수사항(안전보건규칙 제68조)

① 이동식 비계의 바퀴에는 뜻밖의 갑작스러운 이동 또는 전도를 방지하기 위하여 브레이크·쐐기 등으로 바퀴를 고정시킨 다음 비계의 일부를 견고한 시설물에 고정하거나 아웃트리거(Outrigger)를 설치하는 등 필요한 조치를 할 것

② 승강용 사다리는 견고하게 설치할 것

③ 비계의 최상부에서 작업을 하는 경우에는 안전난간을 설치할 것

④ 작업발판은 항상 수평을 유지하고 작업발판 위에서 안전난간을 딛고 작업을 하거나 받침대 또는 사다리를 사용하여 작업하지 않도록 할 것

⑤ 작업발판의 최대적재하중은 250kg을 초과하지 않도록 할 것

안전난간설치
작업발판
발끝막이판
승강설키
달줄사용
설치높이
(밑변 최소폭
4배 이내)
최대적재하중 표시
제동장치설치

[이동식 비계 설치 예]

6) 시스템 비계

(1) 시스템 비계의 구조(안전보건규칙 제69조)

① 수직재·수평재·가새재를 견고하게 연결하는 구조가 되도록 할 것

② 비계 밑단의 수직재와 받침철물은 밀착되도록 설치하고, 수직재와 받침철물의 연결부의 겹침길이는 받침 철물 전체 길이의 3분의 1 이상이 되도록 할 것

③ 수평재는 수직재와 직각으로 설치하여야 하며, 체결 후 흔들림이 없도록 견고하게 설치할 것

④ 수직재와 수직재의 연결철물은 이탈되지 않도록 견고한 구조로 할 것

⑤ 벽 연결재의 설치간격은 제조사가 정한 기준을 따를 것

(2) 조립 시 준수사항(안전보건규칙 제70조)

① 비계 기둥의 밑둥에는 밑받침 철물을 사용하여야 하며, 밑받침에 고저차가 있는 경우에는 조절형 밑받침 철물을 사용하여 시스템 비계가 항상 수평 및 수직을 유지하도록 할 것

② 경사진 바닥에 설치하는 경우에는 피벗형 받침 철물 또는 쐐기 등을 사용하여 밑받침 철물의 바닥면이 수평을 유지하도록 할 것

③ 가공전로에 근접하여 비계를 설치하는 경우에는 가공전로를 이설하거나 가공전로에 절연용 방호구를 설치하는 등 가공전로와의 접촉을 방지하기 위하여 필요한 조치를 할 것

④ 비계 내에서 근로자가 상하 또는 좌우로 이동하는 경우에는 반드시 지정된 통로를 이용하도록 주지시킬 것

⑤ 비계 작업 근로자는 같은 수직면상의 위와 아래 동시 작업을 금지할 것

⑥ 작업발판에는 제조사가 정한 최대 적재하중을 초과하여 적재해서는 아니 되며, 최대 적재하중이 표기된 표지판을 부착하고 근로자에게 주지시키도록 할 것

[시스템 비계]

7) 통나무 비계

(1) 통나무 비계의 구조(안전보건규칙 제71조)

① 비계 기둥의 간격은 2.5미터 이하로 하고 지상으로부터 첫 번째 띠장은 3미터 이하의 위치에 설치할 것. 다만, 작업의 성질상 이를 준수하기 곤란하여 쌍기둥 등에 의하여 해당 부분을 보강한 경우에는 그러하지 아니함

② 비계 기둥이 미끄러지거나 침하하는 것을 방지하기 위하여 비계 기둥의 하단부를 묻고, 밑둥잡이를 설치하거나 깔판을 사용하는 등의 조치를 할 것

③ 비계 기둥의 이음이 겹침 이음인 경우에는 이음 부분에서 1미터 이상을 서로 겹쳐서 두 군데 이상을 묶고, 비계 기둥의 이음이 맞댄이음인 경우에는 비계 기둥을 쌍기둥틀로 하거나 1.8미터 이상의 덧댐목을 사용하여 네 군데 이상을 묶을 것

④ 비계 기둥 · 띠장 · 장선 등의 접속부 및 교차부는 철선이나 그 밖의 튼튼한 재료로 견고하게 묶을 것

⑤ 비계 기둥 · 띠장 · 장선 등의 접속부 및 교차부는 철선이나 그 밖의 튼튼한 재료로 견고하게 묶을 것

⑥ 외줄비계 · 쌍줄비계 또는 돌출비계에 대해서는 다음 각 목에 따른 벽이음 및 버팀을 설치할 것. 다만, 창틀의 부착 또는 벽면의 완성 등의 작업을 위하여 벽이음 또는 버팀을 제거하는 경우, 그 밖에 작업의 필요상 부득이한 경우로서 해당 벽이음 또는 버팀 대신 비계 기둥 또는 띠장에 사재를 설치하는 등 비계가 무너지는 것을 방지하기 위한 조치를 한 경우에는 그러하지 아니함

가. 간격은 수직방향에서 5.5미터 이하, 수평방향에서는 7.5미터 이하로 할 것

나. 강관 · 통나무 등의 재료를 사용하여 견고한 것으로 할 것

다. 인장재와 압축재로 구성되어 있는 경우에는 인장재와 압축재의 간격은 1미터 이내

⑦ 통나무 비계는 지상높이 4층 이하 또는 12미터 이하인 건축물 · 공작물 등의 건조 · 해체 및 조립 등의 작업에만 사용

8) 비계의 이음

(1) 단관비계의 결속재

① 이음철물(단관조인트) : 마찰형, 전단형, 특수형

② 연결철물(클램프) : 고정형, 자유형, 특수형

③ 받침 철물 : 고정형, 조절형

④ 벽이음 철물

(2) 벽이음의 역할

① 비계 전체의 좌굴 방지

② 풍하중에 의한 무너짐방지

③ 편심하중을 지탱하여 무너짐방지

제2장 토공사 안전

■ Engineer Construction Safety

---

1 사전점검

1. 사전조사

1) 사전 조사사항

① 형상·지질 및 지층의 상태
② 균열·함수·용수 및 동결의 유무 또는 상태
③ 매설물 등의 유무 또는 상태
④ 지반의 지하수위 상태

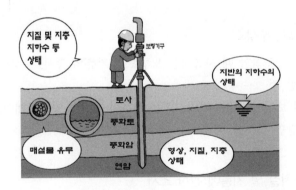

⚙ **Key Point**

굴착작업 시 작업장소 등의 조사사항을 쓰시오.

사전 조사사항 ①~④ 항목 선택

2. 지반조사

1) 정의

지반조사란 지질 및 지층에 관한 조사를 실시하여 토층분포상태, 지하수위, 투수계수, 지반의 지지력을 확인하여 구조물의 설계·시공에 필요한 자료를 구하는 것이다.

2) 종류

① 지하탐사법 : 터파보기, 짚어보기, 물리적 탐사
② Sounding 시험(원위치시험) : 표준관입시험, 콘관입시험, 베인시험
③ 보링(Boring) : 보링이란 굴착용 기계를 이용하여 지반을 천공하여 토사를 채취하고 지반의 토층분포, 층상, 구성 상태를 판단하는 것으로 오거(Auger) 보링, 수세식 보링, 충격식 보링, 회전식 보링이 있다.
④ 표준관입시험 : 지반의 현 위치에서 직접 흙(주로 사질지반)의 다짐상태를 판단하는 시험으로 무게 63.5kg의 추를 76cm 높이에서 자유낙하시켜 샘플러를 30cm 관입시키는 데 필요한 타격횟수 N값을 구하는 시험, N치가 클수록 토질이 밀실
⑤ 베인 테스트(Vane Test) : 보링의 구멍을 이용하여 십(+)자형 날개를 가진 베인(Vane)을 지반에 때려 박고 회전시켜서 회전력에 의하여 진흙의 점착력을 판별하는 시험

3) 토질주상도(보링주상도)

① 지질단면을 도화할 때 사용하는 도법으로 지층의 층서, 구성상태, 층 두께 등을 축적으로 표시한 것
② 현장에서 보링이나 표준관입시험을 통하여 지반의 경연상태와 지하수위 등을 조사하여 지층의 단면 상태를 예측하는 예측도

4) 터널공사의 지질 및 지층에 관한 조사

① 시추(보링)위치
② 토층 분포상태
③ 투수계수
④ 지하수위
⑤ 지반의 지지력

5) 암질의 판별방식(암질 변화구간 및 이상 암질 출현 시)

① RMR(Rock Mass Rating)
② RQD(Rock Quality Designation)
③ 진동치 속도(Kine)
④ 탄성파 속도(m/sec)

6) 암반의 등급판별 적용요소(Rock Mass Rating)

① 암석의 일축압축강도
② 지하수 상태
③ 절리 상태
④ 절리 방향
⑤ RQD(Rock Quality Designation)
⑥ 암반의 거칠기

3. 토질시험

1) 물리적 시험

① 비중시험 : 흙입자의 비중 측정
② 함수량시험 : 흙에 포함된 수분의 양
③ 입도시험 : 흙입자의 혼합상태
④ 액성·소성·수축한계 시험
⑤ 밀도시험 : 지반의 다짐도

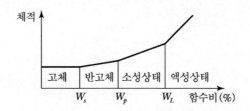

여기서, W_s : 수축한계, W_p : 소성한계, W_L : 액성한계

[아터버그(Atterberg) 한계]

2) 역학적 시험

① 투수시험 : 지하수위, 투수계수 측정

② 압밀시험 : 점성토의 침하량 및 침하속도

③ 전단시험 : 흙의 전단저항

④ 압축시험 : 일축압축시험, 삼축압축시험

---

2 굴착작업의 안전조치

1. 굴착면의 기울기 기준(안전보건규칙 제338조)

지반의 종류	굴착면 기울기
모래	1 : 1.8
연암 및 풍화암	1 : 1.0
경암	1 : 0.5
그 밖의 흙	1 : 1.2

Key Point

지반 굴착작업 시 준수해야 할 경사면의 기울기에 관한 다음의 내용을 보고 빈칸 안에 해당하는 기울기를 쓰시오.

지반의 종류	모래	연암 및 풍화암	경암	그 밖의 흙
기울기	(①)	(②)	(③)	(④)

① 1:1.8
② 1:1.0
③ 1:0.5
④ 1:1.2

2. 지반의 붕괴 등에 의한 위험방지

1) 굴착작업 시 위험방지(안전보건규칙 제340조)

① 흙막이 지보공의 설치
② 방호망의 설치
③ 근로자의 출입금지
④ 비가 올 경우를 대비하여 측구를 설치하거나 굴착경사면에 비닐보강

> **⊕ Key Point**
>
> 지반 굴착 작업 시 지반의 붕괴 또는 토석의 낙하에 의하여 근로자에게 위험을 미칠 우려가 있는 때의 조치사항 3가지를 쓰시오.
>
> 지반의 붕괴 또는 토석의 낙하위험 시 안전조치 ①~④ 항목 중 3가지 선택

2) 토사등에 의한 위험 방지(안전보건규칙 제50조)

① 지반은 안전한 경사로 하고 낙하의 위험이 있는 토석을 제거하거나 옹벽, 흙막이 지보공 등을 설치할 것
② 토사등의 붕괴 또는 낙하 원인이 되는 빗물이나 지하수 등을 배제할 것
③ 갱내의 낙반·측벽(側壁) 붕괴의 위험이 있는 경우에는 지보공을 설치하고 부석을 제거하는 등 필요한 조치를 할 것

3. 흙막이 지보공 작업 시 위험 방지

1) 흙막이 공법의 종류

(1) 자립식 공법

① 별도의 버팀대 없이 H-Pile과 토류벽에 의해 토압을 지지하는 공법
② 흙막이벽 근입부분의 수평저항이 충분하고 토압에 견딜 수 있는 지반이어야 한다.

(2) 버팀대 공법

① 굴착면에 설치한 흙막이벽을 버팀대(Strut)와 띠장(Wale)에 의해서 지지하고 굴착하는 공법
② 굴착토량을 최소화할 수 있고 부지를 효율적으로 이용할 수 있으나 경사 오픈 컷에 비하여 공사비가 많이 들며 버팀대 및 띠장, 지주 등의 강성이 확보되어야 한다.

(3) 어스앵커(Earth Anchor) 공법

① 지중에 삭공을 사용하여 인장재를 삽입하고, 그라우팅한 후 긴장 및 정착하여 구조물에 발생하는 토압, 수압 등의 외력에 저항하도록 하는 앵커 공법

② 앵커강재의 강도검토 및 장시간 사용 시 부식에 유의해야 한다.

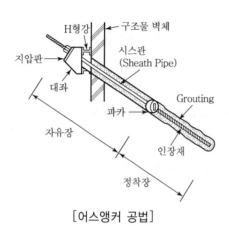

[어스앵커 공법]

[어스앵커 시공사진]

⚙️ **Key Point**

지중에 삭공을 사용하여 인장재를 삽입하고 그라우팅한 후 긴장 및 정착하여 구조물에 발생하는 토압, 수압 등의 외력에 저항하도록 하는 흙막이 공법은?

어스앵커(Earth Anchor) 공법

(4) C.I.P(Cast In-Place Pile) 공법

흙막이 벽체를 만들기 위해 굴착기계(Earth Auger)로 지반을 천공하고 그 속에 철근망과 주입관을 삽입한 다음 자갈을 넣고 주입관을 통해 Prepacked Mortar를 주입하여 현장타설 콘크리트 말뚝을 형성하는 공법

(5) S.C.W(Soil Cement Wall) 공법

3축 오거로 지반을 천공하면서 시멘트 페이스트와 벤토나이트의 경화제를 굴착 토사와 혼합한 후 H-Pile 등의 보강재를 삽입하여 지중에 벽체를 만드는 공법

(6) 지하연속벽(Slurry Wall) 공법

구조물의 벽체 부분을 먼저 굴착한 후 그 속에 철근망을 삽입하고, 콘크리트를 타설하여 지하벽체를 형성하는 공법

2) 흙막이 공사 시 주변침하 원인

① 흙막이 배면의 토압에 의한 흙막이 변형으로 배면토 이동
② 지반의 지하수 배출로 인한 지하수위 저하로 압밀침하 발생
③ 흙막이 배면부 뒤채움 및 다짐 불량
④ 우수 및 지표수 유입
⑤ 흙막이 배면부 과재하중 적재
⑥ 히빙, 보일링 현상 발생

3) 흙막이 지보공의 점검 및 보수(안전보건규칙 제347조)

① 부재의 손상·변형·부식·변위 및 탈락의 유무와 상태
② 버팀대의 긴압(緊壓)의 정도
③ 부재의 접속부·부착부 및 교차부의 상태
④ 침하의 정도

> ◆ Key Point
>
> 흙막이 지보공 정기점검사항 4가지를 쓰시오.
>
> 흙막이 지보공의 점검 및 보수사항 ①~④ 항목 선택

4) 계측기의 종류

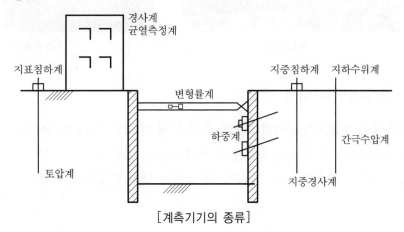

[계측기기의 종류]

① 지표침하계 : 흙막이벽 배면에 동결심도보다 깊게 설치하여 지표면 침하량 측정

② 지중경사계 : 흙막이벽 배면에 설치하여 토류벽의 기울어짐 측정

③ 하중계 : Strut, Earth Anchor에 설치하여 축하중 측정으로 부재의 안정성 여부 판단

④ 간극수압계 : 굴착, 성토에 의한 간극수압의 변화 측정

⑤ 균열측정기 : 인접구조물, 지반 등의 균열부위에 설치하여 균열 크기와 변화 측정

⑥ 변형률계 : Strut, 띠장 등에 부착하여 굴착작업시 구조물의 변형 측정

⑦ 지하수위계 : 굴착에 따른 지하수위 변동 측정

◆ Key Point

깊이 10m 이상의 굴착의 경우 흙막이 구조물의 안전을 예측하기 위해 설치하여야 하는 계측기기를 3가지만 쓰시오.

계측기의 종류 ①~⑦ 항목 중 3가지 선택

[변형률계]

[하중계]

4. 잠함 내 굴착작업 위험 방지

1) 잠함 또는 우물통의 급격한 침하로 인한 위험 방지(안전보건규칙 제376조)

① 침하관계도에 따라 굴착방법 및 재하량 등을 정할 것

② 바닥으로부터 천장 또는 보까지의 높이는 1.8m 이상으로 할 것

2) 잠함 · 우물통 · 수직갱 등 내부에서의 작업기준(안전보건규칙 제377조)

① 산소결핍의 우려가 있는 경우에는 산소의 농도를 측정하는 자를 지명하여 측정하도록 할 것
② 근로자가 안전하게 오르내리기 위한 설비를 설치할 것
③ 굴착 깊이가 20m를 초과하는 경우에는 해당 작업장소와 외부와의 연락을 위한 통신설비 등을 설치할 것
④ 산소농도 측정결과 산소의 결핍이 인정되거나 굴착 깊이가 20m를 초과하는 경우에는 송기를 위한 설비를 설치하여 필요한 양의 공기를 송급

◆ Key Point

> 잠함 · 우물통 · 수직갱 기타 이와 유사한 건설물 또는 설비의 내부에서 굴착작업 시 준수사항 3가지를 쓰시오.

> 잠함 · 우물통 · 수직갱 등 내부에서의 작업기준 ①~④ 항목 중 3가지 선택

3) 잠함 등 내부에서 굴착작업의 금지(안전보건규칙 제378조)

① 승강설비, 통신설비, 송기설비에 고장이 있는 경우
② 잠함 등의 내부에 다량의 물 등이 침투할 우려가 있는 경우

5. 터널 굴착공사 위험 방지

1) 터널공법의 종류

① NATM

록볼트와 숏크리트 같은 보강재를 사용하여 암반과 일체화된 구조체를 형성함으로써 터널에 작용하는 하중에 대하여 저항하는 안정성이 크고, 경제성이 우수한 터널 공법

② T.B.M

Tunnel Boring Machine의 커터 헤드를 회전시켜 연속적으로 암반을 압쇄하여 터널을 굴진해 나가는 공법

③ 쉴드(Shield)

철제로 된 원통형의 쉴드를 수직구 안에 투입시켜 커터헤드를 회전시키면서 터널을 굴착하고, 쉴드 뒤쪽에서 세그먼트를 반복해 설치하면서 터널을 형성하는 공법

④ 개착식 터널

사면을 먼저 굴착한 후 터널 구조물을 완성하고 다시 토사를 되메우는 공법

⑤ 침매터널

육상에서 제작한 구조물을 하저구간에 연속적으로 가라앉혀 터널 구조물 형성

[개착식 터널]　　　　　　　　　　　[NATM 터널]

2) 작업계획서 포함사항(안전보건규칙 제38조)

① 굴착의 방법
② 터널지보공 및 복공의 시공방법과 용수의 처리방법
③ 환기 또는 조명시설을 하는 때에는 그 방법

⚙ Key Point

지반 굴착작업 시 토사등의 붕괴 또는 낙하에 의하여 근로자에게 위험을 미칠 우려가 있는 때의 조치사항 3가지를 쓰시오.

굴착작업 시 위험방지 ①~④ 항목 중 3가지 선택

3) 자동경보장치의 작업시작 전 점검사항(안전보건규칙 제350조)

① 계기의 이상 유무
② 검지부의 이상 유무
③ 경보장치의 작동상태

4) 낙반 등에 의한 위험 방지조치(안전보건규칙 제351조)

① 터널 지보공 설치
② 록볼트(Rock Bolt) 설치
③ 부석(浮石)의 제거

5) 출입구 부근 등 지반붕괴 방지조치(안전보건규칙 제352조)

① 흙막이 지보공 설치
② 방호망 설치

6) 터널 지보공 수시점검사항(안전보건규칙 제366조)

① 부재의 손상 · 변형 · 부식 · 변위 · 탈락의 유무 및 상태
② 부재의 긴압의 정도
③ 부재의 접속부 및 교차부의 상태
④ 기둥침하의 유무 및 상태

◆ Key Point

터널 지보공 굴착작업 시 수시점검사항을 4가지 쓰시오.

터널 지보공 수시점검사항 ①~④ 항목 선택

---

7) 터널 강아치 지보공의 조립 또는 변경 시의 조치(안전보건규칙 제364조)

① 조립간격은 조립도에 따를 것
② 주재가 아치 작용을 충분히 할 수 있도록 쐐기를 박는 등 필요한 조치를 할 것
③ 연결볼트 및 띠장 등을 사용하여 주재 상호 간을 튼튼하게 연결할 것
④ 터널 등의 출입구 부분에는 받침대를 설치할 것
⑤ 낙하물에 의하여 근로자에게 위험을 미칠 우려가 있는 때에는 널판 등을 설치할 것

8) 터널공사 계측관리

(1) 일상계측

① 육안조사
② 내공변위 측정
③ 천단침하 측정

(2) 대표계측

① 지표면 침하 측정
② 지중변위 측정
③ 지중침하 측정
④ Rock Bolt 인발시험
⑤ 숏크리트 응력 측정
⑥ 지하수위 측정

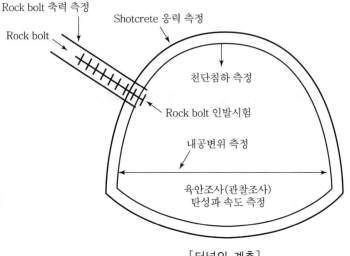

[터널의 계측]

9) 터널 지보공 및 라이닝

(1) 록볼트(Rock Bolt)의 효과

① 지반의 강도증대
② 굴착단면 보강
③ 지반변위 방지
④ 지반의 봉합효과

(2) 라이닝(Lining)의 목적

① 지질의 불균일성, 지보재의 품질저하 등으로 인한 터널의 강도저하를 보강
② 터널구조물의 내구성 증진으로 인한 붕괴 방지
③ 지하수 등으로 부터의 수밀성 확보
④ 사용 중 점검, 보수 등의 작업성 증대
⑤ 터널 내부 시설물 설치 용이

6. 발파에 의한 굴착작업

1) 화약류의 운반시 준수사항(굴착공사 표준안전작업지침 제13조)

① 화약류는 화약류 취급 책임자로부터 수령
② 화약류의 운반은 반드시 운반대나 상자를 이용하여 소분하여 운반

③ 용기에 화약류와 뇌관의 동시 운반 금지

④ 화약류, 뇌관 등은 충격을 주지 말고 화기에 접근 금지

⑤ 발파 후 굴착작업 시 불발 잔약의 유무를 반드시 확인하고 작업

⑥ 전석의 유무를 조사하고 소정의 높이와 기울기를 유지하고 굴착작업 실시

2) 발파작업 시 준수사항(안전보건규칙 제348조)

① 얼어붙은 다이나마이트는 화기에 접근시키거나 그 밖의 고열물에 직접 접촉시키는 등 위험한 방법으로 융해되지 않도록 할 것

② 화약이나 폭약을 장전하는 경우에는 그 부근에서 화기를 사용하거나 흡연을 하지 않도록 할 것

③ 장전구는 마찰·충격·정전기 등에 의한 폭발의 위험이 없는 안전한 것을 사용할 것

④ 발파공의 충진재료는 점토·모래 등 발화성 또는 인화성의 위험이 없는 재료를 사용할 것

⑤ 점화 후 장전된 화약류가 폭발하지 아니한 경우 또는 장전된 화약류의 폭발 여부를 확인하기 곤란한 경우에는 다음 각 목의 사항을 따를 것

　㉠ 전기뇌관에 의한 경우에는 발파모선을 점화기에서 떼어 그 끝을 단락시켜 놓는 등 재점화되지 않도록 조치하고 그때부터 5분 이상 경과한 후가 아니면 화약류의 장전장소에 접근시키지 않도록 할 것

　㉡ 전기뇌관 외의 것에 의한 경우에는 점화한 때부터 15분 이상 경과한 후가 아니면 화약류의 장전장소에 접근시키지 않도록 할 것

⑥ 전기뇌관에 의한 발파의 경우 점화하기 전에 화약류를 장전한 장소로부터 30미터 이상 떨어진 안전한 장소에서 전선에 대하여 저항 측정 및 도통시험을 할 것

3) 발파작업 시 관리감독자의 직무내용(안전보건규칙 제35조)

① 점화 전에 점화작업에 종사하는 근로자 외의 자의 대피를 지시하는 일

② 점화작업에 종사하는 근로자에 대하여 대피장소 및 경로를 지시하는 일

③ 점화 전에 위험구역 내에서 근로자가 대피한 것을 확인하는 일

④ 점화순서 및 방법에 대하여 지시하는 일

⑤ 점화신호를 하는 일

⑥ 점화작업에 종사하는 근로자에 대하여 대피신호를 하는 일

⑦ 발파 후 터지지 아니한 장약이나 남은 장약의 유무, 용수 유무 및 암석·토사의 낙하 유무 등을 점검하는 일

⑧ 점화하는 사람을 정하는 일

⑨ 공기압축기의 안전밸브 작동 유무를 점검하는 일

⑩ 안전모 등 보호구의 착용상황을 감시하는 일

Key Point

발파작업 시 관리감독자의 유해 위험방지업무 4가지를 쓰시오.

발파작업 시 관리감독자의 직무내용 ①~⑩ 항목 중 4가지 선택

---

③ 붕괴재해 예방대책

1. 히빙(Heaving)

1) 정의

연약한 점토지반을 굴착할 때 흙막이 벽체 배면에 있는 흙의 중량이 굴착 바닥면의 흙의 중량보다 클 때 그 중량 차이로 인해 흙막이 벽체 배면의 흙이 안으로 밀려 들어와 굴착 바닥면이 부풀어 오르는 현상

2) 지반조건

연약한 점토 지반, 굴착저면 하부의 피압수

3) 피해

① 흙막이의 전 면적 파괴

② 흙막이 주변 지반침하로 인한 지하매설물 파괴

4) 안전대책

① 흙막이벽 근입깊이 증가

② 흙막이벽 배면 지표의 상재하중을 제거

③ 지반굴착 시 흙이 느슨해지지 않도록 유의

④ 지반개량으로 하부지반 전단강도 개선

⑤ 강성이 큰 흙막이 공법 선정

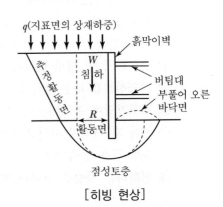

[히빙 현상]

히빙 현상의 정의와 방지대책 3가지를 쓰시오.

(1) 정의

연약한 점토지반을 굴착할 때 흙막이 벽체 배면에 있는 흙의 중량이 굴착 바닥면의 흙의 중량보다 클 때 그 중량 차이로 인해 흙막이 벽체 배면의 흙이 안으로 밀려 들어와 굴착 바닥면이 부풀어 오르는 현상

(2) 방지대책

① 흙막이벽 근입깊이 증가

② 흙막이벽 배면 지표의 상재하중을 제거

③ 지반굴착 시 흙이 느슨해지지 않도록 유의

④ 지반개량으로 하부지반 전단강도 개선

⑤ 강성이 큰 흙막이 공법 선정

2. 보일링(Boiling)

1) 정의

투수성이 좋은 사질토 지반을 굴착할 때 흙막이벽 배면의 지하수위가 굴착저면보다 높을 경우 굴착저면 위로 모래와 지하수가 솟아오르는 현상

2) 지반조건

투수성이 좋은 사질지반, 굴착저면 하부의 피압수

3) 피해

① 흙막이의 전 면적 파괴

② 흙막이 주변 지반침하로 인한 지하매설물 파괴

③ 굴착저면의 지지력 감소

4) 안전대책

① 흙막이벽 근입깊이 증가

② 흙막이벽의 차수성 증대

③ 흙막이벽 배면지반 그라우팅 실시

④ 흙막이벽 배면지반 지하수위 저하

⑤ 굴착토를 즉시 원상태로 매립

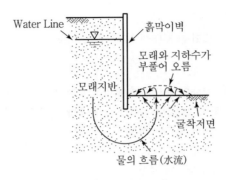

[보일링 현상]

보일링 현상을 방지하기 위한 대책 3가지를 쓰시오.

보일링 현상 안전대책 ①~⑤ 항목 중 3가지 선택

3. 동상현상

1) 정의

흙 속의 공극수가 동결하여 체적이 커져서 지반이 부풀어 오르는 현상

2) 동상 방지대책

① 동결심도 아래에 배수층 설치
② 배수구 등을 설치하여 지하수위 저하
③ 동결깊이 상부의 흙을 동결이 잘 되지 않는 재료로 치환
④ 모관수 상승을 차단하는 층을 두어 동상 방지

흙의 동상현상 방지대책을 기술하시오.

동상 방지대책 ①~④ 항목 선택

4. 연약지반의 개량공법

1) 연약지반의 정의

연약지반이란 점토나 실트와 같은 미세한 입자의 흙이나 간극이 큰 유기질토 또는 이탄토, 느슨한 모래 등으로 이루어진 토층으로 구성

2) 연약지반의 개량목적

① 지반의 강도 증가
② 활동에 대한 저항 부여
③ 액상화 방지
④ 전단변형 억제
⑤ 압밀침하 촉진을 통한 지반강화

3) 점성토 연약지반 개량공법

(1) 치환공법

연약지반을 양질의 흙으로 치환하는 공법으로 굴착, 활동, 폭파 치환

(2) 재하공법(압밀공법)

① 프리로딩 공법(Pre-Loading) : 사전에 성토를 미리하여 흙의 전단강도를 증가
② 압성토공법(Surcharge) : 측방에 압성토하여 압밀에 의해 강도 증가
③ 사면선단 재하공법 : 성토한 비탈면 옆부분을 덧붙임하여 비탈면 끝의 전단강도를 증가

(3) 탈수공법

연약지반에 모래말뚝, 페이퍼드레인, 팩을 설치하여 물을 배제시켜 압밀을 촉진하는 것으로 샌드드레인 · 페이퍼드레인 · 팩드레인 공법

(4) 배수공법

중력배수(집수정, Deep Well), 강제배수(Well Point, 진공 Deep Well)

(5) 고결공법

생석회 말뚝공법, 동결공법, 소결공법

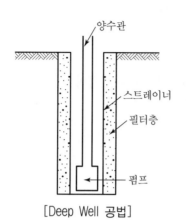

[Deep Well 공법]

[Well Point 공법]

Key Point

점성토 지반 개량공법 5가지를 쓰시오.

(1) 치환공법　　(2) 재하(압밀)공법　　(3) 탈수공법　　(4) 배수공법　　(5) 고결공법

4) 사질토 연약지반 개량공법

① 진동다짐공법(Vibro Floatation) : 봉상진동기를 이용, 진동과 물다짐을 병용
② 동다짐(압밀)공법 : 무거운 추를 자유 낙하시켜 지반충격으로 다짐효과
③ 약액주입공법 : 지반 내 화학약액(LW, Bentonite, Hydro)을 주입하여 지반고결
④ 폭파다짐공법 : 인공지진을 발생시켜 모래지반을 다짐
⑤ 전기충격공법 : 지반 속에서 고압방전을 일으켜 발생하는 충격력으로 지반다짐
⑥ 모래다짐말뚝공법 : 충격, 진동, 타입에 의해 모래를 압입시켜 모래 말뚝을 형성하여 다짐에 의한 지지력을 향상

Key Point

연약지반의 개량공법 중 사질토 지반 개량공법 4가지를 쓰시오.

사질토 연약지반 개량공법 ①~⑥ 항목 중 4가지 선택

제3장 구조물공사 안전

■ Engineer Construction Safety

---

1 철근공사

1. 철근의 종류

① 원형철근 : 철근 표면에 돌기가 없는 매끈한 표면으로 된 철근
② 이형철근 : 철근 표면에 리브(Rib)와 마디 등 돌기가 있는 철근
③ 피아노선 : 프리스트레스 콘크리트에 사용
④ 스터드(Stud) : 철골보와 콘크리트 슬래브를 연결하는 Shear Connector 역할

2. 철근의 가공

1) 철근가공 계획 시 검토사항

① 재료의 저장 및 가공 장소
② 가공 및 저장 설비
③ 가공 공장

2) 철근재료 시험항목

① 인장강도 시험
② 연신율 시험
③ 휨 시험

3) 철근가공

(1) 철근 구부리기
　① 상온가공(냉간가공) : 25mm 이하 철근
　② 열간가공 : 원형 28mm 이상, 이형 29mm 이상
(2) 철근은 상온에서 지상 가공하는 것을 원칙으로 함
(3) 원형철근의 말단부는 원칙적으로 혹(Hook)을 둠

(4) 이형철근은 부착력이 크므로 기둥 또는 굴뚝을 제외한 부분은 훅(Hook)을 생략할 수
있음

(5) 훅(Hook)을 반드시 두어야 하는 위치

① 원형철근의 말단부

② 캔틸레버근

③ 단순보의 지지단

④ 굴뚝철근

⑤ 보, 기둥철근

3. 철근조립 작업 시 준수사항(안전보건규칙 제336조)

(1) 양중기로 철근을 운반할 경우에는 두 군데 이상 묶어서 수평으로 운반할 것

(2) 작업위치의 높이가 2미터 이상일 경우에는 작업발판을 설치하거나 안전대를 착용하게 하
는 등 위험 방지를 위하여 필요한 조치를 할 것

② 거푸집공사

1. 거푸집의 종류

1) 유로폼(Euro Form)

내수코팅합판과 경량 프레임으로 제작한 가장 초보적인 단계의 시스템 거푸집

2) 갱폼(Gang Form)

거푸집판과 보강재가 일체로 된 기본패널, 작업을 위한 작업 발판대 및 수직도 조정과 횡
력을 지지하는 빗버팀대로 구성되는 벽체 거푸집

3) 슬립폼(Slip Form)

거푸집을 연속적으로 이동시키면서 콘크리트 타설하는 것으로 수평적 또는 수직적으로 반
복된 구조물 시공에 유리함

4) 클라이밍폼(Climbing Form)

벽체용 거푸집으로 거푸집과 벽체 마감공사를 위한 비계틀을 일체로 제작하였고, 거푸집
과 비계틀을 한꺼번에 인양시켜 설치

5) 슬라이딩폼(Sliding Form)

요크(Yoke)로 거푸집을 수직으로 연속 이동시키면서 콘크리트 타설하는 것으로 돌출물 등 단면 형상의 변화가 없는 곳에 적용

6) 터널폼(Tunnel Form)

터널의 슬래브와 벽체의 콘크리트 타설을 일체화하기 위한 철재 거푸집

[갱폼(Gang Form)]

[슬립폼(Slip Form)]

2. 거푸집의 설치

1) 재료 선정 시 고려사항

① 강도   ② 강성
③ 내구성   ④ 작업성
⑤ 타설 콘크리트의 영향   ⑥ 경제성

🔹 Key Point

거푸집 및 지보공의 재료 선정 시 고려해야 할 사항을 4가지만 쓰시오.

재료 선정 시 고려사항 ①~⑥ 항목 중 4가지 선택

2) 거푸집의 조립순서

(1) 기초 → (2) 기둥 → (3) 내력벽 → (4) 큰 보 → (5) 작은 보 → (6) 바닥판 → (7) 계단 → (8) 외벽

3. 거푸집의 해체

1) 거푸집 및 동바리 존치기간

(1) 거푸집 존치기간

① 콘크리트 압축강도를 시험할 경우(콘크리트표준시방서)

부재	콘크리트의 압축강도(f_{cu})
확대기초, 보 옆, 기둥, 벽 등의 측벽	5MPa 이상
슬래브 및 보의 밑면, 아치 내면	설계기준강도$\times\frac{2}{3}(f_{cu} \geq \frac{2}{3}f_{ck})$ 다만, 14MPa 이상

② 콘크리트 압축강도를 시험하지 않을 경우(기초, 보 옆, 기둥 및 보의 측벽)

시멘트의 종류 / 평균 기온	조강포틀랜드 시멘트	보통포틀랜드시멘트 고로슬래그시멘트(특급) 포틀랜드포졸란시멘트(A종) 플라이애시시멘트(A종)	고로슬래그시멘트 포틀랜드포졸란 시멘트(B종) 플라이애시시멘트(B종)
20℃ 이상	2일	4일	5일
20℃ 미만 10℃ 이상	3일	6일	8일

(2) 동바리 존치기간

Slab 밑, 보 밑 모두 설계기준강도(f_{ck})의 100% 이상의 콘크리트 압축강도가 얻어질 때까지 존치

2) 조립·해체 작업 시 준수사항(안전보건규칙 제336조)

① 해당 작업을 하는 구역에는 관계 근로자가 아닌 사람의 출입을 금지할 것

② 비, 눈, 그 밖의 기상상태의 불안정으로 날씨가 몹시 나쁜 경우에는 그 작업을 중지할 것

③ 재료, 기구 또는 공구 등을 올리거나 내리는 경우에는 근로자로 하여금 달줄·달포대 등을 사용하도록 할 것

④ 낙하·충격에 의한 돌발적 재해를 방지하기 위하여 버팀목을 설치하고 거푸집동바리 등을 인양장비에 매단 후에 작업을 하도록 하는 등 필요한 조치를 할 것

거푸집 동바리 등의 조립 또는 해체 작업 시 준수사항 3가지를 쓰시오.

해체 작업 시 준수사항 ①~④ 중 3가지 선택

4. 구조검토 시 고려하여야 할 하중

1) 종류

① 연직방향하중 : 타설 콘크리트 및 거푸집 중량, 활하중(충격하중, 작업하중 등)
② 횡방향하중 : 작업 시 진동, 충격, 풍압, 유수압, 지진 등
③ 콘크리트 측압 : 콘크리트가 거푸집을 안쪽에서 밀어내는 압력
④ 특수하중 : 시공 중 예상되는 특수한 하중(콘크리트 편심하중 등)

2) 거푸집 동바리의 연직방향 하중

(1) 계산식

$$W = 고정하중 + 활하중$$
$$= 콘크리트\ 중량 + 거푸집\ 중량 + 활하중$$
$$= \gamma \times t + 40\text{kg/m}^2 + 250\text{kg/m}^2$$

여기서, γ : 철근콘크리트 단위중량(kg/m³), t : 슬래브 두께(m)

(2) 고정하중

철근콘크리트의 중량(보통 콘크리트) 2,400kg/m³, 거푸집 중량 40kg/m²

(3) 활하중

최소 250kg/m² 이상(단, 진동식 카트 장비 사용 시 375kg/m² 적용)

거푸집 및 지보공(동바리) 시공 시 고려할 하중 3가지를 쓰시오.

① 연직방향하중   ② 횡방향하중
③ 콘크리트 측압   ④ 특수하중 중 3가지 선택

5. 거푸집 동바리 조립 시 안전조치(안전보건규칙 제332조)

사업주는 동바리를 조립하는 경우에는 하중의 지지상태를 유지할 수 있도록 다음 각 호의 사항을 준수해야 한다.

(1) 받침목이나 깔판의 사용, 콘크리트 타설, 말뚝박기 등 동바리의 침하를 방지하기 위한 조치를 할 것

(2) 동바리의 상하 고정 및 미끄러짐 방지 조치를 할 것

(3) 상부·하부의 동바리가 동일 수직선상에 위치하도록 하여 깔판·받침목에 고정시킬 것

(4) 개구부 상부에 동바리를 설치하는 경우에는 상부하중을 견딜 수 있는 견고한 받침대를 설치할 것

(5) U헤드 등의 단판이 없는 동바리의 상단에 멍에 등을 올릴 경우에는 해당 상단에 U헤드 등의 단판을 설치하고, 멍에 등이 전도되거나 이탈되지 않도록 고정시킬 것

(6) 동바리의 이음은 같은 품질의 재료를 사용할 것

(7) 강재의 접속부 및 교차부는 볼트·클램프 등 전용철물을 사용하여 단단히 연결할 것

(8) 거푸집의 형상에 따른 부득이한 경우를 제외하고는 깔판이나 받침목은 2단 이상 끼우지 않도록 할 것

(9) 깔판이나 받침목을 이어서 사용하는 경우에는 그 깔판·받침목을 단단히 연결할 것

⚙ Key Point

거푸집 동바리 조립 시 준수해야 할 사항을 3가지 쓰시오.

조립 시 준수사항 (1)~(9) 항목 중 3가지 선택

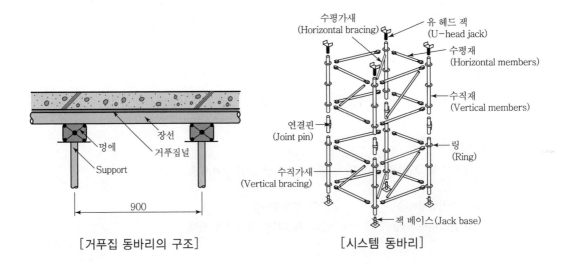

[거푸집 동바리의 구조]   [시스템 동바리]

6. 동바리 유형에 따른 동바리 조립 시의 안전조치(안전보건규칙 제332조의2)

사업주는 동바리를 조립할 때 동바리의 유형별로 다음 각 호의 구분에 따른 각 목의 사항을 준수해야 한다.

(1) 동바리로 사용하는 파이프 서포트의 경우

① 파이프 서포트를 3개 이상 이어서 사용하지 않도록 할 것

② 파이프 서포트를 이어서 사용하는 경우에는 4개 이상의 볼트 또는 전용철물을 사용하여 이을 것

③ 높이가 3.5미터를 초과하는 경우에는 높이 2미터 이내마다 수평연결재를 2개 방향으로 만들고 수평연결재의 변위를 방지할 것

(2) 동바리로 사용하는 강관틀의 경우

① 강관틀과 강관틀 사이에 교차가새를 설치할 것

② 최상단 및 5단 이내마다 동바리의 측면과 틀면의 방향 및 교차가새의 방향에서 5개 이내마다 수평연결재를 설치하고 수평연결재의 변위를 방지할 것

③ 최상단 및 5단 이내마다 동바리의 틀면의 방향에서 양단 및 5개틀 이내마다 교차가새의 방향으로 띠장틀을 설치할 것

(3) 동바리로 사용하는 조립강주의 경우

조립강주의 높이가 4미터를 초과하는 경우에는 높이 4미터 이내마다 수평연결재를 2개 방향으로 설치하고 수평연결재의 변위를 방지할 것

(4) 시스템 동바리(규격화 · 부품화된 수직재, 수평재 및 가새재 등의 부재를 현장에서 조립하여 거푸집을 지지하는 지주 형식의 동바리를 말한다)의 경우

① 수평재는 수직재와 직각으로 설치해야 하며, 흔들리지 않도록 견고하게 설치할 것

② 연결철물을 사용하여 수직재를 견고하게 연결하고, 연결부위가 탈락 또는 꺾어지지 않도록 할 것

③ 수직 및 수평하중에 대해 동바리의 구조적 안정성이 확보되도록 조립도에 따라 수직재 및 수평재에는 가새재를 견고하게 설치할 것

④ 동바리 최상단과 최하단의 수직재와 받침철물은 서로 밀착되도록 설치하고 수직재와 받침철물의 연결부의 겹침길이는 받침철물 전체길이의 3분의 1 이상 되도록 할 것

(5) 보 형식의 동바리[강제 갑판(steel deck), 철재트러스 조립 보 등 수평으로 설치하여 거푸집을 지지하는 동바리를 말한다]의 경우

① 접합부는 충분한 걸침 길이를 확보하고 못, 용접 등으로 양끝을 지지물에 고정시켜 미끄러짐 및 탈락을 방지할 것

② 양끝에 설치된 보 거푸집을 지지하는 동바리 사이에는 수평연결재를 설치하거나 동바리를 추가로 설치하는 등 보 거푸집이 옆으로 넘어지지 않도록 견고하게 할 것

③ 설계도면, 시방서 등 설계도서를 준수하여 설치할 것

7. 조립·해체 등 작업 시의 준수사항(안전보건규칙 제333조)

(1) 사업주는 기둥·보·벽체·슬래브 등의 거푸집 및 동바리를 조립하거나 해체하는 작업을 하는 경우에는 다음 각 호의 사항을 준수할 것

① 해당 작업을 하는 구역에는 관계 근로자가 아닌 사람의 출입을 금지할 것

② 비, 눈, 그 밖의 기상상태의 불안정으로 날씨가 몹시 나쁜 경우에는 그 작업을 중지할 것

③ 재료, 기구 또는 공구 등을 올리거나 내리는 경우에는 근로자로 하여금 달줄·달포대 등을 사용하도록 할 것

④ 낙하·충격에 의한 돌발적 재해를 방지하기 위하여 버팀목을 설치하고 거푸집 및 동바리를 인양장비에 매단 후에 작업을 하도록 하는 등 필요한 조치를 할 것

(2) 사업주는 철근조립 등의 작업을 하는 경우에는 다음 각 호의 사항을 준수할 것

① 양중기로 철근을 운반할 경우에는 두 군데 이상 묶어서 수평으로 운반할 것

② 작업위치의 높이가 2미터 이상일 경우에는 작업발판을 설치하거나 안전대를 착용하게 하는 등 위험 방지를 위하여 필요한 조치를 할 것

8. 관리 감독자의 유해·위험방지 업무(안전보건규칙 제35조)

(1) 안전한 작업방법을 결정하고 작업을 지휘하는 일

(2) 재료·기구의 결함 유무를 점검하고 불량품을 제거하는 일

(3) 작업 중 안전대 및 안전모 등 보호구 착용상황을 감시하는 일

---

③ 콘크리트공사

1. 콘크리트의 타설작업(안전보건규칙 제334조)

사업주는 콘크리트 타설작업을 하는 경우에는 다음 각 호의 사항을 준수해야 한다.

① 당일의 작업을 시작하기 전에 해당 작업에 관한 거푸집 및 동바리의 변형·변위 및 지반의 침하 유무 등을 점검하고 이상이 있으면 보수할 것

② 작업 중에는 감시자를 배치하는 등의 방법으로 거푸집 및 동바리의 변형·변위 및 침하 유무 등을 확인해야 하며, 이상이 있으면 작업을 중지하고 근로자를 대피시킬 것

③ 콘크리트 타설작업 시 거푸집 붕괴의 위험이 발생할 우려가 있으면 충분한 보강조치를 할 것

④ 설계도서상의 콘크리트 양생기간을 준수하여 거푸집 및 동바리를 해체할 것

⑤ 콘크리트를 타설하는 경우에는 편심이 발생하지 않도록 골고루 분산하여 타설할 것

> **⊕ Key Point**
>
> 콘크리트 타설작업 시 준수사항 3가지를 쓰시오.
>
> 콘크리트 타설작업 시 준수사항 ①~⑤ 항목 중 3가지 선택

2. 콘크리트 측압

1) 정의

측압(Lateral Pressure)이란 콘크리트 타설 시 기둥·벽체의 거푸집에 가해지는 콘크리트의 수평방향의 압력으로 콘크리트의 타설 높이가 증가함에 따라 측압은 증가하나, 일정 높이 이상이 되면 측압은 감소한다.

2) 측압이 커지는 조건

① 거푸집 부재단면이 클수록

② 거푸집 수밀성이 클수록

③ 거푸집의 강성이 클수록

④ 거푸집 표면이 평활할수록

⑤ 시공연도(Workability)가 좋을수록

⑥ 철골 또는 철근 양이 적을수록

⑦ 외기온도가 낮을수록 습도가 높을수록

⑧ 콘크리트의 타설속도가 빠를수록

⑨ 콘크리트의 다짐이 좋을수록

⑩ 콘크리트의 Slump가 클수록

⑪ 콘크리트의 비중이 클수록

Key Point

콘크리트 타설작업 시 거푸집의 측압에 영향을 미치는 요인을 5가지 쓰시오.

① 콘크리트의 시공연도(슬럼프)가 클수록 측압이 크다.
② 콘크리트의 부어넣기 속도가 빠를수록 측압이 크다.
③ 콘크리트의 다짐이 좋을수록 측압이 크다.
④ 온도가 낮을수록 측압이 크다.
⑤ 벽 두께가 클수록 측압이 크다.

④ 철골공사

1. 철골작업 시 추락 방지

1) 공사 전 검토사항

(1) 설계도 및 공작도의 확인 및 검토사항

① 부재의 형상 및 치수, 접합부의 위치, 브래킷의 내민 치수, 건물의 높이
② 철골의 건립형식, 건립상의 문제점, 관련 가설설비
③ 건립기계의 종류 선정, 건립공정 검토, 건립기계 대수 결정
④ 현장용접의 유무, 이음부의 시공난이도를 확인하여 작업방법 결정
⑤ SRC조의 경우 건립순서 등을 검토하여 철골계단을 안전작업에 이용
⑥ 한쪽만 많이 내민 보가 있는 기둥에 대한 필요한 조치

(2) 공작도(Shop Drawing)에 포함사항

① 외부비계 및 화물승강설비용 브래킷
② 기둥 승강용 트랩
③ 구명줄 설치용 고리
④ 건립에 필요한 와이어로프 걸이용 고리
⑤ 안전난간 설치용 부재
⑥ 기둥 및 보 중앙의 안전대 설치용 고리
⑦ 방망 설치용 부재
⑧ 비계 연결용 부재

⑨ 방호선반 설치용 부재

⑩ 양중기 설치용 보강재

2) 철골작업 시 위험 방지조치

(1) 철골조립 시 위험방지(안전보건규칙 제380조)

철골을 조립하는 경우에 철골의 접합부가 충분히 지지되도록 볼트를 체결하거나 이와 같은 수준 이상의 견고한 구조가 되기 전에는 들어 올린 철골을 걸이로프 등으로부터 분리해서는 아니 된다.

(2) 승강로의 설치(안전보건규칙 제381조)

근로자가 수직방향으로 이동하는 철골부재에는 답단 간격이 30cm 이내인 고정된 승강로를 설치하여야 하며, 수평방향 철골과 수직방향 철골이 연결되는 부분에는 연결작업을 위하여 작업발판 등을 설치하여야 한다.

(3) 가설통로의 설치(안전보건규칙 제382조)

철골작업을 하는 경우에 근로자의 주요 이동통로에 고정된 가설통로를 설치하여야 한다. 다만, 제44조에 따른 안전대의 부착설비 등을 갖춘 경우에는 그러하지 아니하다.

3) 철골작업의 중지(안전보건규칙 제383조)

구분	내용
강풍	풍속 10m/sec 이상
강우	1시간당 강우량이 1mm 이상
강설	1시간당 강설량이 1cm 이상

✚ Key Point

철골작업을 중지하여야 하는 기상조건을 3가지 쓰시오.

(1) 풍속이 초당 10m 이상인 경우

(2) 강우량이 시간당 1mm 이상인 경우

(3) 강설량이 시간당 1cm 이상인 경우

2. 철골작업 시 내력을 검토해야 하는 대상

① 높이 20m 이상의 구조물

② 구조물의 폭과 높이의 비가 1 : 4 이상인 구조물

③ 단면구조에 현저한 차이가 있는 구조물

④ 연면적당 철골량이 50kg/m² 이하인 구조물

⑤ 기둥이 타이플레이트(Tie Plate) 형인 구조물

⑥ 이음부가 현장용접인 구조물

> ◆ Key Point
>
> 내력을 설계에 반영해야 하는 철골구조물 4가지를 쓰시오.
>
> 철골작업 시 내력을 검토해야 하는 대상 ①~⑥ 항목 중 4가지 선택

3. 철골 건립기계 선정 시 고려사항

① 입지조건

② 주변영향

③ 구조물의 형태

④ 인양하중

⑤ 작업반경

⑤ 해체공사

1. 해체공법 선정 시 고려사항

① 해체 대상물의 구조

② 해체 대상물의 부재단면 및 높이

③ 부지 내 작업용 공지

④ 부지 주변의 도로상황 및 환경

⑤ 해체공법의 경제성·작업성·안정성 등

⊕ Key Point

해체공법 선정 시 사전에 고려해야 할 사항을 3가지 쓰시오.

해체공법 선정 시 고려사항 ①~⑤ 항목 중 3가지 선택

2. 해체공법의 종류

① 기계력 : 철 해머, 대형·소형 브레이커, 절단공법
② 전도 : 전도공법
③ 유압력 : 유압잭 공법, 압쇄공법
④ 폭발력 : 발파공법, 폭파공법
⑤ 기타 : 팽창압 공법, 워터제트(Water Jet) 공법

3. 해체작업의 안전

1) 해체작업계획서의 포함사항(안전보건규칙 제38조)

① 해체의 방법 및 해체순서 도면
② 가설설비, 방호설비, 환기설비 및 살수·방화설비 등의 방법
③ 사업장 내 연락방법
④ 해체물의 처분계획
⑤ 해체작업용 기계·기구 등의 작업계획서
⑥ 해체작업용 화약류 등의 사용계획서
⑦ 기타 안전·보건에 관련된 사항

⊕ Key Point

건물의 해체작업 시 해체계획에 포함되어야 하는 사항을 4가지 쓰시오.

해체작업계획서의 포함사항 ①~⑦ 항목 중 4가지 선택

2) 해체공사 시 안전대책

① 작업구역 내에는 관계자 외 출입금지
② 강풍, 폭우, 폭설 등 악천후 시 작업 중지
③ 사용기계·기구 등을 인양하거나 내릴 때 그물망 또는 그물포 등을 사용

④ 전도작업 시 작업자 이외의 다른 작업자의 대피상태 확인 후 전도

⑤ 파쇄공법의 특성에 따라 방진벽, 비산 차단벽, 살수시설 설치

⑥ 작업자 상호 간 신호규정 준수

⑦ 해체작업 시 적정한 위치에 대피소 설치

⑧ 작업 시 위험 부분에 작업자가 머무르는 것은 특히 위험하며, 해체장비 주위 4m 안에 접근을 금지한다.

3) 해체작업에 따른 공해 방지(해체공사 표준안전작업지침 제22조)

① 공기 압축기 등은 적당한 장소에 설치하여야 하며 장비의 소음 진동 기준은 관계법에서 정하는 바에 따라서 처리하여야 한다.

② 전도공법의 경우 전도물 규모를 작게 하여 중량을 최소화하며, 전도 대상물의 높이도 되도록 작게 하여야 한다.

③ 철 해머공법의 경우 해머의 중량과 낙하높이를 가능한 한 낮게 하여야 한다.

④ 현장 내에서는 대형 부재로 해체하며, 장외에서 잘게 파쇄하여야 한다.

⑤ 인접 건물에 피해를 줄이기 위해 방음, 방진 목적의 가시설을 설치하여야 한다.

> **✚ Key Point**
>
> 해체공사의 공법에 따라 발생하는 소음과 진동의 방지대책을 4가지 쓰시오.
>
> 해체작업에 따른 공해 방지 ①~⑤ 항목 중 4가지 선택

4) 해체 장비와 해체물 사이의 안전거리(L)

① 힘으로 무너뜨리거나, 쳐서 무너뜨리는 경우 : $L \geqq 0.5H$ (H = 해체건물의 높이)

② 끌어당겨 무너뜨리는 경우 : $L \geqq 1.5H$

제4장 마감공사 안전

1 마감공사

1. 화기사용 작업

1) 용접작업

(1) 가스용접

충분한 강도 기대는 어려우나 절단용으로 중요

(2) 전기저항용접

기밀을 요하는 공작기 등의 제작에 사용

(3) 아크용접

모재와 용접봉 사이에 3,500℃의 고열 발생

(4) 금속 전기 아크용접

철골의 용접에 주로 사용됨

2) 화재·폭발 예방조치

(1) 위험물 등이 있는 장소에서 화기사용 금지(안전보건규칙 제239조)

위험물이 있어 폭발이나 화재가 발생할 우려가 있는 장소 또는 그 상부에서 불꽃이나 아크를 발생하거나 고온으로 될 우려가 있는 화기·기계·기구 및 공구 등 사용 금지

(2) 화재위험작업 시의 준수사항(안전보건규칙 제241조)

① 통풍이나 환기가 충분하지 않은 장소에서 화재위험작업을 하는 경우에는 통풍 또는 환기를 위하여 산소를 사용해서는 아니 된다.
② 가연성물질이 있는 장소에서 화재위험작업을 하는 경우에는 화재예방에 필요한 다음 각 호의 사항을 준수하여야 한다.

       ㉠ 작업 준비 및 작업 절차 수립

       ㉡ 작업장 내 위험물의 사용·보관 현황 파악

       ㉢ 화기작업에 따른 인근 가연성물질에 대한 방호조치 및 소화기구 비치

       ㉣ 용접불티 비산방지덮개, 용접방화포 등 불꽃, 불티 등 비산방지조치

       ㉤ 인화성 액체의 증기 및 인화성 가스가 남아 있지 않도록 환기 등의 조치

       ㉥ 작업근로자에 대한 화재예방 및 피난교육 등 비상조

  ③ 작업시작 전에 제2항 각 호의 사항을 확인하고 불꽃·불티 등의 비산을 방지하기 위한 조치 등 안전조치를 이행한 후 근로자에게 화재위험작업을 하도록 해야 한다.

  ④ 화재위험작업이 시작되는 시점부터 종료될 때까지 작업내용, 작업일시, 안전점검 및 조치에 관한 사항 등을 해당 작업장소에 서면으로 게시해야 한다. 다만, 같은 장소에서 상시·반복적으로 화재위험작업을 하는 경우에는 생략할 수 있다.

(3) 소화설비의 비치(안전보건규칙 제243조)

  ① 인화성 유류 등 폭발이나 화재의 원인이 될 우려가 있는 물질을 취급하는 장소에는 소화설비를 설치하여야 한다.

  ② 제1항의 소화설비는 건축물 등의 규모·넓이 및 취급하는 물질의 종류 등에 따라 예상되는 폭발이나 화재를 예방하기에 적합하여야 한다.

(4) 가스등의 용기 취급 시 유의사항(안전보건규칙 제234조)

  ① 용기의 온도를 섭씨 40도 이하로 유지할 것

  ② 전도의 위험이 없도록 할 것

  ③ 충격을 가하지 않도록 할 것

  ④ 운반하는 경우에는 캡을 씌울 것

  ⑤ 사용하는 경우에는 용기의 마개에 부착되어 있는 유류 및 먼지를 제거할 것

  ⑥ 밸브의 개폐는 서서히 할 것

  ⑦ 사용 전 또는 사용 중인 용기와 그 밖의 용기를 명확히 구별하여 보관할 것

  ⑧ 용해아세틸렌의 용기는 세워 둘 것

  ⑨ 용기의 부식·마모 또는 변형상태를 점검한 후 사용할 것

2. 화학물질 사용작업

1) 물질안전보건자료(MSDS)의 작성·비치 등

(1) 사업주는 화학물질 및 화학물질을 포함한 제제를 제조·수입·사용·운반 또는 저장하고자 할 때에는 미리 다음 각 호의 사항 모두를 기재한 자료(이하 "물질안전보건자료"라 한다)를 작성하여 취급근로자가 쉽게 볼 수 있는 장소에 게시 또는 비치하여야 한다.

① 대상 화학물질의 명칭, 구성성분 및 함유량

② 안전·보건상의 취급주의 사항

③ 인체 및 환경에 미치는 영향

④ 그 밖에 고용노동부령이 정하는 사항

(2) 화학물질 용기 표면에 표시하여야 할 사항

① 화학물질의 명칭

② 일차적인 인체 유해성에 대한 그림문자(심벌) 및 신호어

③ 생산 제품명(화학물질명)과 위해성을 알 수 있는 구성성분에 관한 정보

④ 화학물질의 분류에 의한 유해·위험 문구

⑤ 화재·폭발·누출사고 등에 대처하기 위한 안전한 사용의 지침

⑥ 인체 노출방지 및 개인보호구에 대한 권고사항

⑦ 법적인 요구조건

⑧ 화학물질 제조자와 공급자에 대한 정보

⑨ 화학물질 사용에 대한 만기일자

⑩ 기타 화학물질 관리에 필요한 정보

3. 밀폐공간 작업

1) 용어의 정의

밀폐공간	산소결핍, 유해가스로 인한 화재·폭발 등의 위험이 있는 장소
유해가스	밀폐공간에서 탄산가스·황화수소 등의 유해물질이 가스상태로 공기 중에 발생되는 것을 말한다.
적정한 공기	산소농도의 범위가 18% 이상 23.5% 미만, 탄산가스의 농도가 1.5% 미만, 황화수소의 농도가 10ppm 미만인 수준의 공기를 말한다.

산소결핍	공기 중의 산소농도가 18% 미만인 상태를 말한다.
산소결핍증	산소결핍 상태의 공기를 들여마심으로써 생기는 증상을 말한다.

2) 특별교육내용(안전보건규칙 별표 8의2)

① 산소농도측정 및 작업환경에 관한 사항
② 사고 시의 응급처치 및 비상시 구출에 관한 사항
③ 보호구 착용 및 사용방법에 관한 사항
④ 작업내용·안전작업방법 및 절차에 관한 사항
⑤ 장비·설비 및 시설 등의 안전점검에 관한 사항

3) 관리감독자의 직무(안전보건규칙 별표 2)

① 산소가 결핍된 공기나 유해가스에 노출되지 않도록 작업시작 전에 해당 근로자의 작업을 지휘하는 업무
② 작업을 하는 장소의 공기가 적절한지를 작업시작 전에 측정하는 업무
③ 측정장비·환기장치 또는 공기마스크, 송기마스크 등을 작업 시작 전에 점검하는 업무
④ 근로자에게 공기마스크, 송기마스크 등의 착용을 지도하고 착용 상황을 점검하는 업무

4) 밀폐공간 작업 시 안전대책

① 작업 전 산소농도 및 유해가스 농도 측정
② 작업 중 산소농도 측정 및 산소농도가 18% 미만일 때는 환기 실시
③ 근로자는 송기마스크, 공기호흡기 등 호흡용 보호구 착용

5) 밀폐공간 작업 시 착용하여야 할 보호구

① 송기마스크 또는 공기호흡기
② 안전대 또는 구명밧줄
③ 안전모
④ 안전화

제5장 건설기계·기구 안전

---

1 굴착기계

1. 파워 셔블(Power Shovel)

파워 셔블은 셔블계 굴착기의 기본 장치로서 버킷의 작동이 삽을 사용하는 방법과 같이 굴삭한다.

■ 특성

① 굴착기가 위치한 지면보다 높은 곳을 굴삭하는 데 적합
② 비교적 단단한 토질의 굴삭도 가능하며 적재, 석산 작업에 편리
③ 크기는 버킷과 디퍼의 크기에 따라 결정

2. 백호(Back Hoe, Drag Shovel)

굴착기가 위치한 지면보다 낮은 곳을 굴삭하는 데 적합하고 단단한 토질의 굴삭이 가능하다. Trench, Ditch, 배관작업 등에 편리하다.

■ 특성

① 동력 전달이 유압 배관으로 되어 있어 구조가 간단하고 정비가 쉬움
② 비교적 경량, 이동과 운반이 편리하고, 협소한 장소에서 선취와 작업이 가능
③ 우선 조작이 부드럽고 사이클 타임이 짧아서 작업능률이 좋음

3. 드래그라인(Drag Line)

와이어로프에 의하여 고정된 버킷을 지면에 따라 끌어당기면서 굴삭하는 방식으로서 높은 붐을 이용하므로 작업 반경이 크고 지반이 불량하여 기계 자체가 들어갈 수 없는 장소에서 굴삭 작업이 가능하나 단단하게 다져진 토질에는 적합하지 않다.

■ 특성
① 굴착기가 위치한 지면보다 낮은 장소를 굴삭하는 데 사용
② 작업 반경이 커서 넓은 지역의 굴삭작업에 용이
③ 정확한 굴삭작업을 기대할 수는 없지만 수중굴삭 및 모래 채취 등에 많이 이용

4. 클램셸(Clamshell)

굴착기가 위치한 지면보다 낮은 곳을 굴삭하는 데 적합하고 좁은 장소의 깊은 굴삭에 효과적이다. 정확한 굴삭과 단단한 지반작업은 어렵지만 수중굴삭, 교량기초, 건축물 지하실 공사 등에 쓰인다. 그래브 버킷(Grab Bucket)은 양개식의 구조로서 와이어로프를 달아서 조작한다.

■ 특성
① 기계 위치와 굴삭 지반의 높이 등에 관계없이 고저에 대하여 작업 가능
② 정확한 굴삭이 불가능
③ 사이클 타임이 길어 작업 능률이 떨어짐

Key Point

로프로 매단 버킷을 이용하여 강바닥의 모래나 자갈을 끌어올리는 셔블계통의 굴착기는 무엇인가?

클램셸(Clamshell)

② 토공기계

1. 차량계 건설기계(안전보건규칙 제196조)

1) 정의

차량계 건설기계란 동력원을 사용하여 특정되지 아니한 장소로 스스로 이동이 가능한 건설기계

2) 차량계 건설기계의 작업계획 포함내용(안전보건규칙 제38조)

① 사용하는 차량계 건설기계의 종류 및 성능

② 차량계 건설기계의 운행경로

③ 차량계 건설기계에 의한 작업방법

Key Point

> 차량계 건설기계를 사용하여 작업을 하는 때에는 작업계획을 작성하고 그 작업계획에 따라
> 작업을 실시하도록 하여야 하는데 이 작업계획에 포함되어야 하는 사항을 3가지 쓰시오.
>
> **차량계 건설기계의 작업계획 포함내용 ①~③ 항목 선택**

3) 차량계 건설기계의 전도 방지조치(안전보건규칙 제199조)

① 유도자 배치

② 지반의 부동침하 방지

③ 갓길의 붕괴 방지

④ 도로 폭의 유지

Key Point

> 차량계 건설기계 작업 시 넘어지거나, 굴러떨어짐에 의해 근로자에게 위험을 미칠 우려가
> 있는 경우 조치사항 3가지를 쓰시오.
>
> **차량계 건설기계의 전도 방지조치 ①~④ 항목 중 3가지 선택**

4) 낙하물 보호구조를 갖추어야 하는 차량계 건설기계(안전보건규칙 제198조)

① 불도저

② 트랙터

③ 굴착기

④ 로더

⑤ 스크레이퍼

⑥ 모터그레이더

⑦ 롤러

⑧ 천공기

⑨ 항타기 및 항발기

5) 운전위치 이탈 시의 조치(안전보건규칙 제99조)

① 포크, 버킷, 디퍼 등의 장치를 가장 낮은 위치 또는 지면에 내려 둘 것
② 원동기를 정지시키고 브레이크를 확실히 거는 등 갑작스러운 주행이나 이탈을 방지하기 위한 조치를 할 것
③ 운전석을 이탈하는 경우에는 시동키를 운전대에서 분리시킬 것. 다만, 운전석에 잠금장치를 하는 등 운전자가 아닌 사람이 운전하지 못하도록 조치한 경우에는 그러하지 아니하다.

2. 항타기 및 항발기

1) 권상용 와이어로프의 안전계수 조건(안전보건규칙 제211조)

와이어로프의 안전계수가 5 이상이 아니면 이를 사용하여서는 아니 된다.

2) 권상용 와이어로프 사용 시 준수사항(안전보건규칙 제212조)

① 권상용 와이어로프는 추 또는 해머가 최저의 위치에 있을 때 또는 널말뚝을 빼내기 시작할 때를 기준으로 권상장치의 드럼에 적어도 2회 감기고 남을 수 있는 충분한 길이일 것
② 권상용 와이어로프는 권상장치의 드럼에 클램프·클립 등을 사용하여 견고하게 고정할 것
③ 권상용 와이어로프에 있어서 추·해머 등과의 연결은 클램프·클립 등을 사용하여 견고하게 할 것

3) 조립 시 점검사항(안전보건규칙 제207조)

① 본체 연결부의 풀림 또는 손상의 유무
② 권상용 와이어로프·드럼 및 도르래의 부착상태의 이상 유무
③ 권상장치의 브레이크 및 쐐기장치 기능의 이상 유무
④ 권상기 설치상태의 이상 유무
⑤ 리더(leader)의 버팀 방법 및 고정상태의 이상 유무
⑥ 본체·부속장치 및 부속품의 강도가 적합한지 여부
⑦ 본체·부속장치 및 부속품에 심한 손상·마모·변형 또는 부식이 있는지 여부

Key Point

산업안전보건법상 항타기 및 항발기 조립 시 점검사항 4가지를 쓰시오.

조립 시 점검사항 ①~⑤ 항목 중 4가지 선택

3. 기타 토공기계

1) 불도저(Bull Dozer)

크롤러 크랙터를 주체로 하고 배토판을 전면에 부착

2) 스크레이퍼(Scraper)

굴삭, 싣기, 운반, 부설 등 4가지 작업을 연속할 수 있는 대량 토공작업 기계로 잔토 반출이 중거리인 경우 사용

[자주식 모터 스크레이퍼]

[피견인식 스크레이퍼]

3) 그레이더(Grader)

땅 고르기, 정지작업, 도로정리

4) 운반장비

① 로더(Loader) : 절토된 토사를 덤프트럭 등에 적재
② 덤프트럭(Dump Truck)

5) 다짐장비

① 롤러(Roller)   ② 컴팩터(Compactor)   ③ 래머(Rammer)

6) 포장장비

① 아스팔트 피니셔   ② 타이어 롤러

[아스팔트 피니셔]

[타이어 롤러]

4. 공사용 가설도로

1) 공사용 가설도로 안전조치 사항(안전보건규칙 제379조)

① 도로는 장비와 차량이 안전하게 운행할 수 있도록 견고하게 설치할 것
② 도로와 작업장이 접하여 있을 경우에는 울타리 등을 설치할 것
③ 도로는 배수를 위하여 경사지게 설치하거나 배수시설을 설치할 것
④ 차량의 속도제한 표지를 부착할 것

③ 차량계 하역운반기계

1. 차량계 하역운반기계

1) 종류

동력원에 의하여 특정되지 아니한 장소로 스스로 이동할 수 있는 지게차 · 구내운반차 · 화물자동차 등의 차량계 하역운반기계 및 고소작업대

2) 작업계획의 작성내용(안전보건규칙 제38조)

① 작업에 따른 추락·낙하·전도·협착 및 붕괴 등의 위험에 대한 예방대책
② 차량계 하역운반기계 등의 운행경로 및 작업방법

3) 화물 적재 시의 조치(안전보건규칙 제173조)

① 하중이 한쪽으로 치우치지 않도록 적재할 것
② 구내운반차 또는 화물자동차의 경우 화물의 붕괴 또는 낙하에 의한 위험을 방지하기 위하여 화물에 로프를 거는 등 필요한 조치를 할 것
③ 운전자의 시야를 가리지 않도록 화물을 적재할 것
④ 화물을 적재하는 경우에는 최대적재량을 초과 금지

⊕ Key Point

차량계 하역운반기계에 화물을 적재할 경우 준수해야 할 사항 3가지를 쓰시오.

화물 적재 시의 조치 ①~④ 항목 중 3가지 선택

4) 운전위치 이탈 시의 조치(안전보건규칙 제99조)

① 포크, 버킷, 디퍼 등의 장치를 가장 낮은 위치 또는 지면에 내려 둘 것
② 원동기를 정지시키고 브레이크를 확실히 거는 등 갑작스러운 주행이나 이탈을 방지하기 위한 조치를 할 것
③ 운전석을 이탈하는 경우에는 시동키를 운전대에서 분리시킬 것. 다만, 운전석에 잠금장치를 하는 등 운전자가 아닌 사람이 운전하지 못하도록 조치한 경우에는 그러하지 아니하다.

2. 지게차

1) 헤드가드의 구비조건(안전보건규칙 제180조)

① 강도는 지게차의 최대하중의 2배 값(4Ton을 넘는 값에 대해서는 4Ton으로 한다)의 등분포정하중에 견딜 수 있을 것
② 상부틀의 각 개구의 폭 또는 길이가 16cm 미만일 것
③ 운전자가 앉아서 조작하거나 서서 조작하는 지게차의 헤드가드는 한국산업표준에서 정하는 높이 기준 이상일 것

2) 작업 시작 전 점검사항(안전보건규칙 제35조 2항)

① 제동장치 및 조종장치 기능의 이상 유무

② 하역장치 및 유압장치 기능의 이상 유무

③ 바퀴의 이상 유무

④ 전조등·후미등·방향지시기 및 경보장치 기능의 이상 유무

3) 지게차 작업 시 사고유형

① 화물의 낙하 : 지게차에 화물을 불안정하게 적재 시 낙하

② 지게차의 접촉, 충돌 : 화물의 시야방해, 작업유도자 미배치 등에 따른 접촉, 충돌

③ 지게차의 전도 : 과적, 급가속, 노면불량 등에 의한 지게차의 전도

④ 지게차에서 추락 : 운전자 안전벨트 미착용, 승차석 이외 근로자 탑승 금지 미준수 등에 의한 추락

---

④ 양중기

1. 양중기의 종류

1) 정의

양중기란 동력을 사용하여 화물, 사람 등을 운반하는 기계·설비

2) 종류(안전보건규칙 제132조)

① 크레인(호이스트(hoist)를 포함)

② 이동식 크레인

③ 리프트(이삿짐 운반용 리프트의 경우에는 적재하중이 0.1톤 이상인 것으로 한정)

④ 곤돌라

⑤ 승강기

3) 양중기

(1) 크레인

① 고정식 크레인 : 타워크레인, 지브크레인, 호이스트크레인

② 이동식 크레인 : 트럭크레인, 크롤러크레인, 유압크레인

[타워크레인]

[트럭크레인]

(2) 리프트

① 건설용 리프트

② 산업용 리프트

③ 자동차정비용 리프트

④ 이삿짐 운반용 리프트

(3) 곤돌라

달기발판 또는 운반구·승강장치, 기타의 장치 및 이들에 부속된 기계부품에 의하여 구성되고, 와이어로프 또는 달기강선에 의하여 달기발판 또는 운반구가 전용의 승강장치에 의하여 상승 또는 하강하는 설비

(4) 승강기

① 동력을 사용하여 운반하는 것으로서 가이드레일을 따라 상승 또는 하강하는 운반구에 사람이나 화물을 상·하 또는 좌·우로 이동·운반하는 기계·설비로서 탑승장을 가진 것

② 종류
   ㉠ 승객용 엘리베이터
   ㉡ 화물용 엘리베이터
   ㉢ 승객화물용 엘리베이터
   ㉣ 소형화물용 엘리베이터
   ㉤ 에스컬레이터

2. 안전검사(산업안전보건법 시행규칙 제126조)

1) 주기

① 크레인, 리프트 및 곤돌라는 사업장에 설치가 끝난 날부터 3년 이내에 최초 안전검사를 실시하되, 그 이후부터 매 2년
② 건설현장에서 사용하는 것은 최초로 설치한 날부터 매 6개월

2) 안전검사내용

① 과부하 방지장치, 권과 방지장치, 그 밖의 안전장치의 이상 유무
② 브레이크와 클러치의 이상 유무
③ 와이어로프와 달기체인의 이상 유무
④ 훅 등 달기기구의 손상 유무
⑤ 배선, 집진장치, 배전반, 개폐기, 콘트롤러의 이상 유무

> **✦ Key Point**
>
> 양중기의 안전검사내용 3가지를 쓰시오.
>
> 안전검사내용 ①~⑤ 항목 중 3가지 선택

3. 작업시작 전 점검사항

1) 크레인

① 권과 방지장치·브레이크·클러치 및 운전장치의 기능
② 주행로의 상측 및 트롤리가 횡행(橫行)하는 레일의 상태
③ 와이어로프가 통하고 있는 곳의 상태

크레인을 사용한 작업 시 작업시작 전 점검사항 3가지를 쓰시오.

①~③ 항목 선택

2) 이동식 크레인

① 권과 방지장치나 그 밖의 경보장치의 기능
② 브레이크·클러치 및 조정장치의 기능
③ 와이어로프가 통하고 있는 곳 및 작업장소의 지반상태

이동식 크레인을 사용한 작업 시 작업시작 전 점검사항 3가지를 쓰시오.

①~③ 항목 선택

3) 리프트(자동차정비용 리프트 포함)

① 방호장치·브레이크 및 클러치의 기능 ② 와이어로프가 통하고 있는 곳의 상태

4) 곤돌라

① 방호장치·브레이크의 기능   ② 와이어로프·슬링와이어 등의 상태

5) 양중기의 와이어로프·달기체인·섬유로프·섬유벨트 또는 훅·샤클·링 등의 철구(이하 "와이어로프 등"이라 한다)를 사용하여 고리걸이작업을 하는 때 와이어로프 등의 이상 유무

4. 타워크레인 조립·해체 시 준수사항

1) 작업계획서의 작성 시 포함사항

① 타워크레인의 종류 및 형식
② 설치·조립 및 해체순서
③ 작업도구·장비·가설설비 및 방호설비
④ 작업인원의 구성 및 작업근로자의 역할범위
⑤ 타워크레인의 지지방법

2) 작업계획서의 내용을 작업근로자에게 주지시킴

🔧 Key Point

타워크레인의 설치·조립·해체작업 시 작업계획서에서 작성에 포함되어야 할 사항을 4가지 쓰시오.

작업계획서의 작성 시 포함사항 ①~⑤ 항목 중 4가지 선택

5. 방호장치

1) 크레인

(1) 권과 방지장치

권과를 방지하기 위하여 자동적으로 동력을 차단하고 작동을 제동하는 장치

(2) 과부하 방지장치

크레인에 있어서 정격하중 이상의 하중이 부하되었을 때 자동적으로 상승이 정지되면서 경보음 발생

(3) 비상정지장치

이동 중 이상상태 발생 시 급정지시킬 수 있는 장치

(4) 브레이크 장치

운동체를 감속하거나 정지상태로 유지하는 기능을 가진 장치

(5) 훅해지장치

훅에서 와이어로프가 이탈하는 것을 방지하는 장치

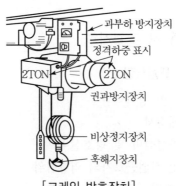

[크레인 방호장치]

⊕ Key Point

크레인 등에 대한 위험방지를 위하여 취해야 할 방호장치 4가지 쓰시오.

과부하 방지장치, 권과 방지장치, 비상정지장치, 브레이크 장치, 혹 해지장치 중 4가지 선택

2) 이동식 크레인

(1) 과부하 방지장치·권과 방지장치 및 브레이크 장치 등 방호장치를 부착하고 유효하게 작동될 수 있도록 미리 조정(안전보건규칙 제134조)

(2) 안전밸브의 조정(안전보건규칙 제136조)

유압을 동력으로 사용하는 크레인의 과도한 압력상승을 방지하기 위한 안전밸브에 대하여 정격하중(지브 크레인은 최대의 정격하중으로 한다)을 건 때의 압력 이하로 작동되도록 조정

(3) 해지장치의 사용(안전보건규칙 제137조)

하물을 운반하는 때에는 해지장치를 사용

⊕ Key Point

이동식 크레인의 방호장치 5가지를 쓰시오.

과부하 방지장치, 권과 방지장치, 브레이크 장치, 안전밸브, 해지장치

3) 건설용 리프트

① 권과방지장치 : 운반구의 이탈 등의 위험방지
② 과부하방지장치 : 적재하중 초과 사용금지
③ 비상정지장치, 조작스위치 등 탑승 조작장치
④ 출입문연동장치 : 운반구의 입구 및 출구문이 열려진 상태에서는 리미트 스위치가 작동되어 리프트가 동작하지 않도록 하는 장치

4) 승강기

과부하 방지장치, 파이널 리밋 스위치(Final Limit Switch), 비상정지장치, 속도조절기, 출입문 인터록

5) 곤돌라

권과 방지장치, 과부하 방지장치, 제동장치

6. 양중기의 와이어로프

1) 안전계수 $= \dfrac{\text{절단하중}}{\text{최대사용하중}}$

2) 안전계수의 구분

구분	안전계수
근로자가 탑승하는 운반구를 지지하는 달기와이어로프 또는 달기체인의 경우	10 이상
화물의 하중을 직접 지지하는 달기와이어로프 또는 달기체인의 경우	5 이상
훅, 샤클, 클램프, 리프팅 빔의 경우	3 이상
그 밖의 경우	4 이상

3) 와이어로프의 사용금지(안전보건규칙 제166조)

① 이음매가 있는 것
② 와이어로프의 한 꼬임(스트랜드)에서 끊어진 소선[素線, 필러(Pillar)선은 제외]의 수가 10% 이상(비자전로프의 경우에는 끊어진 소선의 수가 와이어로프 호칭지름의 6배 길이 이내에서 4개 이상이거나 호칭지름 30배 길이 이내에서 8개 이상)인 것
③ 지름의 감소가 공칭지름의 7%를 초과하는 것
④ 꼬인 것
⑤ 심하게 변형 또는 부식된 것
⑥ 열과 전기충격에 의해 손상된 것

4) 늘어난 달기체인 등의 사용금지(안전보건규칙 제167조)

① 달기 체인의 길이가 달기체인이 제조된 때의 길이의 5퍼센트를 초과한 것
② 링의 단면지름이 달기체인이 제조된 때의 해당 링의 지름의 10퍼센트를 초과하여 감소한 것
③ 균열이 있거나 심하게 변형된 것

제6장 사고형태별 안전

① 추락재해

1. 추락재해의 종류

① 비계로부터의 추락

② 사다리로부터의 추락

③ 경사지붕 및 철골작업 시 추락

④ 경사로, 계단에서의 추락

⑤ 개구부(바닥, 엘리베이터 Pit, 파이프 샤프트 등)에서의 추락

⑥ 철골, 비계 등 조립작업 중 추락

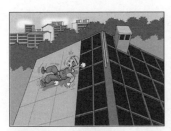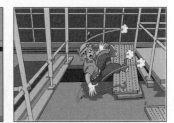

[추락재해의 종류]

2. 추락재해위험 시 안전조치

1) 추락의 방지(안전보건규칙 제42조)

① 근로자가 추락하거나 넘어질 위험이 있는 장소(작업발판의 끝·개구부 등을 제외) 또는 기계·설비·선박블록 등에서 작업을 하는 때에 근로자가 위험에 처할 우려가 있는 경우에 비계를 조립하는 등의 방법에 의하여 작업발판을 설치한다.

② 작업발판을 설치하기 곤란한 경우 다음 각 호의 기준에 맞는 추락방호망을 설치해야 한다. 다만, 추락방호망을 설치하기 곤란한 경우에는 근로자에게 안전대를 착용하도록 하는 등 추락위험을 방지하기 위해 필요한 조치를 해야 한다.

ㄱ 추락방호망의 설치위치는 작업면으로부터 가능한 한 가까운 지점에 설치하여야 하며, 작업면으로부터 망의 설치지점까지의 거리는 10m를 초과하지 아니할 것

ㄴ 추락방호망은 수평으로 설치하고, 망의 처짐은 단변 길이의 12% 이상이 되도록 할 것

ㄷ 건축물 바깥쪽으로 설치하는 경우에 망의 내민 길이는 벽면으로부터 3m 이상 되도록 할 것. 다만, 망의 그물간격이 20mm 이하의 것을 사용한 경우에는 안전보건규칙 제14조제3항에 따른 낙하물방지망을 설치한 것으로 본다.

③ 사업주는 추락방호망을 설치하는 경우에는 한국산업표준에서 정하는 성능기준에 적합한 추락방호망을 사용하여야 한다.

> **Key Point**
>
> 고소작업 시의 재해예방을 위한 안전대책을 2가지만 쓰시오.
>
> ① 비계조립에 의한 작업발판 설치
> ② 추락방호망 설치
> ③ 안전대 착용 중 2가지 선택

2) 개구부 등의 방호조치(안전보건규칙 제43조)

① 사업주는 작업발판 및 통로의 끝이나 개구부로서 근로자가 추락할 위험이 있는 장소에는 안전난간, 울타리, 수직형 추락방망 또는 덮개 등(이하 이 조에서 "난간등"이라 한다)의 방호 조치를 충분한 강도를 가진 구조로 튼튼하게 설치하여야 하며, 덮개를 설치하는 경우에는 뒤집히거나 떨어지지 않도록 설치하여야 한다. 이 경우 어두운 장소에서도 알아볼 수 있도록 개구부임을 표시해야 하며, 수직형 추락방망은 한국산업표준에서 정하는 성능기준에 적합한 것을 사용해야 한다.

② 사업주는 난간등을 설치하는 것이 매우 곤란하거나 작업의 필요상 임시로 난간등을 해체하여야 하는 경우 제42조제2항 각 호의 기준에 맞는 추락방호망을 설치하여야 한다. 다만, 추락방호망을 설치하기 곤란한 경우에는 근로자에게 안전대를 착용하도록 하는 등 추락할 위험을 방지하기 위하여 필요한 조치를 하여야 한다.

3. 추락방호망

1) 정의

추락방호망이란 고소작업 시 추락방지를 위해 추락의 위험이 있는 장소에 설치하는 방망을 말하며, 방망은 낙하높이에 따른 충격을 견딜 수 있어야 한다.

2) 추락방호망 설치기준

① 추락방호망은 방망, 테두리망, 재봉사, 지지로프로 구성된다.
② 가능하면 작업면으로부터 가까운 지점에 설치하여야 한다.
③ 그물코 간격은 10cm 이하인 것을 사용한다.
④ 작업면으로부터 망의 설치지점까지의 수직거리는 10m를 초과하지 않도록 한다.
⑤ 용접, 용단 등으로 파손된 방망은 즉시 교체한다.
⑥ 추락방호망은 수평으로 설치하고, 망의 처짐은 짧은 변 길이의 12% 이상이 되도록 한다.
⑦ 건축물 등의 바깥쪽으로 설치하는 경우 망의 내민 길이는 벽면으로부터 3m 이상이 되도록 한다.

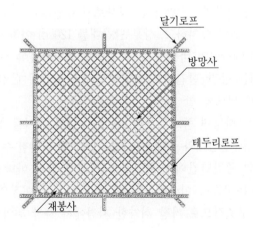

3) 방망사의 강도

① 인장강도

( ) : 폐기기준 인장강도

그물코의 크기 (단위 : cm)	방망의 종류(단위 : kgf)	
	매듭 없는 방망	매듭방망
10	240(150)	200(135)
5	–	110(60)

② 지지점의 강도는 600kg의 외력에 견딜 수 있는 강도로 한다.
③ 테두리로프, 달기로프 인장강도는 1,500kg 이상이어야 한다.

4. 안전난간

1) 정의

안전난간이란 개구부, 작업발판, 가설계단의 통로 등에서의 추락사고를 방지하기 위해 설치하는 것으로 상부난간, 중간난간, 난간기둥 및 발끝막이판으로 구성된다.

2) 안전난간의 구성요소(안전보건규칙 제13조)

① 상부난간대 · 중간난간대 · 발끝막이판 및 난간기둥으로 구성할 것
② 상부난간대는 바닥면 · 발판 또는 경사로의 표면(이하 "바닥면 등"이라 한다)으로부터 90cm 이상 지점에 설치하고, 상부 난간대를 120cm 이하에 설치하는 경우에는 중간 난간대는 상부 난간대와 바닥면 등의 중간에 설치하여야 하며, 120cm 이상 지점에 설치하는 경우에는 중간 난간대를 2단 이상으로 균등하게 설치하고 난간의 상하 간격은 60cm 이하가 되도록 할 것
③ 발끝막이판은 바닥면 등으로부터 10cm 이상의 높이를 유지할 것
④ 난간기둥은 상부난간대와 중간난간대를 견고하게 떠받칠 수 있도록 적정간격을 유지할 것
⑤ 상부난간대와 중간난간대는 난간길이 전체에 걸쳐 바닥면 등과 평행을 유지할 것
⑥ 난간대는 지름 2.7cm 이상의 금속제 파이프나 그 이상의 강도를 가진 재료일 것
⑦ 안전난간은 구조적으로 가장 취약한 지점에서 가장 취약한 방향으로 작용하는 100kg 이상의 하중에 견딜 수 있는 튼튼한 구조일 것

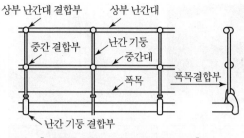

[안전난간의 구조 및 설치기준]

◈ Key Point

안전난간지침에 관한 사항 4가지를 쓰시오.

안전난간의 구성요소 ① ~ ⑦ 항목 중 4가지 선택

② 낙하물재해

1. 정의

낙하물에 의한 재해란 물체가 위에서 떨어지거나, 다른 곳으로부터 날아와 작업자가 맞음으로써 발생하는 재해를 말한다.

2. 낙하물 재해의 유형

① 고소에서의 거푸집 조립 및 해체작업 중 낙하

② 외부 비계 위에 올려놓은 자재의 낙하

③ 바닥자재 정리정돈 작업 중 자재 낙하

④ 인양장비를 사용하지 않고 인력으로 던지다 낙하·비래

⑤ 크레인으로 자재 운반 중 로프절단으로 인한 낙하 등

⑥ 고속회전체의 파편, 견인 중이던 로프, 부속물의 비래

[낙하·비래재해 유형]

3. 낙하물 재해의 발생원인

① 높은 위치에 놓아둔 자재의 정리상태 불량
② 외부 비계 위에 불안전하게 자재 적재
③ 구조물 단부 개구부에서 낙하가 우려되는 위험작업 실시
④ 작업바닥의 폭, 간격 등 구조 불량
⑤ 자재를 반출할 때 투하설비 미설치
⑥ 크레인 자재인양 작업 시 와이어로프의 불량
⑦ 매달기 작업 시 결속방법 불량

4. 안전대책

① 외부비계, 갱폼(Gang Form) 작업발판 위 자재적치 금지
② 구조물 단부, 복공 단부, 발단 단부 등에 발끝막이판 설치
③ 인양 전 Hook 해지장치 부착 확인
④ 중량물 인양 전 와이어로프, 슬링벨트의 안전율 및 폐기조건 검토
⑤ 주출입구 방호선반, 낙하물방지망 등 설치
⑥ 낙하 위험구간 출입금지구역 설정
⑦ 백호 이용 중량물 운반 등 주용도 이외의 사용금지

5. 낙하물 방지망

고소작업 시 재료나 공구 등의 낙하로 인한 피해를 방지하기 위해 벽체 및 비계 외부에 설치하는 망을 말한다.

■ **설치기준**

① 첫 단은 가능한 한 낮게 설치하고, 설치간격은 높이 10m 이내로 할 것
② 내민 길이는 벽면으로부터 2.0m 이상으로 할 것
③ 수평면과의 각도는 20° 이상 30° 이하를 유지할 것
④ 방지망의 가장자리는 테두리 로프를 그물코마다 엮어 긴결하며, 긴결재의 강도는 100kgf 이상이 되도록 할 것
⑤ 방지망과 방지망 사이의 틈이 없도록 방지망의 겹침폭은 30cm 이상
⑥ 최하단의 방지망은 크기가 작은 못·볼트·콘크리트 덩어리 등의 낙하물이 떨어지지 못하도록 방지망 위에 그물코 크기가 0.3cm 이하인 망을 추가로 설치할 것

6. 낙하물 방호선반

고소작업 시 재료나 공구 등의 낙하로 인한 피해를 방지하기 위해 합판 또는 철판 등의 재료를 사용하여 비계 내측 및 비계 외측에 설치하는 설비이다.

■ **종류**

① 외부 비계용 방호선반 : 근로자, 보행자 통행 시 외부비계에 설치
② 출입구 방호선반 : 출입이 많은 출입구 상부에 설치
③ Lift 주변 방호선반 : 승객화물용 Lift 주변에 설치
④ 가설통로 방호선반 : 가설통로 상부에 설치하여 낙하재해 예방

7. 수직보호망

수직보호망이란 비계 등 가설구조물의 외측면에 수직으로 설치하여 작업장소에서 낙하물 및 비래 등에 의한 재해를 방지할 목적으로 설치하는 보호망이다.

8. 투하설비

투하설비란 높이 3m 이상인 장소에서 자재투하 시 재해를 예방하기 위하여 설치하는 설비를 말한다.

물체의 낙하·비래로 인한 근로자의 위험을 방지하기 위한 시설이나 대책을 3가지 쓰시오.

① 낙하물 방지망 설치
② 수직보호망 설치
③ 방호선반 설치
④ 출입금지구역 설정
⑤ 안전모 등 보호구 착용

③ 토사붕괴재해

1. 사면의 붕괴형태

① 사면 선단 파괴(Toe Failure)
② 사면 내 파괴(Slope Failure)
③ 사면 저부 파괴(Base Failure)

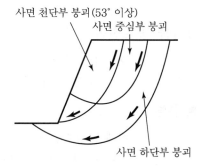

[붕괴형태]

2. 토석붕괴의 원인

1) 외적 원인

① 사면, 법면의 경사 및 기울기의 증가
② 절토 및 성토 높이의 증가
③ 공사에 의한 진동 및 반복하중의 증가
④ 지표수 및 지하수의 침투에 의한 토사 중량의 증가
⑤ 지진, 차량 구조물의 하중작용
⑥ 토사 및 암석의 혼합층 두께

2) 내적 원인

① 절토 사면의 토질, 암질
② 성토 사면의 토질구성 및 분포
③ 토석의 강도 저하

3. 절토사면 점검사항

① 전 지표면의 답사
② 경사면 지층의 상황변화 확인
③ 부석의 상황변화 확인
④ 용수의 발생 유무 또는 용수량의 변화 확인
⑤ 결빙과 해빙에 대한 상황의 확인
⑥ 각종 경사면 보호공의 변위, 탈락 유무 확인
⑦ 점검시기 : 작업 전·중·후, 비온 후, 인접작업구역에서 발파한 경우

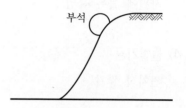

[부석의 상황변화]

4. 붕괴예방조치

① 적절한 경사면의 기울기 계획(굴착면 기울기 기준 준수)
② 경사면의 기울기가 당초 계획과 차이 발생 시 즉시 재검토하여 계획 변경
③ 활동할 가능성이 있는 토석은 제거
④ 경사면의 하단부에 압성토 등 보강공법으로 활동에 대한 저항대책 강구
⑤ 말뚝(강관, H형강, 철근콘크리트)을 타입하여 지반 강화
⑥ 지표수와 지하수의 침투 방지

5. 사면 보호공법

1) 식생공

떼붙임공, 식생 Mat공, 식수공

2) 뿜어붙이기공

콘크리트 또는 시멘트 모르타르를 뿜어 붙임

3) 블록공

사면에 블록 붙임

4) 돌쌓기공

견치석 쌓기

5) 돌망태공

돌망태에 호박돌 또는 잡석 채움

6) 배수공

지표수 배제공, 지하수 배제공

> **⊕ Key Point**
>
> 토공의 비탈면 보호공법을 3가지만 쓰시오.
>
> 사면 보호공법 1)~5) 항목 중 3가지 선택

6. 옹벽의 안정성 조건

1) 정의

옹벽이란 토사가 무너지는 것을 방지하기 위해 설치하는 토압에 저항하는 구조물로 자연사면의 절취 및 성토사면의 흙막이를 하여 부지의 활용도를 높이고 붕괴의 방지를 위해 설치한다.

2) 옹벽의 붕괴원인

① 옹벽의 활동, 전도, 기초지반의 지지력 등에 대한 안전성 미확보
② 기초지반의 침하 및 활동 발생으로 지지력 약화
③ 배수불량으로 인한 수압작용
④ 과도한 토압의 발생

⑤ 옹벽의 뒷굽 길이의 부족

⑥ 옹벽 배면의 활동 발생

⑦ 옹벽 뒤채움 재료의 불량 및 다짐 불량

3) 옹벽의 안정조건

① 활동에 대한 안정 : $F_s = \dfrac{\text{활동에 저항하려는 힘}}{\text{활동하려는 힘}} \geq 1.5$

② 전도에 대한 안정 : $F_s = \dfrac{\text{저항모멘트}}{\text{전도모멘트}} \geq 2.0$

③ 기초지반의 지지력(침하)에 대한 안정 : $F_s = \dfrac{\text{지반의 극한지지력}}{\text{지반의 최대반력}} \geq 3.0$

Key Point

중력식 옹벽의 붕괴방지를 위하여 외력에 대한 안정조건 3가지를 쓰시오.

활동, 전도, 지반지지력(침하)에 대한 안정 참조

④ 감전재해

1. 감전재해 영향 요소

① 통전전류의 크기(가장 근본적인 원인이며 감전피해의 위험도에 가장 큰 영향을 미침)

② 통전시간

③ 통전경로

④ 전원의 종류(교류 또는 직류)

⑤ 주파수 및 파형

⑥ 전격인가위상[심장 맥동주기의 어느 위상(T파에서 가장 위험)에서의 통전 여부]

⑦ 기타 간접적으로는 인체저항과 전압의 크기 등이 관계함

Key Point

감전 시 인체에 위험 정도를 좌우하는 요소 3가지를 쓰시오.

감전재해 영향요소 ①~⑦ 항목 중 3가지 선택

2. 감전재해 방지대책(일반 대책)

① 전기설비의 점검 철저
② 전기기기 및 설비의 정비
③ 전기기기 및 설비의 위험부에 위험표시
④ 설비의 필요부분에 보호접지의 실시
⑤ 충전부가 노출된 부분에는 절연방호구를 사용
⑥ 고전압 선로 및 충전부에 근접하여 작업하는 작업자에게는 보호구를 착용시킬 것
⑦ 유자격자 이외는 전기기계 및 기구에 전기적인 접촉 금지
⑧ 관리감독자는 작업에 대한 안전교육 시행
⑨ 사고발생 시의 처리순서를 미리 작성하여 둘 것

Key Point

감전사고 방지를 위한 일반적인 대책을 4가지 쓰시오.

감전재해 방지대책 ①~⑨ 항목 중 4가지 선택

3. 전기기계 · 기구에 의한 감전사고에 대한 방지대책

1) 충전부에 의한 감전 방지대책(안전보건규칙 제301조)

① 충전부가 노출되지 않도록 폐쇄형 외함이 있는 구조로 할 것
② 충전부에 충분한 절연효과가 있는 방호망 또는 절연덮개를 설치할 것
③ 충전부는 내구성이 있는 절연물로 완전히 덮어 감쌀 것
④ 발 · 변전소 및 개폐소 등 구획되어 있는 장소로서 관계근로자가 아닌 사람의 출입이 금지되는 장소에 충전부를 설치하고 위험표시 등의 방법으로 방호를 강화할 것
⑤ 전주 위 및 철탑 위 등 격리되어 있는 장소로서 관계근로자가 아닌 사람의 접근 우려가 없는 장소에 충전부를 설치할 것

Key Point

전기기계 · 기구 또는 전로 등의 충전부분에 접촉 시 감전 방지대책 3가지를 쓰시오.

충전부에 의한 감전 방지대책 ①~⑤ 항목 중 3가지 선택

2) 누전에 의한 감전 방지대책

누전에 의한 감전 방지대책

① 안전전압(산업안전보건법에서 30[V]로 규정)이하 전원의 기기 사용
② 보호접지
③ 누전차단기의 설치
④ 이중절연기기의 사용
⑤ 비접지식 전로의 채용

4. 누전차단기의 적용범위(안전보건규칙 제304호)

적용 대상	적용 비대상
1) 대지전압이 150볼트를 초과하는 이동형 또는 휴대형 전기기계 · 기구 2) 물 등 도전성이 높은 액체가 있는 습윤장소에서 사용하는 저압(1,500볼트 이하 직류전압이나 1,000볼트 이하의 교류전압을 말한다.)용 전기기계 · 기구 3) 철판 · 철골 위 등 도전성이 높은 장소에서 사용하는 이동형 또는 휴대형 전기기계 · 기구 4) 임시배선의 전로가 설치되는 장소에서 사용하는 이동형 또는 휴대형 전기기계 · 기구	1) 「전기용품 및 생활용품 안전관리법」에 따른 이중절연 또는 이와 동등 이상으로 보호되는 구조로 된 전기기계 · 기구 2) 절연대 위 등과 같이 감전위험이 없는 장소에서 사용하는 전기기계 · 기구 3) 비접지방식의 전로

✦ Key Point

누전차단기를 설치해야 하는 작업장소 3가지를 쓰시오.

누전차단기의 적용범위 1)~4) 항목 중 3가지 선택

5. 충전전로에서의 전기작업(안전보건규칙 제321조)

① 사업주는 근로자가 충전전로를 취급하거나 그 인근에서 작업하는 경우에는 다음 각 호의 조치를 하여야 한다.

1. 충전전로를 정전시키는 경우에는 제319조에 따른 조치를 할 것
2. 충전전로를 방호, 차폐하거나 절연 등의 조치를 하는 경우에는 근로자의 신체가 전로와 직접 접촉하거나 도전재료, 공구 또는 기기를 통하여 간접 접촉되지 않도록 할 것
3. 충전전로를 취급하는 근로자에게 그 작업에 적합한 절연용 보호구를 착용시킬 것
4. 충전전로에 근접한 장소에서 전기작업을 하는 경우에는 해당 전압에 적합한 절연용 방호구를 설치할 것. 다만, 저압인 경우에는 해당 전기작업자가 절연용 보호구를 착용하되, 충전전로에 접촉할 우려가 없는 경우에는 절연용 방호구를 설치하지 아니할 수 있다.
5. 고압 및 특별고압의 전로에서 전기작업을 하는 근로자에게 활선작업용 기구 및 장치를 사용하도록 할 것
6. 근로자가 절연용 방호구의 설치·해체작업을 하는 경우에는 절연용 보호구를 착용하거나 활선작업용 기구 및 장치를 사용하도록 할 것
7. 유자격자가 아닌 근로자가 충전전로 인근의 높은 곳에서 작업할 때에 근로자의 몸 또는 긴 도전성 물체가 방호되지 않은 충전전로에서 대지전압이 50킬로볼트 이하인 경우에는 300센티미터 이내로, 대지전압이 50킬로볼트를 넘는 경우에는 10킬로볼트당 10센티미터씩 더한 거리 이내로 각각 접근할 수 없도록 할 것
8. 유자격자가 충전전로 인근에서 작업하는 경우에는 다음 각 목의 경우를 제외하고는 노출 충전부에 다음 표에 제시된 접근한계거리 이내로 접근하거나 절연 손잡이가 없는 도전체에 접근할 수 없도록 할 것
   가. 근로자가 노출 충전부로부터 절연된 경우 또는 해당 전압에 적합한 절연장갑을 착용한 경우
   나. 노출 충전부가 다른 전위를 갖는 도전체 또는 근로자와 절연된 경우
   다. 근로자가 다른 전위를 갖는 모든 도전체로부터 절연된 경우

충전전로의 선간전압 (단위 : 킬로볼트)	충전전로에 대한 접근 한계거리 (단위 : 센티미터)
0.3 이하	접촉금지
0.3 초과 0.75 이하	30
0.75 초과 2 이하	45
2 초과 15 이하	60
15 초과 37 이하	90
37 초과 88 이하	110
88 초과 121 이하	130
121 초과 145 이하	150

145 초과 169 이하	170
169 초과 242 이하	230
242 초과 362 이하	380
362 초과 550 이하	550
550 초과 800 이하	790

② 사업주는 절연이 되지 않은 충전부나 그 인근에 근로자가 접근하는 것을 막거나 제한할 필요가 있는 경우에는 울타리를 설치하고 근로자가 쉽게 알아볼 수 있도록 하여야 한다. 다만, 전기와 접촉할 위험이 있는 경우에는 도전성이 있는 금속제 울타리를 사용하거나, 제1항의 표에 정한 접근 한계거리 이내에 설치해서는 아니 된다.

③ 사업주는 제2항의 조치가 곤란한 경우에는 근로자를 감전위험에서 보호하기 위하여 사전에 위험을 경고하는 감시인을 배치하여야 한다.

6. 충전전로 인근에서의 차량·기계장치 작업(안전보건규칙 제322조)

① 사업주는 충전전로 인근에서 차량, 기계장치 등(이하 이 조에서 "차량등"이라 한다)의 작업이 있는 경우에는 차량등을 충전전로의 충전부로부터 300센티미터 이상 이격시켜 유지시키되, 대지전압이 50킬로볼트를 넘는 경우 이격시켜 유지하여야 하는 거리(이하 이 조에서 "이격거리"라 한다)는 10킬로볼트 증가할 때마다 10센티미터씩 증가시켜야 한다. 다만, 차량 등의 높이를 낮춘 상태에서 이동하는 경우에는 이격거리를 120센티미터 이상(대지전압이 50킬로볼트를 넘는 경우에는 10킬로볼트 증가할 때마다 이격거리를 10센티미터씩 증가)으로 할 수 있다.

② 제1항에도 불구하고 충전전로의 전압에 적합한 절연용 방호구 등을 설치한 경우에는 이격거리를 절연용 방호구 앞면까지로 할 수 있으며, 차량 등의 가공 붐대의 버킷이나 끝부분 등이 충전전로의 전압에 적합하게 절연되어 있고 유자격자가 작업을 수행하는 경우에는 붐대의 절연되지 않은 부분과 충전전로 간의 이격거리는 제321조제1항제8호의 표에 따른 접근 한계거리까지로 할 수 있다.

③ 사업주는 다음 각 호의 경우를 제외하고는 근로자가 차량 등의 그 어느 부분과도 접촉하지 않도록 울타리를 설치하거나 감시인 배치 등의 조치를 하여야 한다.

  1. 근로자가 해당 전압에 적합한 제323조제1항의 절연용 보호구 등을 착용하거나 사용하는 경우

  2. 차량 등의 절연되지 않은 부분이 제321조제1항제8호의 표에 따른 접근 한계거리 이내로 접근하지 않도록 하는 경우

④ 사업주는 충전전로 인근에서 접지된 차량 등이 충전전로와 접촉할 우려가 있을 경우에는 지상의 근로자가 접지점에 접촉하지 않도록 조치하여야 한다.

기출문제풀이

2001년 1회

3. 가설통로 설치 시 준수사항을 4가지 쓰시오.

➡해답 ① 견고한 구조로 할 것
② 경사는 30° 이하로 할 것. 다만, 계단을 설치하거나 높이 2미터 미만의 가설통로로서 튼튼한 손잡이를 설치한 경우에는 그러하지 아니하다.
③ 경사가 15°를 초과하는 경우에는 미끄러지지 아니하는 구조로 할 것
④ 추락할 위험이 있는 장소에는 안전난간을 설치할 것. 다만, 작업상 부득이한 경우에는 필요한 부분만 임시로 해체할 수 있다.
⑤ 수직갱에 가설된 통로의 길이가 15m 이상인 경우에는 10m 이내마다 계단참을 설치할 것
⑥ 건설공사에 사용하는 높이 8m 이상인 비계다리에는 7m 이내마다 계단참을 설치할 것

7. 인력 굴착공사방법에 의한 기초지반을 굴착하고자 한다. 아래 도표에 따라 굴착면의 기울기 기준을 쓰시오.

지반의 종류	굴착면의 기울기
모래	(①)
연암 및 풍화암	(②)
경암	(③)
그 밖의 흙	(④)

➡해답 ① 1 : 1.8
② 1 : 1.0
③ 1 : 0.5
④ 1 : 1.2

8. 동바리로 사용하는 파이프받침 설치 시 준수사항 중 다음 (   )를 채우시오.

> (1) 파이프 받침을 (①)본 이상 이어서 사용하지 아니하도록 할 것
> (2) 파이프 받침을 이어서 사용할 때에는 (②)개 이상의 볼트 또는 전용철물을 사용하여 이을 것
> (3) 높이가 3.5미터를 초과할 때에는 2미터 이내마다 수평 연결재를 (③)개 방향으로 만들고 수평연결재의 변위를 방지할 것

➡해답 ① 3   ② 4   ③ 2

9. 굴착작업을 하는 때에 토사등의 붕괴 또는 낙하에 의한 근로자의 위험을 방지하기 위하여 사업주가 해야 할 조치사항 3가지를 쓰시오.

➡해답 ① 흙막이 지보공의 설치
　　　② 방호망의 설치
　　　③ 근로자의 출입금지
　　　④ 비가 올 경우를 대비하여 측구를 설치하거나 굴착경사면에 비닐보강

12. 지반개량공법의 한 방법으로 간극수를 제거하여 점착력을 증가시키며, 압밀이 촉진됨으로써 지반의 전단강도 및 지내력을 증가시키는 공법을 쓰시오.

➡해답 탈수공법
　　　① 샌드드레인(Sand Drain)공법 : 연약한 점토층에 모래말뚝을 설치하여 지중의 물 배출
　　　② 페이퍼드레인(Paper Drain)공법 : 모래말뚝 대신 흡수지를 사용
　　　③ 팩드레인(Pack Drain)공법 : 모래말뚝이 절단되는 단점을 보완하여 Pack에 모래 채움

14. 암반의 분류에 필요한 요소 4가지를 쓰시오.

➡해답 ① 암석의 강도
　　　② R.Q.D(%)
　　　③ 절리의 간격
　　　④ 절리의 상태
　　　⑤ 지하수 상태

15. 옹벽 뒷면의 흙의 단위 중량이 2,000kg/m³, 주동 토압계수가 0.7일 때 높이 4m의 옹벽에 작용하는 주동토압은 몇 t/m인지 계산하시오.

→**해답** $Pa = \dfrac{1}{2} \times r \times h^2 \times Ka = \dfrac{1}{2} \times 2 \times 4^2 \times 0.7 = 11.2\text{t/m}$

여기서 r : 흙의 단위중량(t/m³)

h : 높이(m)

Ka : 토압계수

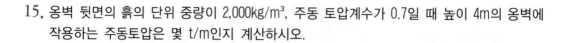

2001년 2회

1. 폭풍, 폭우, 폭설 등의 악천후로 인하여 작업을 중지시킨 후, 비계의 조립·해체, 변경 시 사업주가 작업시작 전 점검해야 할 사항 3가지를 쓰시오.

→**해답** ① 발판재료의 손상 여부 및 부착 또는 걸림상태

② 해당 비계의 연결부 또는 접속부의 풀림상태

③ 연결재료 및 연결철물의 손상 또는 부식상태

④ 손잡이의 탈락 여부

⑤ 기둥의 침하·변형·변위 또는 흔들림 상태

⑥ 로프의 부착상태 및 매단 장치의 흔들림 상태

4. 다음은 사다리의 미끄럼 방지 대책이다. 서로 관계있는 항목을 연결하시오.

① 지반이 미끄러운 맨땅 위	ⓐ 미끄럼 방지 판자 및 미끄럼 방지 고정쇠
② 인조고무 등으로 마감한 실내	ⓑ 쐐기형 강 스파이크
③ 돌 마루 또는 인조석 깔기로 마감한 바닥	ⓒ 피벗(Pivot)형 미끄럼 방지 발판

→**해답** ① - ⓑ

② - ⓒ

③ - ⓐ

6. 해체공사의 공법에 따라 발생하는 소음과 진동의 방지대책을 4가지 쓰시오.

해답 ① 공기 압축기 등은 적당한 장소에 설치하여야 하며 장비의 소음 진동 기준은 관계법에서 정하는 바에 따라서 처리하여야 한다.
② 전도공법의 경우 전도물 규모를 작게 하여 중량을 최소화 하며, 전도 대상물의 높이도 되도록 작게 하여야 한다.
③ 철 해머공법의 경우 해머의 중량과 낙하높이를 가능한 한 낮게 하여야 한다.
④ 현장 내에서는 대형 부재로 해체하며 장외에서 잘게 파쇄하여야 한다.
⑤ 인접 건물에 피해를 줄이기 위해 방음, 방진 목적의 가시설을 설치하여야 한다.

7. 기초지반의 공학적 성질을 개량하는 지반개량공법을 4가지 쓰시오.

해답 1) 점성토 연약지반 개량공법
　① 치환공법 : 연약지반을 양질의 흙으로 치환하는 공법으로 굴착, 활동, 폭파 치환
　② 재하공법(압밀공법) : 프리로딩공법(Pre-Loading), 압성토공법(Surcharge), 사면선단 재하공법
　③ 탈수공법 : 연약지반에 모래말뚝, 페이퍼드레인, 팩을 설치하여 물을 배제시켜 압밀을 촉진하는 것으로 샌드드레인, 페이퍼드레인, 팩드레인 공법
　④ 배수공법 : 중력배수(집수정, Deep Well), 강제배수(Well Point, 진공 Deep Well)
　⑤ 고결공법 : 생석회 말뚝공법, 동결공법, 소결공법
2) 사질토 연약지반 개량공법
　① 진동다짐공법(Vibro Floatation) : 봉상진동기를 이용, 진동과 물다짐을 병용
　② 동다짐(압밀)공법 : 무거운 추를 자유 낙하시켜 지반충격으로 다짐효과
　③ 약액주입공법 : 지반 내 화학약액(LW, Bentonite, Hydro)을 주입하여 지반고결
　④ 폭파다짐공법 : 인공지진을 발생시켜 모래지반을 다짐
　⑤ 전기충격공법 : 지반 속에서 고압방전을 일으켜 발생하는 충격력으로 지반다짐
　⑥ 모래다짐말뚝공법 : 충격, 진동, 타입에 의해 모래를 압입시켜 모래말뚝을 형성하여 다짐에 의한 지지력을 향상

8. 이미 설치한 옹벽의 붕괴원인을 3가지 쓰시오.

해답 ① 옹벽의 활동, 전도, 기초지반의 지지력 등에 대한 안전성 미확보
② 기초지반의 침하 및 활동 발생으로 지지력 약화
③ 배수불량으로 인한 수압작용
④ 과도한 토압의 발생
⑤ 옹벽의 뒷굽길이의 부족
⑥ 옹벽 배면의 활동 발생
⑦ 옹벽 뒤채움 재료의 불량 및 다짐 불량

9. 거푸집 동바리는 콘크리트 타설작업 전에 변형·침하·변위 등에 대한 점검을 해야 한다. 점검내용 중 동바리 하중지지 조건의 중요한 요소 3가지를 쓰시오.

> **해답** ① 고정하중 : 철근콘크리트와 거푸집의 중량을 합한 하중이며 거푸집 하중은 최소 40kg/m² 이상 적용, 특수 거푸집의 경우 실제 중량 적용
> ② 활하중 : 작업원, 경량의 장비하중, 기타 콘크리트에 필요한 자재 및 공구 등의 시공하중 및 충격하중을 포함하며 구조물의 수평투영면적(연직방향으로 투영시킨 수평면적) 당 최소 250kg/m² 이상 적용
> ③ 콘크리트 측압: 콘크리트가 거푸집을 안쪽에서 밀어내는 압력

10. 콘크리트 시험에서 비빔 시 시험 항목을 4가지 쓰시오.

> **해답** ① 블리딩 시험　　　　　　　② 염화물량 시험
> ③ 공기량 시험　　　　　　　④ 슬럼프시험(Slump Test)

11. 강말뚝의 부식방지 대책을 3가지 쓰시오.

> **해답** ① 콘크리트 피복에 의한 방법
> ② 도장에 의한 방법
> ③ 말뚝 두께를 증가하는 방법
> ④ 전기방식 방법

13. 다음과 같은 조건이 주어졌을 때 휨 및 처짐에 대해 검토하시오.

> (1) Slab THK 200mm, 층고 3,600mm, 장선 배치간격 450mm, 단순보로 가정
> (2) 허용 휨응력도 Fb=240kg/cm², 허용 처짐 값 0.3cm
> (3) 합판의 두께 12mm, E=7×10⁴

> **해답** ① 총 하중＝고정하중+충격하중+작업하중
> $$= (2,400\text{kg/m}^3 \times 0.2\text{m}) + (2,400\text{kg/m}^3 \times 0.2\text{m} \times 0.5) + 150\text{kg/m}^2 = 870\text{kg/m}^2$$
> ② 휨에 대한 검토
> $$\sigma_b = \frac{M_{\max}}{Z} = \frac{22.02}{0.24} = 91.75\text{kg/cm}^2 < F_b = 240\text{kg/cm}^2 이므로 휨 응력에 대해 안전함(O.K)$$
> 여기서, $M_{\max} = \frac{1}{8}wl^2 = \frac{1}{8} \times 0.087(\text{kg/cm}) \times 45^2 = 22.02\text{kg·cm}$
> $$Z = \frac{bh^2}{6} = \frac{1\text{cm} \times (1.2\text{cm})^2}{6} = 0.24\text{cm}^3$$

③ 처짐에 대한 검토

$$\sigma_{\max} = \frac{5wl^4}{384EI} = \frac{5 \times 0.087 \times 45^4}{384 \times 7 \times 10^4 \times 0.144} = 0.46\text{cm} > 허용처짐값 = 0.3\text{cm}이므로 처짐에 대해 불안전함$$

(N.G)

여기서, $I = \dfrac{bh^3}{12} = \dfrac{1\text{cm} \times (1.2\text{cm})^3}{12} = 0.144\text{cm}^4$

---

16. 함수비가 큰 지반에서 기존 구조물 터파기(10m 이하)의 안전한 시공을 위한 지반개량공법을 5가지 쓰시오.

[해답] ① 치환공법 : 연약지반을 양질의 흙으로 치환하는 공법으로 굴착, 활동, 폭파 치환
② 재하공법(압밀공법) : 프리로딩공법(Pre-Loading), 압성토공법(Surcharge), 사면선단 재하공법
③ 탈수공법 : 연약지반에 모래말뚝, 페이퍼드레인, 팩을 설치하여 물을 배제시켜 압밀을 촉진하는 것으로 샌드드레인, 페이퍼드레인, 팩드레인 공법
④ 배수공법 : 중력배수(집수정, Deep Well), 강제배수(Well Point, 진공 Deep Well)
⑤ 고결공법 : 생석회 말뚝공법, 동결공법, 소결공법

2001년 4회

1. 지중에 삭공을 사용하여 인장재를 삽입하고 그라우팅한 후 긴장 정착하여 구조물에 발생하는 토압, 수압 등의 외력에 저항하도록 하는 앵커공법은?

[해답] 어스앵커(Earth Anchor)공법

---

4. 지주로 사용하는 파이프서포트(Pipe Support)에 대한 안전규정을 쓰시오.

[해답] ① 파이프서포트를 3본 이상 이어서 사용하지 아니하도록 할 것
② 파이프서포트를 이어서 사용할 때에는 4개 이상의 볼트 또는 전용철물을 사용하여 이을 것
③ 높이가 3.5m를 초과하는 경우에는 높이 2m 이내마다 수평연결재를 2개 방향으로 만들고 수평연결재의 변위를 방지할 것

5. 흙의 동상 방지대책에 대하여 3가지만 기술하라.

> **해답** ① 동결심도 아래에 배수층 설치
> ② 배수구 등을 설치하여 지하수위 저하
> ③ 동결깊이 상부의 흙을 동결이 잘 되지 않는 재료로 치환
> ④ 모관수 상승을 차단하는 층을 두어 동상방지

6. 토공의 비탈면 보호공법 3가지만 쓰시오.

> **해답** ① 식생공 : 떼붙임공, 식생 Mat공, 식수공
> ② 뿜어붙이기공 : 콘크리트 또는 시멘트 모르타르를 뿜어 붙임
> ③ 블록공 : 사면에 블록붙임
> ④ 돌쌓기공 : 견치석 쌓기
> ⑤ 배수공 : 지표수 배제공, 지하수 배제공

8. 사질지반의 개량공법을 4가지 기술하시오.

> **해답** ① 진동다짐공법(Vibro Floatation) : 봉상진동기를 이용, 진동과 물다짐을 병용
> ② 동다짐(압밀)공법 : 무거운 추를 자유 낙하시켜 지반충격으로 다짐효과
> ③ 약액주입공법 : 지반 내 화학약액(LW, Bentonite, Hydro)을 주입하여 지반고결
> ④ 폭파다짐공법 : 인공지진을 발생시켜 모래지반을 다짐
> ⑤ 전기충격공법 : 지반 속에서 고압방전을 일으켜 발생하는 충격력으로 지반다짐
> ⑥ 모래다짐말뚝공법 : 충격, 진동, 타입에 의해 모래를 압입시켜 모래 말뚝을 형성하여 다짐에 의한
>   지지력을 향상

10. 강아치 지보공의 조립 시 위험예방을 위한 안전조치사항을 3가지 쓰시오.

> **해답** ① 조립간격은 조립도에 따를 것
> ② 주재가 아치 작용을 충분히 할 수 있도록 쐐기를 박는 등 필요한 조치를 할 것
> ③ 연결볼트 및 띠장 등을 사용하여 주재 상호간을 튼튼하게 연결할 것
> ④ 터널 등의 출입구 부분에는 받침대를 설치할 것
> ⑤ 낙하물에 의하여 근로자에게 위험을 미칠 우려가 있는 때에는 널판 등을 설치할 것

12. 흙막이 지보공을 설치할 때 정기점검사항 4가지를 쓰시오.

> **해답** ① 부재의 손상·변형·부식·변위 및 탈락의 유무와 상태
> ② 버팀대의 긴압의 정도
> ③ 부재의 접속부·부착부 및 교차부의 상태
> ④ 침하의 정도

15. 해수공사 또는 한중콘크리트 공사용 시멘트로 적합한 것은?

> **해답** 조강 포틀랜드 시멘트

16. 교류아크 용접작업 시 화재예방을 위한 안전대책 3가지를 쓰시오.

> **해답** ① 충전부 방호조치　② 이동전선의 절연상태 확인　③ 감시인 배치
> ④ 소화기 배치　⑤ 인화성, 가연성 물질 제거　⑥ 불티비산 방지조치

2002년 1회

1. 지중에 삭공을 사용하여 인장재를 삽입하고, 그라우팅한 후 긴장 정착하여 구조물에 발생하는 토압, 수압 등의 외력에 저항하도록 하는 앵커공법은 무엇인가?

> **해답** 어스앵커(Earth Anchor)공법

2. 철골 공사에서 용접결함의 종류를 3가지 쓰시오.

> **해답** ① 크랙(Crack) : 용접 후 냉각 시에 생기는 갈라짐
> ② 블로우홀(Blow Hole) : 금속이 녹아들 때 생기는 기포나 작은 틈을 말함
> ③ 슬래그(Slag) 섞임 : 용접봉의 피복재 심선과 모재가 변하여 생긴 화분이 용착금속 내에 혼입됨
> ④ 크레이터(Crater) : 아크(Arc) 용접 시 끝부분이 항아리 모양으로 파임
> ⑤ 언더컷(Under Cut) : 과대전류로 인해 모재가 녹아 용착금속이 채워지지 않고 홈이 생김
> ⑥ 피트(Pit) : 용접부에 표면에 홈이 생김
> ⑦ 오버랩(Over Lap) : 용접금속과 모재가 융합되지 않고 겹쳐짐
> ⑧ Fish Eye(은점) : Blow Hole 및 Slag가 모여 반점이 발생하는 현상
> ⑨ 용입불량 : 용착금속의 융합 불량으로 완전히 용입되지 않은 상태
> ⑩ 목두께 불량 : 응력을 유효하게 전달하는 용착금속의 두께가 부족한 현상

6. 외부비계에 설치하는 벽 연결의 역할을 3가지 쓰시오.

➡해답 ① 비계 전체의 좌굴방지
② 풍하중에 의한 무너짐방지
③ 편심하중을 지탱하여 방지

7. 다음 보기는 비탈면의 기울기 기준이다. (   ) 안에 기울기를 쓰시오.

지반의 종류	굴착면의 기울기
모래	(①)
연암 및 풍화암	(②)
경암	(③)
그 밖의 흙	1 : 1.2

➡해답 ① 1 : 1.8
② 1 : 1.0
③ 1 : 0.5

8. 흙막이 오픈 컷(Open Cut) 공법의 예를 들고 안전상 유의사항을 쓰시오.

➡해답 ① 자립식 공법 : 흙막이벽 근입부분의 수평저항이 충분하고 토압에 견딜 수 있는 지반이어야 한다.
② 버팀대 공법 : 굴착토량을 최소화 할 수 있고 부지를 효율적으로 이용할 수 있으나 경사 오픈 컷에 비하여 공사비가 많이 들며 버팀대 및 띠장, 지주 등의 강성이 확보 되어야 한다.
③ 어스앵커 : 앵커강재의 강도검토 및 장시간 사용 시 부식에 유의해야 한다.

9. 터널 지보공 설치 시 수시점검사항 3가지를 쓰시오.

➡해답 ① 부재의 손상·변형·부식·변위, 탈락의 유무 및 상태
② 부재의 긴압의 정도
③ 부재의 접속부 및 교차부의 상태
④ 기둥침하의 유무 및 상태

10. 강관을 사용하여 비계 구성 시 비계기둥 간의 적재하중은 몇 kg을 초과하지 않도록 하여야 하는지 쓰시오.

⇒해답 비계기둥 간 적재하중 400kg을 초과하지 않도록 할 것

11. 달비계의 조립·해체 및 변경 작업 시 준수사항을 3가지 쓰시오.

⇒해답 ① 관리감독자의 지휘에 따라 작업하도록 할 것
② 조립·해체 또는 변경의 시기·범위 및 절차를 그 작업에 종사하는 근로자에게 주지시킬 것
③ 조립·해체 또는 변경 작업구역에는 해당 작업에 종사하는 근로자가 아닌 사람의 출입을 금지하고 그 내용을 보기 쉬운 장소에 게시할 것
④ 비, 눈, 그 밖의 기상상태의 불안정으로 날씨가 몹시 나쁜 경우에는 그 작업을 중지시킬 것
⑤ 비계재료의 연결·해체작업을 하는 경우에는 폭 20cm 이상의 발판을 설치하고 근로자로 하여금 안전대를 사용하도록 하는 등 추락을 방지하기 위한 조치를 할 것
⑥ 재료·기구 또는 공구 등을 올리거나 내리는 경우에는 근로자가 달줄 또는 달포대 등을 사용하게 할 것

14. 로프로 매단 버킷을 이용하여 강바닥의 모래나 자갈을 끌어올리는 셔블 계통의 굴착기는 무엇인가?

⇒해답 클램셀(Clamshell)

2002년 2회

1. 사질토 지반의 개량공법 종류 4가지를 쓰시오.

⇒해답 ① 진동다짐공법(Vibro Floatation) : 봉상진동기를 이용, 진동과 물다짐을 병용
② 동다짐(압밀)공법 : 무거운 추를 자유 낙하시켜 지반충격으로 다짐효과
③ 약액주입공법 : 지반 내 화학약액(LW, Bentonite, Hydro)을 주입하여 지반고결
④ 폭파다짐공법 : 인공지진을 발생시켜 모래지반을 다짐
⑤ 전기충격공법 : 지반 속에서 고압방전을 일으켜 발생하는 충격력으로 지반다짐
⑥ 모래다짐말뚝공법 : 충격, 진동, 타입에 의해 모래를 압입시켜 모래 말뚝을 형성하여 다짐에 의한 지지력을 향상

5. 인력 굴착공사 방법에 의한 기초지반을 굴착하고자 한다. 아래 도표에 따라 굴착면의 기울기 기준을 쓰시오.

지반의 종류	굴착면의 기울기
모래	(①)
연암 및 풍화암	(②)
경암	(③)
그 밖의 흙	(④)

➡해답 ① 1 : 1.8
② 1 : 1.0
③ 1 : 0.5
④ 1 : 1.2

6. 전기공사 시 또는 전기설비공사 시 안전점검사항 4가지를 쓰시오.

➡해답 ① 전기설비점검 철저
② 전기기기 및 장치의 정비점검
③ 전기기기에 위험 표시
④ 설비의 필요한 부분에 보호접지 실시
⑤ 충전부가 노출된 부분에 절연방호구 사용

7. 굴착공사에서 토사 붕괴재해 예방을 위한 안전점검사항 4가지를 쓰시오.

➡해답 ① 전 지표면의 답사
② 경사면의 상황 변화의 확인
③ 부석의 상황변화의 확인
④ 용수의 발생 유무 또는 용수량의 변화 확인
⑤ 결빙과 해빙에 대한 상황의 확인
⑥ 각종 경사면 보호공의 변위, 탈락 유무 확인

8. 해체작업을 할 때 해체계획에 포함되는 사항 4가지를 쓰시오.

➡해답 ① 해체의 방법 및 해체순서 도면
② 가설설비, 방호설비, 환기설비 및 살수·방화설비 등의 방법
③ 사업장 내 연락방법
④ 해체물의 처분계획
⑤ 해체작업용 기계·기구 등의 작업계획서
⑥ 해체작업용 화약류 등의 사용계획서
⑦ 기타 안전·보건에 관련된 사항

10. 히빙(Heaving) 현상과 보일링(Boiling) 현상을 설명하시오.

➡해답 1) 히빙(Heaving) 현상
① 정의 : 연약한 점토지반을 굴착할 때 흙막이 벽체 배면에 있는 흙의 중량이 굴착 바닥면의 흙의 중량보다 클 때 그 중량 차이로 인해 흙막이 벽체 배면의 흙이 안으로 밀려 들어와 굴착 바닥면이 부풀어 오르는 현상
② 방지대책
㉠ 흙막이벽 근입깊이 증가
㉡ 흙막이벽 배면 지표의 상재하중을 제거
㉢ 지반굴착 시 흙이 느슨해지지 않도록 유의
㉣ 지반개량으로 하부지반 전단강도 개선
㉺ 강성이 큰 흙막이 공법 선정
2) 보일링(Boiling) 현상
① 정의 : 투수성이 좋은 사질토 지반을 굴착할 때 흙막이벽 배면의 지하수위가 굴착저면보다 높을 때 굴착저면 위로 모래와 지하수가 솟아오르는 현상
② 방지대책
㉠ 흙막이벽 근입깊이 증가
㉡ 흙막이벽의 차수성 증대
㉢ 흙막이벽 배면지반 그라우팅 실시
㉣ 흙막이벽 배면지반 지하수위 저하

11. 비계의 조립 시 벽이음 설치간격에 대하여 다음 공란을 채우시오.

비계의 종류	설치간격(단위 : m)	
	수직방향	수평방향
통나무 비계	(①)	(②)
단관 비계	(③)	(④)
강관틀 비계	(⑤)	(⑥)

➡해답 ① 5.5 ② 7.5 ③ 5 ④ 5 ⑤ 6 ⑥ 8

12. 거푸집 및 동바리 시공 시 고려해야 할 하중 4가지를 쓰시오.

➡해답 ① 연직방향하중 : 타설 콘크리트 고정하중, 타설시 충격하중 및 작업원 등의 작업하중
② 횡방향하중 : 작업 시 진동, 충격, 풍압, 유수압, 지진 등
③ 콘크리트 측압 : 콘크리트가 거푸집을 안쪽에서 밀어내는 압력
④ 특수하중 : 시공 중 예상되는 특수한 하중(콘크리트 편심하중 등)

2002년 3회

1. 다음은 화약 발파공사 시 유의사항이다. ( ) 안에 적절한 용어 또는 숫자를 기입하시오.

(1) 전기뇌관 결선 시 결선 부위는 방수 및 누전방지를 위해 (①)를 감아야 한다.
(2) 발파 작업 시 (②)을 설정하여야 한다.
(3) 깃발 및 사이렌 등의 (③)의 확인을 하여야 한다.
(4) 폭발 여부가 확실하지 않을 때는 전기뇌관 발파 시는 5분 그 밖의 발파에서는 (④)분 이내에 현장에 접근해서는 안 된다.
(5) 발파 시 발생하는 폭풍압과 비산석을 방지할 수 있는 (⑤)을 설치해야 한다.

➡해답 ① 절연 테이프
② 출입금지구역
③ 점화신호
④ 15
⑤ 방호막

2. 히빙(Heaving) 현상의 방지대책 3가지를 쓰시오.

해답 ① 흙막이벽 근입깊이 증가
② 흙막이벽 배면 지표의 상재하중을 제거
③ 지반굴착 시 흙이 느슨해지지 않도록 유의
④ 지반개량으로 하부지반 전단강도 개선
⑤ 강성이 큰 흙막이 공법 선정

3. 구조물 안전을 위해 기초가 갖추어야 할 조건 3가지를 쓰시오.

해답 ① 상부하중을 안전하게 지지할 것
② 기초의 침하량이 허용치를 넘지 않을 것
③ 최소의 근입깊이를 가질 것
④ 시공이 경제적일 것

5. 이동식 사다리의 구조 기준이다. ( ) 안을 채우시오.

> 가) 길이가 (①)m를 초과해서는 안 된다.
> 나) 다리의 벌림은 벽 높이의 (②)정도 또는 경사각 (③)도 정도가 적당하다.
> 다) 벽면 상부로부터 최소한 (④)cm 이상의 여장길이가 있다.

해답 ① 6   ② 1/4
③ 75   ④ 60

6. 흙막이 개착식 굴착(Open Cut) 공법의 종류 3가지를 쓰시오.

해답 ① 자립식 공법 : 흙막이벽 근입부분의 수평저항이 충분하고 토압에 견딜 수 있는 지반이어야 한다.
② 버팀대 공법 : 굴착토량을 최소화 할 수 있고 부지를 효율적으로 이용할 수 있으나 경사 오픈 컷에 비하여 공사비가 많이 들며 버팀대 및 띠장, 지주 등의 강성이 확보 되어야 한다.
③ 어스앵커 : 앵커 강재의 강도검토 및 장시간 사용 시 부식에 유의해야 한다.

8. 고소작업 시 재해예방을 위한 안전대책을 3가지만 쓰시오.

➡해답 ① 비계를 조립하는 등의 방법에 의하여 작업발판 설치
② 기준에 적합한 추락방호망 설치
③ 근로자에게 안전대를 착용하도록 함
④ 조명의 유지
⑤ 승강설비의 설치

2002년 4회

1. 구조물 설계 시 고려되어야 할 하중을 3가지 쓰시오.

➡해답 ① 연직방향하중 : 타설 콘크리트 고정하중, 타설시 충격하중 및 작업원 등의 작업하중
② 횡방향하중 : 작업 시 진동, 충격, 풍압, 유수압, 지진 등
③ 콘크리트 측압 : 콘크리트가 거푸집을 안쪽에서 밀어내는 압력
④ 특수하중 : 시공 중 예상되는 특수한 하중(콘크리트 편심하중 등)

2. 흙막이 공사 시 붕괴재해를 일으킬 수 있는 히빙과 보일링의 정의를 쓰시오.

➡해답 1) 히빙(Heaving) 현상
① 정의 : 연약한 점토지반을 굴착할 때 흙막이 벽체 배면에 있는 흙의 중량이 굴착 바닥면의 흙의 중량보다 클 때 그 중량 차이로 인해 흙막이 벽체 배면의 흙이 안으로 밀려 들어와 굴착 바닥면이 부풀어 오르는 현상
② 방지대책
㉠ 흙막이벽 근입깊이 증가
㉡ 흙막이벽 배면 지표의 상재하중을 제거
㉢ 지반굴착 시 흙이 느슨해지지 않도록 유의
㉣ 지반개량으로 하부지반 전단강도 개선
㉤ 강성이 큰 흙막이 공법 선정
2) 보일링(Boiling) 현상
① 정의 : 투수성이 좋은 사질토 지반을 굴착할 때 흙막이벽 배면의 지하수위가 굴착저면보다 높을 때 굴착저면 위로 모래와 지하수가 솟아오르는 현상
② 방지대책
㉠ 흙막이벽 근입깊이 증가
㉡ 흙막이벽의 차수성 증대
㉢ 흙막이벽 배면지반 그라우팅 실시
㉣ 흙막이벽 배면지반 지하수위 저하

3. 가설자재 작업 중 강재 Support를 메고 돌아서다가 옆 사람의 머리와 충돌하는 재해가 발생하였다. 이에 대한 안전대책을 3가지 쓰시오.

> **해답** ① 해당 작업을 하는 구역에는 관계 근로자가 아닌 사람의 출입을 금지할 것
> ② 비, 눈, 그 밖의 기상상태의 불안정으로 날씨가 몹시 나쁜 경우에는 그 작업을 중지할 것
> ④ 관리감독자 배치
> ⑤ 안전모 등 보호구 착용
> ⑥ 작업반경 내 장애물, 근로자 유무 확인

5. 각종 건설공사에 관련되는 공정관리를 위한 네트워크(Network) 기법 2가지를 쓰시오.

> **해답** ① CPM(Critical Path Method)기법
> ② PERT(Program Evaluation & Review Technigue)기법

6. 건설공사의 콘크리트 구조물 시공에 사용되는 비계의 종류를 5가지만 쓰시오.

> **해답** ① 강관틀 비계　② 단관 비계　③ 통나무비계
> ④ 달비계　⑤ 말비계　⑥ 이동식 비계

7. 발파에 의한 굴착작업을 할 때 화약류를 현장 내 소규모 운반 시 안전유의사항 5가지만 쓰시오.

> **해답** ① 화약류는 화약류 취급 책임자로부터 수령
> ② 화약류의 운반은 반드시 운반대나 상자를 이용하여 소분하여 운반
> ③ 용기에 화약류와 뇌관의 동시 운반 금지
> ④ 화약류, 뇌관 등은 충격을 주지 말고 화기에 접근 금지
> ⑤ 발파 후 굴착작업시 불발 잔약의 유무를 반드시 확인하고 작업
> ⑥ 전석의 유무를 조사하고 소정의 높이와 기울기를 유지하고 굴착작업 실시

10. 토공사에서 비탈면 보호공법의 종류를 3가지 쓰시오.

> **해답** ① 식생공 : 떼붙임공, 식생 Mat공, 식수공
> ② 뿜어붙이기공 : 콘크리트 또는 시멘트 모르타르를 뿜어 붙임
> ③ 블록공 : 사면에 블록붙임
> ④ 돌쌓기공 : 견치석 쌓기
> ⑤ 배수공 : 지표수 배제공, 지하수 배제공

11. 다음은 토사등이 붕괴 또는 낙하하여 근로자에게 위험을 미칠 우려가 있을 때 조치하여야 할 사항이다. (　　)에 알맞은 용어를 쓰시오.

> 지반은 안전한 경사로 하고 낙하의 위험이 있는 토석을 제거하거나 옹벽, (①) 등을 설치한다. 토사등의 붕괴 또는 낙하 원인이 되는 빗물이나 (②) 등을 배제시킨다.

➡해답 ① 흙막이 지보공
② 지하수

12. 흙막이 공사현장 주변의 침하를 일으키는 원인을 3가지만 쓰시오.

➡해답 ① 흙막이 배면의 토압에 의한 흙막이 변형으로 배면토 이동
② 지반의 지하수 배출로 인한 지하수위 저하로 압밀침하 발생
③ 흙막이 배면부 뒤채움 및 다짐 불량
④ 우수 및 지표수 유입
⑤ 흙막이 배면부 과재하중 적재
⑥ 히빙, 보일링 현상 발생

2003년 1회

2. 거푸집 및 지보공의 재료 선정 시 고려해야 할 사항을 4가지만 쓰시오.

➡해답 ① 강도 ② 강성
③ 내구성 ④ 작업성
⑤ 타설 콘크리트의 영향 ⑥ 경제성

3. 연약지반을 흙막이 개착공법으로 굴착 작업 시 발생하는 히빙 현상을 설명하고, 대책 3가지를 쓰시오.

➡해답 ① 정의 : 연약한 점토지반을 굴착할 때 흙막이 벽체 배면에 있는 흙의 중량이 굴착 바닥면의 흙의 중량보다 클 때 그 중량 차이로 인해 흙막이 벽체 배면의 흙이 안으로 밀려 들어와 굴착 바닥면이 부풀어 오르는 현상

② 방지대책
　　㉠ 흙막이벽 근입깊이 증가
　　㉡ 흙막이벽 배면 지표의 상재하중을 제거
　　㉢ 지반굴착 시 흙이 느슨해지지 않도록 유의
　　㉣ 지반개량으로 하부지반 전단강도 개선
　　㉤ 강성이 큰 흙막이 공법 선정

4. 차량계 건설기계를 사용하여 작업을 할 때에는 작업계획을 작성하고 그 작업계획에 따라 작업을 실시하도록 하여야 한다. 이때 작업계획에 포함되어야 할 사항을 3가지 쓰시오.

해답 ① 사용하는 차량계 건설기계의 종류 및 능력
② 차량계 건설기계의 운행 경로
③ 차량계 건설기계에 의한 작업 방법

7. 강관틀비계의 조립작업 시 준수해야 할 사항 3가지를 쓰시오.

해답 ① 비계기둥의 밑둥에는 밑받침 철물을 사용하여야 하며 밑받침에 고저차가 있는 경우에는 조절형 밑받침철물을 사용하여 각각의 강관틀비계가 항상 수평 및 수직을 유지하도록 할 것
② 높이가 20미터를 초과하거나 중량물의 적재를 수반하는 작업을 할 경우에는 주틀 간의 간격을 1.8미터 이하로 할 것
③ 주틀 간에 교차 가새를 설치하고 최상층 및 5층 이내마다 수평재를 설치할 것
④ 수직방향으로 6미터, 수평방향으로 8미터 이내마다 벽이음을 할 것
⑤ 길이가 띠장 방향으로 4미터 이하이고 높이가 10미터를 초과하는 경우에는 10미터 이내마다 띠장 방향으로 버팀기둥을 설치할 것

9. 거푸집 해체 시 안전상 유의사항을 설명한 것이다. ( ) 안에 적절한 말을 쓰시오.
(1) 해당 작업을 하는 구역에는 관계 근로자가 아닌 사람의 (①)을 금지할 것
(2) 비, 눈, 그 밖의 기상상태의 불안정으로 날씨가 몹시 나쁜 경우에는 그 작업을 (②)할 것
(3) 재료, 기구 또는 공구 등을 올리거나 내리는 경우에는 근로자로 하여금 (③) 등을 사용하도록 할 것
(4) (④)에 의한 돌발적 재해를 방지하기 위하여 (⑤)을 설치하고 거푸집동바리 등을 인양 장비에 매단 후에 작업을 하도록 하는 등 필요한 조치를 할 것

해답 ① 출입　② 중지　③ 달줄·달포대　④ 낙하·충격　⑤ 버팀목

10. 직접기초를 위한 터파기 공법의 종류를 3가지만 쓰시오.

해답 ① 구덩이 파기 : 독립기둥 밑을 파는 방법
② 줄기초 파기 : 벽체, 지중보 밑을 도랑 모양으로 파는 방법
③ 온통파기 : 지하층 밑을 전부 파는 방법

12. 중력식 옹벽의 붕괴방지를 위하여 외력에 대한 안정조건 3가지를 쓰시오.

해답 ① 활동에 대한 안정 : $F_s = \dfrac{\text{활동에 저항하려는 힘}}{\text{활동하려는 힘}} \geq 1.5$

② 전도에 대한 안정 : $F_s = \dfrac{\text{저항모멘트}}{\text{전도모멘트}} \geq 2.0$

③ 기초지반의 지지력(침하)에 대한 안정 : $F_s = \dfrac{\text{지반의 극한지지력}}{\text{지반의 최대반력}} \geq 3.0$

2003년 2회

1. 달기체인과 와이어로프의 안전기준을 쓰시오.

해답 1) 늘어난 달기체인 등의 사용금지(안전보건규칙 제167조)
① 달기 체인의 길이가 달기 체인이 제조된 때의 길이의 5퍼센트를 초과한 것
② 링의 단면지름이 달기 체인이 제조된 때의 해당 링의 지름의 10퍼센트를 초과하여 감소한 것
③ 균열이 있거나 심하게 변형된 것
2) 와이어로프의 사용금지(안전보건규칙 제166조)
① 이음매가 있는 것
② 와이어로프의 한 꼬임(스트랜드)에서 끊어진 소선(素線, 필러(Pillar)선은 제외)의 수가 10%
이상(비자전로프의 경우에는 끊어진 소선의 수가 와이어로프 호칭지름의 6배 길이 이내에서
4개 이상이거나 호칭지름 30배 길이 이내에서 8개 이상)인 것
③ 지름의 감소가 공칭지름의 7%를 초과하는 것
④ 꼬인 것
⑤ 심하게 변형 또는 부식된 것
⑥ 열과 전기충격에 의해 손상된 것

2. 기계굴착 작업 시 사전 안전점검사항 4가지를 쓰시오.

➡해답 ① 형상·지질 및 지층의 상태
② 균열·함수·용수 및 동결의 유무 또는 상태
③ 매설물 등의 유무 또는 상태
④ 지반의 지하수위 상태

3. 사면 붕괴재해 예방대책 2가지를 쓰시오.

➡해답 ① 적절한 경사면의 기울기 계획(굴착면 기울기 기준 준수)
② 경사면의 기울기가 당초 계획과 차이 발생시 즉시 재검토하여 계획변경
③ 활동할 가능성이 있는 토석은 제거
④ 경사면의 하단부에 압성토 등 보강공법으로 활동에 대한 저항대책 강구
⑤ 말뚝(강관, H형강, 철근콘크리트)을 타입하여 지반 강화
⑥ 지표수와 지하수의 침투를 방지

5. 사다리식 통로의 안전기준을 쓰시오.

➡해답 ① 견고한 구조로 할 것
② 심한 손상·부식 등이 없는 재료를 사용할 것
③ 발판의 간격은 일정하게 할 것
④ 발판과 벽과의 사이는 15cm 이상의 간격을 유지할 것
⑤ 폭은 30cm 이상으로 할 것
⑥ 사다리가 넘어지거나 미끄러지는 것을 방지하기 위한 조치를 할 것
⑦ 사다리의 상단은 걸쳐놓은 지점으로부터 60cm 이상 올라가도록 할 것
⑧ 사다리식 통로의 길이가 10m 이상인 경우에는 5미터 이내마다 계단참을 설치할 것
⑨ 사다리식 통로의 기울기는 75° 이하로 할 것. 다만, 고정식 사다리식 통로의 기울기는 90° 이하로 하고, 그 높이가 7m 이상인 경우에는 바닥으로부터 높이가 2.5m 되는 지점부터 등받이울을 설치할 것
⑩ 접이식 사다리 기둥은 사용 시 접혀지거나 펼쳐지지 않도록 철물 등을 사용하여 견고하게 조치할 것

6. 강관비계 조립 시 준수사항 5가지를 쓰시오.

해답 ① 비계기둥에는 미끄러지거나 침하하는 것을 방지하기 위하여 밑받침철물을 사용하거나 받침목이나 깔판 등을 사용하여 밑둥잡이를 설치하는 등의 조치를 할 것
② 강관의 접속부 또는 교차부는 적합한 부속철물을 사용하여 접속하거나 단단히 묶을 것
③ 교차가새로 보강할 것
④ 외줄비계·쌍줄비계 또는 돌출비계에 대해서는 다음 각목의 정하는 바에 따라 벽이음 및 버팀을 설치할 것
　　㉠ 강관비계의 조립간격은 아래의 기준에 적합하도록 할 것

강관비계의 종류	조립간격(단위 : m)	
	수직방향	수평방향
단관비계	5	5
틀비계(높이가 5m 미만의 것을 제외한다)	6	8

　　㉡ 강관·통나무 등의 재료를 사용하여 견고한 것으로 할 것
　　㉢ 인장재와 압축재로 구성되어 있는 때에는 인장재와 압축재의 간격을 1m 이내로 할 것
⑤ 가공전로에 근접하여 비계를 설치하는 경우에는 가공전로를 이설하거나 가공전로에 절연용 방호구를 장착하는 등 가공전로와의 접촉을 방지하기 위한 조치를 할 것

9. 발파 작업 시 관리감독자의 직무 3가지를 쓰시오.

해답 ① 점화 전에 점화작업에 종사하는 근로자 외의 자의 대피를 지시하는 일
② 점화작업에 종사하는 근로자에 대하여 대피장소 및 경로를 지시하는 일
③ 점화 전에 위험구역 내에서 근로자가 대피한 것을 확인하는 일
④ 점화순서 및 방법에 대하여 지시하는 일
⑤ 점화신호하는 일
⑥ 점화작업에 종사하는 근로자에 대하여 대피신호를 하는 일
⑦ 발파 후 터지지 아니한 장약이나 남은 장약의 유무, 용수 유무 및 암석·토사의 낙하 유무 등을 점검하는 일
⑧ 점화하는 사람을 정하는 일
⑨ 공기압축기의 안전밸브 작동유무를 점검하는 일
⑩ 안전모 등 보호구의 착용상황을 감시하는 일

2003년 4회

2. 연약지반을 개량하는 목적을 3가지만 쓰시오.

해답 ① 지반의 강도증가
② 활동에 대한 저항 부여
③ 액상화 방지
④ 전단변형 억제
⑤ 압밀침하 촉진을 통한 지반강화

4. 비계의 높이가 2m 이상인 작업 장소에서 설치하는 작업발판의 기준을 4가지만 쓰시오.

해답 ① 발판재료는 작업할 때의 하중을 견딜 수 있도록 견고한 것으로 할 것
② 작업발판의 폭은 40cm 이상으로 하고, 발판재료 간의 틈은 3cm 이하로 할 것
③ 추락의 위험성이 있는 장소에는 안전난간을 설치할 것(작업의 성질상 안전난간을 설치하는 것이 곤란한 때 및 작업의 필요상 임시로 안전난간을 해체함에 있어서 추락방호망을 치거나 근로자로 하여금 안전대를 사용하도록 하는 등 추락에 의한 위험방지조치를 한 때에는 제외)
④ 작업발판의 지지물은 하중에 의하여 파괴될 우려가 없는 것을 사용할 것
⑤ 작업발판재료는 뒤집히거나 떨어지지 않도록 2 이상의 지지물에 연결하거나 고정시킬 것
⑥ 작업발판을 작업에 따라 이동시킬 경우에는 위험방지에 필요한 조치를 할 것

5. 달비계 또는 높이 5m 이상의 비계를 조립, 해체하거나 변경작업을 할 때에 사업주로서 준수하여야 할 사항을 3가지만 쓰시오.

해답 ① 관리감독자의 지휘에 따라 작업하도록 할 것
② 조립·해체 또는 변경의 시기·범위 및 절차를 그 작업에 종사하는 근로자에게 주지시킬 것
③ 조립·해체 또는 변경 작업구역에는 해당 작업에 종사하는 근로자가 아닌 사람의 출입을 금지하고 그 내용을 보기 쉬운 장소에 게시할 것
④ 비, 눈, 그 밖의 기상상태의 불안정으로 날씨가 몹시 나쁜 경우에는 그 작업을 중지시킬 것
⑤ 비계재료의 연결·해체작업을 하는 경우에는 폭 20cm 이상의 발판을 설치하고 근로자로 하여금 안전대를 사용하도록 하는 등 추락을 방지하기 위한 조치를 할 것
⑥ 재료·기구 또는 공구 등을 올리거나 내리는 경우에는 근로자가 달줄 또는 달포대 등을 사용하게 할 것

6. 터널 건설작업 중 낙반 등에 의하여 근로자에게 위험을 미칠 우려가 있을 때 조치할 수 있는 사항을 3가지 쓰시오.

해답 ① 터널지보공 설치
② 록볼트 설치
③ 부석의 제거
④ 방호망 설치

7. 보통 포틀랜드 시멘트를 사용한 콘크리트 구조물의 거푸집 해체시기에 대한 아래 표에 알맞은 숫자를 채우시오.

구 분		기초 옆, 보 측면, 기둥, 벽	바닥판 밑, 보 밑	비고
콘크리트의 압축강도에 의할 때		(①)kg/cm²	설계기준 강도의 (②)	압축강도가 이 이상 얻어진 것을 확인할 때까지 존치한다.
콘크리트의 재령에 의할 때	20℃≤평균기온	4일	(③)일	평균기온이 10℃ 이상이면, 강도시험 없이 재령에 의해 해체할 수 있다.
	10℃≤평균기온	6일	8일	

해답 ① 50 ② 2/3 ③ 5

9. 다음은 가설통로에 대한 설치 기준이다. ( ) 안을 채우시오.

(가) 경사는 일반적으로 (①)도 이하로 하고, 경사가 (②)도를 초과할 때는 미끄러지지 않는 구조로 한다.
(나) 수직갱에 가설된 통로의 길이가 15m 이상인 때에는 (③)m 이내마다 계단참을 설치하고, 건설공사에 사용하는 높이 8m 이상인 비계다리에는 (④)m 이내마다 계단참을 설치한다.

해답 ① 30 ② 15 ③ 10 ④ 7

2004년 1회

1. 달비계의 설치 시 준수사항 3가지를 쓰시오.

➡해답 ① 달기 와이어로프, 달기 체인, 달기 강선, 달기 강대 또는 달기 섬유로프는 한쪽 끝을 비계의 보 등에, 다른 쪽 끝을 내민 보, 앵커볼트 또는 건축물의 보 등에 각각 풀리지 않도록 설치할 것
② 작업발판은 폭을 40센티미터 이상으로 하고 틈새가 없도록 할 것
③ 작업발판의 재료는 뒤집히거나 떨어지지 않도록 비계의 보 등에 연결하거나 고정시킬 것
④ 비계가 흔들리거나 뒤집히는 것을 방지하기 위하여 비계의 보·작업발판 등에 버팀을 설치하는 등 필요한 조치를 할 것
⑤ 선반 비계에서는 보의 접속부 및 교차부를 철선·이음철물 등을 사용하여 확실하게 접속시키거나 단단하게 연결시킬 것
⑥ 근로자의 추락 위험을 방지하기 위하여 달비계에 안전대 및 구명줄을 설치하고, 안전난간을 설치할 수 있는 구조인 경우에는 안전난간을 설치할 것

2. 다음 보기는 사다리식 통로의 설치 시 준수사항을 열거하였다. (   )에 알맞은 숫자를 쓰시오.

[보기]
(1) 견고한 구조로 할 것
(2) 발판의 간격은 동일하게 할 것
(3) 발판과 벽과의 사이는 적당한 간격을 유지할 것
(4) 사다리가 넘어지거나 미끄러지는 것을 방지하기 위한 조치를 할 것
(5) 사다리의 상단은 걸쳐놓은 지점으로부터 (①)cm 이상 올라가도록 할 것
(6) 사다리식 통로의 길이가 (②)m 이상인 때에는 (③)m 이내마다 계단참을 설치할 것
(7) 사다리식 통로의 기울기는 (④)도 이내로 할 것

➡해답 ① 60   ② 10   ③ 5   ④ 75

3. 높이 2m 이상인 작업발판의 끝이나 개구부에서 작업 시 추락재해 방지대책 5가지를 쓰시오.

➡해답 ① 안전난간 설치
② 울 및 손잡이 설치
③ 덮개를 설치하는 경우 뒤집히거나 떨어지지 않도록 할 것
④ 추락방호망 설치
⑤ 안전대 착용
⑥ 어두운 장소에서도 알아볼 수 있도록 개구부임을 표시

4. 발파작업에 종사하는 근로자의 준수사항 중 보기의 ( )에 알맞은 내용 5가지를 쓰시오.

[보기]

(1) 얼어붙은 다이너마이트는 화기에 접근시키거나 기타의 고열 물에 직접 접촉시키는 등 위험한 방법으로 융해하지 아니하도록 할 것
(2) 화약 또는 폭약을 장전하는 때에는 그 부근에서 화기의 사용 또는 흡연을 하지 아니하도록 할 것
(3) 장전구는 마찰·충격·정전기 등에 의한 폭발이 발생할 위험이 없는 안전한 것을 사용할 것
(4) 발파공의 충전 재료는 (①) 등 발화성 또는 (②) 위험이 없는 재료를 사용할 것
(5) 점화 후 장전된 화약류가 폭발하지 아니한 때 또는 장전된 화약류의 폭발 여부를 확인하기 곤란한 때에는 다음 각 목의 정하는 바에 따를 것
  (가) 전기뇌관에 의한 때에는 발파모선을 점화기에서 떼어 그 끝을 단락시켜 놓는 등 재점화되지 아니하도록 조치하고 그때부터 (③)분 이상 경과한 후가 아니면 화약류의 장전장소에 접근 시키지 아니하도록 할 것
  (나) 전기뇌관 외의 것에 의한 때에는 점화한 때부터 (④)분 이상 경과한 후가 아니면 화약류의 장전장소에 접근 시키지 아니하도록 할 것
(6) 전기뇌관에 의한 발파의 경우 점화하기 전에 화약류를 장전한 장소부터 (⑤)m 이상 떨어진 안전한 장소에서 전선에 대하여 저항측정 및 도통시험을 하고 그 결과를 기록·관리하도록 할 것

➡해답 ① 점토·모래   ② 인화성
   ③ 5   ④ 15
   ⑤ 30

5. 거푸집 동바리의 고정, 조립, 해체작업 또는 지반의 굴착작업 시 관리 감독자의 유해·위험 방지 업무 3가지를 쓰시오.

➡해답 ① 안전한 작업방법을 결정하고 작업을 지휘하는 일
   ② 재료·기구의 결함유무를 점검하고 불량품을 제거하는 일
   ③ 작업 중 안전대 및 안전모 등 보호구 착용상황을 감시하는 일

6. 옹벽의 활동에 대한 안전을 위해서 활동에 대한 저항력이 수평력의 몇 배 이상이 되어야 하는가?

➡해답 활동에 대한 안정 : $F_s = \dfrac{\text{활동에 저항하려는 힘}}{\text{활동하려는 힘}} \geq 1.5$

8. 지반의 굴착작업 시 보기의 굴착면의 기울기를 쓰시오.

지반의 종류	굴착면의 기울기
모래	(①)
연암 및 풍화암	(②)
경암	(③)
그 밖의 흙	(④)

해답 ① 1 : 1.8
② 1 : 1.0
③ 1 : 0.5
④ 1 : 1.2

2004년 2회

2. 터널 지보공을 설치할 때 이상이 발견되면 즉시 보수·보강하기 위해 수시로 점검해야 할 사항 3가지를 쓰시오.

해답 ① 부재의 손상·변형·부식·변위, 탈락의 유무 및 상태
② 부재의 긴압의 정도
③ 부재의 접속부 및 교차부의 상태
④ 기둥침하의 유무 및 상태

4. 잠함, 우물통, 수직갱, 기타 건설물 실내에서 내부 굴착작업 시 준수사항 3가지를 쓰시오.

해답 ① 산소결핍의 우려가 있는 경우에는 산소의 농도를 측정하는 자를 지명하여 측정하도록 할 것
② 근로자가 안전하게 오르내리기 위한 설비를 설치할 것
③ 굴착 깊이가 20m를 초과하는 경우에는 해당 작업장소와 외부와의 연락을 위한 통신설비 등을 설치할 것
④ 산소농도 측정결과 산소의 결핍이 인정되거나 굴착 깊이가 20m를 초과하는 경우에는 송기를 위한 설비를 설치하여 필요한 양의 공기를 송급

6. 보기의 ( )에 알맞은 내용을 쓰시오.

> 터널 건설작업에 있어서 터널의 내부의 시계가 배기가스나 (①) 등에 의하여 현저하게 제한되는 상태에 있는 때에는 (②)를 하거나 물을 뿌려 시계를 양호하게 유지시켜야 한다.

➡해답 ① 분진　② 환기

7. 다음 표의 강관비계의 조립간격을 ( )에 쓰시오.

강관비계의 종류	조립간격(단위 : m)	
	수직방향	수평방향
단관비계	(①)	(②)
틀비계(높이가 5m 미만의 것을 제외한다)	(③)	(④)

➡해답 ① 5　② 5　③ 6　④ 8

8. 감전 시 인체에 위험정도를 좌우하는 요소 3가지를 쓰시오.

➡해답 ① 통전전류의 크기　② 통전시간
③ 통전경로　④ 전원의 종류

9. 높이 5m 이상의 달비계 조립·해체 시 주의사항 4가지를 쓰시오.

➡해답 ① 관리감독자의 지휘에 따라 작업하도록 할 것
② 조립·해체 또는 변경의 시기·범위 및 절차를 그 작업에 종사하는 근로자에게 주지시킬 것
③ 조립·해체 또는 변경 작업구역에는 해당 작업에 종사하는 근로자가 아닌 사람의 출입을 금지하고 그 내용을 보기 쉬운 장소에 게시할 것
④ 비, 눈, 그 밖의 기상상태의 불안정으로 날씨가 몹시 나쁜 경우에는 그 작업을 중지시킬 것
⑤ 비계재료의 연결·해체작업을 하는 경우에는 폭 20cm 이상의 발판을 설치하고 근로자로 하여금 안전대를 사용하도록 하는 등 추락을 방지하기 위한 조치를 할 것
⑥ 재료·기구 또는 공구 등을 올리거나 내리는 경우에는 근로자가 달줄 또는 달포대 등을 사용하게 할 것

10. 높이 2m 이상인 장소에서 작업 시 안전조치사항 4가지를 쓰시오.

> **해답** ① 비계를 조립하는 등의 방법에 의하여 작업발판 설치
> ② 기준에 적합한 추락방호망 설치
> ③ 근로자에게 안전대를 착용하도록 함
> ④ 조명의 유지
> ⑤ 승강설비의 설치

11. DB하중(표준트럭하중)이 DB-24, DB-18, DB-13.5일 때, 교량 설계 시와 차량 통행 시에 기준이 되는 교량등급 및 총중량을 표로 작성하시오.

교량등급	하중W(톤)	총중량1.8W(톤)
1등교	DB-24	(①)
2등교	DB-18	(②)
3등교	DB-13.5	(③)

> **해답** ① 43.2
> ② 32.4
> ③ 24.3

12. 암질 변화구간 및 이상 암질의 출현 시 일축압축강도와 함께 사용되는 암질판별법(암반분류법) 3가지를 쓰시오.

> **해답** ① R.Q.D(%)
> ② 탄성파 속도(m/sec)
> ③ R.M.R
> ④ 진동치 속도(cm/sec=Kine)

2004년 4회

3. 철골작업 시 재해방지시설(보호구 제외)에 대하여 (1) 추락위험시 (2) 낙하·비래위험시 안전대책을 각각 3가지씩 쓰시오.

➡해답 (1) 추락위험시 안전대책 3가지
① 답단 간격이 30cm 이내인 고정된 승강로 설치
② 수평방향 철골과 수직방향 철골이 연결되는 부분에는 연결작업을 위하여 작업발판 설치
③ 근로자의 주요 이동통로에 고정된 가설통로를 설치
④ 안전대 부착설비 설치
(2) 낙하·비래 위험시 안전대책 3가지
① 낙하물 방지망
② 수직보호망
③ 방호선반
④ 출입금지구역 설정
⑤ 인양작업시 달줄, 달포대 사용

5. 발파작업 시 관리감독자의 유해·위험방지 업무 5가지를 쓰시오.

➡해답 ① 점화 전에 점화작업에 종사하는 근로자 외의 자의 대피를 지시하는 일
② 점화작업에 종사하는 근로자에 대하여 대피장소 및 경로를 지시하는 일
③ 점화 전에 위험구역 내에서 근로자가 대피한 것을 확인하는 일
④ 점화순서 및 방법에 대하여 지시하는 일
⑤ 점화신호하는 일
⑥ 점화작업에 종사하는 근로자에 대하여 대피신호를 하는 일
⑦ 발파 후 터지지 아니한 장약이나 남은 장약의 유무, 용수 유무 및 암석·토사의 낙하 유무 등을 점검하는 일
⑧ 점화하는 사람을 정하는 일
⑨ 공기압축기의 안전밸브 작동유무를 점검하는 일
⑩ 안전모 등 보호구의 착용상황을 감시하는 일

6. 굴착작업 시 사전 조사해야 할 사항 3가지를 쓰시오.

➡해답 ① 형상·지질 및 지층의 상태
② 균열·함수·용수 및 동결의 유무 또는 상태
③ 매설물 등의 유무 또는 상태
④ 지반의 지하수위 상태

9. 사다리식 통로의 조립 시 준수사항 4가지를 쓰시오.

해답 ① 견고한 구조로 할 것
② 심한 손상·부식 등이 없는 재료를 사용할 것
③ 발판의 간격은 일정하게 할 것
④ 발판과 벽과의 사이는 15cm 이상의 간격을 유지할 것
⑤ 폭은 30cm 이상으로 할 것
⑥ 사다리가 넘어지거나 미끄러지는 것을 방지하기 위한 조치를 할 것
⑦ 사다리의 상단은 걸쳐놓은 지점으로부터 60cm 이상 올라가도록 할 것

10. 동바리로 사용하는 파이프서포트 조립 시 준수사항 3가지를 쓰시오.

해답 ① 파이프서포트를 3본 이상 이어서 사용하지 아니하도록 할 것
② 파이프서포트를 이어서 사용할 때에는 4개 이상의 볼트 또는 전용철물을 사용하여 이을 것
③ 높이가 3.5m를 초과하는 경우에는 높이 2m 이내마다 수평연결재를 2개 방향으로 만들고 수평연결재의 변위를 방지할 것

2005년 1회

3. 달비계 작업 시 최대하중을 정함에 있어 다음 보기의 안전계수를 쓰시오.

(1) 달기 와이어로프 및 달기 강선의 안전계수 : (①) 이상
(2) 달기 체인 및 달기 훅의 안전계수 : (②) 이상
(3) 달기 강대와 달비계의 하부 및 상부지점의 안전계수 : 강재의 경우 (③) 이상, 목재의 경우 (④) 이상

해답 ① 10 ② 5 ③ 2.5 ④ 5

5. 연약한 점토지반에 구조물 등을 굴착하기 전에 미리 하중을 재하하고 기초지반의 전단파괴를 방지하는 공법을 쓰시오.

해답 프리로딩공법(Pre-Loading)

7. 프리스트레스(Prestress) 응력 도입 즉시 응력 손실의 원인 3가지를 쓰시오.

➡해답 ① 콘크리트의 탄성수축에 의한 손실
② 쉬스관와 PC강재와의 마찰에 의한 손실
③ 정착장치에서 긴장재의 활동으로 인한 손실

9. 거푸집 동바리 등의 조립 또는 해체작업 시 준수사항 3가지를 쓰시오.

➡해답 ① 해당 작업을 하는 구역에는 관계 근로자가 아닌 사람의 출입을 금지할 것
② 비, 눈, 그 밖의 기상상태의 불안정으로 날씨가 몹시 나쁜 경우에는 그 작업을 중지할 것
③ 재료, 기구 또는 공구 등을 올리거나 내리는 경우에는 근로자로 하여금 달줄·달포대 등을 사용하
도록 할 것
④ 낙하·충격에 의한 돌발적 재해를 방지하기 위하여 버팀목을 설치하고 거푸집 동바리 등을 인양
장비에 매단 후에 작업을 하도록 하는 등 필요한 조치를 할 것

10. 구조물 해체 시 기계·기구를 이용하는 공법 중 유압기계를 사용하는 공법 2가지를 쓰시오.

➡해답 ① 유압잭(Jack) 공법
② 압쇄공법

2005년 2회

1. 건설공사에 사용되는 양중기의 종류 4가지를 쓰시오.

➡해답 ① 크레인(호이스트(hoist)를 포함)
② 이동식 크레인
③ 리프트(이삿짐운반용 리프트의 경우에는 적재하중이 0.1톤 이상인 것으로 한정)
④ 곤돌라
⑤ 승강기

2. 다음 보기의 (   )에 알맞은 말이나 숫자를 쓰시오.

> (1) 비계기둥에는 미끄러지거나 침하하는 것을 방지하기 위하여 밑받침철물을 사용하거나 (①) 등을 사용하여 밑둥잡이를 설치하는 등의 조치를 할 것
> (2) 비계기둥의 간격은 띠장방향에서는 (②)미터, 장선 방향에서는 1.5미터 이하로 할 것
> (3) 띠장간격은 (③)미터 이하로 설치할 것
> (4) 비계기둥의 최고부로부터 (④)미터 되는 지점 밑부분의 비계기둥은 (⑤)본의 강관으로 묶어세울 것
> (5) 비계기둥 간의 적재하중은 (⑥)kg을 초과하지 아니하도록 할 것

➡해답 ① 받침목이나 깔판   ② 1.85   ③ 2   ④ 31   ⑤ 2   ⑥ 400

3. 히빙 현상에 대하여 설명하고 이를 방지하기 위한 대책을 2가지 쓰시오.

➡해답 ① 정의 : 연약한 점토지반을 굴착할 때 흙막이 벽체 배면에 있는 흙의 중량이 굴착 바닥면의 흙의 중량보다 클 때 그 중량 차이로 인해 흙막이 벽체 배면의 흙이 안으로 밀려 들어와 굴착 바닥면이 부풀어 오르는 현상
② 방지대책
  ㉠ 흙막이벽 근입깊이 증가
  ㉡ 흙막이벽 배면 지표의 상재하중을 제거
  ㉢ 지반굴착 시 흙이 느슨해지지 않도록 유의
  ㉣ 지반개량으로 하부지반 전단강도 개선
  ㉤ 강성이 큰 흙막이 공법 선정

4. 건물 등의 해체작업 시 해체계획에 포함되는 사항 3가지를 쓰시오.

➡해답 ① 해체의 방법 및 해체순서 도면
② 가설설비, 방호설비, 환기설비 및 살수·방화설비 등의 방법
③ 사업장 내 연락방법
④ 해체물의 처분계획
⑤ 해체작업용 기계·기구 등의 작업계획서
⑥ 해체작업용 화약류 등의 사용계획서
⑦ 기타 안전·보건에 관련된 사항

11. 노천 굴착작업 시 비가 올 경우를 대비한 지반붕괴 위험방지조치 2가지를 쓰시오.

➡해답 ① 측구설치
② 굴착경사면에 비닐을 보강

12. 콘크리트 비파괴 시험은 콘크리트 압축강도의 추정, 신설 구조물의 품질검사 및 기존 구조물의 안전점검 및 정밀안전진단 등의 시험 시에 필요하다. 이때 실행하는 시험의 종류를 5가지 쓰시오.

➡해답 ① 반발경도법 ② 초음파법 ③ 복합법 ④ 음파법
⑤ 레이다법 ⑥ 방사선법 ⑨ 자기법

2005년 4회

2. 지반 굴착 시 굴착면의 기울기를 보기의 (   )에 쓰시오.

지반의 종류	굴착면의 기울기
모래	(①)
연암 및 풍화암	(②)
경암	(③)
그 밖의 흙	(④)

➡해답 ① 1 : 1.8 ② 1 : 1.0
③ 1 : 0.5 ④ 1 : 1.2

3. 차량계 건설기계 작업 시 기계가 넘어지거나 굴러 떨어짐으로써 위험을 미칠 우려가 있다. 이때 안전대책 3가지를 쓰시오.

➡해답 ① 유도자 배치 ② 지반의 부동침하 방지
③ 갓길의 붕괴 방지 ④ 도로 폭 유지

4. 전기기계·기구 또는 전로 등의 충전부분에 접촉 시 감전방지대책 3가지를 쓰시오.

> **해답** ① 충전부가 노출되지 않도록 폐쇄형 외함이 있는 구조로 할 것
> ② 충전부에 충분한 절연효과가 있는 방호망 또는 절연덮개를 설치할 것
> ③ 충전부는 내구성이 있는 절연물로 완전히 덮어 감쌀 것
> ④ 발·변전소 및 개폐소 등 구획되어 있는 장소로서 관계근로자가 아닌 사람의 출입이 금지되는 장소에 충전부를 설치하고 위험표시 등의 방법으로 방호를 강화할 것
> ⑤ 전주 위 및 철탑 위 등 격리되어 있는 장소로서 관계근로자가 아닌 사람의 접근할 우려가 없는 장소에 충전부를 설치할 것

5. 거푸집 및 동바리에 사용할 재료 선정 시 고려사항 5가지를 쓰시오.

> **해답** ① 강도 　　　　　　② 강성
> ③ 내구성 　　　　　④ 작업성
> ⑤ 타설 콘크리트의 영향 　⑥ 경제성

8. 굴착작업 시 지반의 붕괴 또는 매설물 손괴 등에 의하여 근로자에게 위험을 미칠 우려가 있을 때 조사사항 3가지를 쓰시오.

> **해답** ① 형상·지질 및 지층의 상태
> ② 균열·함수·용수 및 동결의 유무 또는 상태
> ③ 매설물 등의 유무 또는 상태
> ④ 지반의 지하수위 상태

10. 강널말뚝(Steel Sheet Pile)으로 지지된 모래 지반의 굴착에서 지하수의 분출로 인하여 예상되는 파이핑(Piping)에 대한 안전율을 계산하시오.(단, 모래층의 포화단위중량은 $1.7t/m^3$, 입자의 비중은 2.65이며, 높이는 5m + 7m + 5m임)

> **해답**

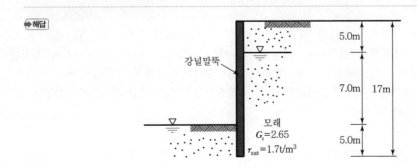

① 이동거리 L＝D＋H＋D＝5＋7＋5＝17m

② 수중단위중량 $r_{sub}＝r_{sat}－r_w＝1.7－1.0＝0.7t/m^3$

③ 한계동수경사 $i_c＝\dfrac{r}{r_w}＝\dfrac{0.7}{1}＝0.7$

④ 안전율 $F＝\dfrac{i_c}{i}＝\dfrac{i_c}{\dfrac{H}{L}}＝\dfrac{0.7}{\dfrac{7}{17}}＝1.7$

2006년 1회

1. 흙의 동결 방지대책 3가지를 쓰시오.

➡해답 ① 동결심도 아래에 배수층 설치
② 배수구 등을 설치하여 지하수위 저하
③ 동결깊이 상부의 흙을 동결이 잘 되지 않는 재료로 치환
④ 모관수 상승을 차단하는 층을 두어 동상방지

2. 양중기의 안전검사 내용 3가지를 쓰시오.

➡해답 ① 과부하방지장치, 권과방지장치, 그 밖의 안전장치의 이상 유무
② 브레이크와 클러치의 이상 유무
③ 와이어로프와 달기체인의 이상 유무
④ 훅 등 달기기구의 손상 유무
⑤ 배선, 집진장치, 배전반, 개폐기, 콘트롤러의 이상 유무

5. [보기]의 사다리식 통로의 안전기준에 대하여 쓰시오.

[보기]
(1) 사다리의 상단은 걸쳐놓은 지점으로부터 (①)cm 이상 올라가도록 할 것
(2) 사다리식 통로의 길이가 10m 이상인 경우에는 (②)m 이내마다 계단참을 설치할 것
(3) 사다리식 통로의 기울기는 (③)° 이하로 할 것. 다만, 고정식 사다리식 통로의 기울기는 90° 이하로 하고 높이 7m 이상인 경우 바닥으로부터 높이가 2.5m 되는 지점부터 등받이울을 설치할 것

➡해답 ① 60　② 5　③ 75

6. 외부 비계에 설치하는 벽 연결의 역할 2가지를 쓰시오.

➡해답 ① 비계 전체의 좌굴방지
② 풍하중에 의한 방지
③ 편심하중을 지탱하여 방지

7. 사다리식 통로의 조립 시 준수사항 4가지를 쓰시오.

➡해답 ① 견고한 구조로 할 것
② 심한 손상·부식 등이 없는 재료를 사용할 것
③ 발판의 간격은 일정하게 할 것
④ 발판과 벽과의 사이는 15cm 이상의 간격을 유지할 것
⑤ 폭은 30cm 이상으로 할 것
⑥ 사다리가 넘어지거나 미끄러지는 것을 방지하기 위한 조치를 할 것
⑦ 사다리의 상단은 걸쳐놓은 지점으로부터 60cm 이상 올라가도록 할 것

9. 추락방지용 방망사의 신품에 대한 인장강도는 그물코의 종류에 따라 다음과 같다. ( ) 안에 알맞은 말을 쓰시오.

방망사의 신품에 대한 인장강도	
그물코의 크기	매듭방망 인장강도
10cm	(①)kg
5cm	(②)kg

➡해답 ① 200
② 110

2006년 2회

1. 보통 포틀랜드 시멘트를 사용한 콘크리트 구조물의 거푸집 및 동바리의 해체시기에 대한 것이다. 알맞은 숫자를 넣으시오.

구분		보옆, 기둥 및 벽의 측면
콘크리트 압축강도를 시험한 경우		(①)MPa 이상
콘크리트 압축강도를 시험하지 않은 경우	평균기온 20° 이상	(②)일
	평균기온 10° 이상	(③)일

➡해답 ① 5
② 4
③ 6

3. 흙의 동상현상 방지대책 3가지를 쓰시오.

➡해답 ① 동결심도 아래에 배수층 설치
② 배수구 등을 설치하여 지하수위 저하
③ 동결깊이 상부의 흙을 동결이 잘 되지 않는 재료로 치환
④ 모관수 상승을 차단하는 층을 두어 동상방지

5. 가설통로의 설치 시 준수사항 4가지를 쓰시오.

➡해답 ① 견고한 구조로 할 것
② 경사는 30° 이하로 할 것. 다만, 계단을 설치하거나 높이 2미터 미만의 가설통로로서 튼튼한 손잡이를 설치한 경우에는 그러하지 아니하다.
③ 경사가 15°를 초과하는 경우에는 미끄러지지 아니하는 구조로 할 것
④ 추락할 위험이 있는 장소에는 안전난간을 설치할 것. 다만, 작업상 부득이한 경우에는 필요한 부분만 임시로 해체할 수 있다.
⑤ 수직갱에 가설된 통로의 길이가 15m 이상인 경우에는 10m 이내마다 계단참을 설치할 것
⑥ 건설공사에 사용하는 높이 8m 이상인 비계다리에는 7m 이내마다 계단참을 설치할 것

6. 거푸집 동바리의 조립 또는 해체작업 시 준수사항 3가지를 쓰시오.

➡️**해답** ① 해당 작업을 하는 구역에는 관계 근로자가 아닌 사람의 출입을 금지할 것
② 비, 눈, 그 밖의 기상상태의 불안정으로 날씨가 몹시 나쁜 경우에는 그 작업을 중지할 것
③ 재료, 기구 또는 공구 등을 올리거나 내리는 경우에는 근로자로 하여금 달줄·달포대 등을 사용하도록 할 것
④ 낙하·충격에 의한 돌발적 재해를 방지하기 위하여 버팀목을 설치하고 거푸집 동바리 등을 인양장비에 매단 후에 작업을 하도록 하는 등 필요한 조치를 할 것

9. 구조물 안전을 위해 기초가 갖춰야 할 조건 3가지를 쓰시오.

➡️**해답** ① 상부하중을 안전하게 지지할 것
② 기초의 침하량이 허용치를 넘지 않을 것
③ 최소의 근입깊이를 가질 것
④ 시공이 경제적일 것

2006년 4회

1. 토공사 작업 시 확인해야 할 지하매설물의 종류 4가지를 쓰시오.

➡️**해답** ① 가스관
② 상·하수도관
③ 전기·통신 케이블관
④ 송유관
⑤ 인접건축물의 기초

3. 가로 폭이 긴 셔블(Shovel)계 기계로서 자갈, 모래, 흙 등을 트럭에 적재할 때 주로 사용하는 장비로서 굴착, 성토, 지면 고르기 작업에 이용되는 기계 종류는?

➡️**해답** 로더(Loader)

5. 흙막이 공사현장 주변지반의 침하원인 3가지를 쓰시오.

➡️**해답** ① 흙막이 배면의 토압에 의한 흙막이 변형으로 배면토 이동
② 지반의 지하수 배출로 인한 지하수위 저하로 압밀침하 발생
③ 흙막이 배면부 뒤채움 및 다짐 불량
④ 우수 및 지표수 유입
⑤ 흙막이 배면부 과재하중 적재
⑥ 히빙, 보일링 현상 발생

6. 동바리로 사용하는 파이프 받침 설치 시 준수사항으로 (   ) 안에 알맞은 것을 쓰시오.

(1) 파이프서포트는 (①)본 이상 이어서 사용하지 않는다.
(2) 높이 3.5m 초과일 때 높이 (②)m 이내마다 수평 연결재를 연결하여 연결재의 변위를 막는다.

➡️**해답** ① 3   ② 2

12. 구조안전의 위험이 큰 철골구조물과 같이 건립 중 강풍에 의한 풍압 등 외압에 대한 내력이 설계에 고려되어 있는지 확인하여야 하는 대상 5가지를 쓰시오.

➡️**해답** ① 높이 20m 이상의 구조물
② 구조물의 폭과 높이의 비가 1 : 4 이상인 구조물
③ 단면구조에 현저한 차이가 있는 구조물
④ 연면적당 철골량이 50kg/m² 이하인 구조물
⑤ 기둥이 타이플레이트(Tie Plate) 형인 구조물
⑥ 이음부가 현장용접인 구조물

13. 콘크리트 타설작업 시 준수사항 3가지를 쓰시오.

➡️**해답** 1. 당일의 작업을 시작하기 전에 해당 작업에 관한 거푸집 및 동바리의 변형·변위 및 지반의 침하 유무 등을 점검하고 이상이 있으면 보수할 것
2. 작업 중에는 감시자를 배치하는 등의 방법으로 거푸집 및 동바리의 변형·변위 및 침하 유무 등을 확인해야 하며, 이상이 있으면 작업을 중지하고 근로자를 대피시킬 것
3. 콘크리트 타설작업 시 거푸집 붕괴의 위험이 발생할 우려가 있으면 충분한 보강조치를 할 것
4. 설계도서상의 콘크리트 양생기간을 준수하여 거푸집 및 동바리를 해체할 것
5. 콘크리트를 타설하는 경우에는 편심이 발생하지 않도록 골고루 분산하여 타설할 것

14. 지중에 삭공을 사용하여 인장재를 삽입하고 그라우팅한 후 긴장 정착하여 구조물에 발생하는 토압, 수압 등의 외력에 저항하도록 하는 앵커공법은?

➠**해답** 어스앵커(Earth Anchor)공법

2007년 1회

2. NATM 공법의 터널공사에서 지질 및 지층에 관한 조사를 통해 확인할 사항 3가지를 쓰시오.

➠**해답** ① 시추(보링)위치　② 토층 분포상태　③ 투수계수
④ 지하수위　⑤ 지반의 지지력

3. 강 말뚝의 부식방지 대책 3가지를 쓰시오.

➠**해답** ① 콘크리트 피복에 의한 방법
② 도장에 의한 방법
③ 말뚝 두께를 증가하는 방법
④ 전기방식 방법

5. 흙막이 지보공의 정기점검사항 4가지를 쓰시오.

➠**해답** ① 부재의 손상·변형·부식·변위 및 탈락의 유무와 상태
② 버팀대의 긴압의 정도
③ 부재의 접속부·부착부 및 교차부의 상태
④ 침하의 정도

10. 콘크리트 비빔시험 종류 4가지를 쓰시오.

➠**해답** ① 블리딩시험　② 염화물량시험
③ 공기량시험　④ 슬럼프시험(Slump Test)

11. 굴착작업 전 지반의 검토 등 사전 조사사항을 쓰시오.

> **해답** ① 형상·지질 및 지층의 상태
> ② 균열·함수·용수 및 동결의 유무 또는 상태
> ③ 매설물 등의 유무 또는 상태
> ④ 지반의 지하수위 상태

14. 사질토 지반의 개량공법 3가지를 쓰시오.

> **해답** ① 진동다짐공법(Vibro Floatation) : 봉상진동기를 이용, 진동과 물다짐을 병용
> ② 동다짐(압밀)공법 : 무거운 추를 자유 낙하시켜 지반충격으로 다짐효과
> ③ 약액주입공법 : 지반 내 화학약액(LW, Bentonite, Hydro)을 주입하여 지반고결
> ④ 폭파다짐공법 : 인공지진을 발생시켜 모래지반을 다짐
> ⑤ 전기충격공법 : 지반 속에서 고압방전을 일으켜 발생하는 충격력으로 지반다짐
> ⑥ 모래다짐말뚝공법 : 충격, 진동, 타입에 의해 모래를 압입시켜 모래 말뚝을 형성하여 다짐에 의한 지지력을 향상

2007년 2회

1. 인력굴착방법에 의한 기초지반을 굴착하고자 한다. 지반의 종류별로 비탈면의 안전기울기를 쓰시오.

지반의 종류	굴착면의 기울기
모래	(①)
연암 및 풍화암	(②)
경암	(③)
그 밖의 흙	(④)

> **해답** ① 1 : 1.8   ② 1 : 1.0
> ③ 1 : 0.5   ④ 1 : 1.2

2. 시트파일 흙막이공사의 재해예방을 위한 유의사항 3가지를 쓰시오.

➡️해답 ① 토압의 분포 및 흙막이의 안전성 검토
② 히빙, 보일링, 파이핑 현상 방지
③ 지하수의 처리
④ 흙막이 배면지반 침하 방지
⑤ 뒷채움

3. 한중 또는 수중, 해수 등에서 긴급공사에 가장 적합한 시멘트는?

➡️해답 조강 포틀랜드 시멘트

4. 해체공사의 공법에 따라 발생하는 소음과 진동의 예방대책을 4가지 쓰시오.

➡️해답 ① 공기 압축기 등은 적당한 장소에 설치하여야 하며 장비의 소음 진동 기준은 관계법에서 정하는 바에 따라서 처리하여야 한다.
② 전도공법의 경우 전도물 규모를 작게 하여 중량을 최소화 하며, 전도 대상물의 높이도 되도록 작게 하여야 한다.
③ 철 해머공법의 경우 해머의 중량과 낙하높이를 가능한 한 낮게 하여야 한다.
④ 현장 내에서는 대형 부재로 해체하며 장외에서 잘게 파쇄하여야 한다.
⑤ 인접 건물에 피해를 줄이기 위해 방음, 방진 목적의 가시설을 설치하여야 한다.

7. 발파작업 시 관리감독자의 직무 6가지를 쓰시오.

➡️해답 ① 점화 전에 점화작업에 종사하는 근로자 외의 자의 대피를 지시하는 일
② 점화작업에 종사하는 근로자에 대하여 대피장소 및 경로를 지시하는 일
③ 점화 전에 위험구역 내에서 근로자가 대피한 것을 확인하는 일
④ 점화순서 및 방법에 대하여 지시하는 일
⑤ 점화신호하는 일
⑥ 점화작업에 종사하는 근로자에 대하여 대피신호를 하는 일
⑦ 발파 후 터지지 아니한 장약이나 남은 장약의 유무, 용수 유무 및 암석·토사의 낙하 유무 등을 점검하는 일
⑧ 점화하는 사람을 정하는 일
⑨ 공기압축기의 안전밸브 작동유무를 점검하는 일
⑩ 안전모 등 보호구의 착용상황을 감시하는 일

8. 동바리로 사용하는 파이프받침 설치 시 준수사항이다. 다음 (　)를 채우시오.

> (1) 파이프 받침을 (①)본 이상 이어서 사용하지 아니하도록 할 것
> (2) 파이프 받침을 이어서 사용할 때에는 (②)개 이상의 볼트 또는 전용철물을 사용하여 이을 것
> (3) 높이가 3.5미터를 초과할 때에는 2미터 이내마다 수평연결재를 (③)개 방향으로 만들고, 수평연결재의 변위를 방지할 것

➡해답 ① 3　　② 4　　③ 2

9. 강관비계의 벽이음 또는 버팀을 설치하는 간격을 답란의 빈칸에 쓰시오.

강관비계의 종류	조립간격(단위 : m)	
	수직방향	수평방향
단관비계	(①)	(②)
틀비계(높이가 5m 미만의 것을 제외한다)	(③)	(④)

➡해답 ① 5　　② 5　　③ 6　　④ 8

10. 달비계 또는 높이 5미터 이상의 비계를 조립, 해체하거나 변경하는 작업을 할 때 사업주로서 준수하여야 할 사항을 4가지만 쓰시오.

> **➡해답** ① 관리감독자의 지휘에 따라 작업하도록 할 것
> ② 조립·해체 또는 변경의 시기·범위 및 절차를 그 작업에 종사하는 근로자에게 주지시킬 것
> ③ 조립·해체 또는 변경 작업구역에는 해당 작업에 종사하는 근로자가 아닌 사람의 출입을 금지하고 그 내용을 보기 쉬운 장소에 게시할 것
> ④ 비, 눈, 그 밖의 기상상태의 불안정으로 날씨가 몹시 나쁜 경우에는 그 작업을 중지시킬 것
> ⑤ 비계재료의 연결·해체작업을 하는 경우에는 폭 20cm 이상의 발판을 설치하고 근로자로 하여금 안전대를 사용하도록 하는 등 추락을 방지하기 위한 조치를 할 것
> ⑥ 재료·기구 또는 공구 등을 올리거나 내리는 경우에는 근로자가 달줄 또는 달포대 등을 사용하게 할 것

11. 거푸집 및 동바리 시공 시 고려할 하중 3가지를 쓰시오.

➡해답 ① 연직방향하중 : 타설 콘크리트 고정하중, 타설 시 충격하중 및 작업원 등의 작업하중
② 횡방향하중 : 작업 시 진동, 충격, 풍압, 유수압, 지진 등
③ 콘크리트 측압 : 콘크리트가 거푸집을 안쪽에서 밀어내는 압력
④ 특수하중 : 시공 중 예상되는 특수한 하중(콘크리트 편심하중 등)

2007년 4회

2. 다음 (   ) 안에 알맞은 내용을 쓰시오.

(1) 낙하물 방지망 설치높이는 (①)미터 이내마다 설치하고 내민길이는 벽면으로부터
(②)미터 이상으로 할 것
(2) 수평면과의 각도는 (③)도 내지 (④)도를 유지할 것

➡해답 ① 10   ② 2   ③ 20   ④ 30

3. 감전 시 인체에 미치는 주된 영향인자 3가지를 쓰시오.

➡해답 ① 통전전류의 크기(가장 근본적인 원인이며 감전피해의 위험도에 가장 큰 영향을 미침)
② 통전시간
③ 통전경로
④ 전원의 종류(교류 또는 직류)
⑤ 주파수 및 파형
⑥ 전격인가위상(심장 맥동주기의 어느 위상(T파에서 가장 위험)에서의 통전 여부)
⑦ 기타 간접적으로는 인체저항과 전압의 크기 등이 관계함

6. 히빙(Heaving) 방지대책 3가지를 쓰시오.

➡해답 ① 흙막이벽 근입깊이 증가
② 흙막이벽 배면 지표의 상재하중을 제거
③ 지반굴착 시 흙이 느슨해지지 않도록 유의
④ 지반개량으로 하부지반 전단강도 개선
⑤ 강성이 큰 흙막이 공법 선정

11. 흙막이 지보공의 정기점검사항 3가지를 쓰시오.

➡해답) ① 부재의 손상·변형·부식·변위 및 탈락의 유무와 상태
② 버팀대의 긴압의 정도
③ 부재의 접속부·부착부 및 교차부의 상태
④ 침하의 정도

2008년 1회

9. 다음 중 히빙 현상의 뜻을 쓰시오.

➡해답) ① 정의 : 연약한 점토지반을 굴착할 때 흙막이 벽체 배면에 있는 흙의 중량이 굴착 바닥면의 흙의
중량보다 클 때 그 중량 차이로 인해 흙막이 벽체 배면의 흙이 안으로 밀려 들어와 굴착 바닥면이
부풀어 오르는 현상
② 방지대책
㉠ 흙막이벽 근입깊이 증가
㉡ 흙막이벽 배면 지표의 상재하중을 제거
㉢ 지반굴착 시 흙이 느슨해지지 않도록 유의
㉣ 지반개량으로 하부지반 전단강도 개선
㉤ 강성이 큰 흙막이 공법 선정

13. 양중기의 와이어로프 안전계수를 ( )에 넣으시오.

(1) 근로자가 탑승하는 운반구를 지지하는 경우 : (①) 이상
(2) 화물의 하중을 직접 지지하는 경우 : (②) 이상
(3) 위 사항 이외의 경우 : (③) 이상

➡해답) ① 10   ② 5   ③ 4

2008년 2회

1. 가설공사 시 사업주가 경사로를 설치, 사용함에 있어서 준수하여야 할 기준 4가지를 쓰시오.

해답 ① 시공하중 또는 폭풍, 진동 등 외력에 대하여 안전하도록 설계하여야 한다.
② 경사로는 항상 정비하고 안전통로를 확보하여야 한다.
③ 비탈면의 경사각은 30° 이내로 하고 미끄럼막이를 설치한다.
④ 경사로의 폭은 최소 90cm 이상이어야 한다.
⑤ 높이 7m 이내마다 계단참을 설치하여야 한다.
⑥ 추락방지용 안전난간을 설치하여야 한다.
⑦ 목재는 미송, 육송 또는 그 이상의 재질을 가진 것이어야 한다.
⑧ 경사로 지지기둥은 3m 이내마다 설치하여야 한다.
⑨ 발판은 폭 40cm 이상으로 하고, 틈은 3cm 이내로 설치하여야 한다.
⑩ 발판이 이탈하거나 한쪽 끝을 밟으면 다른 쪽이 들리지 않게 장선에 결속하여야 한다.
⑪ 결속용 못이나 철선이 발에 걸리지 않아야 한다.

3. 굴착공사 시 보일링(Boiling) 현상 방지대책 3가지를 쓰시오.

해답 ① 흙막이벽 근입깊이 증가
② 흙막이벽의 차수성 증대
③ 흙막이벽 배면지반 그라우팅 실시
④ 흙막이벽 배면지반 지하수위 저하

4. 산업안전보건법상 달비계 또는 높이 5m 이상의 비계를 조립, 해체하거나 변경하는 작업을 할 때 준수할 사항 4가지를 쓰시오.

해답 ① 관리감독자의 지휘에 따라 작업하도록 할 것
② 조립·해체 또는 변경의 시기·범위 및 절차를 그 작업에 종사하는 근로자에게 주지시킬 것
③ 조립·해체 또는 변경 작업구역에는 해당 작업에 종사하는 근로자가 아닌 사람의 출입을 금지하고 그 내용을 보기 쉬운 장소에 게시할 것
④ 비, 눈, 그 밖의 기상상태의 불안정으로 날씨가 몹시 나쁜 경우에는 그 작업을 중지시킬 것
⑤ 비계재료의 연결·해체작업을 하는 경우에는 폭 20cm 이상의 발판을 설치하고 근로자로 하여금 안전대를 사용하도록 하는 등 추락을 방지하기 위한 조치를 할 것
⑥ 재료·기구 또는 공구 등을 올리거나 내리는 경우에는 근로자가 달줄 또는 달포대 등을 사용하게 할 것

9. 연약한 지반에 하중을 가하여 흙을 압밀시키는 방법의 한 가지로 구조물 축조 장소에 사전 성토 하여 지반을 침하시켜 흙의 전단강도를 증가시킨 후 성토부분을 제거하는 공법명을 쓰시오.

➡해답 프리로딩공법(Pre-Loading)

12. 발파작업에 종사하는 근로자가 준수하여야 할 사항에 대한 설명이다. ( ) 안에 알맞은 내용을 넣으시오.

> (1) 전기뇌관에 의한 발파의 경우 점화하기 전에 화약류를 장전한 장소부터 (①)m 이상 떨어진 안전한 장소에서 전선에 대하여 저항측정 및 도통시험을 하고 그 결과를 기록·관리하도록 할 것
> (2) 전기뇌관에 의한 때에는 발파모선을 점화기에서 떼어 그 끝을 단락시켜 놓는 등 재 점화되지 아니하도록 조치하고 그때부터 (②)분 이상 경과한 후가 아니면 화약류의 장전장소에 접근시키지 아니하도록 할 것
> (3) 전기뇌관외의 것에 의한 때에는 점화한 때부터 (③)분 이상 경과한 후가 아니면 화약류의 장전장소에 접근시키지 아니하도록 할 것

➡해답 ① 30 ② 5 ③ 15

13. 산업안전보건법상 사업주가 터널지보공을 설치한 때에 붕괴 등의 위험을 방지하기 위하여 수시로 점검하여야 하며 이상을 발견한 때에는 즉시 보강하거나 보수하여야 할 기준 4가지를 쓰시오.

➡해답 ① 부재의 손상·변형·부식·변위 탈락의 유무 및 상태
② 부재의 긴압의 정도
③ 부재의 접속부 및 교차부의 상태
④ 기둥침하의 유무 및 상태

14. 깊이 10.5m 이상의 굴착의 경우 흙막이 구조의 안전을 예측하기 위해 설치하여야 하는 계측기기의 종류 4가지를 쓰시오.

➡해답 ① 지표침하계 : 흙막이벽 배면에 동결심도보다 깊게 설치하여 지표면 침하량 측정
② 지중경사계 : 흙막이벽 배면에 설치하여 토류벽의 기울어짐 측정
③ 하중계 : Strut, Earth Anchor에 설치하여 축하중 측정으로 부재의 안정성 여부 판단
④ 간극수압계 : 굴착, 성토에 의한 간극수압의 변화 측정
⑤ 균열측정기 : 인접구조물, 지반 등의 균열부위에 설치하여 균열크기와 변화측정

⑥ 변형계 : Strut, 띠장 등에 부착하여 굴착작업시 구조물의 변형을 측정
⑦ 지하수위계 : 굴착에 따른 지하수위 변동을 측정

2008년 4회

6. 굴착공사 작업 전 점검사항 3가지를 쓰시오.

해답 ① 형상·지질 및 지층의 상태
② 균열·함수·용수 및 동결의 유무 또는 상태
③ 매설물 등의 유무 또는 상태
④ 지반의 지하수위 상태

7. 발파작업 시 관리감독자의 유해·위험 방지업무 4가지를 쓰시오.

해답 ① 점화 전에 점화작업에 종사하는 근로자 외의 자의 대피를 지시하는 일
② 점화작업에 종사하는 근로자에 대하여 대피장소 및 경로를 지시하는 일
③ 점화 전에 위험구역 내에서 근로자가 대피한 것을 확인하는 일
④ 점화순서 및 방법에 대하여 지시하는 일
⑤ 점화신호하는 일
⑥ 점화작업에 종사하는 근로자에 대하여 대피신호를 하는 일
⑦ 발파 후 터지지 아니한 장약이나 남은 장약의 유무, 용수 유무 및 암석·토사의 낙하 유무 등을 점검하는 일
⑧ 점화하는 사람을 정하는 일
⑨ 공기압축기의 안전밸브 작동유무를 점검하는 일
⑩ 안전모 등 보호구의 착용상황을 감시하는 일

10. 히빙(Heaving) 현상의 정의와 방지대책 3가지를 쓰시오.

해답 ① 정의 : 연약한 점토지반을 굴착할 때 흙막이 벽체 배면에 있는 흙의 중량이 굴착 바닥면의 흙의 중량보다 클 때 그 중량 차로 인해 흙막이 벽체 배면의 흙이 안으로 밀려 들어와 굴착 바닥면이 부풀어 오르는 현상
② 방지대책
㉠ 흙막이벽 근입깊이 증가
㉡ 흙막이벽 배면 지표의 상재하중을 제거
㉢ 지반굴착 시 흙이 느슨해지지 않도록 유의
㉣ 지반개량으로 하부지반 전단강도 개선
㉤ 강성이 큰 흙막이 공법 선정

11. 사질토지반 개량공법의 종류 4가지를 쓰시오.

➡해답 ① 진동다짐공법(Vibro Floatation) : 봉상진동기를 이용, 진동과 물다짐을 병용
② 동다짐(압밀)공법 : 무거운 추를 자유 낙하시켜 지반충격으로 다짐효과
③ 약액주입공법 : 지반 내 화학약액(LW, Bentonite, Hydro)을 주입하여 지반고결
④ 폭파다짐공법 : 인공지진을 발생시켜 모래지반을 다짐
⑤ 전기충격공법 : 지반 속에서 고압방전을 일으켜 발생하는 충격력으로 지반다짐
⑥ 모래다짐말뚝공법 : 충격, 진동, 타입에 의해 모래를 압입시켜 모래 말뚝을 형성하여 다짐에 의한 지지력을 향상

13. 다음 보기를 보고 거푸집의 조립순서를 순서대로 나열하시오.

[보기]			
① 보	② 기둥	③ 슬래브	④ 벽

➡해답 ② 기둥 → ④ 벽 → ① 보 → ③ 슬래브

2009년 1회

5. 보일링(Boiling)을 방지하기 위한 대책을 4가지 쓰시오.

➡해답 ① 흙막이벽 근입깊이 증가
② 흙막이벽의 차수성 증대
③ 흙막이벽 배면지반 그라우팅 실시
④ 흙막이벽 배면지반 지하수위 저하

8. 거푸집 동바리의 조립도에 기록해야 할 내용을 쓰시오.

➡해답 ① 동바리, 멍에 등 부재의 재질
② 단면 규격
③ 설치 간격
④ 이음 방법

10. 철골작업을 중지해야 하는 기상상황 3가지를 쓰시오.

구분	내용
강풍	풍속 10m/sec 이상
강우	1시간당 강우량이 1mm 이상
강설	1시간당 강설량이 1cm 이상

11. 토석붕괴의 외적요인 4가지를 쓰시오.

① 사면, 법면의 경사 및 기울기의 증가
② 절토 및 성토 높이의 증가
③ 공사에 의한 진동 및 반복하중의 증가
④ 지표수 및 지하수의 침투에 의한 토사 중량의 증가
⑤ 지진, 차량 구조물의 하중작용
⑥ 토사 및 암석의 혼합층 두께

14. 추락방망의 그물코 간격은 몇 mm 이하여야 하는가?

그물코 간격은 100mm(10cm) 이하인 것을 사용한다.

2009년 2회

2. 안전난간대의 구성요소를 쓰시오.

상부난간대, 중간난간대, 발끝막이판 및 난간기둥으로 구성할 것

3. 강풍 시 내력을 설계에 반영해야 하는 철골구조물을 쓰시오.

① 높이 20m 이상의 구조물
② 구조물의 폭과 높이의 비가 1 : 4 이상인 구조물
③ 단면구조에 현저한 차이가 있는 구조물
④ 연면적당 철골량이 50kg/m² 이하인 구조물
⑤ 기둥이 타이플레이트(Tie Plate) 형인 구조물
⑥ 이음부가 현장용접인 구조물

9. 히빙(Heaving) 현상을 방지하기 위한 대책을 쓰시오.

> **해답** ① 흙막이벽 근입깊이 증가
> ② 흙막이벽 배면 지표의 상재하중을 제거
> ③ 지반굴착 시 흙이 느슨해지지 않도록 유의
> ④ 지반개량으로 하부지반 전단강도 개선
> ⑤ 강성이 큰 흙막이 공법 선정

2009년 4회

2. 히빙(Heaving)과 보일링(Boiling)을 방지하기 위한 대책을 4가지 쓰시오.

> **해답** ① 히빙 방지대책
> ㉠ 흙막이벽 근입깊이 증가
> ㉡ 흙막이벽 배면 지표의 상재하중을 제거
> ㉢ 지반굴착 시 흙이 느슨해지지 않도록 유의
> ㉣ 지반개량으로 하부지반 전단강도 개선
> ㉤ 강성이 큰 흙막이 공법 선정
> ② 보일링 방지대책
> ㉠ 흙막이벽 근입깊이 증가
> ㉡ 흙막이벽의 차수성 증대
> ㉢ 흙막이벽 배면지반 그라우팅 실시
> ㉣ 흙막이벽 배면지반 지하수위 저하

5. 암반사면의 보강공법인 락볼트(Rock Bolt)의 효과를 쓰시오.

> **해답** ① 지반의 강도증대 ② 굴착단면 보강
> ③ 지반변위 방지 ④ 지반의 봉합효과

6. 지반의 굴착작업 중 중앙부분을 먼저 굴착하고 주변부를 굴착하는 공법명을 쓰시오.

> **해답** 아일랜드 컷(Island Cut) 공법
> 중앙 부분을 먼저 굴착하여 기초를 시공하고, 기초에 경사지게 버팀대를 설치하여 지지한 상태에서 주변부를 굴착하는 방식

9. 흙의 동상현상 방지대책을 기술하시오.

➡해답 ① 동결심도 아래에 배수층 설치
② 배수구 등을 설치하여 지하수위 저하
③ 동결깊이 상부의 흙을 동결이 잘 되지 않는 재료로 치환
④ 모관수 상승을 차단하는 층을 두어 동상방지

13. 말뚝항타 시 발생할 수 있는 부마찰력의 원인을 쓰시오.

➡해답 ① 말뚝 주변의 연약지반
② 지반의 침하 발생
③ 지하수위의 저하
④ 성토층의 압밀
⑤ 말뚝의 진동으로 인한 지반교란

2010년 1회

2. 비, 눈 그 밖의 기상상태 불안정으로 날씨가 몹시 나빠서 작업중지 후 비계의 재작업 시작 전 점검해야 할 사항을 3가지 쓰시오.

➡해답 ① 발판재료의 손상 여부 및 부착 또는 걸림상태
② 해당 비계의 연결부 또는 접속부의 풀림상태
③ 연결재료 및 연결철물의 손상 또는 부식상태
④ 손잡이의 탈락 여부
⑤ 기둥의 침하·변형·변위 또는 흔들림 상태
⑥ 로프의 부착상태 및 매단 장치의 흔들림 상태

3. 토공사 작업 전 해야 할 지반 조사사항을 쓰시오.

➡해답 ① 형상·지질 및 지층의 상태
② 균열·함수·용수 및 동결의 유무 또는 상태
③ 매설물 등의 유무 또는 상태
④ 지반의 지하수위 상태

5. 철골구조물 내력 검토사항을 3가지 쓰시오.

▶해답 ① 높이 20m 이상의 구조물
② 구조물의 폭과 높이의 비가 1 : 4 이상인 구조물
③ 단면구조에 현저한 차이가 있는 구조물
④ 연면적당 철골량이 50kg/m² 이하인 구조물
⑤ 기둥이 타이플레이트(Tie Plate) 형인 구조물
⑥ 이음부가 현장용접인 구조물

14. 어스앵커(Earth Anchor) 공법을 정의하시오.

▶해답 지중에 삭공을 사용하여 인장재를 삽입하고 그라우팅한 후 긴장 정착하여 구조물에 발생하는 토압, 수압 등의 외력에 저항하도록 하는 앵커공법

2010년 2회

1. 말비계의 조립·사용 시 준수사항을 3가지 쓰시오.

▶해답 ① 지주부재의 하단에는 미끄럼 방지장치를 하고, 양측 끝부분에 올라서서 작업하지 아니하도록 할 것
② 지주부재와 수평면과의 기울기를 75° 이하로 하고, 지주부재와 지주부재 사이를 고정시키는 보조부재를 설치할 것
③ 말비계의 높이가 2m를 초과할 경우에는 작업발판의 폭을 40cm 이상으로 할 것

2. 와이어로프의 사용금지 기준을 4가지 쓰시오.

▶해답 ① 이음매가 있는 것
② 와이어로프의 한 꼬임(스트랜드)에서 끊어진 소선(素線, 필러(pillar)선은 제외)의 수가 10% 이상(비자전로프의 경우에는 끊어진 소선의 수가 와이어로프 호칭지름의 6배 길이 이내에서 4개 이상이거나 호칭지름 30배 길이 이내에서 8개 이상)인 것
③ 지름의 감소가 공칭지름의 7%를 초과하는 것
④ 꼬인 것
⑤ 심하게 변형 또는 부식된 것
⑥ 열과 전기충격에 의해 손상된 것

3. 인력굴착 작업 시 준수해야 할 사항을 3가지 쓰시오.

> **➡해답** ① 지반의 종류에 따라서 정해진 굴착면의 높이와 기울기로 진행
> ② 굴착 토사나 자재 등을 경사면 및 토류벽 천단부 주변에 쌓아두어서는 안 된다.
> ③ 용수 등의 유입수가 있는 경우 반드시 배수 시설을 한 뒤에 작업진행
> ④ 상·하부 동시작업은 원칙적으로 금지하여야 하나 부득이한 경우 견고한 낙하물 방호시설 설치, 부석 제거, 불필요한 기계 등의 방치금지, 신호수 및 담당자 배치 후 작업
> ⑤ 제3자가 근처를 통행할 가능성이 있는 경우는 가설방책 등 안전시설과 안전표지판을 설치해야 한다.

5. 근로자의 추락위험 방호조치를 3가지 쓰시오.

> **➡해답** ① 안전난간 설치
> ② 울 및 손잡이 설치
> ③ 덮개 설치를 설치하는 경우 뒤집히거나 떨어지지 않도록 할 것
> ④ 추락방호망 설치
> ⑤ 안전대 착용
> ⑥ 어두운 장소에서도 알아볼 수 있도록 개구부임을 표시

12. 터널 건설공사 등 낙반의 위험이 있는 곳에서 작업 시 조치사항을 쓰시오.

> **➡해답** ① 터널지보공 설치   ② 록볼트 설치
> ③ 부석의 제거   ④ 방호망 설치

13. 히빙(Heaving) 현상을 정의하시오.

> **➡해답** ① 정의 : 연약한 점토지반을 굴착할 때 흙막이 벽체 배면에 있는 흙의 중량이 굴착 바닥면의 흙의 중량보다 클 때 그 중량 차이로 인해 흙막이 벽체 배면의 흙이 안으로 밀려 들어와 굴착 바닥면이 부풀어 오르는 현상
> ② 방지대책
>   ㉠ 흙막이벽 근입깊이 증가
>   ㉡ 흙막이벽 배면 지표의 상재하중을 제거
>   ㉢ 지반굴착 시 흙이 느슨해지지 않도록 유의
>   ㉣ 지반개량으로 하부지반 전단강도 개선
>   ㉤ 강성이 큰 흙막이 공법 선정

2010년 4회

1. 흙막이벽 공법에 대한 다음 질문에 답하시오.

> 가) 흙막이벽 개굴착 공법으로 굴착부 주위에 흙막이벽을 타입하고 버팀대를 대신하여 흙막이벽 배면의 지중에 앵커체를 설치하여 인장력을 주어 지지하는 공법은?
> 나) 지하의 굴착과 병행하여 지상의 기둥, 보 등의 구조를 축조하는 방법으로 지하연속벽을 흙막이벽으로 하여 굴착하면서 구조체를 형성해가는 공법은?

➡해답 가) 어스앵커(Earth Anchor) 공법
　　　 나) 탑다운(Top-Down) 공법

11. 프리스트레스(Prestress) 도입 즉시 손실원인을 2가지 쓰시오.

➡해답 ① 콘크리트의 탄성수축에 의한 손실
　　　 ② 쉬스관과 PC강재와의 마찰에 의한 손실
　　　 ③ 정착 장치에서 긴장재의 활동으로 인한 손실

14. 굴착공사 전 토질조사 사항 4가지를 쓰시오.

➡해답 ① 형상·지질 및 지층의 상태
　　　 ② 균열·함수·용수 및 동결의 유무 또는 상태
　　　 ③ 매설물 등의 유무 또는 상태
　　　 ④ 지반의 지하수위 상태

2011년 1회

3. 달비계(곤돌라의 달비계를 제외)의 안전계수를 쓰시오.

> (1) 달기 와이어로프 및 달기 강선의 안전계수는 (①) 이상
> (2) 달기 체인 및 달기 훅의 안전계수는 (②) 이상

➡해답 ① 10　② 5

13. NATM 공법에 있어서 락볼트(Rock Bolt) 설치 시의 주요 효과 4가지를 쓰시오.

➡해답 ① 지반의 강도증대
② 굴착단면 보강
③ 지반변위 방지
④ 지반의 봉합효과

2011년 2회

1. 철골구조의 외압에 의한 내력검토사항을 쓰시오.

➡해답 ① 높이 20m 이상의 구조물
② 구조물의 폭과 높이의 비가 1 : 4 이상인 구조물
③ 단면구조에 현저한 차이가 있는 구조물
④ 연면적당 철골량이 50kg/m² 이하인 구조물
⑤ 기둥이 타이플레이트(Tie Plate) 형인 구조물
⑥ 이음부가 현장용접인 구조물

2. 안전난간지침에 관한 사항을 쓰시오.

➡해답 ① 상부난간대·중간난간대·발끝막이판 및 난간기둥으로 구성할 것
② 상부 난간대는 바닥면·발판 또는 경사로의 표면(이하 "바닥면 등"이라 한다)으로부터 90cm 이상 지점에 설치하고, 상부 난간대를 120cm 이하에 설치하는 경우에는 중간 난간대는 상부 난간대와 바닥면 등의 중간에 설치하여야 하며, 120cm 이상 지점에 설치하는 경우에는 중간 난간대를 2단 이상으로 균등하게 설치하고 난간의 상하 간격은 60cm 이하가 되도록 할 것
③ 발끝막이판은 바닥면 등으로부터 10cm 이상의 높이를 유지할 것
④ 난간기둥은 상부난간대와 중간난간대를 견고하게 떠받칠 수 있도록 적정간격을 유지할 것
⑤ 상부난간대와 중간난간대는 난간길이 전체에 걸쳐 바닥면 등과 평행을 유지할 것
⑥ 난간대는 지름 2.7cm 이상의 금속제 파이프나 그 이상의 강도를 가진 재료일 것
⑦ 안전난간은 구조적으로 가장 취약한 지점에서 가장 취약한 방향으로 작용하는 100kg 이상의 하중에 견딜 수 있는 튼튼한 구조일 것

3. 달비계 또는 높이 5m 이상의 비계를 조립, 해체하거나 변경작업을 할 때에 사업주로서 준수하여야 할 사항을 3가지만 쓰시오.

> **해답** ① 관리감독자의 지휘에 따라 작업하도록 할 것
> ② 조립·해체 또는 변경의 시기·범위 및 절차를 그 작업에 종사하는 근로자에게 주지시킬 것
> ③ 조립·해체 또는 변경 작업구역에는 해당 작업에 종사하는 근로자가 아닌 사람의 출입을 금지하고 그 내용을 보기 쉬운 장소에 게시할 것
> ④ 비, 눈, 그 밖의 기상상태의 불안정으로 날씨가 몹시 나쁜 경우에는 그 작업을 중지시킬 것
> ⑤ 비계재료의 연결·해체작업을 하는 경우에는 폭 20cm 이상의 발판을 설치하고 근로자로 하여금 안전대를 사용하도록 하는 등 추락을 방지하기 위한 조치를 할 것
> ⑥ 재료·기구 또는 공구 등을 올리거나 내리는 경우에는 근로자가 달줄 또는 달포대 등을 사용하게 할 것

4. 고소작업대 작업 시 준수사항을 쓰시오.

> **해답** ① 작업자가 안전모·안전대 등의 보호구를 착용하도록 할 것
> ② 관계자가 아닌 사람이 작업구역에 들어오는 것을 방지하기 위하여 필요한 조치를 할 것
> ③ 안전한 작업을 위하여 적정수준의 조도를 유지할 것
> ④ 전로에 근접하여 작업을 하는 경우에는 작업감시자를 배치하는 등 감전사고를 방지하기 위하여 필요한 조치를 할 것
> ⑤ 작업대를 정기적으로 점검하고 붐·작업대 등 각 부위의 이상 유무를 확인할 것
> ⑥ 전환스위치는 다른 물체를 이용하여 고정하지 말 것
> ⑦ 작업대는 정격하중을 초과하여 물건을 싣거나 탑승하지 말 것
> ⑧ 작업대의 붐대를 상승시킨 상태에서 탑승자는 작업대를 벗어나지 말 것. 다만, 작업대에 안전대 부착설비를 설치하고 안전대를 연결하였을 때에는 그러하지 아니하다.

5. 작업발판과 거푸집이 일체화된 거푸집의 종류 3가지를 쓰시오.

> **해답** ① 슬라이딩 폼
> ② 갱폼
> ③ 클라이밍 폼
> ④ A.C.S 폼

2011년 4회

3. 고소작업대 이용 시 준수사항 2가지를 쓰시오.

> **해답** ① 작업자가 안전모·안전대 등의 보호구를 착용하도록 할 것
> ② 관계자가 아닌 사람이 작업구역에 들어오는 것을 방지하기 위하여 필요한 조치를 할 것
> ③ 안전한 작업을 위하여 적정수준의 조도를 유지할 것
> ④ 전로에 근접하여 작업을 하는 경우에는 작업감시자를 배치하는 등 감전사고를 방지하기 위하여 필요한 조치를 할 것
> ⑤ 작업대를 정기적으로 점검하고 붐·작업대 등 각 부위의 이상 유무를 확인할 것
> ⑥ 전환스위치는 다른 물체를 이용하여 고정하지 말 것
> ⑦ 작업대는 정격하중을 초과하여 물건을 싣거나 탑승하지 말 것
> ⑧ 작업대의 붐대를 상승시킨 상태에서 탑승자는 작업대를 벗어나지 말 것. 다만, 작업대에 안전대 부착설비를 설치하고 안전대를 연결하였을 때에는 그러하지 아니하다.

4. 굴착공사 시 히빙(Heaving)의 원인 3가지를 쓰시오.

> **해답** ① 흙막이 배면의 흙과 굴착저면의 흙의 중량 차이
> ② 굴착저면 하부의 피압수
> ③ 흙막이벽의 근입장 깊이 부족
> ④ 흙막이 배면의 지하수

5. 산업안전보건법에 따라 시스템 비계를 사용하여 비계를 구성하는 경우 준수해야 하는 3가지를 쓰시오.

> **해답** ① 수직재·수평재·가새재를 견고하게 연결하는 구조가 되도록 할 것
> ② 비계 밑단의 수직재와 받침철물은 밀착되도록 설치하고, 수직재와 받침철물의 연결부의 겹침길이는 받침철물 전체길이의 3분의 1 이상이 되도록 할 것
> ③ 수평재는 수직재와 직각으로 설치하여야 하며, 체결 후 흔들림이 없도록 견고하게 설치할 것
> ④ 수직재와 수직재의 연결철물은 이탈되지 않도록 견고한 구조로 할 것
> ⑤ 벽 연결재의 설치간격은 제조사가 정한 기준에 따라 설치할 것

8. 산업안전보건법에 따라 달기 체인의 사용금지 기준 2가지를 쓰시오.

> ➡해답 ① 달기 체인의 길이가 달기 체인이 제조된 때의 길이의 5퍼센트를 초과한 것
> ② 링의 단면지름이 달기 체인이 제조된 때의 해당 링의 지름의 10퍼센트를 초과하여 감소한 것
> ③ 균열이 있거나 심하게 변형된 것

10. 거푸집 검토 시 콘크리트 측압에 대한 설명으로 틀린 것 2가지를 고르시오.

(1) 외기온도가 낮을수록 측압은 작아진다.
(2) 진동기를 사용하여 다질수록 측압은 커진다.
(3) 슬럼프치가 큰 콘크리트일수록 측압이 크다.
(4) 배근된 철근량이 많으면 측압은 커진다.

> ➡해답 (1) 외기온도가 낮을수록 측압은 커진다.
> (4) 배근된 철근량이 많으면 측압이 작아진다.

2012년 1회

4. 지게차를 이용한 작업 시 작업시작 전 점검사항 3가지를 쓰시오.

> ➡해답 ① 제동장치 및 조종장치 기능의 이상 유무
> ② 하역장치 및 유압장치 기능의 이상 유무
> ③ 바퀴의 이상 유무
> ④ 전조등·후미등·방향지시기 및 경보장치 기능의 이상 유무

5. 달비계 작업 시 최대하중을 정함에 있어 다음 보기의 안전계수를 쓰시오.

(1) 달기 와이어로프 및 달기 강선의 안전계수 : (①) 이상
(2) 달기 체인 및 달기 훅의 안전계수 : (②) 이상
(3) 달기 강대와 달비계의 하부 및 상부지점의 안전계수 : 강재의 경우 (③) 이상, 목재의 경우 (④) 이상

> ➡해답 ① 10   ② 5   ③ 2.5   ④ 5

7. 작업발판 및 통로의 끝이나 개구부 주변에서 작업 시 추락방지조치 3가지를 쓰시오.

→해답 ① 안전난간 설치
② 울타리 설치
③ 추락방호망의 설치
④ 근로자에게 안전대를 착용하도록 함

8. 터널 건설작업 중 낙반 등에 의하여 근로자에게 위험을 미칠 우려가 있을 때 조치할 수 있는 사항을 3가지 쓰시오.

→해답 ① 터널지보공 설치
② 록볼트 설치
③ 부석의 제거
④ 방호망 설치

13. 다음은 가설통로에 대한 설치 기준이다. ( ) 안을 채우시오.

(가) 경사는 일반적으로 (①)도 이하로 하고, 경사가 (②)도를 초과할 때는 미끄러지지 않는 구조로 한다.
(나) 수직갱에 가설된 통로의 길이가 15m 이상인 때에는 (③)m 이내마다 계단참을 설치하고, 건설공사에 사용하는 높이 8m 이상인 비계다리에는 (④)m 이내마다 계단참을 설치한다.

→해답 ① 30 ② 15 ③ 10 ④ 7

2012년 2회

12. NATM 공법의 터널공사에서 지질 및 지층에 관한 조사를 통해 확인할 사항 3가지를 쓰시오.

→해답 ① 시추(보링)위치
② 토층 분포상태
③ 투수계수
④ 지하수위
⑤ 지반의 지지력

13. 양중기의 와이어로프 안전계수를 ( )에 넣으시오.

> (1) 근로자가 탑승하는 운반구를 지지하는 경우 : (①) 이상
> (2) 화물의 하중을 직접 지지하는 경우 : (②) 이상
> (3) 위 사항 이외의 경우 : (③) 이상

➡해답 ① 10 ② 5 ③ 4

14. 갱폼의 조립·해체 및 이동작업 시 준수사항을 4가지 쓰시오.

➡해답 ① 조립등의 범위 및 작업절차를 미리 그 작업에 종사하는 근로자에게 주지시킬 것
② 근로자가 안전하게 구조물 내부에서 갱 폼의 작업발판으로 출입할 수 있는 이동통로를 설치할 것
③ 갱 폼의 지지 또는 고정철물의 이상 유무를 수시점검하고 이상이 발견된 경우에는 교체하도록할 것
④ 갱 폼을 조립하거나 해체하는 경우에는 갱폼을 인양장비에 매단 후에 작업을 실시하도록 하고, 인양장비에 매달기 전에 지지 또는 고정철물을 미리 해체하지 않도록 할 것
⑤ 갱 폼 인양 시 작업발판용 케이지에 근로자가 탑승한 상태에서 갱폼의 인양작업을 하지 아니할 것

2012년 4회

4. 구조안전의 위험이 큰 철골구조물과 같이 건립 중 강풍에 의한 풍압 등 외압에 대한 내력이 설계에 고려되어 있는지 확인하여야 하는 대상 5가지를 쓰시오.

➡해답 ① 높이 20m 이상의 구조물
② 구조물의 폭과 높이의 비가 1:4 이상인 구조물
③ 단면구조에 현저한 차이가 있는 구조물
④ 연면적당 철골량이 50kg/m² 이하인 구조물
⑤ 기둥이 타이플레이트(Tie Plate) 형인 구조물
⑥ 이음부가 현장용접인 구조물

5. 계단 및 계단참의 설치기준이다. 빈칸을 채우시오.

> (1) 계단 및 계단참을 설치하는 때에는 (①) 이상의 하중에 견딜 수 있는 강도를 가진 구조
> (2) 높이가 3m를 초과하는 계단에는 높이 (②) 이내마다 너비 (③) 이상의 계단참을 설치
> (3) 바닥 면으로부터 높이 (④) 이내의 공간에 장애물이 없도록 할 것

➡해답 ① 500kg/m² ② 3m ③ 1.2m ④ 2m

10. 터널공사(NATM 공법) 중 안전성 확보를 위한 계측 항목을 4가지 쓰시오.

➡해답 ① 터널내 육안조사
② 내공변위 측정
③ 천단침하 측정
④ 숏크리트 응력측정
⑤ 록 볼트 축력측정
⑥ 지중변위 측정
⑦ 지중침하 측정
⑧ 지중수평변위 측정
⑨ 지하수위 측정
⑩ 지표면 침하측정

2013년 1회

5. 비, 눈 그 밖의 기상상태 불안정으로 날씨가 몹시 나빠서 작업중지 후 비계의 재작업 시작 전 점검해야 할 사항을 3가지 쓰시오.

➡해답 ① 발판재료의 손상 여부 및 부착 또는 걸림상태
② 해당 비계의 연결부 또는 접속부의 풀림상태
③ 연결재료 및 연결철물의 손상 또는 부식상태
④ 손잡이의 탈락 여부
⑤ 기둥의 침하·변형·변위 또는 흔들림 상태
⑥ 로프의 부착상태 및 매단 장치의 흔들림 상태

7. 교량건설 공법 중 PGM과 PSM의 차이점을 쓰시오.

> **해답** ① PGM(Precast Girder Method) : 교량 거더(Girder)를 한 경간 길이로 제작장에서 제작한 후 현장으로 운반하여 현장조립
> ② PSM(Precast Segment Method) : 교량 상부구조물을 세그먼트(Segment) 단위로 현장에서 제작하여 현장조립

8. 흙막이 공법의 종류를 다음과 같이 구분하여 각각 3가지씩 쓰시오.

> (1) 지지 방식에 의한 분류
> (2) 구조 방식에 의한 분류

> **해답** (1) 자립식, 버팀대식, 어스앵커식
> (2) H-Pile 공법, 강관널말뚝 공법, 슬러리 월(Slurry Wall) 공법

9. 달비계 또는 높이 5m 이상의 비계를 조립·해체 하거나 변경하는 작업에 있어 관리감독자의 직무수행내용을 4가지 쓰시오.

> **해답** ① 재료의 결함 유무를 점검하고 불량품을 제거하는 일
> ② 기구·공구·안전대 및 안전모 등의 기능을 점검하고 불량품을 제거하는 일
> ③ 작업방법 및 근로자 배치를 결정하고 작업 진행 상태를 감시하는 일
> ④ 안전대와 안전모 등의 착용 상황을 감시하는 일

10. 철골구조의 외압에 의한 내력검토사항을 쓰시오.

> **해답** ① 높이 20m 이상의 구조물
> ② 구조물의 폭과 높이의 비가 1 : 4 이상인 구조물
> ③ 단면구조에 현저한 차이가 있는 구조물
> ④ 연면적당 철골량이 50kg/m² 이하인 구조물
> ⑤ 기둥이 타이플레이트(Tie Plate) 형인 구조물
> ⑥ 이음부가 현장용접인 구조물

11. 건설현장에서 사용하는 지게차를 이용한 작업 시 작업시작 전 점검사항 3가지를 쓰시오

▶해답 ① 제동장치 및 조종장치 기능의 이상 유무
② 하역장치 및 유압장치 기능의 이상 유무
③ 바퀴의 이상 유무
④ 전조등·후미등·방향지시기 및 경보장치 기능의 이상 유무

13. 통나무 비계를 조립하는 경우 준수사항이다. 다음 빈칸을 채우시오.

(1) 비계기둥의 간격은(①)m 이하로 하고 지상으로부터 첫 번째 띠장은 (②)m 이하의 위치에 설치
(2) 비계기둥의 이음이 겹침 이음인 경우에는 이음 부분에서 (③)m 이상을 서로 겹쳐서 두 군데 이상을 묶는다.
(3) 통나무 비계는 지상높이 4층 이하 또는 (④)m 이하인 건축물·공작물 등의 건조·해체 및 조립 등의 작업에만 사용할 수 있다.

▶해답 ① 2.5   ② 3   ③ 1   ④ 12

Subject 03

안전기준

실기 2차 필답형

Engineer Construction Safety

제1장 건설안전 관련법규

① 산업안전보건법

1. 안전보건관리체계

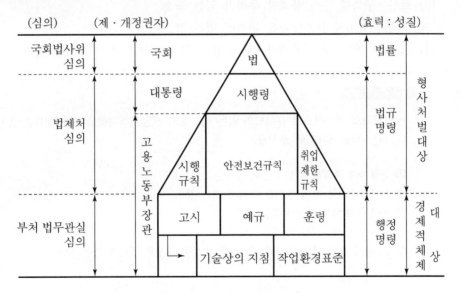

[산업안전보건법령의 체계]

2. 안전조치

1) 재해를 예방하기 위하여 필요한 조치를 하여야 하는 위험의 종류

   (1) 기계·기구, 그 밖의 설비에 의한 위험

   (2) 폭발성, 발화성 및 인화성 물질 등에 의한 위험

   (3) 전기, 열, 그 밖의 에너지에 의한 위험

2) 재해를 방지하기 위하여 필요한 조치를 하여야 하는 작업의 종류

   (1) 굴착작업   (2) 채석작업

   (3) 하역작업   (4) 벌목작업

   (5) 운송작업   (6) 조작작업

   (7) 운반작업   (8) 해체작업

   (9) 중량물 취급작업   (10) 그 밖의 작업

3) **재해를 방지하기 위하여 필요한 조치를 하여야 하는 장소**

   (1) 근로자가 추락할 위험이 있는 장소

   (2) 토사·구축물 등이 붕괴할 우려가 있는 장소

   (3) 물체가 떨어지거나 날아올 위험이 있는 장소

   (4) 그 밖에 작업 시 천재지변으로 인한 위험이 발생할 우려가 있는 장소

> **◉ Key Point**
>
> 산업재해의 위험장소로 규정되어 있는 장소로서 산업재해예방을 위한 필요한 조치를 취해야 하는 장소 5가지를 쓰시오.
>
> ① 근로자가 추락할 위험이 있는 장소
> ② 토사·구축물 등이 붕괴할 우려가 있는 장소
> ③ 물체가 떨어질 위험이 있는 장소
> ④ 물체가 날아올 위험이 있는 장소
> ⑤ 그 밖에 작업 시 천재지변으로 인한 위험이 발생할 우려가 있는 장소

3. 안전검사

   (1) 유해하거나 위험한 기계·기구·설비로서 대통령령으로 정하는 것(이하 "유해·위험기계 등"이라 한다)을 사용하는 사업주는 유해·위험기계 등의 안전에 관한 성능이 고용노동부장관이 정하여 고시하는 검사 기준에 맞는지에 대하여 고용노동부장관이 실시하는 검사(이하 "안전검사"라 한다)를 받아야 한다. 다만, 고용노동부령으로 정하는 다른 법령에서 안전성에 관한 검사나 인증을 받은 경우에는 안전검사를 면제할 수 있다.

(2) 다음 각 호의 어느 하나에 해당하는 유해·위험기계 등은 사용하여서는 아니 된다.

① 안전검사를 받지 아니한 유해·위험기계 등(제1항 단서에 따라 안전검사가 면제되는 경우는 제외한다)

② 안전검사에 불합격한 유해·위험기계 등

(3) 안전검사의 신청, 검사 주기 및 검사합격 표시방법에 관하여 필요한 사항은 고용노동부령으로 정한다. 이 경우 검사 주기는 유해·위험기계 등의 종류, 사용연한 및 위험성을 고려하여 정한다.

4. 유해·위험방지계획서

1) 유해·위험방지계획서의 작성·제출 등

(1) 대통령령으로 정하는 업종 및 규모에 해당하는 사업의 사업주는 해당 제품생산 공정과 직접적으로 관련된 건설물·기계·기구 및 설비 등 일체를 설치·이전하거나 그 주요 구조부분을 변경할 때에는 이 법 또는 이 법에 따른 명령에서 정하는 유해·위험방지사항에 관한 계획서(이하 "유해·위험방지계획서"라 한다)를 작성하여 고용노동부령으로 정하는 바에 따라 고용노동부장관에게 제출하여야 한다.

(2) 기계·기구 및 설비 등으로서 다음 각 호의 어느 하나에 해당하는 것으로서 고용노동부령으로 정하는 것을 설치·이전하거나 그 주요 구조부분을 변경하려는 사업주에 대하여는 제1항을 준용한다.

① 유해하거나 위험한 작업을 필요로 하는 것

② 유해하거나 위험한 장소에서 사용하는 것

③ 건강장해를 방지하기 위하여 사용하는 것

---

2 **산업안전보건법 시행령**

1. 안전관리자의 선임(산업안전보건법 시행령 제16조)

1) 전담 안전관리자 선임대상 공사금액

(1) 공사금액이 120억 원 이상이거나 상시근로자 300명 이상 사업장(건축공사업)

(2) 공사금액이 150억 원 이상이거나 상시근로자 300명 이상 사업장(토목공사업)

2) 안전관리자의 수

(1) 공사금액 800억 원 이상 또는 상시 근로자 600명 이상인 경우 : 2명

(2) 공사금액 800억 원을 기준으로 700억 원이 증가할 때마다 또는 상시 근로자 600명을 기준으로 300명이 추가될 때마다 1명씩 추가

2. 안전인증대상 기계ㆍ기구(산업안전보건법 시행령 제74조)

1) 종류

(1) **기계ㆍ기구 및 설비**

① 프레스

② 전단기(剪斷機) 및 절곡기(折曲機)

③ 크레인

④ 리프트

⑤ 압력용기

⑥ 롤러기

⑦ 사출성형기(射出成形機)

⑧ 고소(高所) 작업대

⑨ 곤돌라

(2) **방호장치**

① 프레스 및 전단기 방호장치

② 양중기용(揚重機用) 과부하방지장치

③ 보일러 압력방출용 안전밸브

④ 압력용기 압력방출용 안전밸브

⑤ 압력용기 압력방출용 파열판

⑥ 절연용 방호구 및 활선작업용(活線作業用) 기구

⑦ 방폭구조(防爆構造) 전기기계ㆍ기구 및 부품

⑧ 추락ㆍ낙하 및 붕괴 등의 위험 방지 및 보호에 필요한 가설기자재로서 고용노동부 장관이 정하여 고시하는 것

(3) **보호구**

① 추락 및 감전 위험방지용 안전모

② 안전화

③ 안전장갑

④ 방진마스크

⑤ 방독마스크

⑥ 송기마스크

⑦ 전동식 호흡보호구

⑧ 보호복

⑨ 안전대

⑩ 차광(遮光) 및 비산물(飛散物) 위험방지용 보안경

⑪ 용접용 보안면

⑫ 방음용 귀마개 또는 귀덮개

3. 자율안전확인대상 기계ㆍ기구(산업안전보건법 시행령 제77조)

1) 종류(기계ㆍ기구 및 설비)

(1) 연삭기 또는 연마기(휴대형은 제외한다)

(2) 산업용 로봇

(3) 혼합기

(4) 파쇄기 또는 분쇄기

(5) 식품가공용기계(파쇄ㆍ절단ㆍ혼합ㆍ제면기만 해당한다)

(6) 컨베이어

(7) 자동차정비용 리프트

(8) 공작기계(선반, 드릴기, 평삭ㆍ형삭기, 밀링만 해당한다)

(9) 고정형 목재가공용기계(둥근톱, 대패, 루타기, 띠톱, 모떼기 기계만 해당한다)

(10) 인쇄기

Key Point

안전인증 대상 기계ㆍ기구 5가지를 쓰시오.

프레스, 전단기, 크레인, 리프트, 압력용기, 롤러기, 사출성형기, 고소작업대

3 산업안전보건법 시행규칙

1. 산업안전보건관리비의 사용(산업안전보건법 시행규칙 제89조)

1) 정의

건설사업장과 건설업체 본사 안전전담부서에서 산업재해의 예방을 위하여 법령에 규정된 사항의 이행에 필요한 비용으로 **안전관리비 대상액은 공사원가계산서 구성항목 중 직접재료비, 간접재료비와 직접노무비를 합한 금액(발주자가 재료를 제공할 경우에는 해당 재료비를 포함한 금액)**

2) 계상기준

(1) 대상액이 5억 원 미만 또는 50억 원 이상일 경우

대상액 × 계상기준표의 비율(%)

(2) 대상액이 5억 원 이상 50억 원 미만일 경우

대상액 × 계상기준표의 비율(X)＋기초액(C)

(3) 대상액이 구분되어 있지 않은 경우

도급계약 또는 자체사업계획상의 총공사금액의 70%를 대상액으로 하여 안전관리비를 계상

(4) 발주자가 재료를 제공하거나 물품이 완제품의 형태로 제작 또는 납품되어 설치되는 경우

① 해당 금액을 대상액에 포함시킬 때의 안전관리비는 ② 해당 금액을 포함시키지 않은 대상액을 기준으로 계상한 안전관리비의 1.2배를 초과할 수 없다. 즉, ①과 ②를 비교하여 적은 값으로 계상

〈공사종류 및 규모별 안전관리비 계상기준표〉

공사종류 \ 구분	대상액 5억 원 미만인 경우 적용 비율(%)	대상액 5억 원 이상 50억 원 미만인 경우 적용비율(%)	기초액	대상액 50억 원 이상인 경우 적용 비율(%)	영 별표5에 따른 보건관리자 선임대상 건설공사의 적용비율(%)
건축공사	2.93%	1.86%	5,349,000원	1.97%	2.15%
토목공사	3.09%	1.99%	5,499,000원	2.10%	2.29%
중건설공사	3.43%	2.35%	5,400,000원	2.44%	2.66%
특수건설공사	1.85%	1.20%	3,250,000원	1.27%	1.38%

◆ Key Point

건설업 산업안전보건관리비의 계상 및 사용기준을 빈칸에 쓰시오.
① 관련 규정에 따라 공사원가 계산서 구성항목 중 직접재료비, 간접재료비와 직접노무비를 합한 금액을 (   )이라 말한다.
② 사용기준은 관련법에 적용을 받는 공사 중 총 공사금액 (   )원 이상인 공사에 적용한다.
③ 대상액이 구분되어 있지 않은 공사는 도급계약 또는 자체 사업계획상의 총공사금액의 (   )%를 대상액으로 산정한다.

① 안전관리비 대상액   ② 2천만   ③ 70

◆ Key Point

[보기]를 참고로 하여 산업안전보건관리비를 산출하시오.

> [보기] ① 건축공사
> ② 예정가격 내역서상 재료비 : 200억 원
> ③ 예정가격 내역서상 직접 노무비 : 60억 원
> ④ 발주처 제공 지급 자재비 : 80억 원

안전관리비 대상액＝200억+60억+80억＝340억 원
건축공사이므로
① 340억×1.97%＝669,800,000원(지급자재비를 포함한 경우)
② 260억×1.97%×1.2＝614,640,000원(지급자재비를 포함하지 않은 경우)
②＜①이므로 614,640,000원이 산업안전보건관리비이다.

3) 사용기준

(1) 공사진척에 따른 안전관리비 사용기준

＜공사진척에 따른 안전관리비 사용기준＞

공정률	50% 이상 70% 미만	70% 이상 90% 미만	90% 이상
사용기준	50% 이상	70% 이상	90% 이상

(2) 재해예방전문지도기관의 지도를 받아 안전관리비를 사용해야 하는 사업

① 공사금액 3억 원(전기공사업법에 의한 전기공사 및 정보통신공사업법에 의한 정보통신공사는 1억 원) 이상 120억 원(토목공사는 150억 원) 미만인 공사를 행하는 자는 산업안전보건관리비를 사용하고자 하는 경우에는 미리 그 사용방법·재해예방조치 등에 관하여 재해예방전문지도기관의 기술지도를 받아야 한다.

② 기술지도에서 제외되는 공사

　가. 공사기간이 1개월 미만인 공사

　나. 육지와 연결되지 아니한 섬지역(제주특별자치도는 제외)에서 이루어지는 공사

　다. 안전관리자 자격을 가진 자를 선임하여 안전관리자의 직무만을 전담하도록 하는 공사

　라. 유해·위험방지계획서를 제출하여야 하는 공사

◆ Key Point

공사진척에 따른 안전관리비 사용기준을 쓰시오.

◆ Key Point

재해예방 전담기술지도 또는 정기 기술지도에서 제외 대상 3가지를 쓰시오.

① 공사 기간이 1개월 미만인 공사
② 육지와 연결되지 아니한 섬지역(제주특별자치도는 제외)에서 이루어지는 공사
③ 유해·위험 방지계획서를 제출하여야 하는 공사
④ 안전관리자 자격을 가진 자를 선임하여 안전관리자의 직무만을 전담하도록 하는 공사

2. 기계·기구의 방호조치(산업안전보건법 시행규칙 제98조)

1) 기계·기구에 설치하여야 할 방호장치

(1) 영 별표 20 제1호에 따른 예초기에는 날접촉 예방장치

(2) 영 별표 20 제2호에 따른 원심기에는 회전체 접촉 예방장치

(3) 영 별표 20 제3호에 따른 공기압축기에는 압력방출장치

(4) 영 별표 20 제4호에 따른 금속절단기에는 날접촉 예방장치

(5) 영 별표 20 제5호에 따른 지게차에는 헤드 가드, 백레스트

(6) 영 별표 20 제6호에 따른 포장기계에는 구동부 방호 연동장치

3. 안전검사의 주기 및 합격표시·표시방법(산업안전보건법 시행규칙 제126조)

1) 크레인, 리프트 및 곤돌라

사업장에 설치가 끝난 날부터 3년 이내에 최초 안전검사를 실시하되, 그 이후부터 2년마다 (건설현장에서 사용하는 것은 최초로 설치한 날부터 6개월마다)

2) 그 밖의 유해·위험기계 등

사업장에 설치가 끝난 날부터 3년 이내에 최초 안전검사를 실시하되, 그 이후부터 2년마다
(공정안전보고서를 제출하여 확인을 받은 압력용기는 4년마다)

3) 안전검사 합격표시 및 표시방법

안전검사합격증명서	
① 유해·위험기계명 ② 신청인 ③ 형식번(기)호(설치장소) ④ 합격번호 ⑤ 검사유효기간 ⑥ 검사기관(실시기관)	
	○ ○ ○ ○ ○ ○　(직인) 검 사 원 : ○ ○ ○
고 용 노 동 부 장 관	직인 생략

4. 유해·위험방지계획서

1) 유해·위험방지계획서 제출 대상(산업안전보건법 시행령 제42조)

(1) 법 제42조제1항제2호에서 "대통령령으로 정하는 기계·기구 및 설비"란 다음 각 호의
어느 하나에 해당하는 기계·기구 및 설비를 말한다. 이 경우 다음 각 호에 해당하는
기계·기구 및 설비의 구체적인 범위는 고용노동부장관이 정하여 고시한다.

① 금속이나 그 밖의 광물의 용해로

② 화학설비

③ 건조설비

④ 가스집합 용접장치

⑤ 제조등금지물질 또는 허가대상물질 관련 설비

(2) 법 제42조제1항제3호에서 "대통령령으로 정하는 크기 높이 등에 해당하는 건설공사"
란 다음 각 호의 어느 하나에 해당하는 공사를 말한다.

① 지상높이가 31m 이상인 건축물 또는 인공구조물, 연면적 30,000m² 이상인 건축물
또는 연면적 5,000m² 이상의 문화 및 집회시설(전시장 및 동물원·식물원은 제외

한다), 판매시설, 운수시설(고속철도의 역사 및 집배송시설은 제외한다), 종교시설, 의료시설 중 종합병원, 숙박시설 중 관광숙박시설, 지하도상가 또는 냉동·냉장창고시설의 건설·개조 또는 해체(이하 "건설 등"이라 한다)

② 연면적 5,000m² 이상의 냉동·냉장창고시설의 설비공사 및 단열공사

③ 최대지간 길이가 50m 이상인 교량건설 등 공사

④ 터널건설 등의 공사

⑤ 다목적 댐, 발전용 댐 및 저수용량 2천만톤 이상의 용수전용 댐, 지방상수도 전용댐 건설 등의 공사

⑥ 깊이가 10m 이상인 굴착공사

● Key Point

유해위험방지계획서 제출대상 사업장을 2가지 쓰시오.

① 지상높이가 31m 이상인 건축물
② 최대지간 길이가 50m 이상인 교량공사
③ 터널건설공사
④ 깊이가 10m 이상인 굴착공사

2) 제출 시 첨부서류(시행규칙 제42조)

(1) 공사 개요 및 안전보건관리계획

① 공사 개요서(별지 제45호 서식)
② 공사현장의 주변 현황 및 주변과의 관계를 나타내는 도면(매설물 현황을 포함한다)
③ 건설물, 사용 기계설비 등의 배치를 나타내는 도면
④ 전체 공정표
⑤ 산업안전보건관리비 사용계획(별지 제46호 서식)
⑥ 안전관리 조직표
⑦ 재해 발생 위험 시 연락 및 대피방법

(2) 작업 공사 종류별 유해·위험방지계획

① 건축물, 인공구조물 건설 등의 공사

작업 공사 종류	주요 작성대상	첨부서류
1. 가설공사 2. 구조물공사 3. 마감공사 4. 기계 설비공사 5. 해체공사	가. 비계 조립 및 해체 작업(외부비계 및 높이 3미터 이상 내부비계만 해당한다) 나. 높이 4미터를 초과하는 거푸집동바리[동바리가 없는 공법(무지주공법으로 데크플레이트, 호리빔 등)과 옹벽 등 벽체를 포함한다] 조립 및 해체작업 또는 비탈면 슬래브의 거푸집동바리 조립 및 해체 작업 다. 작업발판 일체형 거푸집 조립 및 해체 작업 라. 철골 및 PC(Precast Concrete) 조립 작업 마. 양중기 설치·연장·해체 작업 및 천공·항타 작업 바. 밀폐공간 내 작업 사. 해체 작업 아. 우레탄폼 등 단열재 작업[(취급장소와 인접한 장소에서 이루어지는 화기(火器) 작업을 포함한다] 자. 같은 장소(출입구를 공동으로 이용하는 장소를 말한다)에서 둘 이상의 공정이 동시에 진행되는 작업	1. 해당 작업공사 종류별 작업개요 및 재해예방계획 2. 위험물질의 종류별 사용량과 저장·보관 및 사용 시의 안전작업계획 (비고) 1. 바목의 작업에 대한 유해·위험방지계획에는 질식·화재 및 폭발 예방 계획이 포함되어야 한다. 2. 각 목의 작업과정에서 통풍이나 환기가 충분하지 않거나 가연성 물질이 있는 건축물 내부나 설비 내부에서 단열재 취급·용접·용단 등과 같은 화기작업이 포함되어 있는 경우에는 세부계획이 포함되어야 한다.

② 냉동·냉장창고시설의 설비공사 및 단열공사

작업 공사 종류	주요 작성대상	첨부서류
1. 가설공사 2. 단열공사 3. 기계 설비공사	가. 밀폐공간 내 작업 나. 우레탄폼 등 단열재 작업(취급장소와 인접한 곳에서 이루어지는 화기작업을 포함한다) 다. 설비 작업 라. 같은 장소(출입구를 공동으로 이용하는 장소를 말한다)에서 둘 이상의 공정이 동시에 진행되는 작업	1. 해당 작업공사 종류별 작업개요 및 재해예방계획 2. 위험물질의 종류별 사용량과 저장·보관 및 사용 시의 안전작업계획 (비고) 1. 가목의 작업에 대한 유해·위험방지계획에는 질식·화재 및 폭발 예방계획이 포함되어야 한다. 2. 각 목의 작업과정에서 통풍이나 환기가 충분하지 않거나 가연성 물질이 있는 건축물 내부나 설비 내부에서 단열재 취급·용접·용단 등과 같은 화기작업이 포함되어 있는 경우에는 세부계획이 포함되어야 한다.

③ 교량 건설 등의 공사

작업 공사 종류	주요 작성대상	첨부서류
1. 가설공사 2. 하부공 공사 3. 상부공 공사	가. 하부공 작업 　1) 작업발판 일체형 거푸집 조립 및 해체 작업 　2) 양중기 설치·연장·해체 작업 및 천공·항타 작업 　3) 교대·교각 기초 및 벽체 철근조립 작업 　4) 해상·하상 굴착 및 기초 작업 나. 상부공 작업 　가) 상부공 가설작업[압출공법(ILM), 캔틸레버공법(FCM), 동바리설치공법(FSM), 이동지보공법(MSS), 프리캐스트 세그먼트 가설공법(PSM) 등을 포함한다] 　나) 양중기 설치·연장·해체 작업 　다) 상부슬래브 거푸집동바리 조립 및 해체(특수작업대를 포함한다) 작업	1. 해당 작업공사 종류별 작업개요 및 재해예방계획 2. 위험물질의 종류별 사용량과 저장·보관 및 사용 시의 안전작업계획

④ 터널 건설 등의 공사

작업 공사 종류	주요 작성대상	첨부서류
1. 가설공사 2. 굴착 및 발파 공사 3. 구조물공사	가. 터널굴진공법(NATM) 　1) 굴진(갱구부, 본선, 수직갱, 수직구 등을 말한다) 및 막장내 붕괴·낙석방지 계획 　2) 화약 취급 및 발파 작업 　3) 환기 작업 　4) 작업대(굴진, 방수, 철근, 콘크리트 타설을 포함한다) 사용 작업 나. 기타 터널공법[(T.B.M)공법, 쉴드(Shield)공법, 추진(Front Jacking)공법, 침매공법 등을 포함한다] 　1) 환기 작업 　2) 막장 내 기계·설비 유지·보수 작업	1. 해당 작업공사 종류별 작업개요 및 재해예방계획 2. 위험물질의 종류별 사용량과 저장·보관 및 사용 시의 안전작업계획 (비고) 1. 나목의 작업에 대한 유해·위험방지계획에는 굴진(갱구부, 본선, 수직갱, 수직구 등을 말한다) 및 막장 내 붕괴·낙석 방지 계획이 포함되어야 한다.

⑤ 댐 건설 등의 공사

작업 공사 종류	주요 작성대상	첨부서류
1. 가설공사 2. 굴착 및 발파 공사 3. 댐 축조공사	가. 굴착 및 발파 작업 나. 댐 축조[가(假)체절 작업을 포함한다] 작업 　1) 기초처리 작업 　2) 둑 비탈면 처리 작업 　3) 본체 축조 관련 장비 작업(흙쌓기 및 다짐만 해당한다) 　4) 작업발판 일체형 거푸집 조립 및 해체 작업(콘크리트 댐만 해당한다)	1. 해당 작업공사 종류별 작업개요 및 재해예방 계획 2. 위험물질의 종류별 사용량과 저장·보관 및 사용 시의 안전작업계획

⑥ 굴착공사

작업 공사 종류	주요 작성대상	첨부서류
1. 가설공사 2. 굴착 및 발파 공사 3. 흙막이 지보공(支保工) 공사	가. 흙막이 가시설 조립 및 해체 작업(복공작업을 포함한다) 나. 굴착 및 발파 작업 다. 양중기 설치·연장·해체 작업 및 천공·항타 작업	1. 해당 작업공사 종류별 작업개요 및 재해예방 계획 2. 위험물질의 종류별 사용량과 저장·보관 및 사용 시의 안전작업계획

[비고] 작업 공사 종류란의 공사에서 이루어지는 작업으로서 주요 작성대상란에 포함되지 않은 작업에 대해서도 유해·위험방지계획을 작성하고, 첨부서류란의 해당 서류를 첨부하여야 한다.

제2장 안전기준에 관한 규칙 및 기술지침

■ Engineer Construction Safety

1 작업장의 안전기준

1. 작업면의 조도기준(안전보건규칙 제8조)

작업 구분	조도기준
초정밀작업	750럭스 이상
정밀작업	300럭스 이상
보통작업	150럭스 이상
그 밖의 작업	75럭스 이상

2. 밀폐공간 건강장해의 예방

1) 정의(안전보건규칙 제618조)

(1) 밀폐공간이란 산소결핍, 유해가스로 인한 화재·폭발 등의 위험이 있는 장소를 말한다.

(2) 유해가스란 밀폐공간에서 탄산가스·황화수소 등의 유해물질이 가스 상태로 공기 중에 발생하는 것을 말한다.

(3) 적정공기란 산소농도의 범위가 18퍼센트 이상 23.5퍼센트 미만, 탄산가스의 농도가 1.5퍼센트 미만, 황화수소의 농도가 10피피엠 미만인 수준의 공기를 말한다.

(4) **산소결핍이란 공기 중의 산소농도가 18퍼센트 미만인 상태**를 말한다.

(5) 산소결핍증이란 산소가 결핍된 공기를 들이마심으로써 생기는 증상을 말한다.

② 기계·기구·설비에 관한 안전기준 및 기술지침

1. 원동기·회전축 등의 위험방지(안전보건규칙 제87조)

(1) 사업주는 기계의 원동기·회전축·기어·풀리·플라이휠·벨트 및 체인 등 근로자가 위험에 처할 우려가 있는 부위에 **덮개·울·슬리브 및 건널다리** 등을 설치하여야 한다.

(2) 사업주는 회전축·기어·풀리 및 플라이휠 등에 부속되는 키·핀 등의 기계요소는 묻힘형으로 하거나 해당 부위에 덮개를 설치하여야 한다.

(3) 사업주는 벨트의 이음부분에 돌출된 고정구를 사용해서는 아니 된다.

(4) 사업주는 제1항의 건널다리에는 안전난간 및 미끄러지지 아니하는 구조의 발판을 설치하여야 한다.

③ 양중기에 관한 안전기준 및 기술지침

1. 양중기의 종류(안전보건규칙 제132조)

1) 크레인(Crane)(호이스트 포함)

2) 이동식 크레인

3) 리프트

    (1) 건설용 리프트
    (2) 산업용 리프트
    (3) 자동차 정비용 리프트
    (4) 이삿짐 운반용 리프트

4) 곤돌라(Gondola)

5) 승강기

    (1) 승객용 엘리베이터
    (2) 화물용 엘리베이터
    (3) 승객화물용 엘리베이터
    (4) 소형화물용 엘리베이터
    (5) 에스컬레이터

2. 양중기의 방호장치

1) 크레인
과부하방지장치, 권과방지장치, 비상정지장치, 브레이크, 혹해지장치

2) 리프트
과부하방지장치, 권과방지장치(리미트스위치)

3) 곤돌라
과부하방지장치, 권과방지장치, 제동장치

4) 승강기
과부하방지장치, 파이널리미트스위치, 비상정지장치, 속도조절기, 출입문 인터록

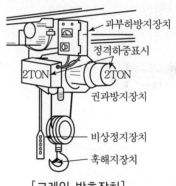

[크레인 방호장치]

3. 하중의 정의

1) 정격하중

지브 혹은 붐의 경사각 및 길이 또는 지브의 위에 놓이는 도르래의 위치에 따라 부하시킬 수 있는 최대하중으로부터 각각 훅, 버킷 등 달아올리기 기구의 중량에 상당하는 하중을 공제한 하중

2) 적재하중

엘리베이터, 자동차정비용 리프트 또는 건설용 리프트의 구조 및 재료에 따라서 운반기에 사람 또는 짐을 올려놓고 승강시킬 수 있는 최대하중

3) 달아올리기 하중

크레인, 이동식 크레인의 재료에 따라 부하시킬 수 있는 최대하중

4. 정격하중 등의 표시사항(안전보건규칙 제133조)

양중기(승강기는 제외) 및 달기구를 사용하여 작업하는 경우 운전자 또는 작업자가 보기 쉬운 곳에 표시해야 할 사항
(1) 정격하중
(2) 운전속도
(3) 경고표시

⚙ Key Point

승강기에 설치하여 유효하게 작동될 수 있도록 미리 조정해 두어야 하는 방호장치 4가지를 쓰시오.

과부하방지장치, 파이널리미트스위치, 비상정지장치, 속도조절기, 출입문 인터록

⚙ Key Point

곤돌라 사용 시 와이어가 일정한 한도 이상 감기는 것을 방지하는 장치는?

권과방지장치

⚙ Key Point

승강기를 제외한 양중기 운전자가 볼 수 있는 곳에 표시할 사항을 2가지 쓰시오.

정격하중, 운전속도, 경고표시

5. 양중기의 안전검사

1) 주기

크레인, 리프트 및 곤돌라는 사업장에 설치가 끝난 날부터 3년 이내에 최초 안전검사를 실시하되, 그 이후부터 매 2년(건설현장에서 사용하는 것은 최초로 설치한 날부터 매 6개월)

2) 안전검사내용

(1) 과부하방지장치, 권과방지장치, 그 밖의 안전장치의 이상 유무
(2) 브레이크와 클러치의 이상 유무
(3) 와이어로프와 달기체인의 이상 유무
(4) 훅 등 달기기구의 손상 유무
(5) 배선, 집진장치, 배전반, 개폐기, 콘트롤러의 이상 유무

⚙ Key Point

양중기의 안전검사내용 3가지를 쓰시오.

(1)~(5)의 내용 중 3가지 선택

6. 작업시작 전 점검사항(안전보건규칙 제35조 제2항 관련)

작업명	점검 내용
크레인을 사용하여 작업을 하는 때	가. 권과방지장치·브레이크·클러치 및 운전장치의 기능 나. 주행로의 상측 및 트롤리(trolley)가 횡행하는 레일의 상태 다. 와이어로프가 통하고 있는 곳의 상태
이동식 크레인을 사용하여 작업을 할 때	가. 권과방지장치나 그 밖의 경보장치의 기능 나. 브레이크·클러치 및 조정장치의 기능 다. 와이어로프가 통하고 있는 곳 및 작업장소의 지반상태
리프트(자동차 정비용 리프트를 포함한다)를 사용하여 작업을 할 때	가. 방호장치·브레이크 및 클러치의 기능 나. 와이어로프가 통하고 있는 곳의 상태

Key Point

크레인 작업시작 전 점검사항 3가지를 쓰시오.

① 권과방지장치·브레이크·클러치 및 운전장치의 기능
② 주행로의 상측 및 트롤리(trolley)가 횡행하는 레일의 상태
③ 와이어로프가 통하고 있는 곳의 상태

7. 작업계획서의 내용(안전보건규칙 제38조 제1항 관련)

작업명	작업계획서 내용
타워크레인을 설치·조립·해체하는 작업	가. 타워크레인의 종류 및 형식 나. 설치·조립 및 해체순서 다. 작업도구·장비·가설설비(假設設備) 및 방호설비 라. 작업인원의 구성 및 작업근로자의 역할범위 마. 제142조에 따른 지지방법

8. 탑승의 제한(안전보건규칙 제86조)

1) 크레인의 탑승제한

근로자를 운반하거나 근로자를 달아 올린 상태에서 작업에 종사시켜서는 아니 된다. 다만, 크레인에 전용 탑승설비를 설치하고 추락 위험을 방지하기 위하여 다음의 조치를 한 경우에는 그러하지 아니하다.
(1) 탑승설비가 뒤집히거나 떨어지지 않도록 필요한 조치를 할 것
(2) 안전대나 구명줄을 설치하고, 안전난간을 설치할 수 있는 경우에는 안전난간을 설치할 것
(3) 탑승설비를 하강시킬 때에는 동력하강방법으로 할 것

2) 곤돌라 탑승제한

곤돌라의 운반구에 근로자를 탑승시켜서는 아니 된다. 다만, 추락 위험을 방지하기 위하여 다음 각 호의 조치를 한 경우에는 그러하지 아니하다.
(1) 운반구가 뒤집히거나 떨어지지 않도록 필요한 조치를 할 것
(2) 안전대나 구명줄을 설치하고, 안전난간을 설치할 수 있는 구조인 경우이면 안전난간을 설치할 것

9. 폭풍에 의한 이탈 방지(안전보건규칙 제140조)

순간풍속이 초당 30미터를 초과하는 바람이 불어올 우려가 있는 경우 옥외에 설치되어 있는 주행 크레인에 대하여 이탈방지장치를 작동시키는 등 이탈 방지를 위한 조치를 하여야 한다.

10. 양중기의 와이어로프

1) 양중기의 와이어로프 안전계수의 구분(안전보건규칙 제163조)

구분	안전계수
근로자가 탑승하는 운반구를 지지하는 경우 (달기와이어로프 또는 달기체인)	10 이상
화물의 **하중을 직접 지지**하는 경우 (달기와이어로프 또는 달기체인)	5 이상
훅, 샤클, 클램프, 리프팅 빔의 경우	3 이상
그 밖의 경우	4 이상

2) 안전계수 : $\dfrac{절단하중}{최대사용하중}$ (안전보건규칙 제164조)

> **⊕ Key Point**
>
> 와이어로프의 파단강도 P[kg], 로프의 가닥수 n, 안전하중이 Q[kg]일 때 안전율(S)의 공식을 쓰시오.
>
> 안전율 $S = \dfrac{n \times P}{Q}$

3) 와이어로프의 구성

와이어로프란 양질의 고탄소강에서 인발한 소선(Wire)를 꼬아서 가닥(Strand)으로 만들고 이 가닥을 심(Core) 주위에 일정한 피치(Pitch)로 감아서 제작한 로프

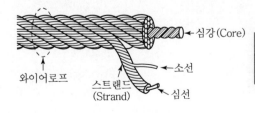

4) 부적격한 와이어로프의 사용금지(안전보건규칙 제63조 및 166조)

(1) 이음매가 있는 것
(2) 와이어로프의 한 꼬임(스트랜드)에서 끊어진 소선(素線, 필러(Pillar)선을 제외한다)의 수가 10% 이상(비자전로프의 경우에는 끊어진 소선의 수가 와이어로프 호칭지름의 6배 길이 이내에서 4개 이상이거나 호칭지름 30배 길이 이내에서 8개 이상인 것)인 것
(3) 지름의 감소가 공칭지름의 7%를 초과하는 것
(4) 꼬인 것
(5) 심하게 변형 또는 부식된 것
(6) 열과 전기충격에 의해 손상된 것

> **Key Point**
>
> 와이어로프의 사용금지기준 4가지를 쓰시오.
>
> (1)~(6)의 항목 중 4가지 선택

5) 섬유로프 등의 사용금지(안전보건규칙 제169조)

다음에 해당하는 섬유로프 또는 섬유벨트를 달비계에 사용해서는 아니 된다.
(1) 꼬임이 끊어진 것
(2) 심하게 손상되거나 부식된 것

6) 와이어로프의 체결법

(1) 고정방법의 종류

① 아이스플라이스법 ② 합금고정법
③ 압축고정법 ④ 클립고정법

(2) 각 고정법의 단말이음 효율

고정방법	효율
아이스플라이스 고정법	70~95%
합금고정법	100%
압축고정법	100%
클립고정법	80~85%

(3) 클립고정의 방법

| [적합] | [부적합] | [부적합] |

① 클립의 새들(Saddle)은 와이어로프의 힘이 걸리는 쪽에 있어야 한다.
② 클립과의 간격은 와이어로프 지름의 6배 이상이어야 한다.

(4) 클립고정 개수

와이어로프의 지름(mm)	클립수(개)
16 이하	4
16 초과~28 이하	5
28 초과	6

Key Point

다음은 와이어로프 클립고정법의 클립간격에 관한 표이다. 빈칸을 채우시오.

와이어로프 지름(mm)	클립 개수	클립 간격
16 이하	(①)개 이상	
16 초과 28 이하	(②)개 이상	(④)
28 초과	(③)개 이상	

① 4   ② 5   ③ 6   ④ 지름의 6배 이상(6d 이상)

11. 승강기의 설치·조립·수리·점검 또는 해체 작업 시 조치사항(안전보건규칙 제162조)

(1) 작업을 지휘하는 사람을 선임하여 그 사람의 지휘하에 작업을 실시할 것
(2) 작업을 할 구역에 관계 근로자가 아닌 사람의 출입을 금지하고 그 취지를 보기 쉬운 장소에 표시할 것
(3) 비, 눈, 그 밖에 기상상태의 불안정으로 날씨가 몹시 나쁜 경우에는 그 작업을 중지시킬 것

4 　차량계 하역운반기계에 관한 안전기준 및 기술지침

1. 차량계 하역운반기계에 화물적재 시 준수사항(안전보건규칙 제173조)

(1) 하중이 한쪽으로 치우치지 않도록 적재할 것

(2) 구내 운반차 또는 화물자동차의 경우 화물의 붕괴 또는 낙하에 의한 위험을 방지하기 위하여 화물에 로프를 거는 등 필요한 조치를 할 것

(3) 운전자의 시야를 가리지 않도록 화물을 적재할 것

(4) 화물을 적재하는 경우에는 최대적재량을 초과하지 아니할 것

5 　컨베이어에 관한 안전기준 및 기술지침

1. 작업시작 전 점검사항(안전보건규칙 제35조 제2항 관련)

작업명	점검 내용
컨베이어 등을 사용하여 작업을 할 때	가. 원동기 및 풀리(Pulley) 기능의 이상 유무 나. 이탈 등의 방지장치 기능의 이상 유무 다. 비상정지장치 기능의 이상 유무 라. 원동기·회전축·기어 및 풀리 등의 덮개 또는 울 등의 이상 유무

6 　차량계 건설기계 등에 관한 안전기준 및 기술지침

1. 전도방지대책(안전보건규칙 제199조)

(1) 유도하는 사람(유도자)을 배치

(2) 지반의 부동침하 방지

(3) 갓길의 붕괴 방지

(4) 도로 폭의 유지

2. 작업계획서의 내용(안전보건규칙 제38조 제1항 관련)

작업명	작업계획서 내용
차량계 건설기계를 사용하는 작업	가. 사용하는 차량계 건설기계의 종류 및 성능 나. 차량계 건설기계의 운행경로 다. 차량계 건설기계에 의한 작업방법

3. 항타기·항발기의 안전수칙

1) 조립 시 점검사항(안전보건규칙 제207조)

(1) 본체 연결부의 풀림 또는 손상의 유무
(2) 권상용 와이어로프·드럼 및 도르래의 부착상태의 이상 유무
(3) 권상장치의 브레이크 및 쐐기장치 기능의 이상 유무
(4) 권상기 설치상태의 이상 유무
(5) 리더(leader)의 버팀 방법 및 고정상태의 이상 유무
(6) 본체·부속장치 및 부속품의 강도가 적합한지 여부
(7) 본체·부속장치 및 부속품에 심한 손상·마모·변형 또는 부식이 있는지 여부

2) 무너짐의 방지(안전보건규칙 제209조)

(1) 연약한 지반에 설치하는 경우에는 아웃트리거·받침 등 지지구조물의 침하를 방지하기
위하여 **받침목이나 깔판** 등을 사용할 것
(2) 시설 또는 가설물 등에 설치하는 경우에는 그 내력을 확인하고 내력이 부족한 경우에
는 그 내력을 보강할 것
(3) 아웃트리거·받침 등 지지구조물이 미끄러질 우려가 있는 경우에는 **말뚝 또는 쐐기**
등을 사용하여 해당 지지구조물을 고정시킬 것

(4) 궤도 또는 차로 이동하는 항타기 또는 항발기에 대하여는 불시에 이동하는 것을 방지하기 위하여 레일클램프 및 쐐기 등으로 고정시킬 것

(5) 버팀대만으로 상단부분을 안정시키는 경우에는 버팀대는 3개 이상으로 하고 그 하단부분은 견고한 버팀·말뚝 또는 철골 등으로 고정시킬 것

Key Point

항타기·항발기 사용 시 안전조치사항이다. ( ) 안에 필요한 내용을 쓰시오.

1) 연약한 지반에 설치하는 때에는 아웃트리거·받침 등 지지구조물의 침하를 방지하기 위하여 (①) 등을 사용하고, 아웃트리거·받침 등 지지구조물이 미끄러질 우려가 있는 때에는 (②) 또는 쐐기 등을 사용하여 해당 지지구조물을 고정시킬 것

2) 버팀대만으로 상단부분을 안정시키는 때에는 버팀대는 (③)개 이상으로 하고 그 하단부분은 견고한 버팀말뚝 또는 철골 등으로 고정시킬 것

① 받침목이나 깔판   ② 말뚝   ③ 3

3) 권상용 와이어로프의 준수사항

(1) 안전계수 조건(안전보건규칙 제211조)

와이어로프의 안전계수가 5 이상이 아니면 이를 사용하여서는 아니 된다.

(2) 사용 시 준수사항(안전보건규칙 제212조)

① 권상용 와이어로프는 추 또는 해머가 최저의 위치에 있는 경우 또는 널말뚝을 빼어내기 시작한 경우를 기준으로 하여 권상장치의 드럼에 적어도 2회 감기고 남을 수 있는 충분한 길이일 것

② 권상용 와이어로프는 권상장치의 드럼에 클램프·클립 등을 사용하여 견고하게 고정할 것

③ 권상용 와이어로프에 있어서 추·해머 등과의 연결은 클램프·클립 등을 사용하여 견고하게 할 것

(3) 도르래의 부착 등(안전보건규칙 제216조)

① 사업주는 항타기나 항발기에 도르래나 도르래 뭉치를 부착하는 경우에는 부착부가 받는 하중에 의하여 파괴될 우려가 없는 브라켓·샤클 및 와이어로프 등으로 견고하게 부착하여야 한다.

② 사업주는 항타기 또는 항발기의 권상장치의 드럼축과 권상장치로부터 첫번째 도르래의 축과의 거리를 권상장치의 드럼폭의 15배 이상으로 하여야 한다.

③ 제2항의 도르래는 권상장치의 드럼의 중심을 지나야 하며 축과 수직면상에 있어야 한다.

④ 항타기나 항발기의 구조상 권상용 와이어로프가 꼬일 우려가 없는 경우에는 제2항과 제3항을 적용하지 아니한다.

---

7 전기작업에 관한 안전기준 및 기술지침

1. 전기기계·기구 등의 충전부 방호(안전보건규칙 제301조)

근로자가 작업이나 통행 등으로 인하여 전기기계, 기구[전동기·변압기·접속기·개폐기·분전반(分電盤)·배전반(配電盤) 등 전기를 통하는 기계·기구, 그 밖의 설비 중 배선 및 이동전선 외의 것] 또는 전로 등의 충전부분(전열기의 발열체 부분, 저항접속기의 전극 부분 등 전기기계·기구의 사용 목적에 따라 노출이 불가피한 충전부분은 제외)에 접촉(충전부분과 연결된 도전체와의 접촉을 포함)하거나 접근함으로써 감전 위험이 있는 충전부분에 대하여 감전을 방지하기 위하여 다음의 방법 중 하나 이상의 방법으로 방호하여야 한다.

(1) 충전부가 노출되지 않도록 폐쇄형 외함(外函)이 있는 구조로 할 것

(2) 충전부에 충분한 절연효과가 있는 방호망이나 절연덮개를 설치할 것

(3) 충전부는 내구성이 있는 절연물로 완전히 덮어 감쌀 것

(4) 발전소·변전소 및 개폐소 등 구획되어 있는 장소로서 관계 근로자가 아닌 사람의 출입이 금지되는 장소에 충전부를 설치하고, 위험표시 등의 방법으로 방호를 강화할 것

(5) 전주 위 및 철탑 위 등 격리되어 있는 장소로서 관계 근로자가 아닌 사람이 접근할 우려가 없는 장소에 충전부를 설치할 것

> 🔧 Key Point
>
> 동력개폐기(switch) 취급상 주의해야 할 사항 3가지만 쓰시오.
>
> (1)~(5)의 내용 중 4가지 선택

2. 누전차단기에 의한 감전방지(안전보건규칙 제304조)

전기기계·기구에 대하여 누전에 의한 감전위험을 방지하기 위하여 해당 전로의 정격에 적합하고 감도가 양호하며 확실하게 작동하는 감전방지용 누전차단기를 설치하여야 한다.

(1) 대지전압이 150볼트를 초과하는 이동형 또는 휴대형 전기기계·기구

(2) 물 등 도전성이 높은 액체가 있는 습윤장소에서 사용하는 저압(1,500볼트 이하 직류전압이나 1,000볼트 이하의 교류전압을 말한다)용 전기기계·기구

(3) 철판·철골 위 등 도전성이 높은 장소에서 사용하는 이동형 또는 휴대형 전기기계·기구

(4) 임시배선의 전로가 설치되는 장소에서 사용하는 이동형 또는 휴대형 전기기계·기구

8 건설작업에 관한 안전기준 및 기술지침

1. 작업시작 전 점검사항(안전보건규칙 제35조 제2항 관련)

작업명	점검 내용
공기압축기를 가동할 때	① 공기저장 압력용기의 외관 상태 ② 드레인밸브(drain valve)의 조작 및 배수 ③ 압력방출장치의 기능 ④ 언로드밸브(unloading valve)의 기능 ⑤ 윤활유의 상태 ⑥ 회전부의 덮개 또는 울 ⑦ 그 밖의 연결 부위의 이상 유무

🔧 Key Point

공기압축기 작업시작 전 점검사항 4가지를 쓰시오.(기타 연결부위의 이상 유무 제외)

①~⑦의 내용 중 4가지 선택

2. 작업계획서의 내용(안전보건규칙 제38조 제1항 관련)

작업명	작업계획서 내용
터널굴착작업	가. 굴착의 방법 나. 터널지보공 및 복공(覆工)의 시공방법과 용수(湧水)의 처리방법 다. 환기 또는 조명시설을 설치할 때에는 그 방법
채석작업	가. 노천굴착과 갱내굴착의 구별 및 채석방법 나. 굴착면의 높이와 기울기 다. 굴착면 소단(小段)의 위치와 넓이 라. 갱내에서의 낙반 및 붕괴방지방법 마. 발파방법 바. 암석의 분할방법 사. 암석의 가공장소 아. 사용하는 굴착기계·분할기계·적재기계 또는 운반기계 　　(이하 "굴착기계 등"이라 한다)의 종류 및 성능 자. 토석 또는 암석의 적재 및 운반방법과 운반경로 차. 표토 또는 용수(湧水)의 처리방법
건물 등의 해체작업	가. 해체의 방법 및 해체 순서도면 나. 가설설비·방호설비·환기설비 및 살수·방화설비 등의 방법 다. 사업장 내 연락방법 라. 해체물의 처분계획 마. 해체작업용 기계·기구 등의 작업계획서 바. 해체작업용 화약류 등의 사용계획서 사. 그 밖에 안전·보건에 관련된 사항

⚙ Key Point

해체작업 시 해체계획에 포함되어야 할 사항 4가지를 쓰시오.

① 해체의 방법 및 해체 순서도면
② 가설설비·방호설비·환기설비 및 살수·방화설비 등의 방법
③ 사업장 내 연락방법
④ 해체물의 처분계획
⑤ 해체작업용 기계·기구 등의 작업계획서
⑥ 해체작업용 화약류 등의 사용계획서

3. 구축물등의 안전 유지(안전보건규칙 제51조)

사업주는 구축물등이 고정하중, 적재하중, 시공·해체 작업 중 발생하는 하중, 적설, 풍압(風壓), 지진이나 진동 및 충격 등에 의하여 전도·폭발하거나 무너지는 등의 위험을 예방하기 위하여 설계도면, 시방서(示方書), 「건축물의 구조기준 등에 관한 규칙」 제2조제15호에 따른 구조설계도서, 해체계획서 등 설계도서를 준수하여 필요한 조치를 해야 한다.

4. 달비계 작업

1) 작업발판의 최대적재하중(안전보건규칙 제55조)

① 비계의 구조 및 재료에 따라 작업발판의 최대적재하중을 정하고 이를 초과하여 실어서는 아니 된다.

② 달비계(곤돌라의 달비계를 제외)의 최대 적재하중을 정함에 있어 그 안전계수

구분	안전계수
달기와이어로프 및 달기강선	10 이상
달기체인 및 달기훅	5 이상
달기강대와 달비계의 하부 및 상부지점의 안전계수(강재)	2.5 이상
달기강대와 달비계의 하부 및 상부지점의 안전계수(목재)	5 이상

2) 달기 체인의 사용금지

① 달기 체인의 길이가 달기 체인이 제조된 때의 길이의 5퍼센트를 초과한 것
② 링의 단면지름이 달기 체인이 제조된 때의 해당 링의 지름의 10퍼센트를 초과하여 감소한 것
③ 균열이 있거나 심하게 변형된 것

5. 구내 운반차 사용 시 준수사항(안전보건규칙 제184조)

(1) 주행을 제동하거나 정지상태를 유지하기 위하여 유효한 제동장치를 갖출 것
(2) 경음기를 갖출 것
(3) 운전석이 차 실내에 있는 것은 좌우에 한개씩 방향지시기를 갖출 것
(4) 전조등과 후미등을 갖출 것

6. 가스 용기 취급 시 주의사항(안전보건규칙 제234조)

(1) 다음의 장소에서 사용하거나 해당 장소에 설치·저장 또는 방치하지 않도록 할 것
    ① 통풍이나 환기가 불충분한 장소
    ② 화기를 사용하는 장소 및 그 부근
    ③ 위험물 또는 인화성 액체를 취급하는 장소 및 그 부근
(2) 용기의 온도를 섭씨 40도 이하로 유지할 것
(3) 전도의 위험이 없도록 할 것
(4) 충격을 가하지 않도록 할 것
(5) 운반하는 경우에는 캡을 씌울 것
(6) 사용하는 경우에는 용기의 마개에 부착되어 있는 유류 및 먼지를 제거할 것
(7) 밸브의 개폐는 서서히 할 것
(8) 사용 전 또는 사용 중인 용기와 그 밖의 용기를 명확히 구별하여 보관할 것
(9) 용해아세틸렌의 용기는 세워 둘 것
(10) 용기의 부식·마모 또는 변형상태를 점검한 후 사용할 것

7. 콘크리트 타설장비 사용 시의 준수사항(안전보건규칙 제335조)

사업주는 콘크리트 타설작업을 하기 위하여 콘크리트 플레이싱 붐(placing boom), 콘크리트 분배기, 콘크리트타설장비 등(이하 이 조에서 "콘크리트타설장비"라 한다)을 사용하는 경우에는 다음 각 호의 사항을 준수해야 한다.
(1) 작업을 시작하기 전에 콘크리트타설장비를 점검하고 이상을 발견하였으면 즉시 보수할 것
(2) 건축물의 난간 등에서 작업하는 근로자가 호스의 요동·선회로 인하여 추락하는 위험을 방지하기 위하여 안전난간 설치 등 필요한 조치를 할 것
(3) 콘크리트타설장비의 붐을 조정하는 경우에는 주변의 전선 등에 의한 위험을 예방하기 위한 적절한 조치를 할 것
(4) 작업 중에 지반의 침하나 아웃트리거 등 콘크리트타설장비 지지구조물의 손상 등에 의하여 콘크리트타설장비가 넘어질 우려가 있는 경우에는 이를 방지하기 위한 적절한 조치를 할 것

8. 잠함·우물통의 내부에서 굴착작업 시 안전조치(안전보건규칙 제377조)

(1) 산소 결핍 우려가 있는 경우에는 산소의 농도를 측정하는 사람을 지명하여 측정하도록 할 것

(2) 근로자가 안전하게 오르내리기 위한 설비를 설치할 것

(3) 굴착 깊이가 20미터를 초과하는 경우에는 해당 작업장소와 외부와의 연락을 위한 통신설비 등을 설치할 것

⊕ Key Point

잠함, 우물통, 수직갱 기타 이와 유사한 건설물 또는 설비(이하 "잠함 등"이라 한다)의 내부에서 굴착작업을 하는 때의 준수사항을 3가지 쓰시오.

(1) ~ (3) 항목 작성

---

9 중량물 취급에 관한 안전기준 및 기술지침

1. 작업계획서의 내용(안전보건규칙 제38조 제1항 관련)

작업명	작업계획서 내용
중량물의 취급작업	가. 추락위험을 예방할 수 있는 안전대책 나. 낙하위험을 예방할 수 있는 안전대책 다. 전도위험을 예방할 수 있는 안전대책 라. 협착위험을 예방할 수 있는 안전대책 마. 붕괴위험을 예방할 수 있는 안전대책

⊕ Key Point

근로자의 안전을 위해 사전조사하고 작업계획서를 작성해야 하는 작업의 종류 3가지를 쓰시오.

① 차량계 건설기계를 사용하는 작업
② 터널 굴착작업
③ 채석작업
④ 건물 등의 해체작업
⑤ 중량물의 취급작업

10 하역작업에 관한 안전기준 및 기술지침

1. 화물적재 시의 조치(안전보건규칙 제173조)

(1) 하중이 한쪽으로 치우치지 않도록 적재할 것
(2) 구내운반차 또는 화물자동차의 경우 화물의 붕괴 또는 낙하에 의한 위험을 방지하기 위하여 화물에 로프를 거는 등 필요한 조치를 할 것
(3) 운전자의 시야를 가리지 않도록 화물을 적재할 것
(4) 제1항의 화물을 적재하는 경우에는 최대적재량을 초과해서는 아니 된다.

2. 섬유로프 등의 점검(안전보건규칙 제189조)

섬유로프 등을 화물자동차의 짐걸이에 사용하는 경우에는 해당 작업을 시작하기 전에 다음 각 호의 조치를 하여야 한다.
(1) 작업순서와 순서별 작업방법을 결정하고 작업을 직접 지휘하는 일
(2) 기구와 공구를 점검하고 불량품을 제거하는 일
(3) 해당 작업을 하는 장소에 관계 근로자가 아닌 사람의 출입을 금지하는 일
(4) 로프 풀기 작업 및 덮개 벗기기 작업을 하는 경우에는 적재함의 화물에 낙하 위험이 없음을 확인한 후에 해당 작업의 착수를 지시하는 일

11 기타 작업에 관한 안전기준 및 기술지침

1. 위험물질 등의 제조 등 작업 시의 조치(안전보건규칙 제225조)

폭발·화재 및 누출을 방지하기 위한 적절한 방호조치를 하지 아니하고 다음 각 호의 행위를 해서는 아니 된다.
(1) 폭발성 물질, 유기과산화물을 화기나 그 밖에 점화원이 될 우려가 있는 것에 접근시키거나 가열하거나 마찰시키거나 충격을 가하는 행위
(2) 물반응성 물질, 인화성 고체를 각각 그 특성에 따라 화기나 그 밖에 점화원이 될 우려가 있는 것에 접근시키거나 발화를 촉진하는 물질 또는 물에 접촉시키거나 가열하거나 마찰시키거나 충격을 가하는 행위

(3) 산화성 액체·산화성 고체를 분해가 촉진될 우려가 있는 물질에 접촉시키거나 가열하거나 마찰시키거나 충격을 가하는 행위

(4) 인화성 액체를 화기나 그 밖에 점화원이 될 우려가 있는 것에 접근시키거나 주입 또는 가열하거나 증발시키는 행위

(5) 인화성 가스를 화기나 그 밖에 점화원이 될 우려가 있는 것에 접근시키거나 압축·가열 또는 주입하는 행위

(6) 부식성 물질 또는 급성 독성물질을 누출시키는 등으로 인체에 접촉시키는 행위

(7) 위험물을 제조하거나 취급하는 설비가 있는 장소에 인화성 가스 또는 산화성 액체 및 산화성 고체를 방치하는 행위

2. 지하작업장 폭발이나 화재방지(안전보건규칙 제296조)

1) 가스농도 측정하는 사람 지명 및 해당 가스농도 측정

(1) 매일 작업을 시작하기 전
(2) 가스의 누출이 의심되는 경우
(3) 가스가 발생하거나 정체할 위험이 있는 장소가 있는 경우
(4) 장시간 작업을 계속하는 경우(이 경우 4시간마다 가스 농도를 측정하도록 하여야 한다)

2) 가스의 농도가 인화하한계 값의 25퍼센트 이상으로 밝혀진 경우 조치

즉시 근로자를 안전한 장소에 대피시키고 화기나 그 밖에 점화원이 될 우려가 있는 기계·기구 등의 사용을 중지하며 통풍·환기 등을 할 것

기출문제풀이

2001년 1회

2. 크레인의 작업시작 전 점검사항을 2가지 쓰시오.

➡해답 ① 권과방지장치·브레이크·클러치 및 운전장치의 기능
② 주행로의 상측 및 트롤리(trolley)가 횡행하는 레일의 상태
③ 와이어로프가 통하고 있는 곳의 상태

4. 양중기에 사용하는 부적격한 와이어로프의 사용금지 사항으로 (   )에 알맞은 말을 넣으시오.

① 와이어로프의 한 가닥에서 소선의 수가 (   )% 이상 절단된 것
② 지름의 감소가 공칭지름의 (   )%를 초과하는 것

➡해답 ① 10   ② 7

10. 건설업 중 유해·위험방지계획서를 작성해야 하는 사업이다. (   )에 알맞은 말을 쓰시오.

• 지상 높이가 (①)미터 이상인 건축물 또는 공작물의 건설·개조 또는 해체
• 최대지간 길이가 (②)미터 이상인 교량건설 등 공사
• 깊이가 (③)미터 이상인 굴착공사

➡해답 ① 31   ② 50   ③ 10

11. 건설공사에 사용되는 양중기의 종류 4가지를 쓰시오.

➡해답 ① 크레인(호이스트(hoist)를 포함)
② 이동식 크레인
③ 리프트(이삿짐 운반용 리프트의 경우에는 적재하중이 0.1톤 이상인 것으로 한정)
④ 곤돌라
⑤ 승강기

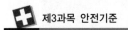

2001년 2회

2. 유해위험방지계획서를 고용노동부장관에게 제출할 때 확인을 받아야 한다. 확인사항 3가지를 쓰시오.

➡해답 ① 유해·위험방지계획서의 내용과 실제공사 내용과의 부합 여부
② 유해·위험방지계획서 변경내용의 적정성
③ 추가적인 유해·위험요인의 존재 여부

3. 와이어로프의 파단강도 P[kg], 로프의 가닥수 n, 안전하중이 Q[kg]일 때 안전율(S)의 공식을 쓰시오.

➡해답 $S = \dfrac{n \times P}{Q}$

5. 폭발성·인화성 물질 등 위험물질 등의 제조 취급 시 주의사항이다. 아래 항목에 적합한 안전조치사항을 쓰시오.

① 폭발성 물질을 화기 기타 점화원이 될 우려가 있는 것
② 발화성 물질을 화기 기타 점화원이 될 우려가 있는 것
③ 인화성 물질을 화기 기타 점화원이 될 우려가 있는 것
④ 가연성 가스를 화기 기타 점화원이 될 우려가 있는 곳

➡해답 ① 접근시키거나 가열하거나 마찰시키거나 충격을 가하는 행위 금지
② 접근시키거나 발화를 촉진하는 물질 또는 물에 접촉시키거나 가열하거나 마찰시키거나 충격을 가하는 행위 금지
③ 접근시키거나 주입 또는 가열하거나 증발시키는 행위 금지
④ 접근시키거나 압축·가열 또는 주입하는 행위 금지

12. 다음 작업장소의 작업면의 조도는 얼마인지 쓰시오.

① 초정밀 작업 : ( ) 이상	② 정밀 작업 : ( ) 이상
③ 보통 작업 : ( ) 이상	④ 그 밖의 작업 : ( ) 이상

➡해답 ① 750lux   ② 300lux   ③ 150lux   ④ 75lux

15. 터널 굴착 공사 시 터널 내 공기의 오염원인 5가지를 쓰시오.

➡️**해답** ① 분진 ② 가스 ③ 소음 ④ 진동 ⑤ 지하수

2001년 4회

7. 크레인의 작업시작 전 점검사항을 3가지 쓰시오.

➡️**해답** ① 권과방지장치·브레이크·클러치 및 운전장치의 기능
② 주행로의 상측 및 트롤리(trolley)가 횡행하는 레일의 상태
③ 와이어로프가 통하고 있는 곳의 상태

13. 아래 설명하는 검사에 대하여 기술하시오.

① 설계검사	② 완성검사	③ 성능검사	④ 정기검사

➡️**해답** ① 검사대상의 제작 전에 제작기준 및 안전기준의 준수여부를 확인하기 위해서 필요한 때 시행하는 검사
② 검사대상의 설치를 완료한 때
③ 검사대상의 제작완료 후 출고 전
④ 1년 또는 2년 주기로 시행하는 검사

14. 산소결핍이라 함은 공기 중의 산소농도가 어떠한 상태에 있는 것인가?

➡️**해답** 공기 중 산소농도가 18% 미만인 상태

17. 다음에 적당한 용어를 쓰시오.

① 크레인의 작업으로 크레인이 들어 올릴 수 있는 최대하중은?
② 승강기 및 리프트 등 사람 또는 물건을 실어 올릴 수 있는 최대하중의 용어는?
③ 크레인의 데릭을 매달아 올리는 하중에서 훅, 그래브, 버킷 등의 호이스트 액세서리의 중량을 공제한 하중의 용어는?

➡️**해답** ① 달아올리기 하중 ② 적재하중 ③ 정격하중

2002년 1회

3. 포크리프트 화물 운반 시 안전운행방법 4가지를 쓰시오.

➡️해답 ① 짐을 싣고 주행 시에는 저속주행으로 한다.
② 정차 시에는 반드시 마스트를 지면에 접속해 놓아야 한다.
③ 조작 시에는 시동 후 5분 정도 지난 다음 한다.
④ 이동 시에는 지면으로부터 마스트를 30cm 정도 들고 이동한다.
⑤ 짐을 싣고 내려갈 때는 후진으로 내려가야 한다.

4. 다음은 크레인 작업을 할 때 손에 의한 신호이다. 아래 그림에 대한 작업 용어를 쓰시오.

➡️해답 작업 완료

13. 다음 보기의 (   )에 필요한 내용을 쓰시오.

① 와이어로프 한 가닥에서 소선의 수가 (   ) 이상 절단된 것
② 지름의 감소가 공칭지름의 (   )를 초과하는 것

➡️해답 ① 10%
② 7%

2002년 2회

3. 잠함 또는 우물통의 내부에서 굴착작업 시 위험방지 조치사항을 쓰시오.

[해답] ① 산소 결핍 우려가 있는 경우에는 산소의 농도를 측정하는 사람을 지명하여 측정하도록 할 것
② 근로자가 안전하게 오르내리기 위한 설비를 설치할 것
③ 굴착 깊이가 20m를 초과하는 경우에는 해당 작업장소와 외부와의 연락을 위한 통신설비 등을 설치할 것

4. 항타기·항발기 사용 시 안전조치사항이다. ( ) 안에 필요한 내용을 쓰시오.

1) 연약한 지반에 설치하는 때에는 아웃트리거·받침 등 지지구조물의 침하를 방지하기 위하여 (①) 등을 사용할 것
2) 시설 또는 가설물 등에 설치하는 때에는 그 내력을 확인하고 내력이 부족한 때에는 그 내력을 보강할 것
3) 아웃트리거·받침 등 지지구조물이 미끄러질 우려가 있는 때에는 말뚝 또는 (②) 등을 사용하여 해당 지지구조물을 고정시킬 것
4) 궤도 또는 차로 이동하는 항타기 또는 항발기에 대하여는 불시에 이동하는 것을 방지하기 위하여 레일 클램프 및 쐐기 등으로 고정시킬 것
5) 버팀대만으로 상단부분을 안정시키는 때에는 버팀대는 (③)개 이상으로 하고 그 하단부분은 견고한 버팀말뚝 또는 철골 등으로 고정시킬 것
6) 버팀줄만으로 상단부분을 안정시키는 때에는 버팀줄을 3개 이상으로 하고 같은 간격으로 배치할 것
7) 평형추를 사용하고 안정시키는 때에는 평형추의 이동을 방지하기 위하여 가대에 견고하게 부착시킬 것

[해답] ① 받침목이나 깔판   ② 쐐기   ③ 3

8. 해체작업을 할 때 해체계획에 포함되는 사항 4가지를 쓰시오.

[해답] ① 해체의 방법 및 해체순서 도면
② 가설설비, 방호설비, 환기설비 및 살수·방화설비 등의 방법
③ 사업장 내 연락방법
④ 해체물의 처분계획
⑤ 해체작업용 기계·기구 등의 작업계획서
⑥ 해체작업용 화약류 등의 사용계획서
⑦ 기타 안전·보건에 관련된 사항도 포함되어야 한다.

2002년 3회

7. 다음 물음에 답하시오.

> 1) 달기 와이어로프 및 달기강선의 안전계수 : (①) 이상
> 2) 달기체인 및 달기훅의 안전계수는 : (②) 이상
> 3) 달기강대와 달비계의 하부 및 상부지점의 안전계수 : 강재의 경우 (③) 이상, 목재의 경우
> (④) 이상

➡해답 ① 10 ② 5 ③ 2.5 ④ 5

9. 양중기의 종류 5가지만 쓰시오.

➡해답 ① 크레인(호이스트(hoist)를 포함)
  ② 이동식 크레인
  ③ 리프트(이삿짐 운반용 리프트의 경우에는 적재하중이 0.1톤 이상인 것으로 한정)
  ④ 곤돌라
  ⑤ 승강기

2002년 4회

4. 동력개폐기(switch) 취급상 주의해야 할 사항 3가지만 쓰시오.

➡해답 ① 충전부가 노출되지 않도록 폐쇄형 외함(外函)이 있는 구조로 할 것
  ② 충전부에 충분한 절연효과가 있는 방호망이나 절연덮개를 설치할 것
  ③ 충전부는 내구성이 있는 절연물로 완전히 덮어 감쌀 것
  ④ 발전소・변전소 및 개폐소 등 구획되어 있는 장소로서 관계 근로자가 아닌 사람의 출입이 금지되는 장소에 충전부를 설치하고, 위험표시 등의 방법으로 방호를 강화할 것
  ⑤ 전주 위 및 철탑 위 등 격리되어 있는 장소로서 관계 근로자가 아닌 사람이 접근할 우려가 없는 장소에 충전부를 설치할 것

8. 인양장비를 이용하여 인양작업 중 주의해야 할 안전지침에 대하여 3가지만 쓰시오.

> **[해답]** ① 걸기가 끝나면 모든 작업원은 안전한 장소로 대피한다.
> ② 들어올리기는 신호자의 손짓이나 통신장비에 의해 한다.
> ③ 보조망을 달았을 경우에는 화물의 흔들림이나 회전을 일으키지 않고 또 장해물에 닿지 않도록 바르게 유도한다. 유도할 때에는 발 디딤에 주의한다.
> ④ 달아 올린 화물을 이동시킬 경우에는 적재판에서 2m 이상의 높이를 유지하고 통행자의 위험, 장해물, 가설전선 등의 유무를 확인하고 운행시킨다.
> ⑤ 수신호방법을 운전자, 걸기 작업원과 충분히 사전 협의해 둔다.
> ⑥ 손짓은 운전자가 충분히 알아볼 수 있는 위치에서 명확히 보낸다.
> ⑦ 짐을 달아 올릴 때에는 우선 약간 올리라는 신호를 하고 땅에서 떨어졌을 때 일단 세우고 걸기의 상태(훅, 와이어로프의 조임상태, 화물의 상태, 화물의 흐트러짐, 회전 등의 유무)가 좋은가 또 작업원의 위험이 없는가를 확인한다. 화물을 달아 올리는 중에 작업원이 와이어로프, 도르래 등에 손가락이 말려 들어가는 사고가 많으므로 특히 주의한다. 걸기 상태가 나쁠 때에는 반드시 지상에 내려서 걸린 상태를 다시 확인, 수정한다.
> ⑧ 인양, 이동 중에 화물이 흔들리거나 장해물 등에 걸리거나 할 때에는 반드시 운전을 중지한다.
> ⑨ 인양화물을 정한 장소에 내릴 때에는 적당한 높이가 되었을 때 일단 정지시켜 내리는 위치가 안전한가 또 깔판에 바르게 내려지는가를 확인한다.

9. 포크리프트로 작업장의 물품을 운반할 때 필요한 안전조치 4가지 쓰시오.

> **[해답]** ① 짐을 싣고 주행 시 저속 주행으로 한다.
> ② 정지 시에는 반드시 마스트를 지면에 접속해 놓아야 한다.
> ③ 조작 시에는 시동 후 5분 정도 지난 다음 한다.
> ④ 이동시에는 지면으로부터 마스트를 30cm 정도 들고 이동한다.
> ⑤ 짐을 싣고 내려갈 때는 후진으로 내려간다.

2003년 1회

4. 차량계 건설기계를 사용하여 작업을 할 때에는 작업계획을 작성하고 그 작업계획에 따라 작업을 실시하도록 하여야 한다. 이 작업계획에 포함되어야 할 사항을 3가지 쓰시오.

➡해답 ① 사용하는 차량계 건설기계의 종류 및 성능
② 차량계 건설기계의 운행경로
③ 차량계 건설기계에 의한 작업방법

5. 다음 표는 건설업 산업안전보건관리비 계상 및 사용기준에 의해 수급인 또는 자가 공사자가 안전관리비를 사용해야 하는 항목을 보여주고 있다. 빈칸을 채우시오.

[항 목]
1. 안전관리자·보건관리자의 임금 등
2. (①   )
3. 보호구 등
4. (②   )
5. 안전보건교육비 등
6. 근로자 건강장해예방비 등
7. (③   )
8. 본사 전담조직에 소속된 근로자의 임금 및 업무수행 출장비 전액
9. 유해·위험요인 개선을 위해 필요하다고 판단하여 노사협의체에서 사용하기로 결정한 사항을 이행하기 위한 비용

➡해답 ① 안전시설비 등
② 안전보건진단비 등
③ 건설재해예방전문지도기관의 지도에 대한 대가로 지급하는 비용

6. 크레인에 관련된 다음 설명에 알맞은 용어를 쓰시오.

(1) 크레인, 이동식 크레인 또는 데릭의 재료에 따라 부하시킬 수 있는 하중 : (①)
(2) 지브 혹은 붐의 경사각 및 길이 또는 지브의 위에 놓이는 도르래의 위치에 따라 부하시킬 수 있는 최대하중으로부터 각각 훅, 버킷 등 달아올리기 기구의 중량에 상당하는 하중을 공제한 하중 : (②)
(3) 엘리베이터, 자동차정비용 리프트 또는 건설용 리프트의 구조 및 재료에 따라서 운반기에 사람 또는 짐을 올려놓고 승강시킬 수 있는 최대하중 : (③)

➡해답 ① 달아올리기 하중　② 정격하중　③ 적재하중

8. 동력을 사용하는 항타기 또는 항발기의 무너짐을 방지하기 위한 준수사항이다. ( ) 안에 알맞은 말을 써 넣으시오.

1) 연약한 지반에 설치하는 때에는 아웃트리거·받침 등 지지구조물의 침하를 방지하기 위하여 (①) 등을 사용하고, 아웃트리거·받침 등 지지구조물이 미끄러질 우려가 있는 때에는 (②) 또는 쐐기 등을 사용하여 해당 지지구조물을 고정시킬 것
2) 버팀대만으로 상단부분을 안정시키는 때에는 버팀대는 (③)개 이상으로 하고 그 하단 부분은 견고한 버팀말뚝 또는 철골 등으로 고정시킬 것

➡해답 ① 받침목이나 깔판
　　　 ② 말뚝
　　　 ③ 3

11. 구조물을 해체할 때에는 미리 해체구조물의 조사결과에 따른 해체계획을 작성하고 그 해체 계획에 의하여 작업하도록 하여야 한다. 이때 해체 계획에 포함되어야 할 사항을 3가지만 쓰시오.

➡해답 ① 해체의 방법 및 해체순서 도면
　　　 ② 가설설비, 방호설비, 환기설비 및 살수·방화설비 등의 방법
　　　 ③ 사업장 내 연락방법
　　　 ④ 해체물의 처분계획
　　　 ⑤ 해체작업용 기계·기구 등의 작업계획서
　　　 ⑥ 해체작업용 화약류 등의 사용계획서
　　　 ⑦ 기타 안전·보건에 관련된 사항도 포함되어야 한다.

2003년 2회

1. 달기체인과 와이어로프의 안전기준을 쓰시오.

해답 (1) 달기체인
① 달기체인이 길이의 증가가 그 달기체인의 제조된 때의 길이의 5%를 초과한 것
② 링의 단면지름의 감소가 그 달기체인이 제조된 때의 해당 링의 지름의 10%를 초과하여 감소한 것
③ 균열이 있거나 심하게 변형된 것
(2) 와이어로프
① 이음매가 있는 것
② 와이어로프의 한 꼬임에서 끊어진 소선의 수가 10% 이상(비자전로프의 경우에는 끊어진 소선의 수가 와이어로프 호칭지름의 6배 길이 이내에서 4개 이상이거나 호칭지름 30배 길이 이내에서 8개 이상인 것)인 것
③ 지름의 감소가 공칭지름의 7%를 초과하는 것
④ 꼬인 것
⑤ 심하게 변형 또는 부식된 것
⑥ 열과 전기충격에 의해 손상된 것

7. 건설업 중 유해위험방지계획서 제출대상사업 5가지를 쓰시오.

해답 ① 지상높이가 31m 이상인 건축물 또는 인공구조물, 연면적 30,000m² 이상인 건축물 또는 연면적 5,000m² 이상의 문화 및 집회시설(전시장 및 동물원·식물원은 제외), 판매시설, 운수시설(고속철도의 역사 및 집배송시설은 제외), 종교시설, 의료시설 중 종합병원, 숙박시설 중 관광숙박시설, 지하도상가 또는 냉동·냉장창고시설의 건설·개조 또는 해체
② 연면적 5,000m² 이상의 냉동·냉장창고시설의 설비공사 및 단열공사
③ 최대지간 길이가 50m 이상인 교량건설 등 공사
④ 터널건설 등의 공사
⑤ 다목적 댐, 발전용 댐 및 저수용량 2천만톤 이상의 용수전용 댐, 지방상수도 전용댐 건설 등의 공사
⑥ 깊이가 10m 이상인 굴착공사

8. 섬유로프로 화물자동차에 짐을 실을 때 관리감독자의 직무 3가지를 쓰시오.

➡해답 ① 작업순서와 순서별 작업방법을 결정하고 작업을 직접 지휘하는 일
② 기구 및 공구를 점검하고 불량품을 제거하는 일
③ 해당 작업을 하는 장소에 관계 근로자가 아닌 사람의 출입을 금지하는 일
④ 로프 풀기 작업 및 덮개 벗기기 작업을 하는 경우에는 적재함의 화물에 낙하 위험이 없음을 확인한 후에 해당 작업의 착수를 지시하는 일

11. 항타기·항발기 사용 전 점검사항 3가지를 쓰시오.

➡해답 ① 본체 연결부의 풀림 또는 손상의 유무
② 권상용 와이어로프·드럼 및 도르래의 부착상태의 이상 유무
③ 권상장치의 브레이크 및 쐐기장치 기능의 이상 유무
④ 권상기 설치상태의 이상 유무
⑤ 리더(leader)의 버팀 방법 및 고정상태의 이상 유무
⑥ 본체·부속장치 및 부속품의 강도가 적합한지 여부
⑦ 본체·부속장치 및 부속품에 심한 손상·마모·변형 또는 부식이 있는지 여부

2003년 4회

1. 건축공사에서 재료비가 500,000,000원이고 직접노무비가 300,000,000원일 때 안전 관리비를 계산하시오.

➡해답 안전관리비 산출＝대상액(재료비＋직접노무비)×1.86％＋기초액(C)
＝800,000,000원×0.0186＋5,349,000원＝20,229,000원

3. 차량계 건설기계를 사용하여 작업을 할 때 기계가 넘어지거나 굴러 떨어짐으로써 근로자에게 위험을 미칠 우려가 있는 때에 취할 수 있는 조치사항을 3가지만 쓰시오.

➡해답 ① 유도하는 사람(유도자)을 배치
② 지반의 부동침하 방지
③ 갓길의 붕괴 방지
④ 도로 폭의 유지

8. 작업장 내 운반을 주목적으로 하는 구내 운반차 사용 시 준수사항 3가지만 쓰시오.

➡해답 ① 주행을 제동하거나 정지상태를 유지하기 위하여 유효한 제동장치를 갖출 것
② 경음기를 갖출 것
③ 운전석이 차 실내에 있는 것은 좌우에 한 개씩 방향지시기를 갖출 것
④ 전조등 및 후미 등을 갖출 것. 다만 작업을 안전하게 하기 위하여 필요한 조명이 있는 장소에서 사용하는 구내 운반차에 대해서는 그러하지 아니하다.

11. 크레인을 사용하여 작업을 하는 때에 작업 시작 전 점검사항을 3가지만 쓰시오.

➡해답 ① 권과방지장치·브레이크·클러치 및 운전장치의 기능
② 주행로의 상측 및 트롤리(trolley)가 횡행하는 레일의 상태
③ 와이어로프가 통하고 있는 곳의 상태

2004년 1회

9. 차량계 건설기계를 사용하는 작업 시 전도방지 대책 3가지를 쓰시오.

➡해답 ① 유도하는 사람(유도자)을 배치
② 지반의 부동침하 방지
③ 갓길의 붕괴 방지
④ 도로 폭의 유지

10. 보기의 와이어로프 ① 체결법 ② 효율 ③ 볼트 간의 거리를 쓰시오.

➡해답 ① 클립체결법
② 80~85%
③ 6D(지름의 6배) 이상

11. 건축공사에서 재료비가 500,000,000원이고 직접 노무비가 300,000,000원일 때 안전 관리비를 계산하시오.

> **해답** 안전관리비 산출＝대상액(재료비＋직접노무비)×1.86％＋기초액(C)
> ＝800,000,000원×0.0186＋5,349,000원＝20,229,000원

12. 양중기 작업 시 양중기의 안전검사내용 3가지를 쓰시오.

> **해답** ① 과부하방지장치, 권과방지장치, 그 밖의 안전장치의 이상 유무
> ② 브레이크와 클러치의 이상 유무
> ③ 와이어로프와 달기체인의 이상 유무
> ④ 훅 등 달기기구의 손상 유무
> ⑤ 배선, 집진장치, 배전반, 개폐기, 콘트롤러의 이상 유무

13. 고압활선 근접작업 시 보기의 (　)에 필요한 숫자나 용어를 쓰시오.

[보기]
사업주는 고압의 충전전로에 근접하는 장소에서 전로 또는 그 지지물의 설치·점검·수리 및 도장 등의 작업을 함에 있어서 당해 작업에 종사하는 근로자의 신체 등이 충전전로에 접촉하거나 당해 충전전로에 대하여 머리 위로의 거리가 (①) 이내이거나 신체 또는 발 아래로의 거리가 (②) 이내로 접근함으로 인하여 감전의 우려가 있는 때에는 당해 충전전로에 절연용 보호구를 설치하여야 한다. 다만, 당해 작업에 종사하는 근로자에게 절연용 보호구를 착용시키고 당해 (③)를 착용하는 신체 외의 부분이 당해 충전전로에 접촉하거나 접근함으로 인하여 감전의 위험이 발생할 우려가 없는 때에는 그러하지 아니한다.

> **해답** ① 30cm
> ② 60cm
> ③ 절연용 보호구

2004년 2회

3. 공사진척에 따른 표의 안전관리비 사용기준을 ( )에 쓰시오.

공정률	50% 이상 70% 미만	70% 이상 90% 미만	90% 이상 100%
사용 기준	(①) 이상	(②) 이상	(③) 이상

➡해답 ① 50%
② 70%
③ 90%

4. 잠함, 우물통, 수직갱 기타 건설물 실내 내부 굴착작업 시 준수사항 3가지를 쓰시오.

➡해답 ① 산소 결핍 우려가 있는 경우에는 산소의 농도를 측정하는 사람을 지명하여 측정하도록 할 것
② 근로자가 안전하게 오르내리기 위한 설비를 설치할 것
③ 굴착 깊이가 20m를 초과하는 경우에는 해당 작업장소와 외부와의 연락을 위한 통신설비 등을 설치할 것

13. 고압 충전전로의 점검수리 등 유지작업 시 안전수칙(휴전이 곤란한 경우) 3가지를 쓰시오.

➡해답 ① 근로자에게 절연용 보호구를 착용시키고, 당해 충전전로 중 근로자가 취급하고 있는 부분 외의 부분에 근로자의 신체 등이 접촉 또는 접근함으로 인하여 감전의 위험이 발생할 우려가 있는 것에 대해서는 절연용 방호구를 설치할 것
② 근로자에게 활선작업용 기구를 사용하도록 할 것
③ 근로자에게 활선작업용 장치를 사용하도록 할 것

2004년 4회

1. 권상용 와이어로프의 제한기준 3가지를 쓰시오.

> **➡해답** ① 이음매가 있는 것
> ② 와이어로프의 한 꼬임에서 끊어진 소선의 수가 10% 이상(비자전로프의 경우에는 끊어진 소선의 수가 와이어로프 호칭지름의 6배 길이 이내에서 4개 이상이거나 호칭지름 30배 길이 이내에서 8개 이상인 것)인 것
> ③ 지름의 감소가 공칭지름의 7%를 초과하는 것
> ④ 꼬인 것
> ⑤ 심하게 변형 또는 부식된 것
> ⑥ 열과 전기충격에 의해 손상된 것

2. 감전위험을 방지하기 위하여 누전차단기 설치가 필요한 장소 3가지를 쓰시오.

> **➡해답** ① 물 등 도전성이 높은 액체에 의한 습윤 장소
> ② 철판·철골 위 등 도전성이 높은 장소
> ③ 임시배선의 전로가 설치되는 장소

7. 크레인 작업시작 전 점검사항 3가지를 쓰시오.

> **➡해답** ① 권과방지장치·브레이크·클러치 및 운전장치의 기능
> ② 주행로의 상측 및 트롤리(trolley)가 횡행하는 레일의 상태
> ③ 와이어로프가 통하고 있는 곳의 상태

12. 건축공사 재료비가 500,000,000원 이고 직접 노무비가 300,000,000원 일 때 안전 관리비를 계산하시오.

> **➡해답** 안전관리비 산출 = 대상액(재료비+직접노무비)×1.86% + 기초액(C)
> = 800,000,000×0.0186 + 5,349,000원 = 20,229,000원

2005년 1회

4. 잠함, 우물통, 수직갱 기타 이와 유사한 건설물의 내부에서 굴착작업 시 준수사항 3가지를 쓰시오.

→해답 ① 산소 결핍 우려가 있는 경우에는 산소의 농도를 측정하는 사람을 지명하여 측정하도록 할 것
② 근로자가 안전하게 오르내리기 위한 설비를 설치할 것
③ 굴착 깊이가 20m를 초과하는 경우에는 해당 작업장소와 외부와의 연락을 위한 통신설비 등을 설치할 것

8. 다음 보기의 건설업 산업안전·보건 관리비를 계산하시오.

[보기]
① 건축공사
② 예정가격 내역서상의 재료비 210억 원
③ 예정가격 내역서상의 직접노무비 190억 원
④ 발주자가 제공한 재료비 90억 원에서 산업안전보건관리비를 산출

→해답 안전관리비 대상액=210억+190억+90억=490억 원
건축공사이므로 ① 490억×1.97%=965,300,000원(지급자재비를 포함한 경우)
② 400억×1.97%×1.2=945,600,000원(지급자재비를 포함하지 않은 경우)
② < ①이므로 945,600,000원이 산업안전보건관리비이다.

2005년 2회

1. 건설공사에 사용되는 양중기의 종류 4가지를 쓰시오.

→해답 ① 크레인(호이스트(hoist)를 포함)
② 이동식 크레인
③ 리프트(이삿짐 운반용 리프트의 경우에는 적재하중이 0.1톤 이상인 것으로 한정)
④ 곤돌라
⑤ 승강기

4. 건물 등의 해체 작업 시 해체계획에 포함사항 3가지를 쓰시오.

> **➡해답** ① 해체의 방법 및 해체순서 도면
> ② 가설설비, 방호설비, 환기설비 및 살수·방화설비 등의 방법
> ③ 사업장 내 연락방법
> ④ 해체물의 처분계획
> ⑤ 해체작업용 기계·기구 등의 작업계획서
> ⑥ 해체작업용 화약류 등의 사용계획서
> ⑦ 기타 안전·보건에 관련된 사항도 포함되어야 한다.

7. 건축공사에서 재료비가 500,000,000원이고 직접노무비가 300,000,000원일 때 안전 관리비를 계산하시오.

> **➡해답** 안전관리비 산출＝대상액(재료비＋직접노무비)×1.86％＋기초액(C)
> ＝800,000,000원×0.0186＋5,349,000원＝20,229,000원

8. 잠함, 우물통, 수직갱 기타 건설물 설비 내부 굴착작업 시 준수사항 3가지를 쓰시오.

> **➡해답** ① 산소 결핍 우려가 있는 경우에는 산소의 농도를 측정하는 사람을 지명하여 측정하도록 할 것
> ② 근로자가 안전하게 오르내리기 위한 설비를 설치할 것
> ③ 굴착 깊이가 20m를 초과하는 경우에는 해당 작업장소와 외부와의 연락을 위한 통신설비 등을 설치할 것

9. 중량물 취급 시 작업계획서 작성 시 포함사항 3가지를 쓰시오.

> **➡해답** ① 추락위험을 예방할 수 있는 안전대책
> ② 낙하위험을 예방할 수 있는 안전대책
> ③ 전도위험을 예방할 수 있는 안전대책
> ④ 협착위험을 예방할 수 있는 안전대책
> ⑤ 붕괴위험을 예방할 수 있는 안전대책

10. 곤돌라 작업 시 근로자가 탑승 가능한 경우 2가지를 쓰시오.

> **➡해답** ① 탑승설비가 뒤집히거나 떨어지지 않도록 필요한 조치를 할 것
> ② 안전대나 구명줄을 설치하고, 안전난간을 설치할 수 있는 경우에는 안전난간을 설치할 것

2005년 4회

1. 채석작업계획에 포함사항 3가지를 쓰시오.

[해답] ① 노천굴착과 갱내굴착의 구별 및 채석방법
② 굴착면의 높이와 기울기
③ 굴착면 소단의 위치와 넓이
④ 갱내에서의 낙반 및 붕괴방지 방법
⑤ 발파방법
⑥ 암석의 분할방법
⑦ 암석의 가공장소
⑧ 사용하는 굴착기계·분할기계·적재기계 또는 운반기계의 종류 및 성능
⑨ 토석 또는 암석의 적재 및 운반방법과 운반경로
⑩ 표토 또는 용수의 처리방법

3. 차량계 건설기계 작업 시 기계가 넘어지거나 굴러떨어짐으로써 위험을 미칠 우려가 있다. 이때 안전대책 3가지를 쓰시오.

[해답] ① 유도하는 사람(유도자)을 배치
② 지반의 부동침하 방지
③ 갓길의 붕괴 방지
④ 도로 폭의 유지

4. 전기기계·기구 또는 전로 등의 충전부분에 접촉 시 감전방지대책 3가지를 쓰시오.

[해답] ① 충전부가 노출되지 않도록 폐쇄형 외함(外函)이 있는 구조로 할 것
② 충전부에 충분한 절연효과가 있는 방호망이나 절연덮개를 설치할 것
③ 충전부는 내구성이 있는 절연물로 완전히 덮어 감쌀 것
④ 발전소·변전소 및 개폐소 등 구획되어 있는 장소로서 관계 근로자가 아닌 사람의 출입이 금지되는 장소에 충전부를 설치하고, 위험표시 등의 방법으로 방호를 강화할 것
⑤ 전주 위 및 철탑 위 등 격리되어 있는 장소로서 관계 근로자가 아닌 사람이 접근할 우려가 없는 장소에 충전부를 설치할 것

6. 이동식 크레인의 달기구에 전용 탑승설비를 설치하여 작업 시 근로자 위험방지 대책 3가지를 쓰시오.

> **[해답]** ① 탑승설비가 뒤집히거나 떨어지지 않도록 필요한 조치를 할 것
> ② 안전대나 구명줄을 설치하고, 안전난간을 설치할 수 있는 경우에는 안전난간을 설치할 것
> ③ 탑승설비를 하강시킬 때에는 동력하강방법으로 할 것

7. 건설공사 유해·위험방지계획서를 공사착공 전일까지 제출해야 하는 규모의 사업 3가지를 쓰시오.

> **[해답]** ① 지상높이가 31m 이상인 건축물 또는 인공구조물, 연면적 30,000m² 이상인 건축물 또는 연면적 5,000m² 이상의 문화 및 집회시설(전시장 및 동물원·식물원은 제외), 판매시설, 운수시설(고속철도의 역사 및 집배송시설은 제외), 종교시설, 의료시설 중 종합병원, 숙박시설 중 관광숙박시설, 지하도상가 또는 냉동·냉장창고시설의 건설·개조 또는 해체
> ② 연면적 5,000m² 이상의 냉동·냉장창고시설의 설비공사 및 단열공사
> ③ 최대지간 길이가 50m 이상인 교량건설 등 공사
> ④ 터널건설 등의 공사
> ⑤ 다목적 댐, 발전용 댐 및 저수용량 2천만톤 이상의 용수전용 댐, 지방상수도 전용댐 건설 등의 공사
> ⑥ 깊이가 10m 이상인 굴착공사

2006년 1회

2. 양중기 안전점검사항 3가지를 쓰시오.

> **[해답]** ① 과부하방지장치, 권과방지장치, 그 밖의 안전장치의 이상 유무
> ② 브레이크와 클러치의 이상 유무
> ③ 와이어로프와 달기체인의 이상 유무
> ④ 혹 등 달기기구의 손상 유무
> ⑤ 배선, 집진장치, 배전반, 개폐기, 콘트롤러의 이상 유무

3. [보기]의 산업안전보건관리비 사용내역을 나열한 것 중 관리비로 사용할 수 없는 내역을 고르시오.

[보기]	
① 현장소장 해외 연수비	② 사업장 안전순찰용 차량 구입비
③ 사업장의 안전 진단비	④ 안전교육을 위한 식당에 설치한 TV
⑤ 착공식 안전기원제 비용	⑥ 근로자 회식비
⑦ 근로자의 건강진단비	

➡해답 ① ② ④ ⑥

4. [보기]는 항타기, 항발기에 대한 사항이다. 다음의 빈칸을 채우시오.

[보기]
① 권상용 와이어로프 드럼에 감는 횟수 적어도 (   )회 감기고 남을 수 있는 충분한 길이일 것
② 권상용 와이어로프의 안전계수 (   ) 이상
③ 권상장치로부터 첫 번째 도르래의 축과의 거리를 권상장치의 드럼 폭의 (   )배 이상으로 하여야 한다.

➡해답 ① 2   ② 5   ③ 15

8. 컨베이어 작업 시작 전 점검사항 3가지를 쓰시오.

➡해답 ① 원동기 및 풀리(pulley) 기능의 이상 유무
② 이탈 등의 방지장치 기능의 이상 유무
③ 비상정지장치 기능의 이상 유무
④ 원동기·회전축·기어 및 풀리 등의 덮개 또는 울 등의 이상 유무

11. 건설공사의 총 공사원가가 100억 원이고 이 중 재료비와 직접 노무비의 합이 60억 원인 터널신설공사의 산업안전보관관리비를 다음 기준표를 참고하여 계산하시오.

구분 / 공사종류	대상액 5억 원 미만인 경우 적용 비율(%)	대상액 5억 원 이상 50억 원 미만인 경우		대상액 50억 원 이상인 경우 적용 비율(%)	영 별표5에 따른 보건관리자 선임대상 건설공사의 적용비율(%)
		적용비율(%)	기초액		
건축공사	2.93%	1.86%	5,349,000원	1.97%	2.15%
토목공사	3.09%	1.99%	5,499,000원	2.10%	2.29%
중건설공사	3.43%	2.35%	5,400,000원	2.44%	2.66%
특수건설공사	1.85%	1.20%	3,250,000원	1.27%	1.38%

➡해답 안전관리비 산출＝대상액(재료비＋직접노무비)×2.44%(중건설공사)
＝6,000,000,000×2.44%＝146,400,000원

2006년 2회

7. 건설업의 수급인 또는 자체사업을 행하는 자가 산업안전보건관리비를 사용하고자 하는 경우에는 사용방법 재해예방 조치 등에 대하여 전문지도 기관의 지도를 받아야 한다. 이때 이 대상에서 제외하는 공사 3가지를 쓰시오.

➡해답 ① 공사 기간이 1개월 미만인 공사
② 육지와 연결되지 아니한 섬지역(제주특별자치도는 제외)에서 이루어지는 공사
③ 유해·위험 방지계획서를 제출하여야 하는 공사
④ 안전관리자 자격을 가진 자를 선임하여 안전관리자의 직무만을 전담하도록 하는 공사

10. 지하작업 가스공사 중 가스농도를 측정하는 자를 지정해야 한다. 이때 가스농도를 측정하는 시점 3가지를 쓰시오.

➡해답 ① 매일 작업을 시작하기 전
② 가스의 누출이 의심되는 경우
③ 가스가 발생하거나 정체할 위험이 있는 장소가 있는 경우
④ 장시간 작업을 계속하는 경우(4시간마다 가스 농도를 측정)

2006년 4회

2. 항타기 또는 항발기 조립 시 점검사항 4가지를 쓰시오.

➡해답 ① 본체 연결부의 풀림 또는 손상의 유무
② 권상용 와이어로프·드럼 및 도르래의 부착상태의 이상 유무
③ 권상장치의 브레이크 및 쐐기장치 기능의 이상 유무
④ 권상기 설치상태의 이상 유무
⑤ 리더(leader)의 버팀 방법 및 고정상태의 이상 유무
⑥ 본체·부속장치 및 부속품의 강도가 적합한지 여부
⑦ 본제·부속장치 및 부속품에 심한 손상·마모·변형 또는 부식이 있는지 여부

4. 다음은 건설업 산업안전보건관리비 중 건축공사이며 계상기준은 1.97[%]이다. 건설업 산업안전보건관리비를 구하시오.

[보기]
• 노무비 40억 원(직접 노무비 30억 원, 간접 노무비 10억 원)
• 재료비 40억 원, 기계경비 30억 원

➡해답 안전관리비 산출＝대상액(재료비＋직접노무비)×1.97%
＝(40억＋30억)×0.0197＝137,900,000원

7. 와이어로프의 직경이 12mm이고 클립수가 4개일 때, 클립위치를 그림에 그리시오.

➡해답
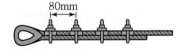

8. 채석작업 시 작업계획에 포함되어야 할 사항 4가지를 쓰시오.

➡해답 ① 노천굴착과 갱내굴착의 구별 및 채석방법
② 굴착면의 높이와 기울기
③ 굴착면 소단의 위치와 넓이
④ 갱내에서의 낙반 및 붕괴방지 방법
⑤ 발파방법

⑥ 암석의 분할방법
⑦ 암석의 가공장소
⑧ 사용하는 굴착기계·분할기계·적재기계 또는 운반기계의 종류 및 성능
⑨ 토석 또는 암석의 적재 및 운반방법과 운반경로
⑩ 표토 또는 용수의 처리방법

10. 중량물 취급 작업 시 작업계획서에 포함사항 2가지를 쓰시오.

해답 ① 추락위험을 예방할 수 있는 안전대책
② 낙하위험을 예방할 수 있는 안전대책
③ 전도위험을 예방할 수 있는 안전대책
④ 협착위험을 예방할 수 있는 안전대책
⑤ 붕괴위험을 예방할 수 있는 안전대책

2007년 1회

4. 크레인, 리프트 등 안전검사를 실시하고 합격표시해야 할 사항 4가지를 쓰시오.

해답 ① 유해·위험기계명 ② 신청인 ③ 형식번(기)호(설치장소)
④ 합격번호 ⑤ 검사유효기간 ⑥ 검사기관(실시기관)

6. 다음 보기의 건설업 산업안전·보건관리비를 계산하시오.

[보기]
① 건축공사
② 예정가격 내역서상의 재료비 210억 원
③ 예정가격 내역서상의 직접노무비 190억 원
④ 발주자가 제공한 재료비 90억 원에서 산업안전보건관리비를 산출

해답 안전관리비 대상액=210억+190억+90억=490억 원
건축공사이므로 ① 490억×1.97%=965,300,000원(지급자재비를 포함한 경우)
② 400억×1.97%×1.2=945,600,000원(지급자재비를 포함하지 않은 경우)
② < ①이므로 945,600,000원이 산업안전보건관리비이다.

12. 보기의 산업안전보건관리비 사용내역을 나열한 것 중 안전관리비로 사용할 수 있는 항목의 번호를 4가지 쓰시오.

[보기]	
① 현장과 도로에 설치하는 안전펜스	② 가설계단 시설비
③ 작업발판 시설비	④ 교류아크 용접기의 자동전격방지장치
⑤ 전선로 이설비	⑥ 대기오염 방지시설비
⑦ 방호선반시설비	⑧ 산소농도 측정기 구입비
⑨ 전기안전대행 수수료	⑩ 작업환경 측정장비

➡해답 ④   ⑦   ⑧   ⑩

13. 사업주는 순간 풍속이 매 초당 (   )미터를 초과하는 바람이 불어올 우려가 있는 때에는 옥외에 설치되어 있는 주행크레인에 대하여 이탈방지 장치를 작동시키는 등 그 이탈을 방지하기 위한 조치를 하여야 한다. (   ) 안에 알맞은 조치를 쓰시오.

➡해답 30

2007년 2회

5. 동력을 사용하는 항타기 또는 항발기의 무너짐을 방지하기 위한 준수사항이다. (   ) 안에 알맞은 말을 써 넣으시오.

① 연약한 지반에 설치할 때에는 아웃트리거·받침 등 지지구조물의 침하를 방지하기 위하여 (①)를(을) 사용하고, 아웃트리거·받침 등 지지구조물이 미끄러질 우려가 있을 때에는 말뚝 또는 쐐기 등을 사용하여 해당 지지구조물을 고정시킬 것
② 버팀대만으로 상단부분을 안정시킬 때는 버팀대는 (②)개 이상으로 할 것

➡해답 ① 받침목이나 깔판   ② 3

14. 건설업 중 유해·위험방지 계획서 제출 대상사업 5가지에 대하여 보기의 (   )에 알맞은 수치를 쓰시오.

> 지상 높이가 (①)미터 이상인 건축물 또는 공작물 최대지간길이가 (②)미터 이상인 교량건설 등 공사 (③) 건설 등의 공사 다목적댐·발전용댐 및 저수용량 (④)천만톤 이상의 용수전용댐 공사 깊이 (⑤)미터 이상인 굴착공사

➡**해답** ① 31   ② 50   ③ 터널   ④ 2   ⑤ 10

2007년 4회

1. 차량계 건설기계의 작업 계획에 포함 사항 3가지를 쓰시오.

➡**해답** ① 사용하는 차량계 건설기계의 종류 및 성능
② 차량계 건설기계의 운행경로
③ 차량계 건설기계에 의한 작업방법

4. 다음 보기 중 안전관리비로 사용할 수 없는 4가지 항목은?

[보기]
① 공사장 경계표시를 위한 가설 울타리
② 안전보조원의 인건비
③ 경사법면의 보호망
④ 개인보호구, 개인장구의 보관시설
⑤ 현장사무소의 휴게시설
⑥ 면장갑, 코팅장갑 등의 구입비
⑦ 안전교육장의 설치비
⑧ 작업장 방역 및 소독비, 방충비
⑨ 실내 작업장의 냉·난방 시설 설치비 및 유지비
⑩ 안전보건 정보교류를 위한 모임 사용비

➡**해답** ①   ⑤   ⑥   ⑨

5. 차량계 건설기계 작업 시 넘어지거나, 굴러떨어짐에 의해 근로자에게 위험을 미칠 우려가 있을 때 조치사항 3가지를 쓰시오.

> **해답** ① 유도하는 사람(유도자)을 배치
> ② 지반의 부동침하 방지
> ③ 갓길의 붕괴 방지
> ④ 도로 폭의 유지

7. 잠함·우물통·수직갱 등에서 작업 시 안전조치 사항 3가지를 쓰시오.

> **해답** ① 산소 결핍 우려가 있는 경우에는 산소의 농도를 측정하는 사람을 지명하여 측정하도록 할 것
> ② 근로자가 안전하게 오르내리기 위한 설비를 설치할 것
> ③ 굴착 깊이가 20m를 초과하는 경우에는 해당 작업장소와 외부와의 연락을 위한 통신설비 등을 설치할 것

9. 항타기 또는 항발기의 권상용 와이어로프의 사용금지기준 3가지를 쓰시오.

> **해답** ① 이음매가 있는 것
> ② 와이어로프의 한 꼬임에서 끊어진 소선의 수가 10% 이상(비자전로프의 경우에는 끊어진 소선의 수가 와이어로프 호칭지름의 6배 길이 이내에서 4개 이상이거나 호칭지름 30배 길이 이내에서 8개 이상인 것)인 것
> ③ 지름의 감소가 공칭지름의 7%를 초과하는 것
> ④ 꼬인 것
> ⑤ 심하게 변형 또는 부식된 것
> ⑥ 열과 전기충격에 의해 손상된 것

13. 유해·위험방지계획서 심사결과 ① 적정 ② 조건부 적정 ③ 부적정을 판정하시오.

> **해답** ① 적정 : 근로자의 안전과 보건을 위하여 필요한 조치가 구체적으로 확보되었다고 인정되는 경우
> ② 조건부 적정 : 근로자의 안전과 보건을 확보하기 위하여 일부 개선이 필요하다고 인정되는 경우
> ③ 부적정 : 기계·설비 또는 건설물이 심사기준에 위반되어 공사착공 시 중대한 위험발생의 우려가 있거나 계획에 근본적 결함이 있다고 인정되는 경우

14. 다음에서 설명하는 하중의 용어를 쓰시오.

> 지브 혹은 붐의 경사각 및 길이 또는 지브의 위에 놓이는 도르래의 위치에 따라 부하시킬 수 있는 최대하중으로부터 각각 훅, 버킷 등 달아올리기 기구의 중량에 상당하는 하중을 공재한 하중은 (①), 엘리베이터 자동차정비용 리프트 또는 건설용 리프트의 구조 및 재료에 따라서 운반기에 사람 또는 짐을 올려놓고 승강시킬 수 있는 최대하중은 (②), 크레인, 이동식 크레인 또는 데릭의 재료에 따라 부하시킬 수 있는 하중을 (③)이라 한다.

해답 ① 정격하중
② 적재하중
③ 달아올리기 하중

2008년 1회

1. 가스용기를 취급하는 때의 주의사항 5가지를 쓰시오.

해답 ① 용기의 온도를 섭씨 40도 이하로 유지할 것
② 전도의 위험이 없도록 할 것
③ 충격을 가하지 않도록 할 것
④ 운반하는 경우에는 캡을 씌울 것
⑤ 사용하는 경우에는 용기의 마개에 부착되어 있는 유류 및 먼지를 제거할 것
⑥ 밸브의 개폐는 서서히 할 것
⑦ 사용 전 또는 사용 중인 용기와 그 밖의 용기를 명확히 구별하여 보관할 것
⑧ 용해아세틸렌의 용기는 세워 둘 것
⑨ 용기의 부식·마모 또는 변형상태를 점검한 후 사용할 것

2. 승강기 종류를 4가지 쓰시오.

해답 ① 승객용 엘리베이터
② 화물용 엘리베이터
③ 승객화물용 엘리베이터
④ 소형화물용 엘리베이터
⑤ 에스컬레이터

3. 다음 중 채석작업계획에 포함되어야 할 항목 4가지를 쓰시오.

> **해답** ① 노천굴착과 갱내굴착의 구별 및 채석방법
> ② 굴착면의 높이와 기울기
> ③ 굴착면 소단의 위치와 넓이
> ④ 갱내에서의 낙반 및 붕괴방지 방법
> ⑤ 발파방법
> ⑥ 암석의 분할방법
> ⑦ 암석의 가공장소
> ⑧ 사용하는 굴착기계 · 분할기계 · 적재기계 또는 운반기계의 종류 및 성능
> ⑨ 토석 또는 암석의 적재 및 운반방법과 운반경로
> ⑩ 표토 또는 용수의 처리방법

5. 잠함, 우물통, 수직갱 기타 이와 유사한 건설물 또는 설비(이하 "잠함 등"이라 한다)의 내부에서 굴착작업을 하는 때의 준수사항을 3가지 쓰시오.

> **해답** ① 산소 결핍 우려가 있는 경우에는 산소의 농도를 측정하는 사람을 지명하여 측정하도록 할 것
> ② 근로자가 안전하게 오르내리기 위한 설비를 설치할 것
> ③ 굴착 깊이가 20m를 초과하는 경우에는 해당 작업장소와 외부와의 연락을 위한 통신설비 등을 설치할 것

10. 산업안전보건법상 조도기준 4가지를 쓰시오.

> **해답** ① 초정밀작업 : 750럭스 이상
> ② 정밀작업 : 300럭스 이상
> ③ 보통작업 : 150럭스 이상
> ④ 기타작업 : 75럭스 이상

11. 산업재해의 위험장소로 규정되어 있는 장소로서 산업재해예방을 위한 필요한 조치를 취해야 하는 장소 5가지를 쓰시오.

> **해답** ① 근로자가 추락할 위험이 있는 장소
> ② 토사 · 구축물 등이 붕괴할 우려가 있는 장소
> ③ 물체가 떨어질 위험이 있는 장소
> ④ 물체가 날아올 위험이 있는 장소
> ⑤ 그 밖에 작업 시 천재지변으로 인한 위험이 발생할 우려가 있는 장소

12. 작업장 내 운반을 주목적으로 하는 구내 운반차 사용 시 준수사항 4가지를 쓰시오.

해답 ① 주행을 제동하거나 정지상태를 유지하기 위하여 유효한 제동장치를 갖출 것
② 경음기를 갖출 것
③ 운전석이 차 실내에 있는 것은 좌우에 한개씩 방향지시기를 갖출 것
④ 전조등 및 후미등을 갖출 것. 다만 작업을 안전하게 하기 위하여 필요한 조명이 있는 장소에서 사용하는 구내 운반차에 대해서는 그러하지 아니하다.

13. 양중기의 와이어로프 안전계수를 넣으시오.
① 근로자가 탑승하는 운반구를 지지하는 경우 (   ) 이상
② 화물의 하중을 직접 지지하는 경우(   ) 이상
③ 제1호 및 2호 외의 경우 (   ) 이상

해답 ① 10   ② 5   ③ 4

2008년 2회

2. 산업안전보건법상 양중기 안전검사 내용 3가지를 쓰시오.

해답 ① 과부하방지장치, 권과방지장치, 그 밖의 안전장치의 이상 유무
② 브레이크와 클러치의 이상 유무
③ 와이어로프와 달기체인의 이상 유무
④ 훅 등 달기기구의 손상 유무
⑤ 배선, 집진장치, 배전반, 개폐기, 콘트롤러의 이상 유무

5. 잠함, 우물통 수직갱 기타 이와 유사한 건설물 또는 설비의 내부에서 굴착작업을 하는 때에 사업주가 준수하여야 할 사항 3가지를 쓰시오.

해답 ① 산소 결핍 우려가 있는 경우에는 산소의 농도를 측정하는 사람을 지명하여 측정하도록 할 것
② 근로자가 안전하게 오르내리기 위한 설비를 설치할 것
③ 굴착 깊이가 20m를 초과하는 경우에는 해당 작업장소와 외부와의 연락을 위한 통신설비 등을 설치할 것

6. 다음 중 산업안전보건관리비로 사용할 수 없는 것은 무엇인가?

[보기]	
① 전기안전 대행수수료	② 해상, 수상공사에서 구명정 구입비용
③ 구급기재 등에 소요되는 비용	④ 일반근로자 작업복 구입비용
⑤ 현장 내 안전보건교육장 설치비용	⑥ 터널 작업의 장화구입 비용
⑦ 매설물 탐지 비용	⑧ 협력업체 안전관리 진단비용

➡해답 ①　②　④　⑦

7. 산업안전보건법상 전기기계 기구 중 이동형 또는 휴대형의 것에 대하여는 누전에 의한 감전위험을 방지하기 위하여 당해전로의 정격에 적합한 감전방지용 누전차단기를 접속하여 사용하여야 하는 장소 3가지를 쓰시오.

➡해답 ① 물 등 도전성이 높은 액체에 의한 습윤 장소
② 철판·철골 위 등 도전성이 높은 장소
③ 임시배선의 전로가 설치되는 장소

8. 산업안전보건법상 건설업 중 유해위험방지계획서를 작성 제출하여야 하는 사업장 종류 4가지를 쓰시오.

➡해답 ① 지상높이가 31m 이상인 건축물 또는 인공구조물, 연면적 30,000m² 이상인 건축물 또는 연면적 5,000m² 이상의 문화 및 집회시설(전시장 및 동물원·식물원은 제외), 판매시설, 운수시설(고속 철도의 역사 및 집배송시설은 제외), 종교시설, 의료시설 중 종합병원, 숙박시설 중 관광숙박시설, 지하도상가 또는 냉동·냉장창고시설의 건설·개조 또는 해체
② 연면적 5,000m² 이상의 냉동·냉장창고시설의 설비공사 및 단열공사
③ 최대지간 길이가 50m 이상인 교량건설 등 공사
④ 터널건설 등의 공사
⑤ 다목적 댐, 발전용 댐 및 저수용량 2천만톤 이상의 용수전용 댐, 지방상수도 전용댐 건설 등의 공사
⑥ 깊이가 10m 이상인 굴착공사

2008년 4회

4. 공업용으로 사용되는 가스용기의 색상을 쓰시오.

(1) 수소	(2) 산소
(3) 질소	(4) 아세틸렌

➡해답 (1) 수소 : 주황색　　　(2) 산소 : 녹색
　　　(3) 질소 : 회색　　　　(4) 아세틸렌 : 황색

8. 리프트의 종류 3가지를 쓰시오.

➡해답 ① 건설용 리프트
　　　② 산업용 리프트
　　　③ 자동차정비용 리프트
　　　④ 이삿짐 운반용 리프트

12. 공기압축기의 작업시작 전 점검사항 4가지를 쓰시오.

➡해답 ① 공기저장 압력용기의 외관 상태
　　　② 드레인밸브(drain valve)의 조작 및 배수
　　　③ 압력방출장치의 기능
　　　④ 언로드밸브(unloading valve)의 기능
　　　⑤ 윤활유의 상태
　　　⑥ 회전부의 덮개 또는 울
　　　⑦ 그 밖의 연결 부위의 이상 유무

14. 전기기계·기구 등의 충전부 감전방지대책 3가지를 쓰시오.

➡해답 ① 충전부가 노출되지 않도록 폐쇄형 외함(外函)이 있는 구조로 할 것
　　　② 충전부에 충분한 절연효과가 있는 방호망이나 절연덮개를 설치할 것
　　　③ 충전부는 내구성이 있는 절연물로 완전히 덮어 감쌀 것
　　　④ 발전소·변전소 및 개폐소 등 구획되어 있는 장소로서 관계 근로자가 아닌 사람의 출입이 금지되는 장소에 충전부를 설치하고, 위험표시 등의 방법으로 방호를 강화할 것
　　　⑤ 전주 위 및 철탑 위 등 격리되어 있는 장소로서 관계 근로자가 아닌 사람이 접근할 우려가 없는 장소에 충전부를 설치할 것

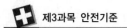

2009년 1회

1. 가스농도 측정 시점을 시행해야 하는 때를 쓰시오.

➡해답 ① 매일 작업을 시작하기 전
② 가스의 누출이 의심되는 경우
③ 가스가 발생하거나 정체할 위험이 있는 장소가 있는 경우
④ 장시간 작업을 계속하는 경우(4시간마다 가스 농도를 측정)

6. 와이어로프의 사용제한 조건 5가지를 쓰시오.

➡해답 ① 이음매가 있는 것
② 와이어로프의 한 꼬임에서 끊어진 소선의 수가 10% 이상(비자전로프의 경우에는 끊어진 소선의 수가 와이어로프 호칭지름의 6배 길이 이내에서 4개 이상이거나 호칭지름 30배 길이 이내에서 8개 이상인 것)인 것
③ 지름의 감소가 공칭지름의 7%를 초과하는 것
④ 꼬인 것
⑤ 심하게 변형 또는 부식된 것
⑥ 열과 전기충격에 의해 손상된 것

9. 공기압축기 작업시작 전 점검사항 4가지를 쓰시오.(기타 연결부위의 이상 유무 제외)

➡해답 ① 공기저장 압력용기의 외관 상태
② 드레인밸브(drain valve)의 조작 및 배수
③ 압력방출장치의 기능
④ 언로드밸브(unloading valve)의 기능
⑤ 윤활유의 상태
⑥ 회전부의 덮개 또는 울

12. 안전인증 기계·기구 5가지를 쓰시오.

➡해답 ① 프레스 　② 전단기 　③ 크레인 　④ 리프트
⑤ 압력용기 　⑥ 롤러기 　⑦ 사출성형기 　⑧ 고소작업대

13. 다음의 공업용 가스용기 색상을 쓰시오.

    (1) 수소   (2) 아세틸렌
    (3) 산소   (4) 질소

해답 (1) 수소 : 주황색   (2) 아세틸렌 : 황색
       (3) 산소 : 녹색   (4) 질소 : 회색

2009년 2회

4. 자율안전확인대상 기계·기구 및 설비를 3가지 쓰시오.

해답 (1) 연삭기 또는 연마기   (2) 산업용 로봇
       (3) 혼합기   (4) 파쇄기 또는 분쇄기
       (5) 식품가공용기계   (6) 컨베이어
       (7) 자동차정비용 리프트   (8) 공작기계
       (9) 고정형 목재가공용기계   (10) 인쇄기

---

5. 공사 진척에 따른 안전관리비 사용기준을 쓰시오.

공정률	50% 이상 70% 미만	70% 이상 90% 미만	90% 이상 100%
사용기준	(①) 이상	(②) 이상	(③) 이상

해답 ① 50%   ② 70%   ③ 90%

---

6. 곤돌라 사용 시 와이어로프가 일정한 한도 이상 감기는 것을 방지하는 장치는 무엇인가?

해답 권과방지장치

7. 항타기, 항발기의 와이어로프의 안전계수에 관한 사항이다. 빈칸을 채우시오.

> ① 권상용 와이어로프의 안전계수 (   ) 이상
> ② 권상용 와이어로프 드럼에 감는 횟수 적어도 (   )회 감기고 남을 수 있는 충분한 길이일 것
> ③ 권상장치로부터 첫 번째 도르래의 축과의 거리를 권상장치의 드럼 폭의 (   )배 이상으로 하여야 한다.

➡**해답** ① 5
　　　② 2
　　　③ 15

10. 건설용 리프트 작업 전 점검해야 할 사항을 2가지 쓰시오.

➡**해답** ① 방호장치 · 브레이크 및 클러치의 기능
　　　② 와이어로프가 통하고 있는 곳의 상태

12. 다음 기계기구의 방호장치를 쓰시오.

> ① 아세틸렌용접장치　　　② 교류아크용접기
> ③ 동력식 수동대패　　　④ 롤러

➡**해답** ① 안전기
　　　② 자동전격방지기
　　　③ 칼날의 접촉예방장치
　　　④ 급정지장치

2009년 4회

1. 잠함, 우물통, 수직갱 기타 이와 유사한 건설물 또는 설비(이하"잠함 등"이라 한다)의 내부에서 굴착작업을 하는 때의 준수사항을 3가지 쓰시오.

해답 ① 산소 결핍 우려가 있는 경우에는 산소의 농도를 측정하는 사람을 지명하여 측정하도록 할 것
② 근로자가 안전하게 오르내리기 위한 설비를 설치할 것
③ 굴착 깊이가 20m를 초과하는 경우에는 해당 작업장소와 외부와의 연락을 위한 통신설비 등을 설치할 것

3. [보기]를 참고로 하여 안전관리비를 산출하시오.

[보기]
① 건축공사
② 예정가격 내역서상 재료비 : 200억 원
③ 예정가격 내역서상 직접 노무비 : 60억 원
④ 발주처 제공 지급 자재비 : 80억 원

해답 안전관리비 대상액＝200억+60억+80억＝340억 원
건축공사이므로 ① 340억×1.97％＝669,800,000원(지급자재비를 포함한 경우)
② 260억×1.97％×1.2＝614,640,000원(지급자재비를 포함하지 않은 경우)
② ＜ ①이므로 614,640,000원이 산업안전보건관리비이다.

7. 섬유로프의 사용을 제한하는 기준을 쓰시오.

해답 ① 꼬임이 끊어진 것
② 심하게 손상되거나 부식된 것

8. 건설업 산업안전보건관리비의 내역을 구성하는 항목 중에서 안전관리비 대상액의 정의를 기술하시오.

해답 안전관리비 대상액은 공사원가계산서 구성항목 중 직접재료비, 간접재료비와 직접노무비를 합한 금액(발주자가 재료를 제공할 경우에는 해당 재료비를 포함한 금액)

11. 터널 굴착작업 시 작업계획에 포함되는 내용을 쓰시오.

> **➡해답** ① 굴착의 방법
> ② 터널지보공 및 복공의 시공방법과 용수의 처리방법
> ③ 환기 또는 조명시설을 하는 때에는 그 방법

14. 양중기에 설치해야 되는 방호장치의 종류를 쓰시오.

> **➡해답** ① 권과방지장치   ② 비상정지장치
> ③ 브레이크장치   ④ 제동장치
> ⑤ 파이널리밋스위치   ⑥ 속도조절기
> ⑦ 출입문인터록

2010년 1회

1. 이동식 크레인 탑승설비에 대한 추락에 의한 근로자의 위험방지를 위해 조치사항 3가지를 쓰시오.

> **➡해답** ① 탑승설비가 뒤집히거나 떨어지지 않도록 필요한 조치를 할 것
> ② 안전대나 구명줄을 설치하고, 안전난간을 설치할 수 있는 경우에는 안전난간을 설치할 것
> ③ 탑승설비를 하강시킬 때에는 동력하강방법으로 할 것

7. 크레인 작업 시작 전 점검사항을 3가지 쓰시오.

> **➡해답** ① 권과방지장치·브레이크·클러치 및 운전장치의 기능
> ② 주행로의 상측 및 트롤리(trolley)가 횡행하는 레일의 상태
> ③ 와이어로프가 통하고 있는 곳의 상태

9. 다음 용어를 간단하게 정의하시오.

① 달아올리기 하중	② 정격하중	③ 적재하중

해답 ① 달아올리기 하중 : 크레인, 이동식 크레인 또는 데릭의 재료에 따라 부하 시킬 수 있는 하중
② 정격하중 : 지브 혹은 붐의 경사각 및 길이 또는 지브의 위에 놓이는 도르래의 위치에 따라 부하시킬 수 있는 최대하중으로부터 각각 훅, 버킷 등 달아올리기 기구의 중량에 상당하는 하중을 공제한 하중
③ 적재하중 : 엘리베이터, 자동차정비용 리프트 또는 건설용 리프트의 구조 및 재료에 따라서 운반기에 사람 또는 짐을 올려놓고 승강시킬 수 있는 최대하중

10. 전담기술지도 또는 정기기술지도 제외 대상을 3가지 쓰시오.

해답 ① 공사 기간이 1개월 미만인 공사
② 육지와 연결되지 아니한 섬지역(제주특별자치도는 제외)에서 이루어지는 공사
③ 유해·위험 방지계획서를 제출하여야 하는 공사
④ 안전관리자 자격을 가진 자를 선임하여 안전관리자의 직무만을 전담하도록 하는 공사

2010년 2회

2. 와이어로프 사용금지기준을 4가지 쓰시오.

해답 ① 이음매가 있는 것
② 와이어로프의 한 꼬임에서 끊어진 소선의 수가 10% 이상(비자전로프의 경우에는 끊어진 소선의 수가 와이어로프 호칭지름의 6배 길이 이내에서 4개 이상이거나 호칭지름 30배 길이 이내에서 8개 이상인 것)인 것
③ 지름의 감소가 공칭지름의 7%를 초과하는 것
④ 꼬인 것
⑤ 심하게 변형 또는 부식된 것
⑥ 열과 전기충격에 의해 손상된 것

4. 차량계 건설기계 작업계획에 포함해야 하는 사항을 3가지 쓰시오.

해답 ① 사용하는 차량계 건설기계의 종류 및 성능
② 차량계 건설기계의 운행경로
③ 차량계 건설기계에 의한 작업방법

9. 건물 등의 해체 작업 시 해체계획에 포함되는 사항 4가지를 쓰시오.

> **해답** ① 해체의 방법 및 해체순서 도면
> ② 가설설비, 방호설비, 환기설비 및 살수·방화설비 등의 방법
> ③ 사업장 내 연락방법
> ④ 해체물의 처분계획
> ⑤ 해체작업용 기계·기구 등의 작업계획서
> ⑥ 해체작업용 화약류 등의 사용계획서
> ⑦ 기타 안전·보건에 관련된 사항도 포함되어야 한다.

2010년 4회

2. 다음은 와이어로프 클립고정법의 클립간격에 관한 표이다. 빈칸을 채우시오.

와이어로프 지름(mm)	클립개수	클립간격
16 이하	(①)개 이상	
16 초과 28 이하	(②)개 이상	(④)
28 초과	(③)개 이상	

> **해답** ① 4 　　　② 5
> ③ 6 　　　④ 지름의 6배 이상(6d 이상)

4. 안전관리비로 쓸 수 있는 항목 5가지 고르시오.

① 맨홀에 설치된 안전펜스	② 야간작업시 전자신호봉
③ 작업발판 및 가설계단	④ 매설물탐지, 구조안전검토비용
⑤ 전선로 활선확인경보기	⑥ 방화사 등 화재예방시설
⑦ 리프트 무선호출기	⑧ 공사장 경계표시를 위한 가설울타리
⑨ 전신주 이전비	⑩ 면잡갑, 코팅장갑

> **해답** ①, ②, ⑤, ⑥, ⑦

5. 승강기의 설치, 조립, 수리, 점검 또는 해체 시 작업지휘자가 이행하여야 하는 사항을 2가지 쓰시오.

➡해답 ① 작업방법과 근로자의 배치를 결정하고 해당 작업을 지휘하는 일
② 재료의 결함유무 또는 기구 및 공구의 기능을 점검하고 불량품을 제거하는 일
③ 작업 중 안전내 등 보호구의 착용상황을 감시하는 일

6. 차량계 하역기계에 화물을 적재할 때 준수사항을 2가지 쓰시오.

➡해답 ① 하중이 한쪽으로 치우치지 않도록 적재할 것
② 구내운반차 또는 화물자동차의 경우 화물의 붕괴 또는 낙하에 의한 위험을 방지하기 위하여 화물에 로프를 거는 등 필요한 조치를 할 것
③ 운전자의 시야를 가리지 않도록 화물을 적재할 것
④ 제1항의 화물을 적재하는 경우에는 최대적재량을 초과해서는 아니 된다.

8. 구축물 또는 이와 유사한 시설물이 근로자에게 미칠 위험성을 미리 제거하기 위하여 안전진단 등의 안전성 평가를 실시하여야 하는 경우를 쓰시오.

➡해답 ① 구축물 또는 이와 유사한 시설물의 인근에서 굴착·항타작업 등으로 침하·균열 등이 발생하여 붕괴의 위험이 예상될 경우
② 구축물 또는 이와 유사한 시설물에 지진, 동해(凍害), 부동침하(不同沈下) 등으로 균열·비틀림 등이 발생하였을 경우
③ 구조물, 건축물, 그 밖의 시설물이 그 자체의 무게·적설·풍압 또는 그 밖에 부가되는 하중 등으로 붕괴 등의 위험이 있을 경우
④ 화재 등으로 구축물 또는 이와 유사한 시설물의 내력(耐力)이 심하게 저하되었을 경우
⑤ 오랜 기간 사용하지 아니하던 구축물 또는 이와 유사한 시설물을 재사용하게 되어 안전성을 검토하여야 하는 경우
⑥ 그 밖의 잠재위험이 예상될 경우

10. 산업안전보건법상 안전인증대상 기계·기구 5가지를 쓰시오.

➡해답 ① 프레스 　　② 전단기(剪斷機) 및 절곡기(折曲機)
③ 크레인 　　④ 리프트
⑤ 압력용기 　　⑥ 롤러기
⑦ 사출성형기 　　⑧ 고소작업대
⑨ 곤돌라

12. 공사금액 1,800억 원인 건설업이 선임해야 할 안전관리자 수와 선임사유를 쓰시오.

> **➡해답** ① 안전관리자 수 : 3명
> ② 선임사유 : 공사금액이 800억 원 이상일 때 700억 원마다 1명씩 추가되므로 800억 원~1,500억 원 미만까지 2명, 1,500억 원~2,200억 원 미만까지 3명

13. 승강기 종류를 4가지 쓰시오.

> **➡해답** ① 승객용 엘리베이터
> ② 화물용 엘리베이터
> ③ 승객화물용 엘리베이터
> ④ 소형화물용 엘리베이터
> ⑤ 에스컬레이터

2011년 1회

1. 이동식 크레인 위에 전용 탑승설비를 설치하여 근로자를 탑승하여 작업 시 위험방지 대책 2가지를 쓰시오.

> **➡해답** ① 탑승설비가 뒤집히거나 떨어지지 않도록 필요한 조치를 할 것
> ② 안전대나 구명줄을 설치하고, 안전난간을 설치할 수 있는 경우에는 안전난간을 설치할 것
> ③ 탑승설비를 하강시킬 때에는 동력하강방법으로 할 것

2. 공업용 가스 용기의 색상을 쓰시오.

① 수소	② 아세틸렌	③ 산소	④ 질소

> **➡해답** ① 수소 : 주황색
> ② 아세틸렌 : 황색
> ③ 산소 : 녹색
> ④ 질소 : 회색

4. 채석작업을 하는 경우 채석작업계획에 포함되는 내용 3가지를 쓰시오.

해답 ① 노천굴착과 갱내굴착의 구별 및 채석방법
② 굴착면의 높이와 기울기
③ 굴착면 소단의 위치와 넓이
④ 갱내에서의 낙반 및 붕괴방지방법
⑤ 발파방법
⑥ 암석의 분할방법
⑦ 암석의 가공장소
⑧ 사용하는 굴착기계·분할기계·적재기계 또는 운반기계의 종류 및 성능
⑨ 토석 또는 암석의 적재 및 운반방법과 운반경로
⑩ 표토 또는 용수의 처리방법

6. 해체 작업 시 해체계획에 포함되어야 할 사항 4가지를 쓰시오.

해답 ① 해체의 방법 및 해체순서 도면
② 가설설비, 방호설비, 환기설비 및 살수·방화설비 등의 방법
③ 사업장 내 연락방법
④ 해체물의 처분계획
⑤ 해체작업용 기계·기구 등의 작업계획서
⑥ 해체작업용 화약류 등의 사용계획서
⑦ 기타 안전·보건에 관련된 사항도 포함되어야 한다.

9. 승강기에 설치하여 유효하게 작동될 수 있도록 미리 조정하여 두어야 하는 방호장치 4가지를 쓰시오.

해답 ① 과부하방지장치
② 파이널리밋스위치
③ 비상정지장치
④ 속도조절기
⑤ 출입문 인터록

10. 건설업 산업안전보건관리비의 계상 및 사용기준을 3가지 쓰시오.

> 1) 관련 규정에 따라 공사원가 계산서 구성항목 중 직접재료비, 간접재료비와 직접노무비를 합한 금액을 (①)이라 말한다.
> 2) 사용기준은 관련법에 적용을 받는 공사 중 총 공사금액 (②)원 이상인 공사에 적용한다.
> 3) 대상액이 구분되어 있지 않은 공사는 도급계약 또는 자체 사업계획상의 총공사금액의 (③)%를 대상액으로 산정한다.

➡️해답 ① 안전관리비 대상액
　　　 ② 2천만
　　　 ③ 70

11. 구축물 또는 이와 유사한 시설물에 대하여 안전진단 등 안전성평가를 실시하여 근로자에게 미칠 위험성을 미리 제거하여야 하는 경우 3가지를 쓰시오.

➡️해답 ① 구축물 또는 이와 유사한 시설물의 인근에서 굴착·항타작업 등으로 침하·균열 등이 발생하여 붕괴의 위험이 예상될 경우
　　　 ② 구축물 또는 이와 유사한 시설물에 지진, 동해(凍害), 부동침하(不同沈下) 등으로 균열·비틀림 등이 발생하였을 경우
　　　 ③ 구조물, 건축물, 그 밖의 시설물이 그 자체의 무게·적설·풍압 또는 그 밖에 부가되는 하중 등으로 붕괴 등의 위험이 있을 경우
　　　 ④ 화재 등으로 구축물 또는 이와 유사한 시설물의 내력(耐力)이 심하게 저하되었을 경우
　　　 ⑤ 오랜 기간 사용하지 아니하던 구축물 또는 이와 유사한 시설물을 재사용하게 되어 안전성을 검토하여야 하는 경우
　　　 ⑥ 그 밖의 잠재위험이 예상될 경우

2011년 2회

6. 터널신설공사의 안전관리비에 대하여 쓰시오.

➡️해답 터널신설공사는 중건설공사이므로 안전관리비 계상기준은 다음과 같다.

공사분류 \ 안전관리비 대상액	5억 원 미만	5억 원 이상 50억 원 미만 비율	5억 원 이상 50억 원 미만 기초액	50억 원 이상
중건설공사	3.43%	2.35%	5,400천원	2.44%

7. 근로자의 안전을 위해 사전조사하고 작업계획서에 작성해야 하는 작업의 종류 3가지를 쓰시오.

> **해답** ① 차량계 건설기계를 사용하는 작업
> ② 터널 굴착작업
> ③ 채석작업
> ④ 건물 등의 해체작업
> ⑤ 중량물의 취급작업

8. 승강기를 제외한 양중기 운전자가 볼 수 있는 곳에 표시할 사항을 2가지 쓰시오.

> **해답** ① 정격하중   ② 운전속도   ③ 경고표시

11. 유해·위험방지계획서에 첨부해야 할 서류 2가지를 쓰시오.

> **해답** ① 공사개요 및 안전보건관리계획
> ② 작업공사 종류별 유해·위험방지계획

13. 와이어로프의 안전계수를 설명하시오.

> **해답** 안전계수란 달기구 절단하중의 값을 그 달기구에 걸리는 하중의 최대값으로 나눈 값을 말한다.
> 즉, 안전계수 $= \dfrac{\text{절단하중}}{\text{최대사용하중}}$

14. 유해·위험방지계획서 제출대상 사업장을 2가지 쓰시오.

> **해답** ① 지상높이가 31m 이상인 건축물 또는 인공구조물, 연면적 30,000m² 이상인 건축물 또는 연면적 5,000m² 이상의 문화 및 집회시설(전시장 및 동물원·식물원은 제외), 판매시설, 운수시설(고속철도의 역사 및 집배송시설은 제외), 종교시설, 의료시설 중 종합병원, 숙박시설 중 관광숙박시설, 지하도상가 또는 냉동·냉장창고시설의 건설·개조 또는 해체
> ② 연면적 5,000m² 이상의 냉동·냉장창고시설의 설비공사 및 단열공사
> ③ 최대지간 길이가 50m 이상인 교량건설 등 공사
> ④ 터널건설 등의 공사
> ⑤ 다목적 댐, 발전용 댐 및 저수용량 2천만톤 이상의 용수전용 댐, 지방상수도 전용 댐 건설 등의 공사
> ⑥ 깊이가 10m 이상인 굴착공사

2011년 4회

1. 콘크리트 타설작업을 하기 위하여 콘크리트타설장비 이용 작업 시 준수사항 3가지를 쓰시오.

> **해답** 1. 작업을 시작하기 전에 콘크리트타설장비를 점검하고 이상을 발견하였으면 즉시 보수할 것
> 2. 건축물의 난간 등에서 작업하는 근로자가 호스의 요동·선회로 인하여 추락하는 위험을 방지하기 위하여 안전난간 설치 등 필요한 조치를 할 것
> 3. 콘크리트타설장비의 붐을 조정하는 경우에는 주변의 전선 등에 의한 위험을 예방하기 위한 적절한 조치를 할 것
> 4. 작업 중에 지반의 침하나 아웃트리거 등 콘크리트타설장비 지지구조물의 손상 등에 의하여 콘크리트타설장비가 넘어질 우려가 있는 경우에는 이를 방지하기 위한 적절한 조치를 할 것

9. 댐(수자원) 건설공사 시 산업안전보건관리비를 계상하시오.

[보기]
① 댐 건설공사(중건설공사)
② 재료비 + 직접노무비 : 45억 원

> **해답** 안전관리비 대상액 = 재료비 + 직접노무비 = 45억 원
> 중건설공사이며 대상액이 50억 원 미만이므로 요율(2.35%) + 5,400,000원
> 따라서, 안전관리비 = 45억 × 0.0235 + 5,400,000 = 111,150,000원

11. 타워크레인 설치·조립·해체 시 작업계획서의 내용을 쓰시오.

> **해답** ① 타워크레인의 종류 및 형식
> ② 설치·조립 및 해체순서
> ③ 작업도구·장비·가설설비 및 방호설비
> ④ 작업인원의 구성 및 작업근로자의 역할범위
> ⑤ 타워크레인의 지지방법

2012년 1회

3. 터널 굴착 공사 시 터널 내 공기의 오염원인 4가지를 쓰시오.

➡**해답** ① 분진　　　② 가스
　　　③ 소음　　　④ 진동
　　　⑤ 지하수

9. 다음 보기를 보고 건설업 산업안전보건관리비를 계산하시오.

- 건축공사
- 노무비 40억 원(직접노무비 30억 원, 간접노무비 10억 원)
- 재료비 40억 원
- 기계경비 10억 원

➡**해답** 안전관리비 대상액이 70억 원으로 50억 원 이상이므로 계산식은 다음과 같다.
　　　안전관리비 산출＝대상액(재료비＋직접노무비)×1.97%
　　　　　　　　　　＝(40억＋30억)×0.0197＝137,900,000원

11. 건설공사에 사용되는 양중기의 종류 4가지를 쓰시오.

➡**해답** ① 크레인(호이스트(hoist)를 포함)
　　　② 이동식 크레인
　　　③ 리프트(이삿짐 운반용 리프트의 경우에는 적재하중이 0.1톤 이상인 것으로 한정)
　　　④ 곤돌라
　　　⑤ 승강기

12. 해체공법 중 절단톱 등 절단기 사용 시 준수사항 4가지를 쓰시오.

➡**해답** ① 절단기에 사용되는 전기 및 급·배수설비를 수시로 점검
　　　② 회전톱날에는 날접촉방지 커버를 부착
　　　③ 회전톱날의 조임상태는 안전한지 작업전에 점검
　　　④ 절단 중 회전톱날을 냉각시키는 냉각수는 충분한지 점검

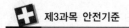

2012년 2회

2. 타워크레인을 자립고 이상의 높이로 설치할 때 벽체에 지지하는 작업 시 준수사항을 3가지 쓰시오.

> **해답** ① 서면심사에 관한 서류 또는 제조사의 설치작업설명서 등에 따라 설치할 것
> ② 서면심사 서류 등이 없거나 명확하지 아니한 경우에는 「국가기술자격법」에 따른 건축구조·건설기계·기계안전·건설안전기술사 또는 건설안전분야 산업안전지도사의 확인을 받아 설치하거나 기종별·모델별 공인된 표준방법으로 설치할 것
> ③ 콘크리트구조물에 고정시키는 경우에는 매립이나 관통 또는 이와 동등 이상의 방법으로 충분히 지지되도록 할 것
> ④ 건축 중인 시설물에 지지하는 경우에는 그 시설물의 구조적 안정성에 영향이 없도록 할 것

4. 지게차 작업시작 전 점검사항 4가지를 쓰시오.

> **해답** ① 제동장치 및 조종장치 기능의 이상 유무
> ② 하역장치 및 유압장치 기능의 이상 유무
> ③ 바퀴의 이상 유무
> ④ 전조등·후미등·방향지시기 및 경보장치 기능의 이상 유무

5. 건설업 산업안전보건관리비에서 본사 사용비는 계상된 안전관리비의 몇 %를 초과할 수 없는가?

> **해답** 5%

6. 채석작업을 하는 경우 근로자 위험을 방지하기 위하여 작업계획서를 작성하고 그 계획에 따라 작업을 하여야 하는데 이때, 작업계획서에 포함하는 사항을 3가지 쓰시오.

> **해답** ① 노천굴착과 갱내굴착의 구별 및 채석방법
> ② 굴착면의 높이와 기울기
> ③ 굴착면 소단의 위치와 넓이
> ④ 갱내에서의 낙반 및 붕괴방지 방법

⑤ 발파방법
⑥ 암석의 분할방법
⑦ 암석의 가공장소
⑧ 사용하는 굴착기계·분할기계·적재기계 또는 운반기계의 종류 및 성능
⑨ 토석 또는 암석의 적재 및 운반방법과 운반경로
⑩ 표토 또는 용수의 처리방법

10. 공사용 가설도로 설치 시 준수사항 4가지를 쓰시오.

해답 ① 도로는 장비와 차량이 안전하게 운행할 수 있도록 견고하게 설치할 것
② 도로와 작업장이 접하여 있을 경우에는 울타리 등을 설치할 것
③ 도로는 배수를 위하여 경사지게 설치하거나 배수시설을 설치할 것
④ 차량의 속도제한 표지를 부착할 것

2012년 4회

7. 구축물 또는 이와 유사한 시설물이 근로자에게 미칠 위험성을 미리 제거하기 위하여 안전진단 등의 안전성 평가를 실시하여야 하는 경우를 쓰시오.

해답 ① 구축물 또는 이와 유사한 시설물의 인근에서 굴착·항타작업 등으로 침하·균열 등이 발생하여 붕괴의 위험이 예상될 경우
② 구축물 또는 이와 유사한 시설물에 지진, 동해(凍害), 부동침하(不同沈下) 등으로 균열·비틀림 등이 발생하였을 경우
③ 구조물, 건축물, 그 밖의 시설물이 그 자체의 무게·적설·풍압 또는 그 밖에 부가되는 하중 등으로 붕괴 등의 위험이 있을 경우
④ 화재 등으로 구축물 또는 이와 유사한 시설물의 내력(耐力)이 심하게 저하되었을 경우
⑤ 오랜 기간 사용하지 아니하던 구축물 또는 이와 유사한 시설물을 재사용하게 되어 안전성을 검토하여야 하는 경우
⑥ 그 밖의 잠재위험이 예상될 경우

8. 공사용 가설도로 설치 시 준수사항 4가지를 쓰시오.

> **해답** ① 도로는 장비와 차량이 안전하게 운행할 수 있도록 견고하게 설치할 것
> ② 도로와 작업장이 접하여 있을 경우에는 울타리 등을 설치할 것
> ③ 도로는 배수를 위하여 경사지게 설치하거나 배수시설을 설치할 것
> ④ 차량의 속도제한 표지를 부착할 것

13. 댐(수자원) 건설공사 시 산업안전보건관리비를 계상하시오.

[보기]
① 댐 건설공사(중건설공사)
② 재료비＋직접노무비 : 45억 원

> **해답** 안전관리비 대상액＝재료비＋직접노무비＝45억 원
> 중건설공사이며 대상액이 50억 원 미만이므로 요율(2.35%)＋5,400,000원
> 따라서, 안전관리비＝45억×0.0235＋5,400,000＝111,150,000원

14. 자율검사프로그램의 인정취소 사유에 해당되는 내용을 쓰시오.

> **해답** 거짓이나 그 밖의 부정한 방법으로 자율검사프로그램을 인정받은 경우

2013년 1회

4. 다음이 설명에 해당하는 하중을 쓰시오.

> (1) 크레인, 이동식 크레인 또는 데릭의 재료에 따라 부하 시킬 수 있는 최대하중
> (2) 지브 혹은 붐의 경사각 및 길이 또는 지브의 위에 놓이는 도르래의 위치에 따라 부하시킬 수 있는 최대하중으로부터 각각 혹, 버킷 등 달아올리기 기구의 중량에 상당하는 하중을 공제한 하중

> **해답** ① 달아올리기 하중
> ② 정격하중

6. 터널굴착 작업에 있어 근로자 위험방지를 위한 사전조사 내용과 작업계획서에 포함되어야 하는 사항을 2가지 쓰시오.

해답 (1) 사전조사 내용

보링 등 적절한 방법으로 낙반·출수 및 가스폭발 등으로 인한 근로자의 위험을 방지하기 위하여 미리 지형·지질 및 지층상태를 조사

(2) 작업계획서 포함사항

① 굴착의 방법

② 터널지보공 및 복공의 시공방법과 용수의 처리방법

③ 환기 또는 조명시설을 하는 때에는 그 방법

부록

Contents

건설안전기사(2002년 4월 20일)

O1.
지중에 삭공을 사용하여 인장재를 삽입하고, 그라우팅한 후 긴장 정착하여 구조물에 발생하는 토압, 수압 등의 외력에 저항하도록 하는 앵커공법은 무엇인가?

➡해답 어스앵커(Earth Anchor)공법

O2.
철골 공사에서 용접결함의 종류를 3가지 쓰시오.

➡해답 ① 크랙(Crack) : 용접 후 냉각 시에 생기는 갈라짐
② 블로우홀(Blow Hole) : 금속이 녹아들 때 생기는 기포나 작은 틈을 말함
③ 슬래그(Slag) 섞임 : 용접봉의 피복재 심선과 모재가 변하여 생긴 화분이 용착금속 내에 혼입됨
④ 크레이터(Crater) : 아크(Arc) 용접 시 끝부분이 항아리 모양으로 파임
⑤ 언더컷(Under Cut) : 과대전류로 인해 모재가 녹아 용착금속이 채워지지 않고 홈이 생김
⑥ 피트(Pit) : 용접부에 표면에 홈이 생김
⑦ 오버랩(Over Lap) : 용접금속과 모재가 융합되지 않고 겹쳐짐
⑧ Fish Eye(은점) : Blow Hole 및 Slag가 모여 반점이 발생하는 현상
⑨ 용입불량 : 용착금속의 융합 불량으로 완전히 용입되지 않은 상태
⑩ 목두께 불량 : 응력을 유효하게 전달하는 용착금속의 두께가 부족한 현상

O3.
포크리프트 화물 운반 시 안전운행방법 4가지를 쓰시오.

➡해답 ① 짐을 싣고 주행 시에는 저속주행으로 한다.
② 정차 시에는 반드시 마스트를 지면에 접속해 놓아야 한다.
③ 조작 시에는 시동 후 5분 정도 지난 다음 한다.
④ 이동 시에는 지면으로부터 마스트를 30cm 정도 들고 이동한다.
⑤ 짐을 싣고 내려갈 때는 후진으로 내려가야 한다.

04.

다음은 크레인 작업을 할 때 손에 의한 신호이다. 아래 그림에 대한 작업 용어를 쓰시오.

➡해답 작업 완료

05.

스태프(staff)형 안전조직의 장·단점을 간략하게 기술하시오.

➡해답 1. 장점
　① 사업장 특성에 맞는 전문적인 기술연구가 가능하다.
　② 경영자에게 조언과 자문역할을 할 수 있다.
　③ 안전정보 수집이 빠르다.
2. 단점
　① 안전지시나 명령이 작업자에게까지 신속 정확하게 전달되지 못한다.
　② 생산부분은 안전에 대한 책임과 권한이 없다.
　③ 권한다툼이나 조정 때문에 시간과 노력이 소모된다.

06.

외부비계에 설치하는 벽 연결의 역할을 3가지 쓰시오.

➡해답 ① 비계 전체의 좌굴방지
② 풍하중에 의한 무너짐방지
③ 편심하중을 지탱하여 무너짐방지

07.

다음 보기는 비탈면의 기울기 기준이다. (　　) 안에 기울기를 쓰시오.

지반의 종류	굴착면의 기울기
모래	(①)
연암 및 풍화암	(②)
경암	(③)
그 밖의 흙	1 : 1.2

➡해답 ① 1 : 1.8　② 1 : 1.0　③ 1 : 0.5

08.
흙막이 오픈 컷(Open Cut) 공법의 예를 들고 안전상 유의사항을 쓰시오.

해답 ① 자립식 공법 : 흙막이벽 근입부분의 수평저항이 충분하고 토압에 견딜 수 있는 지반이어야 한다.
② 버팀대 공법 : 굴착토량을 최소화 할 수 있고 부지를 효율적으로 이용할 수 있으나 경사 오픈 컷에 비하여 공사비가 많이 들며 버팀대 및 띠장, 지주 등의 강성이 확보 되어야 한다.
③ 어스앵커 : 앵커강재의 강도검토 및 장시간 사용 시 부식에 유의해야 한다.

09.
터널 지보공 설치 시 수시점검사항 3가지를 쓰시오.

해답 ① 부재의 손상·변형·부식·변위, 탈락의 유무 및 상태
② 부재의 긴압의 정도
③ 부재의 접속부 및 교차부의 상태
④ 기둥침하의 유무 및 상태

10.
강관을 사용하여 비계 구성 시 비계기둥 간의 적재하중은 몇 kg을 초과하지 않도록 하여야 하는지 쓰시오.

해답 비계기둥 간 적재하중 400kg을 초과하지 않도록 할 것

11.
달비계의 조립·해체 및 변경 작업 시 준수사항을 3가지 쓰시오.

해답 ① 관리감독자의 지휘에 따라 작업하도록 할 것
② 조립·해체 또는 변경의 시기·범위 및 절차를 그 작업에 종사하는 근로자에게 주지시킬 것
③ 조립·해체 또는 변경 작업구역에는 해당 작업에 종사하는 근로자가 아닌 사람의 출입을 금지하고 그 내용을 보기 쉬운 장소에 게시할 것
④ 비, 눈, 그 밖의 기상상태의 불안정으로 날씨가 몹시 나쁜 경우에는 그 작업을 중지시킬 것
⑤ 비계재료의 연결·해체작업을 하는 경우에는 폭 20cm 이상의 발판을 설치하고 근로자로 하여금 안전대를 사용하도록 하는 등 추락을 방지하기 위한 조치를 할 것
⑥ 재료·기구 또는 공구 등을 올리거나 내리는 경우에는 근로자가 달줄 또는 달포대 등을 사용하게 할 것

12.
안전관리자 직무 4가지를 쓰시오.

해답 ① 산업안전보건위원회 또는 법 제75조제1항에 따른 안전 및 보건에 관한 노사협의체에서 심의·의결한 업무와 해당 사업장의 안전보건관리규정 및 취업규칙에서 정한 업무
② 위험성평가에 관한 보좌 및 지도·조언
③ 안전인증대상 기계 등과 자율안전확인대상 기계 등 구입 시 적격품의 선정에 관한 보좌 및 지도·조언

④ 해당 사업장 안전교육계획의 수립 및 안전교육 실시에 관한 보좌 및 지도·조언

⑤ 사업장 순회점검, 지도 및 조치 건의

⑥ 산업재해 발생의 원인 조사·분석 및 재발 방지를 위한 기술적 보좌 및 지도·조언

⑦ 산업재해에 관한 통계의 유지·관리·분석을 위한 보좌 및 지도·조언

⑧ 법 또는 법에 따른 명령으로 정한 안전에 관한 사항의 이행에 관한 보좌 및 지도·조언

⑨ 업무 수행 내용의 기록·유지

⑩ 그 밖에 안전에 관한 사항으로서 고용노동부장관이 정하는 사항

13.

다음 보기의 (   )에 필요한 내용을 쓰시오.

① 와이어로프 한 가닥에서 소선의 수가 (   ) 이상 절단된 것
② 지름의 감소가 공칭지름의 (   )를 초과하는 것

➡해답 ① 10%

② 7%

14.

로프로 매단 버킷을 이용하여 강바닥의 모래나 자갈을 끌어올리는 셔블 계통의 굴착기는 무엇인가?

➡해답 클램셸(Clamshell)

건설안전기사(2002년 7월 7일)

01.

사질토 지반의 개량공법 종류 4가지를 쓰시오.

➡해답 ① 진동다짐공법(Vibro Floatation) : 봉상진동기를 이용, 진동과 물다짐을 병용

② 동다짐(압밀)공법 : 무거운 추를 자유 낙하시켜 지반충격으로 다짐효과

③ 약액주입공법 : 지반 내 화학약액(LW, Bentonite, Hydro)을 주입하여 지반고결

④ 폭파다짐공법 : 인공지진을 발생시켜 모래지반을 다짐

⑤ 전기충격공법 : 지반 속에서 고압방전을 일으켜 발생하는 충격력으로 지반다짐

⑥ 모래다짐말뚝공법 : 충격, 진동, 타입에 의해 모래를 압입시켜 모래 말뚝을 형성하여 다짐에 의한 지지력을 향상

02.
다음은 U자 걸이 전용 안전대이다. U자 걸이 안전대를 설명하시오.

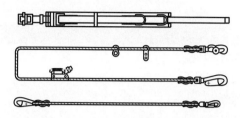

➡️해답 안전대의 죔줄을 구조물 등에 U자 모양으로 돌린 뒤 훅 또는 카라비너를 D링에, 신축조절기를 각링 등에 연결하는 걸이 방법

03.
잠함 또는 우물통의 내부에서 굴착작업 시 위험방지 조치사항을 쓰시오.

➡️해답 ① 산소 결핍 우려가 있는 경우에는 산소의 농도를 측정하는 사람을 지명하여 측정하도록 할 것
② 근로자가 안전하게 오르내리기 위한 설비를 설치할 것
③ 굴착 깊이가 20m를 초과하는 경우에는 해당 작업장소와 외부와의 연락을 위한 통신설비 등을 설치할 것

04.
항타기・항발기 사용 시 안전조치사항이다. ( ) 안에 필요한 내용을 쓰시오.

1) 연약한 지반에 설치하는 때에는 아웃트리거・받침 등 지지구조물의 침하를 방지하기 위하여 (①) 등을 사용할 것
2) 시설 또는 가설물 등에 설치하는 때에는 그 내력을 확인하고 내력이 부족한 때에는 그 내력을 보강할 것
3) 아웃트리거・받침 등 지지구조물이 미끄러질 우려가 있는 때에는 말뚝 또는 (②) 등을 사용하여 해당 지지구조물을 고정시킬 것
4) 궤도 또는 차로 이동하는 항타기 또는 항발기에 대하여는 불시에 이동하는 것을 방지하기 위하여 레일 클램프 및 쐐기 등으로 고정시킬 것
5) 버팀대만으로 상단부분을 안정시키는 때에는 버팀대는 (③)개 이상으로 하고 그 하단 부분은 견고한 버팀 말뚝 또는 철골 등으로 고정시킬 것
6) 버팀줄만으로 상단부분을 안정시키는 때에는 버팀줄을 3개 이상으로 하고 같은 간격으로 배치할 것
7) 평형추를 사용하고 안정시키는 때에는 평형추의 이동을 방지하기 위하여 가대에 견고하게 부착시킬 것

➡️해답 ① 받침목이나 깔판
② 쐐기
③ 3

05.

인력 굴착공사 방법에 의한 기초지반을 굴착하고자 한다. 아래 도표에 따라 굴착면의 기울기 기준을 쓰시오.

지반의 종류	굴착면의 기울기
모래	(①)
연암 및 풍화암	(②)
경암	(③)
그 밖의 흙	(④)

해답 ① 1 : 1.8   ② 1 : 1.0
③ 1 : 0.5   ④ 1 : 1.2

06.

전기공사 시 또는 전기설비공사 시 안전점검사항 4가지를 쓰시오.

해답 ① 전기설비점검 철저   ② 전기기기 및 장치의 정비점검
③ 전기기기에 위험 표시   ④ 설비의 필요한 부분에 보호접지 실시
⑤ 충전부가 노출된 부분에 절연방호구 사용

07.

굴착공사에서 토사 붕괴재해 예방을 위한 안전점검사항 4가지를 쓰시오.

해답 ① 전 지표면의 답사   ② 경사면의 상황 변화의 확인
③ 부석의 상황변화의 확인   ④ 용수의 발생 유무 또는 용수량의 변화 확인
⑤ 결빙과 해빙에 대한 상황의 확인   ⑥ 각종 경사면 보호공의 변위, 탈락 유무 확인

08.

해체작업을 할 때 해체계획에 포함되는 사항 4가지를 쓰시오.

해답 ① 해체의 방법 및 해체순서 도면
② 가설설비, 방호설비, 환기설비 및 살수·방화설비 등의 방법
③ 사업장 내 연락방법
④ 해체물의 처분계획
⑤ 해체작업용 기계·기구 등의 작업계획서
⑥ 해체작업용 화약류 등의 사용계획서
⑦ 기타 안전·보건에 관련된 사항

09.
O.J.T.를 간략히 기술하시오.

[해답] O.J.T.(On the Job Training)
직속상사가 직장 내에서 작업표준을 가지고 업무상의 개별교육이나 지도훈련을 하는 것(개별교육에 적합)

10.
히빙(Heaving) 현상과 보일링(Boiling) 현상을 설명하시오.

[해답] 1) 히빙(Heaving) 현상
① 정의 : 연약한 점토지반을 굴착할 때 흙막이 벽체 배면에 있는 흙의 중량이 굴착 바닥면의 흙의 중량보다 클 때 그 중량 차이로 인해 흙막이 벽체 배면의 흙이 안으로 밀려 들어와 굴착 바닥면이 부풀어 오르는 현상
② 방지대책
㉠ 흙막이벽 근입깊이 증가
㉡ 흙막이벽 배면 지표의 상재하중을 제거
㉢ 지반굴착 시 흙이 느슨해지지 않도록 유의
㉣ 지반개량으로 하부지반 전단강도 개선
㉥ 강성이 큰 흙막이 공법 선정
2) 보일링(Boiling) 현상
① 정의 : 투수성이 좋은 사질토 지반을 굴착할 때 흙막이벽 배면의 지하수위가 굴착저면보다 높을 때 굴착저면 위로 모래와 지하수가 솟아오르는 현상
② 방지대책
㉠ 흙막이벽 근입깊이 증가
㉡ 흙막이벽의 차수성 증대
㉢ 흙막이벽 배면지반 그라우팅 실시
㉣ 흙막이벽 배면지반 지하수위 저하

11.
비계의 조립 시 벽이음 설치간격에 대하여 다음 공란을 채우시오.

비계의 종류	설치간격(단위 : m)	
	수직방향	수평방향
통나무 비계	(①)	(②)
단관 비계	(③)	(④)
강관틀 비계	(⑤)	(⑥)

[해답] ① 5.5 ② 7.5 ③ 5 ④ 5 ⑤ 6 ⑥ 8

12.
거푸집 및 동바리 시공 시 고려해야 할 하중 4가지를 쓰시오.

해답 ① 연직방향하중 : 타설 콘크리트 고정하중, 타설시 충격하중 및 작업원 등의 작업하중
② 횡방향하중 : 작업 시 진동, 충격, 풍압, 유수압, 지진 등
③ 콘크리트 측압 : 콘크리트가 거푸집을 안쪽에서 밀어내는 압력
④ 특수하중 : 시공 중 예상되는 특수한 하중(콘크리트 편심하중 등)

13.
아래 내용을 읽고 ( )에 맞는 내용을 쓰시오.

(1) 위험 예지 훈련은 작업 시간 전 (①)분, 끝난 후 (②)분, 팀웍의 인원은 (③)인 정도가 실시한다.
(2) T.B.M의 5단계는 제1단계 : 도입 – 제2단계 : (④) – 제3단계 : 작업지시 – 제4단계 : (⑤) – 제5단계 : 팀목표확인 단계이다.

해답 ① 5~15   ② 3~5   ③ 5~6   ④ 점검정비   ⑤ 위험예지

건설안전기사(2002년 9월 29일)

01.
다음은 화약 발파공사 시 유의사항이다. ( ) 안에 적절한 용어 또는 숫자를 기입하시오.

(1) 전기뇌관 결선 시 결선 부위는 방수 및 누전방지를 위해 (①)를 감아야 한다.
(2) 발파 작업 시 (②)을 설정하여야 한다.
(3) 깃발 및 사이렌 등의 (③)의 확인을 하여야 한다.
(4) 폭발 여부가 확실하지 않을 때는 전기뇌관 발파 시는 5분 그 밖의 발파에서는 (④)분 이내에 현장에 접근해서는 안 된다.
(5) 발파 시 발생하는 폭풍압과 비산석을 방지할 수 있는 (⑤)을 설치해야 한다.

해답 ① 절연 테이프   ② 출입금지구역   ③ 점화신호   ④ 15   ⑤ 방호막

02.
히빙(Heaving) 현상의 방지대책 3가지를 쓰시오.

해답 ① 흙막이벽 근입깊이 증가
② 흙막이벽 배면 지표의 상재하중을 제거
③ 지반굴착 시 흙이 느슨해지지 않도록 유의
④ 지반개량으로 하부지반 전단강도 개선
⑤ 강성이 큰 흙막이 공법 선정

03.
구조물 안전을 위해 기초가 갖추어야 할 조건 3가지를 쓰시오.

➡해답 ① 상부하중을 안전하게 지지할 것
② 기초의 침하량이 허용치를 넘지 않을 것
③ 최소의 근입깊이를 가질 것
④ 시공이 경제적일 것

04.
다음의 특징을 갖는 안전관리조직은 무엇인가?

• 안전지식과 기술축적이 용이하다.
• 권한 다툼이나 조정 때문에 통제 수속이 복잡해지며, 시간과 노력이 소모된다.
• 생산 부문은 안전에 대한 책임과 권한이 없다.

➡해답 스태프(staff)형 안전관리조직

05.
이동식 사다리의 구조 기준이다. (   ) 안을 채우시오.

가) 길이가 (①)m를 초과해서는 안 된다.
나) 다리의 벌림은 벽 높이의 (②)정도 또는 경사각 (③)도 정도가 적당하다.
다) 벽면 상부로부터 최소한 (④)cm 이상의 여장길이가 있다.

➡해답 ① 6   ② 1/4   ③ 75   ④ 60

06.
흙막이 개착식 굴착(Open Cut) 공법의 종류 3가지를 쓰시오.

➡해답 ① 자립식 공법 : 흙막이벽 근입부분의 수평저항이 충분하고 토압에 견딜 수 있는 지반이어야 한다.
② 버팀대 공법 : 굴착토량을 최소화 할 수 있고 부지를 효율적으로 이용할 수 있으나 경사 오픈 컷에 비하여 공사비가 많이 들며 버팀대 및 띠장, 지주 등의 강성이 확보 되어야 한다.
③ 어스앵커 : 앵커 강재의 강도검토 및 장시간 사용 시 부식에 유의해야 한다.

07.
다음 물음에 답하시오.

1) 달기 와이어로프 및 달기강선의 안전계수 : (①) 이상
2) 달기체인 및 달기훅의 안전계수는 : (②) 이상
3) 달기강대와 달비계의 하부 및 상부지점의 안전계수 : 강재의 경우 (③) 이상, 목재의 경우 (④) 이상

➡해답 ① 10   ② 5   ③ 2.5   ④ 5

08.
고소작업 시 재해예방을 위한 안전대책을 3가지만 쓰시오.

해답 ① 비계를 조립하는 등의 방법에 의하여 작업발판 설치
② 기준에 적합한 추락방호망 설치
③ 근로자에게 안전대를 착용하도록 함
④ 조명의 유지
⑤ 승강설비의 설치

09.
양중기의 종류 5가지만 쓰시오.

해답 ① 크레인(호이스트(hoist)를 포함)
② 이동식 크레인
③ 리프트(이삿짐 운반용 리프트의 경우에는 적재하중이 0.1톤 이상인 것으로 한정)
④ 곤돌라
⑤ 승강기

10.
건설재해예방 전문지도기관의 기술지도는 특별한 사유가 없으면 월1회 실시한다. 다만, 기술지도를 실시하지 않아도 되는 공사 3가지를 쓰시오.

해답 1. 공사기간이 1개월 미만인 공사
2. 육지와 연결되지 아니한 섬지역(제주특별자치도는 제외한다)에서 이루어지는 공사
3. 안전관리자의 자격을 가진 사람을 선임하여 안전관리자의 직무만을 전담하도록 하는 공사. 이 경우 사업주는 안전관리자 선임 등 보고서(건설업)를 관할 지방고용노동관서의 장에게 제출하여야 한다.
4. 유해·위험방지계획서를 제출하여야 하는 공사

11.
ABE 안전모의 용도 3가지만 쓰시오.

해답 ① 낙하 또는 비래위험 방지   ② 추락위험 방지   ③ 감전위험 방지

건설안전기사(2002년 9월 29일)

01.
구조물 설계 시 고려되어야 할 하중을 3가지 쓰시오.

해답 ① 연직방향하중 : 타설 콘크리트 고정하중, 타설시 충격하중 및 작업원 등의 작업하중

② 횡방향하중 : 작업 시 진동, 충격, 풍압, 유수압, 지진 등

③ 콘크리트 측압 : 콘크리트가 거푸집을 안쪽에서 밀어내는 압력

④ 특수하중 : 시공 중 예상되는 특수한 하중(콘크리트 편심하중 등)

02.
흙막이 공사 시 붕괴재해를 일으킬 수 있는 히빙과 보일링의 정의를 쓰시오.

해답 1) 히빙(Heaving) 현상

　① 정의 : 연약한 점토지반을 굴착할 때 흙막이 벽체 배면에 있는 흙의 중량이 굴착 바닥면의 흙의 중량보다 클 때 그 중량 차이로 인해 흙막이 벽체 배면의 흙이 안으로 밀려 들어와 굴착 바닥면이 부풀어 오르는 현상

　② 방지대책

　　㉠ 흙막이벽 근입깊이 증가

　　㉡ 흙막이벽 배면 지표의 상재하중을 제거

　　㉢ 지반굴착 시 흙이 느슨해지지 않도록 유의

　　㉣ 지반개량으로 하부지반 전단강도 개선

　　㉤ 강성이 큰 흙막이 공법 선정

2) 보일링(Boiling) 현상

　① 정의 : 투수성이 좋은 사질토 지반을 굴착할 때 흙막이벽 배면의 지하수위가 굴착저면보다 높을 때 굴착저면 위로 모래와 지하수가 솟아오르는 현상

　② 방지대책

　　㉠ 흙막이벽 근입깊이 증가

　　㉡ 흙막이벽의 차수성 증대

　　㉢ 흙막이벽 배면지반 그라우팅 실시

　　㉣ 흙막이벽 배면지반 지하수위 저하

03.
가설자재 작업 중 강재 Support를 메고 돌아서다가 옆 사람의 머리와 충돌하는 재해가 발생하였다. 이에 대한 안전대책을 3가지 쓰시오.

해답 ① 해당 작업을 하는 구역에는 관계 근로자가 아닌 사람의 출입을 금지할 것

② 비, 눈, 그 밖의 기상상태의 불안정으로 날씨가 몹시 나쁜 경우에는 그 작업을 중지할 것

④ 관리감독자 배치

⑤ 안전모 등 보호구 착용

⑥ 작업반경 내 장애물, 근로자 유무 확인

04.
동력개폐기(Switch) 취급상 주의해야 할 사항 3가지만 쓰시오.

해답 ① 충전부가 노출되지 않도록 폐쇄형 외함(外函)이 있는 구조로 할 것

② 충전부에 충분한 절연효과가 있는 방호망이나 절연덮개를 설치할 것

③ 충전부는 내구성이 있는 절연물로 완전히 덮어 감쌀 것

④ 발전소·변전소 및 개폐소 등 구획되어 있는 장소로서 관계 근로자가 아닌 사람의 출입이 금지되는 장소에 충전부를 설치하고, 위험표시 등의 방법으로 방호를 강화할 것

⑤ 전주 위 및 철탑 위 등 격리되어 있는 장소로서 관계 근로자가 아닌 사람이 접근할 우려가 없는 장소에 충전부를 설치할 것

O5.
각종 건설공사에 관련되는 공정관리를 위한 네트워크(Network) 기법 2가지를 쓰시오.

➡해답 ① CPM(Critical Path Method)기법
② PERT(Program Evaluation & Review Technique)기법

O6.
건설공사의 콘크리트 구조물 시공에 사용되는 비계의 종류를 5가지만 쓰시오.

➡해답 ① 강관틀 비계 ② 단관 비계 ③ 통나무비계 ④ 달비계 ⑤ 말비계 ⑥ 이동식 비계

O7.
발파에 의한 굴착작업을 할 때 화약류를 현장 내 소규모 운반 시 안전유의사항 5가지만 쓰시오.

➡해답 ① 화약류는 화약류 취급 책임자로부터 수령
② 화약류의 운반은 반드시 운반대나 상자를 이용하여 소분하여 운반
③ 용기에 화약류와 뇌관의 동시 운반 금지
④ 화약류, 뇌관 등은 충격을 주지 말고 화기에 접근 금지
⑤ 발파 후 굴착작업시 불발 잔약의 유무를 반드시 확인하고 작업
⑥ 전석의 유무를 조사하고 소정의 높이와 기울기를 유지하고 굴착작업 실시

O8.
인양장비를 이용하여 인양작업 중 주의해야 할 안전지침에 대하여 3가지만 쓰시오.

➡해답 ① 걸기가 끝나면 모든 작업원은 안전한 장소로 대피한다.
② 들어올리기는 신호자의 손짓이나 통신장비에 의해 한다.
③ 보조망을 달았을 경우에는 화물의 흔들림이나 회전을 일으키지 않고 또 장해물에 닿지 않도록 바르게 유도한다. 유도할 때에는 발 디딤에 주의한다.
④ 달아 올린 화물을 이동시킬 경우에는 적재판 에서 2m 이상의 높이를 유지하고 통행자의 위험, 장해물, 가설전선 등의 유무를 확인하고 운행시킨다.
⑤ 수신호방법을 운전자, 걸기 작업원과 충분히 사전 협의해 둔다.
⑥ 손짓은 운전자가 충분히 알아볼 수 있는 위치에서 명확히 보낸다.
⑦ 짐을 달아 올릴 때에는 우선 약간 올리라는 신호를 하고 땅에서 떨어졌을 때 일단 세우고 걸기의 상태(훅, 와이어로프의 조임상태, 화물의 상태, 화물의 흐트러짐, 회전 등의 유무)가 좋은가 또 작업원의 위험이 없는가를 확인한다. 화물을 달아 올리는 중에 작업원이 와이어로프, 도르래 등에 손가락이 말려 들어가는 사고가 많으므로 특히 주의한다. 걸기 상태가 나쁠 때에는 반드시 지상에 내려서 걸린 상태를 다시 확인, 수정한다.
⑧ 인양, 이동 중에 화물이 흔들리거나 장해물 등에 걸리거나 할 때에는 반드시 운전을 중지한다.

⑨ 인양화물을 정한 장소에 내릴 때에는 적당한 높이가 되었을 때 일단 정지시켜 내리는 위치가 안전한가 또 깔판에 바르게 내려지는가를 확인한다.

09.
포크리프트로 작업장의 물품을 운반할 때 필요한 안전조치 4가지 쓰시오.

➡해답 ① 짐을 싣고 주행 시 저속 주행으로 한다.
② 정지 시에는 반드시 마스트를 지면에 접속해 놓아야 한다.
③ 조작 시에는 시동 후 5분 정도 지난 다음 한다.
④ 이동시에는 지면으로부터 마스트를 30cm 정도 들고 이동한다.
⑤ 짐을 싣고 내려갈 때는 후진으로 내려간다.

10.
토공사에서 비탈면 보호공법의 종류를 3가지 쓰시오.

➡해답 ① 식생공 : 떼붙임공, 식생 Mat공, 식수공
② 뿜어붙이기공 : 콘크리트 또는 시멘트 모르타르를 뿜어 붙임
③ 블록공 : 사면에 블록붙임
④ 돌쌓기공 : 견치석 쌓기
⑤ 배수공 : 지표수 배제공, 지하수 배제공

11.
다음은 토사등이 붕괴 또는 낙하하여 근로자에게 위험을 미칠 우려가 있을 때 조치하여야 할 사항이다. (   )에 알맞은 용어를 쓰시오.

지반은 안전한 경사로 하고 낙하의 위험이 있는 토석을 제거하거나 옹벽, (①) 등을 설치한다. 토사등의 붕괴 또는 낙하 원인이 되는 빗물이나 (②) 등을 배제시킨다.

➡해답 ① 흙막이 지보공
② 지하수

12.
흙막이 공사현장 주변의 침하를 일으키는 원인을 3가지만 쓰시오.

➡해답 ① 흙막이 배면의 토압에 의한 흙막이 변형으로 배면토 이동
② 지반의 지하수 배출로 인한 지하수위 저하로 압밀침하 발생
③ 흙막이 배면부 뒤채움 및 다짐 불량
④ 우수 및 지표수 유입
⑤ 흙막이 배면부 과재하중 적재
⑥ 히빙, 보일링 현상 발생

건설안전기사(2003년 4월 27일)

01.

평균 근로자 수가 400명인 어느 사업장에서 신체장해로 인한 근로손실일수가 12,300일, 의사진단에 의한 휴업일수가 500일이었다. 강도율을 계산하시오.(단, 1인당 연간 근로시간은 2,400시간임)

해답 강도율 $= \dfrac{\text{근로손실일수}}{\text{연근로시간수}} \times 1,000 = \dfrac{12,300 + (\frac{500 \times 300}{365})}{400 \times 2,400} \times 1,000 = 13.24$

02.

거푸집 및 지보공의 재료 선정 시 고려해야 할 사항을 4가지만 쓰시오.

해답
① 강도   ② 강성   ③ 내구성
④ 작업성   ⑤ 타설 콘크리트의 영향   ⑥ 경제성

03.

연약지반을 흙막이 개착공법으로 굴착 작업 시 발생하는 히빙 현상을 설명하고, 대책 3가지를 쓰시오.

해답
① 정의 : 연약한 점토지반을 굴착할 때 흙막이 벽체 배면에 있는 흙의 중량이 굴착 바닥면의 흙의 중량보다 클 때 그 중량 차이로 인해 흙막이 벽체 배면의 흙이 안으로 밀려 들어와 굴착 바닥면이 부풀어 오르는 현상
② 방지대책
    ㉠ 흙막이벽 근입깊이 증가
    ㉡ 흙막이벽 배면 지표의 상재하중을 제거
    ㉢ 지반굴착 시 흙이 느슨해지지 않도록 유의
    ㉣ 지반개량으로 하부지반 전단강도 개선
    ㉤ 강성이 큰 흙막이 공법 선정

O4.

차량계 건설기계를 사용하여 작업을 할 때에는 작업계획을 작성하고 그 작업계획에 따라 작업을 실시하도록 하여야 한다. 이때 작업계획에 포함되어야 할 사항을 3가지 쓰시오.

➡해답 ① 사용하는 차량계 건설기계의 종류 및 성능
② 차량계 건설기계의 운행 경로
③ 차량계 건설기계에 의한 작업 방법

O5.

다음 표는 건설업 산업안전보건관리비 계상 및 사용기준에 의해 수급인 또는 자가 공사자가 안전관리비를 사용해야 하는 항목을 보여주고 있다. 빈칸을 채우시오.

[항 목]
1. 안전관리자·보건관리자의 임금 등
2. (①)
3. 보호구 등
4. (②)
5. 안전보건교육비 등
6. 근로자 건강장해예방비 등
7. (③)
8. 본사 전담조직에 소속된 근로자의 임금 및 업무수행 출장비 전액
9. 유해·위험요인 개선을 위해 필요하다고 판단하여 노사협의체에서 사용하기로 결정한 사항을 이행하기 위한 비용

➡해답 ① 안전시설비 등
② 안전보건진단비 등
③ 건설재해예방전문지도기관의 지도에 대한 대가로 지급하는 비용

O6.

크레인에 관련된 다음 설명에 알맞은 용어를 쓰시오.

(1) 크레인, 이동식 크레인 또는 데릭의 재료에 따라 부하시킬 수 있는 하중 : (①)
(2) 지브 혹은 붐의 경사각 및 길이 또는 지브의 위에 놓이는 도르래의 위치에 따라 부하시킬 수 있는 최대하중으로부터 각각 훅, 버킷 등 달아올리기 기구의 중량에 상당하는 하중을 공제한 하중 : (②)
(3) 엘리베이터, 자동차정비용 리프트 또는 건설용 리프트의 구조 및 재료에 따라서 운반기에 사람 또는 짐을 올려놓고 승강시킬 수 있는 최대하중 : (③)

➡해답 ① 달아올리기 하중   ② 정격하중   ③ 적재하중

07.
강관틀비계의 조립작업 시 준수해야 할 사항 3가지를 쓰시오.

➡해답 ① 비계기둥의 밑둥에는 밑받침 철물을 사용하여야 하며 밑받침에 고저차가 있는 경우에는 조절형 밑받침철물을 사용하여 각각의 강관틀비계가 항상 수평 및 수직을 유지하도록 할 것
② 높이가 20미터를 초과하거나 중량물의 적재를 수반하는 작업을 할 경우에는 주틀 간의 간격을 1.8미터 이하로 할 것
③ 주틀 간에 교차 가새를 설치하고 최상층 및 5층 이내마다 수평재를 설치할 것
④ 수직방향으로 6미터, 수평방향으로 8미터 이내마다 벽이음을 할 것
⑤ 길이가 띠장 방향으로 4미터 이하이고 높이가 10미터를 초과하는 경우에는 10미터 이내마다 띠장 방향으로 버팀기둥을 설치할 것

08.
동력을 사용하는 항타기 또는 항발기의 무너짐을 방지하기 위한 준수사항이다. (   ) 안에 알맞은 말을 써 넣으시오.

1) 연약한 지반에 설치하는 때에는 아웃트리거·받침 등 지지구조물의 침하를 방지하기 위하여 (①) 등을 사용하고, 아웃트리거·받침 등 지지구조물이 미끄러질 우려가 있는 때에는 (②) 또는 쐐기 등을 사용하여 해당 지지구조물을 고정시킬 것
2) 버팀대만으로 상단부분을 안정시키는 때에는 버팀대는 (③)개 이상으로 하고 그 하단 부분은 견고한 버팀 말뚝 또는 철골 등으로 고정시킬 것

➡해답 ① 받침목이나 깔판   ② 말뚝   ③ 3

09.
거푸집 해체 시 안전상 유의사항을 설명한 것이다. (   ) 안에 적절한 말을 쓰시오.

(1) 해당 작업을 하는 구역에는 관계 근로자가 아닌 사람의 (①)을 금지할 것
(2) 비, 눈, 그 밖의 기상상태의 불안정으로 날씨가 몹시 나쁜 경우에는 그 작업을 (②)할 것
(3) 재료, 기구 또는 공구 등을 올리거나 내리는 경우에는 근로자로 하여금 (③) 등을 사용하도록 할 것
(4) (④)에 의한 돌발적 재해를 방지하기 위하여 (⑤)을 설치하고 거푸집동바리 등을 인양장비에 매단 후에 작업을 하도록 하는 등 필요한 조치를 할 것

➡해답 ① 출입   ② 중지   ③ 달줄·달포대   ④ 낙하·충격   ⑤ 버팀목

10.
직접기초를 위한 터파기 공법의 종류를 3가지만 쓰시오.

➡해답 ① 구덩이 파기 : 독립기둥 밑을 파는 방법
② 줄기초 파기 : 벽체, 지중보 밑을 도랑 모양으로 파는 방법
③ 온통파기 : 지하층 밑을 전부 파는 방법

11.
구조물을 해체할 때에는 미리 해체구조물의 조사결과에 따른 해체계획을 작성하고 그 해체계획에 의하여 작업하도록 하여야 한다. 이때 해체 계획에 포함되어야 할 사항을 3가지만 쓰시오.

➡해답 ① 해체의 방법 및 해체순서 도면
② 가설설비, 방호설비, 환기설비 및 살수·방화설비 등의 방법
③ 사업장 내 연락방법
④ 해체물의 처분계획
⑤ 해체작업용 기계·기구 등의 작업계획서
⑥ 해체작업용 화약류 등의 사용계획서
⑦ 기타 안전·보건에 관련된 사항도 포함되어야 한다.

12.
중력식 옹벽의 붕괴방지를 위하여 외력에 대한 안정조건 3가지를 쓰시오.

➡해답 ① 활동에 대한 안정 : $F_s = \dfrac{\text{활동에 저항하려는 힘}}{\text{활동하려는 힘}} \geq 1.5$

② 전도에 대한 안정 : $F_s = \dfrac{\text{저항모멘트}}{\text{전도모멘트}} \geq 2.0$

③ 기초지반의 지지력(침하)에 대한 안정 : $F_s = \dfrac{\text{지반의 극한지지력}}{\text{지반의 최대반력}} \geq 3.0$

건설안전기사(2003년 7월 13일)

01.
달기체인과 와이어로프의 안전기준을 쓰시오.

➡해답 1) 늘어난 달기체인 등의 사용금지(안전보건규칙 제167조)
① 달기 체인의 길이가 달기 체인이 제조된 때의 길이의 5퍼센트를 초과한 것
② 링의 단면지름이 달기 체인이 제조된 때의 해당 링의 지름의 10퍼센트를 초과하여 감소한 것
③ 균열이 있거나 심하게 변형된 것
2) 와이어로프의 사용금지(안전보건규칙 제166조)
① 이음매가 있는 것
② 와이어로프의 한 꼬임(스트랜드)에서 끊어진 소선(素線, 필러(Pillar)선은 제외)의 수가 10% 이상(비자전 로프의 경우에는 끊어진 소선의 수가 와이어로프 호칭지름의 6배 길이 이내에서 4개 이상이거나 호칭지름 30배 길이 이내에서 8개 이상)인 것
③ 지름의 감소가 공칭지름의 7%를 초과하는 것
④ 꼬인 것
⑤ 심하게 변형 또는 부식된 것
⑥ 열과 전기충격에 의해 손상된 것

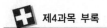

02.
기계굴착 작업 시 사전 안전점검사항 4가지를 쓰시오.

해답 ① 형상·지질 및 지층의 상태
② 균열·함수·용수 및 동결의 유무 또는 상태
③ 매설물 등의 유무 또는 상태
④ 지반의 지하수위 상태

03.
사면 붕괴재해 예방대책 2가지를 쓰시오.

해답 ① 석설한 경사면의 기울기 계획(굴착면 기울기 기준 순수)
② 경사면의 기울기가 당초 계획과 차이 발생시 즉시 재검토하여 계획변경
③ 활동할 가능성이 있는 토석은 제거
④ 경사면의 하단부에 압성토 등 보강공법으로 활동에 대한 저항대책 강구
⑤ 말뚝(강관, H형강, 철근콘크리트)을 타입하여 지반 강화
⑥ 지표수와 지하수의 침투를 방지

04.
사업장에서 실시하는 안전보건교육의 종류와 시간을 쓰시오.

해답 사업 내 안전·보건교육(「산업안전보건법 시행규칙」 [별표 4])
(1) 근로자

교육과정	교육대상		교육시간
가. 정기교육	1) 사무직 종사 근로자		매반기 6시간 이상
	2) 그 밖의 근로자	가) 판매 업무에 직접 종사하는 근로자	매반기 6시간 이상
		나) 판매업무에 직접 종사하는 근로자 외의 근로자	매반기 12시간 이상
나. 채용 시 교육	1) 일용근로자 및 근로계약기간이 1주일 이하인 기간제근로자		1시간 이상
	2) 근로계약기간이 1주일 초과 1개월 이하인 기간제 근로자		4시간 이상
	3) 그 밖의 근로자		8시간 이상
다. 작업내용 변경 시 교육	1) 일용근로자 및 근로계약기간이 1주일 이하인 기간제근로자		1시간 이상
	2) 그 밖의 근로자		2시간 이상

교육과정	교육대상	교육시간
라. 특별교육	1) 일용근로자 및 근로계약기간이 1주일 이하인 기간제근로자 : 별표 5 제1호라목(제39호는 제외한다)에 해당하는 작업에 종사하는 근로자에 한정한다.	2시간 이상
	2) 일용근로자 및 근로계약기간이 1주일 이하인 기간제근로자 : 별표 5 제1호라목제39호에 해당하는 작업에 종사하는 근로자에 한정한다.	8시간 이상
	3) 일용근로자 및 근로계약기간이 1주일 이하인 기간제근로자를 제외한 근로자 : 별표 5 제1호라목에 해당하는 작업에 종사하는 근로자에 한정한다.	가) 16시간 이상(최초 작업에 종사하기 전 4시간 이상 실시하고 12시간은 3개월 이내에서 분할하여 실시 가능) 나) 단기간 작업 또는 간헐적 작업인 경우에는 2시간 이상
마. 건설업 기초 안전·보건교육	건설 일용근로자	4시간 이상

(2) 관리감독자

교육과정	교육시간
가. 정기교육	연간 16시간 이상
나. 채용 시 교육	8시간 이상
다. 작업내용 변경 시 교육	2시간 이상
라. 특별교육	16시간 이상(최초 작업에 종사하기 전 4시간 이상 실시하고, 12시간은 3개월 이내에서 분할하여 실시 가능)
	단기간 작업 또는 간헐적 작업인 경우에는 2시간 이상

05.
사다리식 통로의 안전기준을 쓰시오.

⇒해답 ① 견고한 구조로 할 것
② 심한 손상·부식 등이 없는 재료를 사용할 것
③ 발판의 간격은 일정하게 할 것
④ 발판과 벽과의 사이는 15cm 이상의 간격을 유지할 것
⑤ 폭은 30cm 이상으로 할 것
⑥ 사다리가 넘어지거나 미끄러지는 것을 방지하기 위한 조치를 할 것
⑦ 사다리의 상단은 걸쳐놓은 지점으로부터 60cm 이상 올라가도록 할 것
⑧ 사다리식 통로의 길이가 10m 이상인 경우에는 5미터 이내마다 계단참을 설치할 것

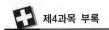

⑨ 사다리식 통로의 기울기는 75° 이하로 할 것. 다만, 고정식 사다리식 통로의 기울기는 90° 이하로 하고, 그 높이가 7m 이상인 경우에는 바닥으로부터 높이가 2.5m 되는 지점부터 등받이울을 설치할 것
⑩ 접이식 사다리 기둥은 사용 시 접혀지거나 펼쳐지지 않도록 철물 등을 사용하여 견고하게 조치할 것

06.
강관비계 조립 시 준수사항 5가지를 쓰시오.

해답 ① 비계기둥에는 미끄러지거나 침하하는 것을 방지하기 위하여 밑받침철물을 사용하거나 받침목이나 깔판 등을 사용하여 밑둥잡이를 설치하는 등의 조치를 할 것
② 강관의 접속부 또는 교차부는 적합한 부속철물을 사용하여 접속하거나 단단히 묶을 것
③ 교차가새로 보강할 것
④ 외줄비계 · 쌍줄비계 또는 돌출비계에 대해서는 다음 각목의 정하는 바에 따라 벽이음 및 버팀을 설치할 것
ㄱ) 강관비계의 조립간격은 아래의 기준에 적합하도록 할 것

강관비계의 종류	조립간격(단위 : m)	
	수직방향	수평방향
단관비계	5	5
틀비계(높이가 5m 미만의 것을 제외한다)	6	8

ㄴ) 강관 · 통나무 등의 재료를 사용하여 견고한 것으로 할 것
ㄷ) 인장재와 압축재로 구성되어 있는 때에는 인장재와 압축재의 간격을 1m 이내로 할 것
⑤ 가공전로에 근접하여 비계를 설치하는 경우에는 가공전로를 이설하거나 가공전로에 절연용 방호구를 장착하는 등 가공전로와의 접촉을 방지하기 위한 조치를 할 것

07.
건설업 중 유해위험방지계획서 제출대상사업 5가지를 쓰시오.

해답 ① 지상높이가 31m 이상인 건축물 또는 인공구조물, 연면적 30,000m² 이상인 건축물 또는 연면적 5,000m² 이상의 문화 및 집회시설(전시장 및 동물원 · 식물원은 제외), 판매시설, 운수시설(고속철도의 역사 및 집배송시설은 제외), 종교시설, 의료시설 중 종합병원, 숙박시설 중 관광숙박시설, 지하도상가 또는 냉동 · 냉장창고시설의 건설 · 개조 또는 해체
② 연면적 5,000m² 이상의 냉동 · 냉장창고시설의 설비공사 및 단열공사
③ 최대지간 길이가 50m 이상인 교량건설 등 공사
④ 터널건설 등의 공사
⑤ 다목적 댐, 발전용 댐 및 저수용량 2천만톤 이상의 용수전용 댐, 지방상수도 전용댐 건설 등의 공사
⑥ 깊이가 10m 이상인 굴착공사

08.
섬유로프로 화물자동차에 짐을 실을 때 관리감독자의 직무 3가지를 쓰시오.

해답 ① 작업방법 및 순서를 결정하고 작업을 지휘하는 일
② 기구 및 공구를 점검하고 불량품을 제거하는 일
③ 그 작업장소에는 관계 근로자가 아닌 사람의 출입을 금지하는 일
④ 로프 등의 해체 작업할 때에는 하대(荷臺) 위의 화물의 낙하위험 유무를 확인하고 작업의 착수를 지시하는 일

09.
발파 작업 시 관리감독자의 직무 3가지를 쓰시오.

해답 ① 점화 전에 점화작업에 종사하는 근로자 외의 자의 대피를 지시하는 일
② 점화작업에 종사하는 근로자에 대하여 대피장소 및 경로를 지시하는 일
③ 점화 전에 위험구역 내에서 근로자가 대피한 것을 확인하는 일
④ 점화순서 및 방법에 대하여 지시하는 일
⑤ 점화신호하는 일
⑥ 점화작업에 종사하는 근로자에 대하여 대피신호를 하는 일
⑦ 발파 후 터지지 아니한 장약이나 남은 장약의 유무, 용수 유무 및 암석·토사의 낙하 유무 등을 점검하는 일
⑧ 점화하는 사람을 정하는 일
⑨ 공기압축기의 안전밸브 작동유무를 점검하는 일
⑩ 안전모 등 보호구의 착용상황을 감시하는 일

10.
산업안전보건표지의 종류 5가지를 쓰시오.

해답 ① 금지 표시   ② 경고 표지   ③ 지시 표시
④ 안내 표지   ⑤ 관계자외 출입금지

11.
항타기·항발기 사용 전 점검사항 3가지를 쓰시오.

해답 ① 본체 연결부의 풀림 또는 손상의 유무
② 권상용 와이어로프·드럼 및 도르래의 부착상태의 이상 유무
③ 권상장치의 브레이크 및 쐐기장치 기능의 이상 유무
④ 권상기 설치상태의 이상 유무
⑤ 리더(leader)의 버팀 방법 및 고정상태의 이상 유무
⑥ 본체·부속장치 및 부속품의 강도가 적합한지 여부
⑦ 본체·부속장치 및 부속품에 심한 손상·마모·변형 또는 부식이 있는지 여부

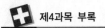

건설안전기사(2003년 10월 5일)

01.

건축공사에서 재료비가 500,000,000원이고 직접노무비가 300,000,000원일 때 안전 관리비를 계산하시오.

> **해답** 안전관리비 산출＝대상액(재료비＋직접노무비)×1.86％＋기초액(C)
> ＝800,000,000원×0.0186＋5,349,000원＝20,229,000원

02.

연약지반을 개량하는 목적을 3가지만 쓰시오.

> **해답** ① 지반의 강도증가
> ② 활동에 대한 저항 부여
> ③ 액상화 방지
> ④ 전단변형 억제
> ⑤ 압밀침하 촉진을 통한 지반강화

03.

차량계 건설기계를 사용하여 작업을 할 때 기계가 넘어지거나 굴러 떨어짐으로써 근로자에게 위험을 미칠 우려가 있는 때에 취할 수 있는 조치사항을 3가지만 쓰시오.

> **해답** ① 유도하는 사람(유도자)을 배치
> ② 지반의 부동침하 방지
> ③ 갓길의 붕괴 방지
> ④ 도로 폭의 유지

04.

비계의 높이가 2m 이상인 작업 장소에서 설치하는 작업발판의 기준을 4가지만 쓰시오.

> **해답** ① 발판재료는 작업할 때의 하중을 견딜 수 있도록 견고한 것으로 할 것
> ② 작업발판의 폭은 40cm 이상으로 하고, 발판재료 간의 틈은 3cm 이하로 할 것
> ③ 추락의 위험성이 있는 장소에는 안전난간을 설치할 것(작업의 성질상 안전난간을 설치하는 것이 곤란한 때 및 작업의 필요상 임시로 안전난간을 해체함에 있어서 추락방호망을 치거나 근로자로 하여금 안전대를 사용하도록 하는 등 추락에 의한 위험방지조치를 한 때에는 제외)
> ④ 작업발판의 지지물은 하중에 의하여 파괴될 우려가 없는 것을 사용할 것
> ⑤ 작업발판재료는 뒤집히거나 떨어지지 않도록 2 이상의 지지물에 연결하거나 고정시킬 것
> ⑥ 작업발판을 작업에 따라 이동시킬 경우에는 위험방지에 필요한 조치를 할 것

O5.

달비계 또는 높이 5m 이상의 비계를 조립, 해체하거나 변경작업을 할 때에 사업주로서 준수하여야 할 사항을 3가지만 쓰시오.

➡️**해답** ① 관리감독자의 지휘에 따라 작업하도록 할 것
② 조립·해체 또는 변경의 시기·범위 및 절차를 그 작업에 종사하는 근로자에게 주지시킬 것
③ 조립·해체 또는 변경 작업구역에는 해당 작업에 종사하는 근로자가 아닌 사람의 출입을 금지하고 그 내용을 보기 쉬운 장소에 게시할 것
④ 비, 눈, 그 밖의 기상상태의 불안정으로 날씨가 몹시 나쁜 경우에는 그 작업을 중지시킬 것
⑤ 비계재료의 연결·해체작업을 하는 경우에는 폭 20cm 이상의 발판을 설치하고 근로자로 하여금 안전대를 사용하도록 하는 등 추락을 방지하기 위한 조치를 할 것
⑥ 재료·기구 또는 공구 등을 올리거나 내리는 경우에는 근로자가 달줄 또는 달포대 등을 사용하게 할 것

O6.

터널 건설작업 중 낙반 등에 의하여 근로자에게 위험을 미칠 우려가 있을 때 조치할 수 있는 사항을 3가지 쓰시오.

➡️**해답** ① 터널지보공 설치
② 록볼트 설치
③ 부석의 제거
④ 방호망 설치

O7.

보통 포틀랜드 시멘트를 사용한 콘크리트 구조물의 거푸집 해체시기에 대한 아래 표에 알맞은 숫자를 채우시오.

구 분		기초 옆, 보 측면, 기둥, 벽	바닥판 밑, 보 밑	비 고
콘크리트의 압축강도에 의할 때		(①)kg/cm²	설계기준 강도의 (②)	압축강도가 이 이상 얻어진 것을 확인할 때까지 존치한다.
콘크리트의 재령에 의할 때	20℃≤평균기온	4일	(③)일	평균기온이 10℃ 이상이면, 강도시험 없이 재령에 의해 해체할 수 있다.
	10℃≤평균기온	6일	8일	

➡️**해답** ① 50 ② 2/3 ③ 5

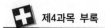

08.
작업장 내 운반을 주목적으로 하는 구내 운반차 사용 시 준수사항 3가지만 쓰시오.

해답 ① 주행을 제동하거나 정지상태를 유지하기 위하여 유효한 제동장치를 갖출 것
② 경음기를 갖출 것
③ 운전석이 차 실내에 있는 것은 좌우에 한 개씩 방향지시기를 갖출 것
④ 전조등 및 후미 등을 갖출 것. 다만 작업을 안전하게 하기 위하여 필요한 조명이 있는 장소에서 사용하는 구내 운반차에 대해서는 그러하지 아니하다.

09.
다음은 가설통로에 대한 설치 기준이다. (   ) 안을 채우시오.

(가) 경사는 일반적으로 (①)도 이하로 하고, 경사가 (②)도를 초과할 때는 미끄러지지 않는 구조로 한다.
(나) 수직갱에 가설된 통로의 길이가 15m 이상인 때에는 (③)m 이내마다 계단참을 설치하고, 건설공사에 사용하는 높이 8m 이상인 비계다리에는 (④)m 이내마다 계단참을 설치한다.

해답 ① 30   ② 15   ③ 10   ④ 7

10.
산업안전보건법 시행규칙에 의하면 안전관리자에 선임된 후 3개월 이내에 직무를 수행하는 데 필요한 신규교육과 신규교육 이수 후 2년이 되는 날을 기준으로 전후 3개월 사이에 보수교육을 받아야 한다. 이때 받아야 하는 교육시간을 각각 쓰시오.

해답 안전관리자 신규교육 : 34시간
안전관리자 보수교육 : 24시간

11.
크레인을 사용하여 작업을 하는 때에 작업 시작 전 점검사항을 3가지만 쓰시오.

해답 ① 권과방지장치·브레이크·클러치 및 운전장치의 기능
② 주행로의 상측 및 트롤리(trolley)가 횡행하는 레일의 상태
③ 와이어로프가 통하고 있는 곳의 상태

12.

다음에서 주어지는 보기의 작업조건에 따른 적합한 보호구를 쓰시오.

[보기]

① 물체가 떨어지거나 날아올 위험 또는 근로자가 추락할 위험이 있는 작업
② 높이 또는 깊이 2m 이상의 추락할 위험이 있는 장소에서 하는 작업
③ 물체의 낙하·충격, 물체에의 끼임, 감전 또는 정전기의 내전에 의한 위험이 있는 작업
④ 물체가 흩날릴 위험이 있는 작업
⑤ 용접 시 불꽃이나 물체가 흩날릴 위험이 있는 작업
⑥ 감전의 위험이 있는 작업
⑦ 고열에 의한 화상 등의 위험이 있는 작업

⇒해답 ① 안전모　　　　　② 안전대
③ 안전화　　　　　④ 보안경
⑤ 보안면　　　　　⑥ 절연용보호구
⑦ 방열복

건설안전기사(2004년 4월 25일)

01.
달비계의 설치 시 준수사항 3가지를 쓰시오.

해답 ① 달기 와이어로프, 달기 체인, 달기 강선, 달기 강대 또는 달기 섬유로프는 한쪽 끝을 비계의 보 등에, 다른 쪽 끝을 내민 보, 앵커볼트 또는 건축물의 보 등에 각각 풀리지 않도록 설치할 것
② 작업발판은 폭을 40센티미터 이상으로 하고 틈새가 없도록 할 것
③ 작업발판의 재료는 뒤집히거나 떨어지지 않도록 비계의 보 등에 연결하거나 고정시킬 것
④ 비계가 흔들리거나 뒤집히는 것을 방지하기 위하여 비계의 보·작업발판 등에 버팀을 설치하는 등 필요한 조치를 할 것
⑤ 선반 비계에서는 보의 접속부 및 교차부를 철선·이음철물 등을 사용하여 확실하게 접속시키거나 단단하게 연결시킬 것
⑥ 근로자의 추락 위험을 방지하기 위하여 달비계에 안전대 및 구명줄을 설치하고, 안전난간을 설치할 수 있는 구조인 경우에는 안전난간을 설치할 것

02.
다음 보기는 사다리식 통로의 설치 시 준수사항을 열거하였다. (   )에 알맞은 숫자를 쓰시오.

[보기]
(1) 견고한 구조로 할 것
(2) 발판의 간격은 동일하게 할 것
(3) 발판과 벽과의 사이는 적당한 간격을 유지할 것
(4) 사다리가 넘어지거나 미끄러지는 것을 방지하기 위한 조치를 할 것
(5) 사다리의 상단은 걸쳐놓은 지점으로부터 (①)cm 이상 올라가도록 할 것
(6) 사다리식 통로의 길이가 (②)m 이상인 때에는 (③)m 이내마다 계단참을 설치할 것
(7) 사다리식 통로의 기울기는 (④)도 이내로 할 것

해답 ① 60
② 10
③ 5
④ 75

03.
높이 2m 이상인 작업발판의 끝이나 개구부에서 작업 시 추락재해 방지대책 5가지를 쓰시오.

해답 ① 안전난간 설치
② 울 및 손잡이 설치
③ 덮개를 설치하는 경우 뒤집히거나 떨어지지 않도록 할 것
④ 추락방호망 설치
⑤ 안전대 착용
⑥ 어두운 장소에서도 알아볼 수 있도록 개구부임을 표시

04.
발파작업에 종사하는 근로자의 준수사항 중 보기의 (   )에 알맞은 내용 5가지를 쓰시오.

[보기]
(1) 얼어붙은 다이너마이트는 화기에 접근시키거나 기타의 고열 물에 직접 접촉시키는 등 위험한 방법으로 융해하지 아니하도록 할 것
(2) 화약 또는 폭약을 장전하는 때에는 그 부근에서 화기의 사용 또는 흡연을 하지 아니하도록 할 것
(3) 장전구는 마찰·충격·정전기 등에 의한 폭발이 발생할 위험이 없는 안전한 것을 사용할 것
(4) 발파공의 충전 재료는 (①) 등 발화성 또는 (②) 위험이 없는 재료를 사용할 것
(5) 점화 후 장전된 화약류가 폭발하지 아니한 때 또는 장전된 화약류의 폭발 여부를 확인하기 곤란한 때에는 다음 각 목의 정하는 바에 따를 것
(가) 전기뇌관에 의한 때에는 발파모선을 점화기에서 떼어 그 끝을 단락시켜 놓는 등 재 점화되지 아니하도록 조치하고 그때부터 (③)분 이상 경과한 후가 아니면 화약류의 장전장소에 접근 시키지 아니하도록 할 것
(나) 전기뇌관 외의 것에 의한 때에는 점화한 때부터 (④)분 이상 경과한 후가 아니면 화약류의 장전장소에 접근 시키지 아니하도록 할 것
(6) 전기뇌관에 의한 발파의 경우 점화하기 전에 화약류를 장전한 장소부터 (⑤)m 이상 떨어진 안전한 장소에서 전선에 대하여 저항측정 및 도통시험을 하고 그 결과를 기록·관리하도록 할 것

해답 ① 점토·모래 ② 인화성
③ 5   ④ 15
⑤ 30

05.
거푸집 동바리의 고정, 조립, 해체작업 또는 지반의 굴착작업 시 관리 감독자의 유해·위험방지 업무 3가지를 쓰시오.

해답 ① 안전한 작업방법을 결정하고 작업을 지휘하는 일
② 재료·기구의 결함유무를 점검하고 불량품을 제거하는 일
③ 작업 중 안전대 및 안전모 등 보호구 착용상황을 감시하는 일

06.
옹벽의 활동에 대한 안전을 위해서 활동에 대한 저항력이 수평력의 몇 배 이상이 되어야 하는가?

해답 활동에 대한 안정 : $F_s = \dfrac{\text{활동에 저항하려는힘}}{\text{활동하려는 힘}} \geq 1.5$

07.
중대재해 발생 시 관할 지방 노동관서장에게 전화, 팩스 등으로 (1) 보고기간과 (2) 보고사항 3가지를 쓰시오.

해답 1. 보고기간 : 발생 즉시 보고
2. 보고사항
  ① 발생개요 및 피해상황
  ② 조치 및 전망
  ③ 그 밖의 중요한 사항

08.
지반의 굴착작업 시 보기의 굴착면의 기울기를 쓰시오.

지반의 종류	굴착면의 기울기
모래	(①)
연암 및 풍화암	(②)
경암	(③)
그 밖의 흙	(④)

해답 ① 1 : 1.8
② 1 : 1.0
③ 1 : 0.5
④ 1 : 1.2

09.
차량계 건설기계를 사용하는 작업 시 전도방지 대책 3가지를 쓰시오.

해답 ① 유도하는 사람(유도자)을 배치
② 지반의 부동침하 방지
③ 갓길의 붕괴 방지
④ 도로 폭의 유지

10.

보기의 와이어로프 ① 체결법 ② 효율 ③ 볼트 간의 거리를 쓰시오.

➡해답 ① 클립체결법

② 80~85%

③ 6D(지름의 6배) 이상

11.

건축공사에서 재료비가 500,000,000원이고 직접 노무비가 300,000,000원일 때 안전 관리비를 계산하시오.

➡해답 안전관리비 산출＝대상액(재료비＋직접노무비)×1.86%＋기초액(C)

＝800,000,000원×0.0186＋5,349,000원＝20,229,000원

12.

양중기 작업 시 양중기의 안전검사내용 3가지를 쓰시오.

➡해답 ① 과부하방지장치, 권과방지장치, 그 밖의 안전장치의 이상 유무

② 브레이크와 클러치의 이상 유무

③ 와이어로프와 달기체인의 이상 유무

④ 훅 등 달기기구의 손상 유무

⑤ 배선, 집진장치, 배전반, 개폐기, 콘트롤러의 이상 유무

13.

고압활선 근접작업 시 보기의 (   )에 필요한 숫자나 용어를 쓰시오.

[보기]
사업주는 고압의 충전전로에 근접하는 장소에서 전로 또는 그 지지물의 설치·점검·수리 및 도장 등의 작업을 함에 있어서 당해 작업에 종사하는 근로자의 신체 등이 충전전로에 접촉하거나 당해 충전전로에 대하여 머리 위로의 거리가 (①) 이내이거나 신체 또는 발 아래로의 거리가 (②) 이내로 접근함으로 인하여 감전의 우려가 있는 때에는 당해 충전전로에 절연용 보호구를 설치하여야 한다. 다만, 당해 작업에 종사하는 근로자에게 절연용 보호구를 착용시키고 당해 (③)를 착용하는 신체 외의 부분이 당해 충전전로에 접촉하거나 접근함으로 인하여 감전의 위험이 발생할 우려가 없는 때에는 그러하지 아니한다.

➡해답 ① 30cm

② 60cm

③ 절연용 보호구

※ 해당 법은 삭제됨

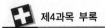

건설안전기사(2004년 7월 4일)

01.
고용노동부장관에게 보고해야 하는 중대재해 3가지를 쓰시오.

> **→해답** ① 사망자가 1명 이상 발생한 재해
> ② 3개월 이상의 요양이 필요한 부상자가 동시에 2명 이상 발생한 재해
> ③ 부상자 또는 직업성 질병자가 동시에 10명 이상 발생한 재해

02.
터널 지보공을 설치할 때 이상이 발견되면 즉시 보수·보강하기 위해 수시로 점검해야 할 사항 3가지를 쓰시오.

> **→해답** ① 부재의 손상·변형·부식·변위, 탈락의 유무 및 상태
> ② 부재의 긴압의 정도
> ③ 부재의 접속부 및 교차부의 상태
> ④ 기둥침하의 유무 및 상태

03.
공사진척에 따른 표의 안전관리비 사용기준을 ( )에 쓰시오.

공정률	50% 이상 70% 미만	70% 이상 90% 미만	90% 이상 100%
사 용 기 준	(①) 이상	(②) 이상	(③) 이상

> **→해답** ① 50%
> ② 70%
> ③ 90%

04.
잠함, 우물통, 수직갱 기타 건설물 실내 내부 굴착작업 시 준수사항 3가지를 쓰시오.

> **→해답** ① 산소 결핍 우려가 있는 경우에는 산소의 농도를 측정하는 사람을 지명하여 측정하도록 할 것
> ② 근로자가 안전하게 오르내리기 위한 설비를 설치할 것
> ③ 굴착 깊이가 20m를 초과하는 경우에는 해당 작업장소와 외부와의 연락을 위한 통신설비 등을 설치할 것

05.
다음 보기 내용의 산업안전표지 종류 중 맞는 것을 (   )에 쓰시오.

[보기]
① 금연   ② 보행금지   ③ 폭발물 경고   ④ 위험장소 경고
⑤ 안전화 착용   ⑥ 방독마스크 착용   ⑦ 녹십자 표시   ⑧ 세안장치
(1) 금지표시(   ) (2) 경고표지(   )
(3) 지시표지(   ) (4) 안내표지(   )

➡해답 (1) 금지표지(①, ②)   (2) 경고표지(③, ④)   (3) 지시표지(⑤, ⑥)   (4) 안내표지(⑦, ⑧)

06.
보기의 (   )에 알맞은 내용을 쓰시오.

터널 건설작업에 있어서 터널의 내부의 시계가 배기가스나 (①) 등에 의하여 현저하게 제한되는 상태에 있는 때에는 (②)를 하거나 물을 뿌려 시계를 양호하게 유지시켜야 한다.

➡해답 ① 분진   ② 환기

07.
다음 표의 강관비계의 조립간격을 (   )에 쓰시오.

강관비계의 종류	조립간격(단위 : m)	
	수직방향	수평방향
단관비계	(①)	(②)
틀비계(높이가 5m 미만의 것을 제외한다)	(③)	(④)

➡해답 ① 5   ② 5   ③ 6   ④ 8

08.
감전 시 인체에 위험정도를 좌우하는 요소 3가지를 쓰시오.

➡해답 ① 통전전류의 크기   ② 통전시간   ③ 통전경로   ④ 전원의 종류

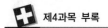

09.

높이 5m 이상의 달비계 조립·해체 시 주의사항 4가지를 쓰시오.

➡해답 ① 관리감독자의 지휘에 따라 작업하도록 할 것
② 조립·해체 또는 변경의 시기·범위 및 절차를 그 작업에 종사하는 근로자에게 주지시킬 것
③ 조립·해체 또는 변경 작업구역에는 해당 작업에 종사하는 근로자가 아닌 사람의 출입을 금지하고 그 내용을 보기 쉬운 장소에 게시할 것
④ 비, 눈, 그 밖의 기상상태의 불안정으로 날씨가 몹시 나쁜 경우에는 그 작업을 중지시킬 것
⑤ 비계재료의 연결·해체작업을 하는 경우에는 폭 20cm 이상의 발판을 설치하고 근로자로 하여금 안전대를 사용하도록 하는 등 추락을 방지하기 위한 조치를 할 것
⑥ 재료·기구 또는 공구 등을 올리거나 내리는 경우에는 근로자가 달줄 또는 달포대 등을 사용하게 할 것

10.

높이 2m 이상인 장소에서 작업 시 안전조치사항 4가지를 쓰시오.

➡해답 ① 비계를 조립하는 등의 방법에 의하여 작업발판 설치
② 기준에 적합한 추락방호망 설치
③ 근로자에게 안전대를 착용하도록 함
④ 조명의 유지
⑤ 승강설비의 설치

11.

DB하중(표준트럭하중)이 DB−24, DB−18, DB−13.5일 때, 교량 설계 시와 차량 통행 시에 기준이 되는 교량등급 및 총중량을 표로 작성하시오.

교량등급	하중W(톤)	총중량1.8W(톤)
1등교	DB-24	(①)
2등교	DB-18	(②)
3등교	DB-13.5	(③)

➡해답 ① 43.2   ② 32.4   ③ 24.3

12.

암질 변화구간 및 이상 암질의 출현 시 일축압축강도와 함께 사용되는 암질판별법(암반분류법) 3가지를 쓰시오.

➡해답 ① R.Q.D(%)   ② 탄성파 속도(m/sec)
③ R.M.R   ④ 진동치 속도(cm/sec=Kine)

13.
고압 충전전로의 점검수리 등 유지작업 시 안전수칙(휴전이 곤란한 경우) 3가지를 쓰시오.

➡️**해답** ① 근로자에게 절연용 보호구를 착용시키고, 당해 충전전로 중 근로자가 취급하고 있는 부분 외의 부분에 근로자의 신체 등이 접촉 또는 접근함으로 인하여 감전의 위험이 발생할 우려가 있는 것에 대해서는 절연용 방호구를 설치할 것
② 근로자에게 활선작업용 기구를 사용하도록 할 것
③ 근로자에게 활선작업용 장치를 사용하도록 할 것

건설안전기사(2004년 9월 19일)

01.
권상용 와이어로프의 제한기준 3가지를 쓰시오.

➡️**해답** ① 이음매가 있는 것
② 와이어로프의 한 꼬임에서 끊어진 소선의 수가 10% 이상(비자전로프의 경우에는 끊어진 소선의 수가 와이어로프 호칭지름의 6배 길이 이내에서 4개 이상이거나 호칭지름 30배 길이 이내에서 8개 이상인 것)인 것
③ 지름의 감소가 공칭지름의 7%를 초과하는 것
④ 꼬인 것
⑤ 심하게 변형 또는 부식된 것
⑥ 열과 전기충격에 의해 손상된 것

02.
감전위험을 방지하기 위하여 누전차단기 설치가 필요한 장소 3가지를 쓰시오.

➡️**해답** ① 물 등 도전성이 높은 액체에 의한 습윤 장소
② 철판·철골 위 등 도전성이 높은 장소
③ 임시배선의 전로가 설치되는 장소

03.
철골작업 시 재해방지시설(보호구 제외)에 대하여 (1) 추락위험시 (2) 낙하·비래위험시 안전대책을 각각 3가지씩 쓰시오.

➡️**해답** (1) 추락위험시 안전대책 3가지
① 답단 간격이 30cm 이내인 고정된 승강로 설치
② 수평방향 철골과 수직방향 철골이 연결되는 부분에는 연결작업을 위하여 작업발판 설치

③ 근로자의 주요 이동통로에 고정된 가설통로를 설치
④ 안전대 부착설비 설치
(2) 낙하·비래 위험시 안전대책 3가지
① 낙하물 방지망
② 수직보호망
③ 방호선반
④ 출입금지구역 설정
⑤ 인양작업시 달줄, 달포대 사용

04.
다음 보기는 건설업 안전관리자 수 및 선임방법이다. (   )에 알맞은 숫자를 쓰시오.

[보기]

- 건설업에서 공사금액 120억 원 이상 800억 원 미만 안전관리자 수 : (①)
- 건설업에서 공사금액 800억 원 이상 1,500억 원 미만 안전관리자 수 : (②)
- 공사금액 1,500억 원 이상 2,200억 원 미만 안전관리자 수 : (③)

해답 ① 1명   ② 2명   ③ 3명

05.
발파작업 시 관리감독자의 유해·위험방지 업무 5가지를 쓰시오.

해답 ① 점화 전에 점화작업에 종사하는 근로자 외의 자의 대피를 지시하는 일
② 점화작업에 종사하는 근로자에 대하여 대피장소 및 경로를 지시하는 일
③ 점화 전에 위험구역 내에서 근로자가 대피한 것을 확인하는 일
④ 점화순서 및 방법에 대하여 지시하는 일
⑤ 점화신호하는 일
⑥ 점화작업에 종사하는 근로자에 대하여 대피신호를 하는 일
⑦ 발파 후 터지지 아니한 장약이나 남은 장약의 유무, 용수 유무 및 암석·토사의 낙하 유무 등을 점검하는 일
⑧ 점화하는 사람을 정하는 일
⑨ 공기압축기의 안전밸브 작동유무를 점검하는 일
⑩ 안전모 등 보호구의 착용상황을 감시하는 일

06.
굴착작업 시 사전 조사해야 할 사항 3가지를 쓰시오.

해답 ① 형상·지질 및 지층의 상태
② 균열·함수·용수 및 동결의 유무 또는 상태
③ 매설물 등의 유무 또는 상태
④ 지반의 지하수위 상태

07.
크레인 작업시작 전 점검사항 3가지를 쓰시오.

해답 ① 권과방지장치·브레이크·클러치 및 운전장치의 기능
② 주행로의 상측 및 트롤리(trolley)가 횡행하는 레일의 상태
③ 와이어로프가 통하고 있는 곳의 상태

08.
다음 안전표지의 종류 및 색채를 표기하시오.

① ② ③ ④

해답 ① 사용금지 : 빨간색 　 ② 고압 전기 경고 : 노란색 　 ③ 보안경 착용 : 파란색 　 ④ 비상구 : 녹색

09.
사다리식 통로의 설치 시 준수사항 4가지를 쓰시오.

해답 ① 견고한 구조로 할 것
② 심한 손상·부식 등이 없는 재료를 사용할 것
③ 발판의 간격은 일정하게 할 것
④ 발판과 벽과의 사이는 15cm 이상의 간격을 유지할 것
⑤ 폭은 30cm 이상으로 할 것
⑥ 사다리가 넘어지거나 미끄러지는 것을 방지하기 위한 조치를 할 것
⑦ 사다리의 상단은 걸쳐놓은 지점으로부터 60cm 이상 올라가도록 할 것

10.
동바리로 사용하는 파이프서포트 조립 시 준수사항 3가지를 쓰시오.

해답 ① 파이프서포트를 3본 이상 이어서 사용하지 아니하도록 할 것
② 파이프서포트를 이어서 사용할 때에는 4개 이상의 볼트 또는 전용철물을 사용하여 이을 것
③ 높이가 3.5m를 초과하는 경우에는 높이 2m 이내마다 수평연결재를 2개 방향으로 만들고 수평연결재의 변위를 방지할 것

11.
환산재해율 산정 시 사업자 무과실(무재해) 간주사항 3가지를 쓰시오.

➡해답) ① 방화, 근로자 간 또는 타인 간의 폭행에 의한 경우
② 「도로교통법」에 따라 도로에서 발생한 교통사고에 의한 경우(해당 공사의 공사용 차량·장비에 의한 사고는 제외한다)
③ 태풍·홍수·지진·눈사태 등 천재지변에 의한 불가항력적인 재해의 경우
④ 작업과 관련이 없는 제3자의 과실에 의한 경우(해당 목적물 완성을 위한 작업자 간의 과실은 제외한다)
⑤ 그 밖에 야유회, 체육행사, 취침·휴식 중의 사고 등 건설작업과 직접 관련이 없는 경우
※ 현재법에는 사망사고만인율로 변경됨

12.
건축공사 재료비가 500,000,000원이고 직접 노무비가 300,000,000원일 때 안전 관리비를 계산하시오.

➡해답) 안전관리비 산출＝대상액(재료비+직접노무비)×1.86%＋기초액(C)＝800,000,000×0.0186＋5,349,000원＝20,229,000원

건설안전기사(2005년 4월 30일)

01.
안전대의 훅·버클의 폐기기준 3가지를 쓰시오.

해답 ① 훅 외측에 1mm 이상의 손상이 있는 것 ② 이탈방지장치의 작동이 나쁜 것 ③ 전체적으로 녹이 슨 것

02.
안전표지의 종류 5가지를 쓰시오.

해답 ① 금지표시 ② 경고표지 ③ 지시표시 ④ 안내표지 ⑤ 관계자외 출입금지

03.
달비계 작업 시 최대하중을 정함에 있어 다음 보기의 안전계수를 쓰시오.

(1) 달기 와이어로프 및 달기 강선의 안전계수 : (①) 이상
(2) 달기 체인 및 달기 훅의 안전계수 : (②) 이상
(3) 달기 강대와 달비계의 하부 및 상부지점의 안전계수 : 강재의 경우 (③) 이상, 목재의 경우 (④) 이상

해답 ① 10 ② 5 ③ 2.5 ④ 5

04.
잠함, 우물통, 수직갱 기타 이와 유사한 건설물의 내부에서 굴착작업 시 준수사항 3가지를 쓰시오.

해답 ① 산소 결핍 우려가 있는 경우에는 산소의 농도를 측정하는 사람을 지명하여 측정하도록 할 것
② 근로자가 안전하게 오르내리기 위한 설비를 설치할 것
③ 굴착 깊이가 20m를 초과하는 경우에는 해당 작업장소와 외부와의 연락을 위한 통신설비 등을 설치할 것

05.
연약한 점토지반에 구조물 등을 굴착하기 전에 미리 하중을 재하하고 기초지반의 전단파괴를 방지하는 공법을 쓰시오.

해답 프리로딩공법(Pre – Loading – Method)

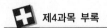

06.

2005년 4월 현재 H사업장의 평균 근로자수가 500명, 작업 시 연간재해자가 6명 발생했다. 연천인율 및 도수율을 계산하시오.

해답 연천인율 $= \dfrac{\text{재해자수}}{\text{연평균근로자수}} \times 1,000 = \dfrac{6}{500} \times 1,000 = 12$

도수율 $= \dfrac{\text{연천인율}}{2.4} = \dfrac{12}{2.4} = 5$

07.

프리스트레스(Prestress) 응력 도입 즉시 응력 손실의 원인 3가지를 쓰시오.

해답 ① 콘크리트의 탄성수축에 의한 손실
② 쉬스관(Sheath pipe)과 PC(Prestressed concrete)강새와의 마찰에 의한 손실
③ 정착장치에서 긴장재의 활동으로 인한 손실

08.

다음 보기의 건설업 산업안전·보건 관리비를 계산하시오.

[보기]
① 건축공사
② 예정가격 내역서상의 재료비 210억 원
③ 예정가격 내역서상의 직접노무비 190억 원
④ 발주자가 제공한 재료비 90억 원에서 산업안전보건관리비를 산출

해답 안전관리비 대상액 = 210억 + 190억 + 90억 = 490억 원
건축공사이므로 ① 490억 × 1.97% = 965,300,000원(지급자재비를 포함한 경우)
② 400억 × 1.97% × 1.2 = 945,600,000원(지급자재비를 포함하지 않은 경우)
② < ①이므로 945,600,000원이 산업안전보건관리비이다.

09.

거푸집 동바리 등의 조립 또는 해체작업 시 준수사항 3가지를 쓰시오.

해답 ① 해당 작업을 하는 구역에는 관계 근로자가 아닌 사람의 출입을 금지할 것
② 비, 눈, 그 밖의 기상상태의 불안정으로 날씨가 몹시 나쁜 경우에는 그 작업을 중지할 것
③ 재료, 기구 또는 공구 등을 올리거나 내리는 경우에는 근로자로 하여금 달줄·달포대 등을 사용하도록 할 것
④ 낙하·충격에 의한 돌발적 재해를 방지하기 위하여 버팀목을 설치하고 거푸집 동바리 등을 인양장비에 매단 후에 작업을 하도록 하는 등 필요한 조치를 할 것

10.

구조물 해체 시 기계·기구를 이용하는 공법 중 유압기계를 사용하는 공법 2가지를 쓰시오.

해답 ① 유압잭(Jack) 공법   ② 압쇄공법

11.
산업재해 발생 시 산업재해 기록 등 3년간 기록 보존해야 하는 항목 3가지를 쓰시오.

해답 ① 사업장의 개요 및 근로자의 인적사항
② 재해발생 일시 및 장소
③ 재해 발생원인 및 과정
④ 재해 재발 방지계획

12.
굴착면의 높이가 2m 이상이 되는 암석의 굴착작업 시 특별교육내용 3가지를 쓰시오.

해답 ① 폭발물 취급요령과 대피요령에 관한 사항
② 안전거리 및 안전기준에 관한 사항
③ 방호물의 설치 및 기준에 관한 사항
④ 보호구 및 신호방법 등에 관한 사항

건설안전기사(2005년 7월 10일)

01.
건설공사에 사용되는 양중기의 종류 4가지를 쓰시오.

해답 ① 크레인(호이스트(hoist)를 포함)
② 이동식 크레인
③ 리프트(이삿짐 운반용 리프트의 경우에는 적재하중이 0.1톤 이상인 것으로 한정)
④ 곤돌라
⑤ 승강기

02.
다음 보기의 (   )에 알맞은 말이나 숫자를 쓰시오.

(1) 비계기둥에는 미끄러지거나 침하하는 것을 방지하기 위하여 밑받침철물을 사용하거나 (①) 등을 사용하여 밑둥잡이를 설치하는 등의 조치를 할 것
(2) 비계기둥의 간격은 띠장방향에서는 (②)미터, 장선 방향에서는 1.5미터 이하로 할 것
(3) 띠장간격은 (③)미터 이하로 설치할 것
(4) 비계기둥의 최고부로부터 (④)미터 되는 지점 밑부분의 비계기둥은 (⑤)본의 강관으로 묶어세울 것
(5) 비계기둥 간의 적재하중은 (⑥)kg을 초과하지 아니하도록 할 것

해답 ① 받침목이나 깔판   ② 1.85   ③ 2   ④ 31   ⑤ 2   ⑥ 400

03.
히빙 현상에 대하여 설명하고 이를 방지하기 위한 대책을 2가지 쓰시오.

해답 ① 정의 : 연약한 점토지반을 굴착할 때 흙막이 벽체 배면에 있는 흙의 중량이 굴착 바닥면의 흙의 중량보다
      클 때 그 중량 차이로 인해 흙막이 벽체 배면의 흙이 안으로 밀려 들어와 굴착 바닥면이 부풀어 오르는 현상
   ② 방지대책
      ㉠ 흙막이벽 근입깊이 증가
      ㉡ 흙막이벽 배면 지표의 상재하중을 제거
      ㉢ 지반굴착 시 흙이 느슨해지지 않도록 유의
      ㉣ 지반개량으로 하부지반 전단강도 개선
      ㉤ 강성이 큰 흙막이 공법 선정

04.
건물 등의 해체작업 시 해체계획에 포함되는 사항 3가지를 쓰시오.

해답 ① 해체의 방법 및 해체순서 도면
   ② 가설설비, 방호설비, 환기설비 및 살수·방화설비 등의 방법
   ③ 사업장 내 연락방법
   ④ 해체물의 처분계획
   ⑤ 해체작업용 기계·기구 등의 작업계획서
   ⑥ 해체작업용 화약류 등의 사용계획서
   ⑦ 기타 안전·보건에 관련된 사항

05.
다음 보기의 (   )에 알맞은 글이나 숫자를 쓰시오.

교육과정	교육대상		교육시간
가. 정기교육	1) 사무직 종사 근로자		매반기 6시간 이상
	2) 그 밖의 근로자	가) 판매 업무에 직접 종사하는 근로자	매반기 6시간 이상
		나) 판매업무에 직접 종사하는 근로자 외의 근로자	매반기 12시간 이상
나. 채용 시 교육	1) 일용근로자 및 근로계약기간이 1주일 이하인 기간제 근로자		1시간 이상
	2) 근로계약기간이 1주일 초과 1개월 이하인 기간제 근로자		4시간 이상
	3) 그 밖의 근로자		8시간 이상
다. 작업내용 변경 시 교육	1) 일용근로자 및 근로계약기간이 1주일 이하인 기간제 근로자		(①)
	2) 그 밖의 근로자		(②)

해답 ① : 1시간 이상
   ② : 2시간 이상

06.
다음 보기의 (   )에 알맞은 말이나 숫자를 쓰시오.

색채	색도기준	용도	사용례
빨간색	7.5R 4/14	(①)	정지신호, 소화설비 및 그 장소, 유해행위의 금지
		경고	화학물질 취급장소에서의 유해·위험 경고
(②)	5Y 8.5/12	경고	화학물질 취급장소에서의 유해·위험경고 이외의 위험경고, 주의표지 또는 기계방호물
파란색	2.5PB 4/10	(③)	특정행위의 지시 및 사실의 고지
(④)	2.5G 4/10	안내	비상구 및 피난소, 사람 또는 차량의 통행 표지
흰색	(⑤)		파란색 또는 녹색에 대한 보조색
검정색	N0.5		문자 및 빨간색 또는 노란색에 대한 보조색

➡해답 ① 금지 ② 노란색 ③ 지시 ④ 녹색 ⑤ N9.5

07.
건축공사에서 재료비가 500,000,000원이고 직접노무비가 300,000,000원일 때 안전 관리비를 계산하시오.

➡해답 안전관리비 산출 = 대상액(재료비+직접노무비)×1.86% + 기초액(C)
= 800,000,000원×0.0186 + 5,349,000원 = 20,229,000원

08.
잠함, 우물통, 수직갱 기타 건설물 설비 내부 굴착작업 시 준수사항 3가지를 쓰시오.

➡해답 ① 산소 결핍 우려가 있는 경우에는 산소의 농도를 측정하는 사람을 지명하여 측정하도록 할 것
② 근로자가 안전하게 오르내리기 위한 설비를 설치할 것
③ 굴착 깊이가 20m를 초과하는 경우에는 해당 작업장소와 외부와의 연락을 위한 통신설비 등을 설치할 것

09.
중량물 취급 시 작업계획서 작성 시 포함사항 3가지를 쓰시오.

➡해답 ① 추락위험을 예방할 수 있는 안전대책   ② 낙하위험을 예방할 수 있는 안전대책
③ 전도위험을 예방할 수 있는 안전대책   ④ 협착위험을 예방할 수 있는 안전대책
⑤ 붕괴위험을 예방할 수 있는 안전대책

10.
곤돌라 작업 시 근로자가 탑승 가능한 경우 2가지를 쓰시오.

➡해답 ① 탑승설비가 뒤집히거나 떨어지지 않도록 필요한 조치를 할 것
② 안전대나 구명줄을 설치하고, 안전난간을 설치할 수 있는 경우에는 안전난간을 설치할 것

11.
노천 굴착작업 시 비가 올 경우를 대비한 지반붕괴 위험방지조치 2가지를 쓰시오.

➡해답 ① 측구설치 ② 굴착경사면에 비닐을 보강

12.
콘크리트 비파괴 시험은 콘크리트 압축강도의 추정, 신설 구조물의 품질검사 및 기존 구조물의 안전점검 및 정밀안전진단 등의 시험 시에 필요하다. 이때 실행하는 시험의 종류를 5가지 쓰시오.

➡해답 ① 반발경도법 ② 초음파법 ③ 복합법 ④ 음파법
⑤ 레이다법 ⑥ 방사선법 ⑨ 자기법

건설안전기사(2005년 9월 25일)

01.
채석작업계획에 포함사항 3가지를 쓰시오.

➡해답 ① 노천굴착과 갱내굴착의 구별 및 채석방법
② 굴착면의 높이와 기울기
③ 굴착면 소단의 위치와 넓이
④ 갱내에서의 낙반 및 붕괴방지 방법
⑤ 발파방법
⑥ 암석의 분할방법
⑦ 암석의 가공장소
⑧ 사용하는 굴착기계·분할기계·적재기계 또는 운반기계의 종류 및 성능
⑨ 토석 또는 암석의 적재 및 운반방법과 운반경로
⑩ 표토 또는 용수의 처리방법

02.
지반 굴착 시 굴착면의 기울기를 보기의 ( )에 쓰시오.

지반의 종류	굴착면의 기울기
모래	(①)
연암 및 풍화암	(②)
경암	(③)
그 밖의 흙	(④)

해답 ① 1 : 1.8   ② 1 : 1.0
     ③ 1 : 0.5   ④ 1 : 1.2

03.
차량계 건설기계 작업 시 기계가 넘어지거나 굴러 떨어짐으로써 위험을 미칠 우려가 있다. 이때 안전 대책 3가지를 쓰시오.

해답 ① 유도자 배치   ② 지반의 부동침하 방지
     ③ 갓길의 붕괴 방지   ④ 도로 폭 유지

04.
전기기계·기구 또는 전로 등의 충전부분에 접촉 시 감전방지대책 3가지를 쓰시오.

해답 ① 충전부가 노출되지 않도록 폐쇄형 외함이 있는 구조로 할 것
② 충전부에 충분한 절연효과가 있는 방호망 또는 절연덮개를 설치할 것
③ 충전부는 내구성이 있는 절연물로 완전히 덮어 감쌀 것
④ 발·변전소 및 개폐소 등 구획되어 있는 장소로서 관계근로자가 아닌 사람의 출입이 금지되는 장소에 충전부를 설치하고 위험표시 등의 방법으로 방호를 강화할 것
⑤ 전주 위 및 철탑 위 등 격리되어 있는 장소로서 관계근로자가 아닌 사람의 접근할 우려가 없는 장소에 충전부를 설치할 것

05.
거푸집 및 동바리에 사용할 재료 선정 시 고려사항 5가지를 쓰시오.

해답 ① 강도   ② 강성   ③ 내구성   ④ 작업성   ⑤ 타설 콘크리트의 영향   ⑥ 경제성

06.
이동식 크레인의 달기구에 전용 탑승설비를 설치하여 작업 시 근로자 위험방지 대책 3가지를 쓰시오.

해답 ① 탑승설비가 뒤집히거나 떨어지지 않도록 필요한 조치를 할 것
② 안전대나 구명줄을 설치하고, 안전난간을 설치할 수 있는 경우에는 안전난간을 설치할 것
③ 탑승설비를 하강시킬 때에는 동력하강방법으로 할 것

07.
건설공사 유해·위험방지계획서를 공사착공 전일까지 제출해야 하는 규모의 사업 3가지를 쓰시오.

해답 ① 지상높이가 31m 이상인 건축물 또는 인공구조물, 연면적 30,000m² 이상인 건축물 또는 연면적 5,000m² 이상의 문화 및 집회시설(전시장 및 동물원·식물원은 제외), 판매시설, 운수시설(고속철도의 역사 및 집배송시설은 제외), 종교시설, 의료시설 중 종합병원, 숙박시설 중 관광숙박시설, 지하도상가 또는 냉동·냉장창고시설의 건설·개조 또는 해체

② 연면적 5,000m² 이상의 냉동·냉장창고시설의 설비공사 및 단열공사

③ 최대지간 길이가 50m 이상인 교량건설 등 공사

④ 터널건설 등의 공사

⑤ 다목적 댐, 발전용 댐 및 저수용량 2천만톤 이상의 용수전용 댐, 지방상수도 전용댐 건설 등의 공사

⑥ 깊이가 10m 이상인 굴착공사

08.

굴착작업 시 지반의 붕괴 또는 매설물 손괴 등에 의하여 근로자에게 위험을 미칠 우려가 있을 때 조사 사항 3가지를 쓰시오.

→해답 ① 형상·지질 및 지층의 상태　② 균열·함수·용수 및 동결의 유무 또는 상태

③ 매설물 등의 유무 또는 상태　④ 지반의 지하수위 상태

09.

중대재해 분류기준(종류) 3가지를 쓰시오.

→해답 ① 사망자가 1명 이상 발생한 재해

② 3개월 이상의 요양을 요하는 부상자가 동시에 2명 이상 발생한 재해

③ 부상자 또는 직업성 질병자가 동시에 10명 이상 발생한 재해

10.

강널말뚝(Steel Sheet Pile)으로 지지된 모래 지반의 굴착에서 지하수의 분출로 인하여 예상되는 파이핑(Piping)에 대한 안전율을 계산하시오.(단, 모래층의 포화단위중량은 1.7t/m³, 입자의 비중은 2.65이며, 높이는 5m+7m+5m임)

→해답

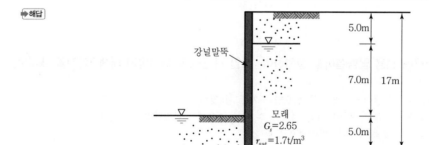

① 이동거리 $L = D + H + D = 5 + 7 + 5 = 17m$

② 수중단위중량 $r_{sub} = r_{sat} - r_w = 1.7 - 1.0 = 0.7t/m^3$

③ 한계동수경사 $i_c = \dfrac{r}{r_w} = \dfrac{0.7}{1} = 0.7$

④ 안전율 $F = \dfrac{i_c}{i} = \dfrac{i_c}{\dfrac{H}{L}} = \dfrac{0.7}{\dfrac{7}{17}} = 1.7$

건설안전기사(2006년 4월 23일)

01.
흙의 동결 방지대책 3가지를 쓰시오.

➡해답 ① 동결심도 아래에 배수층 설치
② 배수구 등을 설치하여 지하수위 저하
③ 동결깊이 상부의 흙을 동결이 잘 되지 않는 재료로 치환
④ 모관수 상승을 차단하는 층을 두어 동상방지

02.
양중기의 안전검사 내용 3가지를 쓰시오.

➡해답 ① 과부하방지장치, 권과방지장치, 그 밖의 안전장치의 이상 유무
② 브레이크와 클러치의 이상 유무
③ 와이어로프와 달기체인의 이상 유무
④ 훅 등 달기기구의 손상 유무
⑤ 배선, 집진장치, 배전반, 개폐기, 콘트롤러의 이상 유무

03.
[보기]의 산업안전보건관리비 사용내역을 나열한 것 중 관리비로 사용할 수 없는 내역을 고르시오.

[보기]	
① 현장소장 해외 연수비	② 사업장 안전순찰용 차량 구입비
③ 사업장의 안전 진단비	④ 안전교육을 위한 식당에 설치한 TV
⑤ 착공식 안전기원제 비용	⑥ 근로자 회식비
⑦ 근로자의 건강진단비	

➡해답 ① ② ④ ⑥

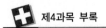

O4.
[보기]는 항타기, 항발기에 대한 사항이다. 다음의 빈칸을 채우시오.

[보기]
① 권상용 와이어로프 드럼에 감는 횟수 적어도 (　)회 감기고 남을 수 있는 길이일 것
② 권상용 와이어로프의 안전계수 (　) 이상
③ 권상장치로부터 첫 번째 도르래의 축과의 거리를 권상장치의 드럼 폭의 (　)배 이상으로 하여야 한다.

해답 ① 2　② 5　③ 15

O5.
[보기]의 사다리식 통로의 안전기준에 대하여 쓰시오.

[보기]
(1) 사다리의 상단은 걸쳐놓은 지점으로부터 (①)cm 이상 올라가도록 할 것
(2) 사다리식 통로의 길이가 10m 이상인 경우에는 (②)m 이내마다 계단참을 설치할 것
(3) 사다리식 통로의 기울기는 (③)° 이하로 할 것. 다만, 고정식 사다리식 통로의 기울기는 90° 이하로 하고 높이 7m 이상인 경우 바닥으로부터 높이가 2.5m 되는 지점부터 등받이울을 설치할 것

해답 ① 60　② 5　③ 75

O6.
외부 비계에 설치하는 벽 연결의 역할 2가지를 쓰시오.

해답 ① 비계 전체의 좌굴방지
② 풍하중에 의한 무너짐방지
③ 편심하중을 지탱하여 무너짐방지

O7.
사다리식 통로의 설치 시 준수사항 3가지를 쓰시오.

해답 ① 견고한 구조로 할 것
② 심한 손상·부식 등이 없는 재료를 사용할 것
③ 발판의 간격은 일정하게 할 것
④ 발판과 벽과의 사이는 15cm 이상의 간격을 유지할 것
⑤ 폭은 30cm 이상으로 할 것
⑥ 사다리가 넘어지거나 미끄러지는 것을 방지하기 위한 조치를 할 것
⑦ 사다리의 상단은 걸쳐놓은 지점으로부터 60cm 이상 올라가도록 할 것

08.
컨베이어 작업 시작 전 점검사항 3가지를 쓰시오.

➡해답 ① 원동기 및 풀리(pulley) 기능의 이상 유무
② 이탈 등의 방지장치 기능의 이상 유무
③ 비상정지장치 기능의 이상 유무
④ 원동기·회전축·기어 및 풀리 등의 덮개 또는 울 등의 이상 유무

09.
추락방지용 방망사의 신품에 대한 인장강도는 그물코의 종류에 따라 다음과 같다. (   ) 안에 알맞은
말을 쓰시오.

방망사의 신품에 대한 인장강도	
그물코의 크기	매듭방망 인장강도
10cm	(①)kg
5cm	(②)kg

➡해답 ① 200
② 110

10.
건설재해예방 전문지도기관의 기술지도를 실시하지 않아도 되는 공사 3가지를 쓰시오.

➡해답 1. 공사기간이 1개월 미만인 공사
2. 육지와 연결되지 아니한 섬지역(제주특별자치도는 제외한다)에서 이루어지는 공사
3. 안전관리자의 자격을 가진 사람을 선임하여 안전관리자의 직무만을 전담하도록 하는 공사. 이 경우 사업주는
안전관리자 선임 등 보고서(건설업)를 관할 지방고용노동관서의 장에게 제출하여야 한다.
4. 유해·위험방지계획서를 제출하여야 하는 공사

11.
건설공사의 총 공사원가가 100억 원이고 이 중 재료비와 직접 노무비의 합이 60억 원인 터널신설공사
의 산업안전보관관리비를 다음 기준표를 참고하여 계산하시오.

공사종류 \ 대상액	5억 원 미만	5억 원 이상 50억 원 미만		50억 원 이상
		비율(X)	기초액(C)	
건 축 공 사	2.93%	1.86%	5,349,000원	1.97%
중 건 설 공 사	3.43%	2.35%	5,400,000원	2.44%

➡해답 안전관리비 산출=대상액(재료비+직접노무비)×2.44%(중건설공사)
=6,000,000,000×2.44%=146,400,000원

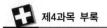

건설안전기사(2006년 7월 9일)

01.
보통 포틀랜드 시멘트를 사용한 콘크리트 구조물의 거푸집 및 동바리의 해체시기에 대한 것이다. 알맞은 숫자를 넣으시오.

구분		보옆, 기둥 및 벽의 측면
콘크리트 압축강도를 시험한 경우		(①)MPa 이상
콘크리트 압축강도를 시험하지 않은 경우	평균기온 20° 이상	(②)일
	평균기온 10° 이상	(③)일

➡해답 ① 5
　　② 4
　　③ 6

02.
안전대의 훅·버클 부분의 폐기기준 3가지를 쓰시오.

➡해답 ① 훅 외측에 1mm 이상의 손상이 있는 것
　　② 이탈방지장치의 작동이 나쁜 것
　　③ 전체적으로 녹이 슨 것

03.
흙의 동상현상 방지대책 3가지를 쓰시오.

➡해답 ① 동결심도 아래에 배수층 설치
　　② 배수구 등을 설치하여 지하수위 저하
　　③ 동결깊이 상부의 흙을 동결이 잘 되지 않는 재료로 치환
　　④ 모관수 상승을 차단하는 층을 두어 동상방지

04.
중대재해가 발생한 때에는 산업안전보건법 규정에 의해 지정된 기한 내에 관할지방 노동관서의 장에게 전화, 모사전송 기타 적절한 방법에 의해 보고해야 한다. 보고기간과 보고사항 2가지를 쓰시오.

➡해답 1. 보고기간 : 발생즉시 보고
　　2. 보고사항
　　　① 발생개요 및 피해 상황
　　　② 조치 및 전망
　　　③ 그 밖의 중요한 사항

O5.
가설통로의 설치 시 준수사항 4가지를 쓰시오.

[해답] ① 견고한 구조로 할 것
② 경사는 30° 이하로 할 것. 다만, 계단을 설치하거나 높이 2미터 미만의 가설통로로서 튼튼한 손잡이를 설치한 경우에는 그러하지 아니하다.
③ 경사가 15°를 초과하는 경우에는 미끄러지지 아니하는 구조로 할 것
④ 추락할 위험이 있는 장소에는 안전난간을 설치할 것. 다만, 작업상 부득이한 경우에는 필요한 부분만 임시로 해체할 수 있다.
⑤ 수직갱에 가설된 통로의 길이가 15m 이상인 경우에는 10m 이내마다 계단참을 설치할 것
⑥ 건설공사에 사용하는 높이 8m 이상인 비계다리에는 7m 이내마다 계단참을 설치할 것

O6.
거푸집 동바리의 조립 또는 해체작업 시 준수사항 3가지를 쓰시오.

[해답] ① 해당 작업을 하는 구역에는 관계 근로자가 아닌 사람의 출입을 금지할 것
② 비, 눈, 그 밖의 기상상태의 불안정으로 날씨가 몹시 나쁜 경우에는 그 작업을 중지할 것
③ 재료, 기구 또는 공구 등을 올리거나 내리는 경우에는 근로자로 하여금 달줄·달포대 등을 사용하도록 할 것
④ 낙하·충격에 의한 돌발적 재해를 방지하기 위하여 버팀목을 설치하고 거푸집 동바리 등을 인양장비에 매단 후에 작업을 하도록 하는 등 필요한 조치를 할 것

O7.
건설업의 수급인 또는 자체사업을 행하는 자가 산업안전보건관리비를 사용하고자 하는 경우에는 사용방법 재해예방조치 등에 대하여 전문지도 기관의 지도를 받아야 한다. 이때 이 대상에서 제외하는 공사 3가지를 쓰시오.

[해답] 1. 공사기간이 1개월 미만인 공사
2. 육지와 연결되지 아니한 섬지역(제주특별자치도는 제외한다)에서 이루어지는 공사
3. 안전관리자의 자격을 가진 사람을 선임하여 안전관리자의 직무만을 전담하도록 하는 공사. 이 경우 사업주는 안전관리자 선임 등 보고서(건설업)를 관할 지방고용노동관서의 장에게 제출하여야 한다.
4. 유해·위험방지계획서를 제출하여야 하는 공사

O8.
H사업장의 평균 근로자수가 500명, 작업 시 연간재해자가 6명 발생했다. 연천인율 및 도수율을 계산하시오.

[해답] 연천인율 $= \dfrac{\text{재해자수}}{\text{연평균근로자수}} \times 1,000 = \dfrac{6}{500} \times 1,000 = 12$

도수율 $= \dfrac{\text{연천인율}}{2.4} = \dfrac{12}{2.4} = 5$

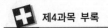

09.
구조물 안전을 위해 기초가 갖춰야 할 조건 3가지를 쓰시오.

➡해답 ① 상부하중을 안전하게 지지할 것
② 기초의 침하량이 허용치를 넘지 않을 것
③ 최소의 근입깊이를 가질 것
④ 시공이 경제적일 것

10.
지하작업 가스공사 중 가스농도를 측정하는 자를 지정해야 한다. 이때 가스농도를 측정하는 시점 3가지를 쓰시오.

➡해답 ① 매일 작업을 시작하기 전
② 가스의 누출이 의심되는 경우
③ 가스가 발생하거나 정체할 위험이 있는 장소가 있는 경우
④ 장시간 작업을 계속하는 경우(4시간마다 가스 농도를 측정)

건설안전기사(2006년 9월 17일)

01.
토공사 작업 시 확인해야 할 지하매설물의 종류 4가지를 쓰시오.

➡해답 ① 가스관
② 상·하수도관
③ 전기·통신 케이블관
④ 송유관
⑤ 인접건축물의 기초

02.
항타기 또는 항발기 조립 시 점검사항 4가지를 쓰시오.

➡해답 ① 본체 연결부의 풀림 또는 손상의 유무
② 권상용 와이어로프·드럼 및 도르래의 부착상태의 이상 유무
③ 권상장치의 브레이크 및 쐐기장치 기능의 이상 유무
④ 권상기 설치상태의 이상 유무
⑤ 리더(leader)의 버팀 방법 및 고정상태의 이상 유무
⑥ 본체·부속장치 및 부속품의 강도가 적합한지 여부
⑦ 본체·부속장치 및 부속품에 심한 손상·마모·변형 또는 부식이 있는지 여부

03.

가로 폭이 긴 셔블(Shovel)계 기계로서 자갈, 모래, 흙 등을 트럭에 적재할 때 주로 사용하는 장비로서 굴착, 성토, 지면 고르기 작업에 이용되는 기계 종류는?

해답 로더(Loader)

04.

다음은 건설업 산업안전보건관리비 중 건축공사이며 계상기준은 1.97[%]이다. 건설업 산업안전보건관리비를 구하시오.

[보기]
• 노무비 40억 원(직접 노무비 30억 원, 간접 노무비 10억 원) • 재료비 40억 원, 기계경비 30억 원

해답 안전관리비 산출＝대상액(재료비＋직접노무비)×1.97%＝(40억＋30억)×0.0197＝137,900,000원

05.

흙막이 공사현장 주변지반의 침하원인 3가지를 쓰시오.

해답 ① 흙막이 배면의 토압에 의한 흙막이 변형으로 배면토 이동
② 지반의 지하수 배출로 인한 지하수위 저하로 압밀침하 발생
③ 흙막이 배면부 뒤채움 및 다짐 불량
④ 우수 및 지표수 유입
⑤ 흙막이 배면부 과재하중 적재
⑥ 히빙, 보일링 현상 발생

06.

동바리로 사용하는 파이프 받침 설치 시 준수사항으로 (   ) 안에 알맞은 것을 쓰시오.

(1) 파이프서포트는 (①)본 이상 이어서 사용하지 않는다.
(2) 높이 3.5m 초과일 때 높이 (②)m 이내마다 수평 연결재를 연결하여 연결재의 변위를 막는다.

해답 ① 3   ② 2

07.

와이어로프의 직경이 12mm이고 클립수가 4개일 때, 클립위치를 그림에 그리시오.

해답

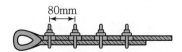

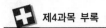

08.
채석작업 시 작업계획에 포함되어야 할 사항 4가지를 쓰시오.

➡해답 ① 노천굴착과 갱내굴착의 구별 및 채석방법
② 굴착면의 높이와 기울기
③ 굴착면 소단의 위치와 넓이
④ 갱내에서의 낙반 및 붕괴방지 방법
⑤ 발파방법
⑥ 암석의 분할방법
⑦ 암석의 가공장소
⑧ 사용하는 굴착기계·분할기계·적재기계 또는 운반기계의 종류 및 성능
⑨ 토석 또는 암석의 적재 및 운반방법과 운반경로
⑩ 표토 또는 용수의 처리방법

09.
안전모의 종류 3가지와 용도를 쓰시오.

➡해답 ① AB형 : 물체의 낙하 또는 비래 및 추락에 의한 위험을 방지 또는 경감시키기 위한 것
② AE형 : 물체의 낙하 또는 비래에 의한 위험을 방지 또는 경감하고, 머리부위 감전에 의한 위험을 방지하기 위한 것
③ ABE형 : 물체의 낙하 또는 비래 및 추락에 의한 위험을 방지 또는 경감하고, 머리부위 감전에 의한 위험을 방지하기 위한 것

10.
중량물 취급 작업 시 작업계획서에 포함사항 2가지를 쓰시오.

➡해답 ① 추락위험을 예방할 수 있는 안전대책 ② 낙하위험을 예방할 수 있는 안전대책
③ 전도위험을 예방할 수 있는 안전대책 ④ 협착위험을 예방할 수 있는 안전대책
⑤ 붕괴위험을 예방할 수 있는 안전대책

11.
산업안전표지 색깔을 (   )에 쓰시오.

내용	바탕색	기본모형	관련부호색
금지	흰색	(①)	검은색
경고	(②)	검은색	(③)
지시	파랑	-	(④)

➡해답 ① 빨간색 ② 노란색
③ 검은색 ④ 흰색

12.
구조안전의 위험이 큰 철골구조물과 같이 건립 중 강풍에 의한 풍압 등 외압에 대한 내력이 설계에
고려되어 있는지 확인하여야 하는 대상 5가지를 쓰시오.

➡️**해답** ① 높이 20m 이상의 구조물
② 구조물의 폭과 높이의 비가 1 : 4 이상인 구조물
③ 단면구조에 현저한 차이가 있는 구조물
④ 연면적당 철골량이 50kg/m² 이하인 구조물
⑤ 기둥이 타이플레이트(Tie Plate) 형인 구조물
⑥ 이음부가 현장용접인 구조물

13.
콘크리트 타설작업 시 준수사항 3가지를 쓰시오.

➡️**해답** 1. 당일의 작업을 시작하기 전에 해당 작업에 관한 거푸집 및 동바리의 변형·변위 및 지반의 침하 유무 등을
점검하고 이상이 있으면 보수할 것
2. 작업 중에는 감시자를 배치하는 등의 방법으로 거푸집 및 동바리의 변형·변위 및 침하 유무 등을 확인해야
하며, 이상이 있으면 작업을 중지하고 근로자를 대피시킬 것
3. 콘크리트 타설작업 시 거푸집 붕괴의 위험이 발생할 우려가 있으면 충분한 보강조치를 할 것
4. 설계도서상의 콘크리트 양생기간을 준수하여 거푸집 및 동바리를 해체할 것
5. 콘크리트를 타설하는 경우에는 편심이 발생하지 않도록 골고루 분산하여 타설할 것

14.
지중에 삭공을 사용하여 인장재를 삽입하고 그라우팅한 후 긴장 정착하여 구조물에 발생하는 토압,
수압 등의 외력에 저항하도록 하는 앵커공법은?

➡️**해답** 어스앵커(Earth Anchor)공법

건설안전기사(2007년 4월 22일)

01.
거푸집 동바리 고정·해체 작업시 관리감독자 직무사항 3가지를 쓰시오.

➡**해답** ① 안전한 작업방법을 결정하고 해당 작업을 지휘하는 일
② 재료·기구의 결함 유무를 점검하고 불량품을 제거하는 일
③ 작업 중 안전대 및 안전모 등 보호구 착용상황을 감시하는 일

02.
NATM 공법의 터널공사에서 지질 및 지층에 관한 조사를 통해 확인할 사항 3가지를 쓰시오.

➡**해답** ① 시추(보링)위치 ② 토층 분포상태
③ 투수계수 ④ 지하수위
⑤ 지반의 지지력

03.
강 말뚝의 부식방지 대책 3가지를 쓰시오.

➡**해답** ① 콘크리트 피복에 의한 방법
② 도장에 의한 방법
③ 말뚝 두께를 증가하는 방법
④ 전기방식 방법

04.
크레인, 리프트 등 안전검사를 실시하고 합격표시해야 할 사항 4가지를 쓰시오.

➡**해답** ① 유해·위험기계명 ② 신청인
③ 형식번(기)호(설치장소) ④ 합격번호
⑤ 검사유효기간 ⑥ 검사기관(실시기관)

O5.
흙막이 지보공의 정기점검사항 4가지를 쓰시오.

해답 ① 부재의 손상·변형·부식·변위 및 탈락의 유무와 상태
② 버팀대의 긴압의 정도
③ 부재의 접속부·부착부 및 교차부의 상태
④ 침하의 정도

O6.
다음 보기의 건설업 산업안전·보건관리비를 계산하시오.

[보기]
① 건축공사
② 예정가격 내역서상의 재료비 210억 원
③ 예정가격 내역서상의 직접노무비 190억 원
④ 발주자가 제공한 재료비 90억 원에서 산업안전보건관리비를 산출

해답 안전관리비 대상액 = 210억 + 190억 + 90억 = 490억 원
건축공사이므로 ① 490억 × 1.97% = 965,300,000원(지급자재비를 포함한 경우)
② 400억 × 1.97% × 1.2 = 945,600,000원(지급자재비를 포함하지 않은 경우)
② < ①이므로 945,600,000원이 산업안전보건관리비이다.

O7.
산업재해 발생시 기록 보존해야 하는 항목 4가지를 쓰시오.

해답 ① 사업장의 개요 및 근로자의 인적사항
② 재해발생 일시 및 장소
③ 재해 발생원인 및 과정
④ 재해 재발 방지 계획

O8.
중대재해 발생시 ① 보고기간과 ② 보고사항 3가지를 쓰시오.

해답 1. 보고기간 : 발생즉시 보고
2. 보고사항
① 발생개요 및 피해 상황
② 조치 및 전망
③ 그 밖의 중요한 사항

09.

연평균 200명이 근무하는 H사업장에서 사망재해가 1건 발생하여 1명 사망, 50일의 휴업일수가 2명 발생되고 20일의 휴업일수가 1명이 발생되었다. 강도율을 구하시오.(단, 종업원의 근무일수는 300일 이다)

해답 강도율 $= \dfrac{\text{근로손실일수}}{\text{연근로시간수}} \times 1,000 = \dfrac{\text{근로손실일수}}{200 \times 8 \times 300} \times 1,000$

$$= \dfrac{7,500 + 98.63}{200 \times 8 \times 300} \times 1,000 = 15.83$$

① 사망재해(1건) 근로손실일수 : 7,500일
② 휴업일수 : 50×2+20=120일

근로손실일수 $= 120 \times \dfrac{300}{365} = 98.63$

10.

콘크리트 비빔시험 종류 4가지를 쓰시오.

해답 ① 블리딩시험　　② 염화물량시험
③ 공기량시험　　④ 슬럼프시험(Slump Test)

11.

굴착작업 전 지반의 검토 등 사전 조사사항을 쓰시오.

해답 ① 형상·지질 및 지층의 상태
② 균열·함수·용수 및 동결의 유무 또는 상태
③ 매설물 등의 유무 또는 상태
④ 지반의 지하수위 상태

12.

보기의 산업안전보건관리비 사용내역을 나열한 것 중 안전관리비로 사용할 수 있는 항목의 번호를 4가지 쓰시오.

[보기]	
① 현장과 도로에 설치하는 안전펜스	② 가설계단 시설비
③ 작업발판 시설비	④ 교류아크 용접기의 자동전격방지장치
⑤ 전선로 이설비	⑥ 대기오염 방지시설비
⑦ 방호선반시설비	⑧ 산소농도 측정기 구입비
⑨ 전기안전대행 수수료	⑩ 작업환경 측정장비

해답 ④　⑦　⑧　⑩

13.
사업주는 순간 풍속이 매 초당 ( )미터를 초과하는 바람이 불어올 우려가 있는 때에는 옥외에 설치되어 있는 주행크레인에 대하여 이탈방지 장치를 작동시키는 등 그 이탈을 방지하기 위한 조치를 하여야 한다. ( ) 안에 알맞은 조치를 쓰시오.

➡해답 30

14.
사질토 지반의 개량공법 3가지를 쓰시오.

➡해답 ① 진동다짐공법(Vibro Floatation) : 봉상진동기를 이용, 진동과 물다짐을 병용
② 동다짐(압밀)공법 : 무거운 추를 자유 낙하시켜 지반충격으로 다짐효과
③ 약액주입공법 : 지반 내 화학약액(LW, Bentonite, Hydro)을 주입하여 지반고결
④ 폭파다짐공법 : 인공지진을 발생시켜 모래지반을 다짐
⑤ 전기충격공법 : 지반 속에서 고압방전을 일으켜 발생하는 충격력으로 지반다짐
⑥ 모래다짐말뚝공법 : 충격, 진동, 타입에 의해 모래를 압입시켜 모래 말뚝을 형성하여 다짐에 의한 지지력을 향상

건설안전기사(2007년 7월 8일)

O1.
인력굴착방법에 의한 기초지반을 굴착하고자 한다. 지반의 종류별로 비탈면의 안전기울기를 쓰시오.

지반의 종류	굴착면의 기울기
모래	(①)
연암 및 풍화암	(②)
경암	(③)
그 밖의 흙	(④)

➡해답 ① 1 : 1.8   ② 1 : 1.0
③ 1 : 0.5   ④ 1 : 1.2

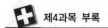

02.
시트파일 흙막이공사의 재해예방을 위한 유의사항 3가지를 쓰시오.

해답 ① 토압의 분포 및 흙막이의 안전성 검토
② 히빙, 보일링, 파이핑 현상 방지
③ 지하수의 처리
④ 흙막이 배면지반 침하 방지
⑤ 뒷채움

03.
한중 또는 수중, 해수 등에서 긴급공사에 가장 적합한 시멘트는?

해답 조강(high early strength) 포틀랜드 시멘트

04.
해체공사의 공법에 따라 발생하는 소음과 진동의 예방대책을 4가지 쓰시오.

해답 ① 공기 압축기 등은 적당한 장소에 설치하여야 하며 장비의 소음 진동 기준은 관계법에서 정하는 바에 따라서 처리하여야 한다.
② 전도공법의 경우 전도물 규모를 작게 하여 중량을 최소화 하며, 전도 대상물의 높이도 되도록 작게 하여야 한다.
③ 철 해머공법의 경우 해머의 중량과 낙하높이를 가능한 한 낮게 하여야 한다.
④ 현장 내에서는 대형 부재로 해체하며 장외에서 잘게 파쇄하여야 한다.
⑤ 인접 건물에 피해를 줄이기 위해 방음, 방진 목적의 가시설을 설치하여야 한다.

05.
동력을 사용하는 항타기 또는 항발기의 무너짐을 방지하기 위한 준수사항이다. ( ) 안에 알맞은 말을 써 넣으시오.

① 연약한 지반에 설치할 때에는 아웃트리거·받침 등 지지구조물의 침하를 방지하기 위하여 (①)를(을) 사용하고, 아웃트리거·받침 등 지지구조물이 미끄러질 우려가 있을 때에는 말뚝 또는 쐐기 등을 사용하여 해당 지지구조물을 고정시킬 것
② 버팀대만으로 상단부분을 안정시킬 때는 버팀대는 (②)개 이상으로 할 것

해답 ① 받침목이나 깔판
② 3

06.

다음 보기의 (   )에 알맞은 말이나 숫자를 쓰시오.

색채	색도기준	용도	사용례
빨간색	7.5R 4/14	(①)	정지신호, 소화설비 및 그 장소, 유해행위의 금지
(②)	5Y 8.5/12	경고	위험경고·주의표지 또는 기계 방호물
파란색	2.5PB 4/10	(③)	특정행위의 지시 및 사실의 고지
(④)	2.5G 4/10	안내	비상구 및 피난소, 사람 또는 차량의 통행 표지
흰색	(⑤)		파란색 또는 녹색에 대한 보조색
검정색	N0.5		문자 및 빨간색 또는 노란색에 대한 보조색

➡해답 ① 금지 ② 노란색 ③ 지시 ④ 녹색 ⑤ N9.5

07.

발파작업 시 관리감독자의 직무 6가지를 쓰시오.

➡해답 ① 점화 전에 점화작업에 종사하는 근로자 외의 자의 대피를 지시하는 일
② 점화작업에 종사하는 근로자에 대하여 대피장소 및 경로를 지시하는 일
③ 점화 전에 위험구역 내에서 근로자가 대피한 것을 확인하는 일
④ 점화순서 및 방법에 대하여 지시하는 일
⑤ 점화신호하는 일
⑥ 점화작업에 종사하는 근로자에 대하여 대피신호를 하는 일
⑦ 발파 후 터지지 아니한 장약이나 남은 장약의 유무, 용수 유무 및 암석·토사의 낙하 유무 등을 점검하는 일
⑧ 점화하는 사람을 정하는 일
⑨ 공기압축기의 안전밸브 작동유무를 점검하는 일
⑩ 안전모 등 보호구의 착용상황을 감시하는 일

08.

동바리로 사용하는 파이프받침 설치 시 준수사항이다. 다음 (   )를 채우시오.

(1) 파이프 받침을 (①)본 이상 이어서 사용하지 아니하도록 할 것
(2) 파이프 받침을 이어서 사용할 때에는 (②)개 이상의 볼트 또는 전용철물을 사용하여 이을 것
(3) 높이가 3.5미터를 초과할 때에는 2미터 이내마다 수평연결재를 (③)개 방향으로 만들고, 수평연결재의 변위를 방지할 것

➡해답 ① 3 ② 4 ③ 2

09.
강관비계의 벽이음 또는 버팀을 설치하는 간격을 답란의 빈칸에 쓰시오.

강관비계의 종류	조립간격(단위 : m)	
	수직방향	수평방향
단관비계	(①)	(②)
틀비계(높이가 5m 미만의 것을 제외한다)	(③)	(④)

→해답 ① 5   ② 5   ③ 6   ④ 8

10.
달비계 또는 높이 5미터 이상의 비계를 조립, 해체하거나 변경하는 작업을 할 때 사업주로서 준수하여야 할 사항을 4가지만 쓰시오.

→해답 ① 관리감독자의 지휘에 따라 작업하도록 할 것
② 조립·해체 또는 변경의 시기·범위 및 절차를 그 작업에 종사하는 근로자에게 주지시킬 것
③ 조립·해체 또는 변경 작업구역에는 해당 작업에 종사하는 근로자가 아닌 사람의 출입을 금지하고 그 내용을 보기 쉬운 장소에 게시할 것
④ 비, 눈, 그 밖의 기상상태의 불안정으로 날씨가 몹시 나쁜 경우에는 그 작업을 중지시킬 것
⑤ 비계재료의 연결·해체작업을 하는 경우에는 폭 20cm 이상의 발판을 설치하고 근로자로 하여금 안전대를 사용하도록 하는 등 추락을 방지하기 위한 조치를 할 것
⑥ 재료·기구 또는 공구 등을 올리거나 내리는 경우에는 근로자가 달줄 또는 달포대 등을 사용하게 할 것

11.
거푸집 및 동바리 시공 시 고려할 하중 3가지를 쓰시오.

→해답 ① 연직방향하중 : 타설 콘크리트 고정하중, 타설 시 충격하중 및 작업원 등의 작업하중
② 횡방향하중 : 작업 시 진동, 충격, 풍압, 유수압, 지진 등
③ 콘크리트 측압 : 콘크리트가 거푸집을 안쪽에서 밀어내는 압력
④ 특수하중 : 시공 중 예상되는 특수한 하중(콘크리트 편심하중 등)

12.
안전활동률의 계산공식을 쓰시오.

→해답 안전활동률 $= \dfrac{\text{안전활동건수}}{\text{평균근로자수} \times \text{근로시간수}} \times 1,000,000$

13.
산업안전보건법 시행규칙에 의하면 안전관리자에 선임된 후 3개월 이내에 직무를 수행하는 데 필요한 신규교육과 신규교육 이수 후 2년이 되는 날을 기준으로 전후 3개월 사이에 보수교육을 받아야 한다. 이때 받아야 하는 교육시간을 각각 쓰시오.

교육대상	교육시간	
	신규교육	보수교육
가. 안전보건관리책임자	6시간 이상	(①)
나. 안전관리자	(②)	24시간 이상
다. 보건관리자	34시간 이상	(③)
라. 건설재해예방 전문지도기관 종사자	34시간 이상	(④)

➡해답 ① 6시간 이상 ② 34시간 이상 ③ 24시간 이상 ④ 24시간 이상

14.
건설업 중 유해·위험방지 계획서 제출 대상사업 5가지에 대하여 보기의 ( )에 알맞은 수치를 쓰시오.

지상 높이가 (①)미터 이상인 건축물 또는 공작물 최대지간길이가 (②)미터 이상인 교량건설 등 공사 (③) 건설 등의 공사 다목적댐·발전용댐 및 저수용량 (④)천만톤 이상의 용수전용댐 공사 깊이 (⑤)미터 이상인 굴착공사

➡해답 ① 31 ② 50 ③ 터널 ④ 2 ⑤ 10

건설안전기사(2007년 10월 7일)

01.
차량계 건설기계의 작업 계획에 포함 사항 3가지를 쓰시오.

➡해답 ① 사용하는 차량계 건설기계의 종류 및 성능
② 차량계 건설기계의 운행경로
③ 차량계 건설기계에 의한 작업방법

02.
다음 ( ) 안에 알맞은 내용을 쓰시오.

(1) 낙하물 방지망 설치높이는 (①)미터 이내마다 설치하고 내민길이는 벽면으로부터 (②)미터 이상으로 할 것
(2) 수평면과의 각도는 (③)도 내지 (④)도를 유지할 것

➡해답 ① 10 ② 2 ③ 20 ④ 30

03.

감전 시 인체에 미치는 주된 영향인자 3가지를 쓰시오.

➡해답 ① 통전전류의 크기(가장 근본적인 원인이며 감전피해의 위험도에 가장 큰 영향을 미침)
② 통전시간
③ 통전경로
④ 전원의 종류(교류 또는 직류)
⑤ 주파수 및 파형
⑥ 전격인가위상(심장 맥동주기의 어느 위상(T파에서 가장 위험)에서의 통전 여부)
⑦ 기타 간접적으로는 인체저항과 전압의 크기 등이 관계함

04.

다음 보기 중 안전관리비로 사용할 수 없는 4가지 항목은?

[보기]	
① 공사장 경계표시를 위한 가설 울타리	② 안전보조원의 인건비
③ 경사법면의 보호망	④ 개인보호구, 개인장구의 보관시설
⑤ 현장사무소의 휴게시설	⑥ 면장갑, 코팅장갑 등의 구입비
⑦ 안전교육장의 설치비	⑧ 작업장 방역 및 소독비, 방충비
⑨ 실내 작업장의 냉·난방 시설 설치비 및 유지비	⑩ 안전보건 정보교류를 위한 모임 사용비

➡해답 ① ⑤ ⑥ ⑨

05.

차량계 건설기계 작업 시 넘어지거나, 굴러떨어짐에 의해 근로자에게 위험을 미칠 우려가 있을 때 조치사항 3가지를 쓰시오.

➡해답 ① 유도하는 사람(유도자)을 배치
② 지반의 부동침하 방지
③ 갓길의 붕괴 방지
④ 도로 폭의 유지

06.

히빙(Heaving) 방지대책 3가지를 쓰시오.

➡해답 ① 흙막이벽 근입깊이 증가
② 흙막이벽 배면 지표의 상재하중을 제거
③ 지반굴착 시 흙이 느슨해지지 않도록 유의
④ 지반개량으로 하부지반 전단강도 개선
⑤ 강성이 큰 흙막이 공법 선정

07.
잠함·우물통·수직갱 등에서 작업 시 안전조치 사항 3가지를 쓰시오.

➡해답 ① 산소 결핍 우려가 있는 경우에는 산소의 농도를 측정하는 사람을 지명하여 측정하도록 할 것
② 근로자가 안전하게 오르내리기 위한 설비를 설치할 것
③ 굴착 깊이가 20m를 초과하는 경우에는 해당 작업장소와 외부와의 연락을 위한 통신설비 등을 설치할 것

08.
굴착면의 높이가 2m 이상 되는 지반굴착 작업 시 특별교육 3가지를 쓰시오.

➡해답 ① 지반의 형태구조 및 굴착 요령에 관한 사항
② 지반의 붕괴재해 예방에 관한 사항
③ 붕괴방지용 구조물 설치 및 작업방법에 관한 사항
④ 보호구 종류 및 사용에 관한 사항

09.
항타기 또는 항발기의 권상용 와이어로프의 사용금지기준 3가지를 쓰시오.

➡해답 ① 이음매가 있는 것
② 와이어로프의 한 꼬임에서 끊어진 소선의 수가 10% 이상(비자전로프의 경우에는 끊어진 소선의 수가 와이어로프 호칭지름의 6배 길이 이내에서 4개 이상이거나 호칭지름 30배 길이 이내에서 8개 이상인 것)인 것
③ 지름의 감소가 공칭지름의 7%를 초과하는 것
④ 꼬인 것
⑤ 심하게 변형 또는 부식된 것
⑥ 열과 전기충격에 의해 손상된 것

10.
PDCA 4단계를 설명하시오.

➡해답 1단계 : 계획을 세운다(plan : P)
① 목표를 정한다.
② 목표를 달성하는 방법을 정한다.
2단계 : 계획대로 실시한다(do : D)
① 환경과 설비를 개선한다.
② 점검한다.
③ 교육 훈련한다.
④ 기타의 계획을 실행에 옮긴다.
3단계 : 결과를 검토한다(check : C)
4단계 : 검토결과에 의해 조치를 취한다.(action : A)
① 정해진 대로 행해지지 않았으면 수정한다.
② 문제점이 발견되었을 때 개선한다.
③ 더욱 좋은 개선책을 고안하여 다음 계획에 들어간다.

11.
흙막이 지보공의 정기점검사항 3가지를 쓰시오.

해답 ① 부재의 손상·변형·부식·변위 및 탈락의 유무와 상태
② 버팀대의 긴압의 정도
③ 부재의 접속부·부착부 및 교차부의 상태
④ 침하의 정도

12.
산업안전표지 중 "위험경고장소" 표지를 ① 그림으로 표시하고 ② 바탕색 ③ 기본 모형색 ④ 관련부호색 등을 표시하시오.

해답 ① 그림 :   ② 노란색   ③ 검은색   ④ 검은색

13.
유해·위험방지계획서 심사결과 ① 적정 ② 조건부 적정 ③ 부적정을 판정하시오.

해답 ① 적정 : 근로자의 안전과 보건을 위하여 필요한 조치가 구체적으로 확보되었다고 인정되는 경우
② 조건부 적정 : 근로자의 안전과 보건을 확보하기 위하여 일부 개선이 필요하다고 인정되는 경우
③ 부적정 : 기계·설비 또는 건설물이 심사기준에 위반되어 공사착공 시 중대한 위험발생의 우려가 있거나 계획에 근본적 결함이 있다고 인정되는 경우

14.
다음에서 설명하는 하중의 용어를 쓰시오.

> 지브 혹은 붐의 경사각 및 길이 또는 지브의 위에 놓이는 도르래의 위치에 따라 부하시킬 수 있는 최대하중으로부터 각각 혹, 버킷 등 달아올리기 기구의 중량에 상당하는 하중을 공재한 하중은 (①), 엘리베이터 간이리프트 또는 건설용 리프트의 구조 및 재료에 따라서 운반기에 사람 또는 짐을 올려놓고 승강시킬 수 있는 최대하중은 (②), 크레인, 이동식 크레인 또는 데릭의 재료에 따라 부하시킬 수 있는 하중을 (③)이라 한다.

해답 ① 정격하중
② 적재하중
③ 달아올리기 하중

건설안전기사(2008년 4월 20일)

01.
가스용기를 취급하는 때의 주의사항 5가지를 쓰시오.

해답 ① 용기의 온도를 섭씨 40도 이하로 유지할 것
② 전도의 위험이 없도록 할 것
③ 충격을 가하지 않도록 할 것
④ 운반하는 경우에는 캡을 씌울 것
⑤ 사용하는 경우에는 용기의 마개에 부착되어 있는 유류 및 먼지를 제거할 것
⑥ 밸브의 개폐는 서서히 할 것
⑦ 사용 전 또는 사용 중인 용기와 그 밖의 용기를 명확히 구별하여 보관할 것
⑧ 용해아세틸렌의 용기는 세워 둘 것
⑨ 용기의 부식·마모 또는 변형상태를 점검한 후 사용할 것

02.
승강기 종류를 4가지 쓰시오.

해답 ① 승객용 엘리베이터
② 화물용 엘리베이터
③ 승객화물용 엘리베이터
④ 소형화물용 엘리베이터
⑤ 에스컬레이터

03.
다음 중 채석작업계획에 포함되어야 할 항목 4가지를 쓰시오.

해답 ① 노천굴착과 갱내굴착의 구별 및 채석방법
② 굴착면의 높이와 기울기
③ 굴착면 소단의 위치와 넓이
④ 갱내에서의 낙반 및 붕괴방지 방법
⑤ 발파방법
⑥ 암석의 분할방법
⑦ 암석의 가공장소

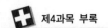

⑧ 사용하는 굴착기계·분할기계·적재기계 또는 운반기계의 종류 및 성능
⑨ 토석 또는 암석의 적재 및 운반방법과 운반경로
⑩ 표토 또는 용수의 처리방법

04.
안전관리비 중 지정교육기관에서 자격, 면허취득 또는 기능습득을 위한 교육비를 받을 수 있는 업무나 작업을 5가지 쓰시오.

⮕해답 1. 철골구조물 및 배관 등을 설치하거나 해체하는 업무
2. 타워크레인 조종업무(조종석이 설치되지 아니한 정격하중 5톤 이상의 무인타워크레인을 포함한다)
3. 흙막이지보공의 조립 또는 해체작업
4. 거푸집의 조립 또는 해체작업
5. 비계의 조립 또는 해체작업
6. 고압선 정전 및 활선작업

05.
잠함, 우물통, 수직갱 기타 이와 유사한 건설물 또는 설비(이하 "잠함 등"이라 한다)의 내부에서 굴착작업을 하는 때의 준수사항을 3가지 쓰시오.

⮕해답 ① 산소 결핍 우려가 있는 경우에는 산소의 농도를 측정하는 사람을 지명하여 측정하도록 할 것
② 근로자가 안전하게 오르내리기 위한 설비를 설치할 것
③ 굴착 깊이가 20m를 초과하는 경우에는 해당 작업장소와 외부와의 연락을 위한 통신설비 등을 설치할 것

06.
환산재해율에서 상시근로자 산출식을 쓰시오.

⮕해답 상시 근로자수 $= \dfrac{\text{연간 국내공사 실적액} \times \text{노무비율}}{\text{건설업 월평균임금} \times 12}$

※ 현재법에는 사망사고만인율로 변경됨

07.
아래 보기는 안전인증대상 보호구의 종류이다. 아래 보기 이외의 보호구 종류 6가지를 쓰시오.

안전모, 안전화, 안전대, 안전장갑, 송기마스크

⮕해답 ① 방진마스크 ② 방독마스크
③ 보호복 ④ 용접용 보안면
⑤ 차광 및 비산물 위험방지용 보안경 ⑥ 방음용 귀마개 또는 귀덮개

08.
안전보건관리책임자 등에 대한 교육대상과 교육시간을 쓰시오.

해답

교육대상	교육시간	
	신규교육	보수교육
가. 안전보건관리책임자	6시간 이상	6시간 이상
나. 안전관리자	34시간 이상	24시간 이상
다. 보건관리자	34시간 이상	24시간 이상
라. 건설재해예방 전문지도기관 종사자	34시간 이상	24시간 이상

09.
다음 중 히빙 현상의 뜻을 쓰시오.

해답 ① 정의 : 연약한 점토지반을 굴착할 때 흙막이 벽체 배면에 있는 흙의 중량이 굴착 바닥면의 흙의 중량보다 클 때 그 중량 차이로 인해 흙막이 벽체 배면의 흙이 안으로 밀려 들어와 굴착 바닥면이 부풀어 오르는 현상
② 방지대책
  ㉠ 흙막이벽 근입깊이 증가
  ㉡ 흙막이벽 배면 지표의 상재하중을 제거
  ㉢ 지반굴착 시 흙이 느슨해지지 않도록 유의
  ㉣ 지반개량으로 하부지반 전단강도 개선
  ㉤ 강성이 큰 흙막이 공법 선정

10.
산업안전보건법상 조도기준 4가지를 쓰시오.

해답 ① 초정밀작업 : 750럭스 이상
② 정밀작업 : 300럭스 이상
③ 보통작업 : 150럭스 이상
④ 기타작업 : 75럭스 이상

11.
산업재해의 위험장소로 규정되어 있는 장소로서 산업재해예방을 위한 필요한 조치를 취해야 하는 장소 5가지를 쓰시오.

해답 ① 근로자가 추락할 위험이 있는 장소
② 토사·구축물 등이 붕괴할 우려가 있는 장소
③ 물체가 떨어질 위험이 있는 장소
④ 물체가 날아올 위험이 있는 장소
⑤ 그 밖에 작업 시 천재지변으로 인한 위험이 발생할 우려가 있는 장소

12.
작업장 내 운반을 주목적으로 하는 구내 운반차 사용 시 준수사항 4가지를 쓰시오.

➡해답 ① 주행을 제동하거나 정지상태를 유지하기 위하여 유효한 제동장치를 갖출 것
② 경음기를 갖출 것
③ 운전석이 차 실내에 있는 것은 좌우에 한개씩 방향지시기를 갖출 것
④ 전조등 및 후미등을 갖출 것. 다만 작업을 안전하게 하기 위하여 필요한 조명이 있는 장소에서 사용하는 구내 운반차에 대해서는 그러하지 아니하다.

13.
양중기의 와이어로프 안전계수를 넣으시오.

① 근로자가 탑승하는 운반구를 지지하는 경우 ( ) 이상
② 화물의 하중을 직접 지지하는 경우 ( ) 이상
③ 제1호 및 2호 외의 경우 ( ) 이상

➡해답 ① 10　　② 5　　③ 4

건설안전기사(2008년 7월 6일)

01.
가설공사 시 사업주가 공사용 가설도로를 설치하는 경우에 준수하여야 할 기준 4가지를 쓰시오.

➡해답 ① 도로는 장비와 차량이 안전하게 운행할 수 있도록 견고하게 설치할 것
② 도로와 작업장이 접하여 있을 경우에는 울타리 등을 설치할 것
③ 도로는 배수를 위하여 경사지게 설치하거나 배수시설을 설치할 것
④ 차량의 속도제한 표지를 부착할 것

02.
산업안전보건법상 양중기 안전검사 내용 3가지를 쓰시오.

➡해답 ① 과부하방지장치, 권과방지장치, 그 밖의 안전장치의 이상 유무
② 브레이크와 클러치의 이상 유무
③ 와이어로프와 달기체인의 이상 유무
④ 훅 등 달기기구의 손상 유무
⑤ 배선, 집진장치, 배전반, 개폐기, 콘트롤러의 이상 유무

03.
굴착공사 시 보일링(Boiling) 현상 방지대책 3가지를 쓰시오.

➡️**해답** ① 흙막이벽 근입깊이 증가
② 흙막이벽의 차수성 증대
③ 흙막이벽 배면지반 그라우팅 실시
④ 흙막이벽 배면지반 지하수위 저하

04.
산업안전보건법상 달비계 또는 높이 5m 이상의 비계를 조립, 해체하거나 변경하는 작업을 할 때 준수할 사항 4가지를 쓰시오.

➡️**해답** ① 관리감독자의 지휘에 따라 작업하도록 할 것
② 조립·해체 또는 변경의 시기·범위 및 절차를 그 작업에 종사하는 근로자에게 주지시킬 것
③ 조립·해체 또는 변경 작업구역에는 해당 작업에 종사하는 근로자가 아닌 사람의 출입을 금지하고 그 내용을 보기 쉬운 장소에 게시할 것
④ 비, 눈, 그 밖의 기상상태의 불안정으로 날씨가 몹시 나쁜 경우에는 그 작업을 중지시킬 것
⑤ 비계재료의 연결·해체작업을 하는 경우에는 폭 20cm 이상의 발판을 설치하고 근로자로 하여금 안전대를 사용하도록 하는 등 추락을 방지하기 위한 조치를 할 것
⑥ 재료·기구 또는 공구 등을 올리거나 내리는 경우에는 근로자가 달줄 또는 달포대 등을 사용하게 할 것

05.
잠함, 우물통 수직갱 기타 이와 유사한 건설물 또는 설비의 내부에서 굴착작업을 하는 때에 사업주가 준수하여야 할 사항 3가지를 쓰시오.

➡️**해답** ① 산소 결핍 우려가 있는 경우에는 산소의 농도를 측정하는 사람을 지명하여 측정하도록 할 것
② 근로자가 안전하게 오르내리기 위한 설비를 설치할 것
③ 굴착 깊이가 20m를 초과하는 경우에는 해당 작업장소와 외부와의 연락을 위한 통신설비 등을 설치할 것

06.
다음 중 산업안전보건관리비로 사용할 수 없는 것은 무엇인가?

[보기]	
① 전기안전 대행수수료	② 해상, 수상공사에서 구명정 구입비용
③ 구급기재 등에 소요되는 비용	④ 일반근로자 작업복 구입비용
⑤ 현장 내 안전보건교육장 설치비용	⑥ 터널 작업의 장화구입 비용
⑦ 매설물 탐지 비용	⑧ 협력업체 안전관리 진단비용

➡️**해답** ① ② ④ ⑦

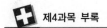

O7.

산업안전보건법상 전기기계 기구 중 이동형 또는 휴대형의 것에 대하여는 누전에 의한 감전위험을 방지하기 위하여 당해전로의 정격에 적합한 감전방지용 누전차단기를 접속하여 사용하여야 하는 장소 3가지를 쓰시오.

➡해답 ① 물 등 도전성이 높은 액체에 의한 습윤 장소
② 철판·철골 위 등 도전성이 높은 장소
③ 임시배선의 전로가 설치되는 장소

O8.

산업안전보건법상 건설업 중 유해위험방지계획서를 작성 제출하여야 하는 사업장 종류 4가지를 쓰시오.

➡해답 ① 지상높이가 31m 이상인 건축물 또는 인공구조물, 연면적 30,000m² 이상인 건축물 또는 연면적 5,000m² 이상의 문화 및 집회시설(전시장 및 동물원·식물원은 제외), 판매시설, 운수시설(고속철도의 역사 및 집배송시설은 제외), 종교시설, 의료시설 중 종합병원, 숙박시설 중 관광숙박시설, 지하도상가 또는 냉동·냉장창고시설의 건설·개조 또는 해체
② 연면적 5,000m² 이상의 냉동·냉장창고시설의 설비공사 및 단열공사
③ 최대지간 길이가 50m 이상인 교량건설 등 공사
④ 터널건설 등의 공사
⑤ 다목적 댐, 발전용 댐 및 저수용량 2천만톤 이상의 용수전용 댐, 지방상수도 전용댐 건설 등의 공사
⑥ 깊이가 10m 이상인 굴착공사

O9.

연약한 지반에 하중을 가하여 흙을 압밀시키는 방법의 한 가지로 구조물 축조 장소에 사전 성토하여 지반을 침하시켜 흙의 전단강도를 증가시킨 후 성토부분을 제거하는 공법명을 쓰시오.

➡해답 프리로딩공법(Pre-Loading)

1O.

건설현장의 지난 한 해 동안 근무상황이 보기와 같은 경우 도수율, 강도율, 종합재해지수(FSI)를 구하시오.

• 연평균근로자수 : 200명	• 1일 작업시간 : 8시간
• 연간작업일수 : 300일	• 평균출근율 : 90%
• 연간재해발생건수 : 9건	• 휴업일수 : 125일
• 시간외 작업시간 합계 : 20,000시간	
• 지각 및 조퇴시간 합계 : 2,000시간	

해답 (1) 도수율 $= \dfrac{\text{재해발생건수}}{\text{연근로시간수}} \times 1{,}000{,}000$

$$= \dfrac{9}{(200 \times 8 \times 300 \times 0.9 - 2{,}000) + 20{,}000} \times 1{,}000{,}000 = 20$$

(2) 강도율 $= \dfrac{\text{근로손실일수}}{\text{연근로시간수}} \times 1{,}000$

$$= \dfrac{125 \times \dfrac{300}{365}}{(200 \times 8 \times 300 \times 0.9 - 2{,}000) + 20{,}000} \times 1{,}000 = 0.228$$

(3) 종합재해지수(FSI) $= \sqrt{\text{도수율}(F.R) \times \text{강도율}(S.R)} = \sqrt{(20 \times 0.228)} = 2.14$

11.
산업안전보건법상 안전보건표지별 종류를 각각 3가지씩 쓰시오.

해답 ① 금지 표시 : 출입금지, 보행금지, 차량통행금지
② 경고 표지 : 고압전기경고, 낙하물 경고, 매달린 물체경고
③ 지시 표지 : 보안경착용, 방진마스크착용, 보안면착용
④ 안내 표지 : 세안장치, 녹십자표지, 들것
⑤ 관계자외 출입금지 : 허가대상물질 작업장, 석면 취급/해체 작업장, 금지대상 물질의 취급 실험실 등

12.
발파작업에 종사하는 근로자가 준수하여야 할 사항에 대한 설명이다. ( ) 안에 알맞은 내용을 넣으시오.

(1) 전기뇌관에 의한 발파의 경우 점화하기 전에 화약류를 장전한 장소부터 (①)m 이상 떨어진 안전한 장소에서 전선에 대하여 저항측정 및 도통시험을 하고 그 결과를 기록·관리하도록 할 것
(2) 전기뇌관에 의한 때에는 발파모선을 점화기에서 떼어 그 끝을 단락시켜 놓는 등 재 점화되지 아니하도록 조치하고 그때부터 (②)분 이상 경과한 후가 아니면 화약류의 장전장소에 접근시키지 아니하도록 할 것
(3) 전기뇌관외의 것에 의한 때에는 점화한 때부터 (③)분 이상 경과한 후가 아니면 화약류의 장전장소에 접근시키지 아니하도록 할 것

해답 ① 30   ② 5   ③ 15

13.

산업안전보건법상 사업주가 터널지보공을 설치한 때에 붕괴 등의 위험을 방지하기 위하여 수시로 점검하여야 하며 이상을 발견한 때에는 즉시 보강하거나 보수하여야 할 기준 4가지를 쓰시오.

해답 ① 부재의 손상·변형·부식·변위 탈락의 유무 및 상태
② 부재의 긴압의 정도
③ 부재의 접속부 및 교차부의 상태
④ 기둥침하의 유무 및 상태

14.

깊이 10.5m 이상의 굴착의 경우 흙막이 구조의 안전을 예측하기 위해 설치하여야 하는 계측기기의 종류 4가지를 쓰시오.

해답 ① 지표침하계 : 흙막이벽 배면에 동결심도보다 깊게 설치하여 지표면 침하량 측정
② 지중경사계 : 흙막이벽 배면에 설치하여 토류벽의 기울어짐 측정
③ 하중계 : Strut, Earth Anchor에 설치하여 축하중 측정으로 부재의 안정성 여부 판단
④ 간극수압계 : 굴착, 성토에 의한 간극수압의 변화 측정
⑤ 균열측정기 : 인접구조물, 지반 등의 균열부위에 설치하여 균열크기와 변화측정
⑥ 변형계 : Strut, 띠장 등에 부착하여 굴착작업시 구조물의 변형을 측정
⑦ 지하수위계 : 굴착에 따른 지하수위 변동을 측정

건설안전기사(2008년 11월 2일)

01.

다음 괄호 안에 알맞은 답안을 쓰시오.

교육과정	교육대상		교육시간
가. 정기교육	1) 사무직 종사 근로자		(①)
	2) 그 밖의 근로자	가) 판매 업무에 직접 종사하는 근로자	매반기 6시간 이상
		나) 판매업무에 직접 종사하는 근로자 외의 근로자	(②)
나. 채용 시 교육	1) 일용근로자 및 근로계약기간이 1주일 이하인 기간제 근로자		1시간 이상
	2) 근로계약기간이 1주일 초과 1개월 이하인 기간제 근로자		4시간 이상
	3) 그 밖의 근로자		(③)
다. 작업내용 변경 시 교육	1) 일용근로자 및 근로계약기간이 1주일 이하인 기간제 근로자		1시간 이상
	2) 그 밖의 근로자		(④)

→해답 ① 매반기 6시간 이상
② 매반기 12시간 이상
③ 8시간 이상
④ 2시간 이상

02.
안전관리자가 수행하여야 할 직무사항 4가지를 쓰시오.

→해답 1. 산업안전보건위원회 또는 안전·보건에 관한 노사협의체에서 심의·의결한 직무와 해당 사업장의 안전보건관리규정 및 취업규칙에서 정한 직무
2. 안전인증대상 기계·기구 등과 자율안전확인대상 기계·기구 등 구입 시 적격품의 선정
3. 사업장 안전교육계획의 수립 및 실시
4. 사업장 순회점검·지도 및 조치의 건의
5. 산업재해 발생의 원인 조사 및 재발 방지를 위한 기술적 지도·조언
6. 산업재해에 관한 통계의 유지·관리를 위한 지도·조언(안전분야로 한정한다)
7. 법 또는 법에 따른 명령이나 안전보건관리규정 및 취업규칙 중 안전에 관한 사항을 위반한 근로자에 대한 조치의 건의

03.
하인리히 재해예방 5단계를 쓰시오.

→해답 (1) 1단계 : 안전조직　　　(2) 2단계 : 사실의 발견
(3) 3단계 : 분석·평가　　　(4) 4단계 : 시정책의 선정
(5) 5단계 : 시정책의 적용

04.
공업용으로 사용되는 가스용기의 색상을 쓰시오.

(1) 수소	(2) 산소	(3) 질소	(4) 아세틸렌

→해답 (1) 수소 : 주황색　　　(2) 산소 : 녹색
(3) 질소 : 회색　　　(4) 아세틸렌 : 황색

05.
세이프티스코어를 계산하고 평가하시오.

- 전년도 도수율 : 125
- 근로자수 : 400명
- 올해연도 도수율 : 100
- 올해연도 근로 시간수 : 2,390시간

해답 (1) 계산

$$Safe\ T.\ Score = \frac{빈도율(현재) - 빈도율(과거)}{\sqrt{\dfrac{빈도율(과거)}{총\ 근로시간수} \times 1,000,000}}$$

$$= \frac{100 - 125}{\sqrt{\dfrac{125}{400 \times 2,390} \times 1,000,000}} = -2.186$$

(2) 평가 : -2.186이므로 안전관리 수행도 평가가 과거보다 좋다.
　① +2.00 이상인 경우 : 과거보다 심각하게 나쁘다.
　② +2~-2인 경우 : 심각한 차이가 없음
　③ -2 이하 : 과거보다 좋다.

06.
굴착공사 작업 전 점검사항 3가지를 쓰시오.

해답 ① 형상·지질 및 지층의 상태
　② 균열·함수·용수 및 동결의 유무 또는 상태
　③ 매설물 등의 유무 또는 상태
　④ 지반의 지하수위 상태

07.
발파작업 시 관리감독자의 유해·위험 방지업무 4가지를 쓰시오.

해답 ① 점화 전에 점화작업에 종사하는 근로자 외의 자의 대피를 지시하는 일
　② 점화작업에 종사하는 근로자에 대하여 대피장소 및 경로를 지시하는 일
　③ 점화 전에 위험구역 내에서 근로자가 대피한 것을 확인하는 일
　④ 점화순서 및 방법에 대하여 지시하는 일
　⑤ 점화신호하는 일
　⑥ 점화작업에 종사하는 근로자에 대하여 대피신호를 하는 일
　⑦ 발파 후 터지지 아니한 장약이나 남은 장약의 유무, 용수 유무 및 암석·토사의 낙하 유무 등을 점검하는 일
　⑧ 점화하는 사람을 정하는 일
　⑨ 공기압축기의 안전밸브 작동유무를 점검하는 일
　⑩ 안전모 등 보호구의 착용상황을 감시하는 일

08.
리프트의 종류 3가지를 쓰시오.

해답 ① 건설용 리프트
　② 산업용 리프트
　③ 자동차정비용 리프트
　④ 이삿짐 운반용 리프트

09.
출입금지 표지판을 도해하고 색채를 넣으시오.

→해답

바탕은 흰색, 기본모형은 빨간색, 관련부호 및 그림은 검은색

10.
히빙(Heaving) 현상의 정의와 방지대책 3가지를 쓰시오.

→해답 ① 정의 : 연약한 점토지반을 굴착할 때 흙막이 벽체 배면에 있는 흙의 중량이 굴착 바닥면의 흙의 중량보다 클 때 그 중량 차이로 인해 흙막이 벽체 배면의 흙이 안으로 밀려 들어와 굴착 바닥면이 부풀어 오르는 현상
② 방지대책
　　㉠ 흙막이벽 근입깊이 증가
　　㉡ 흙막이벽 배면 지표의 상재하중을 제거
　　㉢ 지반굴착 시 흙이 느슨해지지 않도록 유의
　　㉣ 지반개량으로 하부지반 전단강도 개선
　　㉤ 강성이 큰 흙막이 공법 선정

11.
사질토지반 개량공법의 종류 4가지를 쓰시오.

→해답 ① 진동다짐공법(Vibro Floatation) : 봉상진동기를 이용, 진동과 물다짐을 병용
② 동다짐(압밀)공법 : 무거운 추를 자유 낙하시켜 지반충격으로 다짐효과
③ 약액주입공법 : 지반 내 화학약액(LW, Bentonite, Hydro)을 주입하여 지반고결
④ 폭파다짐공법 : 인공지진을 발생시켜 모래지반을 다짐
⑤ 전기충격공법 : 지반 속에서 고압방전을 일으켜 발생하는 충격력으로 지반다짐
⑥ 모래다짐말뚝공법 : 충격, 진동, 타입에 의해 모래를 압입시켜 모래 말뚝을 형성하여 다짐에 의한 지지력을 향상

12.
공기압축기의 작업시작 전 점검사항 4가지를 쓰시오.

→해답 ① 공기저장 압력용기의 외관 상태
② 드레인밸브(drain valve)의 조작 및 배수
③ 압력방출장치의 기능
④ 언로드밸브(unloading valve)의 기능
⑤ 윤활유의 상태
⑥ 회전부의 덮개 또는 울
⑦ 그 밖의 연결 부위의 이상 유무

13.
다음 보기를 보고 거푸집의 조립순서를 순서대로 나열하시오.

[보기]			
① 보	② 기둥	③ 슬래브	④ 벽

➡해답 ② 기둥 → ④ 벽 → ① 보 → ③ 슬래브

14.
전기기계·기구 등의 충전부 감전방지대책 3가지를 쓰시오.

➡해답 ① 충전부가 노출되지 않도록 폐쇄형 외함(外函)이 있는 구조로 할 것
② 충전부에 충분한 절연효과가 있는 방호망이나 절연덮개를 설치할 것
③ 충전부는 내구성이 있는 절연물로 완전히 덮어 감쌀 것
④ 발전소·변전소 및 개폐소 등 구획되어 있는 장소로서 관계 근로자가 아닌 사람의 출입이 금지되는 장소에 충전부를 설치하고, 위험표시 등의 방법으로 방호를 강화할 것
⑤ 전주 위 및 철탑 위 등 격리되어 있는 장소로서 관계 근로자가 아닌 사람이 접근할 우려가 없는 장소에 충전부를 설치할 것

건설안전기사(2009년 4월 19일)

01.
가스농도 측정 시점을 시행해야 하는 때를 쓰시오.

▶해답 ① 매일 작업을 시작하기 전
② 가스의 누출이 의심되는 경우
③ 가스가 발생하거나 정체할 위험이 있는 장소가 있는 경우
④ 장시간 작업을 계속하는 경우(4시간마다 가스 농도를 측정)

02.
근로자 500명, 8시간 작업, 연 280일, 결근율 5%, 20건 재해, 1명 사망, 장애3급 1명, 250일의 근로손실이 발생한 사업장의 강도율을 구하시오.

▶해답 강도율 $= \dfrac{근로손실일수}{연근로시간수} \times 1,000 = \dfrac{7,500+7,500+250}{500 \times 8 \times 280 \times 0.95} \times 1,000 = 14.33$

03.
환산재해율 산정 시 무과실로 간주하는 사항을 3가지 쓰시오.

▶해답 ① 방화, 근로자 간 또는 타인 간의 폭행에 의한 경우
② 「도로교통법」에 따라 도로에서 발생한 교통사고에 의한 경우(해당 공사의 공사용 차량·장비에 의한 사고는 제외한다)
③ 태풍·홍수·지진·눈사태 등 천재지변에 의한 불가항력적인 재해의 경우
④ 작업과 관련이 없는 제3자의 과실에 의한 경우(해당 목적물 완성을 위한 작업자 간의 과실은 제외한다)
⑤ 그 밖에 야유회, 체육행사, 취침·휴식 중의 사고 등 건설작업과 직접 관련이 없는 경우
※ 현재법에눈 사망사고만인율로 변경됨

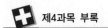

04.
안전관리자 선임기준이다. 빈칸을 채우시오.

> - 공사금액 800억 원 이상 600명 이상 또는 상시 근로자 600명 이상인 경우의 공사에서는 (①)명을 선임한다.
> - 공사금액 800억 원을 기준으로 (②)억 원이 증가할 때마다 또는 상시 근로자 600명을 기준으로 (③)명 추가될 때마다 (④)명씩 추가됨

해답 ① 2 ② 700 ③ 300 ④ 1

05.
보일링(Boiling)을 방지하기 위한 대책을 4가지 쓰시오.

해답 ① 흙막이벽 근입깊이 증가
② 흙막이벽의 차수성 증대
③ 흙막이벽 배면지반 그라우팅 실시
④ 흙막이벽 배면지반 지하수위 저하

06.
와이어로프의 사용제한 조건 5가지를 쓰시오.

해답 ① 이음매가 있는 것
② 와이어로프의 한 꼬임에서 끊어진 소선의 수가 10% 이상(비자전로프의 경우에는 끊어진 소선의 수가 와이어로프 호칭지름의 6배 길이 이내에서 4개 이상이거나 호칭지름 30배 길이 이내에서 8개 이상인 것)인 것
③ 지름의 감소가 공칭지름의 7%를 초과하는 것
④ 꼬인 것
⑤ 심하게 변형 또는 부식된 것
⑥ 열과 전기충격에 의해 손상된 것

07.
다음의 빈칸을 채우시오.

매슬로우	허츠버그	알더퍼ERG
생리적 욕구	( )	존재(Existence needs)
안전의 욕구		
( )		( )
존경 욕구	( )	성장(Growth needs)
자아실현의 욕구		

➡해답

매슬로우	허츠버그	알더퍼ERG
생리적 욕구	(위생 이론)	존재(Existence needs)
안전의 욕구		
(사회적 욕구)		(관계(Relatedness needs))
존경 욕구	(동기 이론)	
자아실현의 욕구		성장(Growth needs)

O8.
거푸집 동바리의 조립도에 기록해야 할 내용을 쓰시오.

➡해답 ① 동바리, 멍에 등 부재의 재질　② 단면 규격
③ 설치 간격　④ 이음 방법

O9.
공기압축기 작업시작 전 점검사항 4가지를 쓰시오.(기타 연결부위의 이상 유무 제외)

➡해답 ① 공기저장 압력용기의 외관 상태
② 드레인밸브(drain valve)의 조작 및 배수
③ 압력방출장치의 기능
④ 언로드밸브(unloading valve)의 기능
⑤ 윤활유의 상태
⑥ 회전부의 덮개 또는 울

1O.
철골작업을 중지해야 하는 상황 3가지를 쓰시오.

➡해답

구분	내용
강풍	풍속 10m/sec 이상
강우	1시간당 강우량이 1mm 이상
강설	1시간당 강설량이 1cm 이상

11.
토석붕괴의 외적요인 4가지를 쓰시오.

해답 ① 사면, 법면의 경사 및 기울기의 증가
② 절토 및 성토 높이의 증가
③ 공사에 의한 진동 및 반복하중의 증가
④ 지표수 및 지하수의 침투에 의한 토사 중량의 증가
⑤ 지진, 차량 구조물의 하중작용
⑥ 토사 및 암석의 혼합층 두께

12.
안전인증 기계·기구 5가지를 쓰시오.

해답 ① 프레스   ② 전단기   ③ 크레인   ④ 리프트
⑤ 압력용기   ⑥ 롤러기   ⑦ 사출성형기   ⑧ 고소작업대

13.
다음의 공업용 가스용기 색상을 쓰시오.

(1) 수소	(2) 아세틸렌	(3) 산소	(4) 질소

해답 (1) 수소 : 주황색
(2) 아세틸렌 : 황색
(3) 산소 : 녹색
(4) 질소 : 회색

14.
추락방망의 그물코 간격은 몇 mm 이하여야 하는가?

해답 그물코 간격은 100mm(10cm) 이하인 것을 사용한다.

건설안전기사(2009년 7월 5일)

01.
금지표시와 경고표지의 종류를 각각 2가지씩 쓰시오.

해답 ① 금지 표시 : 출입금지, 보행금지, 차량통행금지
② 경고 표지 : 고압전기경고, 낙하물 경고, 매달린 물체 경고

02.
안전난간대의 구성요소를 쓰시오.

해답 상부난간대, 중간난간대, 발끝막이판 및 난간기둥으로 구성할 것

03.
강풍 시 내력을 설계에 반영해야 하는 철골구조물을 쓰시오.

해답 ① 높이 20m 이상의 구조물
② 구조물의 폭과 높이의 비가 1 : 4 이상인 구조물
③ 단면구조에 현저한 차이가 있는 구조물
④ 연면적당 철골량이 $50kg/m^2$ 이하인 구조물
⑤ 기둥이 타이플레이트(Tie Plate) 형인 구조물
⑥ 이음부가 현장용접인 구조물

04.
자율안전확인대상 기계·기구 및 설비를 3가지 쓰시오.

해답 (1) 연삭기 또는 연마기   (2) 산업용 로봇
(3) 혼합기   (4) 파쇄기 또는 분쇄기
(5) 식품가공용기계   (6) 컨베이어
(7) 자동차정비용 리프트   (8) 공작기계
(9) 고정형 목재가공용기계   (10) 인쇄기

05.
공사 진척에 따른 안전관리비 사용기준을 쓰시오.

공정률	50% 이상 70% 미만	70% 이상 90% 미만	90% 이상 100%
사용기준	(①) 이상	(②) 이상	(③) 이상

해답 ① 50% ② 70% ③ 90%

06.
곤돌라 사용 시 와이어로프가 일정한 한도 이상 감기는 것을 방지하는 장치는 무엇인가?

해답 권과방지장치

07.
항타기, 항발기의 와이어로프의 안전계수에 관한 사항이다. 빈칸을 채우시오.

① 권상용 와이어로프의 안전계수 (   ) 이상
② 권상용 와이어로프 드럼에 감는 횟수 적어도 (   )회 감기고 남을 수 있는 충분한 길이일 것
③ 권상장치로부터 첫 번째 도르래의 축과의 거리를 권상장치의 드럼 폭의 (   )배 이상으로 하여야 한다.

해답 ① 5 ② 2 ③ 15

08.
다음의 안전관리자 선임 수를 쓰시오.

• 상시근로자 500인 운수업 : (①)
• 상시근로자 1,000명인 건설업 : (②)
• 총공사금액 1,500억 원 이상인 건설업 : (③)

해답 ① 1명 ② 3명 ③ 3명

09.
히빙(Heaving) 현상을 방지하기 위한 대책을 쓰시오.

해답 ① 흙막이벽 근입깊이 증가
② 흙막이벽 배면 지표의 상재하중을 제거
③ 지반굴착 시 흙이 느슨해지지 않도록 유의
④ 지반개량으로 하부지반 전단강도 개선
⑤ 강성이 큰 흙막이 공법 선정

10.
건설용 리프트 작업 전 점검해야 할 사항을 2가지 쓰시오.

해답 ① 방호장치·브레이크 및 클러치의 기능
② 와이어로프가 통하고 있는 곳의 상태

11.
근로손실일수 사망 1명(7,500일), 14급(50일) 4명으로 총근로손실일수가 7,700일일 때 도수율과 강도율을 구하시오.(근로자수 100인, 1일 8시간, 연 300일 근무 기준)

해답 도수율 $= \dfrac{\text{재해발생건수}}{\text{연근로시간수}} \times 1,000,000 = \dfrac{5}{100 \times 8 \times 300} \times 1,000,000 = 20.83$

강도율 $= \dfrac{\text{근로손실일수}}{\text{연근로시간수}} \times 1,000 = \dfrac{7,700}{100 \times 8 \times 300} \times 1,000 = 32.08$

12.
다음 기계기구의 방호장치를 쓰시오.

① 아세틸렌용접장치   ② 교류아크용접기
③ 동력식 수동대패   ④ 롤러

해답 ① 안전기
② 자동전격방지기
③ 칼날의 접촉예방장치
④ 급정지장치

13.
3E가 무엇인지 쓰시오.

해답 3E : 기술적(Engineering) 대책, 교육적(Education) 대책, 관리적(Enforcement) 대책

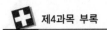

14.
안전보건관리에 포함되어야 하는 세부사항을 3가지 쓰시오.

➡해답 ① 안전 및 보건에 관한 관리조직과 그 직무에 관한 사항
② 안전보건교육에 관한 사항
③ 작업장의 안전 및 보건 관리에 관한 사항
④ 사고 조사 및 대책 수립에 관한 사항
⑤ 그 밖에 안전 및 보건에 관한 사항

건설안전기사(2009년 9월 13일)

01.
잠함, 우물통, 수직갱 기타 이와 유사한 건설물 또는 설비(이하"잠함 등"이라 한다)의 내부에서 굴착작업을 하는 때의 준수사항을 3가지 쓰시오.

➡해답 ① 산소 결핍 우려가 있는 경우에는 산소의 농도를 측정하는 사람을 지명하여 측정하도록 할 것
② 근로자가 안전하게 오르내리기 위한 설비를 설치할 것
③ 굴착 깊이가 20m를 초과하는 경우에는 해당 작업장소와 외부와의 연락을 위한 통신설비 등을 설치할 것

02.
히빙(Heaving)과 보일링(Boiling)을 방지하기 위한 대책을 4가지 쓰시오.

➡해답 ① 히빙 방지대책
㉠ 흙막이벽 근입깊이 증가
㉡ 흙막이벽 배면 지표의 상재하중을 제거
㉢ 지반굴착 시 흙이 느슨해지지 않도록 유의
㉣ 지반개량으로 하부지반 전단강도 개선
㉤ 강성이 큰 흙막이 공법 선정
② 보일링 방지대책
㉠ 흙막이벽 근입깊이 증가
㉡ 흙막이벽의 차수성 증대
㉢ 흙막이벽 배면지반 그라우팅 실시
㉣ 흙막이벽 배면지반 지하수위 저하

03.

[보기]를 참고로 하여 안전관리비를 산출하시오.

[보기]
① 건축공사
② 예정가격 내역서상 재료비 : 200억 원
③ 예정가격 내역서상 직접 노무비 : 60억 원
④ 발주처 제공 지급 자재비 : 80억 원

해답 안전관리비 대상액＝200억+60억+80억＝340억 원

　　　　건축공사이므로　① 340억×1.97%＝669,800,000원(지급자재비를 포함한 경우)

　　　　　　　　　　　② 260억×1.97%×1.2＝614,640,000원(지급자재비를 포함하지 않은 경우)

　　　　② < ①이므로 614,640,000원이 산업안전보건관리비이다.

04.

안전대의 벨트부분의 폐기기준 2가지를 쓰시오.

해답 ① 끝 또는 폭에 1mm 이상의 손상 또는 변형이 있는 것

　　　　② 양 끝의 해짐이 심한 것

05.

암반사면의 보강공법인 락볼트(Rock Bolt)의 효과를 쓰시오.

해답 ① 지반의 강도증대　　② 굴착단면 보강

　　　　③ 지반변위 방지　　　④ 지반의 봉합효과

06.

지반의 굴착작업 중 중앙부분을 먼저 굴착하고 주변부를 굴착하는 공법명을 쓰시오.

해답 아일랜드 컷(Island Cut) 공법

　　　　중앙 부분을 먼저 굴착하여 기초를 시공하고, 기초에 경사지게 버팀대를 설치하여 지지한 상태에서 주변부를 굴착하는 방식

07.

섬유로프의 사용을 제한하는 기준을 쓰시오.

해답 ① 꼬임이 끊어진 것

　　　　② 심하게 손상되거나 부식된 것

08.
건설업 산업안전보건관리비의 내역을 구성하는 항목 중에서 안전관리비 대상액의 정의를 기술하시오.

[해답] 안전관리비 대상액은 공사원가계산서 구성항목 중 직접재료비, 간접재료비와 직접노무비를 합한 금액(발주자가 재료를 제공할 경우에는 해당 재료비를 포함한 금액)

09.
흙의 동상현상 방지대책을 기술하시오.

[해답] ① 동결심도 아래에 배수층 설치
② 배수구 등을 설치하여 지하수위 저하
③ 동결깊이 상부의 흙을 동결이 잘 되지 않는 재료로 치환
④ 모관수 상승을 차단하는 층을 두어 동상방지

10.
환산재해율 산정 시 무재해로 인정받을 수 있는 경우 3가지를 쓰시오.

[해답] ① 방화, 근로자 간 또는 타인 간의 폭행에 의한 경우
② 「도로교통법」에 따라 도로에서 발생한 교통사고에 의한 경우(해당 공사의 공사용 차량·장비에 의한 사고는 제외한다)
③ 태풍·홍수·지진·눈사태 등 천재지변에 의한 불가항력적인 재해의 경우
④ 작업과 관련이 없는 제3자의 과실에 의한 경우(해당 목적물 완성을 위한 작업자 간의 과실은 제외한다)
⑤ 그 밖에 야유회, 체육행사, 취침·휴식 중의 사고 등 건설작업과 직접 관련이 없는 경우
※ 현재법에는 사망사고만인율로 변경됨

11.
터널 굴착작업 시 작업계획에 포함되는 내용을 쓰시오.

[해답] ① 굴착의 방법
② 터널지보공 및 복공의 시공방법과 용수의 처리방법
③ 환기 또는 조명시설을 하는 때에는 그 방법

12.

다음 괄호 안에 알맞은 답안을 쓰시오.

교육과정	교육대상		교육시간
가. 정기교육	1) 사무직 종사 근로자		(①)
	2) 그 밖의 근로자	가) 판매 업무에 직접 종사하는 근로자	매반기 6시간 이상
		나) 판매업무에 직접 종사하는 근로자 외의 근로자	(②)
나. 채용 시 교육	1) 일용근로자 및 근로계약기간이 1주일 이하인 기간제 근로자		1시간 이상
	2) 근로계약기간이 1주일 초과 1개월 이하인 기간제 근로자		4시간 이상
	3) 그 밖의 근로자		(③)
다. 작업내용 변경 시 교육	1) 일용근로자 및 근로계약기간이 1주일 이하인 기간제 근로자		1시간 이상
	2) 그 밖의 근로자		(④)

➡해답 ① 매반기 6시간 이상
② 매반기 12시간 이상
③ 8시간 이상
④ 2시간 이상

13.

말뚝항타 시 발생할 수 있는 부마찰력의 원인을 쓰시오.

➡해답 ① 말뚝 주변의 연약지반
② 지반의 침하 발생
③ 지하수위의 저하
④ 성토층의 압밀
⑤ 말뚝의 진동으로 인한 지반교란

14.

양중기에 설치해야 되는 방호장치의 종류를 쓰시오.

➡해답 ① 권과방지장치   ② 비상정지장치   ③ 브레이크장치   ④ 제동장치
⑤ 파이널리밋스위치   ⑥ 속도조절기   ⑦ 출입문인터록

건설안전기사(2010년 4월 18일)

O1.
이동식 크레인 탑승설비에 대한 추락에 의한 근로자의 위험방지를 위해 조치사항 3가지를 쓰시오.

➡해답 ① 탑승설비가 뒤집히거나 떨어지지 않도록 필요한 조치를 할 것
② 안전대나 구명줄을 설치하고, 안전난간을 설치할 수 있는 경우에는 안전난간을 설치할 것
③ 탑승설비를 하강시킬 때에는 동력하강방법으로 할 것

O2.
비, 눈 그 밖의 기상상태 불안정으로 날씨가 몹시 나빠서 작업중지 후 비계의 재작업 시작 전 점검해야할 사항을 3가지 쓰시오.

➡해답 ① 발판재료의 손상 여부 및 부착 또는 걸림상태
② 해당 비계의 연결부 또는 접속부의 풀림상태
③ 연결재료 및 연결철물의 손상 또는 부식상태
④ 손잡이의 탈락 여부
⑤ 기둥의 침하·변형·변위 또는 흔들림 상태
⑥ 로프의 부착상태 및 매단 장치의 흔들림 상태

O3.
토공사 작업 전 해야 할 지반 조사사항을 쓰시오.

➡해답 ① 형상·지질 및 지층의 상태
② 균열·함수·용수 및 동결의 유무 또는 상태
③ 매설물 등의 유무 또는 상태
④ 지반의 지하수위 상태

O4.
굴착면 높이 2m 이상이 되는 암석의 굴착작업에 대한 특별교육사항을 4가지 쓰시오.

➡해답 ① 안전거리 및 안전기준에 관한 사항
② 방호물의 설치 및 기준에 관한사항

③ 보호구 및 신호방법 등에 관한 사항
④ 폭발물 취급요령과 대피요령에 관한 사항

05.
철골구조물 내력 검토사항을 3가지 쓰시오.

해답 ① 높이 20m 이상의 구조물
② 구조물의 폭과 높이의 비가 1 : 4 이상인 구조물
③ 단면구조에 현저한 차이가 있는 구조물
④ 연면적당 철골량이 50kg/m² 이하인 구조물
⑤ 기둥이 타이플레이트(Tie Plate) 형인 구조물
⑥ 이음부가 현장용접인 구조물

06.
다음 표지판의 내용을 쓰시오.

① 　② 　③ 　④

해답 ① 보행금지　　② 인화성물질 경고
③ 낙하물 경고　④ 녹십자 표지

07.
크레인 작업 시작 전 점검사항을 3가지 쓰시오.

해답 ① 권과방지장치 · 브레이크 · 클러치 및 운전장치의 기능
② 주행로의 상측 및 트롤리(trolley)가 횡행하는 레일의 상태
③ 와이어로프가 통하고 있는 곳의 상태

08.
안전관리자의 업무내용을 3가지 쓰시오.

해답 ① 산업안전보건위원회 또는 안전 및 보건에 관한 노사협의체에서 심의 · 의결한 업무와 해당 사업장의 안전보건관리규정 및 취업규칙에서 정한 업무
② 위험성평가에 관한 보좌 및 지도 · 조언
③ 안전인증대상기계 등과 자율안전확인대상기계 등 구입 시 적격품의 선정에 관한 보좌 및 지도 · 조언
④ 해당 사업장 안전교육계획의 수립 및 안전교육 실시에 관한 보좌 및 지도 · 조언
⑤ 사업장 순회점검, 지도 및 조치 건의
⑥ 산업재해 발생의 원인 조사 · 분석 및 재발 방지를 위한 기술적 보좌 및 지도 · 조언
⑦ 산업재해에 관한 통계의 유지 · 관리 · 분석을 위한 보좌 및 지도 · 조언
⑧ 법 또는 법에 따른 명령으로 정한 안전에 관한 사항의 이행에 관한 보좌 및 지도 · 조언
⑨ 업무 수행 내용의 기록 · 유지

09.
다음 용어를 간단하게 정의하시오.

| ① 달아올리기 하중 | ② 정격하중 | ③ 적재하중 |

해답 ① 달아올리기 하중 : 크레인, 이동식 크레인 또는 데릭의 재료에 따라 부하 시킬 수 있는 하중
② 정격하중 : 지브 혹은 붐의 경사각 및 길이 또는 지브의 위에 놓이는 도르래의 위치에 따라 부하시킬 수 있는 최대하중으로부터 각각 훅, 버킷 등 달아올리기 기구의 중량에 상당하는 하중을 공제한 하중
③ 적재하중 : 엘리베이터, 자동차정비용 리프트 또는 건설용 리프트의 구조 및 재료에 따라서 운반기에 사람 또는 짐을 올려놓고 승강시킬 수 있는 최대하중

10.
건설재해예방 전문지도기관의 기술지도 제외대상을 3가지 쓰시오.

해답 1. 공사기간이 1개월 미만인 공사
2. 육지와 연결되지 아니한 섬지역(제주특별자치도는 제외한다)에서 이루어지는 공사
3. 안전관리자의 자격을 가진 사람을 선임하여 안전관리자의 직무만을 전담하도록 하는 공사. 이 경우 사업주는 안전관리자 선임 등 보고서(건설업)를 관할 지방고용노동관서의 장에게 제출하여야 한다.
4. 유해·위험방지계획서를 제출하여야 하는 공사

11.
근로자 수 400명, 1일 8시간 300일 근무, 과거빈도율 120, 현재빈도율 100일 때 Safe T. Score를 계산하시오.

해답 (1) 계산

$$\text{Safe T. Score} = \frac{\text{빈도율(현재)} - \text{빈도율(과거)}}{\sqrt{\dfrac{\text{빈도율(과거)}}{\text{총 근로시간수}} \times 1,000,000}}$$

$$= \frac{100 - 120}{\sqrt{\dfrac{120}{400 \times 8 \times 300} \times 1,000,000}} = -1.785$$

(2) 평가 : -1.785이므로 과거보다 심각한 차이가 없다.
① +2.00 이상인 경우 : 과거보다 심각하게 나쁘다.
② +2~-2인 경우 : 심각한 차이가 없다.
③ -2 이하 : 과거보다 좋다.

12.
안면부여과식 방진마스크의 분진 포집효율에 따른 등급기준을 쓰시오.

해답 ① 특급 : 99.0% 이상
② 1급 : 94.0% 이상
③ 2급 : 80.0% 이상

13.
안전관리자를 정수 이상으로 증원하거나 교체하여 임명하게 할 수 있는 사유를 3가지 쓰시오.

●해답 1. 해당 사업장의 연간재해율이 같은 업종의 평균재해율의 2배 이상인 경우
2. 중대재해가 연간 2건 이상 발생한 경우
3. 관리자가 질병 기타의 사유로 3개월 이상 직무를 수행할 수 없게 된 경우
4. 화학적 인자로 인한 직업성 질병자가 연간 3명 이상 발생한 경우

14.
어스앵커(Earth Anchor) 공법을 정의하시오.

●해답 지중에 삭공을 사용하여 인장재를 삽입하고 그라우팅한 후 긴장 정착하여 구조물에 발생하는 토압, 수압 등의 외력에 저항하도록 하는 앵커공법

건설안전기사(2010년 7월 4일)

01.
말비계의 조립·사용 시 준수사항을 3가지 쓰시오.

●해답 ① 지주부재의 하단에는 미끄럼 방지장치를 하고, 양측 끝부분에 올라서서 작업하지 아니하도록 할 것
② 지주부재와 수평면과의 기울기를 75° 이하로 하고, 지주부재와 지주부재 사이를 고정시키는 보조부재를 설치할 것
③ 말비계의 높이가 2m를 초과할 경우에는 작업발판의 폭을 40cm 이상으로 할 것

02.
와이어로프의 사용금지 기준을 4가지 쓰시오.

●해답 ① 이음매가 있는 것
② 와이어로프의 한 꼬임(스트랜드)에서 끊어진 소선(素線, 필러(pillar)선은 제외)의 수가 10% 이상(비자전로프의 경우에는 끊어진 소선의 수가 와이어로프 호칭지름의 6배 길이 이내에서 4개 이상이거나 호칭지름 30배 길이 이내에서 8개 이상)인 것
③ 지름의 감소가 공칭지름의 7%를 초과하는 것
④ 꼬인 것
⑤ 심하게 변형 또는 부식된 것
⑥ 열과 전기충격에 의해 손상된 것

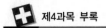

03.
인력굴착 작업 시 준수해야 할 사항을 3가지 쓰시오.

> **해답** ① 지반의 종류에 따라서 정해진 굴착면의 높이와 기울기로 진행
> ② 굴착 토사나 자재 등을 경사면 및 토류벽 천단부 주변에 쌓아두어서는 안 된다.
> ③ 용수 등의 유입수가 있는 경우 반드시 배수 시설을 한 뒤에 작업진행
> ④ 상·하부 동시작업은 원칙적으로 금지하여야 하나 부득이한 경우 견고한 낙하물 방호시설 설치, 부석 제거, 불필요한 기계 등의 방치금지, 신호수 및 담당자 배치 후 작업
> ⑤ 제3자가 근처를 통행할 가능성이 있는 경우는 가설방책 등 안전시설과 안전표지판을 설치해야 한다.

04.
차량계 건설기계 작업계획에 포함해야 하는 사항을 3가지 쓰시오.

> **해답** ① 사용하는 차량계 건설기계의 종류 및 성능
> ② 차량계 건설기계의 운행경로
> ③ 차량계 건설기계에 의한 작업방법

05.
근로자의 추락위험 방호조치를 3가지 쓰시오.

> **해답** ① 안전난간 설치
> ② 울 및 손잡이 설치
> ③ 덮개 설치를 설치하는 경우 뒤집히거나 떨어지지 않도록 할 것
> ④ 추락방호망 설치
> ⑤ 안전대 착용
> ⑥ 어두운 장소에서도 알아볼 수 있도록 개구부임을 표시

06.
매슬로우 욕구이론을 쓰시오.

> **해답** 1. 생리적 욕구(제1단계) 2. 안전의 욕구(제2단계)
> 3. 사회적 욕구(제3단계) 4. 존경의 욕구(제4단계)
> 5. 자아실현의 욕구(제5단계)

07.
안전모의 재료를 3가지 쓰시오.

> **해답** ① 합성수지(모체)
> ② 발포스티로폼(충격흡수재)
> ③ 합성섬유, 가죽(착장체 및 턱끈)

08.
중대재해의 종류를 3가지 쓰시오.

[해답] ① 사망자가 1명 이상 발생한 재해
② 3개월 이상의 요양이 필요한 부상자가 동시에 2명 이상 발생한 재해
③ 부상자 또는 직업성 질병자가 동시에 10명 이상 발생한 재해

09.
건물 등의 해체 작업 시 해체계획에 포함되는 사항 4가지를 쓰시오.

[해답] ① 해체의 방법 및 해체순서 도면
② 가설설비, 방호설비, 환기설비 및 살수·방화설비 등의 방법
③ 사업장 내 연락방법
④ 해체물의 처분계획
⑤ 해체작업용 기계·기구 등의 작업계획서
⑥ 해체작업용 화약류 등의 사용계획서
⑦ 기타 안전·보건에 관련된 사항도 포함되어야 한다.

10.
50명이 일하는 사업장에 5건의 재해, 1명 사망, 40일 근로손실, 1일 9시간, 연간 250일 근무일 때 강도율을 구하시오.

[해답] 강도율 $= \dfrac{\text{근로손실일수}}{\text{연근로시간수}} \times 1,000 = \dfrac{7,500+40}{50 \times 9 \times 250} \times 1,000 = 67.02$

11.
PDCA를 간단히 설명하시오.

[해답] ① 계획을 세운다.(plan : P)
㉠ 목표를 정한다.
㉡ 목표를 달성하는 방법을 정한다.
② 계획대로 실시한다.(do : D)
㉠ 환경과 설비를 개선한다.
㉡ 점검한다.
㉢ 교육 훈련한다.
㉣ 기타의 계획을 실행에 옮긴다.
③ 결과를 검토한다.(check : C)
④ 검토결과에 의해 조치를 취한다.(action : A)
㉠ 정해진 대로 행해지지 않았으면 수정한다.
㉡ 문제점이 발견되었을 때 개선한다.
㉢ 더욱 좋은 개선책을 고안하여 다음 계획에 들어간다.

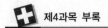

12.
터널 건설공사 등 낙반의 위험이 있는 곳에서 작업 시 조치사항을 쓰시오.

➡해답 ① 터널지보공 설치   ② 록볼트 설치
③ 부석의 제거   ④ 방호망 설치

13.
히빙(Heaving) 현상을 정의하시오.

➡해답 ① 정의 : 연약한 점토지반을 굴착할 때 흙막이 벽체 배면에 있는 흙의 중량이 굴착 바닥면의 흙의 중량보다
큰 때 그 중량 차이로 인해 흙막이 벽체 배면의 흙이 안으로 밀려 들어와 굴착 바닥면이 부풀어 오르는 현상
② 방지대책
㉠ 흙막이벽 근입깊이 증가
㉡ 흙막이벽 배면 지표의 상재하중을 제거
㉢ 지반굴착 시 흙이 느슨해지지 않도록 유의
㉣ 지반개량으로 하부지반 전단강도 개선
㉤ 강성이 큰 흙막이 공법 선정

건설안전기사(2010년 9월 24일)

01.
흙막이벽 공법에 대한 다음 질문에 답하시오.

가) 흙막이벽 개굴착 공법으로 굴착부 주위에 흙막이벽을 타입하고 버팀대를 대신하여 흙막이벽 배면의 지중
에 앵커체를 설치하여 인장력을 주어 지지하는 공법은?
나) 지하의 굴착과 병행하여 지상의 기둥, 보 등의 구조를 축조하는 방법으로 지하연속벽을 흙막이벽으로 하여
굴착하면서 구조체를 형성해가는 공법은?

➡해답 가) 어스앵커(Earth Anchor) 공법
나) 탑다운(Top-Down) 공법

02.
다음은 와이어로프 클립고정법의 클립간격에 관한 표이다. 빈칸을 채우시오.

와이어로프 지름(mm)	클립개수	클립간격
16 이하	(①)개 이상	
16 초과 28 이하	(②)개 이상	(④)
28 초과	(③)개 이상	

➡해답 ① 4 ② 5 ③ 6 ④ 지름의 6배 이상(6d 이상)

03.
산업안전보건법에 따라 명예산업안전감독관의 해촉사유 4가지를 쓰시오.

➡해답 1. 근로자대표가 사업주의 의견을 들어 위촉된 명예감독관의 해촉을 요청한 경우
2. 위촉된 명예감독관이 해당 단체 또는 그 산하조직으로부터 퇴직하거나 해임된 경우
3. 명예감독관의 업무와 관련하여 부정한 행위를 한 경우
4. 질병이나 부상 등의 사유로 명예감독관의 업무 수행이 곤란하게 된 경우

04.
안전관리비로 쓸 수 있는 항목 5가지 고르시오.

① 맨홀에 설치된 안전펜스	② 야간작업시 전자신호봉
③ 작업발판 및 가설계단	④ 매설물탐지, 구조안전검토비용
⑤ 전선로 활선확인경보기	⑥ 방화사 등 화재예방시설
⑦ 리프트 무선호출기	⑧ 공사장 경계표시를 위한 가설울타리
⑨ 전신주 이전비	⑩ 면장갑, 코팅장갑

➡해답 ①, ②, ⑤, ⑥, ⑦

05.
승강기의 설치, 조립, 수리, 점검 또는 해체 시 작업지휘자가 이행하여야 하는 사항을 2가지 쓰시오.

➡해답 ① 작업방법과 근로자의 배치를 결정하고 해당 작업을 지휘하는 일
② 재료의 결함유무 또는 기구 및 공구의 기능을 점검하고 불량품을 제거하는 일
③ 작업 중 안전대 등 보호구의 착용상황을 감시하는 일

06.
차량계 하역기계에 화물을 적재할 때 준수사항을 2가지 쓰시오.

➡해답 ① 하중이 한쪽으로 치우치지 않도록 적재할 것
② 구내운반차 또는 화물자동차의 경우 화물의 붕괴 또는 낙하에 의한 위험을 방지하기 위하여 화물에 로프를 거는 등 필요한 조치를 할 것
③ 운전자의 시야를 가리지 않도록 화물을 적재할 것
④ 제1항의 화물을 적재하는 경우에는 최대적재량을 초과해서는 아니 된다.

07.

근로자 500명, 하루평균작업시간 8시간, 연간근무일수 280일, 재해건수 10건, 휴업일수 159일 때 종합재해지수를 구하시오.

해답 도수율 $= \dfrac{\text{재해발생건수}}{\text{연근로시간수}} \times 1{,}000{,}000 = \dfrac{10}{500 \times 8 \times 280} \times 1{,}000{,}000 = 8.93$

강도율 $= \dfrac{\text{근로손실일수}}{\text{연근로시간수}} \times 1{,}000 = \dfrac{159 \times \dfrac{280}{365}}{500 \times 8 \times 280} \times 1{,}000 = 0.11$

종합재해지수(FSI) $= \sqrt{\text{도수율}(F.R) \times \text{강도율}(S.R)} = \sqrt{8.93 \times 0.11} = 0.99$

08.

구축물 또는 이와 유사한 시설물이 근로자에게 미칠 위험성을 미리 제거하기 위하여 안전진단 등의 안전성 평가를 실시하여야 하는 경우를 쓰시오.

해답 ① 구축물 또는 이와 유사한 시설물의 인근에서 굴착·항타작업 등으로 침하·균열 등이 발생하여 붕괴의 위험이 예상될 경우
② 구축물 또는 이와 유사한 시설물에 지진, 동해(凍害), 부동침하(不同沈下) 등으로 균열·비틀림 등이 발생하였을 경우
③ 구조물, 건축물, 그 밖의 시설물이 그 자체의 무게·적설·풍압 또는 그 밖에 부가되는 하중 등으로 붕괴 등의 위험이 있을 경우
④ 화재 등으로 구축물 또는 이와 유사한 시설물의 내력(耐力)이 심하게 저하되었을 경우
⑤ 오랜 기간 사용하지 아니하던 구축물 또는 이와 유사한 시설물을 재사용하게 되어 안전성을 검토하여야 하는 경우

09.

안전인증대상 보호구에 인증표시 외에 표시사항 4가지를 쓰시오.

해답 ① 형식 및 모델명　　　　　　② 규격 또는 등급 등
③ 제조자명　　　　　　　　④ 제조번호 및 제조연월
⑤ 안전인증 번호

10.

산업안전보건법상 안전인증대상 기계·기구 5가지를 쓰시오.

해답 ① 프레스　② 전단기(剪斷機) 및 절곡기(折曲機)　③ 크레인　④ 리프트　⑤ 압력용기
⑥ 롤러기　⑦ 사출성형기　⑧ 고소작업대　⑨ 곤돌라

11.

프리스트레스(Prestress) 도입 즉시 손실원인을 2가지 쓰시오.

해답 ① 콘크리트의 탄성수축에 의한 손실
② 쉬스관과 PC강재와의 마찰에 의한 손실
③ 정착 장치에서 긴장재의 활동으로 인한 손실

12.

공사금액 1,800억 원인 건설업이 선임해야 할 안전관리자 수와 선임사유를 쓰시오.

해답 ① 안전관리자 수 : 3명
② 선임사유 : 공사금액이 1,500억 원 이상 2,200억 원 미만일 때 안전관리자의 수 3명

13.

승강기 종류를 4가지 쓰시오.

해답 ① 승객용 엘리베이터
② 화물용 엘리베이터
③ 승객화물용 엘리베이터
④ 소형화물용 엘리베이터
⑤ 에스컬레이터

14.

굴착공사 전 토질조사 사항 4가지를 쓰시오.

해답 ① 형상 · 지질 및 지층의 상태
② 균열 · 함수 · 용수 및 동결의 유무 또는 상태
③ 매설물 등의 유무 또는 상태
④ 지반의 지하수위 상태

건설안전기사(2011년 5월 13일)

01.
이동식 크레인 위에 전용 탑승설비를 설치하여 근로자를 탑승하여 작업 시 위험방지 대책 2가지를 쓰시오.

해답 ① 탑승설비가 뒤집히거나 떨어지지 않도록 필요한 조치를 할 것
② 안전대나 구명줄을 설치하고, 안전난간을 설치할 수 있는 경우에는 안전난간을 설치할 것
③ 탑승설비를 하강시킬 때에는 동력하강방법으로 할 것

02.
공업용 가스 용기의 색상을 쓰시오.

① 수소 ② 아세틸렌 ③ 산소 ④ 질소

해답 ① 수소 : 주황색　　② 아세틸렌 : 황색
③ 산소 : 녹색　　④ 질소 : 회색

03.
달비계(곤돌라의 달비계를 제외)의 안전계수를 쓰시오.

(1) 달기 와이어로프 및 달기 강선의 안전계수는 (①) 이상
(2) 달기 체인 및 달기 훅의 안전계수는 (②) 이상

해답 ① 10　② 5

04.
채석작업을 하는 경우 채석작업계획에 포함되는 내용 3가지를 쓰시오.

해답 ① 노천굴착과 갱내굴착의 구별 및 채석방법
② 굴착면의 높이와 기울기
③ 굴착면 소단의 위치와 넓이
④ 갱내에서의 낙반 및 붕괴방지방법
⑤ 발파방법

⑥ 암석의 분할방법
⑦ 암석의 가공장소
⑧ 사용하는 굴착기계·분할기계·적재기계 또는 운반기계의 종류 및 성능
⑨ 토석 또는 암석의 적재 및 운반방법과 운반경로
⑩ 표토 또는 용수의 처리방법

O5.
하인리히 및 버드의 재해구성비율을 쓰고 설명하시오.

➡해답 ① 하인리히
1(사망 또는 중상) : 29(경미한 사고) : 300(무상해 사고)
② 버드
1(중상 또는 폐질) : 10(경상, 물적 또는 인적상해) : 30(무상해사고, 물적손실) : 600(무상해, 무사고 고장)

O6.
해체 작업 시 해체계획에 포함되어야 할 사항 4가지를 쓰시오.

➡해답 ① 해체의 방법 및 해체순서 도면
② 가설설비, 방호설비, 환기설비 및 살수·방화설비 등의 방법
③ 사업장 내 연락방법
④ 해체물의 처분계획
⑤ 해체작업용 기계·기구 등의 작업계획서
⑥ 해체작업용 화약류 등의 사용계획서
⑦ 기타 안전·보건에 관련된 사항도 포함되어야 한다.

O7.
환산재해율 산출공식을 쓰시오.

➡해답 환산재해율 $= \dfrac{환산재해자수}{상시근로자수} \times 100$

※ 현재법에는 사망사고만인율로 변경됨

O8.
연평균 근로자수 600명, 6개월간 안전전담활동시 안전활동률을 계산하시오.(단, 1일 9시간, 월 22일 근무, 6개월간 사고건수 2건, 불안전한 행동 20건 발견 및 조치, 불안전한 상태 34건 발견 및 조치, 권고 12건, 안전홍보 3건, 안전회의 6회)

➡해답 안전활동률 $= \dfrac{안전활동건수}{평균근로자수 \times 근로시간수} \times 1,000,000$

$= \dfrac{20+34+12+3+6}{600 \times 9 \times 22 \times 6} \times 1,000,000 = 105.22$

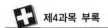

09.
승강기에 설치하여 유효하게 작동될 수 있도록 미리 조정하여 두어야 하는 방호장치 4가지를 쓰시오.

→해답 ① 과부하방지장치　　　　② 권과방지장치
③ 비상정지장치　　　　　④ 제동장치
⑤ 파이널 리미트 스위치　　⑥ 속도조절기
⑦ 출입문 인터록

10.
건설업 산업안전보건관리비의 계상 및 사용기준을 3가지 쓰시오.

1) 관련 규정에 따라 공사원가 계산서 구성항목 중 직접재료비, 간접재료비와 직접노무비를 합한 금액을 (①)이라 말한다.
2) 사용기준은 관련법에 적용을 받는 공사 중 총 공사금액 (②)원 이상인 공사에 적용한다.
3) 대상액이 구분되어 있지 않은 공사는 도급계약 또는 자체 사업계획상의 총공사금액의 (③)%를 대상액으로 산정한다.

→해답 ① 안전관리비 대상액　　② 2천만　　③ 70

11.
구축물 또는 이와 유사한 시설물에 대하여 안전진단 등 안전성평가를 실시하여 근로자에게 미칠 위험성을 미리 제거하여야 하는 경우 3가지를 쓰시오.

→해답 ① 구축물 또는 이와 유사한 시설물의 인근에서 굴착·항타작업 등으로 침하·균열 등이 발생하여 붕괴의 위험이 예상될 경우
② 구축물 또는 이와 유사한 시설물에 지진, 동해(凍害), 부동침하(不同沈下) 등으로 균열·비틀림 등이 발생하였을 경우
③ 구조물, 건축물, 그 밖의 시설물이 그 자체의 무게·적설·풍압 또는 그 밖에 부가되는 하중 등으로 붕괴 등의 위험이 있을 경우
④ 화재 등으로 구축물 또는 이와 유사한 시설물의 내력(耐力)이 심하게 저하되었을 경우
⑤ 오랜 기간 사용하지 아니하던 구축물 또는 이와 유사한 시설물을 재사용하게 되어 안전성을 검토하여야 하는 경우
⑥ 그 밖의 잠재위험이 예상될 경우

12.
안전보건관리규정의 작성 및 변경사항이다. 다음 물음에 답하시오.

① 작성대상사업장은 상시 근로자 몇 명 이상의 사업장인가?
② 변경사항이 발생한 경우 며칠 이내에 관련 내용을 작성 및 변경하여야 하는가?
③ 해당 안전보건관리규정의 심의, 의결을 행하는 기구는?
④ ③이 없을 시 해당 규정의 동의는 누구에게 얻어야 하는가?

→해답 ① 100명 이상　　　　② 30일
③ 산업안전보건위원회　　④ 근로자대표

13.
NATM 공법에 있어서 락볼트(Rock Bolt) 설치 시의 주요 효과 4가지를 쓰시오.

➡해답 ① 지반의 강도증대　② 굴착단면 보강
③ 지반변위 방지　④ 지반의 봉합효과

14.
환산재해율 산정 시 무재해로 인정받을 수 있는 경우 3가지를 쓰시오.

➡해답 ① 방화, 근로자 간 또는 타인 간의 폭행에 의한 경우
② 「도로교통법」에 따라 도로에서 발생한 교통사고에 의한 경우(해당 공사의 공사용 차량·장비에 의한 사고는 제외한다)
③ 태풍·홍수·지진·눈사태 등 천재지변에 의한 불가항력적인 재해의 경우
④ 작업과 관련이 없는 제3자의 과실에 의한 경우(해당 목적물 완성을 위한 작업자 간의 과실은 제외한다)
⑤ 그 밖에 야유회, 체육행사, 취침·휴식 중의 사고 등 건설작업과 직접 관련이 없는 경우
※ 현재법에는 사망사고만인율로 변경됨

건설안전기사(2011년 8월 5일)

01.
철골구조의 외압에 의한 내력검토사항을 쓰시오.

➡해답 ① 높이 20m 이상의 구조물
② 구조물의 폭과 높이의 비가 1 : 4 이상인 구조물
③ 단면구조에 현저한 차이가 있는 구조물
④ 연면적당 철골량이 50kg/m² 이하인 구조물
⑤ 기둥이 타이플레이트(Tie Plate) 형인 구조물
⑥ 이음부가 현장용접인 구조물

02.
안전난간지침에 관한 사항을 쓰시오.

➡해답 ① 상부난간대·중간난간대·발끝막이판 및 난간기둥으로 구성할 것
② 상부 난간대는 바닥면·발판 또는 경사로의 표면(이하 "바닥면 등"이라 한다)으로부터 90cm 이상 지점에 설치하고, 상부 난간대를 120cm 이하에 설치하는 경우에는 중간 난간대는 상부 난간대와 바닥면 등의 중간에 설치하여야 하며, 120cm 이상 지점에 설치하는 경우에는 중간 난간대를 2단 이상으로 균등하게 설치하고 난간의 상하 간격은 60cm 이하가 되도록 할 것

③ 발끝막이판은 바닥면 등으로부터 10cm 이상의 높이를 유지할 것
④ 난간기둥은 상부난간대와 중간난간대를 견고하게 떠받칠 수 있도록 적정간격을 유지할 것
⑤ 상부난간대와 중간난간대는 난간길이 전체에 걸쳐 바닥면 등과 평행을 유지할 것
⑥ 난간대는 지름 2.7cm 이상의 금속제 파이프나 그 이상의 강도를 가진 재료일 것
⑦ 안전난간은 구조적으로 가장 취약한 지점에서 가장 취약한 방향으로 작용하는 100kg 이상의 하중에 견딜 수 있는 튼튼한 구조일 것

03.
달비계 또는 높이 5m 이상의 비계를 조립, 해체하거나 변경작업을 할 때에 사업주로서 준수하여야 할 사항을 3가지만 쓰시오.

➡해답 ① 관리감독자의 지휘에 따라 작업하도록 할 것
② 조립·해체 또는 변경의 시기·범위 및 절차를 그 작업에 종사하는 근로자에게 주지시킬 것
③ 조립·해체 또는 변경 작업구역에는 해당 작업에 종사하는 근로자가 아닌 사람의 출입을 금지하고 그 내용을 보기 쉬운 장소에 게시할 것
④ 비, 눈, 그 밖의 기상상태의 불안정으로 날씨가 몹시 나쁜 경우에는 그 작업을 중지시킬 것
⑤ 비계재료의 연결·해체작업을 하는 경우에는 폭 20cm 이상의 발판을 설치하고 근로자로 하여금 안전대를 사용하도록 하는 등 추락을 방지하기 위한 조치를 할 것
⑥ 재료·기구 또는 공구 등을 올리거나 내리는 경우에는 근로자가 달줄 또는 달포대 등을 사용하게 할 것

04.
고소작업대 작업시 준수사항을 쓰시오.

➡해답 ① 작업자가 안전모·안전대 등의 보호구를 착용하도록 할 것
② 관계자가 아닌 사람이 작업구역에 들어오는 것을 방지하기 위하여 필요한 조치를 할 것
③ 안전한 작업을 위하여 적정수준의 조도를 유지할 것
④ 전로에 근접하여 작업을 하는 경우에는 작업감시자를 배치하는 등 감전사고를 방지하기 위하여 필요한 조치를 할 것
⑤ 작업대를 정기적으로 점검하고 붐·작업대 등 각 부위의 이상 유무를 확인할 것
⑥ 전환스위치는 다른 물체를 이용하여 고정하지 말 것
⑦ 작업대는 정격하중을 초과하여 물건을 싣거나 탑승하지 말 것
⑧ 작업대의 붐대를 상승시킨 상태에서 탑승자는 작업대를 벗어나지 말 것. 다만, 작업대에 안전대 부착설비를 설치하고 안전대를 연결하였을 때에는 그러하지 아니하다.

05.
작업발판과 거푸집이 일체화된 거푸집의 종류 3가지를 쓰시오.

➡해답 ① 슬라이딩 폼
② 갱폼
③ 클라이밍 폼
④ 터널 라이닝 폼

O6.
터널신설공사의 안전관리비에 대하여 쓰시오.

→해답 터널신설공사는 중건설공사이므로 안전관리비 계상기준은 다음과 같다.

공사분류 \ 안전관리비 대상액	5억 원 미만	5억 원 이상 50억 원 미만		50억 원 이상
		비율	기초액	
중건설공사	3.43%	2.35%	5,400천원	2.44%

O7.
근로자의 안전을 위해 사전조사하고 작업계획서에 작성해야 하는 작업의 종류 3가지를 쓰시오.

→해답 ① 차량계 건설기계를 사용하는 작업   ② 터널 굴착작업
③ 채석작업   ④ 건물 등의 해체작업
⑤ 중량물의 취급작업

O8.
승강기를 제외한 양중기 운전자가 볼 수 있는 곳에 표시할 사항을 2가지 쓰시오.

→해답 ① 정격하중
② 운전속도
③ 경고표시

O9.
안전보건 총괄책임자의 직무사항 3가지를 쓰시오.

→해답 ① 위험성평가의 실시에 관한 사항
② 산업재해 및 중대재해 발생에 따른 작업의 중지
③ 도급 시 산업재해 예방조치
④ 산업안전보건관리비의 관계수급인 간의 사용에 관한 협의·조정 및 그 집행의 감독
⑤ 안전인증대상 기계 등과 자율안전확인대상 기계 등의 사용 여부 확인

10.
출입금지판을 그리고 색채를 표시하시오.

→해답 바탕은 흰색, 기본모형(화살표)은 빨간색, 관련 부호 및 그림은 검정색

11.
유해 · 위험방지계획서에 첨부해야 할 서류 2가지를 쓰시오.

해답 ① 공사개요 및 안전보건관리계획
② 작업공사 종류별 유해 · 위험방지계획

12.
명예산업안전감독관의 위촉가능한 대상자 3가지를 쓰시오.

해답 1. 산업안전보건위원회 또는 노사협의체 설치 대상 사업의 근로자 중에서 근로자대표가 사업주의 의견을 들어 추천하는 사람
2. 「노동조합 및 노동관계조정법」 제10조에 따른 연합단체인 노동조합 또는 그 지역 대표기구에 소속된 임직원 중에서 해당 연합단체인 노동조합 또는 그 지역대표기구가 추천하는 사람
3. 전국 규모의 사업주단체 또는 그 산하조직에 소속된 임직원 중에서 해당 단체 또는 그 산하조직이 추천하는 사람
4. 산업재해 예방 관련 업무를 하는 단체 또는 그 산하조직에 소속된 임직원 중에서 해당 단체 또는 그 산하조직이 추천하는 사람

13.
와이어로프의 안전계수를 설명하시오.

해답 안전계수란 달기구 절단하중의 값을 그 달기구에 걸리는 하중의 최대값으로 나눈 값을 말한다.

즉, 안전계수 $= \dfrac{\text{절단하중}}{\text{최대사용하중}}$

14.
유해 · 위험방지계획서 제출대상 사업장을 2가지 쓰시오.

해답 ① 연면적 5천제곱미터 이상인 냉동 · 냉장 창고시설의 설비공사 및 단열공사
② 최대지간(支間) 길이가 50미터 이상인 다리의 건설등 공사
③ 터널의 건설 등의 공사
④ 다목적 댐, 발전용 댐, 저수용량 2천만톤 이상의 용수 전용 댐 및 지방상수도 전용 댐의 건설등 공사
⑤ 깊이 10미터 이상인 굴착공사

건설안전기사(2011년 11월 25일)

01.
콘크리트 타설작업을 하기 위하여 콘크리트타설장비 이용 작업 시 준수사항 3가지를 쓰시오.

해답 1. 작업을 시작하기 전에 콘크리트타설장비를 점검하고 이상을 발견하였으면 즉시 보수할 것
2. 건축물의 난간 등에서 작업하는 근로자가 호스의 요동·선회로 인하여 추락하는 위험을 방지하기 위하여 안전난간 설치 등 필요한 조치를 할 것
3. 콘크리트타설장비의 붐을 조정하는 경우에는 주변의 전선 등에 의한 위험을 예방하기 위한 적절한 조치를 할 것
4. 작업 중에 지반의 침하나 아웃트리거 등 콘크리트타설장비 지지구조물의 손상 등에 의하여 콘크리트타설장비가 넘어질 우려가 있는 경우에는 이를 방지하기 위한 적절한 조치를 할 것

02.
무재해 1배수 목표에 대한 설명이다. 다음 괄호를 채우시오.

- "무재해 1배수 목표"란 업종·규모별로 사업장을 그룹화하고 그룹내 사업장들이 평균적으로 재해자 (①)명이 발생하는 기간 동안 당해 사업장에서 재해가 발생하지 않는 것을 말한다.
- 무재해 시간 산정이 곤란한 경우 건설업은 1일 (②)시간을 근로한 것으로 본다.
- 무재해 운동 재개시 시점은 건설업의 경우 재개시 시점에 해당하는(③)를 적용한다.
- 무재해 운동을 개시한 날로부터 (④)일 이내에 무재해운동 개시신청서를 제출해야 한다.

해답 ① 1 ② 10 ③ 총공사금액 ④ 14

03.
고소작업대 이용 시 준수사항 2가지를 쓰시오.

해답 ① 작업자가 안전모·안전대 등의 보호구를 착용하도록 할 것
② 관계자가 아닌 사람이 작업구역에 들어오는 것을 방지하기 위하여 필요한 조치를 할 것
③ 안전한 작업을 위하여 적정수준의 조도를 유지할 것
④ 전로에 근접하여 작업을 하는 경우에는 작업감시자를 배치하는 등 감전사고를 방지하기 위하여 필요한 조치를 할 것
⑤ 작업대를 정기적으로 점검하고 붐·작업대 등 각 부위의 이상 유무를 확인할 것
⑥ 전환스위치는 다른 물체를 이용하여 고정하지 말 것
⑦ 작업대는 정격하중을 초과하여 물건을 싣거나 탑승하지 말 것
⑧ 작업대의 붐대를 상승시킨 상태에서 탑승자는 작업대를 벗어나지 말 것. 다만, 작업대에 안전대 부착설비를 설치하고 안전대를 연결하였을 때에는 그러하지 아니하다.

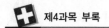

04.
굴착공사 시 히빙(Heaving)의 원인 3가지를 쓰시오.

➡️해답 ① 흙막이 배면의 흙과 굴착저면의 흙의 중량 차이
② 굴착저면 하부의 피압수
③ 흙막이벽의 근입장 깊이 부족
④ 흙막이 배면의 지하수

05.
산업안전보건법에 따라 시스템 비계를 사용하여 비계를 구성하는 경우 준수해야 하는 3가지를 쓰시오.

➡️해답 ① 수직재·수평재·가새재를 견고하게 연결하는 구조가 되도록 할 것
② 비계 밑단의 수직재와 받침철물은 밀착되도록 설치하고, 수직재와 받침철물의 연결부의 겹침길이는 받침철물 전체길이의 3분의 1 이상이 되도록 할 것
③ 수평재는 수직재와 직각으로 설치하여야 하며, 체결 후 흔들림이 없도록 견고하게 설치할 것
④ 수직재와 수직재의 연결철물은 이탈되지 않도록 견고한 구조로 할 것
⑤ 벽 연결재의 설치간격은 제조사가 정한 기준에 따라 설치할 것

06.
안전보건 직무교육대상 4가지를 쓰시오.

➡️해답 ① 안전보건관리책임자
② 안전관리자, 안전관리전문기관의 종사자
③ 보건관리자, 보건관리전문기관의 종사자
④ 건설재해 예방전문지도기관의 종사자
⑤ 석면조사기관의 종사자
⑥ 안전보건관리담당자
⑦ 안전검사기관, 자율안전검사기관의 종사자

07.
표지의 바탕은 흰색, 기본모형은 빨간색, 관련부호 및 그림은 검은색인 표지의 종류를 4가지 쓰시오.

➡️해답 ① 출입금지   ② 보행금지
③ 사용금지   ④ 화기금지

08.
산업안전보건법에 따라 달기 체인의 사용금지 기준 2가지를 쓰시오.

➡️해답 ① 달기 체인의 길이가 달기 체인이 제조된 때의 길이의 5퍼센트를 초과한 것
② 링의 단면지름이 달기 체인이 제조된 때의 해당 링의 지름의 10퍼센트를 초과하여 감소한 것
③ 균열이 있거나 심하게 변형된 것

09.
댐(수자원) 건설공사 시 산업안전보건관리비를 계상하시오.

[보기]	
① 댐 건설공사(중건설공사)	② 재료비＋직접노무비 : 45억 원

해답 안전관리비 대상액＝재료비＋직접노무비＝45억 원
중건설공사이며 대상액이 50억 원 미만이므로 요율(2.35%)＋5,400,000원
따라서, 안전관리비＝45억×0.0235＋5,400,000＝111,150,000원

10.
거푸집 검토 시 콘크리트 측압에 대한 설명으로 틀린 것 2가지를 고르시오.

(1) 외기온도가 낮을수록 측압은 작아진다.
(2) 진동기를 사용하여 다질수록 측압은 커진다.
(3) 슬럼프치가 큰 콘크리트일수록 측압이 크다.
(4) 배근된 철근량이 많으면 측압은 커진다.

해답 (1) 외기온도가 낮을수록 측압은 커진다.
(4) 배근된 철근량이 많으면 측압이 작아진다.

11.
타워크레인 설치·조립·해체 시 작업계획서의 내용을 쓰시오.

해답 ① 타워크레인의 종류 및 형식
② 설치·조립 및 해체순서
③ 작업도구·장비·가설설비 및 방호설비
④ 작업인원의 구성 및 작업근로자의 역할범위
⑤ 타워크레인의 지지방법

12.
환산재해율 계산식에서 사업주 법 위반이 아닌 재해자의 재해로 산정되는 경우 2가지를 쓰시오.

해답 ① 방화, 근로자 간 또는 타인 간의 폭행에 의한 경우
② 「도로교통법」에 따라 도로에서 발생한 교통사고에 의한 경우(해당 공사의 공사용 차량·장비에 의한 사고는 제외한다)
③ 태풍·홍수·지진·눈사태 등 천재지변에 의한 불가항력적인 재해의 경우
④ 작업과 관련이 없는 제3자의 과실에 의한 경우(해당 목적물 완성을 위한 작업자 간의 과실은 제외한다)
⑤ 그 밖에 야유회, 체육행사, 취침·휴식 중의 사고 등 건설작업과 직접 관련이 없는 경우
※ 현재법에는 사망사고만인율로 변경됨

13.
공정안전보고서와 관련된 내용이다. 다음 빈칸을 채우시오.

> 1. 공정안전보고서의 심사완료 후 (①)년 이내 공정안전보고서 이행상태를 평가해야 한다.
> 2. 이행상태 평가 후 (②)년마다 이행상태평가를 해야 한다.

⇒해답 ① 1   ② 4

14.
같은 장소에서 행하여지는 사업의 일부를 도급을 주어 하는 사업으로서 대통령령으로 정하는 사업의 사업주는 그가 사용하는 근로자와 그의 수급인이 사용하는 근로자가 같은 장소에서 작업을 할 때에 생기는 산업재해를 예방하기 위하여 취해야 하는 조치사항 3가지를 쓰시오.

⇒해답 ① 도급인과 수급인을 구성원으로 하는 안전 및 보건에 관한 협의체의 구성 및 운영
　　② 작업장 순회점검
　　③ 관계수급인이 근로자에게 하는 안전보건교육을 위한 장소 및 자료의 제공 등 지원
　　④ 관계수급인이 근로자에게 하는 안전보건교육의 실시 확인

건설안전기사(2012년 4월 22일)

01.
산업안전표지 중에서 금지표지의 종류 4가지를 쓰시오.

해답 출입금지, 보행금지, 사용금지, 화기금지

02.
근로자 500명, 하루평균작업시간 8시간, 연간근무일수 280일, 재해건수 6건, 휴업일수 103일 때 종합재해지수를 구하시오.

해답 도수율$=\dfrac{\text{재해발생건수}}{\text{연근로시간수}}\times1,000,000=\dfrac{6}{500\times8\times280}\times1,000,000=5.36$

강도율$=\dfrac{\text{근로손실일수}}{\text{연근로시간수}}\times1,000=\dfrac{103\times\dfrac{280}{365}}{500\times8\times280}\times1,000=0.07$

종합재해지수(FSI) $=\sqrt{\text{도수율}(F.R)\times\text{강도율}(S.R)}=\sqrt{5.36\times0.07}=0.61$

03.
터널 굴착 공사 시 터널 내 공기의 오염원인 4가지를 쓰시오.

해답 ① 분진 ② 가스 ③ 소음 ④ 진동 ⑤ 지하수

04.
지게차를 이용한 작업 시 작업시작 전 점검사항 3가지를 쓰시오.

해답 ① 제동장치 및 조종장치 기능의 이상 유무
② 하역장치 및 유압장치 기능의 이상 유무
③ 바퀴의 이상 유무
④ 전조등·후미등·방향지시기 및 경보장치 기능의 이상 유무

05.
달비계 작업 시 최대하중을 정함에 있어 다음 보기의 안전계수를 쓰시오.

(1) 달기 와이어로프 및 달기 강선의 안전계수 : (①) 이상
(2) 달기 체인 및 달기 혹의 안전계수 : (②) 이상
(3) 달기 강대와 달비계의 하부 및 상부지점의 안전계수 : 강재의 경우 (③) 이상, 목재의 경우 (④) 이상

➡해답 ① 10   ② 5   ③ 2.5   ④ 5

06.
명예산업안전감독관의 위촉가능한 대상자 3가지를 쓰시오.

➡해답 1. 산업안전보건위원회 또는 노사협의체 설치 대상 사업의 근로자 중에서 근로자대표가 사업주의 의견을 들어 추천하는 사람
2. 「노동조합 및 노동관계조정법」 제10조에 따른 연합단체인 노동조합 또는 그 지역 대표기구에 소속된 임직원 중에서 해당 연합단체인 노동조합 또는 그 지역대표기구가 추천하는 사람
3. 전국 규모의 사업주단체 또는 그 산하조직에 소속된 임직원 중에서 해당 단체 또는 그 산하조직이 추천하는 사람
4. 산업재해 예방 관련 업무를 하는 단체 또는 그 산하조직에 소속된 임직원 중에서 해당 단체 또는 그 산하조직이 추천하는 사람

07.
작업발판 및 통로의 끝이나 개구부 주변에서 작업 시 추락방지조치 3가지를 쓰시오.

➡해답 ① 안전난간 설치
② 울타리 설치
③ 추락방호망의 설치
④ 근로자에게 안전대를 착용하도록 함

08.
터널 건설작업 중 낙반 등에 의하여 근로자에게 위험을 미칠 우려가 있을 때 조치할 수 있는 사항을 3가지 쓰시오.

➡해답 ① 터널지보공 설치
② 록볼트 설치
③ 부석의 제거
④ 방호망 설치

09.
다음 보기를 보고 건설업 산업안전보건관리비를 계산하시오.

- 건축공사
- 노무비 40억 원(직접노무비 30억 원, 간접노무비 10억 원)
- 재료비 40억 원
- 기계경비 10억 원

해답 안전관리비 대상액이 70억 원으로 50억 원 이상이므로 계산식은 다음과 같다.
안전관리비 산출＝대상액(재료비+직접노무비)×1.97%＝(40억+30억)×0.0197＝137,900,000원

10.
사업장에서 실시하는 안전보건교육의 종류와 시간을 쓰시오.

교육과정	교육대상		교육시간
가. 정기교육	1) 사무직 종사 근로자		매반기 6시간 이상
	2) 그 밖의 근로자	가) 판매 업무에 직접 종사하는 근로자	매반기 6시간 이상
		나) 판매업무에 직접 종사하는 근로자 외의 근로자	매반기 12시간 이상
나. 채용 시 교육	1) 일용근로자 및 근로계약기간이 1주일 이하인 기간제 근로자		(②)
	2) 근로계약기간이 1주일 초과 1개월 이하인 기간제 근로자		4시간 이상
	3) 그 밖의 근로자		(③)
다. 작업내용 변경 시 교육	1) 일용근로자 및 근로계약기간이 1주일 이하인 기간제 근로자		(④)
	2) 그 밖의 근로자		2시간 이상

해답 ① 매반기 6시간 이상　② 1시간 이상　③ 8시간 이상　④ 1시간 이상

11.
건설공사에 사용되는 양중기의 종류 4가지를 쓰시오.

해답 ① 크레인(호이스트(hoist)를 포함)
② 이동식 크레인
③ 리프트(이삿짐 운반용 리프트의 경우에는 적재하중이 0.1톤 이상인 것으로 한정)
④ 곤돌라
⑤ 승강기

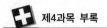

12.
해체공법 중 절단톱 등 절단기 사용 시 준수사항 4가지를 쓰시오.

해답 ① 절단기에 사용되는 전기 및 급·배수설비를 수시로 점검
② 회전톱날에는 날접촉방지 커버를 부착
③ 회전톱날의 조임상태는 안전한지 작업전에 점검
④ 절단 중 회전톱날을 냉각시키는 냉각수는 충분한지 점검

13.
다음은 가설통로에 대한 설치 기준이다. ( ) 안을 채우시오.

(가) 경사는 일반적으로 (①)도 이하로 하고, 경사가 (②)도를 초과할 때는 미끄러지지 않는 구조로 한다.
(나) 수직갱에 가설된 통로의 길이가 15m 이상인 때에는 (③)m 이내마다 계단참을 설치하고, 건설공사에 사용하는 높이 8m 이상인 비계다리에는 (④)m 이내마다 계단참을 설치한다.

해답 ① 30   ② 15   ③ 10   ④ 7

14.
안전보건진단을 받아 안전보건개선계획 제출을 명할 수 있는 사업장 2가지를 쓰시오.

해답 ① 산업재해율이 같은 업종 평균 산업재해율의 2배 이상인 사업장
② 사업주가 필요한 안전조치 또는 보건조치를 이행하지 아니하여 중대재해가 발생한 사업장
③ 직업성 질병자가 연간 2명 이상(상시근로자 1천 명 이상 사업장의 경우 3명 이상) 발생한 사업장
④ 그 밖에 작업환경 불량, 화재·폭발 또는 누출 사고 등으로 사업장 주변까지 피해가 확산된 사업장으로서 고용노동부령으로 정하는 사업장

건설안전기사(2012년 7월 8일)

01.
다음의 4가지 보기 지문 중 틀린 내용 2가지를 고르시오.

(1) 안전보건개선계획의 수립·시행명령을 받은 사업주는 고용노동부장관이 정하는 바에 따라 안전보건개선계획서를 작성하여 그 명령을 받은 날부터 90일 이내에 관할 지방고용노동관서의 장에게 제출하여야 한다.
(2) 산업재해가 발생한 때에 사업주가 기록 보존하여야 하는 사항에는 재해 재발방지 계획도 포함된다.
(3) 산업재해의 발생에 관한 보고를 최근 2년 이내 2회 이상 하지 않은 사업장
(4) 연면적 5천제곱미터 이상의 냉동·냉장창고시설의 설비공사 및 단열공사는 유해위험방지계획서 제출 대상공사이다.

해답 (1), (3)

(1) 안전보건개선계획의 수립·시행명령을 받은 사업주는 고용노동부장관이 정하는 바에 따라 안전보건개선계획서를 작성하여 그 명령을 받은 날부터 60일 이내에 관할 지방고용노동관서의 장에게 제출하여야 한다.

(3) 산업재해의 발생에 관한 보고를 최근 3년 이내 2회 이상 하지 않은 사업장

O2.
타워크레인을 자립고 이상의 높이로 설치할 때 벽체에 지지하는 작업 시 준수사항을 3가지 쓰시오.

해답 ① 서면심사에 관한 서류 또는 제조사의 설치작업설명서 등에 따라 설치할 것

② 서면심사 서류 등이 없거나 명확하지 아니한 경우에는 「국가기술자격법」에 따른 건축구조·건설기계·기계안전·건설안전기술사 또는 건설안전분야 산업안전지도사의 확인을 받아 설치하거나 기종별·모델별 공인된 표준방법으로 설치할 것

③ 콘크리트구조물에 고정시키는 경우에는 매립이나 관통 또는 이와 동등 이상의 방법으로 충분히 지지되도록 할 것

④ 건축 중인 시설물에 지지하는 경우에는 그 시설물의 구조적 안정성에 영향이 없도록 할 것

O3.
근로자 수 400명, 1일 8시간 300일 근무, 과거빈도율 120, 현재빈도율 100일 때 Safe T. Score를 계산하시오.

해답 (1) 계산

$$\text{Safe T. Score} = \frac{\text{빈도율(현재)} - \text{빈도율(과거)}}{\sqrt{\dfrac{\text{빈도율(과거)}}{\text{총 근로시간수}} \times 1,000,000}}$$

$$= \frac{100 - 120}{\sqrt{\dfrac{120}{400 \times 2,400} \times 1,000,000}} = -1.788$$

(2) 평가 : -1.788이므로 과거보다 심각한 차이가 없다.

① +2.00 이상인 경우 : 과거보다 심각하게 나쁘다.

② +2~-2인 경우 : 심각한 차이가 없다.

③ -2 이하 : 과거보다 좋다.

O4.
지게차 작업시작 전 점검사항 4가지를 쓰시오.

해답 ① 제동장치 및 조종장치 기능의 이상 유무

② 하역장치 및 유압장치 기능의 이상 유무

③ 바퀴의 이상 유무

④ 전조등·후미등·방향지시기 및 경보장치 기능의 이상 유무

05.
건설업 산업안전보건관리비에서 본사 사용비는 계상된 안전관리비의 몇 %를 초과할 수 없는가?

해답 5%

06.
채석작업을 하는 경우 근로자 위험을 방지하기 위하여 작업계획서를 작성하고 그 계획에 따라 작업을 하여야 하는데 이때, 작업계획서에 포함하는 사항을 3가지 쓰시오.

해답 ① 노천굴착과 갱내굴착의 구별 및 채석방법
② 굴착면의 높이와 기울기
③ 굴착면 소단의 위치와 넓이
④ 갱내에서의 낙반 및 붕괴방지 방법
⑤ 발파방법
⑥ 암석의 분할방법
⑦ 암석의 가공장소
⑧ 사용하는 굴착기계·분할기계·적재기계 또는 운반기계의 종류 및 성능
⑨ 토석 또는 암석의 적재 및 운반방법과 운반경로
⑩ 표토 또는 용수의 처리방법

07.
산업안전보건법상 다음 각 사업에 대한 안전관리자의 최소 인원수를 쓰시오.

① 상시 근로자 500인의 운수업
② 상시 근로자 1,000인 건설업
③ 공사금액 1,500억 원의 건설업

해답 ① 1명   ② 3명   ③ 3명

08.
안전보건 직무교육대상 4가지를 쓰시오.

해답 ① 안전보건관리책임자
② 안전관리자, 안전관리전문기관의 종사자
③ 보건관리자, 보건관리전문기관의 종사자
④ 건설재해 예방전문지도기관의 종사자
⑤ 석면조사기관의 종사자
⑥ 안전보건관리담당자
⑦ 안전검사기관, 자율안전검사기관의 종사자

09.
녹십자 표시를 그리고 설명하시오.

해답 동그라미 가운데 십자가(+)를 그려 넣고 바탕은 흰색, 기본모형 및 관련 부호는 녹색

10.
공사용 가설도로 설치 시 준수사항 4가지를 쓰시오.

해답 ① 도로는 장비와 차량이 안전하게 운행할 수 있도록 견고하게 설치할 것
② 도로와 작업장이 접하여 있을 경우에는 울타리 등을 설치할 것
③ 도로는 배수를 위하여 경사지게 설치하거나 배수시설을 설치할 것
④ 차량의 속도제한 표지를 부착할 것

11.
작업공정관리 중 네트워크 기법의 종류 2가지를 쓰시오.

해답 PERT(Program Evaluation and Review Technique), CPM(Critical Path Method)

12.
NATM 공법의 터널공사에서 지질 및 지층에 관한 조사를 통해 확인할 사항 3가지를 쓰시오.

해답 ① 시추(보링)위치
② 토층 분포상태
③ 투수계수
④ 지하수위
⑤ 지반의 지지력

13.
양중기의 와이어로프 안전계수를 (   )에 넣으시오.

(1) 근로자가 탑승하는 운반구를 지지하는 경우 : (①) 이상
(2) 화물의 하중을 직접 지지하는 경우 : (②) 이상
(3) 위 사항 이외의 경우 : (③) 이상

해답 ① 10　② 5　③ 4

14.
갱폼의 조립·해체 및 이동작업 시 준수사항을 4가지 쓰시오.

➡해답 ① 조립등의 범위 및 작업절차를 미리 그 작업에 종사하는 근로자에게 주지시킬 것
② 근로자가 안전하게 구조물 내부에서 갱 폼의 작업발판으로 출입할 수 있는 이동통로를 설치할 것
③ 갱 폼의 지지 또는 고정철물의 이상 유무를 수시점검하고 이상이 발견된 경우에는 교체하도록 할 것
④ 갱 폼을 조립하거나 해체하는 경우에는 갱폼을 인양장비에 매단 후에 작업을 실시하도록 하고, 인양장비에 매달기 전에 지지 또는 고정철물을 미리 해체하지 않도록 할 것
⑤ 갱 폼 인양 시 작업발판용 케이지에 근로자가 탑승한 상태에서 갱폼의 인양작업을 하지 아니할 것

건설안전기사(2012년 11월 3일)

01.
무재해 1배수 목표시간 산정절차를 쓰고 무재해시간 산정시 실 근로시간의 산정이 곤란한 경우 건설현장 근로자 시간인정기준을 쓰시오.

➡해답 ① 무재해 1배수 목표시간 산정절차

② 건설 근로자 1일 근무시간 : 10시간

02.
위생시설의 종류를 쓰시오.

➡해답 세면시설, 목욕시설, 세탁시설, 탈의시설

03.
명예산업안전감독관의 해촉 요건을 쓰시오.

➡해답 ① 근로자대표가 사업주의 의견을 들어 위촉된 명예감독관의 해촉을 요청한 경우
② 위촉된 명예감독관이 해당 단체 또는 그 산하조직으로부터 퇴직하거나 해임된 경우
③ 명예감독관의 업무와 관련하여 부정한 행위를 한 경우
④ 질병이나 부상 등의 사유로 명예감독관의 업무 수행이 곤란하게 된 경우

04.

구조안전의 위험이 큰 철골구조물과 같이 건립 중 강풍에 의한 풍압 등 외압에 대한 내력이 설계에 고려되어 있는지 확인하여야 하는 대상 5가지를 쓰시오.

해답 ① 높이 20m 이상의 구조물
② 구조물의 폭과 높이의 비가 1 : 4 이상인 구조물
③ 단면구조에 현저한 차이가 있는 구조물
④ 연면적당 철골량이 50kg/m² 이하인 구조물
⑤ 기둥이 타이플레이트(Tie Plate) 형인 구조물
⑥ 이음부가 현장용접인 구조물

05.

계단 및 계단참의 설치기준이다. 빈칸을 채우시오.

(1) 계단 및 계단참을 설치하는 때에는 (①) 이상의 하중에 견딜 수 있는 강도를 가진 구조
(2) 높이가 3m를 초과하는 계단에는 높이 (②) 이내마다 너비 (③) 이상의 계단참을 설치
(3) 바닥 면으로부터 높이 (④) 이내의 공간에 장애물이 없도록 할 것

해답 ① 500kg/m² ② 3m ③ 1.2m ④ 2m

06.

시멘트 및 비산재 등 분진 발생 공간에서 근로자에게 알려야 하는 사항을 쓰시오.

해답 ① 분진의 유해성과 노출경로
② 분진의 발산 방지와 작업장의 환기 방법
③ 작업장 및 개인위생 관리
④ 호흡용 보호구의 사용 방법
⑤ 분진에 관련된 질병 예방 방법

07.

구축물 또는 이와 유사한 시설물이 근로자에게 미칠 위험성을 미리 제거하기 위하여 안전진단 등의 안전성 평가를 실시하여야 하는 경우를 쓰시오.

해답 ① 구축물 또는 이와 유사한 시설물의 인근에서 굴착·항타작업 등으로 침하·균열 등이 발생하여 붕괴의 위험이 예상될 경우
② 구축물 또는 이와 유사한 시설물에 지진, 동해(凍害), 부동침하(不同沈下) 등으로 균열·비틀림 등이 발생하였을 경우
③ 구조물, 건축물, 그 밖의 시설물이 그 자체의 무게·적설·풍압 또는 그 밖에 부가되는 하중 등으로 붕괴 등의 위험이 있을 경우

④ 화재 등으로 구축물 또는 이와 유사한 시설물의 내력(耐力)이 심하게 저하되었을 경우
⑤ 오랜 기간 사용하지 아니하던 구축물 또는 이와 유사한 시설물을 재사용하게 되어 안전성을 검토하여야 하는 경우
⑥ 그 밖의 잠재위험이 예상될 경우

08.
공사용 가설도로 설치 시 준수사항 4가지를 쓰시오.

해답 ① 도로는 장비와 차량이 안전하게 운행할 수 있도록 견고하게 설치할 것
② 도로와 작업장이 접하여 있을 경우에는 울타리 등을 설치할 것
③ 도로는 배수를 위하여 경사지게 설치하거나 배수시설을 설치할 것
④ 차량의 속도제한 표지를 부착할 것

09.
적응기제 중 방어기제 및 도피기제에 대하여 설명하시오.

해답 ① 방어기제 : 보상, 합리화, 투사, 승화, 치환, 동일시, 부정 등등
② 도피기제 : 백일몽, 억압, 퇴행, 고립, 고착, 거부 등등

10.
터널공사(NATM 공법) 중 안전성 확보를 위한 계측 항목을 4가지 쓰시오.

해답 ① 터널내 육안조사
② 내공변위 측정
③ 천단침하 측정
④ 숏크리트 응력측정
⑤ 록 볼트 축력측정
⑥ 지중변위 측정
⑦ 지중침하 측정
⑧ 지중수평변위 측정
⑨ 지하수위 측정
⑩ 지표면 침하측정

11.
1톤 이상의 크레인을 사용하는 작업 시의 특별교육 항목을 쓰시오.

해답 ① 방호장치의 종류, 기능 및 취급에 관한 사항
② 걸고리·와이어로프 및 비상정지장치 등의 기계·기구 점검에 관한 사항

③ 화물의 취급 및 작업방법에 관한 사항

④ 신호방법 및 공동작업에 관한 사항

⑤ 그 밖에 안전·보건관리에 필요한 사항

12.

수급인인 사업주는 도급인인 사업주가 어떤 요건을 갖춘 경우에 안전관리자를 선임하지 아니할 수 있는지 쓰시오.

해답 ① 도급인인 사업주 자신이 선임하여야 할 안전관리자를 둔 경우

② 안전관리자를 두어야 할 수급인인 사업주의 업종별로 상시 근로자 수(건설업의 경우 상시 근로자 수 또는 공사금액)를 합계하여 그 근로자 수 또는 공사금액에 해당하는 안전관리자를 추가로 선임한 경우

13.

댐(수자원) 건설공사 시 산업안전보건관리비를 계상하시오.

[보기]	
① 댐 건설공사(중건설공사)	② 재료비 + 직접노무비 : 45억 원

해답 안전관리비 대상액 = 재료비 + 직접노무비 = 45억 원

중건설공사이며 대상액이 50억 원 미만이므로 요율(2.35%) + 5,400,000원

따라서, 안전관리비 = 45억 × 0.0235 + 5,400,000 = 111,150,000원

14.

자율검사프로그램의 인정취소 사유에 해당되는 내용을 쓰시오.

해답 거짓이나 그 밖의 부정한 방법으로 자율검사프로그램을 인정받은 경우

건설안전기사(2013년 4월 21일)

O1.
안전보건교육에 있어 건설업 기초안전 보건교육에 대한 각 물음을 답하시오.

(1) 교육대상의 교육시간을 쓰시오.
(2) 교육내용을 2가지 쓰시오.
(3) 교육대상별 교육시간 중 시청각 또는 체험, 가상실습을 포함하여야 하는 시간을 쓰시오.

➡해답 (1) 4시간
　　(2) ① 건설공사의 종류(건축·토목 등) 및 시공 절차
　　　　② 산업재해 유형별 위험요인 및 안전보건조치
　　　　③ 안전보건관리체제 현황 및 산업안전보건 관련 근로자 권리·의무
　　(3) 1시간 이상

O2.
안전보건표지의 종류에 대한 색체기준을 [표]의 (　)안에 써 넣으시오.

내용	바탕색	기본모형
금연	흰색	(①)
폭발물성 물질 경고	무색	(②)
안전복 착용	(③)	–
비상용 기구	(④)	녹색

➡해답 ① 빨간색　② 빨간색　③ 파란색　④ 흰색

금연　　　폭발성 물질경고　　안전복 착용　　405 비상용기구

03.
도급사업의 합동 안전·보건점검을 할 때 점검반으로 구성하여야 하는 사람을 3가지 쓰시오.

→해답 ① 도급인
② 관계 수급인
③ 도급인 및 관계 수급인의 근로자 각 1명

04.
다음이 설명에 해당하는 하중을 쓰시오.

① 크레인, 이동식 크레인 또는 데릭의 재료에 따라 부하 시킬 수 있는 최대하중
② 지브 혹은 붐의 경사각 및 길이 또는 지브의 위에 놓이는 도르래의 위치에 따라 부하시킬 수 있는 최대하중
으로부터 각각 혹, 버킷 등 달아올리기 기구의 중량에 상당하는 하중을 공제한 하중

→해답 ① 달아올리기 하중
② 정격하중

05.
비, 눈 그 밖의 기상상태 불안정으로 날씨가 몹시 나빠서 작업중지 후 비계의 재작업 시작 전 점검해야
할 사항을 3가지 쓰시오.

→해답 ① 발판재료의 손상 여부 및 부착 또는 걸림상태
② 해당 비계의 연결부 또는 접속부의 풀림상태
③ 연결재료 및 연결철물의 손상 또는 부식상태
④ 손잡이의 탈락 여부
⑤ 기둥의 침하·변형·변위 또는 흔들림 상태
⑥ 로프의 부착상태 및 매단 장치의 흔들림 상태

06.
터널굴착 작업에 있어 근로자 위험방지를 위한 사전조사 내용과 작업계획서에 포함되어야 하는 사항
을 2가지 쓰시오.

→해답 (1) 사전조사 내용
보링 등 적절한 방법으로 낙반·출수 및 가스폭발 등으로 인한 근로자의 위험을 방지하기 위하여 미리 지
형·지질 및 지층상태를 조사
(2) 작업계획서 포함사항
① 굴착의 방법
② 터널지보공 및 복공의 시공방법과 용수의 처리방법
③ 환기 또는 조명시설을 하는 때에는 그 방법

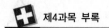

07.
교량건설 공법 중 PGM과 PSM의 차이점을 쓰시오.

●해답 ① PGM(Precast Girder Method) : 교량 거더(Girder)를 한 경간 길이로 제작장에서 제작한 후 현장으로 운반하여 현장조립
② PSM(Precast Segment Method) : 교량 상부구조물을 세그먼트(Segment) 단위로 현장에서 제작하여 현장조립

08.
흙막이 공법의 종류를 다음과 같이 구분하여 각각 3가지씩 쓰시오.

(1) 지지 방식에 의한 분류	(2) 구조 방식에 의한 분류

●해답 (1) 자립식, 버팀대식, 어스앵커식
(2) H-Pile 공법, 강관널말뚝 공법, 슬러리 월(Slurry Wall) 공법

09.
달비계 또는 높이 5m 이상의 비계를 조립·해체 하거나 변경하는 작업에 있어 관리감독자의 직무수행 내용을 4가지 쓰시오.

●해답 ① 재료의 결함 유무를 점검하고 불량품을 제거하는 일
② 기구·공구·안전대 및 안전모 등의 기능을 점검하고 불량품을 제거하는 일
③ 작업방법 및 근로자 배치를 결정하고 작업 진행 상태를 감시하는 일
④ 안전대와 안전모 등의 착용 상황을 감시하는 일

10.
철골구조의 외압에 의한 내력검토사항을 쓰시오.

●해답 ① 높이 20m 이상의 구조물
② 구조물의 폭과 높이의 비가 1 : 4 이상인 구조물
③ 단면구조에 현저한 차이가 있는 구조물
④ 연면적당 철골량이 50kg/m² 이하인 구조물
⑤ 기둥이 타이플레이트(Tie Plate) 형인 구조물
⑥ 이음부가 현장용접인 구조물

11.
건설현장에서 사용하는 지게차를 이용한 작업 시 작업시작 전 점검사항 3가지를 쓰시오

●해답 ① 제동장치 및 조종장치 기능의 이상 유무
② 하역장치 및 유압장치 기능의 이상 유무
③ 바퀴의 이상 유무
④ 전조등·후미등·방향지시기 및 경보장치 기능의 이상 유무

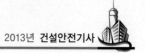
12.
다음을 참고하여 종합재해지수(FSI)를 구하시오.

- 근로자수 : 500
- 연간재해발생건수 : 10건
- 연간 8시간씩 280일 근무
- 휴업일수 : 159일

해답 도수율 $= \dfrac{재해건수}{연근로시간수} \times 1,000,000 = \dfrac{10}{500 \times 8 \times 280} \times 1,000,000 = 8.928 = 8.93$

강도율 $= \dfrac{근로손실일수}{연근로시간수} \times 1,000 = \dfrac{159 \times \dfrac{280}{365}}{500 \times 8 \times 280} \times 1,000 = 0.108 = 0.11$

종합재해지수 $= \sqrt{도수율 \times 강도율} = \sqrt{8.93 \times 0.11} = 0.991 = 0.99$

13.
통나무 비계를 조립하는 경우 준수사항이다. 다음 빈칸을 채우시오.

(1) 비계기둥의 간격은(①)m 이하로 하고 지상으로부터 첫 번째 띠장은 (②)m 이하의 위치에 설치
(2) 비계기둥의 이음이 겹침 이음인 경우에는 이음 부분에서 (③)m 이상을 서로 겹쳐서 두 군데 이상을 묶는다.
(3) 통나무 비계는 지상높이 4층 이하 또는 (④)m 이하인 건축물·공작물 등의 건조·해체 및 조립 등의 작업에만 사용할 수 있다.

해답 ① 2.5   ② 3   ③ 1   ④ 12

14.
노사협의체 설치, 구성 및 운영에 관한 내용이다. 다음 물음에 답하시오.

(1) 노사협의체 설치대상으로서 건설업의 경우 공사금액에 얼마인지 쓰시오.
(2) 근로자위원, 사용자위원은 합의를 통해 노사협의체에 공사금액이 얼마미만인 도급, 하도급 사업의 사업주, 근로자대표를 위원으로 위촉할 수 있는지 쓰시오.
(3) 노사협의체 정기회의 개최주기를 쓰시오.

해답 (1) 120억 원 이상
(2) 20억 원 미만
(3) 2개월 마다

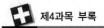

건설안전기사(2013년 7월 13일)

01.
동결된 지반이 녹으면서 발생하는 지반 연화현상(Frost Boil)의 방지대책을 2가지 쓰시오.

➡해답 ① 배수구 설치로 지하수 처리
② 배수층을 동결깊이 하부에 설치
③ 지반개량공법 적용

02.
강 말뚝의 부식방지를 위한 대책을 3가지 쓰시오.

➡해답 ① 콘크리트 피복에 의한 방법
② 도장에 의한 방법
③ 말뚝 두께를 증가하는 방법
④ 전기방식 방법

03.
구축물 또는 이와 유사한 시설물이 근로자에게 미칠 위험성을 미리 제거하기 위하여 안전진단 등의 안전성 평가를 실시하여야 하는 경우를 쓰시오.(단, 그 밖의 잠재위험이 예상될 경우 제외)

➡해답 ① 구축물 또는 이와 유사한 시설물의 인근에서 굴착·항타작업 등으로 침하·균열 등이 발생하여 붕괴의 위험이 예상될 경우
② 구축물 또는 이와 유사한 시설물에 지진, 동해(凍害), 부동침하(不同沈下) 등으로 균열·비틀림 등이 발생하였을 경우
③ 구조물, 건축물, 그 밖의 시설물이 그 자체의 무게·적설·풍압 또는 그 밖에 부가되는 하중 등으로 붕괴 등의 위험이 있을 경우
④ 화재 등으로 구축물 또는 이와 유사한 시설물의 내력(耐力)이 심하게 저하되었을 경우
⑤ 오랜 기간 사용하지 아니하던 구축물 또는 이와 유사한 시설물을 재사용하게 되어 안전성을 검토하여야 하는 경우

04.
철골공사 시 작업을 중지해야 하는 가상조건을 쓰시오.(단, 단위를 명확히 쓰시오)

➡해답

구분	내용
강풍	풍속 10m/sec 이상
강우	1시간당 강우량이 1mm 이상
강설	1시간당 강설량이 1cm 이상

05.

거푸집 동바리의 고정·조립 또는 해체 작업이나 지반의 굴착작업시 관리감독자의 유해·위험방지 업무 2가지를 쓰시오.

해답 ① 안전한 작업방법을 결정하고 해당 작업을 지휘하는 일
② 재료·기구의 결함 유무를 점검하고 불량품을 제거하는 일
③ 작업 중 안전대 및 안전모 등 보호구 착용상황을 감시하는 일

06.

무재해 1배수 목표시간 계산식을 2가지 쓰시오.(단, 재해율 기준)

해답 무재해 목표시간 $= \dfrac{\text{연간 총 근로시간}}{\text{연간 총 재해자수}} = \dfrac{\text{연평균 근로자수} \times 1\text{인당 연평균 근로시간}}{\text{연간 총 재해자수}} = \dfrac{1\text{인당 연평균 근로시간} \times 100}{\text{재해율}}$

07.

하역작업을 할 때 화물운반용 또는 고정용으로 사용할 수 없는 섬유로프의 사용제한 조건을 2가지 쓰시오.

해답 ① 꼬임이 끊어진 것
② 심하게 손상 또는 부식된 것

08.

위험조정기술 4가지를 쓰시오.

해답 ① 회피　② 감소 및 제거　③ 분담　④ 보유　⑤ 통제

09.

인간오류 분류 중 원인에 의한 분류 3가지 쓰시오.

해답 ① 실수(Slip)　　② 착오(Mistake)
③ 위반(Violation)　④ 건망증(Lapse)

10.

다음에 질문에 해당하는 답을 쓰시오.

① 총공사금액 1,000억 원 이상인 건설업에서의 안전관리자 수
② 상시근로자 700명인 건설업에서의 안전관리자 수
③ 유해·위험방지계획서 제출대상으로서 선임하여야 할 안전관리자의 수가 3명 이상인 사업장의 경우에는 3명 중에 1명은 필수로 선임하여야 하는 자격

➡해답 ① 2명   ② 2명   ③ 건설안전기술사

11.

다음 보기의 건설업 산업안전보건관리비를 계산하시오.

[보기]
① 토목공사
② 예정가격 내역서상의 재료비 : 180억 원(사업주의 재료비 제외한 금액)
③ 예정가격 내역서상의 직접노무비 : 80억 원
④ 사업주가 제공한 재료비 : 45억 원
⑤ 요율 : 2.1%

➡해답 산업안전보건관리비 = {대상액(재료비 + 직접노무비)}×요율[%]
    ① (180억 원+80억 원+45억 원)×0.021=640,500,000원
    ② (180억 원+80억 원)×0.021×1.2=655,200,000원
    위의 둘 중 작은 값이므로 안전관리비로 계상해야 할 금액은 640,500,000원이다.

12.

추락방호망의 설치기준이다. 다음의 빈칸을 채우시오.

① 추락방호망의 설치위치는 가능하면 작업면으로부터 가까운 지점에 설치하여야 하며, 작업면으로부터 망의 설치지점까지의 수직거리는 (   )m를 초과하지 아니할 것
② 추락방호망은 수평으로 설치하고, 망의 처짐은 짧은 변 길이의 (   )% 이상이 되도록 할 것
③ 건축물 등의 바깥쪽으로 설치하는 경우 망의 내민 길이는 벽면으로부터 (   )m 이상 되도록 할 것. 다만, 망의 그물간격이 20mm 이하의 것을 사용한 경우에는 안전보건규칙 제14조제3항에 따른 낙하물방지망을 설치한 것으로 본다.

➡해답 ① 10   ② 12   ③ 3

13.

다음은 강관비계에 관한 내용이다. 다음의 빈칸을 채우시오.

① 띠장간격은 (   )m 이하로 설치할 것
② 비계기둥의 간격은 띠장 방향에서는 1.85m 이하, 장선 방향에서는 (   )m 이하로 할 것
③ 비계기둥의 제일 윗부분으로부터 31m 되는 지점 밑부분의 비계기둥은 (   )개의 강관으로 묶어 세울 것
④ 비계기둥 간의 적재하중은 (   )kg을 초과하지 않도록 할 것

➡해답 ① 2   ② 1.5   ③ 2   ④ 400

14.

산업안전 보건법상 안전보건 표지 중 "위험장소 표지"를 그리시오.(단, 색상표시는 글자로 나타내도록 하고, 크기에 대한 기준은 표시하지 않아도 된다.)

해답 바탕색 : 노란색, 기본모형 및 관련부호 : 검정색

건설안전기사(2013년 11월 9일)

01.

잠함 등의 내부에서 굴착작업을 금지해야 하는 경우를 2가지 쓰시오.

해답 ① 승강설비, 통신설비, 송기설비에 고장이 있는 경우
② 잠함 등의 내부에 다량의 물 등이 침투할 우려가 있는 경우

02.

명예감독관의 업무를 4가지 쓰시오.(단, 그 밖에 산업재해 예방에 대한 홍보·계몽 등 산업재해 예방 업무와 관련하여 고용노동부장관이 정하는 업무는 제외)

해답 1. 사업장에서 하는 자체점검 참여 및 근로감독관이 하는 사업장 감독 참여
2. 사업장 산업재해 예방계획 수립 참여 및 사업장에서 하는 기계·기구 자체검사 입회
3. 법령을 위반한 사실이 있는 경우 사업주에 대한 개선 요청 및 감독기관에의 신고
4. 산업재해 발생의 급박한 위험이 있는 경우 사업주에 대한 작업중지 요청
5. 작업환경측정, 근로자 건강진단 시의 입회 및 그 결과에 대한 설명회 참여
6. 직업성 질환의 증상이 있거나 질병에 걸린 근로자가 여럿 발생한 경우 사업주에 대한 임시건강진단 실시 요청
7. 근로자에 대한 안전수칙 준수 지도
8. 법령 및 산업재해 예방정책 개선 건의
9. 안전·보건 의식을 북돋우기 위한 활동과 무재해운동 등에 대한 참여와 지원
10. 그 밖에 산업재해 예방에 대한 홍보·계몽 등 산업재해 예방업무와 관련하여 고용노동부장관이 정하는 업무

03.

"출입금지표지"를 그리고, 표지판의 색과 문자의 색을 쓰시오.

해답 바탕색 : 흰색, 기본모형 : 빨간색, 관련부호 및 그림 : 검정색

04.
시트파일 흙막이 공사의 재해예방을 위한 유의사항을 3가지 쓰시오.

해답 ① 지하수위의 변화를 수시로 측정하여 지하수위의 변동에 대처
② 히빙 및 보일링 현상에 대처
③ 흙막이 배면에 유입수 침투 방지
④ 시트파일 지보공의 이상 여부 점검 및 보수

05.
흙의 동상 방지대책을 4가지 쓰시오.

해답 ① 동결심도 아래에 배수층 설치
② 배수구 등을 설치하여 지하수위 저하
③ 동결깊이 상부의 흙을 동결이 잘 되지 않는 재료로 치환
④ 모관수 상승을 차단하는 층을 두어 동상방지

06.
갱폼의 조립·이동·양중·해체 작업을 하는 경우 준수사항 4가지를 쓰시오.

해답 ① 조립 등의 범위 및 작업절차를 미리 그 작업에 종사하는 근로자에게 주지시킬 것
② 근로자가 안전하게 구조물 내부에서 갱 폼의 작업발판으로 출입할 수 있는 이동통로를 설치할 것
③ 갱 폼의 지지 또는 고정철물의 이상 유무를 수시점검하고 이상이 발견된 경우에는 교체하도록 할 것
④ 갱 폼을 조립하거나 해체하는 경우에는 갱폼을 인양장비에 매단 후에 작업을 실시하도록 하고, 인양장비에 매달기 전에 지지 또는 고정철물을 미리 해체하지 않도록 할 것
⑤ 갱 폼 인양 시 작업발판용 케이지에 근로자가 탑승한 상태에서 갱폼의 인양작업을 하지 아니할 것

07.
근로자 500명이 근무하는 사업장에서 12건의 산업재해가 발생하였고, 15명의 재해자가 발생하여 600일의 근로손실일이 발생하였다. 도수율, 강도율, 연천인율을 구하시오.(단, 근로시간은 1일 9시간 270일 근무이다)

해답 • 도수율 $=\dfrac{\text{재해건수}}{\text{연 근로시간 수}}\times10^6=\dfrac{12}{500\times9\times270}\times10^6=9.876=9.88$

• 강도율 $=\dfrac{\text{총 근로손실일수}}{\text{연 근로시간 수}}\times1,000=\dfrac{600}{500\times9\times270}\times1,000=0.493=0.49$

• 연천인율 $=\dfrac{\text{연간 재해자 수}}{\text{연평균 근로자 수}}\times1,000=\dfrac{15}{500}\times1,000=30$

08.
발파작업 시 관리감독자의 유해위험방지업무를 5가지 쓰시오.

해답 ① 점화 전에 점화작업에 종사하는 근로자 외의 자의 대피를 지시하는 일
② 점화작업에 종사하는 근로자에 대하여 대피장소 및 경로를 지시하는 일

③ 점화 전에 위험구역 내에서 근로자가 대피한 것을 확인하는 일
④ 점화순서 및 방법에 대하여 지시하는 일
⑤ 점화신호 하는 일
⑥ 점화작업에 종사하는 근로자에 대하여 대피신호를 하는 일
⑦ 발파 후 터지지 아니한 장약이나 남은 장약의 유무, 용수 유무 및 암석·토사의 낙하 유무 등을 점검하는 일
⑧ 점화하는 사람을 정하는 일
⑨ 공기압축기의 안전밸브 작동유무를 점검하는 일
⑩ 안전모 등 보호구의 착용상황을 감시하는 일

O9.
공기압축기 작업시작 전 점검사항을 3가지 쓰시오.

➡해답 ① 공기저장 압력용기의 외관 상태
② 드레인밸브(drain valve)의 조작 및 배수
③ 압력방출장치의 기능
④ 언로드밸브(unloading valve)의 기능
⑤ 윤활유의 상태
⑥ 회전부의 덮개 또는 울
⑦ 그 밖의 연결 부위의 이상 유무

1O.
공사진척에 따른 안전관리비의 사용기준에 맞게 (   )를 채우시오.

공정률	50% 이상 70% 미만	70% 이상 90% 미만	90% 이상
사용기준	(①)% 이상	(②)% 이상	(③)% 이상

➡해답 ① 50 ② 70 ③ 90

11.
꽂음접속기를 설치하거나 사용하는 경우 준수사항을 3가지 쓰시오.

➡해답 ① 서로 다른 전압의 꽂음 접속기는 서로 접속되지 아니한 구조의 것을 사용할 것
② 습윤한 장소에 사용되는 꽂음 접속기는 방수형 등 그 장소에 적합한 것을 사용할 것
③ 근로자가 해당 꽂음 접속기를 접속시킬 경우에는 땀 등으로 젖은 손으로 취급하지 않도록 할 것
④ 해당 꽂음 접속기에 잠금장치가 있는 경우에는 접속 후 잠그고 사용할 것

12.
섬유로프 등을 화물자동차의 짐걸이에 사용하는 경우에 해당 작업의 시작 전 조치사항을 3가지 쓰시오.

➡해답 ① 작업순서와 순서별 작업방법을 결정하고 작업을 직접 지휘하는 일
② 기구와 공구를 점검하고 불량품을 제거하는 일

③ 해당 작업을 하는 장소에 관계 근로자가 아닌 사람의 출입을 금지하는 일
④ 로프 풀기 작업 및 덮개 벗기기 작업을 하는 경우에는 적재함의 화물에 낙하 위험이 없음을 확인한 후에 해당 작업의 착수를 지시하는 일

13.

다음은 거푸집동바리 등을 조립하는 경우 준수 사항이다. 빈칸을 채우시오.

가) 동바리로 사용하는 강관에 대해서는 높이 (①)m 이내마다 수평연결재를 (②)개 방향으로 만들고 수평연결재의 변위를 방지할 것
나) 동바리로 사용하는 파이프 서포트에 대해서는 높이가 (③)m를 초과하는 경우에는 높이 2m 이내마다 수평연결재를 (④)개 방향으로 만들고 수평 연결재의 변위를 방지할 것
다) 동바리로 사용하는 조립강주에 대해서는 높이가 (⑤)m를 초과하는 경우에는 높이 4m 이내마다 수평연결재를 (⑥)개 방향으로 설치하고 수평연결재의 변위를 방지할 것
라) 동바리로 사용하는 목재에 대해서는 높이 (⑦)m 이내마다 수평연결재를 (⑧)개 방향으로 만들고 수평연결재의 변위를 방지할 것

➡해답 ① 2   ② 2   ③ 3.5   ④ 2   ⑤ 4   ⑥ 2   ⑦ 2   ⑧ 2

14.

근로감독관이 사업장에서 관련서류 등을 요구할 수 있는 감독의 종류 3가지를 쓰시오.

➡해답 ① 정기감독
② 수시감독
③ 특별감독

건설안전기사(2014년 4월 20일)

01.
안전표지판 명칭을 쓰시오.

①	②	③	④

➡해답 ① 사용금지 ② 인화성물질경고
③ 폭발성물질경고 ④ 낙하물경고

02.
중량물 취급 작업 시 작업계획서의 포함사항 2가지를 쓰시오.

➡해답 ① 추락위험을 예방할 수 있는 안전대책 ② 낙하위험을 예방할 수 있는 안전대책
③ 전도위험을 예방할 수 있는 안전대책 ④ 협착위험을 예방할 수 있는 안전대책
⑤ 붕괴위험을 예방할 수 있는 안전대책

03.
곤돌라 작업 시 근로자가 탑승 가능한 경우 2가지를 쓰시오.

➡해답 ① 운반구가 뒤집히거나 떨어지지 않도록 필요한 조치를 할 것
② 안전대나 구명줄을 설치하고, 안전난간을 설치할 수 있는 구조인 경우이면 안전난간을 설치할 것

04.
산업안전보건법상 특별교육 중 거푸집 동바리의 조립 또는 해체작업 대상 작업에 대한 교육내용에서 개별내용에 해당되는 사항을 3가지만 쓰시오.(단, 그 밖의 안전보건관리에 필요한 사항은 제외한다.)

해답 ① 동바리의 조립방법 및 작업절차에 관한 사항
② 조립재료의 취급방법 및 설치기준에 관한 사항
③ 조립 해체 시의 사고예방에 관한 사항
④ 보호구 착용 및 점검에 관한 사항

05.
사업주가 시스템 비계를 사용하여 비계를 구성하는 경우 준수사항 3가지를 쓰시오.

해답 ① 수직재·수평재·가새재를 견고하게 연결하는 구조가 되도록 할 것
② 수직재와 수직재의 연결철물은 이탈되지 않도록 견고한 구조로 할 것
③ 벽 연결재의 설치간격은 제조사가 정한 기준에 따라 설치할 것
④ 수평재는 수직재와 직각으로 설치하여야 하며, 체결 후 흔들림이 없도록 견고하게 설치할 것

06.
파일(Pile) 타입 시 부마찰력이 잘 생기는 지반을 보기에서 모두 골라 번호를 쓰시오.

① 지반이 압밀 진행 중인 연약 점토지반일 때
② 지표면 침하에 따른 지하수가 저하되는 지반일 때
③ 사질토가 점성토 위에 놓일 때
④ 점착력 있는 압축성 지반일 때

해답 ① ② ③

07.
기초공사에서 굴착을 하는 경우 토사를 파일기둥, 띠장, 흙막이판으로 지지하는 공법 3가지를 쓰시오.

해답 ① 어스앵커(Earth Anchor) 공법
② 레이커(Raker) 공법
③ C.I.P 공법
④ 스트러트(Strut) 공법

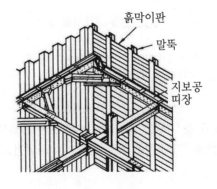

08.
지반의 동결방지대책(조치사항) 3가지를 쓰시오.

➡해답 ① 단열재료의 삽입
② 지하수위 저하
③ 모관수 상승을 방지하는 층을 두어 동상 방지

09.
공사금액 1,800억 원 건설업에서 선임해야 할 안전관리자의 인원과 사유를 쓰시오.

➡해답 ① 안전관리자의 인원 : 3명
② 선임사유 : 공사금액이 1,500억 원 이상 2,200억 원 미만일 때 안전관리자의 수 3명

10.
작업발판에 대한 다음 ( ) 안에 알맞은 수치를 쓰시오.

가) 비계의 높이가 2m 이상인 작업장소에 설치하는 작업발판의 폭은 (①)cm 이상으로 하고, 발판재료 간의 틈은 (②)cm 이하로 할 것
나) 선박 및 보트 건조작업의 경우 선박블록 또는 엔진실 등의 좁은 작업공간에 작업발판을 설치하기 위하여 필요하면 작업발판의 폭을 (③)cm 이상으로 할 수 있고, 걸침비계의 경우 강관기둥 때문에 발판재료 간의 틈을 3센티미터 이하로 유지하기 곤란하면 (④)cm 이하로 할 수 있다. 이 경우 그 틈 사이로 물체 등이 떨어질 우려가 있는 곳에는 출입금지 등의 조치를 하여야 한다.
다) 작업발판재료는 뒤집히거나 떨어지지 않도록 (⑤) 이상의 지지물에 연결하거나 고정시킬 것

➡해답 ① 40 ② 3 ③ 30 ④ 5 ⑤ 둘(2)

11.
건설현장의 지난 한 해 동안 근무상황이 다음과 같은 경우에 도수율, 강도율, 종합재해지수를 구하시오.

- 연평균근로자수 : 200명
- 연간작업일수 : 300일
- 연간재해발생건수 : 9건
- 시간외 작업시간 합계 : 20,000시간
- 1일 작업시간 : 8시간
- 출근율 : 90%
- 휴업일수 : 125일
- 지각 및 조퇴시간 합계 : 2,000시간

➡해답 ① 도수율 $= \dfrac{\text{재해건수}}{\text{연근로시간수}} \times 1,000,000 = \dfrac{9}{(200 \times 8 \times 300 \times 0.9)+(20,000-2,000)} \times 1,000,000 = 20$

② 강도율 $= \dfrac{\text{총근로손실일수}}{\text{연근로시간수}} \times 1,000 = \dfrac{125 \times \dfrac{300}{365}}{(200 \times 8 \times 300 \times 0.9)+(20,000-2,000)} \times 1,000 = 0.228 = 0.23$

③ 종합재해지수 $= \sqrt{\text{도수율} \times \text{강도율}} = \sqrt{20 \times 0.23} = 2.144 = 2.14$

12.
산업안전보건위원회 위원장 선출방법과 의결되지 아니한 사항 등의 처리방법을 쓰시오.

해답 ① 선출방법 : 산업안전보건위원회의 위원장은 위원 중에서 호선(互選)한다. 이 경우 근로자위원과 사용자위원 중 각 1명을 공동위원장으로 선출할 수 있다.
② 처리방법 : 근로자위원과 사용자위원의 합의에 따라 산업안전보건위원회에 중재기구를 두어 해결하거나 제3 자에 의한 중재를 받아야 한다.

13.
점착성이 있는 흙은 액체상태로부터 점차 함수량을 감소하면 고체상태로 된다. 이와 같이 얻어진 고체 상태와 흙을 침수시키면 다시 액체로 되지 아니하고 흙 입자 간의 결합력이 감소되어 붕괴한다. 이러 한 현상을 무엇이라 하는가?

해답 비화(沸化)작용(Slaking 현상)

14.
안전관리비로 사용할 수 없는 4가지 항목을 고르시오.

① 공사장 경계표시를 위한 가설 울타리	② 안전보조원의 인건비
③ 경사법면의 보호망	④ 개인보호구, 개인장구의 보관시설
⑤ 현장사무소의 휴게시설	⑥ 근로자에게 일률적으로 지급하는 보냉·보온장구
⑦ 안전교육장의 설치비	⑧ 작업장 방역 및 소독비, 방충비
⑨ 실내 작업장의 냉·난방 시설 설치비 및 유지비	⑩ 안전보건 정보교류를 위한 모임 사용비

해답 ① ⑤ ⑥ ⑨

15.
휴먼에러에서 독립행동에 관한 분류, 원인에 의한 분류, 정보처리과정에 의한 분류를 2가지씩 쓰시오.

해답 ① 독립행동에 관한 분류
  ㉠ 생략적 에러(Omission Error)　　㉴ 수행적 에러(Commission Error)
  ㉡ 순서적 에러(Sequential Error)　　㉣ 시간적 에러(Time Error)
  ㉢ 불필요한 에러(Extraneous Error)
② 원인에 의한 분류
  ㉠ 1차 에러
  ㉡ 2차 에러
  ㉢ 지시 에러
③ 정보처리과정에 의한 분류
  ㉠ 기능에 기초한 행동
  ㉡ 규칙에 기초한 행동
  ㉢ 지식에 기초한 행동

01.
연평균 200명이 근무하는 H사업장에서 사망재해가 1건 발생하여 1명 사망, 50일의 휴업일수가 2명 발생되고 20일의 휴업일수 1명이 발생되었다. 강도율을 구하시오.(단, 종업원의 근무는 8시간/일, 305일이다.)

해답 강도율 $= \dfrac{\text{근로손실일수}}{\text{연근로시간수}} \times 1,000 = \dfrac{7,500 + (50 \times 2 + 20) \times \dfrac{305}{365}}{200 \times 8 \times 305} \times 1,000 = 15.574 = 15.57$

02.
채석작업계획에 포함하여야 할 사항 3가지를 쓰시오.

해답 ① 노천굴착과 갱내굴착의 구별 및 채석방법
② 굴착면의 높이와 기울기
③ 굴착면 소단의 위치와 넓이
④ 갱내에서의 낙반 및 붕괴방지 방법
⑤ 발파방법
⑥ 암석의 분할방법
⑦ 암석의 가공장소
⑧ 사용하는 굴착기계·분할기계·적재기계 또는 운반기계의 종류 및 성능
⑨ 토석 또는 암석의 적재 및 운반방법과 운반경로
⑩ 표토 또는 용수의 처리방법

03.
다음 보기를 보고 거푸집의 조립순서를 순서대로 나열하시오.

[보기]			
① 보	② 기둥	③ 슬래브	④ 벽

해답 ② 기둥 → ④ 벽 → ① 보 → ③ 슬래브

04.
다음 ( ) 안에 알맞은 숫자를 넣으시오.

순간풍속이 초당 ( )미터를 초과하는 바람이 불어올 우려가 있는 경우 옥외에 설치되어 있는 주행 크레인에 대하여 이탈방지장치를 작동시키는 등 이탈방지를 위한 조치를 하여야 한다.

해답 30

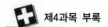

05.
흙의 동상방지대책 3가지를 기술하시오.

⟶해답 ① 동결심도 아래에 배수층 설치
② 배수구 등을 설치하여 지하수위 저하
③ 동결깊이 상부의 흙을 동결이 잘 되지 않는 재료로 치환
④ 모관수 상승을 차단하는 층을 두어 동상방지

06.
안전관리자를 정수 이상으로 하거나 교체할 수 있는 사유를 3가지 쓰시오.

⟶해답 1. 해당 사업장의 연간재해율이 같은 업종의 평균재해율의 2배 이상인 경우
2. 중대재해가 연간 3건 이상 발생한 경우
3. 관리자가 질병이나 그 밖의 사유로 3개월 이상 직무를 수행할 수 없게 된 경우

07.
산업안전보건법에 따라 시스템 비계를 사용하여 비계를 설치하는 경우 준수해야 할 사항 3가지를 쓰시오.

⟶해답 ① 수직재·수평재·가새재를 견고하게 연결하는 구조가 되도록 할 것
② 비계 밑단의 수직재와 받침철물은 밀착되도록 설치하고, 수직재와 받침철물의 연결부의 겹침길이는 받침철물 전체길이의 3분의 1 이상이 되도록 할 것
③ 수평재는 수직재와 직각으로 설치하여야 하며, 체결 후 흔들림이 없도록 견고하게 설치할 것
④ 수직재와 수직재의 연결철물은 이탈되지 않도록 견고한 구조로 할 것
⑤ 벽 연결재의 설치간격은 제조사가 정한 기준에 따라 설치할 것

08.
지게차를 이용한 작업 시 작업시작 전 점검사항 4가지를 쓰시오.

⟶해답 ① 제동장치 및 조종장치 기능의 이상 유무
② 하역장치 및 유압장치 기능의 이상 유무
③ 바퀴의 이상 유무
④ 전조등·후미등·방향지시기 및 경보장치 기능의 이상 유무

09.
안전보건 총괄책임자의 직무사항 4가지를 쓰시오.

⟶해답 ① 위험성 평가의 실시에 관한 사항
② 작업의 중지
③ 도급 시 산업재해 예방조치
④ 산업안전보건관리비의 관계수급인 간의 사용에 관한 협의·조정 및 그 집행의 감독
⑤ 안전인증대상기계 등과 자율안전확인대상기계 등의 사용 여부 확인

10.
발파작업 시 관리감독자의 유해·위험방지업무 4가지를 쓰시오.

→해답 ① 점화 전에 점화작업에 종사하는 근로자 외의 자의 대피를 지시하는 일
② 점화작업에 종사하는 근로자에 대하여 대피장소 및 경로를 지시하는 일
③ 점화 전에 위험구역 내에서 근로자가 대피한 것을 확인하는 일
④ 점화순서 및 방법에 대하여 지시하는 일
⑤ 점화신호하는 일
⑥ 점화작업에 종사하는 근로자에 대하여 대피신호를 하는 일
⑦ 발파 후 터지지 아니한 장약이나 남은 장약의 유무, 용수 유무 및 암석·토사의 낙하 유무 등을 점검하는 일
⑧ 점화하는 사람을 정하는 일
⑨ 공기압축기의 안전밸브 작동 유무를 점검하는 일
⑩ 안전모 등 보호구의 착용상황을 감시하는 일

11.
안전보건표지의 종류에 대한 색채기준을 아래 [표]의 (   ) 안에 써 넣으시오.

내용	바탕색	기본모형
금지	흰색	(①)
지시	(②)	흰색
안내	흰색	(③)
출입금지	바탕(④)	관련부호 및 그림(⑤)

→해답 ① 빨간색
② 파란색
③ 녹색
④ 흰색
⑤ 흑색

12.
비, 눈 그 밖의 기상상태 불안정으로 날씨가 몹시 나빠서 작업을 중지한 후 비계 작업을 다시 시작하려고 한다. 점검해야 할 사항을 4가지 쓰시오.

→해답 ① 발판재료의 손상 여부 및 부착 또는 걸림상태
② 해당 비계의 연결부 또는 접속부의 풀림상태
③ 연결재료 및 연결철물의 손상 또는 부식상태
④ 손잡이의 탈락 여부
⑤ 기둥의 침하·변형·변위 또는 흔들림 상태
⑥ 로프의 부착상태 및 매단 장치의 흔들림 상태

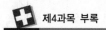

13.

철근콘크리트의 단위체적 중량이 2.4ton/m³일 때, 두께 12cm인 철근콘크리트 슬래브의 바닥면적 1m²에 대한 콘크리트 연직방향 하중(kg/m²)을 산출하시오.

해답
$$W = (r \cdot t + 40)\text{kg/m}^2 + 250\text{kg/m}^2$$
$$= (2,400 \times 0.12 + 40) + 250$$
$$= 578[\text{kg/m}^2]$$
(r : 철근콘크리트 단위중량(kg/m³), t : 슬래브 두께(m))

건설안전기사(2014년 11월 2일)

01.

다음 물음에 해당하는 사업장 2곳을 쓰시오.

(1) 안전보건개선계획 수립대상 사업장
(2) 안전·보건진단을 받아 안전보건개선계획을 수립·제출하도록 명할 수 있는 사업장

해답 (1) ① 산업재해율이 같은 업종의 규모별 평균 산업재해율보다 높은 사업장
② 사업주가 필요한 안전조치 또는 보건조치를 이행하지 아니하여 중대재해가 발생한 사업장
③ 직업성 질병자가 연간 2명 이상 발생한 사업장
④ 유해인자의 노출 기준을 초과한 사업장
(2) ① 산업재해율이 같은 업종 평균 산업재해율의 2배 이상인 사업장
② 사업주가 필요한 안전조치 또는 보건조치를 이행하지 아니하여 중대재해가 발생한 사업장
③ 직업성 질병자가 연간 2명 이상(상시근로자 1천명 이상 사업장의 경우 3명 이상) 발생한 사업장

02.

비, 눈 그 밖의 기상상태 불안정으로 날씨가 몹시 나빠서 작업을 중지한 후 비계의 작업을 다시 시작할 때, 작업 시작 전 점검해야 할 사항을 4가지 쓰시오.

해답 ① 발판재료의 손상 여부 및 부착 또는 걸림상태
② 해당 비계의 연결부 또는 접속부의 풀림상태
③ 연결재료 및 연결철물의 손상 또는 부식상태
④ 손잡이의 탈락 여부
⑤ 기둥의 침하·변형·변위 또는 흔들림 상태
⑥ 로프의 부착상태 및 매단 장치의 흔들림 상태

03.
거푸집 해체작업 시 재료 · 기구 또는 공구 등을 올리거나 내리는 경우 근로자로 하여금 사용하도록 해야 하는 것을 2가지 쓰시오.

해답 달줄 · 달포대

04.
항타기 또는 항발기 조립작업 시 점검해야 할 사항 4가지를 쓰시오.

해답 ① 본체 연결부의 풀림 또는 손상의 유무
② 권상용 와이어로프 · 드럼 및 도르래의 부착상태의 이상 유무
③ 권상장치의 브레이크 및 쐐기장치 기능의 이상 유무
④ 권상기 설치상태의 이상 유무
⑤ 리더(leader)의 버팀 방법 및 고정상태의 이상 유무
⑥ 본체 · 부속장치 및 부속품의 강도가 적합한지 여부
⑦ 본체 · 부속장치 및 부속품에 심한 손상 · 마모 · 변형 또는 부식이 있는지 여부

05.
근로자가 작업발판 위에서 전기용접작업을 하다가 지면으로 떨어져 부상을 당했다. 재해분석을 하시오.

(1) 발생형태	(2) 기인물	(3) 가해물

해답 (1) 추락   (2) 작업발판   (3) 지면

06.
거푸집 동바리 시공 시 고려해야 할 하중 4가지를 쓰시오.

해답 ① 연직방향하중 : 타설 콘크리트 고정하중, 타설 시 충격하중 및 작업원 등의 작업하중
② 횡방향하중 : 작업 시 진동, 충격, 풍압, 유수압, 지진 등
③ 콘크리트 측압 : 콘크리트가 거푸집을 안쪽에서 밀어내는 압력
④ 특수하중 : 시공 중 예상되는 특수한 하중(콘크리트 편심하중 등)

07.
히빙(Heaving) 현상의 정의와 방지대책 3가지를 쓰시오.

해답 ① 정의 : 연약한 점토지반을 굴착할 때 흙막이 벽체 배면에 있는 흙의 중량이 굴착 바닥면의 흙의 중량보다
클 때 그 중량 차이로 인해 흙막이 벽체 배면의 흙이 안으로 밀려 들어와 굴착 바닥면이 부풀어 오르는 현상

② 방지대책
　　㉠ 흙막이벽 근입깊이 증가
　　㉡ 흙막이벽 배면 지표의 상재하중을 제거
　　㉢ 지반굴착 시 흙이 느슨해지지 않도록 유의
　　㉣ 지반개량으로 하부지반 전단강도 개선
　　㉤ 강성이 큰 흙막이 공법 선정

08.
콘크리트 비빔시험 종류 4가지를 쓰시오.

해답 ① 블리딩시험　　　　② 염화물량시험
　　　③ 공기량시험　　　　④ 슬럼프시험(Slump Test)

09.
컨베이어 작업 시작 전 점검해야 할 사항 2가지를 쓰시오.

해답 ① 원동기 및 풀리(Pulley) 기능의 이상 유무
　　　② 이탈 등의 방지장치 기능의 이상 유무
　　　③ 비상정지장치 기능의 이상 유무
　　　④ 원동기·회전축·기어 및 풀리 등의 덮개 또는 울 등의 이상 유무

10.
산업안전보건법상 크레인, 곤돌라, 리프트 또는 승강기 등 양중기에 설치해야 하는 방호장치의 종류 4가지를 쓰시오.

해답 ① 과부하방지장치　　② 권과방지장치
　　　③ 비상장치　　　　　④ 제동장치

11.
T.B.M에 관한 내용으로 다음 물음에 답을 쓰시오.

(1) 소요시간은 (①)분 정도가 바람직하다.
(2) 인원은 (②)명 이하로 구성한다.
(3) 과정은 아래와 같고 [보기]에서 골라 답을 쓰시오.

제1단계	도입
제2단계	(③)
제3단계	작업지시
제4단계	(④)
제5단계	확인

[보기]
ㄱ. 작업점검　　ㄴ. 위험예측
ㄷ. 행동개시　　ㄹ. 정비점검

해답 ① 10분
② 10명
③ 정비점검
④ 위험예측

12.
무재해 추진 기둥(조직) 3가지를 쓰시오.

해답 사업주, 관리감독자, 근로자

13.
다음은 가설통로에 대한 설치기준이다. (   ) 안을 채우시오.

(가) 경사는 일반적으로 (①)도 이하로 하고, 경사가 (②)도를 초과할 때는 미끄러지지 않는 구조로 한다.
(나) 수직갱에 가설된 통로의 길이가 15m 이상인 때에는 (③)m 이내마다 계단참을 설치하고, 건설공사에 사용하는 높이 8m 이상인 비계다리에는 (④)m 이내마다 계단참을 설치한다.

해답 ① 30   ② 15
③ 10   ④ 7

14.
근로자가 고압 충전전로를 취급하거나 그 인근에서 작업하는 경우 조치하여야 할 사항 3가지를 쓰시오.

해답 ① 충전전로를 취급하는 근로자에게 그 작업에 적합한 절연용 보호구를 착용시킬 것
② 충전전로에 근접한 장소에서 전기작업을 하는 경우에는 해당 전압에 적합한 절연용 방호구를 설치할 것
③ 고압 및 특별고압의 전로에서 전기작업을 하는 근로자에게 활선작업용 기구 및 장치를 사용하도록 할 것
④ 충전전로를 방호, 차폐하거나 절연 등의 조치를 하는 경우에는 근로자의 신체가 전로와 직접 접촉하거나 도전재료, 공구 또는 기기를 통하여 간접 접촉되지 않도록 할 것

건설안전기사(2015년 1회)

01.

산업안전보건법령상 다음 경우에 해당하는 양중기 와이어로프(또는 달기체인)의 안전계수를 밑줄 친 빈칸에 써 넣으시오.

- 근로자가 탑승하는 운반구를 지지하는 경우 : ___①___ 이상
- 화물의 하중을 직접 지지하는 경우 : ___②___ 이상
- 훅(Hook), 샤클(Shackle), 클램프(Clamp), 리프팅 빔(Lifting beam)의 경우 : ___③___ 이상
- 그 밖의 경우 : ___④___ 이상

➡해답 ① 10 ② 5 ③ 3 ④ 4

02.

이동식 사다리의 다리부문에는 미끄럼 방지장치를 하여야 한다. 다음 각 용도에 적절한 미끄럼 방지장치를 연결하시오.

① 지반이 미끄러운 맨땅 위	ⓐ 미끄럼 방지 판자 및 미끄럼 방지 고정쇠
② 인조고무 등으로 마감한 실내	ⓑ 쐐기형 강스파이크
③ 돌 마루 또는 인조석 깔기로 마감한 바닥	ⓒ 피벗(Pivot)형 미끄럼 방지 발판

➡해답 ①-ⓑ ②-ⓒ ③-ⓐ

03.

고소작업 중인 작업자가 작업대에서 떨어져 지면에 닿아 상해를 입었을 때, ① 재해의 발생형태, ② 기인물 및 ③ 가해물을 각각 쓰시오.

➡해답 ① 추락(떨어짐) ② 작업대 ③ 지면

04.
작업장에서 크레인을 사용하여 운반작업을 하려고 한다. 작업 개시 전에 자체 점검하여야 할 사항을 3가지만 쓰시오.

해답 ① 권과방지장치·브레이크·클러치 및 운전장치의 기능
② 주행로의 상측 및 트롤리(Trolley)가 횡행하는 레일의 상태
③ 와이어로프가 통하고 있는 곳의 상태

05.
달비계 또는 높이 5m 이상의 비계를 조립·해체하거나 변경작업을 할 때에 사업주로서 준수하여야 할 사항을 3가지만 쓰시오.

해답 ① 근로자가 관리감독자의 지휘에 따라 작업하도록 할 것
② 조립·해체 또는 변경의 시기·범위 및 절차를 그 작업에 종사하는 근로자에게 주지시킬 것
③ 조립·해체 또는 변경 작업구역에는 해당 작업에 종사하는 근로자가 아닌 사람의 출입을 금지하고 그 내용을 보기 쉬운 장소에 게시할 것
④ 비, 눈, 그 밖의 기상상태의 불안정으로 날씨가 몹시 나쁜 경우에는 그 작업을 중지시킬 것
⑤ 비계재료의 연결·해체작업을 하는 경우에는 폭 20cm 이상의 발판을 설치하고 근로자로 하여금 안전대를 사용하도록 하는 등 추락을 방지하기 위한 조치를 할 것
⑥ 재료·기구 또는 공구 등을 올리거나 내리는 경우에는 근로자가 달줄 또는 달포대 등을 사용하게 할 것

06.
연평균 100인의 근로자를 가진 사업장에서 연간 5건의 재해가 발생하였는데, 그중 사망 1명, 장애등급 14등급 2명, 1명은 30일 치료, 다른 1명은 7일 치료하였다. 강도율을 구하고, 산출한 강도율의 의미를 쓰시오.

① 강도율(계산과정, 답)
② 산출한 강도율의 의미

해답 ① 강도율 $= \dfrac{\text{총 근로손실일수}}{\text{연근로시간수}} \times 1,000 = \dfrac{7,500 + (2 \times 50) + (30 + 7) \times \dfrac{300}{365}}{100 \times 8 \times 300} \times 1,000 = 31.793 = 31.79$

② 연간 총 근로시간 1,000시간당 재해 발생으로 인한 근로손실일수

[장애등급에 따른 근로손실일수]

장애등급	1~3	4	5	6	7	8	9	10	11	12	13	14
근로손실일수	7,500	5,500	4,000	3,000	2,200	1,500	1,000	600	400	200	100	50

07.

산업안전보건법령상 다음의 안전·보건표지별 종류를 각각 2가지씩만 쓰시오.

해답 ① 금지표지   ② 경고표지
     ③ 지시표지   ④ 안내표지

08.

굴착작업 시 토석이 붕괴되는 원인을 외적 원인과 내적 원인으로 구분할 때 외적 원인에 해당하는 사항을 4가지만 쓰시오.

해답 ① 사면, 법면의 경사 및 기울기의 증가
     ② 절토 및 성토 높이의 증가
     ③ 공사에 의한 진동 및 반복하중의 증가
     ④ 지표수 및 지하수의 침투에 의한 토사 중량의 증가
     ⑤ 지진, 차량 구조물의 하중작용
     ⑥ 토사 및 암석의 혼합층 두께

09.

거푸집 해체 시 안전상 유의사항을 설명한 것이다. ( ) 안에 적절한 말을 쓰시오.

가) 거푸집 해체는 순서에 의하여 실시하며, (①)를 배치한다.
나) 콘크리트 자중 및 시공 중에 가해지는 하중에 충분히 견딜만한 (②)를 가질 때까지는 해체하지 아니한다.
다) 해체작업 시에는 안전모 등 (③)를 착용한다.
라) 해체작업장 주위에는 관계자를 제외하고는 (④) 조치를 하여야 한다.
마) (⑤) 동시 해체작업은 원칙적으로 금지한다. 불가피한 경우 긴밀한 연락을 유지한다.
바) 보 또는 슬래브 거푸집을 제거할 때에는 (⑥)에 의한 돌발적 재해를 방지하여야 한다.

해답 ① 안전담당자
     ② 강도
     ③ 안전 보호장구
     ④ 출입금지
     ⑤ 상하
     ⑥ 낙하 충격

10.
하인리히가 제시한 재해예방의 4원칙을 쓰시오.

[해답] ① 손실우연의 원칙　　　　② 원인계기의 원칙
　　　　 ③ 예방가능의 원칙　　　　④ 대책선정의 원칙

11.
터널 건설작업 시 배기가스나 분진 등으로 시계가 제한되는 경우 시계 유지에 필요한 조치사항 2가지를 쓰시오.

[해답] ① 환기를 시킨다.
　　　　 ② 물을 뿌린다.

12.
항타기에 의하여 항타(파일링) 작업을 할 때 준수하여야 할 안전사항을 3가지만 쓰시오.

[해답] ① 운전 중 권상용 와이어로프 부근에 근로자의 출입을 금지시킨다.
　　　　 ② 하중을 건 상태에서 운전자가 운전위치를 이탈하여서는 안 된다.
　　　　 ③ 지반 침하로 인한 전도 방지조치를 한다.

13.
해중 공사 또는 한중 콘크리트 공사에 적당한 시멘트를 1가지만 쓰시오.

[해답] 조강 포틀랜드 시멘트

14.
잠함, 우물통, 수직갱 또는 이와 비슷한 건설물이나 설비의 내부에서 굴착작업을 할 때 준수하여야 할 사항을 3가지 쓰시오.

[해답] ① 산소 결핍 우려가 있는 경우에는 산소의 농도를 측정하는 사람을 지명하여 측정하도록 할 것
　　　　 ② 근로자가 안전하게 오르내리기 위한 설비를 설치할 것
　　　　 ③ 굴착 깊이가 20m를 초과하는 경우에는 해당 작업장소와 외부와의 연락을 위한 통신설비 등을 설치할 것

건설안전기사(2015년 2회)

01.
적응기제 중 방어기제 및 도피기제를 각각 2가지씩 쓰시오.

➡해답 ① 방어기제 : 보상, 합리화, 투사, 승화, 치환, 동일시, 부정 등
② 도피기제 : 백일몽, 억압, 퇴행, 고립, 고착, 거부 등

02.
흙막이벽 공법에 대한 다음 질문에 답하시오.

가) 흙막이벽 개굴착 공법으로 굴착부 주위에 흙막이벽을 타입하고 버팀대를 대신하여 흙막이벽 배면의 지중에 앵커체를 설치하여 인장력을 주어 지지하는 공법은?
나) 지하의 굴착과 병행하여 지상의 기둥, 보 등의 구조를 축조하는 방법으로 지하연속벽을 흙막이벽으로 하여 굴착하면서 구조체를 형성해가는 공법은?

➡해답 가) 어스앵커(Earth Anchor) 공법
나) 톱다운(Top-Down) 공법

03.
철골공사 작업을 중지해야 하는 기상조건을 쓰시오.

➡해답

구분	내용
강풍	풍속 10m/sec 이상
강우	1시간당 강우량이 1mm 이상
강설	1시간당 강설량이 1cm 이상

04.
부적격한 와이어로프의 사용 금지사항을 4가지 쓰시오.

➡해답 ① 이음매가 있는 것
② 와이어로프의 한 꼬임(스트랜드)에서 끊어진 소선(素線, 필러(Pillar)선은 제외)의 수가 10% 이상(비자전로프의 경우에는 끊어진 소선의 수가 와이어로프 호칭지름의 6배 길이 이내에서 4개 이상이거나 호칭지름 30배 길이 이내에서 8개 이상)인 것
③ 지름의 감소가 공칭지름의 7%를 초과하는 것
④ 꼬인 것
⑤ 심하게 변형 또는 부식된 것
⑥ 열과 전기충격에 의해 손상된 것

05.
PS 콘크리트에서 프리스트레스를 도입 즉시 일어나는 시간적 손실원인을 2가지만 쓰시오.

➡해답 ① 콘크리트의 탄성수축에 의한 손실
② 시스관과 PC 강재의 마찰에 의한 손실
③ 정착장치에서 긴장재의 활동으로 인한 손실

06.
사질토지반 개량공법의 종류 4가지를 쓰시오.

➡해답 ① 진동다짐공법(Vibro Floatation) : 봉상진동기를 이용, 진동과 물다짐을 병용
② 동다짐(압밀)공법 : 무거운 추를 자유 낙하시켜 지반충격으로 다짐효과 발생
③ 약액주입공법 : 지반 내에 화학약액(LW, Bentonite, Hydro)을 주입하여 지반고결
④ 폭파다짐공법 : 인공지진을 발생시켜 모래지반을 다짐
⑤ 전기충격공법 : 지반 속에서 고압방전을 일으켜 발생하는 충격력으로 지반다짐
⑥ 모래다짐말뚝공법 : 충격, 진동, 타입에 의해 모래를 압입시켜 모래 말뚝을 형성하여 다짐에 의한 지지력 향상

07.
굴착면의 높이가 2m 이상이 되는 암석의 굴착작업 시 특별교육 내용 3가지를 쓰시오.(단, 그 밖에 안전·보건관리에 필요한 사항 제외)

➡해답 ① 폭발물 취급 요령과 대피 요령에 관한 사항
② 안전거리 및 안전기준에 관한 사항
③ 방호물의 설치 및 기준에 관한 사항
④ 보호구 및 신호방법 등에 관한 사항

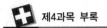

08.
가설통로 설치 시 사업주의 조치사항 5가지를 쓰시오.

해답 ① 견고한 구조로 할 것
② 경사는 30° 이하로 할 것. 다만, 계단을 설치하거나 높이 2미터 미만의 가설통로로서 튼튼한 손잡이를 설치한 경우에는 그러하지 아니하다.
③ 경사가 15°를 초과하는 경우에는 미끄러지지 아니하는 구조로 할 것
④ 추락할 위험이 있는 장소에는 안전난간을 설치할 것. 다만, 작업상 부득이한 경우에는 필요한 부분만 임시로 해체할 수 있다.
⑤ 수직갱에 가설된 통로의 길이가 15m 이상인 경우에는 10m 이내마다 계단참을 설치할 것
⑥ 건설공사에 사용하는 높이 8m 이상인 비계다리에는 7m 이내마다 계단참을 설치할 것

09.
채석작업을 하는 경우 채석작업 계획에 포함되는 사항 4가지를 쓰시오.

해답 ① 노천굴착과 갱내굴착의 구별 및 채석방법
② 굴착면의 높이와 기울기
③ 굴착면 소단의 위치와 넓이
④ 갱내에서의 낙반 및 붕괴방지 방법
⑤ 발파방법
⑥ 암석의 분할방법
⑦ 암석의 가공장소
⑧ 사용하는 굴착기계 · 분할기계 · 적재기계 또는 운반기계의 종류 및 성능
⑨ 토석 또는 암석의 적재 및 운반방법과 운반경로
⑩ 표토 또는 용수의 처리방법

10.
동일한 장소에서 행하여지는 사업의 사업주는 그가 채용한 근로자와 그의 수급인이 채용한 근로자가 동일한 장소에서 작업을 할 때 생기는 산업재해 예방을 위한 조치사항이 필요하다. 3가지를 쓰시오.

해답 ① 도급인과 수급인을 구성원으로 하는 안전 및 보건에 관한 협의체의 구성 및 운영
② 작업장 순회점검
③ 관계수급인이 근로자에게 하는 안전보건교육을 위한 장소 및 자료의 제공 등 지원
④ 관계수급인이 근로자에게 하는 안전보건교육의 실시 확인

11.
터널 굴착공사 시 터널 내 공기오염 원인 4가지를 쓰시오.

➡️해답 ① 분진   ② 가스   ③ 소음   ④ 진동   ⑤ 지하수

12.
건설공사 중 발생되는 파이핑 현상과 보일링 현상을 간략히 설명하시오.

➡️해답 ① 파이핑 : 보일링 현상으로 인하여 지반 내에 물의 통로가 생기면서 흙이 세굴되는 현상
② 보일링 : 사질토 지반에서 굴착 저면과 흙막이 배면과의 수위 차이로 인해 굴착 저면의 흙과 물이 함께 위로 솟구쳐 오르는 현상

13.
안전관리자를 두어야 할 수급인인 사업주는 도급인인 사업주가 안전관리자를 선임하지 아니할 수 있는 요건을 2가지 쓰시오.

➡️해답 ① 도급인인 사업주 자신이 선임하여야 할 안전관리자를 둔 경우
② 안전관리자를 두어야 할 수급인인 사업주의 업종별로 상시 근로자 수(건설업의 경우 상시 근로자 수 또는 공사금액)를 합하여 그 근로자 수 또는 공사금액에 해당하는 안전관리자를 추가로 선임한 경우

14.
지난해 총 산업재해보상보험 보상액이 214,730,693,000원일 때, 하인리히 방식으로 다음 각 손실비용을 구하시오.(단, 계상 과정을 명시하시오.)

① 총 손실비용
② 직접 손실비용
③ 간접 손실비용

➡️해답 ① 총 손실비용=직접 손실비용+간접 손실비용=214,730,693,000+858,922,772,000=1,073,653,465,000원
② 직접 손실비용=총 산업재해보상보험=214,730,693,000원
③ 간접 손실비용=직접 손실비용×4=214,730,693,000×4=858,922,772,000원

건설안전기사(2015년 4회)

01.
산업안전보건법상 안전검사 대상 유해·위험 기계의 종류를 5가지만 쓰시오.

[해답] 프레스, 전단기, 리프트, 압력용기, 곤돌라

02.
계단의 설치 기준이다. 다음 ( ) 안을 채우시오.

> 가) 사업주는 계단 및 계단참을 설치하는 경우 매제곱미터당 (①)kg 이상의 하중에 견딜 수 있는 강도를
>   가진 구조로 설치하여야 하며, 안전율은 (②) 이상으로 하여야 한다.
> 나) 사업주는 계단을 설치하는 경우 그 폭을 (③)m 이상으로 하여야 한다.
> 다) 사업주는 계단을 설치하는 경우 바닥면으로부터 높이 (④)m 이내의 공간에 장애물이 없도록 하여야
>   한다.
> 라) 사업주는 높이 (⑤)m 이상인 계단의 개방된 측면에 안전난간을 설치하여야 한다.

[해답] ① 500 ② 4 ③ 1 ④ 2 ⑤ 1

03.
토사등 또는 구축물의 붕괴 또는 낙하 등에 의하여 근로자가 위험해질 우려가 있는 경우 그 위험을
방지하기 위한 조치사항이다. 빈칸을 채우시오.

> 지반은 안전한 경사로 하고 낙하의 위험이 있는 토석을 제거하거나, 옹벽, (①) 등을 설치하며, 토사등의
> 붕괴 또는 낙하 원인이 되는 빗물이나 (②) 등을 배제할 것

[해답] ① 흙막이 지보공
       ② 지하수

04.
보일링 현상의 방지대책 3가지를 쓰시오.(단, 작업 중지, 굴착토 원상 매립은 제외)

해답 ① 흙막이벽 근입깊이 증가
② 흙막이벽의 차수성 증대
③ 흙막이벽 배면지반 그라우팅 실시
④ 흙막이벽 배면지반 지하수위 저하

05.
철골구조물 건립 중 강풍에 의한 풍압 등 외압에 대한 내력 설계 시 고려되어야 하는 구조물의 조건 5가지를 쓰시오.

해답 ① 높이가 20m 이상인 구조물
② 구조물의 폭과 높이의 비가 1 : 4 이상인 구조물
③ 단면구조에 현저한 차이가 있는 구조물
④ 연면적당 철골량이 50kg/m² 이하인 구조물
⑤ 기둥이 타이플레이트(Tie Plate)형인 구조물
⑥ 이음부가 현장용접인 구조물

06.
안전모의 종류 A, AB, AE의 사용 구분에 따른 용도를 쓰시오.

해답 ① A : 물체의 낙하, 비래에 의한 위험을 방지·경감
② AB : 물체의 낙하, 비래, 추락에 의한 위험을 방지·경감
③ AE : 물체의 낙하, 비래에 의한 위험을 방지 또는 경감하고 머리부위 감전에 의한 위험을 방지

07.
산업재해 예방활동에 대한 참여와 지원을 촉진하기 위하여 고용노동부장관이 명예산업안전감독관에 위촉할 수 있는 대상자 조건 3가지를 쓰시오.

해답 1. 산업안전보건위원회 또는 노사협의체 설치 대상 사업의 근로자 중에서 근로자대표가 사업주의 의견을 들어 추천하는 사람
2. 「노동조합 및 노동관계조정법」 제10조에 따른 연합단체인 노동조합 또는 그 지역 대표기구에 소속된 임직원 중에서 해당 연합단체인 노동조합 또는 그 지역 대표기구가 추천하는 사람
3. 전국 규모의 사업주단체 또는 그 산하조직에 소속된 임직원 중에서 해당 단체 또는 그 산하조직이 추천하는 사람
4. 산업재해 예방 관련 업무를 하는 단체 또는 그 산하조직에 소속된 임직원 중에서 해당 단체 또는 그 산하조직이 추천하는 사람

08.
전기 기계 · 기구 중 감전 방지용 누전차단기를 설치해야 하는 장소 3곳을 쓰시오.

해답 ① 물 등 도전성이 높은 액체에 의한 습윤 장소
② 철판 · 철골 위 등 도전성이 높은 장소
③ 임시배선의 전로가 설치되는 장소

09.
달비계 또는 높이 5m 이상의 비계를 조립 · 해체하거나 변경하는 작업에 있어 관리감독자의 직무 수행 내용을 4가지만 쓰시오.

해답 ① 재료의 결함 유무를 점검하고 불량품을 제거하는 일
② 기구 · 공구 · 안전대 및 안전모 등의 기능을 점검하고 불량품을 제거하는 일
③ 작업방법 및 근로자 배치를 결정하고 작업 진행 상태를 감시하는 일
④ 안전대와 안전모 등의 착용 상황을 감시하는 일

10.
철골공사 작업을 중지해야 하는 기상조건을 쓰시오.

해답

구분	내용
강풍	풍속 10m/sec 이상
강우	1시간당 강우량이 1mm 이상
강설	1시간당 강설량이 1cm 이상

11.
산업안전보건법상 자동차정비용 리프트를 사용하여 작업을 하는 때의 작업 시작 전 점검사항 2가지를 쓰시오.

해답 ① 방호장치, 브레이크 및 클러치의 기능
② 와이어로프가 통하고 있는 곳의 상태

12.

건설공사의 총 공사원가가 100억 원이고 이 중 재료비와 직접 노무비의 합이 60억 원인 터널신설공사의 산업안전보건관리비를 다음 기준표를 참고하여 계산하시오.

공사종류 \ 대상액	5억 원 미만	5억 원 이상 50억 원 미만		50억 원 이상
		비율(X)	기초액(C)	
건 축 공 사	2.93%	1.86%	5,349,000원	1.97%
중 건 설 공 사	3.43%	2.35%	5,400,000원	2.44%

➡해답 안전보건관리비 산출 = 대상액(재료비+직접노무비)×2.44%(중건설공사)
= 6,000,000,000×2.44% = 146,400,000원

13.

관리감독자가 안전보건업무 수행 시 안전관리비에서 업무수당을 지급할 수 있는 작업을 5가지 쓰시오.

➡해답 ① 건설용 리프트·곤돌라를 이용한 작업
② 콘크리트 파쇄기를 사용하여 행하는 파쇄작업
③ 굴착 깊이가 2m 이상인 지반의 굴착작업
④ 흙막이지보공의 보강, 동바리 설치 또는 해체작업
⑤ 터널 안에서의 굴착작업, 터널거푸집의 조립 또는 콘크리트 작업

건설안전기사(2016년 1회)

01.
산업안전보건법상 안전보건관리규정의 작성 및 변경 절차에 관한 사항이다. 다음 (   )를 채우시오.

> (가) 안전보건관리규정을 작성하여야 할 사업은 상시 근로자 (①)명 이상을 사용하는 사업으로 한다.
> (나) 안전보건관리규정을 작성하여야 할 사유가 발생한 날부터 (②)일 이내에 안전보건관리규정을 작성하
> 여야 한다.
> (다) 안전보건관리규정을 작성하거나 변경할 때에는 (③)의 심의·의결을 거쳐야 한다.
> (라) (③)가 설치되어 있지 아니한 사업장의 경우에는 (④) 등의 동의를 받아야 한다.

➡️**해답** ① 100   ② 30
    ③ 산업안전보건위원회   ④ 근로자대표

02.
토공사의 비탈면 보호방법의 종류를 4가지 쓰시오.

➡️**해답** ① 식생공법   ② 피복공법
    ③ 뿜칠공법   ④ 붙임공법
    ⑤ 격자틀 공법   ⑥ 낙석방호공법

03.
양중기의 종류 중 동력을 사용하여 사람이나 화물을 운반하는 것을 목적으로 하는 기계 설비를 리프트라 한다. 산업안전보건기준에 관한 규칙에서 규정하고 있는 리프트의 종류를 3가지 쓰시오.

➡️**해답** ① 건설용 리프트
    ② 산업용 리프트
    ③ 자동차정비용 리프트
    ④ 이삿짐 운반용 리프트

04.
절연손상으로 인한 위험전압의 발생으로 야기되는 간접접촉에 대한 방지대책을 2가지 쓰시오.

해답 ① 동시에 접촉 가능한 2개의 도전성 부분을 2m 이상 격리시킬 것
② 동시에 접촉 가능한 2개의 도전성 부분을 절연체로 된 울타리로 격리시킬 것
③ 2,000V의 시험전압에 견디고 누설전류가 1mA 이하가 되도록 어느 한 부분을 절연시킬 것

05.
작업으로 인하여 물체가 떨어지거나 날아올 위험이 있는 경우 위험방지를 위하여 취해야 할 조치사항 3가지를 쓰시오.

해답 ① 낙하물 방지망 설치
② 수직보호망 또는 방호선반의 설치
③ 출입금지구역의 설정
④ 보호구의 착용

06.
콘크리트 타설작업을 하기 위하여 콘크리트타설장비 이용 작업 시 준수사항 3가지를 쓰시오.

해답 1. 작업을 시작하기 전에 콘크리트타설장비를 점검하고 이상을 발견하였으면 즉시 보수할 것
2. 건축물의 난간 등에서 작업하는 근로자가 호스의 요동·선회로 인하여 추락하는 위험을 방지하기 위하여 안전난간 설치 등 필요한 조치를 할 것
3. 콘크리트타설장비의 붐을 조정하는 경우에는 주변의 전선 등에 의한 위험을 예방하기 위한 적절한 조치를 할 것
4. 작업 중에 지반의 침하나 아웃트리거 등 콘크리트타설장비 지지구조물의 손상 등에 의하여 콘크리트타설장비가 넘어질 우려가 있는 경우에는 이를 방지하기 위한 적절한 조치를 할 것

07.
보일링(Boiling) 방지대책을 4가지 쓰시오.

해답 ① 주변 수위를 저하시킨다.
② 흙막이벽을 깊이 설치하여 지하수의 흐름을 막는다.
③ 굴착토를 즉시 원상 매립한다.
④ 작업을 중지시킨다.

08.

산업안전보건법상 안전보건표지의 종류에 대한 색채기준을 ( ) 안에 써 넣으시오.

내용	바탕색	기본모형
금연	①	빨간색
폭발물성 물질 경고	②	빨간색
안전복 착용	③	–
비상용 기구	④	녹색

➡해답 ① 흰색 ② 무색 ③ 파란색 ④ 흰색

09.

다음 안전관리자의 최소 인원을 쓰시오.

① 운수업 – 상시근로자 500명
② 총 공사금액 1,500억 원 이상인 건설업

➡해답 ① 1명 ② 3명

10.

산업안전보건법상 특별교육 중 "거푸집 동바리의 조립 또는 해체작업" 대상작업에 대한 교육내용에서 개별 내용에 포함하여야 할 사항 3가지를 쓰시오.(단, "그 밖의 안전보건관리에 필요한 사항"은 제외한다.)

➡해답 ① 동바리의 조립방법 및 작업절차에 관한 사항
② 조립재료의 취급방법 및 설치기준에 관한 사항
③ 조립 해체 시의 사고예방에 관한 사항
④ 보호구 착용 및 점검에 관한 사항

11.

산업안전보건법령상 고용노동부장관이 명예산업안전감독관을 해촉할 수 있는 경우를 2가지만 쓰시오.

➡해답 ① 명예감독관의 업무와 관련하여 부정한 행위를 한 경우
② 질병이나 부상 등의 사유로 명예감독관의 업무수행이 곤란하게 된 경우
③ 근로자대표가 사업주의 의견을 들어 위촉된 명예감독관의 해촉을 요청한 경우
④ 위촉된 명예산업안전감독관이 해당 단체 또는 그 산하조직으로부터 퇴직하거나 해임한 경우

12.

건설업 산업안전보건관리비 계상 및 사용기준에 관한 설명 중 ( ) 안에 알맞은 수치를 써넣으시오.

> (가) 안전만을 전담하는 별도 조직을 갖춘 건설업체의 본사에서 사용하는 사용항목과 안전전담부서의 안전 전담직원 인건비·업무수행 계상된 안전관리비의 (①)%를 초과할 수 없다.
> (나) 본사에서 안전관리비를 사용하는 경우 1년간 본사 안전관리비 실행예산과 사용금액은 전년도 미사용금 액을 힙하여 (②)원을 초과할 수 없다.
> (다) 건설재해예방 기술지도비가 계상된 안전관리비 총액의 (③)%를 초과하는 경우에는 그 이내에서 기술 지도 횟수를 조정할 수 있다.

해답 ① 5
② 5억
③ 20

13.

연평균근로자 수 600명인 A회사의 안전전담부서에서 6개월간 아래와 같이 안전전담활동 시 안전활동 률을 계산하시오.(단, 1일 9시간, 월 22일 근무, 6개월간 사고 건수 2건)

> [안전활동 건수]
> • 불안전한 행동 20건 발견 조치 • 불안전한 상태 34건 조치
> • 권고 12건 • 안전홍보 3건
> • 안전회의 6회

해답 $\dfrac{안전활동건수}{근로시간수 \times 평균근로자수} \times 1,000,000 = \dfrac{(20+34+12+3+6)}{(9 \times 22 \times 6) \times 600} \times 1,000,000 = 105.218 = 105.22$

14.

환산재해율에서 상시근로자 산출식을 쓰시오.

해답 $상시근로자수 = \dfrac{연간국내공사실적액 \times 노무비율}{건설업월평균임금 \times 12}$

※ 현재법에는 사망사고만인율로 변경됨

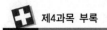

건설안전기사(2016년 2회)

O1.
히빙(Heaving) 현상의 방지대책 5가지를 쓰시오.

➡해답 ① 흙막이벽 근입깊이 증가
② 흙막이벽 배면 지표의 상재하중을 제거
③ 지반굴착 시 흙이 느슨해지지 않도록 유의
④ 지반개량으로 하부지반 전단강도 개선
⑤ 강성이 큰 흙막이 공법 선정

O2.
산업재해 발생 보고에 관한 내용이다. ( )에 알맞은 내용을 쓰시오.

> 사업주는 산업재해로 사망자가 발생하거나 3일 이상의 휴업이 필요한 부상을 입거나 질병에 걸린 사람이 발생한 경우에는 해당 산업재해가 발생한 날부터 (①)개월 이내에 (②)를 작성하여 관할 지방고용노동청장 또는 지청장에게 제출하여야 한다.

➡해답 ① 1
② 산업재해조사표

O3.
구축물 또는 이와 유사한 시설물에 대하여 안전진단 등 안전성 평가를 실시하여 근로자에게 미칠 위험성을 미리 제거하여야 하는 경우를 3가지 쓰시오.(단, 그 밖의 잠재위험이 예상될 경우 제외)

➡해답 ① 화재 등으로 구축물 또는 이와 유사한 시설물의 내력이 심하게 저하되었을 경우
② 구축물 또는 이와 유사한 시설물에 지진, 동해, 부동침하 등으로 균열·비틀림 등이 발생하였을 경우
③ 오랜 기간 사용하지 아니하던 구축물 또는 이와 유사한 시설물을 재사용하게 되어 안전성을 검토하여야 하는 경우
④ 구축물 또는 이와 유사한 시설물의 인근에서 굴착·항타작업 등으로 침하·균열 등이 발생하여 붕괴의 위험이 예상될 경우

04.
건물 해체작업 시 작업계획에 포함될 사항을 4가지 쓰시오.

해답 ① 해체의 방법 및 해체순서 도면
② 사업장내 연락방법
③ 해체물의 처분계획
④ 해체작업용 기계·기구 등의 작업계획서
⑤ 해체작업용 화약류 등의 사용계획서

05.
구조안전의 위험이 큰 철골구조물은 건립 중 강풍에 의한 풍압 등 외압에 대한 내력이 설계에 고려되어 있는지 확인하여야 할 사항 4가지를 쓰시오.

해답 ① 높이 20m 이상의 구조물
② 구조물의 폭과 높이의 비가 1 : 4 이상인 구조물
③ 단면 구조에 현저한 차이가 있는 구조물
④ 연면적당 철골량이 50kg/m² 이하인 구조물
⑤ 기둥이 타이플레이트형인 구조물
⑥ 이음부가 현장용접인 구조물

06.
건축공사에서 직접재료비 250,000,000원이고, 관급재료비 350,000,000원, 직접 노무비가 200,000,000원일 때 안전관리비를 계산하시오.

해답 ① 안전관리비 = 대상액[재료비(관급자재비 + 사급자재비) + 직접노무비]×요율 + 기초액(c)
= [250,000,000 + 350,000,000 + 200,000,000]×0.0186 + 5,349,000 = 20,229,000
② 안전관리비 = {대상액[재료비(사급자재비) + 노무비]×요율 + 기초액(c)}×1.2
= [250,000,000 + 200,000,000]×0.0293×1.2 = 15,822,000
①>②이므로 정답은 15,822,000원

07.
다음은 사다리식 통로의 안전기준에 대한 사항이다. 빈칸을 채우시오.

> (가) 사다리식 상단은 걸쳐놓은 지점으로부터 (①)cm 이상 올라가도록 할 것
> (나) 사다리식 통로의 길이가 10m 이상인 경우에는 (②)m 이내마다 계단참을 설치할 것
> (다) 사다리식 통로의 기울기는 (③)도 이하로 할 것

➡해답 ① 60　　② 5　　③ 75

08.
철륜 표면에 다수의 돌기를 붙여 접지면적을 작게 하여 접지압을 증가시킨 롤러로서 고함수비 점성토 지반의 다짐작업에 적합한 롤러를 쓰시오.

➡해답 탬핑롤러(Tamping Roller)

09.
안면부 여과식의 시험성능기준에 있는 각 등급별 여과제 분진 등 포집효율 기준을 쓰시오.

종류	등급	시험%
안면부 여과식	특급	(①)
	1급	(②)
	2급	(③)

➡해답 ① 99% 이상
② 94% 이상
③ 80% 이상

10.
리프트를 사용하여 작업하는 때의 안전수칙을 4가지 쓰시오.

➡해답 ① 리프트는 가능한 전담운전자를 배치하여 운행토록 한다.
② 리프트를 사용할 때에는 안전성 여부를 안전관계자에게 확인한 후 사용한다.
③ 리프트의 운전자는 조작방법을 충분히 숙지한 후 운행하여야 한다.
④ 운전자는 운행 중 이상음, 진동 등의 발생 여부를 확인하면서 운행한다.
⑤ 리프트는 과적 또는 탑승인원을 초과하여 운행하지 않도록 한다.
⑥ 리프트 탑승은 운반구가 정지된 상태에서만 한다.

11.

다음 ( ) 안에 알맞은 내용을 쓰시오.

(가) 낙하물 방지망 설치높이는 (①)m 이내마다 설치하고, 내민 길이는 벽면으로부터 (②)m 이상으로 할 것
(나) 수평면과의 각도는 (③)도 이상 (④)도 이하를 유지할 것

해답 ① 10　　② 2　　③ 20　　④ 30

12.

와이어로프의 사용금지사항이다. 빈칸을 채우시오.

(가) 와이어로프의 한 꼬임에서 끊어진 소선의 수가 (①)% 이상인 것
(나) 지름의 감소가 (②)의 7%를 초과하는 것

해답 ① 10
　　　② 공칭지름

13.

차량계 하역운반기계(지게차 등)의 운전자가 운전위치를 이탈하고자 할 때 운전자가 준수하여야 할 사항을 2가지만 쓰시오.

해답 ① 포크, 버킷, 디퍼 등의 장치를 가장 낮은 위치 또는 지면에 내려 둘 것
　　　② 원동기를 정지시키고 브레이크를 확실히 거는 등 갑작스러운 주행이나 이탈을 방지하기 위한 조치를 할 것
　　　③ 운전석을 이탈하는 경우에는 시동키를 운전대에서 분리시킬 것

14.

굴착면의 높이가 2m 이상이 되는 암석의 굴착작업 시 특별교육 내용 3가지를 쓰시오.

해답 ① 폭발물 취급요령과 대피요령에 관한 사항
　　　② 안전거리 및 안전기준에 관한 사항
　　　③ 방호물의 설치 및 기준에 관한 사항
　　　④ 보호구 및 신호방법 등에 관한 사항

건설안전기사(2016년 4회)

O1.
추락방지용 방망 그물코(매듭 있음)의 크기는 몇 mm이어야 하는가?

[해답] 가로 세로 각각 100mm 이하

O2.
셔블(Shovel)계 건설기계 중 기계장치가 위치한 지면보다 높은 곳의 땅을 파는 데 적합한 굴착기계를 쓰시오.

[해답] 파워셔블(Power Shovel)

O3.
잠함, 우물통 수직갱 기타 이와 유사한 건설물 또는 설비의 내부에서 굴착작업을 하는 때에 사업주가 준수하여야 할 사항 3가지를 쓰시오.

[해답] ① 산소 결핍 우려가 있는 경우에는 산소의 농도를 측정하는 사람을 지명하여 측정하도록 할 것
② 근로자가 안전하게 오르내리기 위한 설비를 설치할 것
③ 굴착 깊이가 20m를 초과하는 경우에는 해당 작업장소와 외부와의 연락을 위한 통신설비 등을 설치할 것

O4.
근로감독관이 사업장에서 관련 서류 등을 요구할 수 있는 경우를 3가지 쓰시오.

[해답] 정기감독, 수시감독, 특별감독

O5.
산업안전보건법상 특별교육 중 거푸집 동바리의 조립 또는 해체 대상작업에 대한 교육내용에서 개별 내용에 해당되는 사항을 3가지 쓰시오.(단, 그 밖의 안전보건관리에 필요한 사항은 제외한다.)

[해답] ① 동바리의 조립방법 및 작업절차에 관한 사항
② 조립재료의 취급방법 및 설치기준에 관한 사항
③ 조립·해체 시의 사고 예방에 관한 사항
④ 보호구 착용 및 점검에 관한 사항

06.
추락방호망 설치기준을 3가지 쓰시오.

해답 ① 추락방호망의 설치위치는 가능하면 작업면으로부터 가까운 지점에 설치하여야 하며, 작업면으로부터 망의 설치지점까지의 수직거리는 10미터를 초과하지 아니할 것
② 추락방호망은 수평으로 설치하고, 망의 처짐은 짧은 변 길이의 12퍼센트 이상이 되도록 할 것
③ 건축물 등의 바깥쪽으로 설치하는 경우 망의 내민 길이는 벽면으로부터 3미터 이상 되도록 할 것

07.
간이 리프트의 운반구에 근로자를 탑승시켜서는 아니 되지만 탑승이 가능한 경우 조치를 쓰시오.

해답 간이 리프트의 수리·조정 및 점검 등의 작업을 할 때에 그 작업에 종사하는 근로자가 위험해질 우려가 없도록 조치할 경우

08.
수자원시설공사(댐)에서 재료비와 직접노무비의 합이 4,500,000,000원일 때 안전관리비를 계산하시오.

해답 안전관리비＝대상액(재료비＋직접노무비)×요율＋기초액(C)
＝4,500,000,000×0.0235＋5,400,000＝111,150,000원

09.
공정 진행에 따른 안전관리비 사용기준을 채우시오.

공정률	50% 이상 70% 미만	70% 이상 90% 미만	90% 이상
사용기준	(①)% 이상	(②)% 이상	(③)% 이상

해답 ① 50
② 70
③ 90

10.
와이어로프의 안전계수에 대해서 설명하시오.

해답 와이어로프의 안전계수는 와이어로프 등의 절단하중 값을 그 와이어로프 등에 걸리는 하중의 최댓값으로 나눈 값을 말한다.

11.

회전날 끝에 다이아몬드 입자를 혼합 경화하여 제조된 절단톱으로 기둥, 보, 바닥, 벽체를 적당한 크기로 절단하여 해체하는 공법으로 준수사항을 쓰시오.

➡해답 ① 작업현장은 정리정돈이 잘 되어야 한다.
② 절단기에 사용되는 전기시설과 급수, 배수설비를 수시로 점검해야 한다.
③ 회전날에는 접촉방지 커버를 부착토록 하여야 한다.
④ 회전날의 조임상태는 안전한지 작업 전에 점검하여야 한다.

12.

차량계 건설기계의 작업계획에 포함될 사항 3가지를 쓰시오.

➡해답 ① 사용하는 차량계 건설기계의 종류 및 성능
② 차량계 건설기계의 운행경로
③ 차량계 건설기계에 의한 작업방법

13.

안전보건교육에 있어 건설업 기초안전보건교육에 대한 다음 각 물음에 대한 답을 쓰시오.

(1) 교육대상의 교육시간
(2) 교육내용 3가지

➡해답 (1) 4시간
(2) 교육내용
① 건설공사의 종류(건축·토목 등) 및 시공 절차
② 산업재해 유형별 위험요인 및 안전보건조치
③ 안전보건관리체제 현황 및 산업안전보건 관련 근로자 권리·의무

14.

차량계 하역운반기계에 화물 적재 시 준수사항을 3가지 쓰시오.

➡해답 ① 하중이 한쪽으로 치우치지 않도록 화물을 적재할 것
② 운전자의 시야를 가리지 않도록 화물을 적재할 것
③ 화물을 적재하는 경우에는 최대적재량을 초과해서는 아니 된다.
④ 구내운반차 또는 화물자동차의 경우 화물의 붕괴 또는 낙하에 의한 위험을 방지하기 위하여 로프를 거는 등 필요한 조치를 할 것

필답형 기출문제 2017

건설안전기사(2017년 1회)

01.

지반 굴착 시 굴착면의 기울기를 ( )에 쓰시오.

지반의 종류	굴착면의 기울기
모래	(①)
연암 및 풍화암	(②)
경암	(③)
그 밖의 흙	(④)

➡해답 ① 1 : 1.8   ② 1 : 1.0
③ 1 : 0.5   ④ 1 : 1.2

02.

인력 운반 시 필요한 유의사항 3가지를 쓰시오.

➡해답 ① 운반횟수(빈도) 및 거리를 최소화, 최단거리화
② 중량물의 경우는 2~3인(공동작업)이 운반
③ 운반보조 기구 및 기계를 이용
④ 물건을 들어올릴 때는 팔과 무릎을 이용하며 척추는 곧게 하기
⑤ 긴 물건은 앞부분을 약간 높여 모서리 등에 충돌하지 않게 하고 굴려서 운반하는 것은 금지

03.

다음 물음에 답하시오.

1) 달기 와이어로프 및 달기강선의 안전계수 : (①) 이상
2) 달기체인 및 달기훅의 안전계수는 : (②) 이상
3) 달기강대와 달비계의 하부 및 상부지점의 안전계수 : 강재의 경우 (③) 이상, 목재의 경우 (④) 이상

➡해답 ① 10   ② 5   ③ 2.5   ④ 5

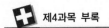

04.
인양장비를 이용하여 인양작업 중 주의해야 할 안전지침에 대하여 3가지만 쓰시오.

➡해답 ① 걸기가 끝나면 모든 작업원은 안전한 장소로 대피한다.
② 들어올리기는 신호자의 손짓이나 통신장비에 따른다.
③ 보조망을 달았을 경우에는 화물의 흔들림이나 회전을 일으키지 않고 또 장해물에 닿지 않도록 바르게 유도한다. 유도할 때에는 발 디딤에 주의한다.
④ 달아 올린 화물을 이동시킬 경우에는 적재판에서 2m 이상의 높이를 유지하고 통행자의 위험, 장해물, 가설전선 등의 유무를 확인하고 운행시킨다.
⑤ 수신호방법을 운전자, 걸기 작업원과 충분히 사전 협의해 둔다.
⑥ 손짓은 운전자가 충분히 알아볼 수 있는 위치에서 명확히 보낸다.
⑦ 짐을 달아 올릴 때에는 우선 약간 올리라는 신호를 하고 땅에서 떨어졌을 때 일단 세우고 걸기의 상태(혹, 와이어로프의 조임상태, 화물의 상태, 화물의 흐트러짐, 회전 등의 유무)가 좋은가 또 작업원의 위험이 없는가를 확인한다. 화물을 달아 올리는 중에 작업원이 와이어로프, 도르래 등에 손가락이 말려 들어가는 사고가 많으므로 특히 주의한다. 걸기 상태가 나쁠 때에는 반드시 지상에 내려서 걸린 상태를 다시 확인, 수정한다.
⑧ 인양, 이동 중에 화물이 흔들리거나 장해물 등에 걸리거나 할 때에는 반드시 운전을 중지한다.
⑨ 인양화물을 정한 장소에 내릴 때에는 적당한 높이가 되었을 때 일단 정지시켜 내리는 위치가 안전한가 또 깔판에 바르게 내려지는가를 확인한다.

05.
흙막이 공사 시 붕괴재해를 일으킬 수 있는 히빙과 보일링의 정의 및 방지대책을 쓰시오.

➡해답 1) 히빙(Heaving) 현상
 ① 정의 : 연약한 점토지반을 굴착할 때 흙막이 벽체 배면에 있는 흙의 중량이 굴착 바닥면의 흙의 중량보다 클 때 그 중량 차이로 인해 흙막이 벽체 배면의 흙이 안으로 밀려 들어와 굴착 바닥면이 부풀어 오르는 현상
 ② 방지대책
  ㉠ 흙막이벽 근입깊이 증가
  ㉡ 흙막이벽 배면 지표의 상재하중을 제거
  ㉢ 지반굴착 시 흙이 느슨해지지 않도록 유의
  ㉣ 지반개량으로 하부지반 전단강도 개선
  ㉤ 강성이 큰 흙막이 공법 선정
 2) 보일링(Boiling) 현상
 ① 정의 : 투수성이 좋은 사질토 지반을 굴착할 때 흙막이벽 배면의 지하수위가 굴착저면보다 높을 때 굴착저면 위로 모래와 지하수가 솟아오르는 현상
 ② 방지대책
  ㉠ 흙막이벽 근입깊이 증가
  ㉡ 흙막이벽의 차수성 증대
  ㉢ 흙막이벽 배면지반 그라우팅 실시
  ㉣ 흙막이벽 배면지반 지하수위 저하

O6.
1톤 이상의 크레인을 사용하는 작업 시의 특별교육 항목을 쓰시오.

해답 ① 방호장치의 종류, 기능 및 취급에 관한 사항
② 걸고리·와이어로프 및 비상정지장치 등의 기계·기구 점검에 관한 사항
③ 화물의 취급 및 작업방법에 관한 사항
④ 신호방법 및 공동작업에 관한 사항

O7.
안전보건진단을 받아 안전보건개선계획 제출을 명할 수 있는 사업장 2가지를 쓰시오.

해답 ① 산업재해율이 같은 업종 평균 산업재해율의 2배 이상인 사업장
② 사업주가 필요한 안전조치 또는 보건조치를 이행하지 아니하여 중대재해가 발생한 사업장
③ 직업성 질병자가 연간 2명 이상(상시근로자 1천 명 이상 사업장의 경우 3명 이상) 발생한 사업장
④ 그 밖에 작업환경 불량, 화재·폭발 또는 누출 사고 등으로 사업장 주변까지 피해가 확산된 사업장으로서 고용노동부령으로 정하는 사업장

O8.
이동식 크레인의 종류 2가지를 쓰시오.

해답 트럭크레인, 크롤러크레인, 유압크레인

O9.
O.J.T.를 간략히 기술하시오.

해답 O.J.T.(On the Job Training)
직속상사가 직장 내에서 작업표준을 가지고 업무상의 개별교육이나 지도훈련을 하는 것(개별교육에 적합)

10.
산업재해의 위험장소로 규정되어 있는 장소로서 산업재해예방을 위해 필요한 조치를 취해야 하는 장소 4가지를 쓰시오.

해답 ① 근로자가 추락할 위험이 있는 장소
② 토사·구축물 등이 붕괴할 우려가 있는 장소
③ 물체가 떨어지거나 날아올 위험이 있는 장소
④ 천재지변으로 인한 위험이 발생할 우려가 있는 장소

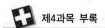

11.
다음 안전표지판의 명칭을 쓰시오.

①	②	③	④

➡해답 ① 사용금지　　　② 낙하물경고
　　　③ 인화성물질경고　④ 폭발성물질경고

12.
승강기를 제외한 양중기 운전자가 볼 수 있는 곳에 표시할 사항을 2가지 쓰시오.

➡해답 ① 정격하중　　② 운전속도　　③ 경고표시

13.
다음에 설명하는 도저의 종류는 무엇인지 쓰시오.

(1) 블레이드가 길고 낮으며 블레이드의 좌우를 25~30도 각을 지을 수 있고 경사지에서 절토작업, 제설작업, 파이프 매설작업 등에 주로 사용되는 도저
(2) 블레이드를 좌우로 상하 25~30도 경사를 지어 작업할 수 있으며 주로 굳은 땅, 언 땅을 파는 작업과 배수로 및 제방경사 작업을 하는 데 사용되는 도저

➡해답 (1) 앵글도저　　(2) 틸트도저

14.
근로자 수 400명, 1일 8시간 300일 근무, 과거빈도율 120, 현재빈도율 100일 때 Safe T. Score를 계산하시오.

➡해답 (1) 계산

$$\text{Safe T. Score} = \frac{\text{빈도율(현재)} - \text{빈도율(과거)}}{\sqrt{\dfrac{\text{빈도율(과거)}}{\text{총 근로시간수}} \times 1,000,000}}$$

$$= \frac{100 - 120}{\sqrt{\dfrac{120}{400 \times 2,400} \times 1,000,000}} = -1.788$$

(2) 평가 : −1.788이므로 과거보다 심각한 차이가 없다.
　① +2.00 이상인 경우 : 과거보다 심각하게 나쁘다.
　② +2~−2인 경우 : 심각한 차이가 없다.
　③ −2 이하 : 과거보다 좋다.

건설안전기사(2017년 2회)

01.
차량계 건설기계의 작업계획에 포함될 사항 3가지를 쓰시오.

➡해답 ① 사용하는 차량계 건설기계의 종류 및 성능
　② 차량계 건설기계의 운행경로
　③ 차량계 건설기계에 의한 작업방법

02.
차량계 건설기계 작업 시 기계가 넘어지거나 굴러 떨어짐으로써 위험을 미칠 우려가 있다. 이때 안전대책 3가지를 쓰시오.

➡해답 ① 유도자 배치　② 지반의 부동침하 방지
　③ 갓길의 붕괴 방지　④ 도로 폭 유지

03.
지반 굴착 시 굴착면의 기울기를 (　)에 쓰시오.

지반의 종류	굴착면의 기울기
모래	(①)
연암 및 풍화암	(②)
경암	(③)
그 밖의 흙	1 : 1.2

➡해답 ① 1 : 1.8
　② 1 : 1.0
　③ 1 : 0.5

04.
크레인의 방호장치를 3가지 쓰시오.

➡해답 ① 과부하방지장치
② 권과방지장치
③ 비상정지장치
④ 제동장치

05.
NATM 공법의 터널공사에서 지질 및 지층에 관한 조사를 통해 확인할 사항 3가지를 쓰시오.

➡해답 ① 시추(보링)위치
② 토층 분포상태
③ 투수계수
④ 지하수위
⑤ 지반의 지지력

06.
근로자가 작업발판 위에서 전기용접 작업을 하다가 지면으로 떨어져 부상을 당했을 경우 다음의 재해 분석을 하시오.

(1) 발생형태
(2) 기인물
(3) 가해물

➡해답 (1) 발생형태 : 추락
(2) 기인물 : 작업발판
(3) 가해물 : 지면

07.
크레인을 사용하여 작업을 하는 때에 작업 시작 전 점검사항을 3가지만 쓰시오.

➡해답 ① 권과방지장치·브레이크·클러치 및 운전장치의 기능
② 주행로의 상측 및 트롤리(trolley)가 횡행하는 레일의 상태
③ 와이어로프가 통하고 있는 곳의 상태

08.
다음의 안전표지판의 명칭을 쓰시오.

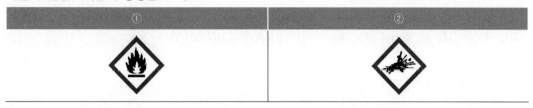

①	②

➡해답 ① 인화성물질경고 　　　② 폭발성물질경고

09.
연 근로자가 400명인 사업장에서 재해손실일수가 1,030일이고 의사의 진단으로 250일의 휴업일수가 발생하였다. 강도율을 구하시오.

➡해답 강도율 $= \dfrac{근로손실일수}{연근로시간수} \times 1,000 = \dfrac{1,235.48}{400 \times 8 \times 300} \times 1,000 = 1.29$

① 근로손실일수 $=$ 휴업일수 $\times \dfrac{300}{365} = 250 \times \dfrac{300}{365} = 205.48(일)$

② 재해손실일수 $= 1,030$

총 근로손실일수 $=$ ① $+$ ② $= 205.48 + 1,030 = 1,235.48(일)$

10.
양중기의 와이어로프 안전계수를 넣으시오.

① 근로자가 탑승하는 운반구를 지지하는 경우 (　　) 이상
② 화물의 하중을 직접 지지하는 경우(　　) 이상
③ 제1호 및 2호 외의 경우 (　　) 이상

➡해답 ① 10 　　② 5 　　③ 4

11.
다음은 사다리식 통로의 안전기준에 대한 사항이다. 빈칸을 채우시오.

(가) 사다리식 상단은 걸쳐놓은 지점으로부터 (①)cm 이상 올라가도록 할 것
(나) 사다리식 통로의 길이가 10m 이상인 경우에는 (②)m 이내마다 계단참을 설치할 것
(다) 사다리식 통로의 기울기는 (③)도 이하로 할 것

➡해답 ① 60 　　② 5 　　③ 75

12.
보기의 (   )에 알맞은 내용을 쓰시오.

> 터널 건설작업에 있어서 터널의 내부의 시계가 배기가스나 (①) 등에 의하여 현저하게 제한되는 상태에 있는 때에는 (②)를 하거나 물을 뿌려 시계를 양호하게 유지시켜야 한다.

해답 ① 분진   ② 환기

13.
흙의 동결 방지대책 3가지를 쓰시오.

해답 ① 동결심도 아래에 배수층 설치
② 배수구 등을 설치하여 지하수위 저하
③ 동결깊이 상부의 흙을 동결이 잘 되지 않는 재료로 치환
④ 모관수 상승을 차단하는 층을 두어 동상방지

14.
거푸집 동바리 등에 사용하는 동바리·멍에 등 주요 부분 강재는 기준에 맞는 것을 사용해야 한다. 다음 빈칸을 채우시오.

강재의 종류	인장강도(kg/m^2)	신장률(%)
강관	34 이상 41 미만	25 이상
	41 이상 50 미만	20 이상
	50 이상	(①) 이상

해답 10

건설안전기사(2017년 4회)

01.
안전관리자를 정수 이상으로 하거나 교체할 수 있는 사유를 3가지 쓰시오.

해답 ① 해당 사업장의 연간재해율이 같은 업종의 평균재해율의 2배 이상인 경우
② 중대재해가 연간 3건 이상 발생한 경우
③ 관리자가 질병 기타의 사유로 3개월 이상 직무를 수행할 수 없게 된 경우

02.
안전관리자가 수행하여야 할 업무 4가지를 쓰시오.

해답 ① 산업안전보건위원회 또는 법 제75조제1항에 따른 안전 및 보건에 관한 노사협의체에서 심의 · 의결한 업무와 해당 사업장의 안전보건관리규정 및 취업규칙에서 정한 업무
② 위험성평가에 관한 보좌 및 지도 · 조언
③ 안전인증대상 기계 등과 자율안전확인대상 기계 등 구입 시 적격품의 선정에 관한 보좌 및 지도 · 조언
④ 해당 사업장 안전교육계획의 수립 및 안전교육 실시에 관한 보좌 및 지도 · 조언
⑤ 사업장 순회점검, 지도 및 조치 건의
⑥ 산업재해 발생의 원인 조사 · 분석 및 재발 방지를 위한 기술적 보좌 및 지도 · 조언
⑦ 산업재해에 관한 통계의 유지 · 관리 · 분석을 위한 보좌 및 지도 · 조언
⑧ 법 또는 법에 따른 명령으로 정한 안전에 관한 사항의 이행에 관한 보좌 및 지도 · 조언
⑨ 업무 수행 내용의 기록 · 유지
⑩ 그 밖에 안전에 관한 사항으로서 고용노동부장관이 정하는 사항

03.
지게차를 사용하여 작업 시 작업 시작 전 점검사항 4가지를 쓰시오.

해답 ① 제동장치 및 조종장치 기능의 이상 유무
② 하역장치 및 유압장치 기능의 이상 유무
③ 바퀴의 이상 유무
④ 전조등 · 후미등 · 방향지시기 및 경보장치 기능의 이상 유무

04.
산업안전보건위원회 위원장 선출방법과 의결되지 아니한 사항 등의 처리방법을 쓰시오.

해답 ① 선출방법 : 산업안전보건위원회의 위원장은 위원 중에서 호선(互選)한다. 이 경우 근로자위원과 사용자위원 중 각 1명을 공동위원장으로 선출할 수 있다.
② 처리방법 : 근로자위원과 사용자위원의 합의에 따라 산업안전보건위원회에 중재기구를 두어 해결하거나 제3자에 의한 중재를 받아야 한다.

05.
공사용 가설도로를 설치하는 경우 안전조치 사항을 3가지 쓰시오.

해답 ① 도로는 장비와 차량이 안전하게 운행할 수 있도록 견고하게 설치할 것
② 도로와 작업장이 접하여 있을 경우에는 울타리 등을 설치할 것
③ 도로는 배수를 위하여 경사지게 설치하거나 배수시설을 설치할 것
④ 차량의 속도제한 표지를 부착할 것

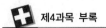

06.
고소작업대를 이동하는 경우 준수사항 2가지만 쓰시오.

해답 ① 작업대를 가장 낮게 내릴 것
② 작업대를 올린 상태에서 작업자를 태우고 이동하지 말 것
③ 이동통로의 요철상태 또는 장애물의 유무 등을 확인할 것

07.
연약지반 처리공법 중 연약한 점토지반에 하중을 가하여 흙을 압밀시키고 전단강도를 증가시키는 재하공법명을 쓰시오

해답 프리로딩(Pre–Loading) 공법

08.
암질 변화구간 및 이상 암질의 출현 시 일축압축강도와 함께 사용되는 암질판별법(암반분류법) 3가지를 쓰시오.

해답 ① R.Q.D(%)
② 탄성파 속도(m/sec)
③ R.M.R
④ 진동치 속도(cm/sec=Kine)

09.
근로자의 추락 등에 의한 위험방지를 위해 안전난간을 설치할 경우 다음 기준을 준수해야 한다. 아래 빈칸을 채우시오.

(가) 상부 난간대는 바닥면·발판 또는 경사로의 표면으로부터 (①)cm 이상 지점에 설치하고, 상부 난간대를 120cm 이하에 설치하는 경우에는 중간 난간대는 상부 난간대와 바닥면 등의 중간에 설치하여야 하며, 120cm 이상 지점에 설치하는 경우에는 중간 난간대를 2단 이상으로 균등하게 설치하고 난간의 상하 간격은 (②)cm 이하가 되도록 할 것
(나) 발끝막이판은 바닥면 등으로부터 (③)cm 이상의 높이를 유지할 것
(다) 난간대는 지름 2.7cm 이상의 금속제 파이프나 그 이상의 강도가 있는 재료일 것
(라) 안전난간은 구조적으로 가장 취약한 지점에서 가장 취약한 방향으로 작용하는 100kg 이상의 하중에 견딜 수 있는 튼튼한 구조일 것

해답 ① 90   ② 60   ③ 10

10.

다음 보기를 보고 건설업 산업안전보건관리비를 계산하시오.

- 건축공사
- 노무비 40억 원(직접노무비 30억 원, 간접노무비 10억 원)
- 재료비 40억 원
- 기계경비 10억 원

해답 안전관리비 대상액이 70억 원으로 50억 원 이상이므로 계산식은 다음과 같다.

안전관리비 산출 = 대상액(재료비+직접노무비)×1.97%
= (40억+30억)×0.0197 = 137,900,000원

11.

산업안전보건법상 특별교육 중 거푸집 동바리의 조립 또는 해체작업 대상 작업에 대한 교육내용에서 개별내용에 해당되는 사항을 3가지만 쓰시오.(단, 그 밖의 안전보건관리에 필요한 사항은 제외한다.)

해답 ① 동바리의 조립방법 및 작업절차에 관한 사항
② 조립재료의 취급방법 및 설치기준에 관한 사항
③ 조립 해체 시의 사고예방에 관한 사항
④ 보호구 착용 및 점검에 관한 사항

12.

안전보건개선계획 수립대상 사업장 등에 관한 내용이다. 다음 빈칸을 채우시오.

(1) 안전보건개선계획의 수립·시행명령을 받은 사업주는 고용노동부 장관이 정하는 바에 따라 안전보건개선 계획서를 그 명령을 받은 날부터 (①)일 이내에 관할 지방고용노동관서의 장에게 제출하여야 한다.
(2) 안전보건개선계획서는 시설, (②), (③), 산업재해예방 및 작업환경의 개선을 위하여 필요한 사항이 포함되어야 한다.

해답 ① 60
② 안전보건관리체제
③ 안전보건교육

13.
콘크리트 골조공사 시 비계의 종류 5가지를 쓰시오.

해답 ① 강관비계　　　② 강관틀비계
　　　③ 이동식 비계　　④ 달비계
　　　⑤ 달대비계　　　⑥ 말비계

14.
다음에 조건에 해당하는 안전관리조직은 무엇인지 쓰시오.

중소규모사업장에 적합한 조직으로서 안전업무를 관장하는 스태프(Staff)를 두고 안전관리에 관한 계획 조정·조사·검토·보고 등의 업무와 현장에 대한 기술지원을 담당하도록 편성된 조직

해답 스태프형 조직(참모식 조직)

건설안전기사(2018년 1회)

01.
산업재해 발생 시 기록 보존해야 하는 항목 4가지를 쓰시오.

→해답 ① 사업장의 개요 및 근로자의 인적사항　　② 재해 발생의 일시 및 장소
　　　③ 재해 발생의 원인 및 과정　　　　　　　④ 재해 재발 방지계획

02.
(　) 안에 알맞은 조치를 쓰시오.

사업주는 순간풍속이 (　)m/s를 초과하는 바람이 불어올 우려가 있는 경우 옥외에 설치되어 있는 주행 크레인에 대하여 이탈방지장치를 작동시키는 등 이탈 방지를 위한 조치를 하여야 한다.

→해답 30

03.
하인리히가 제시한 재해예방의 4원칙을 쓰시오.

→해답 ① 손실우연의 원칙　　　　　② 원인계기의 원칙
　　　③ 예방가능의 원칙　　　　　④ 대책선정의 원칙

04.
터널 조도기준을 쓰시오.

→해답 ① 막장구간 : 60Lux
　　　② 터널 중간구간 : 50Lux
　　　③ 터널 입출입구, 수직구 : 30Lux

05.
히빙 방지대책 2가지를 쓰시오.

해답 ① 흙막이벽 근입깊이 증가
② 흙막이벽 배면 지표의 상재하중을 제거
③ 지반굴착 시 흙이 느슨해지지 않도록 유의
④ 지반개량으로 하부지반 전단강도 개선
⑤ 강성이 큰 흙막이 공법 선정

06.
기상상태의 악화로 작업을 중지시킨 이후나 또는 비계를 조립·해체하거나 변경 후 그 비계에서 작업하는 경우 해당 작업 시작 전 점검사항 5가지를 쓰시오.

해답 ① 발판재료의 손상 여부 및 부착 또는 걸림상태
② 해당 비계의 연결부 또는 접속부의 풀림상태
③ 연결재료 및 연결철물의 손상 또는 부식상태
④ 손잡이의 탈락 여부
⑤ 기둥의 침하·변형·변위 또는 흔들림 상태
⑥ 로프의 부착상태 및 매단장치의 흔들림 상태

07.
굴착공사 시 토사붕괴예방을 위한 안전점검사항 5가지를 쓰시오.

해답 ① 전 지표면의 답사
② 경사면 상황 변화의 확인
③ 부석의 상황 변화의 확인
④ 용수의 발생 유무 또는 용수량의 변화 확인
⑤ 결빙과 해빙에 대한 상황의 확인
⑥ 각종 경사면 보호공의 변위, 탈락 유무 확인

08.
명예산업안전감독관의 위촉 주체와 임기를 쓰시오.

해답 ① 주체 : 고용노동부장관은 산업재해 예방활동에 대한 참여와 지원을 촉진하기 위하여 근로자, 근로자단체, 사업주단체 및 산업재해 예방 관련 전문단체에 소속된 자 중에서 명예산업안전감독관을 위촉할 수 있다.
② 임기 : 2년

09.

산업안전보건법상 사업 내 안전·보건교육에 대한 교육 시간을 쓰시오.

교육과정	교육대상	교육시간
정기교육	사무직 종사 근로자	(①)
채용 시의 교육	일용근로자	(②)
작업내용 변경 시 교육	일용근로자	(③)

해답 ① 매반기 6시간 이상
② 1시간 이상
③ 1시간 이상

10.

안전보건 총괄책임자 지정대상 사업 2가지이다. ( ) 안을 채우시오.

수급인과 하수급인에게 고용된 근로자를 포함한 상시 근로자가 100명(선박 및 보트 건조업, 1차 금속 제조업 및 토사석 광업의 경우에는 50명) 이상인 사업 및 수급인과 하수급인의 공사금액을 포함한 해당 공사의 총공사금액이 ( )원 이상인 건설업을 말한다.

해답 20억

11.

겨울철 흙의 동상 방지대책 3가지를 쓰시오.

해답 ① 동결심도 아래에 배수층 설치
② 배수구 등을 설치하여 지하수위 저하
③ 동결깊이 상부의 흙을 동결이 잘 되지 않는 재료로 치환
④ 모관수 상승을 차단하는 층을 두어 동상방지

12.

중력식 옹벽의 붕괴방지를 위하여 외력에 대한 안정조건 3가지를 쓰시오.

해답 ① 활동에 대한 안정 : $F_s = \dfrac{활동에 \ 저항하려는힘}{활동하려는 \ 힘} \geq 1.5$

② 전도에 대한 안정 : $F_s = \dfrac{저항모멘트}{전도모멘트} \geq 2.0$

③ 기초지반의 지지력(침하)에 대한 안정 : $F_s = \dfrac{지반의 \ 극한지지력}{지반의 \ 최대반력} \geq 3.0$

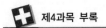

13.
다음에 안전관리자의 최소 인원을 쓰시오.

① 총공사금액 1000억 원 이상인 건설업에서 안전관리자 수를 쓰시오.
② 상시근로자 700명인 건설업에서 안전관리자 수를 쓰시오.
③ 유해·위험방지계획서 제출대상으로서 선임하여야 할 안전관리자의 수가 3명 이상인 사업장의 경우에는 3명 중에 1명은 필수로 선임하여야 하는 자격을 쓰시오.

➡해답 ① 2명
② 2명
③ 건설안전기술사

14.
가설통로 설치 시 사업주의 조치사항 5가지를 쓰시오.

➡해답 ① 견고한 구조로 할 것
② 경사가 15도를 초과하는 경우에는 미끄러지지 아니하는 구조로 할 것
③ 경사는 30도 이하로 할 것
④ 추락할 위험이 있는 장소에는 안전난간을 설치할 것
⑤ 수직갱에 가설된 통로의 길이가 15미터 이상인 경우에는 10미터 이내마다 계단참을 설치할 것
⑥ 건설공사에 사용하는 높이 8미터 이상인 비계다리에는 7미터 이내마다 계단참을 설치할 것

건설안전기사(2018년 2회)

O1.
다음의 색채 기준을 채우시오.

색채	색도기준	용도	사용 례
(①)	7.5R 4/14	금지	정지신호, 소화설비 및 그 장소, 유해행위의 금지
		경고	화학물질 취급장소에서의 유해·위험 경고
(②)	5Y 8.5/12	경고	화학물질 취급장소에서의 유해·위험 경고 이외의 위험경고, 주의표지 또는 기계방호물
파란색	(③)	지시	특정행위의 지시 및 사실의 고지

➡해답 ① 빨간색 ② 노란색 ③ 2.5PB 4/10

02.

안전관리자를 두어야 할 수급인인 사업주는 도급인인 사업주가 안전관리자를 선임하지 아니할 수 있는 요건을 2가지 쓰시오.

➡️**해답** ① 도급인인 사업주 자신이 선임하여야 할 안전관리자를 둔 경우
② 안전관리자를 두어야 할 수급인인 사업주의 업종별로 상시 근로자 수(건설업의 경우 상시 근로자 수 또는 공사금액)를 합하여 그 근로자 수 또는 공사금액에 해당하는 안전관리자를 추가로 선임한 경우)

03.

건설현장의 지난 한 해 동안 근무상황이 다음과 같은 경우에 종합재해지수를 구하시오.

- 연평균 근로자수 : 500명
- 1일 작업시간 : 8시간
- 연간작업일수 : 280일
- 휴업일수 : 159일
- 연간재해발생건수 : 10건

➡️**해답** ① 도수율 $= \dfrac{\text{재해건수}}{\text{연근로시간수}} \times 1,000,000 = \dfrac{10}{(500 \times 8 \times 280)} \times 1,000,000 = 8.928$

② 강도율 $= \dfrac{\text{총근로손실일수}}{\text{연근로시간수}} \times 1,000 = \dfrac{159 \times \dfrac{280}{365}}{500 \times 8 \times 280} \times 1,000 = 0.109$

③ 종합재해지수 $= \sqrt{\text{도수율} \times \text{강도율}} = \sqrt{8.928 \times 0.109} = 0.99$

04.

고소작업대를 사용하는 경우 준수사항 3가지를 쓰시오.

➡️**해답** ① 작업자가 안전모·안전대 등의 보호구를 착용하도록 할 것
② 관계자가 아닌 사람이 작업구역에 들어오는 것을 방지하기 위하여 필요한 조치를 할 것
③ 안전한 작업을 위하여 적정수준의 조도를 유지할 것
④ 전로에 근접하여 작업을 하는 경우에는 작업감시자를 배치하는 등 감전사고를 방지하기 위하여 필요한 조치를 할 것
⑤ 작업대를 정기적으로 점검하고 붐·작업대 등 각 부위의 이상 유무를 확인할 것
⑥ 전환스위치는 다른 물체를 이용하여 고정하지 말 것
⑦ 작업대는 정격하중을 초과하여 물건을 싣거나 탑승하지 말 것
⑧ 작업대의 붐대를 상승시킨 상태에서 탑승자는 작업대를 벗어나지 말 것. 다만, 작업대에 안전대 부착설비를 설치하고 안전대를 연결하였을 때에는 그러하지 아니하다.

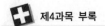

05.
건설업 중 유해·위험방지계획서 제출 대상사업에 대하여 보기의 (   ) 안에 알맞은 수치를 쓰시오.

가) 연면적 (①)m² 이상의 냉동·냉장 창고시설의 설비공사 및 단열공사
나) 최대 지간길이가 (②)m 이상인 교량건설 등 공사
다) 깊이 (③)m 이상인 굴착공사

➡해답 ① 5,000
② 50
③ 10

06.
흙의 동상 방지대책에 대하여 3가지만 기술하시오.

➡해답 ① 동결심도 아래에 배수층 설치
② 배수구 등을 설치하여 지하수위 저하
③ 동결깊이 상부의 흙을 동결이 잘 되지 않는 재료로 치환
④ 모관수 상승을 차단하는 층을 두어 동상방지

07.
흙막이 공사를 할 경우 주변 침하원인 3가지를 쓰시오.

➡해답 ① 흙막이 배면의 토압에 의한 흙막이 변형으로 배면토 이동
② 지반의 지하수 배출로 인한 지하수위 저하로 압밀침하 발생
③ 흙막이 배면부 뒤채움 및 다짐 불량
④ 우수 및 지표수 유입
⑤ 흙막이 배면부 과재하중 적재
⑥ 히빙, 보일링 현상 발생

08.
다음의 표에 산업안전보건법 시행규칙에 따른 교육시간을 쓰시오.

교육대상	교육시간	
	신규교육	보수교육
안전보건관리책임자	(①)시간 이상	(②)시간 이상

➡해답 ① 6   ② 6

09.
기계굴착 작업 시 사전 안전점검사항 4가지를 쓰시오.

➡️해답 ① 형상·지질 및 지층의 상태
② 균열·함수·용수 및 동결의 유무 또는 상태
③ 매설물 등의 유무 또는 상태
④ 지반의 지하수위 상태

10.
승강기의 종류 4가지를 쓰시오.

➡️해답 ① 승객용 엘리베이터
② 화물용 엘리베이터
③ 승객화물용 엘리베이터
④ 소형화물용 엘리베이터
⑤ 에스컬레이터

11.
거푸집 동바리 구조 검토 시 고려할 하중을 2가지 쓰시오.

➡️해답 ① 연직방향하중 : 타설 콘크리트 및 거푸집 중량, 활하중(충격하중, 작업하중 등)
② 횡방향하중 : 작업 시 진동, 충격, 풍압, 유수압, 지진 등
③ 콘크리트 측압 : 콘크리트가 거푸집을 안쪽에서 밀어내는 압력
④ 특수하중 : 시공 중 예상되는 특수한 하중(콘크리트 편심하중 등)

12.
섬유로프의 사용금지 기준을 쓰시오.

➡️해답 ① 꼬임이 끊어진 것
② 심하게 손상되거나 부식된 것

13.
채석작업 시 채석작업 계획에 포함되는 사항 4가지를 쓰시오.

➡️해답 ① 노천굴착과 갱내굴착의 구별 및 채석방법
② 굴착면의 높이와 기울기
③ 굴착면 소단의 위치와 넓이
④ 갱내에서의 낙반 및 붕괴 방지방법

⑤ 발파방법
⑥ 암석의 분할방법
⑦ 암석의 가공장소
⑧ 사용하는 굴착기계·분할기계·적재기계 또는 운반기계의 종류 및 성능
⑨ 토석 또는 암석의 적재 및 운반방법과 운반경로
⑩ 표토 또는 용수의 처리방법

14.
하인리히의 재해예방대책 5단계를 순서대로 쓰시오.

➡️**해답** (1) 1단계 : 안전조직
(2) 2단계 : 사실의 발견
(3) 3단계 : 분석·평가
(4) 4단계 : 시정책의 선정
(5) 5단계 : 시정책의 적용

건설안전기사(2018년 4회)

01.
지하작업 가스공사 중 가스농도를 측정하는 자를 지정해야 한다. 이때 가스농도를 측정하는 시점 3가지를 쓰시오.

➡️**해답** ① 매일 작업을 시작하기 전
② 가스의 누출이 의심되는 경우
③ 가스가 발생하거나 정체할 위험이 있는 장소가 있는 경우
④ 장시간 작업을 계속하는 경우(4시간마다 가스 농도 측정)

02.
산업안전보건법상 지게차에 구비해야 하는 품목 3가지를 쓰시오.

➡️**해답** 1. 헤드가드
2. 백레스트
3. 전조등, 후미등, 후진경보기와 경광등(후방감지기)

03.
다음 표의 내용이 설명하고 있는 것을 쓰시오.

> 투수성이 좋은 사질토 지반 굴착 시 흙막이벽 배면의 지하수위가 굴착저면보다 높을 때 굴착저면 위로 모래와 지하수가 솟아오르는 현상

▶해답 보일링(Boiling) 현상

04.
차량계 건설기계 등에 대한 전도방지대책 3가지를 쓰시오.

▶해답 ① 유도하는 사람(유도자)을 배치
② 지반의 부동침하 방지
③ 갓길의 붕괴 방지
④ 도로 폭의 유지

05.
1톤 이상의 크레인을 사용하는 작업 시의 특별교육 항목을 쓰시오.

▶해답 ① 방호장치의 종류, 기능 및 취급에 관한 사항
② 걸고리·와이어로프 및 비상정지장치 등의 기계·기구 점검에 관한 사항
③ 화물의 취급 및 작업방법에 관한 사항
④ 신호방법 및 공동작업에 관한 사항
⑤ 인양 물건의 위험성 및 낙하·비래(飛來)·충돌재해 예방에 관한 사항
⑥ 인양물이 적재될 지반의 조건, 인양하중, 풍압 등이 인양물과 타워크레인에 미치는 영향

06.
연천인율·도수율·강도율에 대한 계산식을 쓰시오.

▶해답
1. 연천인율 $= \dfrac{\text{재해자 수}}{\text{연평균근로자 수}} \times 1,000$

2. 도수율 $= \dfrac{\text{재해발생 건수}}{\text{연근로시간}} \times 1,000,000$

3. 강도율 $= \dfrac{\text{근로손실일수}}{\text{연근로시간}} \times 1,000$

07.

하역작업을 할 때 화물운반용 또는 고정용으로 사용할 수 없는 섬유로프의 사용제한 조건을 2가지 쓰시오.

해답 ① 꼬임이 끊어진 것
② 심하게 손상 또는 부식된 것

08.

굴착작업을 하는 때에 토사등의 붕괴 또는 낙하에 의한 근로자의 위험을 방지하기 위하여 사업주가 해야 할 조치사항 3가지를 쓰시오.

해답 ① 흙막이 지보공의 설치
② 방호망의 설치
③ 근로자의 출입금지
④ 비가 올 경우를 대비하여 측구를 설치하거나 굴착경사면에 비닐보강

09.

추락방지용 방망사의 신품에 대한 인장강도는 그물코의 종류에 따라 다음과 같다. ( ) 안에 알맞은 말을 쓰시오.

방망사의 신품에 대한 인장강도	
그물코의 크기	매듭방망 인장강도
10cm	(①)kg
5cm	(②)kg

해답 ① 200
② 110

10.

3E가 무엇인지 쓰시오.

해답 3E : 기술적(Engineering) 대책, 교육적(Education) 대책, 관리적(Enforcement) 대책

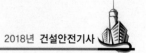

11.

철골구조물 건립 중 강풍에 의한 풍압 등 외압에 대한 내력 설계 시 고려되어야 하는 구조물의 조건 5가지를 쓰시오.

해답 ① 높이 20m 이상의 구조물
② 구조물의 폭과 높이의 비가 1 : 4 이상인 구조물
③ 단면구조에 현저한 차이가 있는 구조물
④ 연면적당 철골량이 50kg/m² 이하인 구조물
⑤ 기둥이 타이플레이트(Tie Plate)형인 구조물
⑥ 이음부가 현장용접인 구조물

12.

수급인인 사업주는 도급인인 사업주가 어떤 요건을 갖춘 경우에 안전관리자를 선임하지 아니할 수 있는지 쓰시오.

해답 ① 도급인인 사업주 자신이 선임하여야 할 안전관리자를 둔 경우
② 안전관리자를 두어야 할 수급인인 사업주의 업종별로 상시근로자 수(건설업의 경우 상시근로자 수 또는 공사금액)를 합계하여 그 근로자 수 또는 공사금액에 해당하는 안전관리자를 추가로 선임한 경우

13.

T.B.M에 관한 다음 물음에 답하시오.

① 소요시간은 (①)분 정도가 바람직하다.
② 인원은 (②)명 이하로 구성한다.
③ 과정은 아래와 같고 [보기]에서 골라 답을 쓰시오.

제1단계	도입
제2단계	(③)
제3단계	작업지시
제4단계	(④)
제5단계	확인

[보기]
ㄱ. 작업점검   ㄴ. 위험예측
ㄷ. 행동개시   ㄹ. 정비점검

해답 ① 10분
② 10명
③ 제2단계 - ㄱ. 정비점검
④ 제4단계 - ㄴ. 위험예측

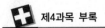

14.
전기기계·기구 또는 전로 등의 충전부분에 접촉 시 감전방지대책 3가지를 쓰시오.

⯈해답 ① 충전부가 노출되지 않도록 폐쇄형 외함이 있는 구조로 할 것
② 충전부에 충분한 절연효과가 있는 방호망 또는 절연덮개를 설치할 것
③ 충전부는 내구성이 있는 절연물로 완전히 덮어 감쌀 것
④ 발·변전소 및 개폐소 등 구획되어 있는 장소로서 관계근로자가 아닌 사람의 출입이 금지되는 장소에 충전부를 설치하고 위험표시 등의 방법으로 방호를 강화할 것
⑤ 전주 위 및 철탑 위 등 격리되어 있는 장소로서 관계근로자가 아닌 사람이 접근할 우려가 없는 장소에 충전부를 설치할 것

건설안전기사(2019년 1회)

01.
근로자 500명, 하루평균작업시간 8시간, 연간근무일수 280일, 재해건수 10건, 휴업일수 159일 때 종합 재해지수를 구하시오.

해답 ① 도수율 = $\dfrac{\text{재해발생건수}}{\text{연근로시간수}} \times 1{,}000{,}000 = \dfrac{10}{500 \times 8 \times 280} \times 1{,}000{,}000 = 8.93$

② 강도율 = $\dfrac{\text{근로손실일수}}{\text{연근로시간수}} \times 1{,}000 = \dfrac{159 \times \dfrac{280}{365}}{500 \times 8 \times 280} \times 1{,}000 = 0.11$

③ 종합재해지수(FSI) = $\sqrt{\text{도수율}(F.R) \times \text{강도율}(S.R)} = \sqrt{8.93 \times 0.11} = 0.99$

02.
콘크리트 구조물 해체공법 선정 시 고려사항 4가지를 쓰시오.

해답 ① 해체 대상물의 구조
② 해체 대상물의 부재단면 및 높이
③ 부지 내 작업용 공지
④ 부지 주변의 도로상황 및 환경
⑤ 해체공법의 경제성·작업성·안정성

03.
고소작업 중 작업대에서 떨어져 지면에 부딪혀 상해를 입었을 때 ① 발생형태, ② 기인물, ③ 가해물을 각각 쓰시오.

해답 ① 발생형태 : 추락
② 기인물 : 작업대
③ 가해물 : 지면

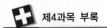

O4.
산업안전보건법상 건설업 중 유해·위험방지계획서 제출 대상사업이다. (   )에 알맞은 내용을 쓰시오.

> • 지상높이가 (①)m 이상인 건축물 또는 인공구조물
> • 최대 지간길이가 (②)m 이상인 교량 건설 등 공사
> • 다목적댐, 발전용댐 및 저수용량 (③)톤 이상의 용수 전용 댐, 지방상수도 전용 댐 건설 등의 공사
> • 연면적 (④)m² 이상의 냉동·냉장창고시설의 설비공사 및 단열공사
> • 깊이 10m 이상인 (⑤)

➡해답 ① 31
　　② 50
　　③ 2천만
　　④ 5,000
　　⑤ 굴착공사

O5.
감전 시 인체에 미치는 영향 3가지를 쓰시오

➡해답 ① 통전 전류의 크기
　　② 통전 경로(심장을 지나가면 위험)
　　③ 통전 시간
　　④ 통전 전원의 종류(직류냐 교류냐)
　　⑤ 주파수 및 파형

O6.
비계 작업 시 비, 눈 그 밖의 기상상태의 불안전으로 날씨가 몹시 나빠서 작업을 중지시킨 후 그 비계에서 작업을 할 때 점검사항을 4가지만 쓰시오.

➡해답 ① 발판재료의 손상 여부 및 부착 또는 걸림상태
　　② 해당 비계의 연결부 또는 접속부의 풀림상태
　　③ 연결재료 및 연결철물의 손상 또는 부식상태
　　④ 손잡이의 탈락 여부
　　⑤ 기둥의 침하·변형·변위 또는 흔들림 상태
　　⑥ 로프의 부착상태 및 매단장치의 흔들림 상태

O7.
해체 공법의 종류를 5가지만 쓰시오.

[해답] ① 기계력 : 철 해머, 대형·소형 브레이커, 절단공법
② 전도 : 전도공법
③ 유압력 : 유압잭 공법, 압쇄공법
④ 폭발력 : 발파공법, 폭파공법
⑤ 기타 : 팽창압 공법, 워터제트(Water Jet) 공법

O8.
건설업체의 환산재해율 계산식을 쓰시오.

[해답] $환산재해율 = \dfrac{환산재해자수}{상시근로자수} \times 100$

※ 현재법에는 사망사고만인율로 변경됨

O9.
강관비계 조립 시 벽이음 또는 버팀을 설치하는 간격을 답란의 빈칸에 쓰시오.

강관비계의 종류	조립간격(단위 : m)	
	수직방향	수평방향
단관비계	(①)	(②)
틀비계(높이가 5m 미만의 것을 제외한다)	(③)	(④)

[해답] ① 5 ② 5 ③ 6 ④ 8

10.
라인(Line)형 조직의 장단점을 각각 1가지씩 쓰시오.

[해답] 1. 장점
① 안전에 관한 지시 및 명령계통이 철저
② 안전대책의 실시가 신속
③ 명령과 보고가 상하관계뿐으로 간단 명료
2. 단점
① 안전에 대한 지식 및 기술 축적이 어려움
② 안전에 대한 정보수집 및 신기술 개발이 미흡
③ 라인에 과중한 책임을 지우기 쉬움

11.
작업으로 인하여 물체가 떨어지거나 날아올 위험에 대비한 안전조치 3가지를 쓰시오.

해답 ① 낙하물 방지망　　　　　　② 수직보호망 또는 방호선반의 설치
　　　③ 출입금지구역의 설정　　　④ 보호구의 착용

12.
보일링 방지대책 3가지를 쓰시오.

해답 ① 흙막이벽 근입깊이 증가　　② 흙막이벽의 차수성 증대
　　　③ 흙막이벽 배면지반 그라우팅 실시　④ 흙막이벽 배면지반 지하수위 저하
　　　⑤ 굴착토를 즉시 원상태로 매립

13.
산업안전보건 교육 중 근로자 정기안전·보건교육 내용을 5가지만 쓰시오.(단, 「산업안전보건법」 및 일반관리에 관한 사항은 제외한다.)

해답 ① 산업안전 및 사고 예방에 관한 사항
　　　② 산업보건 및 직업병 예방에 관한 사항
　　　③ 위험성 평가에 관한 사항
　　　④ 건강증진 및 질병 예방에 관한 사항
　　　⑤ 유해·위험 작업환경 관리에 관한 사항
　　　⑥ 직무스트레스 예방 및 관리에 관한 사항
　　　⑦ 산업재해보상보험 제도에 관한 사항
　　　⑧ 직장 내 괴롭힘, 고객의 폭언 등으로 인한 건강장해 예방 및 관리에 관한 사항

14.
다음 안전·보건표지의 이름을 쓰시오.

① 　② 　③ 　④

해답 ① 보행금지　　　　　② 인화성물질경고
　　　③ 낙하물경고　　　　④ 녹십자 표지

건설안전기사(2019년 2회)

01.

다음 안전·보건표지의 용도 및 설치·부착 장소를 쓰시오.

> ① 사용 금지
> ② 산화성 물질 경고
> ③ 고압전기 경고

➡해답 ① 사용금지 : 수리 또는 고장 등으로 만지거나 작동시키는 것을 금지해야 할 기계·기구 및 설비
② 산화성 물질 경고 : 가열·압축하거나 강산·알칼리 등을 첨가하면 강한 산화성을 띠는 물질이 있는 장소
③ 고압전기 경고 : 발전소나 고전압이 흐르는 장소

02.

이동식 크레인을 사용하여 작업을 하는 때에 작업 시작 전 점검사항을 3가지만 쓰시오.

➡해답 ① 권과방지장치 그 밖의 경보장치의 기능　　② 브레이크·클러치 및 조정장치의 기능
③ 와이어로프가 통하고 있는 곳　　　　　　　④ 작업장소의 지반상태

03.

차량계 건설기계를 사용하여 작업을 할 때에는 작업계획을 작성하고 그 작업계획에 따라 작업을 실시하도록 하여야 한다. 이 작업계획에 포함되어야 할 사항을 3가지만 쓰시오.

➡해답 ① 사용하는 차량계 건설기계의 종류 및 성능
② 차량계 건설기계의 운행경로
③ 차량계 건설기계에 의한 작업방법

04.

안전모의 종류 중 AB, AE, ABE 사용구분에 따른 용도를 쓰시오.

➡해답 ① AB형 : 물체의 낙하 또는 비래 및 추락에 의한 위험을 방지 또는 경감시키기 위한 것
② AE형 : 물체의 낙하 또는 비래에 의한 위험을 방지 또는 경감하고, 머리부위 감전에 의한 위험을 방지하기 위한 것
③ ABE형 : 물체의 낙하 또는 비래 및 추락에 의한 위험을 방지 또는 경감하고, 머리부위 감전에 의한 위험을 방지하기 위한 것

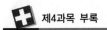

05.
구축물 또는 이와 유사한 시설물에 대하여 안전진단 등 안전성 평가를 실시하여 근로자에게 미칠 위험성을 미리 제거하여야 하는 경우 3가지를 쓰시오.(단, 그 밖의 잠재위험이 예상될 경우는 제외)

➡해답 ① 화재 등으로 구축물 또는 이와 유사한 시설물의 내력이 심하게 저하되었을 경우
② 구축물 또는 이와 유사한 시설물에 지진, 동해, 부동침하 등으로 균열·비틀림 등이 발생하였을 경우
③ 오랜 기간 사용하지 아니하던 구축물 또는 이와 유사한 시설물을 재사용하게 되어 안전성을 검토하여야 하는 경우
④ 구축물 또는 이와 유사한 시설물의 인근에서 굴착·항타작업 등으로 침하·균열 등이 발생하여 붕괴의 위험이 예상될 경우

06.
산업안전보건법령상 고용노동부 장관이 명예산업안전감독관을 해촉할 수 있는 경우를 2가지만 쓰시오.

➡해답 ① 근로자대표가 사업주의 의견을 들어 위촉된 명예감독관의 해촉을 요청한 경우
② 위촉된 명예감독관이 해당 단체 또는 그 산하조직으로부터 퇴직하거나 해임된 경우
③ 명예감독관의 업무와 관련하여 부정한 행위를 한 경우
④ 질병이나 부상 등의 사유로 명예감독관의 업무 수행이 곤란하게 된 경우

07.
균열이 있는 암석의 경사면 붕괴방지를 위해 설치하거나 조치를 하여야 할 사항 3가지를 쓰시오.

➡해답 ① 적절한 경사면의 기울기 계획(굴착면 기울기 기준 준수)
② 경사면의 기울기가 당초 계획과 차이 발생 시 즉시 재검토하여 계획 변경
③ 활동할 가능성이 있는 토석은 제거
④ 경사면의 하단부에 압성토 등 보강공법으로 활동에 대한 저항대책 강구
⑤ 말뚝(강관, H형강, 철근콘크리트)을 타입하여 지반 강화
⑥ 지표수와 지하수의 침투 방지

08.
사업주는 중대재해가 발생한 사실을 알게 된 경우에는 관할 지방고용노동관서의 장에게 전화·팩스, 또는 그 밖에 적절한 방법으로 보고하여야 한다. 다만, 천재지변 등 부득이한 사유가 발생한 경우에는 그 사유가 소멸된 때부터 지체 없이 보고하여야 한다. 이 때 보고내용 2가지를 쓰시오.(그 밖의 중요한 사항 제외)

➡해답 ① 발생개요 및 피해상황
② 조치 및 전망

09.
토공사의 비탈면 보호방법(공법)의 종류를 4가지만 쓰시오.

해답 ① 식생공 : 떼붙임공, 식생 Mat공, 식수공
② 뿜어붙이기공 : 콘크리트 또는 시멘트 모르타르를 뿜어 붙임
③ 블록공 : 사면에 블록붙임
④ 돌쌓기공 : 견치석 쌓기
⑤ 배수공 : 지표수 배제공, 지하수 배제공

10.
작업발판에 대한 다음 (   ) 안에 알맞은 수치를 쓰시오.

- 비계의 높이가 2m 이상인 작업장소에 설치하는 작업발판의 폭은 (①)cm 이상으로 할 것
- 발판재료 간의 틈은 (②)cm 이하로 할 것
- 작업발판재료는 뒤집히거나 떨어지지 않도록 (③) 이상의 지지물에 연결하거나 고정시킬 것

해답 ① 40   ② 3   ③ 둘(2)

11.
건설업 중 건설공사 유해·위험방지계획서의 첨부서류 4가지를 쓰시오.

해답 ① 공사개요
② 안전보건관리계획
③ 작업공사 종류별 유해·위험방지계획
④ 작업환경 조성계획

12.
와이어로프의 안전계수에 대해서 설명하시오.

해답 안전계수란 달기구 절단하중의 값을 그 달기구에 걸리는 하중의 최댓값으로 나눈 값을 말한다.

즉, 안전계수 $= \dfrac{\text{절단하중}}{\text{최대사용하중}}$

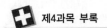

13.
안전관리비를 사용가능한 것의 번호를 모두 쓰시오.

> (1) 출입금지 표지, 가설 울타리
> (2) 감리인이나 외부에서 방문하는 인사에게 지급하는 보호구
> (3) 계단, 통로, 비계에 추가로 설치하는 안전난간
> (4) 절토부 및 성토부 등의 토사유실 방지를 위한 설비
> (5) 작업장 내부에서 이루어지는 안전기원제

➡해답 (3), (5)

14.
산업안전보건법상 양중기의 종류를 2가지만 쓰시오.

➡해답 ① 크레인(호이스트(hoist)를 포함)
② 이동식 크레인
③ 리프트(이삿짐 운반용 리프트의 경우에는 적재하중이 0.1톤 이상인 것으로 한정한다)
④ 곤돌라
⑤ 승강기

건설안전기사(2019년 4회)

01.
화재·폭발 등 사고발생 위험이 높은 장소로서 고용노동부령으로 정하는 장소 5개소를 쓰시오.

➡해답 ① 선박 내부에서의 용접·용단작업
② 인화성 액체를 취급·저장하는 설비 및 용기에서의 용접·용단작업
③ 특수화학설비에서의 용접·용단작업
④ 가연물(可燃物)이 있는 곳에서의 용접·용단 및 금속의 가열 등 화기를 사용하는 작업이나 연삭숫돌에 의한 건식연마작업 등 불꽃이 발생할 우려가 있는 작업
⑤ 양중기(揚重機)에 의한 충돌 또는 협착(狹窄)의 위험이 있는 작업을 하는 장소
⑥ 유기화합물 취급 특별장소
⑦ 방사선 업무를 하는 장소
⑧ 밀폐공간
⑨ 안전보건규칙 별표 1에 따른 위험물질을 제조하거나 취급하는 장소
⑩ 안전보건규칙 별표 7에 따른 화학설비 및 그 부속설비에 대한 정비·보수 작업이 이루어지는 장소

02.
다음은 강관비계에 관한 내용이다. 다음 빈칸을 채우시오.

> - 비계기둥에는 미끄러지거나 침하하는 것을 방지하기 위하여 밑받침철물을 사용하거나 (①) 등을 사용하여 밑둥잡이를 설치하는 등의 조치를 할 것
> - 비계기둥의 간격은 띠장방향에서는 (②)m, 장선 방향에서는 1.5m 이하로 할 것
> - 띠장간격은 (③)m 이하로 설치할 것
> - 비계기둥의 최고부로부터 (④)m 되는 지점 밑부분의 비계기둥은 (⑤)본의 강관으로 묶어세울 것
> - 비계기둥 간의 적재하중은 (⑥)kg을 초과하지 아니하도록 할 것

➡️**해답** ① 받침목이나 깔판 ② 1.85 ③ 2 ④ 31 ⑤ 2 ⑥ 400

03.
굴착작업 시 토석이 붕괴되는 원인을 외적 원인과 내적 원인으로 구분할 때 외적 원인에 해당하는 사항을 3가지만 쓰시오.

➡️**해답** ① 사면, 법면의 경사 및 기울기의 증가
　　　② 절토 및 성토 높이의 증가
　　　③ 공사에 의한 진동 및 반복하중의 증가
　　　④ 지표수 및 지하수의 침투에 의한 토사 중량의 증가
　　　⑤ 지진, 차량 구조물의 하중 작용
　　　⑥ 토사 및 암석의 혼합층 두께

04.
무재해운동의 추진 3기둥을 쓰시오.

➡️**해답** 무재해운동의 3기둥(3요소)
　　　① 직장의 자율활동의 활성화
　　　② 라인(관리감독자)화의 철저
　　　③ 최고경영자의 안전경영철학

05.
구조안전의 위험이 큰 철골구조물 건립 중 강풍에 의한 풍압 등 외압에 대한 내력이 설계에 고려되어 있는지 확인하여야 할 구조물 5가지를 쓰시오.

➡️**해답** ① 높이가 20m 이상인 구조물
　　　② 구조물의 폭과 높이의 비가 1 : 4 이상인 구조물

③ 단면구조에 현저한 차이가 있는 구조물
④ 연면적당 철골량이 50kg/m² 이하인 구조물
⑤ 기둥이 타이플레이트(Tie Plate)형인 구조물
⑥ 이음부가 현장용접인 구조물

06.

근로자 500명이 근무하는 사업장에서 12건의 산업재해가 발생하였고, 15명의 재해자가 발생하여 600일의 근로손실일이 발생하였다. 도수율, 강도율, 연천인율을 구하시오.(단, 근로시간은 1일 9시간 270일 근무이다.)

해답 ① 도수율 $= \dfrac{\text{재해건수}}{\text{연근로시간수}} \times 10^6 = \dfrac{12}{500 \times 9 \times 270} \times 10^6 = 9.876 = 9.88$

② 강도율 $= \dfrac{\text{총근로손실일수}}{\text{연근로시간수}} \times 1{,}000 = \dfrac{600}{500 \times 9 \times 270} \times 1{,}000 = 0.493 = 0.49$

③ 연천인율 $= \dfrac{\text{연간재해자수}}{\text{연평균근로자수}} \times 1{,}000 = \dfrac{15}{500} \times 1{,}000 = 30$

07.

달비계 또는 높이 5m 이상의 비계를 조립, 해체하거나 변경작업을 할 때에 사업주로서 준수하여야 할 사항을 4가지만 쓰시오.

해답 ① 근로자가 관리감독자의 지휘에 따라 작업하도록 할 것
② 조립·해체 또는 변경의 시기·범위 및 절차를 그 작업에 종사하는 근로자에게 주지시킬 것
③ 비, 눈, 그 밖의 기상상태의 불안정으로 날씨가 몹시 나쁜 경우에는 그 작업을 중지시킬 것
④ 재료·기구 또는 공구 등을 올리거나 내리는 경우에는 근로자가 달줄 또는 달포대 등을 사용하게 할 것
⑤ 조립·해체 또는 변경 작업구역에는 해당 작업에 종사하는 근로자가 아닌 사람의 출입을 금지하고 그 내용을 보기 쉬운 장소에 게시할 것

08.

고용노동부장관이 산업재해 예방활동에 대한 참여와 지원을 촉진하기 위하여 명예산업안전감독관에 위촉할 수 있는 대상자 종류 3가지를 쓰시오.

해답 ① 산업안전보건위원회 구성 대상 사업의 근로자 또는 노사협의체 구성·운영 대상 건설공사의 근로자 중에서 근로자대표가 사업주의 의견을 들어 추천하는 사람
② 「노동조합 및 노동관계조정법」 제10조에 따른 연합단체인 노동조합 또는 그 지역 대표기구에 소속된 임직원 중에서 해당 연합단체인 노동조합 또는 그 지역 대표기구가 추천하는 사람
③ 전국 규모의 사업주단체 또는 그 산하조직에 소속된 임직원 중에서 해당 단체 또는 그 산하조직이 추천하는 사람
④ 산업재해 예방 관련 업무를 하는 단체 또는 그 산하조직에 소속된 임직원 중에서 해당 단체 또는 그 산하조직이 추천하는 사람

O9.
전기 기계·기구 또는 전로 등의 충전부분에 접촉 시 감전 방지대책 3가지를 쓰시오.

해답 ① 충전부가 노출되지 않도록 폐쇄형 외함이 있는 구조로 할 것
② 충전부에 충분한 절연효과가 있는 방호망이나 절연덮개를 설치할 것
③ 충전부는 내구성이 있는 절연물로 완전히 덮어 감쌀 것

10.
산업안전보건법에 따른 자율안전확인대상 기계·기구 3가지를 쓰시오.

해답 ① 연삭기 또는 연마기(휴대형은 제외한다)
② 산업용 로봇
③ 혼합기
④ 파쇄기 또는 분쇄기
⑤ 식품가공용 기계(파쇄·절단·혼합·제면기만 해당한다)
⑥ 컨베이어
⑦ 자동차정비용 리프트
⑧ 공작기계(선반, 드릴기, 평삭·형삭기, 밀링만 해당한다)
⑨ 고정형 목재가공용 기계(둥근톱, 대패, 루타기, 띠톱, 모떼기 기계만 해당한다)
⑩ 인쇄기

11.
다음 중 맞는 것을 모두 고르시오.

(1) 전반전단파괴 : 흙 전체가 모두 전단파괴되는 것을 말한다.
(2) 펀칭전단파괴 : 기초의 폭에 비해서 근입깊이가 작을 때 발생한다.
(3) 전반전단파괴 : 주로 느슨한 사질토·점토 지반에서 발생한다.
(4) 국부전단파괴 : 주로 굳은 사질토·점토 지반에서 발생한다.

해답 (1), (3), (4)

12.
차량계 건설기계를 사용하여 작업을 할 때에는 작업계획을 작성하고 그 작업계획에 따라 작업을 실시하도록 하여야 한다. 이 작업계획에 포함되어야 할 사항을 3가지만 쓰시오.

해답 ① 사용하는 차량계 건설기계의 종류 및 성능
② 차량계 건설기계의 운행경로
③ 차량계 건설기계에 의한 작업방법

13.
지반 굴착 시 굴착면의 기울기를 ( )에 쓰시오.

지반의 종류	굴착면의 기울기
모래	(①)
연암 및 풍화암	(②)
경암	(③)
그 밖의 흙	(④)

해답 ① 1 : 1.8   ② 1 : 1.0
③ 1 : 0.5   ④ 1 : 1.2

14.
히빙 현상의 발생 원인 3가지를 쓰시오.

해답 ① 연약한 점토지반
② 흙막이 벽체의 근입장 부족
③ 흙막이 내·외부 중량차
④ 지표 재하중

건설안전기사(2020년 1회)

01.
다음은 가설통로에 대한 설치 기준이다. ( ) 안을 채우시오.

> (가) 경사는 일반적으로 (①)도 이하로 하고, 경사가 (②)도를 초과할 때는 미끄러지지 않는 구조로 한다.
> (나) 수직갱에 가설된 통로의 길이가 15m 이상인 때에는 (③)m 이내마다 계단참을 설치하고, 건설공사에 사용하는 높이 8m 이상인 비계다리에는 (④)m 이내마다 계단참을 설치한다.

➡해답 ① 30　② 15　③ 10　④ 7

02.
타워크레인 설치·조립·해체 시 작업계획서의 내용을 쓰시오.

➡해답 ① 타워크레인의 종류 및 형식
② 설치·조립 및 해체순서
③ 작업도구·장비·가설설비 및 방호설비
④ 작업인원의 구성 및 작업근로자의 역할범위
⑤ 타워크레인의 지지방법

03.
다음 빈칸을 채우시오

> 적정공기란 산소농도의 범위가 (①)% 이상 23.5% 미만, 탄산가스의 농도가 1.5% 미만, (②)의 농도가 30 ppm 미만, (③)의 농도가 10 ppm 미만인 수준의 공기를 말한다.

➡해답 ① 18 ② 일산화탄소 ③ 황화수소

O4.
O.J.T.를 간략히 기술하시오.

해답 O.J.T.(On the Job Training)
직속상사가 직장 내에서 작업표준을 가지고 업무상의 개별교육이나 지도훈련을 하는 것(개별교육에 적합)

O5.
사업주는 근로자가 상시 분진작업에 관련된 업무를 하는 경우 근로자에게 알려야 하는 사항 3가지를 쓰시오.

해답 ① 분진의 유해성과 노출경로
② 분진의 발산 방지와 작업장의 환기 방법
③ 작업장 및 개인위생 관리
④ 호흡용 보호구의 사용 방법
⑤ 분진에 관련된 질병 예방 방법

O6.
차량계 건설기계를 사용하여 작업을 할 때 기계가 넘어지거나 굴러 떨어짐으로써 근로자에게 위험을 미칠 우려가 있는 때에 취할 수 있는 조치사항을 3가지만 쓰시오.

해답 ① 유도하는 사람(유도자)을 배치
② 지반의 부동침하 방지
③ 갓길의 붕괴 방지
④ 도로 폭의 유지

O7.
근로자가 작업발판 위에서 전기용접 작업을 하다가 지면으로 떨어져 부상을 당했다. 재해분석을 하시오.

(1) 발생형태	(2) 기인물	(3) 가해물

해답 (1) 추락 (2) 작업발판 (3) 지면

O8.
NATM 터널공사에서 락볼트(Rock Bolt)의 효과를 쓰시오.

해답 ① 지반의 강도 증대 ② 굴착단면 보강
③ 지반변위 방지 ④ 지반의 봉합효과

09.
권상용 와이어로프의 제한기준 3가지를 쓰시오.

해답 ① 이음매가 있는 것
② 와이어로프의 한 꼬임에서 끊어진 소선의 수가 10% 이상(비자전로프의 경우에는 끊어진 소선의 수가 와이어로프 호칭지름의 6배 길이 이내에서 4개 이상이거나 호칭지름 30배 길이 이내에서 8개 이상인 것)인 것
③ 지름의 감소가 공칭지름의 7%를 초과하는 것
④ 꼬인 것
⑤ 심하게 변형 또는 부식된 것
⑥ 열과 전기충격에 의해 손상된 것

10.
전기기계·기구 또는 전로 등의 충전부분에 접촉 시 감전방지대책 3가지를 쓰시오.

해답 ① 충전부가 노출되지 않도록 폐쇄형 외함(外函)이 있는 구조로 할 것
② 충전부에 충분한 절연효과가 있는 방호망이나 절연덮개를 설치할 것
③ 충전부는 내구성이 있는 절연물로 완전히 덮어 감쌀 것
④ 발전소·변전소 및 개폐소 등 구획되어 있는 장소로서 관계 근로자가 아닌 사람의 출입이 금지되는 장소에 충전부를 설치하고, 위험표시 등의 방법으로 방호를 강화할 것
⑤ 전주 위 및 철탑 위 등 격리되어 있는 장소로서 관계 근로자가 아닌 사람이 접근할 우려가 없는 장소에 충전부를 설치할 것

11.
동결된 지반이 녹으면서 발생하는 지반 연화현상(Frost Boil)의 방지대책을 2가지 쓰시오.

해답 ① 배수구 설치로 지하수 처리
② 배수층을 동결깊이 하부에 설치
③ 지반개량공법 적용

12.
다음 그림의 경고표지의 의미를 쓰시오

①

②

해답 ① 인화성물질 경고
② 급성독성물질 경고

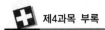

13.
꽂음접속기를 설치하거나 사용하는 경우 준수사항을 3가지 쓰시오.

▶해답 ① 서로 다른 전압의 꽂음 접속기는 서로 접속되지 아니한 구조의 것을 사용할 것
② 습윤한 장소에 사용되는 꽂음 접속기는 방수형 등 그 장소에 적합한 것을 사용할 것
③ 근로자가 해당 꽂음 접속기를 접속시킬 경우에는 땀 등으로 젖은 손으로 취급하지 않도록 할 것
④ 해당 꽂음 접속기에 잠금장치가 있는 경우에는 접속 후 잠그고 사용할 것

14.
연간 평균 작업자수는 4,000명인 사업장에서 사고사망자가 1명 발생했을 때 사고사망만인율을 구하시오.

▶해답 사고사망만인율 $= \dfrac{\text{연간사고사망자수}}{\text{연간 평균 작업자수}} \times 10{,}000 = \dfrac{1}{4{,}000} \times 10{,}000 = 2.5$

건설안전기사(2020년 2회)

01.
물체를 투하하는 때에는 적당한 투하설비를 갖춰야 하는 최소 높이는?

▶해답 3m

02.
콘크리트 타설 시 거푸집 측압에 영향을 미치는 요인 3가지를 쓰시오.

▶해답 ① 거푸집의 부재단면
② 거푸집의 수밀성
③ 거푸집의 강성
④ 거푸집의 표면
⑤ 시공연도(Workability)
⑥ 외기의 온도, 습도
⑦ 콘크리트의 타설속도
⑧ 콘크리트의 다짐(진동기 사용)
⑨ 콘크리트의 슬럼프(Slump)
⑩ 콘크리트의 비중
⑪ 응결시간
⑫ 철골 또는 철근량

03.
가공전로에 근접하여 비계를 설치하는 경우에는 가공전로와의 접촉을 방지하기 위하여 필요한 조치 2가지는?

해답 ① 가공전로를 이설
② 가공전로에 절연용 방호구를 장착

04.
타워크레인의 작업 중지에 관한 내용이다. 빈칸을 채우시오.

- 운전작업을 중지하여야 하는 순간풍속 (①)m/s
- 설치·수리·점검 또는 해체 작업 중지 하여야 하는 순간풍속 (②)m/s

해답 ① 15   ② 10

05.
산업재해가 발생한 때 사업주가 산업재해 관련 기록 보존해야 하는 사항 4가지를 쓰시오. (단, '재해 재발방지계획'은 제외)

해답 ① 사업장의 개요
② 근로자의 인적사항
③ 재해 발생의 일시 및 장소
④ 재해 발생의 원인 및 과정

06.
근로감독관이 사업장에서 관련 서류 등을 요구할 수 있는 경우를 3가지 쓰시오.

해답 ① 정기감독
② 수시감독
③ 특별감독

07.
작업발판의 끝이나 개구부로서 근로자가 추락할 위험이 있는 장소에서 작업 시 추락 방지 대책 3가지를 쓰시오.

해답 ① 안전난간 설치
② 추락방호망 설치
③ 안전대 착용

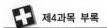

O8.
다음 보기의 빈칸에 알맞은 교육 시간을 쓰시오.

신규교육 / 보수교육
가. 안전보건관리책임자 : 6시간 이상 / (①) 시간 이상
나. 안전관리자, 안전관리전문기관의 종사자 : (②) 시간 이상 / 24 시간 이상
라. 건설재해예방전문지도기관의 종사자 : 34시간 이상 / (③) 시간 이상
마. 석면조사기관의 종사자 : 34 시간 이상 / (④) 시간 이상

➡️해답 ① 6　② 34　③ 24　④ 24

O9.
터널공사 시 터널작업면의 조도를 빈칸에 쓰시오

터널 중간 : (①)럭스
터널 입구 출구 수직구 구간 : (②)럭스

➡️해답 ① 50　② 30

1O.
근로자의 위험을 방지하기 위하여 해당 작업, 작업장의 지형·지반 및 지층 상태 등에 대한 사전조사를 하고 그 결과를 기록·보존하여야 하며, 조사결과를 고려하여 작업계획서를 작성하고 그 계획에 따라 작업을 하도록 하여야 하는 사업 3가지를 쓰시오

➡️해답 ① 타워크레인을 설치·조립·해체하는 작업
② 차량계 하역운반기계등을 사용하는 작업(화물자동차를 사용하는 도로상의 주행작업은 제외한다. 이하 같다)
③ 차량계 건설기계를 사용하는 작업
④ 화학설비와 그 부속설비를 사용하는 작업
⑤ 제318조에 따른 전기작업(해당 전압이 50볼트를 넘거나 전기에너지가 250볼트암페어를 넘는 경우로 한정한다)
⑥ 굴착면의 높이가 2미터 이상이 되는 지반의 굴착작업(이하 "굴착작업"이라 한다)
⑦ 터널굴착작업
⑧ 교량(상부구조가 금속 또는 콘크리트로 구성되는 교량으로서 그 높이가 5미터 이상이거나 교량의 최대 지간 길이가 30미터 이상인 교량으로 한정한다)의 설치·해체 또는 변경 작업
⑨ 채석작업
⑩ 건물 등의 해체작업
⑪ 중량물의 취급작업
⑫ 궤도나 그 밖의 관련 설비의 보수·점검작업
⑬ 열차의 교환·연결 또는 분리 작업(이하 "입환작업"이라 한다)

11.

산업안전보건법상 보호구의 안전인증 제품에 표시하여야 하는 사항 4가지를 쓰시오. (단, 안전인증 표시 제외)

➡해답 ① 형식 또는 모델명
② 규격 또는 등급 등
③ 제조자명
④ 제조번호 및 제조연월
⑤ 안전인증 번호

12.

차량계 하역운반기계(지게차 등)의 운전자가 운전위치를 이탈하고자 할 때 운전자가 준수하여야 할 사항을 2가지만 쓰시오.

➡해답 ① 포크, 버킷, 디퍼 등의 장치를 가장 낮은 위치 또는 지면에 내려둘 것
② 원동기를 정지시키고 브레이크를 확실히 거는 등 갑작스러운 주행이나 이탈을 방지하기 위한 조치를 할 것
③ 운전석을 이탈하는 경우에는 시동키를 운전대에서 분리시킬 것

13.

사고예방대책의 기본원리 5단계 중 시정책의 적용단계에서 적용할 3E를 모두 쓰시오.

➡해답 ① 기술적 대책(Engineering)
② 교육적 대책(Education)
③ 관리적 대책(Enforcement)

14.

공사금액 1,800억 원 건설업에서 선임해야 할 안전관리자의 인원과 사유를 쓰시오.

➡해답 ① 안전관리자의 인원 : 3명 이상
② 사유 : 공사금액 1,500억 원 이상 2,200억 원 미만 : 3명 이상

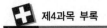

건설안전기사(2020년 3회)

01.
관계수급인 근로자가 도급인의 사업장에서 작업을 하는 경우, 도급인의 이행 사항을 2가지 쓰시오.

➡**해답** ① 사업주간 협의체의 구성 및 운영
② 합동안전보건점검

02.
건설업에서 선임해야 할 안전관리자의 인원을 쓰시오.

- 공사금액 800억원 이상 1,500억원 미만 : (①)
- 공사금액 2,200억원 이상 3,000억원 미만 : (②)

➡**해답** ① 2명 ② 4명

03.
사업장에 승강기의 설치·조립·수리·점검 또는 해체 작업을 하는 경우, 사업주가 작업을 지휘하는 사람에게 이행해야 하도록 하는 사항을 3가지 쓰시오.

➡**해답** ① 작업을 지휘하는 사람을 선임하여 그 사람의 지휘하에 작업을 실시할 것
② 작업을 할 구역에 관계 근로자가 아닌 사람의 출입을 금지하고 그 취지를 보기 쉬운 장소에 표시할 것
③ 비, 눈, 그 밖에 기상상태의 불안정으로 날씨가 몹시 나쁜 경우에는 그 작업을 중지시킬 것

04.
기둥·보·벽체·슬래브 등의 거푸집동바리등을 조립하거나 해체하는 작업을 하는 경우, 사업주가 준수해야 할 사항을 3가지 쓰시오.

➡**해답** ① 해당 작업을 하는 구역에는 관계 근로자가 아닌 사람의 출입을 금지할 것
② 비, 눈, 그 밖의 기상상태의 불안정으로 날씨가 몹시 나쁜 경우에는 그 작업을 중지할 것
③ 재료, 기구 또는 공구 등을 올리거나 내리는 경우에는 근로자로 하여금 달줄·달포대 등을 사용하도록 할 것
④ 낙하·충격에 의한 돌발적 재해를 방지하기 위하여 버팀목을 설치하고 거푸집동바리등을 인양장비에 매단 후에 작업을 하도록 하는 등 필요한 조치를 할 것

05.
건설현장의 지난 한 해 동안 근무상황이 다음과 같은 경우에 종합재해지수(FSI)를 구하시오.

- 상시근로자수 : 500명
- 하루 평균 근로시간 : 8시간
- 1년간 근무일수 : 280일
- 연간 재해발생건수 : 10건
- 휴업일수 : 159일

[해답] 도수율 $= \dfrac{재해건수}{연근로시간수} \times 1,000,000 = \dfrac{10}{500 \times 8 \times 280} \times 1,000,000 = 8.93$

강도율 $= \dfrac{근로손실일수}{연근로시간수} \times 1,000 = \dfrac{159 \times \dfrac{280}{365}}{500 \times 8 \times 280} \times 1,000 = 0.11$

종합재해지수 $= \sqrt{도수율 \times 강도율} = \sqrt{8.98 \times 0.11} = 0.99$

06.
화약류저장소 내의 운반이나 현장 내 소규모 운반일 때, 준수할 사항을 2가지 쓰시오.

[해답] ① 화약류는 화약류 취급 책임자로부터 수령
② 화약류의 운반은 반드시 운반대나 상자를 이용하여 소분하여 운반
③ 용기에 화약류와 뇌관의 동시 운반 금지
④ 화약류, 뇌관 등은 충격을 주지 말고 화기에 접근 금지
⑤ 발파 후 굴착작업 시 불발 잔약의 유무를 반드시 확인하고 작업
⑥ 전석의 유무를 조사하고 소정의 높이와 기울기를 유지하고 굴착작업 실시

07.
달비계에 사용할 수 없는 달기체인의 기준 2가지를 쓰시오. (단, 균열이 있거나 심하게 변형된 것은 제외)

[해답] ① 달기 체인의 길이가 달기체인이 제조된 때의 길이의 5퍼센트를 초과한 것
② 링의 단면지름이 달기체인이 제조된 때의 해당 링의 지름의 10퍼센트를 초과하여 감소한 것

08.
거푸집 및 지보공(동바리) 시공 시 고려할 하중을 각각 2가지씩 쓰시오.

해답 ① 연직방향하중 : 타설 콘크리트 고정하중, 타설시 충격하중 및 작업원 등의 작업하중
② 횡방향하중 : 작업 시 진동, 충격, 풍압, 유수압, 지진 등
③ 콘크리트 측압 : 콘크리트가 거푸집을 안쪽에서 밀어내는 압력
④ 특수하중 : 시공 중 예상되는 특수한 하중(콘크리트 편심하중 등)

09.
건설기술진흥법시행령에 따라, 분야별 안전관리책임자 또는 안전관리담당자가 당일 공사작업자를 대상으로 매일 공사 착수 전에 실시해야 하는 안전 교육 내용을 3가지 쓰시오.

해답 ① 당일 작업의 공법 이해
② 시공상세도면에 따른 세부 시공 순서
③ 시공기술상의 주의사항

10.
흙막이 지보공의 보강 또는 동바리를 설치하거나 해체하는 작업을 할 때, 해야 하는 교육 내용을 2가지 쓰시오.

해답 ① 작업안전 점검 요령과 방법에 관한 사항
② 동바리의 운반·취급 및 설치 시 안전작업에 관한 사항
③ 해체작업 순서와 안전기준에 관한 사항

11.
녹십자 표지를 그리고 설명하시오.

해답 동그라미 가운데 십자가(+)를 그려 넣고 바탕은 흰색, 기본모형 및 관련 부호는 녹색

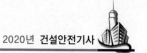

12.
고소작업대를 사용하는 경우 준수사항 2가지를 쓰시오.

해답 ① 작업자가 안전모·안전대 등의 보호구를 착용하도록 할 것
② 관계자가 아닌 사람이 작업구역에 들어오는 것을 방지하기 위하여 필요한 조치를 할 것
③ 안전한 작업을 위하여 적정 수준의 조도를 유지할 것
④ 전로에 근접하여 작업을 하는 경우에는 작업감시자를 배치하는 등 감전사고를 방지하기 위하여 필요한 조치를 할 것
⑤ 작업대를 정기적으로 점검하고 붐·작업대 등 각 부위의 이상 유무를 확인할 것
⑥ 전환스위치는 다른 물체를 이용하여 고정하지 말 것
⑦ 작업대는 정격하중을 초과하여 물건을 싣거나 탑승하지 말 것
⑧ 작업대의 붐대를 상승시킨 상태에서 탑승자는 작업대를 벗어나지 말 것. 다만, 작업대에 안전대 부착설비를 설치하고 안전대를 연결하였을 때에는 그러하지 아니하다.

13.
철륜 표면에 다수의 돌기를 붙여 접지면적을 작게 하여 접지압을 증가시킨 롤러로서 고함수비 점성토 지반의 다짐작업에 적합한 롤러를 쓰시오.

해답 탬핑롤러(Tamping roller)

14.
정밀안전진단의 정의에 대해 쓰시오.

해답 시설물의 구조적 안전성과 결함의 원인 등을 조사·측정·평가하여 보수·보강 등의 방법을 제시하는 진단

건설안전기사(2020년 4회)

01.
터널 등의 건설작업을 하는 경우에 낙반 등에 의하여 근로자가 위험해질 우려가 있는 경우에 조치사항 3가지를 쓰시오.

해답 ① 터널 지보공 설치
② 록볼트(Rock Bolt) 설치
③ 부석(浮石)의 제거

02.

거푸집 동바리 등에 사용하는 동바리·멍에 등 주요 부분 강재는 기준에 맞는 것을 사용해야 한다. 다음 빈칸을 채우시오.

강재의 종류	인장강도(kg/m²)	신장률(%)
강관	34 이상 41 미만	25 이상
	41 이상 50 미만	20 이상
	50 이상	(①) 이상

▶해답 10

03.

댐(수자원) 건설공사 시 산업안전보건관리비를 계상하시오.

[보기]
① 댐 건설공사(중건설공사)
② 재료비+직접노무비 : 45억 원

▶해답 안전관리비 대상액=재료비+직접노무비=45억 원
중건설공사이며 대상액이 50억 원 미만이므로 요율(2.35%)+5,400,000원
따라서, 안전관리비=45억 원×0.0235+5,400,000=111,150,000원

04.

달비계 또는 높이 5m 이상의 비계를 조립, 해체하거나 변경작업을 할 때에 사업주로서 준수하여야 할 사항을 3가지만 쓰시오.

▶해답 ① 관리감독자의 지휘에 따라 작업하도록 할 것
② 조립·해체 또는 변경의 시기·범위 및 절차를 그 작업에 종사하는 근로자에게 주지시킬 것
③ 조립·해체 또는 변경 작업구역에는 해당 작업에 종사하는 근로자가 아닌 사람의 출입을 금지하고 그 내용을 보기 쉬운 장소에 게시할 것
④ 비, 눈, 그 밖의 기상상태의 불안정으로 날씨가 몹시 나쁜 경우에는 그 작업을 중지시킬 것
⑤ 비계재료의 연결·해체작업을 하는 경우에는 폭 20cm 이상의 발판을 설치하고 근로자로 하여금 안전대를 사용하도록 하는 등 추락을 방지하기 위한 조치를 할 것
⑥ 재료·기구 또는 공구 등을 올리거나 내리는 경우에는 근로자가 달줄 또는 달포대 등을 사용하게 할 것

05.
철골공사 시 작업을 중지해야 하는 기상조건을 쓰시오. (단, 단위를 명확히 쓰시오)

해답

구분	내용
강풍	풍속 10m/sec 이상
강우	1시간당 강우량이 1mm 이상
강설	1시간당 강설량이 1cm 이상

06.
다음은 안전보건개선계획 수립에 관련한 내용이다. 보기의 빈칸을 채우시오.

> 안전보건개선계획의 수립·시행명령을 받은 사업주는 고용노동부장관이 정하는 바에 따라 안전보건개선계획서를 작성하여 그 명령을 받은 날부터 (   ) 이내에 관할 지방고용노동관서의 장에게 제출하여야 한다.

해답 60일

07.
하인리히의 재해예방 대책 5단계를 순서대로 쓰시오.

해답 ① 1단계 : 안전조직
② 2단계 : 사실의 발견
③ 3단계 : 분석·평가
④ 4단계 : 시정책의 선정
⑤ 5단계 : 시정책의 적용

08.
양중기에 사용하는 권상용 와이어로프의 사용금지사항 중 빈칸을 채우시오.

> 1) 이음매가 있는 것
> 2) 꼬인 것
> 3) 심하게 변형 부식된 것
> 4) 와이어로프의 한 꼬임 에서 끊어진 소선의 수가 (①)% 이상인 것
> 5) 지름의 감소가 공칭지름의 (②)%를 초과하는 것

해답 ① 10   ② 7

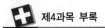

09.
공사용 가설도로 설치 시 준수사항 4가지를 쓰시오.

⇒해답 ① 도로는 장비와 차량이 안전하게 운행할 수 있도록 견고하게 설치할 것
② 도로와 작업장이 접하여 있을 경우에는 울타리 등을 설치할 것
③ 도로는 배수를 위하여 경사지게 설치하거나 배수시설을 설치할 것
④ 차량의 속도제한 표지를 부착할 것

10.
터널 굴착작업 시 시공계획에 포함되어야 할 사항을 2가지 쓰시오.

⇒해답 ① 굴착의 방법
② 터널지보공 및 복공의 시공방법과 용수의 처리방법
③ 환기 또는 조명시설을 설치할 때에는 그 방법

11.
크레인 작업 시작 전 점검사항을 2가지 쓰시오.

⇒해답 ① 권과방지장치·브레이크·클러치 및 운전장치의 기능
② 주행로의 상측 및 트롤리(trolley)가 횡행하는 레일의 상태
③ 와이어로프가 통하고 있는 곳의 상태

12.
굴착작업 시 토석이 붕괴되는 원인을 외적원인과 내적원인으로 구분할 때 외적원인에 해당하는 사항을 4가지만 쓰시오.

⇒해답 ① 사면, 법면의 경사 및 기울기의 증가
② 절토 및 성토 높이의 증가
③ 공사에 의한 진동 및 반복하중의 증가
④ 지표수 및 지하수의 침투에 의한 토사 중량의 증가
⑤ 지진, 차량 구조물의 하중작용
⑥ 토사 및 암석의 혼합층 두께

13.
곤돌라 사용 시 와이어로프가 일정한 한도 이상 감기는 것을 방지하는 장치는 무엇인가?

⟹해답 권과방지장치

14.
안전모의 종류 중 AB, AE, ABE 사용구분에 따른 용도를 쓰시오.

⟹해답 ① AB형 : 물체의 낙하 또는 비래 및 추락에 의한 위험을 방지 또는 경감시키기 위한 것
② AE형 : 물체의 낙하 또는 비래에 의한 위험을 방지 또는 경감하고, 머리 부위 감전에 의한 위험을 방지하기 위한 것
③ ABE형 : 물체의 낙하 또는 비래 및 추락에 의한 위험을 방지 또는 경감하고, 머리 부위 감전에 의한 위험을 방지하기 위한 것

Engineer Construction Safety | 1-581

건설안전기사(2021년 1회)

01.
산업안전보건법 시행규칙에 따라서, 안전관리자를 정수 이상으로 증원·교체 임명할 수 있는 사유 3가지를 쓰시오.

해답 ① 해당 사업장의 연간재해율이 같은 업종의 평균 재해율의 2배 이상인 경우
② 중대재해가 연간 2건 이상 발생한 경우(해당 사업장의 전년도 사망만인율이 같은 업종의 평균 사망만인율 이하인 경우는 제외)
③ 관리자가 질병이나 그 밖의 사유로 3개월 이상 직무를 수행할 수 없게 된 경우
④ 화학적 인자로 인한 직업성 질병자가 연간 3명 이상 발생한 경우

02.
산업안전보건법상 안전관리자의 업무를 4가지 쓰시오. (단, 그 밖에 안전에 관한 사항으로서 고용노동부장관이 정하는 사항은 제외)

해답 ① 산업안전보건위원회 또는 노사협의체에서 심의·의결한 업무와 해당 사업장의 안전보건관리규정 및 취업규칙에서 정한 업무
② 위험성 평가에 관한 보좌 및 지도·조언
③ 안전인증 대상 기계 등과 자율안전확인 대상 기계 등 구입 시 적격품의 선정에 관한 보좌 및 지도·조언
④ 안전교육계획의 수립 및 안전교육실시에 관한 보좌 및 지도·조언
⑤ 사업장 순회점검, 지도 및 조치 건의
⑥ 산업재해 발생의 원인 조사·분석 및 재발 방지를 위한 기술적 보좌 및 지도·조언
⑦ 산업재해에 관한 통계의 유지·관리·분석을 위한 보좌 및 지도·조언
⑧ 안전에 관한 사항의 이행에 관한 보좌 및 지도·조언
⑨ 업무 수행 내용의 기록·유지

03.
산업안전보건법상 안전교육 시간 관련하여 (   )에 알맞은 숫자를 쓰시오.

교육과정	교육대상		교육시간
가. 정기교육	1) 사무직 종사 근로자		매반기 6시간 이상
	2) 그 밖의 근로자	가) 판매 업무에 직접 종사하는 근로자	매반기 (①)시간 이상
		나) 판매업무에 직접 종사하는 근로자 외의 근로자	매반기 12시간 이상
나. 채용 시 교육	1) 일용근로자 및 근로계약기간이 1주일 이하인 기간제 근로자		(②)시간 이상
	2) 근로계약기간이 1주일 초과 1개월 이하인 기간제 근로자		(③)시간 이상
	3) 그 밖의 근로자		8시간 이상
다. 작업내용 변경 시 교육	1) 일용근로자 및 근로계약기간이 1주일 이하인 기간제 근로자		1시간 이상
	2) 그 밖의 근로자		2시간 이상

➡해답 ① 6　　　　　② 1　　　　　③ 4

04.
다음 빈칸을 채우시오.

1. 크레인, 이동식 크레인 또는 데릭의 재료에 따라 부하 시킬 수 있는 하중 : 달아올리기하중
2. 지브 혹은 붐의 경사각 및 길이 또는 지브의 위에 놓이는 도르래의 위치에 따라 부하 시킬 수 있는 최대하중으로부터 각각 혹, 버킷 등 달아올리기 기구의 중량에 상당하는 하중을 공제한 하중 : (   )
3. 엘리베이터, 자동차정비용 리프트 또는 건설용 리프트의 구조 및 재료에 따라서 운반기에 사람 또는 짐을 올려놓고 승강시킬 수 있는 최대하중 : 적재하중

➡해답 정격하중

05.
연평균 200명이 근무하는 H 사업장에서 사망재해가 1건 발생하여 1명 사망, 50일의 휴업일수가 2명 발생되고 20일의 휴업일수가 1명이 발생 되었다. 강도율을 구하시오. (단, 종업원의 근무일수는 300일 이다.)

➡해답
$$강도율 = \frac{근로손실일수}{연근로시간수} \times 1,000 = \frac{근로손실일수}{200 \times 8 \times 300} \times 1,000$$
$$= \frac{7,500 + 98.63}{200 \times 8 \times 300} \times 1,000 = 15.83$$

① 사망재해(1건) 근로손실일수 : 7,500일

② 휴업일수 : 50×2＋20＝120일

$$근로손실일수＝120×\frac{300}{365}＝98.63$$

06.
이동식 크레인의 종류를 3가지 쓰시오.

➡해답 트럭크레인, 크롤러크레인, 유압크레인

07.
산업안전보건법 시행령에 따른, 명예 산업안전감독관의 업무를 4가지를 쓰시오. (그 밖에 산업재해 예방에 대한 홍보 등 산업재해 예방업무와 관련하여 고용노동부장관이 정하는 업무 제외)

➡해답 ① 사업장에서 하는 자체점검 참여 및 근로감독관이 하는 사업장 감독 참여
② 사업장 산업재해 예방계획 수립 참여 및 사업장에서 하는 기계·기구 자체검사 참석
③ 법령을 위반한 사실이 있는 경우 사업주에 대한 개선 요청 및 감독기관에의 신고
④ 산업재해 발생의 급박한 위험이 있는 경우 사업주에 대한 작업중지 요청
⑤ 작업환경측정, 근로자 건강진단 시의 참석 및 그 결과에 대한 설명회 참여
⑥ 직업성 질환의 증상이 있거나 질병에 걸린 근로자가 여러 명 발생한 경우 사업주에 대한 임시 건강진단실시 요청
⑦ 근로자에 대한 안전수칙 준수 지도
⑧ 법령 및 산업재해 예방정책 개선 건의
⑨ 안전·보건 의식을 북돋우기 위한 활동 등에 대한 참여와 지원

08.
콘크리트 타설 시 측압에 영향을 주는 것에 관한 내용이다. 잘못된 것을 모두 고르시오.

① 외기의 온·습도가 낮을수록 측압이 낮다.
② 진동기를 사용해 다지면 측압이 올라간다.
③ 슬럼프치가 낮으면 측압이 낮다.
④ 철근, 배근이 많으면 측압이 높다.

➡해답 ①, ④

09.
잠함, 우물통, 수직갱, 기타 건설물 실내에서 내부 굴착작업 시 준수사항 3가지를 쓰시오.

➡️해답 ① 산소결핍의 우려가 있는 경우에는 산소의 농도를 측정하는 자를 지명하여 측정하도록 할 것
② 근로자가 안전하게 오르내리기 위한 설비를 설치할 것
③ 굴착 깊이가 20m를 초과하는 경우 해당 작업장소와 외부와의 연락을 위한 통신설비 등을 설치할 것
④ 산소농도 측정결과 산소의 결핍이 인정되거나 굴착 깊이가 20m를 초과하는 경우 송기를 위한 설비를 설치하여 필요한 양의 공기를 송급할 것

10.
교량건설 공법 중 PGM공법과 PSM공법을 설명하시오.

➡️해답 • PGM공법(Precast Girder Method)
교량 상부구조인 거더를 외부 제작장에서 제작 후 현장으로 운반하여 가설하는 공법이다.
• PSM공법(Precast Segment Method)
교량 상부구조를 세그먼트 단위로 현장 제작장에서 제작 후 가설하는 공법이다.

11.
다음 현상이 발생하는 지반을 쓰시오.

① 히빙	② 보일링

➡️해답 ① 히빙 : 연약한 점토지반
② 보일링 : 투수계수가 높은 사질토 지반

12.
중량물 취급 시 작업계획서 작성 시 포함사항 3가지를 쓰시오.

➡️해답 ① 추락위험을 예방할 수 있는 안전대책
② 낙하위험을 예방할 수 있는 안전대책
③ 전도위험을 예방할 수 있는 안전대책
④ 협착위험을 예방할 수 있는 안전대책
⑤ 붕괴위험을 예방할 수 있는 안전대책

13.
차량계 하역운반기계(지게차 등)의 운전자가 운전 위치를 이탈하고자 할 때 운전자가 준수하여야 할 사항을 2가지만 쓰시오.

→해답 ① 포크, 버킷, 디퍼 등의 장치를 가장 낮은 위치 또는 지면에 내려 둘 것
② 원동기를 정지시키고 브레이크를 확실히 거는 등 갑작스러운 주행이나 이탈을 방지하기 위한 조치를 할 것
③ 운전석을 이탈하는 경우에는 시동키를 운전대에서 분리시킬 것

14.
고소작업대를 이동하는 경우 준수사항 2가지만 쓰시오.

→해답 ① 작업대를 가장 낮게 내릴 것
② 작업대를 상승시킨 상태에서 작업자를 태우고 이동하지 말 것(다만, 이동 중 전도 등의 위험 예방을 위하여 유도하는 사람을 배치하고 짧은 구간을 이동하는 경우에는 예외)
③ 이동통로의 요철상태 또는 장애물의 유무 등을 확인할 것

건설안전기사(2021년 2회)

O1.
산업안전보건법에 따라 시스템 비계를 사용하여 비계를 구성하는 경우 준수해야 하는 3가지를 쓰시오.

→해답 ① 수직재·수평재·가새재를 견고하게 연결하는 구조가 되도록 할 것
② 비계 밑단의 수직재와 받침철물은 밀착되도록 설치하고, 수직재와 받침철물의 연결부의 겹침길이는 받침철물 전체 길이의 3분의 1 이상이 되도록 할 것
③ 수평재는 수직재와 직각으로 설치하여야 하며, 체결 후 흔들림이 없도록 견고하게 설치할 것
④ 수직재와 수직재의 연결철물은 이탈되지 않도록 견고한 구조로 할 것
⑤ 벽 연결재의 설치간격은 제조사가 정한 기준에 따라 설치할 것

02.

건설업 중 유해·위험방지계획서 제출 대상사업에 대하여 보기의 (　　) 안에 알맞은 수치를 쓰시오.

1. 지상높이가 (　①　)미터 이상인 건축물 또는 인공구조물의 건설·개조 또는 해체 공사
2. 최대 지간(支間) 길이가 (　②　)미터 이상인 다리의 건설 등 공사
3. 다목적댐, 발전용 댐, 저수용량 (　③　)톤 이상의 용수 전용 댐 및 지방 상수도 전용 댐의 건설 등 공사
4. 깊이 (　④　)m 이상인 굴착공사

▶해답 ① 31　　　　② 50　　　　③ 20,000,000　　　　④ 10

03.

산업안전보건법령상 다음 경고표시의 이름을 쓰시오.

①　　　　　　　　　　②

▶해답 ① 급성독성물질 경고
　　　② 폭발성물질 경고

04.

① 앵글도저와 ② 틸트도저에 대하여 설명하시오.

▶해답 ① 앵글 도저(angle dozer)
　　　블레이드를 좌우 25~30° 각도로 회전시킬 수 있어 흙을 측면으로 보낼 수 있음
　　　② 틸트 도저(tilt dozer)
　　　블레이드를 상하로 20~30° 각도로 움직일 수 있어 블레이드 한쪽 끝부분에 힘을 집중시킬 수 있음

05.

운반하역 표준안전 작업지침에 의거, 인력으로 중량물을 운반할 때 준수사항을 2가지 쓰시오.

▶해답 ① 하물의 운반은 수평거리 운반을 원칙으로 하며, 여러 번 들어 움직이거나 중계 운반, 반복운반을 하여서는 아니 된다.
　　　② 운반 시의 시선은 진행 방향을 향하고 뒷걸음 운반을 하여서는 아니 된다.
　　　③ 어깨높이보다 높은 위치에서 하물을 들고 운반하여서는 아니 된다.
　　　④ 쌓여 있는 하물을 운반할 때에는 중간 또는 하부에서 뽑아내어서는 아니 된다.

06.
이동식 크레인 탑승설비에 대한 추락에 의한 근로자의 위험방지를 위해 조치사항 3가지를 쓰시오.

해답 ① 탑승설비가 뒤집히거나 떨어지지 않도록 필요한 조치를 할 것
② 안전대나 구명줄을 설치하고, 안전난간을 설치할 수 있는 경우에는 안전난간을 설치할 것
③ 탑승설비를 하강시킬 때에는 동력하강방법으로 할 것

07.
크레인 작업 시작 전 점검사항을 3가지 쓰시오.

해답 ① 권과방지장치·브레이크·클러치 및 운전장치의 기능
② 주행로의 상측 및 트롤리(trolley)가 횡행하는 레일의 상태
③ 와이어로프가 통하고 있는 곳의 상태

08.
보기를 참고하여 세이프티스코어를 ① 계산하고 ② 평가하시오.

- 전년도 도수율 : 125
- 근로자 수 : 400명
- 올해 연도 도수율 : 100
- 올해 연도 근로 시간 수 : 2,390시간

해답 ① 계산

$$\text{Safe T. Score} = \frac{\text{빈도율(현재)} - \text{빈도율(과거)}}{\sqrt{\dfrac{\text{빈도율(과거)}}{\text{총 근로시간수}} \times 1,000,000}}$$

$$= \frac{100 - 125}{\sqrt{\dfrac{125}{400 \times 2,390} \times 1,000,000}} = -2.186$$

② 평가 : -2.186이므로 안전관리 수행도 평가가 과거보다 좋다.
- +2.00 이상인 경우 : 과거보다 심각하게 나쁘다.
- +2~-2인 경우 : 심각한 차이가 없음
- -2 이하 : 과거보다 좋다.

09.

산업안전보건법령상 사업 내 안전·보건교육에 있어, 굴착면의 높이가 2m 이상이 되는 지반 굴착(터널 및 수직갱 외의 갱 굴착은 제외한다) 작업 특별교육 내용을 4가지 쓰시오. (단, 그 밖에 안전·보건 관리에 필요한 사항은 제외)

해답 • 지반의 형태·구조 및 굴착 요령에 관한 사항
• 지반의 붕괴재해 예방에 관한 사항
• 붕괴 방지용 구조물 설치 및 작업방법에 관한 사항
• 보호구의 종류 및 사용에 관한 사항

10.

깊이 10.5m 이상인 굴착의 경우 흙막이 구조의 안전을 예측하기 위해 설치하여야 하는 계측기기 4가지만 쓰시오.

해답 ① 지표침하계 : 흙막이벽 배면에 동결심도보다 깊게 설치하여 지표면 침하량 측정
② 지중경사계 : 흙막이벽 배면에 설치하여 토류벽의 기울어짐 측정
③ 하중계 : Strut, Earth Anchor에 설치하여 축하중 측정으로 부재의 안정성 여부 판단
④ 간극수압계 : 굴착, 성토에 의한 간극수압의 변화 측정
⑤ 균열측정기 : 인접구조물, 지반 등의 균열 부위에 설치하여 균열 크기와 변화 측정
⑥ 변형률계 : Strut, 띠장 등에 부착하여 굴착작업 시 구조물의 변형 측정
⑦ 지하수위계 : 굴착에 따른 지하수위 변동 측정

11.

강관비계 조립 시 벽이음 또는 버팀을 설치하는 간격을 답란의 빈칸에 쓰시오.

강관비계의 종류	조립간격(단위 : m)	
	수직방향	수평방향
단관비계	①	①
틀비계(높이가 5m 미만의 것을 제외한다)	②	③

해답 ① 5   ② 6   ③ 8

12.

하인리히 재해 구성 비율을 쓰고 그 의미에 대하여 설명하시오.

해답 하인리히의 법칙 - 1 : 29 : 300. 300회의 사고 가운데 중상 또는 사망 1회, 경상 29회, 무상해사고 300회의 비율로 사고가 발생한다.

13.
추락 재해방지 표준안전작업지침에 따른 방망 관련 (　　　)에 알맞은 것을 넣으시오.

> 방망은 망, 테두리로프, 달기로프, 시험용사로 구성된 것으로서 각 부분은 다음 각호에 정하는 바에 적합하여
> 야 한다.
> 1. 소재 : (①) 또는 그 이상의 물리적 성질을 갖는 것이어야 한다.
> 2. 그물코 : 사각 또는 (②)로서 그 크기는 (③)cm 이하이어야 한다.

➡해답 ① 합성섬유　　　　② 마름모　　　　③ 10

14.
다음 빈칸을 채우시오.

> 1. 사고사망만인율 = $\dfrac{(\ ①\ )}{\text{상시근로자 수}} \times 10{,}000$
>
> 2. 상시근로자 수 = $\dfrac{(\ ②\ ) \times \text{노무비율}}{\text{건설업 월평균임금} \times 12}$

➡해답 ① 사고사망자 수
　　　　② 연간 국내공사 실적액

건설안전기사(2021년 4회)

01.
산업안전보건법령상 사업주가 근로자에게 실시해야 하는 안전·보건교육에 있어, 근로자 정기교육
내용을 4가지 쓰시오.

➡해답 ① 산업안전 및 사고 예방에 관한 사항
　　　　② 산업보건 및 직업병 예방에 관한 사항
　　　　③ 위험성 평가에 관한 사항
　　　　④ 건강증진 및 질병 예방에 관한 사항
　　　　⑤ 유해·위험 작업환경 관리에 관한 사항
　　　　⑥ 직무스트레스 예방 및 관리에 관한 사항
　　　　⑦ 산업재해보상보험 제도에 관한 사항
　　　　⑧ 직장 내 괴롭힘, 고객의 폭언 등으로 인한 건강장해 예방 및 관리에 관한 사항

02.
보일링 방지대책을 3가지만 쓰시오.

해답 ① 흙막이벽의 근입장 깊이를 경질지반까지 연장
② 차수성이 높은 흙막이 설치(지하연속벽, Sheet Pile 등)
③ 시멘트, 약액주입공법 등으로 Grouting 실시
④ Well Point, Deep Well 공법으로 지하수위 저하
⑤ 굴착토를 즉시 원상태로 매립

03.
흙의 동상방지 대책 4가지를 쓰시오.

해답 ① 단열 재료의 삽입
② 지표의 흙을 화학약품으로 처리
③ 동결심도 아래에 배수층 설치
④ 모세관수 상승을 방지하는 층을 둔다.
⑤ 동결 온도의 유지 기간을 짧게

04.
안전표지판 명칭을 쓰시오.

①	②	③	④

해답 ① 사용금지 　　② 인화성물질경고
③ 폭발성물질경고 　　④ 낙하물경고

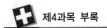

O5.
작업발판에 대한 다음 (　　) 안에 알맞은 수치를 쓰시오.

> 1. 비계의 높이가 2m 이상인 작업장소에 설치하는 작업발판의 폭은 (①)cm 이상으로 하고, 발판재료 간의 틈은 (②)cm 이하로 할 것
> 2. 선박 및 보트 건조작업의 경우 선박블록 또는 엔진실 등의 좁은 작업공간에 작업발판을 설치하기 위하여 필요하면 작업발판의 폭을 (③)cm 이상으로 할 수 있고, 걸침비계의 경우 강관기둥 때문에 발판재료 간의 틈을 3cm 이하로 유지하기 곤란하면 (④)cm 이하로 할 수 있다. 이 경우 그 틈 사이로 물체 등이 떨어질 우려가 있는 곳에는 출입금지 등의 조치를 하여야 한다.
> 3. 작업발판재료는 뒤집히거나 떨어지지 않도록 (⑤) 이상의 지지물에 연결하거나 고정시킬 것

➡해답 ① 40　　　② 3　　　③ 30　　　④ 5　　　⑤ 2

O6.
다음 경우에 해당하는 양중기의 와이어로프의 안전계수를 빈칸에 써넣으시오.

> 1. 근로자가 탑승하는 운반구를 지지하는 달기와이어로프 또는 달기체인의 경우 : (①) 이상
> 2. 화물의 하중을 직접 지지하는 달기와이어로프 또는 달기체인의 경우 : (②) 이상
> 3. 훅, 샤클, 클램프, 리프팅 빔의 경우 : 3 이상
> 4. 그 밖의 경우 : 4 이상

➡해답 ① 10　　　② 5

O7.
거푸집 동바리의 고정·조립 또는 해체작업, 지반의 굴착작업, 흙막이 지보공의 고정·조립 또는 해체작업, 터널의 굴착작업, 건물 등의 해체작업 시 유해·위험을 방지하기 위한 관리감독자의 직무를 3가지 쓰시오.

➡해답 ① 안전한 작업방법을 결정하고 작업을 지휘
　　　② 재료·기구의 결함 유무를 점검하고 불량품을 제거
　　　③ 작업 중 안전대 및 안전모 등 보호구 착용 상황을 감시

08.
건설업 산업안전보건관리비 계상 및 사용기준에 따른 안전보건관리비의 기본항목을 4가지만 쓰시오.

해답 1. 안전관리자 · 보건관리자의 임금 등
2. 안전시설비 등
3. 보호구 등
4. 안전보건진단비 등
5. 안전보건교육비 등
6. 근로자 건강장해예방비 등
7. 건설재해예방전문지도기관의 지도에 대한 대가로 지급하는 비용
8. 본사 전담조직에 소속된 근로자의 임금 및 업무수행 출장비 전액
9. 유해 · 위험요인 개선을 위해 필요하다고 판단하여 노사협의체에서 사용하기로 결정한 사항을 이행하기 위한 비용

09.
컨베이어 작업 시작 전 점검사항 3가지를 쓰시오.

해답 ① 원동기 및 풀리(pulley) 기능의 이상 유무
② 이탈 등의 방지장치 기능의 이상 유무
③ 비상정지장치 기능의 이상 유무
④ 원동기 · 회전축 · 기어 및 풀리 등의 덮개 또는 울 등의 이상 유무

10.
터널 공사 표준안전작업지침에 따른 암질변화 구간 및 이상암질의 출현 시 암질판별법(암반분류법) 4가지를 쓰시오.

해답 ① R.Q.D(Rock Quality Designation)
② R.M.R(Rock Mass Rating)
③ 탄성파 속도
④ 일축 압축 강도

11.

다음의 특징을 갖는 안전관리조직은 무엇인가?

- 안전지식과 기술축적이 용이하다.
- 권한 다툼이나 조정 때문에 통제 수속이 복잡해지며, 시간과 노력이 소모된다.
- 생산 부문은 안전에 대한 책임과 권한이 없다.

➡해답 스태프(staff)형 안전관리조직

12.

(안전)산업안전보건법상 리프트의 종류를 3가지 쓰시오.

➡해답 ① 건설용 리프트
② 산업용 리프트
③ 자동차정비용 리프트
④ 이삿짐운반용 리프트

13.

강관비계와 구조체 사이 벽이음의 역할을 2가지 쓰시오.

➡해답 ① 풍하중에 의한 움직임 방지
② 수평하중에 의한 움직임 방지
③ 좌굴방지

14.

터널 공사 표준안전작업지침에 따라 NATM 공법의 터널 작업 시 사전에 계측계획에 포함되어야 할 사항 4가지를 쓰시오.

➡해답 ① 측정위치 개소 및 측정의 기능 분류
② 계측 시 소요장비
③ 계측빈도
④ 계측결과 분석방법
⑤ 변위 허용치 기준
⑥ 이상 변위 시 조치 및 보강대책
⑦ 계측 전담반 운영계획
⑧ 계측관리 기록분석 계통기준 수립

건설안전기사(2022년 1회)

01.
지게차를 이용한 작업 시 작업시작 전 점검사항 3가지를 쓰시오.

➡해답 ① 제동장치 및 조종장치 기능의 이상 유무
② 하역장치 및 유압장치 기능의 이상 유무
③ 바퀴의 이상 유무
④ 전조등·후미등·방향지시기 및 경보장치 기능의 이상 유무

02.
건설공사의 총 공사원가가 100억 원이고 이 중 재료비와 직접 노무비의 합이 60억 원인 터널신설공사의 산업안전보관관리비를 다음 기준표를 참고하여 계산하시오.

구분 공사종류	대상액 5억 원 미만인 경우 적용 비율(%)	대상액 5억 원 이상 50억 원 미만인 경우		대상액 50억 원 이상인 경우 적용 비율(%)	영 별표5에 따른 보건관리자 선임대상 건설공사의 적용비율(%)
		적용비율(%)	기초액		
건축공사	2.93%	1.86%	5,349,000원	1.97%	2.15%
토목공사	3.09%	1.99%	5,499,000원	2.10%	2.29%
중건설공사	3.43%	2.35%	5,400,000원	2.44%	2.66%
특수건설공사	1.85%	1.20%	3,250,000원	1.27%	1.38%

➡해답 안전관리비 산출＝대상액(재료비＋직접노무비)×2.44%(중건설공사)
＝6,000,000,000×2.44%＝146,400,000원

03.
이동식 크레인 위에 전용 탑승설비를 설치하여 근로자를 탑승하여 작업 시 위험방지 대책 3가지를 쓰시오.

해답 ① 탑승설비가 뒤집히거나 떨어지지 않도록 필요한 조치를 할 것
② 안전대나 구명줄을 설치하고, 안전난간을 설치할 수 있는 경우에는 안전난간을 설치할 것
③ 탑승설비를 하강시킬 때에는 동력 하강 방법으로 할 것

04.
다음에서 주어지는 [보기]의 작업조건에 따른 적합한 보호구를 쓰시오.

[보기]
① 물체가 떨어지거나 날아올 위험 또는 근로자가 추락할 위험이 있는 작업
② 높이 또는 깊이 2m 이상의 추락할 위험이 있는 장소에서 하는 작업
③ 물체의 낙하·충격, 물체에의 끼임, 감전 또는 정전기의 대전에 의한 위험이 있는 작업
④ 물체가 흩날릴 위험이 있는 작업
⑤ 용접 시 불꽃이나 물체가 흩날릴 위험이 있는 작업
⑥ 감전의 위험이 있는 작업
⑦ 고열에 의한 화상 등의 위험이 있는 작업

해답 ① 안전모 ② 안전대 ③ 안전화
④ 보안경 ⑤ 보안면 ⑥ 절연용보호구 ⑦ 방열복

05.
하인리히의 재해예방 대책 5단계에 대한 질문에 답하시오.

(1) 사고 및 안전활동의 기록 검토, 작업분석, 안전점검·평가, 사고조사, 각종 안전회의 등을 실시하여 불안전요소를 발견하는 단계]는 어느 단계인가?
(2) "시정책의 적용"단계에서 적용할 3E를 모두 쓰시오.

해답 (1) 사실의 발견
(2) ① 기술(Engineering), ② 교육(Education), ③ 관리(Enforcement)

06.
가설통로 설치 시 준수사항을 5가지 쓰시오.

해답 ① 견고한 구조로 할 것
② 경사는 30° 이하로 할 것. 다만, 계단을 설치하거나 높이 2m 미만의 가설통로로서 튼튼한 손잡이를 설치한 경우에는 그러하지 아니하다.
③ 경사가 15°를 초과하는 경우에는 미끄러지지 아니하는 구조로 할 것
④ 추락할 위험이 있는 장소에는 안전난간을 설치할 것. 다만, 작업상 부득이한 경우에는 필요한 부분만 임시로 해체할 수 있다.
⑤ 수직갱에 가설된 통로의 길이가 15m 이상인 경우에는 10m 이내마다 계단참을 설치할 것
⑥ 건설공사에 사용하는 높이 8m 이상인 비계다리에는 7m 이내마다 계단참을 설치할 것

07.
히빙(Heaving) 현상의 방지대책 3가지를 쓰시오.

해답 ① 흙막이벽 근입깊이 증가
② 흙막이벽 배면 지표의 상재하중을 제거
③ 지반굴착 시 흙이 느슨해지지 않도록 유의
④ 지반개량으로 하부지반 전단강도 개선
⑤ 강성이 큰 흙막이 공법 선정

08.
이동식 크레인을 사용하여 작업하는 때에 작업 시작 전 점검사항을 3가지만 쓰시오.

해답 ① 권과방지장치 그 밖의 경보장치의 기능
② 브레이크·클러치 및 조정장치의 기능
③ 와이어로프가 통하고 있는 곳
④ 작업장소의 지반상태

09.
다음 빈칸 안에 알맞은 숫자를 넣으시오.

순간풍속이 초당 (   )m을/를 초과하는 바람이 불어올 우려가 있는 경우 옥외에 설치되어 있는 주행 크레인에 대하여 이탈방지장치를 작동시키는 등 이탈방지를 위한 조치를 하여야 한다.

해답 30

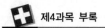

10.
차량계 건설기계의 작업계획에 포함될 사항 3가지를 쓰시오.

➡해답 ① 사용하는 차량계 건설기계의 종류 및 성능
② 차량계 건설기계의 운행경로
③ 차량계 건설기계에 의한 작업방법

11.
건설공사의 콘크리트 구조물 시공에 사용되는 비계의 종류를 5가지만 쓰시오.

➡해답 ① 강관틀 비계　　② 단관 비계　　③ 통나무비계
④ 달비계　　　　⑤ 말비계　　　⑥ 이동식 비계

12.
달비계 또는 높이 5m 이상의 비계를 조립, 해체하거나 변경작업을 할 때에 사업주로서 준수하여야 할 사항을 4가지만 쓰시오.

➡해답 ① 관리감독자의 지휘에 따라 작업하도록 할 것
② 조립·해체 또는 변경의 시기·범위 및 절차를 그 작업에 종사하는 근로자에게 주지시킬 것
③ 조립·해체 또는 변경 작업구역에는 해당 작업에 종사하는 근로자가 아닌 사람의 출입을 금지하고 그 내용을 보기 쉬운 장소에 게시할 것
④ 비, 눈, 그 밖의 기상상태의 불안정으로 날씨가 몹시 나쁜 경우에는 그 작업을 중지시킬 것
⑤ 비계재료의 연결·해체작업을 하는 경우에는 폭 20cm 이상의 발판을 설치하고 근로자로 하여금 안전대를 사용하도록 하는 등 추락을 방지하기 위한 조치를 할 것
⑥ 재료·기구 또는 공구 등을 올리거나 내리는 경우에는 근로자가 달줄 또는 달포대 등을 사용하게 할 것

13.
산업안전보건법령상 발파작업을 할 때에 유해·위험을 방지하기 위한 관리감독자의 업무내용을 4가지 쓰시오.

➡해답 ① 점화 전에 점화 작업에 종사하는 근로자가 아닌 사람에게 대피를 지시하는 일
② 점화 작업에 종사하는 근로자에게 대피 장소 및 경로를 지시하는 일
③ 점화 전에 위험구역 내에서 근로자가 대피한 것을 확인하는 일
④ 점화순서 및 방법에 대하여 지시하는 일
⑤ 점화신호를 하는 일
⑥ 점화작업에 종사하는 근로자에게 대피신호를 하는 일

⑦ 발파 후 터지지 않은 장약이나 남은 장약의 유무, 용수(湧水)의 유무 및 암석·토사의 낙하 여부 등을 점검하는 일

⑧ 점화하는 사람을 정하는 일

⑨ 공기압축기의 안전밸브 작동 유무를 점검하는 일

⑩ 안전모 등 보호구 착용 상황을 감시하는 일

14.
다음 [보기]는 사다리식 통로의 설치 시 준수사항을 열거하였다. 빈칸에 알맞은 숫자를 쓰시오.

[보기]
(1) 견고한 구조로 할 것
(2) 발판의 간격은 동일하게 할 것
(3) 발판과 벽과의 사이는 적당한 간격을 유지할 것
(4) 사다리가 넘어지거나 미끄러지는 것을 방지하기 위한 조치를 할 것
(5) 사다리의 상단은 걸쳐놓은 지점으로부터 (①)cm 이상 올라가도록 할 것
(6) 사다리식 통로의 길이가 (②)m 이상인 때에는 (③)m 이내마다 계단참을 설치할 것
(7) 사다리식 통로의 기울기는 (④)도 이내로 할 것

➡️해답 ① 60 ② 10 ③ 5 ④ 75

건설안전기사(2022년 2회)

01.
다음에 [보기]의 질문에 해당하는 답을 쓰시오.

[보기]
① 총공사금액 1,000억 원 이상인 건설업에서의 안전관리자 수
② 상시근로자 700명인 건설업에서의 안전관리자 수
③ 유해·위험방지계획서 제출대상으로서 선임하여야 할 안전관리자의 수가 3명 이상인 사업장의 경우에는 3명 중 1명은 필수로 선임하여야 하는 자격

➡️해답 ① 2명 ② 2명 ③ 건설안전기술사

02.
근로자의 추락 등에 의한 위험방지를 위해 안전난간을 설치할 경우 다음 기준을 준수해야 한다. 아래 빈칸을 채우시오.

- 상부 난간대는 바닥면·발판 또는 경사로의 표면으로부터 (①)cm 이상 지점에 설치하고, 상부 난간대를 120cm 이하에 설치하는 경우에는 중간 난간대는 상부 난간대와 바닥면 등의 중간에 설치하여야 하며, 120cm 이상 지점에 설치하는 경우에는 중간 난간대를 2단 이상으로 균등하게 설치하고 난간의 상하 간격은 (②)cm 이하가 되도록 할 것
- 발끝막이판은 바닥면 등으로부터 (③)cm 이상의 높이를 유지할 것
- 난간대는 지름 2.7cm 이상의 금속제 파이프나 그 이상의 강도가 있는 재료일 것
- 안전난간은 구조적으로 가장 취약한 지점에서 가장 취약한 방향으로 작용하는 100kg 이상의 하중에 견딜 수 있는 튼튼한 구조일 것

➡️해답 ① 90   ② 60   ③ 10

03.
계단의 설치 기준이다. 다음 빈칸 안을 채우시오.

- 사업주는 계단 및 계단참을 설치하는 경우 매 m²당 (①)kg 이상의 하중에 견딜 수 있는 강도를 가진 구조로 설치하여야 하며, 안전율은 (②) 이상으로 하여야 한다.
- 사업주는 계단을 설치하는 경우 그 폭을 (③)m 이상으로 하여야 한다.
- 사업주는 계단을 설치하는 경우 바닥면으로부터 높이 (④)m 이내의 공간에 장애물이 없도록 하여야 한다.
- 사업주는 높이 (⑤)m 이상인 계단의 개방된 측면에 안전난간을 설치하여야 한다.

➡️해답 ① 500   ② 4   ③ 1   ④ 2   ⑤ 1

04.
건설현장의 지난 한 해 동안 근무상황이 [보기]와 같은 경우 도수율, 강도율, 종합재해지수(FSI)를 구하시오.

[보기]	
• 연평균근로자수 : 200명	• 1일 작업시간 : 8시간
• 연간작업일수 : 300일	• 평균출근율 : 90%
• 연간재해발생건수 : 9건	• 휴업일수 : 125일
• 시간 외 작업시간 합계 : 20,000시간	
• 지각 및 조퇴시간 합계 : 2,000시간	

해답 (1) 도수율 $= \dfrac{\text{재해발생건수}}{\text{연근로시간수}} \times 1,000,000$

$= \dfrac{9}{(200 \times 8 \times 300 \times 0.9 - 2,000) + 20,000} \times 1,000,000 = 20$

(2) 강도율 $= \dfrac{\text{근로손실일수}}{\text{연근로시간수}} \times 1,000$

$= \dfrac{125 \times \dfrac{300}{365}}{(200 \times 8 \times 300 \times 0.9 - 2,000) + 20,000} \times 1,000 = 0.228$

(3) 종합재해지수(FSI) $= \sqrt{\text{도수율}(F.R) \times \text{강도율}(S.R)}$

$= \sqrt{(20 \times 0.228)} = 2.14$

O5.

산업안전보건법령상 발파작업을 할 때에 유해·위험을 방지하기 위한 관리감독자의 업무내용을 4가지만 쓰시오.

해답 ① 점화 전에 점화 작업에 종사하는 근로자가 아닌 사람에게 대피를 지시하는 일

② 점화 작업에 종사하는 근로자에게 대피 장소 및 경로를 지시하는 일

③ 점화 전에 위험구역 내에서 근로자가 대피한 것을 확인하는 일

④ 점화순서 및 방법에 대하여 지시하는 일

⑤ 점화신호를 하는 일

⑥ 점화작업에 종사하는 근로자에게 대피신호를 하는 일

⑦ 발파 후 터지지 않은 장약이나 남은 장약의 유무, 용수(湧水)의 유무 및 암석·토사의 낙하 여부 등을 점검하는 일

⑧ 점화하는 사람을 정하는 일

⑨ 공기압축기의 안전밸브 작동 유무를 점검하는 일

⑩ 차. 안전모 등 보호구 착용 상황을 감시하는 일

O6.

산업안전보건법상 근로자 안전보건 교육시간 관련 빈칸에 알맞은 숫자를 쓰시오.

- 정기교육 : 사무직 종사 근로자 매반기 (①) 시간 이상
- 작업내용 변경 시 교육 : 일용근로자를 제외한 근로자 (②) 시간 이상
- 건설업 기초안전·보건교육 : 건설 일용근로자 (③) 시간 이상

해답 ① 6   ② 2   ③ 4

07.
구조물 해체 시 기계·기구를 이용하는 공법 중 유압기계를 사용하는 공법 2가지를 쓰시오.

해답 ① 유압잭(Jack) 공법 　 ② 압쇄공법

08.
히빙 현상의 발생 원인 3가지를 쓰시오.

해답 ① 연약한 점토지반
② 흙막이 벽체의 근입장 부족
③ 흙막이 내·외부 중량차
④ 지표 재하중

09.
지반의 동상 방지대책에 대하여 3가지만 기술하시오.

해답 ① 동결심도 아래에 배수층 설치
② 배수구 등을 설치하여 지하수위 저하
③ 동결깊이 상부의 흙을 동결이 잘 되지 않는 재료로 치환
④ 모관수 상승을 차단하는 층을 두어 동상방지

10.
산업안전보건법령상 비가 올 경우를 대비하여 빗물 등의 침투에 의한 토사등의 붕괴 또는 낙하 위험을 방지하기위한 안전 사항을 2가지 쓰시오.

해답 ① 측구 설치
② 굴착사면에 비닐보강

11.
안전보건개선계획 수립대상 사업장 등에 관한 내용이다. 다음 빈칸을 채우시오.

(1) 안전보건개선계획의 수립·시행명령을 받은 사업주는 고용노동부 장관이 정하는 바에 따라 안전보건개선계획서를 그 명령을 받은 날부터 (①)일 이내에 관할 지방고용노동관서의 장에게 제출하여야 한다.
(2) 안전보건개선계획서는 시설, (②), (③), 산업재해예방 및 작업환경의 개선을 위하여 필요한 사항이 포함되어야 한다.

→해답 ① 60
② 안전보건관리체제
③ 안전보건교육

12.
하인리히가 제시한 재해예방의 4원칙을 쓰시오.

→해답 ① 손실우연의 원칙
② 원인계기의 원칙
③ 예방가능의 원칙
④ 대책선정의 원칙

13.
지하작업 가스공사 중 가스농도를 측정하는 자를 지정해야 한다. 이때 가스농도를 측정하는 시점 3가지를 쓰시오.

→해답 ① 매일 작업을 시작하기 전
② 가스의 누출이 의심되는 경우
③ 가스가 발생하거나 정체할 위험이 있는 장소가 있는 경우
④ 장시간 작업을 계속하는 경우(4시간마다 가스 농도 측정)

14.
연약한 지반에 하중을 가하여 흙을 압밀시키는 방법의 한 가지로 구조물 축조 장소에 사전 성토하여 지반을 침하시켜 흙의 전단강도를 증가시킨 후 성토부분을 제거하는 공법명을 쓰시오.

→해답 프리로딩공법(Pre－Loading)

건설안전기사(2022년 4회)

01.

계단의 설치 기준이다. 다음 (   ) 안을 채우시오.

- 사업주는 계단 및 계단참을 설치하는 경우 매 m²당 (①)kg 이상의 하중에 견딜 수 있는 강도를 가진 구조로 설치하여야 하며, 안전율은 (②) 이상으로 하여야 한다.
- 사업주는 계단을 설치하는 경우 그 폭을 (③)m 이상으로 하여야 한다.
- 사업주는 계단을 설치하는 경우 바닥면으로부터 높이 (④)m 이내의 공간에 장애물이 없도록 하여야 한다.
- 사업주는 높이 (⑤)m 이상인 계단의 개방된 측면에 안전난간을 설치하여야 한다.

⇒해답 ① 500
　　　② 4
　　　③ 1
　　　④ 2
　　　⑤ 1

02.

다음 [보기]의 건설업 산업안전 · 보건 관리비를 계산하시오.

[보기]
① 건축공사
② 낙찰률 50%
③ 예정가격 내역서상의 재료비 210억 원
④ 예정가격 내역서상의 직접노무비 190억 원
⑤ 발주자가 제공한 재료비 90억 원에서 산업안전보건관리비를 산출

⇒해답 안전관리비 대상액＝210억＋190억＋90억＝490억 （원）
　　　건축공사이므로 ① 490억×1.97％＝965,300,000원(지급자재비를 포함한 경우)
　　　② 400억×1.97％×1.2＝945,600,000원(지급자재비를 포함하지 않은 경우)
　　　②〈①이므로 945,600,000원이 산업안전보건관리비이며, 낙찰률이 50％이므로 법적 산업안전보건관리비는 945,600,000×0.5＝472,800,000원이다.

03.
구조물 해체 공사 시 활용되는 해체작업용 기계·기구를 5가지만 쓰시오.

해답 ① 압쇄기 (Crusher 크러셔)
② 브레이커 (Breaker)
③ 햄머(Hammer)
④ 화약류
⑤ 핸드 브레이커 (Breaker)
⑥ 팽창제
⑦ 절단톱
⑧ 유압잭
⑨ 쐐기타입기
⑩ 화염방사기
⑪ 절단줄톱

04.
도로 터널 1종 시설물을 3가지 쓰시오.

해답 ① 연장 1,000m 이상의 터널
② 3차로 이상의 터널
③ 터널 구간의 연장이 500m 이상인 지하차도

05.
이동식 크레인의 달기구에 전용 탑승설비를 설치하여 작업 시 근로자 위험방지 대책 3가지를 쓰시오.

해답 ① 탑승설비가 뒤집히거나 떨어지지 않도록 필요한 조치를 할 것
② 안전대나 구명줄을 설치하고, 안전난간을 설치할 수 있는 경우에는 안전난간을 설치할 것
③ 탑승설비를 하강시킬 때에는 동력하강방법으로 할 것

06.
시멘트의 품질 시험 항목을 5가지 쓰시오.

해답 ① 화학성분
② 분말도
③ 안정도
④ 응결 시간
⑤ 압축강도
⑥ 수화열

07.
크레인 등에 대한 위험방지를 위하여 취해야 할 방호장치 4가지 쓰시오.

➡해답 ① 권과 방지장치
② 과부하 방지장치
③ 비상정지장치
④ 브레이크 장치
⑤ 훅 해지장치

08.
산업안전보건법령상 작업의자형 달비계를 설치하는 경우 사용할 수 없는 작업용 섬유로프 또는 안전대의 섬유벨트의 조건을 2가지만 쓰시오.

➡해답 ① 꼬임이 끊어진 것
② 심하게 손상되거나 심하게 부식된 것
③ 2개 이상의 작업용 섬유로프 또는 섬유벨트를 연결한 것
④ 작업높이보다 길이가 짧은 것

09.
공사진척에 따른 안전관리비의 사용기준에 맞게 빈칸을 채우시오.

공정률	50% 이상 70% 미만	70% 이상 90% 미만	90% 이상
사용기준	(①)% 이상	(②)% 이상	(③)% 이상

➡해답 ① 50　　② 70　　③ 90

10.
히빙(Heaving) 현상의 방지대책 3가지를 쓰시오.

➡해답 ① 흙막이벽 근입깊이 증가
② 흙막이벽 배면 지표의 상재하중을 제거
③ 지반굴착 시 흙이 느슨해지지 않도록 유의
④ 지반개량으로 하부지반 전단강도 개선
⑤ 강성이 큰 흙막이 공법 선정

11.

공사용 가설도로 설치 시 준수사항 4가지를 쓰시오.

➡해답 ① 도로는 장비와 차량이 안전하게 운행할 수 있도록 견고하게 설치할 것
② 도로와 작업장이 접하여 있을 경우에는 울타리 등을 설치할 것
③ 도로는 배수를 위하여 경사지게 설치하거나 배수시설을 설치할 것
④ 차량의 속도제한 표지를 부착할 것

12.

달비계 작업 시 최대하중을 정함에 있어 다음 보기의 안전계수를 쓰시오. (곤돌라의 달비계는 제외)

(1) 달기 와이어로프 및 달기 강선의 안전계수 : (①) 이상
(2) 달기 체인 및 달기 훅의 안전계수 : (②) 이상
(3) 달기 강대와 달비계의 하부 및 상부지점의 안전계수 : 강재의 경우 (③) 이상, 목재의 경우 (④) 이상

➡해답 ① 10   ② 5   ③ 2.5   ④ 5

13.

폭풍, 폭우, 폭설 등의 악천후로 인하여 작업을 중지시킨 후, 비계의 조립·해체, 변경 시 사업주가 작업시작 전 점검해야 할 사항 3가지를 쓰시오.

➡해답 ① 발판재료의 손상 여부 및 부착 또는 걸림상태
② 해당 비계의 연결부 또는 접속부의 풀림상태
③ 연결재료 및 연결철물의 손상 또는 부식상태
④ 손잡이의 탈락 여부
⑤ 기둥의 침하·변형·변위 또는 흔들림 상태
⑥ 로프의 부착상태 및 매단 장치의 흔들림 상태

14.

작업으로 인하여 물체가 떨어지거나 날아올 위험에 대비한 안전조치 3가지를 쓰시오.

➡해답 ① 낙하물 방지망
② 수직보호망 또는 방호선반의 설치
③ 출입금지구역의 설정
④ 보호구의 착용

필답형 기출문제 2023

건설안전기사(2023년 1회)

01.
구축물 또는 이와 유사한 시설물이 근로자에게 미칠 위험성을 미리 제거하기 위하여 안전진단 등의 안전성 평가를 실시하여야 하는 경우를 쓰시오.

해답 1. 구축물 또는 이와 유사한 시설물의 인근에서 굴착·항타작업 등으로 침하·균열 등이 발생하여 붕괴의 위험이 예상될 경우
2. 구축물 또는 이와 유사한 시설물에 지진, 동해(凍害), 부동침하(不同沈下) 등으로 균열·비틀림 등이 발생하였을 경우
3. 구조물, 건축물, 그 밖의 시설물이 그 자체의 무게·적설·풍압 또는 그 밖에 부가되는 하중 등으로 붕괴 등의 위험이 있을 경우
4. 화재 등으로 구축물 또는 이와 유사한 시설물의 내력(耐力)이 심하게 저하되었을 경우
5. 오랜 기간 사용하지 아니하던 구축물 또는 이와 유사한 시설물을 재사용하게 되어 안전성을 검토하여야 하는 경우
6. 그 밖의 잠재위험이 예상될 경우

02.
인력 굴착공사 방법에 의한 기초지반을 굴착하고자 한다. 아래 도표에 따라 굴착면의 기울기 기준을 쓰시오.

지반의 종류	굴착면의 기울기
모래	(①)
연암 및 풍화암	(②)
경암	(③)
그 밖의 흙	(④)

해답 ① 1 : 1.8
② 1 : 1.0
③ 1 : 0.5
④ 1 : 1.2

O3.
다음 표의 내용이 설명하고 있는 것을 쓰시오.

투수성이 좋은 사질토 지반 굴착 시 흙막이벽 배면의 지하수위가 굴착저면보다 높을 때 굴착저면 위로 모래와 지하수가 솟아오르는 현상

➡해답 보일링(Boiling) 현상

O4.
T.B.M(Tool Box Meeting) 위험예지훈련 활동을 설명하시오.

➡해답 작업 개시 전 5~15분, 작업 종료 후 3~5분에 걸쳐 같은 작업원 5~6명이 리더를 중심으로 둘러앉아(또는 서서) 위험을 예측하고 대책을 수립하는 등 단시간 내에 의논하는 문제해결 기법

O5.
사업장에서 실시하는 안전보건교육의 종류와 시간을 쓰시오.

교육과정	교육대상		교육시간
가. 정기교육	1) 사무직 종사 근로자		매반기 (①)시간 이상
	2) 그 밖의 근로자	가) 판매 업무에 직접 종사하는 근로자	매반기 (②)시간 이상
		나) 판매업무에 직접 종사하는 근로자 외의 근로자	매반기 (③)시간 이상
나. 채용 시 교육	1) 일용근로자 및 근로계약기간이 1주일 이하인 기간제 근로자		(④)시간 이상
	2) 근로계약기간이 1주일 초과 1개월 이하인 기간제 근로자		(⑤)시간 이상
	3) 그 밖의 근로자		(⑥)시간 이상
다. 작업내용 변경 시 교육	1) 일용근로자 및 근로계약기간이 1주일 이하인 기간제 근로자		(⑦)시간 이상
	2) 그 밖의 근로자		(⑧)시간 이상

➡해답 ① 6, ② 6, ③ 12, ④ 1, ⑤ 4, ⑥ 8, ⑦ 1, ⑧ 2

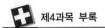

06.
권상용 와이어로프의 제한기준 3가지를 쓰시오.

➡️해답 1. 이음매가 있는 것
2. 와이어로프의 한 꼬임에서 끊어진 소선의 수가 10% 이상(비자전로프의 경우에는 끊어진 소선의 수가 와이어 로프 호칭지름의 6배 길이 이내에서 4개 이상이거나 호칭지름 30배 길이 이내에서 8개 이상인 것)인 것
3. 지름의 감소가 공칭지름의 7%를 초과하는 것
4. 꼬인 것
5. 심하게 변형 또는 부식된 것
6. 열과 전기충격에 의해 손상된 것

07.
계단의 설치 기준이다. 다음 빈칸 안을 채우시오.

- 사업주는 계단 및 계단참을 설치하는 경우 매 m²당 (①)kg 이상의 하중에 견딜 수 있는 강도를 가진 구조로 설치하여야 하며, 안전율은 (②) 이상으로 하여야 한다.
- 사업주는 계단을 설치하는 경우 그 폭을 (③)m 이상으로 하여야 한다.
- 사업주는 계단을 설치하는 경우 바닥면으로부터 높이 (④)m 이내의 공간에 장애물이 없도록 하여야 한다.
- 사업주는 높이 (⑤)m 이상인 계단의 개방된 측면에 안전난간을 설치하여야 한다.

➡️해답 ① 500, ② 4, ③ 1, ④ 2, ⑤ 1

08.
다음은 U자 걸이 전용 안전대이다. U자 걸이 안전대 사용방법을 설명하시오.

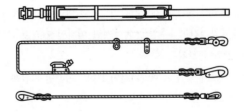

➡️해답 안전대의 죔줄을 구조물 등에 U자 모양으로 돌린 뒤 훅 또는 카라비너를 D링에, 신축조절기를 각링 등에 연결하는 걸이 방법

09.
산업안전보건법에 따라 시스템 비계를 사용하여 비계를 구성하는 경우 준수해야 하는 3가지를 쓰시오.

해답 1. 수직재·수평재·가새재를 견고하게 연결하는 구조가 되도록 할 것
2. 비계 밑단의 수직재와 받침철물은 밀착되도록 설치하고, 수직재와 받침철물의 연결부의 겹침길이는 받침철물 전체길이의 3분의 1 이상이 되도록 할 것
3. 수평재는 수직재와 직각으로 설치하여야 하며, 체결 후 흔들림이 없도록 견고하게 설치할 것
4. 수직재와 수직재의 연결철물은 이탈되지 않도록 견고한 구조로 할 것
5. 벽 연결재의 설치간격은 제조사가 정한 기준에 따라 설치할 것

10.
금지 표시와 경고 표지의 종류를 각각 2가지씩 쓰시오.

해답 (1) 금지 표시 : 출입금지, 보행금지, 차량통행금지
(2) 경고 표지 : 고압전기경고, 낙하물 경고, 매달린 물체 경고

11.
항타기 또는 항발기 조립 시 점검사항 4가지를 쓰시오.

해답 1. 본체 연결부의 풀림 또는 손상의 유무
2. 권상용 와이어로프·드럼 및 도르래의 부착상태의 이상 유무
3. 권상장치의 브레이크 및 쐐기장치 기능의 이상 유무
4. 권상기 설치상태의 이상 유무
5. 리더(leader)의 버팀 방법 및 고정상태의 이상 유무
6. 본체·부속장치 및 부속품의 강도가 적합한지 여부
7. 본체·부속장치 및 부속품에 심한 손상·마모·변형 또는 부식이 있는지 여부

12.
근로자 500명, 하루평균작업시간 8시간, 연간근무일수 280일, 재해건수 6건, 휴업일수 103일 때 종합재해지수를 구하시오.

해답
- 도수율 $= \dfrac{\text{재해발생건수}}{\text{연근로시간수}} \times 1,000,000 = \dfrac{6}{500 \times 8 \times 280} \times 1,000,000 = 5.36$

- 강도율 $= \dfrac{\text{근로손실일수}}{\text{연근로시간수}} \times 1,000 = \dfrac{103 \times \dfrac{280}{365}}{500 \times 8 \times 280} \times 1,000 = 0.07$

- 종합재해지수(FSI) $= \sqrt{\text{도수율}(F.R) \times \text{강도율}(S.R)} = \sqrt{5.36 \times 0.07} = 0.61$

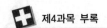

13.
굴착 전 기본적인 토질에 대한 사전조사 기준을 쓰시오.

➡해답 1. 주변에 기 절토된 경사면의 실태조사
2. 지표, 토질에 대한 답사 및 조사를 실시하므로써 토질구성(표토, 토질, 암질), 토질구조(지층의 경사, 지층, 파쇄대의 분포, 변질대의 분포), 지하수 및 용수의 형상 등의 실태 조사
3. 사운딩
4. 시추
5. 물리탐사(탄성파조사)
6. 토질시험 등

14.
산업안전보건법상 사업주가 터널지보공을 설치한 때에 붕괴 등의 위험을 방지하기 위하여 수시로 점검하여야 하며 이상을 발견한 때에는 즉시 보강하거나 보수하여야 할 기준 4가지를 쓰시오.

➡해답 1. 부재의 손상·변형·부식·변위 탈락의 유무 및 상태
2. 부재의 긴압의 정도
3. 부재의 접속부 및 교차부의 상태
4. 기둥침하의 유무 및 상태

건설안전기사(2023년 2회)

O1.
다음 보기의 ( )에 알맞은 말이나 숫자를 쓰시오.

(1) 비계기둥에는 미끄러지거나 침하하는 것을 방지하기 위하여 밑받침철물을 사용하거나 (①) 등을 사용하여 밑둥잡이를 설치하는 등의 조치를 할 것
(2) 비계기둥의 간격은 띠장방향에서는 (②)미터, 장선 방향에서는 1.5미터 이하로 할 것
(3) 띠장간격은 (③)미터 이하로 설치할 것
(4) 비계기둥의 최고부로부터 (④)미터 되는 지점 밑부분의 비계기둥은 (⑤)본의 강관으로 묶어세울 것
(5) 비계기둥 간의 적재하중은 (⑥)kg을 초과하지 아니하도록 할 것

➡해답 ① 받침목이나 깔판, ② 1.85, ③ 2, ④ 31, ⑤ 2, ⑥ 400

02.
크레인을 사용하여 작업을 하는 때에 작업시작 전 점검사항을 3가지만 쓰시오.

해답 1. 권과방지장치 · 브레이크 · 클러치 및 운전장치의 기능
2. 주행로의 상측 및 트롤리(trolley)가 횡행하는 레일의 상태
3. 와이어로프가 통하고 있는 곳의 상태

03.
산업안전보건법령상 가설통로를 설치하는 경우 사업주의 준수사항 관련 (　) 에 알맞은 숫자를 쓰시오.

(1) 견고한 구조로 할 것
(2) 경사는 (①)도 이하로 할 것. 다만, 계단을 설치하거나 높이 2미터 미만의 가설통로로서 튼튼한 손잡이를 설치한 경우에는 그러하지 아니하다.
(3) 경사가 (②)도를 초과하는 경우에는 미끄러지지 아니하는 구조로 할 것
(4) 추락할 위험이 있는 장소에는 안전난간을 설치할 것. 다만, 작업상 부득이한 경우에는 필요한 부분만 임시로 해체할 수 있다.
(5) 수직갱에 가설된 통로의 길이가 (③)m 이상인 경우에는 (④)m 이내마다 계단참을 설치할 것
(6) 건설공사에 사용하는 높이 (⑤)m 이상인 비계다리에는 (⑥)m 이내마다 계단참을 설치할 것

해답 ① 30, ② 15, ③ 15, ④ 10, ⑤ 8, ⑥ 7

04.
근로자의 추락위험 방호조치를 3가지 쓰시오.

해답 1. 안전난간 설치
2. 울 및 손잡이 설치
3. 덮개 설치를 설치하는 경우 뒤집히거나 떨어지지 않도록 할 것
4. 추락방호망 설치
5. 안전대 착용
6. 어두운 장소에서도 알아볼 수 있도록 개구부임을 표시

05.
연천인율·도수율·강도율에 대한 계산식을 쓰시오.

◆해답 (1) 연천인율 $= \dfrac{\text{재해자 수}}{\text{연평균근로자 수}} \times 1{,}000$

(2) 도수율 $= \dfrac{\text{재해발생 건수}}{\text{연근로시간}} \times 1{,}000{,}000$

(3) 강도율 $= \dfrac{\text{근로 손실일수}}{\text{연근로시간}} \times 1{,}000$

06.
다음 현상이 발생하는 지반을 쓰시오.

(1) 히빙
(2) 보일링

◆해답 (1) 히빙 : 연약한 점토지반
(2) 보일링 : 투수계수가 높은 사질토 지반

07.
산업안전보건법에 따른 자율안전확인대상 기계·기구 3가지를 쓰시오.

◆해답 1. 연삭기 또는 연마기(휴대형은 제외한다)
2. 산업용 로봇
3. 혼합기
4. 파쇄기 또는 분쇄기
5. 식품가공용 기계(파쇄·절단·혼합·제면기만 해당한다)
6. 컨베이어
7. 자동차정비용 리프트
8. 공작기계(선반, 드릴기, 평삭·형삭기, 밀링만 해당한다)
9. 고정형 목재가공용 기계(둥근톱, 대패, 루타기, 띠톱, 모떼기 기계만 해당한다)
10. 인쇄기

08.

콘크리트 타설작업 시 거푸집의 측압에 영향을 미치는 요인을 5가지 쓰시오.

해답 1. 콘크리트의 시공연도(슬럼프)가 클수록 측압이 크다.
2. 콘크리트의 부어넣기 속도가 빠를수록 측압이 크다.
3. 콘크리트의 다짐이 좋을수록 측압이 크다.
4. 온도가 낮을수록 측압이 크다.
5. 벽 두께가 클수록 측압이 크다.

09.

흙막이 지보공의 정기점검사항 4가지를 쓰시오.

해답 1. 부재의 손상·변형·부식·변위 및 탈락의 유무와 상태
2. 버팀대의 긴압의 정도
3. 부재의 접속부·부착부 및 교차부의 상태
4. 침하의 정도

10.

사질지반의 개량공법을 4가지 기술하시오.

해답 1. 진동다짐공법(Vibro Floatation) : 봉상진동기를 이용, 진동과 물다짐을 병용
2. 동다짐(압밀)공법 : 무거운 추를 자유 낙하시켜 지반충격으로 다짐효과
3. 약액주입공법 : 지반 내 화학약액(LW, Bentonite, Hydro)을 주입하여 지반고결
4. 폭파다짐공법 : 인공지진을 발생시켜 모래지반을 다짐
5. 전기충격공법 : 지반 속에서 고압방전을 일으켜 발생하는 충격력으로 지반다짐
6. 모래다짐말뚝공법 : 충격, 진동, 타입에 의해 모래를 압입시켜 모래 말뚝을 형성하여 다짐에 의한 지지력을 향상

11.

안면부여과식 방진마스크의 분진 포집효율에 따른 등급기준을 쓰시오.

해답 1. 특급 : 99.0% 이상
2. 1급 : 94.0% 이상
3. 2급 : 80.0% 이상

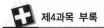

12.
안전모의 종류 3가지와 용도를 쓰시오.

해답 1. AB형 : 물체의 낙하 또는 비래 및 추락에 의한 위험을 방지 또는 경감시키기 위한 것
    2. AE형 : 물체의 낙하 또는 비래에 의한 위험을 방지 또는 경감하고, 머리부위 감전에 의한 위험을 방지하기 위한 것
    3. ABE형 : 물체의 낙하 또는 비래 및 추락에 의한 위험을 방지 또는 경감하고, 머리부위 감전에 의한 위험을 방지하기 위한 것

13.
승강기 종류를 4가지 쓰시오.

해답 1. 승객용 엘리베이터
    2. 화물용 엘리베이터
    3. 승객화물용 엘리베이터
    4. 소형화물용 엘리베이터
    5. 에스컬레이터

14.
작업발판에 대한 다음 ( ) 안에 알맞은 수치를 쓰시오.

(1) 비계의 높이가 2m 이상인 작업장소에 설치하는 작업발판의 폭은 (①)cm 이상으로 하고, 발판재료 간의 틈은 (②)cm 이하로 할 것
(2) 선박 및 보트 건조작업의 경우 선박블록 또는 엔진실 등의 좁은 작업공간에 작업발판을 설치하기 위하여 필요하면 작업발판의 폭을 (③)cm 이상으로 할 수 있고, 걸침비계의 경우 강관기둥 때문에 발판재료 간의 틈을 3cm 이하로 유지하기 곤란하면 (④)cm 이하로 할 수 있다. 이 경우 그 틈 사이로 물체 등이 떨어질 우려가 있는 곳에는 출입금지 등의 조치를 하여야 한다.
(3) 작업발판재료는 뒤집히거나 떨어지지 않도록 (⑤) 이상의 지지물에 연결하거나 고정시킬 것

해답 ① 40, ② 3, ③ 30, ④ 5, ⑤ 둘(2)

건설안전기사(2023년 4회)

01.
하인리히 재해예방 5단계를 쓰시오.

➡해답 • 1단계 : 안전조직
• 2단계 : 사실의 발견
• 3단계 : 분석·평가
• 4단계 : 시정책의 선정
• 5단계 : 시정책의 적용

02.
연간 평균 작업자수는 4,000명인 사업장에서 사고사망자가 1명 발생했을 때 사고사망만인율을 구하시오.

➡해답 사고사망만인율 $= \dfrac{\text{연간사고사망자수}}{\text{연간평균 작업자수}} \times 10{,}000 = \dfrac{1}{4{,}000} \times 10{,}000 = 2.5$

03.
철근을 정착시키는 방법 2가지를 쓰시오.

➡해답 1. 묻힘 길이에 의한 정착
2. 갈고리(hook)에 의한 정착

04.
다음 설명에 해당하는 거푸집의 부재 명칭을 쓰시오.

(1) 거푸집의 일부로써 콘크리트에 직접 접하는 목재나 금속 등의 판류
(2) 타설된 콘크리트가 소정의 강도를 얻기까지 고정하중 및 작업하중 등을 지지하기 위하여 설치하는 부재 또는 작업 장소가 높은 경우 발판, 재료 운반이나 위험물 낙하 방지를 위해 설치하는 임시 지지대

➡해답 (1) 거푸집 널
(2) 동바리

05.
무재해운동의 3원칙을 쓰시오.

[해답] 1. 무(zero)의 원칙
　　　2. 참가의 원칙
　　　3. 선취의 원칙

06.
근로자가 작업발판 위에서 전기용접작업을 하다가 지면으로 떨어져 부상을 당했다. 재해분석을 하시오.

(1) 발생형태
(2) 기인물
(3) 가해물

[해답] (1) 발생형태 : 떨어짐
　　　(2) 기인물 : 작업발판
　　　(3) 가해물 : 지면

07.
달비계 또는 높이 5m 이상의 비계를 조립·해체하거나 변경작업을 할 때에 사업주로서 준수하여야 할 사항을 3가지만 쓰시오.

[해답] 1. 근로자가 관리감독자의 지휘에 따라 작업하도록 할 것
　　　2. 조립·해체 또는 변경의 시기·범위 및 절차를 그 작업에 종사하는 근로자에게 주지시킬 것
　　　3. 조립·해체 또는 변경 작업구역에는 해당 작업에 종사하는 근로자가 아닌 사람의 출입을 금지하고 그 내용을 보기 쉬운 장소에 게시할 것
　　　4. 비, 눈, 그 밖의 기상상태의 불안정으로 날씨가 몹시 나쁜 경우에는 그 작업을 중지시킬 것
　　　5. 비계재료의 연결·해체작업을 하는 경우에는 폭 20cm 이상의 발판을 설치하고 근로자로 하여금 안전대를 사용하도록 하는 등 추락을 방지하기 위한 조치를 할 것
　　　6. 재료·기구 또는 공구 등을 올리거나 내리는 경우에는 근로자가 달줄 또는 달포대 등을 사용하게 할 것

08.

굴착면의 높이가 2m 이상이 되는 암석의 굴착작업 시 특별교육 내용 3가지를 쓰시오. (단, 그 밖에 안전·보건관리에 필요한 사항 제외한다.)

➡해답 1. 폭발물 취급 요령과 대피 요령에 관한 사항
2. 안전거리 및 안전기준에 관한 사항
3. 방호물의 설치 및 기준에 관한 사항
4. 보호구 및 신호방법 등에 관한 사항

09.

세이프티스코어를 계산하고 평가하시오.

- 전년도 도수율 : 125
- 근로자수 : 400명
- 올해연도 도수율 : 100
- 올해연도 근로 시간수 : 2,390시간

➡해답 (1) 계산 : $\text{Safe T. Score} = \dfrac{\text{빈도율(현재)} - \text{빈도율(과거)}}{\sqrt{\dfrac{\text{빈도율(과거)}}{\text{총 근로시간수}} \times 1,000,000}}$

$= \dfrac{100 - 125}{\sqrt{\dfrac{125}{400 \times 2,390} \times 1,000,000}} = -2.186$

(2) 평가 : -2.186이므로 안전관리 수행도 평가가 과거보다 좋다.
① +2.00 이상인 경우 : 과거보다 심각하게 나쁘다.
② +2~-2인 경우 : 심각한 차이가 없음
③ -2 이하 : 과거보다 좋다.

10.

작업발판과 거푸집이 일체화된 거푸집의 종류 3가지를 쓰시오.

➡해답 1. 슬라이딩 폼
2. 갱폼
3. 클라이밍 폼
4. A.C.S 폼

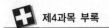
11.
사질토 지반의 개량공법 종류 4가지를 쓰시오.

해답 1. 진동다짐공법(Vibro Floatation) : 봉상진동기를 이용, 진동과 물다짐을 병용
2. 동다짐(압밀)공법 : 무거운 추를 자유 낙하시켜 지반충격으로 다짐효과
3. 약액주입공법 : 지반 내 화학약액(LW, Bentonite, Hydro)을 주입하여 지반고결
4. 폭파다짐공법 : 인공지진을 발생시켜 모래지반을 다짐
5. 전기충격공법 : 지반 속에서 고압방전을 일으켜 발생하는 충격력으로 지반다짐
6. 모래다짐말뚝공법 : 충격, 진동, 타입에 의해 모래를 압입시켜 모래 말뚝을 형성하여 다짐에 의한 지지력을 향상

12.
콘크리트 타설작업을 하기 위하여 콘크리트타설장비 이용 작업 시 준수사항 3가지를 쓰시오.

해답 1. 작업을 시작하기 전에 콘크리트타설장비를 점검하고 이상을 발견하였으면 즉시 보수할 것
2. 건축물의 난간 등에서 작업하는 근로자가 호스의 요동·선회로 인하여 추락하는 위험을 방지하기 위하여 안전난간 설치 등 필요한 조치를 할 것
3. 콘크리트타설장비의 붐을 조정하는 경우에는 주변의 전선 등에 의한 위험을 예방하기 위한 적절한 조치를 할 것
4. 작업 중에 지반의 침하나 아웃트리거 등 콘크리트타설장비 지지구조물의 손상 등에 의하여 콘크리트타설장비가 넘어질 우려가 있는 경우에는 이를 방지하기 위한 적절한 조치를 할 것

13.
초음파를 이용하여 콘크리트 균열깊이를 평가하는 방법 3가지를 쓰시오.

해답 1. T법
2. Tc-To 법
3. BS법

14.
산업안전보건법령상 명예산업안전감독관의 업무를 4가지 쓰시오. (단, 사업장 내에서의 업무만 기술한다.)

해답 1. 사업장에서 하는 자체점검 참여 및 근로감독관이 하는 사업장 감독 참여
2. 사업장 산업재해 예방계획 수립 참여 및 사업장에서 하는 기계 기구 자체검사 참석
3. 법령을 위반한 사실이 있는 경우 사업주에 대한 개선 요청 및 감독기관에의 신고.
4. 산업재해 발생의 급박한 위험이 있는 경우 사업주에 대한 작업중지 요청
5. 작업환경측정. 근로자 건강진단 시의 참석 및 그 결과에 대한 설명회 참석
6. 직업성 질환의 증상이 있거나 질병에 걸린 근로자가 여러 명 발생한 경우 사업주에 대한 임시건강진단 실시 요청
7. 근로자에 대한 안전수칙 준수 지도